ㅤ

KUHMINSA

한 발 앞서나가는 출판사, 구민사
독자분들도 구민사와 함께 한 발 앞서나가길 바랍니다.

구민사 출간도서 中 수험서 분야

- 용접
- 자동차
- 조경/산림
- 품질경영
- 산업안전
- 전기
- 건축토목
- 실내건축

- 기술사
- 기계
- 금속
- 환경
- 보일러
- 가스
- 공조냉동
- 위험물

전문가를 위한 첫걸음, 구민사는 그 이상을 봅니다!

전국 도서판매처

• 일산남부서점 • 안산대동서적 • 대전계룡서점 • 대구북앤북스 • 대구하나도서
• 포항학원사 • 울산처용서림 • 창원그랜드문고 • 순천중앙서점 • 광주조은서림

www.kuhminsa.co.kr

전문가를 위한 첫걸음, 주민사는 그 이상을 봅니다!

상시시험 12종목
굴착기운전기능사, 지게차운전기능사, 미용사(일반), 미용사(피부), 미용사(네일)
미용사(메이크업), 조리기능사(양식, 일식, 중식, 한식), 제과·제빵기능사

3. 필기 합격 확인
큐넷(www.q-net.or.kr)
사이트에서 확인

4. 실기 원서 접수
큐넷(www.q-net.or.kr)
응시 자격 서류는
실기시험 접수기간(4일 내)에
제출해야만 접수 가능

7. 자격증 신청
인터넷으로 신청
(상장형 자격증 발급을 원칙으로 하며,
희망 시 수첩형 자격증 발급 신청
/ 발급 수수료 부과)

8. 자격증 수령
인터넷으로 발급(출력)
(수첩형 자격증 등기 수령 시
등기 비용 발생)

추천사

추천사

건축설계분야에 입문하시는 여러분들에게 추천하는 본 교재는 오랜 기간의 합격 Know-how를 충분히 수록하였으므로 자격 취득의 지름길로 안내하여 드릴 것입니다.

본 교재는 모든 분들에게 합격의 기쁨을 드릴 수 있음을 확신합니다.

추천사를 쓰신 이승우 학교장님은 1990년 한국일보에 국가기술자격증 최다 보유자로(당시 21개 종목) 발표된 이래 2001(당시 28개 종목)까지 10년 넘게 국가기술자격증 국내 최다 보유자를 위치를 지켜왔습니다.

[주요약력]
- 1994.10(동아일보) 제16회 기능장 시험에서 전국수석(평균88점)
- 주요일간지(중앙, 조선, 동아, 경향 外), TV(KBS, SBS, MBC), 라디오 등 인터뷰 및 출연

[주요강연 및 표창]
- 유네스코 국제직업박람회 및 대학 등 초청강연
- 교육부장관 표창(2회)

[현재]
- (인천)현대 CAD 디자인 직업전문 학교장
- 설계해석 전문기업 CLG 고문
- 3D프린터 기술·운용 자격시험센터 대표(인천, 경기)

 # 머리말

'건축제도기능사'에서 '전산응용건축제도기능사'로 국가기술자격증이 바뀌어 시행된 지 벌써 20년이 훌쩍 넘어가고 있습니다. 그동안 이론시험 과목에 대한 변화가 다소 있었고, 추가된 과목도 있습니다만, '건축'을 공부하면서 반드시 이해하고 알아야 하는 개념 등은 지속적으로 출제되고 있습니다.

이를 바탕으로 본 교재는 최신 시험 유형에 맞도록 하여 자격증 시험을 준비하는 학생, 혼자 시험을 준비하는 수험생, 전공이 아닌 수험생분들 모두가 합격의 기쁨을 누릴 수 있는 구성을 하였음을 자신합니다.

[본 교재의 특징]

[집필진의 노하우]
- 강단 경력 20년 이상의 강사진이 직접 가르쳐 오던 내용을 집필하여 단기간에 합격할 수 있도록 구성하였습니다.

[피드백을 통한 복습]
- 각각의 단원 마지막에 문제를 수록하여 꼭 짚고 넘어가야 할 내용과 부분 등을 다시 한 번 복습할 수 있게 구성하여, 수험생 여러분들이 정확한 기본개념과 원리 등을 쉽게 이해하고 습득할 수 있도록 정리하였습니다.

[용어의 이해를 위한 그림 첨부]
- 용어와 내용만으로는 이해하기 어려운 내용을 그림과 표 및 사진 등으로 분류하여, 더 쉽게 다가갈 수 있도록 하였습니다.

[출제경향의 파악]
- 기출복원문제를 수록하여 실제 이론시험에 대한 대비를 할 수 있도록 하였고, 문제에 관한 해설 및 삽화를 통하여 그 중요도를 알 수 있도록 하였습니다.

다만, 집필진이 끊임없는 노력을 했음에도 시정해야 할 부분과 잘못된 부분이 있으리라 사료되며, 그때마다 따끔한 조언 부탁드립니다. 이 책이 출간되기까지 큰 도움을 주신 구민사 조규백 사장님께 깊은 감사를 드리며, 저의 정신적 멘토 이승우 원장선생님께 고맙고 감사합니다. 또한, 하늘에서 책의 출판을 누구보다 기다리고 반기고 계실, 그리고 세상 밖으로 이 책이 빛을 볼 수 있도록 선봉이 되어 이끌어 주셨던 권태환 형님 영전에 삼가 이 책을 올립니다.

대표저자 정한철

CONTENTS

PART 01 건축계획일반

Chapter 01 ◆ 건축계획 — 3
01. 건축계획과 설계 — 3
02. 건축계획진행 — 3
03. 건축공간 — 4
04. 건축법의 이해 — 5
건축계획 예상문제 — 9

Chapter 02 ◆ 조형계획 — 11
01. 조형의 구성 — 11
02. 건축형태의 구성 — 13
03. 색채계획 — 13
조형계획 예상문제 — 15

Chapter 03 ◆ 건축환경계획 — 18
01. 자연환경 — 18
02. 열 환경 — 19
03. 공기환경 — 20
04. 음 환경 — 21
05. 빛 환경 — 21
건축환경계획 예상문제 — 23

Chapter 04 ◆ 주거건축계획 — 26
01. 주택계획과 분류 — 26
02. 주거생활의 이해 — 27
03. 배치 및 평면계획 — 28
04. 단위 공간계획 — 29
05. 단지계획 — 33
주거건축계획 예상문제 — 36

PART 02 건축설비

Chapter 01 ◆ 급·배수 위생설비 — 43
01. 급수설비 — 43
02. 급탕설비 — 45
03. 배수설비 — 47
04. 위생기구 — 50
급·배수 위생설비 예상문제 — 51

Chapter 02 ◆ 냉·난방 및 공기조화설비 — 54
01. 냉방설비 — 54
02. 난방설비 — 54
03. 환기설비 — 55
04. 공기조화설비 — 55
냉·난방 및 공기조화설비 예상문제 — 60

Chapter 03 ◆ 전기설비 — 63
01. 전기설비 — 63
02. 배전 및 배선설비 — 64
03. 방재설비 — 68
04. 전원설비 — 69
전기설비 예상문제 — 71

Chapter 04 ◆ 가스 및 소화설비 — 73
01. 가스설비 — 73
02. 소화설비 — 74
가스 및 소화설비 예상문제 — 76

Chapter 05 ◆ 정보 및 수송설비 — 78
01. 정보설비 — 78
02. 수송설비 — 78
정보 및 수송설비 예상문제 — 82

PART 03 건축제도

Chapter 01 ◆ 제도규약 85
01. 건축제도 통칙 85
02. 척도 86
03. 선과 글자 87
04. 치수 표기 87
05. 치수 표시 기호 89
제도규약 예상문제 90

Chapter 02 ◆ 건축물의 묘사와 표현 92
01. 건축물의 묘사 92
02. 건축물의 표현 94
건축물의 묘사와 표현 예상문제 98

Chapter 03 ◆ 건축의 설계도면 100
01. 건축설계의 진행과정 100
02. 설계도면의 종류 100
03. 설계 도면의 특징 102
건축의 설계도면 예상문제 106

Chapter 04 ◆ 각 구조부의 제도 108
각 구조부의 제도 예상문제 113

PART 04 건축구조

Chapter 01 ◆ 건축의 구조방식 117
01. 개요 117
02. 건축의 주요 구성부분 117
03. 건축구조의 분류 118
건축의 구조방식 예상문제 120

Chapter 02 ◆ 목구조 125
01. 개요 125
02. 목재의 장·단점 125
03. 목재의 용도 125
04. 목재의 접합 126
05. 목재의 보강철물 127
06. 각부구조 129
목구조 예상문제 135

Chapter 03 ◆ 조적구조 140
01. 개요 140
02. 벽돌구조 140
03. 블록구조 144
04. 돌구조 147
조적구조 예상문제 150

Chapter 04 ◆ 철근콘크리트구조 155
01. 개요 155
02. 철근콘크리트구조의 장·단점 155
03. 철근 155
04. 각부구조 157
철근콘크리트구조 예상문제 161

Chapter 05 ◆ 철골구조 170
01. 개요 170
02. 철골구조의 장·단점 170
03. 강재의 종류와 표시법 170
04. 철골조의 접합 171
05. 각부구조 173
철골구조 예상문제 176

Chapter 06 ◆ 구조시스템 182
01. 골조구조 182
02. 입체구조 182
구조시스템 예상문제 185

CONTENTS

PART 05 건축재료

CHAPTER 01 ◆ 건축재료 — 191
- 01. 개요 — 191
- 02. 건축재료의 분류 — 191
- 03. 건축재료의 규격 — 192
- 04. 건축재료의 일반적 성질 — 192
- 건축재료 예상문제 — 194

CHAPTER 02 ◆ 목재 — 198
- 01. 개요 — 198
- 02. 목재의 분류 — 198
- 03. 목재의 구조 — 198
- 04. 목재의 장·단점 — 199
- 05. 목재의 성질 — 199
- 06. 목재의 흠 — 200
- 07. 목재의 내구성 — 201
- 08. 목재의 건조 — 202
- 09. 목재 제품 — 203
- 목재 예상문제 — 206

CHAPTER 03 ◆ 석재 — 209
- 01. 개요 — 209
- 02. 석재의 분류 — 209
- 03. 석재의 조직 — 210
- 04. 석재의 가공 — 211
- 05. 석재의 장·단점 — 212
- 06. 석재의 성질 — 212
- 석재 예상문제 — 213

CHAPTER 04 ◆ 점토제품 — 216
- 01. 개요 — 216
- 02. 점토의 분류 — 216
- 03. 소성온도 — 216
- 04. 성질 — 217
- 05. 점토제품 — 217
- 점토제품 예상문제 — 220

CHAPTER 05 ◆ 시멘트 — 223
- 01. 개요 — 223
- 02. 시멘트의 성분 — 223
- 03. 시멘트의 원료 및 제조방법 — 223
- 04. 시멘트의 성질 — 224
- 05. 시멘트의 보관 — 225
- 06. 시멘트의 분류 — 225
- 07. 시멘트 및 콘크리트 제품의 분류 — 226
- 시멘트 예상문제 — 228

CHAPTER 06 ◆ 콘크리트 — 232
- 01. 개요 — 232
- 02. 굳지않은 콘크리트의 성질 — 232
- 03. 시공연도(워커빌리티, Workability) 측정법 — 232
- 04. 콘크리트의 장·단점 — 233
- 05. 사용재료의 성질들 — 233
- 06. 물시멘트비 — 235
- 07. 배합의 결정 — 235
- 08. 양생과 재령 — 235
- 09. 혼화재료 — 236
- 10. 콘크리트의 종류와 제품 — 237
- 콘크리트 예상문제 — 239

PART 05 건축재료

CHAPTER 07 ◆ 금속재료　　245
- 01. 개요　　245
- 02. 철강의 분류　　245
- 03. 철강의 제조방법　　245
- 04. 가공 및 성형　　246
- 05. 강의 열처리　　247
- 06. 금속의 장·단점　　247
- 07. 성질　　248
- 08. 합금강　　248
- 09. 비철금속　　249
- 10. 금속의 부식과 방지　　250
- 11. 금속제품　　251
- 금속재료 예상문제　　254

CHAPTER 08 ◆ 유리　　256
- 01. 개요　　256
- 02. 유리의 성분　　256
- 03. 유리의 성질　　256
- 04. 유리의 장·단점　　257
- 05. 유리제품　　257
- 유리 예상문제　　260

CHAPTER 09 ◆ 미장재료　　262
- 01. 개요　　262
- 02. 분류　　262
- 03. 경화에 따른 분류　　262
- 미장재료 예상문제　　264

CHAPTER 10 ◆ 합성수지　　267
- 01. 개요　　267
- 02. 합성수지의 장·단점　　267
- 03. 합성수지의 종류　　267
- 04. 합성수지 제품　　269

CHAPTER 11 ◆ 접착제　　270
- 01. 개요　　270
- 02. 건축용 접착제의 요구되는 성질　　270
- 03. 접착제의 종류　　270
- 합성수지&접착제 예상문제　　272

CHAPTER 12 ◆ 도장재료　　273
- 01. 개요　　273
- 02. 도료의 원료　　273
- 03. 도장재료의 종류　　274
- 04. 특수도료　　275
- 도장재료 예상문제　　276

CHAPTER 13 ◆ 방수재료　　277
- 01. 개요　　277
- 02. 아스팔트　　277
- 03. 아스팔트의 종류　　277
- 04. 방수용 아스팔트의 성질　　278
- 05. 아스팔트 제품　　279
- 방수재료 예상문제　　280

CONTENTS

PART 06　CBT 기출복원문제

2017
CBT 기출복원문제(2017년 1회) 284
CBT 기출복원문제(2017년 2회) 307
CBT 기출복원문제(2017년 4회) 325
CBT 기출복원문제(2017년 5회) 346

2018
CBT 기출복원문제(2018년 1회) 366
CBT 기출복원문제(2018년 2회) 389
CBT 기출복원문제(2018년 4회) 409
CBT 기출복원문제(2018년 5회) 429

2019
CBT 기출복원문제(2019년 1회) 451
CBT 기출복원문제(2019년 2회) 470
CBT 기출복원문제(2019년 4회) 487
CBT 기출복원문제(2019년 5회) 508

2020
CBT 기출복원문제(2020년 1회) 528
CBT 기출복원문제(2020년 2회) 549
CBT 기출복원문제(2020년 4회) 567
CBT 기출복원문제(2020년 5회) 585

2021
CBT 기출복원문제(2021년 1회) 605
CBT 기출복원문제(2021년 2회) 624
CBT 기출복원문제(2021년 3회) 643
CBT 기출복원문제(2021년 4회) 664

2022
CBT 기출복원문제(2022년 1회) 684
CBT 기출복원문제(2022년 2회) 705
CBT 기출복원문제(2022년 3회) 725
CBT 기출복원문제(2022년 4회) 746

2023
CBT 기출복원문제(2023년 1회) 767
CBT 기출복원문제(2023년 2회) 789
CBT 기출복원문제(2023년 3회) 807
CBT 기출복원문제(2023년 4회) 827

2024
CBT 기출복원문제(2024년 1회) 847
CBT 기출복원문제(2024년 2회) 866
CBT 기출복원문제(2024년 4회) 886

기출복원 문제란?
CBT시행에 따라 저자께서 수험자들의 도움으로 최대한 유형에 가깝게 복원한 문제입니다.

전산응용건축제도기능사
90일 PLAN 합격하기

 D-90
1. Sub note 구하기
2. Sub note에 단원별로 견출지 붙이기

 D-89
[1과목 건축계획 및 법규]
1. 조형 및 색채계획, 건축 환경계획 정리하기
2. 주거건축의 일반계획 및 세부계획 정리
3. 건축법에 기준한 용어정의 및 건축법의 건축 정리하기
※ 단원이 끝나면 내용 정리하기(용어, 특징, 장단점, 성질, 용도 등을 정리 후 단원별 문제풀기)

 D-79
[2과목 건축설비]
1. 각 설비에 대한 종류 및 분류하기
※ 단원이 끝나면 내용 정리하기(용어, 특징, 장단점, 성질, 용도 등을 정리 후 단원별 문제풀기)

 D-69
[3과목 건축제도]
1. 제도규약과 건축물 묘사에 필요한 도구 및 표현법 정리하기
2. 설계도면 분류 및 각 도면에 표기할 사항 정리하기
3. 각 구조부의 그림 요약하기
※ 단원이 끝나면 내용 정리하기(용어, 특징, 장단점, 성질, 용도 등을 정리 후 단원별 문제풀기)

 D-66
[4과목 건축구조]
1. 조적식 각부구조에 대한 설치법, 간격, 블록구조의 벽량 공식 암기
2. 철근콘크리트 구조의 각부 구조 정리
3. 철골구조의 용접에 관련한 용어정리 각부 구조 정리
4. 구조시스템의 종류 및 대표 건축물 정리
※ 단원이 끝나면 내용 정리하기(용어, 특징, 장단점, 성질, 용도, 공식 등을 암기 후 단원별 문제풀기)

 D-51
[5과목 건축재료]
1. 건축재료 분류 및 역학적 성질, 물리적 성질 구분하기
2. 각 재료별 분류하기 및 각 재료별 2차 제품 구분하기
3. 각 재료별 시험법 분류하여 정리하기
※ 단원이 끝나면 내용 정리하기(용어, 특징, 장단점, 성질, 용도, 공식 등을 암기 후 단원별 문제풀기)

 D-35 CBT 기출복원문제풀기

 D-5 CBT기출복원문제 중 틀린문제, 몰랐던 문제, 아는데 실수로 틀린 문제를 집중적으로 다시 풀기

D-1 Sub note에 정리된 내용 **정독하며 마무리**하기

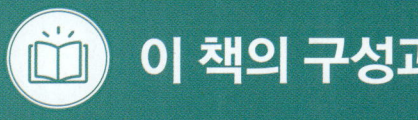

이 책의 구성과 특징

01 핵심 이론 요약 & 단원별 예상문제 수록

- 전산응용건축제도기능사에 대한 핵심 이론만을 수록하였습니다.
- 단원별 예상문제로 실전시험에 대비하였습니다.

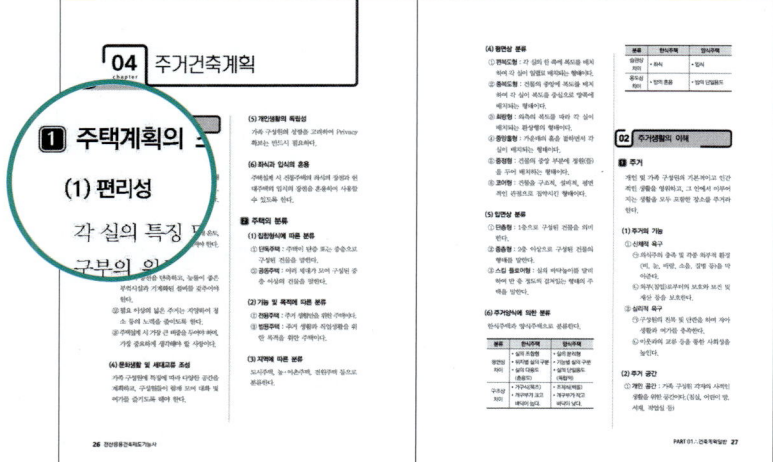

핵심이론

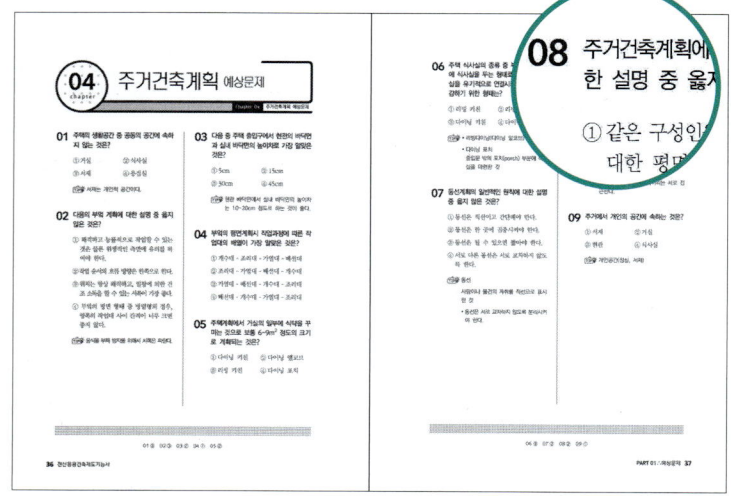

예상문제

02 과년도 기출문제 수록 & CBT 기출복원문제 수록

• 전산응용건축제도기능사 과년도 기출문제와 해설 Tip을 수록하여 실전시험에 대비하였습니다.

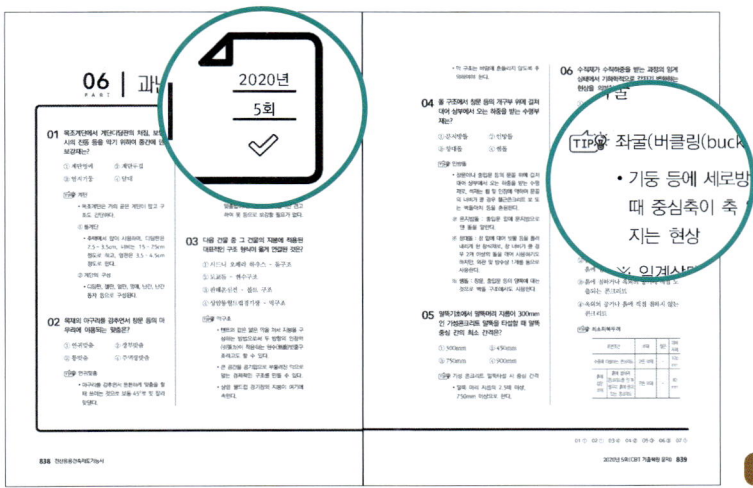

과년도 기출문제

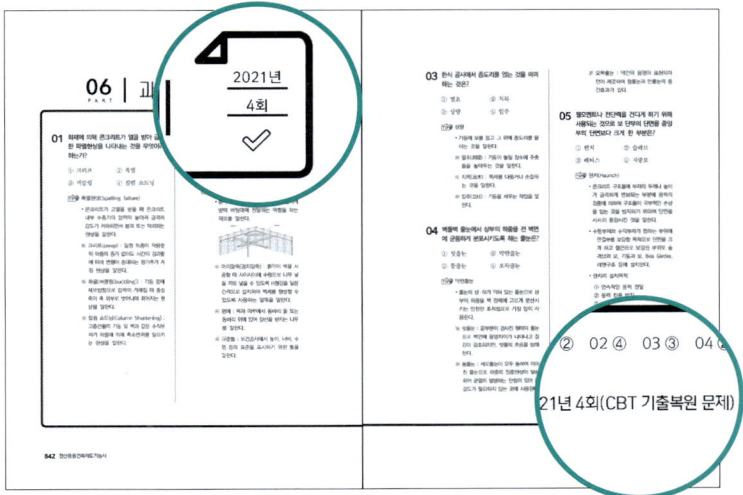

CBT 기출복원문제

출제기준 – 전산응용건축제도기능사 필기

직무 분야	건설	중직무 분야	건축	자격 종목	전산응용 건축제도기능사	적용 기간	2024.1.1~ 2025.12.31
직무 내용	건축설계 내용을 시공자에게 정확히 전달하기 위하여 CAD 및 건축 컴퓨터그래픽 작업으로 건축설계에서 의도하는 바를 시각화하는 직무 수행						
필기검정방법	객관식	문제수	60	시험시간	1시간		

필기과목명	문제수	주요항목	세부항목
건축계획 및 제도, 건축구조, 건축재료	60	1. 건축계획일반의 이해	1. 건축계획과정
			2. 조형계획
			3. 건축환경계획
			4. 주거건축계획
		2. 건축설비의 이해	1. 급·배수 위생설비
			2. 냉·난방 및 공기조화설비
			3. 전기설비
			4. 가스 및 소화설비
			5. 정보 및 승강설비
		3. 건축제도의 이해	1. 제도규약
			2. 건축물의 묘사와 표현
			3. 건축설계도면
			4. 각 구조부의 제도
		4. 일반구조의 이해	1. 건축구조의 일반사항
			2. 건축물의 각 구조
		5. 구조시스템의 이해	1. 일반구조시스템
			2. 특수구조
		6. 건축재료일반의 이해	1. 건축재료의 발달
			2. 건축재료의 분류와 요구성능
			3. 건축재료의 일반적 성질
		7. 각종 건축재료 및 실내건축 재료의 특성, 용도, 규격에 관한 사항의 이해	1. 각종 건축재료의 특성, 용도, 규격에 관한 사항
			2. 각종 실내건축재료의 특성, 용도, 규격에 관한 사항

시험정보 – 전산응용건축제도기능사 필기

개요
건축설계 및 시공기술, 인테리어 일반에 대한 기초지식을 익히고 컴퓨터를 이용하여 쾌적하고 아름다운 공간창조의 바탕이 되는 도면을 작성할 수 있는 기능인력 양성을 목적으로 자격제도 제정

수행직무
건축사사무실이나 건설현장, 용역회사에서 건축사나 건축기사에 의해서 설계된 각종 건 축물의 기본설계도, 또는 계획설계도에 따라 컴퓨터를 사용하여 건축설계에서 의도하는 바를 현장에 필요한 도면으로 표현하는 업무 수행

진로 및 전망
건축설계사무소, 건축구조사무소, 건축설비사무소, 조경회사, 도시계획회사, 인테리어 회사, 환경설계회사, 특허법률사무소 등으로 진출할 수 있다. 컴퓨터를 이용한 제도가 보편화되고 이와 관련된 소프트웨어의 지속적인 개선과 보급으로 기존 수작업을 하던 제도사들이 급격 히 감소하고 CAD등의 제도용프로그램을 사용하는 전산응용제도사의 인력수요 증가예상

취득방법
① 시행처 : 한국산업인력공단
② 관련학과 : 실업계 고등학교의 건축과
③ 시험과목
  - 필기 : 1.건축계획 및 제도 2.건축구조 3.건축재료
  - 실기 : 전산응용건축제도작업
④ 검정방법
  - 필기 : 객관식 4지 택일형 60문항(60분)
  - 실기 : 작업형(4시간정도 내외)
⑤ 합격기준 – 100점 만점으로 60점 이상 득점자

시험수수료
- 필기 : 14,500원
- 실기 : 21,000원

PART 01

건축계획일반

CHAPTER 01 ◆ 건축계획
CHAPTER 02 ◆ 조형계획
CHAPTER 03 ◆ 건축환경계획
CHAPTER 04 ◆ 주거건축계획

전 산 응 용 건 축 제 도 기 능 사

COMPLETION IN 3 MONTH

CRAFTSMAN COMPUTER AIDED ARCHITECTURAL DRAWING

전 산 응 용 건 축 제 도 기 능 사

01 건축계획
chapter

01 건축계획과 설계

1 기획

건축주(공사 발주자)가 직접 행하는 것으로 건설목적, 방향, 예산 등 건설의 모든 과정을 예측하는 일이다.

2 설계

건축가(건축 설계사)를 중심으로 행해지는 과정으로 기본설계와 실시설계로 이루어진다.

(1) 건축설계과정

기획(목표설정) – 자료수집 및 분석 – 조건파악 – 기본계획 – 기본설계 – 실시설계

3 시공

공사 시공업자에 의해 건물을 만드는 과정이다.

02 건축계획진행

1 건축계획의 원리

(1) 기능주의, 인본주의

합리적 목적과 휴머니즘 정신에 기초하여야 한다.

(2) 보건

자연조건 및 내·외부의 환경에 적합해야 한다.

(3) 구조 및 경제성

재료와 기술적 방법으로 구조적으로 계획하고 경제성 등을 합리적으로 결정해야 한다.

(4) 사회

이념, 제도, 관습 등에 따라 서로 다른 건축형태를 지니고 있어야 한다.

2 건축계획조건의 설정

(1) 건물의 용도

누구를 위해, 어떤 목적으로 지어지는 건물인지 파악한다.

(2) 사용상의 요구

건축주와 사용자의 요구를 파악하여 충족시켜야 한다.

(3) 규모 및 예산

요구되는 규모 및 예산과 균형을 이루어 산정해야 한다.

(4) 대지 조건

건물 형태의 전제조건으로 다음과 같다.

① 교통 및 공공시설의 유무
② 주변 발전예측 및 입지조건
③ 대지면적, 형상, 방위, 토질, 기후 등의 자연조건
④ 전기, 상하수도, 가스, 법규상황, 공해 상태 등을 확인

(5) 건설 시기 및 공기

03 건축공간

건축의 내부 및 외부 공간과 여러 건축물에 의해 구성되는 환경 및 건축물의 배치 문제를 포함한 포괄적 의미를 말한다.

1 물리적 공간

인간이나 물체 크기에 의해 결정되는 공간을 말한다.

2 심리적 공간

천장높이 등 인간이 느끼는 심리에 의해 결정되는 공간을 말한다.

3 생리적 공간

환기량 등 생리적 욕구에 의해 결정되는 공간을 말한다.

※ 인간은 건축공간을 조형적으로 인식한다.

4 모듈

건축물의 설계, 생산 등에 사용하는 기준 치수를 말한다.

(1) 종류

① **기본모듈** : 10cm로 하고 1M으로 표시한다.
② **복합모듈**
  ㉠ 20cm : 2M으로 표시하며 건물의 수직(높이)방향의 기준이 된다.
  ㉡ 30cm : 3M으로 표시하며 건물의 수평(길이)방향의 기준이 된다.
③ **모듈러**
  ㉠ 르 꼬르뷔제(Le Corbusier, 1887~1965)에 의해 창안된 비례개념으로 황금비를 바탕으로 한 모듈체계를 말한다.
  ㉡ 미학적 원리보다 경제적 공업생산을 목적으로 한 것이다.
※ 모듈은 정수비로 관계를 나타내며, 모듈러는 황금비를 기준으로 나타낸다.

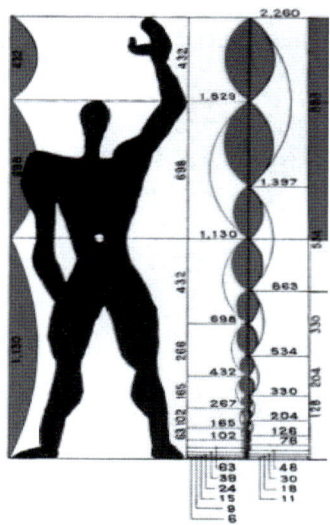

르 꼬르뷔제의 모듈러

(2) 척도조정(M.C)

모듈을 이용하여 건축물에 사용되는 재료를 규격화하는 것을 말하며, 특징은 다음과 같다.
① 설계작업이 단순해지고 간단해진다.
② 대량생산이 가능하고 생산비용이 낮아진다.
③ 현장작업이 단순해지고 공기가 단축된다.

04 건축법의 이해

1 대지

지적법에 의하여 각 필지로 구획된 토지를 말하며, 하나의 건축물을 그 필지 이상에 걸쳐 건축할 때는 그 건축물이 건축되는 모든 필지의 최 외곽선으로 구획된 토지를 대지라 한다.

2 건축물

(1) 건축물은 토지에 정착하는 공작물 중 지붕과 기둥 또는 벽이 있는 것과 이에 부수되는 시설물, 지하 또는 고가의 공작물에 설치하는 사무소·공연장·점포·차고·창고 등을 말한다.

(2) 건축법에서 정하는 건축물은 용도에 따라 분류하고 종류는 다음과 같다.
① 주택
  ㉠ 단독주택 : 단독주택, 다중주택, 다가구주택, 공관
  ㉡ 공동주택 : 아파트, 연립주택, 다세대주택, 기숙사
② 제1종 근린생활시설 : 슈퍼마켓과 일용품의 소매점, 휴게음식점·제과점, 이용원·미용원·일반목욕장 및 세탁소
③ 제2종 근린생활시설 : 일반음식점·기원, 휴게음식점·제과점으로써 제1종 근린생활시설에 해당하지 아니하는 것, 서점, 테니스장·체력단련장·에어로빅장·볼링장·당구장·실내낚시터·골프연습장
④ 문화 및 집회시설, 의료시설, 교육연구 및 복지시설, 운동시설, 숙박시설, 위락시설, 공장 등이 있다.

3 지하층

① 건축물의 바닥이 지표면 아래에 있는 층으로써 바닥에서 지표면까지 평균높이가 해당 층 높이의 2분의 1 이상인 것을 말한다.

② 지하층을 두는 건축물은 지하층과 피난층 사이에 개방공간을 설치해야 하고, 방화구획을 설치해야 하며, 주요 구조부는 내화구조로 해야 하며, 면적 등의 산정방법을 다르게 하는 등의 규제가 있다.

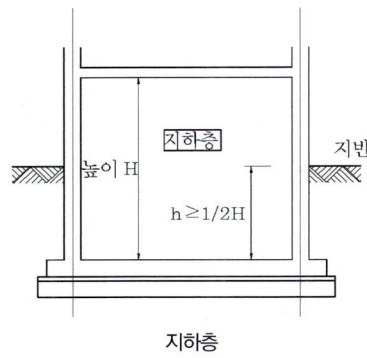

지하층

4 건축의 주요 구조부

① 내력벽, 기둥, 바닥, 보, 지붕틀 및 주계단을 말한다.
② 다만, 사이기둥, 최하층 바닥, 작은 보, 차양, 옥외계단 기타 이와 유사한 것으로 건축물의 구조상 중요하지 아니한 부분을 제외한다.

5 면적, 높이, 층수의 산정

(1) 대지면적

대지의 수평투영면적으로 한다.

(2) 건축면적

건축물의 외벽(외벽이 없는 경우에는 외곽부분의 기둥으로 한다.)의 중심선으로 둘러싸인 부분의 수평투영면적을 말한다.

※ 건폐율 = $\dfrac{건축면적}{대지면적} \times 100\%$

(3) 바닥면적

건축물의 각 층 또는 그 일부로써 벽, 기둥 기타 이와 유사한 구획의 중심선으로 둘러싸인 부분의 수평투영면적으로 한다.

(4) 연면적

하나의 건축물의 각 층의 바닥면적의 합계로 하며, 용적률 산출 시 지하층의 면적, 지상층의 주차용으로 쓰는 면적은 제외한다.

※ 용적률 = $\dfrac{연면적}{대지면적} \times 100\%$

(5) 건축물의 높이

지표면으로부터 당해 건축물의 상단까지의 높이를 말한다.

(6) 층고

바닥면으로부터 윗층 바닥윗면까지의 높이를 말한다. 다만, 동일한 층의 높이가 다른 부분이 있는 경우에는 그 각 부분의 높이에 따른 면적에 따라 가중 평균한 높이로 한다.

(7) 층수

① 층의 구분이 명확하지 않은 건축물은 건축물의 높이 4m마다 하나의 층으로 산정하고, 건축물의 부분에 따라 그 층수를 달리하는 경우에는 그 중 가장 많은 층수로 한다.

② 지하층은 건축물의 층수에 산입하지 않는다.
③ 승강기탑, 계단탑, 옥탑 건축물은 그 수평투영면적의 합계가 해당 건축물 건축면적의 1/8초과 시 층수에 가산된다.

6 건축의 행위(건축법의 건축)

(1) 신축
① 기존 건축물이 철거되거나 멸실된 대지를 포함하여 건축물이 없는 대지에 새로 건축물을 축조하는 것을 말한다.
② 다만 부속건축물만 있는 대지에 새로 주된 건축물을 축조하는 것을 포함하되, 개축 또는 재축하는 것은 제외한다.

(2) 증축
① 기존건축물이 있는 대지에서 건축물의 건축면적, 연면적, 층수 또는 높이를 늘리는 것을 말한다.
② 바닥면적의 합계가 $85m^2$를 초과하는 부분에 대한 증축에 해당하는 변경 사유에는 허가를 받고 신고를 해야 하며 $85m^2$ 이하의 변경은 신고만으로도 가능하다.
③ 또한 건축물의 동수나 층수를 변경하지 아니하면서 변경되는 부분의 바닥 면적의 합계가 $50m^2$ 이하인 경우, 동수나 층수를 변경하지 아니하면서 변경되는 부분이 연면적 합계의 10분의 1 이하인 경우, 대수선에 해당하는 경우, 건축물의 층수를 변경하지 아니하면서 변경되는 부분의 높이가 1미터 이하이거나 전체 높이의 10분의 1 이하인 경우, 허가를 받거나 신고를 하고 건축 중인 부분의 위치가 1미터 이내에서 변경되는 경우에는 신고만으로도 증축이 가능하다.

(3) 개축
기존 건축물의 전부 또는 일부(내력벽·기둥·보·지붕틀 중 셋 이상이 포함되는 경우를 말함)를 철거하고 그 대지에 종전과 같은 규모의 건축물을 다시 축조하는 것을 말한다.

(4) 재축
건축물이 천재지변이나 그 밖의 재해로 멸실된 경우 그 대지에 종전과 같은 규모의 범위에서 다시 축조하는 것을 말한다.

(5) 이전
주요 구조부를 해체하지 아니하고 동일한 대지 내에서 건축물의 위치를 옮기는 행위를 말한다.

7 대수선

① 건축물의 기둥, 보, 내력벽, 주 계단 등의 구조나 외부 형태를 수선·변경하거나 증설하는 것으로 증축·개축 또는 재축에 해당하지 않는 것으로써 대통령령으로 정하는 것을 말한다.
② 대통령령으로 정하는 것이란 다음의 어느 하나에 해당하는 것으로써 증축, 개축 또는 재축에 해당하지 아니하는 것을 말한다.
  ㉠ 내력벽을 증설 또는 해체하거나 그 벽 면적을 30m2 이상 수선 또는 변경하는 것.

ⓛ 기둥을 증설 또는 해체하거나 3개 이상 수선 또는 변경하는 것.
ⓒ 보를 증설 또는 해체하거나 3개 이상 수선 또는 변경하는 것.
ⓔ 지붕틀을 증설 또는 해체하거나 3개 이상 수선 또는 변경하는 것.
ⓜ 방화벽 또는 방화구획을 위한 바닥 또는 벽을 증설 또는 해체하거나 수선 또는 변경하는 것.
ⓗ 주 계단·피난계단 또는 특별피난계단을 증설 또는 해체하거나 수선 또는 변경하는 것.
ⓢ 미관지구에서 건축물의 외부형태(담장을 포함)를 변경하는 것.
ⓞ 다가구주택의 가구 간 경계 벽 또는 다세대주택의 세대 간 경계 벽을 증설 또는 해체하거나 수선 또는 변경하는 것.
③ **리모델링** : 건축물의 노후화를 억제하거나 기능향상 등을 위하여 대수선하거나 일부 증축하는 행위를 말한다.

8 건축설비

건축물에 설치하는 전기·전화설비, 초고속 정보통신 설비, 지능형 홈 네트워크 설비, 가스·급수·배수·환기·난방·소화·배연 및 오물처리의 설비, 굴뚝, 승강기, 피뢰침, 국기게양대, 공동시청 안테나, 유선방송 수신시설, 우편함, 저수조, 그 밖에 국토해양부령으로 정하는 설비를 말한다.

9 도로

보행 및 자동차 통행이 가능한 너비 4m 이상의 도로를 말한다.

10 건축선

도로와 접한 부분에 있어 대지에 건축물을 건축할 수 있는 한계선을 말하며, 원칙적으로 대지와 도로의 경계선으로 한다.

01 건축계획 예상문제

Chapter 01 건축계획 예상문제

01 건축물을 만드는 과정을 3단계를 구분할 때, 가장 알맞게 나열된 것은?

① 기획 → 제작 → 시공
② 기획 → 설계 → 시공
③ 설계 → 착공 → 완공
④ 설계 → 시공 → 입주

02 다음의 대규모의 건축물이나 복잡한 공공건축물 등에 대한 기능 분석 중 가장 선행되어져야 하는 것은?

① 현상의 기술
② 다른 사례, 문헌의 검토
③ 현상의 조사 관찰
④ 현상의 조건 또는 원인이라고 생각되는 것을 조사

03 건축 설계시 가장 먼저 생각해야 할 사항은?

① 건물 외관
② 구조 계획
③ 시공 계획
④ 대지 및 주위 환경 분석

04 건물의 색채계획에서 가장 먼저 고려할 사항은?

① 마감재료의 내구성
② 주변과의 조화
③ 도색작업시간
④ 도료의 종류

05 다음의 건축공간에 대한 설명 중 옳지 않은 것은?

① 공간을 편리하게 이용하기 위해서는 실의 크기와 모양 높이 등이 적당해야 한다.
② 내부공간은 일반적으로 벽과 지붕으로 둘러싸인 건물 안쪽의 공간을 말한다.
③ 인간은 건축공간을 조형적으로 인식한다.
④ 외부공간은 자연 발생적인 것으로 인간에 의해 의도적으로 만들어지지 않는다.

> **TIP** 외부 공간은 인간에 의해 만들어짐(도로, 공원, 담장, …)

01 ② 02 ③ 03 ④ 04 ② 05 ④

06 건축법상 지적법에 의하여 각 필지로 구획된 토지를 무엇이라고 하는가?

① 개별필지   ② 대지
③ 사업부지   ④ 분할필지

- 필지
  소유주가 분명하고 지번(번지)이 확실한 토지를 필지라 한다.
- 대지
  각 필지로 구획된 토지

07 다음 중 대수선의 범위기준으로 옳지 않은 것은?

① 내력벽의 벽면적을 20m² 이상 수선 또는 변경하는 것
② 기둥을 3개 이상 수선 또는 변경하는 것
③ 보를 3개 이상 수선 또는 변경하는 것
④ 지붕틀을 3개 이상 수선 또는 변경하는 것

- 대수선
  건축물의 주요 구조부에 대한 수선 또는 변경의 경우와 건축물의 외부 형태의 변경으로써 구조안전상 위험할 정도의 수준으로 증·개축에 해당되지 않는 행위를 말한다.
- 내력벽의 벽면적을 30m² 이상 수선 또는 변경하는 것

08 단독주택의 종류에 속하지 않는 것은?

① 다중 주택   ② 다가구 주택
③ 다세대 주택   ④ 공관

- 단독주택
  공관, 다가구주택, 다중주택(상가주택)
- 다세주택(빌라)은 공동주택이다.

09 용적률 산정시 연면적에 제외되는 것은?

① 지상1층 주차장(당해 건축물의 부속용도)
② 지상1층 근린생활시설
③ 지상2층 사무실
④ 지상3층 병원

용적률 = $\dfrac{\text{연면적}}{\text{대지면적}}$

연면적의 산정에는 지하층의 면적을 산입하나 용적률 산정시에는 특히 지하 주차장일 경우에는 면적을 삽입하지 않는다. 지상주차장일 경우에도 해당된다.

02 chapter 조형계획

01 조형의 구성

1 조형의 요소

(1) 점

① 점은 위치를 나타내며, 한 개의 점은 방향, 면적, 길이, 폭, 깊이는 없고 공간에서 위치만 나타낸다.

② **점의 발생** : 선 및 호의 양단, 교차, 굴절, 면과의 교차로 인해 나타난다.

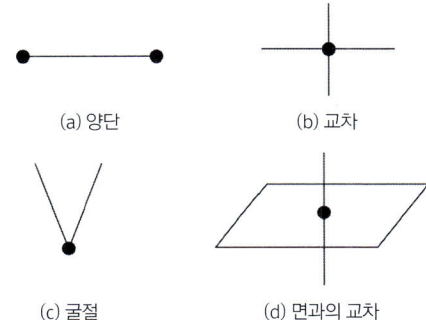

(a) 양단　　(b) 교차
(c) 굴절　　(d) 면과의 교차

③ 점과 점 사이의 시각적 인장력은 선으로 지각된다.

④ 점 사이가 가까우면 굵은 선으로, 멀수록 가는 선으로 지각된다.

⑤ 점은 시선을 집중시키며 그 힘은 점의 크기에 비례하며 시선은 큰 점에서 작은 점으로 이동한다.

⑥ 점은 형태의 모서리를 규정하며, 많은 점들을 근접시키면 면으로 지각된다.

⑦ 점 간격의 변화에 따라 집합, 분리효과가 있다.

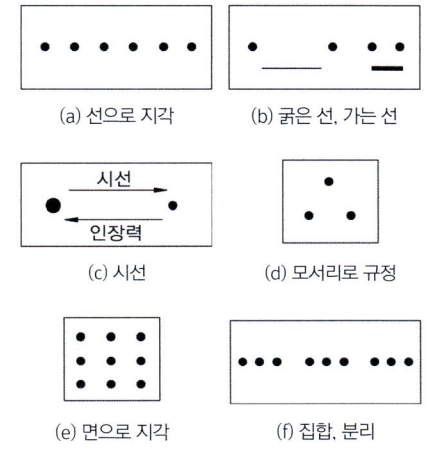

(a) 선으로 지각　　(b) 굵은 선, 가는 선
(c) 시선　　(d) 모서리로 규정
(e) 면으로 지각　　(f) 집합, 분리

(2) 선

① 선은 폭, 길이, 위치와 방향을 가지고 있다.

② 폭을 넓히면 면으로 이동되고 선은 길이에 따라 주요한 특성이 있어 길이가 축소되면 그 성질을 잃는다.

③ **선의 발생** : 점의 이동, 면의 한계, 면과 면의 교차, 면의 굴절로 인해 나타난다.

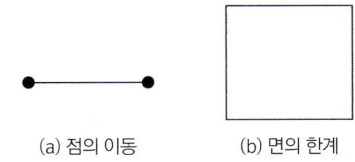

(a) 점의 이동　　(b) 면의 한계

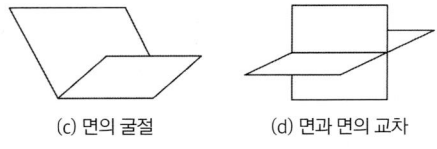

(c) 면의 굴절   (d) 면과 면의 교차

④ 선은 형상을 규정하며 면적을 분할한다.
⑤ 선의 조밀성 변화로 깊이를 느낄 수 있으며 지그재그, 곡선의 반복으로 부피나 무게의 느낌을 얻는다.
⑥ 많은 선들의 근접은 면으로 인지되며, 선의 끊김은 점으로 지각된다.

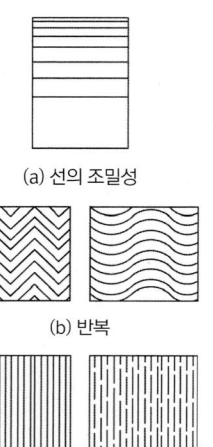

(a) 선의 조밀성

(b) 반복

(c) 근접, 끊김

⑦ **선의 종류**
  ㉠ 수평선 : 안정, 편안함, 고요함, 차분함을 나타낸다.
  ㉡ 수직선 : 상승, 긴장감, 위엄을 나타낸다.
  ㉢ 사선 : 불안정, 운동감, 활동성의 느낌을 나타낸다.
  ㉣ 곡선 : 여성적, 부드러움을 나타낸다.

(3) 면

① 면은 공간을 구성하는 기본단위이며, 공간 효과를 나타내는 중요한 요소이다. 선이 이동하면 면이 되며, 면은 길이와 폭을 가지며, 넓이는 있으나 두께는 없다.
② 적극적인 면은 점의 확대 및 선의 이동이나 폭의 확대 등에 의해서 성립된다. 또한, 종이나 판으로 입체화된 면이 만들어진다.
③ 소극적인 면은 점의 밀집이나 선의 집합, 선으로 둘러싸여 성립되며 입체화된 점 및 선에 의해서도 성립된다.
④ **면의 발생** : 선의 이동, 회전, 입체의 면, 공간의 경계 등으로 인해 나타난다.

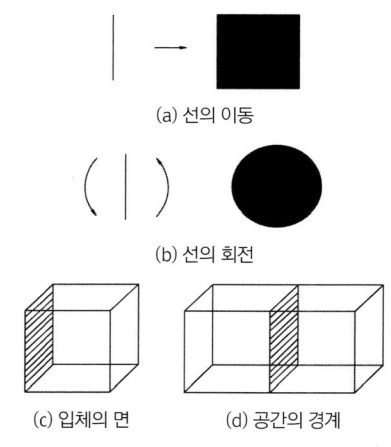

(a) 선의 이동

(b) 선의 회전

(c) 입체의 면   (d) 공간의 경계

⑤ 면이 쌓이면 입체가 되며, 면이 절단되면 새로운 면이 나타날 수 있다.

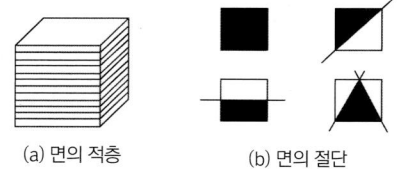

(a) 면의 적층   (b) 면의 절단

02 건축형태의 구성

1 통일성과 변화성

(1) 통일
① 각 요소들을 통일하여 하나의 형태로 보여 지는 것을 말한다.
② 너무 지나치면 단조롭게 된다.

(2) 변화
① 통일성의 단조로움을 벗어나기 위해 사용하는 것을 말한다.
② 통일성 내에서 조화롭게 이루어져야 한다.

2 균형과 비례

(1) 균형
① 인간의 주의력에 의해 감지되는 시각적 무게의 평형을 말하며, 구성체의 부분과 부분 및 전체 사이에 균형을 잡으면 쾌적한 감정을 준다.
② 기본 원리는 대칭이며, 일반적으로 큰 것, 거칠고 복잡하며 불규칙한 것, 사선보다는 수직, 수평선이 심리적으로 무거워 보인다.

(2) 비례
① 선, 면, 공간 등의 상호간 관계를 말한다.
② 동일한 1개 대상에서 부분과 부분, 부분과 전체의 대·소 관계를 말한다.
③ 직사각형 비례 : 황금비 직사각형, 루트 직사각형이 있다.

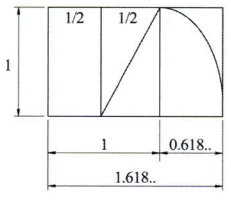
(a) 황금비 직사각형

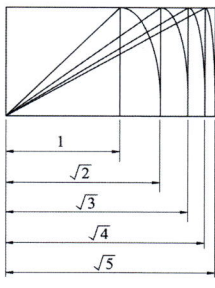
(b) 루트 직사각형

3 리듬과 조화

(1) 리듬
규칙적인 요소들의 시각적 질서를 부여하는 통제된 운동감을 나타나는 힘을 말하며, 반복, 점층, 억양 등이 있다.

(2) 조화
한 공간 내에서 서로 다른 부분과 부분 사이에 질서를 부여하는 것을 말하며, 비슷한 요소로 이루어지는 유사성과 상이한 요소를 배치하여 특징을 강조하는 대비가 있다.

03 색채계획

1 색의 종류

(1) 기본색
가장 기본이 되는 색으로 빨강(R), 노랑(Y), 파랑(B)을 말한다.

(2) 2차색

기본색을 혼합하여 만드는 색으로 주황색(R+Y), 녹색(Y+B), 보라색(B+R)을 말한다.

(3) 보색

서로 상반되어 색상대비를 이루는 것으로 색상환에서 서로 마주보는 색을 말하며, 빨강과 청록, 노랑과 남색 등을 말한다.

2 먼셀 표색계

물체 표면의 색 지각을 색상, 명도, 채도와 같은 색의 3속성에 따라 3차원 공간의 한 점에 대응시켜 세 방향으로 배열하되, 배열하는 방법은 지각적으로 고른 감도가 되도록 측도를 정한 것이다.

(1) 색상

차례로 배치된 색으로 빨강, 주황, 노랑, 녹색, 청색, 보라 등의 순서로 되어 있다.

(2) 명도

① 색의 밝고 어두움을 나타내는 것으로, 가장 어두운 색(0)부터 가장 밝은 색(10)을 말한다.
② 명시도에 가장 큰 영향을 끼친다.

(3) 채도

색의 선명함과 흐림을 나타내는 것으로, 무채색(0)부터 가장 채도가 높은 빨간색(14)을 말한다.
※ 일반적으로 같은 조건일 경우 면적이 크면 밝게 보이고 선명해 보인다.

3 색채효과

(1) 적색계열

난색이라고도 하며, 팽창, 전진, 동적인 느낌을 준다.(빨강, 노랑, 주황)

(2) 청색계열

한색이라고도 하며, 수축, 후퇴, 정적인 느낌을 준다.(파랑, 녹색, 자주)

4 색채계획

건축물의 색채계획을 할 경우 주변과의 조화를 가장 먼저 고려해야 하며, 실내에 색채 계획을 할 경우 명도가 낮을수록 낮은 곳에, 명도가 높을수록 높은 곳에 채색한다.

(1) 주택

반사율이 높을수록 높은 곳에 채색하며, 천장 > 벽 > 가구 > 걸레받이 > 바닥 순으로 한다.

(2) 학교

저학년일수록 난색계열, 고학년일 경우 사고력 증진을 위해 중성색 또는 한색계열을 사용한다.

(3) 병원

수술실 벽체의 채색은 녹색을 사용하여 빨간색과 식별이 용이하도록 한다.

02 조형계획 예상문제

01 먼셀 표색계에서 사용하는 10개의 기본 색상에 해당하지 않는 것은?

① 빨강　　　② 연두
③ 분홍　　　④ 보라

> TIP
> • 먼셀의 주 5색
>   R(빨강), Y(노랑), G(녹색), B(파랑), P(보라)
> • 먼셀의 주 10색
>   주 5색 + YR(주황), GY(연두), BG(청록), PB(남색), RP(자주)

02 디자인의 기본원리 중 성질이나 질량이 전혀 다른 둘 이상의 것이 동일한 공간에 배열될 때 서로의 특질을 한층 돋보이게 하는 현상은?

① 대비　　　② 통일
③ 리듬　　　④ 강조

> TIP
> • 대비
>   서로 다른 부분의 결합에 의하여 이루어지는 것이며, 시각적 힘의 강약에 의한 형태 감정의 효과로 볼 수 있다. 대비는 전혀 대조적인 성격을 가지고 있으면서, 극히 개성적이고 강한 형태의 감정을 느끼게 한다.

• 통일
  부분과 부분 또는 부분과 전체의 관계에서 시각적인 힘의 정리를 의미한다. 유사성, 동질성으로 안정감을 주나 지나치면 지루하다.

• 리듬
  분과 부분사이에 시각적인 강한 힘과 약한 힘이 규칙적으로 연속할 때 나타난다. 이와 같은 동적인 질서는 활기찬 표정으로 나타내고, 쾌적한 형태 감정을 준다.(반복, 점층, 억양)

03 건축형태의 구성원리 중 건축물에서 공통되는 요소에 의해 전체를 일관되게 보이도록 하는 것은?

① 리듬　　　② 통일
③ 대칭　　　④ 조화

> TIP 2번 참조

04 색의 3요소 중 무게감에 가장 많은 영향을 미치는 것은?

① 명도　　　② 채도
③ 색상　　　④ 농도

01 ③　02 ①　03 ②　04 ①

💡 색에 따라서 무게감이 달라 보이는데 일반적으로 밝은색은 가볍고 어두운 색은 무겁게 느껴지는데 이는 주로 색의 명도와 관계된다.

- 색의 3속성
  ① 색상(hue, 기호 H) : 색깔을 분류한 것
  ② 명도(value, 기호 V) : 색의 밝고 어두운 정도의 차이(0(검정) → 10번(흰색)) : 11단계
  ③ 채도(chroma, 기호 C) : 색의 선명하고 탁한 정도 (1 → 14) : 14단계 보통 무채색을 0으로 하고 14인 것은 채도가 가장 높은 빨강색으로 한다.

∴ 우리나라에서는 먼셀 표색계가 가장 많이 쓰이는데 색상, 명도, 채도의 순서로 기호를 나열하여 사용한다.

∴ 주5색 : R, Y, G, B, P
기본색 : R, Y, G, B, P, YR, GY, BG, PB, RP : 10색
색상환 : 20색
전체색 : 100색

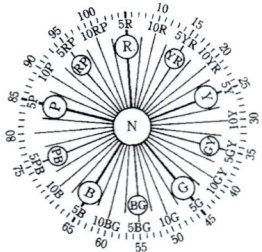

[예] 빨간색은 R이고 명도가 4, 채도가 14이다.
표시방법은 H V/C ⇒ 5R 4/14

05 동적이고 불안정한 느낌을 주나 건축에 강한 표정을 줄 수 있는 조형 요소는?

① 곡선 ② 수평선
③ 수직선 ④ 사선

💡
- 곡선
  여성적인 느낌
- 수평선
  안락함, 평화, 고요
- 수직선
  상승감, 존엄, 숭고, 엄숙(종교적인 건축물)

06 다음 중 수평선에 관한 설명으로 적당하지 않은 것은?

① 안정되고 침착한 느낌을 준다.
② 평화스럽고 조용한 느낌이다.
③ 구조적인 높이와 존엄성을 느끼게 한다.
④ 영원, 확대, 무한의 느낌을 준다.

💡 5번 참조

07 다음 색채 계획 중 가장 부적당한 것은?

① 교실의 벽 - 담록색
② 수영풀 수조 내부 - 녹색
③ 암실 - 흑색
④ 병원의 수술실 - 백색

💡 병원의 수술실은 환자의 안정과 의사의 눈의 피로를 줄이기 위해서 녹색으로 계획한다.

05 ④ 06 ③ 07 ④

08 다음 중 색채가 가지는 느낌을 잘못 설명한 것은?

① 면적이 큰 색은 밝게 보이고 채도가 높아 보인다.

② 채도가 높으면 진출, 낮으면 후퇴해 보인다.

③ 보는 사람에 따라서는 일반적으로 좋아하는 색, 유쾌한 색은 가볍게 느껴지는 것이 보통이다.

④ 명도가 높은 것은 멀리 있는 것처럼 보인다.

> **TIP** 명도가 높은 것은 가깝게, 낮은 색은 멀리 있는 것처럼 보인다.

08 ④

03 건축환경계획

01 자연환경

1 기온

공기의 온도를 말하며 기온은 조건에 따라 달라지기 때문에 실외, 실내, 상공 등과 같이 장소를 나타내어 표현한다.

(1) 일교차

하루 중 최고기온과 최저기온의 차이를 말하며, 맑은 날과 내륙, 고위도 지역의 일교차가 크다.

(2) 월평균기온

월 중 나타난 온도의 평균으로 기본적 기후조건을 나타낸다.

2 습도

공기 가운데 포함되어 있는 수증기의 양의 정도이다.

(1) 상대습도

① 공기 중의 포함된 실제 수증기량과 공기가 최대로 포함할 수 있는 수증기량(포화수증기량)의 비를 말하며, 퍼센트(%)로 나타낸다.
② 기온이 높으면 상대습도는 낮고, 기온이 낮으면 상대습도는 높다.

(2) 절대습도

① 공기 1kg 중에 포함된 수증기의 양을 나타낸다.
② 공기를 가열하거나 냉각해도 수증기의 양은 변화가 없다.

(3) 포화습도

일정량의 공기 중에 포함될 수 있는 수증기의 한계치를 나타낸다.

3 일조

태양에서 나오는 빛이 들어오는 것을 의미한다.

(1) 일조시수

태양이 구름이나 안개 등에 의해 가려지지 않고 일조된 시간을 말한다.

(2) 주간시수

일출에서 일몰까지의 시간을 말하며 가조시수라고도 한다.

(3) 일조율

$$일조율 = \frac{일조시수}{주간시수} \times 100\%$$

02 열 환경

1 열 환경과 체감

(1) 열 환경의 4요소(온열 요소)

기온, 습도, 기류, 주위 벽의 복사열

※ 기온은 열적쾌감에 큰 영향을 끼치는 요소이며, 습도는 상대습도를 말한다. 또한, 기류의 속도는 0.25 ~ 0.5m/s 정도이며, 복사열은 기온 다음으로 열 환경에 큰 영향을 미친다.

(2) 쾌적지표

① **실험 지표**
유효온도(감각온도, 실감온도, 체감온도, ET) : 온도, 습도, 기류
② **이론 지표**
불쾌지수 : 기상상태로 인하여 인간이 느끼는 불쾌감의 정도를 나타낸다.

2 전열(열의 이동방법)

온도 차에 의해 열이 전달 또는 이동이 되는 것을 말한다.

(1) 전도

고체 또는 유체(공기, 물)에서 열의 흐름을 말한다.

(2) 대류

유체(공기, 물)가 따뜻해져 상승하고, 차가워진 유체는 하강하여 열이 전달되는 이동에 의한 형태를 말한다.

(3) 복사

전자파에 의해 열이 전달되는 것을 말하며 공기 및 진공상태에서도 발생한다.

(4) 건물 내 전열과정

① **열전달** : 고체 벽과 접하는 공기층과의 전열현상으로, 전도, 대류, 복사의 종합적 효과이다.
② **열전도**
　㉠ 고온에서 저온으로 열이 이동하는 현상을 말한다.
　㉡ 열전도율 : 물체의 고유성질로 전도에 의한 열의 이동 정도를 표시한다. ($\lambda = W/m \cdot k$)
③ **열관류** : 벽체 등으로 격리된 공간에서 다른 공간으로 전열(열이 전해지는)되는 현상이다. ($K = W/m^2 \cdot k$)

3 결로

(1) 발생원인

① 실·내외의 온도차(온도차가 클수록 많이 발생)
② 실내 습기의 과다 발생(가정 내부에서의 조리, 세탁 등)
③ 생활 습관에 의한 환기부족
④ 구조재의 열적 특성(단열이 어려운 기둥, 보 등)
⑤ 시공불량
⑥ 시공직후의 미 건조 상태에 따른 결로

(2) 결로의 종류

① **표면결로** : 벽, 천장, 바닥, 유리 등의 표면온도가 접촉하는 공기의 노점온도보다 낮을 때 결로가 발생한다.

② **내부결로** : 벽체 내의 수증기가 응결되는 것을 말한다.
③ **결로 방지법**
  ㉠ 환기계획을 세운다.
  ㉡ 난방에 의한 수증기 발생을 제한한다.
  ㉢ 부엌, 욕실에서 발생하는 수증기를 외부로 빼낸다.
  ㉣ 가능한 실내에 저온부분을 만들지 말아야 한다.
  ㉤ 벽체의 표면온도를 공기의 노점온도보다 높게 한다.
  ㉥ 실내벽면을 방습재료로 마감한다.

03 공기환경

1 실내공기

(1) 실내공기의 오염원인
  ① 재실자의 호흡으로 산소(O_2)의 감소, 이산화탄소의 증가(CO_2)
  ② 먼지 및 각종 세균

(2) 실내공기 기준
  ① 이산화탄소 : 1000ppm 이하
  ② 일산화탄소 : 10ppm 이하
  ※ 이산화탄소는 실내공기의 오염 측정 척도(실내환기척도)로 사용한다.

2 환기계획

(1) 환기량

$$n = Q/V \quad \begin{matrix} Q : 외기량 \\ V : 실의 체적 \end{matrix}$$

(2) 기준
  ① 개구부의 면적은 환기를 위해 바닥면적의 1/20 이상으로 한다.(기계환기의 경우 제외)
  ② 1인당 최소 20m^3/h의 환기량이 요구된다.

3 환기방식

(1) 자연환기
  ① **풍력환기** : 바람 등에 의해 환기하는 방식으로 개구부 위치에 따라 차이가 크다.
  ② **중력환기**
    ㉠ 실·내외의 온도차에 의해 환기하는 방식이다.
    ㉡ 일정한 환기량을 유지할 수 없다.

(2) 기계환기
  ① **중앙식** : 한 장소에서 환기조작을 하여 외기 혹은 실내공기를 각 실에 보내어 환기하는 방식을 말한다.
    ㉠ 1종 환기 : 기계급기 → 기계배기 (병용식)
    ㉡ 2종 환기 : 기계급기 → 자연배기 (압입식)
    ㉢ 3종 환기 : 자연급기 → 기계배기 (흡출식)
  ② **개별식** : 각 실에 소형 급기구를 설치하여 각 실을 임의로 환기하는 방식을 말한다.

04 음 환경

1 음의 기본성질

(1) 음의 높이(고저)

음의 대소, 물리적으로 진동의 크기이다. 주파수, 저음~고음 등 청각의 성질이다.

(2) 음의 세기(강약)

음압에 따른 성질이며, 음압 레벨의 단위로 데시벨(dB)을 사용한다.

(3) 음의 크기

감각적 음의 크기를 나타내는 양으로 단위는 폰(Phon)을 사용한다.

(4) 음의 전파

① **회절** : 진행 중인 음이 장애물에 부딪힐 경우 파동이 직진하지 않고 돌아가는 현상이다.
② **굴절** : 밀도가 다른 면에 파동이 부딪힐 때 일부는 반사되고 일부는 굴절하는 현상을 말한다.
③ **간섭** : 2개 이상의 음파가 서로에게 강화 또는 약화 시키는 현상이다.
④ **반향(Echo)** : 진동수가 조금 다른 두 음의 간섭에 의해 생기는 현상이다.
  ㉠ 에코
    ⓐ 직접음이 들린 후 반사음이 들리는 현상을 말한다.
    ⓑ 직접음과 반사음의 시간차가 1/20초 이상일 때, 즉 경로차 17m 이상일 때 발생한다.
⑤ **공명** : 진동체의 진동수와 같은 다른 물체의 진동과 일치되어 음을 내는 현상이다.
⑥ **잔향**
  ㉠ 음을 중지했음에도 음이 없어지지 않고 남아 있는 현상을 말한다.
  ㉡ 실 용적에 비례하고, 흡음률에 반비례한다.
  ㉢ 잔향시간
    ⓐ 실내 음을 중지시킨 후 실내음의 에너지가 백만분의 일, 60dB 감소하는데 걸리는 시간을 말한다.
    ⓑ 잔향시간의 요소 : 실용적, 실내 표면적, 실의 흡음률

05 빛 환경

1 자연채광

(1) 측광채광

벽의 측에 설치하여 채광하는 방식이다.

① **장점**
  ㉠ 시공과 구조가 간단하고, 조작이 쉬우며, 유지관리가 쉽다.
  ㉡ 통풍 및 차열에 유리하다.
② **단점**
  ㉠ 조도분포가 불균일하여 안 깊이에 제한을 받는다.
  ㉡ 주변 상황에 영향을 받으며, 전시실 채광에는 가장 불리하다.

(2) 천창채광

지붕면에 수평으로 설치하여 채광하는 방식이다.

① **장점**
  ㉠ 채광량이 많고 조도가 균등하다.
  ㉡ 주변 상황에 따른 영향을 거의 받지 않는다.
② **단점**
  ㉠ 우수(雨水)에 따른 정교하고 세밀한 시공을 필요로 한다.
  ㉡ 조작 및 통풍, 차열에 불리하다.
③ **정측창채광** : 천창과 측창의 장점을 이용하여 채광하는 방식이다.

2 인공조명

(1) 장점
① 빛의 강도와 색 분포 조절이 쉽다.
② 계획상 많은 가능성을 제시한다.

(2) 단점
① 효과가 단조롭다.
② 자연조명에 비해 인체의 민감도가 떨어진다.
③ 균일한 조명이 어렵고, 조명의 콘트라스트(contrast)를 분포시키기 어렵다.

(3) 조명방식
① **직접조명** : 조명 효율이 좋고 조도가 높으나, 그림자가 생기고 쾌적감이 없다.
② **간접조명** : 그림자를 만들지 않아 좋으나, 단독 사용 시 상품을 강조하는데 효과적이지 못하다.
③ **전반조명** : 실 전체를 확산성이 좋은 조명기구를 사용하여 균일조도를 목적으로 한다.(공장, 사무실, 교실)
④ **반 직접조명** : 방사된 빛의 60~90%는 아래, 나머지는 위로 오게 하는 방식으로 작업면의 조도를 증가 시킨다.(상점, 주택, 사무실, 교실)
⑤ **반 간접조명** : 방사된 빛의 60~90%는 위, 나머지는 아래로 오게 하는 방식으로 부드럽고 아늑한 느낌이다.(세밀한 일을 오래 하는 장소)
⑥ **건축화 조명**
  ㉠ 조명기구에 의한 조명방식이 아닌 벽, 천장, 기둥 등에 조명 기구를 붙여 건물 내부와 일체로 조명하는 방식이다.
  ㉡ 광천장 조명, 코브 조명, 코니스 조명, 밸런스 조명 등이 있다.
⑦ **국부조명(스포트라이트)** : 배열을 바꾸는 것을 고려하여 자유롭게 수량, 방향, 위치를 변경할 수 있도록 한다.
⑧ **조명설계순서** : 소요조도결정 – 광원선택 – 조명기구 선택 – 조명기구 배치 – 검토

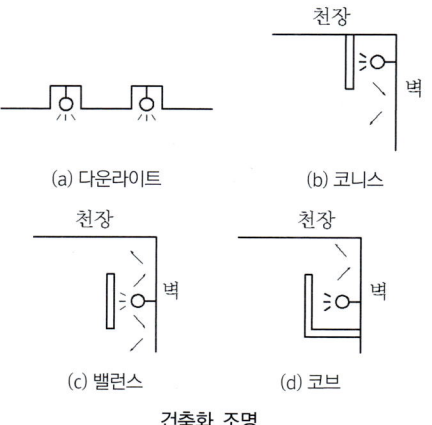

건축화 조명

03 건축환경계획 예상문제

01
온도, 습도, 기류의 3요소를 어느 범위 내에서 여러 가지로 조합하면 인체의 온열감에 감각적인 효과를 나타낸다는 것과 가장 관계가 먼 것은?

① 실감온도
② 유효온도
③ 감각온도
④ 외기온도

TIP 실감온도(유효온도, 감각온도)

02
실내의 결로방지 방법 중 가장 효과가 적은 것은?

① 실내를 자주 환기시킨다.
② 건물 내부의 표면온도를 올리고, 실내 기온을 노점온도 이상으로 유지시킨다.
③ 실내의 수증기 발생을 억제한다.
④ 실내 벽면을 방수재료로 마무리한다.

TIP • 결로
습한 공기를 냉각시키면 결로점(이슬점)에 달하여 수증기는 물방울로 변하는데 이를 결로라 한다.

• 결로의 원인
① 실내·외의 온도차
② 환기의 불충분(실내에서 발생하는 수증기량의 증가)
③ 습기처리에 의한 시설 빈약
④ 충분히 건조되지 않은 새 건축물

• 결로되기 쉬운 곳
① 벽체의 열관류율이 작고 틈사이가 적은 건물
② 야간저온시
③ 북향벽 또는 최상층의 천장
④ 구조상 일부의 벽이 얇아질 경우

• 결로의 방지 대책
① 환기 철저
② 난방에 의한 수증기의 발생 제한
③ 실내에서 저온 부분을 될 수 있는 한 생기지 않도록 한다.
④ 실내 벽면은 방습재료로 마무리 한다.

03
다음 중 결로현상의 원인과 가장 관계가 먼 것은?

① 빈번한 환기
② 수증기량의 증가
③ 상대습도의 증가
④ 습기제거 시설의 미비

TIP 2번 참조

01 ④ 02 ④ 03 ①

04 실내 환기의 척도로 주로 이용되는 것은?

① 공기 중의 산소 농도
② 공기 중의 아황산가스 농도
③ 공기 중의 이산화탄소 농도
④ 공기 중의 질소 농도

> **TIP** 사람이 호흡을 할 때에는 이산화탄소를 발생시킨다. 이산화탄소가 많다는 것은 공기의 질이 나빠진 것이라고 생각되며 따라서 실내 공기 중의 이산화탄소의 농도를 오염의 척도로 삼는다.

05 건물의 남북 간의 인동간격을 결정할 때 하루 동안에 필요한 최소한도의 4시간 일조를 얻기 위해서는 어느 때 일영곡선을 사용하는가?

① 춘분　　② 추분
③ 하지　　④ 동지

> **TIP**
> • 한 건물에 대하여 하루 동안에 필요한 최소한도의 4시간 일조를 얻기 위해서는 태양고도가 가장 낮은 동지의 일영곡선을 사용하여 건물의 간격을 결정한다.
> • 일영곡선
>   지평면상에 수직막대를 세워 햇빛을 받게 했을 때, 그 막대로 인하여 생기는 그림자를 일영이라 하며, 이 때 생기는 그늘의 선단을 연결한 선을 일영곡선이라 한다.

06 벽체의 단열에 대한 설명 중 옳지 않은 것은?

① 단열은 구조체를 통한 열손실방지와 보온역할을 한다.
② 열관류 저항값이 작을수록 단열 효과는 크다.
③ 열관류율이 클수록 단열성이 낮다.
④ 조적벽과 같은 중공 구조의 내부에 위치한 단열재는 난방시 실내 표면 온도를 신속히 올릴 수 있다.

> **TIP** 열관류 저항값이 작을수록 단열효과는 작다.

07 다음 중 열 환경의 4요소(온열 요소)에 속하지 않는 것은?

① 공기의 습도
② 공기 중의 산소의 함량
③ 공기의 온도
④ 주위 벽의 복사열

> **TIP** 열환경의 4요소
> 공기의 온도, 습도, 기류, 주위벽의 복사열

08 직접조명에 관한 기술 중 옳지 않은 것은?

① 작업면에서 높은 조도를 얻을 수 있다.
② 조명률이 좋고, 먼지에 의한 감광이 적다.
③ 실내 전체적으로 볼 때, 밝고 어두움의 차이가 거의 없다.
④ 설비비가 일반적으로 싸다.

TIP ③ 간접 조명에 대한 설명

[조명방식]

명칭	기구의 보기와 그 정의		
		상향광속(%)	하향광속(%)
직접 조명		0 ~ 0	90 ~ 100
반직접 조명		10 ~ 40	60 ~ 90
전반 확산 조명		40 ~ 60	40 ~ 60
특징	[장점] ① 조명률이 좋다. 먼지에 의한 감광이 적다. ② 벽, 천장의 반사율의 영향이 적다. ③ 자외선 조명을 할 수 있다. ④ 설비비가 일반적으로 싸다. ⑤ 비구, 전구의 손상이 적고, 유지, 배선이 쉽다. [단점] ① 글로브를 사용하지 않을 경우는 추한 조명으로 되기 쉽다. ② 기구의 선택을 잘못하면 눈부심을 준다. ③ 소요 전력이 크다.		

명칭	기구의 보기와 그 정의		
간접 조명		90~100	0~10
특징	[장·단점] 간접 조명과 간접 조명의 중간		

명칭	기구의 보기와 그 정의		
반간접 조명		60~90	10~40
특징	[장점] ① 조도가 가장 균일하다. ② 음영이 가장 적다. ③ 연직인 물건에 대한 조도가 가장 높다. [단점] ① 조명률이 가장 낮다.즉, 조명 효율이 나쁘다. ② 먼지에 의한 감광이 많으며, 천장면 마무리의 양부에 크게 영향을 준다. ③ 음기한 감을 주기 쉽다. ④ 물건에 입체감을 주지 않는다.		

08 ③

04 chapter 주거건축계획

01 주택계획과 분류

1 주택계획의 조건

(1) 편리성

각 실의 특징 및 사용자의 여건에 따라 개구부의 위치, 배열 및 동선에 주의하며, 각종 설비 및 전기 등을 설치해야 한다.

(2) 쾌적성

건강하고 쾌적한 생활을 유지하기 위해 온도, 습도, 채광 등이 조화롭게 이루어져야 한다.

(3) 가사노동의 절감

① 주부의 동선을 단축하고, 능률이 좋은 부엌시설과 기계화된 설비를 갖추어야 한다.
② 필요 이상의 넓은 주거는 지양하여 청소 등의 노력을 줄이도록 한다.
③ 주택설계 시 가장 큰 비중을 두어야 하며, 가장 중요하게 생각해야 할 사항이다.

(4) 문화생활 및 세대교류 조성

가족 구성원에 특징에 따라 다양한 공간을 계획하고, 구성원들이 함께 모여 대화 및 여가를 즐기도록 해야 한다.

(5) 개인생활의 독립성

가족 구성원의 성향을 고려하여 Privacy 확보는 반드시 필요하다.

(6) 좌식과 입식의 혼용

주택설계 시 전통주택의 좌식의 장점과 현대주택의 입식의 장점을 혼용하여 사용할 수 있도록 한다.

2 주택의 분류

(1) 집합형식에 따른 분류

① 단독주택 : 주택이 단층 또는 중층으로 구성된 건물을 말한다.
② 공동주택 : 여러 세대가 모여 구성된 중층 이상의 건물을 말한다.

(2) 기능 및 목적에 따른 분류

① 전용주택 : 주거 생활만을 위한 주택이다.
② 범용주택 : 주거 생활과 직업생활을 위한 목적을 위한 주택이다.

(3) 지역에 따른 분류

도시주택, 농·어촌주택, 전원주택 등으로 분류한다.

(4) 평면상 분류

① **편복도형** : 각 실의 한 쪽에 복도를 배치하여 각 실이 일렬로 배치되는 형태이다.
② **중복도형** : 건물의 중앙에 복도를 배치하여 각 실이 복도를 중심으로 양쪽에 배치되는 형태이다.
③ **회랑형** : 외측의 복도를 따라 각 실이 배치되는 환상형의 형태이다.
④ **중앙홀형** : 가운데의 홀을 접하면서 각 실이 배치되는 형태이다.
⑤ **중정형** : 건물의 중앙 부분에 정원(뜰)을 두어 배치하는 형태이다.
⑥ **코어형** : 건물을 구조적, 설비적, 평면적인 관점으로 집약시킨 형태이다.

(5) 입면상 분류

① **단층형** : 1층으로 구성된 건물을 의미한다.
② **중층형** : 2층 이상으로 구성된 건물의 형태를 말한다.
③ **스킵 플로어형** : 실의 바닥높이를 달리하여 반 층 정도씩 걸쳐있는 형태의 주택을 말한다.

(6) 주거양식에 의한 분류

한식주택과 양식주택으로 분류한다.

분류	한식주택	양식주택
평면상 차이	• 실의 조합형 • 위치별 실의 구분 • 실의 다용도 (혼용도)	• 실의 분리형 • 기능별 실의 구분 • 실의 단일용도 (독립적)
구조상 차이	• 가구식(목조) • 개구부가 크고 바닥이 높다.	• 조적식(벽돌) • 개구부가 작고 바닥이 낮다.
습관상 차이	• 좌식	• 입식
용도상 차이	• 방의 혼용	• 방의 단일용도

02 주거생활의 이해

1 주거

개인 및 가족 구성원의 기본적이고 인간적인 생활을 영위하고, 그 안에서 이루어지는 생활을 모두 포함한 장소를 주거라 한다.

(1) 주거의 기능

① **신체적 욕구**
　㉠ 의식주의 충족 및 각종 외부적 환경(비, 눈, 바람, 소음, 질병 등)을 막아준다.
　㉡ 외부(침입)로부터의 보호와 보건 및 재산 등을 보호한다.
② **심리적 욕구**
　㉠ 구성원의 친목 및 단란을 하며 자아생활과 여가를 충족한다.
　㉡ 이웃과의 교류 등을 통한 사회성을 높인다.

(2) 주거 공간

① **개인 공간** : 가족 구성원 각자의 사적인 생활을 위한 공간이다.(침실, 어린이 방, 서재, 작업실 등)

② 공동 공간 : 가족 구성원 모두 이용하며 생활하는 공간이다.(거실, 식당 등)
③ 가사 공간 : 가사노동을 위한 공간이다.(부엌, 세탁실 등)
④ 위생 공간 : 개인의 위생과 청결을 위한 생활공간이다.(화장실, 욕실)
※ 인체동작 공간
생활 행위에 따른 동작을 가능하게 하며, 주거 공간을 구성하는 가장 기본적인 공간을 말한다.

② 건물의 일조, 채광, 통풍, 방재, 소음방지 등을 고려한다.
③ 건물은 가능한 동·서로 긴 형태가 좋다.
④ 인접 대지에 건물이 없더라도 개발가능성을 고려한다.
⑤ 건물은 대지에 북측에 배치한다.

03 배치 및 평면계획

1 대지선정

(1) 자연적 조건
① 일조 및 통풍이 좋고 지반이 견고할 것.
② 전망이 좋고 조용하며 환경이 좋을 것.
③ 부지의 형태는 정형 또는 구형이며, 경사지의 구배는 1/10이하일 것.

(2) 사회적 조건
① 교통이 편리하고 통근거리가 좋을 것.
② 상·하수도, 전기 등 제반시설 등이 갖추어져 있어야 할 것.
③ 학교, 공공시설, 병원 등이 주변에 있을 것

※ 교통이 편리하게 간선도로와 접할 것(×)
- 소음과 매연 등의 문제로 적합하지 않다.

2 배치계획
① 인동간격을 충분히 고려하고 검토한다.

3 평면계획

(1) 공간의 지대별 계획(Zoning)
① 구성원끼리 유사한 것은 서로 접근시킨다.
② 시간적 요소가 같은 것끼리 서로 접근시킨다.
③ 유사한 요소는 서로 공용시킨다.
④ 상호간 요소가 다른 것은 격리시킨다.

(2) 동선 계획
① 동선의 원칙
㉠ 단순하고 명쾌하게 해야 하며, 빈도가 높은 동선은 짧게 한다.
㉡ 서로 다른 종류의 동선이나 차량, 사람의 동선 등은 가능한 한 분리시키고 필요이상의 교차는 피한다.
㉢ 개인권, 사회권, 가사노동권은 서로 독립성을 유지해야 한다.
㉣ 동선에는 공간(space)이 필요하다.
㉤ 속도가 빠른 동선은 통로의 너비를 넓게 하고 장애가 없게 한다.
㉥ 하중이 큰 가사노동은 남쪽에 오도록 하고, 짧게 한다.
㉦ 주택 내부동선은 외부조건과 배실설계에 따른 출입형태에 의해 1차적으로 결정된다.
② 동선의 3요소 : 속도, 빈도, 하중

(3) 방위 계획

각 방위의 성격

① **남쪽** : 여름에는 태양의 고도가 높아 빛이 실내까지 입사하지 않아 시원하며, 겨울에는 태양의 고도가 낮아 빛이 실내 깊숙한 곳까지 입사하여 따뜻하다. (식당, 아동방, 거실 등이 적당하다.)

② **동쪽** : 오전에는 태양의 입사가 깊다. 겨울의 오전은 입사가 깊어 따뜻하지만 오후에는 춥다. (침실, pantry 등이 적당하다.)

③ **서쪽** : 오후에 태양의 입사가 깊어 오후에는 덥다. (계단실, 욕실 등이 적당하다.)

④ **북쪽** : 태양의 입사가 없어 조도가 균일하며, 겨울에는 춥다. (작업실, 냉동실 등이 적당하다.)

※ 서향의 일사 방지 대책
- 창밖에 낙엽수를 둔다.
- 창에 수직 루버를 설치한다.
- 처마 끝에 발을 매단다.

04 단위 공간계획

1 거실(Living room)

주된 행위 개개의 복합적 기능 및 적합한 가구와 어느 정도의 활동성으로 고려한다.

(1) 거실의 기능 및 위치

① 가족의 휴식, 단란, 대화 등을 위한 가족생활의 중심이 되는 곳이다.
② 소 주택일 경우 서재, 응접, 리빙 키친으로 이용한다.
③ 남향이 가장 적당하며 일조, 통풍이 좋은 곳으로 한다.

(2) 거실 계획 시 고려사항

① 각 실을 연결하는 통로로 사용하여 실이 분할되지 않도록 한다.
② 동선 단축은 영향이 적으며 각 실의 중심이 아닌 주거의 중심이 돼야 한다.
③ 현관, 복도, 계단 등과 근접하되 직접 접하는 것은 피한다.

(3) 거실의 크기

① 1인당 바닥면적 : 최소 $4 \sim 6m^2$ 정도로 한다.
② 연면적의 30% 정도가 적당하다.
③ 가족 수, 주택규모, 가족구성, 생활방식 등에 따라 거실의 규모를 결정한다.

2 침실(Bed room)

주거공간 중 가장 사적인(= 폐쇄성)개인 생활공간으로 독립성과 기밀성이 유지돼야 한다.

(1) 침실의 기능 및 위치

① 도로 쪽을 피하고 정원에 면하는 것이 좋다.
② 현관에서 멀리 떨어진 곳으로 조용한 공지(space)에 면하게 하는 것이 좋다.
③ 남향 또는 동남향에 위치하며 통풍, 일조, 환기 등에 유리하도록 한다.
④ 독립성 확보에 있어서 출입문과 창문의 위치는 매우 중요하다.

(2) 침실의 분류

① 부부침실
  ㉠ 내실 또는 안방이라고도 하며 취침, 의류 수납, 갱의 등을 고려하며, 사실(私室)로써의 독립성이 확보되어야 한다.
  ㉡ 부부침실보다 노인침실과 아동침실이 낮에 많이 사용하므로 더 좋은 위치에 계획한다.

② 노인침실 : 일조가 충분하고 조용한 곳에 배치하며, 단차가 있는 바닥은 대비가 강한 색으로 계획한다.

③ 아동침실
  ㉠ 통풍, 채광이 좋고 수납공간을 많이 만들고 충분한 여유가 있도록 계획해야 한다.
  ㉡ 부모침실과 근접하는 곳에 위치하여 쉽게 감독할 수 있도록 한다.

(3) 침실의 크기

사용 인원수에 의한 공간의 크기, 가구 점유면적, 공간형태에 의한 심리적 작용.

3 부엌(Kitchen)

밝은 장소에 위치하고 옥외작업장(Service yard) 및 정원과 유기적으로 결합되게 한다.

(1) 부엌의 위치

① 남쪽 또는 동쪽 등 햇빛이 잘 들고 통풍이 잘 되는 곳이 좋다.
② 일사가 긴 서쪽은 피한다.

(2) 부엌의 크기

① 연면적의 8~12% 정도가 적당하다.
② 주택 규모가 클 경우 7% 이하도 가능하다.
③ 가족 수, 주택연면적, 평균 작업인 수, 작업대의 면적, 수납공간 등에 의해 부엌의 규모를 결정한다.

(3) 부엌의 작업순서

① **작업삼각형** : 냉장고, 개수대, 가열대를 잇는 작업삼각형이 좋으며, 길이는 360~660cm 정도로 한다.(평균 500cm)
② **작업대의 높이** : 75~85cm가 적당하다.

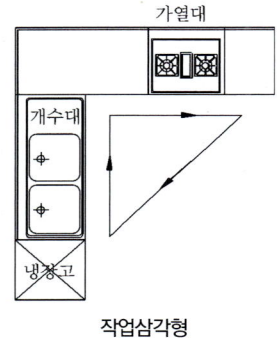

작업삼각형

(4) 부엌의 유형

① 직선형(일자형)
  ㉠ 동선과 배치가 간단한 평면형이지만 설비기구가 많을 경우 작업동선이 길어진다.
  ㉡ 소규모 주택에 적합하다.

② L자형(ㄱ자형)
  ㉠ 인접된 양면 벽에 L자형으로 배치하여 동선의 흐름이 자연스러운 형태이다.

ⓒ 작업동선이 효율적이며 여유 공간이 많이 남기 때문에, 식사실과 병용할 경우 적합하다.

③ 병렬형

㉠ 두 벽면을 따라 작업이 전개되는 전통적인 형태로 양쪽 벽면에 작업대를 마주보도록 배치한 형태이다.

ⓒ 직선형보다는 작업동선이 줄지만, 작업 시 몸을 앞뒤로 계속 바꿔야 한다.

④ U자형(ㄷ자형)

㉠ 인접한 3면의 벽에 배치하여 가장 편리하고 능률적이다.

ⓒ 평면계획상 외부로 통하는 출입구의 설치 곤란하며, 식탁과의 연결이 어렵다.

⑤ 부엌의 작업순서

준비 – 냉장고 – 개수대 – 조리대 – 가열대 – 배선대

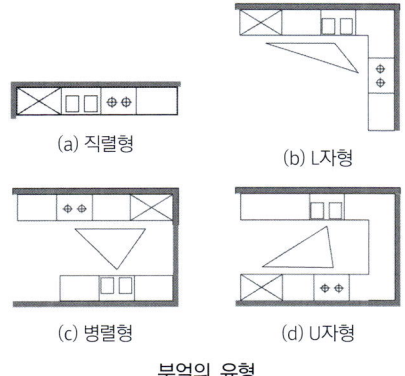

부엌의 유형

4 식당(Dining room)

(1) 식당의 위치

부엌과 거실의 중간 위치에 배치하는 것이 좋다.

(2) 식당의 구분

① 다이닝 키친(DK)

㉠ 부엌의 일부에 식사실을 두는 형식으로, 소규모 주택에 적합한 형식이다.

ⓒ 식사와 취침은 분리하지만, 단란은 취침하는 곳과 겹칠 수 있다.

ⓒ 공간활용도가 높고 주부의 동선이 단축된다.

② 리빙 다이닝(LD, Dining Alcove) : 거실의 일단에(한 부분에)식탁을 두는 형식으로, 보통 6 ~ 9m^{2}정도로 한다.

③ 리빙 키친(LDK)

㉠ 거실, 식사실, 부엌을 한 공간에 두는 형식으로, 중소형 아파트나 주택에 적합하다.(원룸 포함)

ⓒ 주부의 가사노동이 줄어들며 동선이 단축된다.

ⓒ 통로로 쓰이는 면적이 절약되어 다른 실의 면적이 넓어질 수 있다.

④ 다이닝 포치, 다이닝 테라스(Dining porch, Dinig terrace) : 여름 등 좋은 날씨에 포치나 테라스에서 식사하는 형식을 말한다.

(3) 식당의 크기

① 4인 가족의 경우 7.5m^2, 5인 가족일 경우 10m^{2}정도가 적당하다.

② 식탁의 크기 및 의자 배치상태, 가족수, 주변통로와의 여유 공간 등에 의해 식당의 규모를 결정한다.

5 현관(Entrance)

실내와 실외를 연결하는 중간적 성격의 통로를 말한다.

(1) 현관의 위치결정 요소

① 방위와는 무관하나 주택 규모가 클 경우 남측 또는 중앙에 위치하기도 한다.
② 현관에서 간단한 접객의 용무를 겸하는 외에는 불필요한 공간을 두지 않는다. (크게 두지 않는다)

(2) 현관의 크기

① 폭 : 120cm, 깊이 : 90cm
② 연면적의 7% 정도로 한다.
③ 현관의 바닥 차이는 10 ~ 20cm(평균 : 15cm) 정도로 한다.

6 복도(Corridor)

동선의 공간인 내부의 통로의 역할과 어린이 놀이공간 등으로 사용되는 곳을 말한다.

(1) 복도의 기능

① 선룸(Sun room) 및 방을 구분한다.
② 소규모 주택($50m^2$)에는 비경제적이다.

(2) 복도의 크기

① 폭 : 최소 90cm 이상이며, 일반적으로 110 ~ 120cm정도가 적당하다.
② 연면적의 10%정도로 한다.

7 계단(Stair)

건물의 상하를 연결하는 통로를 말하며, 주택의 계단은 가능한 작은 면적을 갖는 것이 좋다.

(1) 계단의 성질

① 실내계단은 현관이나 거실 가까이 근접하여 위치한다.
② 현관, 홀, 식당, 욕실, 화장실과 인접 배치한다.
③ 돌음계단은 일반적으로 긴 물건을 운반하기 곤란하다.
④ 경사가 완만할수록 올라가기가 편한 것은 아니다.

(2) 계단의 크기

① 길이 : 270cm정도가 적당하다.
② 법규상 : 단 높이 23cm이하, 단 너비 15cm 이상.
③ 폭 : 90 ~ 140cm의 범위 내에서 복도 폭과 연결시켜 105 ~ 120cm정도로 한다.

8 욕실(Bath room)

제한된 작은 공간에서 기능을 수행하면서 넓게 사용하는 공간사용의 극대화가 요구된다.

(1) 욕실의 위치 및 재료

① 침실과 가까운 곳에 배치하고, 설비 배관 상 부엌과 인접하면 좋다.
② 방수성, 방오성이 큰 재료를 사용해야 한다.
③ 천장은 약간 경사지게 계획한다.

(2) 화장실의 크기

최소 90cm×90cm정도가 적당하고, 양변기를 설치할 경우 80cm × 120cm 이상이면 된다.

05 단지계획

1 연립주택

1~2층으로 된 독립주택을 수평방향으로 연결시킨 주택으로 각 호별로 자기 대지를 갖고 있는 공동주택이다.

※ 공동주택
- 연립주택 : 4층 이하로써 동당 건축 연면적이 660m² 를 초과하는 주택.
- 다세대 주택 : 4층 이하로써 동당 건축 연면적이 660m² 이하인 주택.
- 아파트 : 5층 이상의 주택.

(1) 종류

① 테라스 하우스(Terrace house)
㉠ 경사지에 짓는 주택으로 적당한 절토 또는 자연 지형을 따라 건물을 만든다.
㉡ 각 호마다 전용의 뜰(정원)을 갖게 되며, 노인이 있는 세대에 적합하다.
㉢ 경사도에 따라 밀도가 좌우되며, 후면에 창이 없기 때문에 깊이는 6~7.5m 이하이다.
㉣ 경사지인 경우 도로를 중심으로 상향식과 하향식으로 구분한다.
㉤ 지형에 따라 자연형(경사지)테라스 하우스, 인공형(평지)테라스 하우스로 나뉘며, 인공형 테라스 하우스는 시각적 테라스형, 구조적 테라스형으로 구분한다.

② 타운 하우스(Town house)
㉠ 토지의 효율적인 이용 및 건설비, 유지관리비의 절약을 고려한 주택으로 단독주택의 장점을 최대한 활용하고 있다.
㉡ 각 호마다 주차가 용이하며 공동 주차공간은 불필요하다.
㉢ 배치를 다양하게 변화시킬 수 있으며, 프라이버시 확보는 조경을 통해 해결 가능하다.

③ 중정형 하우스(Courtyard, Patio, Atrium house) : 보통 한 세대가 한 층을 점유하는 주거형식으로 중정을 향해 L자형으로 둘러싸고 있다.

2 아파트

(1) 아파트의 성립요건

① 도시 인구밀도의 증가 및 도시 생활자의 이동
② 세대 인원의 감소
③ 도시의 평면적 확대
④ 도시의 지가(地價)상승
⑤ 대지비, 건축비, 유지비의 절약

(2) 아파트의 분류

① 평면형식상 분류
㉠ 계단실형(홀형)
ⓐ 계단 또는 엘리베이터에서 각 세대로 직접 출입하는 형식이다.
ⓑ 가장 독립성이 좋고(프라이버시가 좋다.)출입이 편하다.
ⓒ 동선이 짧고, 채광과 통풍이 양호하다.
ⓓ 좁은 대지에 절약형 주거가 가능하다.
ⓔ 통행부의 면적이 작아 건물의 이용도가 높다.

ⓕ 각 계단실마다 엘리베이터를 설치하게 되어 설비비가 많이 든다.
ⓖ 엘리베이터의 1대당 이용률이 복도형에 비해 적다.
ⓛ 편복도형
　ⓐ 동·서를 축으로 한쪽복도를 통해 각 주호로 출입하는 형식이다.
　ⓑ 복도가 개방형이라 통풍, 채광이 양호하다.
　ⓒ 각 세대의 방위를 동일하게 함으로써 거주성이 균일한 배치유형이 가능하다.
　ⓓ 엘리베이터가 직접 각 층에 연결되며, 복도를 통해 각 세대로 접근하기 때문에 엘리베이터 이용률이 높다.
　ⓔ 프라이버시는 집중형보다는 낫고, 계단실보다는 나쁘다.
ⓒ 중복도형
　ⓐ 부지의 이용률이 높다.
　ⓑ 프라이버시가 나쁘고 시끄럽다.
　ⓒ 통행부(복도)의 면적이 넓다.
　ⓓ 각 실의 조건이 불균등하다.
　ⓔ 독신자 아파트에 주로 사용한다.
ⓔ 집중형
　ⓐ 부지의 이용률이 가장 높아 많은 주호를 집중시킬 수 있다.
　ⓑ 각 세대에 시각적 개방감을 줄 수 있다.
　ⓒ 다른 주거 동에 미치는 일조의 영향이 적다.(동 간격이 넓다.)
　ⓓ 설비가 집중되므로 설비비가 감소된다.
　ⓔ 프라이버시가 극히 나쁘며, 채광, 통풍이 극히 불리하다.
　ⓕ 일조시간을 동일하게 확보할 수 없다.
　ⓖ 각 세대별 조망이 달라 각 실의 조건이 불균등하다.
　ⓗ 기후조건에 따라 기계적 환경조절(기계적 환기)이 필요하다.

② 입면형식상 분류
ⓛ 단층형(플랫형)
　ⓐ 주거 단위가 동일 층에 한하여 1층씩 구성되는 형식이다.
　ⓑ 평면구성의 제약이 적고 작은 면적에도 설계가 가능하다.
ⓛ 복층형(듀플렉스형, 메이조넷형)
　ⓐ 한 주호가 2개 층에 걸쳐 구성되는 형식이다.
　ⓑ 엘리베이터 정치층수가 적어 경제적이고 효율적이다.
　ⓒ 주택 내부의 공간에 변화가 있다.
　ⓓ 통로면적이 감소되고 전용면적이 증대된다.
　ⓔ 프라이버시가 좋고, 통풍 및 채광이 좋다.
　ⓕ 피난 상 불리하고, 소규모 주택에서는 비경제적이다.
ⓒ 스킵 플로어형 : 단층과 복층으로 서로 반 층씩 엇갈리게 하는 형식이다.
ⓔ 트리플렉스형 : 하나의 주거단위가 3개 층으로 구성된 형식이다.
※ 스킵 플로어형과 트리플렉스형의 장·단점은 복층형의 장·단점과 거의 흡사하다.

(3) 단지계획

공동주택에서의 인간의 활동과 구조물의 성격과 위치를 다룬다.

① **커뮤니티** : 도시의 발전으로 주거에 대한 편의는 좋아졌으나, 주변 환경의 쾌적함 저하 및 무질서한 팽창 등이 도시문제로 대두됨에 따라 이를 균형 있게 발전시키기 위한 개념이다. 공동, 근린과 같은 뜻으로 해석한다.

② **근린단위**
  ㉠ 인보구(20 ~ 40호, 200 ~ 800명)
    ⓐ 이웃과 가까운 친분이 유지되는 공간적 범위로써 반경 100 ~ 150m정도를 기준으로 한다.
    ⓑ 유아놀이터(어린이 놀이터)가 중심이다.
    ⓒ 아파트의 경우 3 ~ 4층, 1 ~ 2동이 여기에 해당된다.
  ㉡ 근린분구(400 ~ 500호, 3,000 ~ 5,000명)
    ⓐ 일상 소비 생활에 필요한 공동시설이 운영가능한 단위이다.
    ⓑ 소비시설(술집 등), 후생시설(공중목욕탕, 약국 등), 치안시설(파출소 등), 보육시설(유치원 등)이 있다.
  ㉢ 근린주구(1,600 ~ 2,000호, 10,000 ~ 20,000명)
    ⓐ 초등학교가 중심이며, 학교에서 주택까지 500 ~ 800m범위, 3 ~ 4개의 근린분구 집합체가 근린주구를 이룬다.
    ⓑ 동사무소, 소방서, 어린이 공원, 우체국 등이 있다.

※ 1단지 주택계획은 인보구 < 근린분구 < 근린주구

04 주거건축계획 예상문제

01 주택의 생활공간 중 공동의 공간에 속하지 않는 것은?

① 거실　　② 식사실
③ 서재　　④ 응접실

> TIP 서재는 개인적 공간이다.

02 다음의 부엌 계획에 대한 설명 중 옳지 않은 것은?

① 쾌적하고 능률적으로 작업할 수 있는 것은 물론 위생적인 측면에 유의를 하여야 한다.
② 작업 순서의 흐름 방향은 한쪽으로 한다.
③ 위치는 항상 쾌적하고, 일광에 의한 건조 소독을 할 수 있는 서쪽이 가장 좋다.
④ 부엌의 평면 형태 중 병렬형의 경우, 양쪽의 작업대 사이 간격이 너무 크면 좋지 않다.

> TIP 음식물 부패 방지를 위해서 서쪽은 피한다.

03 다음 중 주택 출입구에서 현관의 바닥면과 실내 바닥면의 높이차로 가장 알맞은 것은?

① 5cm　　② 15cm
③ 30cm　　④ 45cm

> TIP 현관 바닥면에서 실내 바닥면의 높이차는 10~20cm 정도로 하는 것이 좋다.

04 부엌의 평면계획시 작업과정에 따른 작업대의 배열이 가장 알맞은 것은?

① 개수대 - 조리대 - 가열대 - 배선대
② 조리대 - 가열대 - 배선대 - 개수대
③ 가열대 - 배선대 - 개수대 - 조리대
④ 배선대 - 개수대 - 가열대 - 조리대

05 주택계획에서 거실의 일부에 식탁을 꾸미는 것으로 보통 6~9m² 정도의 크기로 계획되는 것은?

① 다이닝 키친　　② 다이닝 앨코브
③ 리빙 키친　　④ 다이닝 포치

01 ③　02 ③　03 ②　04 ①　05 ②

06 주택 식사실의 종류 중 부엌의 일부분에 식사실을 두는 형태로, 부엌과 식사실을 유기적으로 연결시켜 노동력을 절감하기 위한 형태는?

① 리빙 키친   ② 리빙 다이닝
③ 다이닝 키친   ④ 다이닝 포치

TIP • 리빙다이닝(다이닝 알코브)
• 다이닝 포치
출입문 밖의 포치(porch) 부분에 식사실을 마련한 것

07 동선계획의 일반적인 원칙에 대한 설명 중 옳지 않은 것은?

① 동선은 직선이고 간단해야 한다.
② 동선은 한 곳에 집중시켜야 한다.
③ 동선은 될 수 있으면 짧아야 한다.
④ 서로 다른 동선은 서로 교차하지 않도록 한다.

TIP 동선
사람이나 물건의 자취를 직선으로 표시한 것
• 동선은 서로 교차하지 않도록 분리시켜야 한다.

08 주거건축계획에서 평면요소의 배치에 관한 설명 중 옳지 않은 것은?

① 같은 구성인원이 영위하는 생활행위에 대한 평면요소는 서로 접근시킨다.
② 시간적으로 연속되는 생활행위에 대한 평면요소는 서로 격리시킨다.
③ 비슷한 생활행위에 대한 평면요소는 공용을 생각한다.
④ 조건이 상반되는 평면요소는 서로 격리한다.

TIP 시간적인 요소가 같은것끼리는 서로 접근한다.

09 주거에서 개인의 공간에 속하는 것은?

① 서재   ② 거실
③ 현관   ④ 식사실

TIP 개인공간(침실, 서재)

06 ③ 07 ② 08 ② 09 ①

10 주택의 색채 계획에 대한 설명 중 옳지 않은 것은?

① 건물의 외벽은 일반적으로 밝은 색으로 하는 것이 원칙이며, 부분적으로는 어두운 색을 써서 대비감을 주기도 한다.
② 현관은 색은 대체적으로 외부에서 들어오는 사람들이 서먹서먹한 기분이 들지 않도록 부드러운 엷은 색이 무난하다.
③ 응접실은 일반적으로 격조 있는 밝은 저채도의 색상을 기초로 하면 무난하다.
④ 거실 천장은 조명 효과를 고려할 경우에는 저명도의 색이 적당하다.

> TIP 거실천장은 고명도의 색이 적당하다.

11 다음의 주택 대지에 대한 설명 중 옳지 않은 것은?

① 대지의 모양은 정사각형이나 직사각형에 가까운 것이 좋다.
② 경사지일 경우 기울기는 1/10 정도가 적당하다.
③ 대지가 작으면 일조, 통풍, 독립성 등의 확보가 용이하고 평면 계획에 제약을 받지 않는다.
④ 대지의 방위는 지방에 따라 다르지만, 남향이 좋다.

> TIP ③번의 경우는 대지가 클 경우이다.

12 한식주택과 양식주택에 대한 설명 중 옳지 않은 것은?

① 한식주택의 각 실들은 다용도 형식으로 되어 있어 융통성이 많다.
② 양식주택은 개인의 생활공간이 보호되는 유리한 점이 있는 만큼 많은 주거 면적이 소요된다.
③ 양식주택의 가구는 부차적 존재이며, 한식주택의 가구는 주요한 내용물이다.
④ 한식주택은 좌식생활이며, 양식주택은 입식생활이다.

> TIP 양식 주택은 가구의 형태와 종류에 따라 크기와 너비가 결정되며, 한식 주택은 가구와 거의 관계없이 각 방의 크기와 설비가 결정된다.

13 다음 중 주택의 침실에 대한 설명으로 옳지 않은 것은?

① 침실의 위치는 소음원이 있는 쪽을 피하고, 정원 등의 공지에 면하도록 하는 것이 좋다.
② 어린이 침실은 주간에는 공부를 할 수 있고 놀이 공간을 겸하는 것이 좋다.
③ 침실의 크기는 사용 인원 수, 침구의 종류, 가구의 종류, 통로 등의 사항에 따라 결정된다.
④ 방위상 직사 광선이 없는 북쪽이 이상적이다.

> TIP 남쪽 또는 동쪽이 이상적

10 ④ 11 ③ 12 ③ 13 ④

14 다음의 건축법상 정의에 해당되는 주택의 종류는?

> 주택으로 쓰이는 1개 동의 바닥면적(지하주차장 면적을 제외한다)의 합계가 660제곱미터 이하이고, 층수가 4개층 이하인 주택

① 아파트 ② 연립주택
③ 기숙사 ④ 다세대주택

TIP • 660m² 초과 : 연립주택
    • 660m² 이하 : 다세대주택

15 다음 중 아파트 주동의 평면 형식에 따른 분류에 속하는 것은?

① 계단실형 ② 판상형
③ 편복도형 ④ 집중형

TIP • 평면상의 분류
      계단실형, 편복도형, 중복도형, 집중형
    • 주동 형식의 분류
      판상형, 탑상형, 복합형

16 계단 또는 엘리베이터 홀로부터 직접 주거단위로 들어가는 형식으로 프라이버시의 확보가 양호한 것은?

① 계단실형 ② 편복도형
③ 중복도형 ④ 집중형

17 아파트에 관한 설명 중 옳지 못한 것은?

① 아파트의 평면형식은 진입방식에 따라 홀형, 편복도형, 중복도형, 집중형 등으로 분류된다.
② 도시인구의 급증, 도시생활자의 이동성, 세대인원의 감소로 인해 성립되었다.
③ 공간의 다양화나 생활의 변화에 대해 융통성있게 대응할 수 있다는 장점이 있다.
④ 단지생활에 편리한 상업적·문화적 공동시설을 만들어 생활협동체로써 주거환경의 질을 높일 수 있다.

TIP 융통성 있는 계획은 불가능하다.(개인의 기호를 맞추기 어렵다.)

18 다음 중 아파트의 남북 인동간격을 계획할 때 가장 우선하여 고려 할 사항은?

① 통풍 ② 일조시간의 확보
③ 독립성 보장 ④ 화재예방

TIP 인동간격

이웃하고 있는 건물간의 간격

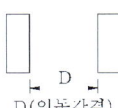

D(인동간격)

19 아파트의 평면형식 중 홀형에 대한 설명으로 옳지 않은 것은?

① 동선이 짧아 출입이 용이하다.
② 통행부 면적이 작아서 건물의 이용도가 높다.
③ 프라이버시가 양호하다.
④ 엘리베이터를 설치할 경우 이용률이 가장 높다.

TIP 엘리베이터의 효율성은 떨어진다.

20 공동주택의 건물단면형 중 메조넷형(maisonette type)에 대한 설명으로 옳지 않은 것은?

① 주택 내의 공간의 변화가 있다.
② 거주성, 특히 프라이버시가 높다.
③ 각 층마다 통로와 엘리베이터 홀이 설치되어야 한다.
④ 양면개구에 의한 일조, 통풍 및 전망이 좋다.

TIP 복층형에 대한 설명임
1개의 단위 주거가 2개층에 걸쳐 있는 경우를 말한다. 당연히 통로와 엘리베이터는 1층씩 걸러서 설치된다.

21 아파트의 단위주거 단면구성에 따른 종류 중 하나의 주거 단위가 복층형식을 취하는 것은?

① 메조넷형   ② 탑상형
③ 플랫형   ④ 집중형

TIP 메조넷형(복층형)

22 다음 중 주택지의 단위인 인보구의 주택호수로 가장 적당한 것은?

① 20~40호   ② 50~100호
③ 200~300호 ④ 400~500호

23 근린주구의 중심이 되는 시설은?

① 초등학교   ② 중학교
③ 고등학교   ④ 대학교

24 주거 단지의 단위 중 초등학교를 중심으로 한 단위는?

① 근린지구   ② 인보구
③ 근린분구   ④ 근린주구

19 ④ 20 ③ 21 ① 22 ① 23 ① 24 ④

PART 02

건축설비

CHAPTER 01 ◆ 급·배수 위생설비

CHAPTER 02 ◆ 냉·난방 및 공기조화설비

CHAPTER 03 ◆ 전기설비

CHAPTER 04 ◆ 가스 및 소화설비

CHAPTER 05 ◆ 정보 및 수송설비

COMPLETION IN 3 MONTH

CRAFTSMAN
COMPUTER
AIDED ARCHITECTURAL
DRAWING

전산응용건축제도기능사

01 chapter 급·배수 위생설비

01 급수설비

건물 내 및 부지 내에서 생활에 필요한 적합한 수질의 물을 공급하는 설비를 말한다.

1 급수방식의 종류

(1) 수도직결방식

- 도로에 매설되어 있는 수도 본관에서 급수 인입관을 통해 직접 건물 내로 급수하는 방식이다.
- 주택과 같은 소규모 건물에 많이 이용된다.

① 장점
  ㉠ 급수오염 가능성이 가장 적다.
  ㉡ 설비비가 저렴하고 기계실이 필요 없다.

② 단점 : 수도 본관의 수압이 낮은 지역과 수돗물 사용의 변동이 심한 지역에는 부적당하다.

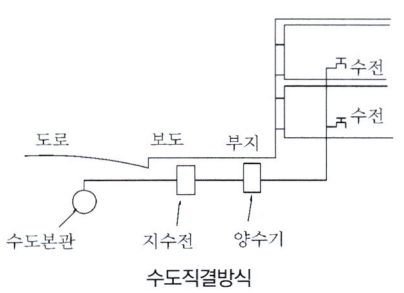

수도직결방식

(2) 고가(옥상)수조방식(옥상 물탱크방식)

- 지하저수조에 물에 받아 양수펌프를 이용하여 옥상 물탱크로 양수한 후, 수위와 수압을 이용하여 급수하는 방식이다.
- 대규모 급수설비에 적합하다.

① 장점
  ㉠ 일정한 수압으로의 급수가 가능하다.
  ㉡ 저수량을 확보할 수 있어 단수가 되더라도 일정 시간동안 지속적인 급수가 가능하다.
  ㉢ 수압이 일정하여 배관 부품의 파손의 우려가 적다.

② 단점
  ㉠ 저수조에 저장된 물의 저수 시간이 길어질수록 오염가능성이 크다.
  ㉡ 설비비와 경상비(經常費)가 높다.
  ㉢ 건물 높은 곳에 중량물을 설치하게 되어 구조 및 외관상 문제가 있다.

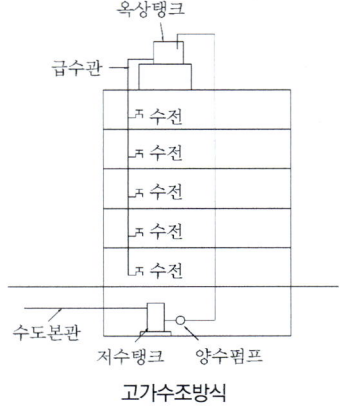

고가수조방식

(3) 압력수조방식(압력탱크방식)

- 고가수조를 설치할 수 없는 경우 사용하는 방법으로, 저수조에 입수된 물을 밀폐된 압력탱크로 보내어 탱크 내의 공기압을 이용해 급수하는 방식이다.
- 공항, 체육관 등의 건물에 적합하다.

① 장점
  ㉠ 국부적으로 고압을 필요로 하는 경우에 적합하다.
  ㉡ 옥상탱크와 같은 고가 시설이 없어 건물의 외관이 깔끔하며, 그로 인해 건물 구조를 보강하거나 강화하지 않아도 된다.
  ㉢ 단수 시 일정량의 급수가 가능하다.

② 단점
  ㉠ 최저·최고압의 압력차가 커서 압력 변동이 심하다.
  ㉡ 제작비가 고가이며, 취급이 어렵고 고장이 많다.
  ㉢ 저수량이 적어 정전, 펌프의 고장 등으로 인해 급수가 중단된다.

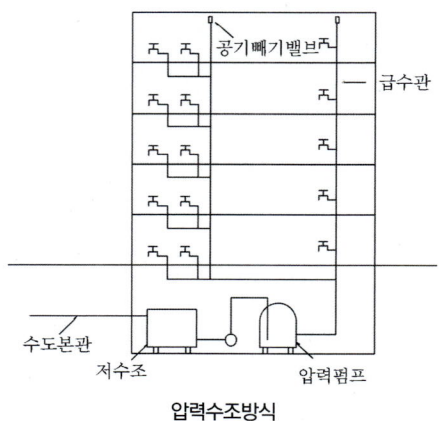

압력수조방식

(4) 펌프 직송식(탱크 없는 부스터 방식)

- 저수조에 물을 받은 후 펌프 여러 대를 이용하여 건물에 급수하는 방식이다.
- 급수가 분포되는 큰 건물(공장, 단지)등에 적합하다.

① 장점
  ㉠ 옥상 탱크가 없어 건물의 외관 및 구조상 좋다.
  ㉡ 수질의 오염 확률이 적고 수압이 일정하다.
  ㉢ 최상층의 수압을 일정하게 할 수 있다.

② 단점
  ㉠ 정전 시 급수가 중단된다.
  ㉡ 설비 및 유지비 등이 많이 소요된다.

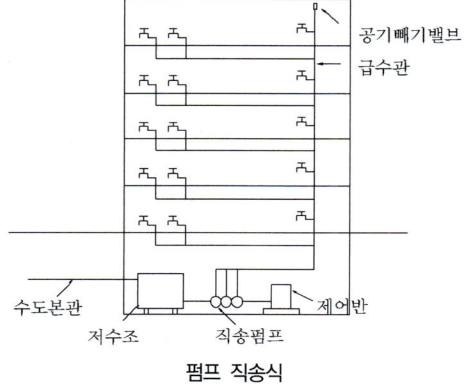

펌프 직송식

2 급수배관 시공 시 주의사항

(1) 배관의 구배

급수관 내의 유체 흐름을 좋게 하고 공기가 정체하지 않도록 하기 위해 구배를 준다.

(2) 공기 빼기

배관 중에 있는 공기를 빼기 위해 공기빼기 밸브(Air vent valve)를 설치하여 공기를 빼낸다.

(3) 수격작용(Water hammer)

액체가 흐르는 관 내부는 수압이 걸리게 되는데, 밸브를 갑자기 열거나 닫을 경우 배관내의 압력변화 및 상승으로 인해 관 속에 진동 및 소음 등이 발생하며, 심할 경우 고장을 일으키는 작용을 말한다.

① 발생원인
  ㉠ 관경이 작은 경우 발생하기 쉽다.
  ㉡ 플러시 밸브나 수전류를 급격히 열고 닫을 경우 발생하기 쉽다.
  ㉢ 유속이 빠를수록 발생하기 쉽다.
  ㉣ 굴곡 개소가 많을수록 발생하기 쉽다.
  ㉤ 감압밸브를 사용할 경우 발생하기 쉽다.

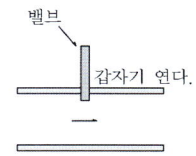
(a) 갑작스런 물의 흐름이 압력을 저하시킨다.

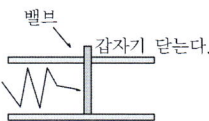
(b) 물의 흐름이 압력에너지로 바뀌어 수압이 상승한다.

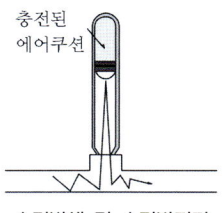
수격발생 및 수격방지기

② 방지대책
  ㉠ 수전류 등의 기구를 서서히 열고 닫는다.
  ㉡ 수격방지기(Water hammer cushion)를 설치한다.
  ㉢ 기구류 가까이 공기실(Air chamber)을 설치한다.
  ㉣ 관경을 크게 하고, 유속을 느리게 한다.
  ㉤ 굴곡 배관을 하지 말고 가급적 직선 배관으로 한다.

(4) 슬리브(Sleeve)배관

① 바닥, 벽 등을 통과하는 배관을 보호하는 것으로, 슬리브를 콘크리트를 타설하기 전에 설비배관보다 큰 배관 토막을 매설하여 그 슬리브 속으로 통과시켜 배관한다.
② 배관의 신축, 교체 등을 용이하게 한다.

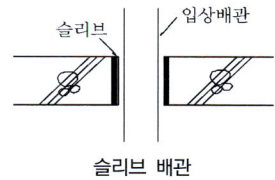
슬리브 배관

02 급탕설비

증기, 가스, 전기, 석탄 등을 열원으로 하는 물의 가열장치를 설치하여 온수를 만들어 공급하는 설비를 말한다.

1 급탕방식의 종류

(1) 개별식

필요한 장소에 탕비기를 설치하여 소요의 장소에 온수를 공급하는 방법이다.

① 장점
  ㉠ 배관거리가 짧아 열손실이 적다.

  ⓒ 수시로 온수를 사용할 수 있다.
  ⓓ 급탕 개소가 작을 경우 시설비가 싸다.
 ② 단점 : 급탕 개소마다 설치공간이 요구된다.

(2) 중앙식
지하실 등 일정 장소에 급탕장치를 설치하고 필요한 장소에 공급하는 방법이다.

① 장점
 ⓐ 열효율이 좋고, 연료비가 적게 소요된다.
 ⓑ 필요로 하는 곳까지 급탕할 수 있다.

② 단점
 ⓐ 초기 설치비가 높고 기술자가 필요하며, 시공 후 배관 변경공사가 어렵다.
 ⓑ 배관 도중에 열손실이 크다.

2 급탕배관

(1) 배관방식
① 단관식
 ⓐ 온수의 운반에 필요한 배관을 1관만 설치한 방식이다.
 ⓑ 소규모 주택 등에 사용한다.
 ⓒ 처음에는 찬물이 나오며, 보일러에서 탕전까지 15m 이내로 한다.

② 순환식(복관식)
 ⓐ 급탕관의 길이가 길 때 관내 온수의 냉각을 방지하기 위해 공급관(급탕관)과 순환관(반탕관)을 설치한 방식이다.
 ⓑ 대규모 건물에 사용한다.
 ⓒ 수전을 열면 즉시 온수가 나오며, 시설비가 비싸다.

단관식배관 및 복관식배관

(2) 공급방식
① 상향식 : 급탕 수평주관은 선 상향(앞 올림)구배로 하고, 복귀관은 선 하향(앞 내림)구배로 한다.
② 하향식 : 급탕관 및 복귀관 모두 선 하향 구배로 한다.
③ 혼용식

(3) 순환방식
① 중력식
 ⓐ 급탕관과 순환관의 물의 온도차에 의한 밀도차에 의해서 대류작용을 일으켜 자연 순환 시키는 방식이다.
 ⓑ 소규모 배관에 적당하며, 배관구배는 1/150으로 한다.

② 강제식
 ⓐ 급탕 순환펌프를 설치하여 강제로 온수를 순환시키는 방식이다.
 ⓑ 중규모 이상의 중앙식 급탕법으로 적당하며, 배관구배는 1/200으로 한다.

(4) 관의 크기
① 급탕관과 반탕관 모두 최소 20A (20mm)이상의 것을 사용해야 한다.
② 관의 크기 : 급탕 > 급수 > 반탕

(5) 공기 빼기

① 부득이 하게 굴곡 배관을 할 경우 공기 빼기 밸브(Air vent valve)를 설치하여 공기를 빼낸다.
② 배관 도중에는 슬루스 밸브(게이트 밸브)를 사용한다.

슬루스 밸브(게이트 밸브)

03 배수설비

오수, 잡배수, 빗물 등을 건물 내에 체류시키지 않고 신속히 배제하는 설비를 말한다.

1 배수의 종류

(1) 옥내배수

① 건물 외벽으로부터 1m 떨어진 곳까지의 배수를 말한다.
② 옥내에서 배수되는 화장실의 오수 및 주방이나 욕실의 잡배수 등이다.

(2) 옥외배수

① 건물 외벽으로부터 1m 이상 떨어진 곳까지의 배수를 말한다.
② 옥외에서 배수되는 우수 및 하수 등이다.

(3) 특수배수

폐수, 병원균 등을 배수하는 것을 말한다.

2 배수방식

(1) 중력배수

높은 곳에서 낮은 곳으로 중력에 의한 배수방식이다.

(2) 기계배수

배수 집수정이 하수도관보다 낮은 경우 배수펌프를 이용한 배수방식이다.

(3) 직접배수

위생도구와 배수관이 직접 연결되어 배수하는 방식이다.

(4) 간접배수

배수가 막혀 역류되더라도 물받이 용기에서 막고 음식물 등을 보호하는 방식이다.

3 트랩

(1) 설치목적

배수계통에 봉수를 고이게 하여 배수관 내의 악취, 유독가스, 벌레 등이 침투하는 것을 방지하기 위한 기구를 말하며, 봉수의 깊이는 50 ~ 100mm정도이다.

(2) 트랩의 종류

① S 트랩
  ㉠ 세면기, 대변기, 소변기에 사용하며, 바닥 밑 배수관에 접속하여 사용하는 트랩이다.

ⓛ 사이펀 작용으로 인해 봉수가 쉽게 파괴될 수 있다.
② P 트랩 : 세면기, 대변기, 소변기 등 위생기구에 많이 사용되며, 벽체 배수관에 접속하여 사용하는 트랩이다.
③ U 트랩
  ㉠ 가옥(House)트랩, 메인(Main)트랩이라고도 하며, 옥내 배수 수평주관 말단에 설치(옥외 배수관에 배출되기 직전)하여 하수의 가스 역류방지용으로 사용하는 트랩이다.
  ㉡ 유속이 저하되는 결점이 있다.
④ 드럼 트랩
  ㉠ 주방 싱크대에 설치하여 사용하는 트랩이다.
  ㉡ 다량의 물을 고이게 하여 봉수파괴의 우려가 없고, 청소가 가능하다.
⑤ 벨 트랩 : 욕실, 샤워실 등의 바닥에 배수용으로 사용하는 트랩이다.

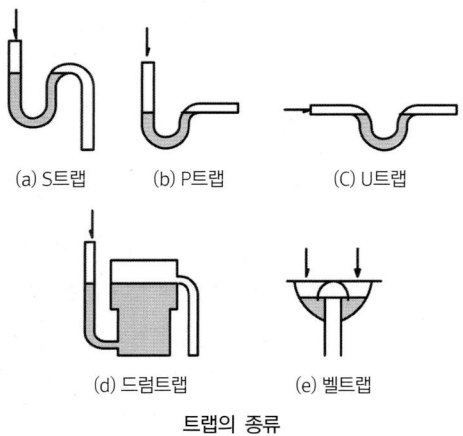

트랩의 종류

(3) 포집기, 저집기(Intercepter)

트랩의 기능과 불순물(기름이나 찌꺼기 등)의 분리기능을 가지고 있는 설비기구이다.

① 그리스(Grease) 포집기 : 호텔 주방 등 기름기가 많이 나오는 곳의 기름을 분리시키는 장치이다.
② 샌드 포집기 : 흙이나 모래 등이 다량으로 배수되는 곳에 사용하는 장치이다.
③ 헤어 포집기 : 이발소, 미용실 등에 사용하는 장치로, 머리카락 등이 배수로를 막는 것을 방지한다.
④ 플라스터 포집기 : 치과 기공실, 정형외과 깁스 실 등에 사용하는 장치이다.
⑤ 가솔린 포집기 : 주유소, 세차장 등에 사용하는 것으로, 가솔린을 위로 뜨게 하여 휘발시키는 장치이다.
⑥ 런드리(Laundry) 포집기 : 세탁소 등에 사용하는 것으로, 단추, 실오라기 등이 배수관으로 들어가는 것을 걸러내는 장치이다.

(4) 봉수 파괴의 원인

① 사이펀 작용
  ㉠ 자기사이펀 : 배수 시 기구에 다량의 물이 일시에 흐를 때 발생한다.
  ㉡ 유인(흡인)사이펀 : 수직관에 접근하여 기구를 설치했을 때 수직관 상부에서 다량의 물이 낙하할 때 발생한다.
② 분출 작용 : 수직관 가까이 기구를 설치했을 때 수직관 상부에서 다량의 물이 낙하하면 하단의 기구의 공기압축으로 발생한다.
③ 모세관 작용 : 머리카락, 실 등이 걸렸을 때 발생한다.
④ 증발 : 오랜 기간 동안 위생기구를 사용하지 않았을 때 발생한다.

⑤ 운동량에 의한 관성 작용 : 배관에 급격한 압력변화가 발생한 경우 봉수가 상하로 움직이며 사이펀작용이 발생하거나 또는 봉수가 배출되는 현상을 말한다.

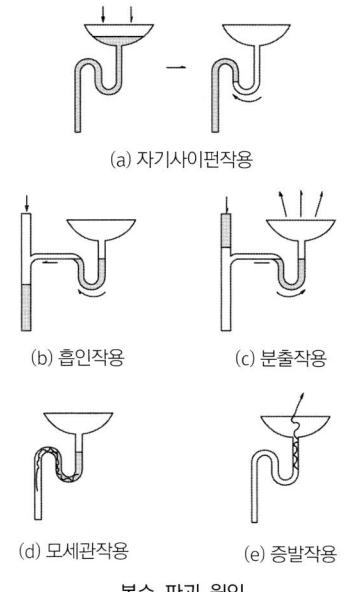

봉수 파괴 원인

(5) 통기관

배수로에 생긴 배수관 내의 기압변동을 없애고 배수를 원활히 하기위해 설치하는 설비를 말한다.

① 통기관 설치 목적
  ㉠ 트랩의 봉수를 보호한다.
  ㉡ 배수관 내부와 외기를 연결하여 악취를 배출시켜 배수관 내의 청결을 유지한다.
  ㉢ 배수의 흐름을 원활하게 한다.

② 통기관의 종류
  ㉠ 각개 통기관
    ⓐ 위생기구 1개마다 통기관을 설치하는 것으로 가장 이상적이다.
    ⓑ 관경은 32A(mm) 이상으로 하며, 배수관 구경의 1/2 이상으로 한다.
  ㉡ 루프(회로, 환상) 통기관
    ⓐ 2개 이상 8개 내의 트랩을 보호하기 위해 사용한다.
    ⓑ 관경은 40A(mm) 이상으로 하며, 길이는 7.5m 이내로 한다.
  ㉢ 도피 통기관
    ⓐ 수직관 가까이 설치하는 루프 통기관의 보조적 역할을 하는 것으로써, 8개 이상의 트랩을 보호한다.
    ⓑ 관경은 최소 32A(mm) 이상으로 한다.
  ㉣ 습식(습윤)통기관 : 최상류 기구 바로 아래 설치하여 배수와 통기를 겸하는 통기관이다.
  ㉤ 신정 통기관 : 배수 수직관을 그대로 연장하여 대기 중에 노출하는 통기관이다.
  ㉥ 결합 통기관
    ⓐ 5개 층마다 배수 수직관과 통기 수직관을 연결하여 사용하는 통기관이다.
    ⓑ 관경은 최소 50A(mm) 이상으로 한다.

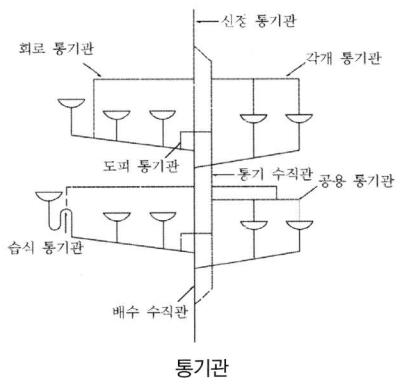

통기관

04 위생기구

대·소변기, 세면기, 욕조 등 급수, 배수, 급탕을 위해 설치하는 설비를 말한다.

1 대변기 세정방식

(1) 세정 탱크식

① 하이 탱크
  ㉠ 세정탱크의 높이는 1.9m, 급수관의 관경은 15mm, 세정관의 관경은 32mm이다.
  ㉡ 수압이 0.03Mpa이상이며, 세정 시 소음이 크고, 현재는 거의 사용하지 않는다.

② 로우 탱크
  ㉠ 급수관의 관경은 15mm, 세정관의 관경은 50mm이다.
  ㉡ 세정시 소음이 적고 설치 및 보수가 용이하다.
  ㉢ 배수 후 탱크의 저수 시간이 필요하여 연속적 이용이 적합하지 않아 주택 등에 사용한다.
  ㉣ 수압이 0.03Mpa 이상이며, 점유면적이 크고 많은 물의 양을 사용한다.

(2) 세정(Flush)밸브식

① 수압이 0.07Mpa 이상이어야 하며, 소음이 크지만 비교적 연속사용이 가능하다.
② 급수관의 관경은 25mm로 주택보다는 사용빈도가 많거나 일시적으로 많은 사람들이 연속하여 사용하는 경우에 적용된다.
③ 학교, 사무소, 백화점 등에 적합하다.

(3) 기압 탱크식

급수관의 관경은 15mm로 압력수를 저수한 후, 세정밸브로 단시간에 세차게 내보내는 방식으로, 거의 사용하지 않는다.

2 소변기 세정방식

(1) 개별식

① 세정 꼭지식 : 이용자가 손으로 핸들을 돌려 밸브를 개폐하는 방식으로 현재는 사용하지 않는다.
② 누름 밸브식(push button type/flush valve) : 누름단추 조작에 의해 밸브를 열어 일정량의 세척수를 흘려보낸 후 자동으로 밸브가 닫히는 방식이다.
③ 감지식 : 소변기 상부에 감지장치를 설치하여 사용자가 앞에 서 있으면 반사되어 검출하고, 사용자가 변기를 떠나면 작동되어 세척밸브가 작동하는 방식이다.

01 급·배수 위생설비 예상문제

Chapter 01 | 급·배수 위생설비 예상문제

01 다음 중 오염 가능성이 가장 적은 급수 방식은?

① 수도 직결 방식
② 고가 탱크 방식
③ 압력 탱크 방식
④ 탱크가 없는 부스터 방식

TIP • 수도 직결 방식

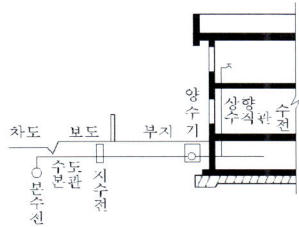

도로에 매설되어 있는 수도 본관에서 수도관을 연결하여 건축물 내의 필요한 곳에 직접 급수하는 방식(오염 가능성이 가장 적다.)

• 옥상 탱크(고가수조)방식

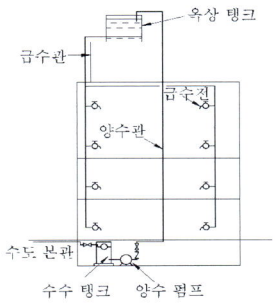

① 수돗물을 일단 지하저수조에 담아 건물 옥상 탱크에 양수한 다음 그 수위를 이용하여 탱크에서 밑으로 세운 급수관에 의해서 급수하는 방식
② 항상 일정한 수압으로 급수할 수 있고, 저수량을 언제나 확보할 수 있으므로 단수가 되지 않는다. 대규모 급수설비에 적합한 방식

• 압력 탱크 방식

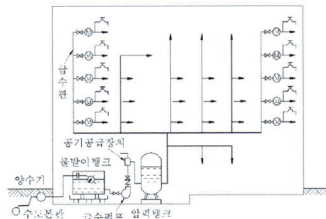

① 수도 본관에서 인입관 등에 의해 일단 저수조에 저수한 다음, 급수펌프로 압력탱크에 보내면 압력탱크에서 공기를 압축가압하여 그 압력에 의해 물을 건물내의 필요한 곳으로 급수하는 방식
② 수압이 일정하지 않으나 탱크의 설치 위치에 제한을 받지 않고, 특히 국부적으로 고압을 필요로 하는 경우에 채택하는 방식이다.

01 ①

• 탱크가 없는 부스터 방식

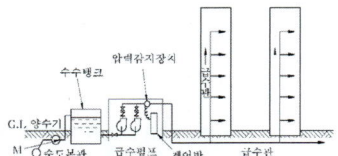

수도 본관으로부터 물을 일단 저수조에 저수한 후 급수펌프 안으로 건물 내에 급수하는 방식

02 다음과 같은 특징을 갖는 급수 방식은?

- 대규모의 급수 수요에 쉽게 대응할 수 있다.
- 급수압력이 일정하다.
- 단수시에도 일정량의 급수를 계속할 수 있다.

① 수도직결 방식
② 리버스리턴 방식
③ 옥상탱크 방식
④ 압력탱크 방식

TIP • 리버스리턴 방식
역환수 배관 방식(온수난방에서 사용)

03 급수설비에서 수격작용을 방지하기 위해 설치하는 것은?

① 플러시 밸브
② 공기실
③ 신축곡관
④ 통기관

TIP • 수격작용
플러시 밸브나 수전류를 급격히 열고 닫을 때 일어나는 현상(망치소리를 내는 것처럼 물이 배관을 때리는 현상) 공기실(air chamber)을 설치하여 방지 할 수 있다.

04 증기, 가스, 전기, 석탄 등을 열원으로 하는 물의 가열 장치를 설치하여 온수를 만들어 공급하는 설비는?

① 급수설비
② 공기조화설비
③ 방재설비
④ 급탕설비

TIP • 급수설비
물을 공급하는 설비

• 공기조화설비
실내에서 사람, 물품을 대상으로 온도, 습도, 기류, 공기분포, 그 실의 사용목적에 적합한 상태로 유지시키는 설비.

• 방재설비
경보설비

05 주방용 개수기에 사용하는 트랩으로 관 트랩에 비하여 봉수의 파괴가 적은 것은?

① P트랩
② U트랩
③ S트랩
④ 드럼트랩

TIP • 트랩
배수관에서의 유해 가스 및 취기의 역류를 방지하기 위하여 배수 계통 요소에 부착하는 기구

① S트랩 : 많이 사용하지만 봉수가 잘 빠진다.
② P트랩 : S트랩과 같이 많이 사용하는데 봉수가 S트랩보다 안전하다.

02 ③ 03 ② 04 ④ 05 ④

③ U트랩 : 가로배관에 사용. 유속을 저해하는 단점이 있다.
④ 드럼 트랩 : 주방용 개수기에 사용. 관트랩에 비하여 다량의 봉수를 가지기 때문에 봉수가 잘 빠지지 않는다.
⑤ 벨 트랩 : 바닥의 배수를 할 때 사용.

• 봉수
  트랩에 물이 차 있는 것

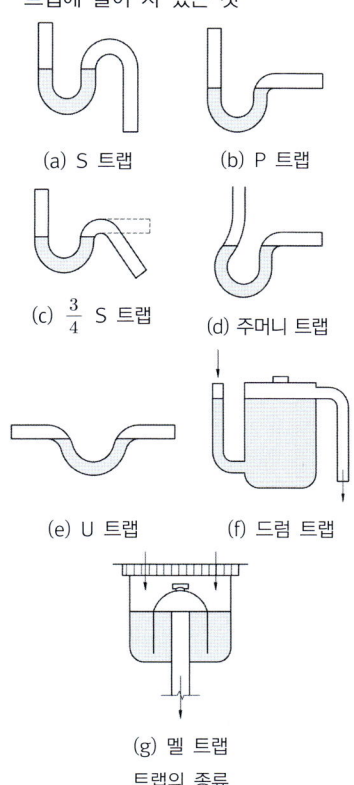

트랩의 종류

06 배수설비에서 트랩의 봉수가 파괴되는 원인과 가장 거리가 먼 것은?

① 증발
② 모세관 현상
③ 유도 사이펀 작용
④ 온도차에 의한 변화

TIP ⚙ 봉수의 파괴 원인

- 자기 사이펀 작용
  기구에 만수된 물이 일시에 흐르게 되면 트랩내의 물이 모두 배수관쪽으로 흡인되어 배출하게 된다. S트랩의 경우 심하다.

- 흡출작용
  수직관 위로부터 일시에 다량의 물이 낙하하면 수평관과 수직관 연결부에 순간적으로 진공이 생기고, 그 결과 트랩의 봉수가 흡입, 배출된다.

- 분출작용
  하류 또는 하층 기구의 트랩속 봉수를 공기의 압력에 의해 역으로 역류시키는 현상

- 모세관 현상
  트랩에 머리카락, 걸레 등이 걸려 있으면, 모세관 작용으로 봉수가 천천히 흘러내려 마침내 말라 버리게 된다.

- 증발
  위생기구를 오랫동안 사용하지 않는 경우. 봉수가 증발하게 되는 현상

06 ④

02 chapter 냉·난방 및 공기조화설비

01 냉방설비

실내의 온도를 냉각, 조절하는 설비를 말한다.

1 냉방의 종류

(1) 중앙냉방

찬 공기를 만들어 건물 전체에 공급하는 것을 말한다.

(2) 개별(국부)냉방

냉방기기를 이용하여 방의 온도나 습도를 낮춰주는 것을 말한다.

02 난방설비

열의 대류, 전도, 복사 등을 이용하여 주생활 공간의 온도를 높이는 설비를 말한다.

1 난방의 종류

(1) 증기난방(방열기, 대류, 증기)

증기의 잠열을 이용하는 난방을 말한다.

① 장점
  ㉠ 가열(예열)시간과 증기순환이 빠르다.
  ㉡ 방열면적이 온수난방보다 작다.
  ㉢ 열의 운반능력이 크며, 설비비가 싸다.

② 단점
  ㉠ 쾌적감이 온수난방보다 낮고, 온도조절이 어렵다.
  ㉡ 난방을 개시할 때 스팀해머에 의한 소음이 발생되며, 응축수배관이 부식되기 쉽다.
  ㉢ 난방부하의 변동에 따라 방열량 조절이 곤란하다.

(2) 온수난방(방열기, 대류, 물)

온수의 현열을 이용한 난방을 말한다.

① 장점
  ㉠ 쾌적감이 증기난방보다 높다.
  ㉡ 보일러 취급이 용이하고 안전하다.
  ㉢ 난방부하에 따른 온도조절이 용이하다.
  ㉣ 보일러를 정지하여도 일정시간동안 난방효과가 있다.

② 단점
  ㉠ 예열시간이 길고 온수 순환이 오래 걸리며, 설비비가 비싸다.
  ㉡ 한랭 시 난방을 정지하였을 때 동결의 우려가 있다.

(3) 복사난방(바닥배관, 복사, 온수)

- 바닥, 천장, 벽체에 열원을 매설하여 온수를 공급하여 그 복사열로 난방 하는 것을 말한다.
- 천장고가 높은 공장이나 외기침입이 있는 곳에서 난방감을 얻을 수 있다.

① 장점
  ㉠ 실내의 온도분포가 균일하고 쾌감도가 높다.
  ㉡ 방열기가 필요 없어 바닥면의 이용도가 높다.
  ㉢ 대류가 적어 먼지가 상승하지 않는다.
  ㉣ 방이 개방상태인 경우에도 난방효과가 있다.

② 단점
  ㉠ 방열량 조절과 시공이 어렵고, 설비비가 많이 든다.
  ㉡ 예열시간이 길고 배관이 매입되어 있어 고장발견이 어렵다.

03 환기설비

건물자재에서 발생하는 유해물질, 호흡으로 인한 이산화탄소 등에 의해 오염된 실내 유해가스를 신선한 공기로 바꾸는 설비를 말한다.

1 환기의 종류

(1) 자연환기

① 풍력환기 : 바람 등에 의해 환기하는 방식으로 개구부 위치에 따라 차이가 크다.

② 중력환기 : 실·내외의 온도차에 의해 환기하는 방식이다.

(2) 기계환기

① 중앙식 : 한 장소에서 환기조작을 하여 외기 혹은 실내공기를 각 실에 보내어 환기하는 방식을 말한다.
  ㉠ 1종 환기 : 기계급기 → 기계배기 (병용식)
  ㉡ 2종 환기 : 기계급기 → 자연배기 (압입식)
  ㉢ 3종 환기 : 자연급기 → 기계배기 (흡출식)

② 개별식 : 각 실에 소형 급기구를 설치하여 각 실을 임의로 환기하는 방식을 말한다.

04 공기조화설비

공기의 온도, 습도, 청정도 및 기류 분포를 대상 공간의 요구에 맞도록 사용하는 설비를 말한다.

1 열매체에 따른 분류

(1) 전 공기 방식(All air system)

- 중앙 공기 조화기에서 만들어진 냉·온풍을 송풍하여 공기를 조화하는 방식으로, 단일 덕트, 2중 덕트, 멀티 존 유닛 방식 등이 있다.
- 소규모 건물, 대규모 극장, 중규모 이상의 내부 조닝에 사용한다.

① 장점
　㉠ 실내의 공기오염이 적고, 외기냉방이 가능하다.
　㉡ 공기-수 방식보다 설비비가 저렴하다.
　㉢ 실내 유효면적이 증가하며, 누수의 염려가 없다.
② 단점
　㉠ 덕트 공간이 많이 필요하다.
　㉡ 팬의 동력이 크다.
　㉢ 공조실의 면적이 커야한다.

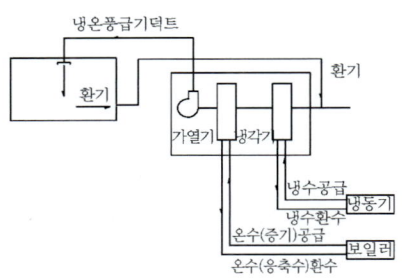

전 공기 방식

(2) 전 수 방식(All water system)

- 중앙기계실에서 냉수 또는 온수를 만들어 각 실의 유닛으로 보내어 냉난방하는 방식으로, 팬 코일 유닛 방식 등이 있다.
- 주택, 여관 등 비교적 이용하는 인원이 적은 공간에 사용한다.

① 장점
　㉠ 덕트가 필요 없으며, 개별 제어가 쉽다.
　㉡ 동력비가 작다.
② 단점
　㉠ 실내공기 오염 및 누수의 우려가 있다.
　㉡ 방음, 방진에 유의해야 한다.

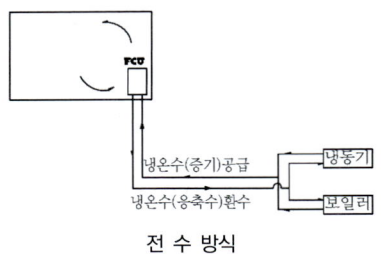

전 수 방식

(3) 공기-수 방식(Air-Water system)

- 공기를 열원으로 하여 물을 가열하고 이 온수를 순환시키는 히트 펌프 방식으로, 각층 유닛방식, 유인유닛 방식 등이 있다.
- 사무소, 병원, 호텔 등에 사용한다.

① 장점
　㉠ 덕트가 작으며 각 실의 온도제어를 쉽게 할 수 있다.
　㉡ 전 공기 방식에 비해 동력비가 작다.
② 단점
　㉠ 전 공기 방식에 비해 공기 오염, 누수의 우려가 있다.
　㉡ 방음, 방진에 유의해야 한다.

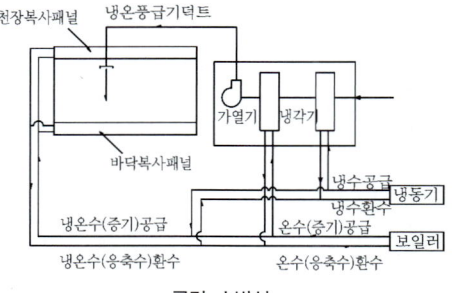

공기-수방식

(4) 냉매 방식(Packaged air conditioning)

- 냉동기 및 히트펌프 등의 열원을 이용하는 방식으로, 패키지 유닛 등이 있다.
- 소규모 건물, 점포, 주택 등에 사용한다.

① 장점
- ㉠ 유닛에 냉동기를 내장하고 있어 에너지를 절약할 수 있다.
- ㉡ 취급이 간단하고, 부하가 증대하거나 건물을 증축하더라도 쉽게 대응할 수 있다.

② 단점
- ㉠ 진동, 소음이 발생하기 쉽다.
- ㉡ 외기 냉방이 어렵고, 기기의 수명이 다른 기종에 비해 짧다.

2 공조장치에 따른 분류

(1) 단일 덕트 방식

1대의 공조기에 1대의 덕트만을 연결하여 냉풍, 온풍을 송풍하는 방식이다.

① 정풍량 방식
- ㉠ 송풍량은 일정하게 하고 송풍의 온도만을 변화시켜, 실내의 온습도를 조절하는 가장 기본적인 방식이다.
- ㉡ 바닥면적이 넓은 극장, 백화점 등에 사용한다.
- ㉢ 장점
  - ⓐ 외기 냉방이 가능하다.
  - ⓑ 효율이 좋은 필터를 설치하여 쾌적한 환경을 만들 수 있다.(HEPA 필터)
- ㉣ 단점
  - ⓐ 각 실의 온습도 조절이 곤란하다.
  - ⓑ 덕트가 커 천장 속 공간이 많이 필요하다.

② 가변풍량 방식
- ㉠ 송풍온도는 일정하게 하고 송풍량을 변화시키는 방식으로 에너지 절약형이다.
- ㉡ 발열량과 일사량 변화가 심한 곳에 사용한다.
- ㉢ 장점
  - ⓐ 각 실의 온도조절이 용이하다.
  - ⓑ 사용하지 않는 곳의 송풍을 멈추게 할 수 있다.
- ㉣ 단점
  - ⓐ 설비비가 증가된다.
  - ⓑ 송풍량이 작을 경우 환기량 확보가 어려워 실내 공기가 오염될 수 있다.

(2) 2중 덕트 방식

- 냉풍과 온풍 덕트를 각각 설치하여 혼합상자에서 알맞은 비율로 혼합하여 송풍하는 방식으로 에너지 다소비형이다.
- 개별제어가 필요한 건물, 냉난방부하가 복잡한 건물 등에 사용한다.

① 장점
- ㉠ 실온 조절이 가장 우수하며, 개별제어가 가능하다.
- ㉡ 냉·난방이 동시에 가능하여, 계절별 전환이 필요 없다.

② 단점
- ㉠ 설비비와 운전비가 많이 든다.
- ㉡ 덕트가 이중이므로 면적이 크다.
- ㉢ 혼합손실이 크다.

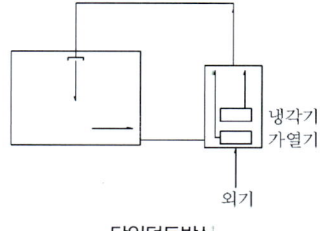

단일덕트방식

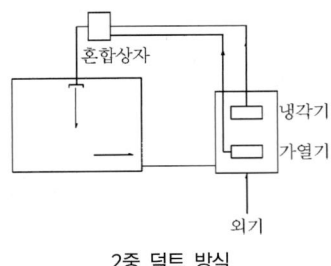

2중 덕트 방식

(3) 멀티 존 유닛 방식

- 2중 덕트의 변형으로, 1대의 공조기에서 냉풍과 온풍을 만들어 혼합한 후 각각의 덕트에 송풍하는 방식이다.
- 중간규모 이하의 건물에 사용한다.

① **장점** : 개별제어가 가능하다.
② **단점** : 덕트 공간이 크다.

(4) 팬 코일 유닛방식

- 전동기 직결의 소형 송풍기(fan), 냉·온수 코일 및 필터 등을 갖춘 실내형 소형 공조기를 각 실에 설치하여 중앙 기계실로부터 냉수 또는 온수를 공급받아 송풍하는 방식이다.
- 객실, 입원실, 사무실 등에 사용하며, 극장이나 방송국 스튜디오에는 부적당하다.

① **장점**
  ㉠ 각 실의 개별제어가 가능하다.
  ㉡ 장래 증가에 대한 유연한 대처가 가능하다.
② **단점**
  ㉠ 분산 설치가 되므로 유지관리가 어렵다.
  ㉡ 외기 공급을 위한 별도의 장치가 필요하다.

(5) 각층 유닛 방식

- 1차 공기 조화기로 처리된 외기를 각 층마다 설치된 2차 공조기로 덕트에 의해 공급되는 방식이다.
- 대규모 사무소, 백화점 등에 사용한다.

① **장점**
  ㉠ 각 실의 개별제어가 가능하다.
  ㉡ 덕트가 작아도 된다.
② **단점**
  ㉠ 각 층에 공조기를 설치할 공간이 필요하다.
  ㉡ 공조기가 각 층에 있어 유지관리가 복잡하다.

(6) 유인 유닛 방식

- 온도, 습도를 조절한 외기를 1차 공조기를 통해 고압으로 실내 유닛으로 공급하고, 그 압력으로 공기를 유인작용으로 실내공기를 순환시키고 유닛 속의 코일에서 냉각 또는 가열하여 사용하는 방식이다.
- 규모가 큰 호텔, 병원 등 실이 많은 건물에 사용한다.

① **장점**
  ㉠ 각 실의 개별제어가 가능하다.
  ㉡ 공조기가 전 공기 방식에 비해 작다.
② **단점**
  ㉠ 유닛 내의 노즐 막힘에 우려가 있다.
  ㉡ 유닛의 가격이 고가이며, 소음이 있고, 설비비가 많이 든다.

(7) 패키지 유닛 방식(냉매 방식, Packaged air conditioning)

- 냉동기를 포함시켜 일체화하여 사용하는 방식이다.
- 소규모 건물 등에 사용한다.

① 장점
  ㉠ 저가이고, 공기가 단축된다.
  ㉡ 기계실 면적 및 덕트 공간이 작다.

② 단점
  ㉠ 방음, 방진에 유의해야 한다.
  ㉡ 개별제어가 곤란하다.

※ 팬 코일 유닛 방식 = 중앙방식
   패키지 유닛 방식 = 개별방식

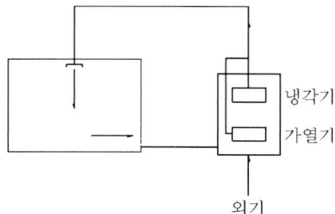

멀티 존 유닛 방식

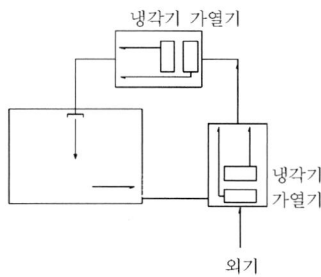

각층 유닛 방식

냉·난방 및 공기조화설비 예상문제

01 지역난방(district heating)에 대한 설명으로 옳지 않은 것은?

① 각 건물에서는 위험물을 취급하지 않으므로 화재 위험이 적다.
② 각 건물마다 보일러 시설을 할 필요가 없다.
③ 설비의 고도화에 따라 도시의 매연을 경감시킬 수 있다.
④ 각 건물의 설비면적이 증가된다.

TIP ☀ 지역난방

중앙식 보일러에서 어떤 지역내의 여러 건물에 증기 또는 고온수를 보내어 난방하는 방식

• 특징
  ① 각 건물마다 보일러 시설을 할 필요가 없다.
  ② 각 건물에서는 위험물을 취급하지 않으므로 화재의 위험이 적다.
  ③ 설비의 고도화에 따라 도시의 매연을 경감시킬 수 있다.
  ④ 각 건물에 보일러실과 굴뚝 등이 필요 없으므로 설비 면적이 감소되어 건물의 유효 면적이 증대된다.

02 다음의 온수난방에 대한 설명 중 옳지 않은 것은?

① 한랭시 난방을 정지하였을 경우 동결의 우려가 있다.
② 현열을 이용한 난방이므로 증기난방에 비해 쾌감도가 높다.
③ 난방을 정지하여도 난방 효과가 잠시 지속된다.
④ 열용량이 작기 때문에 온수 순환 시간이 짧다.

TIP ☀ 열용량이 크기 때문에 온수 순환시간이 길다.

01 ④ 02 ④

03 급기와 배기에 모두 기계 장치를 사용한 환기 방식으로 실내와의 압력차를 조정할 수 있는 것은?

① 중력환기법 ② 제1종 환기법
③ 제2종 환기법 ④ 제3종 환기법

TIP • 중력환기
실내가 실외에 비하여 고온측으로 되면, 실내에서는 가벼운 공기가 밖에는 무거운 공기가 있게 된다. 그러므로 무거운 외기는 아래쪽에서 실내로 들어오고, 가벼운 공기는 위쪽에서 밖으로 나간다. 이것이 중력 환기의 원리이다.

• 기계환기

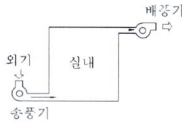
제1종 환기 방식

제2종 환기 방식

제3종 환기 방식

① 제1종 : 급·배기 모두 기계
　　　　　⇒ 기계실, 전기실
② 제2종 : 급기 : 기계
　　　　　배기 : 자연환기 ⇒ 클린룸
③ 제3종 : 급기 : 자연환기
　　　　　배기 : 기계 ⇒ 화장실, 욕실, 주방

04 다음 중 팬코일 유니트 방식(fan-coil unit system)에 의한 공기 조화가 가장 적당하지 않은 건축물은?

① 아파트 ② 극장
③ 호텔 객실 ④ 사무실

05 다음 중 공기조화방식과 대상 건물의 연결이 가장 적당하지 않은 것은?

① 이중 덕트 방식 : 고급 사무실
② 팬코일 유닛 방식 : 극장
③ 각층 유닛 방식 : 백화점
④ 패키지형 공조 방식 : 레스토랑

TIP • 이중 덕트 방식

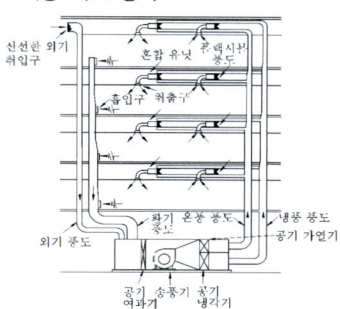

① 냉풍, 온풍의 2개의 덕트를 설비하여 말단에 혼합 유닛으로 냉풍, 온풍을 혼합해서 실온을 조절하는 방식
② 회의실, 연구실, 병실, 사무실

03 ② 04 ② 05 ②

- 팬코일 유닛 방식

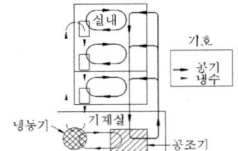

팬 코일 유닛 덕트 병용 방식(수·공기 병용)

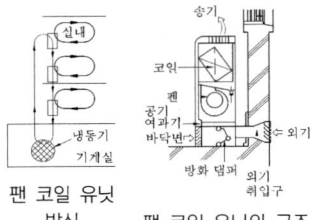

팬 코일 유닛 방식 / 팬 코일 유닛의 구조

① 전동기 직결의 소형 냉풍기, 냉·온수 코일 및 필터 등을 구비한 실내형 소형 공조기를 각 실에 설치하여 중앙기계실로부터 냉수 또는 온수를 공급하여 공기조화를 하는 방식
② 호텔의 객실, 아파트, 주택, 사무실
③ 극장 같은 대공간에는 부적당

- 각층 유닛방식

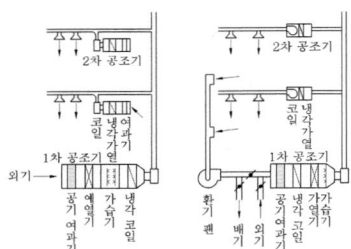

실이 많은 건물의 외부에 적합한 방식 부하의 변동에 따라 실온을 제어할 수 있다.

- 패키지형 공조 방식

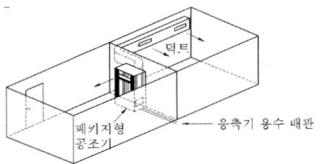

수년전까지만 해도 소규모 건물에만 사용되어 왔지만 시공과 취급이 간편하고 대량생산에 의한 원가절감 등으로 현재에는 점차 대용량의 건물에도 많이 사용된다.

03 chapter 전기설비

01 전기설비

광원에서 발생한 빛으로 조명하려는 대상을 비추는 설비를 말한다.

1 조명방식의 분류

(1) 배치에 의한 분류

① 전반조명방식
  ㉠ 실내에 적당한 광원을 규칙적으로 배치시켜 조도 분포를 고르게 하는 방식이다.
  ㉡ 공장, 사무실, 백화점 등에 사용한다.

② 국부조명방식
  ㉠ 높은 조도가 필요한 부분만 밝게 하는 방식이다.
  ㉡ 정밀작업장, 조립작업장 등에 사용한다.

③ 전반국부조명 방식
  ㉠ 전체 공간에 전반조명방식을, 일부분에 국부조명방식을 혼용하는 방식이다.
  ㉡ 실험실, 정밀공장 등에 사용한다.

(2) 배광에 의한 분류

① 직접조명
  ㉠ 하향광속 90% 이상으로 조명 효율이 좋고 조도가 높다.
  ㉡ 명암의 차이가 심하며, 그림자가 생기고 피로도가 높다.

② 간접조명
  ㉠ 하향광속 10% 이하로 그림자가 생기지 않고 균등한 조도를 나타낸다.
  ㉡ 조명효율이 좋지 않고, 비경제적이다.

③ 전반확산조명 : 상·하향광속이 40 ~ 60% 정도로 균등한 조도를 나타낸다.

조명기구의 분류

	직접	반직접	전반확산
기구 배광	상향 0 ~ 10%	상향 10 ~ 40%	상향 40 ~ 60%
	하향 100 ~ 90%	하향 90 ~ 0%	하향 60 ~ 40%

	반간접	간접
기구 배광	상향 60 ~ 90%	상향 90 ~ 100%
	하향 40 ~ 10%	하향 10 ~ 0%

(3) 건축화 조명

- 건축물 내부의 천장, 벽, 기둥 등에 조명기구를 달아 조명하는 방식이다.

- 눈부심이 적고 분위기는 좋으나, 비용이 많이 들며 조명효율은 낮다.

① 종류
 ㉠ 다운라이트 : 천장에 구멍을 뚫고 그 안에 광원을 매입하여 비추는 방식이다.
 ㉡ 코퍼 : 천장을 여러 형태로 모양을 내어 뚫고 그 안에 광원을 매입하여 비추는 방식으로, 단조로움을 피할 수 있다.
 ㉢ 코브 : 광원을 가리고 윗부분으로 천장을 반사시켜 비추는 방식이다.
 ㉣ 코니스 : 벽 윗부분을 돌출시킨 곳에 부착하여 광원을 아래로 비추게 하는 방식이다.
 ㉤ 밸런스 : 광원을 커텐박스 또는 벽체 중간에 설치하여 광원이 위, 아래로 비추게 하는 방식이다.
 ㉥ 광천장 : 천장에 광원을 설치하고 플라스틱 등을 설치하여 비추는 방식이다.

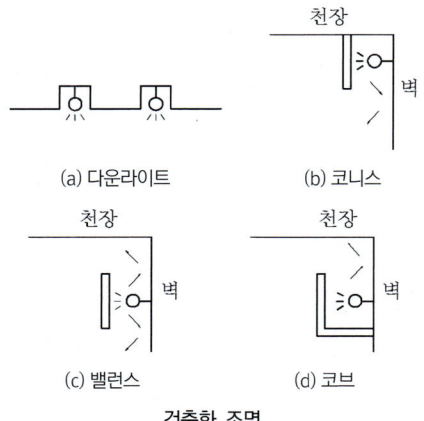

건축화 조명

02 배전 및 배선설비

① 배전설비란 발전소에서 생산된 전력을 각 수용가(소비자)로 분배하는 설비를 말하며, 배선설비란 건물에 설치하는 전등, 콘센트, 전동기 전열장치 등의 전기설비를 말한다.
② 전력이 인입되면 배전반 → 간선 → 분전반 → 분기회로를 거치게 된다.
 ㉠ 송전 : 발전소에서 변전소까지 전기를 보내는 것.
 ㉡ 배전 : 변전소에서 수용가까지 전기를 보내는 것.

1 배전방식의 분류

(1) 배전반

송전선에서 오는 고압전력을 변압기를 통해 저압으로 바꿔 공급하는 것을 말한다.

(2) 간선

인입개폐기에서 각 층 분전개폐기까지의 배선을 말한다.

① 나뭇가지식(수지상식)
 ㉠ 1개의 간선이 각각의 분전반을 거쳐 가는 방식을 말한다.
 ㉡ 올라갈수록 간선이 가늘어지는 장점이 있지만, 가늘어지는 곳에 보안장치를 해야 한다.
 ㉢ 소규모 건물에 사용한다.
② 평행식
 ㉠ 각 분전반에 단독으로 배선되어 있는 방식을 말한다.

ⓒ 나뭇가지에 비해 사고 시 피해 범위가 적으나, 배선이 혼잡하고 배선비가 많아진다.
ⓒ 대규모 건물에 사용한다.
③ 병용식
㉠ 분전반을 설치하고 각 분전반에서 배선하는 방식을 말한다.
ⓒ 가장 많이 사용한다.

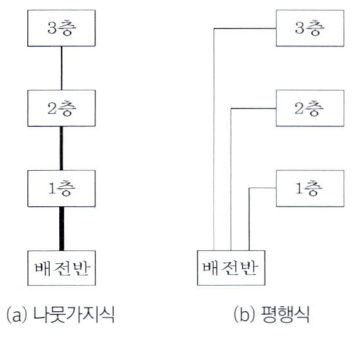

간선의 배선방식

(3) 분전반

① 간선으로부터 각 분기회로로 갈라지는 곳마다 스위치를 설치해 놓은 것을 말한다.
② 분전반의 간격은 분기회로 길이가 30m이하가 되도록 설치한다.
③ 분전반의 분기회로는 예비회로를 포함하여 40회선까지 배선할 수 있다.

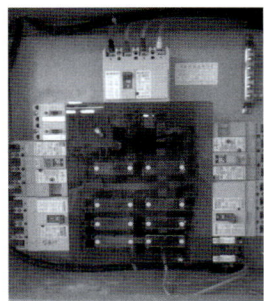

분전반

(4) 분기회로

① 분전반으로부터 분기하여 전등이나 콘센트 등의 말단부하에 전력을 공급하는 것을 말한다.
② 분기회로는 전선굵기 1.6mm 이상 되어야 한다.

2 배선방식의 분류

(1) 단상 2선식(110V전용, 220V전용)

① 110V : 예전에 많이 사용했던 방식으로 현재는 거의 사용하지 않고 있다.
② 220V : 일반주택에 많이 사용한다.

(2) 단상 3선식(110V / 220V 겸용)

① 110V와 220V를 같이 사용하기 위한 방식으로, 두 종류의 전압을 얻을 수 있다.
② 학교, 상가건물, 대규모 건물에 사용한다.

(3) 3상 3선식(220V)

동력용으로 주로 사용하며, 현재는 거의 사용하지 않는다.

(4) 3상 4선식(220V / 380V 겸용)

조명용으로 220V, 동력용으로 380V를 사용하는 방식으로, 현재 우리나라 표준으로 채택되어 있다.
대규모 빌딩, 공장 등에 사용한다.

① **중성선** : 3선식 또는 3상 교류에서 Y결선 하는 경우 그 가운데에 접속되는 것으로, 전류가 흐르는 전선이다.
② **접지선** : 정상적인 상태에서는 전류가 흐르지 않는 전선이다.

※ 전원선과 중성선을 연결하면 낮은 전압, 전원선과 전원선을 연결하면 높은 전압 생성.

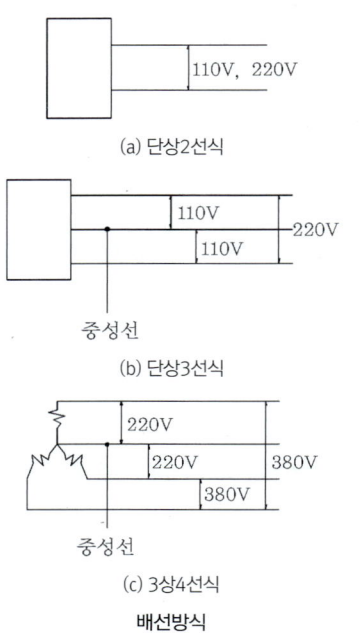

배선방식

3 배선공사

(1) 애자사용공사

천장이나 벽면 등에 노브 애자, 핀 애자 등을 사용하여 전선을 지지하는 공사를 말한다.

(2) 목재몰드공사

목재에 홈을 파서 홈에 절연 전선을 넣고 뚜껑을 덮어 실시하는 공사를 말한다.

(3) 합성수지몰드공사

내식성이 좋아 화학공장의 배선 등에 적합하다.

(4) 경질비닐관공사(합성수지관공사)

① 전기절연성, 내식성이 좋아, 화학공장 배선 등에 적합하다.
② 가볍고, 시공이 용이하지만, 열에 약하고 기계적 강도가 낮다.

(5) 금속관공사

① 습기, 먼지가 있는 장소에 적합한 배선 방법으로, 콘크리트 매입공사에 적합하다.
② 전선교체가 용이하고, 기계적 손상에 강하다.

(6) 금속몰드공사

① 폭 5cm 이하, 두께 0.5mm 이상의 철재홈통에 전선을 넣고 뚜껑을 덮은 것이다.
② 금속관공사로부터 증설배관에 사용된다.

(7) 금속덕트공사

전선을 금속덕트에 넣어 공사하는 것으로, 규모가 큰 공장, 빌딩 등에서 모양 및 배치 변경을 하거나, 증설을 할 경우 배선 변경이 쉬워 많이 이용된다.

(8) 버스덕트공사

금속덕트를 개선하여 만든 것으로, 대용량 간선 등에 사용한다.

(9) 가요전선관공사

구부러진 곳이 많은 곳에 적합한 공사로, 엘리베이터 배선공사, 증설공사 등에 적합하다.

(10) 플로어덕트공사

바닥면적이 넓은 사무실, 백화점 등의 콘크리트 바닥에 금속덕트를 매입하여 공사한다.

(11) 라이닝덕트공사

전선관과 전선이 일체로 되어 있는 형태로, 광원을 이동시킬 필요가 있을 때 사용한다.

(12) 케이블공사

모든 장소에 설치할 수 있는 공사방법이다.

4 배선기구

(1) 개폐기(특고압, 고압, 저압)

옥내에 배선된 전기회로를 개폐하는 것으로 기기의 운전·정지 이외에도 고장의 점검이나 수리에 필요한 장치이다.

① **나이프 스위치** : 분전반의 주 개폐기 또는 각 분기 회로용 개폐기로 사용되며, 커버가 없어 감전의 우려가 있다.
② **컷 아웃 스위치** : 옥내배선의 분기점 등에 사용되는 것으로 안전개폐기, 베이비스위치라고도 한다.
③ **파워퓨즈(전력퓨즈)** : 고 전압회로 및 기기의 단락 보호용으로, 소형으로 큰 차단용량을 가지고 있으나, 재투입이 불가능하고, 과전류로 용단될 수 있다.

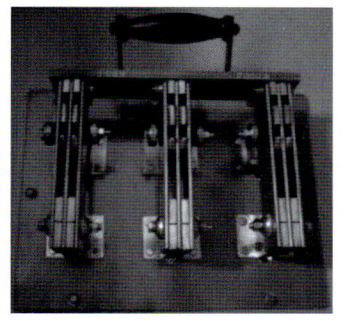

(a) 나이프 스위치

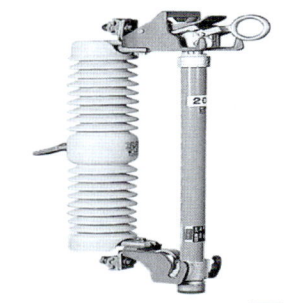

(b) 파워퓨즈

개폐기의 종류

(2) 점멸기(저압)

점등 및 소등 시 사용하는 기구를 말한다.

① **로터리 스위치** : 회전식으로 원하는 접점을 선택하는 스위치이다.
② **텀블러 스위치**
  ㉠ 상하 또는 좌우로 움직여 전기의 흐름을 연결하거나 차단하는 스위치이다.
  ㉡ 노출형과 매입형이 있다.
③ **푸시버튼 스위치** : 옥내용 스위치로 스프링을 이용한 것이 많고, 푸시버튼으로 절단과 접속을 하거나 버튼 두개로 하나는 절단, 하나는 접속하는 스위치이다.

④ 코드 스위치 : 중간 스위치라고도 하며, 전기 기구의 중간에 부착하는 스냅 스위치이다.
⑤ 풀 스위치 : 천장이나 벽 상부에 전등에서 끈을 길게 늘어뜨려 이것을 잡아당겨 전기를 차단하거나 연결하는 스위치이다.
⑥ 3로 스위치 : 3개의 단자를 가진 전환용 스위치로 복도나 계단의 한 쪽에서 켜고 다른 한 쪽에서 끄는 방식의 스위치이다.

(3) 자동차단기(과전류보호기)

① 전류 또는 전압이 어느 일정치에 도달할 경우 자동적으로 회로를 끊어 기기를 보호하는 역할을 한다.
② 퓨즈, 서킷 브레이커 등이 있다.
　㉠ 퓨즈 : 자동으로 용단되어 회로를 차단한다.
　㉡ 서킷 브레이커 : 용단되지 않고 회로를 끊어서 차단하는 것으로, 재사용할 수 있다.

(4) 접속기

① 옥내 배선과 이동전선 및 이동전선 서로를 접속하는 것에 사용하는 기구를 말한다.
② 플러그, 콘센트 등이 여기에 속한다.

03 방재설비

방재설비란 재해를 방지하기 위한 시설을 말한다.

1 방재설비의 분류

(1) 피뢰설비

① 벼락에 의해 건물 등의 피해를 피하기 위해 설치하는 설비이다. 큰 뇌전류를 대지로 안전하게 방전시킨다.
② 건축물의 높이가 20m 이상일 경우 피뢰설비를 한다.
③ 돌침은 지름 12mm 이상, 돌침부는 건축물 맨 윗부분으로부터 25cm 이상 돌출시킨다.
④ 일반건물은 60° 이내로 하고, 위험물 관련 건축물은 45° 이내로 한다.

(2) 접지공사

① 감전이나 화재 및 전기기구의 손상 등을 막기 위해 대지에 접속하는 공사를 말한다.
② 접지 상호간 거리는 2m 이상, 전선, 전화선, 가스관으로부터 1.5m 이상, 접지극의 깊이는 지하 75cm 이상으로 한다.

(3) 항공장애등

① 야간에 항공기의 항공에 장애가 되는 건축물 또는 위험물을 시각적으로 인식시키기 위한 등이다.
② 60m 이상 되는 건축물 또는 공작물에 항공장애등을 설치한다.

③ 저광도(20cd 이상)와 고광도(2000cd 이상) 항공장애등이 있다.

(4) 방범설비

① 외부로부터의 불법침입으로 인한 도난 및 예방을 위해 설치하는 설비를 말한다.
② 바닥매트방식, 적외선방식 등이 있다.

(5) 비상전원설비

① 정전, 단선 및 단락 등의 사고 등으로 전원공급이 중단됐을 경우 별도의 전원공급을 통해 일정시간 작동하는 설비를 말한다.
② 화재경보기는 10분 이상, 비상조명은 20분 이상 작동이 유지되어야 한다.

04 전원설비

전원설비란 수변전설비, 예비전원설비 등을 총칭하여 말한다.

1 전류(I)

(1) 직류

일정한 방향으로 전류가 흐르는 것을 말하며, 고속 엘리베이터, 통신 등이 직류이다.

(2) 교류

흐르는 방향이 바뀌는 전류를 말하며, 전등, 동력 등이 교류이다.

2 전압(V)

(1) 저압

교류 600V 이하, 직류 750V 이하

(2) 고압

교류 600V 초과 7000V 이하, 직류 750V 초과 7000V 이하

(3) 특고압

교류, 직류 모두 7000V 초과

3 전원설비의 분류

(1) 수변전설비

발전소의 고 전압을 변전소를 통해 사용하기 적당한 저 전압으로 바꾸는 장치를 말한다.

① 기본계획
   ㉠ 각 부하별 설비용량을 산출한다.
   ㉡ 변전실의 위치와 면적을 결정한다.
② 수·변전실의 위치선정
   ㉠ 부하의 중심에 두고 배전이 편리한 곳에 장소를 정한다.
   ㉡ 환경(습기, 먼지)에 적합한 곳이어야 한다.
   ㉢ 변전실의 천장높이는 고압일 경우 3m 이상, 특고압일 경우 4.5m 이상으로 한다.
   ㉣ 외부로부터 수전이 편리한 위치로 한다.
   ㉤ 용량의 증설에 대비한 면적을 확보할 수 있는 장소로 한다.
   ㉥ 화재, 폭발의 우려가 있는 위험물 제조소나 저장소 부근은 피한다.

(2) 예비전원설비

① **필요 장소** : 병원, 은행, 방송국 등 재산, 생명 등의 보호가 필요한 곳에 사용한다.

② **예비전원이 갖추어야 할 조건**
   ㉠ 축전지 : 정전 후 충전하지 않은 상태로 30분 이상 방전할 수 있어야 한다.
   ㉡ 자가발전설비 : 10초 이내에 가동을 하며, 30분 이상 전력을 공급할 수 있어야 한다.
   ㉢ 병용 : 충전지는 충전하지 않은 상태로 20분 이상, 자가발전설비는 45초 이내에 가동을 하며, 30분 이상 전력을 공급할 수 있어야 한다.

03 전기설비 예상문제

01 전압의 종류에서 저압에 해당하는 것은?

① 직류 100V 이하, 교류 220V 이하
② 직류 350V 이하, 교류 420V 이하
③ 직류 750V 이하, 교류 600V 이하
④ 직류 900V 이하, 교류 1000V 이하

02 다음 중 건축화 조명의 종류에 속하지 않는 것은?

① 코브 조명
② 코니스 조명
③ 밸런스 조명
④ 펜던트 조명

03 건축화 조명에 대한 설명으로 옳지 않은 것은?

① 조명이 건축물과 일체가 되고, 건물의 일부가 광원의 역할을 하는 것을 건축화 조명이라 한다.
② 건축화 조명은 건축공간의 조명적 디자인이므로 천장이나 벽면의 크기, 재료, 색채 등의 전체적인 조화가 필요하다.
③ 코브 조명은 천장면을 확산 투과 재료로 마감하고, 그 속에 광원을 넣어 조명하는 방식이다.
④ 코니스 조명은 벽면의 상부에 위치하여 모든 빛이 아래로 직사하도록 하는 조명방식이다.

> **TIP 코브 조명**
> 광원을 가지고 윗부분으로 천장을 반사시켜 주는 방식이다.

01 ③ 02 ④ 03 ③

04 다음과 같은 특징을 갖는 배선공사는?

> - 열적 영향이나 기계적 외상을 받기 쉬운 곳이 아니면 금속배관과 같이 광범위하게 사용 가능하다.
> - 급수압력이 일정하다.
> - 관 자체가 절연체이므로 감전의 우려가 없다.

① 목재 몰드공사
② 금속 몰드공사
③ 합성수지관 공사
④ 가요 전선관공사

05 전력 퓨즈에 관한 설명으로 옳지 않은 것은?

① 재투입이 불가능하다.
② 릴레이나 변성기가 필요하다.
③ 과전류에서 용단될 수도 있다.
④ 소형으로 큰 차단용량을 가졌다.

> TIP
> - 릴레이
>   사람의 힘이 아닌 전기적 신호로 ON, OFF를 하는 방식
> - 변성기(transformer)
>   전압을 변성하는 장치로 교류 또는 직류 전압 및 전류의 크기를 변환한다.

06 피뢰설비를 설치해야 하는 건축물의 높이 기준은?

① 20m 이상   ② 25m 이상
③ 30m 이상   ④ 35m 이상

07 부하전류를 개폐함과 동시에 단락 및 지락사고 발생 시 각종 계전기와의 조합으로 신속히 전로를 차단하여 기기 및 전선을 보호하는 장치는?

① 변압기   ② 콘덴서
③ 분전반   ④ 차단기

---

04 ③   05 ②   06 ①   07 ④

04 가스 및 소화설비

01 가스설비

석탄, 코크스, 나프타, LPG, LNG 등을 제조, 정제, 혼합하여 발열량을 조정한 것을 말한다.

1 LNG(액화천연가스)

메탄을 주성분으로 천연가스를 냉각하여 액화시킨 가스이다.

(1) 장점

공기보다 가벼워 누출되어도 공기 중에 흡수된다.

(2) 단점

대규모 시설에서 배관을 통해 공급받아야 한다.

2 LPG(액화석유가스)

- 석유정제과정에서 채취한 가스를 압축 냉각하여 액화시킨 가스이다.
- 주성분은 프로판, 부탄, 프로필렌, 에탄 등이다.

(1) 장점

① 발열량이 크다.
② 용기(Bomb)에 넣을 수 있고, 가스 절단 등 공업용으로도 사용된다.

(2) 단점

① 공기보다 무겁다.(폭발의 위험성이 커서 주의를 요한다.)
② 연소 시에 필요한 공기량이 많다.
③ LNG에 비해 공해가 심하다.

3 가스배관

① 가스 계량기는 전기(개폐기, 계량기, 안전기)설비와 60cm 이상 이격한다.
② 전기점멸기, 전기접속기(콘센트) 등의 설비와 30cm 이상 이격한다.
③ 지중매설은 60cm 이상, 도로 폭 8m이하는 100cm 이상, 도로 폭 8m이상은 120cm 이상으로 한다.

02 소화설비

소화약제를 사용하여 화재를 막거나 억제시키는 기구나 설비를 말한다.

1 소화설비

(1) 소화기

① 수동식, 자동식, 간이식이 있다.
② 수동식은 방화대상물로부터 보행거리 20m이내에 설치한다.
③ 자동식은 화재 및 가스 누출을 자동경보하고 소화약제를 분사하는 것으로, 아파트 가열대(가스레인지)상부에 설치한다.

(2) 옥내소화전설비

① 건물 내 각 층 벽면에 설치한 고정식 소화설비이다.
② 건물 각 부분에서 옥내소화전까지 수평거리는 25m 이하로 설치한다.
③ 방수압력은 0.17MPa, 방수량은 130ℓ/min이다.
④ 노즐의 지름은 13mm, 호스지름은 40mm, 호스 길이는 15m 2개 또는 30m이다.

(3) 옥외소화전설비

① 건물과 옥외설비의 화재진압을 위해 옥외에 설치한 고정식 소화설비이다.
② 1, 2층 바닥면적 합계 9000m2 이상일 때 설치한다.
③ 건물외부의 각 부분에서 옥외소화전까지 수평거리는 40m 이하로 설치한다.
④ 방수압력은 0.25MPa, 방수량은 350ℓ/min이다.

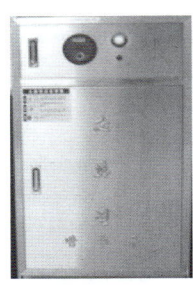 

옥내소화전   옥외소화전

(4) 스프링클러설비

- 실내 천장에 설치하여 화재 시 자동적으로 물을 분사하여 소화하는 자동소화설비이다.
- 건물의 용도에 따라 1.7~3.2m 이하의 간격으로 설치한다.
- 방수압력은 0.1MPa, 방수량은 80ℓ/min이다.

① 장점
   ㉠ 초기진화에 효과가 크고, 야간 화재 발생 시에도 신속히 대처할 수 있다.
   ㉡ 오작동, 오보가 적다.

② 단점
   ㉠ 초기시설에 대한 비용이 많이 든다.
   ㉡ 물로 인해 2차적 피해가 있다.

(5) 드렌처설비

① 건축물의 외벽, 창, 지붕 등에 설치하여 인접 건물에 화재가 발생하였을 때 수막을 형성하여 화재의 연소를 방지하는 방화설비이다.
② 설치간격은 2.5m 이하로 한다.
③ 방수압력은 0.1MPa, 방수량은 80ℓ/min이다.

2 소화활동설비

(1) 연결송수설비

① 7층 이상의 건축물 등에 설치하는 소방대 전용소화설비이다.
② 소방차 송수구를 통해 옥내로 송수하면, 옥내 방수구에서 방수하여 소화한다.
③ 건물 각 부분에서 방수구까지 수평거리는 50m 이하로 설치한다.
④ 방수압력은 0.35MPa, 방수량은 800ℓ/min이다.
⑤ 방수구와 송수구의 연결지름은 65mm, 소방대 사용 호스는 65mm이다.

(2) 연결살수관설비

① 소방대 전용소화전인 송수구를 통하여 소방차로 실내에 물을 공급하여 소화활동을 하는 것으로, 지하층의 화재진압 등에 사용하는 설비이다.
② 지하층 바닥면적 합계 150m² 이상의 건축물에 설치한다.
③ 판매시설 바닥면적 합계 1000m² 이상의 건축물에 설치한다.
④ 단, 국민주택규모 이하 아파트 및 학교 지하층은 700m² 이상에 설치한다.

연결송수관

연결살수관

3 화재탐지경보설비

(1) 열감지기

① 차동식, 정온식, 보상식
  ㉠ 차동식은 사무실, 학교 등 부착높이 8m 미만인 장소에 설치한다.
  ㉡ 정온식은 주방 등 열을 취급하는 곳에 설치한다.
  ㉢ 보상식은 차동식과 정온식의 두 성능을 갖고 있다.

(2) 연기감지기

광전식은 계단, 복도 및 층고가 높은 곳 등에 사용한다.

(a) 차동식   (b) 정온식

(c) 광전식
감지기

04 chapter 가스 및 소화설비 예상문제

Chapter 04 | 가스 및 소화설비 예상문제

01 소방대 전용 소화전인 송수구를 통하여 실내로 물을 공급하여 소화활동을 하는 것으로, 지하층의 일반 화재 진압을 위한 소방시설은?

① 연결살수 설비
② 스프링클러 설비
③ 드렌처 설비
④ 옥외 소화전 설비

TIP ☼ • 연결살수설비
　소방대 전용 소화전인 송수구를 통하여 실내로 물을 공급하여 소화활동을 하는 것. 지하층의 일반화재 진압을 위한 설비이다.

• 스프링 클러 설비
　천장면에 배수관을 설치하고, 그 끝에 폐쇄형 또는 개방형의 살수기구를 소정의 간격으로 설치하여 급수원에 연결시켜 두었다가 화재 발생시, 수동 또는 자동으로 물이 살수기구(head)로 부터 방사되어 소화되는 고정식 소화설비이다.

　　하향형　　　상향형　　실링 타입(1)

• 드렌처 설비
　건축물의 외벽, 창, 지붕 등에 설치하여, 인접건물에 화재가 발생하였을 때 수막을 형성함으로써 화재의 연소를 방지하는 설비

드렌처 헤드

• 옥외소화전 설비
　옥외 소화전 설비는 건물 또는 옥외 건물의 화재를 소화하기 위하여 옥외에 설치하는 고정식 소화설비로서 대규모의 화재 또는 이웃 건물로 연소할 우려가 있을 때 소화하기 위하여 설치한다.

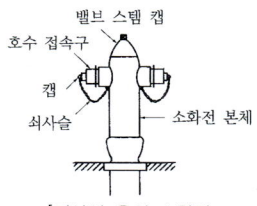
[지상식 옥외 소화전]

옥외 소화전의 표준 방수 압력, 표준 방수량, 수원의 수량 표준값은 다음과 같다.

• 표준 방수 압력 : 2.5kg/cm²
• 표준 방수량 : 350l/min
• 수원의 수량 : 350l/min×2(개)×20 (분)=14m³ 이상

옥외 소화전은 건축물의 각 부분으로부터 40m 이하가 되도록 설치한다.

01 ①

02 도시가스 배관 시 가스관과 전기 콘센트의 이격 거리는 최소 얼마 이상으로 하는가?

① 30cm
② 50cm
③ 60cm
④ 90cm

03 자동화재 탐지설비 중 온도상승에 의한 감지기 작동 방식이 아닌 것은?

① 광전식
② 차동식
③ 정온식
④ 보상식

> TIP
> - 광전식
>   연기 감지기
> - 차동식
>   실내온도의 상승속도가 일정한 값을 넘었을 때 동작하는 것
> - 정온식
>   실내온도가 상승하였을 때 동작하는 것
> - 보상식
>   정온식 + 차동식

02 ① 03 ①

05 정보 및 수송설비

01 정보설비

1 전화설비

국선의 관로, 배선반, 케이블, 구내교환설비, 분기배선을 거친다.

(1) 주택전화설비

건축물이 다수인 경우 직선거리 500m 이내로 한다.

(2) 구내교환설비

① 회사, 공공기관 등에서 사용되는 국선을 모든 직원이 공유하는 설비를 말한다.
② 비용절감 및 수용가의 책임 하에 운영된다.
③ 사무실의 전화 표준설비 수는 $10m^2$ 당 0.4이며, 주택은 1세대 당 1이다.
※ **구내교환설비의 구성요소** : 구내전화기, 전력 설비, 단자함, 보안설비, 배선반

(3) 인터폰설비

① 통화방식에 의한 분류
   ㉠ 모자식 : 모기와 자기의 통화만 가능한 것으로, 통화량이 많은 곳에는 부적당하다.
   ㉡ 상호식 : 모기와 모기의 상호간 호출 및 통화가 가능하다.
   ㉢ 복합식 : 상호식과 모자식을 혼용한 방식이다.
② 작동원리에 의한 분류
   ㉠ 프레스 토크 : 통신을 받고 있을 경우 버튼을 누르지 않고, 상대방에게 말을 할 경우 버튼을 눌러 통화하는 방식을 말한다.
   ㉡ 동시통화 : 상대방과 동시에 통화하는 방식을 말한다.
   설치높이는 바닥에서 1.5m 정도로 하며, 전화배선과 별도로 계통한다.

(4) 비상용 콘센트구내교환설비

① 화재로 전원이 끊어질 것에 대비하여 설치하는 설비를 말한다.
② 설치높이는 1~1.5m 정도로 하며, 11층 이상의 각 층 계단실 등에 설치한다.
③ 수평거리는 50m 정도로 하며, 1회선 당 콘센트는 10개 이하로 한다.

02 수송설비

1 엘리베이터

수직 동력을 이용하여 사람 또는 화물을 위, 아래로 이동시키는 장치를 말한다.

(1) 엘리베이터의 구조
① **권상기** : 전동기의 회전력을 로프로 전달하는 기기이다.
② **승강 카** : 사람 또는 화물을 태우거나 싣는 것을 말한다.
③ **안전장치**
　㉠ 조속기 : 과속 시 작동되어 승강 카를 정지시킨다.
　㉡ 종점스위치 : 최하층과 최고층에 이르렀을 때 승강 카를 멈추게 한다.
　㉢ 리밋스위치 : 최하층과 최고층에 이르렀을 때 승강 카를 벗어나지 않게 한다.
　㉣ 도어스위치 : 문에 물건이나 사람이 부딪힐 경우 문이 열린다.
　㉤ 완충기 : 승강 카가 떨어질 때 승강로 바닥에 설치하여, 충격을 완화시킨다.

(2) 구동방식
① **교류 엘리베이터**
　㉠ 속도조정이 안되며 속도에 대한 제어가 불가능하다.
　㉡ 부하에 의해 속도변동이 있으며, 저속이다.
　㉢ 착상오차가 크다.
　㉣ 기동 토크가 작다.
　㉤ 승차감은 직류에 비해 좋지 않다.
　㉥ 설비비가 적다.
② **직류 엘리베이터**
　㉠ 속도조정이 자유로우며 속도에 대한 제어가 가능하다.
　㉡ 부하에 의해 속도변동이 없으며, 고속이다.
　㉢ 착상오차가 거의 없다.
　㉣ 기동 토크를 임의로 얻을 수 있다.
　㉤ 승차감이 좋다.
　㉥ 설비비가 높다.

(3) 속도
① **저속 엘리베이터** : 15 ~ 45m/min, 교류 1단, 교류 2단, 중·소규모
② **중속 엘리베이터** : 60 ~ 105m/min, 교류 2단, 직류기어, 아파트, 병원
③ **고속 엘리베이터** : 120 ~ 300m/min, 직류 기어레스, 대규모 고층건물, 호텔

(4) 운행형식
① **전층스톱운행**
　㉠ 전층 거주자에 균등한 서비스를 할 수 있다.
　㉡ 고층사무소에 부적당하다.
② **스킵스톱운행**
　㉠ 정지 층이 줄고 시설비가 저렴하다.
　㉡ 짝·홀수 층 상호교통은 계단을 이용해야 한다.
③ **분할급행운행**
　㉠ 저층과 고층을 따로 부담한다.
　㉡ 고층용으로 적합하다.
　㉢ 코어 효율이 저하된다.

2 에스컬레이터

- 컨베이어의 일종으로 동력에 의해 회전하는 계단을 구동시켜 사람을 연속적으로 승강시키는 장치를 말한다.
- 30° 이하의 기울기를 가지는 트러스에 발판을 부착시켜 레일로 지지한 구조체이며, 속도는 30m/min 이하이다.

- 지지보나 기둥에 하중이 균등하게 걸리게 한다.
- 사람 흐름의 중심에 배치한다.
- 주행거리는 가능한 짧게 한다.

(1) 배치방식

① **직렬식**
  ㉠ 승객의 시야가 가장 넓다.
  ㉡ 점유면적을 많이 차지한다.

② **병렬 단속식**
  ㉠ 승객의 시야가 넓다.
  ㉡ 점유면적이 크다.

③ **병렬 연속식**
  ㉠ 승객의 시야는 양호하다.
  ㉡ 점유면적이 작다.

④ **교차식**
  ㉠ 승객의 시야가 매우 좁다.(나쁘다.)
  ㉡ 점유면적은 가장 작다.

⑥ **시야 개방성 및 점유면적**
  직렬식 > 병렬 단속식 > 병렬 연속식 > 교차식

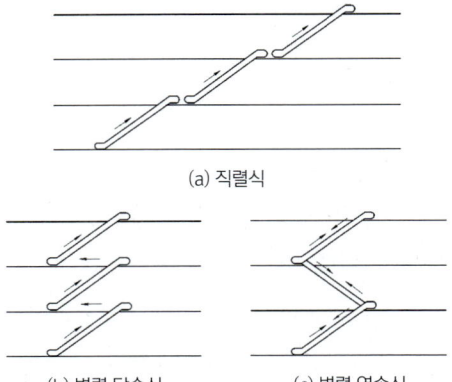

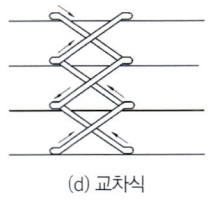

(d) 교차식
에스컬레이터 배치형식

(2) 에스컬레이터 구성요소

① **뉴 얼** : 엄지기둥(난간의 끝)
② **난간 데크** : 핸드레일 가이드 측면과 만나고 상부커버를 형성하는 난간의 가로 요소
③ **스커트 가드** : 에스컬레이터 양측에 수직으로 세워 승객의 안전한 이동을 유도하는 금속판으로 된 측면 벽
④ **데크보드** : 에스컬레이터 양측과 수직 핸드레일 판넬 사이에 있는 덮개

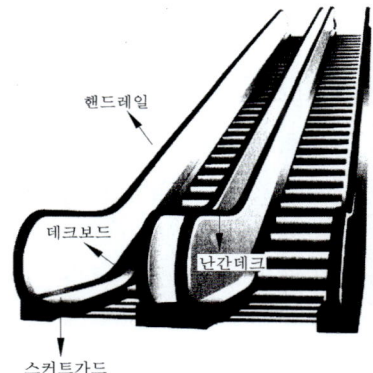

에스컬레이터 구성요소

3 이동보도

① 12° 이하의 기울기를 가지며, 승객을 수평으로 이동시키는 장치이며, 속도는 경사 8° 이하는 50m/min 이하이고, 경사 8° 초과는 40m/min 이하이다.
② 박람회장, 공항 등에 많이 사용한다.

4 컨베이어

- 부품 및 재료, 화물 등을 일정 거리를 자동으로 운반하는 기계장치를 말한다.
- 석탄 및 모래 등을 운반할 때 많이 사용한다.

(1) 종류

① 버킷 컨베이어
  ㉠ 하부의 재료를 상부로 운반하여 배출하는 장치이다.
  ㉡ 토사, 쇄석 등을 수직 또는 경사로 운반한다.

② 체인 컨베이어
  ㉠ 감아 걸어놓은 체인에 버킷 등을 부착하여 운반하는 장치이다.
  ㉡ 석탄, 음료수, 식기류 등을 운반한다.

③ 롤러 컨베이어 : 여러 개의 롤러를 수평으로 기물을 굴려 운반하는 장치이다.

④ 에이프런 컨베이어 : 두 줄로 된 감아놓은 체인사이를 강판으로 고정하여 사용하는 장치이다.

(a) 버킷 컨베이어   (b) 롤러 컨베이어

(c) 에이프런 컨베이어

컨베이어

05 정보 및 수송설비 예상문제

01 다음 중 구내 교환 설비의 구성 요소와 관련이 없는 것은?

① 구내 전화기　② 전력 설비
③ 단자함　　　④ 안테나

> TIP 구내 교환설비 구성 요소
> 구내전화기, 전력설비, 보안설비, 배선반, 단자함

02 램프나 카드, 숫자에 의하여 상황이나 행위를 표현하여 다수가 알도록 하는 설비를 무엇이라 하는가?

① 인터폰 설비　② 표시 설비
③ 방송 설비　　④ 안테나 설비

> TIP
> • 인터폰 설비
>   구내 또는 옥내 관용의 통화연락을 목적으로 설치
> • 표시 설비
>   출, 퇴근, 안내, 득점, 경보(주의) 등이 있다.
> • 안테나 설비
>   텔레비전과 라디오 등의 공동시청 설비

03 수송설비의 종류 중 계단식으로 된 컨베이어로써, 30° 이하의 기울기를 가지는 트러스에 발판을 부착시켜 레일로 지지한 것은?

① 엘리베이터　② 에스컬레이터
③ 이동 보도　　④ 버킷 컨베이어

> TIP
> • 이동보도
>   수평에 대하여 경사 10~15°의 범위 내에서 승객을 수평으로 수송하는 장치. 주로 역이나 공항에서 이용된다.
> • 버킷 컨베이어
>   시멘트, 골재, 모래 등을 실어서 운반하는 장치

01 ④　02 ②　03 ②

PART

03

건축제도

CHAPTER 01 ◆ 제도 규약
CHAPTER 02 ◆ 건축물의 묘사와 표현
CHAPTER 03 ◆ 건축의 설계도면
CHAPTER 04 ◆ 각 구조부의 제도

전 산 응 용 건 축 제 도 기 능 사

COMPLETION IN 3 MONTH

CRAFTSMAN
COMPUTER
AIDED ARCHITECTURAL
DRAWING

전산응용건축제도기능사

01 제도 규약

01 건축제도 통칙

1 제도 용지의 크기

① 종이의 재단치수는 KS A 5201 A열을 따른다.
② 제도 용지의 세로와 가로의 비는 1 : $\sqrt{2}$ 이고, 번호가 커짐에 따라 용지는 작아진다.
③ A_0의 넓이는 약 1m²이고, B_0의 넓이는 약 1.5m² 정도이다.
④ 도면을 접을 때에는 A4의 크기로 접는 것을 원칙으로 한다.

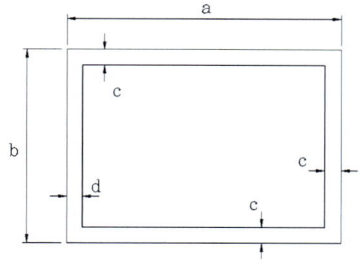

도면의 크기

제도 용지의 크기

		A_0	A_1	A_2	A_3	A_4
a×b		1189×841	841×594	594×420	420×297	297×210
c(최소)		10	10	10	5	5
d (최소)	철하지 않을 때	10	10	10	5	5
	철할 때	25	25	25	25	25

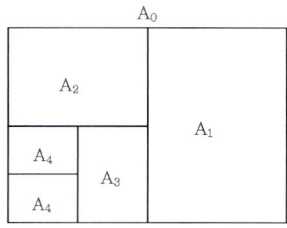

ks의 부문별 기호

분류기호	부문	분류기호	부문
KS A	기본	KS B	기계
KS C	전기전자	KS D	금속
KS E	광산	KS F	건설
KS G	일용품	KS H	식품
KS I	환경	KS J	생물
KS K	섬유	KS L	요업
KS M	화학	KS P	의료
KS Q	품질경영	KS R	수송기계
KS S	서비스	KS T	물류
KS V	조선	KS W	항공우주
KS X	정보	KS Z	기타

국제 및 국가별 규격명

국가/기구	기호	명칭
국제표준화기구	ISO	International Organization for Standardization
한국	KS	Korean Industrial Standards
일본	JIS	Japanese Industrial Standards
영국	BS	British Standards

국가/기구	기호	명칭
미국	ANSI	American National Standards Institute
독일	DIN	Deutsches Institute Normung
프랑스	NF	Norme Francaise
스위스	SNV	Schweitzerish Normen-Vereinigung

2 표제란(Title panel)

① 표제란의 위치는 도면의 아래 끝에 설정한다.
② 표제란에는 기관 정보, 개정관리 정보, 프로젝트 정보, 도면 정보, 도면 번호 등을 기입하는 것을 원칙으로 한다.

02 척도

대상물의 실제치수에 대한 도면에 표시한 대상물의 비를 말한다.

① 도면에는 척도를 기입하여야 한다. 한 도면에 서로 다른 척도를 사용하였을 때는 각 도면마다 또는 표제란의 일부에 척도를 기입하여야 한다. 그림의 형태가 치수에 비례하지 않을 때는 "NS(No Scale)"로 표시한다.
② 사진 및 복사에 의해 축소 또는 확대되는 도면에는 그 척도에 따라 자의 눈금 일부를 기입한다.
③ 척도의 종류는 실척(실제치수(full size – 척도의 비가 1 : 1인 척도)), 배척 (Enlargement scale – 척도의 비가 1 : 1보다 큰 척도로 비가 크면 척도가 크다고 함), 축척(Reduction scale – 척도의 비가 1 : 1보다 작은 척도로 비가 작으면 척도가 작다고 함)이 있다.
④ 목적에 따라 다음의 것에서 선택 사용한다.

현척(실척)	1/1
축척	1/2, 1/3, 1/4, 1/5, 1/10, 1/20, 1/25, 1/30, 1/40, 1/50, 1/100, 1/200, 1/250, 1/300, 1/500, 1/600, 1/1000, 1/1200, 1/2000, 1/2500, 1/3000, 1/5000, 1/6000
배척	2/1, 5/1

⑤ 축척은 다음과 같은 내용으로 알아보자.

예제 | 1

실제 길이 1m를 1/10로 축소하면 몇 cm인가?

실제 길이 1m를 문제에서 요구하는 단위로 환산 한 다음 스케일의 분모 값으로 나누면 된다.
1M =100cm   100/10 =10cm

예제 | 2

실제 길이 25m를 1/50로 축소하면 몇 cm인가?

25M = 2500cm   2500/50 = 50cm

예제 | 3

실제길이 16m를 1/200로 축소하면 몇 mm인가?

16M = 16,000mm 16000/200 = 80mm

03 선과 글자

1 선

선의 종류 및 사용법은 아래의 표에 따르고 배치도, 구조도, 계통도, 외형도, 측량도 등에는 필요에 따라 이외의 선을 사용할 수 있다.

선의 종류		사용방법(보기)
실선	▬▬▬	단면의 윤곽 표시
	▬▬▬	보이는 부분의 윤곽표시 또는 좁거나 작은 면의 단면 부분 윤곽 표시
	▬▬▬	치수선, 치수보조선, 인출선, 격자선 등의 표시
파선 또는 점선	-----	보이지 않는 부분이나 절단면보다 앞면 또는 윗면에 있는 부분의 표시
1점 쇄선	—·—·—	중심선, 절단선, 기준선, 경계선, 참고선 등의 표시
2점 쇄선	—··—··—	상상선 또는 1점 쇄선과 구별할 필요가 있을 때

2 글자

① 글자는 명백히 쓴다.
② 문장은 왼쪽에서부터 가로쓰기를 원칙으로 한다. 다만, 가로쓰기가 곤란할 때에는 세로쓰기도 할 수 있다. 여러 줄일 때에는 가로쓰기로 한다.
③ 숫자는 아라비아 숫자를 원칙으로 한다.
④ 글자체는 수직 또는 15° 경사의 고딕체로 쓰는 것을 원칙으로 한다.
⑤ 글자의 크기는 각 도면의 상황에 맞추어 알아보기 쉬운 크기로 한다.
⑥ 4자리 이상의 수는 3자리마다 휴지부를 찍거나 간격을 둠을 원칙으로 한다. 다만, 4자리의 수는 이에 따르지 않아도 된다. 소수점은 밑에 찍는다.
⑦ CAD 도면작성에 따른 문자의 크기는 KS F 1541에 따른다.

04 치수 표기

1 치수의 단위

도면에는 물체가 완성된 치수를 기입하는 것이 원칙이고 치수의 단위에는 길이와 각도를 나타내는 두 종류가 있다.

(1) 길이

① 길이는 모두 mm단위로 기입하되 단위 기호 mm는 기입하지 않는다.
② mm이 외의 단위는 기호를 쓰거나 그 밖의 방법으로 그 단위를 명시한다.

(2) 각도

① 각도는 도(degree)를 사용한다.
② 필요에 따라서는 분, 초의 단위도 함께 사용한다.
ex) 12° 45′ 67″

2 치수 기입 요소

(1) 치수

① 0.2mm 이하의 가는 실선으로 그어 외형선과 구별하고, 양쪽끝에는 점 또는 화살표를 붙인다.
② 치수선은 읽기 편리하게 외형선에서 보통 10~15mm정도 띄어서 긋는다.

③ 치수선은 다른 치수선과 만나지 않도록 하며, 이웃하는 치수선과는 평행하게 일직선으로 긋는다.
④ 치수기입은 치수선 중앙에 기입하는 것이 원칙이다. 다만, 치수선을 중단하고 선의 중앙에 기입할 수도 있다.
⑤ 치수선 양 끝은 점 또는 화살을 표시할 수 있으나, 혼용해서는 안 된다.

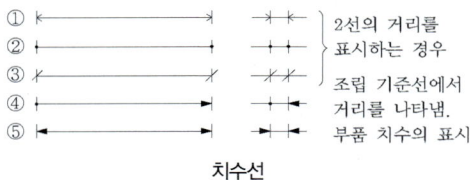

치수선

(2) 치수보조선

① 0.2mm 이하의 가는 실선으로 치수선과 직각되게 긋되 2~3mm 더 나오도록 하는 것이 좋다.
② 외형선과 접근하여 구별하기 어려울 때나 치수 기입 관계로 필요에 따라서는 적당한 각도(60°)로 긋는 경우도 있다.
③ 중심선에서 중심선까지의 거리를 나타낼 때에는 중심선으로 대신한다.
④ 치수보조선이 다른 선과 교차되어 복잡할 경우나 치수를 도형 안에 기입하는 것이 뚜렷한 경우는 외형선으로 대신할 수도 있다.

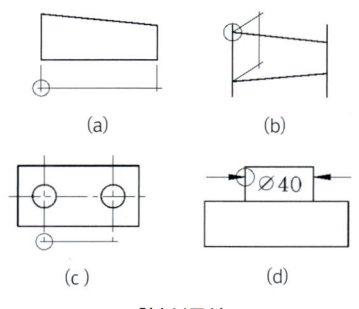

치수보조선

(3) 지시선

① 2개 이상의 지시선을 그을 때에는 같은 각도로 평행하게 긋는다.
② 구멍의 치수, 가공법, 품번 등을 기입할 때에는 점이나 화살표로 인출해 사용한다.

(4) 화살표

① 치수나 각도를 기입하는 치수선의 끝에 화살표를 붙여 그 한계를 표시한다.
② 지시선 끝에 붙여 지시되는 부분을 가리킨다.
③ 화살표의 크기는 길이와 나비의 비율이 정해지지는 않았지만 보통 2.5~3:1정도 되게 한다.
④ 한 도면에는 될 수 있는 대로 화살의 크기를 같게 한다.

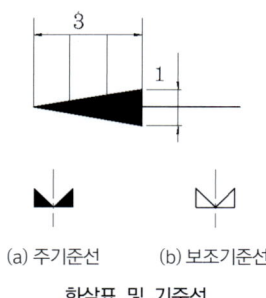

화살표 및 기준선

(5) 치수기입 요령

① 특별한 경우를 제외하고는 마무리치수를 기입한다.
② 전체치수는 부분치수 밖에 기입한다.
③ 치수기입은 왼쪽에서 오른쪽으로, 아래에서 위로 기입한다.
④ 협소한 간격이 연속될 때에는 인출선을 사용하여 치수를 쓴다.

05 치수 표시 기호

① 지름 기호 : ⌀, D
② 반지름 기호 : R
③ 구면 기호(s) : S(S⌀, SR)
④ 정사각형 기호 : □
⑤ 판의 두께 기호 : t 또는 THK
⑥ 모따기 기호 : c
⑦ 피치 기호 : p, @
⑧ 원호 기호 : ⌒
⑨ 현의 기호 : ―

01 제도 규약 예상문제

01 건축도면의 글자 및 숫자에 대한 설명으로 잘못된 것은?

① 글자의 크기는 각 도면의 상황에 맞추어 알아보기 쉬운 크기로 한다.
② 글자체는 고딕체로 하며, 30°경사로 쓰는 것을 원칙으로 한다.
③ 숫자는 아라비아 숫자를 원칙으로 한다.
④ 문장은 왼쪽에서부터 가로쓰기를 원칙으로 한다.

TIP 15°경사지게 쓰는 것을 원칙으로 한다.

02 도면 작성시 고려해야 할 사항이 아닌 것은?

① 도면의 인지도를 높이기 위하여 선의 굵기를 고려하여 그린다.
② 표제란에는 작성자 성명, 축척, 도면명 등을 기입한다.
③ 도면의 글씨는 깨끗하게 자연스러운 필기체로 쓰는 것이 좋다.
④ 도면상의 배치를 고려하여 작도한다.

TIP 고딕체로 쓴다.

03 다음 그림에서 치수 기입 방법이 잘못된 것은?

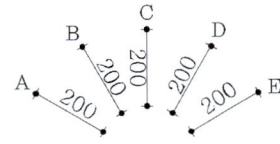

① A
② B
③ C
④ D

TIP 치수는 왼쪽에서 오른쪽으로 기입한다.

04 철근 도면에서 늑근이나 띠철근을 표현하는 선은?

① 파선
② 가는 실선
③ 일점 쇄선
④ 굵은 실선

01 ② 02 ③ 03 ③ 04 ②

05 다음 중 도면 작도시 유의 사항으로 옳지 않은 것은?

① 축척과 도면의 크기에 관계없이 글자의 크기는 같아야 한다.
② 용도에 따라서 선의 굵기를 구분하여 사용한다.
③ 숫자는 아라비아 숫자를 원칙으로 한다.
④ 글자체는 수직 또는 15°경사의 고딕체로 쓰는 것을 원칙으로 한다.

TIP 축척과 도면의 크기에 따라 글자의 크기를 결정한다.

06 문서 등의 철을 위하여 도면을 접을 때 접는 크기는 얼마를 원칙으로 하는가?

① A_2　　② A_3
③ A_4　　④ A_6

07 제도용지 A_2의 크기는 A_0용지의 얼마 정도의 크기인가?

① 1/2　　② 1/4
③ 1/8　　④ 1/16

TIP
・A_0의 반 → A_1
・A_1의 반 → A_2

08 도면에서 상상선을 나타낼 때 또는 일점쇄선과 구별할 필요가 있을 때 사용되는 선은?

① 점선　　② 파선
③ 파단선　　④ 이점 쇄선

TIP 상상선 : 이점쇄선

09 건축제도의 치수 및 치수선에 관한 설명 중 옳지 않은 것은?

① 치수기입은 치수선에 평행하게 도면의 왼쪽에서 오른쪽으로, 아래로부터 위로 읽을 수 있도록 기입한다.
② 협소한 간격이 연속될 때에는 인출선을 사용하여 치수를 쓴다.
③ 치수선의 양 끝 표시는 화살 또는 점을 사용할 수 있으며 같은 도면에서 혼용할 수 있다.
④ 치수는 특별히 명시하지 않는 한 마무리 치수로 표시를 한다.

TIP 혼용하지 않는다.

05 ①　06 ③　07 ②　08 ④　09 ③

02 chapter 건축물의 묘사와 표현

01 건축물의 묘사

1 묘사 도구

(1) 연필
① 연필심은 무르고 단단한 정도에 따라 9H부터 6B까지 15종에 F, HB를 포함하면 17단계로 구분된다.
② 연필은 효과적으로 사용하면 밝은 상태에서 어두운 상태까지 폭 넓은 명암을 나타낼 수 있으며, 다양한 질감 표현도 가능하다.
③ 연필은 지울 수 있는 장점이 있는 반면에 번지거나 더러워지는 단점이 있으므로 연필종류에 따른 특성을 잘 알고 사용해야 한다.

(2) 잉크
① 잉크는 여러 가지 색상을 갖고 있어 색의 구분이 일정하고, 농도를 정확하게 할 수 있어 도면이 선명하고 깨끗하게 보인다.
② 여러 가지 펜촉을 사용할 수 있어, 다양한 묘사 방법의 표현도 가능하다. 따라서 최근에는 펜촉의 굵기를 자유롭게 바꿀 수 있는 여러 가지 잉킹용 도구들이 개발되고 있다.

(3) 색연필
간단하게 도면을 채색하여 실물의 느낌을 표현하는데 주로 사용하며, 색펜과 같이 사용하여 실내 건축물의 간단한 마감 재료를 그리는데 사용한다.

(4) 물감
① 물감은 재료에 따라서 차이가 있다.
② 수채화는 신선한 느낌을 주고, 부드럽고 밝은 특징을 갖고 있다.
③ 포스터 물감은 사실적이며, 재료의 질감표현과 수정이 용이해 많이 사용하는 방법으로 붓을 이용해 그린다.

(5) 유성 마카펜
트레이싱지에 색을 표현하기가 가장 적합하다.

2 묘사 방법

(1) 모눈종이 묘사
① 묘사하고자 하는 내용 위에 사각형의 격자를 그리고, 한 번에 하나의 사각형을 그릴 수 있도록 다른 종이에 같은 형태로 옮긴다.
② 사각형이 원본보다 크거나 작다면, 완성된 그림은 사각형의 크기에 따라서 규격이 정해진다.

③ 사각형 격자는 빠르게 스케치할 때 주로 사용하며, 리듬을 중복되게 하거나 비율을 정확히 하여 주며, 45°나 90°와 같이 일정한 각도로 그리는 것을 쉽게 한다.

(2) 투명 용지 묘사

그리고자하는 대상물에 트레이싱 페이퍼를 올려 놓고 그대로 그리는 것으로, 이것을 여러 번 그려 본 후에는 평면에 선의 형태로 대상물을 단순히 옮긴다는 순수한 그림의 원칙을 이해하게 된다.

(3) 보고 그리기

① 보면서 그림을 그릴때에는 주의 깊게 사물을 관찰해야 하며, 사물에 대한 고정적인 관념을 배제해야 한다.
② 건축에서 묘사의 목적은 예쁘게 그리는 것보다는 의미 전달에 있기 때문에, 사실적인 묘사 이외에 형태의 본질 파악에 주의를 기울여야 한다.

3 묘사 기법(= 입체적인 표현방법)

(1) 단선에 의한 묘사 기법

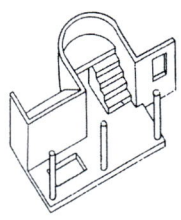

① 선의 종류와 굵기에 따라 단면선, 윤곽선, 모서리선, 표면의 조직선, 재료의 변화선 등으로 묘사가 가능하다.
② 선의 처리에 유의해야 하며, 명확하고도 일관성 있는 적절한 선이 되도록 주의 깊게 처리해야 한다.

(2) 여러 가지 선에 의한 묘사 기법

① 선의 간격에 변화를 주어 면과 입체를 한정시키는 방법으로, 평면은 같은 간격의 선으로 묘사되며, 선의 간격을 달리하여 그리면 곡면을 나타낸다.
② 묘사하는 선의 방향은 면이나 입체에 대하여 수직, 수평의 방향이 맞추어 그려야 하며 물체의 윤곽선은 그리지 않는 것이 좋다.
③ 평행인 여러 선으로 입체의 면을 묘사할 때 이들 선의 방향은 세로면은 세로선으로, 가로면은 가로선으로 나타내는데 선의 명암, 농도, 조직으로 면의 생김새를 나타낸다.
④ 면 전체에 걸쳐 선의 간격이나 밀도가 일정해야 하며, 그렇지 않으면 그 면은 평탄한 면으로 보이지 않는다.

(3) 단선과 명암에 의한 묘사 기법

① 선으로 공간을 한정시키고 명암으로 음영을 넣는 방법으로 평면의 경우에는 같은 명도의 농도로 하여 그리고, 곡면의 경우에는 농도에 변화를 주어 묘사한다.
② 곡면은 선의 간격을 다르게 하거나, 곡면의 경우에는 농도에 변화를 주어 묘사한다.
③ 그림자는 표면의 그늘보다 어둡게 묘사한다.

(4) 명암 처리에 의한 묘사기법

명암의 농도로 면이나 입체를 표현하려는 것으로, 면이 다른 경우에는 면의 명암 차이가 명확히 나타나도록 하고, 명암의 표현에서 방향을 나타낼 때에는 면의 수직과 수평 방향이 일치되도록 한다.

(5) 점에 의한 묘사기법

여러 점으로 입체의 면이나 형태를 나타내고자 할 때에는 각 면의 명암차이를 표현하고, 점을 많이 찍거나 적게 찍어서 형태의 변화를 준다.
점을 찍어서 형태를 만들어 나가는 묘사방법은 많이 사용되지는 않는다.

02 건축물의 표현

① 그림은 하나의 이해하는 수단으로 창조적인 표현으로 우리가 사실적으로 느끼도록 하는데 도움이 된다.
② 이렇게 건축물을 표현하는 방법은 스케치 또는 기능도와 같은 형태가 있지만 일반적으로는 투상법이라 해서 어떤 입체물의 위치, 크기, 모양 등을 평면 위에 나타내기 위해 주로 사용한다.

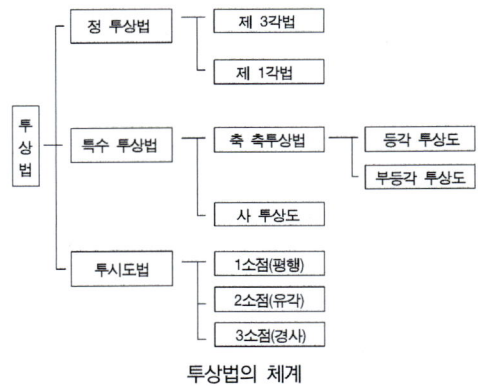

투상법의 체계

1 정(평행) 투상법

어떤 물체를 네모진 유리 상자 속에 넣고 바깥에서 들여다 보면 물체를 투상하여 보고 있는 것과 같다. 이 때 투상선이 투상면에 대하여 수직으로 되어 있는 것, 즉 시점이 물체로 무한대의 거리에 있는 것으로 생각한 투상을 정투상이라고 한다.

(1) 제3각법(눈 – 투상면 – 물체)

물체를 투상면의 뒤쪽에 놓고 투상하면 정면도를 기준으로 보면 상하, 좌우 본쪽에서 그대로 그 모습을 그리면 된다.

(2) 제1각법(눈 – 물체 – 투상면)

물체를 투상면의 앞쪽에 놓고 투상하면 정면도를 기준으로 보면 상하, 좌우가 3각법과는 반대로, 즉 우측면도는 좌측에, 좌측면도는 우측에 그리고 저면도는 위에, 평면도는 밑에 그린다.

(3) 투상법은 제3각법에 따른 것을 원칙으로 한다. 다만 필요에 따라서는 제1각법을 쓰는 경우도 있고, 혼용할 경우도 있지만 잘 쓰이지 않고, 이렇게 사용할 경우에는 반드시 표제란이나 그 근처에 꼭 표기를 한다.

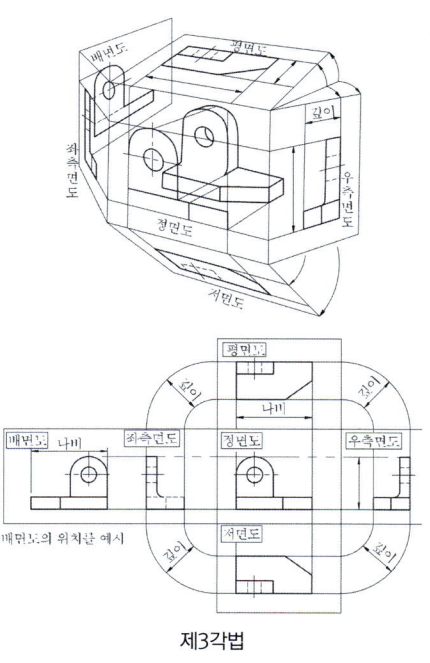

제3각법

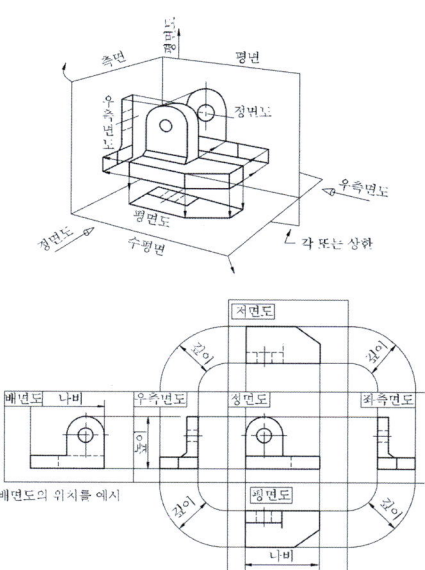

제1각법

2 특수 투상법

(1) 축 측투상법

입체에서 서로 직각으로 만나는 모서리를 세 축으로 하여 투상도를 그리면 입체의 형상을 한 투상도로 나타낼 수 있다. 이와 같은 방법을 축에 의한 축투상도라 하며, 축에 의한 측투상도에는 등각과 부등각 투상도가 있다.

① 등각 투상도
  ㉠ 정면, 평면, 측면을 하나의 투상면 위에서 동시에 볼 수 있도록 그린다.
  ㉡ 직육면체의 등각 투상도에서 직각으로 만나는 3개의 모서리는 각각 120°를 이룬다.
  ㉢ 2개의 옆면 모서리는 수평선과 30°를 이룬다.

② 부등각 투상도
  ㉠ 3개의 축선이 서로 만나서 이루는

세 각들 중에서 두각은 같게, 나머지 한 각을 다르게 그린다.
ⓛ 3개의 축선 중 2개의 축선은 같은 척도로 하고, 나머지 한 축선은 1, 3/4, 1/2의 다른 척도로 한다.

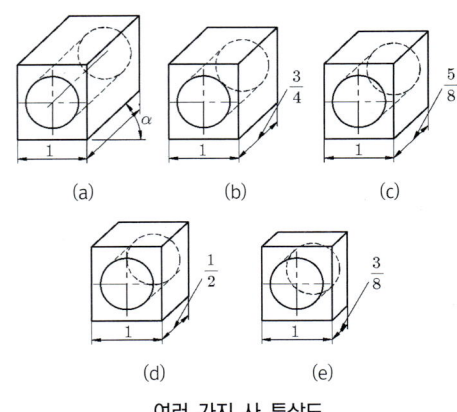

여러 가지 사 투상도

3 투시도법(Projection)

- 물체의 앞 또는 뒤에 화면을 놓고 시점에서 물체를 본 시선이 화면과 만나는 각 점을 연결하여 우리 눈에 비치는 모양과 같게 물체를 그리는 것
- 멀고 가까운 거리감을 느낄 수 있도록 하나의 시점과 물체의 각 점을 방사선으로 이어서 그리는 도법

(1) 투시도에서 사용하는 용어

① **기면**(Ground Plane, G.P.) : 화면과 수직으로 놓인 기준이 되는 평화면
= 또는 사람이 서 있는 면
② **기선**(Ground Line, G.L.) : 기면과 화면과의 만나는 선
③ **화면**(Picture Plane, P.P.) : 물체를 투시하여 도면을 그리는 입화면
= 물체와 시점사이에 기면과 수직한 평면
④ **수평면**(Horizontal Plane, H.P.) : 눈 높이와 수평한 면
⑤ **수평선**(Horizontal Line, H.L.) : 입화면과 수평면이 만나는 선

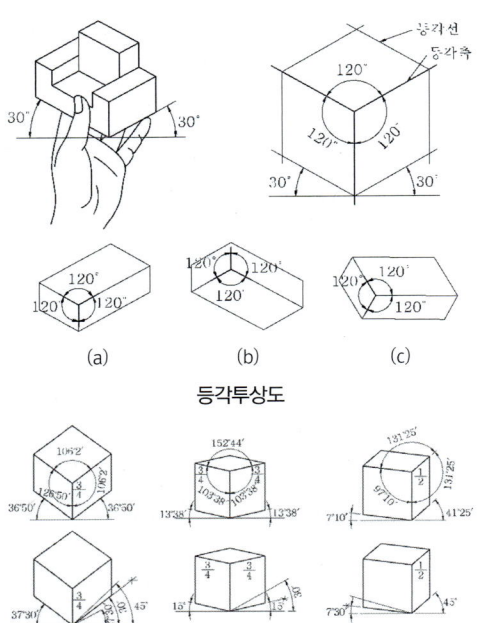

등각투상도

여러 가지 부등각투상도

(2) 사 투상도

① 물체의 앞면 모서리는 수평선과 평행하게, 옆면 모서리는 수평선과 임의의 각도 α 로 하여 그린 투상도
② 사투상도에서 경사축의 경사각은 삼각자를 이용하여 쉽게 그릴 수 있도록 보통 수평선에 대해 30°, 45°, 60°로 하여 그린다.
③ 사투상도의 정면은 정투상도의 정면도의 같은 척도로 그리고, 경사축의 길이는 1, 3/4, 5/8, 1/2, 3/8의 비율로 그린다.

⑥ **시점(Eye Point, E.P.)** : 보는 사람의 눈 위치
⑦ **정점(Station Point, S.P.)** : 시점이 기면 위에 투상되는 점
　= 사람이 서 있는 곳
⑧ **소점(Vanishing Point, V.P.)** : 물체가 기면에 평행으로 무한히 멀리 있을 때 수평선 위에 한점에 모이게 되는 점
⑨ **시축선(Axis of Vision, A.V.)** : 시점에서 입화면에 수직하게 통하는 투사선

(2) 투시도 작도시의 원리

① 투시도에 있어서 투사선은 관측자의 시선으로 화면을 통과하여 시점(E.P)에 모이게 된다.
② 투사선이 한점으로 모이기 때문에 물체의 크기는 화면에 가까이 있는 것보다 먼 곳에 있는 것이 작아 보이고, 화면보다 앞에 있는 물건은 확대되어 나타나며, 화면에 접해 있는 부분만이 실제의 크기가 된다.
③ 투시도에서 수평면은 시점 높이와 같은 평면 위에 있고, 수평선 위에 있는 수평면은 천장부분이 보이게 되며, 수평선 아래의 수평면은 바닥이 보이게 된다. 같은 크기의 면이라도 보이는 면적은 시점의 높이에 가까워질수록 좁게 보이며, 시점의 높이와 같아지면 1개의 선으로 보인다.
④ 화면과 평행인 선들은 실제의 방향으로 된다. 화면과 평행한 수직선과 수평선의 투시도에서는 수직선과 수평선이 나타나지만, 그들의 길이는 화면으로부터 거리에 따라서 달라진다.

⑤ 화면에 평행하지 않은 평행선들은 소점(V.P.)으로 모이며, 이 평행선들의 소점은 항상 관측자의 눈높이인 수평선상에 놓이게 된다.

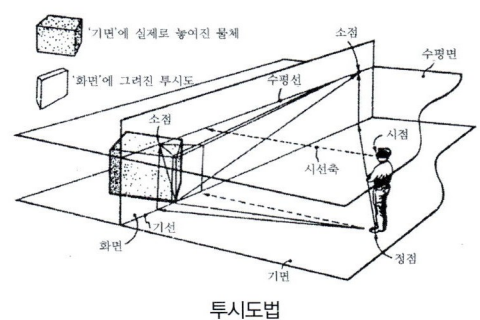

투시도법

(3) 투시도의 종류

① **1소점 투시도**
　㉠ 그림은 항상 인접한 두면이 각각 화면과 기면에 평행한 때의 투시도이다.
　㉡ 소점은 1개로서 정적인 건물의 표현에 효과적이다.
② **2소점 투시도**
　㉠ 인접한 두 면 가운데 밑면은 기면에 평행하고 다른 면은 화면에 경사진 투시도이다.
　㉡ 소점은 2개이며, 가장 많이 사용된다.
③ **3소점 투시도**
　㉠ 면이 모두 기면과 화면에 기울어진 때의 투시도이다.
　㉡ 소점이 3개이며 잘 사용되지 않는다.

02 건축물의 묘사와 표현 예상문제

01 다음은 어떤 묘사 방법에 대한 설명인가?

> 묘사하고자 하는 내용위에 사각형의 격자를 그리고 한번에 하나의 사각형을 그릴 수 있도록 다른 종이에 같은 형태로 옮기며, 사각형이 원본보다 크거나 작다면, 완성된 그림은 사각형의 크기에 따라 규격이 정해진다.

① 모눈종이 묘사 ② 투명용지 묘사
③ 복사용지 묘사 ④ 보고그리기 묘사

02 다음 중 건축물의 묘사에 있어서 트레싱지에 칼라(color)를 표현하기에 가장 적합한 도구는?

① 연필   ② 수채물감
③ 포스터칼라 ④ 유성마카펜

03 건축물의 묘사 및 표현에 관한 설명 중 옳지 않은 것은?

① 음영은 건축물의 입체적인 표현을 강조하기 위해 그려 넣는 것으로 실시설계도나 시공도에 주로 사용된다.
② 건축 도면에 사람의 그림을 그려 넣는 목적은 스케일감을 나타내기 위해서이다.
③ 건축 도면에서 수목의 배치와 표현을 통해 건물주변 대지의 성격을 나타낼 수 있다.
④ 여러 선에 의한 건축물의 표현방법은 선의 간격을 달리함으로서 면과 입체를 결정한다.

> TIP 음영은 사용하지 않는다.

04 묘사 용구 중 지울 수 있는 장점 대신 번질 우려가 있는 단점을 지닌 재료는?

① 잉크 ② 연필
③ 매직 ④ 물감

01 ① 02 ④ 03 ① 04 ②

05 건축 제도에서 불규칙한 곡선을 그릴 때 사용하는 제도 용구는?

① 삼각자
② 자유곡선자
③ 지우개판
④ 만능제도기

06 건축 도면에서 각종 배경과 세부 표현에 대한 설명 중 옳지 않은 것은?

① 건축 도면 자체의 내용을 해치지 않아야 한다.
② 건물의 배경이나 스케일, 그리고 용도를 나타내는데 꼭 필요할 때에만 적당히 표현한다.
③ 공간과 구조, 그리고 그들의 관계를 표현하는 요소들에게 지장을 주어서는 안된다.
④ 가능한 한 현실과 동일하게 보일 정도로 디테일하게 표현한다.

05 ②   06 ④

03 건축의 설계도면

설계는 건축주가 요구하는 사항을 건축가가 합리화된 생활공간으로 창조하는 작업을 말하며, 제도는 이러한 작업을 도면으로 명료하게 그 뜻을 전달할 수 있도록 표현하는 것이다. 설계도는 사람의 느낌이나 생각을 도면으로 잘 표현해야 하기 때문에 객관적인 방법으로 전달해야 한다. 내용은 규정된 선과 문자와 도법을 사용하여 충실하게 표현되어야 한다.

01 건축 설계의 진행과정

건축물을 만드는 과정은 계획(planning), 설계(design), 시공(execution)의 세 단계로 크게 구분되어 진행된다고 볼 수 있다.

(1) 설계진행 과정

요구파악 – 구상도 – 약설계 – 분석 – 설계 – 시공

02 설계 도면의 종류

설계도면의 종류

계획설계도		구상도, 조직도, 동선도, 면적 도표 등
기본설계도 실시설계도		기본 설계도, 계획도, 스케치도
	일반도	배치도, 평면도, 입면도, 단면도, 전개도, 창호도, 현치도, 투시도 등
	구조도	기초 평면도, 바닥틀 평면도, 지붕틀 평면도, 골조도, 기초·기둥·벽·보·바닥판 일람표, 배근도, 각부 상세도 등
	설비도	전기, 위생, 냉·난방, 환기, 승강기, 소화 설비도 등
시공도		시공 상세도, 시공 계획도, 시방서 등

1 계획 설계도

(1) 구상도

① 설계자는 건축주의 요구사항을 건축가로서 수치의 분석과 평가, 종합, 결정, 수정·보완 과정을 반복하여 구상하는데 그 중 설계에 대한 최초의 그림으로 모눈종이나 스케치북에 프리핸드로 그리게 되는 과정의 가장 기초적인 도면이라고 할 수 있다.
② 보통 1/200 ~ 1/500 축척으로 표현하고, 배치도와 평면도는 동일한 도면에 동시에 표현되며 필요에 따라 입면도나 건물 내, 외부의 투시도가 포함되기도 한다.

(2) 조직도

평면 계획 초기 단계에서 각 실의 크기나 형태로 들어 가기 전에 공간의 용도나 내용의 관련성을 정리하여 조직화한다.

(3) 동선도

평면 계획을 할 때 사람이나 차량 또는 물건의 이동 및 흐름을 도식화하여 효율적이고, 합리적이기 위해 기능도, 조직도를 바탕으로 관찰하고 동선 이론의 원칙에 따르도록 한다.

(4) 면적 도표

숫자로 주어진 면적표를 정리하기 위한 예비 행위로써 전체면적 중의 각 소요실의 비율이나 공통 부분의 비율을 산출한다. 또 축척을 정해서 일정한 크기의 바닥을 만들고 각 실을 나누어 가면서 관련성을 검토하거나 방의 크기를 산출하기도 한다.

2 기본 설계도

① 계획 설계도를 바탕으로 하여 어느 정도 상세하게 표시한 도면으로 주로 건축주에게 설계 계획의 내용을 확실하게 전달하기 위한 기본 도면이다.
② 배치도, 평면도, 입면도, 단면도, 설계 설명서 등이 포함되며, 때로는 투시도가 필요할 때도 있다. 규모가 큰 건물에서는 기계 설비, 전기 설비에 대한 간략한 계통도가 포함되기도 한다.
③ 작성된 계획도는 건축주와 절충, 협의하여 여러 차례 변경, 수정되기도 하지만, 건물의 기능이나 규모 및 표현 형태를 결정한 것이기 때문에 이후에 작성되는 도면은 이에 준하여 작성된다.

3 실시 설계도

(1) 일반도

① **배치도** : 대지 안에서 건물이나 부대 시설의 배치를 나타낸 도면으로 위치, 간격, 축척, 방위, 경계선 등을 나타낸다.
② **평면도** : 건축물을 각 층마다 창틀 위에서 수평으로 자른 수평 투상도로써, 실의 배치 및 크기와 치수를 나타낸다.
③ **입면도** : 건축물의 외관을 나타낸 직립 투상도로써 동서남북 네 면으로 나타낸다.
④ **단면도** : 건축물을 수직으로 잘라 그 단면을 상상하여 나타낸 것으로 기초, 지반, 바닥, 처마, 층 등의 높이와 지붕의 물매, 처마의 내민 길이 등을 표시한다.
⑤ **단면 상세도** : 건축물의 구조상 중요한 부분을 수직으로 자른 것으로 각부의 높이, 부재의 크기, 접합 및 마감 등을 상세하게 그린다.
⑥ **부분 상세도** : 건축물의 주요 구조 부분을 상세하게 그린 도면으로 각 부재의 형상 및 치수 등으로 표시한다.
⑦ **전개도** : 건축물의 각 실내의 입면을 전개하여 그린 도면으로 각 실내의 입면을 그린 다음 벽면의 형상, 치수, 마감 등을 나타낸다.
⑧ **창호도** : 건물에 사용되는 창호의 개폐 방법, 재료, 마감, 창호 철물, 유리 등을 나타낸다.
⑨ **각종 평면도** : 기초 평면도, 바닥틀 평면도, 천장 평면도, 지붕틀 평면도 등이 있는데 배치, 치수, 형상 마감 등을 표시한다.

⑩ **기타** : 현치도, 시방서, 실내 마감표 등을 표시한다.

(2) 구조 설계도

① **기초, 기둥, 벽, 보, 바닥 평면도** : 각 위치 형상, 치수 등을 기입한다.
② **기초, 기둥, 벽, 보, 바닥판 일람표** : 각 형상, 치수 배근 등을 상세히 표시한다.
③ **골조도** : 건축물의 기둥, 보, 개구부 등을 입면으로 표시하고 위치 크기 등을 기입한다.
④ **각부 상세도** : 계단 및 중요한 부분의 재료, 형상, 치수 등을 상세하게 표시한다.

(3) 설비 설계도

① **전기 설비도** : 동력, 전등, 전화, 화재 경보기 등의 설비의 배관 배선에 필요한 계통도 기구 배치도 등을 그린다.
② **위생 설비도** : 급수, 배수, 정화조, 옥내 소화전 등에 설비의 배관, 계통도, 기기 배치도 등을 그린다.
③ **냉·난방 설비도** : 냉·난방에 필요한 계통도를 그린다.
④ **환기 설비도** : 환기 장치에 필요한 배관 계통도, 기기 배치 및 설비도 등을 그린다.
⑤ **승강기 설비도** : 승강기의 배치, 구조 등을 그린다.

03 설계 도면의 특징

1 배치도

배치도는 전체를 파악하는데 중요한 도면으로 축척은 1/100 ~ 1/600 정도로 사용하며, 대지 안에서 건물의 위치와 부대 시설 등을 나타낸다. 도면을 철할 때 제일 먼저 나오는 도면으로 다음 사항을 표시한다.

(1) 부지 관계

방위, 표준지반의 기준 위치, 부지의 고저, 부지면적 계산표, 인접도로의 너비 및 길이 등을 표시한다.

(2) 건물 관계

부지 내 건물, 인지 경계선과의 거리, 증축 예정 부분, 지붕의 윤곽, 대문 담장, 대지 내 통로 등을 표시한다.

(3) 시설 관계

옥외 상·하 배수 계통도, 옥외 인입전선 계통도, 우편함, 국기 게양대, 식수 계획 등을 표시한다.

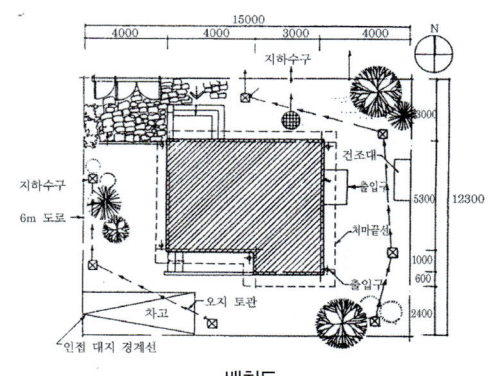

배치도

2 평면도

건축물을 건물의 바닥면으로부터 1.2m 정도 높이에서 수평으로 절단하였을 때의 수평 투상도를 말하는 것으로, 설계를 진행하는데 있어서 기본이 된다.

① 실의 배치와 넓이, 개구부의 위치나 크기, 창문과 출입구의 구별, 기둥, 벽, 바닥, 계단 이외의 부대 설비 및 마무리 등을 표시하고 치수 등을 기입한다.
② 축척은 규모에 따라 1/50 ~ 1/300등 차이가 있으며 축척에 따라 도면의 표시 내용도 달라지게 된다.
③ 도면의 위쪽을 북쪽으로 하고 도면의 제목 및 위치 등을 균형있게 계획한다.

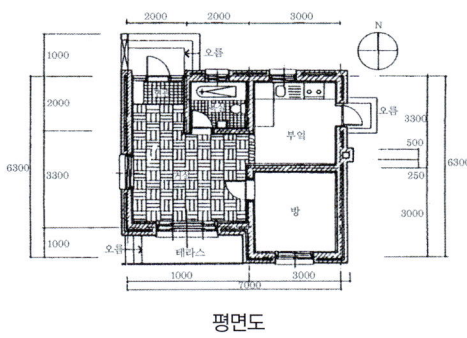

평면도

3 입면도

건물의 외형을 각 면에 대하여 직각으로 투사한 도면으로 보통 동서남북 4면을 나타낸다.

① 입면도에서는 창호의 형상, 외벽, 지붕 등의 마감 재료를 표기한다.
② 입면도는 1/50, 1/100, 1/200의 축척이 일반적으로 사용된다.

(3) 입면도에서 표시해야 할 사항

① **주요부의 높이** : 건물의 전체 높이, 처마 높이
② **지붕의 경사 및 모양** : 지붕 물매, 지붕 이기 재료
③ **벽, 기타 마감 재료 종류** : 단면도를 기준으로 하여 한눈에 건물의 규모 및 형태를 알아볼 수 있도록 한다.

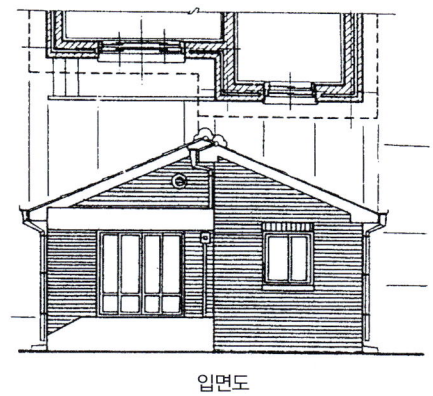

입면도

4 단면도

건축물을 수직으로 절단하여 수평 방향에서 본 그림으로 길이 방향으로 절단한 종단면도와 너비 방향으로 절단한 횡단면도가 있다.

① 건축물과 지반과의 관계 및 건축물 내부의 높이, 실내의 입면을 나타낼 목적으로 그린 도면이다.
② 1/100 ~ 1/200 축척이 사용되며 평면도, 입면도의 축척과 같은 척도로 사용하는 것이 이해하기 쉽다.

(3) 단면도에 표기해야 할 사항

① 건물의 높이, 층 높이, 처마 높이
② 창턱 높이, 창 높이
③ 지반에서 1층 바닥까지의 높이
④ 계단의 디딤판, 챌판의 치수
⑤ 지붕의 물매

② 축척은 1/20 ~ 1/50정도로 한다.
③ 벽면의 마감 재료 및 치수를 기입하고 창호의 종류와 치수를 기입한다.
④ 바닥면에서 천장 높이, 표준 바닥 높이 등을 기입한다.

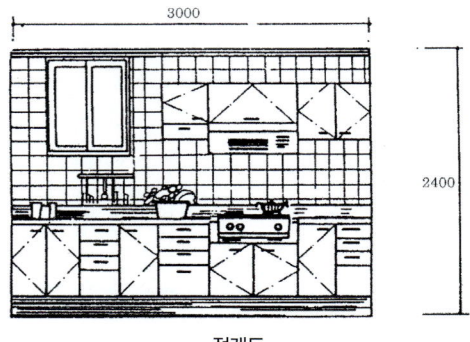

전개도

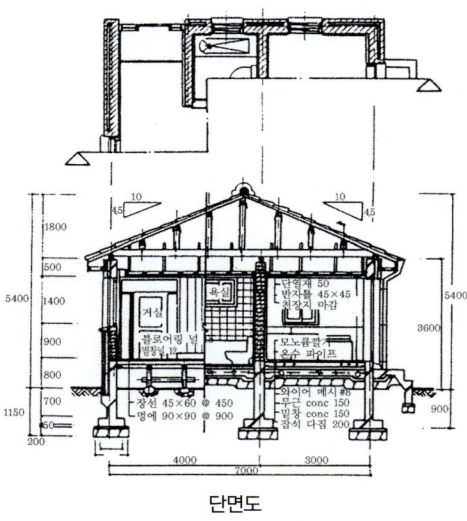

단면도

5 기초 평면도

기초 위에서 자른 평면도를 그린 것으로 건축 시공에서는 가장 중요한 도면의 하나이다.
① 기초 평면도의 축척은 평면도와 같게 한다.
② 기초의 모양과 크기를 나타내며, 각 부분의 치수를 기입한다.

6 전개도

입체의 도면을 평면상에 펼쳐 놓은 모양으로 실형 및 그 상호관계를 나타낸다.
① 실 내부의 의장을 명시하기 위해 작성 되는 도면이다.

기초 평면도

7 지붕틀 평면도

① 지붕의 구조를 나타낸 도면으로, 평면도와 같은 방위로 그린다.
② 축척은 평면도와 같게 하거나 작게 한다.
③ 벽체의 중심선을 긋고, 처마 끝선, 용마루선을 긋는다.
④ 외벽은 파선으로 긋고, 서까래 등 재료의 이름과 치수를 기입하고 간격을 지켜 그린다.

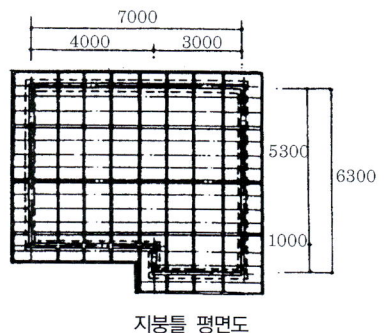

지붕틀 평면도

8 천장 평면도

바닥에서 천장을 올려다 본 그림이다.
① 축척은 평면도와 같게 한다.
② 환기구, 조명 기구의 위치를 표시하고, 마감재의 명칭과 재질을 기입한다.
③ 마감재의 치수와 규격을 기입한다.
④ 천장높이(×)

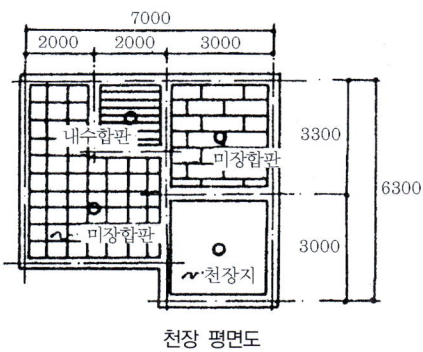

천장 평면도

9 창호도

사용하는 창호 전부에 대하여 종류별로 일람표를 작성한 것이다.
① 축척은 1/50 ~ 1/100로 한다.
② 창호의 위치는 평면도에 표시하거나, 약식 평면도에 표시한다.
③ 형태, 개폐 방법, 재료, 치수, 개수, 사용 장소 등의 항을 만들고 창호 철물, 유리

의 종류, 마무리 방법 등을 기입한다.
④ 창호 재질의 종류를 기입하고, 모양과 크기 등을 기입한다.

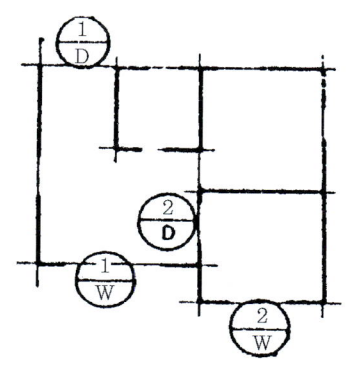

창호도

기호	D_1	D_2
	(여닫이문 그림)	(여닫이문 그림)
형식	여닫이문	여닫이문
유리	6mm 투명 유리	
위치	현관	방

기호	W_1	W_2
	(미서기창 그림)	(미서기창 그림)
형식	미서기창	미서기창
유리	3mm 투명 유리	3mm 투명 유리
위치	거실	방

03 건축의 설계도면 예상문제

01 건축도면 중 건축물의 외관을 나타낸 투상도는?

① 입면도　② 배치도
③ 단면도　④ 평면도

02 입면도에 표시되는 내용이 아닌 것은?

① 외벽의 마감재료
② 처마높이
③ 창문의 형태
④ 바닥높이

> **TIP** 입면도에 표시 내용
> 주요구조부의 높이(건축물의 전체높이, 처마높이), 지붕의 경사 및 모양, 벽, 기타 마감 재료의 종류(건물의 규모 및 형태)

03 다음 중 단면도에 관한 설명으로 옳은 것은?

① 건축물을 정투상도법에 의하여 수직투상하여 외관을 나타낸 도면이다.
② 건축물의 주요 부분을 수직 절단한 것을 상상하여 그린 도면이다.
③ 건물 내부의 입면을 정면에서 바라보고 그리는 내부입면도이다.
④ 건축물을 창높이에서 수평으로 절단하였을 때의 수평투상도이다.

> **TIP** ① 투상도
> ③ 전개도
> ④ 평면도

04 다음의 건축도면에 대한 설명 중 옳지 않은 것은?

① 평면도는 건축물을 각 층마다 일정한 높이에서 수평으로 자른 수평 단면도이다.
② 입면도는 건축물을 수직으로 잘라 그 단면을 나타낸 것이다.
③ 전개도는 건물 내부의 입면을 정면에서 바라보고 그린 것이다.
④ 배치도는 대지 안에 건물이나 부대시설을 배치한 도면이다.

01 ①　02 ④　03 ②　04 ②

05 다음 중 철근콘크리트 줄기초그리기에서 순서가 가장 늦은 것은?

① 기초 크기에 알맞게 축척을 정한다.
② 치수와 재료명을 기입한다.
③ 재료의 단면표시를 한다.
④ 지반선과 기초벽의 중심선을 일점쇄선으로 그린다.

06 다음 중에서 시기적으로 가장 먼저 이뤄지는 도면은?

① 기본 설계도 ② 실시 설계도
③ 계획 설계도 ④ 시공 계획도

> TIP ① 계획설계도 → ② 기본설계도 → ③ 실시설계도

07 다음 중 천장 평면도 작성 시 표시사항과 가장 거리가 먼 것은?

① 환기구 개구부
② 조명기구 및 설비기구
③ 천장 높이
④ 반자틀 재료 및 규격

> TIP 천장 높이 : 입면도

08 조적조 벽체 그리기를 할 때 순서로 옳은 것은?

> ㉠ 제도용지에 테두리선을 긋고, 축척에 알맞게 구도를 잡는다.
> ㉡ 단면선과 입면선을 구분하여 그리고, 각 부분에 재료 표시를 한다.
> ㉢ 지반선과 벽체의 중심선을 긋고, 기초의 깊이와 벽체의 너비를 정한다.
> ㉣ 치수선과 인출선을 긋고, 치수와 명칭을 기입한다.

① ㉠ - ㉡ - ㉢ - ㉣
② ㉢ - ㉠ - ㉡ - ㉣
③ ㉠ - ㉢ - ㉡ - ㉣
④ ㉡ - ㉠ - ㉢ - ㉣

04 각 구조부의 제도

재료 구조 표시 기호(평면용)

축적 정도별 구분 표시 사항		축척 $\frac{1}{100}$ 또는 $\frac{1}{200}$ 일 때	축척 $\frac{1}{20}$ 또는 $\frac{1}{50}$ 일 때
벽일반			
철골 철근 콘크리트 기둥 및 철근 콘크리트 벽			
철골 철근 콘크리트 기둥 및 장막벽		재료표시	재료표시
철골 기둥 및 장막벽			
블록벽			축척 $\frac{1}{20}$ / 축척 $\frac{1}{50}$
벽돌벽			
목조벽	양쪽심벽		축척 $\frac{1}{20}$
	안심벽 밖평벽		반쪽기둥 / 통재기둥
	안팎평벽		

재료 구조 표시 기호(단면용)

표시 사항 구분	원칙으로 사용한다.	준용 사용	비고
지반			
잡석다짐			
자갈, 모래	a 자갈 / b 모래	자갈, 모래섞기	타재와 혼동될 우려가 있을 때에는 반드시 재료명을 기입한다.
석재			
인족석 (모조석)			
콘크리트	a b c		a는 강 자갈 b는 깬 자갈 c 철근 배근일 때
벽돌			
블록			

표시 사항 구분		원칙으로 사용한다.	준용 사용	비고
목재	치장재	▨ ▨	단면 직사각형 방향 단면	
	구조재	☒ 보조재	합판	유심재 거실재를 구별할 때 유심재 거심재
철재		⌐ 工	⌐ I	준용란은 축척이 실척에 가까울 때 쓰인다.
차단재 (보온, 흡음, 방수, 기타)		재료명 기입		
얇은재 (유리)		a	▭	a는 실척에 가까울 때 사용한다.
망사		a		a는 실척에 가까울 때 사용한다.

창호표시기호

울거미 재료	창	문	비고
목재	1/WW	2/WD	창문 번호 재료기호 | 창문 셔터별 기호 창문 번호는 같은 규격일 경우에는 모두 같은 번호로 기입한다.
철재	3/SW	4/SD	
알루미늄재	5/ALW	6/ALD	
플라스틱	7/PW	8/PD	• 창 : W • 문 : D • 셔터 : S
스테인레스강	5/SsW	6/SsD	

평면 표시 기호(출입구 및 창호)

명칭	평면	입면	명칭	평면	입면
출입구 일반	일반 / 문턱 있을 때 / 바닥차 있을 때		미서기문		
회전문			미닫이문		
쌍여닫이문			셔터		
접이문			빈지문		
여닫이문			방화벽과 쌍여닫이문		
주름문 (재질 및 양식 기입)					

명칭	평면	입면	명칭	평면	입면
빈지문			쌍여닫이창		
자재문			망사창		
망사문			여닫이창		
창 일반			셔터창		
회전창 또는 돌출창			미서기창		
오르내리창			고정창 (붙박이창)		
격자창			계단 오름 표시		내림(DN) 오름(UP)

04 각 구조부의 제도 예상문제

01 다음의 단면재료 표시기호 중 구조용으로 쓰이는 목재의 표시 방법은?

02 목조벽 중 벽체 양면이 평벽을 나타내는 표시법은?

 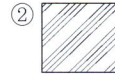

TIP ② 편심평벽(편심심벽)
③ 심벽

03 다음의 창호기호 표시가 의미하는 것은?

① 철재창   ② 알루미늄문
③ 목재창   ④ 플라스틱문

04 다음의 평면표시기호가 의미하는 것은?

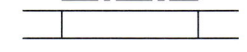

① 미닫이창   ② 셔터달린창
③ 이중창   ④ 망사창

01 ① 02 ① 03 ① 04 ②

PART 04

건축구조

CHAPTER 01 ◆ 건축의 구조방식

CHAPTER 02 ◆ 목구조

CHAPTER 03 ◆ 조적구조

CHAPTER 04 ◆ 철근콘크리트구조

CHAPTER 05 ◆ 철골구조

CHAPTER 06 ◆ 구조시스템

전 산 응 용 건 축 제 도 기 능 사

COMPLETION IN 3 MONTH

CRAFTSMAN COMPUTER AIDED ARCHITECTURAL DRAWING

전산응용건축제도기능사

01 chapter 건축의 구조방식

01 개요

인간은 비, 눈, 맹수 등으로부터 자신을 보호하기 위해 자연 상태의 동굴 등을 이용하여 살아오다 문명의 발달과 재료 및 시공법이 개발되기 시작하면서 여러 형태와 크기를 가진 다양한 건축물이 생기기 시작했다.

건축의 3요소는 구조, 기능, 미라 할 수 있고, 이것들을 적절히 조화시켜 공간을 만들어 내는 것이다.

02 건축물의 주요 구성부분

일반적으로 건축물의 주요 구성부분은 다음과 같이 구분한다.

1 기초(Foundation)

건축물의 가장 하부에 위치하는 것으로 건축물의 하중을 지반에 전달하는 구조이다.

2 기둥(Column)

보, 도리 등에서 오는 하중을 기초에 전달하는 기능을 하는 구조이다.

3 벽(Wall)

외부 또는 스팬(span)을 수직으로 구획한 것으로 내벽, 외벽으로 구분하며, 내력벽 및 비내력벽으로 구조적 관점에서 나눈다.

4 바닥(Floor)

생활하는 공간임과 동시에 물건을 저장하는 목적으로 건축물 내부에 수평으로 구획한 것으로 기둥, 보, 벽 등에서 오는 하중전달과 더불어 수직구조물을 연결하는 것이다.

5 지붕(Roof)

비, 바람, 눈 등을 보호하기 위해 건축물의 최상부에 설치하는 것이다.

6 천장(Ceiling)

내부 공간의 상부를 덮는 구조로 온도조절 및 장식의 효과도 있다.

7 계단(Stair)

높이가 다른 바닥을 연결하는 수직방향 구조로 상하를 연결하는 통로의 역할을 한다.

8 수장(Fixture)

장식을 목적으로 붙여 댄 것을 말하며 마감 재료로 마무리하는 것을 말한다.

03 건축구조의 분류

1 구성방식에 의한 분류

(1) 가구식 구조

기둥 및 보를 접합 등에 의해 구성하는 방법으로 목구조, 철골 구조 등이 이에 속한다.
- 내수적, 내화적이지 못하다.

(2) 조적식 구조

각각의 재료를 접착제(몰탈 등)를 사용하여 쌓아올려 구성하는 방법으로 벽돌구조, 블록구조, 돌 구조 등이 이에 속한다.
- 횡력(지진력, 풍력)에 약하다.

(3) 일체식 구조

각 구조체를 일체형으로 연속되게 구성하는 방법으로 가장 높은 강도를 발현할 수 있는 방법으로 철근콘크리트구조, 철골철근콘크리트 구조 등이 이에 속한다.
- 공기가 길다. 무겁다. 해체가 힘들다. 공사비가 비싸다. 시공이 어렵다.
  내수적, 내화적 내구적이다.

2 재료에 의한 분류

(1) 목구조

건물의 주요 부분이 목재이며, 나무구조라고도 한다. 접합부를 이음 또는 맞춤을 이용하거나, 못 또는 볼트 등 철물 등으로 보강하는 구조이다. 가벼운 것에 비해 강도가 크고 공사기간이 짧으며, 자체의 무늬 등으로 장식재로도 많이 사용된다.

(2) 벽돌구조

건물을 점토 또는 시멘트 벽돌을 몰탈을 이용하여 벽돌 사이를 접착하여 내력벽 또는 장막벽으로 구성하는 구조체이다. 줄눈으로 인해 의장적 효과를 거둘 수 있는 장점이 있으나, 지진 및 바람 등에 매우 약한 구조이다.

(3) 블록구조

콘크리트를 이용하여 블록을 만들고 몰탈을 이용하여 블록 사이에 접착하는 구조체이다. 블록 자체는 속이 비어 있어 가벼운 장점이 있으나, 벽돌구조와 마찬가지로 지진 및 바람 등에 약하다. 이를 보강하기 위해 블록 내부를 철근으로 보강하고 콘크리트로 채워 넣게 되면(보강 블록조)횡력과 바람 등에 잘 견딜 수 있어 내구성이 커진다.

(4) 돌 구조

돌을 쌓아올리는 방식의 구조체로 돌 구조 자체로 쌓는 경우는 거의 없고, 구조체 등의 마감재 등으로 사용된다.

(5) 철근콘크리트 구조

콘크리트는 압축력은 우수하나, 인장력이 매우 취약하여 철근을 배근한 뒤 콘크리트를 부어 만든 구조체이다. 내구성, 내화성 등은 우수한 반면, 무게가 무겁고 공사기간이 길다.

(6) 철골 구조

각종 형강을 리벳, 볼트 등으로 조립한 구조체로 강구조라고도 한다. 인장 및 압축력에 강해 고층건물이나 긴 스팬(span)을 요하는 건물에 적합하지만, 열에 취약하고 녹이 스는 문제가 있다.

(7) 철골철근콘크리트 구조

철골을 이용하여 뼈대를 만들고 그 주위에 철근을 배근한 뒤, 콘크리트를 부어 만든 구조체이다. 화재에 강하고 초고층 건물 등에 사용한다.

3 시공과정에 의한 분류

(1) 습식 구조

물을 이용하여 구조체를 형성하는 방식으로 조적구조, 철근콘크리트구조 등이 이에 속한다.
- 공기가 길다.

(2) 건식 구조

물을 거의 사용하지 않고 구조체를 형성하는 방식으로 목구조, 철골구조 등이 이에 속한다.
- 공기가 단축된다.
- 시공이 쉽다.

건축의 구조방식 예상문제

01 다음 중 기둥과 기둥 사이의 간격을 나타내는 용어는?

① 아치 ② 스펜
③ 트러스 ④ 버트레스

TIP
- 아치
  벽돌구조 참조
- 트러스
  금속이나 나무로 된 여러 개의 직선 부재를 삼각형 또는 오각형으로 조립한 구조. 큰 외부 하중을 지지하는 긴 경간을 가진 구조물의 부재로서 적당하다.
- 버트레스
  건축물을 외부에서 지탱하여 주는 장치
- 스펜(span)
  경간, 간사이라고도 함.

02 다음 중 열의 차단으로 더위를 막기 위해 축조된 구조는?

① 방서구조 ② 방한구조
③ 방충구조 ④ 방청구조

TIP
- 방서
  더위 차단
- 방한
  추위 차단
- 방충
  벌레 차단
- 방청
  녹스는 것 차단(방식)

03 건물의 하부 전체 또는 지하실 전체를 하나의 기초판으로 구성한 기초는?

① 줄기초 ② 독립기초
③ 온통기초 ④ 복합기초

TIP
- 줄기초
  기초가 연속해서 형성해 기초가 일체가 되게하여 상부구조인 기둥 하중을 부담시킨 기초형식(연속기초)
- 독립기초
  기둥 1개의 하중을 1개의 기초판으로 부담시킨 형식
- 복합기초
  기둥 2개 이상의 하중을 1개의 기초판으로 지지하는 기초

01 ② 02 ① 03 ③

04 건축구조의 구성방식에 의한 분류에 속하지 않는 것은?

① 가구식 구조　② 일체식 구조
③ 습식 구조　④ 조적식 구조

> **TIP** 구성방식에 의한 분류
> - 가구식
>   기둥과 보를 부재의 접합에 의해서 축조하는 방법 나무구조, 철골구조 등이 있다.
> - 일체식
>   1번 참조
> - 조적식
>   벽돌, 돌, 블록과 같은 단일부재와 교착재를 사용하여 쌓아올려 구조체를 만드는 방법, 그렇기 때문에 조적식은 횡력이나, 진동에 아주 약하다.

05 다음 중 내구적, 방화적이나 횡력, 진동에 약하고 균열이 생기기 쉬운 구조는?

① 철골구조
② 목구조
③ 벽돌구조
④ 철근콘크리트구조

> **TIP** 4번 참조

06 구조의 구성 방식에 의한 분류 중 구조체인 기둥과 보를 부재의 접합에 의해서 축조하는 방법으로 목구조, 철골구조 등이 해당되는 것은?

① 조적식 구조　② 가구식 구조
③ 습식 구조　④ 건식구조

> **TIP** 4번 참조

07 다음 중 건축구조의 재료에 따른 분류에 속하지 않는 것은?

① 목구조　② 돌구조
③ 아치구조　④ 강구조

> **TIP** 재료에 따른 분류
> - 목구조
> - 조적식 구조
> - 철근 콘크리트 구조
> - 철골(강)구조

08 구조물을 분류하는 방법 중 재료별로 분류한 구조시스템이 아닌 것은?

① 목구조　② 돌구조
③ 아치구조　④ 철골구조

> **TIP** 7번 참조

04 ③　05 ③　06 ②　07 ③　08 ③

09 다음 중 습식 구조와 가장 거리가 먼 것은?

① 나무 구조
② 철근콘크리트 구조
③ 블록구조
④ 벽돌 구조

TIP ※ 시공 과정에 의한 분류
- 습식 : 물을 사용하는 공정을 가진 현장 시공, 시멘트가 사용되면 무조건 습식이다.
  ⇒ 조적식(벽돌, 블록, 돌), 철근 콘크리트 구조
- 건식 : 물을 사용하지 않은 공정
  ⇒ 나무구조, 철골구조

10 높이가 다른 바닥의 상호간에 단을 만들어 연결하는 구조체로서 세로방향의 통로로 중요한 역할을 하는 것은?

① 수장   ② 기초
③ 계단   ④ 창호

TIP ※ • 수장
  건물 내·외부를 장식하는 의미의 총칭
• 창호
  문과 창문을 총칭하는 의미

11 말뚝기초에서 말뚝머리지름이 300mm인 기성콘크리트 말뚝을 타설할 때 말뚝 중심 간의 최소 간격은?

① 300mm   ② 450mm
③ 750mm   ④ 900mm

TIP ※ 말뚝머리 지름의 2.5배 이상, 또는 기성콘크리트 말뚝은 75cm 이상이다.

12 말뚝기초에 관한 설명 중 옳은 것은?

① 나무말뚝 머리는 상수면 위에서 자른다.
② 매입말뚝을 배치할 때 그 중심간격은 말뚝머리 지름의 2.0배 이상으로 한다.
③ 기성콘크리트 말뚝을 타설할 때 그 중심간격은 말뚝머리지름의 2.5배 이상 또한 700mm 이상으로 한다.
④ 현장타설 콘크리트 말뚝의 선단부는 지지층에 확실히 도달시켜야 한다.

TIP ※ 나무 말뚝은 부패 방지를 위해서 상수면 이하 15cm 이하에서 자른다.

09 ① 10 ③ 11 ③ 12 ④

13 말뚝기초에 관한 설명 중 잘못된 것은?

① 나무말뚝 머리는 상수면 위에서 자른다.
② 말뚝의 최소 중심간격은 말뚝 지름의 2.5배 이상으로 한다.
③ 기성콘크리트 말뚝간격은 75cm 이상으로 한다.
④ 제자리콘크리트 말뚝간격은 90cm 이상으로 한다.

TIP ◉ 12번 참조

14 기성콘크리트 말뚝을 타설할 때 그 중심간격은 말뚝머리 지름의 최소 몇 배 이상으로 하여야 하는가?

① 1.5   ② 2.5
③ 3.5   ④ 4.5

TIP ◉ 11번 참조

15 건물의 최하부에 놓여져 건물의 무게를 안전하게 지반에 전달하는 구조부는?

① 지붕   ② 계단
③ 기초   ④ 창호

16 신축 건물의 기초파기 중 토질에 생기는 현상과 가장 관계가 먼 것은?

① 보일링   ② 파이핑
③ 언더피닝   ④ 융기현상

TIP ◉ • 보일링
  모래질 지반에서 흙막이 벽을 설치하고 기초파일 때의 흙막이벽 뒷면 수위가 높아서 지하수가 흙막이 벽을 돌아서 지하수가 모래와 같이 솟아 오르는 현상

• 파이핑
  흙막이 벽의 뚫린 구멍 또는 이음재를 통하여 물이 공사장 내부 바닥으로 스며드는 현상

• 언더피닝
  지반 보강 공법

※ 지반 부풀음
  융기 현상의 종류 : 보일링, 히빙

17 실 내부의 벽 하부에서 1~1.5m 정도의 높이로 설치하여 밑 부분을 보호하고 장식을 겸한 용도로 사용하는 것은?

① 걸레받이   ② 고막이널
③ 징두리판벽   ④ 코펜하겐리브

TIP ◉ • 걸레 받이
  걸레질을 할 때 벽의 하부가 오염되지 않게 흑색으로 마감하는 부분

• 고막이널
  토대와 지면사이의 터진 곳을 막아 댄 널

• 코펜하겐리브
  장식용 음향 조절재

18 구조물의 지점의 종류 중 이동과 회전이 불가능한 지점상태로 반력은 수평반력과 수직반력 그리고 모멘트 반력이 생기는 것은?

① 회전절점 ② 이동지점
③ 회전지점 ④ 고정지점

TIP • 회전절점
상부쪽에 지지하는 방식(트러스)

• 이동지점
신축재로 위에 그냥 올려 놓은 형태(ex : 다리)

• 회전지점
회전만 자유로운 지점(땅에 닿아 있는 경우)

19 부재에 하중이 작용하면 각 부재의 내부에는 외력에 저항 하는 힘인 응력이 생기는데, 다음 중 부재를 직각으로 자를 때 생기는 것은?

① 인장응력 ② 압축응력
③ 전단응력 ④ 휨모멘트

TIP • 인장응력
부재를 양쪽 방향으로 잡아 당길 때 생기는 응력(힘)

• 압축응력
부재를 양쪽으로 밀때 생기는 힘

• 휨모멘트
부재에 어떤 힘이 가해질 때 굽혀져서 힘을 흡수하는 것

20 다음 재해방지 성능상의 분류 중 지진에 의한 피해를 방지할 수 있는 구조는?

① 방화구조 ② 내화구조
③ 방공구조 ④ 내진구조

TIP • 방화
화재방지

• 내화구조
내화구조란 내화 성능을 가진 구조체를 말하며, 내화성능이란 화재시에 일정한 시간 동안 형태나 강도 등이 크게 변하지 않는 것을 말한다.

18 ④ 19 ③ 20 ④

02 목구조

01 개요

오랜 기간동안 인간이 이용해 온 구조로 기둥, 보, 벽, 마루, 지붕 등의 뼈대를 목재를 이용하여 가구식으로 만든 구조이다. 접합부를 이음과 맞춤으로 하여 목재 자체의 힘에 의존하는 방법과 못이나 볼트, 듀벨 등의 철물을 이용하는 방법이 있다.

02 목재의 장·단점

1 장점

① 가볍고, 비중에 비해 강도가 크다.
② 가공이 용이하다.
③ 열전도율이 작다(단열이 우수하다).
④ 종류가 다양하고 외관이 아름답다.

2 단점

① 함수율에 의해 변형 및 팽창 수축이 크다.
② 내화성이 좋지 않다.
③ 내구성이 작고 균일한 재료를 얻기 어렵다.

03 목재의 용도

1 구조재

조건에 맞게 건조된 것을 사용하고 옹이, 부식 등 흠이 심하지 않은 것을 선택하여 사용해야 한다. 특히 응력을 받는 인장재 및 접합부는 옹이가 적을 것을 사용하여 강도가 저하되지 않도록 해야 하며, 구조재로 사용되는 목재는 소나무, 잣나무, 전나무, 느티나무 등을 사용하고 수입산 으로는 나왕, 미송 등을 사용하고 있다.

2 수장재

① 치장재라 하기도 하며 옹이가 없는 곧은결이 가장 좋으며, 수장재는 건조에 중요성이 크다. 침엽수는 자연건조로 충분하지만 활엽수의 경우는 함수율을 15% 이하로 건조하여 사용해야 한다.
② 수장재로 사용되는 목재는 적송, 낙엽송, 느티나무, 단풍나무 등을 사용하고 수입산으로 나왕 등을 사용하고 있다.

3 창호 및 가구재

창호 및 가구재는 수장재보다 더 곧은결의 기건재를 사용한다. 창호재로 사용되는 목재는 나왕, 삼목, 졸참나무 등이 쓰이고, 가구재는 나왕, 자단, 흑단 등을 사용하고 있다.

04 목재의 접합

천연재료인 목재는 크기에 제한이 있어 큰 재료나 긴 재료가 필요할 때에는 2개 이상의 재료를 이어서 1개의 부재로 만들게 된다. 이와 같이 재료를 잇거나 맞추는 것을 접합이라 한다.

1 이음과 맞춤 시 주의사항

① 공작이 간단하고 튼튼한 접합을 선택할 것.
② 이음, 맞춤의 단면은 응력의 방향에 직각으로 할 것.
③ 이음, 맞춤의 위치는 응력이 작은 곳으로 할 것.

2 이음

목재를 길이방향으로 잇는 방법을 말한다. 이음의 종류는 다음과 같다.

(1) 맞댄이음

두 부재를 서로 맞대어 잇는 방법으로, 이 방법은 두 부재가 잘 이어지지 않아 덧판(splice)을 대고 못을 치거나 볼트 죔을 한다.

(2) 겹친이음

두 부재를 겹쳐대고 볼트, 산지, 못 등으로 보강한 이음으로, 듀벨 또는 볼트를 이용한 이음은 트러스 등과 같은 큰 간사이에도 사용한다.

(3) 따낸이음

두 부재를 서로 물려지도록 따내어 이음을 하는 것으로 볼트, 산지, 큰못 등을 이용한다.

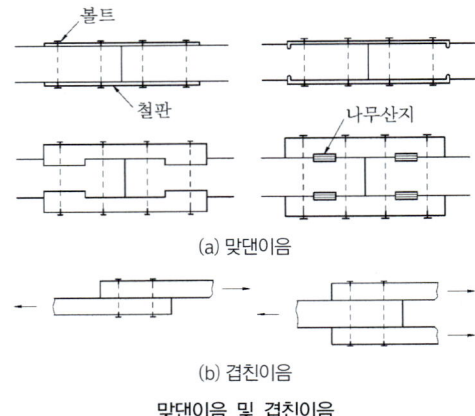

맞댄이음 및 겹친이음

3 맞춤

목재를 길이의 직각 또는 일정방향으로 경사지게 붙여 대는 법을 말한다. 맞춤의 종류는 다음과 같다.

(1) 장부맞춤

많이 사용되고 가장 튼튼한 맞춤으로 모양과 용도에 따라 여러 이름이 있다.

(2) 맞인장부

장부를 따로 끼워 맞춤을 더욱 튼튼히 하는 방법이다.

(3) 연귀맞춤

마구리를 감추면서 튼튼하게 맞춤을 할 때 쓰이는 것으로 보통 45°로 빗 잘라 맞댄다.

4 쪽매

널재의 면적을 넓힐 목적으로 두 부재를 나란히 옆으로 대는 법을 말한다.

(1) 맞댄쪽매

널 옆을 서로 맞대어 깔고 널 위에서 못질하는 방법이다.

(2) 반턱쪽매

널 옆을 서로 반턱으로 깎아 대어 널 위에서 못질하는 방법이다.

(3) 제혀쪽매

① 널 옆을 서로 물려지게 혀를 내고 한쪽 옆에서 못질하는 방법이다.
② 마루의 진동에 의해 못이 솟아오르는 일이 없는 이상적인 깔기법이다.
  • 가장 많이 사용

(4) 딴혀쪽매

널 사이 틈에 얇은 쪽을 끼워 대는 방법이다.

  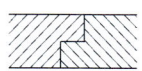
(a) 양끝못맞댄쪽매 (b) 빗쪽매 (C) 반턱쪽매

 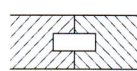 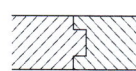
(d) 오늬쪽매 (e) 딴혀쪽매 (f) 제혀쪽매

쪽매

05 목재의 보강철물

1 못

① 못의 재질로는 철제 이외에도 합금제, 대(竹)못 등이 있다.
② 지름 2mm, 길이 40mm부터 지름 5mm, 길이 150mm까지의 것을 사용하고 못의 길이는 나무 두께의 2.5~3배 정도가 적당하다.

2 나사못

① 나사못의 재질로는 철제 이외에도 합금제 등이 있다.
② 머리모양에 따라 둥근머리, 평머리 등이 있으며, 머리모양이 사각형인 코치스크루(Coach Screw)는 응력이 큰 곳에 사용한다.

3 꺾쇠

① 봉강을 잘라 ㄱ자 모양으로 꺾어 사용한다.
② 보통꺾쇠와 서로 직각 방향으로 된 엇꺾쇠, 한쪽에 주걱이 달린 주걱꺾쇠가 있다.

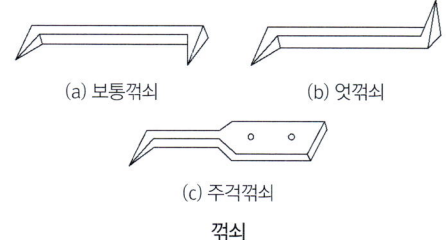

(a) 보통꺾쇠   (b) 엇꺾쇠
(c) 주걱꺾쇠

꺾쇠

4 듀벨

① 동그랗게 말아 사용하거나 끝 부분을 뾰족하게 하여 목재의 접합에 사용한다.
② 가락지형, O자 형, +자 형 등이 있다.
③ 듀벨은 목재의 전단력에 작용한다.

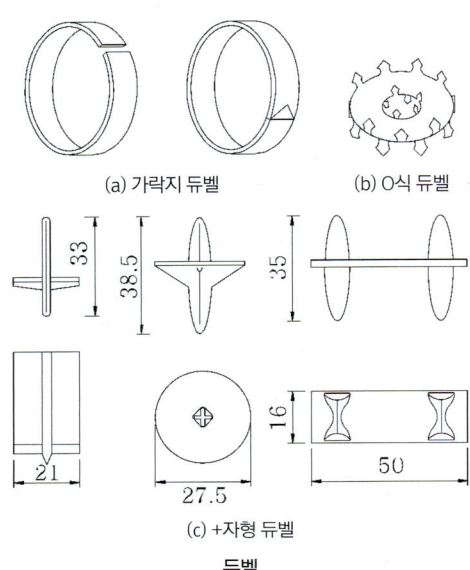

듀벨

5 볼트

① 6각 머리 볼트와 6각 너트가 사용한다.
② 통볼트, 양나사 볼트, 갈고리 볼트, 주걱볼트 등이 있다.
③ 볼트는 목재의 인장력에 작용한다.

6 기타 보강철물

(1) 띠쇠

I자 형으로 된 철판에 가시못 또는 볼트구멍을 뚫어 놓은 것이다.

(2) 감잡이쇠

ㄷ자 형으로 띠쇠를 구부린 철판으로 평보와 왕대공을 연결할 때 사용한다.

(3) ㄱ자쇠

ㄱ자 형으로 띠쇠를 구부린 철판으로 모서리의 가로, 세로를 연결할 때 사용한다.

(4) 안장쇠

안장 모양으로 구부려 만든 것으로 큰 보에 작은 보를 걸쳐 연결할 때 사용한다.

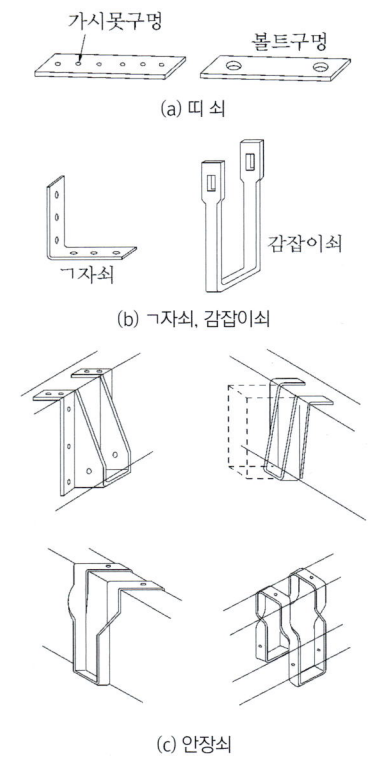

띠쇠, 감잡이쇠, ㄱ자쇠, 안장쇠

06 각부구조

1 기초

목구조의 기초에는 독립기초, 줄기초가 사용된다.

(1) 독립기초

1개의 기초 위에 하나의 기둥이 있는 것으로, 호박돌 기초, 짧은 주춧돌 기초, 긴 주춧돌 기초가 있다.

(2) 줄기초

토대가 움직이지 않도록 앵커볼트를 묻어 고정하고 일정간격으로 기둥을 세운다.

2 토대

① 목구조의 기초 위에 대는 가로재(수평재)로 상부 하중을 기초에 전달한다. 또한 토대는 벽을 치는 뼈대의 역할을 하며 건물 하부가 벌어지지 않도록 하는 것이다.
② 토대의 크기는 기둥과 같게 하거나 조금 크게 한다.
③ 기초와 토대는 앵커볼트로, 토대와 기둥은 띠쇠로 연결한다.
④ 바깥토대, 칸막이 토대, 귀잡이 토대(45° 배치)가 있다.
⑤ 토대와 토대의 이음은 턱걸이 주먹장이음 또는 엇걸이 산지이음 등으로 한다.

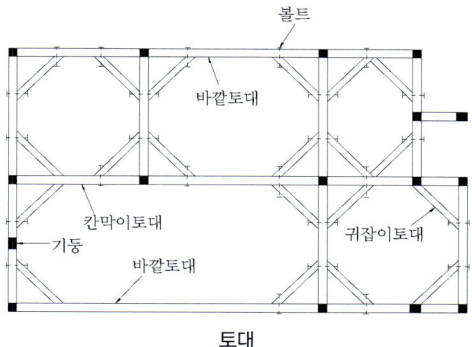

토대

3 벽

목구조의 벽체에는 심벽식, 평벽식이 사용된다.

(1) 심벽

뼈대와 뼈대 사이에 벽을 만들어 뼈대를 노출시킨 벽체로써, 뼈대가 노출됨으로 목재 고유의 무늬를 나타낼 수 있으나, 가새가 작아 구조적이지 못하다.
• 기둥이 보인다. 비내풍적이다.

(2) 평벽

벽체가 뼈대를 감싸 뼈대를 감춘 벽체로써, 가새가 커 구조적이며, 방한 효과가 있다.
• 기둥이 안보인다. 내풍적이다.

4 기둥

상부(지붕 또는 바닥)에서 오는 수직하중을 토대에 전달하는 세로재(수직재)이다.

(1) 통재기둥

2개 층을 하나의 기둥으로 사용하는 것으로 길이는 5~7m정도로 하고 모서리에 사용하며, 가로재와 맞춤을 할 경우 많이 따내지 말고 적당한 철물을 이용하여 보강하는 것이 좋다.

(2) 평기둥

각 층별로 구성된 기둥을 말하는 것으로 1층에서는 토대와 층도리, 최상층에서는 층도리와 깔도리, 처마도리 등으로 분리되며 띠쇠로 보강한다.
- 간격은 보통 1.8m ~ 2.1m

(3) 샛기둥

기둥과 기둥 사이에 대는 기둥이며, 가새의 휨을 방지하며 상부 하중을 받지 않고 크기는 본 기둥의 1/2 ~ 1/3 정도로 하고 간격은 40 ~ 60cm(일반 기둥간격의 1/4)정도로 한다.

(2) 깔도리

기둥 위에 처마부분에 수평으로 대는 가로재로 지붕틀의 하중을 받아 기둥으로 전달하는 것으로 크기는 기둥과 같거나 춤은 약간 크게 하고, 이음은 기둥 또는 지붕보를 피해 엇걸이산지이음으로 한다.

(3) 처마도리

깔도리 위에 지붕틀을 걸고 평보위에 걸쳐 대는 가로재로써 절충식 지붕틀에서는 처마도리가 깔도리를 대신하기도 하며, 크기는 기둥 또는 깔도리와 같거나 조금 작게 한다.

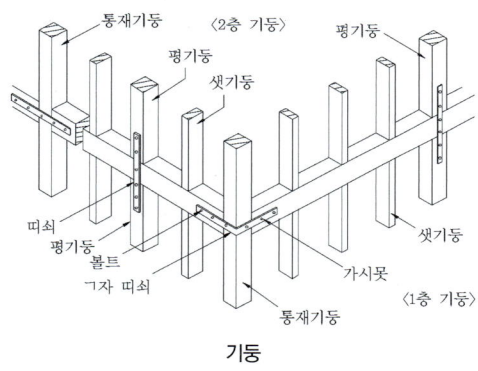

기둥

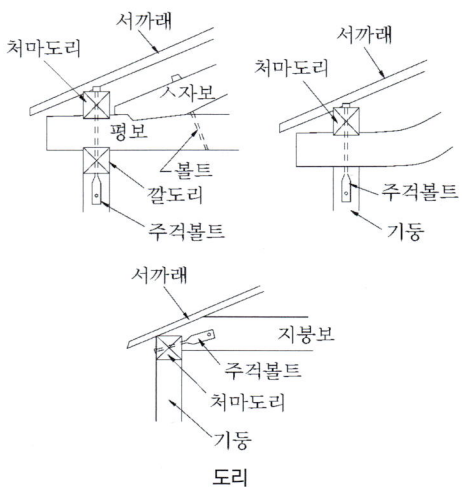

도리

5 도리

보에 직각으로 기둥과 기둥 사이에 둘러 얹혀서 수직 또는 수평하중을 받는 가로재이다.

(1) 층도리

층과 층 사이에 위치하며 기둥을 연결하고 바닥하중을 고르게 전달하는 것으로 크기는 기둥과 같거나 다소 크게 한다.

6 가새

목구조는 사각모양을 띠고 있어 횡력에 약하므로, 이를 보완하기 위해 대각으로 대는 부재이다. 가새를 댈 때는 45°에 가까울수록 좋고, 기둥과 보(도리)에 좌우대칭이 되도록 한다.

(1) 인장가새

인장력을 부담하는 가새는 기둥의 1/5정도로 사용하거나 철근을 사용할 수도 있다.

(2) 압축가새

압축력을 부담하는 가새는 기둥과 같은 크기로 하거나 1/2 ~ 1/3 정도의 크기로 한다.

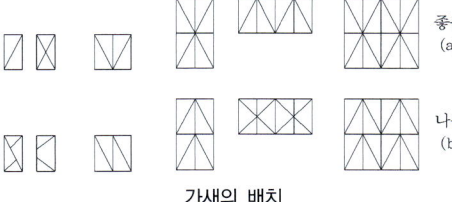

가새의 배치

7 귀잡이보

토대, 보, 도리 등 수평구조물의 귀(모서리) 부분을 안정한 삼각형태로 대는 부분으로 가새를 댈 수 없을 때 사용한다.

8 버팀대

기둥과 층도리, 기둥과 깔도리 등의 모서리를 고정하기 위해 사용한다.

9 마루

방과 방 사이 또는 방 앞부분을 지면으로부터 높이 떨어지게 하여 널빤지를 길고 평평하게 깐 공간을 말한다.

(1) 1층 마루

① **동바리 마루** : 지반에 동바리 돌을 놓고 그 위에 동바리를 세운 후 동바리 위에 멍에, 그 위로 장선을 놓고 마룻널을 깐다.

② **납작마루** : 창고, 공장 등 마루를 낮게 하기 위해 사용하는 것으로 땅바닥이나 호박돌 위에 동바리 없이 멍에와 장선을 놓고 마룻널을 깐다.

(2) 2층 마루

① **장선마루** : 홑마루 라고도 하며 간 사이가 좁은 2.4m 미만일 때 사용한다. 보를 사용하지 않고 층도리에 장선을 약 45cm 간격으로 직접 대고 마룻널을 깐다.
② **보마루** : 간 사이가 2.4m 이상인 마루에 사용하며, 약 2m정도의 보를 대고 그 위에 장선을 대고 마룻널을 깐다.
③ **짠마루** : 간 사이가 6m 이상일 때 사용하며, 큰 보는 약 3m정도의 간격을 주고, 작은 보는 2m간격으로 배치한 뒤 장선을 그 위에 대고 마룻널을 깐다.

10 지붕

건물의 최상부에 위치하며, 외부 환경으로부터 실내를 보호하고 온도를 조절하는 부분을 말한다.

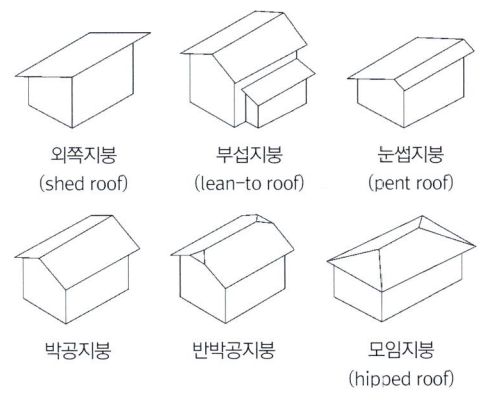

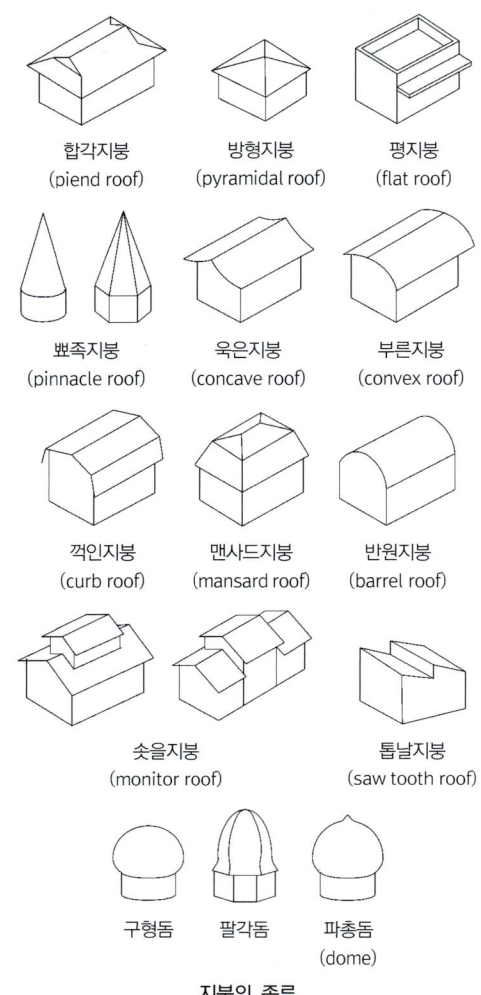

지붕의 종류

③ **지붕물매의 결정요소** : 건축물 용도, 간 사이 크기, 지붕이기 재료, 기후

물매의 종류

재료	물매(cm)
석면슬레이트	5.0(소형)
	3.0(대형)
점토기와(한식기와)	4.5
시멘트기와(평기와)	4.0
유리	5.0
천연슬레이트	5.0
아스팔트 루핑	3.0
금속판(아연판)	2.5

(1) 물매

① 지붕의 기울기를 말하며, 수평거리 10cm에 대한 수직 높이를 표시한 것을 말한다.
   예를 들어 높이가 4cm라면 4/10 또는 4cm물매라고 표시한다.
② 높이 10cm인 물매, 즉, 45°의 경사를 가진 물매를 되물매라 하고, 45° 이상의 물매를 된물매라고 한다.

(2) 지붕틀

지붕의 하중을 벽 또는 기둥에 전달하는 역할을 한다.

① **절충식 지붕틀** : 지붕보 위에 동자기둥 또는 대공을 세워 중도리, 마룻대를 걸치고 서까래를 받게 한 지붕틀이다. 작업이 간단하고, 간 사이가 적은 건물 등에 쓰이지만 지붕보에 변형이 생겨 좋지 않다.

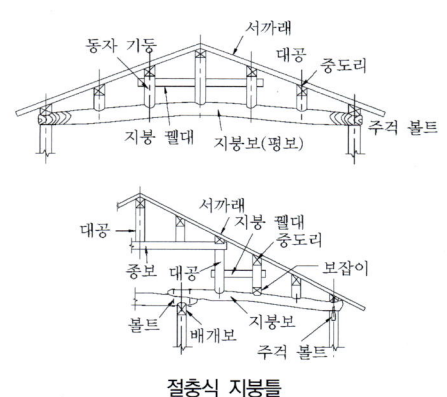

절충식 지붕틀

② **양식 지붕틀** : 크게 왕대공 지붕틀과 쌍대공 지붕틀이 있다.
   ㉠ 왕대공 지붕틀 : 왕대공, 평보, ㅅ자

보, 빗대공, 달대공의 부재로 삼각형 구조로 만든 지붕틀이다. 간 사이가 큰 구조물에 사용하며 각각의 부재에 따라 압축력은 ㅅ자보, 빗대공, 인장력은 왕대공, 평보, 달대공이 감당한다.
ⓒ 쌍대공 지붕틀 : 지붕 속(보꾹방)을 이용하거나, 꺾인 지붕을 이용하고자 할 때 사용하는 지붕틀이다. 지붕틀 간격은 1.8~3m정도이다.

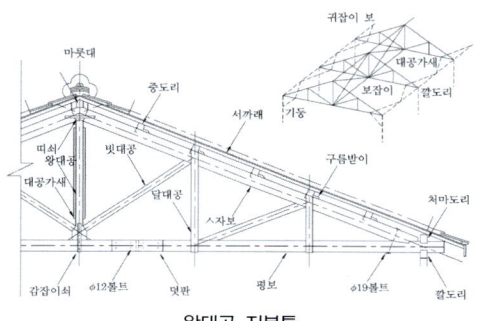

왕대공 지붕틀

11 계단

목조계단은 거의 곧은 계단이 많고 구조도 간단하다.

(1) 틀계단

주택에서 많이 사용하며, 디딤판은 2.5~3.5cm, 너비는 15~25cm 정도로 하고, 옆판은 3.5~4.5cm 정도로 한다.

틀계단

(2) 계단의 구성

디딤판, 챌판, 옆판, 멍에 난간, 난간동자 등으로 구성된다.

12 창호

- 창과 문을 통칭하여 창호라 칭하며, 채광 및 통풍을 목적으로 하는 것을 창이라 하고, 사람 및 물건의 출입을 목적으로 하는 것을 문이라 한다. 이러한 개구부를 문꼴이라 한다.
- 문틀은 윗틀, 선틀, 밑틀로 구성되며, 필요에 따라 중간틀, 중간 선대 등을 대어 사용하기도 한다.
- 문틀 주위의 미관과 마무리를 좋게 하기 위해 대는 부재를 문선이라 한다.

(1) 기능에 의한 분류

① 여닫이 창호
  ㉠ 경첩, 힌지 등을 달아 그 축으로 회전하는 창호를 말한다.
  ㉡ 쌍여닫이, 외여닫이가 있고, 90°, 180° 열기로 구분한다.
  ㉢ 열고 닫을 때 실내의 유효면적이 감소된다.

② 미닫이 창호
  ㉠ 상하의 틀에 홈을 따고 창호를 끼우거나 옆 벽 또는 벽 속으로 밀어 넣는 창호이다.
  ㉡ 홈의 깊이는 윗 홈 15mm, 밑 홈 3mm 정도로 한다.

③ 미서기 창호
  ㉠ 미닫이의 구조와 거의 같으며, 홈을 두 줄로 파내고 문짝이 서로 겹치는 형태이다.

ⓒ 2짝 또는 4짝을 다는데, 4짝 미서기문의 마중대는 턱솔 또는 딴혀를 대어 방풍목적으로 물려지게 하는 것을 풍소란이라 한다.
④ **접이 창호** : 여러 창호를 서로 연결하고 한쪽 벽으로 접어 붙이게 한 것이다.
⑤ **오르내리 창호** : 세로 틀의 홈을 따라 상하로 오르내리게 한 것이다.

(2) 구조에 의한 분류

① **양판문**
  ㉠ 울거미 속에(두께 3~6cm) 중막이대, 간선대를 대어 맞추고 양판을 끼워 댄 것이다.
  ㉡ 징두리 양판문은 중막이대의 윗 부분을 양판 대신 유리를 끼워 넣은 것을 말한다.
② **플러시 문** : 울거미를 짜고 중간살을 30cm마다 대어서 양면에 합판을 댄 것이다.
  • 뒤틀림, 변형이 적다.
③ **합판문** : 양판문과 같은 형식으로 울거미 사이에 6~9mm의 합판을 끼운 것을 말한다.
④ **미서기문**
  ㉠ 윗 홈대 깊이 : 1.5cm, 밑 홈대 깊이 : 0.3cm
  ㉡ 방풍을 목적으로 풍소란을 설치한다.

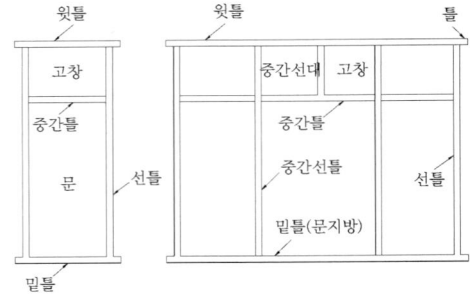

문틀의 구조 및 명칭

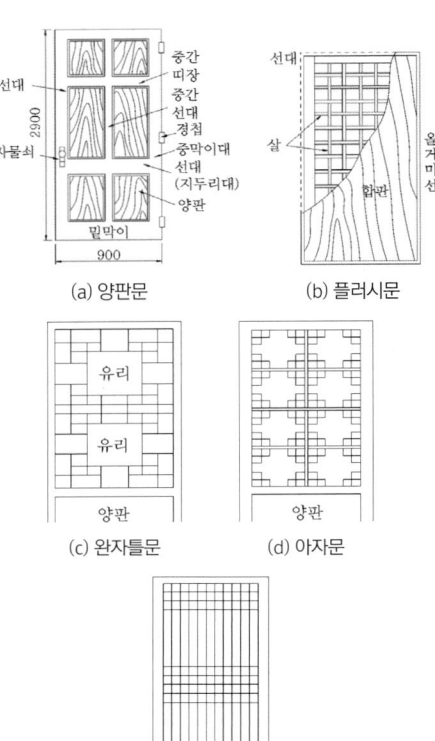

목재 문의 종류

02 목구조 예상문제

01 다음 중 나무구조에 대한 설명 중 틀린 것은?

① 내화성이 좋다.
② 철근콘크리트조, 벽돌조와 비교하여 자중이 가볍다.
③ 고층 건축이나 큰 간사이의 건축이 곤란하다.
④ 구조 공작이 쉽고 공사기간을 단축할 수 있다.

> TIP 나무구조는 비내화적이다.

02 건물의 외벽에서 지붕 머리를 연결하고 지붕보를 받아 지붕의 하중을 기둥에 전달하는 가로재는?

① 층도리　② 토대
③ 처마도리　④ 서까래

> TIP • 층도리
> 도리는 수평재를 의미하며 층도리는 위층 마루바닥이 있는 부분에 수평으로 되는 가로 방향의 부재(도리)를 말한다.
> • 토대
> 목조건축에서 기초위에 가로대어 기둥을 고정하는 목조 부재로 최하부에 위치하는 수평재이다.
> • 서까래
> 지붕판을 만들고 추녀를 구성하는 가늘고 긴 각재로 처마도리와 중도리 및 마루대에 지붕물매의 방향으로 걸쳐대고 지붕널을 덮는다.

03 다음 중 동바리마루의 구성부분이 아닌 것은?

① 인방　② 멍에
③ 장선　④ 동바리돌

> TIP 인방
> 기둥사이 또는 문과 창 사이에 가로로 놓아 벽을 지탱해 주는 부재

04 목재의 접합에서 두 재가 직각 또는 경사로 짜여지는 것을 의미하는 용어는?

① 이음　② 맞춤
③ 벽선　④ 쪽매

> TIP • 이음
> 2개 이상의 목재를 길이 방향으로 붙여 1개의 부재로 만드는 것
> • 벽선
> 기둥과 벽 사이에 세운 각재
> • 쪽매
> 두 부재를 나란히 옆으로 대는 것

01 ①　02 ③　03 ①　04 ②

05 목조 왕대공 지붕틀에서 압축력과 휨모멘트를 동시에 받는 부재는?

① 빗대공　② 왕대공
③ ㅅ자보　④ 평보

06 나무구조의 마루에 대한 설명 중 옳지 않은 것은?

① 1층 마루에는 동바리마루, 납작마루가 있다.
② 2층 마루 중 보마루는 보를 걸어 장선을 받게 하고 그 위에 마루널을 깐 것이다.
③ 동바리는 동바리돌 위에 수평재로 설치한다.
④ 동바리마루는 동바리돌, 동바리, 멍에, 장선 등으로 구성된다.

07 다음 중 목조에서 본기둥 간격이 2m일 때 샛기둥의 간격으로 가장 적당한 것은?

① 30cm　② 50cm
③ 80cm　④ 100cm

TIP ・샛기둥 간격
・크기 : 본 기둥의 1/2~1/3
・간격 : 약 40~60cm

08 다음 중 왕대공 지붕틀에서 평보와 ㅅ자보의 맞춤으로 알맞은 것은?

① 걸침턱맞춤
② 안장맞춤
③ 짧은장부맞춤
④ 턱솔맞춤

TIP ・걸침턱맞춤 : 평보와 깔도리
・짧은장부맞춤 : 샛기둥과 동바리

09 다음 중 목구조에서 토대와 기둥의 맞춤으로 가장 알맞은 것은?

① 짧은 장부 맞춤
② 빗턱 맞춤
③ 턱솔 맞춤
④ 걸침턱 맞춤

TIP ・짧은 장부 맞춤 : 기둥과 가로재
・빗턱 맞춤 : 왕대공 + ㅅ자보
・걸침턱 맞춤 : 평보 + 깔도리

05 ③　06 ③　07 ②　08 ②　09 ①

10 한식 공사에서 종도리를 얹는 것을 의미하는 것은?

① 열초 ② 치목
③ 상량 ④ 입주

> TIP
> • 열초
>   기초를 배열
> • 치목
>   나무를 다듬는 것
> • 입주
>   기둥을 세우는 것
> ∴ 종도리(마룻대)

11 다음 중 계단실의 크기 결정시 고려할 사항과 가장 관계가 먼 것은?

① 계단 마감재료의 종류
② 층 높이
③ 계단참의 유무
④ 계단 높이

12 다음 중 목재 왕대공 지붕틀에 사용되는 부재와 연결철물의 연결이 옳지 않은 것은?

① ㅅ자보와 평보 - 안장쇠
② 달대공과 평보 - 볼트
③ 빗대공과 왕대공 - 꺾쇠
④ 대공 밑잡이와 왕대공 - 볼트

> TIP ㅅ자보와 평보 : 볼트

13 다음 중 목재의 이음과 맞춤을 할 때 주의사항으로 옳지 않은 것은?

① 공작이 간단하고 튼튼한 접합을 선택할 것.
② 맞춤면은 수축, 팽창을 위해 틈을 주어 가공할 것.
③ 이음과 맞춤의 위치는 응력이 작은 곳으로 할 것.
④ 이음, 맞춤의 단면은 응력의 방향에 직각으로 할 것.

> TIP 틈을 주면 수축, 팽창이 더 일어난다.

14 나무구조에서 본기둥 사이에 벽체를 이루는 것으로서 가새의 옆힘을 막는데 유효한 것은?

① 장선 ② 멍에
③ 토대 ④ 샛기둥

> TIP 샛기둥
> 본기둥 사이에 세워 벽체를 이루는 기둥으로, 가새의 옆힘을 방지하며 크기는 본기둥의 1/2~1/3로 한다.

15 문꼴을 보기 좋게 만드는 동시에 주위벽에 마무리를 잘하기 위하여 둘러대는 누름대를 무엇이라 하는가?

① 가새 ② 장선
③ 멍에 ④ 문선

10 ③ 11 ① 12 ① 13 ② 14 ④ 15 ④

16 목조 벽체에 사용되는 가새에 대한 설명으로 틀린 것은?

① 목조 벽체를 수평력에 견디게 하고 안정한 구조로 하기 위해 사용된다.
② 가새는 일반적으로 네모구조를 세모구조로 만든다.
③ 주요건물에서는 한 방향 가새로만 하지 않고 X자형으로 하여 인장과 압축을 겸비하도록 한다.
④ 가새의 경사는 60°에 가까울수록 횡력 저항에 유리하다.

17 다음 중 반자구조의 부성부재가 아닌 것은?

① 반자돌림대　② 달대
③ 토대　　　　④ 달대받이

TIP💡 토대는 최하부 구성재, 반자는 천장을 의미함.

18 벽면을 보호하고 장식하기 위해 벽의 하부에 붙이는 마감재는?

① 걸레받이　② 반자돌림대
③ 문선　　　④ 반자대

TIP💡 반자대(반자돌)

19 목구조에서 가새에 대한 설명으로 옳은 것은?

① 목조 벽체를 수평력에 견디게 하고 안정한 구조로 하기 위한 것이다.
② 가새의 경사는 30도에 가까울수록 유리하다.
③ 기초와 토대를 고정하는데 설치한다.
④ 가새에는 인장응력만 발생한다.

TIP💡 가새

45°에 가까울수록 유리.

20 목조 양식지붕틀의 기둥 상부를 연결하여 지붕틀의 하중을 기둥에 전달하는 부재로 크기는 기둥 단면과 같게 하는 것은?

① 가새　　② 인방
③ 깔도리　④ 토대

21 목구조에서 기둥에 대한 설명으로 틀린 것은?

① 마루, 지붕 등의 하중을 토대에 전달하는 수직 구조재이다.
② 통재기둥은 2층 이상의 기둥 전체를 하나의 단일재로 사용하는 기둥이다.
③ 평기둥은 각 층별로 각 층의 높이에 맞게 배치되는 기둥이다.
④ 샛기둥은 본기둥 사이에 세워 벽체를 이루는 기둥으로, 상부의 하중을 대부분 받는다.

16 ④　17 ③　18 ①　19 ①　20 ③　21 ④

22 지붕구조에서 지붕의 형태를 결정하는데 중요하지 않은 것은?

① 건물의 크기

② 건물의 종류와 용도

③ 지역적 특성과 기후

④ 건물의 색깔

23 창 면적이 클 때에는 스틸바만으로써는 약하며, 또한 여닫을 때의 진동으로 유리가 파손될 우려가 있으므로 이것을 보강하고 외관을 꾸미기 위해 사용하는 것은?

① 멀리온　　② 풍소란

③ 창틀　　　④ 마중대

> **TIP** • 풍소란
> 　　창문이 닫혔을 때 접하는 부분의 틈새를 막는 바람막이
>
> • 마중대
> 　　좌우 두문짝이 새로 마주치는 선대

22 ④　23 ①

03 조적구조

01 개요

건물의 벽체, 기초 등의 주요 구조부를 벽돌, 석재, 블록, ALC블록 등을 몰탈과 같은 접합재료를 이용하여 일정패턴으로 쌓아올려 만드는 구조이다. 조적구조는 매우 오래된 공법으로 시공법이 간단하고 다양성을 충족시킬 수 있으며 내화, 내구적이고 압축력에 대해서는 비교적 강하지만 인장력이 약하여 풍압, 지진 등의 횡력에 취약하여 저층 건물이나 소규모 건물에 사용한다.

02 벽돌구조

1 벽돌구조의 장·단점

(1) 장점
① 내화, 내구, 방한, 방서에 유리하다.
② 외관이 장중하고 미려하다.
③ 구조 및 시공이 간단하고 외관이 아름답다.
④ 값이 싸고 재료를 구하기가 쉽다.

(2) 단점
① 횡력에 약하여 대규모 건물에는 부적당하다.
② 벽 두께가 두꺼워져 실내 유효면적이 줄어든다.
③ 습기가 차기 쉽다.

2 벽돌의 크기 및 품질

(1) 크기
① 표준형 : 190mm × 90mm × 57mm
② 재래형 : 210mm × 100mm × 60mm

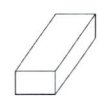
보통벽돌

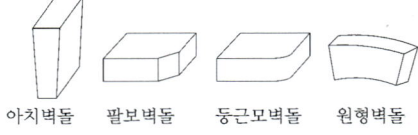
아치벽돌   팔보벽돌   둥근모벽돌   원형벽돌
(b) 이형 벽돌
벽돌의 모양

(2) 품질

종류	강도	흡수율
1등급	약 24.50N/mm²	10% 이하
2등급	약 14.7N/mm²	15% 이하

3 몰탈과 줄눈 및 쌓기법

(1) 몰탈

① 보통 포틀랜드 시멘트를 사용하고, 모래의 입도는 1.2~1.5mm의 모래를 사용한다.
② 배합은 일반쌓기용의 경우 1:3(시멘트:모래), 특수쌓기(아치 등)용의 경우 1:1~1:2(시멘트:모래), 치장줄눈용의 경우 1:1(시멘트:모래)의 비율로 배합한다.

(2) 줄눈

- 벽돌과 벽돌을 접착시키는 몰탈을 줄눈이라 하고 가로줄눈과 세로줄눈으로 구분한다.
- 줄눈의 너비는 10mm이고, 내화벽돌의 경우 시방서를 따르거나 6mm로 한다.

① **막힌줄눈** : 줄눈의 상·하가 막혀 있는 줄눈으로 상부의 하중을 벽 전체에 고르게 분산시키는 안전한 조적법으로 가장 많이 사용한다.
② **통줄눈** : 세로줄눈이 모두 통하여 이어진 줄눈으로 하중의 집중현상이 발생되어 균열이 발생하는 단점이 있다. 큰 강도가 필요하지 않는 곳에 사용된다.

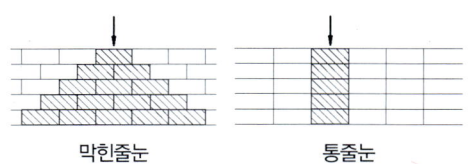

막힌줄눈   통줄눈

③ **치장줄눈** : 벽돌면의 의장적 효과를 주기 위해 사용하는 줄눈을 말하며, 벽돌 쌓기 후 10mm정도 줄눈파기를 한 후 몰탈로 줄눈을 바르는 것이다.

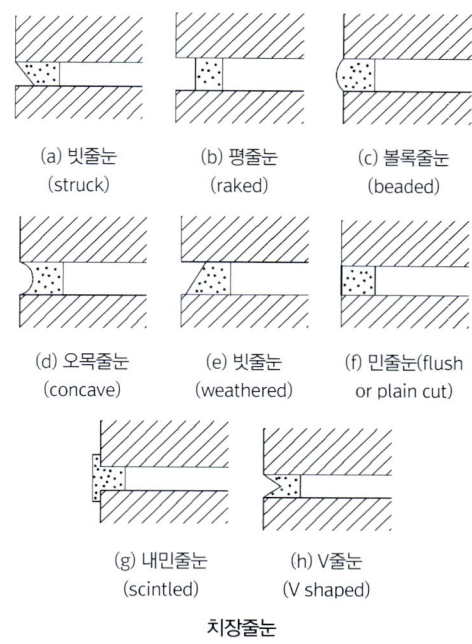

(a) 빗줄눈 (struck)
(b) 평줄눈 (raked)
(c) 볼록줄눈 (beaded)
(d) 오목줄눈 (concave)
(e) 빗줄눈 (weathered)
(f) 민줄눈 (flush or plain cut)
(g) 내민줄눈 (scintled)
(h) V줄눈 (V shaped)

치장줄눈

(3) 벽돌쌓기

① **영국식 쌓기**
  ㉠ 한 켜는 마구리쌓기, 다음 켜는 길이쌓기로 번갈아 쌓아 올린 방식으로 모서리는 이오토막 또는 반절을 사용한다.
  ㉡ 통줄눈이 생기지 않으며, 가장 튼튼한 방법으로 내력벽에 가장 많이 사용된다.

② **네덜란드식 쌓기(화란식 쌓기)**
  ㉠ 영국식 쌓기와 방법은 같으나 모서리 또는 끝 부분에 칠오토막을 사용한다.
  ㉡ 모서리가 다소 견고하고 우리나라에서 많이 사용한다.

③ **프랑스식 쌓기**
  ㉠ 한 켜에 길이쌓기와 마구리쌓기가 번갈아 나오게 하는 쌓기법이다.

ⓒ 통줄눈이 많이 생겨 튼튼하지 않아 의장적 벽체에 사용한다.

④ 미국식 쌓기
㉠ 표면에 치장벽돌로 5켜 정도를 길이쌓기로 하고 뒷면을 영국식 쌓기로 한다.
㉡ 치장쌓기나 공간쌓기로 사용한다.

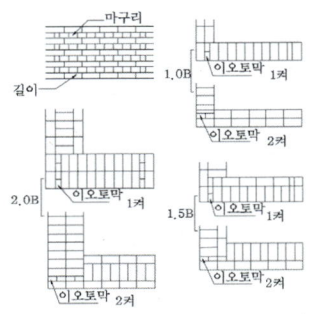
(a) 영식 쌓기(English bond)

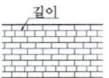
(b) 미식 쌓기(American bond)

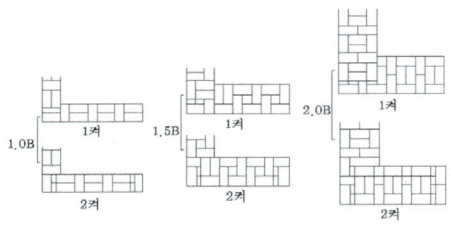
(c) 프랑스식 쌓기(Flemish bond)

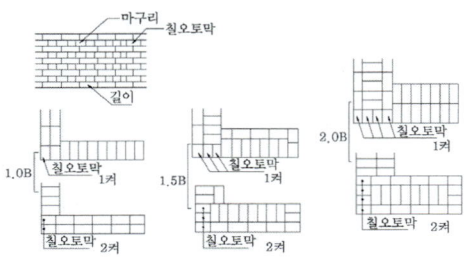
(d) 화란식 쌓기(Doutch bond)

벽돌쌓기 종류

⑤ 벽돌쌓기 원칙
㉠ 내 쌓기의 경우 한 단은 1/8B, 두 단은 1/4B씩 쌓고, 내미는 한도는 2.0B로 한다.
㉡ 1일 쌓기 높이는 1.2 ~ 1.5m 이내로 한다.
㉢ 가급적 막힌 줄눈으로 시공하며, 벽체를 일체화를 위해 테두리 보를 설치한다.
㉣ 몰탈의 수분을 벽돌이 머금지 않도록 쌓기 전 충분한 물 축임을 한다.

4 각부구조

(1) 기초

① 벽돌 구조의 기초는 줄기초로 한다.
② 기초판 두께는 너비의 1/3정도, 너비는 벽돌면 보다 좌우 10 ~ 15cm정도로 한다.
③ 기초판은 철근콘크리트 또는 무근콘크리트로 한다.
④ 기초 각도는 60° 이상으로 한다.
⑤ 기초벽 두께는 25cm 이상으로 한다.

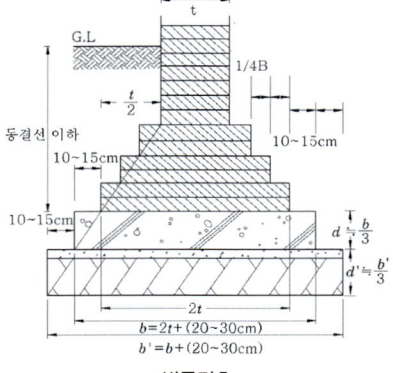

벽돌기초

(2) 벽

① 내력벽

㉠ 건물의 모든 하중 및 외력을 받는 벽을 말한다.

㉡ 내력벽의 높이는 4m를 넘지 않도록 하며, 길이는 10m를 넘지 않게 한다. 만일 10m를 넘는 경우 붙임 기둥 및 부축벽으로 보강해야 한다.

㉢ 내력벽의 두께는 윗층 내력벽 두께 이상이어야 한다. 또한 벽돌구조의 경우는 당해 벽 높이의 1/20 이상이어야 하고, 블록의 경우 당해 벽 높이의 1/16 이상으로 한다.

㉣ 내력벽으로 둘러싸인 바닥면적은 80m²를 넘지 않도록 한다.

② 비내력벽

㉠ 장막벽이라고도 하며 자체 하중만 지지하고 칸막이 및 의장적 역할만 한다.

㉡ 칸막이벽 두께는 9cm 이상으로 하도록 하며, 윗층이 조적식 칸막이벽, 또는 주요 구조물일 경우 19cm 이상으로 한다.

③ 공간벽

㉠ 단열, 방음, 방습 등을 위해 벽과 벽 사이에 공간을 두어 이중으로 쌓는 것을 말한다.

㉡ 외벽과 내벽은 철선으로 보강하고 간격은 수직 45cm 이하(6켜), 수평 90~100cm 정도의 간격으로 설치하고 벽 면적 0.4m²마다 1개씩 설치한다.

④ 벽체에 홈파기

㉠ 세로 홈을 팔 경우 : 그 층의 높이의 3/4 이상 연속될 경우 그 벽두께의 1/3 이하의 깊이로 파야 한다.

㉡ 가로 홈을 팔 경우 : 홈의 깊이는 벽두께의 1/3 이하로 하되, 길이는 3m 이하로 하여야 한다.

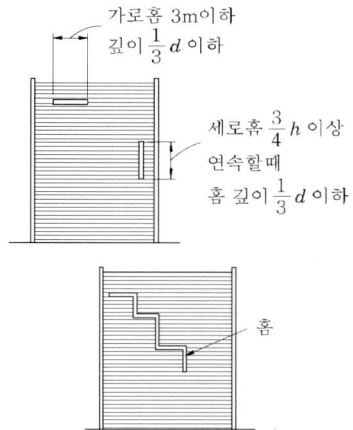

벽체의 홈파기

(3) 개구부

① 대린벽으로 구획된 벽에 개구부의 너비 합계는 그 벽 길이의 1/2 이하로 한다.

② 개구부와 그 바로 윗층 개구부와의 수직거리는 60cm 이상으로 한다.

③ 개구부 상호간 거리 또는 개구부와 대린벽 중심과의 수평거리는 벽두께의 2배 이상으로 한다.(단, 개구부 상부가 아치인 경우는 제외한다.)

④ 너비가 1.8m를 넘는 개구부의 상부는 철근콘크리트 인방을 설치한다.

⑤ 인방은 양 벽체에 20cm 이상 물리도록 한다.

(4) 아치

① 상부에서 오는 직압력을 곡선을 따라 좌우로 나뉘어 직압력만을 받는 구조로써 하부에 인장력이 생기지 않는 구조이다.
② 조적조 개구부는 아무리 좁아도 아치를 트는 것을 원칙으로 한다.
③ 너비 1m정도는 평아치로, 1.8m 이상은 인방을 설치하고, 조적식은 작은 개구부라도 평아치(옆세워 쌓기)나 둥근 아치쌓기로 하는 것을 원칙으로 한다.
④ **본아치** : 아치 벽돌을 사다리꼴 모양으로 제작한 것을 이용하여 만든 아치이다.
⑤ **거친 아치** : 외관이 중요시되지 않는 아치는 보통 벽돌을 이용하여 사용하고 줄눈을 쐐기모양으로 만든 아치이다.
⑥ **막만든아치** : 벽돌을 쐐기 모양으로 다듬어 만든 아치이다.
⑦ **층두리 아치** : 아치 너비가 넓을 때 여러 겹으로 겹쳐 쌓은 아치이다.

(5) 테두리보

상부 층과 하부 층을 이어주는 부재로써 2층 바닥의 하중을 벽체로 균일하게 분산시키고 수평전단응력을 부담한다.
① **목조 테두리보** : 1층 건축물로 벽 두께가 벽 높이의 1/16 이상이거나 벽 길이가 5m 이하인 경우 목조 테두리보를 설치한다.
② **철골 또는 철근콘크리트 테두리보** : 각 층이 조적식으로 된 내력벽에는 보의 춤이 벽 두께의 1.5배 이상인 철골 또는 철근콘크리트 테두리보를 설치한다.

03 블록구조

1 블록구조의 장·단점

(1) 장점

① 내화, 내구, 내풍에 유리하다.
② 속이 비어 있어 단열 및 소음에 효과가 있다.
③ 대량생산이 가능하고 시공이 간단하며 경량이다.

(2) 단점

① 횡력에 약하여 대규모 건물에는 부적당하다.
② 균열이 발생하기 쉽다.

2 블록의 크기

(1) 크기

기본형 : 길이 − 390mm × 높이 − 190mm × 두께 − 190mm(150mm, 100mm)

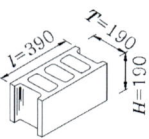
(a) 기본 블록(B-20)

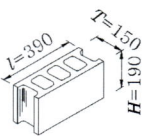
(b) 기본 블록(B-15)

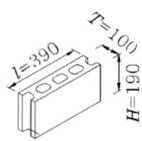
(c) 기본 블록(B-10)

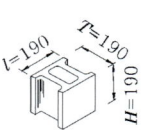
(d) 반블록(HB-20)

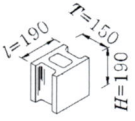
(e) 반블록(HB-15)

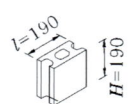
(f) 반블록(HB-10)

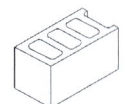
(g) 한마구리 평블록(SSB)

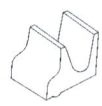
(h) 인방블록(LB)

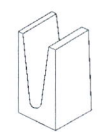
(i) 인방블록(LB)

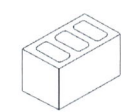
(j) 양마구리 블록(SB)

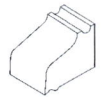
(k) 창대 블록(WSB)

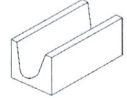
(l) 인방 블록(LB)

(m) 장식 블록

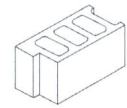
(n) 창쌤 블록(WJB)

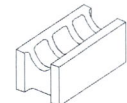
(o) 가로근용 블록

(p) 배관용 블록

(q) 모서리용 블록

블록의 종류

3 블록 구조의 종류

(1) 조적식 블록조
① 막힌 줄눈으로 쌓는 방법으로 단순히 몰탈을 접착하여 만든다.
② 소규모 건물에 적당하다.

(2) 블록 장막벽
① 콘크리트 또는 철골 구조에 장막벽으로 만든다.
② 상부에서 오는 하중을 받지 않는 비내력벽에 사용한다.

(3) 보강 블록조
① 블록의 빈 공간에 철근과 콘크리트를 부어 보강하여 만든다.
② 수직하중·수평하중에 견딜 수 있는 가장 튼튼한 구조로써 4 ~ 5층 정도의 건물에도 사용한다.

(4) 거푸집 블록조
① 속이 빈 ㄱ자, ㅁ자, T자 모양의 블록을 거푸집으로 이용하고 철근배근 후 콘크리트를 부어 넣어 만든다.
② 3층도 가능하지만 2층 정도의 건물에 적당하다.

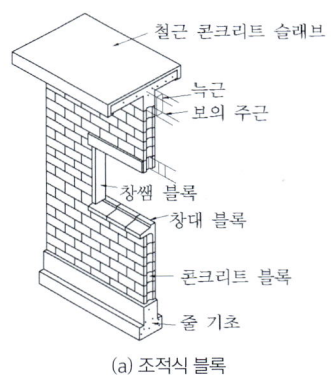
(a) 조적식 블록

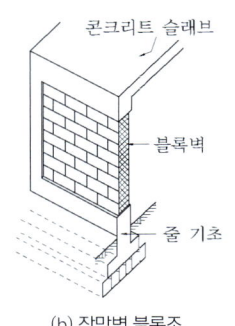
(b) 장막벽 블록조

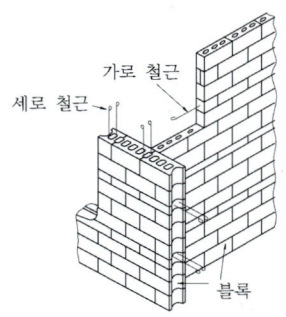

(c) 철근 보강 블록조

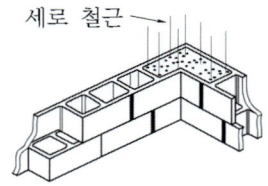

(d) 거푸집 블록조

블록구조의 종류

4 몰탈과 쌓기법

(1) 몰탈

① 배합은 일반쌓기용의 경우 1 : 3 정도로 하고, 1 : 5를 넘지 않아야 한다.
② 몰탈의 강도는 블록강도의 1.3 ~ 1.5배, 시공연도는 슬럼프 8cm정도가 좋다.
③ 물의 중량은 시멘트 중량의 60 ~ 70%, 모래 지름은 1.2mm가 좋다.
④ 몰탈에 석회를 약간 혼합하면 수분유지와 끈기가 있게 된다.

(2) 블록쌓기 원칙

① 블록을 쌓기 전 몰탈 접합부에만 적당한 물축임을 한다.
② 살 두께가 두꺼운 면이 위로 가게 쌓는다.
③ 막힌줄눈으로 하고 보강블록조로 할 때는 통줄눈으로 쌓는다.
④ 쌓는 높이는 1.2 ~ 1.5m(6 ~ 7켜)로 한다.

5 각부구조

(1) 기초보

① 기초벽이라고도 하며 벽을 안전하게 연결하고 하중을 균등히 지반으로 전달하며 기초의 부동침하를 막는 것이다.
② 기초보의 두께는 벽두께 정도로 하거나 3cm정도 두껍게 한다.
③ 기초보의 높이는 건물높이의 1/12 이상 또는 2층, 3층인 경우 60cm 이상(단층집은 45cm 이상)으로 한다.
④ 기초판의 너비는 40cm이상으로 하며, 기초판의 두께는 15cm 이상으로 한다.

(2) 벽체

① 길이
　㉠ 내력벽으로 간주되는 벽 길이는 55cm 이상, 10m 이하로 하며, 10m가 넘을 때는 부축벽, 붙임벽 또는 붙임기둥 등을 쌓는다. (부축벽, 붙임벽 등의 길이는 벽 높이의 1/3 이상으로 한다.)
　㉡ 개구부 높이의 30% 이상으로 한다.
　㉢ 내력벽의 한 방향의 길이의 합계는 그 층 바닥면적 1m2에 대하여 0.15m 이상 되게 한다.

② 두께
　㉠ 벽 두께는 15cm 이상, 주요지점 거리의 1/50 이상으로 한다.
　㉡ 비내력벽의 두께는 9cm 이상으로 한다.

③ 높이 및 바닥면적
　㉠ 각 층의 높이는 4m 이하로 한다.
　㉡ 내력벽으로 둘러싸인 바닥면적은 80m2 이하가 되도록 한다.

④ 배근 : 끝 부분과 벽의 모서리 부분에 12mm 이상의 철근을 세로로 배치한다.

(3) 벽량

내력벽 길이의 총 합계를 그 층의 건축바닥 면적으로 나눈 값을 말하며, 보강블록조의 최소 벽량은 15cm/m² 이상으로 한다.

$$벽량(cm/m^2) = \frac{내력벽의\ 길이(cm)}{바닥면적(m^2)}$$

(4) 테두리보

각 층 내력벽 상부에 설치하여 벽체를 일체화하고 하중을 벽체로 균일하게 분산시켜 벽체의 수직균열을 방지한다.
① 춤 : 내력벽 두께의 1.5배 이상이며 단층일 경우 25cm 이상, 2~3층의 경우 30cm 이상으로 한다.
② 너비
  ㉠ 내력벽 두께보다 크게 하거나 대린벽 거리의 1/20 이상으로 한다.
  ㉡ 너비를 크게 할 필요가 있을 때에는 경제적으로 ㄱ자형, T자형으로 한다.

(5) 철근보강

① 굵은 철근을 조금 넣는 것보다 가는 철근을 많이 넣는 것이 유리하다.
② 철근정착 및 이음은 기초보 또는 테두리보에 둔다.
③ 철근을 배치한 후 빈틈없이 몰탈 또는 콘크리트를 채워 철근의 피복이 충분히 되도록 해야 한다.
④ 모든 세로근은 기초보에서 상부 보에 이르기까지 하나의 철근으로 하는 것이 좋다.(이형 철근의 경우 이음을 하여도 된다.)
⑤ 보강근의 정착 및 이음길이의 겹침 길이는 25d 이상으로 한다.

04 돌구조

1 돌구조의 장·단점

(1) 장점

① 불연성이며 압축강도가 크다.
② 내구성, 내화성, 내수성이 크다.
③ 외관이 장중, 미려하며 갈면 광택이 난다.

(2) 단점

① 길고 큰 부재를 만들기 어려워 큰 구조물에 부적합하다.
② 비중이 커서 가공하기 어렵다.
③ 공기가 길고 값이 비싸다.

2 석재의 가공

(1) 가공순서

혹두기(=혹떼기) – (메다듬) – 정다듬 – 도드락다듬 – 잔다듬 – 물갈기
① **혹두기** : 쇠메를 이용하여 거친 면을 대강 다듬는 과정
② **정다듬** : 정을 사용하여 쪼아 다듬는 과정
③ **도드락다듬** : 도드락망치를 사용하여 정다듬 된 면을 더욱 세밀히 다지는 과정
④ **잔다듬** : 날망치로 일정 방향으로 찍어내어 매끈히 다듬는 과정

⑤ 물갈기 : 숫돌이나 그라인더 등으로 표면을 갈아내어 광내기를 하는 과정

3 돌 쌓기

(1) 거친돌쌓기

① 잡석, 간사 등을 적당한 크기로 쪼개어 쓰고 불규칙하게 쌓는 방법이다.
② 중량감 및 안정감이 있어 전원주택, 별장, 담 등에 사용한다.

(2) 다듬돌쌓기

① 돌의 모서리 맞댐면을 일정하게 다듬어 쌓기의 원칙에 따라 쌓는 것으로 막쌓기와 바른층쌓기가 있다.
② 석재의 표면마무리 여하를 막론하고 다듬돌쌓기라 한다.
③ 가장 튼튼하고 외관이 미려하여 많이 사용한다.

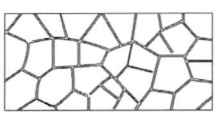

(a) 모자이크식 막쌓기   (b) 다듬돌 완자 쌓기

(c) 거친돌 막쌓기   (d) 다듬돌 허튼층 쌓기

(e) 거친돌 층지어 막쌓기   (f) 다듬돌 바른층 쌓기[돌쌓기]

(3) 개구부

① 인방돌
  ㉠ 창문이나 출입문 등의 문꼴 위에 걸쳐 대어 상부에서 오는 하중을 받는 수평재이다.
  ㉡ 석재는 휨 및 인장에 약하여 문꼴의 너비가 클 경우 철근콘크리트보 또는 벽돌아치 등을 혼용한다.

② 창대돌
  ㉠ 창 밑에 대어 빗물 등을 흘러내리게 한 장식재이다.
  ㉡ 창 너비가 클 경우 2개 이상의 창대돌을 대어 사용하기도 하지만, 외관상, 방수상 1개를 통으로 사용한다.
  ㉢ 창대돌의 윗면, 옆면, 밑면에는 물흘림이 잘 되도록 물끊기, 물흘림 등을 두어 빗물이 내부로 침입하는 것을 막고 물흘림을 잘되게 한다.

③ 쌤돌
  ㉠ 창문, 출입문 등의 양쪽에 대는 것으로 벽돌 구조에서도 사용한다.
  ㉡ 면을 접거나 쇠시리를 하고 벽체 쌓는 방법에 따라 촉과 연결철물로 벽체에 긴결한다.

④ 문지방돌 : 출입문 밑에 대는 석재로 마멸에 강한 화강암이나 경석을 사용한다.

⑤ 아치
  ㉠ 벽돌구조와 같이 아치의 줄눈이 아치 중심에 모이도록 해야 한다.
  ㉡ 접합 시 촉, 꺾쇠 등을 이용하거나 엇물림으로 할 때도 있다.

(4) 각부 쌓기

① 두겁돌
  ㉠ 담, 박공벽, 난간 등의 꼭대기에 덮어 씌우는 것으로 윗면은 물흘림, 밑면은 물끊기를 한다.
  ㉡ 두겁돌 밑바탕은 촉으로, 두겁돌 끼리는 촉, 꺾쇠 또는 은장으로 연결한다.

② **돌림띠**
- ㉠ 벽면에서 내밀어 가로로 길게 두른 장식 및 차양, 물끊기 작용을 하는 것이다.
- ㉡ 종류로는 처마돌림띠, 허리 돌림띠가 있는데, 처마돌림띠의 돌출이 커 튼튼히 해야 한다.

③ **난간벽, 부란벽**
- ㉠ 난간벽은 처마 위 옥상에 벽으로 된 난간이고, 부란은 난간동자를 세워 댄 것이다.
- ㉡ 장식 및 난간으로 사용하지만, 구조상 위험하므로 높이를 낮게 하고 하부 벽에 볼트를 길게 내어 세로줄눈 사이에 넣고 보강하는 것이 좋다.

03 조적구조 예상문제

01 벽돌조 공간쌓기에서 벽체 연결철물 간의 수평간격은 최대 얼마 이하로 하여야 하는가?

① 450mm　　② 600mm
③ 750mm　　④ 900mm

> TIP • 수평간격 : 90cm
> • 수직간격 : 45cm

02 벽돌조에서 콘크리트 기초판의 두께는 기초판 폭의 얼마 정도로 하는가?

① 2/3　　② 1/2
③ 1/3　　④ 1/4

03 바닥 면적이 40m²일 때 보강콘크리트조의 내력벽 길이의 총합계는 최소 얼마 이상이어야 하는가?

① 4m　　② 6m
③ 8m　　④ 10m

> TIP 최소 벽량이 15cm/m²이므로
> $15cm/m^2 = \dfrac{x(내력벽의 길이)}{40m^2(바닥면적)} = 6m$

04 벽돌벽체의 줄기초에서 콘크리트 기초판의 두께는 나비의 얼마 정도로 하는가?

① 1/2　　② 1/3
③ 1/4　　④ 1/5

> TIP 2번 참조

05 벽돌쌓기에서 처음 한켜는 마구리쌓기, 다음 한켜는 길이쌓기를 교대로 쌓는 것으로 통줄눈이 생기지 않으며, 가장 튼튼한 쌓기법으로 내력벽을 만들 때 많이 사용하는 쌓기법은?

① 영국식 쌓기
② 네덜란드식 쌓기
③ 프랑스식 쌓기
④ 미국식 쌓기

> TIP 무조건 가장 튼튼한 쌓기법이라고 물으면 영국식으로 하면 된다. 영국식 쌓기가 가장 튼튼하고 통줄눈이 생기지 않는다.

01 ④　02 ③　03 ②　04 ②　05 ①

06 보강콘크리트블록조에서 내력벽의 벽량은 최소 얼마 이상으로 하여야 하는가?

① 10[cm/m²] ② 15[cm/m²]
③ 18[cm/m²] ④ 21[cm/m²]

TIP 3번 참조

07 반원 아치의 중앙에 들어가는 돌의 이름은?

① 쌤돌 ② 고막이돌
③ 두겁돌 ④ 이맛돌

TIP
- 쌤돌
  개구부 둘레에 쌓은 돌
- 고막이돌
  토대나 하인방의 아래 또는 마루밑의 터진 곳 따위를 막는 돌
- 두겁돌
  난간위에 가로댄 긴 돌(뚜껑처럼 올려 놓은 돌)

08 다음의 벽식구조에 대한 설명 중 ( )안에 알맞은 말은?

> 똑같은 판이라도 수직으로 세워져서 힘이 면을 따라 전달되는 것을 (㉠)(이)라 하고, 판을 수평으로 설치하여 면에 직각으로 힘을 받는 것을 (㉡)(이)라 한다.

① ㉠ 슬래브, ㉡ 벽
② ㉠ 보, ㉡ 기둥
③ ㉠ 벽, ㉡ 슬래브
④ ㉠ 기둥, ㉡ 보

09 공간 조적벽 쌓기에서 표준형 벽돌로 바깥벽은 0.5B, 공간 80mm, 안벽 1.0B로 할 때 총 벽체 두께는?

① 290mm ② 310mm
③ 360mm ④ 380mm

TIP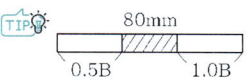

0.5B(90mm)+80mm+1.0B(190mm)
= 360mm

10 조적조 벽체에 관한 설명 중 옳지 않은 것은?

① 각 층의 대린벽으로 구획된 벽에서 개구부의 나비의 합계는 그 벽길이의 1/2 이하로 한다.
② 단층 건축물로서 벽의 길이가 10m 이하인 경우 목구조 테두리보 구조로 할 수 있다.
③ 개구부 위와 그 바로 위의 개구부와의 수직거리는 60cm 이상으로 한다.
④ 개구부 상호간 또는 개구부의 대린벽의 중심과의 수평거리는 그 벽 두께의 2배 이상으로 한다.

TIP 목조 테두리보는 벽 두께가 벽 높이의 1/16 이상이거나, 벽길이가 5m 이하인 경우에 가능하다.

11 조적식 구조에 대한 설명 중 옳지 않은 것은?

① 조적식 구조인 각층의 벽은 편심하중이 작용하도록 설계하여야 한다.
② 조적식 구조인 내력벽의 길이는 10m를 넘을 수 없다.
③ 조적식 구조인 내력벽으로 둘러쌓인 부분의 바닥 면적은 80m²을 넘을 수 없다.
④ 조적식 구조인 내력벽의 두께는 바로 윗층의 내력벽의 두께 이상이어야 한다.

TIP 조적식 구조는 등분포 하중으로 설계한다.

12 벽돌 구조에서 개구부 위와 그 바로 위의 개구부와의 최소 수직거리는?

① 10cm   ② 20cm
③ 40cm   ④ 60cm

13 한켜는 길이쌓기로 하고 다음은 마구리쌓기로 하는 것은 영식쌓기와 같으나 모서리 또는 끝에서 칠오토막을 사용하는 벽돌쌓기법은?

① 불식쌓기   ② 화란식쌓기
③ 미식쌓기   ④ 반장쌓기

TIP 칠오토막을 사용하는 것은 네덜란드(화란식)쌓기이다.

14 벽돌구조의 아치(arch)는 부재의 하부에 다음 중 어떤 힘이 생기지 않게 된 구조인가?

① 압축력   ② 인장력
③ 직압력   ④ 수직력

15 벽돌쌓기법 중 가장 튼튼한 쌓기법으로 벽의 모서리나 끝에 벽돌의 반절이나 이오 토막을 사용하는 쌓기법은?

① 영식 쌓기
② 불식 쌓기
③ 네덜란드식 쌓기
④ 미식 쌓기

TIP 5번 참조

16 벽돌벽체 내쌓기의 내미는 최대한도는?

① 0.5B   ② 1.0B
③ 1.5B   ④ 2.0B

TIP 1켜는 1/8B, 두켜는 1/4B, 내쌓기의 한도는 2.0B

[참조]
• 1.0B라 하면 B는 Brick(벽돌)의 약자이며 1.0B는 고로 벽돌 한 장의 길이를 의미한다. 2.0B는 두장이 된다.
• 켜 : 벽돌 두께 + 줄눈 두께

17 벽돌벽에 배관을 홈파기를 할 때 가로홈의 길이는 최대 얼마 이하로 하는가?

① 1.0m ② 2.0m
③ 3.0m ④ 4.0m

18 블록공사에서 블록의 하루 쌓기 높이의 표준은?

① 1.5m 이내 ② 1.8m 이내
③ 2.1m 이내 ④ 2.4m 이내

TIP 1.2~1.5m를 표준으로 한다.

19 블록의 빈 속에 철근과 콘크리트를 부어 넣은 것으로 수직하중, 수평하중에 견딜 수 있는 가장 이상적인 블록구조는?

① 보강 블록조 ② 거푸집 블록조
③ 조적식 블록조 ④ 블록 장막벽

20 보강블록조의 벽체에 대한 설명 중 틀린 것은?

① 벽길이는 최대 15m 이하로 한다.
② 내력벽의 두께는 15cm 이상으로 한다.
③ 조적조의 내력벽으로 둘러쌓인 부분의 바닥면적은 $80m^2$ 이하로 한다.
④ 내력벽의 한 방향의 길이의 합계는 그 층의 바닥면적 $1m^2$에 대하여 0.15m 이상되도록 한다.

TIP 내력벽으로 간주되는 벽길이는 55cm 이상 최대 10m 이하로 한다.

21 돌구조에서 창문 등의 개구부 위에 걸쳐대어 상부에서 오는 하중을 받는 수평부재는?

① 문지방틀 ② 인방돌
③ 창대돌 ④ 쌤돌

TIP 창대돌
창문아래에 가로로 길게 붙이는 돌(창밑에 대어 빗물을 처리하며 장식용으로 쓰인다.)

17 ③ 18 ① 19 ① 20 ① 21 ②

22 돌쌓기의 1켜의 높이는 모두 동일한 것을 쓰고 수평줄눈이 일직선으로 통하게 쌓는 돌쌓기 방식은?

① 바른층쌓기   ② 허튼층쌓기
③ 층지어쌓기   ④ 허튼쌓기

> **TIP**
> - 바른층 쌓기
>   돌 한켜마다 가로줄눈이 수평되게 쌓는 일
>
> - 허튼층 쌓기
>   가로줄눈이 수평 일직선으로 통하지 않게 쌓은 것이다.
>
> - 층지어 쌓기
>   허튼층으로 쌓되 3켜 정도이다. 수평줄눈 일직선으로 쌓은 것
>
> - 허튼 쌓기
>   불규칙한 돌을 쌓은 것

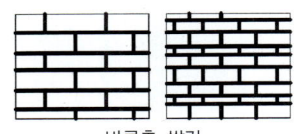
바른층 쌓기

허튼층 쌓기   층지어 쌓기

22 ①

04 chapter 철근콘크리트구조

01 개요

철근과 콘크리트로 일체화하여 만든 구조로써 콘크리트는 압축력에는 강하지만 인장력이 약한 단점이 있는데 이를 철근이 보강하는 구조이다. 또한 콘크리트는 철근에 대한 부착강도가 높고 선팽창계수가 거의 같으며, 알칼리성인 콘크리트가 철근의 부식 방지의 역할을 한다.

02 철근콘크리트구조의 장·단점

1 장점

① 내화성, 내구성, 내진성, 내풍성이 우수하다.
② 폭 넓게 구조물에 이용할 수 있다.
③ 모양을 자유롭게 선택할 수 있고, 유지관리비가 거의 들지 않는다.

2 단점

① 자중이 크다.(= 무게가 크다.)
② 경화할 때 수축으로 인한 균열이 생기기 쉽고, 시간이 오래 걸린다.
③ 시공이 복잡하고 공기가 길다.
④ 이전 및 철거가 어렵다.

03 철근

1 종류

(1) 원형철근

표면에 리브, 마디 등이 없는 원형의 봉강으로 지름을 Ø로 표기하고 콘크리트와의 부착력이 작아 이용하지 않는다.

(2) 이형철근

표면에 리브, 마디 등의 돌기가 있어 콘크리트와의 부착력이 원형철근에 비해 높고 (약 2배) 지름을 D로 표기한다.

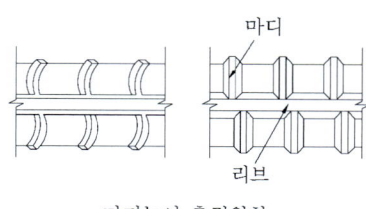

이형철근

2 철근의 이음 및 정착

(1) 철근의 이음
① 되도록 응력이 큰 곳을 피해 가장 작은 부분에 오도록 한다.
② 이음길이는 주근의 이음이 인장력이 오는 가장 작은 부분에 하지 않을 경우 40d이상 해야 한다.
③ 한 곳에서 철근 수 1/2을 넘게 이어서는 안 된다.
④ D35를 초과하는 철근은 겹침이음을 하지 않는다.

(2) 철근의 정착
① 지중보의 주근은 기초 또는 기둥에 정착한다.
② 벽철근은 기둥, 보 또는 바닥판에 정착한다.
③ 바닥철근은 보 또는 벽체에 정착한다.
④ 작은 보의 주근은 큰 보에, 큰 보의 주근은 기둥에, 기둥의 주근은 기초에 정착한다.
⑤ 정착길이는 철근의 지름이나 항복강도가 클수록 길어진다.
⑥ 정착길이는 철근종류 또는 콘크리트의 강도에 따라 달라진다.
⑦ 인장철근 정착길이는 40d 이상, 압축철근의 정착길이는 25d 이상으로 한다.

(3) 철근의 배근 간격
① 25mm 이상, 철근의 공칭지름 이상, 굵은 골재 최대 치수의 4/3배 이상 중 큰 값으로 한다.
② 철근의 간격이 너무 좁을 경우 콘크리트가 잘 섞이지 않고 철근이 부식된다.

(4) 철근의 피복
① 콘크리트 재면에서 가장 가까운 철근과의 거리를 말한다.
② 피복 두께는 부재 내부응력에 의한 균열, 외기의 습기에 의한 철근의 부식, 화재 시 가열로 인한 강도저하 등 건물의 수명에 큰 영향을 끼친다.

콘크리트 구조설계 기준의 최소 피복 두께

표면조건		부재	철근	피복두께
수중에 타설하는 콘크리트		모든 부재	-	100mm
흙에 접한 부위	흙에 접하여 콘크리트를 친 후 영구히 흙에 묻혀 있는 콘크리트	모든 부재	-	80mm
	흙에 접하거나 옥외의 공기에 직접 노출되는 콘크리트	모든 부재	D29 이상	60mm
			D25 이하	50mm
			D16 이하	40mm
흙에 접하지 않는 부위	옥외의 공기나 지반에 직접 접하지 않는 콘크리트	슬래브, 벽체, 장선	D35 초과	40mm
			D35 이하	20mm
		보, 기둥		40mm
		쉘, 절판부재		20mm

※ 단, 콘크리트 설계기준 강도가 40N/mm² 이상일 때 10mm를 저감할 수 있다.

(5) 철근과 콘크리트의 부착에 영향을 주는 요소
① 철근의 피복두께가 두껍고 콘크리트의 강도가 크면 부착력이 커진다.
② 철근의 항복강도가 크면 부착력이 커진다.
③ 리브 및 철근의 표면 상태에 따라 부착력이 달라진다.

04 각부구조

1 기초

(1) 독립기초

① 하나의 기초가 단독으로 하나의 기둥을 지지하는 기초로 사각형태로 하기도 하고, 기초말뚝을 쓸 때는 오각, 육각, 팔각 등으로 하기도 하지만, 정사각 또는 직사각을 많이 사용한다.
② 기초 배근은 가로, 세로, 대각선으로 배치한다.
③ 기초보(지중보)를 두어 기둥의 부동침하 및 이동을 방지한다.

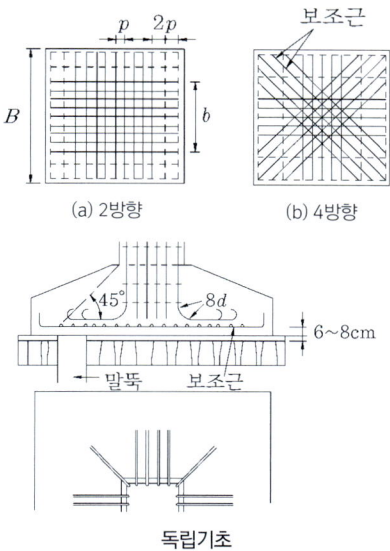

독립기초

(2) 줄기초

기둥들의 기초판 및 기초보가 연결된 형태를 말한다.

(3) 온통기초

① 건물의 바닥판 전체가 기초의 역할을 하는 것을 말한다.
② 기초판이 넓어 응력이 고르게 분포되지 않으므로 기초판 두께를 두껍게 한다.
③ 기둥에 작용하는 하중이 클 경우나 연약지반에 사용한다.

2 기둥

(1) 기둥의 구조

① 정사각, 직사각, 원형 등의 단면 모양이다.
② 기둥 단면의 크기는 간 거리의 1/15 이상, 단면 치수는 20cm(200mm) 이상, 단면적은 600cm^2(60,000mm^2) 이상으로 한다.

(2) 기둥의 주근

① 철근의 지름은 D13 이상의 것을 사용하고, 띠철근 기둥의 경우 4개, 나선철근 기둥일 경우 6개 이상을 사용한다.
② 이음 위치는 층 높이의 2/3 이내로 하고 바닥판 위 1m 위치에 두는 것이 좋다.

(3) 띠철근

① 균열방지와 주근의 좌굴방지를 위해 사용하는 철근이다.
② 지름 6mm 이상의 철근을 사용한다.
③ 띠철근 간격은 주근지름의 16배 이하, 띠철근 지름의 48배 이하, 기둥단면의 최소치수 이하 중 가장 작은 값으로 배근한다.
④ 띠철근 압축부재단면의 최소 치수는 300mm 이하이다.

⑤ 띠철근 압축부재단면의 최소 단면적은 60,000mm²이다.

3 보

(1) 보의 구조
① 장방형, T형, 반 T형 등의 단면 모양이다.
② 보의 춤은 간 사이의 1/12 ~ 1/10 이상, 너비는 1/2 ~ 2/3 정도로 한다.

(2) 보의 주근
① 중요한 보의 지름은 D13 이상의 것을 사용하고, 2단 이하로 배치한다.
② 철근 간격은 2.5cm 이상, 공칭지름의 1.0배 이상으로 하며, 굵은 골재 최대치수의 4/3배 이상으로 한다.
③ 이음 위치는 인장력이 적은 곳을 택하여 결정한다.

(3) 굽힘철근
① 중앙부의 하부근은 휨모멘트 작용 방향이 바뀌는 지점인 간 사이의 1/4 되는 곳(반곡점)에서 굽혀 올려서 단부의 상부근으로 겸용할 수 있는데, 이를 굽힘철근이라 한다.
② 굽힘철근의 각도는 30° ~ 45°로 한다.

(4) 늑근(스터럽)
① 보에 걸리는 휨모멘트와 전단력에 의한 균열을 방지하기 위해 사용하는 철근이다.
② 전단력 분포에 따라 D10정도의 철근을 사용한다.
③ 늑근의 간격은 보의 춤의 1/2 이하 또는 60cm 이하로 한다.
④ 늑근은 단부로 갈수록 조밀하게 배치하고, 중앙부는 넓게 배치한다.
⑤ 늑근의 끝 부분은 135° 이상의 구부림을 한다.

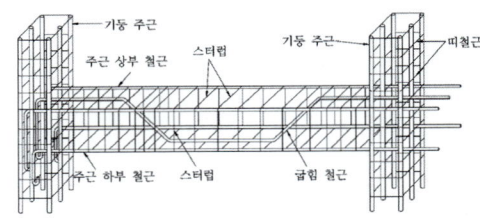

보의 배근

4 슬래브

(1) 1방향 슬래브
① 장변과 단변의 비가 2를 초과할 때를 1방향 슬래브라 한다.($\ell_y/\ell_x > 2$)
② 슬래브에 작용하는 모든 하중이 단변 방향으로만 전달되는 것으로 간주한다.
③ 단변방향으로 주근을, 장변방향으로 배력근을 배치한다.
④ 슬래브의 최소 두께는 100mm 이상으로 한다.

(2) 2방향 슬래브
① 장변과 단변의 비가 2이하일 때를 2방향 슬래브라 한다.($\ell_y/\ell_x \leq 2$)
② 비교적 큰 보나 벽체로 지지된 슬래브에서 서로 직교하는 2방향으로 주근을 배치한 슬래브이다.
③ 단변방향의 철근을 장변방향철근보다 바닥 단부 쪽으로 배치하는데, 단변방향에서 더 큰 하중을 받기 때문이다.

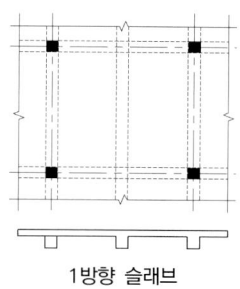
1방향 슬래브

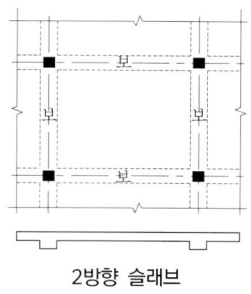
2방향 슬래브

(3) 플랫 슬래브(무량판 구조)

① 바닥에 보가 없이 직접 기둥에 하중을 전달하는 방식을 말한다.
② 구조가 간단하고 공사비가 저렴하다. 또한, 층고를 높게 할 수 있어 실내 이용률이 높지만, 바닥판이 두꺼워 고정하중이 커진다.
③ 바닥판 두께는 15cm 이상으로 하며, 배근방식으로 2방향식, 3방향식, 4방향식, 원형식이 있으며, 2방향식과 4방향식이 많이 사용된다.

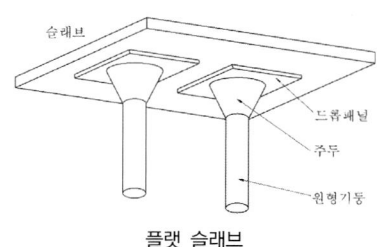
플랫 슬래브

(4) 장선 슬래브

① 등간격으로 분할된 장선과 슬래브가 일체로 된 구조를 말한다.
② 양단은 보에 또는 벽체에 지지되며 슬래브는 장선에 지지되어 두께를 얇게 할 수 있다.

(5) 와플 플랫 슬래브

① 장선 슬래브의 장선을 직교시켜 구성한 우물반자 형태로 된 2방향 장선슬래브 구조이다.
② 보통 슬래브 보다 기둥 간격을 더 크게 할 수 있다.
③ 격자형의 비교적 작은 리브를 가지고 있는데 이 리브가 격자보의 역할을 하여 보를 사용하지 않고도 비교적 큰 바닥판을 만들 수 있다.

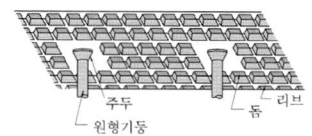
와플 슬래브

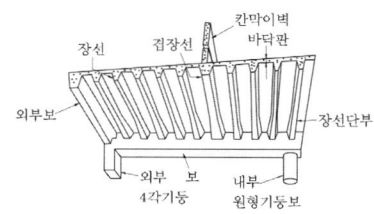
장선 슬래브

5 계단

(1) 경사보식 계단

① 배치된 보에 슬래브를 걸치는 형식으로 보의 배치에 따라 4방향지지, 3방향지지, 2방향지지로 나누며 계단의 너비와 스팬이 큰 경우에 많이 사용된다.
② 배근을 할 때는 계단을 직사각형 슬래브로 생각하고 계단 폭 방향으로 주근을 배치하고 길이방향으로 배력근을 배치한다.

(2) 경사슬래브식 계단

① 계단에 측보를 설치하지 않을 경우 2방향지지 또는 3방향지지의 직사각형 슬래브로 보는 형식이다.
② 6m 정도까지 계단 길이에 제한이 있다.

(3) 캔틸레버보식 계단

① 계단 너비가 좁을 때 한쪽 벽에만 보를 두어 지지하는 형식이다.
② 계단 폭의 제한을 받으며 일반적인 너비는 1.5m 정도이다.

04 철근콘크리트구조 예상문제

01 옥외의 공기나 흙에 직접 접하지 않는 철근 콘크리트보에서 철근의 최소 피복두께는? (단, 콘크리트 설계기준강도는 40N/mm² 미만임)

① 30mm ② 40mm
③ 50mm ④ 60mm

02 철근의 정착에 대한 설명 중 틀린 것은?

① 철근의 부착력을 확보하기 위한 것이다.
② 정착길이는 콘크리트의 강도가 클수록 짧아진다.
③ 정착길이는 철근의 지름이 클수록 짧아진다.
④ 정착길이는 철근의 항복강도가 클수록 길어진다.

03 다음 중 철근콘크리트구조에서 거푸집이 갖추어야 할 조건과 가장 거리가 먼 것은?

① 콘크리트를 부어 넣었을 때 변형되거나 파괴되지 않을 것
② 반복 사용할 수 없을 것
③ 운반과 가공이 쉬울 것
④ 모르타르나 시멘트 풀이 누출되지 않을 것

> TIP 거푸집이란 콘크리트를 부어 넣는 틀을 말하는데 반복사용이 가능해야 경제성이 있다.

04 보를 없애고 바닥판을 두껍게 해서 보의 역할을 겸하도록 한 구조로서, 하중을 직접 기둥에 전달하는 슬래브는?

① 장방향슬래브 ② 장선슬래브
③ 워플슬래브   ④ 플랫슬래브

> TIP
> • 장선슬래브
>   등간격으로 분할된 장선과 slab가 일체로 된 구조
> • 와플플랫슬래브
>   장선 slab의 장선을 직교하여 구성한 우물반자 형태의 2방향 장선 slab구조

01 ② 02 ③ 03 ② 04 ④

05 다음 중 콘크리트 설계기준 강도를 의미하는 것은?

① 콘크리트 타설 후 7일 인장강도
② 콘크리트 타설 후 7일 압축강도
③ 콘크리트 타설 후 28일 인장강도
④ 콘크리트 타설 후 28일 압축강도

> TIP 콘크리트가 완전히 굳어서 본래의 강도를 나타내는 시기는 타설후 28일이다.

06 철근콘크리트보에서 전단력을 보강하여 보의 주근 위에 둘러감은 철근은?

① 띠철근   ② 스터럽(늑근)
③ 가새근   ④ 배력근

> TIP 무조건 보에서 전단력 보강이라 하면 늑근이 정답이다.

07 철근콘크리트 구조의 내력벽에서 수직 및 수평철근을 벽면에 평행하게 양면으로 배치하여야 하는 벽체의 최소 두께는?

① 100mm   ② 150mm
③ 200mm   ④ 250mm

> TIP 복근법으로 한다는 뜻이고 복근이란 인장과 압축 부분 두 군데를 배근한다는 뜻이다.
> 복근의 경우 벽 두께가 최소 25cm 이상일 경우에 한다.

08 철근콘크리트보의 늑근에 대한 설명 중 옳지 않은 것은?

① 전단력에 저항하는 철근이다.
② 중앙부로 갈수록 조밀하게 배치한다.
③ 굽힘철근의 유무에 관계없이 전단력의 분포에 따라 배치한다.
④ 계산상 필요 없을 때라도 사용한다.

> TIP 중앙부에서는 넓게 배치한다.

09 철근콘크리트 압축부재에서 직사각형 띠철근 내부의 축방향 주철근의 최소 개수는?

① 3개   ② 4개
③ 6개   ④ 8개

> TIP 직사각형 기둥의 주근을 의미하며 최소 4개 이상, 원형 및 다각형 기둥일 경우 최소 6개 이상을 사용한다.

10 다음 중 철근 콘크리트 구조에서 스터럽과 띠철근의 표준갈고리에 속하는 것은?

① 60° 표준갈고리
② 120° 표준갈고리
③ 135° 표준갈고리
④ 180° 표준갈고리

11 건축물의 큰 보의 간사이에 작은 보(Beam)를 짝수로 배치하면 좋은 주된 이유는?

① 보기에 좋다.
② 공사하기가 편리하다.
③ 큰보의 축압력이 작아진다.
④ 큰보의 중앙부에 하중이 작아진다.

> TIP: 기둥과 기둥사이에 배치되는 보를 큰보(Girder)라 하고 큰보와 큰보사이에 배치되는 보를 작은보(Beam)라 한다.

12 휨모멘트나 전단력을 견디게 하기 위해 사용되는 것으로 보의 단부의 단면을 중앙부의 단면보다 크게 한 부분은?

① 헌치   ② 슬래브
③ 래티스   ④ 지붕보

> TIP: 래티스
> 철골조보 양단부 하부에 단면을 크게 하여 전단력에 대응하기 위한 것

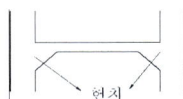

13 철근콘크리트조 내력벽의 두께가 최소 얼마 이상일 때 복근으로 배근하는가?

① 150mm   ② 200mm
③ 250mm   ④ 390mm

> TIP: 8번 참조

14 철근콘크리트 구조에서 원칙적으로 최소 얼마를 초과하는 철근은 겹침이음을 하지 않아야 하는가?

① D19   ② D22
③ D35   ④ D41

> TIP: D35를 초과하는 철근은 겹침이음을 하지 않는다.

15 철근콘크리트 기둥에 대한 설명으로 옳지 않은 것은?

① 기둥의 최소 단면적은 60,000mm² 이상이어야 한다.
② 원형이나 다각형 기둥은 주근을 최소 2개 이상 사용하여야 한다.
③ 띠철근 기둥 단면의 최소 치수는 200mm이다.
④ 띠철근과 나선철근은 주근의 좌굴을 막는 역할을 한다.

> TIP: 원형이나 다각형 기둥은 최소 6개 이상의 주근을 사용한다.

16 철근콘크리트 기초보에 대한 설명으로 옳지 않은 것은?

① 독립기초 상호를 연결한다.
② 주각의 이동이나 회전을 구속한다.
③ 기둥의 부동침하를 가속화시킨다.
④ 지진시에 주각에서 전달되는 모멘트에 저항한다.

> TIP: 기초의 부동침하를 방지한다.

11 ④　12 ①　13 ③　14 ③　15 ②　16 ③

17 철근콘크리트보의 주근 최소 배치간격으로 옳은 것은?

① 주근지름의 1.25배 이상
② 굵은골재의 공칭최대치수 1.5배 이상
③ 보 단면의 최소치수 이상
④ 25mm 이상

> **TIP** 철근의 순간격(보)
> - 최소 25mm 이상
> - 공칭 지름의 1.0배
> - 굵은 골재 최대 치수의 4/3배

18 현장치기 콘크리트에서 최소 피복두께를 가장 크게 하여야 하는 경우는?

① 수중에서 타설하는 콘크리트
② 흙에 접하여 콘크리트를 친 후 영구히 흙에 묻혀 있는 콘크리트
③ 흙에 접하거나 옥외의 공기에 직접 노출되는 콘크리트
④ 옥외의 공기나 흙에 직접 접하지 않는 콘크리트

> **TIP** ① 100mm
> ② 80mm
> ③ D16 이하 - 40mm
>   D25 이하 - 50mm
>   D29 이상 - 60mm
> ④ 슬래브, 벽체, 장선 : D35 초과 -40mm, D35 이하-20mm
>   보, 기둥 : 40mm

19 다음 중 철근의 겹침길이와 정착길이의 결정요인과 가장 관계가 먼 것은?

① 철근의 종류
② 콘크리트의 강도
③ 갈고리의 유무
④ 물시멘트비

> **TIP** 물 시멘트비도 아주 영향이 없다고는 할 수 없지만 예문 중에서는 가장 관계가 멀다.

20 다음 중 철근콘크리트보 주근의 이음 위치로 가장 알맞은 것은?

① 큰 인장력이 생기는 곳
② 경미한 인장력이 생기는 곳 또는 압축측
③ 단순보의 경우 보의 중앙부
④ 단부에서 1m 떨어진 곳

> **TIP** 주근의 이음위치는 인장력이 적은 곳을 택하여 결정한다. 보에서는 하부주근은 중앙부, 상부주근은 단부를 피한다.

17 ④ 18 ① 19 ④ 20 ②

21 철근콘크리트 보에 대한 설명 중 옳지 않은 것은?

① 보는 하중을 받으면 휨모멘트와 전단력이 생긴다.
② T형보는 압축력을 슬래브가 일부 부담한다.
③ 보 단부의 헌치는 주로 압축력을 보강하기 위해 만든다.
④ 보의 인장력이 작용하는 부분에는 반드시 철근을 배근한다.

TIP 헌치는 양 끝에 휨모멘트와 전단력을 많이 받게 되어 춤과 너비를 크게 한 것이다.

22 다음 중 철근콘크리트구조의 내진벽에 관한 설명으로 틀린 것은?

① 내진벽은 수평 하중에 대하여 저항할 수 있도록 설계된 벽체이다.
② 평면상으로 둘 이상의 교점을 가지도록 배치한다.
③ 하중을 벽체가 고르게 부담할 수 있도록 배치한다.
④ 내진벽은 상부층에 많이 배치하는 것이 바람직하다.

TIP 내진벽은 하부층에 많이 배치한다.

23 철근콘크리트구조에서 철근과 콘크리트의 부착력에 대한 설명 중 옳지 않은 것은?

① 철근에 대한 콘크리트의 피복두께가 얇으면 얇을수록 부착력이 감소한다.
② 철근의 표면상태와 단면모양에 따라 부착력이 좌우된다.
③ 콘크리트의 부착력은 철근의 주장에 비례한다.
④ 압축강도가 작은 콘크리트일수록 부착력은 커진다.

TIP 압축강도가 작으면 부착력도 작아진다.

24 철근콘크리트구조에서 보의 춤은 간 사이의 얼마 정도로 하는가?

① 1/6 ~ 1/7   ② 1/8 ~ 1/10
③ 1/10 ~ 1/15   ④ 1/15 ~ 1/18

TIP 춤
보에서 수직 두께를 의미한다.

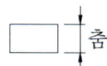

21 ③ 22 ④ 23 ④ 24 ③

25 철근콘크리트구조에서 사용되는 철근에 관한 설명 중 틀린 것은?

① 인장력이 약한 부분에 철근을 배근한다.
② 철근의 합산한 총 단면적이 같을 때 가는 철근을 사용하는 것이 부착에 좋다.
③ 철근과 콘크리트의 부착강도는 콘크리트의 강도만이 중요하게 작용한다.
④ 철근의 이음은 인장력이 작은 곳에서 한다.

> **TIP** 철근과 콘크리트의 부착에 영향을 주는 요소
> 콘크리트의 강도, 피복두께, 철근의 항복강도

26 철근 콘크리트 구조에서 철근의 간격제한에 대한 설명 중 옳지 않은 것은?

① 동일 평면에서 평행하는 철근 사이의 수평 순간격은 25mm 이상으로 하여야 한다.
② 나선철근과 띠철근 기둥에서 종방향 철근의 순간격은 40mm 이상으로 하여야 한다.
③ 벽체에서 휨 주철근의 간격은 600mm 이하로 하여야 한다.
④ 상단과 하단에 2단 이상으로 배치된 경우 상하 철근의 순간격은 25mm 이상으로 하여야 한다.

> **TIP** 벽체에서 휨 주철근의 간격은 벽체나 슬래브 두께의 3배 이하, 450mm 이하로 한다.

27 철근콘크리트 슬래브에 대한 설명 중 옳은 것은?

① 1방향 슬래브는 2방향으로 주근을 배근하는 것이 원칙이다.
② 나선철근은 콘크리트 수축이나 온도변화에 따른 균열을 방지하기 위해서 사용된다.
③ 플랫 슬래브는 기둥 주위의 전단력과 모멘트를 감소시키기 위해 드롭패널과 주두를 둔다.
④ 1방향 슬래브는 슬래브에 작용하는 모든 하중이 장변방향으로만 전달되는 것으로 본다.

> **TIP** ① 1방향으로(단변방향으로만 주근을 배치) 주근을 배치한다.
>
> • 온도 철근
> 온도변화와 콘크리트 수축에 의한 균열을 줄이기 위하여 배근하는 보강철근

28 다음의 철근콘크리트보에 대한 설명 중 옳지 않은 것은?

① 내민보는 보의 한 끝이 지지점에서 내밀어 달려 있는 보이다.
② 연속보에서는 지지점 부근의 하부에서 인장력을 받기 때문에, 이 곳에 주근을 배치하여야 한다.
③ 내민보는 상부에 인장력이 작용하므로 상부에 주근을 배치한다.
④ 단순보에서 부재의 축에 직각인 스터럽의 간격은 단부로 갈수록 촘촘하게 한다.

25 ③ 26 ③ 27 ③ 28 ②

> **TIP** 연속보(양단고정보)
> 연속보에서는 지지점 부분의 상부에서 인장력을 받기 때문에 이곳에 주근을 배치한다.

29 철근콘크리트 기둥에 관한 설명 중 옳지 않은 것은?

① 무근콘크리트로 기둥을 만들 경우 단면이 커져서 실용적이지 않다.
② 띠철근 기둥 단면의 최소치수는 200 mm 이다.
③ 띠철근 기둥 단면적은 최소 60,000 mm² 이상이어야 한다.
④ 기둥의 주근은 띠철근 또는 나선철근이다.

> **TIP** 띠철근과 나선 철근은 보조근이다.
> ∴ 주근은 일반적으로 인장력을 받는 철근을 주근이라고 한다. 그리고 주근을 보강해 주는 의미로 보조근을 사용한다.

30 압축력을 받는 길고 가느다란 부재가 하중이 증가함에 따라 하중이 작용하는 직각 방향으로 변형하여 내력이 급격히 감소하는 현상을 무엇이라 하는가?

① 휨 ② 인장
③ 좌굴 ④ 비틀림

> **TIP** 휨
> 재료가 재축에 수직한 방향으로 외부의 하중을 받아 휘는 현상

31 철근콘크리트 구조에 대한 설명으로 옳지 않은 것은?

① 콘크리트의 성질이 산성으로 철근의 부식을 막아주므로 내구성이 크다.
② 콘크리트는 압축력에 강하고, 철근은 인장력에 강하다.
③ 설계가 비교적 자유롭다.
④ 철골조에 비해 처짐 및 진동이 적은 편이다.

> **TIP** 콘크리트는 강한 알칼리성으로 철근의 부식을 막는다.

32 철근콘크리트 내진벽의 배치에 관한 설명으로 틀린 것은?

① 위·아래층에서 동일한 위치에 배치한다.
② 아래층에 많이 배치한다.
③ 평면상으로 교점이 없으면 외력에 대한 저항이 크다.
④ 하중을 고르게 부담하도록 배치한다.

29 ④   30 ③   31 ①   32 ③

33 철근 콘크리트 슬래브에서 2방향 슬래브가 되기 위하여 단변 길이가 3m일때 장변길이는 최대 얼마 이하여야 하는가?

① 4.5m ② 5.0m
③ 6.0m ④ 6.5m

TIP: $\frac{\ell_y}{3} \leq 2$ $\ell_y = 6m$

- 1방향 slab = $\frac{\ell_y (장변)}{\ell_x (단변)} > 2$ 이상
- 2방향 slab = $\frac{\ell_y (장변)}{\ell_x (단변)} \leq 2$ 이하

34 철근 콘크리트보에 배근하는 주근의 직경은 최소 얼마 이상을 사용하는가?

① D6 ② D8
③ D10 ④ D13

TIP: D13 이상의 것을 사용하고, 2단 이하로 배치한다.

최소간격은 2.5cm 이상, 공칭 지름의 1.0배, 굵은 골재 최대 치수의 4/3배 이상으로 한다.

35 철근콘크리트구조에서 1방향 슬래브의 두께는 최소얼마 이상 이어야 하는가?

① 80mm ② 100mm
③ 120mm ④ 160mm

TIP: 1방향 slab의 두께는 최소 100mm 이상으로 한다.

36 다음과 같은 조건에서 철근콘크리트 보의 중량은?

- 보의 단면 나비 : 40cm
- 보의 높이 : 60cm
- 보의 길이 : 900cm
- 철근콘크리트의 중량 : 2.4t/m³

① 5184tf ② 518.4tf
③ 51.84tf ④ 5.184tf

TIP: ∴ 철근 concrete : 2.4t/m³
$0.4m \times 0.6m \times 9m \times 2.4t/m^3$
= 5.184t

∴ tf : 그냥 ton(톤)이라 생각하면 된다.
f(force) : 중량을 의미한다.

37 다음의 거푸집에 대한 설명으로 틀린 것은?

① 강재 거푸집은 콘크리트 오염의 가능성이 없지만, 목재 거푸집은 오염의 가능성이 높다.
② 거푸집은 콘크리트의 형태를 유지시켜주며 위기로부터 굳지 않은 콘크리트를 보호하는 역할을 한다.
③ 지반이 무르고 좋지 않을 때, 기초 거푸집을 사용한다.
④ 보 거푸집은 바닥거푸집과 함께 설치하는 경우가 많다.

TIP: 강재 거푸집은 녹슬기 때문에 오염의 가능성이 있다.

33 ③ 34 ④ 35 ② 36 ④ 37 ①

38 철근콘크리트 기둥에 관한 설명으로 옳지 않은 것은?

① 축방향의 수직 철근을 주근이라 한다.
② 띠철근은 기둥의 좌굴을 방지한다.
③ 사각기둥과 원기둥에서는 주근을 최소 3개 이상 배근한다.
④ 보 거푸집은 바닥거푸집과 함께 설치하는 경우가 많다.

TIP • 사각기둥 : 4개
 • 원기둥 : 6개의 주근을 최소로 사용한다.

39 철근과 콘크리트의 부착력에 대한 설명으로 틀린 것은?

① 부착력은 정착 길이를 크게 증가함에 따라 비례 증가 되지는 않는다.
② 압축 강도가 큰 콘크리트일수록 부착력은 커진다.
③ 콘크리트의 부착력은 철근의 주장에 반비례한다.
④ 띠철근 기둥 단면의 최소 치수는 200mm 이다.

TIP 콘크리트의 부착력은 철근의 주장에 비례한다.
∴ 철근의 주장 : 이형철근에서 철근의 지름과 마디(Rib)를 합한 철근의 둘레 길이

38 ③ 39 ③

05 철골구조

01 개요

일반구조용 강재는 철근과 목재보다 인장 및 압축에 강해 고층건물이나 스팬이 긴 구조물 등에 적합한 구조재이다.

02 철골구조의 장·단점

1 장점

① 강도가 커서 건물 자중을 가볍게 할 수 있다.
② 큰 스팬의 구조물이나 고층 구조물에 적합하다.
③ 이동, 해체, 수리, 보강 등 사용하기가 편리하다.
④ 수평력에 강하며, 불연성이다.
⑤ 구조체의 자중이 내력에 비해 작다.
⑥ 강재는 인성이 커서 상당한 변위에도 견뎌낼 수 있다.

2 단점

① 녹슬기 쉬워 피복에 신경을 써야 한다.
② 부재가 가늘고 길어 좌굴되기 쉽고 열에 약하다.
③ 공사비가 비싸다.
④ 화재에 대비하기 위해 적당한 내화피복이 필요하다.

03 강재의 종류와 표시법

1 종류

(1) 형강

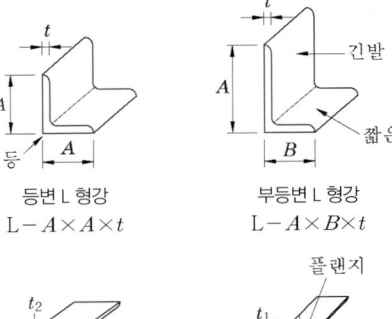

등변 L 형강
$L - A \times A \times t$

부등변 L 형강
$L - A \times B \times t$

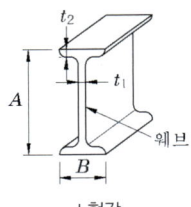

I 형강
$I - A \times B \times t_1 \times t_2$

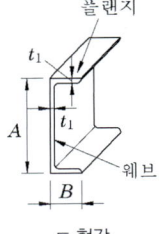

ㄷ 형강
$ㄷ - A \times B \times t_1 \times t_2$

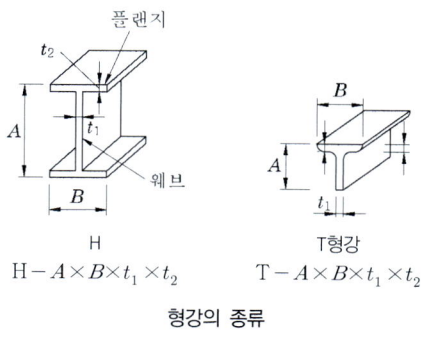

형강의 종류

(2) 기타

봉강, 형강, 강관, 강판 등이 있다.

04 철골조의 접합

1 리벳접합

① 두 장 이상의 강판을 접합하는 방법의 한 종류로 강판에 리벳의 지름보다 1~1.5mm 크게 구멍을 뚫고 800℃정도로 가열한 리벳을 넣고 뉴매틱 해머(Penumatic hammer) 등으로 두들겨 양쪽에 같은 모양의 머리를 만들어 죄는 방식이다.
② 리벳으로 접합하는 총 두께는 리벳지름의 5배 이하로 한다.

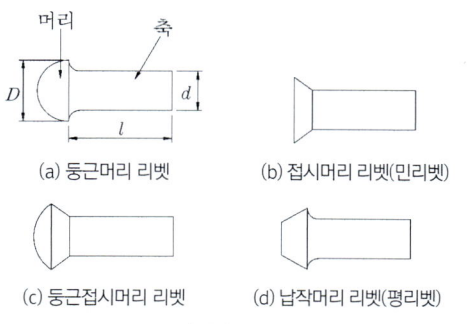

리벳의 종류

리벳간격 용어

용어	정의
게이지라인 (Gauge line)	리벳의 중심선을 연결하는 선
게이지 (Gauge)	게이지 라인과 게이지 라인과의 거리
피치 (Pitch)	게이지 라인상의 리벳 중심 간격
클리어런스 (Clearance)	리벳과 수직재면과의 거리 (리베팅 시 여유 길이)
그립 (Grip)	리벳으로 접합하는 판의 총 두께 (리벳지름의 5배 이하)
연단거리	리벳구멍, 볼트 구멍 중심에서 부재 끝단까지의 거리

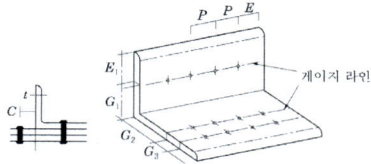

C : 클리어런스, P : 클피치
G_1, G_2, G_3 : 클게이지라인, E_1, E_2 : 클연단 거리

리벳간격

2 볼트접합

① 리벳접합과 같은 방식으로 강재에 구멍을 뚫어 볼트로 접합하는 방법으로 구멍 지름은 볼트지름보다 0.5mm 이상 크지 않게 한다.
② 충격과 반복하중에 의해 풀릴 수 있어 대규모 구조물에는 사용하지 않는다.

리벳 및 볼트 구멍크기

	지름	구멍크기
리벳	20mm 미만	D +1.0mm
	20mm 이상	D +1.5mm
볼트	각종	D +0.5mm 이하

3 고력볼트접합

① 인장력이 매우 큰 볼트를 이용하는 방법으로 접합재에 마찰력이 생겨 접합하는 방법으로 열 가공을 하지 않아 시공 시 편하며 소음이 작다.
② 접촉면의 상태에 따라 단면 결손 등이 일어날 수 있다.

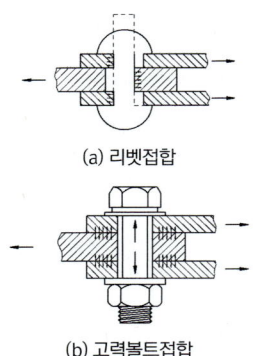

리벳 접합과 고력볼트 접합

4 용접접합

- 강재 접합부와 재료 사이에 금속을 넣어 고온으로 녹여 접합하는 방법으로 결손 등이 일어나지 않으며, 덧판 등을 사용하지 않아 경량화 할 수 있고 소음이 작다.
- 용접에 의한 열로 인해 변형 및 응력이 생길 수 있다.

(1) 맞댄용접

용접을 하려는 재료의 동일면을 녹여 일체로 만드는 용접법이다.

(2) 모살용접

강판의 겹침 또는 T형 모양 등의 용접을 할 때 사용하는 방법으로 가장 많이 쓰이는 용접법이다.

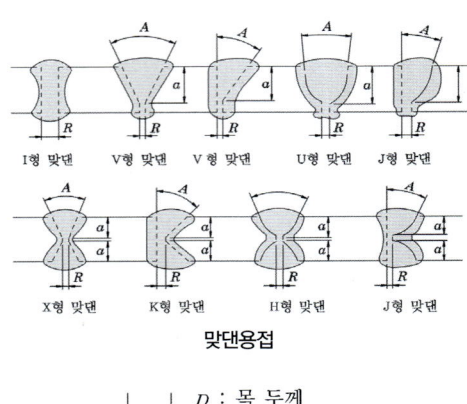

맞댄용접

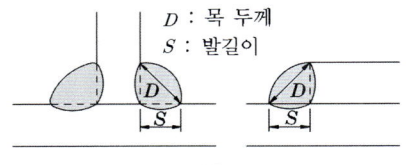

D : 목 두께
S : 발길이

모살용접

(3) 용접결함

① **언더 컷**(Under cut) : 용접금속이 홈에 차지 않고 가장자리에 홈이 생기는 현상.
② **오버 랩**(Overlap) : 용접금속이 모재에 완전히 붙지 않아 겹치는 현상.
③ **슬랙 감싸들기**(Slag inclusion) : 용접 시 슬래그가 용접금속 내에 섞이는 현상.
④ **블로우 홀**(Blowhole) : 용접 내부에 발생하는 기포.
⑤ **피트**(Pit) : 용접부 표면에 생기는 작은 홈으로 블로우 홀이 올라와 생기는 현상.
⑥ **피시 아이**(Fish eye) : 용접금속에 생기는 은색의 반점.
⑦ **크레이터**(Creater) : 용접 시작과 끝 부분에 움푹 패이는 현상.

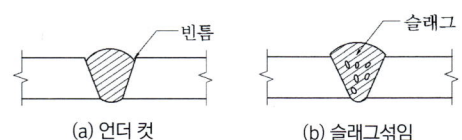

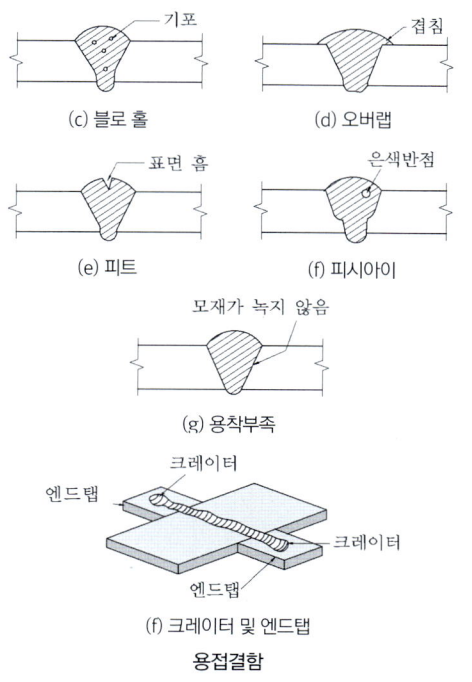

(c) 블로 홀
(d) 오버랩
(e) 피트
(f) 피시아이
(g) 용착부족
(f) 크레이터 및 엔드탭

용접결함

※ 엔드탭 : 용접 후 떼어낼 목적으로 붙인 디딤판

05 각부구조

1 주각

① 기둥의 하중을 기초로 전달하는 부분을 말한다.
② 철골조 기초는 주로 철근콘크리트 조와 같으며, 그 위에 철골 주각을 올려 앵커볼트로 고정한다.
③ 주각의 구성은 베이스 플레이트(Base plate), 리브 플레이트(Rib plate), 윙 플레이트(Wing plate), 사이드 앵글, 클립 앵글 등으로 되어 있다.

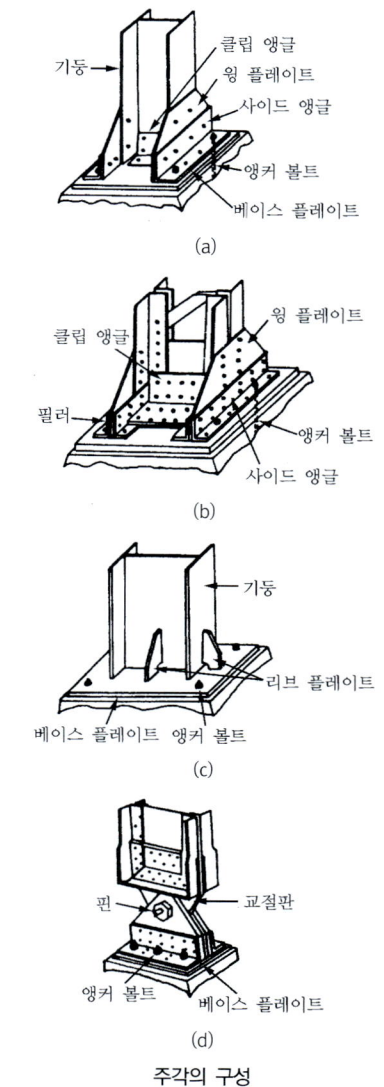

주각의 구성

2 기둥

① 단일재로는 단일H형강기둥, 단일I형강 기둥, 강관기둥 등이 있다.
② 조립재로는 리벳볼트조립기둥, 용접조립기둥, 박스형 조립기둥 등이 있다.
③ 이음은 응력이 작은 곳에서 해야 하며, 시공상 편의를 위해 각 층 바닥에서 1m로 한다.

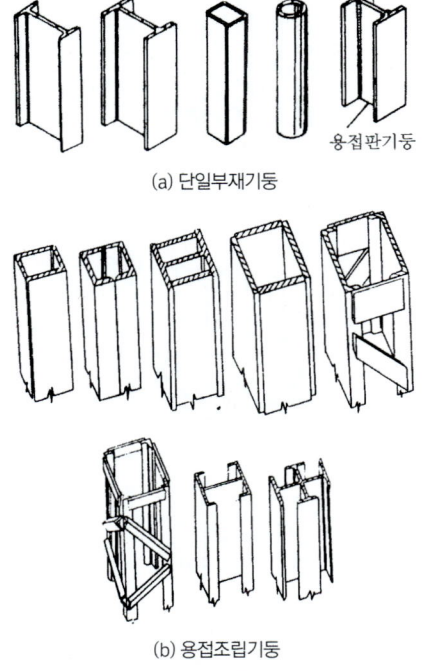

(a) 단일부재기둥

(b) 용접조립기둥

단일재 기둥, 조립재 기둥

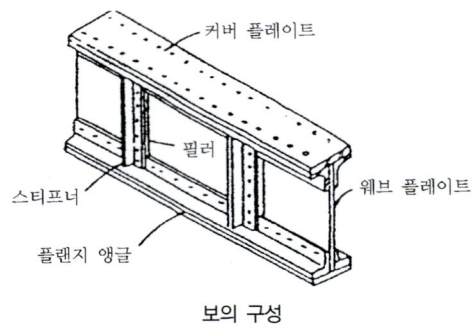

보의 구성

3 보

(1) 보의 구성
① 플랜지 : 보의 단면 위, 아래 부분을 말하며, 인장 및 휨 응력에 저항한다. 또한, 힘을 더 받기 위해 커버플레이트로 보강한다.
② 커버 플레이트 : 커버 플레이트는 4장 이하로 하며, 용접일 때는 1매로 한다.
③ 웨브 플레이트 : 전단력의 크기에 따라 두께를 결정하고 얇을 경우 좌굴의 위험이 있어 6mm 이상으로 한다.
④ 스티프너 : 웨브 플레이트의 좌굴 방지 및 전단보강을 위해 수직으로 설치한다.

(2) 형강 보
① 주로 I형강과 H형강이 사용되며 보의 춤은 간 사이의 1/15 ~ 1/30정도로 한다.
② 힘을 더 받게 하기 위해 플랜지 중앙 상부에 커버 플레이트를 대기도 한다.

(3) 플레이트 보
① L형강과 강판 또는 강판과 강판을 용접이나 리벳 접합하여 조립한 것으로 휨 모멘트에 유리하고, 전단력이나 충격, 진동에 강하여 무거운 하중이나 간 사이가 큰 구조물에 쓰인다.
② 플랜지 플레이트는 휨 모멘트에 저항하기 위해 사용하고, 4장 이하로 한다.

(4) 트러스 보
① 삼각형 뼈대를 하나의 기본형으로 조립하여 각 부재에는 축방향력만(압축력, 인장력)생기도록 한 구조이다.
② 플레이트 보 웨브의 사재와 수직재를 거싯 플레이트로 플랜지 부분을 리벳으로 조립한 것을 말하며 모멘트 및 전단력이 강해 간 사이가 큰 구조물에 사용한다.

③ 거싯 플레이트(Gusset plate), 상현재(Upper chord member), 하현재(Lower chord member), 웨브재(Web member) 등을 이용하여 사용한다.

(5) 래티스 보

① 트러스 모양으로 만든 것으로 트러스보와 비슷하나, 웨브에 형강을 사용하지 않고 평강을 플랜지와 직접 연결하여 사용한다.
② 힘을 받지 않는 간단한 곳에 사용한다.
③ 웨브를 현재에 90°로 댄 것을 사다리보라고 한다.

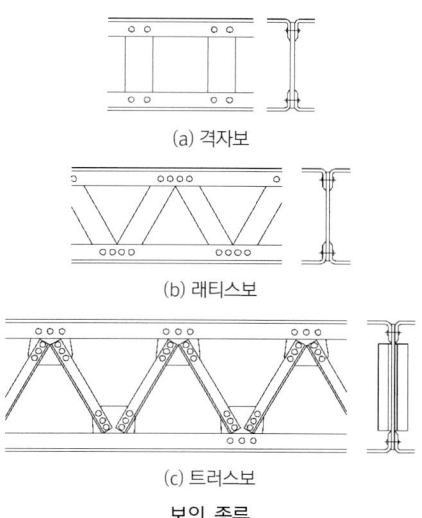

(a) 격자보

(b) 래티스보

(c) 트러스보

보의 종류

(6) 이음

① 이음 위치에 응력이 완전하고 무리 없이 전달되도록 해야 한다.
② 응력이 작은 곳에서 이음을 하고 플랜지와 웨브를 같은 곳에서 잇지 않는다.

05 철골구조 예상문제

01 다음 중 철골구조의 구조형식상 분류에 속하지 않는 것은?

① 트러스 구조 ② 입체 구조
③ 라멘 구조 ④ 강관 구조

> TIP
> - 재료상 분류
>   형강구조, 경량철골 구조, 강관 구조, 케이블 구조
> - 구조 형식상 분류
>   라멘 구조, 입체 구조, 튜브 구조, 트러스 구조

02 철골보의 종류에서 형강의 단면을 그대로 이용하므로 부재의 가공 절차가 간단하고 기둥과 접합도 단순하여 다른 철골구조 보다 재료가 절약되어 경제적인 것은?

① 조립보 ② 형강보
③ 래티스보 ④ 트러스보

03 H형강, 판보 또는 래티스보 등에서 보의 단면의 상하에 날개처럼 내민 부분을 지칭하는 용어는?

① 웨브 ② 플렌지
③ 스티프너 ④ 거싯 플레이트

04 철골구조형식 중 삼각형 뼈대를 하나의 기본형으로 조립하여 각 부재에는 축방향력만 생기도록 한 구조는 무엇인가?

① 트러스 구조
② 라멘 구조
③ 플랫 슬래브 구조
④ 조적 구조

> TIP 트러스보(구조)
> 여러개의 직선 부재를 한 개 또는 그 이상의 삼각형 형태로 배열하여 각 부재를 절정에서 연결해 구성한 뼈대구조.
>
>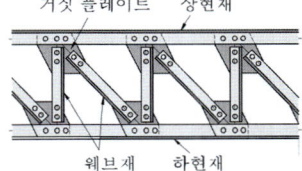
> 거싯 플레이트, 상현재, 웨브재, 하현재

01 ④ 02 ② 03 ② 04 ①

05 강구조 트러스에 대한 설명 중 옳지 않은 것은?

① 접합시의 거싯플레이트는 직사각형에 가까운 모양이 좋다.
② 지점의 중심선과 트러스 절점의 중심선은 가능한 일치시켜 편심모멘트가 생기지 않도록 한다.
③ 현재란 수직으로 배치된 부재를 말한다.
④ 지점을 지지점이라고도 하며 트러스가 놓이는 점을 말한다.

TIP ③ : 현재는 수평재

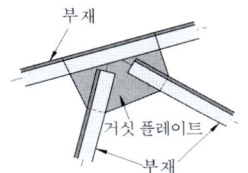

거싯 플레이트에 의한 접합
(전단 접합)

※ 거싯 플레이트 : 철골구조의 절점에 있어부재의 이음에 덧대는 판

06 강구조의 기둥 종류 중 앵글·채널 등으로 대판을 플랜지에 직각으로 접합한 것은?

① H형강기둥 ② 래티스기둥
③ 격자기둥   ④ 강관기둥

07 간사이가 15m 일때, 2cm 물매인 트러스의 높이는?

① 1m   ② 1.5m
③ 2m   ④ 2.5m

TIP 목구조 물매 참조

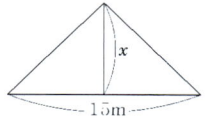

$x \Rightarrow 10 : 2 = 7.5 : x$

$10x = 2 \times 7.5$

$x = 1.5m$

08 철골부재를 접합할 때 접합부재 상호간의 마찰력에 의하여 응력을 전달시키는 접합방식은?

① 고력볼트접합 ② 용접접합
③ 리벳접합   ④ 듀벨접합

TIP 고력볼트접합

접합부를 강하게 죄면 접합면에 생기는 마찰력으로 힘이 전달된다.

09 다음 중 주각부의 구성 요소와 가장 관계가 먼 것은?

① 톱 앵글 ② 윙 플레이트
③ 사이드 앵글 ④ 베이스 플레이트

💡TIP
- 톱 앵글
  보 위 플랜지 또는 트러스 상현재의 집합에 사용하는 접합용 피스
- 주각
  철골구조의 기둥과 기초의 접합부

10 다음 중 철골조에서 기둥과 기초의 접합에 사용되는 것이 아닌 것은?

① 기초판(base plate)
② 사이드앵글(side angle)
③ 클립앵글(clip angle)
④ 거싯플레이트(gusset plate)

💡TIP 문제 9번 참조

11 다음 중 강구조의 주각부분에 사용되지 않는 것은?

① 윙 플레이트 ② 데크 플레이트
③ 베이스플레이트 ④ 클립 앵글

💡TIP 데크 플레이트
철골 바닥재에 쓰인다.

12 철골구조의 접합 방법 중 수직방향과 수평방향의 힘, 휨모멘트에 대해 모두 저항할 수 있는 접합으로, 이를 위해 고력볼트, 용접 등이 이용되는 것은?

① 롤러접합 ② 리벳접합
③ 핀접합 ④ 강접합

💡TIP
- 롤러 접합
  수평방향의 힘과 회전력에는 저항 할 수 없는 접합 : 교량 등에 사용
- 핀접합
  회전력에는 저항 할 수 없는 접합 : 수직, 수평 방향의 힘에는 저항 할 수 있다.

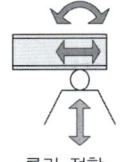
롤러 접합

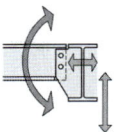
핀 접합
(웨브만 접합)

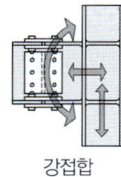
강접합
(플랜지도 접합)

핀접합

⇔ 자유
⇔ 지지

13 다음 중 플레이트보와 직접 관계가 없는 것은?

① 커버플레이트   ② 웨브플레이트
③ 스티프너   ④ 거싯플레이트

> **TIP** 플레이트 보
> 웨브재 강판을 사용하여 단면을 I자형으로 조립한 보.
> ※ 커버 플레이트 : 부재의 강성을 높이고 빗물 침입을 방지하기 위한 강판.
> ※ 스티프너 : 플랜지나 웨브의 좌굴을 방지하기 위한 판.

14 다음 중 스틸 하우스에 대한 설명으로 틀린 것은?

① 내부 변경이 용이하고 공간 활용이 효율적이다.
② 공사기간이 짧고 자재의 낭비가 적다.
③ 벽체가 얇기 때문에 결로 현상이 발생하지 않는다.
④ 얇은 천장을 통해 방 사이의 차음이 문제가 된다.

> **TIP** 스틸이라는 자재 자체의 열전도성이 뛰어나기 때문에 결로 현상의 문제가 있다.

15 다음 중 용접 결함에 속하지 않는 것은?

① 언더컷(under cut)
② 앤드탭(end tab)
③ 오버랩(overlap)
④ 블로홀(blowhole)

> **TIP** 앤드탭
> 용접을 끝낸다음 떼어낼 목적으로 붙이는 버팀판

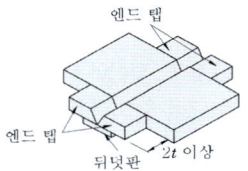

> 불완전 용접(용접 결함)
> 용접한 부분은 그림과 같이 각종 결함이 발생하여 예상한 강도를 얻지 못할 경우가 있으므로 불완전 용접을 검사해야 한다.
>
> • 언더컷(undercut)
>   용착 금속이 홈에 차지 않고 홈 가장자리가 남아 있는 것
> • 슬래그 섞임(slag inclusion) : 용접한 부분의 용접 금속 속에 슬래그가 섞여 있는 것
> • 블로홀(blowhole)
>   용접 부분 안에 생기는 기포
> • 피트(pit)
>   용접 부분에 생기는 작은 구멍이며 블로홀이 표면에 부상하여 생긴 것으로, 모재에 수분, 녹 등의 원인이 되는 경우가 많다.

13 ④   14 ③   15 ②

- 피시 아이(fish eye)
  용착 금속 단면에 생기는 지름 2~3 mm 정도의 은색 원점, 수소의 영향으로 생긴 것으로, 100℃로 가열하여 24시간 방치하면 수소가 방출되어 회복된다.

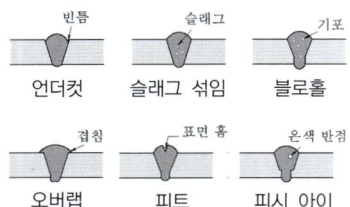

16 철골구조의 접합에서 접합면에 생기는 마찰력으로 힘이 전달되는 것으로 마찰접합이라고도 불리는 것은?

① 리벳접합 ② 핀접합
③ 고력볼트접합 ④ 용접접합

17 다음 중 철골구조에서 H자 형강보의 플랜지 부분에 커버플레이트를 사용하는 가장 주된 목적은?

① H자 형강의 부식을 방지하기 위해서
② 집중하중에 의한 전단력을 감소시키기 위해서
③ 덕트 배관 등에 사용할 수 있는 개구부분을 확보하기 위해서
④ 휨내력의 부족을 보충하기 위해서

18 다음 중 철골구조에 대한 설명으로 틀린 것은?

① 내진적 즉, 수평력에 강하다.
② 큰 간사이 구조가 가능하다.
③ 불연성이다.
④ 고열(高熱)과 부식에 강하다.

TIP 철골구조는 비내화적으로 분류한다. 부식에 약하다.

19 강구조에 대한 다음 설명 중 옳지 않은 것은?

① 고층건물이나 장스팬구조에 적합하다.
② 내화성이 우수하여 별도의 조치가 필요없다.
③ 부재가 세장하므로 좌굴의 위험성이 높다.
④ 소성변형 능력이 크다.

TIP 비내화적이므로 반드시 내화피복(Mortar)을 한다.

20 강구조의 관한 설명 중 옳지 않은 것은?

① 내구, 내화적이다.
② 좌굴의 위험성이 높다.
③ 철근콘크리트조에 비해 경량이다.
④ 고층 건물이나 장스팬구조에 적당하다.

TIP 비내화적

16 ③ 17 ④ 18 ④ 19 ② 20 ①

21 강구조의 판보(plate girder)에 사용되는 플랜지 플레이트의 겹침수는 최대 얼마 이하로 하는가?

① 2장　　② 4장
③ 6장　　④ 8장

22 다음 중 합성골조에 대한 설명을 적합하지 않은 것은?

① CFT(콘크리트충전강관기둥)에서는 내부 콘크리트가 강관의 급격한 국부좌굴을 방지한다.
② 코어(Core)의 전단벽에 횡력에 대한 강성을 증대시키기 위하여 철골빔을 설치한다.
③ 데크플레이트(Deck Plate)는 합성슬래브의 한 종류이다.
④ 스터드볼트(Stud Bolt)는 철골기둥을 연결하는데 사용한다.

> **TIP** 철골보 접합에 많이 사용하며, Shear Connector 기둥과 concrete의 일체화를 위해 많이 사용하지만 기둥 연결에는 사용할 수가 없다.

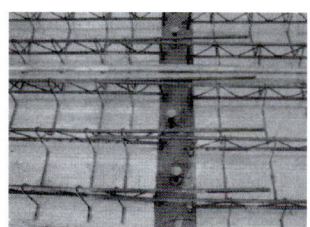

21 ②　22 ④

06 구조시스템

01 골조구조

1 라멘구조

① 기둥과 보가 그 접합부에서 서로 강접으로 연결되어 있어 일체로 거동하는 구조이다.
② 수직 하중 및 수평 하중에 큰 저항력을 가진다.
③ 철근콘크리트구조의 기둥과 보의 결합, 철골구조 및 절점이 강접된 목구조도 라멘구조에 속한다.
④ 모든 부재가 강접되어 있어 특정 부재에 힘이 집중되지 않는다.

2 아치구조

① 상부의 수직하중을 아치 축선을 따라 좌우로 나누어 밑으로 압축력만 전달하고, 부재 하부에는 인장력이 생기지 않게 한 구조이다.
② 벽돌이나 돌을 이 축선에 따라 수직 방향으로 줄눈을 맞추어 쌓아올리고, 주요한 줄눈의 방향은 모두 그 중심에 오게 한다.
③ 아치구조는 추력을 고려하여 설계되어야 하며, 추력은 아치 높이에 반비례한다.

3 벽식구조

① 벽이나 바닥판을 평면적인 구조체만으로 구성한 구조물로 보나 기둥 없이 슬래브와 벽으로 연결된 강한 구조이다.
② 층간 소음이 전달되며, 기둥과 보가 없어 벽을 허물지 않아야 한다.

02 입체구조

1 절판구조

① 부재를 접어 주름지게 하여 하중을 지지할 수 있게 한 구조이다.
② 강성을 얻을 수 있고 슬래브를 얇게 할 수 있다.
③ 상부의 하중이 클 경우 절판구조 하부에 보강 구조물이 필요하다.

2 셸 구조

① 곡률을 가진 얇은 판으로 주변을 충분히 지지시켜 넓은 공간을 덮는 구조이다.
② 가볍고 강성이 우수한 구조 시스템으로써 시드니 오페라 하우스가 대표적이다.
③ 재료는 철근콘크리트를 많이 쓰지만 강재를 사용하기도 한다.

3 돔 구조

① 수직 축 주위에 임의의 곡선을 회전시킨 구조이다.
② 돔은 외력이 가해졌을 경우 하부가 퍼져 나가는 것을 막기 위해 인장 링(Tension ring)으로 보강한다.
③ 상부에 부재들이 만날 때 접합부가 조밀해지는 것을 방지하기 위해 압축링(Com-pression ring)을 설치한다.

4 막 구조

① 재질이 가볍고 투명성이 좋아 채광을 필요로 하는 대 공간 지붕구조에 적합하다.
② 막재에는 항상 인장응력이 작용하도록 설계하여야 한다.
③ 큰 공간을 공기압으로 부풀려진 막으로 덮는 경제적인 구조를 만들 수 있다.
④ 상암 월드컵 경기장의 지붕이 여기에 속한다.
⑤ 막 구조는 바람에 흔들리지 않도록 주의하여야 한다.

5 튜브 구조

초고층건물에 사용하는 시스템으로 관(tube)과 같이 하중에 저항하는 수직부재가 대부분 건물의 바깥쪽에 배치되어 횡력에 효율적으로 저항하도록 계획된 구조이다.

(a) 절판 구조

(b) 셸 구조

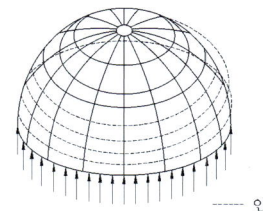

― 인장력
― 압축력

(c) 돔 구조

(d) 막구조

입체구조

6 입체트러스 구조

① 선재(線材)를 입체적으로 결합하여 만드는 트러스로써 각 절점은 모든 방향으로 이동이 구속 되어있어 평면 트러스보다 큰 하중을 받을 수 있다.
② 입체 트러스의 최소 형태는 삼각 또는 사각형이고 이를 조합한 것도 있다.
③ 부재의 좌굴이 잘 생기지 않는다.
④ 체육관, 공연장 등 대형 스팬의 지붕에 사용한다.

(a) 왕대공 지붕틀

(b) 쌍대공 지붕틀

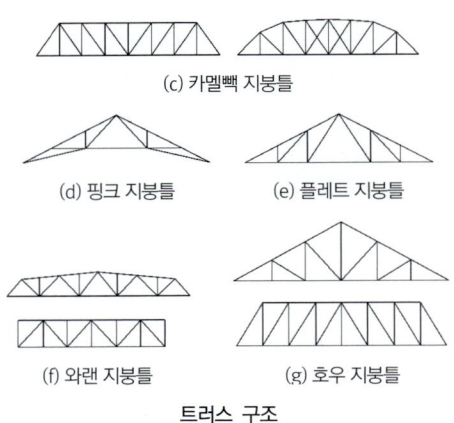

트러스 구조

현수구조

사장구조

7 현수 구조

(1) 케이블 구조

- 인장력이 강한 케이블을 걸고 지붕을 매다는 구조이다.
- 기둥을 제외한 모든 부재가 인장력만을 받는다.

① **현수구조**
  ㉠ 상부에서 기둥으로 전달되는 하중을 케이블 형태의 부재가 지지하는 구조로써, 주 케이블에 보조 케이블이 상판을 잡아 지지한다.
  ㉡ 스팬이 큰(400m 이상) 다리나 경기장 등에 사용한다.
  ㉢ 샌프란시스코의 금문교가 대표적이다.

② **사장구조**
  ㉠ 기둥에서 주 케이블이 바로 상판을 지지하는 구조이다.
  ㉡ 스팬이 작은(150~400m 이내)에서 사용한다.
  ㉢ 서해대교가 대표적이다.

06 chapter 구조시스템 예상문제

Chapter 06 | 구조시스템 예상문제

01 다음 중 라멘구조에 대한 설명으로 틀린 것은?

① 기둥위에 보를 그냥 얹어놓은 구조이다.
② 수직하중에 대하여 큰 저항력을 가진다.
③ 수평하중에 대하여 큰 저항력을 가진다.
④ 기둥과 보를 강접으로 연결해 놓은 구조이다.

> **TIP** 보통 라멘 구조는 기둥과 보가 강성으로 접합되어 연속적으로 이루어진 공조를 말하며, 일체식으로 보면 무방하다. 즉 철근 concrete구조를 의미한다.
> 당연히 수직하중과 수평하중에 큰 저항력을 가진다.

02 건축구조의 구성형식에 의한 분류의 하나로 기둥과 보, 슬래브 등의 뼈대를 강접합하여 하중에 대하여 일체로 저항하도록 하는 구조는?

① 플랫 슬래브 구조
② 라멘 구조
③ 벽식 구조
④ 쉘 구조

> **TIP** 라멘구조
> 부재간 접합을 강접합하여 횡력에 저항하는 방식. 이 방식은 철근 콘크리트 구조에서 많이 사용되며 우리나라 말로는 일체식이 가장 가깝다.

03 초고층 구조의 건물에서 사용하는 구조시스템의 하나로, 관과 같이 하중에 저항하는 수직부재가 대부분 건물의 바깥쪽에 배치되어 있어 횡력에 효율적으로 저항하도록 계획된 것은?

① 튜브구조
② 절판구조
③ 현수구조
④ 공기막구조

> **TIP** • 튜브구조
> 초고층 구조 시스템의 하나로 관(tube)과 같이 하중에 저항하는 수직 부재가 대부분 건물의 바깥쪽에 배치되어 있어 횡력에 효율적으로 저항하도록 계획된 구조 시스템.
>
> • 절판구조
> 평면판을 접어서 휨력에 저항하는 강성을 높여 능선에 직각인 길이방향과 능선 방향인 길이방향보의 작용이 조합된 결합체를 구성시켜 외력에 저항 할 수 있도록 일체와 시킨 구조로써 지붕에 많이 사용된다.

01 ① 02 ② 03 ①

• 공기막구조
공기의 압력을 이용하여 부풀린 막을 일정한 형상을 유지하면서 눈, 비, 바람 따위도 차단할 수 있도록 한 구조, 지붕에 많이 쓰인다.

04 다음 중 막구조의 대표적인 구조물은?

① 금문교
② 장충체육관
③ 시드니 오페라 하우스
④ 상암동 월드컵 경기장

> **TIP** • 막구조
> 합성수지 계통의 천으로 만든 곡면으로 공간을 덮는 텐트와 같은 구조 원리를 이용, 내면에 균일한 인장력을 분포시켜 얇은막을 지지하여 지붕을 구성하는 넓은 실내공간을 필요로 한 체육관 지붕에 주로 사용되는 구조이다.
> • 금문교
> 현수구조, 장충체육관 : 돔구조

05 건축구조에서 중간에 기둥을 두지 않고, 직사각형의 면적에 지붕을 씌우는 형식으로 교량 시스템을 응용한 것은?

① 절판구조   ② 공기막구조
③ 셸 구조   ④ 현수구조

06 다음 중 셸구조의 대표적인 구조물은?

① 장충체육관
② 시드니 오페라 하우스
③ 금문교
④ 상암동 월드컵 경기장

> **TIP** 곡면구조
> 철근 콘크리트 등의 얇은 판이 곡면을 이루어서 외력을 받게 되는 구조로서 shell(셸)구조와 dome(돔)구조가 있다. 셸구조의 대표적 건물은 시드니 오페라 하우스가 있다.

07 다음 중 셸구조에 대한 설명으로 틀린 것은?

① 얇은 곡면 형태의 판을 사용한 구조이다.
② 가볍고 강성이 우수한 구조 시스템이다.
③ 넓은 공간을 필요로 할 때 이용된다.
④ 재료는 주로 텐트나 천막과 같은 특수 천을 사용한다.

> **TIP** ④번은 막구조를 설명하고 있음.

08 대표적인 구조물로 시드니 오페라 하우스가 있으며 간사이가 넓은 건축물의 지붕을 구성하는데 많이 쓰이는 구조는?

① 셸 구조
② 벽식구조
③ 플랫슬래브 구조
④ 라멘 구조

04 ④   05 ④   06 ②   07 ④   08 ①

09 다음 중 케이블을 이용한 구조로만 연결된 것은?

① 절판구조 - 사장구조
② 현수구조 - 셸구조
③ 현수구조 - 사장구조
④ 막구조 - 돔구조

TIP 케이블 이용 구조
- 현수구조
  구조물의 주요 부분을 케이블로 매달아서 인장력으로 저항하는 구조물이다. 현수구조는 스팬이 큰 다리나 경기장 또는 공장 등에 이용되고 있다.
- 사장구조
  주탑에서 주케이블을 상판으로 연결하여 지지함.

10 구조물의 주요 부분을 매달아서 인장력으로 저항하는 구조물로서 상부에서 기둥을 전달되는 하중을 케이블 형태의 부재가 지지하고 있는 구조시스템은?

① 막구조
② 셸구조
③ 현수구조
④ 입체트러스구조

11 트러스를 종횡으로 배치하여 입체적으로 구성한 구조로써, 형강이나 강관을 사용하여 넓은 공간을 구성하는데 이용되는 것은?

① 셸 구조
② 돔 구조
③ 현수 구조
④ 스페이스프레임

TIP 스페이스 프레임(space frame)
재료를 입체적으로 조립한 뼈대

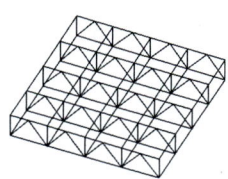

직사각형 스페이스 프레임

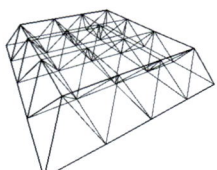

삼각형 스페이스 프레임

09 ③ 10 ③ 11 ④

PART 05

건축재료

CHAPTER 01 ◆ 건축재료
CHAPTER 02 ◆ 목재
CHAPTER 03 ◆ 석재
CHAPTER 04 ◆ 점토제품
CHAPTER 05 ◆ 시멘트
CHAPTER 06 ◆ 콘크리트
CHAPTER 07 ◆ 금속재료
CHAPTER 08 ◆ 유리
CHAPTER 09 ◆ 미장재료
CHAPTER 10 ◆ 합성수지
CHAPTER 11 ◆ 접착제
CHAPTER 12 ◆ 도장재료
CHAPTER 13 ◆ 방수재료

전 산 응 용 건 축 제 도 기 능 사

COMPLETION IN 3 MONTH

**CRAFTSMAN
COMPUTER
AIDED ARCHITECTURAL
DRAWING**

전산응용건축제도기능사

01 건축재료

01 개요

건축재료는 건축물을 만드는데 필요한 모든 재료를 통칭하며, 재료란 무언가를 만들 때 필요한 원료를 말한다.

고대에는 천연재료를 그대로 사용하다가 사용목적에 맞게 가공, 개량하여 사용하기 시작했으며, 건축의 발달과 더불어 재료 또한 종류 및 기능이 다양해지고 있다.

02 건축재료의 분류

건축재료를 분류하는 방법은 생산방식, 화학적 조성, 용도, 기능, 부위별 등으로 분류하고 있으며, 다음과 같다.

1 생산방식에 의한 분류

천연재료	목재, 석재, 골재, 점토 등
인공재료	콘크리트 및 제품, 금속, 요업, 석유화학 제품 등

2 화학적 조성에 의한 분류

무기재료	철, 석재, 시멘트, 벽돌, 유리, 콘크리트 등
유기재료	목재, 아스팔트, 플라스틱, 도료, 접착제 등

3 용도에 의한 분류

구조재료	목재, 철근, 콘크리트, 철강, 조적 재료
수장재료	내·외장재료, 차단재료, 채광재료, 창호재료, 방화 및 내화재료
설비재료	급·배수재료, 냉·난방재료, 강·약전재료, 가스재료
기타재료	장식재료, 접착재료

4 부위에 의한 분류 및 성질

구조재료	① 내구성, 내화성을 가지고 있어야 한다. ② 하중을 견딜 만큼의 강도가 있어야 하며, 재질이 균일해야 한다. ③ 운반, 취급 및 가공이 용이해야 한다. ④ 가볍고, 큰 재료를 얻을 수 있으며, 대량생산 및 공급이 가능해야 한다.
지붕재료	① 내수 및 내화성 등이 커야 한다. ② 열전도율이 작아야 한다. ③ 외관이 좋은것이어야 한다. ④ 가볍고 방수, 방습, 내화, 내수성이 큰 것이어야 한다.
내·외벽 재료 및 천장재료	① 흡음 및 내화·내구성이 있어야 한다. ② 열전도율이 작아야 한다. ③ 외관이 아름다워야 한다. ④ 가공성이 용이해야 한다. ⑤ 방음성능이 좋아야 한다.
바닥재료	① 마멸이나 미끄럼이 적어야 한다. ② 내화·내구성이 있어야 한다.

03 건축재료의 규격

재료는 품질 및 모양 등이 다양하기 때문에 어떤 기준에 의한 규격을 정하여 품질과 모양, 치수 및 시험방법 등을 규정하였고, 그것이 한국공업규격(KS)이다. KS의 분류는 다음과 같다.

건축관련 KS의 분류

분류기호	부문	분류기호	부문
KS A	기본	KS B	기계
KS C	전기전자	KS D	금속
KS E	광산	KS F	건설
KS G	일용품	KS H	식품
KS I	환경	KS J	생물
KS K	섬유	KS L	요업
KS M	화학	KS P	의료
KS Q	품질경영	KS R	수송기계
KS S	서비스	KS T	물류
KS V	조선	KS W	항공우주
KS X	정보	KS Z	기타

[참고] 각 국의 규격 및 제정년도
1. 한국 : KS(1962)
2. 미국 : ASTM(American Society for Testing Materials)(1931)
3. 영국 : BS(British Standards)(1903)
4. 독일 : DIN (Deutsche Industrie Normen)(1927)
5. 일본 : JIS (Japanese Industrial Standard)(1949)

04 건축재료의 일반적 성질

건축재료의 성질은 역학적, 물리적, 화학적, 내구적으로 나눌 수 있으며, 성질은 다음과 같다.

1 역학적 성질

(1) 탄성(Elasticity)

재료가 외력을 받아 변형이 생긴 후, 이 외력을 제거하면 원래 모양과 크기로 되돌아가는 성질을 말한다.

(2) 소성(Plasticity)

외력을 제거하여도 재료가 원 상태로 돌아가지 않고, 변형된 상태로 남아 있는 성질을 말한다.

(3) 강도(Strength)

외력이 가해졌을 경우, 그 힘에 저항하는 능력을 말하며(단위 : Mpa), 외력을 받았을 때, 내부에서 저항하는 힘을 응력이라 한다.

① **정적강도** : 재료에 비교적 느린 속도로 하중을 가하여 파괴되었을 때의 응력을 정적강도라 하며 압축강도, 인장강도, 휨강도, 전단강도 등이 여기에 속한다.
  ㉠ 압축강도 : 축 방향으로 서로 밀려는 힘.
  ㉡ 인장강도 : 축 방향으로 서로 잡아당기는 힘.
  ㉢ 휨강도 : 고정 또는 걸쳐 있는 재료에 힘을 가할 때 휘어지는 힘.
  ㉣ 전단강도 : 축에 직각방향으로 가하는 힘.
② **충격강도** : 짧은 시간 내에 큰 하중이 작용했을 때를 충격강도라 하며 정적강도와 구별된다.
③ **피로강도** : 하중이 반복 작용될 때 정적강도보다 낮은 강도에서 파괴되는 현상이다.

④ 크리프 : 일정 하중을 오랜 시간동안 그대로 작용시키면 하중의 증감 없이도 변형이 계속적으로 일어나는 현상이다.

⑤ 프와송 비(Poisson's Ratio)
㉠ 재료에 외력이 가해졌을 경우, 그 힘의 방향으로 변형이 생기며 또한 직각방향으로도 변형이 생기는 현상.
㉡ 재료가 인장되거나 압축될 때 세로 변형도와 가로 변형도와의 관계

(4) 연성(Ductility)

외력을 받았을 때, 파괴되지 않고 가늘고 길게 늘어나는 성질을 말한다.

(5) 인성(Toughness)

외력을 받아 변형을 나타내면서도 외력에 견디는 성질을 말한다.

(6) 전성(Malleability)

타격에 의해 판상으로 퍼지는 성질을 말한다.

(7) 취성(Brittleness)

작은 변형에 쉽게 파괴되는 성질을 말한다.(대표적 재료 : 유리)

2 물리적 성질

(1) 비중

$$비중 = \frac{재료의 중량}{재료와 동일한 체적의 4℃인 물의 중량}$$

(단위 : g/cm^3, kg/m^3, kg/ℓ)

(2) 함수율

재료 속에 함유된 수분이 들어있는 비율

$$함수율 = \frac{함수량}{건조 중량} \times 100\%$$

※ 함수량 = 건조 전 중량 − 절대건조 시 중량

(3) 비열

1g의 물체를 1℃높이는데 필요한 열량을 말한다.(J/kg·K)

(4) 열전도율(λ)

단위 길이 당 1℃의 온도차가 있을 때 단위 시간에 단위면적을 통과하는 열량을 말한다.(W/m·k)

(5) 열관류율(u)

벽 면적 $1m^2$를 열관류에 의한 열량을 표시한 계수를 말한다.(W/m^2·k)

(6) 열팽창계수

온도변화에 따라 재료가 길이 또는 체적으로 팽창·수축하는 비율을 말한다.(K^{-1})

(7) 열용량

재료에 열이 저장되는 용량을 말하며 비열×비중으로 구한다.(J/K)

(8) 연화점

재료에 열을 가했을 때 연화되거나 변형되는 온도를 말한다.

01 건축재료 예상문제

01 최대강도를 안전율로 나눈 값을 무엇이라고 하는가?

① 허용강도　② 파괴강도
③ 전단강도　④ 휨강도

TIP 안전율 = 최대강도 ÷ 허용강도

02 다음 중 건축재료의 재료분야별 분류상 천연 재료에 속하지 않는 것은?

① 석재　② 금속재료
③ 목재　④ 흙

TIP 생산방식에 의한 분류
- 천연재료(자연재료)
  석재, 목재, 흙
- 인공재료(공업재료)
  금속재료, 합성수지 재료 등

03 건축 재료에 관한 용어의 설명 중 틀린 것은?

① 인장하중을 받으면 파괴될 때까지 큰 신장을 나타내는 것이 있는데 이러한 종류를 연성이 크다고 한다.
② 작은 변형만 나타내면 파괴되는 주철, 유리와 같은 재료의 성질을 인성이라고 한다.
③ 크리프란 일정한 응력을 가할 때, 변형이 시간과 더불어 증대하는 현상을 의미한다.
④ 재료에 사용하는 외력을 제거했을 때 원래 상태로 돌아가지 못하는 성질을 소성이라 한다.

TIP ② 취성에 대한 설명

01 ①　02 ②　03 ②

04 재료의 용어에 대한 설명 중 옳지 않은 것은?

① 열팽창계수란 온도의 변화에 따라 물체가 팽창, 수축하는 비율을 말한다.

② 비열이란 단위질량의 물질을 온도 1℃ 올리는데 필요한 열량을 말한다.

③ 열용량은 물체에 열을 저장할 수 있는 용량을 말하며, 단위는 Kcal/℃이다.

④ 차음률은 음을 얼마나 흡수하느냐 하는 성질을 말하며, 재료의 비중이 클수록 작다.

TIP • 차음률은 재료의 비중이 클수록 크다 (ex : 콘크리트)
- 음을 얼마나 흡수하느냐 하는 성질 : 흡음률
- 음을 얼마나 차단하느냐 하는 성질 : 차음률

05 건축재료의 용도에 따른 분류 중 구조 주체의 재료가 아닌 것은?

① 석재
② 목재
③ 도료
④ 콘크리트

TIP • 구조 재료
건축물의 뼈대(기둥, 보, 벽체 등)를 구성하는 재료
- 수장 재료
도료, 채광재료, 내·외장 재료 등

06 다음 중 구조 재료에 요구되는 성질과 가장 관계가 먼 것은?

① 재질이 균일하여야 한다.
② 강도가 큰 것이어야 한다.
③ 탄력성이 있고 자중이 커야 한다.
④ 가공이 용이한 것이어야 한다.

TIP • 자중(무게)이 크면 운반이 어렵고 시공이 어려워 좋지 않다.
- 가볍고, 큰 재료를 얻을 수 있고, 양산과 공급이 가능할 것
- 내구·내화성을 가지며, 운반 및 취급이 용이할 것
- 구조재료는 마감을 하기 때문에 외관은 고려하지 않는다.

07 다음 중 건축생산에 사용되는 건축재료의 발전방향과 가장 관계가 먼 것은?

① 비표준화
② 고성능화
③ 에너지 절약화
④ 공업화

08 한국산업규격의 분류기호에서 토목건축 분야를 나타내는 기호는?

① A
② B
③ F
④ M

TIP 건축, 토목 : F로 표시한다.

04 ④ 05 ③ 06 ③ 07 ① 08 ③

09 다음 중 지붕재료에 요구되는 성질과 관계가 먼 것은?

① 외관이 좋은 것이어야 한다.
② 발열 및 미끄럼이 적어야 한다.
③ 열전도율이 작은 것이어야 한다.
④ 재료가 가볍고 방수, 방습, 내화, 내수성이 큰 것이어야 한다.

TIP ② 바닥재료에 대한 설명

10 건축재료의 성질에 관한 용어로써 어떤 재료에 외력을 가했을 때 작은 변형만 나타나도 곧 파괴되는 성질을 나타내는 것은?

① 전성   ② 취성
③ 인성   ④ 연성

TIP 3번 참조

11 다음 건축재료 중 천연재료에 속하는 것은?

① 목재   ② 철근
③ 유리   ④ 고분자재료

TIP 2번 참조

12 다음 중 벽 또는 천장 재료에 요구되는 성질과 가장 관계가 먼 것은?

① 열전도율이 커서 열효율이 좋아야 한다.
② 외관이 아름다워야 한다.
③ 가공성이 용이 해야 한다.
④ 방음성능이 좋아야 한다.

TIP 열전도율은 작아야 한다.

13 다음 중 단열재료에 대한 설명으로 옳지 않은 것은?

① 열전도율이 높을수록 단열성능이 좋다.
② 일반적으로 다공질의 재료가 많다.
③ 단열재료의 대부분은 흡음성도 뛰어나므로 흡음 재료로써도 이용된다.
④ 강도가 작기 때문에 구조체 재료를 사용하지 않는다.

TIP 열전도율이 높을 수록 단열 성능은 떨어진다.(열전도율 0.05kcal/mh℃이하이야 함)

14 건축재료의 사용목적에 따른 분류에 해당하지 않은 것은?

① 구조재료   ② 마감재료
③ 방화, 내화재료   ④ 천연재료

TIP 천연재료
　　생산방식에 의한 분류

09 ②　10 ②　11 ①　12 ①　13 ①　14 ④

15 다음 중 흡음재로 사용이 가장 알맞은 것은?

① 코르크판   ② 유리
③ 콘크리트   ④ 모자이크타일

> TIP 코르크판은 흡음성이 있으므로 음악감상실, 방송실 등의 천장, 안벽의 흡음판으로 쓰인다.

16 재료의 여러 성질 중 금, 은, 알루미늄 등과 같이 압력이나 타격에 의해 파괴됨이 없이 얇은 판 모양으로 펼 수 있는 성질을 무엇이라 하는가?

① 취성   ② 인성
③ 전성   ④ 강성

17 현대 건축재료에 대한 설명으로 틀린 것은?

① 고성능력, 공업화가 요구된다.
② 건설작업의 기계화에 맞도록 재료를 개선한다.
③ 수작업과 현장시공의 재료로 개발한다.
④ 생산성을 높이고 에너지를 절약한다.

> TIP 수작업 대신 공장 작업을 통한 조립식의 개발이 추세이다.

15 ①　16 ③　17 ③

02 목재

01 개요

목재는 오랜 기간동안 인간의 주거생활과 밀접한 관계를 맺으며 구조재와 수장재로 사용되어 오다가 철근 콘크리트와 금속 등에 서서히 밀려 감소되어 가고 있었다. 근래에는 건강 및 환경 등의 이유로 새로이 시작되어야 한다는 논의가 대두되고 있다.

02 목재의 분류

1 침엽수

소나무, 잣나무, 전나무, 낙엽송 등

2 활엽수

밤나무, 느티나무, 오동나무, 참나무, 박달나무 등

03 목재의 구조

1 춘재

세포가 분열하여 방사상으로 성장할 때 봄에 자라는 층이며, 가장 활발한 세포 분열로 인해 세포가 크며, 무른 편이다.

2 추재

가을에 자라는 세포를 말하며 성장속도는 춘재보다 느리지만, 세포는 춘재보다 치밀하다. 세포의 크기는 춘재보다 작으며 단단한 편이다.

3 나이테

봄, 여름철에 자라는 춘재와 가을, 겨울에 자라는 추재를 합하여 연륜, 즉, 나이테라 한다. 나이테에 의해 목재는 자르는 면에 따라 무늬가 다르게 나타난다.

4 심재와 변재

(1) 심재

① 이미 성장된 세포들이 수심 가까이에 모여 있는 부분을 말한다.
② 함수율이 적고 강도는 크며 색은 어두운 색을 띤다. 또한, 내구성 및 내후성이 좋다.

(2) 변재

① 수피와 심재 사이에 있는 것으로, 수액의 통로 및 양분의 저장소이다.
② 함수율이 크고 강도는 작으며 색은 연한 색을 띤다. 내구성 및 내후성이 나쁘다.

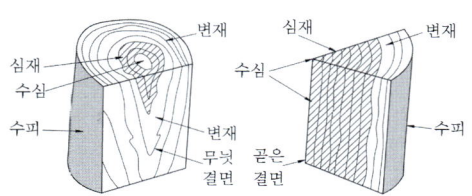

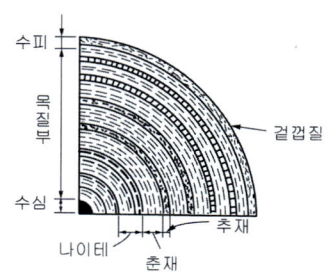

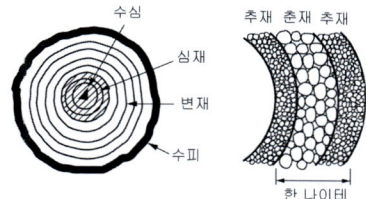

나이테와 심재 및 변재

04 목재의 장·단점

1 장점

① 가볍고, 비중이 작음에 비해 강도가 크다.
② 손쉽게 가공할 수 있다.
③ 열전도율이 작아 보온, 방한성이 뛰어나다.
④ 흡음 및 차음성이 뛰어나다.
⑤ 외관이 아름답고 자원이 풍부하며, 값이 비교적 싼 편이다.

2 단점

① 물에 의한 변형 및 팽창 수축이 크다.
② 내열성이 좋지 않다.
③ 재질과 방향에 따른 강도차를 나타낸다.
④ 균일한 재료를 얻기 어렵다.

05 목재의 성질

1 비중

- **진비중** : 수종에 관계없이 1.54
- **겉보기 비중** : 0.3 ~ 1.0

① **진비중** : 공극을 포함하지 않는 비중, 겉보기 비중 : 공극을 포함한 비중
② 비중은 공극률과도 밀접한 관계가 있다.

$$v = (1 - \frac{r}{1.54}) \times 100\%$$

v : 공극률
r : 절건비중

2 함수율

① 생목일 때의 함수율은 약 70 ~ 90%이고, 강도의 변화는 거의 없다.
② 건조를 시켜 약 30% 이하가 됐을 때를 섬유포화점이라 하며, 서서히 강도가 증가하는 특징이 있다.
③ 함수율이 약 15% 이하가 되면 이것을 기건재라고 하며, 생목강도보다 약 1.5배 강도가 증가한다.

④ 함수율을 0%로 한 것을 전건재라 하며, 생목강도보다 약 3배 강도가 증가한다.
⑤ 목재의 강도는 비중과 비례하며, 함수율과 반비례 관계에 있다.
⑥ 구조용재 : 함수율 15% 이하, 가구 및 수장재 : 함수율 10% 이하로 한다.

3 강도

① 인장강도 > 휨강도 > 압축강도 > 전단강도
② 섬유방향의 평행한 인장강도 > 섬유방향의 직각인 인장강도

4 팽창·수축

① 목재의 팽창·수축률은 변재가 심재보다 크다.
② 일반적으로 널결 쪽의 신축이 곧은결 쪽보다 크다.
③ 섬유포화점 이상에서는 증감이 거의 없다.

06 목재의 흠

목재가 성장 도중 기후 변화 및 곤충, 그 밖에 균 등에 의하여 흠이 생기며, 벌목이나 제재를 할 때도 흠이 생길 수 있는데, 외관 손상 뿐 아니라 강도 및 내구성 등을 저하시키는 원인이 되기도 한다.

1 옹이

가지가 줄기로 말려들어간 것을 말한다.

(1) 산옹이
① 성장 중 가지가 말려 들어간 부분이다.
② 목질과 단단히 연결되어 목재 사용 시 지장이 없다.

(2) 죽은옹이
① 말라 죽은 가지가 말려 들어간 부분이다.
② 너무 단단하여 목재로 사용하기는 부적당하다.

(3) 썩은옹이
① 가지가 썩고, 옹이 부분도 썩어버린 부분이다.
② 강도가 낮아 목재로 사용할 수 없다.

(4) 옹이구멍
① 옹이가 빠져서 구멍이 된 부분이다.
② 목재의 질을 저하시키므로 사용할 수 없다.

2 갈라짐

섬유세포가 죽거나 불균일한 건조 및 수축에 의해 생기는 것을 말한다.

(1) 심재 갈림
벌목 후 건조 수축에 의해 생성된 갈림이다.

(2) 변재 갈림
수분이 동결하여 팽창의 결과로 생성된 갈림이다.

(3) 원형 갈림

수심의 수축 및 균류의 작용으로 생성된 갈림이다.

3 껍질박이

수목의 성장 도중 수목의 세로 방향으로 상처가 생겨 수피가 목질부로 말려 들어간 흠을 말한다.

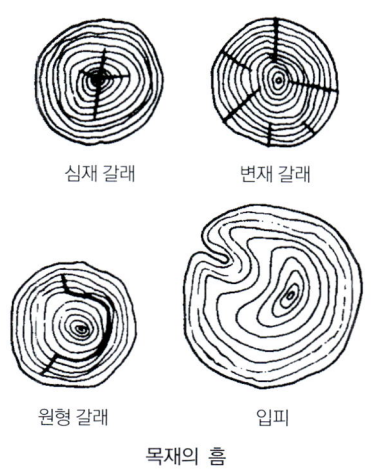

목재의 흠

07 목재의 내구성

1 목재의 내구성을 감소시키는 원인

① 외기에 노출됐을 때 풍화작용
② 균류 또는 박테리아에 의한 부패
③ 화재

2 부패

대부분 균류에 의해 일어나는 경우가 많으며, 균류의 번식에는 적당한 온도와 습도 및 공기와 양분이 필요하며 네 가지 조건 중 하나의 조건이 부합되지 않을 경우에는 균은 번식할 수 없게 된다.

3 방부법

(1) 도포법

방부처리 전 목재를 건조시킨 다음 균열이나 이음부에 솔 등으로 도포하는 법이다.

(2) 주입법

① **상압 주입법** : 방부제 용액 속에 목재를 적시는 방법이다.
② **가압 주입법** : 압력용기 속에 목재를 넣고 고압 하에 방부제를 투입하는 법이다.

(3) 침지법

방부제 용액 속에 몇 시간~며칠 동안 담가두는 방법이다.

(4) 표면탄화법

목재표면을 3~10mm 태워 탄화시키는 방법이다.

(5) 생리적 주입법

벌목 전 뿌리에 약액을 주입 시키는 방법이다.

※ 표면탄화법과 생리적 주입법은 값이 싸고 간편하지만 효과의 지속성이 없다.

4 방부제

(1) 유성 방부제

① **콜타르(coal tar)**
  ㉠ 석탄을 고온, 건류할 때 생기는 부산물로 색깔은 흑갈색이다.

ⓛ 페인트칠이 불가능하며, 보이지 않은 곳에 사용한다.
② 크레오소트(creosote)
　㉠ 콜타르를 분류하여 나온 흑갈색 기름으로, 값은 싸나, 페인트칠이 불가능하며, 냄새가 고약하다.
　ⓛ 미관을 고려하지 않는 외부에 사용한다.
③ 아스팔트(asphalt) : 흑색으로 착색되므로 보이지 않는 곳에 사용하며, 페인트 칠이 불가능하다.
④ 페인트(paint) : 유성페인트 도포 시 피막을 형성하여 방습, 방부효과가 있으며, 착색이 자유로워 미화에 효과가 있다.

(2) 유용성 방부제
① P.C.P(pentachlorophenol)
　㉠ 무색이며, 방부력이 우수하며, 페인트칠이 가능하고 석유 등의 용제를 사용할 수 있다.
　ⓛ 가격이 비싸지만, 냄새가 없어 실내용으로 사용한다.

(3) 수용성 방부제
① 황산구리 : 1% 정도의 수용액으로 방부효과는 좋으나, 인체에 유해하고 철을 부식시킨다.
② 염화아연 : 4% 정도의 수용액으로 방부력은 좋지만 목질부를 약화시키며, 페인트칠이 불가능하다.
③ 플루오르화나트륨 : 2% 정도의 수용액으로 방부효과는 우수하다. 인체에 무해하며, 페인트칠은 가능하나, 값이 비싸고 내구성이 낮다.

08 목재의 건조

목재를 건조하지 않고 사용하거나 간단한 건조로 사용하게 되면, 여러 가지 좋지 않은 면이 나타나게 된다. 따라서 벌목된 목재는 반드시 건조시켜 사용해야 한다.

1 목재 건조의 이유
① 강도 증가와 내구성 증대
② 각종 균류에 의한 부패방지
③ 무게 경감 및 방부제 주입 시 용이성

2 목재의 건조법

(1) 자연 건조법
① 공기건조법
　㉠ 목재를 쌓아두고 건조시키는 방법으로 가장 간단하고 일반적인 건조방법이다.
　ⓛ 목재를 직접 지반에 닿지 않게 약 40cm 이상 기초를 쌓는다.
② 수액제거법(수침법)
　㉠ 건조시키기 전 목재를 물 속에 담가두어 수액을 빼내는 방법이다.
　ⓛ 건조시간은 단축되지만, 부러지기 쉽고 강도가 저하된다.

(2) 인공 건조법
① 증기건조법 : 증기로 가열하여 건조시키는 방법으로, 가장 많이 사용된다.
② 훈연건조법 : 나무 부스러기, 톱밥 등을 태워 연기로 건조시키는 방법으로 실내온도 조절이 어렵고, 화재의 우려가 있다.

③ **전열건조법** : 전기를 이용하여 건조시키는 방법으로 온도 조절이 쉽고 균일한 건조가 된다.
④ **진공건조법** : 탱크 속에 목재를 넣고 밀폐한 후, 건조시키는 방법으로 고온, 저압상태에서 수분을 없앤다.
⑤ **고주파건조법**
  ㉠ 고주파를 보낼 때 고주파에너지를 열에너지로 바꿔 건조시키는 방법이다.
  ㉡ 건조시간이 짧고, 건조 작업이 간단하나, 전력 소비가 크다.

② 3매 이상의 단판을 홀수 겹으로 제작하여 만든다.

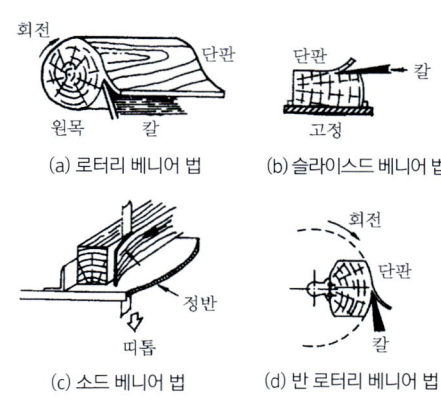

(a) 로터리 베니어 법 (b) 슬라이스드 베니어 법
(c) 소드 베니어 법   (d) 반 로터리 베니어 법

단판의 제조법

(3) 합판의 특성

① 단판이 직교되어 접착되었으므로 함수율 변화에 의한 팽창 및 수축 방지할 수 있다.
② 아름다운 무늬 판을 얻을 수 있다.
③ 잘 갈라지지 않고, 방향에 따른 강도차가 적다.
④ 목재의 흠(옹이 등)을 제거하므로 균일한 재료를 얻을 수 있다.
⑤ 내장용으로 천장, 칸막이 벽, 거푸집, 플러시 문의 겉판 등으로 사용한다.

09 목재 제품

1 합판

(1) 단판의 제조법

① **로터리 베니어 법(Rotary Veneer)** : 원목을 회전시키면서 연속적으로 얇게 벗기는 방법으로 원목의 낭비를 막을 수 있어 가장 많이 사용한다.
② **슬라이스드 베니어 법(Sliced Veneer)** : 원목을 적당한 각재로 만든 뒤 얇게 자르는 방법으로 곧은결이나 널결을 나타낼 때 사용한다.
③ **소드 베니어 법(Sawed Veneer)** : 원목을 각재로 만든 뒤 톱으로 잘라내는 방법으로 무늿결을 얻어낼 때 사용한다.

(2) 합판의 제조법

① 섬유방향에 직교되게 접착하여 만든다.

2 집성목재

(1) 집성목재의 제조법

① 두께 15~50mm의 단판을 섬유의 평행 방향으로 붙여 만든 목재이다.
② 목질부의 결점을 분산시켜 수평, 수직, 아치 형태로 제작되며 계단이나 디딤판, 목구조의 기둥과 보에 사용되며 최근에는 대규모(span)구조에도 사용된다.

(2) 특징

① 응력에 따라 필요 단면을 만들 수 있다.
② 길고 단면이 큰 부재를 만들 수 있다.
③ 건조도가 균일하며 변형 등을 피할 수 있다.
④ 목재의 강도를 임의로 조절할 수 있다.

※ 집성목재가 합판과 다른 점
- 섬유방향을 거의 평행으로 접착한다.
- 홀수 겹으로 접착하지 않아도 되며 합판처럼 얇은 판이 아니다.

집성목재

3 바닥판재(Flooring)

(1) 플로어링 보드(Flooring Board)

① 대패질로 마감 후 양쪽을 제혀쪽매로 접합이 편하도록 만든다.
② 크기는 두께 9mm, 너비 60mm, 길이 600mm정도가 많이 사용된다.

(2) 플로어링 블록(Flooring Block)

정사각형으로 4개의 면을 제혀쪽매로 만든 것으로 목조 바닥용과 콘크리트 바닥용으로 나뉜다.

※ 이 외에 파키트리 보드(Parquetry Board), 파키트리 패널(Parquetry Panel), 파키트리 블록(Parquetry Block) 등이 있다.

4 벽, 천장재료

(1) 코펜하겐 리브 (Copenhagen Rib Board)

① 두께 5cm, 너비 10cm 정도의 긴 판의 표면을 리브(rib)로 가공하여 만든다.
② 강당, 집회장, 극장 등에 내벽 또는 천장에 붙여 사용한다.
③ 음향조절 및 장식효과가 있다.
④ 흡음효과는 없으며, 바닥에 사용하지 않는다.

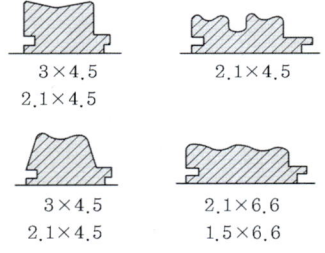

코펜하겐 리브

(2) 콜크 판(Cork Board)

① 콜크 나무껍질을 분말로 가열, 성형 후 접착하여 만든다.
② 탄성이 있고 공간(有孔)이 있어 단열, 흡음성이 있다.
③ 음악 감상실, 방송실 등의 천장 또는 내벽에 흡음판으로 사용한다.

5 파티클 보드 (Particle Board, Chip Board)

① 목재의 부스러기를 건조시킨 후 접착제로 열압 하여 만든다.
② 온도에 의한 변형이 적고, 음 및 열의 차단성이 우수하다.
③ 두께는 자유로이 할 수 있고, 균질 판을 대량 제조할 수 있다.
④ 방충, 방부성이 크다.
⑤ 합판에 비해 휨강도는 낮으나, 면내 강성 우수하다.
⑥ 못과 나사의 지보력은 목재와 거의 같으며, 강도가 커 칸막이 벽, 가구 등에 사용한다.

파티클 보드

6 섬유판(Fiber Board)

식물의 섬유질(펄프 등)을 원료로 접착제를 사용하여 만든다.

(1) 연질 섬유판

식물 섬유를 주원료로 비중이 0.4 미만이고, 흡음, 단열성이 우수하며 천장재 등에 사용한다.

(2) 반 경질 섬유판

식물 섬유를 주원료로 비중이 0.4~0.8 정도이고, 내수성과 내습성이 낮아 신축과 변형이 있지만, 가격이 싸다.

(3) 경질 섬유판

펄프만을 사용하여 만들고 비중이 0.8 이상이고, 내마모성이 크며 가공이 용이하고 비틀림이 작다.

목재 예상문제

01 코펜하겐 리브판(copenhagen rib)에 대한 설명으로 옳은 것은?

① 철물과 모르타르를 사용하여 콘크리트 마루에 깔 수 있도록 가공 제작된 것이다.
② 강당, 집회장 등의 음향조절용이나 일반 건축물의 벽 수장 재료로 사용된다.
③ 코르크나무 표피를 원료로 하여 분말된 것을 판형으로 열압한 것이다.
④ 목재와 합성수지를 혼합하거나 또는 약품처리에 의해 제조된 목재로써 제재품과는 성질이 다른 목재의 총칭이다.

> **TIP** 극장, 강당, 집회장 등에 음향조절용이나 일반 건축물의 벽 수장재로 이용한다.
> ④ 화학가공목재

02 다음 중 강당, 집회장의 음향조절용으로 쓰이거나 일반 건물의 벽 수장재료로 사용하여 음향효과를 거둘 수 있는 목재 재료는?

① 플로링 블록   ② 코펜하겐 리브
③ 플로링 보드   ④ 파키트리 패널

> **TIP** 플로링 블록, 플로링 보드, 파키트리 패널 : 마루재

03 다음에서 설명하는 목재의 제품은?

> 강당, 극장, 집회장 등에 음향 조절용으로 쓰이며, 단면형은 설계자의 의도에 따라 선택할 수 있고 두께가 3cm이고 넓이가 10cm정도의 긴 판에 가공한 것

① 합판   ② 집성재
③ 플로어링보드   ④ 코펜하겐리브

04 다음의 목재제품 중 일반건물의 벽수장 재료로 사용되는 것은?

① 플로링 보드   ② 코펜하겐 리브
③ 파키드리 패널 ④ 파키드리 블록

05 목재 제품 중 파티클 보드(Particle board)에 대한 설명으로 옳지 않은 것은?

① 합판에 비해 휨강도는 떨어지나 면내강성은 우수하다.
② 강도에 방향성이 거의 없다.
③ 두께는 비교적 자유롭게 선택할 수 있다.
④ 음 및 열의 차단성이 나쁘다.

01 ② 02 ② 03 ④ 04 ② 05 ④

06 파티클보드에 대한 설명으로 틀린 것은?

① 변형이 적고, 음 및 열의 차단성이 우수하다.
② 상판, 칸막이벽, 가구 등에 이용된다.
③ 수분이나 고습도에 대해 강하기 때문에 별도의 방습 및 방수 처리가 필요없다.
④ 합판에 비해 휨강도는 떨어지나 면내 강성은 우수하다.

TIP 목재는 수분과 습도에 강할 수가 없다.

07 목재의 절대건조 비중이 0.54일 때 이 목재의 공극률은?

① 35%   ② 46%
③ 54%   ④ 65%

TIP 공극율 = $(1 - \frac{0.54}{1.54}) \times 100\%$
≒ 64.93%

08 목재의 강도에 관한 기술 중 옳지 않은 것은?

① 습윤상태일 때가 건조상태일 때보다 강도가 크다.
② 목재의 강도는 가력방향과 섬유방향의 관계에 따라 현저한 차이가 있다.
③ 비중이 큰 목재는 가벼운 목재보다 강도가 크다.
④ 심재가 변재에 비하여 강도가 크다.

TIP 목재는 건조할수록 강도가 크다.(습윤 상태에서는 강도가 떨어짐)

09 목재의 방부제 중 수용성 방부제에 속하는 것은?

① 크레오소트 오일
② 불화소다 2%용액
③ 콜타르
④ PCP

10 무색이고 방부력이 가장 우수하며 석유 등의 용제로 녹여 쓰는 목재방부제는?

① 콜타르
② 크레오소트유
③ PCP
④ 플루오르화나트륨

11 다음 합판의 특성에 대한 설명 중 옳지 않은 것은?

① 함수율 변화에 따른 팽창, 수축의 방향성이 없다.
② 단판을 섬유방향이 평행하도록 짝수로 적층하면서 접착제로 접착하여 합친 판을 말한다.
③ 뒤틀림이나 변형이 적은 비교적 큰 면적의 평면재료를 얻을 수 있다.
④ 균일한 강도의 재료를 얻을 수 있다.

TIP 반드시 홀수로 접착한다.

06 ③　07 ④　08 ①　09 ②　10 ③　11 ②

12 베니어가 널결만이어서 표면이 거친 결점이 있으나, 넓은 베니어를 얻기 쉽고 원목에 낭비가 적어 많이 사용되는 베니어 제조법은?

① 소드 베니어
② 반소드 베니어
③ 슬라이스드 베니어
④ 로터리 베니어

13 목재의 건조방법 중 인공건조에 속하는 것은?

① 송풍건조   ② 태양열건조
③ 열기건조   ④ 천연건조

14 목재의 기건상태의 함수율은 평균 얼마 정도 인가?

① 5%   ② 10%
③ 15%   ④ 30%

15 목재의 성질에 대한 성질 중 옳지 않은 것은?

① 목재는 열전도가 아주 낮아 여러 가지 보온재로 사용된다.
② 섬유포화점 이하에서는 그 강도는 일정하나 섬유포화점 이상에서는 함수율이 증가 할수록 강도는 증대한다.
③ 목재의 강도는 전단강도를 제외하고 응력방향이 섬유방향에 평행한 경우에 강도가 최대가 된다.
④ 목재는 비중이 증가할수록 외력에 대한 저항이 증대된다.

TIP 섬유포화점 이상에서는 강도는 일정하다.

16 코르크판(cork board)사용 용도 중 옳지 않은 것은?

① 방송실의 흡음재
② 제빙공장의 단열재
③ 전산실의 바닥재
④ 내화건물의 불연재

TIP 냉장고, 냉동고, 제빙공장의 단열판으로도 쓰임. 주로 탄성, 단열성, 흡음성이 있어서 음악감상실 방송실 등의 천장, 안벽의 흡음판으로도 쓰인다.

12 ④   13 ③   14 ③   15 ②   16 ④

03 석재

01 개요

지구상에서 가장 많이 발견되는 재료 중 하나이며, 석재를 이용하여 콘크리트 골재 및 장엄한 외관을 요하는 건물에 이용되고 있다.

02 석재의 분류

1 화성암

(1) 화강암
① 단단하고 내구성이 크고 흡수성이 작다.
② 석재 중 압축강도가 가장 크고 외관이 아름다워 구조재 및 내·외장재로 사용한다.
③ 경도가 커 세밀한 조각을 하기는 좋지 않다.
④ 내화도가 낮아 고열을 받는 곳에는 부적당하다.

(2) 안산암
① 화강암 다음으로 많은 석재이며, 조직은 치밀한 것부터 조잡한 것까지 다양하다.
② 강도, 비중, 내화성이 크고 가공이 용이하여 구조용이나, 조각품에 이용된다.
③ 갈아도 광택이 나지 않으며, 내화성이 크다.

(3) 부석
① 비중이 0.75 정도로 석재 중 가장 가볍고, 경량콘크리트의 골재로 사용된다.
② 열전도율이 작아 단열재, 화학공장의 특수 장치로 쓰인다.

2 수성암

(1) 사암
① 성분에 따라 내구성과 강도가 모두 다르다.
② 내화성이 크고 단단한 것은 구조용으로 사용되나, 외관이 좋지 못하다.
③ 연질 사암은 실내 장식재로 사용한다.
④ 내화성이 크다.

(2) 석회암
① 주성분은 탄산석회($CaCO_3$)이고, 시멘트의 원료로 사용된다.
② 석질은 치밀하지만, 내산·내후·내화성 부족하다.

(3) 응회암

① 가공이 용이하고 내화성이 크지만, 흡수성이 높고 강도가 약하다.
② 석회제조나 장식재로 사용한다.

(4) 점판암

① 석질이 치밀하고 방수성이 있다.
② 얇은 판으로 떼어내어 지붕이나 벽 재료로도 사용한다.

3 변성암

(1) 대리석

① 석회석이 변해 결정화한 것으로 주성분은 탄산석회($CaCO_3$)이다.
② 아름다운 색채와 무늬가 다양하여 장식재 중 최고급 재료이다.
③ 석질이 치밀하고 견고하나, 열과 산에 약해 풍화되기 쉽고 내화도가 약하여 내부 장식재로만 사용한다.
④ 물갈기를 하면 고운 무늬가 생긴다.

(2) 사문암

① 흑백색 및 흑녹색의 무늬가 있다.
② 경질이기는 하나 풍화되어 실내장식용으로 사용되며, 대리석 대용으로 사용된다.

(3) 트래버틴

① 대리석의 일종으로 갈면 광택이 나고, 요철 무늬가 생겨 특수실내장식재로 사용한다.
② 다공질이며, 석질이 균일하지 못하다.

(4) 활석

① 갈면 진주와 같은 광택이 나며 분말로 된 것은 흡수성, 내화성이 있다.
② 페인트의 혼화제, 아스팔트 루핑의 표면 정활제, 유리 연마제 등으로 사용된다.
③ **질석** : 사문암계, 운모암계 광석으로 800 ~ 1000℃로 가열하면, 부피가 5 ~ 6배로 팽창되는 다공질 경석이다. 단열성, 흡음성, 보온성, 내화성이 있다.

03 석재의 조직

석재를 채석함에 있어 절리와 석목을 이용하여 채석하면 쉽게 석재를 얻을 수 있다. 채석방법은 쐐기 등으로 채석하는 방법과 폭약 등을 이용하는 방법 등이 있다.

(1) 절리

암석 중에 자연적으로 금이 갈라진 상태를 말한다.

(2) 석목

절리 이외에 작게 쪼개지기 쉬운 면을 말한다.

(3) 석리

석재 표면을 구성하는 조직을 말하며 석재의 외관 및 성질과 관계가 깊다.

(4) 층리

층 모양으로 퇴적한 암석의 배열상태를 말하며, 점판암과 같이 퇴적층이 쌓여 지표면에 생긴 것으로 얇게 떼어낼 수 있는 것을 말한다.

※ 절리와 석목이 비교적 확실히 있는 석재는 화강암이다.

04 석재의 가공

1 가공순서

흑두기(= 흑떼기) - 메다듬 - 정다듬 - 도드락다듬 - 잔다듬 - 물갈기

(1) 흑두기

쇠메를 이용하여 거친 면을 대강 다듬는 과정

(2) 정다듬

정을 사용하여 쪼아 다듬는 과정

(3) 도드락다듬

도드락망치를 사용하여 정다듬 된 면을 더욱 세밀히 다지는 과정

(4) 잔다듬

날망치로 일정 방향으로 찍어내어 매끈하게 다듬는 과정

(5) 물갈기

숫돌이나 그라인더 등으로 표면을 갈아내어 광내기를 하는 과정

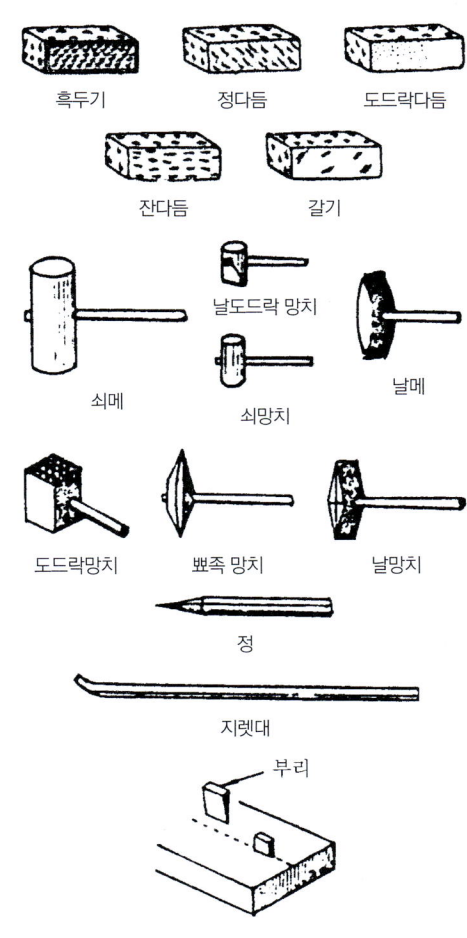

석재의 가공모양 및 공구

05 석재의 장·단점

1 장점

① 외관이 장중, 미려하며 갈면 광택이 난다.
② 내구성, 내화성, 내수성이 크다.
③ 불연성이며 압축강도가 크다.

2 단점

① 비중이 커서 가공하기 어렵다.
② 길고 큰 부재를 만들기 어려워 큰 구조물에 부적합하다.
③ 인장강도는 압축강도의 1/10 ~ 1/20 정도로 약하다.

(3) 강도

석재의 강도는 압축강도가 가장 크며, 다른 강도는 압축강도에 비해 매우 작다.

(4) 내구성

흡수율이 클수록 내구성이 약하며, 풍토나 기후에 의해서도 차이가 나지만, 다른 재료에 비교 시 큰 편이다.

(5) 내화성

조암광물의 열팽창계수가 서로 달라 파괴되는데, 약 500℃를 기준으로 그 이상의 온도가 되면 석재는 파괴된다.

06 석재의 성질

종류	비중	흡수율 (%)	압축강도 (MPa)
화강암	2.62 ~ 2.7	0.2 ~ 0.58	150 ~ 200
대리석	2.68 ~ 2.74	0.03 ~ 0.18	110 ~ 170
사문암	2.75 ~ 2.8	0.18 ~ 0.4	80 ~ 120
안산암	2.57 ~ 2.85	1.8 ~ 3.52	100 ~ 160
응회암	2.0 ~ 2.5	13.5 ~ 18.2	9 ~ 40
점판암	2.71 ~ 2.81	0.25 ~ 1.15	140 ~ 160

(1) 비중

평균 약 2.65정도이다.

(2) 흡수율

흡수율이 크면 다공성이며, 외기의 영향을 많이 받는다.

03 석재 예상문제

01 대리석의 일종으로 다공질이며 황갈색의 무늬가 있으며 특수한 실내장식재료로 이용되는 것은?

① 테라코타　　② 트래버틴
③ 점판암　　　④ 석회암

02 다음의 각종 석재에 대한 설명 중 옳은 것은?

① 화강암 : 내화성이 좋다.
② 안산암 : 물갈기를 하면 특유의 광택이 난다.
③ 점판암 : 얇게 가공하여 지붕재료로 사용한다.
④ 석회암 : 석질이 치밀하고 견고하며 내화성이 커서 구조재로 많이 사용한다.

TIP • 화강암
　　　내화력이 부족하다.
　　• 안산암
　　　갈아도 광택이 나지 않는다.
　　• 석회암
　　　시멘트의 원료로 사용한다.

03 다음 재료 중 천연재료가 아닌 것은?

① 화강암　　② 테라코타
③ 석면　　　④ 대리석

TIP • 테라코타
　　　석재 조각물 대신에 사용되는 장식용 점토제품이다.
　　• 석면
　　　사문암이나 각섬석이 변하여 섬유 모양으로 된 것을 말한다.

04 석회석이 변화되어 결정화한 것으로 실내장식재 또는 조각재로 사용되는 것은?

① 대리석　　② 응회암
③ 사문암　　④ 안산암

TIP 대리석
　　석회암이 오랜 세월동안 땅속에서 지열, 지압으로 인하여 변질되어 결정화 된 것.

01 ②　02 ③　03 ②　04 ①

05 다음 중 석재의 사용 시 유의사항으로 옳은 것은?

① 석재를 구조재로 사용 시 인장재로만 사용해야 한다.
② 가공 시 되도록 예각으로 한다.
③ 외벽 특히 콘크리트면 첨부용 석재는 연석을 피한다.
④ 중량이 큰 것은 높은 곳에 사용하도록 한다.

TIP ① 석재는 인장강도가 약하다.(압축강도의 1/10~1/20)
② 예각으로 가공 시 틈이 많이 생겨서 좋지 않다.
④ 중량이 큰 석재는 낮은 곳에 사용한다.

06 석회석이 변화되어 결정화한 것으로 석질이 치밀하고 견고할 뿐 아니라 외관이 미려하여 실내장식재 또는 조각재로 사용되는 석재는?

① 점판암   ② 사문암
③ 대리석   ④ 안산암

TIP 4번 참조

07 다음 중 석재의 용도로 적당하지 않은 것은?

① 트래버틴 - 특수 실내장식재
② 응회암 - 구조용
③ 점판암 - 지붕재
④ 대리석 - 장식재

TIP 응회암
대체로 다공질이며, 강도, 내구성이 작아 구조재료는 적합하지 않다.

08 평균적으로 압축강도가 가장 큰 석재부터 순서대로 나열된 것은?

㉠ 화강암   ㉡ 사문암
㉢ 사암   ㉣ 대리석

① ㉠ - ㉣ - ㉡ - ㉢
② ㉠ - ㉡ - ㉢ - ㉣
③ ㉠ - ㉢ - ㉣ - ㉡
④ ㉣ - ㉢ - ㉡ - ㉠

TIP ㉠ 화강암(150~200) → ㉣ 대리석(110~170) → ㉡ 사문암(80~120) → ㉢ 사암(30~70)

05 ③ 06 ③ 07 ② 08 ①

09 대리석, 사문암, 화강암 등의 쇄석을 종석으로 하여 백색 포틀랜드 시멘트에 안료를 섞어 천연 석재와 유사하게 성형시킨 것은?

① 점판암 ② 대리석
③ 인조석 ④ 화강암

10 시멘트의 주원료로 사용되는 석재는?

① 사문암 ② 안산암
③ 석회암 ④ 화강암

11 석재의 표면을 가공하는 방법 중 도드락 다듬면을 양날 망치로 세밀한 평행선을 그리며 때려 매끈하게 다듬는 것은?

① 메다듬 ② 잔다듬
③ 정다듬 ④ 물갈기

09 ③   10 ③   11 ②

04 chapter 점토제품

01 개요

암석의 풍화나 분해로 인해 입자가 미세해진 것을 말하며, 토기나 자기 등을 만드는 데 점토가 이용되며, 타일 및 위생도기 등을 만들 때도 점토가 사용되고 있다.

(1) 점토의 제법순서

원토처리 – 원료배합 – 반죽 – 성형 – 건조 – 소성

02 점토의 분류

종류	소성온도	흡수율(%)	제품
토기 (보통(저급) 점토)	790℃ ~ 1,000℃ (SK 0.15 ~ SK 0.5)	20 이상	기와, 벽돌, 토관
도기 (도토)	1,100℃ ~ 1,230℃ (SK 1 ~ SK 7)	10	타일, 테라코타, 위생도기
석기 (양질점토)	1,160℃ ~ 1,350℃ (SK 4 ~ SK 12)	3 ~ 10	벽돌, 타일, 테라코타
자기 (양질점토, 장석분)	1,230℃ ~ 1,460℃ (SK 7 ~ SK 16)	0 ~ 1	타일, 위생도기

03 소성온도

점토를 소성하면 상호 밀착하여 강도가 증가된다. 소성온도의 측정으로 제게르 콘(Seger Cone)이 대표적이며, 점토의 소성온도를 SK로 표기한다.

소성온도표

S.K.	온도(℃)	S.K.	온도(℃)	S.K.	온도(℃)
0.22	600	0.2	1060	19	1520
0.21	650	0.1	1080	20	1530
0.20	670	1	1100	26	1580
0.19	690	2	1120	27	1610
0.18	710	3	1140	28	1630
0.17	730	4	1160	29	1650
0.16	750	5	1180	30	1670
0.15	790	6	1200	31	1690
0.14	815	7	1230	32	1710
0.13	835	8	1250	33	1730
0.12	855	9	1280	34	1750
0.11	880	10	1300	35	1770
0.10	900	11	1320	36	1790
0.9	920	12	1350	37	1825
0.8	940	13	1380	38	1850
0.7	960	14	1410	39	1880
0.6	980	15	1435	40	1920
0.5	1000	16	1460	41	1960
0.4	1020	17	1480	42	2000
0.3	1040	18	1500		

04 성질

1 성분

① 점토의 주성분은 실리카(SiO_2 : 50 ~ 70%), 알루미나(Al_2O_3 : 15 ~ 36%) 등이다.
② 점토의 색깔과 관계있는 것은 카올린(kaolin)이다.
③ 점토를 소성하여 분쇄한 분말을 샤모테(Schamotte)라 하며, 점성조절재로 사용한다.
④ 점토를 구성하고 있는 점토광물은 잔류점토와 침전점토로 구분된다.

2 성질

① 점토의 비중은 일반적으로 2.5 ~ 2.6 정도이다.
② 점토의 입자가 고울수록 양질의 점토로 볼 수 있으며, 순수한 점토일수록 용융점이 높고 강도가 크다.(= 입자의 크기가 작을수록 가소성이 좋다.)
③ 함수율이 40 ~ 45%일 때 가소성이 가장 크다.(= 양질의 점토는 습윤 상태에서 가소성이 크다.)

3 강도

① 미립점토의 인장강도는 0.3 ~ 1MPa 정도이다.
② 점토의 강도 중 압축강도는 인장강도의 약 5배 정도이다.

05 점토제품

1 벽돌

(1) 원료

논·밭에서 나오는 저급점토를 이용한다.

(2) 크기

190mm × 90mm × 57mm(표준형 = 장려형)

(3) 품질

[1N/mm² = 10.2kgf/cm²]

종류	강도(MPa)	흡수율
1등급	약 24.50 N/mm² 이상	10% 이하
2등급	약 14.7 N/mm² 이상	15% 이하

※ 점토 성분 중 산화철에 의해 벽돌에서 붉은색을 띤다.

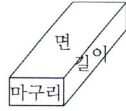 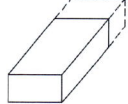 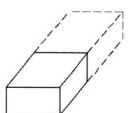
(a) 온장   (b) 칠오 토막   (c) 반토막

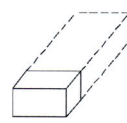 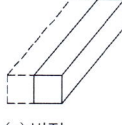 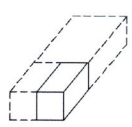
(d) 이오 토막   (e) 반절   (f) 반반절

벽돌

(4) 종류

① **과소품 벽돌(과소벽돌)**
  ㉠ 소성온도를 높게 하여 구운 벽돌이며, 압축강도 및 흡수율이 적은 편이다.
  ㉡ 검붉은 색을 띠고 있고 형상이 일그러져 있어 특수 장식용, 기초 조적재로 사용한다.

② **다공질 벽돌**
  ㉠ 점토에 분탄, 톱밥 등을 혼합하여 소성한 벽돌로써 톱질과 못 치기가 가능하며, 보온 및 흡음성이 있다.
  ㉡ 비중이 1.5 정도로 보통벽돌인 2.0보다 작아 가볍다.

③ **이형벽돌** : 보통 벽돌과는 다른 치수로 만들어져 나온 벽돌이며 아치 및 원형 창 주위를 조적할 때 사용된다.

④ **포도벽돌** : 보통벽돌보다 고온 소성되어 흡수율이 낮은 벽돌로 도로나 복도 등의 바닥 면 등에 사용한다.

⑤ **내화벽돌** : 내화성이 높은 내화점토를 이용하여 만든 것으로 높은 온도를 요하는 장소에 사용되는 벽돌이며, 크기는 230mm×114mm×65mm이다.
  ㉠ 저급내화벽돌 : 1580℃ ~ 1650℃ (SK26 ~ SK29)
    굴뚝, 난로, 페치카
  ㉡ 보통내화벽돌 : 1670℃ ~ 1730℃ (SK30 ~ SK33)
    가마
  ㉢ 고급내화벽돌 : 1750℃ ~ 2000℃ (SK34 ~ SK42)
    고열 가마

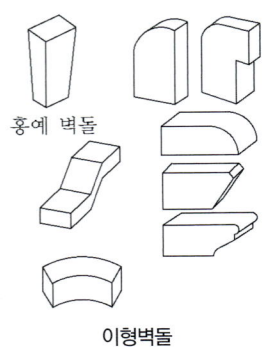

홍예 벽돌

이형벽돌

2 기와

진흙에 모래와 물을 넣은 뒤 구워낸 것으로, 토기와라고도 한다.

(1) 종류

한식기와, 일식기와, 양식기와

(2) 성질

흡수성이 낮고 방수성, 내구성, 강도가 커야 한다.

3 타일

자토나 도토를 성형·소성하여 만든 두께 5mm 이하의 점토제품이다.

(1) 종류

① **모자이크 타일(Mosaic Tile)**
  ㉠ 4cm각 이하의 소형타일을 말하며, 색깔도 다양하다.
  ㉡ 30cm 하드론지에 줄눈을 일정하게 하여 제작한다.
  ㉢ 11mm 각 이하의 작은 타일을 아트 모자이크(Art Mosaic)라 하며, 장식 및 회화 등에 사용한다.

② **스크래치 타일(Scratch Tile)** : 표면에 흠이나 긁힌 자국을 낸 타일로 벽돌 길이와 같게 한 외장용 타일이다.

③ **보더타일(Boarder Tile)** : 220mm×60mm×8mm, 190mm×60mm×11mm와 같이 길이가 너비의 3배 이상인 가늘고 길게 된 타일로 걸레받이·징두리 벽 등에 사용되는 특수 장식용 타일이다.

④ **클링커 타일(Clinker Tile)** : 고온으로 소성한 타일로 색깔은 진한 갈색으로 요철 무늬를 넣어 바닥 등에 붙인다.

⑤ **이형타일** : 벽의 모서리와 구석 벽면, 바닥 면이 맞닿는 부분(걸레받이 부분), 타일 벽면과 석고 플라스터 벽면의 접합부 등을 아름답고 정밀하게 마무리하기 위한 타일이다.

4 테라코타(Terra cotta)

① 자토를 반죽하여 조각의 형틀로 찍어내어 소성한 속이 비어있는 대형 점토제품이다.
② 석재 조각물 대신에 사용하는 장식용 점토제품이다.
③ 일반석재보다 가볍고, 압축강도는 화강암의 약 1/2 정도이다.
④ 내화성과 풍화에 강해 외장에 적당하다.
⑤ 버팀벽, 주두, 돌림띠 등에 사용한다.

04 점토제품 예상문제

01 벽돌의 품질등급에서 1급 점토벽돌의 압축강도는 최소 얼마 이상인가?

① 10.78/mm² ② 15.59N/mm²
③ 20.59N/mm² ④ 24.50N/mm²

02 공동(空胴)의 대형 점토제품으로 주로 장식용으로 난간벽, 돌림대, 창대 등에 사용되는 것은?

① 이형벽돌 ② 포도벽돌
③ 테라코타 ④ 테라죠

03 점토 벽돌 중 지나치게 높은 온도로 구워낸 것으로 모양이 좋지 않고 빛깔은 짙지만 흡수율이 매우 적고 압축강도가 매우 큰 벽돌을 무엇이라 하는가?

① 이형 벽돌 ② 과소품 벽돌
③ 다공질 벽돌 ④ 포도 벽돌

> **TIP** 과소품 벽돌
> 지나치게 높은 온도로 구워낸 것. 흡수율이 매우 적고 압축강도는 매우 크나 모양이 바르지 않아서 기초쌓기나 특수장식용으로 이용한다.

04 점토의 물리적 성질에 대한 설명으로 옳지 않은 것은?

① 점토의 비중은 일반적으로 2.5~2.6 정도이다.
② 입자의 크기가 클수록 가소성이 좋다.
③ 양질의 점토는 습윤 상태에서 현저한 가소성을 나타낸다.
④ 점토의 압축강도는 인장강도의 약 5배 정도이다.

> **TIP** 입자의 크기가 작을수록 가소성이 좋다.

05 점토의 압축강도는 인장강도의 약 얼마 정도인가?

① 3배 ② 5배
③ 7배 ④ 9배

06 다음 점토제품 중 가장 저급의 원료를 사용하는 것은?

① 타일 ② 기와
③ 테라코타 ④ 위생도기

> **TIP** 가장 저급의 원료는 토기이다.
> ⇒ 토기 (기와, 벽돌, 토관)

01 ④ 02 ③ 03 ② 04 ② 05 ② 06 ②

07 테라코타(Terra-Cotta)의 주된 사용 용도는?

① 구조재의 보강   ② 방수
③ 보온   ④ 장식

08 다음 중 외장용으로 사용 할 수 없는 타일은?

① 석기질 타일   ② 자기질 타일
③ 모자이크 타일 ④ 도기질 타일

> TIP 도기질 타일은 흡수율이 커서 동해를 받을 수 있으므로 내장용에만 이용된다.

09 다음의 다공벽돌에 대한 설명 중 옳지 않은 것은?

① 비중이 1.2~1.5 정도이다.
② 방음, 흡음성이 좋다.
③ 절단, 못치기 등의 가공이 우수하다.
④ 구조용으로 주로 사용된다.

> TIP 강도는 약하므로 구조용으로는 사용 할 수 없다.

10 표준 점토벽돌의 규격으로 옳은 것은? (단위 : mm)

① 190×90×57   ② 210×100×60
③ 190×100×57   ④ 210×90×60

11 다음의 점토제품에 대한 설명 중 옳지 않은 것은?

① 테라코타는 공동(空胴)의 대형 점토제품으로 주로 장식용으로 사용된다.
② 모자이크 타일은 일반적으로 자기질이다.
③ 토관은 토기질의 저급점토를 원료로 하여 건조 소성시킨 제품으로 주로 환기통, 연통 등에 사용된다.
④ 포도벽돌은 벽돌에 오지물을 칠해 소성한 벽돌로써, 건조물의 내외장 또는 장식물의 치장에 쓰인다.

> TIP 포도 벽돌
> 도로 포장용에 사용한다.

12 점토에 대한 다음 설명 중 옳지 않은 것은?

① 제품의 색깔과 관계있는 것은 규산성분이다.
② 점토의 주성분은 실리카, 알루미나이다.
③ 각종 암석이 풍화, 분해 되어 만들어진 가는 입자로 이루어져 있다.
④ 점토를 구성하고 있는 점토광물은 잔류점토와 침전점토로 구분된다.

> TIP 색상은 철산화물 또는 석회물질에 의해 나타나며, 철산화물이 많으면 적색이 되고 석회물질이 많으면 황색을 때게 된다.

07 ④   08 ④   09 ④   10 ①   11 ④   12 ①

13 재료의 주용도로써 맞지 않는 것은?

① 테라죠 - 바닥마감재

② 트래버틴 - 특수실내장식재

③ 타일 - 내외벽, 바닥의 수장재

④ 테라코타 - 흡음재

TIP 7번 참조

14 다음 중 표준형 내화벽돌의 규격 치수는?

① 190×90×57mm

② 210×100×60mm

③ 210×100×57mm

④ 230×114×65mm

TIP 표준형 벽돌과 내화벽돌은 혼돈되기 쉬우므로 반드시 구분하여 암기하도록 한다.

15 점토벽돌의 품질시험은 어느 것이 주가 되는가?

① 흡수율 및 압축시험

② 흡수율 및 인장시험

③ 비중 및 압축시험

④ 비중 및 인장시험

TIP 벽돌제품에서 등급을 나누는 것은 흡수율과 압축강도로 한다.

16 다음 중 점토제품이 아닌 것은?

① 타일   ② 테라코타

③ 내화벽돌   ④ 테라죠

17 다음 중 소성온도가 가장 높은 것은?

① 토기   ② 도기

③ 석기   ④ 자기

18 다음 중 점토제품의 소성온도 측정에 쓰이는 것은?

① 샤모트(Chamotte)추

② 머플(Muffle)추

③ 호프만(Hoffman)추

④ 제게르(Seger)추

---

13 ④   14 ④   15 ①   16 ④   17 ④   18 ④

05 chapter 시멘트

01 개요

시멘트는 물질과 물질을 이어 붙인다는 뜻으로 시멘트를 사용한 가장 오래된 것은 이집트의 피라미드로 소석회와 석고의 혼합물이었다. 그 후 18C중엽부터 시멘트에 대한 연구가 지속되다가 1823년(19C 초) 영국의 벽돌공 죠셉 에습딘(Joseph Aspdin)에 의해 석회석과 점토를 혼합·소성하여 제조된 포틀랜드 시멘트가 생산되게 되었다.

	실리카 (SiO_2)	알루미나 (Al_2O_3)	석회 (CaO)
보통 포틀랜드 시멘트	21~22.5	4.5~6	63~66
조강 포틀랜드 시멘트	21~22	4.5~5.5	64.5~67
중용열 포틀랜드 시멘트	22~24	4~4.5	63~65
백색 포틀랜드 시멘트	23.4	4.6	65.5

	산화철 (Fe_2O_3)	마그네시아 (MgO)	아황산 (SO_3)
보통 포틀랜드 시멘트	2.5~3.5	0.9~3.3	1~2
조강 포틀랜드 시멘트	2~3	1~2	1.7~2.5
중용열 포틀랜드 시멘트	4~4.5	1~1.5	1~1.8
백색 포틀랜드 시멘트	0.2	0.8~1.8	2.3~2.4

02 시멘트의 성분

1 주요 화합물

규산삼석회(C_3S), 규산이석회(C_2S), 알루민산삼석회(C_3A), 알루민산철사석회(C_4AF)

2 주요 화학성분

실리카, 알루미나, 석회, 산화철, 마그네시아, 아황산

03 시멘트의 원료 및 제조방법

1 시멘트의 원료

석회석과 점토를 4 : 1로 배합하고 응결시간 조절을 위해 약 2~3%의 석고를 사용한다.

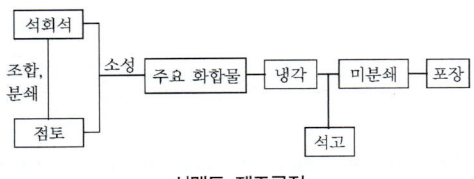

시멘트 제조공정

2 시멘트의 제조방법

(1) 건식법
각 원료의 건조 후 적정 비율로 혼합, 소성하는 방법으로 효율도 좋고 품질이 좋으나 분말화 하기가 쉽지 않으며 먼지가 많이 난다.

(2) 습식법
원료를 건조시키지 않고 배합한 뒤 약 40%의 물을 첨가하여 소성하는 방법으로 많은 물이 포함된 채 소성하므로 열 손실이 크다.

(3) 반 습식법
물을 약 20%정도 첨가하여 소성하는 방법으로 열 손실은 습식법에 비해 작은 편이다.

04 시멘트의 성질

1 수화
시멘트와 물이 혼합하면 시멘트 중의 수경성 화합물이 물과 반응하여 굳어지게 되는데, 이러한 반응을 수화반응이라 한다.

(1) 수화열
① 시멘트가 수화반응에서 발생하는 열을 말하며, 약 40℃ ~ 60℃의 열을 발산한다.
② 응결 및 경화 중에 나타나는 것으로, 응결 및 경화를 촉진시키기도 하지만, 내·외부 온도차에 의해 균열이 나타날 수도 있다.
③ 알루민산삼석회의 발열량이 가장 크고, 규산이석회가 가장 작다.

(2) 응결
① 물과 섞으면 시멘트 풀이 되고, 시간이 지남에 따라 유동성과 점성이 점차 없어져 고체 상태를 유지하려고만 하는 상태를 말한다.
② 응결의 초결과 종결을 1시간 이후 10시간 이내로 보고 있다.
③ 응결순서
  알루민산삼석회 > 규산삼석회 > 알루민산철사석회 > 규산이석회
④ 응결에 영향을 주는 요소
  ㉠ 혼합된 석고의 양이 많을 때 응결이 빨라진다.
  ㉡ 알루민산삼석회가 많을 때 응결이 빨라진다.
  ㉢ 온도가 높고, 습도가 낮을 때 응결이 빨라진다.
  ㉣ 분말도가 높을 때 응결이 빨라진다.
  ㉤ 물시멘트비(W/C), 물결합재비 $\left(\dfrac{W}{B}\right)$ = $\dfrac{물(W)}{시멘트 + 결합재(B)}$ 가 높을 때 응결이 느려진다.

(3) 경화

응결이 된 시멘트가 조직이 더욱 굳어져 강도·강성이 증대되는 현상이다.

(4) 안정성

① 시멘트의 경화 중에 체적이 팽창하여 균열이 생기는 것을 말한다.
② 팽창균열의 원인은 원료 배합의 이상, 소성 부족으로 나타난다.
③ 시멘트 안정성 시험은 오토클레이브 팽창도 시험법에 의한다.

2 비중

① 시멘트의 비중은 일반적으로 3.05 ~ 3.15 정도이다.
② 단위 용적 무게 : 1500kg/m³
③ 1포의 체적 : 0.028m³

3 분말도

시멘트 입자의 굵고 가늠을 나타내는 정도이다.

(1) 분말도가 클 때 나타나는 성질

① 장점
  ㉠ 수화작용이 빠르고 조기강도가 높다.
  ㉡ 블리딩이 적어지고 시공 후 투수성이 적다.
  ㉢ 시공연도(Workability)가 좋다.
② 단점
  ㉠ 응결 시 균열이 생기기 쉽다.
  ㉡ 풍화되기 쉽다.
③ 블리딩(Bleeding) : 굳지 않은 콘크리트에서 물이 상부로 치고 올라오는 현상을 말한다.

05 시멘트의 보관

시멘트는 풍화되기 쉬운 재료이기 때문에 공사에 지장이 없는 한 가급적 저장기간을 짧게하고 창고의 방습에 주의를 기울여야 한다.

1 시멘트 저장 시 주의사항

① 방습구조로 된 창고를 사용한다.
② 지반에서 약 30cm정도 높게 하여 시멘트를 쌓는다.
③ 포대의 쌓기 높이는 13포대 이하로 하며, 장기간 보관 시 7포대 이상 쌓지 않는다.
④ 3개월 이상 저장한 시멘트는 사용 전에 재시험 실시하여 품질을 확인해야 한다.
⑤ 조금이라도 굳은 시멘트는 사용하지 않는 것을 원칙으로 한다.

06 시멘트의 분류

1 포틀랜드 시멘트

(1) 보통 포틀랜드 시멘트

① 4주(28일)정도 양생해야 소요 압축강도를 얻을 수 있다.
② 생산량이 많아 보편적으로 가장 많이 사용한다.

(2) 중용열 포틀랜드 시멘트

① 수화열이 적으며, 조기강도가 낮고 장기강도를 크게 한 시멘트로, 건조 수축이 적으며 내침성, 내구성 및 화학적 저항성이 크다.
② 댐 공사, 방사능 차폐용으로 사용한다.

(3) 조강 포틀랜드 시멘트

① 재령7일만에 보통 포틀랜드 시멘트의 28일 강도를 나타내며 조기강도는 큰 편이나, 장기강도는 보통 포틀랜드 시멘트와 차이가 없다.
② 수밀성과 수화열이 크고, 동기공사, 긴급공사, 지하 수중공사에 사용한다.

(4) 백색 포틀랜드 시멘트

백색의 석회석과 산화철을 포함하지 않은 점토를 이용하며 도장 및 장식용, 인조석 제조에 사용한다.

2 혼합시멘트

(1) 고로 시멘트

① 슬랙(slag)을 혼합한 뒤 석고를 넣어 분쇄한 시멘트로써, 조기강도는 낮고 장기강도는 보통 포틀랜드 시멘트보다 크다.
② 비중이 작으며(2.85), 바닷물에 대한 저항성이 크다.
③ 화학적 저항성이 크고, 내열성 및 수밀성이 우수하다.
④ 침식을 받는 해수, 폐수, 하수공사에 사용한다.

(2) 플라이 애쉬(Fly ash) 시멘트

① 플라이 애쉬를 혼합하여 만든 시멘트로 조기강도는 낮고, 장기강도는 크다.
② 시공연도 및 수밀성이 좋고, 수화열과 건조수축이 적어 댐, 및 일반건축공사에 사용한다.

(3) 포졸란(Pozzolan) 시멘트

① 화산재, 규조토 등을 혼합하여 만든 시멘트로 시공연도가 좋고, 조기강도는 낮으나 장기강도는 크다.
② 단면이 큰 콘크리트에 사용한다.

3 특수 시멘트

(1) 알루미나 시멘트

① 보크사이트(Bauxite : 알루미늄 원광)를 혼합하여 미분쇄한 시멘트로 조기강도가 상당히 커서 1일 만에 소요 압축강도를 나타낸다.
② 해수에 대한 저항성이 크며, 내화 및 발열량이 커서 긴급공사, 한중공사, 해안공사에 사용한다.

07 시멘트 및 콘크리트 제품의 분류

1 용도에 의한 분류

지붕재(시멘트기와, 슬레이트 등), 바닥재(인조석, 시멘트 타일 등), 벽재(시멘트 벽돌, 시멘트 블록)

2 제조방법에 의한 분류

진동다짐제품, 원심력다짐제품(원심력 콘크리트 말뚝, 철근콘크리트 관-흄관), 가압다짐제품

3 형상에 의한 분류

판상, 봉상, 관상제품

시멘트 예상문제

01 다음 중 혼합시멘트에 속하지 않는 것은?

① 보통 포트랜드 시멘트
② 고로 시멘트
③ 포졸란 시멘트
④ 플라이애쉬 시멘트

02 시멘트 및 콘크리트 제품의 형상에 따른 분류에 속하지 않는 것은?

① 판상제품   ② 블록제품
③ 봉상제품   ④ 대형제품

> **TIP** 시멘트 및 콘크리트 제품의 분류
> - 용도에 의한 분류
>   지붕재, 바닥재, 벽재
> - 제조방법에 의한 분류
>   진동다짐제품, 원심력다짐제품, 가압다짐제품
> - 형상에 따른 분류
>   판상, 봉상, 관상제품

03 시멘트의 성질에 대한 설명 중 옳지 않은 것은?

① 시멘트의 분말도는 단위중량에 대한 표면적, 즉 비표면적에 의하여 표시한다.
② 분말도가 큰 시멘트일수록 수화반응이 지연되어 응결 및 강도의 증진이 작다.
③ 시멘트의 풍화란 시멘트가 습기를 흡수하여 경미한 수화반응을 일으켜 생성된 수산화칼륨과 공기중의 탄산가스가 작용하여 탄산칼슘을 생성하는 작용을 말한다.
④ 시멘트의 안정성 측정은 오토클레이브 팽창도 시험방법으로 행한다.

> **TIP** 분말도가 클수록 수화반응은 빠르다.

01 ①   02 ④   03 ②

04 보통포틀랜드시멘트에 대한 설명으로 옳은 것은?

① 생산되는 시멘트의 대부분을 차지하며 혼합시멘트의 베이스 시멘트로 사용된다.
② 장기강도를 지배하는 C2S를 많이 함유하여 수화속도를 지연시켜 수화열을 작게 한 시멘트이다.
③ 콘크리트의 수밀성이 높고 경화에 따른 수화열이 크므로 낮은 온도에서도 강도의 발생이 크다.
④ 내황산염성이 크기 때문에 댐공사에 사용될 뿐만 아니라 건축용 매스콘크리트에도 사용된다.

TIP ② 중용열 포틀랜드 시멘트
③ 알루미나 시멘트
④ 내황산염 포틀랜드 시멘트

05 중용열 포틀랜드 시멘트에 대한 설명으로 옳은 것은?

① 초기에 고강도를 발생하게 하는 시멘트이다.
② 급속 공사, 동기 공사 등에 유리하다.
③ 발열량이 적고 경화가 느린 것이 특징이다.
④ 수화속도가 빨라 한중 콘크리트 시공에 적합하다.

TIP 수화속도는 느리다.(수화열이 적다.)

06 다음 중 포틀랜드시멘트의 제조 원료에 속하지 않은 것은?

① 석회석　　② 점토
③ 석고　　　④ 종석

07 보크사이트와 같은 Al_2O_3의 함유량이 많은 광석과 거의 같은 양의 석회석을 혼합하여 전기로에서 완전히 용융시켜 미분쇄한 것으로, 조기의 강도발생이 큰 시멘트는?

① 고로 시멘트
② 실리카 시멘트
③ 보통포틀랜드 시멘트
④ 알루미나 시멘트

08 보통 포틀랜드시멘트보다 C_3S나 석고가 많고 분말도가 높아 조기에 강도 발휘가 높은 시멘트는?

① 고로 시멘트
② 백색 포틀랜드시멘트
③ 중용열 포틀랜드시멘트
④ 조강 포틀랜드시멘트

TIP 원료 중에 규산삼칼슘(C_3S) 함유량이 많아 보통 포틀랜드 시멘트에 비하여 경화가 빠르고 조기강도가 크므로 재령 7일이면 보통 포틀랜드 시멘트 28일 정도의 강도를 나타낸다.

04 ①　05 ③　06 ④　07 ④　08 ④

09 다음 중 보통 포틀랜드시멘트에 일반적으로 함유되는 성분이 아닌 것은?

① 석회   ② 실리카
③ 구리   ④ 산화철

> TIP 금속재료 참조(구리 : 알카리에 약하다.)

10 시멘트의 응결시간에 관한 설명 중 옳지 않은 것은?

① 가수량이 많을수록 응결이 늦어진다.
② 온도가 높을수록 응결시간이 짧아진다.
③ 신선한 시멘트로써 분말도가 미세한 것일수록 응결이 빠르다.
④ 알루민산3칼슘 성분이 많을수록 응결이 늦어진다.

> TIP 알루딘산3칼슘 성분이 많을수록 응결이 빠르다.

11 시멘트에 관한 설명 중 옳지 않은 것은?

① 시멘트의 비중은 소성온도나 성분에 따라 다르며, 동일 시멘트인 경우에 풍화한 것일수록 작아진다.
② 우리나라의 경우 시멘트 1포는 보통 60kg이다.
③ 시멘트의 분말도는 브레인법 또는 표준체법에 의해 측정된다.
④ 안정성이란 시멘트가 경화될 때 용적이 팽창하는 정도를 말한다.

> TIP • 시멘트 1포는 40kg이다.
> • 분말도 시험법
>   블레인법(공기투과장치), 표준체법

12 고로시멘트에 관한 설명 중 옳지 않은 것은?

① 바닷물에 대한 저항성이 크다.
② 초기강도가 작다.
③ 수화열량이 작다.
④ 매스콘크리트용으로는 사용이 불가능하다.

> TIP 매스콘크리트(기초용)용으로 사용이 가능하다.

09 ③ 10 ④ 11 ② 12 ④

13 보통 포틀랜드시멘트의 응결시간에 대한 설명 중 옳은 것은?

① 초결 30분 이상, 종결 10시간 이하
② 초결 30분 이상, 종결 20시간 이하
③ 초결 60분 이상, 종결 20시간 이하
④ 초결 60분 이상, 종결 10시간 이하

14 다음 중 시멘트 안정성 시험방법은?

① 비비 시험기에 의한 시험법
② 오토클레이브 팽창도 시험법
③ 브리넬 경도 측정
④ 슬럼프 시험법

> TIP ① 반죽질기 시험
> ③ 경도측정(딱딱한 정도)
> ④ 시멘트의 시공연도 측정

13 ④ 14 ②

06 chapter 콘크리트

01 개요

콘크리트란 시멘트에 잔골재 및 굵은 골재를 혼합한 뒤 물과 함께 섞어 혼합한 물질을 말하며 필요에 따라 혼화재료를 혼합하여 콘크리트의 성질을 개선하기도 한다.

02 굳지 않은 콘크리트의 성질

1 반죽질기(Consistency)

물의 양에 따른 유동성의 정도를 가리키며, 단위수량이 많을수록 늘어나며, 온도가 높을수록 작아진다.

2 워커빌리티(시공연도)(Workability)

① 반죽질기에 따른 작업 난이정도, 콘크리트를 시공하기 적당한 묽기이다.
② 콘크리트의 품질을 판정하는 필수조건으로, 사용수량, 시멘트의 품질, 골재의 배합 등에 따라 다르다.

3 성형성(Plasticity)

거푸집 제거 후 서서히 변형이 일어나기는 하나, 쉽게 허물어지거나 재료 분리가 되지 않는 성질을 말한다.

4 마감성(Finishability)

골재의 크기 및 입도와 반죽질기에 따라 마무리하기 쉬운 정도를 나타낸다.

03 시공연도(워커빌리티, Workability)측정법

반죽질기로 워커빌리티를 나타내므로, 반죽질기를 따지는 슬럼프 값으로 워커빌리티를 판단한다.

1 슬럼프 시험(Slump test)

① 철판 위에 슬럼프 통을 놓고 콘크리트를 부어 넣는다.
② 슬럼프 통에 1/3씩 나누어 부어 넣고, 각 25회씩 균등히 다진다.
③ 슬럼프 통을 들어올려 콘크리트가 가라앉은 값의 높이를 측정한다.

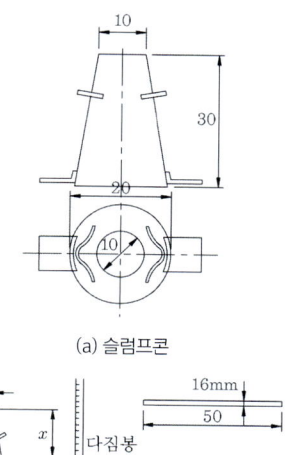

(a) 슬럼프콘

(b) 슬럼프의 상태

슬럼프 시험

※ 슬럼프 시험 외에 flow시험, 구(ball) 관입시험 등이 있다.

③ 인장강도는 압축강도의 1/10 ~ 1/12 정도이다.
④ 경화할 때 수축으로 인한 균열이 생기기 쉽고, 시간이 오래 걸린다.

05 사용 재료의 성질들

1 골재

몰탈이나 콘크리트에 사용되는 모래, 자갈 등을 통칭하여 말한다.

(1) 크기에 따른 분류

① **잔골재** : 5mm체에 85 ~ 90% 이상 통과하는 골재를 말한다.
② **굵은 골재** : 5mm체에 85 ~ 90% 이상 남는 골재를 말한다.

(2) 생산지에 따른 분류

① **천연골재** : 강모래, 강자갈, 바다모래, 바다자갈, 산모래, 산자갈 등이 있다.
② **인공골재** : 암석을 부수어 만든 모래, 깬 자갈, 광재(Slag) 자갈 등이 있다.

(3) 비중에 따른 분류

① **경량골재** : 비중 2.5 이하의 것으로 경석, 경량 골재 등이 있다.
② **보통골재** : 비중 2.5 ~ 2.65 정도의 것으로 강모래, 강자갈, 깬 자갈 등이다.
③ **중량골재** : 비중 2.7 이상의 것으로 철광석 등에서 얻어낸 것이다.

04 콘크리트의 장·단점

1 장점

① 일체식 구조로써 모양을 자유로이 할 수 있다.
② 압축강도가 크다.
③ 내화성, 내구성, 내진성이다.
④ 강알칼리성으로 철강재의 방청에 유리하며, 접착이 잘 된다.

2 단점

① 자중이 크다.(= 무게가 크다.)
② 인장, 휨, 전단 강도는 압축강도에 비해 작다.

(4) 골재의 품질

① 유해량의 먼지, 흙, 유기 불순물, 염류 등이 포함되지 않아야 한다.
② 시멘트 풀이 경화했을 때의 강도 이상이어야 한다.
③ 모양은 구(둥글거나)모양이나 입방체에 가깝고, 표면은 거칠어야 한다.
④ 크고 작은 골재가 고르게 섞여 있어야 한다.
⑤ 물리적·화학적으로 안정되어야 한다.

(5) 비중

① 표면건조포화상태에서 잔골재의 비중은 약 2.5~2.65 정도이며, 굵은 골재는 2.55~2.7 정도이다.
② 일반적으로 비중이 클수록 치밀하며 흡수량이 적고, 내구성이 크다.

(6) 단위용적중량

① 기건 상태에서 1m³의 골재 중량을 말하며, 굵은 골재는 700~800kg/m³, 잔골재는 1000~1200kg/m³정도이다.
② 굵은 골재는 함수량이 변해도 단위중량은 거의 변하지 않으며, 잔골재는 습기가 차면 팽창한다.

(7) 공극률(v)

$$v = \left(1 - \frac{w}{p}\right) \times 100\%$$

v : 공극률
p : 비중
w : 단위용적중량

① 공극률이 작으면 시멘트 양이 적어진다.
② 콘크리트의 수밀성 및 내구성을 증대시킨다.
③ 건조수축이 적어져 균열 발생이 적어진다.

(8) 실적률(d)

$$d = \frac{w}{p} \times 100\%$$

d : 실적률
p : 비중
w : 단위용적중량

① 실적률이 클수록 골재의 모양이 좋고 입도가 좋다.
② 시멘트 양이 적게 든다.
③ 건조수축을 줄일 수 있다.
④ 콘크리트의 수밀성 및 내구성을 증대시킨다.

(9) 골재의 수분

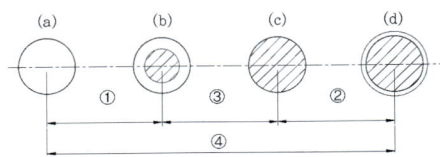

(a) 절내 건조 상태 (b) 기건 상태 (c) 표면 건조 포화 상태 (d) 습윤 상태

골재의 함수상태

(10) 입도

① 입도란 크고 작은 골재가 골고루 섞여 있는 정도를 말한다.
② 입도가 좋지 못하면 재료분리가 일어나며, 단위수량 및 시멘트량이 많이 소요된다.
※ 골재의 입도를 측정하기 위한 시험법으로 체가름 시험법이 있다.

2 물

① 유해한 불순물(기름, 산, 염류) 등이 포함되지 않은 것이어야 한다.
② 염분(해수)은 0.01% 이하의 함유량이어야 하며, 그 이상이면 철근을 부식시킨다.
③ 당분은 0.1% 이하가 되어야 하며, 그 이상이면 응결이 늦고 강도가 저하된다.

06 물시멘트비

1 물시멘트비

물과 시멘트의 무게(질량)에 대한 비율로 콘크리트 강도에 가장 큰 영향을 끼친다.

(1) 물시멘트비

$$\frac{W}{C}$$

C : 시멘트의 무게
W : 물의 무게

(2) W/C가 클 경우의 문제점

강도 저하와 재료 분리 및 블리딩(Bleeding) 현상이 증가한다.

07 배합의 결정

콘크리트 재료의 사용량 또는 섞이는 비율을 의미한다.

1 배합의 결정

① 적당한 시공연도(워커빌리티)가 있어야 한다.
② 소요강도가 있고, 내구적이어야 한다.
③ 경제적이어야 한다.
④ 균일성이 있어야 한다.
⑤ 슬럼프 값이 작아야 한다.

08 양생과 재령

1 양생

① 양생이란 굳지 않은 콘크리트에 충분한 온도와 습도를 유지하여 지속적인 강도 증가에 목적이 있다.
② 양생의 방법으로는 습윤양생, 보온양생 등이 있다.

2 재령

재령이란 경과시간 및 일수를 말하며 짧은 재령일수록 강도는 증가한다.

09 혼화재료

혼화재료란 콘크리트의 워커빌리티 및 펌퍼빌리티 개량과 강도증진을 개선하기 위해 콘크리트 재료 이외에 첨가하는 재료를 말하며, 혼화제와 혼화재로 나뉜다.

1 혼화제

(1) AE제

① 콘크리트 속에 독립된 미세기포(지름 0.025~0.25mm)를 발생시켜 골고루 분산시키는 역할을 한다.
② 콘크리트의 시공연도를 개선시켜, 재료분리가 일어나지 않으며, 블리딩이 감소된다.
③ 경화 때의 수축을 감소시키며, 균열을 방지한다.
④ 공기량 증가 시 강도가 감소되며, 수축량이 증가된다.
⑤ 콘크리트 전체 체적의 약 2~5%가 적당하다.
⑥ 화학작용에 대한 저항성이 증가된다.
⑦ 동결융해의 저항성이 크다.
⑧ 철근의 부착강도가 감소될 수 있다.

(2) (경화)촉진제

① 염화칼슘($CaCl_2$)이 대표적으로 저온에서도 강도가 높아진다.
② 사용량이 많으면, 철근을 부식시킬 염려가 있어 철근콘크리트 등에 사용이 금지되어 있다.
③ 시공연도가 빨리 감소되어 시공을 빨리 해야 한다.

(3) 지연제

콘크리트의 응결, 경화를 지연시킬 목적으로 사용하며, 응결지연시간은 60~120분 정도이다.

(4) 급결제

응결시간을 단축시키기 위해 사용되며, 조기 강도는 빠른 편이나 장기강도는 느린 편이고, 누수공사나 긴급공사에 사용한다.

(5) 기포제

콘크리트에 거품을 발생시켜 경량화 할 목적으로 사용하며, AE제도 기포제의 일종이다.
※ 그 외에 방청제, 방수제, 착색제 등이 있다.

2 혼화재

(1) 플라이 애쉬(Fly Ash)

① 콘크리트의 시공연도가 좋아지고 사용 수량을 감소시키며, 조기강도는 작으나, 장기강도는 크다.
② 수화열에 의한 발열량이 감소하여 균열 발생이 적고 콘크리트의 수밀성을 증가시킨다.

(2) 포졸란(Pozzolan)

① 콘크리트의 시공연도가 좋아지고, 블리딩이 감소한다.
② 조기강도는 작으나, 장기강도 및 수밀성, 화학적 저항성이 크다.
※ 그 외에 팽창재, 고로 슬랙, 실리카 흄 등이 있다.

10 콘크리트의 종류와 제품

1 콘크리트의 종류

(1) 경량 콘크리트

① 콘크리트 중량 경감을 목적으로 비중 2.0 이하인 콘크리트를 말한다.
② 골재는 천연경량골재와 인공경량골재가 사용되지만, 인공경량골재가 주로 사용되며, 구조용, 철근콘크리트용, 열차단용으로 사용된다.
※ 경량 콘크리트, 기포 콘크리트, 다공질 콘크리트, 톱밥 콘크리트로 구분된다.

(2) 프리플레이스트 콘크리트

① 거푸집에 미리 자갈을 채워 몰탈을 적당한 압력으로 주입하는 콘크리트이다.
② 골재를 넣을 때와 몰탈을 주입할 때, 큰 압력이 발생하므로 거푸집을 견고히 해야 하며, 수중공사, 매스콘크리트 공사 등에 사용한다.
※ 콘크리트 표준시방서(2009년 개정) : 프리팩트를 프리플레이스트로 용어 변경.

(3) 프리스트레스트 콘크리트

① 철근 대신 PC강재를 사용하여 프리스트레스를 주는 콘크리트이다.
② PC강재에 인장력을 주는 방법에 따라 프리텐션 법과 포스트텐션 법이 있다.
③ 간 사이를 길게 할 수 있어서 넓은 공간을 설계할 수 있다.
④ 공기를 단축할 수 있고 시공과정을 기계화할 수 있다.
⑤ 고강도 재료를 사용하므로 강도와 내구성이 큰 구조물을 만들 수 있다.

(4) 레디 믹스트 콘크리트

주문에 의한 공장생산 또는 믹싱카로 제조하여 사용현장에 공급하는 콘크리트를 말한다.

① 센트럴 믹스트 콘크리트 : 고정 믹서에 혼합된 콘크리트를 넣고 트럭으로 운반하는 방식이다.
② 슈링크 믹스트 콘크리트 : 고정 믹서로 반 정도 비벼진 콘크리트를 넣고 트럭 믹서로 혼합하며 공급하는 방식이다.
③ 트랜싯 믹스트 콘크리트 : 각각의 콘크리트 재료가 트럭믹서 속에서 혼합되어 공급하는 방식이다.

2 콘크리트 제품

(1) 시멘트벽돌

① 시멘트와 모래를 혼합하여 가압·성형한 후 양생한 벽돌이다.
② 건축물의 내·외벽 조적재로 많이 사용하며, 압축강도는 8MPa 이상으로 한다.

(2) 시멘트블록

① 시멘트와 골재를 혼합하여 가압·성형한 후 양생한 제품이다.
② 보통 자갈을 쓰지 않고 모래만을 사용하여 만들고 보강근을 넣을 수 있게 속이 비게 만들어 속빈시멘트블록 이라고 하며, 주택·공장 등에 벽체로 사용된다.

(3) 테라죠(Terrazzo)

① 백색시멘트＋대리석종석＋안료＋물을 혼합하여 만든 것이다.
② 인조석은 테라죠에 준한다.

(4) A.L.C(Autoclaved Lightweight Concrete)

① 생석회와 구사를 혼합, 고열·고압 하에 양생 후 기포제를 혼합하여 경량화한 콘크리트를 말하며, 방음과, 단열성이 있고 경량이며, 변형 및 균열이 적다.
② 다공질로 흡수성이 크며, 지붕, 바닥, 벽 재료로 사용한다.

06 콘크리트 예상문제

Chapter 06 콘크리트 예상문제

01 콘크리트의 배합설계를 효과적으로 진행하기 위해서는 먼저 콘크리트에 요구되는 성능을 정확하게 파악하는 것이 중요한데, 이에 따라 콘크리트가 구비하여야 할 성질로 알맞지 않은 것은?

① 소요의 강도를 얻을 수 있을 것
② 적당한 워커빌리티가 있을 것
③ 균일성이 있을 것
④ 슬럼프값이 클 것

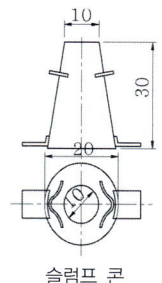

슬럼프 콘

(단위 : cm)

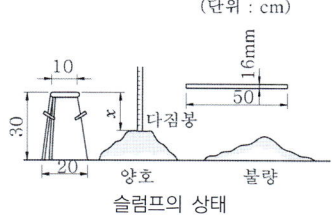

슬럼프의 상태

※ Slump Test
콘크리트의 질기를 평가하는데 가장 많이 이용되는 방법. 시험요령은 콘크리트를 슬럼프콘에 채운다음 슬럼프콘을 수직으로 올리면 콘크리트는 가라 앉는데, (b)에서 x값을 슬럼프 값이라 한다. 즉, x가 묽은 콘크리트 일수록 값은 커진다. 즉 슬럼프값이 크면 클수록 묽다는 뜻이므로 슬럼프 값은 작지도, 크지도 않는 알맞은 값이라야 한다. 시험에서는 시공연도 시험법으로 출제된다.

02 골재의 대·소립의 혼합하여 있는 정도를 의미하는 것으로, 콘크리트의 워커빌리티, 경제성 및 경화 후의 강도나 내구성에 영향을 미치는 중요한 요인은?

① 공극률　　② 실적률
③ 입형　　　④ 입도

- 공극률
  입자사이에 빈틈이 차지하는 비율
- 실적률
  골재 입자가 차지하는 실제 용적의 백분율
- 입형
  골재의 모양

01 ④　02 ④

03 콘크리트가 시일이 경과함에 따라 공기 중의 탄산가스의 작용을 받아 수산화칼슘이 서서히 탄산칼슘으로 되면서 알칼리성을 잃어가는 현상을 무엇이라 하는가?

① 블리딩 ② 동결융해작용
③ 중성화 ④ 알칼리골재 반응

TIP
- 동결융해작용
  골재가 얼었다가 녹는 것.
- 알칼리골재 반응
  골재중의 실리카질 광물이 시멘트 중의 알카리 성분과 화학적으로 반응하는 것. 이와 같은 반응이 발생하면 콘크리트가 팽창하여 균열이 발생한다.

04 콘크리트의 경화촉진제로 사용되는 염화칼슘에 대한 설명 중 옳지 않은 것은?

① 한중 콘크리트의 초기 동해방지를 위해 사용된다.
② 시공연도가 빨리 감소되므로 시공을 빨리 해야 한다.
③ 염화칼슘을 많이 사용할수록 콘크리트의 압축강도는 증가한다.
④ 강재 발청을 촉진시키므로 RC부재에는 사용하지 않는 것이 좋다.

TIP
- 발청
  부식층이 생기는 것

05 다음 중 콘크리트의 시공연도 시험법으로 주로 쓰이는 것은?

① 슬럼프 시험 ② 낙하 시험
③ 체가름 시험 ④ 구의 관입시험

TIP
시공연도 측정법으로 슬럼프 시험, 낙하 시험, 구(ball)관입시험 등이 있으나 주로 쓰이는 것은 슬럼프 시험이다.

※ 체가름 시험 : 골재의 입도 측정법

06 거푸집의 자갈을 넣은 다음 골재 사이의 모르타르를 압입하여 콘크리트를 형성해 가는 것은?

① 경량 콘크리트
② 중량 콘크리트
③ 프리팩트 콘크리트
④ 폴리머 콘크리트

TIP
- 경량 콘크리트
  중량 $2.0t/m^3$ 이하의 콘크리트로 열전도율이 작고 흡수율이 커서 단열용으로 쓰임.
- 중량 콘크리트
  @중량 $2.6t/m^3$ 이상의 무거운 콘크리트로 방사능 차폐 목적으로 이용된다.
- 폴리머 콘크리트
  시멘트를 사용하지 않고 폴리에스테르 수지 또는 에폭시 수지 등을 액상으로 사용하고 잔골재, 굵은골재 및 분말상 충전제를 넣고 비벼서 만든 것.

※ 콘크리트 표준시방서(2009년 개정)
  프리팩트 → 프리플레이스트

07 19세기 중엽 철근콘크리트의 실용적인 사용법을 개발한 사람은?

① 모니에(Monier)
② 케오프스(Cheops)
③ 애습딘(Aspdin)
④ 안토니오(Antonio)

> TIP 애습딘
> 19C초 보통 포틀랜트 시멘트 발명

08 콘크리트 구조물에서 하중을 지속적으로 작용시켜 놓을 경우 하중의 증가가 없음에도 지속하중에 의해 시간과 더불어 변형이 증대하는 현상은?

① 영계수 ② 점성
③ 탄성   ④ 크리프

> TIP
> • 영계수 : 압축응력과 변형율의 비율
> • 점성 : 끈끈한 성질
> • 탄성 : 재료의 외력을 제거하면 원래 상태로 돌아오는 성질

09 콘크리트 배합에 사용되는 물에 대한 설명으로 옳지 않은 것은?

① 산성이 강한물을 사용하면 콘크리트의 강도가 증가한다.
② 기름, 알칼리, 그 밖에 유기물이 포함된 물은 사용하지 않는 것이 좋다.
③ 당분은 시멘트 무게의 0.1 ~ 0.2%가 함유되어도 응결이 늦고 그 이상이면 강도도 떨어진다.
④ 염분은 철근부식의 원인이 되므로 철근콘크리트에 사용하지 않는 것이 좋다.

> TIP ① 산성이 강한물을 쓰면 콘크리트가 중성화가 되기 때문에 콘크리트는 강도가 감소 될 수 있다.

10 다음 중 콘크리트의 배합설계 순서에서 가장 늦게 이루어지는 사항은?

① 계획 배합의 설정
② 현장배합의 결정
③ 시험배합의 실시
④ 요구성능의 설정

> TIP 배합설계 순서
> ① 요구 성능의 결정 → ② 배합 조건의 설정 → ③ 재료의 선정 → ④ 계획배합의 결정
> ⑤ 현장 배합의 결정

07 ① 08 ④ 09 ① 10 ②

11 다음 중 굳지 않은 콘크리트가 구비해야 할 조건이 아닌 것은?

① 워커빌리티가 좋을 것

② 시공 및 그 전후에 있어서 재료분리가 클 것

③ 거푸집에 부어넣은 후 균열 등 유해한 현상이 발생하지 않을 것

④ 각 시공단계에 있어서 작업을 용이하게 할 수 있을 것

> TIP 재료분리는 Bleeding작용을 촉진시키므로 좋지 않다. 시공상 막대한 장애가 되거나 균열의 원인과 함께 콘크리트의 내구성을 손상 시킬 수 있다.

12 다음 중 콘크리트 배합 설계시 가장 먼저 하여야 하는것은?

① 요구성능의 설정

② 배합 조건의 설정

③ 재료의 설정

④ 현장 배합의 설정

> TIP 10번 참조

13 미리 거푸집속에 적당한 입도 배열을 가진 굵은 골재를 채워 넣은 후 모르타르를 펌프로 압입하여 굵은 골재의 공극을 충전시켜 만드는 콘크리트는?

① 소일 콘크리트

② 레디믹스트 콘크리트

③ 쇄석 콘크리트

④ 프리팩트 콘크리트

> TIP 6번 참조
> • 레디믹스트 콘크리트
>   일반적으로 레미콘을 말함
> • 쇄석 콘크리트
>   보통 강자갈 대신에 인공적으로 부순돌(쇄석)을 쓰는 콘크리트로써, 강도증가를 목적으로 하는 콘크리트

14 다음 중 혼화제인 A.E제에 대한 설명으로 옳은 것은?

① 사용수량을 줄여 블리딩(Bleeding)이 감소한다.

② 화학작용에 대한 저항성을 저감시킨다.

③ 탄성을 가진 기포의 동결융해 및 건습 등에 의한 용적 변화가 크다.

④ 철근의 부착강도를 증가 시킨다.

> TIP ② 화학작용에 대한 저항성 증가
>   ③ 동결융해에 대한 저항성이 크다.
>   ④ 철근의 부착강도를 감소시킬 수 있다.

11 ② 12 ① 13 ④ 14 ①

15 다음 골재의 수분량을 설명한 것 중 틀린 것은?

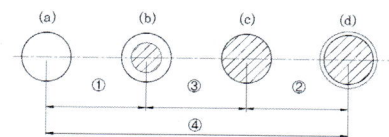

① 기건함수량   ② 표면수량
③ 흡수량   ④ 전함수량

> TIP ① 기건함수량
> ② 표면수량
> ③ 유효함수량
> ④ 전함수량

16 콘크리트의 강도 중에서 가장 큰 것은?

① 인장강도   ② 휨강도
③ 전단강도   ④ 압축강도

> TIP 일반적인 콘크리트 강도는 압축강도를 의미합니다.

17 다음 중 보통 무근 콘크리트의 단위 중량은?

① 1.5t/m³   ② 1.8t/m³
③ 2.3t/m³   ④ 2.8t/m³

> TIP • 무근 콘크리트의 중량 : 2.3t/m³
> • 철근 콘크리트의 중량 : 2.4t/m³
> • 철골 철근 콘크리트의 중량 : 2.5t/m³

18 다음 중 콘크리트의 혼화재료에 속하지 않는 것은?

① 플라이 애쉬   ② 고로 슬래그
③ 시멘트   ④ 방청제

> TIP • 혼화재료
> 콘크리의 시공연도 개선과 강도증진에 목적을 두고 있고 사용량에 따라서 혼화제(약품 : 소량사용)와 혼화재(재료 : 대량사용)로 나뉜다.
>
> • 혼화재
> ① 고로 슬래그, 플라이 애쉬
> ② 혼화제 : AE제, 유동화제, 방청제, 응결촉진제, 응결지연제

19 콘크리트 혼화재료 중 콘크리트 내부의 철근이 콘크리트에 혼합되는 염화물에 의해 부식되는 것을 억제하기 위해 이용되는 것은?

① 기포제   ② 유동화제
③ A.E제   ④ 방청제

> TIP • 기포제
> 콘크리트의 경량, 단열, 내화성 등을 목적으로 사용
>
> • 유동화제
> 유동성을 크게 해서 시공성을 개선시키는 것
>
> • A.E제
> 동결융해작용에 대하여 내구성을 가지기 위한 것

15 ③   16 ④   17 ③   18 ③   19 ④

20 콘크리트용 골재로써 요구되는 성질에 대한 설명 중 틀린 것은?

① 잔 것과 굵은 것이 혼합되는 것이 좋다.
② 강도는 시멘트 풀의 최대강도 이상이어야 한다.
③ 표면이 매끄럽고 모양은 편평하거나 가늘고 긴 것이 좋다.
④ 내 마멸성이 있고 화재에 견딜 수 있는 성질을 갖추어야 한다.

> TIP 표면은 거칠고 구형이 좋으며 깨끗한 것이 좋다.

21 골재에서 대소(大小)크기가 고르게 섞여 있는 정도를 나타내는 용어는?

① 입도   ② 실적률
③ 흡수율 ④ 단위용적중량

22 AE제의 사용 효과에 대한 설명으로 옳지 않은 것은?

① 시공연도가 좋아진다.
② 수밀성을 개량한다.
③ 동결융해에 대한 저항성을 개선한다.
④ 동일 물시멘트비인 경우 압축강도가 증가한다.

> TIP 콘크리트 중에 A.E제를 1% 증가 시킬 때 다다 압축강도는 4~6% 감소한다.

20 ③ 21 ① 22 ④

07 chapter 금속재료

01 개요

금속은 광석에서 필요한 물질(광물)을 추출하고 제련하여 얻어지는 것으로, 구조용 강재로 상당히 많이 사용되며, 철금속과 비철금속으로 나뉜다. 거의 대부분의 금속은 산화되는 단점이 있어 이것을 보완하기 위해 도금을 하여 사용하기도 한다. 19C 중엽부터는 제강기술이 발달하여 양질의 철강을 생산할 수 있게 되었다.

02 철강의 분류

철강은 철(Fe) 이외에도 탄소(C), 규소(Si), 망간(Mn), 인(P), 황(S) 등을 함유하고 있고, 탄소량에 따라 다음과 같이 구분한다.

명칭	탄소량 (%)	성질	비고
연철 (순철)	0.04% 이하	연질이고, 가단성이 크다.	탄소량이 많을수록 1. 경도증가 2. 용접성의 저하 3. 연신율 감소
강	0.04~ 1.7% 이하	가단성, 주조성, 담금질 효과가 있다.	
주철 (선철)	1.7% 이상	주조성이 있고, 경질이며 취성이 있다.	

03 철강의 제조방법

1 제선

용광로 밑 부분에서 1500℃ 이상의 열풍을 불어 넣으면 코크스의 연소로 일산화탄소가 생기고, 이것에 의해 철광석이 철분으로 환원하는데, 이러한 선철을 만드는 방법을 제선이라 한다.

이렇게 만들어진 선철은 불순물(탄소)의 함유량이 높아 그대로 사용할 수 없으며, 선철은 용광로 속에서 냉각 속도에 따라 백선과 회선으로 구분된다.

① 백선 : 용광로 속에서 급속히 냉각된 것으로 단면색은 은백색이며, 결은 좋으나 부서지기 쉽다.

② 회선 : 용광로 속에서 서서히 냉각된 것으로 단면색은 회색이며, 연하고 절삭이 쉬워 주조에 적당하다.

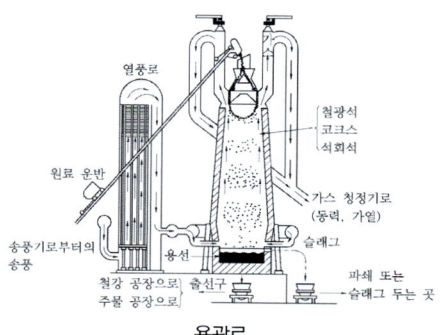

용광로

2 제강

제선된 그 자체의 선철은 인성과 가단성이 없어 그대로 사용할 수 없기 때문에 선철을 구조용 재료로 사용 가능하게 만드는 방법을 제강이라 한다.

제강법은 전로법, 평로법, 전기로법 등이 있다.

(1) 전로법

선철을 전로에 넣고 전로 속에 관을 통하여 산소를 불어 넣어 철 이외의 불순물을 제거하는 방법으로 특수강 제조에 사용된다.

(2) 평로법

평로 속에 선철을 넣고 좌우 축열실에서 번갈아 가열된 가스와 공기를 보내어 철 이외의 불순물을 제거시키는 방법으로 제품의 조정이 자유롭고 품질이 우수하다. 일반 탄소강 제조에 사용된다.

(3) 전기로법

전기로 속에 전열을 이용하여 선철의 불순물을 제거시키는 방법으로 합금강 제조나 일반 탄소강 제조에 사용된다.

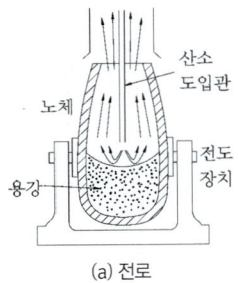
(a) 전로

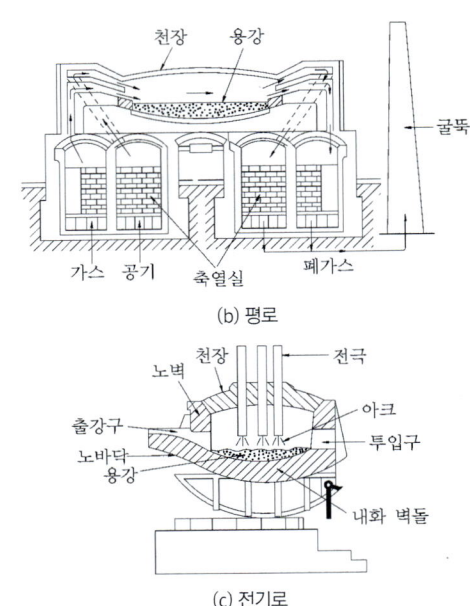
(b) 평로

(c) 전기로

제강법

3 조괴

제강된 형강을 형틀에 주입하여 강괴(Ingot)로 만드는데 이것을 조괴라 한다. 강괴를 다시 가열하여 형강 및 강판을 만들기도 하며 강괴로 만들지 않고 용강을 바로 압연하기도 한다.

04 가공 및 성형

1 단조

강괴를 약 1200℃ 정도로 가열하여 해머나 프레스 등으로 두드려 조직을 치밀하게 하여 압연 작업에 적합하도록 후판이나 각형으로 만드는 작업을 말한다.

2 압연

약 1200℃ 정도로 가열한 강을 반대로 회전하는 롤러 사이에 여러 번 왕복시켜 정해진 치수로 만드는 것으로 형강, 강판, 봉강을 이 방법으로 만든다.

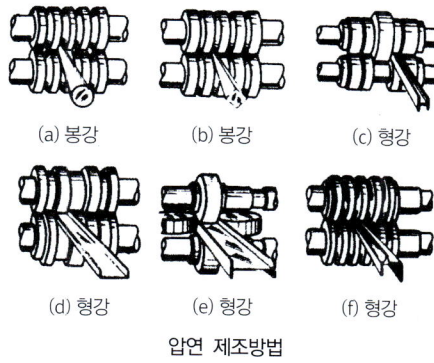

(a) 봉강　(b) 봉강　(c) 형강
(d) 형강　(e) 형강　(f) 형강

압연 제조방법

3 인발

가는 구멍을 통하여 못이나 철사 등을 가공하는 작업을 말한다.

05 강의 열처리

금속재료에 필요한 성질을 부여하기 위해 냉각과 가열을 하는 것을 말한다.

1 불림

강을 약 910℃로 가열 후, 공기 중에 냉각시키는 열처리이며, 강이 식으면 입자가 미세하게 되어, 변형이 제거되고 조직이 균일화 된다.

2 풀림

강을 약 800~1000℃로 가열한 다음, 노 안에서 서서히 냉각시키는 것으로 가공성과 기계적·물리적 성질을 얻을 수 있다.

3 담금질

강을 약 900~1400℃로 가열한 후, 물 또는 기름 속에서 급랭 시키는 것을 말하며 물리적 성질이 변하며 비중은 약간 감소하고 전기저항과 잔류응력이 증가한다.

4 뜨임

담금질한 강은 경도가 너무 커 약 200~600℃ 정도로 가열한 후, 공기 중에서 서서히 냉각시키는 것을 말하며 경도 및 강도는 감소하고 신장률 등은 증가한다.

06 금속의 장·단점

1 장점

① 열과 전기의 양도체이다.
② 각 금속마다 특유한 광택이 있으며, 소성 변형이 가능하다.
③ 다른 재료와 조화를 이루어 장식효과를 거둘 수 있다.

2 단점

① 비중이 크며, 녹슬기 쉽다.
② 색채가 다양하지 못하다.

07 성질

1 물리적 성질

강은 일반적으로 탄소량이 증가함에 따라 비중, 열팽창계수, 열전도율은 감소하며, 비열과 전기저항은 증가한다.

2 기계적 성질

(1) 응력-변형률

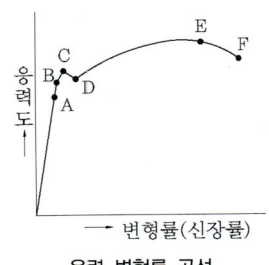

응력-변형률 곡선

① A점(비례한계) : 변형률이 응력에 비례하는 한계점.
② B점(탄성한계) : 외력을 제거하면 원래 상태로 돌아오는 한계점.
③ C, D점(항복점) : 비례한계를 넘어 응력을 크게 하면 어떤 값부터 응력은 거의 증가하지 않으며 변형만 증가하는 지점.
④ E점(최대강도점) : 응력과 변형이 비례하지 않으며 소성변형이 증대되는 지점.
⑤ F점(파괴점)

(2) 경도

재료의 단단함의 정도를 나타내는 것으로 브리넬 경도가 대표적이다.
① 브리넬 경도 : 10mm 쇠구슬을 시험 면에 500~3000kg의 힘으로 눌러 생긴 원형 흔적의 표면적을 구한 후 하중을 그 표면으로 나눈 값.

08 합금강

탄소강에 특수한 성질을 부여하기 위해 니켈(Ni), 크롬(Cr), 망간(Mn), 텅스텐(W)등 한 가지 이상의 다른 금속을 혼합한 것을 말한다.

1 구조용 합금강

인장강도, 항복점이 높고 인성이 크고 충격에 잘 견디어 기계구조용에 많이 쓰인다.

(1) 크롬강

① 탄소 0.28~0.48%, 크롬 0.8~1.2%를 함유한 강으로 탄성한도 및 인장강도가 높다.
② 신장률의 변함이 없으며, 경도와 내마모성이 크다.

(2) 니켈강

니켈 3.25%, 탄소 0.45%, 망간 0.7% 정도를 함유한 강으로 내마모성과 내식성이 우수하며 열처리가 쉽다.

(3) 니켈·크롬강

니켈 7~12%, 크롬 18~20%, 탄소 0.1~0.4%를 함유한 강으로 내마모성, 내식성, 내열성이 우수하다.

(4) 크롬·몰리브덴강

탄소 0.13 ~ 0.25%, 망간 0.6 ~ 0.9%, 몰리브덴 0.15 ~ 0.45%정도를 함유한 강으로 용접성이 좋고 내열성이 우수하다.

(5) 니켈·크롬·몰리브덴강

니켈·크롬강에 0.3% 정도의 몰리브덴을 첨가시킨 강으로 내연기관의 크랭크 축 등에 사용한다.

2 특수용 합금강

탄소량이 적고 내식성이 우수하며 얇은 두께로도 같은 강도를 낼 수 있다.

(1) 스테인리스강

전기저항이 크고 열전도율이 낮고, 경도에 비해 가공성이 우수하다.

① **크롬 계 스테인리스강** : 가격이 저렴하고 진회색의 빛이 있으며, 주방용품, 전기기구에 사용한다.
② **니켈·크롬 계 스테인리스강** : 내식성 및 내열성이 우수하고 가공성 및 용접성이 좋으며, 건축물의 내·외장 및 용접구조 용재로 사용한다.

09 비철금속

1 구리

- 연성과 전성이 커서 가공성이 좋고, 열전도율과 전기전도율이 높다.
- 건조한 공기에서 산화하지 않으나 습기를 받으면, 이산화탄소에 의해 부식하지만 내부는 부식하지 않는다.
- 암모니아, 알칼리성 용액에는 침식된다.
- 아세트산과 진한 황산 등에 용해된다.
- 지붕이기, 홈통, 철사, 못 등에 사용한다.
- 알칼리에 약하여 콘크리트 등에 접하는 곳에 주의를 요한다.
- 맑은 물에서는 녹이 나지 않으나 소금물에서는 부식된다.

(1) 구리합금

① **황동** : 구리＋아연의 합금으로 내식성이 크고, 가공이 용이하며, 장식철물 및 볼트, 너트와 논슬립 등에 사용한다.
② **청동** : 구리＋주석의 합금으로 황동보다 내식성이 크고, 주조하기 용이하며, 특유한 색깔이 있어 장식부품, 공예재료에 사용한다.
③ **포금** : 약 10% 정도의 주석과, 약간의 아연과 납을 포함한 합금으로 강도와 경도가 크고, 톱니바퀴 및 밸브 제작에 사용한다.

2 알루미늄

- 연성과 전성이 커서 가공성이 좋고, 열전도율과 전기전도율이 높다.
- 가벼운 정도에 비해 강도가 크며, 공기 중에서 표면에 산화막이 생성되어 내식성이 크다.
- 산, 알칼리에 약하므로, 콘크리트에 접할 때에는 방식처리를 해야 한다.
- 창호 및 커튼레일 등에 사용한다.

(1) 알루미늄합금

① 두랄루민

㉠ 알루미늄 + 구리 + 마그네슘 + 아연 등의 합금으로 가볍고 내식성, 내열성 및 강도가 크지만, 염분이 있는 바닷물에는 부식된다.

㉡ 항공기, 자동차, 건축용 판재 등 폭넓게 사용된다.

3 주석

① 백색의 금속으로 전성과 연성이 풍부하며, 용융점이 낮고 내식성이 비교적 크다.
② 물, 산소 및 탄산가스의 영향을 받으나, 유기산에는 거의 침식되지 않는다.
③ 인체에 무해하여 식기 및 통조림통의 도금으로 사용하며, 주로 합금용으로 사용한다.

4 납

① 비중이 가장 크고 연질이며, 내식성이 크다. 산에는 강하나, 알칼리에는 침식된다.
② 송수관, 가스관 및 X선 차단용 등에 사용한다.

5 아연

① 강도가 비교적 크며 연성 및 내식성이 있고, 공기에서는 거의 산화하지 않으나 습기 및 이산화탄소에 의해 표면에 탄산염막이 형성되어 내부의 부식을 방지한다.
② 철판에 아연을 도금(함석)하여 사용하며, 홈통 등에 사용한다.

6 니켈

전성, 연성, 내식성이 우수하며 대부분 합금으로 이용한다.

10 금속의 부식과 방지

부식이란 금속과 주위 자연환경(대기 및 전기이온화작용)에서 일어나는 반응이다.

1 부식

(1) 전기적 부식

① 서로 다른 금속이 수분(빗물 또는 습기)에 접촉할 경우 전기분해가 일어난다.
② 이온화 경향이 큰 쪽이 음극이 되어 부식작용이 일어난다.

(2) 대기에 의한 부식

① 공기 중에 산화물, 염 그 밖에 화합물로 부식이 발생한다.
② 부식된 피막이 표면에 밀착하게 되면 더 이상 부식이 진행되지 않는다.
③ 바닷가의 대기 중에는 염분이 특히 많아 부식이 더욱 촉진된다.

(3) 물에 의한 부식

경수가 연수에 비하여 부식성이 크게 나타나며, 오수에서 발생하는 이산화탄소 등이 더욱 부식을 촉진하는 역할을 한다.

(4) 흙 속에서의 부식

산성이 강한 토양은 금속의 부식을 촉진하며, 습한 흙 속에 누전전류나 접지선에서 나온 전류가 통과해도 부식된다.

2 방지법

(1) 일반적 방지법

① 다른 종류의 금속끼리 접촉하여 사용하지 않는다.
② 균질한 재료를 사용하도록 하며, 변형이 있을 시 열처리로 제거한다.
③ 표면은 청결하게 하며 건조 상태를 유지하도록 한다.

(2) 구체적 방지법

① 내식성이 큰 금속으로 도장하며, 방청도료를 칠하여 사용한다.
② 화학적인 방식처리를 하고, 몰탈이나 콘크리트로 피복한다.

11 금속제품

1 철근

콘크리트에 묻어 인장강도를 보강해 주기 위한 강재이다.

(1) 원형철근

표면에 리브(rib)와 마디가 없는 원형으로 이루어진 철근으로 품질은 이형철근과 같으나 부착강도가 작아 잘 쓰이지 않는다.

(2) 이형철근

표면에 리브(rib)와 마디를 넣어 만든 철근으로 콘크리트의 부착력이 좋고, 원형철근보다 약 2배 높다.

(3) 피아노선

고탄소강을 가공하여 지름 10mm 이하로 만든 것으로 프리스트레스트 콘크리트에 사용한다.

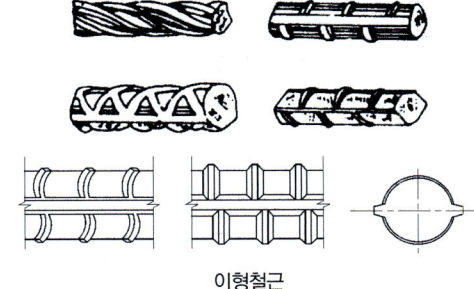

이형철근

2 성형가공품

(1) 메탈라스

0.4~0.8m/m의 얇은 강판에 일정간격으로 자르는 자국을 내어 옆으로 잡아 당겨 그물 모양으로 만든 것으로 천장, 벽 등의 몰탈 바름벽 바탕에 사용한다.

(2) 코너비드

벽과 기둥 등의 모서리를 보호하기 위해 사용하며 재질은 아연도금, 황동, 스테인리스 제품 등이 사용된다.

(3) 펀칭메탈

1.2m/m 이하의 강판에 여러 모양으로 구멍을 내어 만들고 환기구멍, 라디에이터 커버 등에 사용한다.

(4) 와이어 라스

0.9 ~ 1.2mm의 철선을 마름모 형태 등으로 만들고 몰탈 바름의 바탕 등에 사용한다.

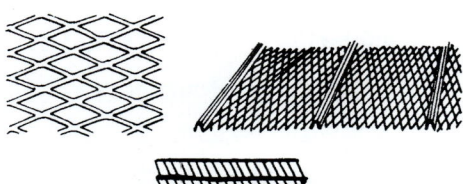

메탈라스

코너비드

펀칭메탈

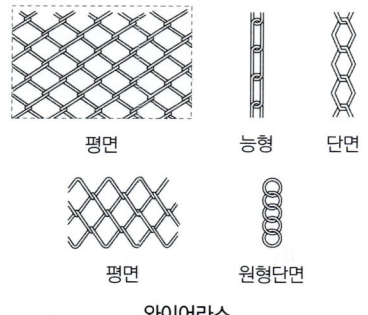

와이어라스

3 창호철물

(1) 도어 클로져(도어 체크)

문을 자동으로 닫히게 하는 철물이다.

(2) 도어스톱(도어 홀더)

문을 열었을 경우 닫히지 않게 하거나, 더 열리지 않게(벽에 문이 부딪히지 않도록) 하기 위한 철물이다.

(3) 경첩

여닫이 창호를 만들 때 한쪽은 문틀에, 다른 한쪽은 문짝에 고정시켜 열고 닫을 때 축이 되는 철물로써 강철, 주철, 황동, 청동 등을 사용한다.

(4) 플로어 힌지

① 여닫이문을 저절로 닫히게 한장치로 바닥에 설치하고, 위쪽은 피벗힌지를 사용한다.
② 오일 또는 스프링 유압장치를 이용하며 경첩을 달 수 없는 무거운 자재문 등에 사용한다.

(5) 레버터리 힌지

스프링 힌지로 전화실 출입문, 공중화장실 등에 이용한다.

(6) 크리센트

오르내리창 또는 새시의 미서기 창을 걸거나 잠그는데 사용한다.

(7) 실린더 록

실내는 손잡이 가운데 버튼을 눌러 잠그고, 실외에서는 열쇠로 개방하는 철물로 모노록(Mono Lock)이라고도 한다.

도어 클로져

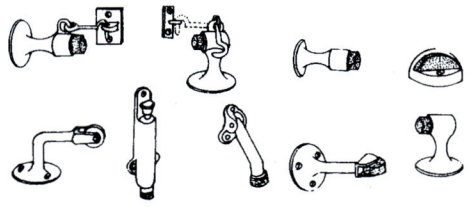

도어스톱

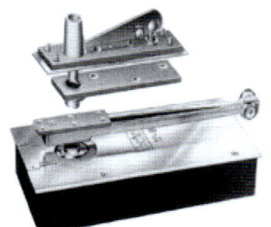

플로어 힌지

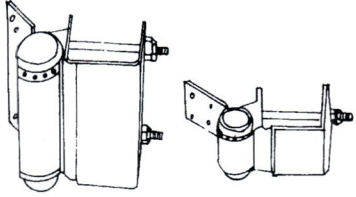

레버터리 힌지

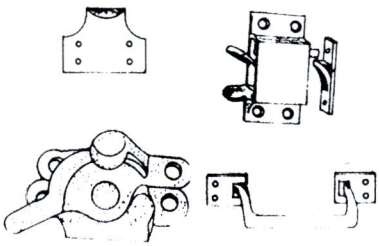

크리센트

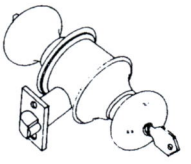

(a) 모노 로크

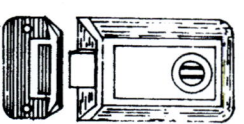

(b) 나이트 래치

여러 자물쇠(실린더(모노)록, 나이트 래치)

07 금속재료 예상문제

Chapter 07 금속재료 예상문제

01 비철금속 중 구리에 대한 설명 중 옳지 않은 것은?

① 알칼리성에 대해 강하므로 콘크리트 등에 접하는 곳에 사용이 용이하다.
② 건조한 공기 중에는 산화하지 않으나 탄산가스가 있으면 녹이 발생한다.
③ 연성이고 가공성이 풍부하다.
④ 건축용으로는 박판으로 제작하여 지붕재료로 이용된다.

TIP 구리는 산, 알카리에 약하다.

02 다음 그림이 나타내는 창호 철물은?

① 경첩
② 도어 클로저
③ 코너비드
④ 도어스톱

03 금속의 부식을 방지하기 위한 대책으로 옳지 않은 것은?

① 균질한 것을 선택하고 사용할 때 큰 변형을 주지 않도록 주의한다.
② 가능한 한 상이한 금속은 이를 인접, 접촉시켜 사용한다.
③ 큰 변형을 준것은 가능한 한 풀림하여 사용한다.
④ 표면을 평활, 청결하게 하고 가능한 한 건조상태로 유지하며 부분적인 녹은 빨리 제거한다.

TIP 상이한 금속을 인접, 접촉시키면 이온화 경향에 의하여 한쪽 금속이 부식된다.

04 알루미늄의 특성에 대한 설명으로 옳지 않은 것은?

① 전기나 열전도율이 높다.
② 압연, 인발 등의 가공성이 나쁘다.
③ 가벼운 정도에 비하면 강도가 크다.
④ 해수, 산, 알칼리에 약하다.

TIP 알루미늄은 가공성이 좋다.

01 ① 02 ② 03 ② 04 ②

05 바름공사에서 기둥이나 벽의 모서리 면에 미장을 쉽게 하고 모서리를 보호할 목적으로 설치하는 철물은?

① 조이너　　② 논슬립
③ 코너비드　④ 와이어라스

06 금속의 방식법에 대한 설명 중 옳지 않은 것은?

① 도료나 내식성이 큰 금속으로 표면에 피막을 하여 보호한다.
② 균질한 재료를 사용한다.
③ 다른 종류의 금속을 서로 잇대어 사용한다.
④ 표면은 깨끗하게 하고 물기나 습기가 없도록 한다.

> TIP ☼ 3번 참조

07 다음 중 강의 열처리 방법에 속하지 않는 것은?

① 불림　　② 단조
③ 담금질　④ 풀림

> TIP ☼ 단조
> 강의 가공방법(두드려서 가공)

08 다음 중 창호철물이 아닌 것은?

① 도어클로저　② 플로어힌지
③ 실린더 록　　④ 듀벨

> TIP ☼ ④ 듀벨은 목재의 긴결철물이다.

05 ③　06 ③　07 ②　08 ④

08 chapter 유리

01 개요

천연적으로 존재하는 유리모양의 물질은 인류가 탄생하기 이전부터 존재해 왔으며, 18C말 소다석회유리의 발명으로 대량생산이 이루어지기 시작하였다.

02 유리의 성분

유리의 주성분은 규사(SiO_2), 소다(Na_2O), 석회(CaO) 등이며, 산화마그네슘(MgO) 및 삼산화알루미늄(Al_2O_3)등을 소량 함유하고 있다. 그리고 산화물 및 착색제 등을 첨가하여 특수성을 주기도 한다.

03 유리의 성질

1 비중

① 비중은 성분에 따라 2.2~6.3 정도이고, 일반 보통 판유리는 2.5 내외이다.
② 납, 아연, 알루미나 등의 금속산화물을 포함하면 비중이 커진다.

2 경도 및 강도

경도는 모스경도로 일반적으로 6정도이고, 압축강도는 약 50~85MPa, 인장강도는 약 55MPa, 휨강도는 약 50MPa 정도이다.
※ 보통 창유리의 강도는 휨강도를 기준으로 한다.

3 열적 성질

유리의 열전도율과 열팽창계수는 작고 비열은 커서 갑작스럽게 열을 가하거나 냉각시킬 경우 파괴되기 쉽다.

4 광학적 성질

(1) 굴절률

1.5~1.9 정도이고, 일반 유리는 1.5 정도를 나타낸다.

(2) 반사

유리면은 광선의 투사가 크고, 굴절률이 클수록 반사는 커지고, 투사각이 직각에서는 전반사에 가까워진다.

(3) 흡수율

깨끗한 창유리의 흡수율은 약 2~6% 정도이고, 두껍고 불순물이 많거나 착색되어 색깔이 짙을수록 흡수율은 커진다.

5 화학적 성질

① 일반 화학약품에도 침식되지 않아 건축 재료 중 화학적 성질이 우수한 편에 속하여 화학기구로도 많이 사용된다.
② 약산에는 침식되지 않으나 염산, 황산 등에는 서서히 침식되며, 플루오르화수소(불화수소 : 불산)에는 격렬히 반응한다. 이러한 성질을 이용하여 유리 표면 가공을 하여 에칭유리를 생산한다.

04 유리의 장·단점

1 장점

① 광선의 투과율이 매우 높다.
② 반영구적이며, 불연재료 이다.
③ 균일한 품질이며 대량생산이 가능하다.

2 단점

① 충격에 약하여 파손되기 쉽다.
② 파손에 의한 부상의 위험이 있고, 단열 및 차음효과가 작다.

05 유리제품

1 판유리

(1) 일반유리

① **박판유리** : 두께 6mm 미만의 유리를 말하며, 보통 일반 창유리로 사용된다.
② **후판유리** : 두께 6m/m 이상의 유리를 말하며, 칸막이 벽, 실내 차단용, 통유리 문 등에 사용한다.
③ **망(입)유리(그물유리, 철망유리)**
  ㉠ 용융된 유리 사이에 금속 망을 삽입한 후 압착시킨 유리로써 금속 망의 재료는 철, 황동, 구리, 알루미늄 등을 사용한다.
  ㉡ 파편의 비산방지와 도난 및 화재방지에 사용한다.

망(입)유리(그물유리, 철망유리)

(2) 가공유리

① **강화유리**
  ㉠ 판유리를 열처리(500 ~ 600℃)한 후에 냉각공기를 불어 균등히 급랭시켜 강도를 높인 유리로 강도는 보통 유리 강도의 3 ~ 5배, 충격강도는 5 ~ 6배 정도이다.
  ㉡ 잘 깨지지 않고, 부서지더라도 잘게 부수어져 파편에 의한 부상이 적다.
  ㉢ 열처리 후 절단 및 가공할 수 없어, 사전에 소요치수로 절단 및 가공을 해야 한다.
  ㉣ 건물 창, 에스컬레이터 옆판, 자동차 또는 선박 등에 사용한다.

② **복층유리(Pair Glass)**
  ㉠ 2장 또는 3장의 판유리를 일정간격으로 띄운 후, 둘레에 틀을 끼워 기밀하게 하고 그 사이에 건조공기 또는 아르곤가스를 주입하여 만든 유리이다.
  ㉡ 단열, 결로 방지, 방음에 효과가 있고, 일반주택 또는 고층 빌딩의 외부창 등에 사용한다.

③ **(접)합유리**
  ㉠ 2장 또는 그 이상의 유리 사이에 투명한 플라스틱 필름을 넣고 높은 열로 압착하여 만든 유리로 타격에 의해 파괴되더라도 파편이 접착제에 붙어 떨어지지 않게 한다.
  ㉡ 자동차, 기차 등의 창유리에 사용한다.

(2) 특수유리

① **색유리** : 판유리에 착색제를 섞어 만든 유리로 가시광선을 적정하게 투과시켜 눈부심 방지와 실내온도의 상승방지에 효과가 있다.
  ㉠ 스테인드글라스(Stained Glass)
    ⓐ 색 유리를 이용하여 여러 그림 또는 문양을 넣은 유리로, 색 유리의 작은 조각을 이용하고 그 접합부를 I형 납테 또는 에폭시에 끼워 맞춘다.
    ⓑ 성당의 창, 장식용 등에 사용한다.

② **열선흡수유리** : 단열유리라고도 하며 산화철, 니켈, 크롬 등을 소량 배합하여 만든 유리로 건축물 서향의 창, 차량 등에 사용한다.

③ **자외선투과유리** : 유리성분 가운데 산화제이철(Fe_2O_3)이 자외선을 차단하는 성분이므로 산화제일철(FeO)로 환원제를 사용하여 환원시킨 유리로 온실, 병원의 일광욕실 등에 사용한다.

④ **자외선흡수유리** : 약 10% 정도의 산화제이철을 함유하고 있으며, 자외선을 흡수하는 티타늄 등을 혼합한 유리로 진열창, 용접공의 보안경, 창고의 창유리 등이 사용한다.

⑤ **X선차단유리** : 유리 원료에 산화납(PbO)을 포함시켜 만든 유리로(산화납 포함 한도 6%) X선실, 방사선실의 창유리 등에 사용한다.

2 성형유리

(1) 2차 제품

① **유리블록**
  ㉠ 상자형 유리 2개를 맞추어 고열로 일체시키고, 건조공기를 넣어 만든 유리로 4각 측면은 몰탈과의 접착이 잘 되도록 합성수지계 도료를 발라 돌가루 등을 붙여 놓는다.
  ㉡ 장식 및 채광창 등에 사용한다.
  ㉢ 투광률이 좋다.

② **유리섬유(Glass wool, Glass fiber)**
  ㉠ 유리를 녹인 뒤 작은 구멍에 통과시켜 섬유 모양으로 만든 유리로 탄성이 작고, 전기절연성, 내화성, 내수성 등이 우수하다.
  ㉡ 단열재, 방음재, 보온재, 먼지흡수용, 산 여과용 등에 사용한다.
  ㉢ 비중이 작으면서(0.1 이하) 인장강도는 매우 강하며, 안전사용온도는 300℃ 이하이다.

③ 폼 글라스
  ㉠ 가루로 만든 유리에 발포제를 넣어 기포를 발생시킨 유리로 투과가 안 되며, 충격에 약하다.
  ㉡ 단열재, 보온재, 방음재로 사용한다.
④ 프리즘유리(프리즘 타일, Deck glass, Top light glass) : 입사되는 광선의 방향을 바꾸거나, 빛의 확산 및 집중시킬 목적으로 만든 유리로 지하실, 옥상의 채광용 등으로 사용한다.

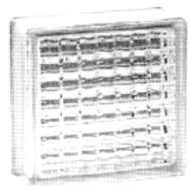 

유리블록

유리 예상문제

01 철, 니켈, 크롬 등이 들어 있는 유리로써 서향일광을 받는 창에 사용되며 단열유리라고 불리우는 것은?

① 열선반사유리　② 자외선투과유리
③ 열선흡수유리　④ 자외선흡수유리

02 다음 중 시공현장에서 절단 가공할 수 없는 유리는?

① 보통판유리　② 무늬유리
③ 망입유리　　④ 강화유리

TIP 절단 가공이 불가능한 것
강화유리, 복층유리, 유리블록

03 페어 글라스라고도 불리우며 단열성, 차음성이 좋고 결로 방지에 효과적인 유리제품은?

① 접합유리　② 강화유리
③ 무늬유리　④ 복층유리

04 자외선의 화학작용을 방지할 목적으로 의류품의 진열창 식품이나 약품의 창고 등에 사용되는 유리는?

① 자외선 차단유리
② 열선 흡수유리
③ 열선 반사유리
④ 자외선 투과유리

TIP 자외선 차단유리는 자외선 흡수유리를 말한다.

05 창유리의 강도란 일반적으로 어떤 것을 말하는가?

① 압축강도　② 인장강도
③ 휨강도　　④ 전단강도

06 다음 중 결로방지용으로 가장 알맞는 유리는?

① 접합유리　② 강화유리
③ 망입유리　④ 복층유리

TIP 3번 참조

01 ③　02 ④　03 ④　04 ①　05 ③　06 ④

07 각종 유리 제품의 용도 및 특징에 관한 기술 중 옳은 것은?

① 프리즘 타일(prism-tile) : 입사광선을 확산 또는 집중시킬 목적으로 지하실 또는 옥상의 채광용으로 사용
② 폼글라스(foam glass) : 보온 및 방음성이 좋고, 음향조절에 이용, 투광률 90%
③ 유리섬유(glass wool) : 전기절연성이 작고 특히 인장강도가 작음
④ 유리블록(glass block) : 장식 및 보온 방음벽에 이용, 투광률이 전혀 없음

TIP • 폼글라스
광선의 투과가 잘 안된다.(투광률이 작다.)
• 유리섬유
유리섬유는 가는 섬유일수록 인장 강도가 크다.
• 유리블록은 투광률이 좋다.

08 강화유리에 대한 설명 중 옳지 않은 것은?

① 강도가 보통유리의 5배 정도이다.
② 파괴 시 작은 파편이 되어 분쇄된다.
③ 열처리를 한 후에는 가공 절단이 불가능하다.
④ 2매의 판유리 사이에 비닐계 플라스틱의 인공수지막을 끼워 고온, 고압으로 접착시킨 것이다.

TIP 강화유리는 가열급냉시켜 만든 유리이다.

07 ① 08 ④

09 chapter 미장재료

01 개요

건축물의 바닥, 내·외벽, 천장 등에 적당한 두께로 발라 표면의 미화 및 보호를 할 목적으로 사용되는 재료이다.

02 분류

1 고결재

자신이 물리적, 화학적으로 굳어져 미장바름의 주체가 되는 재료를 말한다.(소석회, 돌로마이트, 점토 등)

2 결합재

고결재의 수축균열 등을 보완하고, 응결시간의 조절을 목적으로 사용되는 재료이다.(여물, 풀 등)

3 골재

증량 또는 치장의 목적으로 사용되는 재료이며, 직접 경화에 관계하지 않는 재료이다.(모래 등)

03 경화에 따른 분류

1 고결재

(1) 수경성

① 석고
  ㉠ 점성이 크고, 응결이 빠르다.(5~20분)
  ㉡ 중성화가 빨라서 유성페인트를 바를 수 있다.
  ㉢ 경화 후 수축이 적어 균열이 적게 발생한다.
  ㉣ 방화성이 우수하다.
  ㉤ 소석고 : 천연 석고를 150~200℃로 소성한 뒤, 미 분쇄한 석고이다.
  ㉥ 무수석고 : 소석고를 약 400~500℃로 소성한 석고이다.
  ㉦ 경석고(= 킨즈 시멘트, Keen's Cement) : 무수석고는 응결, 경화가 좋지 않아 규사, 점토 등을 혼합하여 다시 소성(500~1000℃)하여 경화성을 증대시킨 석고로써 벽 또는 바닥 바름재료로 사용한다.

② **시멘트 몰탈** : 어떤 미장재료 보다 성질이 우수하여 가장 많이 사용하며 시멘트+모래+물을 혼합하여 사용한다.

③ **테라죠(Terrazzo)** : 백색 시멘트+종석(대리석 또는 화강암)+안료+물을 혼

합한 미장재료로 바름이 굳은 후 연마기 등으로 갈고 왁스로 광내기를 한다.

(2) 기경성

① **진흙(점토)** : 재래식 공법으로 균열을 방지할 목적으로 여물 등을 혼합하여 외벽 바탕에 사용한다.

② **석회**
  ㉠ 석회라 함은 일반적으로 소석회를 말하는 것이며, 수산화칼슘 $[Ca(OH)_2]$을 말한다. 이것을 약 1000℃ 정도로 하소하여 생석회 (CaO)를 만든 후 물을 넣어 소석회를 만든다.
  ㉡ 가소성이 크며, 경화시간이 늦고 수축균열이 발생하기 쉬우며, 점도가 거의 없다.
  ㉢ 회사벽 : 소석회에 모래를 넣어 반죽한 것을 말하며 필요에 따라 시멘트, 여물 등을 혼합하여 재래식 건물의 흙벽 위에 바름용으로 사용한다.
  ㉣ 회반죽
    ⓐ 소석회에 여물, 풀, 모래 등을 혼합한 것으로 수축률이 커 여물을 넣어 균열을 방지하고 건조에 시간이 많이 걸린다.
    ⓑ 목조바탕, 콘크리트 블록 및 벽돌 바탕 등에 사용한다.
    ⓒ 회반죽은 이산화탄소(탄산가스)와 반응하여 경화한다.

③ **돌로마이트 플라스터**
  ㉠ 소석회 보다 점성이 커 풀이 필요 없어 냄새, 변색, 곰팡이가 생기지 않는다.
  ㉡ 강알칼리성으로 건조 후 바로 유성 페인트를 칠할 수 없다.
  ㉢ 필요에 따라 시멘트, 모래, 여물 등을 혼합하여 사용한다.
  ㉣ 수축률이 커 균열이 발생하기 쉬워 여물 등을 혼합한다.

2 결합재

(1) 여물

① 재료가 떨어져 나가거나 균열이 생기는 것을 방지하기 위해 사용하는 재료이다.
② 짚여물, 삼여물 등이 있다.

(2) 풀

① 점성을 높여 바름 후 부착이 잘 되게 하기 위해 사용하는 재료이다.
② 해초풀을 많이 사용해 왔으며, 근래에는 합성수지 풀을 사용하기도 한다.

09 미장재료 예상문제

01 미장용 혼화재료 중 응결시간을 단축시키는 것을 목적으로 하는 급결제에 속하는 것은?

① 카본블랙 ② 점토
③ 이산화망간 ④ 염화칼슘

> TIP • 카본블랙 : 착색제
> • 경화촉진제(급결제) : 염화칼슘

02 미장재료 중 돌로마이트 플라스터에 대한 설명으로 옳지 않은 것은?

① 수축 균열이 발생하기 쉽다.
② 소석회에 비해 작업성이 좋다.
③ 점도가 없어 해초풀로 반죽한다.
④ 공기 중의 탄산가스와 반응하여 경화한다.

03 미장재료 중 회반죽은 공기 중의 무엇과 반응하여 경화하는가?

① 이산화탄소 ② 수소
③ 산소 ④ 질소

> TIP 소석회는 회반죽이 굳은 것으로 소석회에 물과 반죽하여 벽에 바르면 수분이 공기 중으로 증발하면서 소석회는 공기 중의 이산화탄소와 반응을 하여 단단한 석회석이 된다.

04 다음 미장재료 중 응결 경화 방식이 기경성이 아닌 것은?

① 석고 플라스터
② 회반죽
③ 회사벽
④ 돌로마이터 플라스터

> TIP 회사벽
> 석회죽 + 모래

01 ④ 02 ③ 03 ① 04 ①

05 미장재료 중 회반죽에 여물을 혼입하는 가장 주된 이유는?

① 변색을 방지하기 위해서
② 균열을 분산, 경감하기 위해서
③ 경도를 크게 하기 위해서
④ 굳는 속도를 빠르게 하기 위해서

06 돌로마이트 석회에 관한 다음 설명 중 옳지 않은 것은?

① 회반죽에 비해 조기강도 및 최종강도가 크다.
② 소석회에 비해 점성이 높고 작업성이 좋다.
③ 점성이 거의 없어 해초풀로 반죽한다.
④ 수축 균열이 많이 발생한다.

TIP 2번 참조

07 다음 미장재료 중 수경성 재료는?

① 회사벽
② 돌로마이트 플라스터
③ 회반죽
④ 시멘트 몰탈

TIP 4번 참조

08 다음 미장재료 중 균열 발생이 가장 적은 것은?

① 돌로마이트 플라스터
② 석고 플라스터
③ 회반죽
④ 시멘트 모르타르

TIP 석고는 경화후 수축이 적어 균열 발생이 적다.

09 소석회에 모래, 해초풀, 여물 등을 혼합하여 바르는 미장재료로써 목조 바탕, 콘크리트 블록 및 벽돌 바탕 등에 사용되는 것은?

① 돌로마이트 플라스터
② 회반죽
③ 석고 플라스터
④ 시멘트 모르타르

TIP 회반죽

소석회 + 풀 + 여물 + 모래

05 ② 06 ③ 07 ④ 08 ② 09 ②

10 미장재료의 구성재료 중 그 자신이 물리적 또는 화학적으로 고체화 하여 미장바름의 주체가 되는 재료는?

① 골재 ② 고결재
③ 보강재 ④ 결합재

> TIP
> - 골재
>   양을 늘리거나 치장을 하기 위하여 혼합하는 것
> - 결합재
>   고결재의 결점(균열, 점성)을 보완하고, 응결 경화시간을 조절하기 위하여 쓰이는 재료

11 실을 뽑아 직기에 제직을 거친 벽지는?

① 직물벽지 ② 비닐벽지
③ 종이벽지 ④ 발포벽지

> TIP
> - 비닐벽지
>   종이 위에 PVC코팅을 한 벽지, 표면질감이 실크 같다고 해서 실크 벽지라고도 한다.
> - 종이벽지
>   종이 위에 무늬와 색상을 프린팅한 가장 저렴하고 시공하기 쉬운 벽지.
> - 발포벽지
>   비닐벽지의 한 종류, 종이에 발포제를 넣어 가열, 발포시킨 벽지.

12 석고 플라스터에 대한 설명으로 옳지 않은 것은?

① 점성이 작아서 여물 또는 해초 풀 등을 원칙적으로 사용하여야 한다.
② 경화, 건조시 치수안정성이 우수하다.
③ 결합수로 인하여 방화성이 크다.
④ 유성페인트로 마감이 가능하다.

> TIP
> - 석고 플라스터는 점성이 크다.
>   - 건조수축이 작아서 치수에 안정성이 크다.
>   - 석고는 방화성이 우수하다.

13 석고보드에 대한 설명으로 옳지 못한 것은?

① 방부성, 방화성이 크다.
② 흡수로 인한 강도의 변화가 없다.
③ 열전도율이 작고 난연성이다.
④ 가공이 쉬우며 유성페인트로 마감할 수 있다.

> TIP 온도나 습도에 의한 신축변형은 없으나, 흡수를 많이 하게 되면 강도는 떨어질 수 밖에 없다.

10 ② 11 ① 12 ① 13 ②

10 chapter 합성수지

01 개요

섬유, 석탄, 석유, 천연가스 등의 원료를 인공적으로 합성하여 만들어진 고분자 화합물을 말하며, 플라스틱과 같은 뜻으로 사용된다.

02 합성수지의 장·단점

1 장점

① 가공이 쉽고, 착색이 자유롭다.
② 접착성이 우수하며, 안정성이 크고 흡수율이 적다.
③ 전성 및 연성이 크고, 피막이 튼튼하며 광택이 있다.
④ 내수성, 내약품성, 내알칼리성이 크다.
⑤ 투과율이 높아 채광판으로 사용한다. (아크릴 수지 : 90%, 비닐계 수지 : 85~90%)
⑥ 전기절연성이 높아 절연재료로 사용한다.
⑦ 가소성이 크다.

2 단점

① 강도와 탄성이 작아 구조재로는 불리하다.
② 내열성, 내후성이 부족하다.
③ 표면강도가 약하여 잘 긁힌다.

03 합성수지의 종류

1 열가소성 수지

열을 가하면 변형되어 가소성이 생기고, 냉각하면 다시 굳는 수지를 말한다.

(1) 아크릴수지

① 투과성, 내후성, 내약품성이 크고 착색이 자유로우나 경도가 낮다.
② 간판, 채광용, 조명기구 커버, 유리대용품 등으로 사용한다.

(2) 염화비닐수지

① 강도, 전기절연성, 내약품성이 좋지만 고온과 저온에 약하다.
② 시트, 파이프, 단열재 등을 만들 수 있다.

(3) 폴리에틸렌수지

① 물 보다 가볍고, 유백색의 불투명한 수지로써 내약품성, 전기절연성, 내수성 등이 좋다.
② 방수·방습시트, 전선피복, 필름, 일용 잡화 등으로 사용한다.

(4) 폴리스티렌수지

① 벤젠과 에틸렌으로부터 만든 것으로 벽, 타일, 천장재, 블라인드, 도료, 전기용품으로 쓰이며 특히 발포제품은 저온단열재로 사용한다.
② 무색투명하고 스티롤 수지라고도 하며 내수성, 내약품성, 전기절연성 등이 좋다.
③ 파이프, 발포 보온재, 블라인드, 벽 타일 등으로 사용한다.

(5) 폴리프로필렌수지

① 플라스틱 중 가장 가볍고, 전기적 성질이 우수하며 내약품성과 내열성이 양호하다.
② 섬유제품, 열소독 의료기구, 약품용기 등에 사용한다.

2 열경화성 수지

열을 가하여도 변형되지 않는 수지를 말한다.

(1) 멜라민 수지

내열성, 내약품성 및 경도가 크고 무색투명한 수지로 조리대, 실험대, 전기부품 등에 사용한다.

(2) 실리콘 수지

① 내열성·내한성이 매우 우수(-60℃ ~ 250℃)하며 탄성, 전기절연성, 내약품성, 내후성이 우수하다.
② 방수피막, 접착제 등으로 사용한다.

(3) 에폭시 수지

① 내약품성, 내용제성이 좋고 산과 알칼리에 강하고 접착력 매우 우수하며, 경금속 접착에 가장 좋다.
② 접착제, 피막제 등으로 사용한다.

(4) 폴리에스테르수지

내후성, 내약품성 우수하고 기계적 강도가 크다.

① FRP(섬유강화플라스틱) : 유리섬유를 보강재로 혼입하여 강도를 높인 수지로 덕트, 파이프 루버, 칸막이 등으로 사용한다.
② 알키드 수지
  ㉠ 내후성, 가요성, 내유성은 우수하며 내수성, 내알칼리성에는 약하다.
  ㉡ 도료 및 성형품의 원료로 사용한다.

(5) 요소 수지

무색이며 착색이 용이하며 내수합판 접착제, 식기류, 도료 등에 사용한다.

(6) 페놀 수지

전기절연성, 내수성, 내후성, 접착성 등이 양호하나 내알칼리성은 약하고, 배전판, 내수합판 접착제 등으로 사용한다.

04 합성수지 제품

1 바닥재

(1) 비닐타일

① 아스팔트+합성수지+석면+안료 등을 혼합·가열하여 만든다.
② 값이 비교적 저렴하고 착색이 자유롭고, 약간의 탄력성, 내마멸성, 내약품성이 있다.
③ 두께는 2~3mm, 크기는 30cm×0cm이다.
④ 아스팔트타일보다 가열변형 정도가 작다.

(2) 아스팔트타일

① 아스팔트+석면+안료 등을 혼합·가열 압연하면서 만든다.
② 탄력 및 내마멸성이 우수하나, 열에 취약하다.
③ 비닐타일에 비해 가열변형 정도가 크고, 기름 용제 등을 취급하는 건물 바닥에는 부적당하다.

(3) 비닐시트

① 염화비닐, 초산비닐+석면+펄프+안료를 혼합하여 가열하면서 압연한 제품이다.
② 부드럽고 촉감이 좋으며, 내마모성에 강하다.
③ 여러 가지 부가재료를 혼합하여 가능성 있는 제품이 많이 출시되고 있다.

(4) 바름 바닥

① 몰탈 바닥에 바름으로써 아름다운 표면이 유지되고, 먼지가 덜 나며, 바닥강도가 강화된다.
② 초산비닐 계, 폴리에스테르 계, 에폭시 계 바름 바닥 등이 있다.

2 내벽재

(1) 멜라민치장판

① 멜라민수지와 페놀 수지를 먹인 종이를 약 140℃, 10MPa로 열압하여 만든다.
② 난연성 및 경도가 크고 착색과 광택이 있지만, 내열성 및 내수성이 부족하여 내부에만 사용한다.
③ 두께는 1.5mm를 표준으로 하고, 크기는 90cm×90cm, 90cm×180cm이다.

(2) 폴리에스테르치장판

① 합판의 표면에 폴리에스테르수지를 입힌 제품으로 멜라민 치장판에 비해 경도, 내열성이 낮다.
② 건물 내장재, 가구재로 많이 사용한다.

11 접착제

01 개요

접착제란 액체 상태의 물질로 재료 사이에 발라 붙여 굳으면서 견고하게 연결시키는 재료를 말하며 교착제라고도 한다.

02 건축용 접착제의 요구되는 성질

① 접착면을 잘 적시고 유동성이 있어야 한다.
② 진동·충격 등의 반복에 잘 견딜 수 있어야 한다.
③ 경화 시 체적 수축 등의 변형을 일으키지 않아야 한다.
④ 내수성, 내열성, 내알칼리성, 내후성 등이 있어야 한다.
⑤ 독성이 없고 접착강도를 유지해야 한다.

03 접착제의 종류

1 단백질 계 접착제 및 전분질

(1) 카세인

지방질을 빼낸 우유를 자연산화 또는 산, 젖산, 황산 등을 혼합하여 분리한 후 건조시킨 것으로 목재의 접합, 수성 페인트의 원료 등으로 사용한다.

(2) 아교

수피를 삶아 그 용액을 말린 물질로 합판, 목재창호 등에 사용 되었으나, 합성수지 접착제가 나온 후로 잘 사용하지 않는다.

(3) 알부민

혈액 중 혈장을 70℃ 이하에서 건조시켜 만든 물질로 알부민을 물에 녹인 후 암모니아수 또는 석회수를 조금 가하여 사용한다.

(4) 대두교

① 콩에서 콩기름을 추출한 후 만든 탈지대두를 분말화 하여 만든 것으로 탈지대두 분말에 소석회, 가성소다액, 규산소다 등을 물과 혼합하여 사용한다.
② 카세인보다 내수성은 좋으나 접착력이 떨어진다.

(5) 전분

쌀, 밀(소맥), 감자, 고구마, 옥수수 등을 분말화 하여 만든 것으로 물과 혼합한 뒤 가열하여 사용하나, 내수성이 없어 공업용으로 사용하지 않는다.

2 합성수지 계 접착제

(1) 에폭시수지 접착제

내수성, 내약품성 등이 우수하고, 접착력이 접착제 중 가장 우수하며, 금속, 플라스틱, 도기, 유리, 목재, 콘크리트 등의 접착에 사용한다.

(2) 요소수지 접착제

접착제 중 가장 값이 싸고 접착력이 우수하며 목재의 접착이나 합판, 집성목재, 파티클 보드에 사용한다.

(3) 페놀수지 접착제

접착성, 내열성, 내수성 등이 우수하나, 유리나 금속 접착에는 적당하지 못하며 합판, 목재 제품의 접착에 사용한다.

(4) 멜라민수지 접착제

내수성, 내열성은 요소수지보다 우수하고 무색투명하여 착색의 염려가 없고 내수합판 등의 접착에 사용한다.

합성수지 & 접착제 예상문제

01 다음 중 열경화성 수지는?

① 염화비닐 수지 ② 폴리스티렌 수지
③ 요소 수지   ④ 아크릴 수지

02 급경성으로 내알칼리성 등의 내화학성이나 접착력이 크고 내수성이 우수하여 금속, 석재, 도자기, 글라스, 콘크리트, 플라스틱재 등의 접착에 사용되는 합성수지질 접착제는?

① 페놀수지 접착제
② 에폭시수지 접착제
③ 멜라민수지 접착제
④ 요소수지 접착제

03 합성수지의 일반적인 성질에 대한 설명 중 틀린 것은?

① 가소성이 크다.
② 전성 및 연성이 크다.
③ 내화, 내열성이 부족하다.
④ 착색이 자유롭고 투수성이 크다.

> **TIP** 투수성은 적다.

04 열경화성 수지 중 건축용으로 글라스섬유로 강화된 평판 또는 판상제품으로 주로 사용되는 것은?

① 아크릴수지
② 폴리에스테르수지
③ 염화비닐수지
④ 폴리에틸렌수지

> **TIP** F.R.P
> 유리섬유로 보강된 플라스틱으로 F.R.P는 폴리에스테르 수지를 말한다.

01 ③ 02 ② 03 ④ 04 ②

12 chapter 도장재료

01 개요

도료란 유동성을 가진 액체로 물체 표면에 도포할 경우 시간이 경과됨에 따라 물리적 화학적으로 변하여 피막을 형성하는 것을 말한다. 재료 등에 도장을 할 경우 내식성, 내수성, 내화성 등을 가지게 하고, 표면의 미화, 무늬 등을 아름답게 미화시키는 재료이다.

02 도료의 원료

1 유지

도장 후 공기 중의 산소와 결합하여 경화한 후 도막을 형성시킨다.

(1) 건성유

아마인유(亞麻仁油), 동유(桐油), 마실유(麻實油), 대두유(大豆油).

(2) 보일드 유(Boiled Oil)

건성유에 건조제를 넣어 공기를 흡입하며 100℃ 정도로 가열하여 점도, 건조성, 색채 등을 개량한 것.

(3) 스탠드 유(Stand Oil)

건성유를 공기를 차단시켜 300℃ 정도로 가열한 것.

2 수지

유지나 용제에 용해되어 있으며, 도장 후에는 도막의 일부가 된다.

(1) 천연수지

로진(Rosin), 댐머(Dammar), 쉘락, 코펄(Copal), 앰버(Amber) 등.

(2) 합성수지

알키드 수지, 페놀 수지, 에폭시 수지, 아크릴 수지, 폴리우레탄 수지 등.

3 안료

도료에 색채를 주어 표면 은폐 및 불투명한 도막을 만들어 줌과 동시에 철재의 방청용으로 사용된다.

안료의 종류

백색	아연화, 티탄백
흑색	카본블랙, 흑연
황색	황연, 황토
적색	연단, 산화철
청색	코발트, 군청
녹색	산화크롬

4 건조제

건성유의 건조를 촉진시키기 위해 사용된다.

5 용제

도료를 용해시킴과 동시에 적당한 점도를 유지시켜 도장작업을 용이하게 하기 위해 사용한다. 벤졸(Benzol), 알콜(Alcohol) 등을 사용한다.

6 가소제

도막의 유연성 및 교착성 등을 발생시켜 내구성을 증가시키기 위해 사용한다.

7 희석제

도료의 점도와 증발을 조절하는 것으로 그 자체에 용해성은 없으나 다른 용제와 함께 사용하면 수지를 용해시킬 수 있다. 시너(Thinner)가 대표적이다.

03 도장재료의 종류

1 페인트

(1) 유성페인트(Oil Paint)

① 안료+보일드 유+희석제를 혼합한 도료로써 값이 싸고, 도막이 두꺼우나, 건조가 늦고, 내약품성, 내후성에 우수하다.
② 목재, 석고판 등의 도장에 널리 사용되며 알칼리에 약하여 콘크리트 면, 몰탈 면에 바로 바를 수 없다.

(2) 수성페인트(Water Paint)

① 안료 + 아교(또는 카세인) + 물을 혼합한 도료로 취급이 간단하며 건조가 빠르고 작업성이 좋으나 광택이 없다.
② 내 알칼리성이므로 콘크리트 면, 몰탈 면에 사용할 수 있으나, 마감면의 마멸성이 크고 광택이 없어 내부용으로 사용한다.
③ 에멀젼 페인트(수성페인트의 일종)
  ㉠ 수성페인트+합성수지+유화제를 혼합한 도료로써 수성과 유성의 특징을 겸한 유화액상 페인트이다.
  ㉡ 도장 후 물은 퍼져 흩어져 굳어진다.
  ㉢ 무광은 실내, 유광은 실외도장이 가능하다.

2 바니쉬

(1) 오일 바니쉬(Oil Vanish)

① 유용성 수지를 건성유에 가열, 용해한 다음 휘발성 용제로 희석한 것을 말하며, 유성페인트보다 내후성이 작아 실외에는 사용하지 않는다.
② 무색 또는 갈색 투명 도료로써 목재 도장에 사용한다.

(2) 휘발성 바니쉬(Spirit Vanish)

수지류를 휘발성용제에 녹인 것으로 에틸 알코올을 사용하기 때문에 주정 바니쉬라고도 한다.

수지류 중 합성수지를 주체로 한 것을 래커(Lacquer)라 한다.

① 래커
- ㉠ 도막이 견고하고 건조가 빨라(10~20분) 스프레이를 이용한다.
- ㉡ 광택이 있고 내후성, 내수성 등은 우수하나, 도막이 얇고 부착력이 약하다.

② 클리어 래커
- ㉠ 투명래커로 안료를 포함하지 않은 투명 래커를 말한다.
- ㉡ 오일 바니쉬에 비해 도막은 얇으나 견고하고 광택이 있으며, 목재면의 투명도장에 사용한다.
- ㉢ 내수, 내열성이 있으나 내후성이 좋지 않아 내부에 사용한다.

③ 에나멜 래커
- ㉠ 클리어 래커에 안료를 포함한 불투명 도료를 말하며 속건성이고, 도막이 단단하며, 내유성, 내수성이 우수하다.
- ㉡ 도막이 얇으며, 밀착성이 좋지 않다.
- ㉢ 내후성을 높여 차량의 외부도장 등에 사용하고, 내후성이 낮은 것을 실내도장에 사용한다.

(3) 에나멜 페인트(Enamel Paint)

오일 바니쉬와 안료를 혼합한 유색 불투명 도료로 건조가 빠르며 광택이 있고, 내수성, 내열성 등이 우수하다.

① **합성수지 도료** : 안료와 합성수지 등을 주 원료로 한 것을 말하며 유성페인트 및 바니쉬와 비교했을 경우 다음과 같은 특징이 있다.
- ㉠ 건조 시간이 빠르고 도막이 단단하다.
- ㉡ 내산성, 내알칼리성이 있어 콘크리트나 몰탈 면에 바를 수 있다.
- ㉢ 투명한 합성수지를 사용하게 되면 더 선명한 색을 낼 수 있다.
- ㉣ 도막은 인화할 염려가 없어 더욱 방화성이 있다.

04 특수도료

1 방청도료

① 금속의 보호와 표면에 녹이 슬지 않게 할 목적으로 사용되는 도료를 말하며 녹막이 도료 또는 녹막이 페인트라고도 한다.
② 물, 공기가 통하지 않도록 하며 굳은 도막을 만들어야 한다.
③ 광명단, 징크로 메이드, 크롬산아연, 산화철 등이 있다.

2 발광도료

발광재료를 혼합하여 도막이 어두운 곳에서도 보일 수 있도록 만든 도료로써 외부 자극 없이도 발광하는 야광도료와, 빛이 있는 동안만 발광하고 제거하면 발광하지 않는 형광도료가 있다.

3 바탕용 도료

① 목재 또는 금속 도장을 할 때 도료와 바탕의 부착을 잘 되게 하고, 표면을 보호하는 목적으로 사용하는 도료를 말한다.
② 오일 프라이머, 오일 퍼티, 래커샌딩실러, 우드실러 등이 있다.

도장재료 예상문제

01 다음의 유성 페인트에 관한 설명 중 옳지 않은 것은?

① 내후성이 우수하다.
② 붓바름작업성이 뛰어나다.
③ 모르타르, 콘크리트, 석회벽 등에 정벌 바름하면 피막이 부서져 떨어진다.
④ 유성 에나멜페인트와 건조시간, 광택, 경도 등이 뛰어나다.

TIP 유성 paint는 건조가 늦다.

02 목부에 사용되는 투명 도료는?

① 유성페인트
② 클리어래커
③ 래커에나멜
④ 에나멜페인트

03 다음의 도료 중 내 알칼리성이 높아 모르타르나 콘크리트 벽 등에 사용이 가능한 것은?

① 염화비닐 수지도료
② 유성 페인트
③ 유성바니쉬
④ 알루미늄 페인트

TIP 합성수지 paint는 내산성, 내알카리성이 높다.

01 ④ 02 ② 03 ①

13 방수재료

01 개요

방수재료란 방수를 위해 사용하는 재료를 뜻하며, 아스팔트, 아스팔트 프라이머, 방수포 등이 있다. 근래에는 방수재료의 발달로 기존 아스팔트의 단점인 신성, 내후성 등을 개선시킨 합성수지 방수재료가 등장하고 있다.

02 아스팔트

석유 성분 중 일부가 자연적인 증발 또는 인위적인 증발 등을 통해 얻어진 고체형태 또는 반고체형의 역청물질을 말한다.

03 아스팔트의 종류

1 천연 아스팔트

(1) 레이크 아스팔트(Lake Asphalt)

① 천연적으로 생성된 아스팔트가 지표에 호수 모양으로 퇴적 되어진 것이며, 역청분을 50% 이상 함유하고 있으며, 성질은 스트레이트 아스팔트와 비슷하다.
② 도로 및 바닥포장, 방수 등에 사용한다.

(2) 로크 아스팔트(Rock Asphalt)

① 다공질 암석(사암, 석회암)틈새에 스며들어 생성된 아스팔트를 말하며 역청분을 5~40%정도 함유하고 있으며 품질이 일정하지 않다.
② 도로 및 바닥포장, 방수 등에 사용한다.

(3) 아스팔트 타이트(Asphalt Tite)

① 지층의 갈라진 틈, 암석의 깨진 틈 등에 침입되어 그 성질이 변한 아스팔트이며, 탄력성이 풍부한 블로운 아스팔트와 성질이 비슷하다.
② 방수재, 바닥재 등의 원료로 사용한다.

2 석유 아스팔트

(1) 스트레이트 아스팔트 (Straight Asphalt)

① 아스팔트를 되도록 변화하지 않게 만든 아스팔트를 말하며 점성, 신성, 침투성이 크지만, 연화점이 낮고 온도에 의한 강도, 신성, 유연성의 변화가 크다.
② 아스팔트 펠트, 아스팔트 루핑의 제조에 사용되며, 지하실 방수 정도에 사용한다.

(2) 블로운 아스팔트(Blown Asphalt)

① 석유의 찌꺼기를 가열하여 공기를 불어넣어 만든 아스팔트로 점성, 침투성은 작지만, 탄력성이 있고 온도에 의한 변화가 적어 열에 대한 안정성이 좋다.
② 아스팔트 컴파운드, 아스팔트 프라이머의 원료가 되며, 옥상 및 지붕 방수에 사용한다.

(3) 아스팔트 컴파운드 (Asphalt Compound)

① 블로운 아스팔트의 성질(내열, 내후성 등)을 개선하기 위해 동·식물 섬유를 혼합한 아스팔트이다.
② 방수재, 아스팔트 방수공사에 사용한다.

04 방수용 아스팔트의 성질

아스팔트의 성질은 산지, 함유성분, 처리 및 정제법에 따라 다르게 나타난다. 보통, 내산성, 내알칼리성, 내구성 및 방수성, 접착성 등이 있다.

1 침입도

① 침입도란 견고성을 평가하는 것으로 규정된 크기의 침을 규정된 시간동안 아스팔트에 수직으로 눌러 관입된 길이로 관입저항을 평가한다.
② 측정 방법은 0℃에서 200g의 추를 60초 동안 누르는 방법, 25℃에서 100g의 추를 5초 동안 누르는 방법, 46℃에서 500g의 추를 5초 동안 누르는 방법이 있다.
③ 표준시험은 25℃에서 100g의 추를 5초 동안 누르는 방법으로 한다.
④ 0.1mm의 관입길이를 침입도 1로 본다.

2 연화점

① 일정한 융점이 없고 가열하면 서서히 액상으로 변하는데 아스팔트가 일정 점도를 나타낼 때의 온도를 말한다.
② 보통 75℃ ~ 100℃ 이상에서 나타난다.

3 감온성

① 감온성이란 온도에 따라 나타나는 변화 정도를 말한다.
② 스트레이트 아스팔트가 블로운 아스팔트보다 감온성이 크게 나타난다.

4 신도

① 연성을 나타내는 것으로 잡아당겨 끊어질 때까지의 길이를 나타낸다.
② 내마모성, 점착성 등과 관계가 있다.

5 인화점

① 아스팔트의 휘발성 성분으로 인해 인화될 위험이 있다.
② 보통 250℃ 정도에서 인화된다.

05 아스팔트 제품

1 아스팔트 펠트(Asphalt Felt)

마, 종이 등을 원지(felt)로 만들고 스트레이트 아스팔트를 침투시킨 제품으로 아스팔트 방수층, 몰탈 방수재료 등으로 사용한다.

2 아스팔트 루핑(Asphalt Roofing)

- 마, 종이 등을 물에 녹여 펠트로 만들어 건조 후 스트레이트 아스팔트를 침투시키고 양면에 블로운 아스팔트 주체로 한 아스팔트 컴파운드를 피복한 다음 운모 등을 부착시킨 제품으로 방수, 방습, 내산성이 우수하며, 유연하다.
- 평지붕 방수, 슬레이트 등의 지붕깔기 등에 사용한다.

(1) 아스팔트 싱글(모래붙임 루핑) (Asphalt Shingle)

① 아스팔트 루핑에 모래를 뿌려 붙인 것을 말한다.
② 사각형 또는 육각형으로 잘라 기와나 슬레이트 대용으로 사용한다.

(2) 아스팔트 프라이머(Asphalt Primer)

① 블로운 아스팔트를 휘발성 용제로 희석한 흑갈색의 액체로 콘크리트, 몰탈 바탕에 아스팔트 방수층 또는 아스팔트 타일 붙임시공에 제일 먼저 사용되는 초벌용 도료 접착제이다.
② 아스팔트 프라이머를 콘크리트 또는 몰탈 면에 침투시키면 용제는 증발하고 아스팔트가 도막을 형성하여 그 위에 아스팔트를 바르면 잘 붙고 밀착성이 좋아진다.

아스팔트 8층 방수

(8) 방수공사용 아스팔트 1회(1m_2당 2.1kg 이상)
(7) 30kg 아스팔트 루핑 1회
(6) 방수공사용 아스팔트 1회(1m_2당 1.5kg 이상)
(5) 30kg 아스팔트 루핑 1회
(4) 방수공사용 아스팔트 1회(1m2당 1.5kg 이상)
(3) 25kg 아스팔트 펠트 1회
(2) 방수공사용 아스팔트 1회(1m_2당 2kg 이상)
(1) 아스팔트 프라이머 도포 1회(1m_2당 0.4kg 이상 균등히 바르고 건조)

13 chapter 방수재료 예상문제

01 다음 중 아스팔트 방수층을 만들 때 콘크리트 바탕에 제일 먼저 사용되는 것은?

① 아스팔트 프라이머
② 아스팔트 펠트
③ 스트레이트 아스팔트
④ 아스팔트 루핑

02 실(seal)제에 대한 설명으로 옳지 않은 것은?

① 실(seal)제란 퍼티, 코킹, 실링재, 실런트 등의 총칭이다.
② 건축물의 프리패브 공법, 커튼월 공법 등의 공장 생산화가 추진되면서 더욱 주목받기 시작한 재료이다.
③ 일반적으로 수밀, 기밀성이 풍부하지만, 접착력이 작아 창호, 조인트의 충전재로써는 부적당하다.
④ 옥외에서 태양광선이나 풍우의 영향을 받아도 소기의 기능을 유지할 수 있어야 한다.

> TIP: seal제 용도 자체가 창호, 조인트의 충전재로 쓰인다.(바탕 틈 메움, 파이프 이음부, 창호유리용 균열부 보수…)

03 다음 중 석유계 아스팔트가 아닌 천연 아스팔트에 해당 하는 것은?

① 레이크 아스팔트
② 스트레이트 아스팔트
③ 블론 아스팔트
④ 용제추출 아스팔트

04 블론 아스팔트를 휘발성 용제로 희석한 액체로써 콘크리트, 모르타르 바탕에 아스팔트 방수층 또는 아스팔트 타일 붙이기 시공을 할 때에 사용되는 초벌용 도료는?

① 아스팔트 프라이머
② 타르
③ 아스팔트 펠트
④ 아스팔트 루핑

01 ① 02 ③ 03 ① 04 ①

05 블론 아스팔트의 성능을 개량하기 위해 동식물성 유지와 광물질 분말을 혼입한 것으로 일반지붕 방수공사에 이용되는 것은?

① 아스팔트 유제
② 아스팔트 펠트
③ 아스팔트 루핑
④ 아스팔트 컴파운드

> **TIP** • 아스팔트 컴파운드
> 동·식물성 유지와 광물질 분말 등을 블론 아스팔트에 혼입하여 만든 것으로 내열성, 점성, 내구성 등을 블론 아스팔트 보다 좋게 한 것이다.
> 용도 : 방수재료, 아스팔트 방수공사에 사용된다.
>
> • 아스팔트 유제
> 유화제, 도로포장에 사용된다.

05 ④

PART 06

CBT 기출복원문제

◆ 기출복원 문제란?

CBT시행에 따라 저자께서 수험자들의 도움으로 (2016년 5회부터 2019년 5회)까지 **최대한 유형에 가깝게 복원한 문제입니다.**

전 산 응 용 건 축 제 도 기 능 사

06 | CBT 기출복원문제

2017년 1회

01 케이블을 이용한 구조로만 연결된 것은?

① 현수구조 - 사장구조
② 현수구조 - 셸구조
③ 절판구조 - 사장구조
④ 막구조 - 돔구조

TIP 케이블 구조

- 인장력이 강한 케이블을 걸고 지붕을 매다는 구조이다.
- 기둥을 제외한 모든 부재가 인장력만을 받는다.
- 현수구조
  ① 상부에서 기둥으로 전달되는 하중을 케이블 형태의 부재가 지지하는 구조로써, 주 케이블에 보조 케이블이 상판을 잡아 지지한다.
  ② 스팬이 큰(400m 이상) 다리나 경기장 등에 사용한다.
  ③ 샌프란시스코의 금문교가 대표적이다.
- 사장구조
  ① 기둥에서 주 케이블이 바로 상판을 지지하는 구조이다.
  ② 스팬이 작은(150~400m 이내)에서 사용한다.
  ③ 서해대교가 대표적이다.

02 보강콘크리트 블록조 단층에서 내력벽의 벽량은 최소 얼마 이상으로 하는가?

① 10cm/m² ② 15cm/m²
③ 20cm/m² ④ 25cm/m²

TIP 벽량

내력벽 길이의 총 합계를 그 층의 건축바닥 면적으로 나눈 값을 말하며, 보강블록조의 최소 벽량은 15cm/m² 이상으로 한다.

$$벽량(cm/m^2) = \frac{내력벽의\ 길이(cm)}{바닥면적(m^2)}$$

03 다음 중 셸 구조의 대표적인 구조물은?

① 세종문화회관
② 시드니 오페라 하우스
③ 인천대교
④ 상암동 월드컵 경기장

TIP 셸 구조

- 곡률을 가진 얇은 판으로 주변을 충분히 지지시켜 공간을 덮는 구조이다.
- 가볍고 강성이 우수한 구조 시스템으로써 시드니 오페라 하우스가 대표적이다.
- 재료는 철근콘크리트를 많이 쓰지만 강재를 사용하기도 한다.

04 반원 아치의 중앙에 들어가는 돌의 이름은?

① 쌤돌 ② 고막이돌
③ 두겁돌 ④ 이맛돌

TIP 이맛돌

아치 중앙부 꼭대기에 끼는 돌이다.

※ 쌤돌
- 창문, 출입문 등의 양쪽에 대는 것으로 벽돌 구조에서도 사용한다.
- 면을 접거나 쇠시리를 하고 벽체 쌓는 방법에 따라 촉과 연결철물로 벽체에 긴결한다.

※ 두겁돌
- 담, 박공벽, 난간 등의 꼭대기에 덮어씌우는 것으로 윗면은 물흘림, 밑면은 물끊기를 한다.
- 두겁돌 밑바탕은 촉으로, 두겁돌 끼리는 촉, 꺾쇠 또는 은장으로 연결한다.

※ 고막이돌 : 토대나 하인방의 아래 또는 마루 밑의 터진 곳 따위를 막는 돌이다.

05 기본형 벽돌(190×90×57)을 사용한 벽돌벽 1.5B의 두께는? (단, 공간쌓기 아님)

① 230mm ② 280mm
③ 290mm ④ 340mm

TIP 벽돌의 벽체두께

90mm(0.5B)+10mm+190mm(1.0B)
= 290mm

06 아치벽돌을 사다리꼴 모양으로 특별히 주문 제작하여 쓴 것을 무엇이라 하는가?

① 본아치
② 막만든아치
③ 거친아치
④ 층두리아치

TIP 아치

- 상부에서 오는 직압력을 곡선을 따라 좌우로 나뉘어 직압력만을 받는 구조로써 하부에 인장력이 생기지 않는 구조이다.
- 조적조 개구부는 아무리 좁아도 아치를 트는 것을 원칙으로 한다.
- 너비 1m 정도는 평아치로 1.8m 이상은 인방을 설치하고, 조적식은 작은 개구부라도 평아치(옆세워 쌓기)나 둥근 아치 쌓기로 하는 것을 원칙으로 한다.

① 본아치 : 아치 벽돌을 사다리꼴 모양으로 제작한 것을 이용하여 만든 아치이다.
② 거친 아치 : 보통 벽돌을 이용하여 사용하고 줄눈을 쐐기모양으로 만든 아치이다.
③ 막만든아치 : 벽돌을 쐐기 모양으로 다듬어 만든 아치이다.
④ 층두리 아치 : 아치 나비가 넓을 때 여러 겹으로 겹쳐 쌓은 아치이다.

01 ① 02 ② 03 ② 04 ④ 05 ③ 06 ①

07 바닥 면적이 40m²일 때 보강콘크리트 블록조의 내력벽 길이의 총합계는 최소 얼마 이상이어야 하는가?

① 4m   ② 6m
③ 8m   ④ 10m

> **TIP** ☼ 벽량
>
> 내력벽 길이의 총 합계를 그 층의 건축바닥 면적으로 나눈 값을 말하며, 보강블록조의 최소 벽량은 15cm/m² 이상으로 한다.
>
> 벽량(cm/m²) = 내력벽의 길이(cm) / 바닥면적(m²)
>
> 이므로,
>
> 15cm/m² = χcm(내력벽의 길이) / 40m²(바닥면적)
>
> = 6m
>
> ∴ χ = 6m

08 보강 블록조 내력벽에 관한 설명 중 옳지 않은 것은?

① 내력벽은 일반적으로 벽 두께를 늘이는 것보다 벽량을 크게 하는 쪽이 유효하다.
② 벽에 철근이 충분히 들어 있는 경우에도 테두리보를 두어야 한다.
③ 철근배근 부분은 콘크리트를 충분히 채운다.
④ 통줄눈으로 쌓아서는 안 된다.

> **TIP** ☼ 보강 블록조
>
> • 블록의 빈 공간에 철근과 콘크리트를 부어 보강하여 만든다.
> • 가장 튼튼한 구조로써 4~5층 정도의 건물에도 사용한다.

09 그림과 같은 철근콘크리트 연속보에 대한 배근에서 가장 적절한 배근법은?

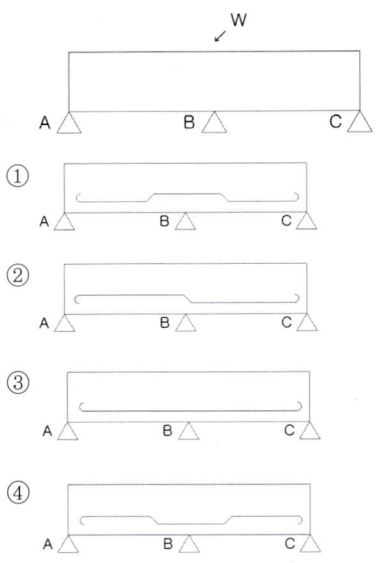

10 다음과 같은 조건에서 철근콘크리트 보의 중량은?

- 보의 단면 너비 : 40cm
- 보의 높이 : 60cm
- 보의 길이 : 900cm
- 철근콘크리트 보의 단위중량 : 2400kg/m³

① 5184kg   ② 518.4kg
③ 2592kg   ④ 259.2kg

> **TIP** ☼ 철근콘크리트 보의 중량
>
> • kg으로 계산 시
>   ① 철근콘크리트 보의 부피
>   0.4m × 0.6m × 9m = 2.16m³

② 철근콘크리트 보의 단위중량
  2400kg/m³
  ∴ 2.16m³ × 2400kg/m³ = 5184kg
- tf로 계산 시
  ① 철근콘크리트 보의 부피
    0.4m × 0.6m × 9m = 2.16m³
  ② 철근콘크리트 보의 단위중량
    2.4tf/m³
  ∴ 2.16m³ × 2.4tf/m³ = 5.184tf
- N으로 계산 시
  ① 철근콘크리트 보의 부피
    0.4m × 0.6m × 9m = 2.16m³
  ② 철근콘크리트 보의 단위중량
    2400kg/m³ × 9.8N
    = 23520N = 23.52kN/m³
  ∴ 2.16m³ × 23.52kN/m³
    = 50.8kN

※ 1kgf = 9.8N

11 다음 마루 종류 중 2층 마루가 아닌 것은?

① 보마루 ② 홑마루
③ 동바리마루 ④ 짠마루

TIP 마루

- 1층 마루
  ① 동바리 마루 : 지반에 동바리 돌을 놓고 그 위에 동바리를 세운 후 동바리 위에 멍에, 그 위로 장선을 놓고 마룻널을 깐다.
  ② 납작마루 : 창고, 공장 등 마루를 낮게 하기 위해 사용하는 것으로 땅바닥이나 호박돌 위에 동바리 없이 멍에와 장선을 놓고 마룻널을 깐다.

- 2층 마루
  ① 장선마루 : 홑마루라고도 하며 간 사이가 좁은 2.4m 미만일 때 보를 사용하지 않고 층도리에 장선을 약 45cm 간격으로 직접 대고 마룻널을 깐다.
  ② 보마루 : 간 사이가 2.4m 이상인 마루에 사용하며, 약 2m 정도의 보를 대고 그 위에 장선을 대고 마룻널을 깐다.
  ③ 짠마루 : 칸 사이가 6m 이상일 때 사용하며, 큰 보는 약 3m 정도의 간격을 주고, 작은 보는 2m 간격으로 배치한 뒤 장선을 그 위에 대고 마룻널을 깐다.

12 다음 중 막구조에 대한 설명으로 옳지 않은 것은?

① 넓은 공간을 덮을 수 있다.
② 힘의 흐름이 명확하여 구조해석이 쉽다.
③ 막재에는 항시 인장응력이 작용하도록 설계하여야 한다.
④ 응력이 집중되는 부위는 파손되지 않도록 조치해야 한다.

TIP 막구조

- 텐트와 같은 얇은 막을 쳐서 지붕을 구성하는 방법으로써 두 방향의 인장력(引張力)이 작용하는 현수(懸垂)밧줄구조라고도 할 수 있다.
- 큰 공간을 공기압으로 부풀려진 막으로 덮는 경제적인 구조를 만들 수 있다.
- 상암 월드컵 경기장의 지붕이 여기에 속한다.
- 막구조는 바람에 흔들리지 않도록 주의하여야 한다.

07 ② 08 ④ 09 ① 10 ① 11 ③ 12 ②

13 목조 벽체에서 기둥 맨 위 처마부분에 수평으로 거는 가로재로써 기둥머리를 고정하는 것은?

① 처마도리   ② 샛기둥
③ 깔도리   ④ 꿸대

> **TIP** 도리
> 보에 직각으로 기둥과 기둥 사이에 둘러얹혀서 수직 또는 수평하중을 받는 가로재이다.
> - 층도리
>   층과 층 사이에 위치하며 기둥을 연결하고 바닥하중을 고르게 전달하는 것으로 크기는 기둥과 같거나 다소 크게 한다.
> - 깔도리
>   기둥 위에 처마부분에 수평으로 대는 가로재로 지붕틀의 하중을 받아 기둥으로 전달하는 것으로 크기는 기둥과 같거나 좀 약간 크게 하고, 이음은 기둥 또는 붕보를 피해 엇걸이산지이음으로 한다.
> - 처마도리
>   깔도리 위에 지붕틀을 걸고 평보위에 걸쳐대는 가로재로써 절충식 지붕틀에서는 처마도리가 깔도리를 대신하기도 하며, 크기는 기둥 또는 깔도리와 같거나 조금 작게 한다.

14 목구조에서 토대를 기둥 및 기초부와 연결해주는 연결재가 아닌 것은?

① 띠쇠   ② 듀벨
③ 산지   ④ 감잡이쇠

> **TIP** 듀벨
> 목재와 목재를 접합하는 철물로 전단력 보강을 위해 사용하는 철물.

15 철골조의 판보에서 웨브판의 좌굴을 방지하기 위해 설치하는 보강재는?

① 스터드
② 덮개판
③ 끼움판
④ 스티프너

> **TIP** 보의 구성
> - 플랜지
>   보의 단면 위, 아래 부분을 말하며, 인장 및 휨 응력에 저항한다. 또한, 힘을 더 받기 위해 커버플레이트로 보강한다.
> - 커버 플레이트
>   커버 플레이트는 4장 이하로 하며, 용접일 때는 1매로 한다. 휨 내력의 부족을 보완하기 위해 사용한다.
> - 웨브 플레이트
>   전단력의 크기가 따라 두께를 결정하고 얇을 경우 좌굴의 위험이 있어 6mm 이상으로 한다.
> - 스티프너
>   ① 웨브 플레이트의 좌굴 및 전단보강을 위해 수직으로 설치한다.
>   ② 역할에 따라 지지점 스티프너, 중간 스티프너, 하중점 스티프너 등이 있다.

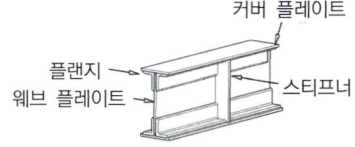

16 철근콘크리트 보에 늑근을 사용하는 주된 이유는?

① 보의 전단 저항력을 증가시키기 위하여
② 철근과 콘크리트의 부착력을 증가시키기 위하여
③ 보의 강성을 증가시키기 위하여
④ 보의 휨 저항을 증가시키기 위하여

TIP 늑근(스터럽)
- 보에 걸리는 휨모멘트와 전단력에 의한 균열을 방지하기 위해 사용하는 철근이다.
- 전단력 분포에 따라 D10 정도의 철근을 사용한다.
- 늑근의 간격은 보의 춤의 1/2 이하 또는 60cm 이하로 한다.
- 늑근의 끝 부분은 135° 이상의 구부림을 한다.

17 트러스를 곡면으로 구성하여 돔을 형성하는 것은?

① 와렌 트러스
② 실린더 셸
③ 회전 셸
④ 래티스 돔

TIP 래티스 돔
긴 span에 보를 걸치기 위해 작은 형강을 트러스 형식으로 조립하여 큰 보의 역할과 힘을 받도록 한 돔을 말한다.

18 조적조에서 내력벽의 길이는 최대 얼마 이하로 하여야 하는가?

① 6m
② 8m
③ 10m
④ 15m

TIP 내력벽
- 건물의 모든 하중 및 외력을 받는 벽을 말한다.
- 내력벽의 높이는 4m를 넘지 않도록 하며, 길이는 10m를 넘지 않게 한다. 만일 10m를 넘는 경우 붙임 기둥 및 부축벽으로 보강해야 한다.
- 내력벽의 두께는 위층 내력벽 두께 이상이어야 한다. 또한 벽돌구조의 경우는 당해 벽 높이의 1/20 이상이어야 하고 블록의 경우 당해 벽 높이의 1/16 이상으로 한다.
- 내력벽으로 둘러싸인 바닥면적은 $80m^2$를 넘지 않도록 한다.

19 지붕의 물매 중 되물매의 경사로 옳은 것은?

① 15°
② 30°
③ 45°
④ 60°

TIP 물매
- 지붕의 기울기를 말하며, 수평거리 10cm에 대한 수직 높이를 표시한 것을 말한다. 예를 들어 높이가 4cm라면 4/10 또는 4cm 물매라고 표시한다.
- 높이 10cm인 물매, 즉, 45°의 경사를 가진 물매를 되물매라 하고, 45° 이상의 물매를 된물매라고 한다.

20 다음 건축구조의 분류 중 구성방식에 의한 분류로 옳지 않은 것은?

① 가구식 구조   ② 조적식 구조
③ 일체식 구조   ④ 습식구조

> **TIP** 구성방식에 의한 분류
> - 가구식 구조
>   기둥 및 보를 접합 등에 의해 구성하는 방법으로 목구조, 철골 구조 등이 이에 속한다.
>   ⇒ 내화적이지 못하다.
> - 조적식 구조
>   각각의 재료를 접착제(몰탈 등)를 사용하여 쌓아올려 구성하는 방법으로 벽돌구조, 블록구조, 돌 구조 등이 이에 속한다.
>   ⇒ 횡력에 약하다.
> - 일체식 구조
>   각 구조체를 일체형으로 연속되게 구성하는 방법으로 가장 높은 강도를 발현할 수 있는 방법으로 철근콘크리트구조, 철골철근콘크리트 구조 등이 이에 속한다.
>   ⇒ 공기가 길다. 무겁다. 해체가 힘들다. 공사비가 비싸다.
> ※ 시공과정에 의한 분류
>   - 습식 구조 : 물을 이용하여 구조체를 형성하는 방식으로 조적구조, 철근콘크리트구조 등이 이에 속한다.
>   - 건식 구조 : 물을 거의 사용하지 않고 구조체를 형성하는 방식으로 목구조, 철골구조 등이 이에 속한다.
>   ⇒ 시공이 쉽다. 공기가 단축된다.

21 알루미늄의 주요 특성에 대한 설명 중 틀린 것은?

① 알칼리에 강하다.
② 열전도율이 높다.
③ 강도, 탄성계수가 작다.
④ 용융점이 낮다.

> **TIP** 알루미늄
> - 연성과 전성이 크고, 열전도율과 전기전도율이 높다.
> - 가벼운 정도에 비해 강도가 크며, 공기 중에서 표면에 산화막이 생성하여 내식성이 크다.
> - 산, 알칼리에 약하므로, 콘크리트에 접할 때에는 방식처리를 해야 한다.
> - 창호 및 커튼레일 등에 사용한다.
> - 강도 및 탄성계수가 작다.(탄성계수가 작을수록 변형하기 쉽다.)

22 점토제품 중 석영, 운모 등이 풍화되어 만들어진 도토를 원료로 한 것으로 소성온도는 1100~1250℃정도이며 백색의 불투명한 바탕을 이루는 것은?

① 토기　　② 석기
③ 도기　　④ 자기

TIP : 점토의 분류

종류	소성온도	흡수율(%)	제품
토기 (보통(저급)점토)	790℃~1,000℃ (SK 0.15~SK 0.5)	20 이상	기와, 벽돌, 토관
도기 (도토)	1,100℃~1,230℃ (SK 1~SK 7)	10	타일, 테라코타, 위생도기
석기 (양질점토)	1,160℃~1,350℃ (SK 4~SK 12)	3~10	벽돌, 타일, 테라코타
자기 (양질점토, 장석분)	1,230℃~1,460℃ (SK 7~SK 16)	0~1	타일, 위생도기

23 일반적으로 벌목을 실시하기에 계절적으로 가장 좋은 시기는?

① 봄　　② 여름
③ 가을　　④ 겨울

TIP : 벌목

겨울은 수액이 가장 적어 건조가 빠르고 목질도 견고하다.

24 수화열이 작고 단기강도가 보통 포틀랜드 시멘트보다 작으나 내침식성과 내수성이 크고 수축률도 매우 작아서 댐 공사나 방사능 차폐용 콘크리트로 사용되는 것은?

① 백색 포틀랜드 시멘트
② 조강 포틀랜드 시멘트
③ 중용열 포틀랜드 시멘트
④ 내황산염 포틀랜드 시멘트

TIP : 시멘트

- 백색 포틀랜드 시멘트
  백색의 석회석과 산화철을 포함하지 않은 점토를 이용하며 도장 및 장식용, 인조석 제조에 사용한다.

- 조강 포틀랜드 시멘트
  재령7일만에 보통 포틀랜드 시멘트의 28일 강도를 나타내며 큰 편이나, 장기 강도는 보통 포틀랜드 시멘트와 차이가 없다.

- 수밀성과 수화열이 크고, 동기공사, 긴급공사, 지하 수중공사에 사용한다.

- 중용열 포틀랜드 시멘트
  수화열이 적으며, 조기강도가 낮고 장기강도를 크게 한 시멘트로, 건조 수축이 적으며 내침성, 내구성 및 화학적 저항성이 크다.
  댐 공사, 방사능 차폐용으로 사용한다.

※ 내황산염 포틀랜드 시멘트 : 보통 포틀랜드 시멘트는 수화반응 및 응결과정 중 불용성 칼슘 알루메이트(calcium sulfoaluminate)가 생성 되는데, 이때 경화된 시멘트 중 칼슘 알루메이트 수화물은 콘크리트 외부에서 침투하는 황산마그네슘과 황산염에 의한 침

식을 받아 실리카 겔 등을 생성하며, 결합력이 떨어지게 되며 체적증가가 생겨 콘크리트를 서서히 붕괴시키는데, 이에 대한 대책으로 제조된 시멘트이다.

25 다음 중 수성암이 아닌 재료는?

① 응회암 ② 석회암
③ 안산암 ④ 점판암

TIP 석자의 분류

- 화성암
  ① 화강암
    - 단단하고 내구성이 크고 흡수성이 작다.
    - 석재 중 압축강도가 가장 크고 외관이 아름다워 구조재 및 내·외장재로 사용한다.
    - 경도가 커 세밀한 조각을 하기는 좋지 않다.
    - 내화도가 낮아 고열을 받는 곳에는 부적당하다.
  ② 안산암
    - 화강암 다음으로 많은 석재이며, 조직은 치밀한 것부터 조잡한 것까지 다양하다.
    - 강도, 비중, 내화성이 크고 가공이 용이하여 구조용이나, 조각품에 이용된다.
  ③ 부석
    - 비중이 0.75정도로 석재 중 가장 가볍고, 경량콘크리트의 골재로 사용된다.
    - 열전도율이 작아 단열재, 화학공장의 특수 장치로 쓰인다.

- 수성암
  ① 사암
    - 성분에 따라 내구성과 강도가 모두 다르다.
    - 내화성이 크고 단단한 것은 구조용으로 사용되나, 외관이 좋지 못하다.
    - 연질 사암은 실내 장식재로 사용한다.
  ② 석회암
    - 주성분은 탄산석회($CaCO_3$)이고, 시멘트의 원료로 사용된다.
    - 석질은 치밀하지만, 내산·내후·내화성 부족하다.
  ③ 응회암
    - 가공이 용이하고 내화성이 크지만, 흡수성이 높고 강도가 약하다.
    - 석회제조나 장식재로 사용한다.
  ④ 점판암
    - 석질이 치밀하고 방수성이 있다.
    - 얇은 판으로 떼어내어 지붕이나 벽 재료로도 사용한다.

- 변성암
  ① 대리석
    - 석회석이 변해 결정화한 것으로 주성분은 탄산석회($CaCO3$)이다.
    - 아름다운 색채와 무늬가 다양하여 장식재 중 최고급 재료이다.
    - 석질이 치밀하고 견고하나, 열과 산에 약해 풍화되기 쉽고 내화도가 약하여 내부 장식재로만 사용한다.
  ② 사문암
    - 흑백색 및 흑녹색의 무늬가 있다.
    - 경질이기는 하나 풍화되어 실내 장식용으로 사용되며, 대리석대용으로 사용된다.
  ③ 트래버틴
    - 갈면 광택이 나고, 요철 무늬가 생겨 특수실내장식재로 사용한다.
    - 다공질이며, 석질이 균일하지 못하다.
  ④ 활석
    - 갈면 진주와 같은 광택이 나며 분말로 된 것은 흡수성, 내화성이 있다.
    - 페인트의 혼화제, 아스팔트 루핑의 표면 정활제, 유리 연마제 등으로 사용된다.

26 다음 중 시멘트의 저장 방법으로 옳지 않은 것은?

① 시멘트는 지면으로부터 30cm 위 마루 위에 저장한다.
② 시멘트는 13포대 이상 쌓지 않는다.
③ 약간이라도 굳은 시멘트는 사용하지 않는다.
④ 창고에서 약간의 수화작용이 일어나도록 저장해야 한다.

TIP 시멘트 저장 시 주의사항
- 방습구조로 된 창고 사용한다.
- 지반에서 약 30cm 정도 높게 하여 시멘트를 쌓는다.
- 포대의 쌓기 높이는 13포대 이하로 하며, 장기간 보관 시 7포대 이상 쌓지 않는다.
- 3개월 이상 저장한 시멘트는 사용 전에 재시험 실시하여 품질을 확인해야 한다.
- 조금이라도 굳은 시멘트는 사용하지 않는 것을 원칙으로 한다.
- 출입구 채광창 이외의 환기창은 두지 않는다.
- 반드시 선입선출을 원칙으로 하여, 저장기간이 가장 오래된 시멘트부터 사용한다.

27 시멘트를 구성하는 주요 화학성분으로 가장 거리가 먼 것은?

① 실리카
② 산화알루미늄
③ 일산화탄소
④ 석회

TIP 시멘트의 주요 화학성분

실리카(SiO_2), 알루미나(Al_2O_3), 석회(CaO)의 3가지 주요 성분 이외에도 산화철(Fe_2O_3), 마그네시아(MgO), 아황산(SO_3), 탄산가스(CO_2) 등을 포함하고 있다.

28 유리에 함유되어 있는 성분 가운데 자외선을 차단하는 주성분이 되는 것은?

① 황산나트륨($NaSO_4$)
② 탄산나트륨(Na_2Co_3)
③ 산화 제2철(Fe_2O_3)
④ 산화 제1철(FeO)

TIP 유리의 성분
- 산화 제일철 : 자외선 투과
- 산화 제이철 : 자외선 차단

29 재료에 외력을 가했을 때 작은 변형만 나타나도 파괴되는 성질을 의미하는 것은?

① 전성   ② 취성
③ 탄성   ④ 연성

TIP 재료의 역학적 성질
- 전성(Malleability)
  타격에 의해 판상으로 펴지는 성질을 말한다.
- 탄성(Elasticity)
  재료가 외력을 받아 변형이 생긴 후, 이 외력을 제거하면 원래 모양과 크기로 되돌아가는 성질을 말한다.
- 연성(Ductility)
  외력을 받았을 때, 파괴되지 않고 가늘고 길게 늘어나는 성질을 말한다.

30 석회석이 변질되어 결정화한 것으로 실내장식재 또는 조각재로 사용되는 것은?

① 대리석 ② 응회암
③ 사문암 ④ 안산암

TIP: 25번 해설 참조

31 단열재의 조건으로 옳지 않은 것은?

① 열전도율이 높아야 한다.
② 흡수율이 낮고 비중이 작아야 한다.
③ 내화성, 내부식성이 좋아야 한다.
④ 가공, 접착 등의 시공성이 좋아야 한다.

TIP: 단열재의 선정조건
- 열전도율이 낮아야 한다.
- 투기성(透氣性)이 작아야 한다.
- 어느 정도 기계적 강도가 있어야 한다.
- 유독가스가 발생되지 않아야 한다.
- 사용연한에 따른 변질이 없어야 한다.
- 균질한 품질이어야 한다.

32 비철금속 중 구리에 대한 설명으로 틀린 것은?

① 알칼리성에 대해 강하므로 콘크리트 등에 접하는 곳에 사용이 용이하다.
② 건조한 공기 중에서는 산화하지 않으나, 습기가 있거나 탄산가스가 있으면 녹이 발생한다.
③ 연성이 뛰어나고 가공성이 풍부하다.
④ 건축용으로는 박판으로 제작하여 지붕 재료로 이용된다.

TIP: 구리
- 연성과 전성이 크고, 열전도율과 전기 전도율이 높다.
- 건조한 공기에서 산화하지 않으나 습기를 받으면, 이산화탄소에 의해 부식하지만 내부는 부식하지 않는다.
- 암모니아, 알칼리성 용액에는 침식된다.
- 아세트산과 진한 황산 등에 용해된다.
- 지붕이기, 홈통, 철사, 못 등에 사용한다.

33 다음 중 압축강도가 가장 큰 석재는?

① 화강암 ② 응회암
③ 사암   ④ 대리석

TIP: 25번 해설 참조

34 다음 목재강도 중 강한 순서대로 옳게 나열된 것은?

① 휨강도 > 인장강도 > 압축강도 > 전단강도
② 인장강도 > 휨강도 > 압축강도 > 전단강도
③ 인장강도 > 휨강도 > 전단강도 > 압축강도
④ 전단강도 > 압축강도 > 휨강도 > 인장강도

TIP: 강도
- 인장강도 > 휨강도 > 압축강도 > 전단강도
- 섬유방향의 평행한 인장강도 > 섬유방향의 직각인 인장강도

35 길이 5m인 생나무가 전건상태에서 길이가 4.5m로 되었다면 수축률은 얼마인가?

① 6% ② 10%
③ 12% ④ 14%

TIP 목재의 수축률

$$수축률 = \frac{5 - 4.5}{5} \times 100\%$$

∴ 10%

36 다음 중 목재의 전건상태의 함수율로 맞는 것은?

① 30% ② 15%
③ 10% ④ 0%

TIP 함수율
- 생목일 때의 함수율은 약 70~90%이고, 강도의 변화는 거의 없다.
- 건조를 시켜 약 30% 이하가 됐을 때를 섬유포화점이라 하며, 서서히 강도가 증가하는 특징이 있다.
- 함수율이 약 15% 이하가 되면 이것을 기건재라고 하며, 생목강도보다 약 1.5배 강도가 증가한다.
- 함수율을 0%로 한 것을 전건재라 하며, 생목강도보다 약 3배 강도가 증가한다.
- 목재의 강도는 비중과 비례하며, 함수율과 반비례 관계에 있다.
- 구조용재 : 함수율 15% 이하, 가구 및 수장재 : 함수율 10% 이하로 한다.

37 점토벽돌 중 매우 높은 온도로 구워 낸 것으로 모양이 좋지 않고 빛깔은 짙으나 흡수율이 매우 적고 압축강도가 매우 큰 벽돌을 무엇이라 하는가?

① 이형벽돌 ② 과소품벽돌
③ 다공질벽돌 ④ 포도벽돌

TIP 벽돌종류
- 이형벽돌
  보통 벽돌과는 다른 치수로 만들어져 나온 벽돌이며 아치 및 원형 창 주위를 조적할 때 사용.
- 과소품 벽돌(과소벽돌)
  ① 소성온도를 높게 하여 구운 벽돌로, 압축강도는 크고 흡수율이 낮다.
  ② 검붉은 색을 띠고 있어 형상이 일그러져 있어 특수 장식용, 기초 조적재로 사용.
- 다공질 벽돌
  ① 점토에 분탄, 톱밥 등을 혼합하여 소성한 벽돌로써 톱질과 못 치기가 가능하며, 보온 및 흡음성이 있다.
  ② 비중이 1.5정도로 보통벽돌인 2.0보다 작아 가볍다.
- 포도벽돌
  보통벽돌보다 고온 소성되어 흡수율이 낮은 벽돌로 도로나 복도 등의 바닥 면 등에 사용.

38 바닥재료에 대한 설명으로 옳지 않은 것은?

① 비닐타일 : 가격이 저렴하고, 착색이 자유로우며 약간의 탄력성, 내마멸성, 내약품성을 가진다.

② 아스팔트타일 : 비닐 타일에 비해 가열 변형의 정도가 작은 편으로 기름 용제를 취급하는 건물바닥에 적당하다.

③ 비닐시트 : 여러 가지 부가재료를 혼합하여 가능성 있는 제품이 많이 출시되고 있다.

④ 바름 바닥 : 몰탈 바닥에 바름으로 아름다운 표면이 유지되고, 먼지가 덜 나며, 바닥강도가 강화된다.

TIP 합성수지 제품(바닥재)

- 비닐타일
  ① 아스팔트 + 합성수지 + 석면 + 안료 등을 혼합·가열하여 만든다.
  ② 값이 비교적 저렴하고 착색이 자유롭고, 약간의 탄력성, 내마멸성, 내약품성이 있다.
  ③ 두께는 2~3mm, 크기는 30cm×30cm이다.
- 아스팔트타일
  ① 아스팔트 + 석면 + 안료 등을 혼합·가열 압연하면서 만든다.
  ② 탄력 및 내마멸성이 우수하나, 열에 취약하다.
  ③ 비닐타일에 비해 가열변형 정도가 크고, 기름 용제 등을 취급하는 건물 바닥에는 부적당하다.
- 비닐시트
  ① 염화비닐, 초산비닐 + 석면 + 펄프 + 안료를 혼합하여 가열하면서 압연한 제품이다.
  ② 부드럽고 촉감이 좋으며, 내마모성에 강하다.
  ③ 여러 가지 부가재료를 혼합하여 가능성 있는 제품이 많이 출시되고 있다.
- 바름 바닥
  ① 몰탈 바닥에 바름으로써 아름다운 표면이 유지되고, 먼지가 덜 나며, 바닥강도가 강화된다.
  ② 초산비닐 계, 폴리에스테르 계, 에폭시계 바름 바닥 등이 있다.

39 염분이 섞인 모래를 사용한 철근콘크리트에서 가장 염려되는 현상은?

① 건조수축 발생   ② 철근 부식
③ 슬럼프 저하   ④ 초기강도 저하

TIP 바다모래 속의 염화물

- 철근과 반응하여 철근부식을 유발시켜, 콘크리트의 장기 내구성에 나쁜 영향을 주게 된다.
- 철근 부식은 염화물 중에서도 $NaCl$, $MgCl_2$가 주요인이다.
- 콘크리트에 사용하는 모래의 염분한도는 0.04% 이하로 하여야 하며, 철근의 방청조치를 할 경우 염분량은 0.1%까지는 허용된다.

40 어느 목재의 절대건조비중이 0.54일 때 목재의 공극률은 얼마인가?

① 약 65% ② 약 54%
③ 약 46% ④ 약 35%

TIP 목재의 공극률

- $v = \left(1 - \dfrac{r}{1.54}\right) \times 100\%$

  (v : 공극률, r : 절건비중)

- $v = \left(1 - \dfrac{0.54}{1.54}\right) \times 100\% ≒ 64.93\%$

∴ 약 65%

41 강재 표시방법 2L-125×125×6에서 6이 나타내는 것은?

① 수량 ② 길이
③ 높이 ④ 두께

TIP 강재 종류와 표시방법

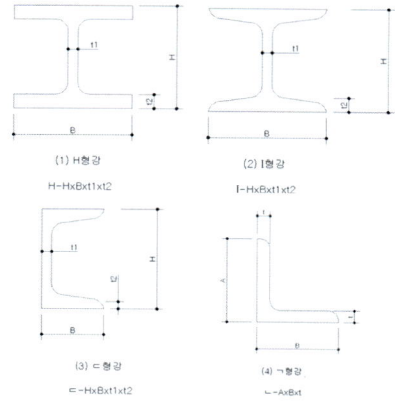

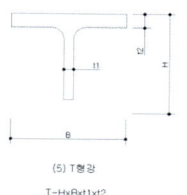

42 다음의 단면용 재료표시 기호가 의미하는 것은?

① 석재 ② 인조석
③ 벽돌 ④ 목재 치장재

43 다음과 같이 정의되는 전기설비 관련 용어는?

> 대지에 이상전류를 방류 또는 계통구성을 위해 의도적이거나 우연하게 전기회로를 대지 또는 대지를 대신하는 전도체에 연결하는 전기적인 접속

① 접지 ② 절연
③ 피복 ④ 분기

TIP 전기설비 용어

- 절연
  전기기구 또는 전선에 전기가 통할 경우 이를 통하지 않게 하는 것

- 피복
  전기기구 또는 전선을 감싼 것

38 ②　39 ②　40 ①　41 ④　42 ①　43 ①

- 분기
  하나의 전선을 여러 개로 사용하기 위해 나눈 것

44 주택에서 식당의 배치유형 중 주방의 일부에 간단한 식탁을 설치하거나 식당과 주방을 하나로 구성한 형태는?

① 리빙 키친　② 리빙 다이닝
③ 다이닝 키친　④ 다이닝 테라스

> **TIP** 식당의 구분
> - 리빙 키친(LDK)
>   ① 거실, 식사실, 부엌을 한 공간에 두는 형식으로, 중소형 아파트나 주택에 적합하다.(원룸 포함)
>   ② 주부의 가사노동이 줄어들며 동선이 단축된다.
>   ③ 통로로 쓰이는 면적이 절약되어 다른 실의 면적이 넓어질 수 있다.
> - 리빙 다이닝(LD, Dining Alcove)
>   거실의 일단에(한 부분에)식탁을 두는 형식으로, 보통 6~9m² 정도로 한다.
> - 다이닝 키친(DK)
>   ① 부엌의 일부에 식사실을 두는 형식으로, 소규모 주택에 적합한 형식이다.
>   ② 식사와 취침은 분리하지만, 단란은 취침하는 곳과 겹칠 수 있다.
> - 다이닝 포치, 다이닝 테라스(Dining porch, Dinig terrace)
>   여름 등 좋은 날씨에 포치나 테라스에서 식사하는 형식을 말한다.

45 다음 설명에 알맞은 주택 부엌가구의 배치 유형은?

> - 양쪽 벽면에 작업대가 마주보도록 배치한 것이다.
> - 부엌의 폭이 길이에 비해 넓은 부엌의 형태에 적당한 형식이다.

① L자형　② 일자형
③ 병렬형　④ 아일랜드형

> **TIP** 부엌의 유형
> - L자형(ㄱ자형)
>   ① 인접된 양면 벽에 L자형으로 배치하여 동선의 흐름이 자연스러운 형태이다.
>   ② 작업동선이 효율적이며 여유 공간이 많이 남기 때문에, 식사실과 병용할 경우 적합하다.
> - 직선형(일자형)
>   ① 동선과 배치가 간단한 평면형이지만 설비기구가 많을 경우 작업동선이 길어진다.
>   ② 소규모 주택에 적합하다.
> - 병렬형
>   ① 두 벽면을 따라 작업이 전개되는 전통적인 형태로 양쪽 벽면에 작업대를 마주보도록 배치한 형태이다.
>   ② 직선형보다는 작업동선이 줄지만, 작업 시 몸을 앞뒤로 계속 바꿔야 한다.
> - U자형(ㄷ자형)
>   인접한 3면의 벽에 배치하여 가장 편리하고 능률적이다.
> - 아일랜드형
>   ① 조리대와 싱크대 외에 작업대가 하나 더 있는 형태.

② 수납공간이 확장되는 효과가 있으나, 많은 공간이 필요하고, 식탁에서 조리대까지의 동선이 길어진다.

46 건축제도의 글자에 관한 설명으로 옳지 않은 것은?

① 숫자는 아라비아 숫자를 원칙으로 한다.
② 문장은 왼쪽에서부터 가로쓰기를 원칙으로 한다.
③ 글자체는 수직 또는 30°경사의 명조체로 쓰는 것을 원칙으로 한다.
④ 글자의 크기는 각 도면의 상황에 맞추어 알아보기 쉬운 크기로 한다.

TIP 글자
- 글자는 명백히 쓴다.
- 문장은 왼쪽에서부터 가로쓰기를 원칙으로 한다. 다만, 가로쓰기가 곤란할 때에는 세로쓰기도 할 수 있다. 여러 줄일 때에는 가로쓰기로 한다.
- 숫자는 아라비아 숫자를 원칙으로 한다.
- 글자체는 수직 또는 15°경사의 고딕체로 쓰는 것을 원칙으로 한다.
- 글자의 크기는 각 도면의 상황에 맞추어 알아보기 쉬운 크기로 한다.
- 4자리 이상의 수는 3자리마다 휴지부를 찍거나 간격을 둠을 원칙으로 한다. 다만, 4자리의 수는 이에 따르지 않아도 된다. 소수점은 밑에 찍는다.
- CAD 도면작성에 따른 문자의 크기는 KS F 1541에 따른다.

47 건축법령에 따른 고층 건축물의 정의로 옳은 것은?

① 층수가 30층 이상이거나 높이가 100m 이상인 건축물
② 층수가 30층 이상이거나 높이가 120m 이상인 건축물
③ 층수가 50층 이상이거나 높이가 150m 이상인 건축물
④ 층수가 50층 이상이거나 높이가 200m 이상인 건축물

TIP 건축법령에 따른 고층건축물 및 초고층 건축물
- 고층건축물
  층수가 30층 이상이거나 높이가 120m 이상인 건축물
- 준초고층건축물
  층수가 30~49층 사이이며 높이가 120~200m 미만인 건축물
- 초고층건축물
  층수가 50층 이상이거나 높이가 200m 이상인 건축물

44 ③ 45 ③ 46 ③ 47 ②

48 계단실형 아파트에 관한 설명으로 옳지 않은 것은?

① 거주의 프라이버시가 높다.

② 채광, 통풍 등의 거주 조건이 양호하다.

③ 통행부 면적을 크게 차지하는 단점이 있다.

④ 계단실에서 직접 각 세대로 접근할 수 있는 유형이다.

> **TIP** 아파트의 평면형식상 분류
>
> • 계단실형(홀형)
>   ① 계단 또는 엘리베이터에서 각 세대로 직접 출입하는 형식이다.
>   ② 가장 독립성이 좋고(프라이버시가 좋다.)출입이 편하다.
>   ③ 동선이 짧고, 채광과 통풍이 양호하다.
>   ④ 좁은 대지에 절약형 주거가 가능하다.
>   ⑤ 통행부의 면적이 작아 건물의 이용도가 높다.
>   ⑥ 각 계단실마다 엘리베이터를 설치하게 되어 설비비가 많이 든다. 엘리베이터의 1대당 이용률이 복도형에 비해 적다.
>
> • 편복도형
>   ① 동·서를 축으로 한쪽복도를 통해 각 주호로 출입하는 형식이다.
>   ② 복도가 개방형이라 통풍, 채광이 양호하다.
>   ③ 각 세대의 방위를 동일하게 함으로써 거주성이 균일한 배치유형이 가능하다.
>   ④ 엘리베이터가 직접 각 층에 연결되며, 복도를 통해 각 세대로 접근하기 때문에 엘리베이터 이용률이 높다.
>   ⑤ 프라이버시는 집중형보다는 낫고, 계단실보다는 나쁘다.
>
> • 중복도형
>   ① 부지의 이용률이 높다.
>   ② 프라이버시가 나쁘고 시끄럽다.
>   ③ 통행부(복도)의 면적이 넓다.
>   ④ 각 실의 조건이 불균등하다.
>   ⑤ 독신자 아파트에 주로 사용한다.
>
> • 집중형
>   ① 부지의 이용률이 가장 높아 많은 주호를 집중시킬 수 있다.
>   ② 각 세대에 시각적 개방감을 줄 수 있다.
>   ③ 다른 주거 동에 미치는 일조의 영향이 적다.(동 간격이 넓다.)
>   ④ 설비가 집중되므로 설비비가 감소된다.
>   ⑤ 프라이버시가 극히 나쁘며, 채광, 통풍이 극히 불리하다.
>   ⑥ 일조시간을 동일하게 확보할 수 없다.
>   ⑦ 각 세대별 조망이 달라 각 실의 조건이 불균등하다.
>   ⑧ 기후조건에 따라 기계적 환경조절(기계적 환기)이 필요하다.

49 증기난방에 관한 설명으로 옳지 않은 것은?

① 예열시간이 온수난방에 비해 짧다.

② 방열면적을 온수난방보다 작게 할 수 있다.

③ 난방 부하의 변동에 따른 방열량 조절이 용이하다.

④ 증발 잠열을 이용하기 때문에 열의 운반 능력이 크다.

> **TIP** 난방설비
>
> 열의 대류, 전도, 복사 등을 이용하여 주 생활 공간의 온도를 높이는 설비를 말한다.

• 증기난방
  [장점]
  ① 가열시간과 증기순환이 빠르다.
  ② 방열면적이 온수난방보다 작다.
  ③ 증기의 잠열을 이용하는 난방열의 운반능력이 크며, 설비비가 싸다.
  [단점]
  ① 쾌적감이 온수난방보다 낮고, 온도 조절이 어렵다.
  ② 소음이 발생되며, 응축수배관이 부식되기 쉽다.

• 온수난방
  [장점]
  ① 쾌적감이 증기난방보다 높다.
  ② 보일러 취급이 용이하고 안전하다.
  ③ 난방부하에 따른 온도조절이 용이하다.
  [단점]
  온수의 현열을 이용한 난방 예열시간이 길고 온수 순환이 오래 걸리며, 설비비가 비싸다.

• 복사난방
  바닥, 천장, 벽체에 열원을 매설하여 온수를 공급하여 그 복사열로 난방 하는 것을 말한다.
  [장점]
  ① 실내의 온도분포가 균일하고 쾌감도가 높다.
  ② 방열기가 없어 바닥의 이용도가 높다.
  ③ 대류가 적어 먼지가 상승하지 않는다.
  [단점]
  ① 방열량 조절과 시공이 어렵고, 설비비가 많이 든다.
  ② 예열시간이 길고 매입되어 있어 고장발견이 어렵다.

50 한식주택의 특징으로 옳지 않은 것은?

① 좌식생활 중심이다.
② 공간의 융통성이 낮다.
③ 가구는 부수적인 내용물이다.
④ 평면은 실의 위치별 분화이다.

TIP 주거양식에 의한 분류

한식주택과 양식주택으로 분류한다.

분류	한식주택	양식주택
평면상 차이	• 실의 조합형 • 위치별 실의 구분 • 실의 다용도 (혼용도)	• 실의 분리형 • 기능별 실의 구분 • 실의 단일용도 (독립적)
구조상 차이	• 가구식(목조) • 개구부가 크고 바닥이 높다.	• 조적식(벽돌) • 개구부가 작고 바닥이 낮다.
습관상 차이	• 좌식	• 입식
용도상 차이	• 방의 혼용	• 방의 단일용도
가구의 차이	• 부차적 존재	• 중요한 존재

51 스터럽(늑근)이나 띠철근을 철근 배근도에서 표시할 때 일반적으로 사용하는 선은?

① 가는 실선   ② 파선
③ 굵은 실선   ④ 이점쇄선

TIP 선의 종류

• 굵은 실선
  용도 : 물체의 보이는 부분을 나타내는 선으로 단면선과 외형 선으로 구별하여 사용한다.

• 가는 실선
  용도 : 치수선, 치수 보조선, 인출선, 각도 설명 등을 나타내는 지시선 및 해칭선으로 사용한다.

48 ③   49 ③   50 ②   51 ①

- 일점쇄선
  용도 : 물체의 중심축, 대칭축을 표시하는데 사용하고 물체의 절단한 위치를 표시하거나 경계선으로도 사용한다.

- 이점쇄선
  용도 : 물체가 있는 것으로 가상되는 부분을 표시하거나 일점쇄선과 구별할 때 사용한다.

- 파선(점선)
  용도 : 물체의 보이지 않는 부분의 모양을 표시하는데 사용한다. 파선과 구별할 필요가 있을 때에는 점선을 쓴다.

52 다음 설명에 알맞은 색의 대비와 관련된 현상은?

> 어떤 두 색이 맞붙어 있을 경우, 그 경계의 언저리가 경계로부터 멀리 떨어져 있는 부분보다 색의 3속성별로 색상대비, 명도대비, 채도대비의 현상이 더욱 강하게 일어나는 현상

① 동시대비 ② 연변대비
③ 한난대비 ④ 유사대비

TIP 대비

- 동시대비
  두 색을 동시에 보았을 때 서로의 영향으로 달리 보이는 현상.

- 계속대비
  하나의 색을 보고 다른 색을 보았을 때, 먼저 본 색의 영향으로 나중 색이 달리 보이는 현상.

- 한난대비
  차가운 색과 따뜻한 색을 함께 놓았을 때 배경색이 한색일 경우 더 차갑게, 배경색이 난색일 경우 더 따뜻하게 보이는 현상.

- 보색대비
  보색끼리 놓았을 때 색상이 더 뚜렷해지면서 선명하게 보이는 현상.

- 면적대비
  동일한 색이 면적이 크면 밝게, 면적이 작으면 어둡게 보이는 현상.

53 동선의 3요소에 속하지 않는 것은?

① 속도   ② 빈도
③ 하중   ④ 방향

TIP 동선의 3요소

속도(길이), 빈도, 하중

54 스킵플로어형 공동주택에 관한 설명으로 옳지 않은 것은?

① 복도 면적이 증가한다.
② 엑세스(access)동선이 복잡하다.
③ 엘리베이터의 정지 층수를 줄일 수 있다.
④ 동일한 주거동에 각기 다른 모양의 세대 배치계획이 가능하다.

TIP 입체형식상의 분류
(= 입면형식상, 단면형식상)

- 단층형
  주거단위가 동일 층에 한하여 구성되는 형식

- 복층형(= 메이조넷형)
  ① 주택 내부의 공간에 변화가 있다.
  (= 다양한 평면구성이 가능하다.)

② 단층형에 비해 공용면적이 감소된다.
③ 프라이버시가 좋다.
④ 엘리베이터의 정지 층 및 통로 면적의 감소로 전용면적의 극대화를 도모할 수 있다.
⑤ 엘리베이터 정지 층과 정지하지 않는 층의 평면이 다르다.(= 구조, 설비 계획이 어렵다.)

- 스킵 플로어형
  ① 단층과 복층으로 서로 반 층씩 엇갈리게 하는 형식이다.
  ② 프라이버시 확보가 용이하며, 전용면적비가 크다.
  ③ 복도가 없는 층은 남북면이 개방되어 있으므로 좋은 평면계획을 할 수 있다.
  ④ 엘리베이터 이용률이 효율적이다.
  ⑤ 엘리베이터 층수를 적게 할 수 있다.
  ⑥ 복도면적이 감소하고 유효면적이 증가한다.(= 공용면적이 복도형 보다 작다.)
  ⑦ 고층에 적합하다.
  ⑧ 각기 다른 세대의 평면계획으로 단면 및 입면상의 다양한 변화가 가능하다.
  ⑨ 엑세스(Access)동선이 복잡한 관계로 설비나 구조적인 측면에서 면밀한 검토가 요구된다.
  ⑩ 동선의 길이가 길어진다.
  ⑪ 소규모에는 비경제적이다.
  ⑫ 정지층과 정지하지 않는 층의 평면이 다르다.
  ⑬ 복도가 설치되지 않는 층은 대피에 대한 고려가 요구된다.

- 트리플렉스형
  ① 하나의 주거단위가 3층으로 구성된 형식
  ② 프라이버시 확보가 좋다.
  ③ 엘리베이터 층수를 적게 할 수 있다.

④ 통로가 없는 층은 채광, 통풍이 좋다.
⑤ 주택 내 공간의 변화가 있다.
⑥ 건물구조가 복잡하다.
⑦ 외기에 복도가 면하지 않는 층은 피난 계단 계획이 어렵다.
⑧ 대규모 주택에 사용한다.

55 다음에서 설명하는 묘사방법으로 옳은 것은?

- 선으로 공간을 한정시키고 명암으로 음영을 넣는 방법
- 평면은 같은 명암의 농도로 하여 그리고 곡면은 농도의 변화를 주어 묘사

① 단선에 의한 묘사방법
② 명암 처리만으로의 방법
③ 여러 선에 의한 묘사방법
④ 단선과 명암에 의한 묘사방법

TIP 묘사 기법(= 입체적인 표현방법)
- 단선에 의한 묘사 기법
  ① 선의 종류와 굵기에 따라 단면선, 윤곽선, 모서리선, 표면의 조직선, 재료의 변화선 등으로 묘사가 가능하다.
  ② 선의 처리에 유의해야 하며, 명확하고도 일관성 있는 적절한 선이 되도록 주의 깊게 처리해야 한다.
- 여러 가지 선에 의한 묘사 기법
  ① 선의 간격에 변화를 주어 면과 입체를 한정시키는 방법으로, 평면은 같은 간격의 선으로 묘사되며, 선의 간격을 달리하여 그리면 곡면을 나타낸다.
  ② 묘사하는 선의 방향은 면이나 입체에 대하여 수직, 수평의 방향이 맞추

52 ② 53 ④ 54 ① 55 ④

어 그려야 하며물체의 윤곽선은 그리지 않는 것이 좋다.
③ 평행인 여러 선으로 입체의 면을 묘사할 때 이들 선의 방향은 세로면은 세로선으로, 가로면은 가로선으로 나타내는데 선의 명암, 농도, 조직으로 면의 생김새를 나타낸다.
④ 면 전체에 걸쳐 선의 간격이나 밀도가 일정해야 하며, 그렇지 않으면 그 면은 평탄한 면으로 보이지 않는다.

- 단선과 명암에 의한 묘사 기법
  ① 선으로 공간을 한정시키고 명암으로 음영을 넣는 방법으로 평면의 경우에는 같은 명도의 농도로 하여 그리고, 곡면의 경우에는 농도에 변화를 주어 묘사한다.
  ② 곡면은 선의 간격을 다르게 하거나, 농도에 변화를 주어 묘사한다.
  ③ 그림자는 표면의 그늘보다 어둡게 묘사한다.

- 명암 처리에 의한 묘사기법
  명암의 농도로 면이나 입체를 표현하려는 것으로, 면이 다른 경우에는 면의 명암 차이가 명확히 나타나도록 하고, 명암의 표현에서 방향을 나타낼 때에는 면의 수직과 수평 방향이 일치되도록 한다.

- 점에 의한 묘사기법
  ① 여러 점으로 입체의 면이나 형태를 나타내고자 할 때에는 각 면의 명암 차이를 표현하고, 점을 많이 찍거나 적게 찍어서 형태의 변화를 준다.
  ② 점을 찍어서 형태를 만들어 나가는 묘사 방법은 많이 사용되지는 않는다.

56 다음 중 아래그림에서 세면기의 높이를 나타내는 A의 치수로 가장 알맞은 것은?

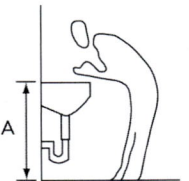

① 600mm ② 750mm
③ 900mm ④ 1000mm

57 다음 설명이 나타내는 법칙은?

> 회로의 저항이 흐르는 전류의 크기는 인가된 전압의 크기와 비례하며 저항과는 반비례한다.

① 키로히호프의 제1법칙
② 키로히호프의 제2법칙
③ 옴의 법칙
④ 플레밍의 왼손 법칙

TIP 옴의 법칙
도선에 흐르는 전류의 세기(전류) (I)는 전압 (V)에 비례하고 저항 (R)에 반비례한다.

$$I(A) = \frac{V(V)}{R(\Omega)}$$

58 피뢰설비를 설치해야 하는 건축물의 높이 기준은?

① 20m 이상
② 25m 이상
③ 30m 이상
④ 35m 이상

> **TIP** 피뢰(수뢰)설비
> - 벼락에 의해 건물 등의 피해를 피하기 위해 설치하는 설비이다. 큰 뇌전류를 대지로 안전하게 방전시킨다.
> - 건축물의 높이가 20m 이상일 경우 피뢰설비를 한다.
> - 돌침은 지름 12mm 이상, 돌침부는 건축물 맨 윗부분으로부터 25cm 이상 돌출시킨다.
> - 일반건물은 60° 이내로 하고, 위험물 관련 건축물은 45° 이내로 한다.

59 도면에 척도를 기입해야 하는데, 그림의 형태가 치수에 비례하지 않을 경우 표시방법으로 옳은 것은?

① US
② DS
③ NS
④ KS

> **TIP** 척도
> - 대상물의 실제치수에 대한 도면에 표시한 대상물의 비를 말한다.
> - 도면에는 척도를 기입하여야 한다. 한 도면에 서로 다른 척도를 사용하였을 때는 각 도면마다 또는 표제란의 일부에 척도를 기입하여야 한다. 그림의 형태가 치수에 비례하지 않을 때는 "NS(No Scale)"로 표시한다.
> - 사진 및 복사에 의해 축소 또는 확대되는 도면에는 그 척도에 따라 자의 눈금 일부를 기입한다.
> - 척도의 종류는 실척(실제치수(full size - 척도의 비가 1:1인 척도)), 배척(Enlargement scalee - 척도의 비가 1:1보다 큰 척도로 비가 크면 척도가 크다고 함), 축척(Reduction scalee - 척도의 비가 1:1보다 작은 척도로 비가 작으면 척도가 작다고 함)이 있다.
> - 목적에 따라 다음의 것에서 선택 사용한다.
>
> | 현척(실척) | 1/1 |
> |---|---|
> | 축척 | 1/2, 1/3, 1/4, 1/5, 1/10, 1/20, 1/25, 1/30, 1/40, 1/50, 1/100, 1/200, 1/250, 1/300, 1/500, 1/600, 1/1000, 1/1200, 1/2000, 1/2500, 1/3000, 1/5000, 1/6000 |
> | 배척 | 2/1, 5/1 |

56 ② 57 ③ 58 ① 59 ③

60 사회학자 숑바르 드 로브(Chombard de lawve)의 주거면적 기준 중 한계기준으로 옳은 것은?

① $8m^2$/인   ② $10m^2$/인
③ $14m^2$/인   ④ $16.5m^2$/인

> **TIP** 숑바르 드 로브(Chombard de lawve) 기준 주거면적
>
> - 병리기준
> $8m^2$/인 이하일 경우 거주자의 신체 및 정신건강에 나쁜 영향을 끼친다.
>
> - 한계기준
> $14m^2$/인 이하일 경우 개인 및 가족적인 거주의 융통성을 보장할 수 없다.
>
> - 표준기준
> $16m^2$/인
>
> 대한민국 1인당 주거면적의 변화(연도별 변화추세)
> ※ 자료출처(국토교통부, 『2018주거실태』)
>
> | | 2006년 | 2008년 | 2010년 | 2012년 |
> |---|---|---|---|---|
> | 1인당 주거면적 | $26.2m^2$ | $27.8m^2$ | $28.5m^2$ | $31.7m^2$ |
>
> | | 2014년 | 2016년 | 2017년 | 2018년 |
> |---|---|---|---|---|
> | 1인당 주거면적 | $33.5m^2$ | $33.2m^2$ | $31.2m^2$ | $31.7m^2$ |

60 ③

PART 06 | CBT 기출복원문제

2017년 2회

01 구조물의 주요 부분을 케이블로 매달아 인장력으로 저항하는 구조를 무엇이라 하는가?

① 라멘 구조
② 플랫슬래브 구조
③ 벽식 구조
④ 현수 구조

TIP ❖ 현수구조
- 상부에서 기둥으로 전달되는 하중을 케이블 형태의 부재가 지지하는 구조로써, 주 케이블에 보조 케이블이 상판을 잡아 지지한다.
- 스팬이 큰(400m 이상) 다리나 경기장 등에 사용한다.

02 구조적으로 가장 안정된 상태의 아치를 가장 잘 설명한 것은?

① 아치의 하단 단변의 크기를 작게 하여 공간의 활용도를 높였다.
② 상부 하중을 견딜 수 있도록 포물선의 형태로 설치하였다.
③ 응력 집중 현상을 방지할 수 있도록 절점을 많이 설치하였다.
④ 수직방향의 응력만 유지될 수 있도록 하단에 이동단을 설치하였다.

TIP ❖ 아치
상부에서 오는 직압력을 곡선을 따라 좌우로 나뉘어 직압력만을 받는 구조로써 하부에 인장력이 생기지 않는 구조이다.

03 창의 하부에 건너댄 돌로 빗물을 처리하고 장식적으로 사용되는 것으로, 윗면·밑면에 물끊기·물돌림 등을 두어 빗물의 침입을 막고, 물 흘림이 잘 되게 하는 것은?

① 인방돌
② 창대돌
③ 쌤돌
④ 돌림띠

TIP ❖ 개구부
- 인방돌
  ① 창문이나 출입문 등의 문꼴 위에 걸쳐 대어 상부에서 오는 하중을 받는 수평재이다.
  ② 석재는 휨 및 인장에 약하여 문꼴의 너비가 클 경우 철근콘크리트 보 또는 벽돌아치 등을 혼용한다.
- 창대돌
  ① 창 밑에 대어 빗물 등을 흘러내리게 한 장식재이다.
  ② 창 너비가 클 경우 2개 이상의 창대돌을 대어 사용하기도 하지만, 외관상, 방수상 1개를 통으로 사용한다.

01 ④ 02 ② 03 ②

③ 창대돌의 윗면, 옆면, 밑면에는 물흘림이 잘 되도록 물끊기, 물돌림 등을 두어 빗물이 내부로 침입하는 것을 막고 물 흘림을 잘되게 한다.

04 연속보의 한 끝이나 지점에 고정된 보의 한 끝이 내밀어 달려 있는 보로써, 상부에 인장력이 발생하므로 상부에 인장주근을 배치하는 구조는?

① 단순보   ② T형보
③ 켄틸레버보   ④ 연속보

TIP 철근콘크리트 보

- 단순보
  중앙에 하중을 받으면 휨모멘트와 전단력이 생기며, 하부는 인장력이 생겨 균열이 발생한다.
- T형보 : 슬랩과 일체로 되어 있는 보로써 보의 중앙부분은 압축력을 저항한다.
- 캔틸레버보(내민보)
  연속보의 한 끝이나 지점에 고정된 보의 한 끝이 내밀어 달려 있는 보로써, 상부에 인장력이 발생하므로 상부에 인장주근을 배치한다.
- 연속보
  1개의 상판이 3개 이상의 지점(支點)으로 지지된 구조물로 된 것으로, 지점의 간격이나 보의 높이를 적당히 선택하면 외관도 좋고 가설이 편리하기 때문에 교량 등에 많이 사용된다.

05 목조계단에서 계단디딤판의 처짐, 보행시의 진동 등을 막기 위하여 중간에 댄 보강재는?

① 계단멍에   ② 계단두겁
③ 엄지기둥   ④ 달대

TIP 계단

목조계단은 거의 곧은 계단이 많고 구조도 간단하다.

- 틀계단
  주택에서 많이 사용하며, 디딤판은 2.5~3.5cm, 너비는 15~25cm 정도로 하고, 옆판은 3.5~4.5cm 정도로 한다.
- 계단의 구성
  디딤판, 챌판, 옆판, 멍에, 난간, 난간동자 등으로 구성된다.

06 목조벽체에 사용되는 가새에 대한 설명 중 옳지 않은 것은?

① 목조벽체를 수평력에 견디게 하고 안정한 구조로 하기 위한 것이다.
② 가새는 일반적으로 네모구조를 세모구조로 만든다.
③ 주요건물에서는 한 방향 가새로만 하지 않고 X자형으로 하여 인장과 압축을 겸비하도록 한다.
④ 가새는 60°에 가까울수록 유리하다.

TIP 가새

- 목구조는 수평력(횡력)에 약하므로, 이를 보완하기 위해 대각으로 대는 부재이다.

- 가새를 댈 때는 45°에 가까울수록 좋고, 기둥과 좌우대칭이 되도록 한다.
- 단면은 큰 것이 좋지만, 잘못하면 휨 모멘트에 의해 좌굴의 우려가 있다.

① 인장가새 : 인장력을 부담하는 가새는 기둥의 1/5 정도로 사용하거나 철근을 사용할 수도 있다.
② 압축가새 : 압축력을 부담하는 가새는 기둥과 같은 크기로 하거나 1/2~1/3 정도의 크기로 한다.

07 철골구조형식 중 삼각형 뼈대를 하나의 기본형으로 조립하여 축방향력만 생기도록 한 구조는 무엇인가?

① 트러스구조
② PC구조
③ 플랫스랩구조
④ 조적구조

TIP 트러스 구조
- 삼각형을 구성하는 부재에는 축방향력(압축력 및 인장력)만 작용한다.
- 부재의 절점(결합되는 곳)은 자유롭게 회전할 수 있는 핀 접합(회전지점)으로 한다.
- 하중은 절점에만 작용하도록 하므로 휘는 경우가 없다.

08 철근콘크리트 보의 늑근에 대한 설명 중 옳지 않은 것은?

① 전단력에 저항하는 철근이다
② 중앙부로 갈수록 조밀하게 배치한다.
③ 굽힘철근의 유무에 관계없이 전단력의 분포에 따라 배치한다.
④ 계산상 필요 없을 때라도 사용한다.

TIP 늑근(스터럽)
- 전단력을 보강하여 보의 주근 위에 둘러 감은 철근이다.
- 전단력은 보의 단부에서 최대가 되고, 중앙부로 갈수록 작아지므로 단부에는 촘촘하게 배치하고 중앙부로 갈수록 넓게 배치하며, 135° 이상의 구부림을 한다.

09 철골조에서 주각부분에 사용되는 부재가 아닌 것은?

① 베이스 플레이트
② 사이드 앵글
③ 윙 플레이트
④ 플랜지 플레이트

TIP 철골 주각 구성

베이스 플레이트, 리브 플레이트, 윙 플레이트, 사이드 앵글, 클립 앵글

※ 플랜지 플레이트 : 플레이트 보(플레이트 거더) 등의 플랜지에 사용하는 강판.

10 철골조의 판보에서 웨브판의 좌굴을 방지하기 위해 설치하는 보강재는?

① 스터드　② 덮개판
③ 끼움판　④ 스티프너

> **TIP** 스티프너
> - 웨브 플레이트의 좌굴 및 전단보강을 위해 수직으로 설치한다.
> - 역할에 따라 지지점 스티프너, 중간 스티프너, 하중점 스티프너 등이 있다.

11 목재 왕대공 지붕틀에서 압축력을 받는 부재는?

① 왕대공　② 달대공
③ 빗대공　④ 평보

> **TIP** 왕대공지붕틀
> - 인장력
>   평보, 왕대공, 달대공
> - 압축력
>   빗대공
> - 압축력과 휨모멘트
>   ㅅ자보

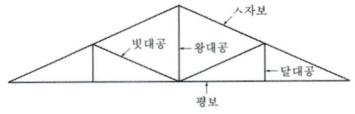

12 보가 없이 바닥판을 기둥이 직접 지지하는 슬래브는?

① 플랫 슬래브
② 드롭 패널
③ 캐피탈
④ 워플 슬래브

> **TIP** 플랫 슬래브(무량판 구조)
> - 바닥에 보가 없이 직접 기둥에 하중을 전달하는 방식.
> - 구조가 간단하고 공사비가 저렴하다. 또한, 층고를 높게 할 수 있어 실내 이용률이 높지만, 바닥판이 두꺼워 고정하중이 커진다.
> - 바닥판 두께는 15cm 이상으로 하며, 배근방식으로 2방향식, 3방향식, 4방향식, 원형식이 있으며, 2방향식과 4방향식이 많이 사용된다.

13 창호 종류 중 방풍을 목적으로 풍소란을 설치하는 것은?

① 미서기문　② 양판문
③ 플러시문　④ 회전문

> **TIP** 풍소란
> 문이 닫혔을 때 문자방의 위아래나 양옆에 접하는 부분의 틈새를 막는 바람막이를 말한다.

14 건축물의 밑바닥 전부를 두꺼운 기초 판으로 구성한 기초이며, 하중에 비하여 지내력이 작을 때 설치하는 기초는?

① 온통기초 ② 독립기초
③ 복합기초 ④ 연속기초

TIP 기초

- 독립기초
  각 기둥마다 하나의 기초판을 설치하여 상부 하중을 지반에 전달하는 기초.
- 복합기초
  2개 이상의 기둥을 하나의 기초판이 받치는 구조로써, 기둥과의 간격이 작거나 기초판이 근접하는 경우 또는 건축물이 인접대지와 문제가 생길 경우에 사용하는 기초.
- 연속기초
  연속된 내력벽을 따라 설치된 기초.
- 온통기초
  건물 하부 전체에 걸쳐 설치한 기초로써 연약지반에 사용하는 기초.

15 현장치기 콘크리트 중 수중에서 타설하는 콘크리트 최소 피복두께는 얼마인가?

① 60mm ② 80mm
③ 100mm ④ 120mm

TIP 피복두께

- 수중 타설 콘크리트 : 100mm
- 흙에 접하여 콘크리트를 친 후 영구히 흙에 묻혀있는 콘크리트 : 80mm

16 홈통의 구성 요소 중 처마홈통 낙수구 또는 깔때기홈통을 받아 선홈통에 연결하는 것은?

① 장식홈통 ② 지붕골홈통
③ 상자홈통 ④ 안홈통

TIP 홈통(Gutter)

지붕의 빗물을 받아 배출시키는 원형의 통 또는 관(管)으로 아연도금을 한 함석이나 동 또는 PVC가 사용된다.

- 지붕골홈통
  지붕면과 지붕면이 만나는 부분에 설치하는 홈통이다.
- 상자홈통
  처마 끝에 다는 처마홈통의 일종으로 목재 또는 철재로 틀을 상자모양으로 짜서 처마, 지붕 또는 벽체에 볼트 등으로 설치하는 홈통이다.
- 안홈통
  외벽 안쪽에 설치하는 처마홈통 또는 선홈통이다.

17 곡면판이 지니는 역학적 특성을 응용한 구조로써 외력은 주로 판의 면 내력으로 전달되기 때문에 경량이고 내력이 큰 구조물을 구성할 수 있는 것은?

① 철골구조 ② 셸구조
③ 현수구조 ④ 커튼월 구조

TIP 셸 구조

- 곡률을 가진 얇은 판으로 주변을 충분히 지지시켜 공간을 덮는 구조이다.
- 가볍고 강성이 우수한 구조 시스템으로써 시드니 오페라 하우스가 대표적이다.
- 재료는 철근콘크리트를 많이 쓰지만 강재를 사용하기도 한다.

18 휨모멘트나 전단력을 견디게 하기 위해 사용되는 것으로 보 단부의 단면을 중앙부의 단면보다 크게 한 부분은?

① 헌치 ② 슬래브
③ 래티스 ④ 지중보

TIP 헌치(Haunch)
- 콘크리트 구조물에 부재의 두께나 높이가 급격하게 변화되는 부분에 응력의 집중에 의하여 구조물이 국부적인 손상을 입는 것을 방지하기 위하여 단면을 서서히 증감시킨 것을 말한다.
- 수평부재와 수직부재가 접하는 부위에 연결부를 보강할 목적으로 단면을 크게 하고 철근으로 보강한 부위로써 슬래브와 보, 기둥과 보, Box Girder, 라멘 구조 등에 설치한다.
- 헌치 설치의 목적
  ① 연속적인 응력 전달
  ② 응력 집중 방지
  ③ 균열 발생 방지
  ④ 구조물 보강
- 바닥판에는 지지보 위에 헌치를 두는 것을 원칙으로 한다.
- 헌치의 기울기는 1 : 3보다 완만하게 하며, 기울기가 1 : 3보다 급할 경우에는 기울기 1 : 3까지 두께를 바닥판의 유효두께로 간주한다.
- 헌치 안쪽에는 철근을 배치하는 것을 원칙으로 하며, 철근은 13mm 이상으로 한다.

19 벽돌조 공간 쌓기에서 벽체 연결철물 간의 수평간격은 최대 얼마 이하로 하여야 하는가?

① 450mm ② 600mm
③ 750mm ④ 900mm

TIP 공간벽
- 단열, 방음, 방습 등을 위해 벽과 벽 사이에 공간을 두어 이중으로 쌓는 것을 말한다.
- 외벽과 내벽은 철선으로 보강하고 간격은 수직 45cm 이하(6켜), 수평 90~100cm 정도의 간격으로 설치하고 벽면적 $0.4m^2$ 마다 1개씩 설치한다.

20 목조 벽체에서 기둥 맨 위 처마부분에 수평으로 거는 가로재로써 기둥머리를 고정하는 것은?

① 처마도리 ② 샛기둥
③ 깔도리 ④ 꿸대

TIP 도리
보에 직각으로 기둥과 기둥 사이에 둘러 얹혀서 수직 또는 수평하중을 받는 가로재이다.
- 층도리
  층과 층 사이에 위치하며 기둥을 연결하고 바닥하중을 고르게 전달하는 것으로 크기는 기둥과 같거나 다소 크게 한다.
- 깔도리
  기둥 위에 처마부분에 수평으로 대는 가로재로 지붕틀의 하중을 받아 기둥으로 전달하는 것으로 크기는 기둥과 같거나 좀은 약간 크게 하고, 이음은 기둥 또는 지붕보를 피해 엇걸이산지이음으로 한다.

- 처마도리
깔도리 위에 지붕틀을 걸고 평보위에 걸쳐대는 가로재로써 절충식 지붕틀에서는 처마도리가 깔도리를 대신하기도 하며, 크기는 기둥 또는 깔도리와 같거나 조금 작게 한다.

21 보통 재료에서는 축방향에 하중을 가할 경우 그 방향과 수직인 횡방향에도 변형이 생기는데, 횡방향 변형도와 축방향 변형도의 비를 무엇이라 하는가?

① 탄성계수비 ② 경도비
③ 푸아송비 ④ 강성비

TIP 프와송 비(Poisson's Ratio)
- 재료에 외력이 가해졌을 경우, 그 힘의 방향으로 변형이 생기며 또한 직각방향으로도 변형이 생기는 현상.
- 프와송 비의 역수를 프와송 수라 한다.

22 건축재료 중 구조재로 사용할 수 없는 것끼리 짝지어진 것은?

① H형강·벽돌
② 목재·벽돌
③ 유리·모르타르
④ 목재·콘크리트

23 목재를 건조시킬 경우 구조용재는 함수율을 얼마 이하로 건조시키는 것이 가장 적당한가?

① 15% ② 25%
③ 35% ④ 45%

TIP 목재의 건조

목재를 구조용재로 사용할 경우의 함수율은 15% 이하로 건조시키고, 가구재 및 수장재로 사용할 경우의 함수율은 10% 이하로 건조하여 사용한다.

24 염분이 섞인 모래를 사용한 철근콘크리트에서 가장 염려되는 현상은?

① 건조수축 발생 ② 철근 부식
③ 슬럼프 저하 ④ 초기강도 저하

TIP 바다모래 속의 염화물
- 철근과 반응하여 철근부식을 유발시켜, 콘크리트의 장기 내구성에 나쁜 영향을 주게 된다.
- 철근 부식은 염화물 중에서도 $NaCl$, $MgCl_2$가 주요인이다.
- 콘크리트에 사용하는 모래의 염분한도는 0.04%이하로 하여야 하며, 철근의 방청조치를 할 경우 염분량은 0.1%까지는 허용된다.

18 ① 19 ④ 20 ③ 21 ③ 22 ③ 23 ① 24 ②

25 어느 목재의 중량을 달았더니 50g이었다. 이것을 건조로에서 완전히 건조시킨 후 달았더니 중량이 35g이었을 때 이 목재의 함수율은?

① 약 25% ② 약 33%
③ 약 43% ④ 약 50%

TIP 목재의 함수율

- 함수율(%) = $\dfrac{\text{생나무중량} - \text{완전건조목재중량}}{\text{완전건조목재중량}} \times 100\%$

- 함수율(%) = $\dfrac{50g - 35g}{35g}$
  ≒ 42.857%

26 최대강도를 안전율로 나눈 값을 무엇이라고 하는가?

① 파괴강도 ② 허용강도
③ 전단강도 ④ 휨강도

TIP 허용강도

허용강도 = 최대강도 / 안전율

27 AE제를 콘크리트에 사용하는 가장 중요한 목적은?

① 콘크리트의 강도를 증진하기 위해서
② 동결융해작용에 대하여 내구성을 가지기 위해서
③ 블리딩을 감소시키기 위해서
④ 염류에 대한 화학적 저항성을 크게 하기 위해서

TIP AE제

- 콘크리트 속에 독립된 미세기포(지름 0.025~0.25mm)를 발생시켜 골고루 분산시키는 역할을 한다.
- 콘크리트의 시공연도를 개선시켜, 재료분리가 일어나지 않으며, 블리딩이 감소된다.
- 수밀성과 내구성이 커지고, 동결 작용에 대한 저항성이 커진다.
- 경화 때의 수축을 감소시키며, 균열을 방지한다.
- 공기량 증가 시 강도가 감소되며, 수축량이 증가된다.
- 콘크리트 전체 체적의 약 2~5%가 적당하다.

28 참나무의 절대건조비중이 0.95일 때 목재의 공극률로 맞는 것은?

① 10% ② 23.4%
③ 38.3% ④ 52.4%

TIP 목재의 공극률

- $v = \left(1 - \dfrac{r}{1.54}\right) \times 100\%$
  (v : 공극률, r : 절건비중)

- $v = \left(1 - \dfrac{0.95}{1.54}\right) \times 100\%$
  ≒ 38.311%

29 목재를 벌목하기에 가장 적당한 계절로 짝지어 진 것은?

① 봄 - 여름 ② 여름 - 가을
③ 가을 - 겨울 ④ 겨울 - 봄

TIP 벌목
목재를 벌목하는 시기는 수액이 적어 건조가 쉽고 빠른 가을이나 겨울이 적당하다.

30 다음 석재 중 압축강도가 가장 큰 석재로 맞는 것은?

① 사암 ② 안산암
③ 대리석 ④ 화강암

TIP 화강암
- 단단하고 내구성이 크고 흡수성이 작다.
- 석재 중 압축강도가 가장 크고 외관이 아름다워 구조재 및 내·외장재로 사용한다.
- 경도가 커 세밀한 조각을 하기는 좋지 않다.
- 내화도가 낮아 고열을 받는 곳에는 부적당하다.

31 다음에서 설명하는 역학적 성질은?

> 유체가 유동하고 있을 때 유체의 내부에 흐름을 저지하려고 하는 내부 마찰 저항이 발생하는 성질

① 점성 ② 탄성
③ 소성 ④ 외력

32 20kg의 골재가 있다. 5mm 표준망 체에 중량비로 몇 kg 이상 통과하여야 모래라고 할 수 있는가?

① 10kg ② 12kg
③ 15kg ④ 17kg

TIP 골재
- 잔골재
  5mm 체에 85~90% 이상 통과하는 골재를 말한다.
- 굵은 골재
  5mm 체에 85~90% 이상 남는 골재를 말한다.
- 20kg×0.85~0.9 = 17kg~18kg

33 한국산업표준의 분류에서 토목건축부문의 분류기호는?

① B ② D
③ F ④ H

TIP 한국산업표준
재료는 품질 및 모양 등이 다양하기 때문에 어떤 기준에 의한 규격을 정하여 품질과 모양, 치수 및 시험방법 등을 규정하였고, 그것이 한국공업규격(KS)이다. KS의 분류는 다음과 같다.

분류기호	부문	분류기호	부문
KS A	기본	KS B	기계
KS C	전기전자	KS D	금속
KS E	광산	KS F	건설
KS G	일용품	KS H	식품
KS I	환경	KS J	생물
KS K	섬유	KS L	요업

분류기호	부문	분류기호	부문
KS M	화학	KS P	의료
KS Q	품질경영	KS R	수송기계
KS S	서비스	KS T	물류
KS V	조선	KS W	항공우주
KS X	정보	KS Z	기타

34 다음 중 점토제품의 소성온도 측정에 쓰이는 것은?

① 샤모트 추
② 머플 추
③ 호프만 추
④ 제게르 추

> **TIP** 소성온도
> 소성온도의 측정으로 제게르 콘(Seger Cone)이 대표적이며, 점토의 소성온도를 SK로 표기한다.

35 길이가 폭의 3배 이상으로 가늘고 길게 된 타일로써 징두리 벽 등의 장식용에 사용되는 것은?

① 스크래치 타일
② 보더 타일
③ 모자이크 타일
④ 논슬립 타일

> **TIP** 타일
> - 스크래치 타일(Scratch Tile)
>   표면에 흠이나 긁힌 자국을 낸 타일로 벽돌 길이와 같게 한 외장용 타일이다.
> - 보더타일(Boarder Tile)
>   220mm×60mm×8mm, 190mm×60mm×11mm와 같이 길이가 나비의 3배 이상인 가늘고 길게 된 타일로 걸레받이·징두리 벽 등에 사용되는 특수 장식용 타일이다.
> - 모자이크 타일(Mosaic Tile)
>   ① 4cm 각 이하의 소형타일을 말하며, 색깔도 다양하며, 30cm 하드롱지에 줄눈을 일정하게 하여 제작한다.
>   ② 11mm 각 이하의 작은 타일을 아트 모자이크(Art Mosaic)라 하며, 장식 및 회화 등에 사용한다.

36 다음 점토제품 중 소성온도가 가장 높은 것은?

① 토기   ② 석기
③ 도기   ④ 자기

> **TIP** 점토의 분류
>
> | 종류 | 소성온도 | 흡수율(%) | 제품 |
> |---|---|---|---|
> | 토기 (보통(저급)점토) | 790℃~1,000℃ (SK 0.15~SK 0.5) | 20 이상 | 기와, 벽돌, 토관 |
> | 도기 (도토) | 1,100℃~1,230℃ (SK 1~SK 7) | 10 | 타일, 테라코타, 위생도기 |
> | 석기 (양질점토) | 1,160℃~1,350℃ (SK 4~SK 12) | 3~10 | 벽돌, 타일, 테라코타 |
> | 자기 (양질점토, 장석분) | 1,230℃~1,460℃ (SK 7~SK 16) | 0~1 | 타일, 위생도기 |

37 블론 아스팔트를 휘발성 용제로 희석한 흑갈색의 액체로써, 콘크리트, 몰탈 바탕에 아스팔트 방수층 또는 아스팔트 타일 붙이기 시공을 할 때 사용되는 것은?

① 아스팔트 코팅
② 아스팔트 펠트
③ 아스팔트 루핑
④ 아스팔트 프라이머

> **TIP** 아스팔트 프라이머
> - 블로운 아스팔트를 휘발성 용제로 희석한 흑갈색의 액체로 콘크리트, 몰탈 바탕에 아스팔트 방수층 또는 아스팔트 타일 붙임시공에 사용되는 초벌용 도료 접착제이다.
> - 아스팔트 프라이머를 콘크리트 또는 몰탈 면에 침투시키면 용제는 증발하고 아스팔트가 도막을 형성하여 그 위에 아스팔트를 바르면 잘 붙고 밀착성이 좋아진다.

38 다음 중 여닫이 창호에 사용되는 철물이 아닌 것은?

① 레일
② 도어 클로저
③ 경첩
④ 함자물쇠

> **TIP** 창호철물
> - 도어 클로져(도어 체크)
>   문을 자동으로 닫히게 하는 철물이다.
> - 경첩
>   여닫이 창호를 만들 때 한쪽은 문틀에, 다른 한쪽은 문짝에 고정시켜 열고 닫을 때 축이 되는 철물로써 강철, 주철, 황동, 청동 등을 사용한다.
> - 함자물쇠
>   자물쇠를 작은 상자에 장치한 것으로 출입문 등 문의 울거미 표면에 붙여대는 것을 말한다.
>
> ※ 레일 : 행거도어에 사용되는 철물이다.

39 결로현상 방지에 가장 좋은 유리는?

① 망입유리
② 무늬유리
③ 복층유리
④ 착색유리

> **TIP** 복층유리(Pair Glass)
> - 2장 또는 3장의 판유리를 일정간격으로 띄운 후, 둘레에 틀을 끼워 기밀하게 하고 그 사이에 건조공기 또는 아르곤 가스를 주입하여 만든 유리.
> - 단열, 결로 방지, 방음에 효과가 있고, 일반 주택 또는 고층 빌딩의 외부 창 등에 사용한다.

40 다음의 건축물의 용도와 바닥 재료의 연결 중 적합하지 않은 것은?

① 유치원의 교실 - 인조석 물갈기
② 아파트의 거실 - 플로어링 블록
③ 병원의 수술실 - 전도성 타일
④ 사무소 건물의 로비 - 대리석

> **TIP** 바닥재료
> 유치원, 특수학급의 바닥은 좌식활동이 가능하도록 바닥 난방을 계획하며, 미끄럽지 않고 넘어져도 충격이 완화되는 탄성이 있는 자재를 사용한다.

41 전력 퓨즈에 관한 설명으로 옳지 않은 것은?

① 재투입이 불가능하다.
② 릴레이나 변성기가 필요하다.
③ 과전류에서 용단될 수도 있다.
④ 소형으로 큰 차단용량을 가졌다.

> **TIP** 파워퓨즈(전력퓨즈)
> 고 전압회로 및 기기의 단락 보호용으로, 소형으로 큰 차단용량을 가지고 있으나, 재투입이 불가능하고, 과전류로 용단될 수 있다.

42 1200형 에스컬레이터의 공칭 수송능력은?

① 4800인/h ② 6000인/h
③ 7200인/h ④ 9000인/h

> **TIP** 에스컬레이터 시간당 수송능력
> - 디딤판 속도
>   분당 30미터, 디딤판의 안 길이: 0.406미터, 디딤판 1개마다 인원을 2명으로 가정할 경우
> - 수송능력 = (V×60)P/B
>   = (30×60)2/0.4
>   = 9000명
> - V : 디딤판의 속도
>   P : 디딤판 1개마다 탑승인원
>   B : 디딤판의 안길이

43 다음의 자동화재 탐지설비의 감지기 중 연기감지기에 해당하는 것은?

① 광전식   ② 차동식
③ 정온식   ④ 보상식

> **TIP** 자동화재 탐지설비
> - 열감지기
>   차동식, 정온식, 보상식
> - 연기감지기
>   광전식

44 급기와 배기에 모두 기계 장치를 사용한 환기 방식으로 실내외의 압력차를 조정할 수 있는 것은?

① 중력환기   ② 제1종 환기
③ 제2종 환기 ④ 제3종 환기

> **TIP** 환기의 종류
> - 자연환기
>   ① 풍력환기 : 바람 등에 의해 환기하는 방식으로 개구부 위치에 따라 차이가 크다.
>   ② 중력환기 : 실·내외의 온도차에 의해 환기하는 방식이다.
> - 기계환기
>   ① 중앙식 : 한 장소에서 조작을 하여 외기 혹은 실내공기를 각 실에 보내어 환기하는 방식이다.
>   ② 1종 환기 : 기계급기
>   → 기계배기(병용식)
>   ③ 2종 환기 : 기계급기
>   → 자연배기(압입식)
>   ④ 3종 환기 : 자연급기
>   → 기계배기(흡!출식)

45 공간벽돌쌓기에서 표준형 벽돌로 외벽은 0.5B, 공간 80mm, 내벽은 1.0B로 할 때 총 벽체 두께는?

① 290mm   ② 310mm
③ 360mm   ④ 380mm

TIP 벽돌의 벽체두께
90mm(0.5B)+80mm+190mm(1.0B)
= 360mm

46 건축물의 묘사에 있어서 트레싱지에 컬러(color)를 표현하기에 가장 적합한 도구는?

① 연필   ② 수채물감
③ 포스터칼라   ④ 유성 마카펜

TIP 묘사 도구
- 연필
  ① 연필심은 무르고 단단한 정도에 따라 9H부터 6B까지 15종에 F, HB를 포함하면 17단계로 구분된다.
  ② 연필은 효과적으로 사용하면 밝은 상태에서 어두운 상태까지 폭 넓은 명암을 나타낼 수 있으며, 다양한 질감 표현도 가능하다.
  ③ 연필은 지울 수 있는 장점이 있는 반면에 번지거나 더러워지는 단점이 있으므로 연필종류에 따른 특성을 잘 알고 사용해야 한다.
- 잉크
  ① 잉크는 여러 가지 색상을 갖고 있어 색의 구분이 일정하고, 농도를 정확하게 할 수 있어 도면이 선명하고 깨끗하게 보인다.
  ② 여러 가지 펜촉을 사용할 수 있어, 다양한 묘사 방법의 표현도 가능하다. 따라서 최근에는 펜촉의 굵기를 자유롭게 바꿀 수 있는 여러 가지 잉킹용 도구들이 개발되고 있다.
- 색연필
  간단하게 도면을 채색하여 실물의 느낌을 표현하는데 주로 사용하며, 색펜과 같이 사용하여 실내 건축물의 간단한 마감 재료를 그리는데 사용한다.
- 물감
  ① 물감은 재료에 따라서 차이가 있다.
  ② 수채화는 신선한 느낌을 주고, 부드럽고 밝은 특징을 갖고 있다.
  ③ 포스터 물감은 사실적이며, 재료의 질감표현과 수정이 용이해 많이 사용하는 방법으로 붓을 이용해 그린다.
- 유성 마카펜
  트레싱지에 색을 표현하기가 가장 적합하다.

47 다음의 단면용 재료표시 기호가 의미하는 것은?

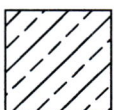

① 석재   ② 인조석
③ 벽돌   ④ 목재 치장재

41 ② 42 ④ 43 ① 44 ② 45 ③ 46 ④ 47 ①

48 건축법령상 주요구조부에 속하지 않는 것은?

① 기둥　　② 지붕틀
③ 내력벽　　④ 옥외계단

> 💡 건축의 주요 구조부
> - 내력벽, 기둥, 바닥, 보, 지붕틀 및 주계단을 말한다.
> - 다만, 사이기둥, 최하층 바닥, 작은 보, 차양, 옥외계단 기타 이와 유사한 것으로 건축물의 구조상 중요하지 아니한 부분을 제외한다.

49 주택의 주방과 식당 계획 시 가장 중요하게 고려하여야 할 사항은?

① 채광　　② 조명배치
③ 작업동선　　④ 색채조화

> 💡 주방 및 식당계획 가사노동경감(동선단축)
> - 가사노동경감(동선단축)은 주택설계 시 가장 큰 비중을 두어야 하며, 주택을 설계할 때 가장 중요하게 생각해야 할 사항이다.
> - 능률이 좋은 부엌시설과 기계화된 설비를 갖추어야 한다.
> - 필요 이상의 넓은 주거는 지양하여 청소 등의 노력을 줄이도록 한다.

50 실내 환기의 척도로 주로 이용되는 것은?

① 산소　　② 질소
③ 이산화탄소　　④ 아황산가스

> 💡 실내 공기 오염(환기척도)
> - 재실자의 호흡으로 인한 산소(O_2)의 감소 및 이산화탄소의 증가(CO_2)를 꼽을 수 있다.
> - 국내 실내 공기 질 기준으로 이산화탄소는 1000ppm 이하로 관리하도록 하고 있다.
> - 먼지 및 각종 세균으로 인한 공기오염
>
> ※ ppm(농도의 단위) : 미량 물질 농도를 표시할 때 사용하는 것으로, 1g의 시료 중 100만 분의 1g, 물 1t 중의 1g, 공기 1m^3 중의 1cc를 말한다.

51 건축물의 외벽, 창, 지붕 등에 설치하여 인접 건물에 화재가 발생하였을 때 수막을 형성함으로써 화재의 연소를 방재하는 설비는?

① 스프링클러 설비
② 연결 살수 설비
③ 옥내 소화전 설비
④ 드렌처 설비

> 💡 드렌처
> - 건축물의 외벽, 창, 지붕 등에 설치하여 인접 건물에 화재가 발생하였을 때 수막을 형성하여 화재의 연소를 방지하는 방화설비이다.
> - 설치간격은 2.5m 이하로 한다.
> - 방수압력은 0.1MPa, 방수량은 80L/min이다.

52. 다음과 같이 정의되는 전기 관련 용어는?

> 대지에 이상전류를 방류 또는 계통구성을 위해 의도적이거나 우연하게 전기회로를 대지 또는 대지를 대신하는 전도체에 연결하는 전기적인 접속

① 절연 ② 접지
③ 피뢰 ④ 피복

TIP 전기설비 용어

- 절연
  전기기구 또는 전선에 전기가 통할 경우 이를 통하지 않게 하는 것을 말한다.
- 피뢰
  벼락에 의해 건물 등의 피해를 피하기 위해 설치하는 설비를 말하며, 큰 뇌전류를 대지로 안전하게 방전시킨다.
- 피복
  전기기구 또는 전선을 감싼 것을 말한다.

53. 일반 평면도의 표현 내용에 속하지 않는 것은?

① 실의 크기
② 층고
③ 창문과 출입구의 구별
④ 개구부의 위치 및 크기

TIP 평면도

- 건축물을 건물의 바닥면으로부터 1.2m 정도 높이에서 수평으로 절단하였을 때의 수평 투상도를 말하는 것으로, 설계를 진행하는데 있어서 기본이 된다.
- 실의 배치와 넓이, 개구부의 위치나 크기, 창문과 출입구의 구별, 기둥, 벽, 바닥, 계단 이외의 부대설비 및 마무리 등을 표시하고 치수 등을 기입한다.
- 축척은 규모에 따라 1/50~1/300등 차이가 있으며 축척에 따라 도면의 표시 내용도 달라지게 된다.
- 도면의 위쪽을 북쪽으로 하고 도면의 제목 및 위치 등을 균형 있게 계획한다.

54. 압력탱크식 급수방법에 관한 설명으로 옳은 것은?

① 급수 공급 압력이 일정하다.
② 정전 시에도 급수가 가능하다.
③ 단수 시에 일정량의 급수가 가능하다.
④ 위생성 측면에서 가장 바람직한 방법이다.

TIP 압력탱크식(압력수조방식)

- 국부적으로 고압을 필요로 하는 경우에 적합하다.
- 옥상탱크와 같은 고가 시설이 없어 건물의 외관이 깔끔하며, 그로 인해 건물 구조를 보강하거나 강화하지 않아도 된다.
- 물탱크 저수분 만큼 급수가 가능하다.
- 최저·최고압의 압력차가 커서 압력 변동이 심하다.
- 제작비가 고가이며, 취급이 어렵고 고장이 많다.
- 저수량이 적어 정전, 펌프의 고장 등으로 인해 급수가 중단된다.

55 건축법령상 다음과 같이 정의되는 용어는?

> 기존 건축물의 전부 또는 일부(내력벽·기둥·보·지붕틀 중 셋 이상이 포함되는 경우를 말함)를 철거하고 그 대지에 종전과 같은 규모의 건축물을 다시 축조하는 것

① 신축   ② 이전
③ 개축   ④ 재축

TIP 건축의 행위(건축법의 건축)
- 신축
  ① 기존 건축물이 철거되거나 멸실된 대지를 포함하여 건축물이 없는 대지에 새로 건축물을 축조하는 것을 말한다.
  ② 다만 부속건축물만 있는 대지에 새로 주된 건축물을 축조하는 것을 포함하되, 개축 또는 재축하는 것은 제외한다.
- 증축
  ① 기존건축물이 있는 대지에서 건축물의 건축면적, 연면적, 층수 또는 높이를 늘리는 것을 말한다.
  ② 바닥면적의 합계가 85m²를 초과하는 부분에 대한 증축에 해당하는 변경 사유에는 허가를 받고 신고를 해야 하며 85m² 이하의 변경은 신고만으로도 가능하다.
  ③ 또한 건축물의 동수나 층수를 변경하지 아니하면서 변경되는 부분의 바닥 면적의 합계가 50m² 이하인 경우, 동수나 층수를 변경하지 아니하면서 변경되는 부분이 연면적 합계의 10분의 1 이하인 경우, 대수선에 해당하는 경우, 건축물의 층수를 변경하지 아니하면서 변경되는 부분의 높이가 1미터 이하이거나 전체 높이의 10분의 1 이하인 경우, 허가를 받거나 신고를 하고 건축 중인 부분의 위치가 1미터 이내에서 변경되는 경우에는 신고만으로도 증축이 가능하다.
- 재축
  건축물이 천재지변이나 그 밖의 재해로 멸실된 경우 그 대지에 종전과 같은 규모의 범위에서 다시 축조하는 것을 말한다.
- 이전
  주요 구조부를 해체하지 아니하고 동일한 대지 내에서 건축물의 위치를 옮기는 행위를 말한다.

56 작업대 길이가 2m 정도인 소형 주방가구가 배치된 간이 부엌의 형태로 맞는 것은?

① 키친네트   ② 다이닝 키친
③ 다이닝 앨코브   ④ 리빙 키친

57 공기조화방식 중 팬코일 유닛방식에 관한 설명으로 옳지 않은 것은?

① 전공기방식에 속한다.
② 각 실에 수배관으로 인한 누수의 우려가 있다.
③ 덕트 방식에 비해 유닛의 위치 변경이 용이하다.
④ 유닛을 창문 밑에 설치하면 콜드 드래프트를 줄일 수 있다.

> 💡 **팬 코일 유닛방식**
> - 전동기 직결의 소형 송풍기(fan), 냉·온수 코일 및 필터 등을 갖춘 실내형 소형 공조기를 각 실에 설치하여 중앙 기계실로부터 냉수 또는 온수를 공급받아 송풍하는 방식이다.
> - 객실, 입원실, 사무실 등에 사용하며, 극장이나 방송국 스튜디오에는 부적당하다.
> - 장점
>   ① 장래 증가에 대한 유연한 대처가 가능하다.
>   ② 덕트가 필요 없으며, 개별 제어가 쉽다.
>   ③ 동력비가 작다.
>   ④ 콜드 드래프트를 줄일 수 있다.
>   ※ 콜드 드래프트(Cold draft) : 생산되는 열보다 소모되는 열이 많을 경우 추위를 느끼게 되는 현상을 말한다.
>   - 원인 : 인체 주위 온도가 낮을 때, 기류 속도가 클 때, 습도가 낮을 때, 벽면 온도가 낮을 때, 겨울철 창문의 틈에서 바람이 (틈새바람) 많을 때
> - 단점
>   ① 분산 설치가 되므로 유지관리가 어렵다.
>   ② 외기 공급을 위한 별도의 장치가 필요하다.
>   ③ 실내공기 오염 및 누수의 우려가 있다.
>   ④ 방음, 방진에 유의해야 한다.

58 교류 엘리베이터에 대한 설명 중 옳지 않는 것은?

① 기동토크가 적다.

② 부하에 의한 속도 변동이 있다.

③ 직류 엘리베이터에 비해 착상오차가 크다.

④ 속도를 선택할 수 있고, 속도 제어가 가능하다.

> 💡 **엘리베이터 구동방식**
> - 교류 엘리베이터
>   ① 속도조정이 안되며 속도에 대한 제어가 불가능하다.
>   ② 부하에 의해 속도변동이 있으며, 저속이다.
>   ③ 착상오차가 크다.
>   ④ 기동 토크가 작다.
>   ⑤ 승차감은 직류에 비해 좋지 않다.
>   ⑥ 설비비가 적다.
> - 직류 엘리베이터
>   ① 속도조정이 자유로우며 속도에 대한 제어가 가능하다.
>   ② 부하에 의해 속도변동이 없으며, 고속이다.
>   ③ 착상오차가 거의 없다.
>   ④ 기동 토크를 임의로 얻을 수 있다.
>   ⑤ 승차감이 좋다.
>   ⑥ 설비비가 높다.

55 ③ 56 ① 57 ① 58 ④

59 다음 중 주택 출입구에서 현관의 바닥면과 실내바닥면의 높이차로 가장 알맞은 것은?

① 5cm ② 15cm
③ 30cm ④ 45cm

> **TIP** 현관(Entrance)
> 실내와 실외를 연결하는 중간적 성격의 통로를 말한다.
>
> • 현관의 위치결정 요소
> ① 방위와는 무관하나 주택 규모가 클 경우 남측 또는 중앙에 위치하기도 한다.
> ② 현관에서 간단한 접객의 용무를 겸하는 외에는 불필요한 공간을 두지 않는다. (크게 두지 않는다)
>
> • 현관의 크기
> ① 폭 : 120cm, 깊이 : 90cm
> ② 연면적의 7% 정도로 한다.
> ③ 현관의 바닥 차이는 10 ~ 20cm 정도로 한다.(평균 15cm)

60 건축물에서 공통되는 요소에 의해 전체를 일관되게 보이도록 하는 요소를 무엇이라 하는가?

① 대비 ② 통일
③ 리듬 ④ 강조

> **TIP** 건축형태의 구성
>
> • 대비
> 어떤 요소의 특질을 강조하기 위해 그와 상반되는 형태, 색채, 톤(tone)등을 배치시켜 서로의 차이가 뚜렷하게 보여 지는 것을 말한다.
>
> • 통일
> ① 각 요소들을 통일하여 하나의 형태로 보여 지는 것을 말한다.
> ② 너무 지나치면 단조롭게 된다.
>
> • 리듬
> 규칙적인 요소들의 시각적 질서를 부여하는 통제된 운동감각을 나타나는 힘을 말하며, 반복, 점층, 억양, 변이 등이 있다.

59 ② 60 ②

06 PART | CBT 기출복원문제

2017년 4회

01 바닥슬래브 전체가 기초판 역할을 하는 것은?

① 매트기초 ② 복합기초
③ 독립기초 ④ 줄기초

TIP 기초

- 독립기초
  각 기둥마다 하나의 기초판을 설치하여 상부 하중을 지반에 전달하는 기초
- 복합기초
  2개 이상의 기둥을 하나의 기초판이 받치는 구조로써, 기둥과의 간격이 작거나 기초판이 근접하는 경우 또는 건축물이 인접대지와 문제가 생길 경우에 사용하는 기초
- 연속기초
  연속된 내력벽을 따라 설치된 기초
- 온통기초
  건물 하부 전체에 걸쳐 설치한 기초로써 연약지반에 사용하는 기초

02 실 내부의 벽 하부에서 1~1.5m 정도의 높이로 설치하여 밑 부분을 보호하고 장식을 겸한 용도로 사용하는 것은?

① 걸레받이
② 고막이널
③ 징두리판벽
④ 코펜하겐 리브

TIP 징두리판벽

판벽을 하지 않고 도료를 칠하기도 하며, 이 널은 넓은 띠장에 대고 밑은 걸레받이(base)에, 위는 두겁대에 홈을 파 넣는다.

※ 걸레받이 : 걸레질을 할 때 벽의 하부가 오염되지 않게 흑색으로 마감하는 부분

※ 고막이 널 : 토대와 지면 사이의 터진 곳을 막아 댄 널

※ 코펜하겐 리브 : 장식용 음향 조절재

01 ① 02 ③

03 목조 벽체에 관한 설명으로 옳지 않은 것은?

① 평벽은 양식구조에 많이 쓰인다.
② 심벽은 한식구조에 많이 쓰인다.
③ 심벽에서는 기둥이 노출된다.
④ 꿸대는 평벽에 주로 사용한다.

> **TIP** 목조 벽
> • 심벽
>   ① 뼈대와 뼈대 사이에 벽을 만듦으로써 뼈대를 노출시킨 벽체 뼈대가 노출돼 있다.
>   ② 목재 고유의 무늬를 나타낼 수 있으나, 가새가 작아 구조적이지 못하다.
> • 평벽
>   벽체가 뼈대를 감싸 뼈대를 감춘 벽체로서 가새가 커 구조적이며, 방한 효과가 있다.
> ※ 꿸대 : 목재의 보강을 위한 부재로 벽 바탕의 설치 및 보강, 지붕, 바닥 등에 사용하는 수평재이다.

04 아래 그림과 같은 지붕 평면도를 가진 지붕의 명칭은?

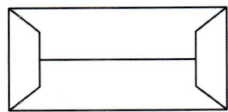

① 박공지붕   ② 합각지붕
③ 모임지붕   ④ 방형지붕

05 다음 중 목조계단의 구성요소가 아닌 것은?

① 디딤판   ② 챌판
③ 난간   ④ 달대

> **TIP** 계단의 구성
> 디딤판, 챌판, 옆판, 멍에, 난간, 난간동자 등으로 구성된다.

06 경첩(hinge) 등을 축으로 개폐되는 창호를 말하며, 열고 닫을 때 실내의 유효 면적을 감소시키는 특징이 있는 창호는?

① 미서기창
② 여닫이창
③ 미닫이창
④ 회전창

> **TIP** 여닫이창
> 창문이 안쪽 또는 바깥쪽으로 열리게 경첩 또는 회전축을 이용하여 만든 창문.

07 다음 벽돌쌓기 그림은 어떤 쌓기 법을 말하는가?

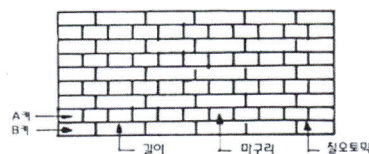

① 미국식 쌓기 ② 프랑스식 쌓기
③ 영국식 쌓기 ④ 네덜란드식 쌓기

TIP: 네덜란드식 쌓기
- 영국식 쌓기와 방법은 같으나 모서리 또는 끝 부분에 칠오토막을 사용한다.
- 모서리가 다소 견고하고 가장 많이 사용한다.

08 벽돌벽체에서 벽돌을 1단씩 내쌓기를 할 때 얼마 정도 내쌓는가? (단, B는 벽돌 1장을 의미한다.)

① 1/2B ② 1/4B
③ 1/5B ④ 1/8B

TIP: 벽돌쌓기 원칙
- 내 쌓기의 경우 한 단은 1/8B, 두 단은 1/4B씩 쌓고, 내미는 한도는 2.0B로 한다.
- 1일 쌓기 높이는 1.2 ~ 1.5m 이내로 한다.
- 가급적 막힌 줄눈으로 시공하며, 벽체를 일체화를 위해 테두리 보를 설치한다.
- 몰탈의 수분을 벽돌이 머금지 않도록 쌓기 전 충분한 물 축임을 한다.

09 속이 빈 공간에 철근과 콘크리트를 부어 보강하여 만들고, 수직하중 수평하중에 견딜 수 있는 가장 튼튼한 구조로써 4~5층 정도의 건물에도 사용되는 구조는?

① 블록 장막벽 ② 보강 블록조
③ 조적식 블록조 ④ 거푸집 블록조

TIP: 보강 블록조
- 내력벽의 양이 많을수록 횡력에 대항하는 힘이 커진다.
- 굵은 철근을 조금 넣는 것보다 가는 철근을 많이 넣는 것이 유리하다.
- 철근정착 이음은 기초보 또는 테두리보에 둔다.
- 철근을 배치한 후 빈틈없이 몰탈 또는 콘크리트를 채워 철근의 피복이 충분히 되도록 한다.
- 모든 세로근은 기초보에서 상부 보에 이르기까지 하나의 철근으로 하는 것이 좋다.(이형 철근의 경우 이음을 하여도 된다.)
- 보강근의 정착 및 이음길이의 겹침 길이는 25d이상으로 한다.
- 내력벽 길이의 총 합계를 그 층의 건축 바닥 면적으로 나눈 값을 말하며, 보강 블록조의 최소 벽량은 $15cm/m^2$ 이상으로 한다.

10 블록구조의 기초 및 테두리보에 대한 설명으로 옳지 않은 것은?

① 기초보는 벽체 하부를 연결하고 집중 또는 국부적 하중을 균등히 지반에 분포시킨다.
② 테두리보의 너비를 크게 할 필요가 있을 때에는 경제적으로 ㄱ자형, T자형으로 한다.
③ 테두리보는 분산된 벽체를 일체로 연결하여 하중을 균등히 분포시키는 역할을 한다.
④ 기초보의 춤은 처마높이의 1/12 이하가 적절하다.

> TIP 보의 춤
> • 기초보의 춤
>   처마높이의 1/12 이상
> • 테두리보의 춤
>   내력벽 두께의 1.5배 이상, 단층일 경우 25cm 이상, 2~3층의 경우 30cm 이상으로 한다.

11 창의 하부에 건너댄 돌로 빗물을 처리하고 장식적으로 사용되는 것으로, 윗면·밑면에 물끊기·물돌림 등을 두어 빗물의 침입을 막고, 물 흐름이 잘 되게 하는 것은?

① 인방돌　　② 창대돌
③ 쌤돌　　　④ 돌림띠

> TIP 개구부
> • 인방돌
>   ① 창문이나 출입문 등의 문꼴 위에 걸쳐 대어 상부에서 오는 하중을 받는 수평재이다.

② 석재는 휨 및 인장에 약하여 문꼴의 너비가 클 경우 철근콘크리트 보 또는 벽돌아치 등을 혼용한다.

• 창대돌
① 창 밑에 대어 빗물 등을 흘러내리게 한 장식재이다.
② 창 너비가 클 경우 2개 이상의 창대돌을 대어 사용하기도 하지만, 외관상, 방수상 1개를 통으로 사용한다.
③ 창대돌의 윗면, 옆면, 밑면에는 물 흐름이 잘 되도록 물끊기, 물돌림 등을 두어 빗물이 내부로 침입하는 것을 막고 물 흐름을 잘되게 한다.

12 옥외의 공기나 흙에 직접 접하지 않는 철근콘크리트 보에서 철근의 최소 피복두께는? (단, 콘크리트 설계기준강도는 40N/mm^2 미만임)

① 30mm　　② 40mm
③ 50mm　　④ 60mm

> TIP 공사시방 및 설계도서에 지시가 없을 때 피복두께
>
> | 부위 | | | 피복두께(mm) | |
> |---|---|---|---|---|
> | | | | 마감 있음 | 마감 없음 |
> | 흙에 접하지 않는 부위 | 바닥슬래브 지붕슬래브 비내력벽 | 옥내 | 20 이상 | 20 이상 |
> | | | 옥외 | 20 이상 | 30 이상 |
> | | 기둥 보 내력벽 | 옥내 | 30 이상 | 30 이상 |
> | | | 옥외 | 30 이상 | 40 이상 |
> | | 옹벽 | | 40 이상 | 40 이상 |
> | 흙에 접하는 부위 | 기둥, 보, 바닥슬래브, 내력벽 | | - | 40 이상 |
> | | 기초, 옹벽 | | - | 60 이상 |

13 다음 보기가 설명하는 철근의 종류로 옳은 것은?

- 균열방지와 주근의 좌굴방지(Buckling)를 위해 사용하는 철근이다.
- 지름 6mm 이상의 철근을 사용한다.
- 띠철근 간격은 30cm 이하, 주근지름의 16배 이하, 띠철근 지름의 48배 이하 중 가장 작은 값으로 배근한다.

① 띠철근 ② 온도철근
③ 늑근 ④ 후크

TIP 철근

- 띠철근
  ※ 띠철근 간격 300mm이하,
     주근지름 13mm×16배
          = 208mm 이하,
     띠철근 지름의 10mm×48배
          = 480mm이하 중 가장 작은 값으로 한다.

- 온도조절 철근(Temperature bar)
  온도변화에 따른 콘크리트의 수축으로 생긴 균열을 최소화하기 위한 철근이다.

- 늑근(Stirrup)
  ① 전단력을 보강하여 보의 주근 위에 둘러 감은 철근이다.
  ② 전단력은 보의 단부에서 최대가 되고, 중앙부로 갈수록 작아지므로 단부에는 촘촘하게 배치하고 중앙부로 갈수록 넓게 배치한다.

- 후크(Hook)
  ① 철근의 정착을 위해 철근 끝을 구부린 것이다.
  ② 지중보의 주근은 기초 또는 기둥에 정착한다.
  ③ 벽철근은 기둥, 보 또는 바닥판에 정착한다.
  ④ 바닥철근은 보 또는 벽체에 정착한다.
  ⑤ 작은 보의 주근은 큰 보에, 큰 보의 주근은 기둥에, 기둥의 주근은 기초에 정착한다.
  ⑥ 정착길이는 철근의 지름이나 항복강도가 클수록 길어진다.
  ⑦ 정착길이는 철근종류 또는 콘크리트의 강도에 따라 달라진다.
  ⑧ 인장철근 정착길이는 40d 이상, 압축철근의 정착길이는 25d 이상으로 한다.

14 다음 중 철근의 겹침길이와 정착길이의 결정요인과 가장 관계가 먼 것은?

① 철근의 종류
② 콘크리트의 강도
③ 갈고리의 유무
④ 물시멘트비

TIP 철근의 길이 결정요인

물시멘트비도 아주 영향이 없다고는 할 수 없으나, 예시 중에서는 가장 거리가 멀다.

15 아치 너비가 넓을 때 여러 겹으로 겹쳐 쌓은 아치를 무엇이라 하는가?

① 본아치
② 막만든아치
③ 거친아치
④ 층두리아치

TIP 아치
- 상부에서 오는 직압력을 곡선을 따라 좌우로 나뉘어 직압력만을 받는 구조로써 하부에 인장력이 생기지 않는 구조이다.
- 조적조 개구부는 아무리 좁아도 아치를 트는 것을 원칙으로 한다.
- 너비 1m 정도는 평아치로 1.8m 이상은 인방을 설치하고, 조적식은 작은 개구부라도 평아치(옆세워 쌓기)나 둥근 아치 쌓기로 하는 것을 원칙으로 한다.
① 본아치 : 아치 벽돌을 사다리꼴 모양으로 제작한 것을 이용하여 만든 아치이다.
② 거친 아치 : 보통 벽돌을 이용하여 사용하고 줄눈을 쐐기모양으로 만든 아치이다.
③ 막만든아치 : 벽돌을 쐐기 모양으로 다듬어 만든 아치이다.
④ 층두리 아치 : 아치 너비가 넓을 때 여러 겹으로 겹쳐 쌓은 아치이다.

16 돔의 하부에서 밖으로 퍼져 나가는 힘에 저항하기 위해 설치하는 것은?

① 압축링　　② 인장링
③ 래티스　　④ 스페이스 트러스

TIP 돔
- 압축링(compression ring) 상부에 부재들이 모이는 곳에서 부재가 안으로 쏠리는 것을 막기 위해 설치하는 링이다.
- 인장링(tension rind) 하부에 부재들이 바깥으로 벌어지는 것을 막기 위해 설치하는 링을 말한다.

17 구조물의 주요 부분을 케이블로 매달아 인장력으로 저항하는 구조를 무엇이라 하는가?

① 라멘 구조　　② 플랫슬래브 구조
③ 벽식 구조　　④ 현수 구조

TIP 현수구조
- 상부에서 기둥으로 전달되는 하중을 케이블 형태의 부재가 지지하는 구조로써, 주 케이블에 보조 케이블이 상판을 잡아 지지한다.
- 스팬이 큰(400m 이상) 다리나 경기장 등에 사용한다.

18 조적조에서 내력벽의 길이는 최대 얼마 이하로 하여야 하는가?

① 6m　　② 8m
③ 10m　　④ 15m

TIP 내력벽
- 건물의 모든 하중 및 외력을 받는 벽을 말한다.
- 내력벽의 높이는 4m를 넘지 않도록 하며, 길이는 10m를 넘지 않게 한다. 만일 10m를 넘는 경우 붙임 기둥 및 부축벽으로 보강해야 한다.
- 내력벽의 두께는 윗층 내력벽 두께 이상이어야 한다. 또한 벽돌구조의 경우는 당해 벽 높이의 1/20 이상이어야 하고 블록의 경우 당해 벽 높이의 1/16 이상으로 한다.
- 내력벽으로 둘러싸인 바닥면적은 $80m^2$를 넘지 않도록 한다.

19 철근콘크리트 구조의 슬래브에서 단변을 ℓ_x, 장변을 ℓ_y라 할 때 1방향 슬래브에 해당되는 기준은?

① $\ell_y/\ell_x > 1$　　② $\ell_y/\ell_x \leq 1$
③ $\ell_y/\ell_x > 2$　　④ $\ell_y/\ell_x \leq 2$

💡TIP 슬래브

- 1방향 슬래브
  ① 장변과 단변의 비가 2를 초과할 때를 1방향 슬래브라 한다.
  ② 1방향 슬래브($\lambda = \ell_y/\ell_x > 2$) : 슬래브의 단변 쪽으로 하중전달이 많이 되는 슬래브.
  ③ 슬래브에 작용하는 모든 하중이 단변 방향으로만 전달되는 것으로 간주한다.
  ④ 단변방향으로 주근을, 장변방향으로 배력근을 배치한다.
  ⑤ 슬랩의 두께는 최소 100mm 이상으로 해야 한다.

- 2방향 슬래브
  ① 장변과 단변의 비가 2 이하일 때를 2방향 슬래브라 한다.
  ② 2방향 슬래브($\lambda = \ell_y/\ell_x \leq 2$) : 슬래브의 양방향에 골고루 하중전달이 되는 슬래브.
  ③ 비교적 큰 보나 벽체로 지지된 슬래브에서 서로 직교하는 2방향으로 주근을 배치한 슬래브이다.
  ④ 단변방향의 철근을 장변방향철근보다 바닥 단부 쪽으로 배치하는데, 단변방향에서 더 큰 하중을 받기 때문이다.

20 흙막이 벽공사 시 흙막이 벽 뒷부분의 흙이 미끄러져 안으로 밀려들어오는 현상을 무엇이라 하는가?

① 히빙　　② 보일링
③ 액상화　　④ 파이핑

💡TIP 히빙(Heaving)현상

- 연약점토지반에서 굴착작업 시 흙막이 벽 내·외의 흙의 중량(흙+적재하중) 차이로 인해 저면 흙이 지지력을 상실하고 붕괴되어 흙막이 바깥에 있는 흙이 흙막이벽 선단을 돌며 밀려들어와 굴착 저면이 부풀어 오르는 현상이다.

- 히빙 방지대책
  - 강성이 큰 흙막이벽을 사용하고 밑둥깊이(근입깊이)를 충분히 잡을 것
  - 바닥파기를 할 때 널말뚝 전면에 중량이 실리는 Island method를 채용할 것
    바닥파기를 전면굴착하지 말고 부분굴착에 의해 지하구조체를 시공할 것
  - 지반개량에 의한 하부지반의 강도를 증가시킬 것
  - 파압수에 의한 히빙방지.

※ 보일링 : 모래질 지반에 흙막이 벽을 설치하고 기초 파기를 할 때 흙막이 벽 뒷면 수위가 높아 지하수가 모래와 같이 벽을 돌아 지하수가 모래와 같이 솟아오르는 현상이다.

- 보일링 방지대책
  - 흙막이벽 깊게 하여 지하수 흐름을 차단한다.
  - 지하수위를 저하한다.

※ 액상화 : 포화된 모래가 진동 또는 지진 등을 받으면 입자들이 재배열되어 약간 수축하며 큰 과잉 간극수압을 유발하게 되고, 그 결과로 유효

응력과 전단강도가 크게 감소되어 모래가 유체처럼 거동하게 되는 현상이다.

※ 파이핑 : 흙막이 벽의 뚫린 구멍 또는 이음재를 통하여 물이 공사장 내부 바닥으로 스며드는 현상이다.

21 다음 중 목재의 심재에 대한 설명으로 옳지 않은 것은?

① 목질부 중 수심 부근에 있는 부분을 말한다.
② 변형이 적고 내구성이 있어 이용가치가 크다.
③ 오래된 나무일수록 폭이 넓다.
④ 색깔이 옅고 비중이 작다.

TIP ☼ 심재
- 목재의 수심 가까이 있는 부분이다.
- 함수율이 변재에 비해 함수율이 적다.
- 색깔이 진하고 강도가 크다.

22 참나무의 절대건조비중이 0.94일 때 목재의 공극률로 맞는 것은?

① 10%　　② 23.4%
③ 38.9%　　④ 52.4%

TIP ☼ 목재의 공극률
- $v = \left(1 - \dfrac{r}{1.54}\right) \times 100\%$

 (v : 공극률, r : 절건비중)

- $v = (1 - \dfrac{0.94}{1.54}) \times 100\%$
 ≒ 38.961%

23 다음 중 파티클 보드의 설명으로 옳지 않은 것은?

① 합판에 비해 휨강도는 떨어지나 면내 강성은 우수하다.
② 음 및 열의 차단성이 나쁘다.
③ 두께는 비교적 자유롭게 선택할 수 있다.
④ 강도의 방향성이 거의 없다.

TIP ☼ 파티클 보드(Particle Board, Chip Board)
- 목재의 부스러기를 건조시킨 후 접착제로 열압 하여 만든다.
- 온도에 의한 변형이 적고, 음 및 열의 차단성이 우수하다.
- 두께는 자유로이 할 수 있고, 균질 판을 대량 제조할 수 있다.
- 방충, 방부성이 크다.
- 합판에 비해 휨강도는 낮으나, 면내 강성 우수하다.
- 못과 나사의 지보력은 목재와 거의 같으며, 강도가 커 칸막이 벽, 가구 등에 사용한다.

24 경질섬유판에 대한 설명으로 옳지 않은 것은?

① 식물 섬유를 주원료로 하여 성형한 판이다.
② 신축의 방향성이 크며 소프트 텍스라고도 불리운다.
③ 비중이 0.8 이상으로 수장판으로 사용된다.
④ 연질, 반경질 섬유판에 비하여 강도가 우수하다.

TIP 섬유판(Fiber Board)

식물의 섬유질(펄프 등)을 원료로 접착제를 사용하여 만든 판을 말한다.

• 연질 섬유판
  ① 식물 섬유를 주원료로 비중이 0.4 미만이고, 흡음, 단열성이 우수하며 천장재 등에 사용한다.
  ② A급 연질 섬유판 : 침엽수를 주원료로 경질섬유판과 같은 공정으로 제조.
  ③ B급 연질 섬유판 : 반 경질 섬유판과 같은 공정으로 제조. 소프트 보드(Soft board) 또는 소프트 텍스(Soft tex)라고도 한다.
• 반 경질 섬유판(세미하드 보드(Semihard board))
  ① 식물 섬유를 주원료로 비중이 0.4 이상~0.8 정도이다.
  ② 내수성과 내습성이 낮아 신축과 변형이 있지만, 저렴하여 많이 사용한다.
• 경질 섬유판(하드보드(Hard board))
  펄프만을 사용하여 만들고 비중이 0.8 이상이고, 내마모성이 크며 가공이 용이하고 비틀림이 작다.

25 다공질이며, 석질이 균일하지 못하며, 갈면 광택이 나고, 요철 무늬가 생겨 특수실 내장식재로 사용되는 석재는?

① 트래버틴   ② 대리석
③ 사문암   ④ 활석

TIP 석재

• 대리석
  ① 석회석이 변해 결정화한 것으로 주성분은 탄산석회($CaCO_3$)이다.
  ② 아름다운 색채와 무늬가 다양하여 장식재 중 최고급 재료이다.
  ③ 석질이 치밀하고 견고하나, 열과 산에 약해 풍화되기 쉽고 내화도가 약하여 내부 장식재로만 사용한다.
• 사문암
  ① 흑백색 및 흑녹색의 무늬가 있다.
  ② 경질이기는 하나 풍화되어 실내장식용으로 사용되며, 대리석대용으로 사용된다.
• 활석
  ① 갈면 진주와 같은 광택이 나며 분말로 된 것은 흡수성, 내화성이 있다.
  ② 페인트의 혼화제, 아스팔트 루핑의 표면 정활제, 유리 연마제 등으로 사용된다.

26 다음 점토제품 중 흡수율이 가장 높은 것은?

① 토기 ② 석기
③ 도기 ④ 자기

> 💡 **점토의 분류**
>
> | 종류 | 소성온도 | 흡수율(%) | 제품 |
> |---|---|---|---|
> | 토기
(보통(저급)점토) | 790℃ ~ 1,000℃
(SK 0.15 ~ SK 0.5) | 20 이상 | 기와, 벽돌, 토관 |
> | 도기
(도토) | 1,100℃ ~ 1,230℃
(SK 1 ~ SK 7) | 10 | 타일, 테라코타, 위생도기 |
> | 석기
(양질점토) | 1,160℃ ~ 1,350℃
(SK 4 ~ SK 12) | 3 ~ 10 | 벽돌, 타일, 테라코타 |
> | 자기
(양질점토, 장석분) | 1,230℃ ~ 1,460℃
(SK 7 ~ SK 16) | 0 ~ 1 | 타일, 위생도기 |

27 콘크리트에 쓰이는 골재는 어느 상태의 것을 사용하는 것이 가장 타당한가?

① 절대건조 상태
② 건조 상태
③ 표면건조 내부포화상태
④ 습윤상태

> 💡 **골재의 함수상태**
>
> - 절대건조상태(Over dry condition)
>   건조기(Oven)에서 105℃ ± 5℃의 온도로 24시간 이상 정중량이 될 때까지 건조시킨 상태를 말한다.
> - 건조상태(Air dry condition)
>   공기 중의 습도와 평형상태를 이루며 내부는 약간의 수분을 포함한 상태를 말한다.
> - 표면건조 내부포수상태(Saturated surface dry condition)
>   습윤상태의 골재에서 표면수를 제거한 것을 말한다.
> - 습윤상태(Damp or wet condition)
>   골재의 내부에 물이 포화상태이며, 표면도 물이 부착되어있는 상태를 말한다.

28 미리 거푸집 속에 적당한 입도배열을 가진 굵은 골재를 채워 넣은 후, 모르타르를 펌프로 압입하여 굵은 골재의 공극을 충전시켜 만드는 콘크리트는?

① 소일 콘크리트
② 레디믹스트 콘크리트
③ 쇄석 콘크리트
④ 프리플레이스트 콘크리트

> 💡 **프리플레이스트 콘크리트**
>
> 프리팩트 콘크리트가 프리플레이스트 콘크리트로 변경됨.
> (2009년 콘크리트 표준 시방서)

29 콘크리트가 시일이 경과함에 따라 공기 중의 탄산가스의 작용을 받아 수산화칼슘이 서서히 탄산칼슘으로 되면서 알칼리성을 잃어가는 현상을 무엇이라 하는가?

① 블리딩
② 동결융해작용
③ 중성화
④ 알칼리골재 반응

TIP 중성화

시멘트의 주 성분인 수산화칼슘이 강알칼리성을 가지고 있다가 대기 중의 탄산가스, 산성비 등 여러 원인에 의해 서서히 중성으로 바뀌는 현상을 말한다.

※ 블리딩 : 굳지 않은 콘크리트에서 물이 상부로 치고 올라오는 현상을 말한다.

※ 동결융해작용 : 골재가 얼었다 녹는 것을 말한다.

※ 알칼리골재 반응 : 골재 중의 실리카질 광물이 시멘트 중의 알칼리 성분과 화학적으로 반응하는 것으로, 이와 같은 반응이 발생하면 콘크리트가 팽창하여 균열이 발생한다.

30 미장 공사에서 기둥이나 벽의 모서리 부분을 보호하기 위하여 쓰는 철물은?

① 메탈 라스(metal lath)
② 인서트(insert)
③ 코너비드(corner bead)
④ 조이너(joiner)

TIP 코너비드

벽 또는 기둥 모서리 보호를 위해 사용되며 아연도금, 황동, 스테인리스 제품 등이 사용된다.

※ 메탈라스 : 0.4 ~ 0.8mm의 얇은 강판에 자르는 자국을 내어 옆으로 잡아당긴 것으로, 천장, 벽 등의 몰탈 바름벽 바탕에 사용한다.

※ 인서트 : 콘크리트 슬랩 밑에 묻어 반자틀 등을 달아매고자 할 때 사용되는 철물을 말한다.

※ 조이너 : 재료 사이를 접합할 때 사용하는 접합부재로 알루미늄, 합성수지 등이 많이 사용된다.

31 비철금속 중 구리에 대한 설명으로 틀린 것은?

① 알칼리성에 대해 강하므로 콘크리트 등에 접하는 곳에 사용이 용이하다.
② 건조한 공기 중에서는 산화하지 않으나, 습기가 있거나 탄산가스가 있으면 녹이 발생한다.
③ 연성이 뛰어나고 가공성이 풍부하다.
④ 건축용으로는 박판으로 제작하여 지붕 재료로 이용된다.

TIP 구리

- 연성과 전성이 크고, 열전도율과 전기 전도율이 높다.
- 건조한 공기에서 산화하지 않으나 습기를 받으면, 이산화탄소에 의해 부식하지만 내부는 부식하지 않는다.
- 암모니아, 알칼리성 용액에는 침식된다.
- 아세트산과 진한 황산 등에 용해된다.
- 지붕이기, 홈통, 철사, 못 등에 사용한다.

26 ① 27 ③ 28 ④ 29 ③ 30 ③ 31 ①

32 다음 중 물과 화학반응을 일으켜 경화하는 수경성 재료는?

① 시멘트 몰탈
② 돌로마이트 플라스터
③ 회반죽
④ 회사벽

TIP 미장재료
- 수경성
  석고, 시멘트 몰탈
- 기경성
  돌로마이트 플라스터, 점토, 석회

33 급경성으로 내알칼리성 등의 내화학성이나 접착력이 크고 내수성이 우수하여 금속, 석재, 도자기, 유리, 콘크리트, 플라스틱재 등의 접착에 사용되는 합성수지 접착제는?

① 페놀수지 접착제
② 에폭시수지 접착제
③ 멜라민수지 접착제
④ 요소수지 접착제

TIP 에폭시 수지
내수성, 내약품성 등이 우수하고, 접착력이 접착제 중 가장 우수하다.

34 모래붙임루핑을 사각형, 육각형으로 잘라 만든 것으로 주택 등의 경사지붕에 사용하는 아스팔트 제품은?

① 아스팔트 루핑
② 아스팔트 싱글
③ 아스팔트 펠트
④ 아스팔트 프라이머

TIP 아스팔트 싱글(모래붙임 루핑)
- 아스팔트 루핑에 모래를 뿌려 붙인 것을 말한다.
- 사각형 또는 육각형으로 잘라 기와나 슬레이트 대용으로 사용한다.

※ 아스팔트 루핑
- 마, 종이 등을 물에 녹여 펠트로 만들어 건조 후 스트레이트 아스팔트를 침투시키고 양면에 블로운 아스팔트를 주체로 한 컴파운드를 피복한 다음 운모 등을 부착시킨 제품으로 방수, 방습, 내산성이 우수하며, 유연하다.
- 평지붕 방수, 슬레이트 등의 지붕 깔기 등에 사용한다.

※ 아스팔트 펠트
- 마, 종이 등을 원지(felt)로 만들고 스트레이트 아스팔트를 침투시킨 제품.
- 아스팔트 방수층, 몰탈 방수재료 등으로 사용한다.

※ 아스팔트 프라이머
- 블로운 아스팔트를 휘발성 용제로 희석한 흑갈색의 액체로, 콘크리트 및 몰탈 바탕에 아스팔트방수층 또는 아스팔트타일붙임 시공에 사용되는 초벌용 도료 접착제이다.
- 아스팔트 프라이머를 콘크리트 또는 몰탈 면에 침투시키면 용제는 증발

하고 아스팔트가 도막을 형성하여 그 위에 아스팔트를 바르면 잘 붙고 밀착성이 좋아진다.

35 수화열이 작고 단기강도가 보통 포틀랜드 시멘트보다 작으나 내침식성과 내수성이 크고 수축률도 매우 작아서 댐 공사나 방사능 차폐용 콘크리트로 사용되는 것은?

① 백색 포틀랜드 시멘트
② 조강 포틀랜드 시멘트
③ 중용열 포틀랜드 시멘트
④ 내황산염 포틀랜드 시멘트

TIP 시멘트

- 백색 포틀랜드 시멘트
  백색의 석회석과 산화철을 포함하지 않은 점토를 이용하며 도장 및 장식용, 인조석 제조에 사용한다.

- 조강 포틀랜드 시멘트
  재령7일만에 보통 포틀랜드 시멘트의 28일 강도를 나타내며 조기강도는 큰 편이나, 장기강도는 보통 포틀랜드 시멘트와 차이가 없다.
  수밀성과 수화열이 크고, 동기공사, 긴급공사, 지하 수중공사에 사용한다.

- 중용열 포틀랜드 시멘트
  수화열이 적으며, 조기강도가 낮고 장기강도를 크게 한 시멘트로, 건조 수축이 적으며 내침성, 내구성 및 화학적 저항성이 크다.
  댐 공사, 방사능 차폐용으로 사용한다.

※ 내황산염 포틀랜드 시멘트 : 보통 포틀랜드 시멘트는 수화반응 및 응결과정 중 불용성 칼슘 알루메이트(calcium sulfoaluminate)가 생성 되는데, 이 때 경화된 시멘트 중 칼슘 알루메이트 수화물은 콘크리트 외부에서 침투하는 황산 마그네슘과 황산염에 의한 침식을 받아 실리카 겔 등을 생성하며, 결합력이 떨어지게 되며 체적증가가 생겨 콘크리트를 서서히 붕괴시키는데, 이에 대한 대책으로 제조된 시멘트이다.

36 다음 중 오르내리창에 사용되는 철물은?

① 나이트 래치(night latch)
② 도어 스톱(door stop)
③ 모노 로크(mono lock)
④ 크레센트(crescent)

TIP 창호철물

- 나이트 래치(night latch)
  실내에 노브에 달려있는 손잡이를 돌리거나 혹은 버튼조작 등을 이용하여 문을 잠그고, 실외에서는 열쇠를 사용하여 잠그거나 여는 자물쇠이다.

- 도어스톱(도어 홀더)
  문을 열었을 경우 닫히지 않게 하거나 더 열리지 않게(벽에 문이 부딪히지 않도록)하기 위한 철물이다.

- 실린더 록
  실내는 손잡이 가운데 버튼을 눌러 잠그고, 실외에서는 열쇠로 개방하는 철물로 모노 록(Mono Lock)이라고도 한다.

- 크리센트
  오르내리창 또는 새시의 미서기 창을 걸거나 잠그는데 사용한다.

32 ① 33 ② 34 ② 35 ③ 36 ④

37 화력발전소와 같이 미분탄을 연소할 때 석탄재가 고온에 녹은 후 냉각되어 구상이 된 미립분을 혼화재로 사용한 시멘트로써, 콘크리트의 워커빌리티를 좋게 하여 수밀성을 크게 할 수 있는 시멘트는?

① 플라이애쉬 시멘트
② 고로 시멘트
③ 백색 포틀랜드 시멘트
④ AE 포틀랜드 시멘트

TIP 플라이 애쉬
- 콘크리트의 시공연도가 좋아지고 사용 수량을 감소시키며, 조기강도는 작으나, 장기강도는 크다.
- 수화열에 의한 발열량이 감소하여 균열 발생이 적고 콘크리트의 수밀성을 증가시킨다.

※ 고로 시멘트
- 슬랙(slag)을 혼합한 뒤 석고를 넣어 분쇄한 시멘트로써, 조기강도는 낮고 장기강도는 보통 포틀랜드 시멘트보다 크다.
- 비중이 작으며(2.85), 바닷물에 대한 저항성이 크다.
- 화학적 저항성이 크고, 내열성 및 수밀성 우수하다.
- 침식을 받는 해수, 폐수, 하수공사에 사용한다.

※ 백색 포틀랜드 시멘트
- 백색의 석회석과 산화철을 포함하지 않은 점토를 이용하며 도장 및 장식용, 인조석 제조에 사용한다.

38 어느 목재의 중량을 달았더니 50g이었다. 이것을 건조로에서 완전히 건조시킨 후 달았더니 중량이 35g이었을 때 이 목재의 함수율은?

① 약 25% ② 약 33%
③ 약 43% ④ 약 50%

TIP 목재의 함수율
- 함수율(%)
$$= \frac{\text{생나무중량} - \text{완전건조목재중량}}{\text{완전건조목재중량}} \times 100\%$$

- 함수율(%) $= \dfrac{50g - 35g}{35g}$
  $\fallingdotseq 42.857\%$

39 다음 중 유기재료에 속하는 건축 재료는?

① 철재 ② 석재
③ 아스팔트 ④ 알루미늄

TIP 화학적 조성에 의한 분류
- 무기재료
  철, 석재, 시멘트, 벽돌, 유리, 콘크리트 등
- 유기재료
  목재, 아스팔트, 플라스틱, 도료, 접착제 등

40 목재의 활엽수에만 있는 것으로 줄기방향으로 배치되어 주로 양분과 수분의 통로가 되며 나무의 종류를 구별하는데 표준이 되는 세포는?

① 섬유　　　② 도관
③ 수선　　　④ 수지구

TIP ☼ 도관

물관이라고도 하며, 세밀한 관상조직으로 개개의 세포를 도관절이라 한다.

※ 섬유 : 목재의 세포를 이루는 것 중의 하나이다.

※ 수선 : 나이테의 수직방향으로 이루어진 선을 말한다.

※ 수지구 : 침엽수에 있는 것으로 수지의 분비, 이동, 저장의 역할을 한다.

41 다음 중 현대 건축 재료의 발전 방향에 대한 설명으로 옳지 않은 것은?

① 고성능화, 공업화
② 프리패브화의 경향에 맞는 재료개선
③ 수작업과 현장시공에 맞는 재료개발
④ 에너지 절약화와 능률화

42 1200형 에스컬레이터의 공칭 수송능력은?

① 4800인/h　　② 6000인/h
③ 7200인/h　　④ 9000인/h

TIP ☼ 에스컬레이터 시간당 수송능력

- 디딤판 속도
  분당 30미터, 디딤판의 안 길이 : 0.406미터, 디딤판 1개마다 인원을 2명으로 가정할 경우,

- 수송능력 = (V×60)P/B
  　　　　= (30×60)2/0.4
  　　　　= 9000명

- V : 디딤판의 속도
  P : 디딤판 1개마다 탑승인원
  B : 디딤판의 안길이

43 실(seal)재에 대한 설명으로 옳지 않은 것은?

① 실(seal)재란 퍼티, 코킹, 실링재, 실런트 등의 총칭이다.
② 건축물의 프리패브 공법, 커튼월 공법 등의 공장 생산화가 추진되면서 더욱 주목받기 시작한 재료이다.
③ 일반적으로 수밀, 기밀성이 풍부하지만, 접착력이 작아 창호, 조인트의 충전재로써는 부적당하다.
④ 옥외에서 태양광선이나 풍우의 영향을 받아도 소기의 기능을 유지할 수 있어야 한다.

44 한국산업표준의 분류에서 토목건축부문의 분류기호는?

① B ② D
③ F ④ H

TIP 한국산업표준

재료는 품질 및 모양 등이 다양하기 때문에 어떤 기준에 의한 규격을 정하여 품질과 모양, 치수 및 시험방법 등을 규정하였고, 그것이 한국공업규격(KS)이다. KS의 분류는 다음과 같다.

분류기호	부문	분류기호	부문
KS A	기본	KS B	기계
KS C	전기전자	KS D	금속
KS E	광산	KS F	건설
KS G	일용품	KS H	식품
KS I	환경	KS J	생물
KS K	섬유	KS L	요업
KS M	화학	KS P	의료
KS Q	품질경영	KS R	수송기계
KS S	서비스	KS T	물류
KS V	조선	KS W	항공우주
KS X	정보	KS Z	기타

45 건축형태의 구성 원리 중 인간의 주의력에 의해 감지되는 시각적 무게의 평형상태를 의미하는 것은?

① 통일 ② 균형
③ 강조 ④ 리듬

TIP 건축형태의 구성

• 통일
① 각 요소들을 통일하여 하나의 형태로 보여 지는 것을 말한다.
② 너무 지나치면 단조롭게 된다.

• 리듬
규칙적인 요소들의 시각적 질서를 부여하는 통제된 운동감각을 나타내는 힘을 말하며, 반복, 점층, 억양, 변이 등이 있다.

46 건축공간에 관한 설명으로 옳지 않은 것은?

① 인간은 건축공간을 조형적으로 인식한다.
② 내부공간은 일반적으로 벽과 지붕으로 둘러싸인 건물 안쪽의 공간을 말한다.
③ 외부공간은 자연 발생적인 것으로 인간에 의해 의도적으로 만들어지지 않는다.
④ 공간을 편리하게 이용하기 위해서는 실의 크기와 모양 등이 적당해야 한다.

47 동선의 3요소에 해당하지 않는 것은?

① 빈도
② 하중
③ 면적
④ 속도

TIP 동선의 3요소

속도(길이), 빈도, 하중

48 부엌과 식당을 겸용하는 다이닝 키친(dining kitchen)의 가장 큰 장점은?

① 침식분리가 가능하다.
② 주부의 동선이 단축된다.
③ 휴식, 접대 장소로 유리하다.
④ 이상적인 식사 분위기 조성에 유리하다.

TIP 다이닝 키친
- 부엌 일부에 식사실을 두는 형식으로 소규모 주택에 적합하다.
- 식사와 취침은 분리하지만 단란은 취침하는 곳과 겹칠 수 있다.
- 공간 활용도가 높다.

49 계단실형 아파트에 관한 설명으로 옳지 않은 것은?

① 거주의 프라이버시가 높다.
② 채광, 통풍 등의 거주 조건이 양호하다.
③ 통행부 면적을 크게 차지하는 단점이 있다.
④ 계단실에서 직접 각 세대로 접근할 수 있는 유형이다.

TIP 아파트의 평면형식상 분류
- 계단실형(홀형)
  ① 계단 또는 엘리베이터에서 각 세대로 직접 출입하는 형식이다.
  ② 가장 독립성이 좋고(프라이버시가 좋다.) 출입이 편하다.
  ③ 동선이 짧고, 채광과 통풍이 양호하다.
  ④ 좁은 대지에 절약형 주거가 가능하다.
  ⑤ 통행부의 면적이 작아 건물의 이용도가 높다.
  ⑥ 각 계단실마다 엘리베이터를 설치하게 되어 설비비가 많이 든다.
  ⑦ 엘리베이터의 1대당 이용률이 복도형에 비해 적다.

50 주택단지의 구성에서 근린분구를 이루는 주택호수의 규모는?

① 20 ~ 40호
② 400 ~ 500호
③ 1600 ~ 2000호
④ 2500 ~ 10000호

TIP 근린단위
- 인보구(20 ~ 40호, 200 ~ 800명)
- 근린분구(400 ~ 500호, 3,000 ~ 5,000명)
- 근린주구(1,600 ~ 2,000호, 10,000 ~ 20,000명)

51 부엌의 평면계획 시 작업과정에 따른 작업대의 배열이 가장 알맞은 것은?

① 개수대 - 조리대 - 가열대 - 배선대
② 조리대 - 가열대 - 배선대 - 개수대
③ 가열대 - 배선대 - 개수대 - 조리대
④ 배선대 - 개수대 - 가열대 - 조리대

TIP 부엌의 작업순서

준비 - 냉장고 - 개수대(싱크대) - 조리대 - 가열대(레인지) - 배선대

44 ③ 45 ② 46 ③ 47 ③ 48 ② 49 ③ 50 ② 51 ①

52 다음과 같은 특징을 갖는 급수방식은?

> - 대규모의 급수 수요에 쉽게 대응할 수 있다.
> - 급수압력이 일정하다.
> - 단수 시에도 일정량의 급수를 계속할 수 있다.

① 수도직결방식　② 리버스리턴 방식
③ 옥상탱크 방식　④ 압력탱크 방식

TIP 옥상탱크(고가수조)방식
- 지하 저수조에 물을 받아 양수펌프를 이용하여 옥상 물탱크로 양수한 후, 수위와 수압을 이용하여 급수하는 방식이다.
- 수압이 일정하여 배관 부품 파손의 우려가 적다.
- 저수 시간이 길수록 오염 가능성이 크다.
- 설비비와 경상비(經常費)가 높다.
- 건물 높은 곳에 설치하므로 구조 및 외관상 문제가 있다.

※ 리버스 리턴방식 : 역 환수 배관방식 (온수난방에서 사용)

53 조명과 관련된 단위의 연결이 옳지 않은 것은?

① 광속 : N　② 광도 : cd
③ 휘도 : nt　④ 조도 : lx

TIP 조명단위
광속 : lm, 조도 : lux, 광도 : cd
휘도 : nt

54 건축물을 묘사함에 있어서 선의 간격에 변화를 주어 면과 입체를 표현하는 묘사 방법은?

① 단선에 의한 묘사 방법
② 여러 선에 의한 묘사 방법
③ 단선과 명암에 의한 묘사 방법
④ 명암 처리에 의한 묘사방법

TIP 묘사 기법(= 입체적인 표현방법)
- 단선에 의한 묘사 기법
  ① 선의 종류와 굵기에 따라 단면선, 윤곽선, 모서리선, 표면의 조직선, 재료의 변화선 등으로 묘사가 가능하다.
  ② 선의 처리에 유의해야 하며, 명확하고도 일관성 있는 적절한 선이 되도록 주의 깊게 처리해야 한다.
- 단선과 명암에 의한 묘사 기법
  ① 선으로 공간을 한정시키고 명암으로 음영을 넣는 방법으로 평면의 경우에는 같은 명도의 농도로 하여 그리고, 곡면의 경우에는 농도에 변화를 주어 묘사한다.
  ② 곡면은 선의 간격을 다르게 하거나, 곡면의 경우에는 농도에 변화를 주어 묘사한다.
  ③ 그림자는 표면의 그늘보다 어둡게 묘사한다.
- 명암 처리에 의한 묘사기법
  명암의 농도로 면이나 입체를 표현하려는 것으로, 면이 다른 경우에는 면의 명암 차이가 명확히 나타나도록 하고, 명암의 표현에서 방향을 나타낼 때에는 면의 수직과 수평 방향이 일치되도록 한다.

- 점에 의한 묘사기법
  ① 여러 점으로 입체의 면이나 형태를 나타내고자 할 때에는 각 면의 명암 차이를 표현하고, 점을 많이 찍거나 적게 찍어서 형태의 변화를 준다.
  ② 점을 찍어서 형태를 만들어 나가는 묘사 방법은 많이 사용되지는 않는다.

55 투상도 중 화면에 수직인 평행 투사선에 의해 물체를 투상 하는 것은?

① 정투상도   ② 등각투상도
③ 경사투상도 ④ 부등각투상도

TIP: 건축물의 표현

- 등각 투상도
  ① 정면, 평면, 측면을 하나의 투상면 위에서 동시에 볼 수 있도록 그린다.
  ② 직육면체의 등각 투상도에서 직각으로 만나는 3개의 모서리는 각각 120°를 이룬다.
  ③ 2개의 옆면 모서리는 수평선과 30°를 이룬다.

- 부등각 투상도
  ① 3개의 축선이 서로 만나서 이루는 세 각들 중에서 두각은 같게, 나머지 한 각을 다르게 그린다.
  ② 3개의 축선 중 2개의 축선은 같은 척도로 하고, 나머지 한 축선은 1, 3/4, 1/2의 다른 척도로 한다.

- 사 투상도
  ① 물체의 앞면 모서리는 수평선과 평행하게, 옆면 모서리는 수평선과 임의의 각도 α로 하여 그린 투상도이다.
  ② 사투상도에서 경사축의 경사각은 삼각자를 이용하여 쉽게 그릴 수 있도록 보통 수평선에 대해 30°, 45°, 60°로 하여 그린다.
  ③ 사투상도의 정면은 정투상도의 정면도의 같은 척도로 그리고, 경사축의 길이는 1, 3/4, 5/8, 1/2, 3/8의 비율로 그린다.

56 건물 벽 직각 방향에서 건물의 모습을 그린 도면은?

① 평면도
② 배치도
③ 입면도
④ 단면도

TIP: 일반도

- 평면도
  건축물을 각 층마다 창틀 위에서 수평으로 자른 수평 투상도로써, 실의 배치 및 크기와 치수를 나타낸다.

- 배치도
  대지 안에서 건물이나 부대시설의 배치를 나타낸 도면으로 위치, 간격, 축척, 방위, 경계선 등을 나타낸다.

- 입면도
  건축물의 외관을 나타낸 직립 투상도로써 동서남북 네 면으로 나타낸다.

- 단면도
  건축물을 수직으로 잘라 그 단면을 상상하여 나타낸 것으로 기초, 지반, 바닥, 처마, 층 등의 높이와 지붕의 물매, 처마의 내민 길이 등을 표시한다.

57 다음의 평면표시기호가 의미하는 것은?

① 미닫이창 ② 셔터창
③ 이중창 ④ 망사창

58 교류 엘리베이터에 대한 설명 중 옳지 않는 것은?

① 기동토크가 적다.
② 부하에 의한 속도 변동이 있다.
③ 직류 엘리베이터에 비해 착상오차가 크다.
④ 속도를 선택할 수 있고, 속도 제어가 가능하다.

TIP 엘리베이터 구동방식

- 교류 엘리베이터
  ① 속도조정이 안되며 속도에 대한 제어가 불가능하다.
  ② 부하에 의해 속도변동이 있으며, 저속이다.
  ③ 착상오차가 크다.
  ④ 기동 토크가 작다.
  ⑤ 승차감은 직류에 비해 좋지 않다.
  ⑥ 설비비가 적다.

- 직류 엘리베이터
  ① 속도조정이 자유로우며 속도에 대한 제어가 가능하다.
  ② 부하에 의해 속도변동이 없으며, 고속이다.
  ③ 착상오차가 거의 없다.
  ④ 기동 토크를 임의로 얻을 수 있다.
  ⑤ 승차감이 좋다.
  ⑥ 설비비가 높다.

59 드렌처 설비에 관한 설명으로 옳은 것은?

① 화재의 발생을 신속하게 알리기 위한 설비이다.
② 소화전에 호스와 노즐을 접속하여 건물 각 층 내부의 소정 위치에 설치한다.
③ 인접건물에 화재가 발생하였을 때 수막을 형성함으로써 화재의 연소를 방지하는 설비이다.
④ 소방대 전용 소화전인 송수구를 통하여 실내로 물을 공급하여 소화 활동을 하는 설비이다.

TIP 드렌처 설비

- 건축물의 외벽, 창, 지붕 등에 설치하여 인접 건물에 화재가 발생하였을 때 수막을 형성하여 화재의 연소를 방지하는 방화설비이다.
- 설치간격은 2.5m 이하로 한다.
- 방수압력은 0.1MPa, 방수량은 80L/min이다.

※ 경보설비: 화재의 발생을 신속하게 알리기 위한 설비이다.
  (비상경보설비, 비상방송설비, 누전경보기 자동화재 탐지설비, 자동화재 속보설비)

※ 옥내소화전: 소화전에 호스와 노즐을 접속하여 건물 각 층 내부의 소정 위치에 설치한 설비이다.

※ 연결살수설비: 소방대 전용소화전인 송수구를 통하여 소방차로 실내에 물을 공급하여 소화활동을 하는 것으로, 지하층의 화재진압 등에 사용하는 설비이다.

60 전력 퓨즈에 관한 설명으로 옳지 않은 것은?

① 재투입이 불가능하다.
② 릴레이나 변성기가 필요하다.
③ 과전류에서 용단될 수도 있다.
④ 소형으로 큰 차단용량을 가졌다.

> TIP 💡 파워퓨즈(전력퓨즈)
> 고 전압회로 및 기기의 단락 보호용으로, 소형으로 큰 차단용량을 가지고 있으나, 재투입이 불가능하고, 과전류로 용단될 수 있다.

06 | CBT 기출복원문제

PART

2017년 5회

01 반원 아치의 중앙에 들어가는 돌의 이름은?

① 쌤돌　　② 고막이돌
③ 두겁돌　　④ 이맛돌

TIP ☀ 이맛돌
　아치 중앙부 꼭대기에 끼는 돌이다.

- 쌤돌
  ① 창문, 출입문 등의 양쪽에 대는 것으로 벽돌 구조에서도 사용한다.
  ② 면을 접거나 쇠시리를 하고 벽체 쌓는 방법에 따라 촉과 연결철물로 벽체에 긴결한다.

- 두겁돌
  ① 담, 박공벽, 난간 등의 꼭대기에 덮어씌우는 것으로 윗면은 물흘림, 밑면은 물끊기를 한다.
  ② 두겁돌 밑바탕은 촉으로, 두겁돌 끼리는 촉, 꺾쇠 또는 은장으로 연결한다.

- 고막이돌
  토대나 하인방의 아래 또는 마루 밑의 터진 곳 따위를 막는 돌이다.

02 트러스를 곡면으로 구성하여 돔을 형성하는 것은?

① 와렌 트러스
② 실린더 셸
③ 회전 셸
④ 래티스 돔

TIP ☀ 래티스 돔
　긴 span에 보를 걸치기 위해 작은 형강을 트러스 형식으로 조립하여 큰 보의 역할과 힘을 받도록 한 돔을 말한다.

03 건설공사표준품셈에 따른 기본벽돌의 크기로 옳은 것은?

① 210×100×60mm
② 210×100×57mm
③ 190×90×57mm
④ 190×90×60mm

04 철골공사 시 바닥슬래브를 타설하기 전에 철골보위에 설치하여 바닥판 등으로 사용하는 절곡된 얇은 판의 부재는?

① 윙플레이트   ② 데크플레이트
③ 베이스플레이트   ④ 메탈라스

> **TIP** 데크 플레이트
> 바닥판에 사용되는 요철 모양으로 된 부재이며, 슬래브의 거푸집 대용 등으로 사용한다.

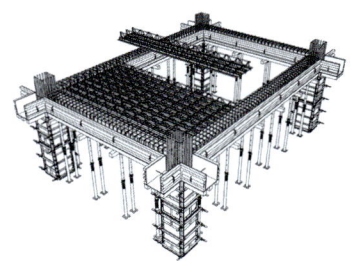

[그림] 출처 : 한국안전기술연합
http://www.ilovesafety.co.kr

05 철근콘크리트구조에서 철근의 피복두께를 가장 크게 해야 할 곳은?

① 기둥   ② 보
③ 기초   ④ 계단

> **TIP** 공사시방 및 설계도서에 지시가 없을 때 피복두께
>
> | 부위 | | | 피복두께(mm) | |
> |---|---|---|---|---|
> | | | | 마감 있음 | 마감 없음 |
> | 흙에 접하지 않는 부위 | 바닥슬래브 지붕슬래브 비내력벽 | 옥내 | 20 이상 | 20 이상 |
> | | | 옥외 | 20 이상 | 30 이상 |
> | | 기둥 보 내력벽 | 옥내 | 30 이상 | 30 이상 |
> | | | 옥외 | 30 이상 | 40 이상 |
> | | 옹벽 | | 40 이상 | 40 이상 |
>
> | 부위 | | 피복두께(mm) | |
> |---|---|---|---|
> | | | 마감 있음 | 마감 없음 |
> | 흙에 접하는 부위 | 기둥, 보 바닥슬래브, 내력벽 | - | 40 이상 |
> | | 기초, 옹벽 | - | 60 이상 |

06 셸구조에 대한 설명으로 틀린 것은?

① 얇은 곡면 형태의 판을 사용한 구조이다.
② 가볍고 강성이 우수한 구조 시스템이다.
③ 넓은 공간을 필요로 할 때 이용된다.
④ 재료는 주로 텐트나 천막과 같은 특수 천을 사용한다.

> **TIP** 셸 구조
> • 곡률을 가진 얇은 판으로 주변을 충분히 지지시켜 공간을 덮는 구조이다.
> • 가볍고 강성이 우수한 구조 시스템으로써 시드니 오페라 하우스가 대표적이다.
> • 재료는 철근콘크리트를 많이 쓰지만 강재를 사용하기도 한다.

07 아치벽돌을 사다리꼴 모양으로 특별히 주문 제작하여 쓴 것을 무엇이라 하는가?

① 본아치
② 막만든아치
③ 거친아치
④ 층두리아치

> **TIP** 아치
> • 상부에서 오는 직압력을 곡선을 따라 좌우로 나뉘어 직압력만을 받는 구조로써 하부에 인장력이 생기지 않는 구조이다.

01 ④ 02 ④ 03 ③ 04 ② 05 ③ 06 ④ 07 ①

- 조적즈 개구부는 아무리 좁아도 아치를 트는 것을 원칙으로 한다.
- 너비 1m 정도는 평아치로 1.8m 이상은 인방을 설치하고, 조적식은 작은 개구부라도 평아치(옆세워 쌓기)나 둥근 아치쌓기로 하는 것을 원칙으로 한다.
  ① 본아치 : 아치 벽돌을 사다리꼴 모양으로 제작한 것을 이용하여 만든 아치이다.
  ② 거친 아치 : 보통 벽돌을 이용하여 사용하고 줄눈을 쐐기모양으로 만든 아치이다.
  ③ 막만든아치 : 벽돌을 쐐기 모양으로 다듬어 만든 아치이다.
  ④ 층두리 아치 : 아치 나비가 넓을 따 여러 겹으로 겹쳐 쌓은 아치이다.

08 연약지반에 건축물을 축조할 때 부동침하를 방지하는 대책으로 옳지 않은 것은?

① 건물의 강성을 높일 것
② 지하실을 강성체로 설치할 것
③ 건물의 중량을 크게 할 것
④ 건물은 너무 길지 않게 할 것

TIP 부동침하

- 연약지반일 경우
- 이질지반에 있을 경우
- 지하수위가 변동되었을 경우
- 건물이 이질층에 걸쳐있을 경우
- 건물이 낭떠러지에 근접되어 있는 경우
- 지하매설물이나 구멍(터널)등이 있는 경우

※ 부동침하 방지대책
  ① 기초 구조물에 대한 대책
    - 기초를 굳은 지반에 지지시킨다.
    - 지하실을 설치하거나 지중보를 설치한다.
    - 마찰말뚝을 사용한다.
  ② 상부구조물에 대한 대책
    - 건물을 경량화한다.
    - 건물의 중량을 고르게 분포시킨다.
    - 건물의 강성을 높이고 평면의 길이를 짧게 한다.
    - 이웃 건물과의 거리를 띄운다.

09 철근콘크리트구조의 특성으로 옳지 않은 것은?

① 부재의 크기와 형상을 자유자재로 제작할 수 있다.
② 내화성이 우수하다.
③ 작업방법, 기후 등에 영향을 받지 않으므로 균질한 시공이 가능하다.
④ 철골조에 비해 내식성이 뛰어나다.

TIP 철근콘크리트구조의 장·단점

- 장점
  ① 내화성, 내구성, 내진성, 내풍성이 우수하다.
  ② 폭 넓게 구조물에 이용할 수 있다.
  ③ 모양을 자유롭게 선택할 수 있고, 유지 관리비가 거의 들지 않는다.

- 단점
  ① 자중이 크다.(= 무게가 크다.)
  ② 경화할 때 수축으로 인한 균열이 생기기 쉽고, 시간이 오래 걸린다.
  ③ 시공이 복잡하고 공기가 길다.
  ④ 이전 및 철거가 어렵다.

10 다음 중 구조물의 고층화, 대형화의 추세에 따라 우수한 용접성과 내진성을 가진 극후판(極厚板)의 고강도 강재는?

① TMCP강　② SS강
③ FR강　　④ SN강

> TIP: TMCP(Thermo Mechanical Control Process)강
>
> 압연 시 제어냉각을 통해 성질을 향상시킨 강재이며, 용접성이 좋고 고강도이다.
>
> ※ SS강(Steel Structure(일반구조용 압연강재))
> 구조적으로 중요한 부분에 형강, 강관 등의 강재를 사용한 것이다.
>
> ※ FR강(Fire Resistant Steel(내화강))
> 크롬 또는 몰리브덴 등 합금을 첨가하여 고온에 견딜 수 있는 고온내력(高溫耐力)을 향상시킨 강재로써, 600℃ 이하의 범위에서 무내화(無耐火) 피복이 가능하다.
>
> ※ SN강(Steel New(건축구조용 강))
> 내진성능과 용접성능이 우수한 건축 구조용 강재로써, 지진과 도심지의 고밀도 건축물을 위한 전용강재이다.

11 트러스 구조에 대한 설명으로 옳지 않은 것은?

① 지점의 중심선과 트러스 절점의 중심선은 가능한 일치시킨다.
② 항상 인장력을 받는 경사재의 단면이 가장 크다.
③ 트러스의 부재중에는 응력을 거의 받지 않는 경우도 생긴다.
④ 트러스 부재의 절점은 핀 접합으로 본다.

> TIP: 트러스 구조
> - 삼각형을 구성하는 부재에는 축방향력(압축력 및 인장력)만 작용한다.
> - 부재의 절점(결합되는 곳)은 자유롭게 회전할 수 있는 핀 접합(회전지점)로 한다.
> - 하중은 절점에만 작용하도록 하므로 휘는 경우가 없다.

12 고력볼트접합에 대한 설명으로 틀린 것은?

① 고력볼트접합의 종류는 마찰접합이 유일하다.
② 접합부의 강성이 높다.
③ 피로강도가 높다.
④ 정확한 계기공구로 죄어 일정하고 정확한 강도를 얻을 수 있다.

> TIP: 고력볼트접합
> - 인장력이 매우 큰 볼트를 이용하는 방법으로 접합재에 마찰력이 생겨 접합하는 방법으로 열 가공을 하지 않아 시공 시 편하며 소음이 작다.
> - 접촉면의 상태에 따라 단면 결손 등이 일어날 수 있다.

- 고력볼트 접합은 마찰접합과 인장접합이 있다.

13 철근콘크리트 사각형 기둥에는 주근을 최소 몇 개 이상 배근해야 하는가?

① 2개 ② 4개
③ 6개 ④ 8개

TIP) 기둥의 주근
- 철근의 지름은 D13 이상의 것을 사용하고, 사각기둥의 경우 4개, 원형 및 다각형기둥일 경우 6개 이상을 사용한다.
- 이음 위치는 층 높이의 2/3 이내로 하고 바닥판 위 1m 위치에 두는 것이 좋다.

14 다음 중 막구조로 이루어진 구조물이 아닌 것은?

① 서귀포 월드컵 경기장
② 상암동 월드컵 경기장
③ 인천 월드컵 경기장
④ 수원 월드컵 경기장

TIP) 수원 경기장
캔틸레버 철골 트러스구조

15 처음 한 켜는 마구리쌓기, 다음 한 켜는 길이쌓기를 교대로 쌓는 것으로, 통줄눈이 생기지 않으며 내력벽을 만들 때 많이 이용되는 벽돌 쌓기법은?

① 미국식 쌓기 ② 프랑스식 쌓기
③ 영국식 쌓기 ④ 영롱 쌓기

TIP) 벽돌쌓기
- 영국식 쌓기
  ① 한 켜는 마구리쌓기, 다음 켜는 길이쌓기로 번갈아 쌓아 올린 방식으로 모서리는 이오토막 또는 반절을 사용한다.
  ② 통줄눈이 생기지 않으며, 가장 튼튼한 방법으로 내력벽에 이용된다.
- 네델란드식 쌓기
  ① 영국식 쌓기와 방법은 같으나 모서리 또는 끝 부분에 칠오토막을 사용한다.
  ② 모서리가 다소 견고하고 가장 많이 사용한다.
- 프랑스식 쌓기
  ① 한 켜에 길이쌓기와 마구리쌓기가 번갈아 나오게 하는 쌓기법이다.
  ② 통줄눈이 많이 생겨 튼튼하지 않아 의장적 벽체에 사용한다.
- 미국식 쌓기
  ① 표면에 치장벽돌로 5켜 정도를 길이쌓기로 하고 뒷면을 영국식 쌓기로 한다.
  ② 치장쌓기나 공간쌓기로 사용한다.

16 철근콘크리트보의 늑근에 대한 설명 중 옳지 않은 것은?

① 전단력에 저항하는 철근이다.

② 중앙부로 갈수록 조밀하게 배치한다.

③ 굽힘철근의 유무에 관계없이 전단력의 분포에 따라 배치한다.

④ 계산상 필요 없을 때도 사용한다.

TIP 늑근(스터럽)
- 전단력을 보강하여 보의 주근 위에 둘러 감은 철근이다.
- 전단력은 보의 단부에서 최대가 되고, 중앙부로 갈수록 작아지므로 단부에는 촘촘하게 배치하고 중앙부로 갈수록 넓게 배치한다.

17 가구식 구조에 대한 설명으로 옳은 것은?

① 개개의 재료를 접착제를 이용하여 쌓아 만든 구조이다.

② 목재, 강재 등 가늘고 긴 부재를 접합하여 뼈대를 만드는 구조이다.

③ 철근콘크리트구조와 같이 전 구조체가 일체가 되도록 한 구조이다.

④ 물을 사용하는 공정을 가진 구조이다.

TIP 가구식 구조
- 기둥 및 보를 접합 등에 의해 구성하는 방법으로 목구조, 철골 구조 등이 이에 속한다.
- 내화적이지 못하다.

18 철골구조에서 축방향력, 전단력 및 모멘트에 대해 모두 저항할 수 있는 접합은?

① 전단접합

② 모멘트접합

③ 핀접합

④ 롤러접합

TIP 철골접합
- 전단접합
H형강의 웨브만 볼트 등으로 체결하고 플랜지는 연결하지 않아 보의 회전을 허용한 접합.
- 모멘트접합
H형강의 웨브와 플랜지를 볼트 및 용접으로 강하게 연결하여 보의 회전을 구속한 접합.
- 핀접합
부재 상호간 핀을 통하는 힘은 전달하나, 힘 모멘트는 생기지 않고 또 부재 상호간 각도는 구속 없이 변화할 수 있게 한 접합.
- 롤러접합
구조 부재의 지지단이 어느 방향으로 자유롭게 이동하는 롤러로 되어 있는 접합.

19 철근콘크리트 기둥에 철근 배근 시 띠철근의 수직간격으로 가장 알맞은 것은? (단, 기둥 단면 400×400mm, 주근지름 13mm, 띠철근지름 10mm임)

① 200mm   ② 250mm
③ 400mm   ④ 480mm

> **TIP** 띠철근
> - 균열방지와 주근의 좌굴방지를 위해 사용하는 철근이다.
> - 지름 6mm 이상의 철근을 사용한다.
> - 띠철근 간격은 30cm 이하, 주근지름의 16배 이하, 띠철근 지름의 48배 이하 중 가장 작은 값으로 배근한다.
>
> ※ 띠철근 간격 300mm 이하, 주근지름 13mm×16배 = 208mm 이하, 띠철근 지름의 10mm×48배 = 480mm 이하 중 가장 작은 값으로 한다.

20 바닥 면적이 40m² 일 때 보강콘크리트 블록조의 내력벽 길이의 총합계는 최소 얼마 이상이어야 하는가?

① 4m   ② 6m
③ 8m   ④ 10m

> **TIP**
> 벽량(cm/m²) = $\dfrac{\text{내력벽의 길이(cm)}}{\text{바닥면적(m²)}}$
>
> $15\text{cm/m}^2 = \dfrac{x}{40\text{m}^2}$
>
> 보강블록조의 최소 벽량은 15cm/m² 이상이므로,
>
> ∴ x = 600cm

21 미장재료 중 회반죽에 여물을 혼입하는 가장 주된 이유는?

① 변색을 방지하기 위해서
② 균열을 분산, 경감하기 위하여
③ 경도를 크게 하기 위하여
④ 굳는 속도를 빠르게 하기 위하여

> **TIP** 여물
> - 재료가 떨어져 나가거나 균열이 생기는 방지하기 위해 사용하는 재료이다.
> - 짚여물, 삼여물 등이 있다.

22 유리에 함유되어 있는 성분 가운데 자외선을 차단하는 주성분이 되는 것은?

① 황산나트륨($NaSO_4$)
② 탄산나트륨(Na_2CO_3)
③ 산화제2철(Fe_2O_3)
④ 산화제1철(FeO)

> **TIP** 유리의 성분
> - 산화제일철 : 자외선 투과
> - 산화제이철 : 자외선 차단

23 다음 중 목재의 섬유방향 강도가 큰 순서로 옳게 나열된 것은?

① 인장강도 - 휨강도 - 압축강도 - 전단강도
② 압축강도 - 휨강도 - 전단강도 - 인장강도
③ 휨강도 - 전단강도 - 인장강도 - 압축강도
④ 전단강도 - 휨강도 - 압축강도 - 인장강도

> **TIP** 목재의 강도
> 섬유방향의 평행한 인장강도 > 섬유방향의 직각인 인장강도

24 합판(Plywood)의 특성으로 옳지 않은 것은?

① 판재에 비해 균질하다.
② 방향에 따라 강도의 차가 크다.
③ 너비가 큰 판을 얻을 수 있다.
④ 함수율 변화에 의한 신축변형이 적다.

> **TIP** 합판의 특성
> - 단판이 직교되어 접착되었으므로 함수율 변화에 의한 팽창 및 수축 방지할 수 있다.
> - 아름다운 무늬 판을 얻을 수 있다.
> - 잘 갈라지지 않고, 방향에 따른 강도차가 적다.
> - 목재의 흠(옹이 등)을 제거하므로 좋은 재료를 얻을 수 있다.
> - 내장용으로 천장, 칸막이 벽, 거푸집, 플러시 문의 겉판 등으로 사용한다.

25 점토에 대한 다음 설명 중 옳지 않은 것은?

① 제품의 색깔과 관계있는 것은 규산성분이다.
② 점토의 주성분은 실리카, 알루미나이다.
③ 각종 암석이 풍화, 분해되어 만들어진 가는 입자로 이루어져 있다.
④ 점토를 구성하고 있는 광물은 잔류점토와 침적점토로 구분된다.

> **TIP** 점토의 성질
> - 점토에 산화철이 섞이면 황토색이나 적색을 띠고, 망간 등과 섞이면 갈색, 석회 등과 섞이면 하얀 점토가 된다.
> - 잔류점토
>   암석이 풍화한 위치에 그대로 잔류되어 있는 점토이다.
> - 침적점토
>   물의 힘이나 풍력으로 이동되어 다른 장소에 침적된 점토로써 비교적 양질이지만 유기물이 포함되어 있다.

26 다공질 벽돌에 대한 설명으로 옳지 않은 것은?

① 원료인 점토에 탄가루와 톱밥, 겨 등의 유기질 가루를 혼합하여 성형, 소성한 것이다.
② 비중이 1.2 ~ 1.5 정도인 경량 벽돌이다.
③ 단열 및 방음성이 좋으나 강도는 약하다.
④ 톱질과 못 박기가 어렵다.

> 💡 **다공질 벽돌**
> 톱질과 못 박음이 가능하다.(= 절단 및 가공이 쉽다.)

27 10cm×10cm인 목재를 400kN의 힘으로 잡아 당겼을 때 끊어졌다면, 이 목재의 최대 강도는 얼마인가?

① 4MPa ② 40MPa
③ 400MPa ④ 4000MPa

> 💡 pa = N/m²
> 400,000N/0.1m×0.1m
> = 40,000,000pa
> ∴ 40,000,000pa = 40,000KPa
> = 40MPa

28 판유리 종류를 600℃ 이상의 연화점 근처까지 가열한 후 표면에 냉기를 내뿜어 급랭시켜 제조하며, 담금유리 라고도 하는 유리는?

① 연마판유리 ② 망입판유리
③ 강화유리 ④ 복층유리

> 💡 **강화유리**
> - 판유리를 열처리(500~600℃)한 후에 냉각공기를 불어 균등히 급랭시켜 강도를 높인 유리로 강도는 보통 유리 강도의 3~5배, 충격강도는 5~6배 정도이다.
> - 잘 깨지지 않고, 부서지더라도 잘게 부수어져 파편에 의한 부상이 적다.
> - 열처리 후 절단 및 가공할 수 없어, 사전에 소요치수로 절단 및 가공을 해야 한다.
> - 건물 창, 에스컬레이터 옆판, 자동차 또는 선박 등에 사용한다.

29 다음 중 골재의 체가름 시험에 사용되지 않는 체의 크기는?

① 0.15mm ② 1.2mm
③ 5mm ④ 35mm

> 💡 **골재의 조립률(Fineness modulus of aggregate)**
> - 80mm, 40mm, 20mm, 10mm, 5mm, 2.5mm, 1.2mm, 0.6mm, 0.3mm, 0.15mm의 10개의 체를 1조로 하여 체가름 시험을 했을 때, 각 체에 남는 누계량의 전체 중량 백분율의 합계를 100으로 나눈 값을 말한다.
> - 일반적으로 잔골재는 조립률이 2.6~3.1, 굵은 골재는 6~8 정도가 되면 좋은 입도라 할 수 있다.

30 유기재료에 속하는 건축 재료는?

① 철재 ② 석재
③ 아스팔트 ④ 알루미늄

> 💡 **화학적 조성에 의한 분류**
> - 무기재료
>   철, 석재, 시멘트, 벽돌, 유리, 콘크리트 등
> - 유기재료
>   목재, 아스팔트, 플라스틱, 도료, 접착제 등

31 목재의 보존성을 높이고 충해 및 변색 방지를 위한 방부처리법이 아닌 것은?

① 도포법　　② 저장법
③ 침지법　　④ 주입법

TIP 방부법

- 도포법
  방부처리 전 목재를 건조시킨 다음 균열이나 이음부에 솔 등으로 도포하는 법이다.
- 주입법
  ① 상압 주입법 : 방부제 용액 속에 목재를 적시는 방법이다.
  ② 가압 주입법 : 압력용기 속에 목재를 넣고 고압 하에 방부제를 투입하는 법이다.
- 침지법
  방부제 용액 속에 몇 시간~며칠 동안 담가두는 방법이다.
- 표면탄화법
  목재표면을 3~10mm 태워 탄화시키는 방법이다.
- 생리적 주입법
  벌목 전 뿌리에 약액을 주입 시키는 방법이다.
  ※ 표면탄화법과 생리적 주입법은 값이 싸고 간편하지만 효과의 지속성이 없다.

32 물체에 외력이 작용되면 순간적으로 변형이 생기지만 외력을 제거하면 원래의 상태로 되돌아가는 성질은?

① 소성　　② 점성
③ 탄성　　④ 연성

TIP 재료의 성질

- 소성
  외력을 제거하여도 재료가 원 상태로 돌아가지 않고, 변형된 상태 남아 있는 성질을 말한다.
- 점성
  유체 흐름을 방해하는 저항성을 말하며, 끈끈한 성질을 말한다.
- 연성
  외력을 받았을 때, 파괴되지 않고 가늘고 길게 늘어나는 성질을 말한다.

33 벽 및 천장재로 사용되는 것으로 강당, 집회장 등의 음향조절용으로 쓰이거나 일반건물의 벽수장 재료로 사용하여 음향효과를 거둘 수 있는 목재 가공품은?

① 파키트리 패널　　② 플로어링 합판
③ 코펜하겐 리브　　④ 파키트리 블록

TIP 코펜하겐 리브(Copenhagen Rib Board)

- 두께 5cm, 너비 10cm 정도의 긴 판의 표면을 리브(rib)로 가공하여 만든다.
- 강당, 집회장, 극장 등에 내벽 또는 천장에 붙여 사용한다.
- 음향조절 및 장식효과가 있다.
- 흡음효과는 없으며, 바닥에 사용하지 않는다.

※ 바닥판재(Flooring)
① 플로어링 보드(Flooring Board)
   - 대패질로 마감 후 양쪽을 제혀쪽매로 접합이 편하도록 만든다.
   - 크기는 두께-9mm, 너비-60mm, 길이-600mm정도가 많이 사용된다.
② 파키트리 패널(Parquetry Panel) : 15mm 두께의 파키트리 보드를 4매씩 조합하여 만든 24cm 각판으로 아름답고 내마모성이다.
③ 파키트리 블록(Parquetry Block) : 파키트리 보드를 3~5장씩 조합하여 180mm 또는 300mm 각판으로 만든다.
④ 파키트리 보드(Parquetry Board) : 경목재판을 9~15mm, 너비 60mm, 길이는 너비의 3~5배로 제혀쪽매로 만든다.

34 20세기 3대 건축재료에 해당하지 않는 것은?

① 강철 ② 판유리
③ 시멘트 ④ 합성수지

35 원유를 증류하고 피치가 되기 전에 유출량을 제한하여 잔류분을 반고체형으로 고형화시켜 만든 것으로 지하실 방수공사에 사용되는 것은?

① 스트레이트 아스팔트
② 블로운 아스팔트
③ 아스팔트 컴파운드
④ 아스팔트 프라이머

> **TIP** 아스팔트
>
> - 스트레이트 아스팔트
>   ① 아스팔트를 되도록 변화하지 않게 만든 아스팔트를 말하며 점성, 신성, 침투성이 크지만, 연화점이 낮고 온도에 의한 강도, 신성, 유연성의 변화가 크다.
>   ② 아스팔트 펠트, 아스팔트 루핑의 제조에 사용되며, 지하실 방수정도에 사용한다.
> - 블로운 아스팔트
>   ① 석유의 찌꺼기를 가열하여 공기를 불어 넣어 만든 아스팔트로 점성, 침투성은 작지만, 탄력성이 있고 온도에 의한 변화가 적어 열에 대한 안정성이 좋다.
>   ② 아스팔트 컴파운드, 아스팔트 프라이머의 원료가 되며, 옥상 및 지붕 방수에 사용한다.
> - 아스팔트 컴파운드
>   블로운 아스팔트의 성질(내열, 내후성 등)을 개선하기 위해 동·식물 섬유를 혼합한 아스팔트 이다.
> - 아스팔트 프라이머
>   ① 블로운 아스팔트를 휘발성 용제로 희석한 흑갈색의 액체로, 콘크리트 및 몰탈 바탕에 아스팔트방수층 또는 아스팔트타일붙임 시공에 사용되는 초벌용 도료 접착제이다.
>   ② 아스팔트 프라이머를 콘크리트 또는 몰탈 면에 침투시키면 용제는 증발하고 아스팔트가 도막을 형성하여 그 위에 아스팔트를 바르면 잘 붙고 밀착성이 좋아진다.

36 회반죽 바름이 공기 중에서 경화되는 과정을 가장 옳게 설명한 것은?

① 물이 증발하여 굳어진다.
② 물과의 화학적인 반응을 거쳐 굳어진다.
③ 공기 중 산소와의 화학작용을 통해 굳어진다.
④ 공기 중 탄산가스와의 화학작용을 통해 굳어진다.

TIP 석회

- 석회라 함은 일반적으로 소석회를 말하는 것이며, 수산화칼슘[$Ca(OH)_2$]을 말하며, 이것을 약 1000℃정도로 하소하여 생석회(CaO)를 만든 후 물을 넣어 소석회를 만든다.
- 가소성이 크며, 경화시간이 늦고 수축균열이 발생하기 쉬우며, 점도가 거의 없다.
  ① 회사벽 : 소석회에 모래를 넣어 반죽한 것을 말하며 필요에 따라 시멘트, 여물 등을 혼합하여 재래식 건물의 흙벽 위에 바름용으로 사용한다.
  ② 회반죽 : 소석회에 여물, 풀, 모래 등을 혼합한 것으로 수축률이 커 여물을 넣어 균열을 방지하고 건조에 시간이 많이 걸린다.

37 공동(空胴)의 대형 점토제품으로써 주로 장식용으로 난간벽, 돌림대, 창대 등에 사용되는 것은?

① 이형벽돌   ② 포도벽돌
③ 테라코타   ④ 테라죠

TIP 점토제품

- 이형벽돌
  보통 벽돌과는 다른 치수로 만들어져 나온 벽돌이며 아치 및 원형 창 주위를 조적할 때 사용된다.
- 포도벽돌
  보통벽돌보다 고온 소성되어 흡수율이 낮은 벽돌로 도로나 복도 등의 바닥 면 등에 사용한다.
- 테라죠
  백색시멘트+대리석종석+안료+물을 혼합하여 만든 인조석이다.

38 금속의 방식법에 대한 설명 중 옳지 않은 것은?

① 아스팔트, 방청 도료를 칠한다.
② 알루미늄은 산화 피막 처리를 하지 않아도 된다.
③ 다른 종류의 금속을 서로 잇대어 쓰지 않는다.
④ 큰 변형을 준 것은 가능한 한 풀림하여 사용한다.

TIP 금속의 부식방지법

- 일반적 방지법
  ① 다른 종류의 금속끼리 접촉하여 사용하지 않는다.

34 ④   35 ①   36 ④   37 ③   38 ②

② 균질한 재료를 사용하도록 하며, 변형이 있을 시 열처리로 제거한다.
③ 표면은 청결하게 하며 건조 상태를 유지하도록 한다.
- 구체적 방지법
① 내식성이 큰 금속으로 도장하며, 방청도료를 칠하여 사용한다.
② 화학적인 방식처리를 하고, 몰탈이나 콘크리트로 피복한다.

39 멜라민(Melamine)수지 풀은 어떤 재료의 접착제로 적당한가?

① 목재 ② 금속
③ 고무 ④ 유리

TIP 멜라민 수지 접착제
- 내수성, 내열성은 요소수지보다 우수하고 무색투명하다.
- 착색의 염려가 없고 내수합판 등의 접착에 사용한다.

40 포틀랜드시멘트 클링커에 철 용광로로부터 나온 슬래그를 급랭한 급랭슬래그를 혼합하여 이에 응결시간 조정용 석고를 혼합하여 분쇄한 것으로 수화열이 적어 매스콘크리트용으로 사용할 수 있는 시멘트는?

① 백색포틀랜드시멘트
② 조강포틀랜드시멘트
③ 고로시멘트
④ 알루미나시멘트

TIP 고로 시멘트
- 슬랙(slag)을 혼합한 뒤 석고를 넣어 분쇄한 시멘트로써, 조기강도는 낮고 장기강도는 보통 포틀랜드 시멘트보다 크다.
- 비중이 작으며(2.85), 바닷물에 대한 저항성이 크다.
- 화학적 저항성이 크고, 내열성 및 수밀성 우수하다.
- 침식을 받는 해수, 폐수, 하수공사에 사용한다.

41 연면적 $200m^2$를 초과하는 초등학교의 학생용 계단의 단 높이는 최대 얼마 이하이어야 하는가?

① 15cm ② 16cm
③ 18cm ④ 20cm

TIP 계단(단위 : cm)
- 초등학교
  계단 및 계단참의 너비 - 150 이상
  단 높이 - 16 이하
  단 너비 - 26 이상
- 중·고등학교
  계단 및 계단참의 너비 - 150 이상
  단 높이 - 18 이하
  단 너비 - 26 이상
- 문화 및 집회시설(공연장·집회장·관람장에 한함), 판매 및 영업시설(도매시장·소매시장·상점에 한함), 기타 이와 유사한 용도에 쓰이는 건축물
  계단 및 계단참의 너비 - 150 이상

42 밝은 상태에서 어두운 상태까지 폭 넓은 명암을 나타낼 수 있으며, 다양한 질감 표현도 가능하고 지울 수 있는 장점 대신 번질 우려가 있는 단점을 가지고 있는 묘사도구는?

① 물감
② 잉크
③ 색연필
④ 연필

TIP 묘사 도구

- 물감
  ① 물감은 재료에 따라서 차이가 있다.
  ② 수채화는 신선한 느낌을 주고, 부드럽고 밝은 특징을 갖고 있다.
  ③ 포스터 물감은 사실적이며, 재료의 질감표현과 수정이 용이해 많이 사용하는 방법으로 붓을 이용해 그린다.

- 잉크
  ① 잉크는 여러 가지 색상을 갖고 있어 색의 구분이 일정하고, 농도를 정확하게 할 수 있어 도면이 선명하고 깨끗하게 보인다.
  ② 여러 가지 펜촉을 사용할 수 있어, 다양한 묘사 방법의 표현도 가능하다. 따라서 최근에는 펜촉의 굵기를 자유롭게 바꿀 수 있는 여러 가지 잉킹용 도구들이 개발되고 있다.

- 색연필
  간단하게 도면을 채색하여 실물의 느낌을 표현하는데 주로 사용하며, 색펜과 같이 사용하여 실내 건축물의 간단한 마감 재료를 그리는데 사용한다.

- 유성 마카펜
  트레이싱지에 색을 표현하기가 가장 적합하다.

43 다음 근린단위 방식 중 근린분구의 인구 수로 옳은 것은?

① 100~200명
② 3,000~5,000명
③ 8,000~10,000명
④ 10,000~20,000명

TIP 근린단위

- 인보구(20~40호, 200~800명)
  ① 반경 100m 전후이며 중심시설은 유아놀이터이다.
  ② 가까운 친분관계를 유지하는 공간적 범위를 말한다.

- 근린분구(400~500호, 3,000~5,000명)
  ① 반경 100~200m 전후이며, 중심시설은 유치원, 파출소 등이다.
  ② 4~6개의 인보구 단위로 주민 간의 면식이 가능한 단위를 말한다.

- 근린주구(1,600~2,000호, 10,000~20,000명)
  ① 반경 300~400m 전후이며, 중심시설은 초등학교 등이다.
  ② 4~5개의 근린분구 단위로 보행으로 중심부와 연결 가능한 범위로, 도시계획 최소단위이다.

44 다음 중 입면도 표시 사항이 아닌 것은?

① 건물전체높이, 처마높이
② 지붕물매
③ 천장높이
④ 외부재료의 표시

> **TIP** 입면도에 표시해야 할 사항
> - 주요부의 높이 : 건물 전체높이, 처마높이
> - 지붕 경사 및 모양 : 지붕물매, 지붕이기 재료
> - 벽, 기타 마감재료 종류
>
> ※ 천장 높이(반자높이)는 단면도에 표시해야 하는 사항이다.

45 다음 중 실내조명설계순서에서 가장 먼저 이루어져야 할 사항은?

① 조명 방식의 설정
② 소요 조도의 결정
③ 전등 종류의 결정
④ 조명 기구의 배치

> **TIP** 내부조명설계순서
> 소요조도의 결정 – 전등 종류의 결정 – 조명방식과 조명기구 선정 – 광원 수와 배치 – 광속의 계산 – 소요전등의 크기결정

46 증기난방에 관한 설명으로 옳지 않은 것은?

① 예열시간이 온수난방에 비해 짧다.
② 방열면적을 온수난방보다 작게 할 수 있다.
③ 난방 부하의 변동에 따른 방열량 조절이 용이하다.
④ 증발 잠열을 이용하기 때문에 열의 운반 능력이 크다.

> **TIP** 증기난방
> - 장점
>   ① 가열시간과 증기순환이 빠르다.
>   ② 방열면적이 온수난방보다 작다.
>   ③ 증기의 잠열을 이용하는 난방열의 운반능력이 크며, 설비비가 싸다.
> - 단점
>   ① 쾌적감이 온수난방보다 낮고, 온도조절이 어렵다.
>   ② 소음이 발생되며, 응축수배관이 부식되기 쉽다.

47 제도용지의 규격에 있어서 가로와 세로의 비로써 옳은 것은?

① $\sqrt{2} : 1$ ② $2 : 1$
③ $\sqrt{3} : 1$ ④ $3 : 1$

> **TIP** 제도용지
> - 제도용지의 크기는 $\sqrt{2} : 1$의 비율이다.
> - 도면을 접을 때에는 A4의 크기로 접는 것을 원칙으로 한다.

48 다음의 건축법상 정의에 해당되는 주택의 종류는?

> 주택으로 쓰이는 1개 동의 바닥면적(지하주차장 면적 제외)의 합계가 660m² 이하이고, 층수가 4개층 이하인 주택

① 아파트 ② 연립주택
③ 기숙사 ④ 다세대주택

TIP 주택의 종류
- 660m² 초과 : 연립주택
- 660m² 이하 : 다세대주택

49 다음 설명에 알맞은 공기조화방식은?

> • 전공기 방식의 특성이 있다.
> • 냉풍과 온풍을 혼합하는 혼합상자가 필요 없다.

① 단일덕트 방식 ② 2중덕트 방식
③ 멀티존 유닛방식 ④ 팬코일 유닛방식

TIP 공기조화설비

- 전공기 방식
  중앙 공기 조화기에서 만들어진 냉·온풍을 송풍하여 공기를 조화하는 방식을 말한다.
  ① 단일덕트 : 1대의 공조기에 1대의 덕트만을 연결하여 냉풍, 온풍을 송풍하는 방식이다.
  ② 2중덕트 : 냉풍과 온풍 덕트를 각각 설치하여 혼합 상자에서 알맞은 비율로 혼합하여 송풍하는 방식으로 에너지 다소비형이다.
  ③ 멀티존 유닛방식 : 2중 덕트의 변형으로, 1대의 공조기에서 냉풍과 온풍을 만들어 혼합한 후 각각의 덕트에 송풍하는 방식이다.

- 전수방식
  중앙기계실에서 냉수 또는 온수를 만들어 각 실의 유닛으로 보내어 냉난방하는 방식을 말한다.
  ① 팬코일 유닛방식 : 전동기 직결의 소형 송풍기(fan), 냉·온수 코일 및 필터 등을 갖춘 실내형 소형 공조기를 각 실에 설치하여 중앙 기계실로부터 냉수 또는 온수를 공급받아 송풍하는 방식이다.

- 공기 – 수방식
  공기를 열원으로 하여 물을 가열하고 이 온수를 순환시키는 히트 펌프 방식을 말한다.
  ① 각층 유닛방식 : 1차 공기 조화기로 처리된 외기를 각 층마다 설치된 2차 공조기로 덕트에 의해 공급되는 방식이다.
  ② 유인유닛 방식 : 온도, 습도를 조절한 외기를 1차 공조기를 통해 고압으로 실내 유닛으로 공급하고, 그 압력으로 공기를 유인작용으로 실내공기를 순환시키고 유닛 속의 코일에서 냉각 또는 가열하여 사용하는 방식이다.

44 ③ 45 ② 46 ③ 47 ① 48 ④ 49 ①

50 다음 설명에 알맞은 형태의 종류는?

> • 구체적 형태를 생략 또는 과장의 과정을 거쳐 재구성한 형태이다.
> • 대부분의 경우 재구성된 원래의 형태를 알아보기 어렵다.

① 자연적 형태 ② 현실적 형태
③ 추상적 형태 ④ 이념적 형태

TIP 형태(form)

• 이념적 형태
  ① 순수형태 : 기하학적으로 취급한 점, 선, 면 입체 등을 기본으로 한다.
  ② 추상형태 : 구체적 형태를 생략 또는 과장의 과정을 거쳐 재구성한 형태로, 대부분의 경우 재구성된 원래의 형태를 알아보기 어렵다.

• 현실적 형태
  ① 자연적 형태 : 기복이 있는 형태(accident type)로 재현이 불가능하다.
  ② 인위적 형태 : 유기적인 형태(organic type)로 재현이 가능하다.

51 형태 조화의 근본이 되는 황금비에 해당하는 비율은?

① 1 : 1.414 ② 1 : 1.618
③ 1 : 1.732 ④ 1 : 1.915

52 다음 중 개별식 급탕방식에 속하지 않는 것은?

① 순간식
② 저탕식
③ 직접 가열식
④ 기수 혼합식

TIP 개별 급탕방식

• 순간식 : 급탕관의 일부를 가열하여 직접 온수를 얻는 방식이다.
• 저탕식 : 가열온수를 저탕조에 저장하여 사용하는 것으로, 열손실은 크지만 많은 온수를 쓰기에 적합하다.
• 기수혼합식 : 보일러 증기를 물탱크에 직접 불어 넣는 방법이다.

※ 중앙식으로 직접가열식, 간접가열식이 있다.

53 건축법상 건축에 해당되지 않는 것은?

① 수선 ② 재축
③ 이전 ④ 개축

TIP 건축법상 건축
건축물을 신축, 증축, 개축, 재축 또는 이전하는 것을 말한다.

• 신축
  ① 기존 건축물이 철거되거나 멸실된 대지를 포함하여 건축물이 없는 대지에 새로 건축물을 축조하는 것을 말한다.
  ② 다만 부속건축물만 있는 대지에 새로 주된 건축물을 축조하는 것을 포함하되, 개축 또는 재축하는 것은 제외한다.

- 증축
  ① 기존건축물이 있는 대지에서 건축물의 건축면적, 연면적, 층수 또는 높이를 늘리는 것을 말한다.
  ② 바닥면적의 합계가 85m² 를 초과하는 부분에 대한 증축에 해당하는 변경 사유에는 허가를 받고 신고를 해야 하며 85m² 이하의 변경은 신고만으로도 가능하다.
  ③ 또한 건축물의 동수나 층수를 변경하지 아니하면서 변경되는 부분의 바닥 면적의 합계가 50m² 이하인 경우, 동수나 층수를 변경하지 아니하면서 변경되는 부분이 연면적 합계의 10분의 1 이하인 경우, 대수선에 해당하는 경우, 건축물의 층수를 변경하지 아니하면서 변경되는 부분의 높이가 1미터 이하이거나 전체 높이의 10분의 1 이하인 경우, 허가를 받거나 신고를 하고건축 중인 부분의 위치가 1미터 이내에서 변경되는 경우에는 신고만으로도 증축이 가능하다.

- 개축
  기존 건축물의 전부 또는 일부(내력벽·기둥·보·지붕틀 중 셋 이상이 포함되는 경우를 말함)를 철거하고 그 대지에 종전과 같은 규모의 건축물을 다시 축조하는 것을 말한다.

- 재축
  건축물이 천재지변이나 그 밖의 재해로 멸실된 경우 그 대지에 종전과 같은 규모의 범위에서 다시 축조하는 것을 말한다.

- 이전
  주요 구조부를 해체하지 아니하고 동일한 대지 내에서 건축물의 위치를 옮기는 행위를 말한다.

54 배수 트랩의 봉수파괴 원인에 속하지 않는 것은?

① 증발   ② 간접배수
③ 모세관 현상   ④ 유도 사이펀 작용

TIP 봉수 파괴의 원인

- 사이펀 작용
  ① 자기사이펀 : 배수 시 기구에 다량의 물이 일시에 흐를 때 발생한다.
  ② 유인(흡인)사이펀 : 수직관에 접근하여 기구를 설치했을 때 수직관 상부에서 다량의 물이 낙하할 때 발생한다.

- 분출 작용
  수직관 가까이 기구를 설치했을 때 수직관 상부에서 다량의 물이 낙하하면 하단의 기구의 공기압축으로 발생한다.

- 모세관 작용
  머리카락, 실 등이 걸렸을 때 발생한다.

- 증발
  오랜 기간 동안 위생기구를 사용하지 않았을 때 발생한다.

- 운동량에 의한 관성 작용
  배관에 급격한 압력변화가 발생한 경우 봉수가 상하로 움직이며 사이펀작용이 발생하거나 또는 봉수가 배출되는 현상을 말한다.

50 ③ 51 ② 52 ③ 53 ① 54 ②

55 다음과 같이 정의되는 엘리베이터 관련 용어는?

> 엘리베이터가 출발 기준층에서 승객을 싣고 출발하여 각 층에 서비스한 후 출발 기준층으로 되돌아와 다음 서비스를 위해 대기하는 데까지 총 시간

① 승차시간 ② 일주시간
③ 주행시간 ④ 서비스시간

TIP 엘리베이터 교통시간
- 일주시간 RTT (Round Trip Time)
  엘리베이터가 출발 층에 돌아온 시점에서 출발 층의 승객을 탑승하고 상층에 서비스를 한 후 다시 출발 층으로 되돌아올 때까지의 시간을 말한다.
- 주행시간
  주행시간은 가속 및 감속시간과 전속 주행시간의 합을 말한다.

56 급기와 배기 측에 송풍기를 설치하여 정확한 환기량과 급기량 변화에 의해 실나 압을 정압(+) 또는 부압(-)으로 유지할 수 있는 환기 방법은?

① 중력환기 ② 제1종 환기
③ 제2종 환기 ④ 제3종 환기

TIP 환기방식
- 자연환기
  ① 풍력환기 : 바람 등에 의해 환기하는 방식으로 개구부 위치에 따라 차이가 크다.
  ② 중력환기 : 실·내외의 온도차에 의해 환기하는 방식이다.
- 기계환기
  ① 1종 환기 : 기계급기 → 기계배기(병용식)
  ② 2종 환기 : 기계급기 → 자연배기(압입식)
  ③ 3종 환기 : 자연급기 → 기계배기(흡출식)
  ※ 정압 : 바람이 불어와 부딪히는 부분의 압력.
  ※ 부압 : 바람이 밀려 나가는 부분의 압력.

57 다음 중 동바리마루 바닥그리기와 관련이 없는 부재는?

① 장선 ② 멍에
③ 달대 ④ 동바리

TIP 동바리 마루
지반에 동바리 돌을 놓고 그 위에 동바리를 세운 후 동바리 위에 멍에, 그 위로 장선을 놓고 마룻널을 깐다.
※ 달대 : 천장을 고정하기 위해 반자틀 위에 달아매는 부재.

58 생활 행위에 따른 동작을 가능하게 하며, 주거공간을 구성하는 기본적인 것은?

① 인체동작공간 ② 개인공간
③ 공동공간 ④ 주거집합공간

TIP 인체동작공간
인간이 주거생활(공간)을 함에 있어 동작에 필요한 치수를 말한다.

59 급수설비에서 수격작용을 방지하기 위해 설치하는 것은?

① 플러시 밸브　② 공기실
③ 신축곡관　　④ 배수 트랩

> **TIP** 수격작용(Water hammer)
> - 원인
>   ① 밸브를 갑자기 열고 닫을 때 발생한다.
>   ② 관경이 작고 유속이 빠를수록 발생한다.
> - 방지법
>   ① 굴곡부 배관보다 직선배관을 한다.
>   ② 관경을 크게 한다.
>   ③ 유속을 느리게 한다.

60 건축제도에서 투상법의 작도 원칙은?

① 제 1각법　② 제 2각법
③ 제 3각법　④ 제 4각법

> **TIP** 정(평행) 투상법
>
> 어떤 물체를 네모진 유리 상자 속에 넣고 바깥에서 들여다보면 물체를 투상 하여 보고 있는 것과 같다. 이 때 투상선이 투상면에 대하여 수직으로 되어 있는 것, 즉 시점이 물체로 무한대의 거리에 있는 것으로 생각한 투상을 정투상이라고 한다.
>
> ① 제 3각법(눈 – 투상면 – 물체)
>   물체를 투상면의 뒤쪽에 놓고 투상하면 정면도를 기준으로 보면 상하, 좌우 본 쪽에서 그대로 그 모습을 그리면 된다.
>
> ② 제 1각법(눈 – 물체 – 투상면)
>   물체를 투상면의 앞쪽에 놓고 투상하면 정면도를 기준으로 보면 상하, 좌우가 3 각법과는 반대로, 즉 우측면도는 좌측에, 좌측면도는 우측에 그리고 저면도는 위에, 평면도는 밑에 그린다.
>
> ③ 투상법은 제3각법에 따른 것을 원칙으로 한다. 다만 필요에 따라서는 제 1각법을 쓰는 경우도 있고, 혼용할 경우도 있지만 잘 쓰이지 않고, 이렇게 사용할 경우에는 반드시 표제란이나 그 근처에 꼭 표기를 한다.

55 ②　56 ②　57 ③　58 ①　59 ②　60 ③

06 PART | CBT 기출복원문제

2018년 1회

01 스틸 하우스에 대한 설명으로 옳지 않은 것은?

① 내부 변경이 용이하고 공간 활용이 효율적이다.
② 공사기간이 짧고 자재의 낭비가 적다.
③ 벽체가 얇기 때문에 결로현상이 발생하지 않는다.
④ 얇은 천장을 통해 방 사이의 차음이 문제가 된다.

TIP 스틸하우스

기존의 목조, 조적조, 콘크리트의 골조를 대체재로 경량 철강재를 이용하여 짓는 주택이다.

- 장점
  ① 내진성이 있어 진동(지진 등)에 강하다.
  ② 아연도금강판을 사용하여 부식이 진행되지 않아 내구성이 높다.
  ③ 건식공법으로 친환경적이며, 재활용이 충분히 가능하다.
  ④ 벽체를 구성하는 유리섬유, 석고보드는 불연 재료이며, 화재 시 유독가스를 발생하지 않는다.
  ⑤ 철재가 접지역할을 하여 번개 등의 영향을 덜 받아 안전하다.
- 단점
  재료가 철재이므로 열전도율이 높아 외단열을 해야 하며, 외단열 시공을 하지 않을 시 열교에 의한 하자가(결로) 발생할 수 있다.

02 나무구조의 홑마루 틀에 대한 설명으로 옳은 것은?

① 1층 마루의 일종으로 마루 밑에는 동바리 돌을 놓고 그 위에 동바리를 세운다.
② 큰 보 위에 작은 보를 걸고 그 위에 장선을 대고 마룻널을 깐 것이다.
③ 보를 걸어 장선을 받게 하고 그 위에 마룻널을 깐 것이다.
④ 보를 쓰지 않고 층도리와 칸막이도리에 직접 장선을 걸쳐대고 그 위에 마룻널을 깐 것이다.

TIP 마루

- 1층 마루
  ① 동바리 마루 : 지반에 동바리 돌을 놓고 그 위에 동바리를 세운 후 동바리 위에 멍에, 그 위로 장선을 놓고 마룻널을 깐다.
  ② 납작마루 : 창고, 공장 등 마루를 낮게 하기 위해 사용하는 것으로 땅바닥이나 호박돌 위에 동바리 없이 멍에와 장선을 놓고 마룻널을 깐다.
- 2층 마루
  ① 장선마루 : 홑마루라고도 하며 간 사이가 좁은 2.4m 미만일 때 보를 사용하지 않고 층도리에 장선을 약 45cm 간격으로 직접 대고 마룻널을 깐다.

② 보마루 : 간 사이가 2.4m 이상인 마루에 사용하며, 약 2m 정도의 보를 대고 그 위에 장선을 대고 마룻널을 깐다.

③ 짠마루 : 칸 사이가 6m 이상일 때 사용하며, 큰 보는 약 3m 정도의 간격을 주고, 작은 보는 2m 간격으로 배치한 뒤 장선을 그 위에 대고 마룻널을 깐다.

03 목구조에서 버팀대와 가새에 대한 설명 중 옳지 않은 것은?

① 가새의 경사는 45°에 가까울수록 유리하다.

② 가새는 하중의 방향에 따라 압축응력과 인장응력이 번갈아 일어난다.

③ 버팀대는 가새보다 수평력에 강한 벽체를 구성한다.

④ 버팀대는 기둥 단면에 적당한 크기의 것을 쓰고 기둥 따내기도 되도록 적게 한다.

TIP 버팀대와 가새

- 가새
  ① 목구조는 사각모양을 띠고 있어 수평력에 약하므로, 이를 보완하기 위해 대각으로 대는 부재이다.
  ② 가새를 댈 때는 45°에 가까울수록 좋고, 기둥과 좌우대칭이 되도록 한다.
    - 인장가새 : 인장력을 부담하는 가새는 기둥의 1/5 정도로 사용하거나 철근을 사용할 수도 있다.
    - 압축가새 : 압축력을 부담하는 가새는 기둥과 같은 크기로 하거나 1/2 ~ 1/3 정도의 크기로 한다.
- 버팀대

- 가새가 들어가지 않는 곳에 보강을 위해 모서리에 기울이게 넣는 수직부재이다.
- 기둥과 층도리, 기둥과 깔도리 등의 모서리를 고정하기 위해 사용한다.

04 돔의 하부에서 부재들이 벌어지는 것을 방지하기 위해 설치하는 것은?

① 압축링   ② 인장링

③ 스페이스프레임   ④ 트러스

TIP 돔

- 압축링(compression ring)
  상부에 부재들이 모이는 곳에서 부재가 안으로 쏠리는 것을 막기 위해 설치하는 링이다.
- 인장링(tension rind)
  하부에 부재들이 바깥으로 벌어지는 것을 막기 위해 설치하는 링을 말한다.

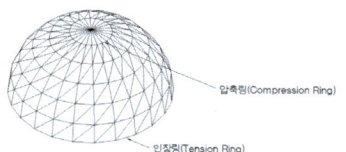

05 다음 중 철근의 정착 길이의 결정요인과 가장 관계가 먼 것은?

① 철근의 종류   ② 콘크리트의 강도

③ 갈고리의 유무   ④ 물 - 시멘트 비

TIP 정착

철근이 힘을 받을 때 뽑히거나 미끄러지는 등의 변형이 생기지 않게 최소의 응력이 발생할 수 있도록 묻히는 깊이를 말한다.

- 정착 길이에 영향을 주는 요소
  ① 콘크리트 강도
  ② 철근 강도
  ③ 철근의 지름(크기)
  ④ 철근의 순간격
  ⑤ 표준갈고리의 유무
  ⑥ 최소 피복두께

06 케이블을 이용한 구조로만 연결된 것은?

① 현수구조 - 사장구조

② 현수구조 - 셸구조

③ 절판구조 - 사장구조

④ 막구조 - 돔구조

TIP 케이블 구조

- 인장력이 강한 케이블을 걸고 지붕을 매다는 구조이다.
- 기둥을 제외한 모든 부재가 인장력만을 받는다.

※ 현수구조
- 상부에서 기둥으로 전달되는 하중을 케이블 형태의 부재가 지지하는 구조로써, 주 케이블에 보조 케이블이 상판을 잡아 지지한다.
- 스팬이 큰(400m 이상) 다리나 경기장 등에 사용한다.
- 샌프란시스코의 금문교가 대표적이다.

※ 사장구조
- 기둥에서 주 케이블이 바로 상판을 지지하는 구조이다.
- 스팬이 작은(150~400m 이내)에서 사용한다.
- 서해대교가 대표적이다.

07 횡력을 받는 벽을 지지하기 위해서 설치하는 구조물은?

① 버트레스

② 커튼월

③ 타이바

④ 컬럼밴드

TIP 버트레스(Buttress)

건축물의 벽 또는 면에 직각으로 대어 그 벽 또는 면 반대편에서 일어나는 압력을 지지하는 구조물이다.

※ 커튼월(Curtain wall) : 건물의 하중은 기둥, 보, 슬래브 등이 지지하고 커튼 월 자체의 하중만 부담하는 비내력벽을 말하며, 장막벽이라고도 한다.

※ 타이바(Tie bar) : 압축응력을 받는 축방향 철근의 위치확보와 좌굴(Buckling)방지를 위해 사용하는 철근으로, 콘크리트 포장 판을 동일한 높이로 유지 및 균열발생을 방지하고 벌어짐을 방지하기 위하여 세로줄눈을 가로로 잘라 콘크리트 판에 매입한 봉강을 말한다.

※ 컬럼밴드(Column Band) : 사각기둥 작업 시 거푸집이 벌어지는 것을 막기 위해 조여 주는 긴결재이다.

08 아래 그림과 같은 지붕 평면도를 가진 지붕의 명칭은?

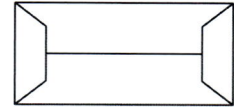

① 박공지붕
② 합각지붕
③ 모임지붕
④ 방형지붕

> **TIP** 합각지붕(팔작지붕)
>
> 우진각 지붕 위에 맞배지붕을 올린 가장 화려한 지붕이다.
>
> ※ 맞배지붕(박공지붕) : 용마루와 내림마루로만 구성된 지붕으로 주심포 건물에 많이 사용되었다.
>
> ※ 우진각 지붕(모임지붕) : 네 면이 모두 지붕면으로 전, 후면에서는 사다리꼴 지붕면, 양측 면에서는 삼각형 지붕면의 모양을 나타낸다.

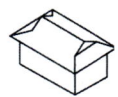 
합각지붕   박공지붕

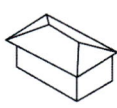 
모임지붕   방형지붕

09 흙막이 벽공사 시 흙막이 벽 뒷부분의 흙이 미끄러져 안으로 밀려들어오는 현상을 무엇이라 하는가?

① 히빙 ② 보일링
③ 액상화 ④ 파이핑

> **TIP** 히빙(Heaving)현상
>
> - 연약점토지반에서 굴착작업 시 흙막이 벽 내·외의 흙의 중량(흙+적재하중) 차이로 인해 저면 흙이 지지력을 상실하고 붕괴되어 흙막이 바깥에 있는 흙이 흙막이벽 선단을 돌며 밀려들어와 굴착 저면이 부풀어 오르는 현상이다.
> - 히빙 방지대책
>   - 강성이 큰 흙막이벽을 사용하고 밑둥 깊이(근입깊이)를 충분히 잡을 것
>   - 바닥파기를 할 때 널말뚝 전면에 중량이 실리는 Island method를 채용할 것
>   - 바닥파기를 전면굴착하지 말고 부분굴착에 의해 지하구조체를 시공할 것
>   - 지반가량에 의한 하부지반의 강도를 증가시킬 것
>   - 파압수에 의한 히빙방지.
>   ※ 보일링 : 모래질 지반에 흙막이 벽을 설치하고 기초 파기를 할 때 흙막이 벽 뒷면 수위가 높아 지하수가 모래와 같이 벽을 돌아 지하수가 모래와 같이 솟아오르는 현상이다.
> - 보일링 방지대책
>   - 흙막이벽 깊게 하여 지하수 흐름을 차단한다.
>   - 지하수위를 저하한다.
>   ※ 액상화 : 포화된 모래가 진동 또는 지진 등을 받으면 입자들이 재배열되어 약간 수축하며 큰 과잉 간극수압을 유발하게 되고, 그 결과로 유

효응력과 전단강도가 크게 감소되어 모래가 유체처럼 거동하게 되는 현상이다.

※ 파이핑 : 흙막이 벽의 뚫린 구멍 또는 이음재를 통하여 물이 공사장 내부 바닥으로 스며드는 현상이다.

10 건축물의 밑바닥 전부를 두꺼운 기초 판으로 구성한 기초이며, 하중에 비하여 지내력이 작을 때 설치하는 기초는?

① 온통기초
② 독립기초
③ 복합기초
④ 연속기초

> **TIP** 기초
> - 온통기초 : 건물 하부 전체에 걸쳐 설치한 기초로써 연약지반에 사용하는 기초.
> - 독립기초 : 각 기둥마다 하나의 기초판을 설치하여 상부 하중을 지반에 전달하는 기초.
> - 복합기초 : 2개 이상의 기둥을 하나의 기초판이 받치는 구조로써, 기둥과의 간격이 작거나 기초판이 근접하는 경우 또는 건축물이 인접대지와 문제가 생길 경우에 사용하는 기초.
> - 연속기초 : 연속된 내력벽을 따라 설치된 기초.

11 목조 벽체에서 기둥 맨 위 처마부분에 수평으로 거는 가로재로써 기둥머리를 고정하는 것은?

① 처마도리
② 샛기둥
③ 깔도리
④ 꿸대

> **TIP** 깔도리
>
> 기둥 위에 처마부분에 수평으로 대는 가로재로 지붕틀의 하중을 받아 기둥으로 전달하는 것으로 크기는 기둥과 같거나 춤은 약간 크게 하고, 이음은 기둥 또는 지붕보를 피해 엇걸이산지이음으로 한다.
>
> ※ 처마도리 : 깔도리 위에 지붕틀을 걸고 평보 위에 걸쳐대는 가로재로써 절충식 지붕틀에서는 처마도리가 깔도리를 대신하기도 하며, 크기는 기둥 또는 깔도리와 같거나 조금 작게 한다.
>
> ※ 샛기둥 : 기둥과 기둥 사이에 대는 기둥이며, 가새의 휨을 방지하며 상부 하중을 받지 않고 크기는 본 기둥의 1/2~1/3 정도로 하고 간격은 40~60cm 정도로 한다.
>
> ※ 꿸대 : 벽 바탕에 뼈대를 설치하고 벽을 보강하기 위해 기둥을 연결하는 가로재를 말한다.

12 조적조 벽체 내쌓기의 내미는 최대한도는?

① 1.0B ② 1.5B
③ 2.0B ④ 2.5B

> 💡 **벽돌쌓기 원칙**
> - 내 쌓기의 경우 한 단은 1/8B, 두 단은 1/4B씩 쌓고, 내미는 한도는 2.0B로 한다.
> - 1일 쌓기 높이는 1.2~1.5m 이내로 한다.
> - 가급적 막힌 줄눈으로 시공하며, 벽체를 일체화를 위해 테두리 보를 설치한다.
> - 몰탈의 수분을 벽돌이 머금지 않도록 쌓기 전 충분한 물 축임을 한다.

13 실 내부의 벽 하부에서 1~1.5m 정도의 높이로 설치하여 밑 부분을 보호하고 장식을 겸한 용도로 사용하는 것은?

① 걸레받이 ② 고막이널
③ 징두리판벽 ④ 코펜하겐 리브

> 💡 **징두리판벽**
> 판벽을 하지 않고 도료를 칠하기도 하며, 이 널은 넓은 띠장에 대고 밑은 걸레받이(base)에, 위는 두겁대에 홈을 파 넣는다.
> ※ 걸레받이 : 걸레질을 할 때 벽의 하부가 오염되지 않게 흑색으로 마감하는 부분
> ※ 고막이 널 : 토대와 지면 사이의 터진 곳을 막아 댄 널
> ※ 코펜하겐 리브 : 장식용 음향 조절재

14 보강콘크리트 블록조 단층에서 내력벽의 벽량은 최소 얼마 이상으로 하는가?

① $10cm/m^2$ ② $15cm/m^2$
③ $20cm/m^2$ ④ $25cm/m^2$

> 💡 **벽량**
> 내력벽 길이의 총 합계를 그 층의 건축바닥면적으로 나눈 값을 말하며, 보강블록조의 최소 벽량은 $15cm/m^2$ 이상으로 한다.
>
> $$벽량(cm/m^2) = \frac{내력벽의\ 길이(cm)}{바닥면적(m^2)}$$

15 2방향 슬래브가 되기 위한 조건으로 옳은 것은?

① (장변/단변) ≤ 2   ② (장변/단변) ≤ 3
③ (장변/단변) > 2   ④ (장변/단변) > 3

> 💡 **슬래브**
> - **1방향 슬래브**
>   ① 장변과 단변의 비가 2를 초과할 때를 1방향 슬래브라 하며, 슬래브에 작용하는 모든 하중이 단변 방향으로만 전달되는 것으로 간주한다.
>   ② 단변방향으로 주근을 배치하고, 장변방향으로 배력근을 배치한다.
> - **2방향 슬래브**
>   ① 장변과 단변의 비가 2 이하일 때를 2방향 슬래브라 하며, 비교적 큰 보나 벽체로 지지된 슬래브에서 서로 직교하는 2방향으로 주근을 배치한 슬래브이다.
>   ② 단변방향의 철근을 장변방향의 철근보다 바닥 단부 쪽으로 배치하는데, 단변방향에서 더 큰 하중을 받기 때문이다.

16 목구조에 사용되는 금속의 긴결철물 중 2개의 부재접합에 끼워 전단력에 견디도록 사용되는 것은?

① 감잡이쇠   ② ㄱ자쇠
③ 안장쇠   ④ 듀벨

TIP 듀벨
- 동그랗게 말아 사용하거나 끝 부분을 뾰족하게 하여 목재의 접합에 사용한다.
- 가락지형, O자 형, +자 형 등이 있다.
- 듀벨은 목재의 전단력에 작용한다.

※ 감잡이쇠 : ㄷ자 형으로 띠쇠를 구부린 철판으로 평보와 왕대공을 연결할 때 사용한다.

※ ㄱ자쇠 : ㄱ자 형으로 띠쇠를 구부린 철판으로 모서리의 가로, 세로를 연결할 때 사용한다.

※ 안장쇠 : 안장 모양으로 구부려 만든 것으로 큰 보에 작은 보를 걸쳐 연결할 때 사용한다.

※ 볼트 : 인장력 보강에 사용한다.

17 휨모멘트나 전단력을 견디게 하기 위해 사용되는 것으로 보 단부의 단면을 중앙부의 단면보다 크게 한 부분은?

① 헌치   ② 슬래브
③ 래티스   ④ 지중보

TIP 헌치(Haunch)
- 콘크리트 구조물에 부재의 두께나 높이가 급격하게 변화되는 부분에 응력의 집중에 의하여 구조물이 국부적인 손상을 입는 것을 방지하기 위하여 단면을 서서히 증감시킨 것을 말한다.
- 수평부재와 수직부재가 접하는 부위에 연결부를 보강할 목적으로 단면을 크게 하고 철근으로 보강한 부위로써 슬래브와 보, 기둥과 보, Box Girder, 라멘 구조 등에 설치한다.
- 헌치 설치의 목적은
  ① 연속적인 응력 전달
  ② 응력 집중 방지
  ③ 균열 발생 방지
  ④ 구조물 보강을 위해 사용
- 바닥판에는 지지 보 위에 헌치를 두는 것을 원칙으로 한다.
- 헌치의 기울기는 1 : 3보다 완만하게 하며, 기울기가 1 : 3보다 급할 경우에는 기울기 1 : 3 까지의 두께를 바닥판의 유효두께로 간주한다.
- 헌치 안쪽에는 철근을 배치하는 것을 원칙으로 하며, 철근은 13mm 이상으로 한다.

18 다음의 거푸집에 대한 설명으로 틀린 것은?

① 강재 거푸집은 콘크리트 오염의 가능성이 없지만, 목재 거푸집은 오염의 가능성이 높다.
② 거푸집은 콘크리트의 형태를 유지시켜 주며 외기로부터 굳지 않은 콘크리트를 보호하는 역할을 한다.
③ 지반이 무르고 좋지 않을 때, 기초 거푸집을 사용한다.
④ 보 거푸집은 바닥거푸집과 함께 설치하는 경우가 많다.

TIP 거푸집
- 강재 거푸집 : 녹이 슬기 쉽고 표면에 녹점이 남을 수 있으며, 보온성이 부족하여 덥거나 추울 때 사용하기 곤란하다.
- 기초거푸집 : 지반이 무르고 좋지 않을 때 기초 거푸집을 사용한다.
- 벽 거푸집 : 한쪽 벽 옆판을 버팀대로 지지하여 세우고 철근을 배근 후 다른 쪽 옆판을 세워 조립한다.

19 철골구조형식 중 삼각형 뼈대를 하나의 기본형으로 조립하여 축방향력만 생기도록 한 구조는 무엇인가?

① 트러스구조 ② PC구조
③ 플랫슬랩구조 ④ 조적구조

TIP 트러스 구조
- 삼각형을 구성하는 부재에는 축방향력(압축력 및 인장력)만 작용한다.
- 부재의 절점(결합되는 곳)은 자유롭게 회전할 수 있는 핀 접합(회전지점)로 한다.
- 하중은 절점에만 작용하도록 하므로 휘는 경우가 없다.

20 다음 중 철골부재의 용접과 거리가 먼 용어는?

① 윙플레이트 ② 엔드탭
③ 뒷댐재 ④ 스캘럽

TIP 철골용접부의 부재 변형 방지법
- 엔드탭(End Tab) : 용접 시 금속 양끝이 제대로 붙지 않는 것을 방지하기 위해 덧대는 강판을 말한다.
- 스캘럽(Scallop) : 용접으로 발생하는 열응력의 방지 목적으로 모서리 부분을 반원 모양으로 따낸 것을 말한다.
- 뒷댐재 : 루트의 양호한 용입을 위해 뒷부분에 대는 판재를 말한다.

21 10cm×10cm인 목재를 400kN의 힘으로 잡아 당겼을 때 끊어졌다면, 이 목재의 최대 강도는 얼마인가?

① 4MPa ② 40MPa
③ 400MPa ④ 4000MPa

TIP $pa = N/m^2$

400,000N/0.1m×0.1m
= 40,000,000pa

∴ 40,000,000pa = 40,000KPa
 = 40MPa

16 ④ 17 ① 18 ① 19 ① 20 ① 21 ②

22 다공질 벽돌에 대한 설명으로 옳지 않은 것은?

① 원료인 점토에 탄가루와 톱밥, 겨 등의 유기질 가루를 혼합하여 성형, 소성한 것이다.
② 비중이 1.2~1.5 정도인 경량 벽돌이다.
③ 단열 및 방음성이 좋으나 강도는 약하다.
④ 톱질과 못 박기가 어렵다.

TIP ✿ 다공질 벽돌

톱질과 못 박음이 가능하다.(= 절단 및 가공이 쉽다.)

23 포틀랜드 시멘트류를 제조할 때 석고를 넣는 이유는?

① 응결시간을 조절하기 위해서
② 강도를 높이기 위해서
③ 분말도를 높이기 위해서
④ 비중을 높이기 위해서

TIP ✿ 석고

응결시간 조절을 위해 약 2~3%의 석고를 사용한다.

24 미장재료에 대한 설명 중 옳은 것은?

① 회반죽에 석고를 약간 혼합하면 경화속도, 강도가 감소하며 수축균열이 증대된다.
② 미장재료는 단일재료로써 사용되는 경우보다 주로 복합재료로써 사용된다.
③ 결합재에는 여물, 풀 등이 있으며 이것은 직접 고체화에 관계한다.
④ 시멘트 모르타르는 기경성 미장재료로써 내구성 및 강도가 크다.

TIP ✿ 미장재료

- 회반죽 : 소석회에 여물, 풀, 모래 등을 혼합한 것으로 건조할 때 수축률이 커 여물을 넣어 균열을 방지하고 건조에 시간이 많이 걸리는 기경성 재료이다.
- 결합재 : 고결재의 수축균열, 점성 및 보수성(保水性)의 부족을 보완 또는 응결시간 조절을 목적으로 사용하는 재료를 말하며, 여물, 풀 등이 사용된다.
- 수경성 : 시멘트 몰탈, 석고
- 기경성 : 점토(진흙), 돌로마이트 플라스터, 석회

25 재료의 내구성에 영향을 주는 요인에 대한 설명 중 틀린 것은?

① 내후성 : 건습, 온도변화, 동해 등에 의한 기후변화 요인에 대한 풍화작용에 저항하는 성질
② 내식성 : 목재의 부식, 철강의 녹 등의 작용에 대해 저항하는 성질
③ 내화학약품성 : 균류, 충류 등의 작용에 대해 저항하는 성질
④ 내마모성 : 기계적 반복 작용 등에 대한 마모작용에 저항하는 성질

> **TIP** 내구성
>
> 내화학약품성 : 화학 약품에 의해 변질되거나 변형됨에 있어 내성을 가지고 견디는 성질을 말한다.

26 모래붙임루핑을 사각형, 육각형으로 잘라 만든 것으로 주택 등의 경사지붕에 사용하는 아스팔트 제품은?

① 아스팔트 루핑
② 아스팔트 싱글
③ 아스팔트 펠트
④ 아스팔트 프라이머

> **TIP** 아스팔트 싱글(모래붙임 루핑)
>
> - 아스팔트 루핑에 모래를 뿌려 붙인 것을 말한다.
> - 사각형 또는 육각형으로 잘라 기와나 슬레이트 대용으로 사용한다.

※ 아스팔트 루핑
- 마, 종이 등을 물에 녹여 펠트로 만들어 건조 후 스트레이트 아스팔트를 침투시키고 양면에 블로운 아스팔트를 주체로 한 컴파운드를 피복한 다음 운모 등을 부착시킨 제품으로 방수, 방습, 내산성이 우수하며, 유연하다.
- 평지붕 방수, 슬레이트 등의 지붕 깔기 등에 사용한다.

※ 아스팔트 펠트
- 마, 종이 등을 원지(felt)로 만들고 스트레이트 아스팔트를 침투시킨 제품.
- 아스팔트 방수층, 몰탈 방수재료 등으로 사용한다.

※ 아스팔트 프라이머
- 블로운 아스팔트를 휘발성 용제로 희석한 흑갈색의 액체로, 콘크리트 및 몰탈 바탕에 아스팔트방수층 또는 아스팔트타일붙임 시공에 사용되는 초벌용 도료 접착제이다.
- 아스팔트 프라이머를 콘크리트 또는 몰탈 면에 침투시키면 용제는 증발하고 아스팔트가 도막을 형성하여 그 위에 아스팔트를 바르면 잘 붙고 밀착성이 좋아진다.

27 다음 그림에서 슬럼프 값을 의미하는 기호는?

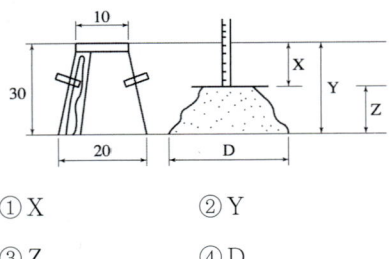

① X ② Y
③ Z ④ D

> 💡**TIP** 슬럼프(Slump)
> - 철판 위에 슬럼프 통을 놓고 콘크리트를 부어 넣는다.
> - 슬럼프 통에 1/3씩 나누어 부어 넣고, 각 25회씩 균등히 다진다.
> - 슬럼프 통을 들어 올려 콘크리트가 가라앉은 값의 높이를 측정한다.
> ※ 슬럼프 시험 외에 flow시험, 구(ball) 관입시험 등이 있다.

28 석회석이 변화되어 결정화한 것으로 실내장식재 또는 조각재로 사용되는 것은?

① 대리석 ② 응회암
③ 사문암 ④ 안산암

> 💡**TIP** 대리석
> - 석회석이 변해 결정화한 것으로 주성분은 탄산석회($CaCO_3$)이다.
> - 아름다운 색채와 무늬가 다양하여 장식재 중 최고급 재료이다.
> - 석질이 치밀하고 견고하나, 열과 산에 약해 풍화되기 쉽고 내화도가 약하여 내부 장식재로만 사용한다.

※ 응회암
- 가공이 용이하고 내화성이 크지만, 흡수성이 높고 강도가 약하다.
- 석회제조 또는 장식재로 사용한다.

※ 사문암
- 흑백색 및 흑녹색의 무늬가 있다.
- 경질이기는 하나 풍화되어 실내장식용으로 사용되며, 대리석 대용으로 사용된다.

※ 안산암
- 화강암 다음으로 많은 석재이며, 조직은 치밀한 것부터 조잡한 것까지 다양하다.
- 강도, 비중, 내화성이 크고 가공이 용이하여 구조용 또는 조각품에 이용된다.

29 다음 중 방수용 아스팔트의 품질시험에 해당되지 않는 것은?

① 침입도
② 신도
③ 연화점
④ 압축강도

> 💡**TIP** 아스팔트 품질시험
> - 침입도
>   ① 침입도란 견고성을 평가하는 것으로 규정된 크기의 침을 규정된 시간동안 아스팔트에 수직으로 눌러 관입된 길이로 관입저항을 평가한다.
>   ② 측정 방법은 0℃에서 200g의 추를 60초 동안 누르는 방법, 25℃에서 100g의 추를 5초 동안 누르는 방법, 46℃에서 500g의 추를 5초 동안 누르는 방법이 있다.

③ 표준시험은 25℃에서 100g의 추를 5초 동안 누르는 방법으로 한다.
④ 0.1mm의 관입길이를 침입도 1로 본다.

• 연화점
① 일정한 융점이 없고 가열하면 서서히 액상으로 변하는데 아스팔트가 일정 점도를 나타낼 때의 온도를 말한다.
② 보통 75℃ ~ 100℃ 이상에서 나타난다.

• 감온성
① 감온성이란 온도에 따라 나타나는 변화정도를 말한다.
② 스트레이트 아스팔트가 블로운 아스팔트보다 감온성이 크게 나타난다.

• 신도
① 연성을 나타내는 것으로 잡아당겨 끊어질 때까지의 길이를 나타낸다.
② 내마모성, 점착성 등과 관계가 있다.

• 인화점
① 아스팔트의 휘발성 성분으로 인해 인화될 위험이 있다.
② 보통 250℃정도에서 인화된다.

30 목재를 건조시킬 경우 구조용재는 함수율을 얼마 이하로 건조시키는가?

① 5%   ② 10%
③ 15% ④ 20%

TIP 목재의 함수율
• 구조용재 : 함수율 15% 이하로 한다.
• 가구 및 수장재 : 함수율 10% 이하로 한다.

31 건축재료의 사용목적에 따른 분류에 해당하지 않는 것은?

① 구조재료
② 마감재료
③ 방화, 내화재료
④ 천연재료

TIP 사용목적에 의한 분류
• 구조재료 : 목재, 석재, 시멘트, 콘크리트, 금속 등
• 마감재료 : 유리, 점토, 석고, 플라스틱, 도료, 타일, 접착제 등
• 차단재료 : 방수, 단열 등에 사용되는 재료(암면, [1]실링재, 방수제 등)
• 방화 및 내화재료 : 석고보드, 방화셔터, [2] 방화 실란트 등 안전을 위한 불연재료, 준불연재료, 난연재료 등

[1] 실링재(Sealing material) : 수밀, 기밀을 목적으로 부재 간 틈을 막아주는 재료를 통칭한다.
[2] 실란트(Sealant) : 부재 간 접합부 또는 이음부를 매우는 재료를 통칭한다.

※ 실링재는 탄성재료를 실란트로, 원료가 유성재료를 코킹으로 구분한다.

27 ① 28 ① 29 ④ 30 ③ 31 ④

32 화력발전소와 같이 미분탄을 연소할 때 석탄재가 고온에 녹은 후 냉각되어 구상이 된 미립분을 혼화재로 사용한 시멘트로써, 콘크리트의 워커빌리티를 좋게 하여 수밀성을 크게 할 수 있는 시멘트는?

① 플라이 애쉬 시멘트
② 고로 시멘트
③ 백색 포틀랜드 시멘트
④ AE 포틀랜드 시멘트

> **TIP** 플라이 애쉬(Fly ash) 시멘트
> - 콘크리트의 시공연도가 좋아지고 사용 수량을 감소시키며, 조기강도는 작으나, 장기강도는 크다.
> - 수화열에 의한 발열량이 감소하여 균열 발생이 적고 콘크리트의 수밀성을 증가시킨다.
>
> ※ 고로(슬래그) 시멘트
> - 슬래그(slag)를 혼합한 뒤 석고를 넣어 분쇄한 시멘트로써, 조기강도는 낮고 장기강도는 보통 포틀랜드 시멘트보다 크다.
> - 비중이 작으며(2.85), 바닷물에 대한 저항성이 크다.
> - 화학적 저항성이 크고, 내열성 및 수밀성이 우수하다.
> - 침식을 받는 해수, 폐수, 하수공사에 사용한다.
>
> ※ 백색 포틀랜드 시멘트 : 백색의 석회석과 산화철을 포함하지 않은 점토를 이용하며 도장 및 장식용, 인조석 제조에 사용한다.

33 대리석, 사문암, 화강암 등의 쇄석을 종석으로 하여 백색 포틀랜드시멘트에 안료를 섞어 천연 석재와 유사하게 성형시킨 인조석은?

① 점판암　　② 석회석
③ 테라죠　　④ 화강암

> **TIP** 테라죠(Terrazzo)
> 백색 시멘트+종석(대리석 또는 화강암)+안료+물을 혼합한 미장재료로 바름이 굳은 후 연마기 등으로 갈고 왁스로 광내기를 한다.

34 다음 중 굳지 않은 콘크리트가 구비해야 할 조건이 아닌 것은?

① 워커빌리티가 좋을 것
② 시공 및 그 전후에 있어 재료분리가 클 것
③ 거푸집에 부어넣은 후 균열 등 유해한 현상이 발생하지 않을 것
④ 각 시공단계에 있어서 작업을 용이하게 할 수 있을 것

> **TIP** 굳지 않은 콘크리트가 구비해야 할 조건
> - 운반, 이어 붓기, 다짐 및 표면마감의 각 시공단계에 있어서 작업을 용이하게 할 수 있어야 한다.
> - 시공 및 그 전후에 있어 재료분리가 적어야 한다.
> - 거푸집에 타설 후 균열 등이 발생하지 않아야 한다.

35 건축물의 내외벽이나 바닥, 천장 등에 흙손이나 스프레이건 등을 이용하여 일정한 두께로 발라 마무리 하는 데 사용되는 재료는?

① 접착제 ② 미장재료
③ 도장재료 ④ 금속재료

TIP: 미장재료

벽, 천장, 바닥 등의 미관을 고려함과 동시에 보온, 방습, 내화, 내마모, 내식성을 높여 구조물의 내구성을 길게 하기 위해 표면을 흙손 또는 뿜칠에 의해 일정 두께로 발라 마감하는 재료를 말한다.

• 장점
 ① 다양한 형태로 성형할 수 있고 가소성이 크다.
 ② 이음매 없이 바탕을 처리할 수 있다.
 ③ 다른 재료와 혼합하여 내화, 방수, 단열 등의 효과를 얻을 수 있다.
 ④ 여러 형태로 디자인하여 마무리 할 수 있다.
• 단점
 ① 경화시간이 길다.
 ② 바탕마감 표면의 강도가 일정하지 못하다.
 ③ 배합 시 시간경과에 따른 강도 저하의 판단이 어렵다.

36 포틀랜드시멘트 클링커에 철 용광로로부터 나온 슬래그를 급랭한 급랭슬래그를 혼합하여 이에 응결시간 조정용 석고를 혼합하여 분쇄한 것으로 수화열이 적어 매스콘크리트용으로 사용할 수 있는 시멘트는?

① 백색포틀랜드시멘트
② 조강포틀랜드시멘트
③ 고로시멘트
④ 알루미나시멘트

TIP: 고로(슬래그) 시멘트
32번 해설 참고

37 미장재료 중 돌로마이트 플라스터에 대한 설명으로 틀린 것은?

① 수축 균열이 발생하기 쉽다.
② 소석회에 비해 작업성이 좋다.
③ 점도가 없어 해초풀로 반죽한다.
④ 공기 중의 탄산가스와 반응하여 경화한다.

TIP: 돌로마이트 플라스터
• 소석회 보다 점성이 커서 풀이 필요 없어 냄새, 변색, 곰팡이가 생기지 않는다.
• 강알칼리성으로 건조 후 바로 유성페인트를 칠할 수 없다.
• 필요에 따라 시멘트, 모래, 여물 등을 혼합하여 사용한다.
• 수축률이 커 균열이 발생하기 쉬워 여물 등을 혼합한다.

38 다음 중 품질시험기준에 적합하지 않은 것은?

① 타일 - 휨력 인장력
② 내화벽돌 - 내화도
③ 벽돌 - 흡수율 압축강도
④ 기와 - 휨력 흡수율

32 ① 33 ③ 34 ② 35 ② 36 ③ 37 ③

TIP 건설공사 품질기준

종별	시험종목	시험방법	시험빈도	비고
도자기질 타일 (KS L 1001)	겉모양 및 치수 (모자이크 타일 제외)	KS L 1001	• 제조회사별 • 제품규격별	종류 및 용도에 따라 구분 적용
	뒤틀림			
	치수의 불규칙도			
	흡수율	KS L 1001		
	내균열성 (시유타일)			
	내마모성 (바닥타일)			
	꺾임 강도			
	동결 융해 (외장, 바닥타일)	KS L 1001		
	내약품성			
	첨지의 접착성, 박리성, 재질 및 개구율 (구성타일)			
내화점토질 벽돌 (KS L 3201)	모양, 치수	KS L 3201, KS L3111	• 제품 30,000 매당	
	내화도	KS L 3113		
	겉보기 기공률, 부피비중	KS L 3114		
	압축 강도	KS L 3115		
	잔존 선팽창 수축률	KS L 3117		
	하중 연화점	KS L 3119		
점토 벽돌 (KS F 4201)	겉모양	KS L 4201	• 제품 30,000 매당	
	치수			
	흡수율			
	압축강도			
점토 기와 (KS F 3510)	겉모양 및 치수	KS F 3510	•제조회사별 •제품규격별 •3,000개 마다	
	흡수율			
	휨 파괴 하중			
	내동해성			

39 목재의 역학적 성질에 대한 설명 중 틀린 것은?

① 섬유포화점 이하에서는 강도가 일정하나 섬유포화점 이상에서는 함수율이 증가함에 따라 강도는 증가한다.
② 목재는 조직 가운데 공간이 있기 때문에 열의 전도가 더디다.
③ 목재의 강도는 비중 및 함수율 이외에도 섬유방향에 따라서도 차이가 있다.
④ 목재의 압축강도는 옹이가 있으면 감소한다.

TIP 목재의 성질

- 섬유포화점 : 함수율 30% 이하를 말하며 강도가 서서히 증가한다.
- 섬유방향의 평행한 인장강도 > 섬유방향의 직각인 인장강도
- 옹이 등 목재의 흠은 외관 손상 뿐 아니라 강도 및 내구성 등을 저하시키는 원인이 되기도 한다.

40 열경화성수지 중 건축용으로는 글라스섬유로 강화된 평판 또는 판상제품으로 주로 사용되는 것은?

① 아크릴수지
② 폴리에스테르수지
③ 염화비닐수지
④ 폴리에틸렌수지

TIP 폴리에스테르수지

알키드수지, 불포화폴리에스테르수지를 모두 포함하여 불리는 것으로, 내후성, 내약품성이 우수하고 기계적 강도가 크다.

※ FRP(섬유강화플라스틱) : 유리섬유를 보강재로 혼입하여 강도를 높인 수지로 덕트, 파이프 루버, 칸막이 등으로 사용한다.

※ 알키드 수지
- 내후성, 가요성, 내유성은 우수하며 내수성, 내 알칼리성에는 약하다.
- 도료 및 성형품의 원료로 사용한다.

41 먼셀의 표색계에서의 표시된 색 중에서 빨강의 순색은?

① 5R 4/14 ② 5R 5/12
③ 5R 7/8   ④ 5R 6/10

TIP 표색계
- 보통 무채색을 0으로 하고 14인 것은 채도가 가장 높은 빨간색으로 한다.
- 표시방법은 H V/C로 한다.
  (H : hue(색상), V : value(명도), C : chroma(채도)
- 빨간색은 R이고, 명도가 4, 채도가 14이다.

42 다음 중 건폐율을 구하는 공식으로 맞는 것은?

① 연면적/대지면적×100
② 대지면적/연면적×100
③ 대지면적/건축면적×100%
④ 건축면적/대지면적×100%

TIP 건폐율
- 대지면적에 대한 건축면적의 비율을 말한다.

- 사용 목적 : 대지 내에 최소한의 공지를 확보하여 건축물과 건축물의 과밀을 방지하여 일조 및 채광, 통풍 등의 환경을 조성함과 동시에 화재 발생 시 연소의 차단 및 피난 등의 공간을 확보할 목적으로 사용된다.

43 주택에서 식당의 배치유형 중 거실, 식사실, 부엌을 한 공간에 두는 형식으로 중소형 아파트나 소규모 주택에 적합한 구성 형태는?

① 리빙 키친   ② 리빙 다이닝
③ 다이닝 키친 ④ 다이닝 테라스

TIP 식당의 구분
- 다이닝 키친(DK)
  ① 부엌의 일부에 식사실을 두는 형식으로, 소규모 주택에 적합한 형식이다.
  ② 식사와 취침은 분리하지만, 단란은 취침하는 곳과 겹칠 수 있다.
- 리빙 다이닝(LD, Dining Alcove) : 거실의 일단에(한 부분에)식탁을 두는 형식으로, 보통 6~9m² 정도로 한다.
- 리빙 키친(LDK)
  ① 거실, 식사실, 부엌을 한 공간에 두는 형식으로, 중소형 아파트나 주택에 적합하다.(원룸 포함).
  ② 주부의 가사노동이 줄어들며 동선이 단축된다.
  ③ 통로로 쓰이는 면적이 절약되어 다른 실의 면적이 넓어질 수 있다.
- 다이닝 포치, 다이닝 테라스(Dining porch, Dining terrace) : 여름 등 좋은 날씨에 포치나 테라스에서 식사하는 형식을 말한다.

38 ① 39 ① 40 ② 41 ① 42 ④ 43 ①

44 다음 중 주택 출입구에서 현관의 바닥면과 실내바닥면의 높이차로 가장 알맞은 것은?

① 5cm
② 15cm
③ 30cm
④ 45cm

> **TIP** 현관(Entrance)
> 실내와 실외를 연결하는 중간적 성격의 통로를 말한다.
> - 현관의 위치결정 요소
>   ① 방위와는 무관하나 주택 규모가 클 경우 남측 또는 중앙에 위치하기도 한다.
>   ② 현관에서 간단한 접객의 용무를 겸하는 외에는 불필요한 공간을 두지 않는다.(크게 두지 않는다)
> - 현관의 크기
>   ① 폭 : 120cm, 깊이 : 90cm
>   ② 연면적의 7% 정도로 한다.
>   ③ 현관의 바닥 차이는 10~20cm 정도로 한다.(평균 15cm)

45 형태 조화의 근본이 되는 황금비에 해당하는 비율은?

① 1 : 1.414　② 1 : 1.618
③ 1 : 1.732　④ 1 : 1.915

> **TIP** 황금비(Golden ratio)
> 그리스 수학자 피타고라스가 발견하고, 그 후 기원 전 300년경에 수학자 유클리드가 구체화 시킨 비율로 짧은 선분 : 긴 선분 = 긴 선분 : 긴 선분+짧은 선분을 만족하는 선분의 분할비를 말한다.
>
>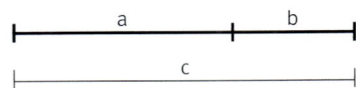
>
> - $\dfrac{a}{b} = \dfrac{c}{a} = 1.618033...$
>
> ※ 이집트 피라미드, 그리스 파르테논 신전, 비너스 상 등이 황금비로 축조되거나, 만들어졌고, 앵무조개의 나선 모양이 황금비를 따른다고 알려져 있으나, 이는 사실과 많이 다르다.
>
>
>
> (a) 30.88÷13.73 ≒ 2.249
>
>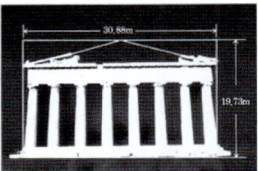
>
> (b) 30.88÷19.73 ≒ 1.565
>
> [그림 출처] : EBS다큐프라임 [황금비율의 비밀]

46 제도용지의 규격에 있어서 가로와 세로의 비로써 옳은 것은?

① $\sqrt{2} : 1$ ② $2 : 1$
③ $\sqrt{3} : 1$ ④ $3 : 1$

TIP ☼ 제도용지
- 제도용지의 크기는 $\sqrt{2} : 1$의 비율이다.
- 도면을 접을 때에는 A4의 크기로 접는 것을 원칙으로 한다.

47 건축법령상 공동주택에 속하지 않는 것은?

① 기숙사 ② 연립주택
③ 다가구주택 ④ 다세대주택

TIP ☼ 주택
- 단독주택
  ① 단독주택
  ② 다중주택
    - 연면적 330m² 이하이고 층수가 3층 이하인 것
    - 독립된 취사시설이 없을 것
    - 장기간 거주 가능한 구조로 되어 있을 것
  ③ 다가구주택
    - 주택으로 쓰이는 바닥면적 660m² 이하이고(지하 주차장 면적 제외) 주택용 층이 3개 층 이하인 것(지하층 제외)
    - 19세대 이하가 거주할 수 있을 것
  ④ 공관 : 정부의 고위관리가 공적으로 쓰는 저택.
  ※ 다중주택의 3층 이하와 다가구주택의 주택용 층이 3개 층은 다르다. 다중주택의 층은 용도불문 단순 층수를 말하는 것이고, 다가구주택은 주택용 층만을 따져서 3개의 층 이하인 것을 조건으로 한다.
- 공동주택
  ① 아파트 : 주택용 층 5개 층 이상
  ② 연립주택 : 주택으로 쓰이는 바닥면적의 합이 660m²를 초과하며, 4층 이하인 건축물
  ③ 다세대주택 : 주택으로 쓰이는 바닥면적의 합이 660m² 이하이며, 4층 이하인 건축물
  ④ 기숙사 : 한개 동의 공동취사시설을 이용하는 세대 수가 전체의 50% 이상인 건축물

48 아파트의 평면 형식 중 집중형에 관한 설명으로 옳지 않은 것은?

① 대지 이용률이 높다.
② 채광 및 통풍이 불리하다.
③ 독립성 측면에서 가장 우수하다.
④ 중앙에 엘리베이터나 계단실을 두고 많은 주호를 집중 배치하는 형식이다.

TIP ☼ 아파트의 평면형식상 분류 (집중형)
- 장점
  ① 부지의 이용률이 가장 높아 많은 주호를 집중시킬 수 있다.
  ② 각 세대에 시각적 개방감을 줄 수 있다.
  ③ 다른 주거 동에 미치는 일조의 영향이 적다.(동 간격이 넓다.)
  ④ 설비가 집중되므로 설비비가 감소된다.
- 단점
  ① 프라이버시가 극히 나쁘며, 채광, 통풍이 극히 불리하다.

44 ② 45 ② 46 ① 47 ③ 48 ③

② 일조시간을 동일하게 확보할 수 없다.
③ 각 세대별 조망이 달라 각 실의 조건이 불균등하다.
④ 기후조건에 따라 기계적 환경조절(기계적 환기)이 필요하다.

49 증기난방에 관한 설명으로 옳지 않은 것은?

① 예열시간이 온수난방에 비해 짧다.
② 방열면적을 온수난방보다 작게 할 수 있다.
③ 난방 부하의 변동에 따른 방열량 조절이 용이하다.
④ 증발 잠열을 이용하기 때문에 열의 운반 능력이 크다.

> **TIP** 증기난방
> - 장점
>   ① 가열시간과 증기순환이 빠르다.
>   ② 방열면적이 온수난방보다 작다.
>   ③ 증기의 잠열을 이용하는 난방열의 운반능력이 크며, 설비비가 싸다.
> - 단점
>   ① 쾌적감이 온수난방보다 낮고, 온도 조절이 어렵다.
>   ② 소음이 발생되며, 응축수배관이 부식되기 쉽다.

50 배수관 속의 악취, 유독가스 및 벌레 등이 실내로 침투하는 것을 방지하기 위하여 설치하는 것은?

① 트랩
② 플랜지
③ 부스터
④ 스위블 이음쇠

> **TIP** 트랩의 종류
> - S트랩
>   ① 세면기, 대변기, 소변기에 사용하며, 바닥 밑 배수관에 접속하여 사용하는 트랩이다.
>   ② 사이펀 작용으로 인해 봉수가 쉽게 파괴될 수 있다.
> - P트랩
>   세면기, 대변기, 소변기 등 위생기구에 많이 사용되며, 벽체 배수관에 접속하여 사용하는 트랩이다.
> - U트랩
>   ① 가옥(House)트랩, 메인(Main)트랩이라고도 하며, 옥내 배수 수평주관 말단에 설치(옥외 배수관에 배출되기 직전)하여 하수의 가스 역류방지용으로 사용하는 트랩이다.
>   ② 유속이 저하되는 결점이 있다.
> - 드럼트랩
>   ① 주방 싱크대에 설치하여 사용하는 트랩이다.
>   ② 다량의 물을 고이게 하여 봉수파괴의 우려가 없고, 청소가 가능하다.
> - 벨트랩
>   욕실, 샤워실 등의 바닥에 배수용으로 사용하는 트랩이다.

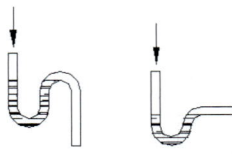

(a) S트랩   (b) P트랩

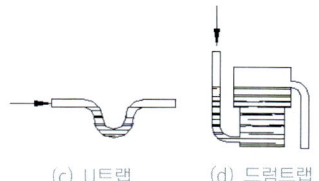

(c) U트랩   (d) 드럼트랩

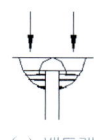

(e) 벨트랩

※ 스위블 이음쇠(swivel joint) : 2개 이상의 엘보를 이용하여 신축을 흡수하는 것으로 난방이나 급탕배관 주변에 설치한다. 신축 및 팽창으로 인해 누수의 우려가 있다.

51 다음 중 건축 도면에 사람을 그려 넣는 목적과 가장 거리가 먼 것은?

① 스케일 감을 나타내기 위해
② 공간의 용도를 나타내기 위해
③ 공간 내 질감을 나타내기 위해
④ 공간의 깊이와 높이를 나타내기 위해

TIP 배경표현방법
- 건물보다 앞쪽의 배경은 사실적으로, 뒤쪽의 배경은 단순하게 표현한다.
- 주변 환경, 스케일표현 등을 위해 적당히 그린다.
- 공간과 구조, 그리고 그들의 관계를 표현하는 요소들에게 지장을 주어서는 안 된다.
- 건축도면에 사람을 그려 넣는 목적은 스케일감을 나타내기 위해서이다.

- 건축도면에서 수목의 배치와 표현을 통해 건물주변대지의 성격을 나타낼 수 있다.
- 음영은 건축물의 입체적 표현을 강조하기 위해 그려 넣는 것으로 투시도나 계획도면에 사용된다.
- 윤곽선을 강하게 묘사하면 공간상의 입체를 돋보이게 하는 효과가 있다.

52 다음 중 건축계획의 과정에서 계획 조건의 설정 시 고려하여야 할 사항과 가장 거리가 먼 것은?

① 건축의 용도   ② 건축주의 요구
③ 규모 및 예산 ④ 구조 계획

TIP 건축계획조건의 설정
- 건물의 용도
  누구를 위해, 어떤 목적으로 지어지는 건물인지 파악한다.
- 사용상의 요구
  건축주와 사용자의 요구를 파악하여 충족시켜야 한다.
- 규모 및 예산
  요구되는 규모 및 예산과 균형을 이루어 산정해야 한다.
- 대지 조건
  건물 형태의 전제조건으로 다음과 같다.
  ① 교통 및 공공시설의 유무
  ② 주변 발전예측 및 입지조건
  ③ 대지면적, 형상, 방위, 토질, 기후 등의 자연조건
  ④ 전기, 상하수도, 가스, 법규상황, 공해상태 등을 확인
- 건설 시기 및 공기

53 다음 중 잔향이론에 대한 설명으로 옳지 않은 것은?

① 실의 용도에 따라 적절한 잔향시간을 결정할 수 있도록 설계가 이루어져야 한다.
② 잔향시간이 길면 음이 명료하지 않다.
③ 잔향시간은 실용면적에 비례하고 흡음력에 반비례한다.
④ 잔향시간은 음원에서 소리가 끝난 후, 실내에 음의 에너지가 그 천만분의 일이 될 때까지의 의미한다.

TIP 잔향
- 음을 중지했음에도 음이 없어지지 않고 남아 있는 현상을 말한다.
- 실내 음을 중지시킨 후 실내음의 에너지가 백만분의 일이 감소하는 걸리는 시간을 말한다.
- 실 용적에 비례하고, 흡음률에 반비례한다.
- 잔향시간의 요소 : 실용적, 실내 표면적, 실의 흡음률

54 실감온도(유효온도, ET)를 구성하는 3요소와 관련 없는 것은?

① 온도 ② 습도
③ 기류 ④ 열복사

TIP 열 환경
- 열 환경의 4요소(온열 요소) : 기온, 습도, 기류, 주위 벽의 복사열
  ※ 기온은 열적쾌감에 큰 영향을 끼치는 요소이며, 습도는 상대습도를 말한다. 또한, 기류의 속도는 0.25~0.5m/s정도이며, 복사열은 기온 다음으로 열 환경에 큰 영향을 미친다.
- 쾌적지표
  ① 실험 지표
    - 유효온도(체감온도, ET) : 온도, 습도, 기류
  ② 이론 지표
    - 불쾌지수 : 기상상태로 인하여 인간이 느끼는 불쾌감의 정도를 나타낸다.

55 인터폰설비 중 접속방식에 따른 분류가 아닌 것은?

① 프레스토크식
② 모자식
③ 복합식
④ 상호식

TIP 접속방식에 의한 분류
- 모자식 : 모기와 자기의 통화만 가능한 것으로, 통화량이 많은 곳에는 부적당하다.
- 상호식 : 모기와 모기의 상호간 호출 및 통화가 가능하다.
- 복합식 : 상호식과 모자식을 혼용한 방식이다.
※ 프레스 토크 : 작동원리에 의한 분류로써 통신을 받고 있을 경우 버튼을 누르지 않고, 상대방에게 말을 할 경우 버튼을 눌러 통화하는 방식을 말한다.

56 건축법상 층수 산정의 원칙으로 옳지 않은 것은?

① 지하층은 건축물의 층수에 산입하지 않는다.
② 건축물의 부분에 따라 그 층수가 다른 경우에는 그 중 가장 많은 층수를 그 건축물의 층수로 본다.
③ 층의 구분이 명확하지 아니한 건축물은 그 건축물의 높이 4m마다 하나의 층으로 보고 그 층수를 산정한다.
④ 옥탑은 그 수평투영면적의 합계가 해당 건축물 건축 면적의 3분의 1이하인 경우 건축물의 층수에 산입하지 않는다.

TIP 층수 산정
- 건축물의 높이산정은 지표면으로부터 건축물 상단까지를 말한다.
- 1층이 필로티 구조인 경우(가로구역별 건축물 높이제한 구역 내 일조권 적용을 받지 않는 경우 제외)는 필로티 높이를 제외한 2층부터 높이를 산정한다.
- 대지의 높낮이의 차이가 있을 경우는 건축물 대지 높이와 전면도로의 지표면 간의 높이 차를 1/2로 가중 평균한 지점을 수평면으로 보고 건축물 높이를 산정한다.
- 전용주거지역 및 일반주거지역 외의 주상복합과 같은 공동주택은 공동주택이 시작되는 층수를 건축물의 지표면으로 보고 건축물의 높이를 산정한다.
- 옥탑에 설치된 시설물(승강기탑, 계단탑, 망루, 장식탑, 옥탑 등)은 해당 건축물 건축면적의 1/8을 초과하면 건축물 높이에 산정한다.

57 다음 중 아래그림에서 세면기의 높이를 나타내는 A의 치수로 가장 알맞은 것은?

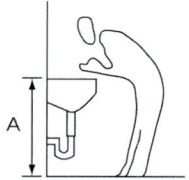

① 600mm ② 750mm
③ 900mm ④ 1000mm

58 피뢰설비를 설치해야 하는 건축물의 높이 기준은?

① 20m 이상
② 25m 이상
③ 30m 이상
④ 35m 이상

TIP 피뢰(수뢰)설비
- 벼락에 의해 건물 등의 피해를 피하기 위해 설치하는 설비이다. 큰 뇌전류를 대지로 안전하게 방전시킨다.
- 건축물의 높이가 20m 이상일 경우 피뢰설비를 한다.
- 돌침은 지름 12mm 이상, 돌침부는 건축물 맨 윗부분으로부터 25cm 이상 돌출시킨다.
- 일반건물은 60° 이내로 하고, 위험물 관련 건축물은 45° 이내로 한다.

59 사회학자 숑바르 드 로브(Chombard de lawve)의 주거면적 기준 중 한계기준으로 옳은 것은?

① $8m^2$/인 ② $10m^2$/인
③ $14m^2$/인 ④ $16.5m^2$/인

> 💡**TIP** 숑바르 드 로브(Chombard de lawve) 기준 주거면적
>
> - 병리기준 : $8m^2$/인 이하일 경우 거주자의 신체 및 정신건강에 나쁜 영향을 끼친다.
> - 한계기준 : $14m^2$/인 이하일 경우 개인 및 가족적인 거주의 융통성을 보장할 수 없다.
> - 표준기준 : $16m^2$/인
>
> 대한민국 1인당 주거면적의 변화(연도별 변화추세)
>
> ※ 자료출처(국토교통부, 『2018주거실태』)
>
> | | 2006년 | 2008년 | 2010년 | 2012년 |
> |---|---|---|---|---|
> | 1인당 주거면적 | $26.2m^2$ | $27.8m^2$ | $28.5m^2$ | $31.7m^2$ |
>
> | | 2014년 | 2016년 | 2017년 | 2018년 |
> |---|---|---|---|---|
> | 1인당 주거면적 | $33.5m^2$ | $33.2m^2$ | $31.2m^2$ | $31.7m^2$ |

60 A3 제도용지에 테두리선을 그릴 때 여백은 최소한 얼마를 두는가? (단, 철하지 않을 경우)

① 5mm ② 10mm
③ 15mm ④ 20mm

> 💡**TIP** 제도용지의 크기
>
> | | | A_0 | A_1 | A_2 | A_3 | A_4 |
> |---|---|---|---|---|---|---|
> | a×b | | 1189×841 | 841×594 | 594×420 | 420×297 | 297×210 |
> | c(최소) | | 10 | 10 | 10 | 5 | 5 |
> | d (최소) | 철하지 않을 때 | 10 | 10 | 10 | 5 | 5 |
> | | 철할 때 | 25 | 25 | 25 | 25 | 25 |

59 ③ 60 ①

06 | CBT 기출복원문제
PART
2018년 2회

01 목조 계단에서 양끝에 세우는 굵은 난간 동자의 명칭은?

① 계단멍에 ② 두겁대
③ 엄지기둥 ④ 디딤판

TIP 계단

목조계단은 거의 곧은 계단이 많고 구조도 간단하다.

- 틀계단 : 주택에서 많이 사용하며, 디딤판은 2.5~3.5cm, 너비는 15~25cm 정도로 하고, 옆판은 3.5~4.5cm 정도로 한다.
- 계단의 구성 : 디딤판, 챌판, 옆판, 멍에, 난간, 난간동자 등으로 구성된다.

02 보강 블록조에 대한 설명으로 옳지 않은 것은?

① 세로철근의 양단은 각각 그 철근지름의 40배 이상을 기초판 부분이나 테두리보 또는 바닥판에 정착시켜야 한다.
② 내력벽으로 둘러싸인 부분의 바닥면적은 80m²를 넘지 않아야 한다.
③ 내력벽의 두께는 100mm 이상으로 한다.
④ 내력벽은 그 끝 부분과 벽의 모서리 부분에 12mm 이상의 철근을 세로로 배치한다.

TIP 보강블록조

- 내력벽의 두께는 150mm 이상으로 한다.
- 세로근 : 기초보 하단에서 윗 층까지 잇대어 쓰지 않고 40d 이상 정착한다.
- 가로근 : 단부는 180° 갈고리를 내어 세로근에 연결한다.
- 보강근 : 굵은 철근을 조금 쓰는 것보다 가는 철근을 많이 넣는 것이 좋다.

03 다음 ( )에 알맞은 용어는?

> 아치구조는 상부에서 오는 수직하중이 아치의 축선을 따라 좌우로 나뉘어져 밑으로 ( )만을 전달하게 한 것이다.

① 인장력
② 압축력
③ 휨모멘트
④ 전단력

TIP 아치

상부에서 오는 직압력을 곡선을 따라 좌우로 나뉘어 직압력만을 받는 구조로써 하부에 인장력이 생기지 않는 구조이다.

01 ③ 02 ③ 03 ②

04 케이블을 이용한 구조로만 연결된 것은?

① 막구조 - 돔구조
② 현수구조 - 셸구조
③ 절판구조 - 사장구조
④ 현수구조 - 사장구조

> **TIP** 케이블 구조
> - 인장력이 강한 케이블을 걸고 지붕을 매다는 구조이다.
> - 기둥을 제외한 모든 부재가 인장력만을 받는다.
>
> ※ 현수구조
> - 상부에서 기둥으로 전달되는 하중을 케이블 형태의 부재가 지지하는 구조로써, 주 케이블에 보조 케이블이 상판을 잡아 지지한다.
> - 스팬이 큰(400m 이상) 다리나 경기장 등에 사용한다.
> - 샌프란시스코의 금문교가 대표적이다.
>
> ※ 사장구조
> - 기둥에서 주 케이블이 바로 상판을 지지하는 구조이다.
> - 스팬이 작은(150~400m 이내)에서 사용한다.
> - 서해대교가 대표적이다.

05 다음 중 거푸집 상호간의 간격을 유지하는데 쓰이는 긴결재는?

① 꺾쇠
② 칼럼밴드
③ 세퍼레이터
④ 듀벨

> **TIP** 거푸집 부속재료
> - 격리재(Separater) : 거푸집 상호간 간격을 유지하게 하는 것. 철제, 파이프제, 몰탈제 등이 있다.
> - 긴결재(Form Tie) : 측압에 견딜 수 있게 거푸집널을 연결 고정하는 철선(#8~10). 볼트, 꺾쇠 등이 사용된다.
> - 간격재(Spacer) : 철근과 거푸집 간격 유지로 피복두께를 확보한다.
> - 박리재(Form Oil) : 거푸집의 박리를 용이하게 하기 위해 거푸집에 바르는 약제로 동식물성유, 비눗물, 중유, 석유, 아마인유, 합성수지 등을 사용한다.
>
> ※ 칼럼밴드 : 기둥거푸집의 고정 및 측압 버팀용으로 쓰이는 것으로 주로 합판 거푸집에 사용한다.
>
> ※ 꺾쇠 : ㄷ자 모양의 금속으로 잇댄 두 개의 나무 따위를 벌어지지 않게 하는 데 사용한다.
>
> ※ 듀벨 : 동그랗게 말아 사용하거나 끝 부분을 뾰족하게 하여 목재의 전단력 보강에 사용한다.

06 연속기초라고도 하며 조적조의 벽 기초 또는 콘크리트 연속기초로 사용되는 것은?

① 줄기초
② 독립기초
③ 온통기초
④ 캔틸레버푸팅기초

> **TIP** 기초
> - 독립기초 : 각 기둥마다 하나의 기초판을 설치하여 상부 하중을 지반에 전달하는 기초.
> - 온통기초 : 건물 하부 전체에 걸쳐 설치한 기초로써 연약지반에 사용하는 기초.
> - 캔틸레버푸팅기초 : 2개의 푸팅을 연결한 복합 푸팅 기초.

07 철골조의 판보에서 웨브판의 좌굴을 방지하기 위해 설치하는 보강재는?

① 스터드
② 덮개판
③ 끼움판
④ 스티프너

> **TIP** 보의 구성
> - 플랜지
>   보의 단면 위, 아래 부분을 말하며, 인장 및 휨 응력에 저항한다. 또한, 힘을 더 받기 위해 커버플레이트로 보강한다.
> - 커버 플레이트
>   커버 플레이트는 4장 이하로 하며, 용접일 때는 1매로 한다. 휨 내력의 부족을 보완하기 위해 사용한다.
> - 웨브 플레이트
>   전단력의 크기가 따라 두께를 결정하고 얇을 경우 좌굴의 위험이 있어 6mm 이상으로 한다.
> - 스티프너
>   ① 웨브 플레이트의 좌굴 및 전단보강을 위해 수직으로 설치한다.
>   ② 역할에 따라 지지점 스티프너, 중간 스티프너, 하중점 스티프너 등이 있다.
>
> ※ 스터드(Stud) : 경량철골의 한 종류로 방음 및 단열을 요하는 장소에 사용하는 칸막이 뼈대로 천장과 바닥은 스틸 러너(Steel Runner)를 가로로 부착하고, 스틸 스터드(Steel Stud)를 일반 Stud인 경우 450mm 간격으로, CH-stud일 경우 600mm 간격으로 세로로 세운 뒤 내부를 단열재로 보강하고 석고보드를 양면에 1겹 내지 2겹으로 부착하여 마무리하는 경량철골 벽체의 재료이다.

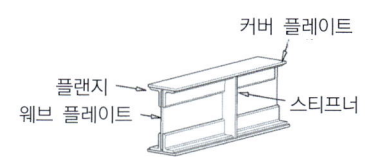

08 온도조절철근(배력근)의 역할과 가장 거리가 먼 것은?

① 균열방지
② 응력의 분산
③ 주철근 간격유지
④ 주근의 좌굴방지

> **TIP** 온도조절 철근(Temperature Bar)
> 온도변화에 따른 콘크리트의 수축으로 생긴 균열을 최소화하기 위한 철근을 말한다.

09 다음과 같은 조건에서 철근콘크리트 보의 중량은?

- 보의 단면 너비 : 40cm
- 보의 높이 : 60cm
- 보의 길이 : 900cm
- 철근콘크리트 보의 단위중량 : 2400kg/m³

① 5184kg   ② 518.4kg
③ 2592kg   ④ 259.2kg

> **TIP** 철근콘크리트 보의 중량
> - kg으로 계산 시
>   ① 철근콘크리트 보의 부피
>   0.4m×0.6m×9m = 2.16m³

② 철근콘크리트 보의 단위중량
2400kg/m³
∴ 2.16m³ × 2400kg/m³
= 5184kg

- tf로 계산 시
① 철근콘크리트 보의 부피
0.4m × 0.6m × 9m = 2.16m³
② 철근콘크리트 보의 단위중량
2.4tf/m³
∴ 2.16m³ × 2.4tf/m³
= 5.184tf

- N으로 계산 시
① 철근콘크리트 보의 부피
0.4m × 0.6m × 9m = 2.16m³
② 철근콘크리트 보의 단위중량
2400kg/m³ × 9.8N = 23520N
= 23.52kN/m³
∴ 2.16m³ × 23.52kN/m³
= 50.8kN

※ 1kgf = 9.8N

10 반원 아치의 중앙에 들어가는 돌의 이름은?

① 쌤돌
② 고막이돌
③ 두겁돌
④ 이맛돌

TIP ☀ 이맛돌
아치 중앙부 꼭대기에 끼는 돌이다.

※ 쌤돌
- 창문, 출입문 등의 양쪽에 대는 것으로 벽돌 구조에서도 사용한다.
- 면을 접거나 쇠시리를 하고 벽체 쌓는 방법에 따라 촉과 연결철물로 벽체에 긴결한다.

※ 고막이돌 : 토대나 하인방의 아래 또는 마루 밑의 터진 곳 따위를 막는 돌.

※ 두겁돌
- 담, 박공벽, 난간 등의 꼭대기에 덮어 씌우는 것으로 윗면은 물흘림, 밑면은 물끊기를 한다.
- 두겁돌 밑바탕은 촉으로, 두겁돌 끼리는 촉, 꺾쇠 또는 은장으로 연결한다.

11 목재 왕대공 지붕틀에서 압축력과 휨모멘트를 동시에 받는 부재는?

① 왕대공
② 달대공
③ ㅅ자보
④ 평보

TIP ☀ 왕대공 지붕틀
- 인장력 : 왕대공, 달대공
- 압축력 : 빗대공
- 압축력과 휨모멘트 : ㅅ자보
- 인장력과 휨모멘트 : 평보

12 그림과 같은 철근콘크리트 연속보에 대한 배근에서 가장 적절한 배근법은?

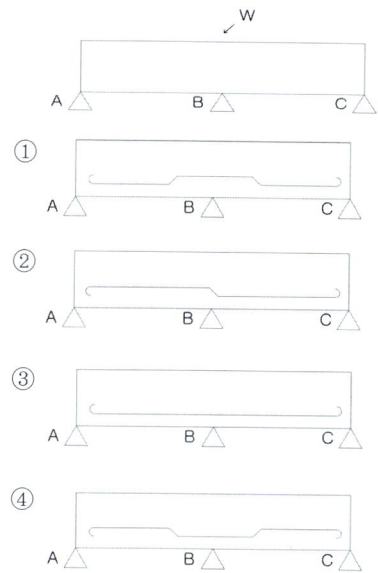

13 자중도 지지하기 어려운 평면체를 아코디언과 같이 주름을 잡아 지지하중을 증가시킨 구조형태는?

① 절판구조　② 셸구조
③ 돔구조　④ 입체트러스

TIP 절판구조
- 부재를 접어 주름지게 하여 하중을 지지할 수 있게 한 구조이다.
- 강성을 얻을 수 있고 슬래브를 얇게 할 수 있다.
- 상부의 하중이 클 경우 절판구조 하부에 보강 구조물이 필요하다.

14 조적식 구조인 내력벽의 콘크리트 기초판에서 기초벽의 두께는 최소 얼마이상으로 하여야 하는가?

① 150mm　② 200mm
③ 250mm　④ 300mm

TIP 조적식 기초
- 벽돌조(조적조) 기초는 줄기초(연속기초)로 한다.
- 기초판은 철근콘크리트구조 또는 무근콘크리트구조로 한다.
- 기초각도는 60° 이상으로 한다.
- 기초벽 두께는 25cm 이상으로 한다.
- 벽돌 밑의 너비는 벽체 두께의 2배 이상으로 한다.
- 기초판의 너비는 벽돌면 보다 10~15cm 정도 내민다.

15 아치벽돌을 사다리꼴 모양으로 특별히 주문 제작하여 쓴 것을 무엇이라 하는가?

① 본아치　② 막만든아치
③ 거친아치　④ 층두리아치

TIP 아치
- 상부에서 오는 직압력을 곡선을 따라 좌우로 나누어 직압력만을 받는 구조로써 하부에 인장력이 생기지 않는 구조이다.
- 조적조 개구부는 아무리 좁아도 아치를 트는 것을 원칙으로 한다.
- 너비 1m정도는 평아치로 1.8m 이상은 인방을 설치하고, 조적식은 작은 개구부라도 평아치(옆세워 쌓기)나 둥근 아치쌓기로 하는 것을 원칙으로 한다.

※ 본아치 : 아치 벽돌을 사다리꼴 모양으로 제작한 것을 이용하여 만든 아치이다.

※ 거친 아치 : 보통 벽돌을 이용하여 사용하고 줄눈을 쐐기모양으로 만든 아치이다.

※ 막만든아치 : 벽돌을 쐐기 모양으로 다듬어 만든 아치이다.

※ 층두리 아치 : 아치 너비가 넓을 때 여러 겹으로 겹쳐 쌓은 아치이다.

16 기본형 벽돌(190×90×57)을 사용한 벽돌벽 1.5B의 두께는? (단, 공간쌓기 아님)

① 230mm
② 280mm
③ 290mm
④ 340mm

TIP ※ 벽돌의 벽체두께

90mm(0.5B) + 10mm + 190mm(1.0B) = 290mm

17 벽돌쌓기 방법 중 프랑스식 쌓기에 대한 설명으로 옳은 것은?

① 한 켜 안에 길이쌓기와 마구리쌓기를 병행하여 쌓는 방법이다.
② 처음 한 켜는 마구리쌓기, 다음 한 켜는 길이쌓기를 교대로 쌓는 방법이다.
③ 5~6켜는 길이쌓기로 하고, 다음 켜는 마구리쌓기를 하는 방식이다.
④ 모서리 또는 끝부분에 칠오토막을 사용하여 쌓는 방법이다.

TIP ※ 프랑스식 쌓기

- 한 켜에 길이쌓기와 마구리쌓기가 번갈아 나오게 하는 쌓기 법을 말한다.
- 통줄눈이 많이 생겨 튼튼하지 않아 장식을 위한 벽체에 사용한다.

18 온장벽돌의 3/4 크기를 의미하는 벽돌의 명칭은?

① 반절   ② 이오토막
③ 반반절   ④ 칠오토막

TIP ※ 벽돌

- 반절 : 벽돌을 긴 방향으로 절반을 잘라낸 벽돌을 말한다.
- 이오토막 : 온장벽돌을 4등분하여 3/4을 잘라내고 1/4 부분을 사용하는 벽돌을 말한다.
- 반반절 : 반절된 벽돌을 다시 반 토막으로 잘라낸 벽돌을 말한다.
- 칠오토막 : 온장벽돌을 4등분하여 1/4을 잘라내고 3/4 부분을 사용하는 벽돌을 말한다.

19 2방향 슬래브가 되기 위한 조건으로 옳은 것은?

① (장변/단변) ≤ 2
② (장변/단변) ≤ 3
③ (장변/단변) > 2
④ (장변/단변) > 3

TIP 슬래브

- 1방향 슬래브
  ① 장변과 단변의 비가 2를 초과할 때를 1방향 슬래브라 하며, 슬래브에 작용하는 모든 하중이 단변 방향으로만 전달되는 것으로 간주한다.
  ② 단변방향으로 주근을 배치하고, 장변방향으로 배력근을 배치한다.
- 2방향 슬래브
  ① 장변과 단변의 비가 2 이하일 때를 2방향 슬래브라 하며, 비교적 큰 보나 벽체로 지지된 슬래브에서 서로 직교하는 2방향으로 주근을 배치한 슬래브이다.
  ② 단변방향의 철근을 장변방향의 철근보다 바닥 단부 쪽으로 배치하는데, 단변방향에서 더 큰 하중을 받기 때문이다.

20 비교적 경량골재인 파이프 등을 사용한 사면체를 한 단위요소로 이를 조립하면 상당히 큰 넓이의 평면을 덮을 수 있는 구조는?

① 셸구조
② 풀러 돔
③ 공기막 구조
④ 페로시멘트 구조

TIP 풀러 돔(Fuller Dome)

지오데식 돔은 1967년 몬트리올 만국박람회에서 미국관으로 실현됐고, 그 뒤 실내 체육관, 극장, 온실, 전시회장 등을 만드는 데 이용되고 있다.

※ 페로시멘트(Ferro cement) : 간단한 구조체(무게나 구조에 따른 얇은 철사, 철근 등)를 이용하여 규정된 시멘트 배합비율로 보강한 얇은 벽체의 시멘트 몰탈을 말한다.

21 보통 재료에서는 축방향에 하중을 가할 경우 그 방향과 수직인 횡방향에도 변형이 생기는데, 횡방향 변형도와 축방향 변형도의 비를 무엇이라 하는가?

① 탄성계수 비
② 경도 비
③ 푸아송 비
④ 강성 비

TIP 프와송 비(Poisson's Ratio)

- 재료에 외력이 가해졌을 경우, 그 힘의 방향으로 변형이 생기며 또한 직각방향으로도 변형이 생기는 현상을 말한다.
- 프와송 비의 역수를 프와송 수라 한다.

22 건설공사표준품셈에 따른 점토벽돌에서 2종 벽돌의 압축강도로 옳은 것은?

① $10.78 N/mm^2$
② $12.08 N/mm^2$
③ $14.7 N/mm^2$
④ $15.59 N/mm^2$

TIP 벽돌의 품질

품질	종류	
	1종	2종
압축강도 (N/mm^2)	24.50 이상	14.7 이상
흡수율(%)	10 이하	15 이하

23 블로운 아스팔트를 휘발성 용제로 희석한 흑갈색의 액체로써, 콘크리트, 몰탈 바탕에 아스팔트 방수층 또는 아스팔트 타일 붙이기 시공을 할 때 사용되는 것은?

① 아스팔트 코팅
② 아스팔트 펠트
③ 아스팔트 루핑
④ 아스팔트 프라이머

TIP 아스팔트 프라이머
- 블로운 아스팔트를 휘발성 용제로 희석한 흑갈색의 액체로 콘크리트, 몰탈 바탕에 아스팔트 방수층 또는 아스팔트 타일 붙임시공에 사용되는 초벌용 도료 접착제이다.
- 아스팔트 프라이머를 콘크리트 또는 몰탈 면에 침투시키면 용제는 증발하고 아스팔트가 도막을 형성하여 그 위에 아스팔트를 바르면 잘 붙고 밀착성이 좋아진다.

24 다음 목재 제품 중 일반건물의 벽 수장재로 사용되는 것은?

① 플로링 보드
② 코펜하겐 리브
③ 파키트리 패널
④ 파키트리 블록

TIP 코펜하겐 리브 (Copenhagen Rib Board)
- 두께 5cm, 너비 10cm 정도의 긴 판의 표면을 리브(rib)로 가공하여 만든다.
- 강당, 집회장, 극장 등에 내벽 또는 천장에 붙여 사용한다.
- 음향조절 및 장식효과가 있다.
- 흡음효과는 없으며, 바닥에 사용하지 않는다.
- ※ 플로어링 보드, 파키트리 패널(Parquetry Panel), 파키트리 블록(Parquetry Block) 등은 모두 바닥 판재로 사용한다.

25 다음 점토제품 중 소성온도가 가장 높은 것은?

① 토기
② 석기
③ 도기
④ 자기

TIP 점토의 분류

종류	소성온도	흡수율(%)	제품
토기 (보통(저급) 점토)	790℃~1,000℃ (SK 0.15~SK 0.5)	20 이상	기와, 벽돌, 토관
도기 (도토)	1,100℃~1,230℃ (SK 1~SK 7)	10	타일, 테라코타, 위생도기
석기 (양질점토)	1,160℃~1,350℃ (SK 4~SK 12)	3~10	벽돌, 타일, 테라코타
자기 (양질점토, 장석분)	1,230℃~1,460℃ (SK 7~SK 16)	0~1	타일, 위생도기

26 다음 중 점토제품이 아닌 것은?

① 타일
② 테라코타
③ 내화벽돌
④ 테라죠

TIP ● 테라죠(Terrazzo)
백색 시멘트＋종석(대리석 또는 화강암) ＋안료＋물을 혼합한 미장재료로 바름이 굳은 후 연마기 등으로 갈고 왁스로 광내기를 한다.

27 다음의 창호 부속철물 중 경첩으로 유지할 수 없는 무거운 자재여닫이문에 쓰이는 것은?

① 플로어 힌지(Floor Hinge)
② 피벗 힌지(Pivot Hinge)
③ 래버토리 힌지(Lavatory Hinge)
④ 도어체크(Door Check)

TIP ● 플로어 힌지
- 여닫이문을 저절로 닫히게 한장치로 바닥에 설치하고, 위쪽은 피벗힌지를 사용한다.
- 오일 또는 스프링 유압장치를 이용하며 경첩을 달 수 없는 무거운 자재문 등에 사용한다.

28 다음에서 설명하는 역학적 성질은?

> 유체가 유동하고 있을 때 유체의 내부에 흐름을 저지하려고 하는 내부 마찰 저항이 발생하는 성질

① 점성   ② 탄성
③ 소성   ④ 외력

TIP ● 역학적 성질
- 점성 : 유체 내부의 흐름이 있을 때 이 흐름에 대한 저항성을 가리키는 용어로, 끈적한 성질을 말한다.
※ 탄성 : 재료가 외력을 받아 변형이 생긴 후, 이 외력을 제거하면 원래 모양과 크기로 돌아가는 성질을 말한다.
※ 소성 : 외력을 제거하여도 재료가 원 상태로 돌아가지 않고, 변형된 상태 남아 있는 성질을 말한다.
※ 외력 : 재료의 외부에서 작용하는 힘을 말한다.

29 다음 석재 중 내화성이 가장 낮은 석재로 맞는 것은?

① 화강암   ② 대리석
③ 석회암   ④ 응회암

TIP ● 석재의 내화성
- 화강암 : 600℃
※ 안산암, 응회암, 사암 : 1000℃
※ 석회암, 대리석 : 600~800℃

23 ④ 24 ② 25 ④ 26 ④ 27 ① 28 ① 29 ①

30 시멘트의 품질이 일정할 경우 분말도가 클수록 일어나는 현상으로 옳은 것은?

① 초기강도가 낮아진다.

② 시공 후 투수성이 적어진다.

③ 수화작용이 느려진다.

④ 시공연도가 떨어진다.

> **TIP** 분말도가 클 때 나타나는 성질
> - 수화작용이 빠르고 조기강도가 높다.
> - 블리딩(Bleeding)이 적어지고 시공 후 투수성이 적다.
> - 시공연도(Workability)가 좋다.
> - 응결 시 균열이 생기기 쉽다.
> - 풍화되기 쉽다.

31 포틀랜드시멘트 클링커에 철 용광로로부터 나온 슬래그를 급랭한 급랭슬래그를 혼합하여 이에 응결시간 조정용 석고를 혼합하여 분쇄한 것으로 수화열이 적어 매스콘크리트용으로 사용할 수 있는 시멘트는?

① 백색포틀랜드시멘트

② 조강포틀랜드시멘트

③ 고로시멘트

④ 알루미나시멘트

> **TIP** 고로(슬래그) 시멘트
> - 슬래그(slag)를 혼합한 뒤 석고를 넣어 분쇄한 시멘트로써, 조기강도는 낮고 장기강도는 보통 포틀랜드 시멘트보다 크다.
> - 비중이 작으며(2.85), 바닷물에 대한 저항성이 크다.
> - 화학적 저항성이 크고, 내열성 및 수밀성이 우수하다.
> - 침식을 받는 해수, 폐수, 하수공사에 사용한다.

32 지하실이나 옥상의 채광용으로 입사 광선의 방향을 바꾸거나 확산 또는 집중시킬 목적으로 사용되는 유리제품은?

① 폼 글라스   ② 프리즘 타일

③ 안전유리   ④ 강화유리

> **TIP** 프리즘 타일(프리즘 유리, Deck Glass, Top Light Glass)
> 입사되는 광선의 방향을 바꾸거나 확산 또는 집중시킬 목적으로 만든 유리로, 지하실, 옥상의 채광용 등으로 사용한다.
>
> ※ 폼 글라스(Foam Glass)
> - 가루로 만든 유리에 발포제를 넣어 기포를 발생시킨 유리로 투과가 안 되며, 충격에 약하다.
> - 단열재, 보온재, 방음재 등으로 사용한다.
>
> ※ 강화유리
> - 판유리를 열처리(500~600℃)한 후에 냉각공기를 불어 균등히 급랭시켜 강도를 높인 유리로 강도는 보통 유리 강도의 3~5배, 충격강도는 5~6배 정도이다.
> - 잘 깨지지 않고, 부서지더라도 잘게 부수어져 파편에 의한 부상이 적다.
> - 열처리 후 절단 및 가공할 수 없어, 사전에 소요치수로 절단 및 가공을 해야 한다.
> - 건물 창, 에스컬레이터 옆판, 자동차 또는 선박 등에 사용한다.

33 다음 합성수지 중 열가소성 수지는?

① 페놀수지　② 에폭시수지
③ 초산비닐수지　④ 폴리에스테르수지

> **TIP** 초산비닐수지
>
> 아세트산 비닐의 단독 중합이나 아세트산 비닐을 주성분으로 하는 혼성 중합으로 얻는 고분자 화합물로, 무색투명하고 물에 녹지 않으며, 접착제, 도료 등으로 사용된다. PVAC로 불리기도 한다.
>
> ※ 페놀수지 : 전기절연성, 내성, 내후성, 접착성 양호하나 내 알칼리성은 약하고, 배전판, 내수합판 접착제 등으로 사용한다.
>
> ※ 에폭시수지
> - 내약품성, 내용제성이 좋고 산과 알칼리에 강하고 접착력 매우 우수하며, 경금속 접착에 가장 좋다.
> - 접착제, 피막제 등으로 사용한다.
>
> ※ FRP(섬유강화플라스틱) : 유리섬유를 보강재로 혼입하여 강도를 높인 수지로 덕트, 파이프 루버, 칸막이 등으로 사용한다.
>
> ※ 알키드 수지 : 내후성, 가요성, 내유성은 우수하며 내수성, 내 알칼리성에는 약하며, 도료 및 성형품의 원료로 사용한다.

34 콘크리트의 배합에서 물시멘트비와 가장 관계가 깊은 것은?

① 강도　② 내동해성
③ 내화성　④ 내수성

> **TIP** 물시멘트비
>
> - 물과 시멘트의 무게(질량)에 대한 비율로 콘크리트 강도에 가장 큰 영향을 끼친다.
> - 물시멘트비 = $\dfrac{W}{C}$
>
>   (C : 시멘트의 무게, W : 물의 무게)
> - W/C가 클 경우 문제점은 강도 저하와 재료분리 및 블리딩(Bleeding)현상이 증가한다.

35 최대강도를 안전율로 나눈 값을 무엇이라고 하는가?

① 파괴강도
② 허용강도
③ 전단강도
④ 휨강도

> **TIP** 허용강도
>
> 허용강도 = 최대강도/안전율

36 다음 중 방수용 아스팔트의 품질시험에 해당되지 않는 것은?

① 침입도 ② 신도
③ 연화점 ④ 압축강도

> **TIP** 아스팔트 품질시험
> - 침입도
>   ① 침입도란 견고성을 평가하는 것으로 규정된 크기의 침을 규정된 시간 동안 아스팔트에 수직으로 눌러 관입된 길이로 관입저항을 평가한다.
>   ② 측정 방법은 0℃에서 200g의 추를 60초 동안 누르는 방법, 25℃에서 100g의 추를 5초 동안 누르는 방법, 46℃에서 500g의 추를 5초 동안 누르는 방법이 있다.
>   ③ 표준시험은 25℃에서 100g의 추를 5초 동안 누르는 방법으로 한다.
>   ④ 0.1mm의 관입길이를 침입도 1로 본다.
> - 연화점
>   ① 일정한 융점이 없고 가열하면 서서히 액상으로 변하는데 아스팔트가 일정 점도를 나타낼 때의 온도를 말한다.
>   ② 보통 75℃ ~ 100℃ 이상에서 나타난다.
> - 감온성
>   ① 감온성이란 온도에 따라 나타나는 변화정도를 말한다.
>   ② 스트레이트 아스팔트가 블로운 아스팔트보다 감온성이 크게 나타난다.
> - 신도
>   ① 연성을 나타내는 것으로 잡아당겨 끊어질 때까지의 길이를 나타낸다.
>   ② 내마모성, 점착성 등과 관계가 있다.

- 인화점
  ① 아스팔트의 휘발성 성분으로 인해 인화될 위험이 있다.
  ② 보통 250℃정도에서 인화된다.

37 AE제를 사용한 콘크리트에 관한 설명 중 옳지 않은 것은?

① 물 - 시멘트가 일정한 경우 공기량을 증가시키면 압축강도가 증가한다.
② 시공연도가 좋아지므로 재료분리가 적어진다.
③ 동결융해작용에 의한 마모에 대하여 저항성을 증대시킨다.
④ 철근에 대한 부착강도가 감소한다.

> **TIP** AE제
> - 콘크리트 속에 독립된 미세기포(지름 0.025 ~ 0.25mm)를 발생시켜 골고루 분산시키는 역할을 한다.
> - 콘크리트의 시공연도를 개선시켜, 재료분리가 일어나지 않으며, 블리딩이 감소된다.
> - 경화 때의 수축을 감소시키며, 균열을 방지한다.
> - 공기량 증가 시 강도가 감소되며, 수축량이 증가된다.
> - 콘크리트 전체 체적의 약 2 ~ 5%가 적당하다.

38 대리석에 대한 설명 중 옳지 않은 것은?

① 외부 장식재로 적당하다.
② 내화성이 낮고 풍화되기 쉽다.
③ 석회석이 변질되어 결정화한 것이다.
④ 물갈기 하면 고운 무늬가 생긴다.

TIP 대리석
- 석회석이 변해 결정화한 것으로 주성분은 탄산석회($CaCO_3$)이다.
- 아름다운 색채와 무늬가 다양하여 장식재 중 최고급 재료이다.
- 석질이 치밀하고 견고하나, 열과 산에 약해 풍화되기 쉽고 내화도가 약하여 내부 장식재로만 사용한다.

39 거푸집 속에 적당한 입도배열을 가진 굵은 골재를 채워 넣은 후, 몰탈을 펌프로 압입하여 굵은 골재의 공극을 충전시켜 만드는 콘크리트는?

① 소일 콘크리트
② 레디믹스트 콘크리트
③ 쇄석 콘크리트
④ 프리플레이스트 콘크리트

TIP 프리플레이스트 콘크리트
프리팩트 콘크리트가 프리플레이스트 콘크리트로 변경됨.(2009년 콘크리트 표준시방서)

40 방청도료에 사용되는 안료로써 부적합한 것은?

① 크롬산아연   ② 연단
③ 산화철   ④ 티탄백

TIP 안료
도료에 색채를 주어 표면 은폐 및 불투명한 도막을 만들어 줌과 동시에 철재의 방청용으로 사용된다.

※ 티탄백은 착색안료에 속한다.

41 주택의 침실에 관한 설명으로 옳지 않은 것은?

① 어린이 침실은 주간에는 공부를 할 수 있고, 유희실을 겸하는 것이 좋다.
② 부부침실은 주택 내의 공동 공간으로써 가족생활의 중심이 되도록 한다.
③ 침실의 크기는 사용인원 수, 침구의 종류, 가구의 종류, 통로 등의 사항에 따라 결정된다.
④ 침실의 위치는 소음의 원인이 되는 도로 쪽은 피하고, 공원 등의 공지에 면하도록 하는 것이 좋다.

TIP 침실(Bed room)
주거공간 중 가장 사적인(= 폐쇄성)개인 생활공간으로 독립성과 기밀성이 유지돼야 한다.

- 침실의 기능 및 위치
  ① 도로 쪽을 피하고 정원에 면하는 것이 좋다.

35 ② 36 ④ 37 ① 38 ① 39 ④ 40 ④ 41 ②

② 현관에서 멀리 떨어진 곳으로 조용한 공지(space)에 면하게 하는 것이 좋다.
③ 남향 또는 동남향에 위치하며 통풍, 일조, 환기 등에 유리하도록 한다.

• 침실의 분류
① 부부침실
  - 내실 또는 안방이라고도 하며 취침, 의류 수납, 갱의 등을 고려하며, 사실(私室)로써의 독립성이 확보되어야 한다.
  - 부부침실보다 노인침실과 아동침실이 낮에 많이 사용하므로 더 좋은 위치에 계획한다.
② 노인침실 : 일조가 충분하고 조용한 곳에 배치하며, 단차가 있는 바닥은 대비가 강한 색으로 계획한다.
③ 아동침실
  - 통풍, 채광이 좋고 수납공간을 많이 만들고 충분한 여유가 있도록 계획해야 한다.
  - 부모침실과 근접하는 곳에 위치하여 쉽게 감독할 수 있도록 한다.

• 침실의 크기
사용 인원수에 의한 공간의 크기, 가구 점유면적, 공간형태에 의한 심리적 작용.

42 메이조넷형 공동주택에 관한 설명으로 옳지 않은 것은?

① 공용 통로 면적을 절약할 수 있다.
② 상하층의 평면이 똑같아 평면 구성이 자유롭다.
③ 엘리베이터의 정지 층수가 적어지므로 운영면에서 효율적이다.
④ 1개의 단위 주거가 2개 층 이상에 걸쳐 있는 공동주택을 일컫는다.

> **TIP** 복층형(듀플렉스형, 메이조넷형)
> 한 주호가 2개 층에 걸쳐 구성되는 형식이다.
>
> • 장점
>   ① 엘리베이터 정치층수가 적어 경제적이고 효율적이다.
>   ② 주택 내부의 공간에 변화가 있다.
>   ③ 통로면적이 감소되고 전용면적이 증대된다.
>   ④ 프라이버시가 좋고, 통풍 및 채광이 좋다.
>
> • 단점
>   피난 상 불리하고, 소규모 주택에서는 비경제적이다.

43 스터럽(늑근)이나 띠철근을 철근 배근도에서 표시할 때 일반적으로 사용하는 선은?

① 가는 실선 ② 파선
③ 굵은 실선 ④ 이점쇄선

TIP 선의 종류
- 굵은 실선
  용도 : 물체의 보이는 부분을 나타내는 선으로 단면선과 외형 선으로 구별하여 사용한다.
- 가는 실선
  용도 : 치수선, 치수 보조선, 인출선, 각도 설명 등을 나타내는 지시선 및 해칭 선으로 사용한다.
- 일점쇄선
  용도 : 물체의 중심축, 대칭축을 표시하는데 사용하고 물체의 절단한 위치를 표시하거나 경계선으로도 사용한다.
- 이점쇄선
  용도 : 일점쇄선과 구별할 때 사용한다.
- 파선(점선)
  용도 : 물체의 보이지 않는 부분의 모양을 표시하는데 사용한다. 파선과 구별할 필요가 있을 때에는 점선을 쓴다.

44 다음과 같이 정의되는 전기 관련 용어는?

> 대지에 이상전류를 방류 또는 계통구성을 위해 의도적이거나 우연하게 전기회로를 대지 또는 대지를 대신하는 전도체에 연결하는 전기적인 접속

① 절연 ② 접지
③ 피뢰 ④ 피복

TIP 전기설비 용어
- 절연 : 전기기구 또는 전선에 전기가 통할 경우 이를 통하지 않게 하는 것을 말한다.
- 피뢰 : 벼락에 의해 건물 등의 피해를 피하기 위해 설치하는 설비를 말하며, 큰 뇌전류를 대지로 안전하게 방전시킨다.
- 피복 : 전기기구 또는 전선을 감싼 것을 말한다.

45 배수설비에 사용되는 포집기 중 레스토랑의 주방 등에서 배출되는 배수 중의 유지분을 포집하는 것은?

① 오일 포집기 ② 헤어 포집기
③ 그리스 포집기 ④ 플라스터 포집기

TIP 포집기(저집기, Intercepter)
트랩의 기능과 불순물(기름이나 찌꺼기 등)의 분리기능을 가지고 있는 설비기구이다.
- 헤어 포집기 : 이발소, 미용실 등에 사용하는 장치로, 머리카락 등이 배수로를 막는 것을 방지한다.
- 플라스터 포집기 : 치과 기공실, 정형외과 깁스 실 등에 사용하는 장치이다.
- 샌드 포집기 : 흙이나 모래 등이 다량으로 배수되는 곳에 사용하는 장치이다.
- 가솔린 포집기 : 주유소, 세차장 등에 사용하는 것으로, 가솔린을 위로 뜨게 하여 휘발시키는 장치이다.
- 런드리(Laundry) 포집기 : 세탁소 등에 사용하는 것으로, 단추, 실오라기 등이 배수관으로 들어가는 것을 걸러내는 장치이다.

46 다음 중 일교차에 대한 설명으로 옳은 것은?

① 하루 중의 최고 기온과 최저 기온의 차이
② 월평균 기온의 연중 최저와 최고의 차이
③ 기온의 역전 현상
④ 일평균 기온의 연중 최저와 최고의 차이

TIP 일교차
- 하루 중 최고기온과 최저기온의 차이를 말한다.
- 일사량과 지면의 복사량 변화에 따라 나타난다. 특히 저위도 사막 지역 일교차가 크다.
- 맑은 날과 내륙, 고위도 지역의 일교차가 크다.

47 작은 크기의 배경색을 보고 큰 벽면의 색을 적용할 경우 나타나는 현상은?

① 동시대비
② 면적대비
③ 한난대비
④ 유사대비

TIP 면적대비
동일한 색이 있을 경우 면적이 크면 밝게, 면적이 작으면 어둡게 보이는 현상.

※ 동시대비 : 두 색을 동시에 보았을 때 서로의 영향으로 달리 보이는 현상.

※ 한난대비 : 차가운 색과 따뜻한 색을 함께 놓았을 때 배경색이 한색일 경우 더 차갑게, 배경색이 난색일 경우 더 따뜻하게 보이는 현상.

※ 계속(계시)대비 : 하나의 색을 보고 다른 색을 보았을 때, 먼저 본 색의 영향으로 나중 색이 달리 보이는 현상.

※ 보색대비 : 보색끼리 놓았을 때 색상이 더 뚜렷해지면서 선명하게 보이는 현상.

48 강재 표시방법 2L-125×125×6에서 6이 나타내는 것은?

① 수량
② 길이
③ 높이
④ 두께

TIP 강재 종류와 표시방법

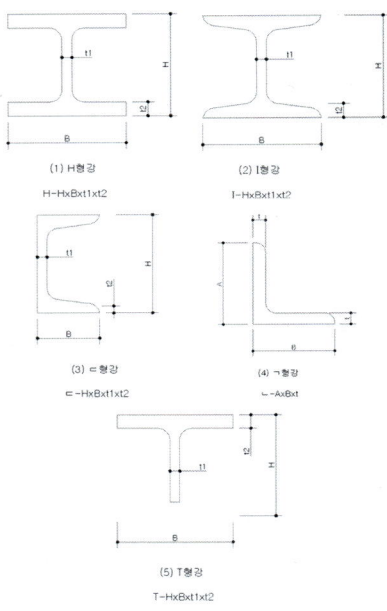

49 건축도면에서 보이지 않는 부분을 표시하는데 사용되는 선은?

① 파선 ② 굵은 실선
③ 가는 실선 ④ 일점 쇄선

TIP 선의 종류

43번 해설 참고

50 엘리베이터 카(Car)가 정상 층이나 최하층에서 정상운행 위치를 벗어나 그 이상으로 운행하는 것을 방지하는 안전장치를 무엇이라 하는가?

① 전자브레이크 (Magnetic Brake)
② 조속기(Governor)
③ 강제 정지장치 (Wedge)
④ 리미트 스위치(Limit Switch)

TIP 안전장치의 종류

- (최종)리미트 스위치 : 카(car)가 정상 층이나 최하층에서 정상 운행 위치를 벗어나 그 이상으로 운행 하는 것 방지하는 장치이다.
- ※ 조속기 : 제 1동작으로 과속 스위치가 작동하고 제동기가 카를 정지시킨다. 제동기의 고장 및 메인로프 절단 시에는 제 2동작으로 정격속도의 1.2~1.4배를 넘지 않는 상태에서 비상정지장치가 작동한다.
- ※ 비상정지장치 : 조속기에 의하여 비상정지장치가 동작하는 것으로 로프가 끊어졌을 때 또는 비정상적으로 빠를 때 동작한다.

※ 완충기 : 승강로 바닥부에 설치하여 충돌 시 충격을 완화시키는 장치로 스프링식과 유입식이 있으며, 유입식은 정격속도 60m/min 초과 시 사용한다.
※ 종점스위치 : 최하층과 최고층에 이르렀을 때 승강 카를 멈추게 하는 장치이다.
※ 제한스위치 : 종점 스위치가 고장 났을 때 동시에 전자 브레이크를 작동시켜 급정지 시킨다.
※ 도어스위치 : 문이 완전히 닫히지 않았을 때 운전되지 않게 하는 장치이다.

51 액화석유가스(LPG)에 관한 설명으로 옳지 않은 것은?

① 공기보다 가볍다.
② 용기(bomb)에 넣을 수 있다.
③ 가스 절단 등 공업용으로도 사용된다.
④ 프로판 가스(propane gas)라고도 한다.

TIP LPG(액화석유가스, Liquefied Petroleum Gas)

- 석유정제 과정에서 채취한 가스를 압축 냉각 하여 액화시킨 가스이다.
- 주성분은 프로판, 부탄, 프로필렌, 에탄 등이다.
- 장점
  ① 발열량이 크다.
  ② 용기에 넣을 수 있고, 가스 절단 등 공업용으로도 사용된다.
- 단점
  ① 공기보다 무겁다.(폭발의 위험성이 커서 주의를 요한다.)
  ② LNG에 비해 공해가 심하다.

46 ① 47 ② 48 ④ 49 ① 50 ④ 51 ①

52 다음 중 공간의 레이아웃(Layout)과 가장 밀접한 관계를 갖는 것은?

① 재료계획 ② 동선계획
③ 설비계획 ④ 색채계획

TIP 레이아웃
- 공간상에서의 배열 및 배치를 말하며, 건물, 사무소, 직장, 창고, 설비, 기계 등을 포함한다.
- 합리적인 배치를 통한 동선계획을 레이아웃이라 한다.

53 소방시설은 소화설비, 경보설비, 피난설비, 소화활동설비 등으로 구분할 수 있다. 다음 중 소화 활동설비에 속하지 않는 것은?

① 제연설비 ② 옥내소화전설비
③ 연결송수관설비 ④ 비상콘센트설비

TIP 소방시설의 종류

구분		종류
소방시설	소화설비	① 소화기 및 간이 소화용구, 자동식 소화기 ② 물분무소화설비·분말소화설비 ③ 스프링클러설비 및 간이스프링클러설비 ④ 옥내소화전설비 ⑤ 옥외소화전설비
	경보설비	① 비상경보설비 ② 비상방송설비 ③ 누전경보기 ④ 자동화재 탐지설비 ⑤ 자동화재 속보설비
	피난설비	① 피난기구 ② 인명구조기구 ③ 통로유도등, 유도표지, 비상조명등

구분	종류
소화용수설비	① 소화수조·저수지 기타 소화용수 설비 ② 상수도 소화용수 설비
소화활동설비	① 제연설비 ② 연결송수관설비 ③ 연결살수설비 ④ 비상콘센트설비 ⑤ 무선통신 보조설비 ⑥ 연소방지설비

54 다음 중 단면도에 대한 설명으로 옳은 것은?

① 건축물의 주요부분을 수직 절단한 것을 상상하여 그린 도면이다.
② 건물 내부의 입면을 정면에서 바라보고 그리는 내부 입면도이다.
③ 건축물을 창 높이에서 수평으로 절단하였을 때의 수평 투상도이다.
④ 건축물을 정 투상도 법에 의하여 수직 투상하여 외관을 나타낸 도면이다.

TIP 단면도
- 건물을 수직으로 절단하여 본 도면으로 길이 방향으로 절단한 종단면도와 너비 방향으로 절단한 횡단면도가 있다.
- 기초, 지반, 바닥, 처마, 층 등의 높이와 지붕의 물매, 처마 내민 길이 등을 표시한다.

55 다음의 온수난방에 대한 설명 중 옳지 않는 것은?

① 한랭 시 난방을 정지하였을 경우 동결의 우려가 있다.
② 현열을 이용한 난방이므로 증기난방에 비해 쾌감도가 높다.
③ 난방을 정지하여도 난방효과가 잠시 지속된다.
④ 열용량이 작기 때문에 온수 순환 시간이 짧다.

TIP 온수난방(방열기, 대류, 물)
- 장점
  ① 온수의 현열을 이용하여 쾌적감이 증기난방보다 높다.
  ② 보일러 취급이 용이하고 안전하다.
  ③ 난방부하에 따른 온도조절이 용이하다.
- 단점
  예열시간이 길고 온수 순환이 오래 걸리며, 설비비가 비싸다.

56 건축설계도면의 배치도에 나타내야 할 사항과 가장 거리가 먼 것은?

① 인접도로의 너비 및 길이
② 실의 배치와 넓이, 개구부의 위치와 크기
③ 대지 내 건물과 인접 경계선과의 거리
④ 정화조의 위치

TIP 배치도
- 부지관계 : 방위, 표준지반의 기준 위치, 부지의 고저, 부지면적 계산표, 인접도로의 너비 및 길이 등
- 건물관계 : 부지 내 건물, 인지경계선과의 거리, 증축예정 부분, 지붕의 윤곽, 대문 닫장, 대지 내 통로 등
- 시설관계 : 옥외 상·하 배수 계통도, 옥외 인입전선 계통도, 우편함, 국기 게양대, 식수 계획 등

57 다음의 평면표시기호가 의미하는 것은?

① 미닫이창 ② 셔터창
③ 이중창   ④ 망사창

58 다음과 같은 특징을 갖는 급수방식은?

> - 대규모의 급수 수요에 쉽게 대응할 수 있다.
> - 급수압력이 일정하다.
> - 단수 시에도 일정량의 급수를 계속할 수 있다.

① 수도직결방식
② 리버스리턴 방식
③ 옥상탱크 방식
④ 압력탱크 방식

TIP 옥상탱크(고가수조)방식
- 지하 저수조에 물을 받아 양수펌프를 이용하여 옥상 물탱크로 양수한 후, 수위와 수압을 이용하여 급수하는 방식이다.
- 수압이 일정하여 배관 부품 파손의 우려가 적다.
- 저수 시간이 길수록 오염 가능성이 크다.
- 설비비와 경상비(經常費)가 높다.

52 ② 53 ② 54 ① 55 ④ 56 ② 57 ② 58 ③

- 건물 높은 곳에 설치하므로 구조 및 외관상 문제가 있다.

※ 리버스 리턴방식 : 역 환수 배관방식 (온수난방에서 사용)

59 흡수식 냉동기의 구성에 해당하지 않는 것은?

① 증발기 ② 재생기
③ 압축기 ④ 응축기

TIP 흡수식 냉동기

- 열 → (증발기)물 증발 → (흡수기)수증기 → 리튬 브로마이드용액(Lithium Bromide : LiBr)에 흡수 → 온도상승 → 증발 → 수온저하
- 구성요소 : 증발기, 흡수기, 발생기(가열기, 재생기), 응축기

※ 압축기는 압축식 냉동기의 구성요소이다.

60 다음 중 대변기 세정방식이 아닌 것은?

① 하이탱크식 ② 로우탱크식
③ 플러시밸브식 ④ 진공탱크식

TIP 대변기 세정방식

- 하이 탱크
  ① 세정탱크의 높이는 1.9m, 급수관의 관경은 15mm, 세정관의 관경은 32mm이다.
  ② 수압이 0.03Mpa 이상이며, 세정 시 소음이 크고, 현재는 거의 사용하지 않는다.
- 로우 탱크
  ① 급수관의 관경은 15mm, 세정관의 관경은 50mm이다.
  ② 세정 시 소음이 적고 설치 및 보수가 용이하다.
  ③ 배수 후 탱크의 저수 시간이 필요하여 연속적 이용이 적합하지 않아 주택 등에 사용한다.
  ④ 수압이 0.03Mpa 이상이며, 점유면적이 크고 많은 물의 양을 사용한다.
- 세정(Flush)밸브식
  ① 수압이 0.07Mpa 이상이어야 하며, 비교적 연속사용이 가능하다.
  ② 급수관의 관경은 25mm로 주택보다는 학교, 사무소 등에 적합하다.
- 기압탱크식
  급수관의 관경은 15mm로 압력수를 저수한 후, 세정밸브로 단시간에 세차게 내보내는 방식으로, 거의 사용하지 않는다.

59 ③ 60 ④

PART 06 | CBT 기출복원문제

2018년 4회

01 바닥슬래브 전체가 기초판 역할을 하는 것은?

① 매트기초　② 복합기초
③ 독립기초　④ 줄기초

TIP 기초

- 온통기초(매트기초) : 건물 하부 전체에 걸쳐 설치한 기초로써 연약지반에 사용하는 기초.
- ※ 복합기초 : 2개 이상의 기둥을 하나의 기초판이 받치는 구조로써, 기둥과의 간격이 작거나 기초판이 근접하는 경우 또는 건축물이 인접대지와 문제가 생길 경우에 사용하는 기초.
- ※ 독립기초 : 각 기둥마다 하나의 기초판을 설치하여 상부 하중을 지반에 전달하는 기초.
- ※ 연속기초(줄기초) : 연속된 내력벽을 따라 설치된 기초.

02 다음 중 구조물의 고층화, 대형화의 추세에 따라 우수한 용접성과 내진성을 가진 극후판(極厚板)의 고강도 강재는?

① TMCP강
② SS강
③ FR강
④ SN강

TIP TMCP(Thermo Mechanical Control Process)강

압연 시 제어냉각을 통해 성질을 향상시킨 강재이며, 용접성이 좋고 고강도이다.

03 현장치기 콘크리트에서 최소 피복두께를 가장 크게 해야 하는 경우는?

① 수중에서 타설하는 콘크리트
② 흙에 접하여 콘크리트를 친 후 영구히 흙에 묻혀있는 콘크리트
③ 흙에 접하거나 옥외의 공기에 직접 노출되는 콘크리트
④ 옥외의 공기나 흙에 직접 접하지 않는 콘크리트

01 ①　02 ①　03 ①

TIP 최소피복두께

표면조건		부재	철근	피복두께
수중에 타설하는 콘크리트		모든 부재	-	100mm
흙에 접한 부위	흙에 접하여 콘크리트를 친 후 영구히 흙에 묻혀 있는 콘크리트	모든 부재	-	80mm
	흙에 접하거나 옥외의 공기에 직접 노출되는 콘크리트	모든 부재	D29 이상	60mm
			D25 이하	50mm
			D16 이하	40mm
흙에 접하지 않는 부위	옥외의 공기나 지반에 직접 접하지 않는 콘크리트	슬래브, 벽체, 장선	D35 초과	40mm
			D35 이하	20mm
		보, 기둥		40mm
		쉘, 절판부재		20mm

04 입체트러스의 구조에 대한 설명으로 옳은 것은?

① 모든 방향에 대한 응력을 전달하기 위하여 절점은 항상 자유로운 핀(pin) 접합으로만 이루어져야 한다.
② 풍하중과 적설하중은 구조계산 시 고려하지 않는다.
③ 기하학적인 곡면으로는 구조적 결함이 많이 발생하기 때문에 주로 평면 형태로 제작된다.
④ 구성부재를 규칙적인 3각형으로 배열하면 구조적으로 안정이 된다.

TIP 입체트러스 구조

- 선재(線材)를 입체적으로 결합하여 만드는 트러스.
- 각 절점은 모든 방향으로 이동이 구속 되어있어 평면 트러스보다 큰 하중을 받을 수 있다.
- 부재의 좌굴이 잘 생기지 않는다.

05 벽돌조에서 내력벽의 두께는 당해 벽 높이의 최소 얼마 이상으로 해야 하는가?

① 1/8
② 1/12
③ 1/16
④ 1/20

TIP 내력벽

- 건물의 모든 하중 및 외력을 받는 벽을 말한다.
- 내력벽의 높이는 4m를 넘지 않도록 하며, 길이는 10m를 넘지 않게 한다. 만일 10m를 넘는 경우 붙임 기둥 및 부축벽으로 보강해야 한다.
- 내력벽의 두께는 윗층 내력벽 두께 이상이어야 한다. 또한 벽돌구조의 경우는 당해 벽 높이의 1/20 이상이어야 하고 블록의 경우 당해 벽 높이의 1/16 이상으로 한다.
- 내력벽으로 둘러싸인 바닥면적은 80m^2를 넘지 않도록 한다.

06 기성콘크리트 말뚝을 타설할 때 말뚝직경(D)에 대한 말뚝중심간 거리 기준으로 옳은 것은?

① 1.5D 이상 ② 2.0D 이상
③ 2.5D 이상 ④ 3.0D 이상

> **TIP** 기성콘크리트말뚝
> - 중심 간격 : 말뚝머리지름의 2.5배 이상 또는 75cm 이상
> - 주근 : 6개 이상, 피복두께 : 3cm 이상
>
> ※ 나무말뚝
> - 중심 간격 : 말뚝머리지름의 2.5배 이상 또는 60cm 이상
> - 상수면 이하에서 자른다.
>
> ※ 제자리콘크리트말뚝
> - 중심 간격 : 말뚝머리지름의 2.5배 이상 또는 D+1m 이상
> - 주근 : 6개 이상, 피복두께 : 6cm 이상
> - 종류 : 어스드릴, 베네토, 리버스 서큘레이션, 프리팩트콘크리트파일 (CIP, MIP, PIP)

07 벽돌 마름질과 관련하여 다음 중 전체적인 크기가 가장 큰 토막은?

① 이오토막 ② 반절
③ 반반절   ④ 칠오토막

> **TIP** 벽돌
> - 이오토막 : 온장벽돌을 4등분하여 3/4을 잘라내고 1/4 부분을 사용하는 벽돌을 말한다.
> - 반절 : 벽돌의 짧은 쪽을 반으로 잘라낸 벽돌을 말한다.
> - 반반절 : 반절된 벽돌을 다시 반 토막으로 잘라낸 벽돌을 말한다.
> - 칠오토막 : 온장벽돌을 4등분하여 1/4을 잘라내고 3/4 부분을 사용하는 벽돌을 말한다.

08 기본형 벽돌(190×90×57)을 사용한 벽돌벽 1.5B의 두께는? (단, 공간 80mm)

① 280mm ② 290mm
③ 350mm ④ 360mm

> **TIP** 벽돌의 벽체두께
> 90mm(0.5B)+80mm+190mm(1.0B)
> = 360mm

09 벽돌쌓기 방법 중 프랑스식 쌓기에 대한 설명으로 옳은 것은?

① 한 켜 안에 길이쌓기와 마구리쌓기를 병행하여 쌓는 방법이다.
② 처음 한 켜는 마구리쌓기, 다음 한 켜는 길이쌓기를 교대로 쌓는 방법이다.
③ 5~6켜는 길이쌓기로 하고, 다음 켜는 마구리쌓기를 하는 방식이다.
④ 모서리 또는 끝부분에 칠오토막을 사용하여 쌓는 방법이다.

> **TIP** 프랑스식 쌓기
> - 한 켜에 길이쌓기와 마구리쌓기가 번갈아 나오게 하는 쌓기 법이다.
> - 통줄눈이 많이 생겨 튼튼하지 않아 장식을 위한 벽체에 사용한다.

04 ④ 05 ④ 06 ③ 07 ④ 08 ④ 09 ①

10 다음 중 막구조에 대한 설명으로 옳지 않은 것은?

① 넓은 공간을 덮을 수 있다.
② 힘의 흐름이 명확하여 구조해석이 쉽다.
③ 막재에는 항시 인장응력이 작용하도록 설계하여야 한다.
④ 응력이 집중되는 부위는 파손되지 않도록 조치해야 한다.

> **TIP** 막구조
> - 텐트와 같은 얇은 막을 쳐서 지붕을 구성하는 방법으로써 두 방향의 인장력(引張力)이 작용하는 현수(懸垂)밧줄구조라고도 할 수 있다.
> - 큰 공간을 공기압으로 부풀려진 막으로 덮는 경제적인 구조를 만들 수 있다.
> - 상암 월드컵 경기장의 지붕이 여기에 속한다.
> - 막 구조는 바람에 흔들리지 않도록 주의하여야 한다.

11 슬래브의 단변에 대한 장변의 길이의 비(장변/단변)가 2이하일 때 적용할 수 있는 슬래브는 무엇인가?

① 1방향 슬래브 ② 2방향 슬래브
③ 3방향 슬래브 ④ 4방향 슬래브

> **TIP** 슬래브
> - 1방향 슬래브
>   ① 장변과 단변의 비가 2를 초과할 때를 1방향 슬래브라 한다.
>   ② 1방향 슬래브($\lambda = \ell y / \ell x > 2$) : 슬래브의 단변 쪽으로 하중전달이 많이 되는 슬래브.
>   ③ 슬래브에 작용하는 모든 하중이 단변 방향으로만 전달되는 것으로 간주한다.
>   ④ 단변방향으로 주근을, 장변방향으로 배력근을 배치한다.
>   ⑤ 슬랩의 두께는 최소 100mm 이상으로 해야 한다.
> - 2방향 슬래브
>   ① 장변과 단변의 비가 2 이하일 때를 2방향 슬래브라 한다.
>   ② 2방향 슬래브($\lambda = \ell y / \ell x \leq 2$) : 슬래브의 양방향에 골고루 하중전달이 되는 슬래브.
>   ③ 비교적 큰 보나 벽체로 지지된 슬래브에서 서로 직교하는 2방향으로 주근을 배치한 슬래브이다.
>   ④ 단변방향의 철근을 장변방향철근보다 바닥 단부 쪽으로 배치하는데, 단변방향에서 더 큰 하중을 받기 때문이다.

12 다음 중 철골구조의 장점으로 옳지 않은 것은?

① 강도가 커서 부재를 경량화할 수 있다.

② 공사비가 싸고 내화적이다.

③ 큰 스팬의 구조물이나 고층 건물에 적합하다.

④ 연성구조이므로 취성파괴를 방지할 수 있다.

> **TIP** 철골구조
>
> • 장점
>   ① 강도가 커서 건물 자중을 가볍게 할 수 있다.
>   ② 큰 스팬의 구조물이나 고층 구조물에 적합하다.
>   ③ 이동, 해체, 수리, 보강 등 사용하기가 편리하다.
> • 단점
>   ① 녹슬기 쉬워 피복에 신경을 써야 한다.
>   ② 부재가 가늘고 길어 좌굴되기 쉽고 열에 약하다.
>   ③ 공사비가 비싸다.

13 철근콘크리트공사에서 철근의 피복을 하는 목적과 가장 거리가 먼 것은?

① 내화성 확보

② 내구성 확보

③ 방동효과

④ 콘크리트 타설 시 유동성 확보

> **TIP** 피복의 목적 및 효과
> • 내구성 확보(철근부식 방지)
> • 철근의 부착력 증가
> • 내화성 확보(화재 시 철근의 온도상승 방지)
> • 콘크리트 유동성 확보(거푸집과 철근 사이의 굵은 골재 유동성)

14 보가 없이 바닥판을 기둥이 직접 지지하는 슬래브는?

① 플랫 슬래브   ② 드롭 패널

③ 캐피탈   ④ 워플 슬래브

> **TIP** 플랫 슬래브(무량판 구조)
> • 바닥에 보가 없이 직접 기둥에 하중을 전달하는 방식.
> • 구조가 간단하고 공사비가 저렴하다. 또한, 층고를 높게 할 수 있어 실내 이용률이 높지만, 바닥판이 두꺼워 고정하중이 커진다.
> • 바닥판 두께는 15cm 이상으로 하며, 배근방식으로 2방향식, 3방향식, 4방향식, 원형식이 있으며, 2방향과 4방향식이 많이 사용된다.

15 보강콘크리트 블록조 단층에서 내력벽의 벽량은 최소 얼마 이상으로 하는가?

① $10cm/m^2$ ② $15cm/m^2$

③ $20cm/m^2$ ④ $25cm/m^2$

> **TIP** 벽량
>
> 내력벽 길이의 총 합계를 그 층의 건축바닥면적으로 나눈 값을 말하며, 보강블록조의 최소 벽량은 $15cm/m^2$ 이상으로 한다.
>
> $$벽량(cm/m^2) = \frac{내력벽의\ 길이(cm)}{바닥면적(m^2)}$$

16 조적식 구조에서 하나의 층에 있어서의 개구부와 그 바로 위층에 있는 개구부와의 수직거리는 최소 얼마 이상으로 하여야 하는가?

① 200mm ② 400mm
③ 600mm ④ 800mm

TIP 개구부
- 대린벽으로 구획된 벽에 개구부의 너비 합계는 그 벽 길이의 1/2 이하로 한다.
- 개구부와 그 바로 위층 개구부와의 수직거리는 60cm 이상으로 한다.
- 개구부 상호간 거리 또는 개구부와 대린벽 중심과의 수평거리는 벽두께의 2배 이상으로 한다.(단, 개구부 상부가 아치인 경우는 제외한다.)
- 너비가 1.8m를 넘는 개구부의 상부는 철근콘크리트 인방을 설치한다.
- 인방은 양 벽체에 20cm 이상 물리도록 한다.

17 트러스를 종횡으로 배치하여 입체적으로 구성한 구조로써, 형강이나 강관을 사용하여 넓은 공간을 구성하는데 이용되는 것은?

① 셸 구조 ② 돔 구조
③ 현수 구조
④ 스페이스프레임

TIP 스페이스프레임
- 재료를 입체적으로 조립한 뼈대로 경량이면서 강성이 크다.
- 입체적으로 부재가 배치되어 응력을 균등하게 분담하도록 설계되어 있다.
- 종횡으로 거의 균등하게 배치되어 부재 상호간 변형을 구속하면서 압축부재의 좌굴을 방지한다.

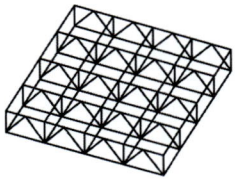

(a) 직사각형 스페이스프레임

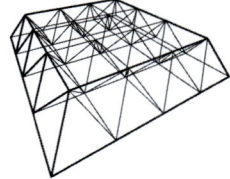

(b) 삼각형 스페이스프레임

18 아치 너비가 넓을 때 여러 겹으로 겹쳐 쌓은 아치를 무엇이라 하는가?

① 본 아치
② 막만든 아치
③ 거친 아치
④ 층두리 아치

TIP 층두리 아치

아치 너비가 넓을 때 여러 겹으로 겹쳐 쌓은 아치이다.
- 본 아치 : 아치 벽돌을 사다리꼴 모양으로 제작한 것을 이용하여 만든 아치이다.
- 막만든 아치 : 벽돌을 쐐기 모양으로 다듬어 만든 아치이다.
- 거친 아치 : 보통 벽돌을 이용하여 사용하고 줄눈을 쐐기모양으로 만든 아치이다.

19 목조 벽체에서 기둥 맨 위 처마부분에 수평으로 거는 가로재로써 기둥머리를 고정하는 것은?

① 처마도리   ② 샛기둥
③ 깔도리   ④ 꿸대

TIP ☼ 깔도리

기둥 위에 처마부분에 수평으로 대는 가로재로 지붕틀의 하중을 받아 기둥으로 전달하는 것으로 크기는 기둥과 같거나 좀 약간 크게 하고, 이음은 기둥 또는 지붕보를 피해 엇걸이산지이음으로 한다.

- 처마도리 : 깔도리 위에 지붕틀을 걸고 평보위에 걸쳐대는 가로재로써 절충식 지붕틀에서는 처마도리가 깔도리를 대신하기도 하며, 크기는 기둥 또는 깔도리와 같거나 조금 작게 한다.
- 샛기둥 : 기둥과 기둥 사이에 대는 기둥이며, 가새의 힘을 방지하며 상부 하중을 받지 않고 크기는 본 기둥의 1/2 ~ 1/3 정도로 하고 간격은 40 ~ 60cm 정도로 한다.
- ※ 꿸대 : 벽 바탕에 뼈대를 설치하고 벽을 보강하기 위해 기둥을 연결하는 가로재를 말한다.

20 절충식 지붕틀에서 동자기둥이 받는 부재는?

① 중도리와 마룻대
② 서까래와 베개보
③ 대공과 지붕보
④ 깔도리와 처마도리

TIP ☼ 절충식 지붕틀

- 동자기둥 상부는 마룻대 및 중도리에 맞춤하고 산지 또는 못을 박는다.
- 동자기둥 하부는 지붕보 윗면에 대공이 놓이는 자리를 평평하게 하고 맞춤하며 꺾쇠 등으로 고정한다.
- 중도리는 동자기둥에, 마룻대는 대공 위에 수평으로 걸쳐대고 서까래를 받는다.

21 미리 거푸집 속에 적당한 입도배열을 가진 굵은 골재를 채워 넣은 후, 몰탈을 펌프로 압입하여 굵은 골재의 공극을 충전시켜 만드는 콘크리트는?

① 소일 콘크리트
② 레디믹스트 콘크리트
③ 쇄석 콘크리트
④ 프리팩트 콘크리트

TIP ☼ 프리플레이스트 콘크리트

프리팩트 콘크리트가 프리플레이스트 콘크리트로 변경됨.(2009년 콘크리트 표준시방서)

22 몰탈 또는 콘크리트가 유동적인 상태에서 겨우 형체를 유지할 수 있는 정도로 엉키는 초기작용을 의미하는 것은?

① 풍화 ② 응결
③ 블리딩 ④ 중성화

> **TIP** 응결
> - 물과 섞으면 시멘트 풀이 되고, 시간이 지남에 따라 유동성과 점성이 점차 없어져 고체상태를 유지하려고만 하는 상태를 말한다.
> - 응결의 초결과 종결을 1시간 이후 10시간 이내로 보고 있다.
> - 응결순서 : 알루민산삼석회 > 규산삼석회 > 알루민산철사석회 > 규산이석회

23 미장재료 중 돌로마이트 플라스터에 대한 설명으로 틀린 것은?

① 수축 균열이 발생하기 쉽다.
② 소석회에 비해 작업성이 좋다.
③ 점도가 없어 해초풀로 반죽한다.
④ 공기 중의 탄산가스와 반응하여 경화한다.

> **TIP** 돌로마이트 플라스터
> - 소석회 보다 점성이 커서 풀이 필요 없어 냄새, 변색, 곰팡이가 생기지 않는다.
> - 강알칼리성으로 건조 후 바로 유성페인트를 칠할 수 없다.
> - 필요에 따라 시멘트, 모래, 여물 등을 혼합하여 사용한다.
> - 수축률이 커 균열이 발생하기 쉬워 여물 등을 혼합한다.

24 급경성으로 내알칼리성 등의 내화학성이나 접착력이 크고 내수성이 우수하여 금속, 석재, 도자기, 유리, 콘크리트, 플라스틱재 등의 접착에 사용되는 합성수지 접착제는?

① 페놀수지 접착제
② 에폭시수지 접착제
③ 멜라민수지 접착제
④ 요소수지 접착제

> **TIP** 에폭시 수지
> 내수성, 내약품성 등이 우수하고, 접착력이 접착제 중 가장 우수하다.

25 어느 목재의 중량을 달았더니 50g이었다. 이것을 건조로에서 완전히 건조시킨 후 달았더니 중량이 35g이었을 때 이 목재의 함수율은?

① 약 25% ② 약 33%
③ 약 43% ④ 약 50%

> **TIP** 목재의 함수율
> - 함수율(%)
> $= \dfrac{\text{생나무중량} - \text{완전건조목재중량}}{\text{완전건조목재중량}} \times 100\%$
> - 함수율(%) $= \dfrac{50g - 35g}{35g}$
> $\fallingdotseq 42.857\%$

26 앞으로 요구되는 건축재료의 발전방향에 대한 설명으로 옳지 않은 것은?

① 고품질
② 합리화
③ 현장시공화
④ 프리패브화

27 파티클보드의 특징 중 옳지 않은 것은?

① 큰 면적의 판을 만들 수 있다.
② 표면이 평활하고 경도가 크다.
③ 방충, 방부성은 비교적 작은 편이다.
④ 못, 나사못의 지보력은 목재와 거의 같다.

> **TIP** 파티클 보드(Particle Board, Chip Board)
> - 강도에 방향성이 없고 큰 면적의 판을 만들 수 있다.
> - 두께는 비교적 자유로 선택할 수 있다.
> - 표면이 평활하고 경도가 크다.
> - 방충, 방부성이 크다.
> - 균질한 판을 대량으로 제조할 수 있다.
> - 가공성이 비교적 양호하다.
> - 못, 나사못의 지보력은 목재와 거의 같다.

28 재료가 외력을 받았을 때 파괴되지 않고 가늘고 길게 늘어나는 성질을 무엇이라 하는가?

① 전성
② 취성
③ 탄성
④ 연성

> **TIP** 연성(Ductility)
> 외력을 받았을 때, 파괴되지 않고 가늘고 길게 늘어나는 성질을 말한다.
> - 전성(Malleability) : 타격에 의해 판상으로 펴지는 성질을 말한다.
> - 취성(Ductility) : 작은 변형만으로도 쉽게 파괴되는 성질을 말한다.
> - 탄성(Elasticity) : 재료가 외력을 받아 변형이 생긴 후, 이 외력을 제거하면 원래 모양과 크기로 되돌아가는 성질을 말한다.

29 다음 중 내화도가 가장 큰 석재는?

① 화강암
② 대리석
③ 석회암
④ 응회암

> **TIP** 석재의 내화성
> 안산암, 응회암, 사암 : 1000℃
> - 화강암 : 600℃
> - 석회암, 대리석 : 600~800℃

30 아스팔트의 품질을 판별하는 항목과 거리가 먼 것은?

① 신도 ② 침입도
③ 감온비 ④ 압축강도

💡 아스팔트 품질시험
- 침입도
  ① 침입도란 견고성을 평가하는 것으로 규정된 크기의 침을 규정된 시간동안 아스팔트에 수직으로 눌러 관입된 길이로 관입저항을 평가한다.
  ② 측정 방법은 0℃에서 200g의 추를 60초 동안 누르는 방법, 25℃에서 100g의 추를 5초 동안 누르는 방법, 46℃에서 500g의 추를 5초 동안 누르는 방법이 있다.
  ③ 표준시험은 25℃에서 100g의 추를 5초 동안 누르는 방법으로 한다.
  ④ 0.1mm의 관입길이를 침입도 1로 본다.
- 연화점
  ① 일정한 융점이 없고 가열하면 서서히 액상으로 변하는데 아스팔트가 일정 점도를 나타낼 때의 온도를 말한다.
  ② 보통 75℃ ~ 100℃ 이상에서 나타난다.
- 감온성
  ① 감온성이란 온도에 따라 나타나는 변화정도를 말한다.
  ② 스트레이트 아스팔트가 블로운 아스팔트보다 감온성이 크게 나타난다.
- 신도
  ① 연성을 나타내는 것으로 잡아당겨 끊어질 때까지의 길이를 나타낸다.
  ② 내마모성, 점착성 등과 관계가 있다.
- 인화점
  ① 아스팔트의 휘발성 성분으로 인해 인화될 위험이 있다.
  ② 보통 250℃정도에서 인화된다.

31 석재의 성인에 의한 분류 중 화성암에 속하지 않는 것은?

① 화강암 ② 안산암
③ 석회암 ④ 부석

💡 화성암
- 화강암
  ① 단단하고 내구성이 크고 흡수성이 작다.
  ② 석재 중 압축강도가 가장 크고 외관이 아름다워 구조재 및 내·외장재로 사용한다.
  ③ 경도가 커 세밀한 조각을 하기는 좋지 않다.
  ④ 내화도가 낮아 고열을 받는 곳에는 부적당하다.
- 안산암
  ① 화강암 다음으로 많은 석재이며, 조직은 치밀한 것부터 조잡한 것까지 다양하다.
  ② 강도, 비중, 내화성이 크고 가공이 용이하여 구조용 또는 조각품에 이용된다.
- 부석
  ① 비중이 0.75정도로 석재 중 가장 가볍고, 경량콘크리트의 골재로 사용된다.
  ② 열전도율이 작아 단열재, 화학공장의 특수 장치로 쓰인다.

※ 석회암 : 주성분은 탄산석회($CaCO_3$)이고, 시멘트의 원료로 사용되고, 석질은 치밀하지만, 내산·내후·내화성 부족하다.

32 겨울철의 콘크리트공사, 해수공사, 긴급 콘크리트공사에 적당한 시멘트는?

① 보통포틀랜드 시멘트
② 알루미나 시멘트
③ 팽창 시멘트
④ 고로 시멘트

TIP 알루미나시멘트
- 보크사이트(Bauxite : 알루미늄 원광)를 혼합하여 미분쇄한 시멘트로 조기강도가 상당히 커서 1일 만에 소요압축강도를 나타낸다.
- 해수에 대한 저항성이 크며, 내화 및 발열량이 커서 긴급공사, 한중공사, 해안공사에 사용한다.

※ 보통 포틀랜드 시멘트
- 4주(28일)정도 양생해야 소요 압축강도를 얻을 수 있다.
- 생산량이 많아 보편적으로 가장 많이 사용한다.

※ 팽창 시멘트
- 팽창제를 혼합하여 팽창작용으로 건조수축으로 일어나는 균열을 감소시킬 목적으로 사용한다.
- 수중양생으로 약 1%의 팽창이 있지만, 공기 중에서는 팽창, 수축이 거의 일어나지 않는다.
- 무수축 시멘트라고도 한다.

※ 고로 시멘트
- 슬래그(slag)을 혼합한 뒤 석고를 넣어 분쇄한 시멘트로써, 조기강도는 낮고 장기강도는 보통포틀랜드 시멘트보다 크다.
- 비중이 작으며(2.85), 바닷물에 대한 저항성이 크다.

- 화학적 저항성이 크고, 내열성 및 수밀성이 우수하다.
- 침식을 받는 하수, 폐수, 하수공사에 사용한다.

33 청동의 합금 구성으로 옳은 것은?

① Cu + Zn
② Cu + Ni
③ Cu + Sn
④ Cu + Mn

TIP 구리합금 (청동)

구리+주석의 합금으로 황동보다 내식성이 크고, 주조하기 용이하며, 특유한 색깔이 있어 장식 부품 및 공예재료에 사용한다.

※ 구리합금(황동) : 구리+아연의 합금으로 내식성이 크고, 가공이 용이하며, 장식철물 및 볼트, 너트와 논슬립 등에 사용한다.

※ 구리합금(포금) : 약 10% 정도의 주석과, 약간의 아연과 납을 포함한 합금으로 강도와 경도가 크고, 톱니바퀴 및 밸브 제작에 사용한다.

34 다음 중 오르내리창에 사용되는 철물은?

① 나이트 래치(Night Latch)
② 도어 스톱(Door Stop)
③ 모노 로크(Mono Lock)
④ 크레센트(Crescent)

TIP 크레센트

오르내리창 또는 새시의 미서기 창을 걸거나 잠그는데 사용한다.

- 나이트 래치(Night Latch) : 실내에 노브에 달려있는 손잡이를 돌리거나 혹은

버튼조작 등을 이용하여 문을 잠그고, 실외에서는 열쇠를 사용하여 잠그거나 여는 자물쇠이다.
- 도어스톱(도어 홀더) : 문을 열었을 경우 닫히지 않게 하거나 더 열리지 않게 (벽에 문이 부딪히지 않도록) 하기 위한 철물이다.

※ 실린더 록 : 실내는 손잡이 가운데 버튼을 눌러 잠그고, 실외에서는 열쇠로 개방하는 철물로 모노 록(Mono Lock)이라고도 한다.

35 다음 금속재료 중 X선 차단성이 가장 큰 것은?

① 연
② 구리
③ 알루미늄
④ 아연

TIP 납(연, 鉛)
- 비철금속 중 비중이 가장 크고 연질이며, 내식성이 크다. 산에는 강하나, 알칼리에는 침식된다.
- 수관, 가스관 및 X선 차단용 등에 사용한다.

36 다음 중 혼합시멘트에 속하지 않는 것은?

① 보통 포틀랜드 시멘트
② 고로 시멘트
③ 착색 시멘트
④ 플라이 애쉬 시멘트

TIP 혼합시멘트
- 고로(슬래그)시멘트
  ① 슬래그(slag)을 혼합한 뒤 석고를 넣어 분쇄한 시멘트로써, 조기강도는 낮고 장기강도는 보통포틀랜드 시멘트보다 크다.
  ② 비중이 작으며(2.85), 바닷물에 대한 저항성이 크다.
  ③ 화학적 저항성이 크고, 내열성 및 수밀성이 우수하다.
  ④ 침식을 받는 해수, 폐수, 하수공사에 사용한다.
- 플라이 애쉬 시멘트
  ① 플라이 애쉬를 혼합하여 만든 시멘트로 조기강도는 낮고, 장기강도는 크다.
  ② 시공연도 및 수밀성이 좋고, 수화열과 건조수축이 적어 댐, 및 일반건축공사에 사용한다.
- 포졸란 시멘트(실리카 시멘트)
  ① 화산재, 규조토 등을 혼합하여 만든 시멘트로 시공연도가 좋고, 조기강도는 낮으나 장기강도는 크다.
  ② 단면이 큰 콘크리트에 사용한다.
- 착색시멘트
  ① 포틀랜드 시멘트에 여러 가지 색깔을 착색할 목적으로 만든 시멘트로 착색 클링커를 소성하여 분쇄하거나 백색 포틀랜드 시멘트를 착색하는 방법으로 만든다.
  ② 테라죠, 타일, 블록 등의 제품 또는 건축물의 내·외벽 등에 사용된다.

37 다공질 벽돌에 대한 설명으로 옳지 않은 것은?

① 원료인 점토에 탄가루와 톱밥, 겨 등의 유기질 가루를 혼합하여 성형, 소성한 것이다.
② 비중이 1.2~1.5 정도인 경량 벽돌이다.
③ 단열 및 방음성이 좋으나 강도는 약하다.
④ 톱질과 못 박기가 어렵다.

> **TIP** 다공질 벽돌
> - 점토에 분탄, 톱밥 등을 혼합하여 소성한 벽돌로써 톱질과 못 치기가 가능하며, 보온 및 흡음성이 있다.
> - 비중이 1.5 정도로 보통벽돌인 2.0 보다 작아 가볍다.

38 알루미늄의 특성에 대한 설명으로 옳지 않은 것은?

① 산, 알칼리 및 해수에 침식되지 않는다.
② 연질이므로 가공성이 뛰어나다.
③ 전기전도성 및 반사율이 뛰어나다.
④ 내화성이 약하다.

> **TIP** 알루미늄
> - 연성과 전성이 크고, 열전도율과 전기전도율이 높다.
> - 가벼운 정도에 비해 강도가 크며, 공기 중에서 표면에 산화막이 생성하여 내식성이 크다.
> - 산, 알칼리에 약하므로, 콘크리트에 접할 때에는 방식처리를 해야 한다.
> - 창호 및 커튼레일 등에 사용한다.

39 넓은 기계 대패로 나이테를 따라 두루마리를 펴듯이 연속적으로 벗기는 방법으로 얼마든지 넓은 베니어를 얻을 수 있으며 원목의 낭비도 적어 합판 제조의 80~90%에 해당하는 것은?

① 소드 베니어
② 로터리 베니어
③ 반 로터리 베니어
④ 슬라이스드 베니어

> **TIP** 로터리 베니어 법(Rotary Veneer)
> 원목을 회전시키면서 연속적으로 얇게 벗기는 방법으로 원목의 낭비를 막을 수 있어 가장 많이 사용한다.
> ※ 소드 베니어 법(Sawed Veneer) : 원목을 각재로 만든 뒤 톱으로 잘라내는 방법으로 무늿결을 얻어낼 때 사용한다.
> ※ 슬라이스드 베니어 법(Sliced Veneer) : 원목을 적당한 각재로 만든 뒤 얇게 자르는 방법으로 곧은결이나 널결을 나타낼 때 사용한다.

40 얇은 금속판에 여러 가지 모양으로 도려낸 철물로써 환기구멍, 라디에이터 커버 등에 이용되는 것은?

① 코너비드
② 듀벨
③ 논 슬립
④ 펀칭메탈

> **TIP** 펀칭메탈
> 1.2m/m 이하의 강판에 여러 모양으로 구멍을 내어 만들고 환기구멍, 라디에이터 커버 등에 사용한다.

35 ① 36 ① 37 ④ 38 ① 39 ② 40 ④

※ 코너비드 : 벽과 기둥 등의 모서리를 보호하기 위해 사용하는 철물로 재질은 아연도금, 황동, 스테인리스 제품 등이 사용된다.

※ 듀벨 : 동그랗게 말아 사용하거나 끝부분을 뾰족하게 하여 목재의 접합에 사용하는 것으로 목재의 전단력에 작용한다.

※ 논슬립 : 발이 미끄러지는 것을 방지하고 계단코가 닳는 것을 막기 위하여 계단코에 대는 철물로 황동 이외에 합성수지, 접착식 등 다양한 재료가 있다.

41 다음 중 주택의 거실 배치 시 고려할 사항으로 옳지 않은 것은?

① 가구의 크기
② 가족 구성원 수
③ 동선
④ 주택규모

TIP 거실의 크기 결정
- 주택전체의 규모나 가족 수, 가족구성, 경제적 조건, 주생활방식 등 다른 실과의 관계에 의해 결정된다.
- 실의 성격상 많은 가구를 필요로 하므로 가능한 가구를 효율적으로 배치할 수 있는 충분한 공간을 확보할 수 있도록 고려한다.

42 먼셀의 표색계에서 5R 4/14에 대한 설명으로 옳지 않은 것은?

① 먼셀 표색계는 색상, 명도, 채도로 색을 정의한다.
② 빨강의 순색을 5R 4/14로 표기한다.
③ 14는 채도를 나타낸다.
④ 5R은 명도를 나타낸다.

TIP 먼셀 표색계
- 색을 H V/C의 형태로 나타낸다. 여기서 H는 색상, V는 명도, C는 채도를 나타낸다.
- 색상은 R(빨강)·YR(주황)·Y(노랑)·GY(연두)·G(녹색)·BG(청록)·B(파랑)·PB(남색)·P(보라)·RP(자주)의 10종류로 나누어 원주 상에 등 간격으로 배치하고, 다시 한 기호의 범위를 10으로 분할하여 1에서 10까지의 번호를 매긴다. 예를 들면 5R는 빨강의 중앙에 위치하는 대표적인 빨간 색상을 의미한다.
- 명도는 순백(純白)을 V = 10으로, 순흑(純黑)을 V = 0으로 하고, 그 사이를 밝기에 따라 1부터 9까지 분할한다.
- 채도는 색감의 정도를 무채색 C = 0에서 시작하여 C = 1,2,3,…으로 구분한다. 예를 들어 순수한 빨강은 H가 5R, V가 4, C가 14로 5R 4/14로 표시된다.

43 다음 중 실내조명설계순서에서 가장 먼저 이루어져야 할 사항은?

① 조명 방식의 설정

② 소요 조도의 결정

③ 전등 종류의 결정

④ 조명 기구의 배치

TIP 실내조명설계순서

소요조도의 결정 – 전등 종류의 결정 – 조명방식과 조명기구 선정 – 광원 수와 배치 – 광속의 계산 – 소요전등의 크기결정

44 다음 중 개별식 급탕방식에 속하지 않는 것은?

① 순간식   ② 저탕식

③ 직접 가열식   ④ 기수 혼합식

TIP 개별 급탕방식

- 순간식 : 급탕관의 일부를 가열하여 직접 온수를 얻는 방식이다.
- 저탕식 : 가열온수를 저탕조에 저장하여 사용하는 것으로, 열손실은 크지만 많은 온수를 쓰기에 적합하다.
- 기수혼합식 : 보일러 증기를 물탱크에 직접 불어 넣는 방법이다.

※ 중앙식으로 직접가열식, 간접가열식이 있다.

45 배치도에서 대지경계선을 표시할 때 사용하는 선은?

① 실선

② 파선

③ 일점쇄선

④ 이점쇄선

TIP 일점쇄선

물체의 중심선, 절단선, 기준선, 경계선, 참고선 등을 표시할 때 사용한다.

※ 굵은 실선 : 물체의 보이는 부분을 나타내는 선으로 단면선과 외형 선으로 구별하여 사용한다.

※ 가는 실선 : 치수선, 치수 보조선, 인출선, 격자선 등을 나타낼 때 사용한다.

※ 파선(점선) : 물체의 보이지 않는 부분의 모양을 표시하는데 사용하거나 절단면보다 양면 또는 윗면에 있는 부분을 표시할 때 사용한다.

※ 이점쇄선 : 상상선 또는 일점쇄선과 구별할 필요가 있을 때 사용한다.

46 증기난방에 관한 설명으로 옳지 않은 것은?

① 예열시간이 온수난방에 비해 짧다.

② 방열면적을 온수난방보다 작게 할 수 있다.

③ 난방 부하의 변동에 따른 방열량 조절이 용이하다.

④ 증발 잠열을 이용하기 때문에 열의 운반 능력이 크다.

TIP 증기난방

- 장점
  ① 가열시간과 증기순환이 빠르다.
  ② 방열면적이 온수난방보다 작다.
  ③ 증기의 잠열을 이용하는 난방열의 운반능력이 크며, 설비비가 싸다.
- 단점
  ① 쾌적감이 온수난방보다 낮고, 온도조절이 어렵다.
  ② 소음이 발생되며, 응축수배관이 부식되기 쉽다.

47 건축물의 묘사도구 중 여러 가지 색상을 가지고 있고 색층이 일정하고 도면이 깨끗하고 선명하며 농도를 정확히 나타낼 수 있는 것은?

① 연필
② 물감
③ 색연필
④ 잉크

TIP 잉크

- 여러 가지 색상을 갖고 있어 색의 구분이 일정하고, 농도를 정확하게 할 수 있어 도면이 선명하고 깨끗하게 보인다.
- 여러 가지 펜촉을 사용할 수 있어, 다양한 묘사 방법의 표현도 가능하다.

※ 연필
  - 밝은 상태에서 어두운 상태까지 폭넓은 명암을 나타낼 수 있으며, 다양한 질감 표현도 가능하다.
  - 지울 수 있는 장점이 있는 반면에 번지거나 더러워지는 단점이 있다.

※ 물감
  - 물감은 재료에 따라서 차이가 있고, 수채화는 신선한 느낌을 주고, 부드럽고 밝은 특징을 갖고 있다.
  - 포스터물감은 사실적이며, 재료의 질감표현과 수정이 용이해 많이 사용하는 방법으로 붓을 이용해 그린다.

※ 색연필 : 간단하게 도면을 채색하여 실물의 느낌을 표현하는데 주로 사용하며, 색펜과 같이 사용하여 실내건축물의 간단한 마감 재료를 그리는데 사용한다.

※ 유성 마카펜 : 트레이싱지에 색을 표현하기가 가장 적합하다.

48 에스컬레이터에 관한 설명으로 옳지 않은 것은?

① 수송량에 비해 점유면적이 작다.
② 대기시간이 없고 연속적인 수송설비이다.
③ 수송능력이 엘리베이터의 1/2 정도로 작다.
④ 승강 중 주위가 오픈되므로 주변 광고 효과가 크다.

TIP 에스컬레이터

- 엘리베이터에 비해 수송량이 크며, 그에 비해 점유면적이 작다.
- 에스컬레이터의 수송능력은 엘리베이터의 약 10배 정도이다.
- 설치비가 고가(층간 높이 10m 기준 약 1억 5천만 원)이며, 층고, 보의 간격 등 구조적 고려가 필요하다.

49 연립주택의 형식 중 경사지를 이용하거나 상부 층으로 갈수록 약간씩 뒤로 후퇴하는 형식은?

① 타운 하우스 ② 테라스 하우스
③ 중정형 하우스 ④ 로우 하우스

TIP 테라스 하우스(Terrace House)
- 경사지에 짓는 주택으로 적당한 절토 또는 자연 지형을 따라 건물을 만든다.
- 각 호마다 전용의 뜰(정원)을 갖게 되며, 노인이 있는 세대에 적합하다.
- 경사도에 따라 밀도가 좌우되며, 후면에 창이 없기 때문에 깊이는 6~7.5m 이하이다.
- 경사지인 경우 도로를 중심으로 상향식과 하향식으로 구분한다.
- 지형에 따라 자연형(경사지)테라스 하우스, 인공형(평지)테라스 하우스로 나뉘며, 인공형 테라스 하우스는 시각적 테라스형, 구조적 테라스형으로 구분한다.

※ 타운 하우스(Town House) : 토지의 효율적인 이용 및 건설비, 유지관리비의 절약을 고려한 주택으로 단독주택의 장점을 최대한 활용하며 주차가 용이하며 공동 주차공간은 불필요하다. 또한, 배치를 다양하게 변화시킬 수 있으며, 프라이버시 확보는 조경을 통해 해결 가능하다.

※ 중정형 하우스(Courtyard, Patio House) : 보통 한 세대가 한 층을 점유하는 주거형식으로 중정을 향해 L자형으로 둘러싸고 있다.

※ 로우 하우스(Row House) : 타운하우스의 같이 토지의 이용 및 건설비 및 유지관리비 절감을 고려한 형식으로 단독주택보다 높은 밀도를 가진다.

50 창호의 재질·용도별 기호의 연결이 옳지 않은 것은?

① WW : 목재 창
② PD : 합성수지 문
③ AW : 알루미늄합금 창
④ SS : 스테인리스 스틸 셔터

TIP 창호재질용도별 기호
SS : Steel Shutter(철재 셔터)

51 다음 중 대수선에 대한 설명으로 옳은 것은?

① 기둥을 2개 이상 수선 또는 변경하는 것
② 담장 등 외부형태를 변경하는 것
③ 내력벽 벽 면적을 20m² 이상 수선 또는 변경하는 것
④ 지붕틀을 증설 또는 해체하거나 4개 이상 수선 또는 변경하는 것

TIP 대수선
- 건축물의 기둥, 보, 내력벽, 주 계단 등의 구조나 외부 형태를 수선·변경하거나 증설하는 것으로 증축·개축 또는 재축에 해당하지 않는 것으로써 대통령령으로 정하는 것을 말한다.
- 대통령령으로 정하는 것이란 다음의 어느 하나에 해당하는 것으로써 증축, 개축 또는 재축에 해당하지 아니하는 것을 말한다.
  ① 내력벽을 증설 또는 해체하거나 그 벽 면적을 30m² 이상 수선 또는 변경하는 것

② 기둥을 증설 또는 해체하거나 3개 이상 수선 또는 변경하는 것
③ 보를 증설 또는 해체하거나 3개 이상 수선 또는 변경하는 것
④ 지붕틀을 증설 또는 해체하거나 3개 이상 수선 또는 변경하는 것
⑤ 방화벽 또는 방화구획을 위한 바닥 또는 벽을 증설 또는 해체하거나 수선 또는 변경하는 것
⑥ 주 계단·피난계단 또는 특별피난계단을 증설 또는 해체하거나 수선 또는 변경하는 것
⑦ 미관지구에서 건축물의 외부형태(담장을 포함)를 변경하는 것
⑧ 다가구주택의 가구 간 경계 벽 또는 다세대주택의 세대 간 경계 벽을 증설 또는 해체하거나 수선 또는 변경하는 것

※ 리모델링 : 건축물의 노후화를 억제하거나 기능향상 등을 위하여 대수선하거나 일부 증축하는 행위를 말한다.

52 실내 환기의 척도로 주로 이용되는 것은?

① 산소
② 질소
③ 이산화탄소
④ 아황산가스

TIP 실내 공기 오염(환기척도)
- 재실자의 호흡으로 인한 산소(O_2)의 감소 및 이산화탄소의 증가(CO_2)를 꼽을 수 있다.
- 국내 실내공기 질 기준으로 이산화탄소는 1000ppm 이하로 관리하도록 하고 있다.
- 먼지 및 각종 세균으로 인한 공기오염

※ ppm(농도의 단위) : 미량 물질 농도를 표시할 때 사용하는 것으로, 1g의 시료 중 100만 분의 1g, 물 1t 중의 1g, 공기 1m³ 중의 1cc를 말한다.

53 다음의 건축법상 정의에 해당되는 주택의 종류는?

> 주택으로 쓰이는 1개 동의 바닥면적(지하주차장 면적 제외)의 합계가 660m² 이하이고, 층수가 4개층 이하인 주택

① 아파트
② 연립주택
③ 기숙사
④ 다세대주택

TIP 주택의 종류
- 660m² 초과 : 연립주택
- 660m² 이하 : 다세대주택

54 다음 그림에서 A방향의 투상면이 정면도일 때 C방향의 투상면은 어떤 도면인가?

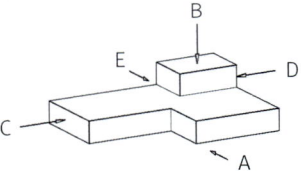

① 저면도
② 배면도
③ 좌측면도
④ 우측면도

55 실감온도(유효온도, ET)를 구성하는 3요소와 관련 없는 것은?

① 온도
② 습도
③ 기류
④ 열복사

TIP 열 환경

열 환경의 4요소(온열 요소) : 기온, 습도, 기류, 주위 벽의 복사열

※ 기온은 열적쾌감에 큰 영향을 끼치는 요소이며, 습도는 상대습도를 말한다. 또한, 기류의 속도는 0.25 ~ 0.5m/s 정도이며, 복사열은 기온 다음으로 열 환경에 큰 영향을 미친다.

※ 쾌적지표
- 실험 지표 : 유효온도(체감온도, ET) : 온도, 습도, 기류
- 이론 지표 : 불쾌지수 : 기상상태로 인하여 인간이 느끼는 불쾌감의 정도를 나타낸다.

56 다음의 결로현상에 관한 설명 중 ( )안에 알맞은 것은?

습도가 높은 공기를 냉각하면 공기 중의 수분이 그 이상은 수증기로 존재할 수 없는 한계를 ( )라 하며, 이 공기가 ( ) 이하의 차가운 벽면 등에 닿으면 그 벽면에 물방울이 생긴다. 이를 결로현상이라 한다.

① 절대습도
② 상대습도
③ 습구온도
④ 노점온도

TIP 노점온도

공기를 냉각할 때 공기 중의 수증기가 포화하여 이슬이 맺힐 때의 온도이며, 노점온도는 습도(수증기의 양)에 비례한다.

※ 절대습도 : 공기 1kg 중에 포함된 수증기의 양을 나타내며, 공기를 가열하거나 냉각해도 수증기의 양은 변화가 없다.

※ 상대습도 : 공기 중의 포함된 실제 수증기량과 공기가 최대로 포함할 수 있는 수증기량(도화수증기량)의 비를 말하며, 퍼센트(%)로 나타낸다. 또한, 기온이 높으면 상대습도는 낮고, 기온이 낮으면 상대습도는 높다.

※ 습구온도 : 온도계의 감온부를 헝겊 등으로 감싸놓고 물을 적신 후 증발될 때 내려가는 온도.

57 직접조명방식에 관한 설명으로 옳지 않은 것은?

① 조명률이 크다.
② 직사 눈부심이 없다.
③ 공장조명에 적합하다.
④ 실내면 반사율의 영향이 적다.

TIP 직접방식

조명 효율이 좋고 조도가 높으나, 그림자가 생기고 쾌적감이 없다.

※ 간접조명 : 그림자를 만들지 않아 좋으나, 단독사용 시 상품을 강조하는데 효과적이지 못하다.

※ 전반조명 : 실 전체를 확산성이 좋은 조명기구를 사용하여 균일조도를 목적으로 한다.(공장, 사무실, 교실)

※ 반직접조명 : 방사된 빛의 60 ~ 90%는 아래, 나머지는 위로 오게 하는 방식으로 작업면 조도를 증가시킨다.(상점, 주택, 사무실, 교실)

※ 반간접조명 : 방사된 빛의 60 ~ 90%는 위, 나머지는 아래로 오게 하는 방식으로 부드럽고 아늑한 느낌이다.(세밀한 일을 오래 하는 장소)

58 압력탱크식 급수방법에 관한 설명으로 옳은 것은?

① 급수공급 압력이 일정하다.
② 정전 시에도 급수가 가능하다.
③ 단수 시에 일정량의 급수가 가능하다.
④ 위생성 측면에서 가장 바람직한 방법이다.

TIP 압력탱크식(압력수조방식)
- 국부적으로 고압을 필요로 하는 경우에 적합하다.
- 옥상탱크와 같은 고가 시설이 없어 건물의 외관이 깔끔하며, 그로 인해 건물 구조를 보강하거나 강화하지 않아도 된다.
- 물탱크 저수량만큼 급수가 가능하다.
- 최저·최고 압력의 압력차가 커서 압력변동이 심하다.
- 제작비가 고가이며, 취급이 어렵고 고장이 많다.

59 주택단지의 구성에서 근린분구를 이루는 주택호수의 규모는?

① 20 ~ 40호
② 400 ~ 500호
③ 1600 ~ 2000호
④ 2500 ~ 10000호

TIP 근린단위
- 근린분구(400 ~ 500호, 3,000 ~ 5,000명)
- ※ 인보구(20 ~ 40호, 200 ~ 800명)
- ※ 근린주구(1,600 ~ 1,000호, 10,000 ~ 20,000명)

60 배수 트랩의 봉수파괴 원인에 속하지 않는 것은?

① 증발
② 간접배수
③ 모세관 현상
④ 유도 사이펀 작용

TIP 봉수 파괴의 원인
- 사이펀 작용
  ① 자기사이펀 : 배수 시 기구에 다량의 물이 일시에 흐를 때 발생한다.
  ② 유인(흡인)사이펀 : 수직관에 접근하여 기구를 설치했을 때 수직관 상부에서 다량의 물이 낙하할 때 발생한다.
- 분출 작용
  수직관 가까이 기구를 설치했을 때 수직관 상부에서 다량의 물이 낙하하면 하단의 기구의 공기압축으로 발생한다.
- 모세관 작용
  머리카락, 실 등이 걸렸을 때 발생한다.
- 증발
  오랜 기간 동안 위생기구를 사용하지 않았을 때 발생한다.
- 운동량에 의한 관성 작용
  배관에 급격한 압력변화가 발생한 경우 봉수가 상하로 움직이며 사이펀작용이 발생하거나 또는 봉수가 배출되는 현상을 말한다.

58 ③ 59 ② 60 ②

06 | CBT 기출복원문제

2018년 5회

01 트러스에서 상현재와 하현재 내에서 연결부 역할을 하는 부재는?

① Lower Chord Member
② Web Member
③ Upper Chord Member
④ Supporting Point

💡 **트러스를 구성하는 부재**

- 복재(Web Member) : 상하부의 현재를 연결하는 부재(D, V)
- 하현재(Lower Chord Member) : 아랫부분의 현재(L)
- 상현재(Upper Chord Member) : 윗부분의 현재(U)
- 현재(Chord Member) : 트러스의 바깥 경계부에 있는 부재(U, L)
- 사재(Diagonal Member) : 경사진 복재(D)
- 연직재(Vertical Member) : 연직인 복재(V)
- ※ 지지점(Supporting Point) : 지지를 위한 구속 부분을 지지점이라고 하며, 지지 조건의 차이에 따라 이동 지점, 회전 지점, 고정지점 및 자유 지지점 등이 있다.

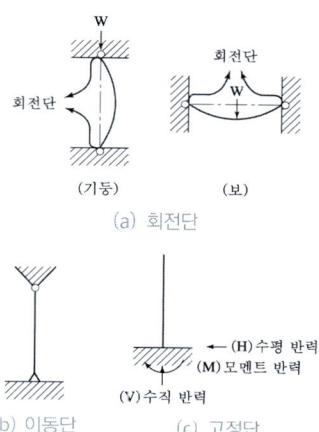
(a) 회전단
(b) 이동단
(c) 고정단

02 벽돌벽체에서 벽돌을 1단씩 내쌓기를 할 때 얼마 정도 내쌓는가? (단, B는 벽돌 1장을 의미한다.)

① 1/2B   ② 1/4B
③ 1/5B   ④ 1/8B

💡 **벽돌쌓기 원칙**

- 내 쌓기의 경우 한 단은 1/8B, 두 단은 1/4B씩 쌓고, 내미는 한도는 2.0B로 한다.
- 1일 쌓기 높이는 1.2 ~ 1.5m 이내로 한다.
- 가급적 막힌 줄눈으로 시공하며, 벽체를 일체화를 위해 테두리 보를 설치한다.
- 몰탈의 수분을 벽돌이 머금지 않도록 쌓기 전 충분한 물 축임을 한다.

01 ② 02 ④

03 간 사이가 15m 일 때, 2cm 물매인 트러스의 높이는?

① 1m ② 1.5m
③ 2m ④ 2.5m

TIP 지붕 높이
- 밑변(간 사이의 절반) : 높이(구하려는 지붕 높이) = 밑변(물매 가로) : 높이(물매 세로)

  7.5m : x = 10 : 2
  10x = 15m
  ∴ x = 1.5m

04 절충식 지붕틀의 특징으로 틀린 것은?

① 지붕보에 휨이 발생하므로 구조적으로는 불리하다.
② 지붕의 하중은 수직부재를 통하여 지붕보에 전달된다.
③ 한식구조와 절충식구조는 구조상으로 비슷하다.
④ 작업이 복잡하며 대규모 건물에 적당하다.

TIP 절충식 지붕틀
- 지붕보 위에 동자기둥 또는 대공을 세워 중도리, 마룻대를 걸치고 서까래를 받게 한 지붕틀이다.
- 작업이 간단하고, 간 사이가 적은 건물 등에 쓰이지만 지붕보에 변형이 생겨 좋지 않다.

05 플레이트 보에 사용되는 부재의 명칭이 아닌 것은?

① 커버 플레이트 ② 웨브 플레이트
③ 스티프너   ④ 베이스 플레이트

TIP 보의 구성
- 커버 플레이트
  커버 플레이트는 4장 이하로 하며, 용접일 때는 1매로 한다. 휨 내력의 부족을 보완하기 위해 사용한다.
- 웨브 플레이트
  전단력의 크기가 따라 두께를 결정하고 얇을 경우 좌굴의 위험이 있어 6mm 이상으로 한다.
- 스티프너
  ① 웨브 플레이트의 좌굴 및 전단보강을 위해 수직으로 설치한다.
  ② 역할에 따라 지지점 스티프너, 중간 스티프너, 하중점 스티프너 등이 있다.
- 플랜지
  보의 단면 위, 아래 부분을 말하며, 인장 및 휨 응력에 저항한다. 또한, 힘을 더 받기 위해 커버플레이트로 보강한다.
※ 베이스플레이트 : 기둥 아랫부분에 대어 붙이는 두꺼운 강판으로 기초와 연결되는 부재이다.

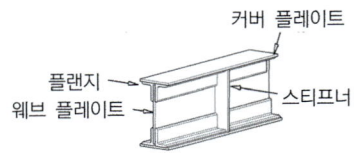

06 다음 그림 중 꺾인지붕(curb roof)의 평면모양은?

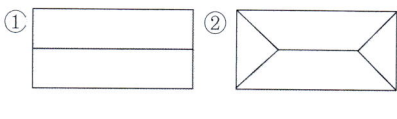
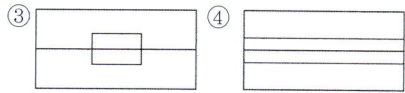

> **TIP** 꺾인지붕
>
> 지붕의 중간을 꺾어 두 물매로 만든 지붕을 말한다.
>
> ※ 맞배지붕(박공지붕)
> - 용마루와 내림마루로만 구성된 지붕으로 주심포 건물에 많이 사용되었다.
>
> ※ 우진각 지붕(모임지붕)
> - 네 면이 모두 지붕면으로 전, 후면에서는 사다리꼴 지붕면, 양측 면에서는 삼각형 지붕면의 모양을 나타낸다.
>
> ※ 솟을지붕
> - 지붕이 2개로 이루어져 경사진 지붕이다.

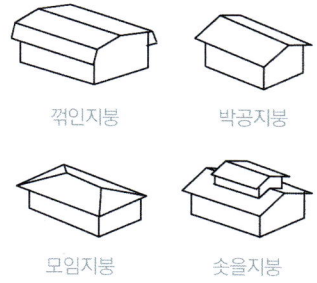

07 다음 스페이스프레임에 대한 설명으로 옳지 않은 것은?

① 지진에 유리하며, 중간 기둥 없이 대공간 연출이 가능하다.

② 곡면이 가능하고 응력분산을 할 수 있다.

③ 현장타설 철근콘크리트구조로 건축할 수 있다.

④ 경량이면서 강성이 크다.

> **TIP** 스페이스프레임
> - 재료를 입체적으로 조립한 뼈대로 경량이면서 강성이 크다.
> - 입체적으로 부재가 배치되어 응력을 균등하게 분담하도록 설계되어 있다.
> - 종횡으로 거의 균등하게 배치되어 부재 상호간 변형을 구속하면서 압축부재의 좌굴을 방지한다.

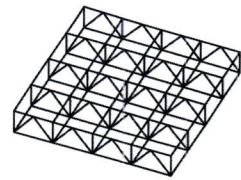

(a) 직사각형 스페이스프레임

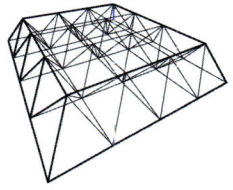

(b) 삼각형 스페이스프레임

08 다음 중 현수구조로 된 구조물로 맞는 것은?

① 남해대교 ② 서해대교
③ 신행주대교 ④ 올림픽대교

> 💡 **현수구조**
> - 상부에서 기둥으로 전달되는 하중을 케이블 형태의 부재가 지지하는 구조로써, 주 케이블에 보조 케이블이 상판을 잡아 지지한다.
> - 스팬이 큰(400m 이상) 다리나 경기장 등에 사용한다.
> - 샌프란시스코의 금문교가 대표적이다.
>
> ※ 사장구조
> - 기둥에서 주 케이블이 바로 상판을 지지하는 구조이다.
> - 스팬이 작은(150~400m 이내)에서 사용한다.
> - 서해대교, 신행주대교, 올림픽대교 등이 이에 속한다.

09 기성콘크리트 말뚝을 타설할 때 말뚝직경(D)에 대한 말뚝중심간 거리 기준으로 옳은 것은?

① 1.5D 이상 ② 2.0D 이상
③ 2.5D 이상 ④ 3.0D 이상

> 💡 **기성콘크리트말뚝**
> - 중심 간격 : 말뚝머리지름의 2.5배 이상 또는 75cm 이상
> - 주근 : 6개 이상, 피복두께 : 3cm 이상
>
> ※ 나무말뚝
> - 중심 간격 : 말뚝머리지름의 2.5배 이상 또는 60cm 이상
> - 상수면 이하에서 자른다.
>
> ※ 제자리콘크리트말뚝
> - 중심 간격 : 말뚝머리지름의 2.5배 이상 또는 D+1m 이상
> - 주근 : 6개 이상, 피복두께 : 6cm 이상
> - 종류 : 어스드릴, 베네토, 리버스 서큘레이션, 프리팩트콘크리트파일(CIP, MIP, PIP)

10 보가 없이 바닥판을 기둥이 직접 지지하는 슬래브는?

① 플랫 슬래브
② 드롭 패널
③ 캐피탈
④ 워플 슬래브

> 💡 **플랫 슬래브(무량판 구조)**
> - 바닥에 보가 없이 직접 기둥에 하중을 전달하는 방식.
> - 구조가 간단하고 공사비가 저렴하다. 또한, 층고를 높게 할 수 있어 실내 이용률이 높지만, 바닥판이 두꺼워 고정하중이 커진다.
> - 바닥판 두께는 15cm이상으로 하며, 배근방식으로 2방향식, 3방향식, 4방향식, 원형식이 있으며, 2방향식과 4방향식이 많이 사용된다.

11 다음 중 용접 결함에 속하지 않는 것은?

① 블로우 홀(Blowhole)
② 언더 컷(Under Cut)
③ 오버 랩(Overlap)
④ 앤드 탭(End Tab)

TIP 용접결함
- 언더 컷(Under Cut) : 용접금속이 홈에 차지 않고 가장자리에 홈이 생기는 현상.
- 오버 랩(Overlap) : 용접금속이 모재에 완전히 붙지 않아 겹치는 현상.
- 슬랙 감싸들기(Slag Inclusion) : 용접 시 슬래그가 용접금속 내에 섞이는 현상.
- 블로우 홀(Blowhole) : 용접 내부에 발생하는 기포.
- 피트(Pit) : 용접부 표면에 생기는 작은 홈으로 블로우 홀이 올라와 생기는 현상.
- 피시 아이(Fish Eye) : 용접금속에 생기는 은색의 반점.
- 크레이터(Crater) : 용접 시작과 끝 부분에 움푹 파이는 현상.

※ 앤드 탭(End Tab) : 용접을 끝낸 다음 떼어낼 목적으로 붙이는 버팀 판.

12 다음 중 거푸집 상호간의 간격을 유지하는데 쓰이는 긴결재는?

① 꺾쇠   ② 칼럼밴드
③ 세퍼레이터   ④ 듀벨

TIP 거푸집 부속재료
- 격리재(Separater) : 거푸집 상호간 간격을 유지하게 하는 것 철제, 파이프제, 몰탈제 등이 있다.
- 긴결재(Form Tie) : 측압에 견딜수 있게 거푸집널을 연결 고정하는 철선(#8~10). 볼트, 꺾쇠 등이 사용된다.
- 간격재(Spacer) : 철근과 거푸집 간격 유지로 피복두께를 확보한다.
- 박리재(Form oil) : 거푸집의 박리를 용이하게 하기 위해 거푸집에 바르는 약제로 동식물성유, 비눗물, 중유, 석유, 아마인유, 합성수지 등을 사용한다.

※ 컬럼밴드 : 기둥거푸집의 고정 및 측압 버팀용으로 쓰이는 것으로 주로 합판 거푸집에 사용한다.

※ 꺾쇠 : ㄷ자 모양의 금속으로 잇댄 두 개의 나무 따위를 벌어지지 않게 하는 데 사용한다.

※ 듀벨 : 동그랗게 말아 사용하거나 끝부분을 뾰족하게 하여 목재의 전단력 보강에 사용한다.

13 조적조에서 내력벽의 길이는 최대 얼마 이하로 하여야 하는가?

① 6m
② 8m
③ 10m
④ 15m

TIP 내력벽
- 건물의 모든 하중 및 외력을 받는 벽을 말한다.
- 내력벽의 높이는 4m를 넘지 않도록 하며, 길이는 10m를 넘지 않게 한다. 만일 10m를 넘는 경우 붙임 기둥 및 부축벽으로 보강해야 한다.
- 내력벽의 두께는 위층 내력벽 두께 이상이어야 한다. 또한 벽돌구조의 경우는 당해 벽 높이의 1/20 이상이어야 하고 블록의 경우 당해 벽 높이의 1/16 이상으로 한다.
- 내력벽으로 둘러싸인 바닥면적은 80㎡를 넘지 않도록 한다.

14 수장용 금속제품에 대한 설명으로 옳은 것은?

① 줄눈대 - 계단의 디딤판 끝에 대어 오르내릴 때 미끄럼을 방지한다.
② 논슬립 - 단면형상이 L형, I형 등이 있으며, 벽, 기둥 등의 모서리 부분에 사용된다.
③ 코너비드 - 벽, 기둥 등의 모서리 부분에 미장 바름을 보호하기 위해 사용된다.
④ 듀벨 - 천장, 벽 등에 보드를 붙이고, 그 이음새를 감추는데 사용된다.

TIP 코너비드

벽과 기둥 등의 모서리를 보호하기 위해 사용하며 재질은 아연도금, 황동, 스테인리스 제품 등이 사용된다.

- ※ 줄눈대 : 인조석이나 치장줄눈에 사용하는 철물로 균열방지 등을 위하여 일정 간격으로 배치 하여 눌러주는 금속제품.
- ※ 논슬립 : 계단의 미끄럼 방지를 위해 디딤판 끈에 대는 금속제품.
- ※ 듀벨 : 목재의 접합을 위해 사용하는 철물로 동그랗게 말아 사용하거나 끝 부분을 뾰족하게 하여 사용하며, 목재의 전단력에 작용한다.

15 건물의 수장부분에 속하지 않는 것은?

① 외벽
② 보
③ 홈통
④ 반자

TIP 수장

건물의 마무리를 하는 것으로 마감재 등을 이용하여 바닥, 벽, 천장 등을 치장하는 것이다.

16 큰보 위에 작은보를 걸고 그 위에 장선을 대고 마룻널을 깐 2층 마루는?

① 홀마루 ② 보마루
③ 짠마루 ④ 동바리마루

TIP 마루

방과 방 사이 또는 방 앞부분을 지면으로부터 높이 떨어지게 하여 널빤지를 길고 평평하게 깐 공간을 말한다.

- 1층 마루
  ① 동바리 마루 : 지반에 동바리 돌을 놓고 그 위에 동바리를 세운 후 동바리 위에 멍에, 그 위로 장선을 놓고 마룻널을 깐다.
  ② 납작마루 : 창고, 공장 등 마루를 낮게 하기 위해 사용하는 것으로 땅바닥이나 호박돌 위에 동바리 없이 멍에와 장선을 놓고 마룻널을 깐다.
- 2층 마루
  ① 장선마루 : 홀마루 라고도 하며 간 사이가 좁은 2.4m 미만일 때 사용한다. 보를 사용하지 않고 층도리에 장선을 약 45cm 간격으로 직접 대고 마룻널을 깐다.
  ② 보마루 : 간 사이가 2.4m 이상인 마루에 사용하며, 약 2m 정도의 보를 대고 그 위에 장선을 대고 마룻널을 깐다.
  ③ 짠마루 : 칸 사이가 6m 이상일 때 사용하며, 큰 보는 약 3m 정도의 간격을 주고, 작은 보는 2m 간격으로 배치한 뒤 장선을 그 위에 대고 마룻널을 깐다.

17 지붕물매의 결정 요소가 아닌 것은?

① 건축물 용도 ② 처마돌출 길이
③ 간 사이 크기 ④ 지붕이기 재료

TIP 지붕물매 결정요소

- 지붕 간 사이
- 건물의 용도
- 지붕이음 재료
- 그 지방의 강수량

18 강구조의 기둥 종류 중 앵글·채널 등으로 대판을 플랜지에 직각으로 접합한 것은?

① H형강기둥 ② 래티스기둥
③ 격자기둥   ④ 강관기둥

TIP 철골기둥

- 형강기둥
  ① 접합부의 가공이 쉬워 널리 사용되며, 길이 10m가 표준규격으로 2층 또는 3층을 하나의 단위로 제작한다.
  ② 힘의 작용 방향에 따라 단면성능이 달라지며 보통 웨브가 스팬의 장변 방향에 나란하도록 배치한다.
- 래티스(Lattice)기둥
  ① 무게에 비해 강도가 크기 때문에 주로 공장 건물과 같은 방향성이 있는 장스팬의 구조에 사용한다.
  ② 가공절차가 복잡하여 최근에는 H형강 또는 강관 등으로 대체되고 있다.
- 강관기둥
  ① 접합부 가공이 어려우나 힘의 작용 방향에 따른 단면성능이 일정하다.
  ※ 원형강관기둥도 있으며, 각형강관과 성질은 동일하다.

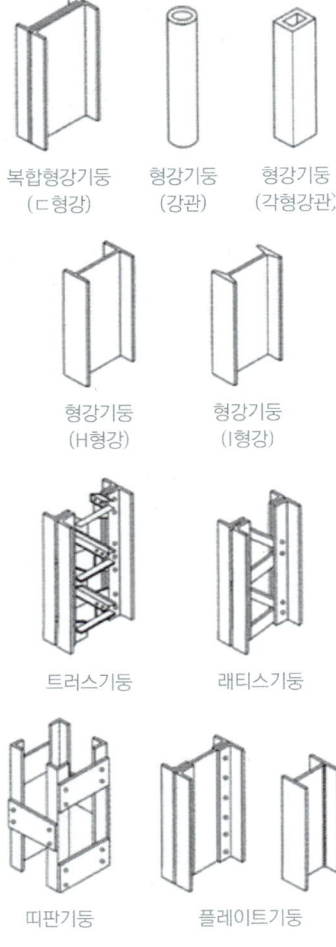

19 보와 기둥 대신 슬래브와 벽이 일체가 되도록 구성한 구조는?

① 라멘구조
② 플랫슬래브 구조
③ 벽식구조
④ 셀구조

TIP 벽식구조
- 기둥, 보 등의 골조를 넣지 않고 벽이나 슬래브로 구성한 건물구조를 말한다.
- 층간 소음이 전달되며, 기둥과 보가 없어 벽을 허물지 않아야 한다.

※ 라멘구조
- 기둥과 보가 그 접합부에서 서로 강접으로 연결되어 있어 일체로 거동하는 구조이다.
- 수직 하중 및 수평 하중에 큰 저항력을 가진다.
- 철근콘크리트구조의 기둥과 보의 결합, 철골구조 및 절점이 강접된 목구조도 라멘구조에 속한다.
- 모든 부재가 강접되어 있어 특정 부재에 힘이 집중되지 않는다.

※ 플랫슬래브 구조(무량판 구조)
- 바닥에 보가 없이 직접 기둥에 하중을 전달하는 방식을 말한다.
- 구조가 간단하고 공사비가 저렴하다. 또한, 층고를 높게 할 수 있어 실내 이용률이 높지만, 바닥판이 두꺼워 고정하중이 커진다.
- 바닥판 두께는 15cm이상으로 하며, 배근방식으로 2 방향식, 3 방향식, 4 방향식, 원형식이 있으며, 2 방향식과 4 방향식이 많이 사용된다.

※ 셀구조
- 곡률을 가진 얇은 판으로 주변을 충분히 지지시켜 공간을 덮는 구조이다.
- 가볍고 강성이 우수한 구조 시스템으로써 시드니 오페라 하우스가 대표적이다.
- 재료는 철근콘크리트를 많이 쓰지만 강재를 사용하기도 한다.

20 다음 중 목조에서 본기둥 간격이 2m일 때 샛기둥의 간격으로 가장 적당한 것은?

① 30cm ② 50cm
③ 80cm ④ 100cm

> **TIP** 샛기둥 간격
> - 기둥과 기둥 사이에 대는 기둥으로 가새의 휨을 방지하며 상부 하중을 받지 않는다.
> - 크기는 본 기둥의 1/2 ~ 1/3 정도로 하며, 간격은 40 ~ 60cm(일반 기둥간격의 1/4)정도로 한다.

21 운모계와 사문암계 광석으로써 800 ~ 1000℃로 가열하면 부피가 5 ~ 6배로 팽창되며, 비중이 0.2 ~ 0.4인 다공질 경석으로 단열, 흡음, 보온효과가 있는 것은?

① 부석 ② 탄각
③ 질석 ④ 펄라이트

> **TIP** 질석(Vermiculite)
> - 질석몰탈, 질석플라스터로 만들어 바름벽, 뿜칠재료 등으로 사용한다.
> - 다공질로 방음 재료로도 사용된다.
> - 산에 쉽게 분해된다.
>
> ※ 부석 : 비중이 0.75정도로 석재 중 가장 가볍고, 경량콘크리트의 골재로 사용되며, 열전도율이 작아 단열재, 화학공장의 특수 장치로 쓰인다.
> ※ 탄각(Cinder) : 석탄을 태우고 남은 재를 말하며, 경량콘크리트 골재로 사용한다.
> ※ 펄라이트(Perlite) : 진주석, 흑요석 등을 분쇄하여 가루로 한 것을 팽창 가열하면 백색 또는 회백색의 다공질 재료이다.

22 벽돌의 품질등급에서 1급 점토벽돌의 압축강도는 최소 얼마 이상인가?

① $10.78N/mm^2$ ② $15.59N/mm^2$
③ $20.59N/mm^2$ ④ $24.50N/mm^2$

> **TIP** 점토벽돌 KS품질기준
>
> | 품질 | 종류 | |
> |---|---|---|
> | | 1종 | 2종 |
> | 압축강도 (N/mm²) | 24.50 이상 | 14.7 이상 |
> | 흡수율(%) | 10 이하 | 15 이하 |

23 콘크리트 강도에 영향을 주는 주요 요인이 아닌 것은?

① 물시멘트비 ② 비빔장소
③ 혼화재료   ④ 배합

> **TIP** 콘크리트 강도에 영향을 주는 요인
> - 물시멘트비 : 시멘트 중량에 대한 물의 중량비로 물시멘트비가 클수록 강도는 떨어진다.
> - 골재 품질 : 입도를 좋게 하여 최소한의 시멘트와 물이 공극을 메우는 것이 좋다.
> - 양생 : 적당한 온도 및 습도를 이용하여 콘크리트의 경화를 원활히 진행하도록 하는 것으로 타설 후 7일(강도의 70% 발현)동안의 양상조건이 콘크리트 강도를 좌우한다.
> - 혼화재료 : 콘크리트의 성질을 개량하기 위해 혼합하는 것으로 재료에 따라 콘크리트 강도를 저하시키므로 사용에 주의를 요한다.
> - 배합 : 적당한 배합으로 시공연도를 얻고 장시간 비빔 시 재료분리 및 강도저하가 발생할 수 있다.

19 ③ 20 ② 21 ③ 22 ④ 23 ②

24 열경화성수지 중 건축용으로는 글라스섬유로 강화된 평판 또는 판상제품으로 주로 사용되는 것은?

① 아크릴수지
② 폴리에스테르수지
③ 염화비닐수지
④ 폴리에틸렌수지

> **TIP** 폴리에스테르수지
> 알키드수지, 불포화폴리에스테르수지를 모두 포함하여 불리는 것으로, 내후성, 내약품성이 우수하고 기계적 강도가 크다.
> ※ FRP(섬유강화플라스틱) : 유리섬유를 보강재로 혼입하여 강도를 높인 수지로 덕트, 파이프 루버, 칸막이 등으로 사용한다.
> ※ 알키드 수지 : 내후성, 가요성, 내유성은 우수하며 내수성, 내 알칼리성에는 약하며, 도료 및 성형품의 원료로 사용한다.

25 금속제품 중 목재의 이음 철물로 사용되지 않는 것은?

① 안장쇠
② 꺾쇠
③ 인서트
④ 띠쇠

> **TIP** 인서트
> 볼트 등을 부착하기 위해 미리 콘크리트 타설에 앞서 매입(넣은)된 철물을 말한다.

26 어느 목재의 절대건조비중이 0.94일 때 목재의 공극률은 얼마인가?

① 약 24%
② 약 27%
③ 약 39%
④ 약 46%

> **TIP** 목재의 공극률
> - $v = \left(1 - \dfrac{r}{1.54}\right) \times 100\%$
> (v : 공극률, r : 절건비중)
> - $v = \left(1 - \dfrac{0.94}{1.54}\right) \times 100\% ≒ 38.96\%$
> ∴ 약 39%

27 테라코타의 주 용도로 옳은 것은?

① 방수
② 보온
③ 장식
④ 구조재

> **TIP** 테라코타
> - 자토를 반죽하여 조각의 형틀로 찍어내어 소성한 속이 비어있는 대형 점토제품이다.
> - 석재 조각물 대신에 사용하는 장식용 점토제품이다.
> - 일반석재보다 가볍고, 압축강도는 화강암의 약 1/2 정도이다.
> - 내화성과 풍화에 강해 외장에 적당하다.
> - 버팀벽, 주두, 돌림띠 등에 사용한다.

28 다음 창호 부속철물 중 경첩으로 유지할 수 없는 무거운 자재 여닫이문에 쓰이는 것은?

① 플로어 힌지(Floor Hinge)

② 피벗 힌지(Pivot Hinge)

③ 레버터리 힌지(Lavatory Hinge)

④ 도어 체크(Door Check)

TIP 플로어 힌지
- 여닫이문을 저절로 닫히게 한장치로 바닥에 설치하고, 위쪽은 피벗힌지를 사용한다.
- 오일 또는 스프링 유압장치를 이용하며 경첩을 달 수 없는 무거운 자재문 등에 사용한다.

※ 레버터리 힌지 : 스프링 힌지로 전화실 출입문, 공중화장실 등에 이용한다.

※ 도어 클로져(도어 체크) : 문을 자동으로 닫히게 하는 철물이다.

29 각종 색유리의 작은 조각을 도안에 맞추어 절단해서 조합하여 모양을 낸 것으로 성당의 창, 상업 건축의 장식용으로 사용되는 것은?

① 접합유리　　② 스테인드글라스

③ 복층유리　　④ 유리블록

TIP 스테인드글라스
- 색 유리를 이용하여 여러 그림 또는 문양을 넣은 유리로 색 유리의 작은 조각을 이용하고 그 접합부를 I형 납테 또는 에폭시에 끼워 맞춘다.
- 성당의 창, 장식용 등에 사용한다.

※ (접)합유리
- 2장 또는 그 이상의 유리 사이에 투명한 플라스틱 필름을 넣고 높은 열로 압착하여 만든 유리로 타격에 의해 파괴되더라도 파편이 접착제에 붙어 떨어지지 않게 한다.
- 자동차, 기차 등의 창유리에 사용한다.

※ 복층유리(Pair Glass)
- 2장 또는 3장의 판유리를 일정간격으로 띄운 후, 둘레에 틀을 끼워 기밀하게 하고 그 사이에 건조공기 또는 아르곤 주입하여 만든 유리이다.
- 단열, 결로 방지, 방음에 효과가 있고, 일반주택 또는 고층 빌딩의 외부 창 등에 사용한다.

※ 유리블록
- 상자형 유리 2개를 맞추어 고열로 일체시키고, 건조공기를 넣어 만든 유리로 4각 측면은 몰탈과의 접착이 잘 되도록 합성수지계 도료를 발라 돌가루 등을 붙여 놓는다.
- 장식 및 채광창 등에 사용한다.

30 거푸집 속에 적당한 입도배열을 가진 굵은 골재를 채워 넣은 후, 몰탈을 펌프로 압입하여 굵은 골재의 공극을 충전시켜 만드는 콘크리트는?

① 소일 콘크리트

② 레디믹스트 콘크리트

③ 쇄석 콘크리트

④ 프리팩트 콘크리트

TIP 프리팩트 콘크리트
프리팩트 콘크리트가 프리플레이스트 콘크리트로 변경됨.(2009년 콘크리트 표준시방서)

31 수화속도를 지연시켜 수화열을 작게 한 시멘트로 매스콘크리트에 사용되는 것은?

① 조강 포틀랜드시멘트
② 중용열 포틀랜드시멘트
③ 백색 포틀랜드시멘트
④ 폴리머 시멘트

TIP ※ 중용열 포틀랜드 시멘트
- 수화열이 적으며, 조기강도가 낮고 장기강도를 크게 한 시멘트로, 건조 수축이 적으며 내침성, 내구성 및 화학적 저항성이 크다.
- 댐 공사, 방사능 차폐용으로 사용한다.

※ 조강 포틀랜드 시멘트
- 재령 7일 만에 보통 포틀랜드 시멘트의 28일 강도를 나타내며 조기강도는 큰 편이나, 장기강도는 보통 포틀랜드 시멘트와 차이가 없다.
- 수밀성과 수화열이 크고, 동기공사, 긴급공사, 지하 수중공사에 사용한다.

※ 백색 포틀랜드 시멘트
- 백색의 석회석과 산화철을 포함하지 않은 점토를 이용하며 도장 및 장식용, 인조석 제조에 사용한다.

※ 폴리머 시멘트
- 결합재로 시멘트와 시멘트 혼화용 폴리머(또는 폴리머 혼화제)를 사용한 것을 말한다.

32 도장의 목적과 관계하여 도장재료에 요구되는 성능과 가장 거리가 먼 것은?

① 방음
② 방습
③ 방청
④ 방식

TIP ※ 도장재료
방습, 부식 방지, 표면의 미화 등의 목적을 가지고 벽, 천장 등에 바르는 재료이다.

33 강재의 인장강도가 최대가 되는 온도는 대략 어느 정도인가?

① 0℃
② 150℃
③ 250℃
④ 500℃

TIP ※ 강재의 온도에 의한 영향
- 상온~100℃ : 강도의 변화는 거의 없다.
- 100℃~250℃ : 강도가 증가한다.
- 250℃ : 강도가 최대가 된다.

34 다음 중 골재의 체가름 시험에 사용되지 않는 체의 크기는?

① 0.15mm
② 1.2mm
③ 5mm
④ 35mm

TIP ※ 골재의 조립률(Fineness modulus of aggregate)
- 80mm, 40mm, 20mm, 10mm, 5mm, 2.5mm, 1.2mm, 0.6mm, 0.3mm, 0.15mm의 10개의 체를 1조로 하여 체가름 시험을 했을 때, 각 체에 남는 누계량의 전체 중량 백분율의 합계를 100으로 나눈 값을 말한다.

- 일반적으로 잔골재는 조립률이 2.6 ~ 3.1, 굵은 골재는 6 ~ 8정도가 되면 좋은 입도라 할 수 있다.

35 미장재료 중 회반죽에 여물을 혼입하는 가장 주된 이유는?

① 변색을 방지하기 위해서
② 균열을 분산, 경감하기 위하여
③ 경도를 크게 하기 위하여
④ 굳는 속도를 빠르게 하기 위하여

TIP 여물
- 재료가 떨어져 나가거나 균열이 생기는 방지하기 위해 사용하는 재료이다.
- 짚여물, 삼여물 등이 있다.

36 목재의 보존성을 높이고 충해 및 변색 방지를 위한 방부처리법이 아닌 것은?

① 도포법   ② 저장법
③ 침지법   ④ 주입법

TIP 방부법
- 도포법
  방부처리 전 목재를 건조시킨 다음 균열이나 이음부에 솔 등으로 도포하는 법이다.
- 침지법
  방부제 용액 속에 몇 시간 ~ 며칠 동안 담가두는 방법이다.
- 주입법
  ① 상압 주입법 : 방부제 용액 속에 목재를 적시는 방법이다.
  ② 가압 주입법 : 압력용기 속에 목재를 넣고 고압 하에 방부제를 투입하는 법이다.
- 표면탄화법
  목재표면을 3 ~ 10mm 태워 탄화시키는 방법이다.
- 생리적 주입법
  벌목 전 뿌리에 약액을 주입 시키는 방법이다.
- ※ 표면탄화법과 생리적 주입법은 값이 싸고 간편하지만 효과의 지속성이 없다.

37 콘크리트용 골재에 대한 설명으로 옳지 않은 것은?

① 골재의 강도는 경화된 시멘트 페이스트의 최대 강도 이하이어야 한다.
② 골재의 표면은 거칠고, 모양은 구형에 가까운 것이 가장 좋다.
③ 골재는 잔 것과 굵은 것이 골고루 혼합된 것이 좋다.
④ 골재는 유해량 이상의 염분을 포함하지 않아야 한다.

TIP 골재의 품질
- 유해량의 먼지, 흙, 유기 불순물, 염류 등이 포함되지 않아야 한다.
- 시멘트 풀이 경화했을 때의 강도 이상이어야 한다.
- 모양은 구(둥글거나)이나 입방체에 가깝고, 표면은 거칠어야 한다.
- 크고 작은 골재가 고르게 섞여 있어야 한다.(입도가 좋아야 한다.)
- 물리적·화학적으로 안정되어야 한다.

31 ② 32 ① 33 ③ 34 ④ 35 ② 36 ② 37 ①

38 옥상의 빗물처리를 용이하게 하기 위하여 설치하는 철제품은?

① 루프 드레인　② 조이너
③ 논슬립　　　④ 메탈라스

> **TIP** 루프 드레인(Roof Drain)
> - 지붕 위 빗물을 모아 수직관으로 흘러가게 만든 제품을 말한다.
> - 평지붕의 경우 홈통에 대어 홈통이 이물질 등에 의해 막히지 않도록 하는 역할도 한다.
>
> ※ 조이너 : 천장, 벽, 합판 등의 이음새를 덮거나 감추기용 철재 줄눈을 말한다.
>
> ※ 논슬립 : 발이 미끄러지는 것을 방지하고 계단코가 닳는 것을 막기 위하여 계단코에 대는 철물로 황동 이외에 합성수지, 접착식 등 다양한 재료가 있다.
>
> ※ 메탈라스 : 0.4 ~ 0.8mm의 얇은 강판에 일정간격으로 자르는 자국을 내어 옆으로 잡아 당겨 그물 모양으로 만든 것으로 천장, 벽 등의 몰탈 바름 벽 바탕에 사용한다.

39 다음 중 굳지 않은 콘크리트가 구비해야 할 조건이 아닌 것은?

① 워커빌리티가 좋을 것
② 시공 시 및 그 전후에 있어서 재료분리가 클 것
③ 거푸집에 부어넣은 후 균열 등 유해한 현상이 발생하지 않을 것
④ 각 시공단계에 있어서 작업을 용이하게 할 수 있을 것

> **TIP** 굳지 않은 콘크리트가 구비해야 할 조건
> - 운반 타설 다짐 및 표면 마감의 각 시공단계에 있어서 작업을 용이하게 할 수 있을 것
> - 시공 시 및 그 전후에 있어서 재료분리가 적을 것
> - 거푸집에 타설 후 균열 등이 발생하지 않을 것

40 콘크리트 구조물에 하중의 증가 없이도 시간과 더불어 변형이 증대되는 현상은?

① 영계수　　② 소성
③ 탄성　　　④ 크리프

> **TIP** 크리프(Creep)
>
> 일정 하중을 오랜 시간동안 그대로 작용시키면 하중의 증감 없이도 변형이 계속적으로 일어나는 장기추가처짐현상을 말한다.
>
> ※ 영계수(Young's Modulers) : 영률, 탄성계수라고도 하며 재료에 외력이 작용할 때 외력에 대항하는 응력이 생기고 응력이 힘보다 작으면 변형이 일어난다. 즉, 응력과 변형률 사이의 비례상수이다.
> 응력 = 영계수 × 변형률
>
> ※ 소성(Plasticity) : 외력을 제거하여도 재료가 원 상태로 돌아가지 않고, 변형된 상태 남아있는 성질을 말한다.
>
> ※ 탄성(Elasticity) : 재료가 외력을 받아 변형이 생긴 후, 이 외력을 제거하면 원래 모양과 크기로 되돌아가는 성질을 말한다.

41 다음의 단면용 재료표시 기호가 의미하는 것은?

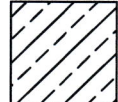

① 석재　② 인조석
③ 벽돌　④ 목재 치장재

42 교류 엘리베이터에 대한 설명 중 옳지 않는 것은?

① 기동토크가 적다.
② 부하에 의한 속도 변동이 있다.
③ 직류 엘리베이터에 비해 착상오차가 크다.
④ 속도를 선택할 수 있고, 속도 제어가 가능하다.

TIP 교류 엘리베이터
- 장점
  ① 설비비가 적다.
- 단점
  ① 속도조정이 안되며 속도에 대한 제어가 불가능하다.
  ② 부하에 의해 속도변동이 있으며, 저속이다.
  ③ 착상오차가 크다.
  ④ 기동 토크가 작다.
  ⑤ 승차감은 직류에 비해 좋지 않다.

43 엘리베이터 카(Car)가 정상 층이나 최하층에서 정상운행 위치를 벗어나 그 이상으로 운행하는 것을 방지하는 안전장치를 무엇이라 하는가?

① 전자브레이크(Magnetic Brake)
② 조속기(Governor)
③ 강제 정지장치(Wedge)
④ 리미트 스위치(Limit Switch)

TIP 안전장치의 종류
- (최종)리미트 스위치 : 카(Car)가 정상 층이나 최하층에서 정상 운행 위치를 벗어나 그 이상으로 운행 하는 것 방지하는 장치이다.
- 조속기 : 제 1동작으로 과속 스위치가 작동하고 제동기가 카를 정지시킨다. 제동기의 고장 및 메인로프 절단 시에는 제 2동작으로 정격속도의 1.2~1.4배를 넘지 않는 상태에서 비상정지 장치가 작동한다.
- 비상정지장치 : 조속기에 의하여 비상정지장치가 동작하는 것으로 로프가 끊어졌을 때 또는 비정상적으로 빠를 때 동작한다.
- 완충기 : 승강로 바닥부에 설치하여 충돌 시 충격을 완화시키는 장치로 스프링식과 유입식이 있으며, 유입식은 정격속도 60m/min 초과 시 사용한다.
- 종점스위치 : 최하층과 최고층에 이르렀을 때 승강 카를 멈추게 하는 장치이다.
- 제한스위치 : 종점 스위치가 고장 났을 때 작동하며, 동시에 전자 브레이크를 작동시켜 급정지 시킨다.
- 도어스위치 : 문이 완전히 닫히지 않았을 때 운전되지 않게 하는 장치이다.

44 가스계량기는 전기개폐기로부터 최소 얼마 이상 떨어져 설치하여야 하는가?

① 20cm   ② 30cm
③ 45cm   ④ 60cm

> 💡 **TIP** 가스배관 이격거리
>
> 전기(개폐기, 계량기, 안전기)설비와 60cm 이상 이격한다.
>
> ※ 굴뚝 전기 점멸기 및 전기접속기와는 30cm 이상 이격하고, 절연조치를 하지 아니한 전선과의 거리는 15cm 이상의 거리를 유지한다.
>
> ※ 지중매설은 60cm 이상, 도로 폭 8m 이하는 100cm 이상, 도로 폭 8m 이상은 120cm 이상.

45 공동주택의 건물 단면형 중 트리플렉스에 대한 설명으로 옳지 않은 것은?

① 주택 내의 공간의 변화가 있다.
② 거주성, 특히 프라이버시가 높다.
③ 피난이 용이하다.
④ 엘리베이터 정지층수를 적게 할 수 있다.

> 💡 **TIP** 트리플렉스형
>
> 하나의 주거단위가 3층으로 구성된 형식을 말하며 대규모 주택에 사용한다.
>
> • 장점
> ① 프라이버시 확보가 좋다.
> ② 엘리베이터 층수를 적게 할 수 있다.
> ③ 통로가 없는 층은 채광, 통풍이 좋다.
> ④ 주택 내 공간의 변화가 있다.
>
> • 단점
> ① 건물구조가 복잡하다.
> ② 외기에 복도가 면하지 않는 층은 피난 계단 계획이 어렵다.

46 다음 재료표시기호 중 FSD는 무엇을 의미하는가?

① 강철 방화문
② 스테인리스스틸 스틸창
③ 스테인리스스틸 방화문
④ 알루미늄 창

47 주택에서 식당의 배치유형 중 주방의 일부에 간단한 식탁을 설치하거나 식당과 주방을 하나로 구성한 형태는?

① 리빙 키친   ② 리빙 다이닝
③ 다이닝 키친 ④ 다이닝 테라스

> 💡 **TIP** 다이닝 키친(DK)
>
> • 부엌의 일부에 식사실을 두는 형식으로, 소규모 주택에 적합한 형식이다.
> • 식사와 취침은 분리하지만, 단란은 취침하는 곳과 겹칠 수 있다.
>
> ※ 리빙 키친(LDK)
> • 거실, 식사실, 부엌을 한 공간에 두는 형식으로, 중소형 아파트나 주택에 적합하다.(원룸 포함)
> • 주부의 가사노동이 줄어들며 동선이 단축된다.
> • 통로로 쓰이는 면적이 절약되어 다른 실의 면적이 넓어질 수 있다.
>
> ※ 리빙 다이닝(LD, Dining Alcove)
> • 거실의 일단에(한 부분에)식탁을 두는 형식으로, 보통 6~9m² 정도로 한다.

※ 다이닝 포오치, 다이닝 테라스
  (Dining porch, Dinig terrace)
  • 여름 등 좋은 날씨에 포치나 테라스에서 식사하는 형식을 말한다.

48 다음 중 화재발생시 피난설비가 아닌 것은?

① 완강기
② 구조대
③ 미끄럼대
④ 무선통신 보조설비

TIP 피난구조설비
- 화재 등이 발생할 경우 피난하기 위해 사용하는 기구 또는 설비를 말한다.
- 피난기구 : 피난사다리, 구조대, 완강기, 간이완강기, 공기안전매트, 미끄럼대, 피난교, 피난용트랩, 다수인 피난장비, 승강식피난기, 하향식 피난구용 내림식사다리
- 인명구조기구 : 방열복, 공기호흡기, 인공소생기, 방화복(안전헬멧, 보호장갑, 안전화 포함)
- 유도등 : 피난유도선, 피난구유도등, 통로유도등, 객석유도등, 유도표지
- 비상조명등 및 휴대용비상조명등

※ 현행법상 '피난설비'의 정의를 '피난구조설비'로 규정토록 개정된 '화재예방, 소방시설설치·유지 및 안전관리에 관한 법률'이 2018년 3월 27일 공포, 시행함. 이 법은 지난 1월 5일 더불어민주당 진선미 의원이 대표발의한 후 2월 28일 국회 본회의를 통과함. 현재 소방시설법에는 피난설비를 소방시설 중 하나로 분류하고 있지만 하위 법령인시행령에서는 피난기구와 인명구조기구, 유도등, 비상조명등 및 휴대용비상조명등 등 다양한 소방시설이 피난설비 구성 항목에 포함돼 있어 기존 피난설비 분류를 피난구조설비로 변경.

[출처 : 아파트 관리 신문 서지영 기자]

49 다음의 평면표시기호가 의미하는 것은?

① 미닫이창   ② 셔터창
③ 이중창   ④ 망사창

50 다음과 같은 특징을 갖는 급수방식은?

- 급수압력이 일정하다.
- 단수 시에도 일정량의 급수를 계속할 수 있다.
- 대규모의 급수 수요에 쉽게 대응할 수 있다.

① 수도직결방식   ② 압력수조방식
③ 펌프직송방식   ④ 고가수조방식

TIP 고가(옥상)수조방식(옥상 물탱크방식)
지하저수조에 물에 받아 양수펌프를 이용하여 옥상 물탱크로 양수한 후, 수위와 수압을 이용하여 급수하는 방식으로 대규모 급수설비에 적합하다.
- 장점
  ① 일정한 수압으로의 급수가 가능하다.
  ② 저수량을 확보할 수 있어 단수가 되더라도 일정 시간동안 지속적인 급수가 가능하다.
  ③ 수압이 일정하여 배관 부품의 파손의 우려가 적다.

44 ④ 45 ③ 46 ① 47 ③ 48 ④ 49 ② 50 ④

- 단점
  ① 저수조에 저장된 물의 저수 시간이 길어질수록 오염가능성이 크다.
  ② 설비비와 경상비(經常費)가 높다.

※ 수도직결방식 : 도로에 매설되어 있는 수도 본관에서 급수 인입관을 통해 직접 건물 내로 급수하는 방식으로 주택과 같은 소규모 건물에 많이 이용된다.
- 장점
  ① 급수오염 가능성이 가장 적다.
  ② 설비비가 저렴하고 기계실이 필요 없다.
- 단점
  수도 본관의 수압이 낮은 지역과 수돗물 사용의 변동이 심한 지역에는 부적당하다.

※ 압력수조방식(압력탱크방식) : 고가수조를 설치할 수 없는 경우 사용하는 방법으로, 저수조에 입수된 물을 압력탱크로 보내 탱크 내의 공기압을 이용해 급수하는 방식으로 공항, 체육관 등의 건물에 적합하다.
- 장점
  ① 국부적으로 고압을 필요로 하는 경우에 적합하다.
  ② 옥상탱크와 같은 고가 시설이 없어 건물의 외관이 깔끔하며, 그로 인해 건물 구조를 보강하거나 강화하지 않아도 된다.
  ③ 단수 시 일정량의 급수가 가능하다.
- 단점
  ① 최저·최고압의 압력차가 커서 압력 변동이 심하다.
  ② 제작비가 고가이며, 취급이 어렵고 고장이 많다.
  ③ 저수량이 적어 정전, 펌프의 고장 등으로 인해 급수가 중단된다.

※ 펌프 직송식(탱크 없는 부스터 방식) : 저수조에 물을 받은 후 펌프 여러 대를 이용하여 건물에 급수하는 방식으로 급수가 분포되는 큰 건물(공장, 단지)등에 적합하다.
- 장점
  ① 옥상 탱크가 없어 건물의 외관 및 구조상 좋다.
  ② 수질의 오염 확률이 적고 수압이 일정하다.
  ③ 최상층의 수압을 일정하게 할 수 있다.
- 단점
  ① 정전 시 급수가 중단된다.
  ② 설비 및 유지비 등이 많이 소요된다.

51 통기방식 중 트랩마다 통기되기 때문에 가장 안정도가 높은 방식은?

① 루프 통기방식   ② 결합 통기방식
③ 각개 통기방식   ④ 신정 통기방식

TIP 통기관의 종류

- 각개 통기관
  위생기구 1개마다 통기관을 설치하는 것으로 가장 이상적인 방식으로 관경은 32A(mm) 이상으로 하며, 배수관 구경의 1/2 이상으로 한다.

※ 루프(회로, 환상) 통기관 : 2개 이상 8개 이내의 트랩을 보호하기 위해 사용하며 관경은 40A(mm) 이상으로 하며, 길이는 7.5m 이내로 한다.

※ 결합 통기관 : 5개 층마다 배수 수직관과 통기수직관을 연결하여 사용하는 통기관으로 관경은 최소 50A(mm) 이상으로 한다.

※ 신정 통기관 : 배수 수직관을 그대로 연장하여 대기 중에 노출하는 통기관이다.

※ 도피 통기관 : 수직관 가까이 설치하는 루프 통기관의 보조적 역할을 하는 것으로써, 8개 이상의 트랩을 보호하며 관경은 최소 32A(mm) 이상으로 한다.

※ 습식(습윤)통기관 : 최상류 기구 바로 아래 설치하여 배수와 통기를 겸하는 통기관이다.

52 스터럽(늑근)이나 띠철근을 철근 배근도에서 표시할 때 일반적으로 사용하는 선은?

① 가는 실선
② 파선
③ 굵은 실선
④ 이점쇄선

TIP 선의 종류

- 굵은 실선
  물체의 보이는 부분을 나타내는 선으로 단면선과 외형 선으로 구별하여 사용한다.
- 가는 실선
  용도 : 치수선, 치수 보조선, 인출선, 각도 설명 등을 나타내는 지시선 및 해칭선으로 사용한다.
- 일점쇄선
  용도 : 물체의 중심, 대칭축을 표시하는데 사용하고 물체의 절단한 위치를 표시하거나 경계선으로도 사용한다.
- 이점쇄선
  용도 : 일점쇄선과 구별할 때 사용한다.
- 파선(점선)
  용도 : 물체의 보이지 않는 부분의 모양을 표시하는데 사용한다. 파선과 구별할 필요가 있을 때에는 점선을 쓴다.

53 사무소 건축에서 엘리베이터 계획 시 고려사항으로 옳지 않은 것은?

① 수량 계산 시 대상 건축물의 교통수요량에 적합해야 한다.
② 승객의 층별 대기시간은 평균 운전간격 이상이 되게 한다.
③ 군 관리 운전의 경우 동일 군내의 서비스 층은 같게 한다.
④ 초고층, 대규모 빌딩인 경우는 서비스 그룹을 분할(조닝)하는 것을 검토한다.

TIP 엘리베이터 배치 시 고려사항

- 수량 계산 시 대상 건축물의 교통수요량에 적합해야 한다.
- 군 관리운동의 경우 일 군내의 서비스 층을 같게 한다.
- 초고층, 대규모 빌딩인 경우는 서비스 그룹을 분할(조닝)하는 것을 검토한다.
- 승객의 층별 대기시간은 허용 값(평균 운전간격)이하가 되게 한다.
- 교통수요량이 많은 경우 건물 출입 층이 2개 층 이상 되는 경우이다.(⇒ 건축물의 출입 층이 2개 층이 되는 경우는 각각의 교통수요량 이상이 되도록 한다.)
- 각 서비스 존은 10~15개 층으로 구분한다.
- 각 서비스 존별 엘리베이터 수량은 가능한 한 8대 이하로 한다.
- 서비스를 균일하게 할 수 있도록 건축물 중심부에 설치하는 것이 좋다.
- 호텔의 경우는 엘리베이터의 불특정한 이용 승객의 인지성 등을 고려하여 40층 이하의 경우에 1개 존으로 하는 것이 바람직하다.
- 실내공간의 확장을 용이하게 할 수 있도록 건축물의 한 쪽 끝에 설치하는 것은 좋지 않다.

51 ③ 52 ① 53 ②

54 건축물의 에너지절약을 위한 단열계획으로 옳지 않은 것은?

① 외벽 부위는 내단열로 시공한다.
② 건물의 창호는 가능한 작게 설계한다.
③ 태양열 유입에 의한 냉방부하 저감을 위하여 태양열 차폐장치를 설치한다.
④ 외피의 모서리 부분은 열교가 발생하지 않도록 단열재를 연속적으로 설치하고 충분히 단열되도록 한다.

> **TIP** 에너지절약을 위한 단열계획
> - 건물 외피면적 단순화 및 부피의 최소화
> - 건물외피 전체의 완벽한 단열(외단열) 및 1)열교의 최소화
> - 기밀성 확보 및 태양에너지 이용
>
> 1) 열교 : 벽이나 바닥, 지붕 등에 단열이 연속되지 않은 곳이 있을 경우 이곳을 통해 열의 이동이 발생하는 현상.

55 다음 중 건축계획의 과정에서 계획 조건의 설정 시 고려하여야 할 사항과 가장 거리가 먼 것은?

① 건축의 용도
② 건축주의 요구
③ 규모 및 예산
④ 구조 계획

> **TIP** 건축계획조건의 설정
> - 건물의 용도
>   누구를 위해, 어떤 목적으로 지어지는 건물인지 파악한다.
> - 사용상의 요구
>   건축주와 사용자의 요구를 파악하여 충족시켜야 한다.
> - 규모 및 예산
>   요구되는 규모 및 예산과 균형을 이루어 산정해야 한다.
> - 대지 조건
>   건물 형태의 전제조건으로 다음과 같다.
>   ① 교통 및 공공시설의 유무
>   ② 주변 발전예측 및 입지조건
>   ③ 대지면적, 형상, 방위, 토질, 기후 등의 자연조건
>   ④ 전기, 상하수도, 가스, 법규상황, 공해상태 등을 확인
> - 건설 시기 및 공기

56 투시도법에서 사용되는 용어의 표시가 옳은 것은?

① 시점 : E.P
② 소점 : S.P
③ 기면 : G.L
④ 수평면 : H.L

> **TIP** 투시도 용어
> - 기면(Ground Plane, G.P) : 화면과 수직으로 놓인 기준이 되는 면
>   = 사람이 서 있는 면.
> - 기선(Ground Line, G.L) : 기면과 화면과의 만나는 선.
> - 화면(Picture Plane, P.P) : 물체를 투시하여 도면을 그리는 입화면
>   = 물체와 시점 사이에 기면과 수직한 평면.
> - 수평면(Horizontal Plane, H.P) : 눈 높이와 수평한 면.
> - 수평선(Horizontal Line, H.L) : 입화면과 수평면이 만나는 선.
> - 시점(Eye Point, E.P) : 보는 사람의 눈 위치.
> - 정점(Station Point, S.P) : 시점이 기면 위에 투상 되는 점
>   = 사람이 서있는 곳.

- 소점(Vanishing Point, V.P) : 물체가 기면에 평행으로 무한히 멀리 있을 때 수평선 위에 한점에 모이게 되는 점.
- 시축선(Axis of Vision, A.V) : 시점에서 입화면에 수직하게 통하는 투사선.

57 한식주택의 특징으로 옳지 않은 것은?

① 좌식생활 중심이다.
② 공간의 융통성이 낮다.
③ 가구는 부수적인 내용물이다.
④ 평면은 실의 위치별 분화이다.

> **TIP** 주거양식에 의한 분류
>
> 한식주택과 양식주택으로 분류한다.
>
> | 분류 | 한식주택 | 양식주택 |
> |---|---|---|
> | 평면상 차이 | • 실의 조합형
• 위치별 실의 구분
• 실의 다용도(혼용도) | • 실의 분리형
• 기능별 실의 구분
• 실의 단일용도(독립적) |
> | 구조상 차이 | • 가구식(목조)
• 개구부가 크고 바닥이 높다. | • 조적식(벽돌)
• 개구부가 작고 바닥이 낮다. |
> | 습관상 차이 | • 좌식 | • 입식 |
> | 용도상 차이 | • 방의 혼용 | • 방의 단일용도 |
> | 가구의 차이 | • 부차적 존재 | • 중요한 존재 |

58 배수 트랩의 봉수파괴 원인에 속하지 않는 것은?

① 증발
② 간접배수
③ 모세관 현상
④ 유도 사이펀 작용

> **TIP** 봉수 파괴의 원인
>
> - 사이펀 작용
>   ① 자기사이펀 : 배수 시 기구에 다량의 물이 일시에 흐를 때 발생한다.
>   ② 유인(흡인)사이펀 : 수직관에 접근하여 기구를 설치했을 때 수직관 상부에서 다량의 물이 낙하할 때 발생한다.
> - 분출 작용
>   수직관 가까이 기구를 설치했을 때 수직관 상부에서 다량의 물이 낙하하면 하단의 기구의 공기압축으로 발생한다.
> - 모세관 작용
>   머리카락, 실 등이 걸렸을 때 발생한다.
> - 증발
>   오랜 기간 동안 위생기구를 사용하지 않았을 때 발생한다.
> - 운동량에 의한 관성 작용
>   배관에 급격한 압력변화가 발생한 경우 봉수가 상하로 움직이며 사이펀작용이 발생하거나 또는 봉수가 배출되는 현상을 말한다.

59 주택에서 옥내배선도에 기입하여야 할 사항과 가장 관계가 먼 것은?

① 전등의 위치
② 가구의 배치표시
③ 콘센트의 위치 및 종류
④ 배선의 상향, 하향의 표시

> **TIP** 옥내배선도 기재사항
>
> 전등, 콘센트, 개폐기, 배선의 가닥 수, 종류, 굵기, 전등 용량 등

54 ① 55 ④ 56 ① 57 ② 58 ② 59 ②

60 엘리베이터 배치 시 고려사항으로 옳지 않은 것은?

① 대면배치 시 대면거리는 10m 이상으로 한다.

② 대면배치 시 6대로 한다.

③ 직선배치는 4대를 한도로 한다.

④ 교통동선의 중심에 설치하여 보행거리가 짧도록 배치한다.

> **TIP** 엘리베이터 배치시 고려사항
> - 대면 배치 시 대면거리는 동일 군 관리의 경우는 3.5~4.5m로 한다.
> - 교통동선의 중심에 설치하여 보행거리가 짧도록 배치한다.
> - 여러 대의 엘리베이터를 설치하는 경우, 그룹별 배치와 군 관리운전방식으로 한다.
> - 일렬 배치는 4대를 한도로 하고, 엘리베이터간 거리는 8m 이하가 되도록 한다.
> - 엘리베이터 홀은 정원 합계의 50% 정도를 수용할 수 있어야 하며, 1인당 점유면적은 $0.5~0.8m^2$로 계산한다.
> - 엘리베이터 수량은 이용자가 집중하는 경우를 기준하여 수송능력, 대기시간 등을 기준 값 이내로 한다.

60 ①

06 PART | CBT 기출복원문제

2019년 1회

01 다음 중 용접 결함에 속하지 않는 것은?

① 블로우 홀(Blowhole)
② 언더 컷(Under Cut)
③ 오버 랩(Overlap)
④ 앤드 탭(End Tab)

TIP 용접결함
- 언더 컷(Under Cut)
  용접금속이 홈에 차지 않고 가장자리에 홈이 생기는 현상.
- 오버 랩(Overlap)
  용접금속이 모재에 완전히 붙지 않아 겹치는 현상.
- 슬랙 감싸들기(Slag Inclusion)
  용접 시 슬래그가 용접금속 내에 섞이는 현상.
- 블로우 홀(Blowhole)
  용접 내부에 발생하는 기포.
- 피트(Pit)
  용접부 표면에 생기는 작은 홈으로 블로우 홀이 올라와 생기는 현상.
- 피시 아이(Fish Eye)
  용접금속에 생기는 은색의 반점.
- 크레이터(Crater)
  용접 시작과 끝 부분에 움푹 파이는 현상.
※ 앤드 탭(End Tab) : 용접을 끝낸 다음 떼어낼 목적으로 붙이는 버팀 판.

02 다음 중 절판구조의 장점으로 옳지 않은 것은?

① 강성을 얻기 쉽다.
② 슬래브의 두께를 얇게 할 수 있다.
③ 철근배근이 용이하다.
④ 음향성능이 우수하다.

TIP 절판구조
- 부재를 접어 주름지게 하여 하중을 지지할 수 있게 한 구조이다.
- 강성을 얻을 수 있고 슬래브를 얇게 할 수 있다.
- 상부의 하중이 클 경우 절판구조 하부에 보강 구조물이 필요하다.

03 목구조에서 본기둥 사이에 벽체를 이루는 것으로써 가새의 옆 휨을 막는데 유효한 것은?

① 장선
② 멍에
③ 토대
④ 샛기둥

TIP 샛기둥
기둥과 기둥 사이에 대는 기둥이며, 가새의 힘을 방지하며 상부 하중을 받지 않고 크기는 본 기둥의 1/2 ~ 1/3 정도로 하고 간격은 40 ~ 60cm정도로 한다.

01 ④ 02 ③ 03 ④

04 강구조의 기둥 종류 중 앵글·채널 등으로 대판을 플랜지에 직각으로 접합한 것은?

① H형강기둥
② 래티스기둥
③ 격자기둥
④ 강관기둥

> **TIP** · 철골기둥
>
> • H형강기둥
>   ① 접합부의 가공이 쉬워 널리 사용되며, 길이 10m가 표준규격으로 2층 또는 3층을 하나의 단위로 제작한다.
>   ② 힘의 작용 방향에 따라 단면성능이 달라지며 보통 웨브가 스팬의 장변 방향에 나란하도록 배치한다.
> • 래티스(Lattice)기둥
>   ① 무게에 비해 강도가 크기 때문에 주로 공장 건물과 같은 방향성이 있는 장스팬의 구조에 사용한다.
>   ② 가공절차가 복잡하여 최근에는 H형강 또는 강관 등으로 대체되고 있다.
> • 강관기둥
>   접합부 가공이 어려우나 힘의 작용방향에 따른 단면성능이 일정하다.
> ※ 원형강관기둥도 있으며, 각형강관과 성질은 동일하다.

05 지반 부동침하의 원인이 아닌 것은?

① 이질지층 ② 이질지정
③ 연약층 ④ 연속기초

> **TIP** · 부동침하 원인
>
> • 연약지반일 경우
> • 이질지반에 있을 경우
> • 지하수위가 변동되었을 경우
> • 건물이 이질층에 걸쳐있을 경우
> • 건물이 낭떠러지에 근접되어 있는 경우
> • 지하매설물이나 구멍(터널)등이 있는 경우
>
> ※ 부동침하 방지대책
>   • 기초 구조물에 대한 대책
>   ① 기초를 굳은 지반에 지지시킨다.
>   ② 지하실을 설치하거나 지중보를 설치한다.
>   ③ 마찰말뚝을 사용한다.
>   • 상부구조물에 대한 대책
>   ① 건물을 경량화한다.
>   ② 건물의 중량을 고르게 분포시킨다.
>   ③ 건물의 강성을 높이고 평면의 길이를 짧게 한다.
>   ④ 이웃 건물과의 거리를 띄운다.

06 건물의 수장부분에 속하지 않는 것은?

① 외벽 ② 보
③ 홈통 ④ 반자

> **TIP** · 건물의 마무리를 하는 것으로 마감재 등을 이용하여 바닥, 벽, 천장 등을 치장하는 것이다.

07 큰보 위에 작은보를 걸고 그 위에 장선을 대고 마룻널을 깐 2층 마루는?

① 홑마루
② 보마루
③ 짠마루
④ 동바리마루

> **TIP** 마루
>
> 방과 방 사이 또는 방 앞부분을 지면으로부터 높이 떨어지게 하여 널빤지를 길고 평평하게 깐 공간을 말한다.
>
> • 1층 마루
> ① 동바리 마루 : 지반에 동바리 돌을 놓고 그 위에 동바리를 세운 후 동바리 위에 멍에, 그 위로 장선을 놓고 마룻널을 깐다.
> ② 납작마루 : 창고, 공장 등 마루를 낮게 하기 위해 사용하는 것으로 땅바닥이나 호박돌 위에 동바리 없이 멍에와 장선을 놓고 마룻널을 깐다.
>
> • 2층 마루
> ① 장선마루 : 홑마루 라고도 하며 간 사이가 좁은 2.4m 미만일 때 사용한다. 보를 사용하지 않고 층도리에 장선을 약 45cm 간격으로 직접 대고 마룻널을 깐다.
> ② 보마루 : 간 사이가 2.4m 이상인 마루에 사용하며, 약 2m 정도의 보를 대고 그 위에 장선을 대고 마룻널을 깐다.
> ③ 짠마루 : 칸 사이가 6m 이상일 때 사용하며, 큰 보는 약 3m 정도의 간격을 주고, 작은 보는 2m 간격으로 배치한 뒤 장선을 그 위에 대고 마룻널을 깐다.

08 기본형벽돌(190×90×57)을 사용한 벽돌벽 2.0B의 두께는 (단, 공간쌓기 아님)

① 280mm
② 290mm
③ 340mm
④ 390mm

> **TIP** 벽돌의 벽체두께
>
> 90mm(0.5B)+10mm+90mm(0.5B)+10mm+190mm(1.0B) = 390mm

09 철근콘크리트 보에서 동일 평면에서 평행한 철근 사이의 수평 순 간격은 최소 얼마 이상이어야 하는가?

① 12.5mm
② 15mm
③ 20mm
④ 25mm

> **TIP** 철근배근 간격
>
> 25mm 이상, 철근의 공칭지름 이상, 굵은 골재 최대 치수의 4/3배 이상 중 큰 값으로 한다.

10 벽돌벽 줄눈에서 상부의 하중을 전 벽면에 균등하게 분포시키도록 하는 줄눈은?

① 빗줄눈
② 막힌줄눈
③ 통줄눈
④ 오목줄눈

> **TIP** 막힌줄눈
>
> 줄눈의 상하가 막혀 있는 줄눈으로 상부의 하중을 벽 전체에 고르게 분산시키는 안전한 조적법으로 가장 많이 사용한다.

11 절충식 지붕틀의 특징으로 틀린 것은?

① 지붕보에 휨이 발생하므로 구조적으로는 불리하다.
② 지붕의 하중은 수직부재를 통하여 지붕보에 전달된다.
③ 한식구조와 절충식구조는 구조상으로 비슷하다.
④ 작업이 복잡하며 대규모 건물에 적당하다.

> **TIP** 절충식 지붕틀
> - 지붕보 위에 동자기둥 또는 대공을 세워 중도리, 마룻대를 걸치고 서까래를 받게 한 지붕틀이다.
> - 작업이 간단하고, 간 사이가 적은 건물 등에 쓰이지만 지붕보에 변형이 생겨 좋지 않다.

12 다음 중 목구조의 횡력 보강에 대한 부재가 아닌 것은?

① 가새 ② 버팀대
③ 귀잡이 ④ 동바리

> **TIP** 횡력
> 가새, 버팀대, 귀잡이 등은 횡력에 대한 변형을 방지한다.

13 미서기문의 마중대 부분에 턱솔 또는 딴혀를 대어 방풍적으로 물려지게 하는데 이것을 무엇이라 하는가?

① 지도리 ② 풍소란
③ 접문 ④ 문선

> **TIP** 풍소란
> 문이 닫혔을 때 문지방의 위아래나 양옆에 접하는 부분의 틈새를 막는 바람막이를 말한다.
> ※ 지도리 : 돌쩌귀, 문장부 따위를 통틀어 이르는 말이다.
> ※ 문선 : 문꼴을 보기 좋게 만드는 동시에 주위 벽의 마무리를 잘하기 위하여 둘러대는 누름대.

14 다음 그림 중 꺾인지붕(curb roof)의 평면모양은?

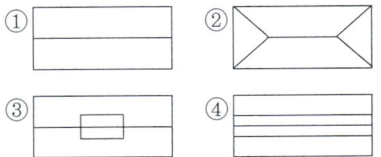

> **TIP** 지붕의 종류
> - 박공지붕
>   용마루와 내림마루로만 구성된 지붕이다.
> - 모임지붕
>   네 면이 모두 지붕면으로 전, 후면에서는 사다리꼴 지붕면, 양측 면에서는 삼각형 지붕면을 하고 있다.
> - 솟을지붕
>   부분적으로 한 층을 높여 지붕을 꾸민 지붕이다.
> - 꺾인지붕
>   박공지붕의 같은 경사면에서 지붕의 물매가 다르게 된 지붕이다.

15 보와 기둥 대신 슬래브와 벽이 일체가 되도록 구성한 구조는?

① 라멘구조 ② 플랫슬래브 구조
③ 벽식구조 ④ 셸구조

> **TIP** 벽식구조
> - 기둥, 보 등의 골조를 넣지 않고 벽이나 슬래브로 구성한 건물구조를 말한다.
> - 층간 소음이 전달되며, 기둥과 보가 없어 벽을 허물지 않아야 한다.
>
> ※ 라멘구조
> - 기둥과 보가 그 접합부에서 서로 강접으로 연결되어 있어 일체로 거동하는 구조이다.
> - 수직 하중 및 수평 하중에 큰 저항력을 가진다.
> - 철근콘크리트구조의 기둥과 보의 결합, 철골구조 및 절점이 강접된 목구조도 라멘구조에 속한다.
> - 모든 부재가 강접되어 있어 특정 부재에 힘이 집중되지 않는다.
>
> ※ 플랫슬래브 구조(무량판 구조)
> - 바닥에 보가 없이 직접 기둥에 하중을 전달하는 방식을 말한다.
> - 구조가 간단하고 공사비가 저렴하다. 또한, 층고를 높게 할 수 있어 실내 이용률이 높지만, 바닥판이 두꺼워 고정하중이 커진다.
> - 바닥판 두께는 15cm이상으로 하며, 배근방식으로 2 방향식, 3 방향식, 4 방향식, 원형식이 있으며, 2 방향식과 4 방향식이 많이 사용된다.
>
> ※ 셸구조
> - 곡률을 가진 얇은 판으로 주변을 충분히 지지시켜 공간을 덮는 구조이다.
> - 가볍고 강성이 우수한 구조 시스템으로써 시드니 오페라 하우스가 대표적이다.

- 재료는 철근콘크리트를 많이 쓰지만 강재를 사용하기도 한다.

16 다음 중 압축력이 발생하지 않는 구조시스템은?

① 케이블 구조
② 트러스 구조
③ 절판 구조
④ 철골 구조

> **TIP** 케이블 구조
> - 인장력이 강한 케이블을 걸고 지붕을 매다는 구조이다.
> - 기둥을 제외한 모든 부재가 인장력만을 받는다.

17 난간벽, 부란, 박공벽 위에 덮은 돌로써 빗물막이와 난간동자 받이의 목적 이외에 장식도 겸하는 돌은?

① 돌림띠   ② 두겁돌
③ 창대돌   ④ 문지방돌

> **TIP** 두겁돌
> - 담, 박공벽, 난간 등의 꼭대기에 덮어씌우는 것으로 윗면은 물흘림, 밑면은 물끊기를 한다.
> - 두겁돌 밑바탕은 촉으로, 두겁돌 끼리는 촉, 꺾쇠 또는 은장으로 연결한다.
>
> ※ 돌림띠
> - 벽면에서 내밀어 가로로 길게 두른 장식 및 차양, 물끊기 작용을 하는 것이다.
> - 종류로는 처마돌림띠, 허리 돌림띠

가 있는데, 처마돌림띠의 돌출이 커 튼튼히 해야 한다.

※ 창대돌
- 창 밑에 대어 빗물 등을 흘러내리게 한 장식재이다.
- 창 너비가 클 경우 2개 이상의 창대돌을 대어 사용하기도 하지만, 외관상, 방수 상 1개를 통으로 사용한다.
- 창대돌의 윗면, 옆면, 밑면에는 물흘림이 잘 되도록 물끊기, 물돌림 등을 두어 빗물이 내부로 침입하는 것을 막고 물흘림을 잘되게 한다.

※ 문지방돌 : 출입문 밑에 대는 석재로 마멸에 강한 화강암이나 경석을 사용한다.

18 철골구조형식 중 삼각형 뼈대를 하나의 기본형으로 조립하여 축방향력만 생기도록 한 구조는 무엇인가?

① 트러스구조
② PC구조
③ 플랫슬랩구조
④ 조적구조

TIP 트러스 구조
- 삼각형을 구성하는 부재에는 축방향력(압축력 및 인장력)만 작용한다.
- 부재의 절점(결합되는 곳)은 자유롭게 회전할 수 있는 핀 접합(회전지점)로 한다.
- 하중은 절점에만 작용하도록 하므로 휘는 경우가 없다.

19 보강콘크리트 블록조 단층에서 내력벽의 벽량은 최소 얼마 이상으로 하는가?

① 10cm/m² ② 15cm/m²
③ 20cm/m² ④ 25cm/m²

TIP 벽량

내력벽 길이의 총 합계를 그 층의 건축바닥 면적으로 나눈 값을 말하며, 보강블록조의 최소 벽량은 15cm/m² 이상으로 한다.

$$벽량(cm/m^2) = \frac{내력벽의\ 길이(cm)}{바닥면적(m^2)}$$

20 조적조 벽체 내쌓기의 내미는 최대한도는?

① 1.0B ② 1.5B
③ 2.0B ④ 2.5B

TIP 벽돌쌓기 원칙
- 내 쌓기의 경우 한 단은 1/8B, 두 단은 1/4B씩 쌓고, 내미는 한도는 2.0B로 한다.
- 1일 쌓기 높이는 1.2 ~ 1.5m 이내로 한다.
- 가급적 막힌 줄눈으로 시공하며, 벽체를 일체화를 위해 테두리 보를 설치한다.
- 몰탈의 수분을 벽돌이 머금지 않도록 쌓기 전 충분한 물 축임을 한다.

21 다음에서 설명하는 역학적 성질은?

> 유체가 유동하고 있을 때 유체의 내부에 흐름을 저지하려고 하는 내부 마찰 저항이 발생하는 성질

① 점성　　② 탄성
③ 소성　　④ 외력

TIP 역학적 성질

- 점성
  유체 내부의 흐름이 있을 때 이 흐름에 대한 저항성을 가리키는 용어로, 끈적한 성질을 말한다.

※ 탄성 : 재료가 외력을 받아 변형이 생긴 후, 이 외력을 제거하면 원래 모양과 크기로 돌아가는 성질을 말한다.

※ 소성 : 외력을 제거하여도 재료가 원상태로 돌아가지 않고, 변형된 상태 남아 있는 성질을 말한다.

※ 외력 : 재료의 외부에서 작용하는 힘을 말한다.

22 다음 그림에서 슬럼프 값을 의미하는 기호는?

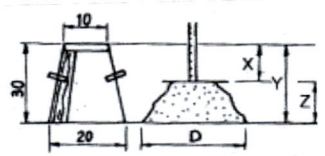

① X　　② Y
③ Z　　④ D

TIP 슬럼프(Slump)

- 철판 위에 슬럼프 통을 놓고 콘크리트를 부어 넣는다.
- 슬럼프 통에 1/3씩 나누어 부어 넣고, 각 25회씩 균등히 다진다.
- 슬럼프 통을 들어 올려 콘크리트가 가라앉은 값의 높이를 측정한다.

※ 슬럼프 시험 외에 flow시험, 구(ball) 관입시험 등이 있다.

23 목재를 건조시킬 경우 구조용재는 함수율을 얼마 이하로 건조시키는가?

① 5%　　② 10%
③ 15%　　④ 20%

TIP 목재의 함수율

- 구조용재
  함수율 15% 이하로 한다.
- 가구 및 수장재
  함수율 10%이하로 한다.

24 벽 및 천장재로 사용되는 것으로 강당, 집회장 등의 음향조절용으로 쓰이거나 일반건물의 벽수장 재료로 사용하여 음향효과를 거둘 수 있는 목재 가공품은?

① 파키트리 패널 ② 플로어링 합판
③ 코펜하겐 리브 ④ 파키트리 블록

TIP 코펜하겐 리브
(Copenhagen Rib Board)
- 두께 5cm, 너비 10cm 정도의 긴 판의 표면을 리브(rib)로 가공하여 만든다.
- 강당, 집회장, 극장 등에 내벽 또는 천장에 붙여 사용한다.
- 음향조절 및 장식효과가 있다.
- 흡음효과는 없으며, 바닥에 사용하지 않는다.

25 미장재료 중 회반죽은 공기 중의 무엇과 반응하여 경화하는가?

① 이산화탄소 ② 수소
③ 산소   ④ 질소

TIP 석회
- 석회라 함은 일반적으로 소석회를 말하는 것이며, 수산화칼슘[$Ca(OH)_2$]을 말하며, 이것을 약 1000℃ 정도로 하소하여 생석회(CaO)를 만든 후 물을 넣어 소석회를 만든다.
- 가소성이 크며, 경화시간이 늦고 수축균열이 발생하기 쉬우며, 점도가 거의 없다.

26 다음 중 점토제품이 아닌 것은?

① 아스팔트 타일
② 위생도기
③ 모자이크 타일
④ 내화벽돌

TIP 아스팔트타일
- 아스팔트+석면+안료 등을 혼합·가열 압연하면서 만든다.
- 탄력 및 내마멸성이 우수하나, 열에 취약하다.
- 비닐타일에 비해 가열변형 정도가 크고, 기름 용제 등을 취급하는 건물 바닥에는 부적당하다.

27 다음 미장재료 중 균열 발생이 가장 적은 것은?

① 돌로마이트 플라스터
② 석고 플라스터
③ 회반죽
④ 시멘트 모르타르

TIP 석고
- 점성이 커서 해초풀 등을 사용하지 않아도 되고, 응결이 빠르다.(5~20분)
- 중성화가 빨라서 유성페인트를 바를 수 있다.
- 균열이 거의 발생하지 않아 여물 등이 필요하지 않다.

28 다음 중 품질시험기준에 적합하지 않은 것은?

① 타일 - 휨력 인장력
② 내화벽돌 - 내화도
③ 벽돌 - 흡수율 압축강도
④ 기와 - 휨력 흡수율

TIP 건설공사 품질기준

종별	시험종목	시험방법	시험빈도	비고
도자기질 타일 (KS L 1001)	겉모양 및 치수 (모자이크 타일 제외)	KS L 1001	• 제조 회사별 • 제품 규격별	종류 및 용도에 따라 구분 적용
	뒤틀림			
	치수의 불규칙도			
	흡수율	KS L 1001		
	내균열성 (시유타일)			
	내마모성 (바닥타일)			
	깎임 강도			
	동결 융해 (외장, 바닥타일)	KS L 1001		
	내약품성			
	첨지의 접착성, 박리성, 재질 및 개구율 (구성타일)			
내화 점토질 벽돌 (KS L 3201)	모양, 치수	KS L 3201, KS L 3111	• 제품 30,000 매당	
	내화도	KS L 3113		
	겉보기 기공률, 부피비중	KS L 3114		
	압축 강도	KS L 3115		
	잔존 선팽창 수축률	KS L 3117		
	하중 연화점	KS L 3119		

종별	시험종목	시험방법	시험빈도	비고
점토 벽돌 (KS F 4201)	겉모양	KS L 4201	• 제품 30,000 매당	
	치수			
	흡수율			
	압축강도			
점토 기와 (KS F 3510)	겉모양 및 치수	KS F 3510	• 제조 회사별 • 제품 규격별 • 3,000 개 마다	
	흡수율			
	휨 파괴 하중			
	내동해성			

29 점토의 물리적 성질에 대한 설명으로 옳지 않은 것은?

① 점토의 비중은 일반적으로 2.5 ~ 2.6 정도이다.
② 입자의 크기가 클수록 가소성이 좋다.
③ 양질의 점토는 습운 상태에서 현저한 가소성을 나타낸다.
④ 점토의 압축강도는 인장강도의 약 5배 정도이다.

TIP 점토의 물리적 성질

입자의 크기가 작을수록 양질의 점토로 볼 수 있으며, 가소성이 좋다.

24 ③ 25 ① 26 ① 27 ② 28 ① 29 ②

30 물의 밀도가 1g/㎤이고 어느 물체의 밀도가 1kg/m³라 하면 이 물체의 비중은 얼마인가?

① 1
② 1000
③ 0.001
④ 0.1

> 💡 **TIP** 비중
>
> 어느 물체의 밀도 / 물의 밀도
>
> - $1m^3 = 1,000,000cm^3$
> $1kg = 1,000g$
> $1kg/m^3 = 1,000g/1,000,000cm^3$
> $= 0.001g/cm^3$
> $\therefore \dfrac{0.001g/cm^3}{1g/cm^3} = 0.001$
>
> - $1cm^3 = 0.000001m^3$
> $1g = 0.001kg$
> $1g/cm^3 = 0.001kg/0.000001m^3$
> $= 1,000kg/m^3$
> $\therefore \dfrac{1kg/m^3}{1,000kg/m^3} = 0.001$

31 다음 석재 중 내화성이 가장 낮은 석재로 맞는 것은?

① 화강암
② 대리석
③ 석회암
④ 응회암

> 💡 **TIP** 석재의 내화성
>
> 화강암 : 600℃
> ※ 안산암, 응회암, 사암 : 1000℃
> ※ 석회암, 대리석 : 600~800℃

32 다음 점토제품 중 소성온도가 가장 높은 것은?

① 토기
② 석기
③ 도기
④ 자기

> 💡 **TIP** 점토의 분류
>
> | 종류 | 소성온도 | 흡수율(%) | 제품 |
> |---|---|---|---|
> | 토기
(보통(저급)점토) | 790℃~1,000℃
(SK 0.15~SK 0.5) | 20 이상 | 기와, 벽돌, 토관 |
> | 도기
(도토) | 1,100℃~1,230℃
(SK 1~SK 7) | 10 | 타일, 테라코타, 위생도기 |
> | 석기
(양질점토) | 1,160℃~1,350℃
(SK 4~SK 12) | 3~10 | 벽돌, 타일, 테라코타 |
> | 자기
(양질점토, 장석분) | 1,230℃~1,460℃
(SK 7~SK 16) | 0~1 | 타일, 위생도기 |

33 수성암 중 점판암과 같이 퇴적층이 쌓여 지표면에 생긴 것으로 얇게 떼어 낼 수 있는 것을 무엇이라 하는가?

① 층리
② 절목
③ 도리
④ 조암

> 💡 **TIP** 층리
>
> 층 모양으로 퇴적한 암석의 배열상태를 말한다.

34 미장재료 중 돌로마이트 플라스터에 대한 설명으로 틀린 것은?

① 수축 균열이 발생하기 쉽다.
② 소석회에 비해 작업성이 좋다.
③ 점도가 없어 해초풀로 반죽한다.
④ 공기 중의 탄산가스와 반응하여 경화한다.

TIP 돌로마이트 플라스터
- 소석회 보다 점성이 커서 풀이 필요 없어 냄새, 변색, 곰팡이가 생기지 않는다.
- 강알칼리성으로 건조 후 바로 유성페인트를 칠할 수 없다.
- 필요에 따라 시멘트, 모래, 여물 등을 혼합하여 사용한다.
- 수축률이 커 균열이 발생하기 쉬워 여물 등을 혼합한다.

35 미장 공사에서 기둥이나 벽의 모서리 부분을 보호하기 위하여 쓰는 철물은?

① 메탈 라스(metal lath)
② 인서트(insert)
③ 코너비드(corner bead)
④ 조이너(joiner)

TIP 코너비드
벽 또는 기둥 모서리 보호를 위해 사용되며 아연도금, 황동, 스테인리스 제품 등이 사용된다.

※ 메탈라스 : 0.4~0.8mm의 얇은 강판에 자르는 자국을 내어 옆으로 잡아당긴 것으로, 천장, 벽 등의 몰탈 바름 벽 바탕에 사용한다.

※ 인서트 : 콘크리트 슬랩 밑에 묻어 반자틀 등을 달아매고자 할 때 사용되는 철물을 말한다.

※ 조이너 : 재료 사이를 접합할 때 사용하는 접합부재로 알루미늄, 합성수지 등이 많이 사용된다.

36 콘크리트 강도에 영향을 주는 주요 요인이 아닌 것은?

① 물시멘트비
② 비빔장소
③ 혼화재료
④ 배합

TIP 콘크리트 강도에 영향을 주는 요인
- 물시멘트비
시멘트 중량에 대한 물의 중량비로 물시멘트비가 클수록 강도는 떨어진다.
- 골재 품질
입도를 좋게 하여 최소한의 시멘트와 물이 공극을 메우는 것이 좋다.
- 양생
적당한 온도 및 습도를 이용하여 콘크리트의 경화를 원활히 진행하도록 하는 것으로 타설 후 7일(강도의 70% 발현) 동안의 양생조건이 콘크리트 강도를 좌우한다.
- 혼화재료
콘크리트의 성질을 개량하기 위해 혼합하는 것으로 재료에 따라 콘크리트 강도를 저하시키므로 사용에 주의를 요한다.
- 배합
적당한 배합으로 시공연도를 얻고 장시간 비빔 시 재료분리 및 강도저하가 발생할 수 있다.

30 ③ 31 ① 32 ④ 33 ① 34 ③ 35 ③ 36 ②

37 목재의 보존성을 높이고 충해 및 변색 방지를 위한 방부처리법이 아닌 것은?

① 도포법　② 저장법
③ 침지법　④ 주입법

> 💡 **방부법**
> - 도포법
>   방부처리 전 목재를 건조시킨 다음 균열이나 이음부에 솔 등으로 도포하는 법이다.
> - 침지법
>   방부제 용액 속에 몇 시간 ~ 며칠 동안 담가두는 방법이다.
> - 주입법
>   ① 상압 주입법 : 방부제 용액 속에 목재를 적시는 방법이다.
>   ② 가압 주입법 : 압력용기 속에 목재를 넣고 고압 하에 방부제를 투입하는 법이다.
> - 표면탄화법
>   목재표면을 3 ~ 10mm 태워 탄화시키는 방법이다.
> - 생리적 주입법
>   벌목 전 뿌리에 약액을 주입 시키는 방법이다.
> ※ 표면탄화법과 생리적 주입법은 값이 싸고 간편하지만 효과의 지속성이 없다.

38 알루미늄의 특성에 대한 설명으로 옳지 않은 것은?

① 산, 알칼리 및 해수에 침식되지 않는다.
② 연질이므로 가공성이 뛰어나다.
③ 전기전도성 및 반사율이 뛰어나다.
④ 내화성이 약하다.

> 💡 **알루미늄**
> - 연성과 전성이 크고, 열전도율과 전기전도율이 높다.
> - 가벼운 정도에 비해 강도가 크며, 공기 중에서 표면에 산화막이 생성하여 내식성이 크다.
> - 산, 알칼리에 약하므로, 콘크리트에 접할 때에는 방식처리를 해야 한다.
> - 창호 및 커튼레일 등에 사용한다.

39 다음 중 시멘트의 저장 방법으로 옳지 않은 것은?

① 시멘트는 지면으로부터 30cm 위 마루 위에 저장한다.
② 시멘트는 13포대 이상 쌓지 않는다.
③ 약간이라도 굳은 시멘트는 사용하지 않는다.
④ 창고에서 약간의 수화작용이 일어나도록 저장해야 한다.

> 💡 **시멘트 저장 시 주의사항**
> - 방습구조로 된 창고 사용한다.
> - 지반에서 약 30cm정도 높게 하여 시멘트를 쌓는다.

- 포대의 쌓기 높이는 13포대 이하로 하며, 장기간 보관 시 7포대 이상 쌓지 않는다.
- 3개월 이상 저장한 시멘트는 사용 전에 재시험 실시하여 품질을 확인해야 한다.
- 조금이라도 굳은 시멘트는 사용하지 않는 것을 원칙으로 한다.
- 출입구 채광창 이외의 환기창은 두지 않는다.
- 반드시 선입선출을 원칙으로 하여, 저장기간이 가장 오래된 시멘트부터 사용한다.

40 판유리 종류를 600℃ 이상의 연화점 근처까지 가열한 후 표면에 냉기를 내뿜어 급랭시켜 제조하며, 담금유리 라고도 하는 유리는?

① 연마판유리 ② 망입판유리
③ 강화유리   ④ 복층유리

TIP 강화유리
- 판유리를 열처리(500~600℃)한 후에 냉각공기를 불어 균등히 급랭시켜 강도를 높인 유리로 강도는 보통 유리 강도의 3~5배, 충격강도는 5~6배 정도이다.
- 잘 깨지지 않고, 부서지더라도 잘게 부수어져 파편에 의한 부상이 적다.
- 열처리 후 절단 및 가공할 수 없어, 사전에 소요치수로 절단 및 가공을 해야 한다.
- 건물 창, 에스컬레이터 옆판, 자동차 또는 선박 등에 사용한다.

41 급수방식 중 고가수조방식에 대한 설명으로 옳지 않은 것은?

① 비교적 일정한 수압을 유지할 수 있다.
② 대규모 급수설비로 적합하다.
③ 수질오염 측면에서 가장 유리한 급수방식이다.
④ 단수 시에도 급수가 가능하다.

TIP 옥상탱크(고가수조)방식
- 지하 저수조에 물을 받아 양수펌프를 이용하여 옥상 물탱크로 양수한 후, 수위와 수압을 이용하여 급수하는 방식이다.
- 수압이 일정하여 배관 부품 파손의 우려가 적다.
- 저수 시간이 길수록 오염 가능성이 크다.
- 설비비와 경상비(經常費)가 높다.
- 건물 높은 곳에 설치하므로 구조 및 외관상 문제가 있다.

42 다음 중 KS규정에 대한 설명으로 옳지 않은 것은?

① 제품의 향상·치수·품질 등을 규정한 것이다.
② 시험·분석·검사 및 측정방법, 작업표준 등을 규정한 것이다.
③ 용어·기술·단위·수열 등을 규정한 것이다.
④ KS에 없는 재료는 건축공사 표준시방서에 있어도 사용해서는 안 된다.

TIP KS규정
한국산업표준(KS : Korean Industrial Standards)은 산업표준화법에 의거하여 산업표준심의회의 심의를 거쳐 국가기술표준원장이 고시함으로써 확정되는 국가표준으로서 약칭하여 KS로 표시한다. 한국산업표준은 기본부문(A)부터 정보부문(X)까지 21개 부문으로 구성되며 크게 다음 세 가지 국면으로 분류할 수 있다.
- 제품표준 : 제품의 향상·치수·품질 등을 규정한 것
- 방법표준 : 시험·분석·검사 및 측정방법, 작업표준 등을 규정한 것
- 전달표준 : 용어·기술·단위·수열 등을 규정한 것

※ 건축공사 표준시방서
- 시방서에 참조된 표준은 국내법에 기준한 한국산업표준 등을 적용하는 것을 원칙으로 한다.
- 재료의 검사 또는 시험은 한국산업표준을 표준으로 하고 표준으로 제정되지 않은 경우에는 이 시방의 해당 각 항 또는 담당원의 지시에 따른다.

43 건축공간의 차단구획에 사용되는 요소가 아닌 것은?

① 열주 ② 조명
③ 커튼 ④ 수납장

TIP 실내공간의 형태 분할
- 실내공간의 형태
  원형 공간, 정방형 공간, 장방형 공간, 기타
- 실내공간의 분할
  ① 차단적 구획 : 이동스크린, 커튼, 유리창, 열주, 높은 수납장
  ② 심리, 도덕적 구획 : 낮은 칸막이, 바닥면의 변화, 천장면의 변화, 식물, 벽난로, 기둥
  ③ 지각적 구획 : 조명, 마감재의 변화, 통로, 복도, 가구배치
- 실내공간의 연결
  ① 병렬 공간 : 공간과 공간의 직접연결, 개구부 형성, 칸막이 벽 형성, 열주 형성, 단차, 색, 질감의 변화
  ② 공유 공간 : 두 공간 사이 공통공간 배치, 독립공간으로 존재, 한쪽공간과 결합, 완충공간
  ③ 매개 공간 : 공간과 공간 사이를 맞물려 연결
  ④ 융화 공간 : 큰 공간 사이에 작은 공간을 배치
  ⑤ 계단에 의한 공간의 연결

44 색의 3속성 중 채도가 높은 색을 청색(靑色)이라 하는데 동일 색상의 청색 중에서도 가장 채도가 높은 색을 무엇이라 하는가?

① 명청색 ② 순색
③ 탁색 ④ 암청색

TIP 색
- 명색
  명도가 높은 색(밝은 색)을 말하며, 맑고 밝은 색이 주를 이룬다.
- 탁색
  순색에 회색을 혼합한 탁한 색을 말하며, 안정감과 차분한 이미지를 가지고 있다.
- 암색
  명도가 낮은 색(어두운 색)을 말하며, 무겁고 가라앉는 느낌이 있다.

45
투상도의 종류 중 X, Y, Z의 기본 축이 120°씩 화면으로 나누어 표시되는 것은?

① 등각 투상도
② 유각 투시도
③ 이등각 투상도
④ 부등각 투상도

TIP 등각 투상도
- 정면, 평면, 측면을 하나의 투상면 위에서 동시에 볼 수 있도록 그린다.
- 직육면체의 등각 투상도에서 직각으로 만나는 3개의 모서리는 각각 120°를 이룬다.
- 2개의 옆면 모서리는 수평선과 30°를 이룬다.

46
흡수식 냉동기의 구성에 해당하지 않는 것은?

① 증발기
② 재생기
③ 압축기
④ 응축기

TIP 흡수식 냉동기
- 열 → (증발기)물 증발 → (흡수기)수증기 → 리튬 브로마이드용액(Lithium Bromide : LiBr)에 흡수 → 온도상승 → 증발 → 수온저하
- 구성요소 : 증발기, 흡수기, 발생기(가열기, 재생기), 응축기

※ 압축기는 압축식 냉동기의 구성요소이다.

47
벽체의 단열에 대한 설명 중 옳지 않은 것은?

① 단열은 구조체를 통한 열손실방지와 보온역할을 한다.
② 열관류 저항 값이 작을수록 단열 효과는 크다.
③ 열관류율이 클수록 단열성이 낮다.
④ 조적벽과 같은 중공 구조의 내부에 위치한 단열재는 난방 시 실내 표면 온도를 신속히 올릴 수 있다.

TIP 단열
- 열이 통과되는 정도를 열관류율($W/m^2 \cdot K$)이라 하며, 값이 작을수록 단열성능이 우수하다.
- 열관류율에 대한 역수를 열관류저항($m^2 \cdot K/W$)이라 하며, 저항 값이 클수록 단열효과가 크다.

48
건축제도의 글자에 관한 설명으로 옳지 않은 것은?

① 숫자는 아라비아 숫자를 원칙으로 한다.
② 글자를 쓸 때 위에서 아래로 쓰는 것을 원칙으로 한다.
③ 글자체는 수직 또는 15° 경사의 고딕체로 쓰는 것을 원칙으로 한다.
④ 글자의 크기는 각 도면의 상황에 맞추어 알아보기 쉬운 크기로 한다.

TIP 문자
- 그림의 크기나 축척의 정도에 따라 문자의 크기를 결정한다.

43 ② 44 ② 45 ① 46 ③ 47 ② 48 ②

- 글씨는 왼쪽에서 오른쪽으로 가로쓰기를 원칙으로 하는데 가로쓰기가 곤란할 때는 세로쓰기도 무방하며, 아래에서 위로 쓴다.
- 글씨체는 보기 좋게 고딕체로 하며, 수직 또는 오른쪽으로 15° 경사지게 쓰는 것을 원칙으로 한다.

49 소방시설은 소화설비, 경보설비, 피난설비, 소화활동설비 등으로 구분할 수 있다. 다음 중 경보설비가 아닌 것은?

① 누전경보기
② 자동화재탐지설비
③ 자동화재속보설비
④ 무선통신보조설비

TIP 경보설비
비상경보설비, 비상방송설비, 누전경보기, 자동화재 탐지설비(감지기, 수신기, 발신기 등), 자동 화재속보설비, 통합감시설비

50 다음 중 아래그림에서 세면기의 높이를 나타내는 A의 치수로 가장 알맞은 것은?

① 600mm ② 750mm
③ 900mm ④ 1000mm

51 복층형 공동주택에 대한 설명으로 옳지 않은 것은?

① 공용통로면적을 절약할 수 있다.
② 상하층의 평면이 똑같아 평면 구성이 자유롭다.
③ 엘리베이터의 정지 층수가 적어지므로 운영 면에서 효율적이다.
④ 1개의 단위 주거가 2개 층 이상에 걸쳐 있는 공동주택을 말한다.

TIP 복층형(듀플렉스형, 메이조넷형)
- 한 주호가 2개 층에 걸쳐 구성되는 형식이다.
- 엘리베이터 정치층수가 적어 경제적이고 효율적이다.
- 주택 내부의 공간에 변화가 있다.
- 통로면적이 감소되고 전용면적이 증대된다.
- 프라이버시가 좋고, 통풍 및 채광이 좋다.
- 피난 상 불리하고, 소규모 주택에서는 비경제적이다.

52 전력 퓨즈에 관한 설명으로 옳지 않은 것은?

① 재투입이 불가능하다.
② 릴레이나 변성기가 필요하다.
③ 과전류에서 용단될 수도 있다.
④ 소형으로 큰 차단용량을 가졌다.

TIP 파워퓨즈(전력퓨즈)
고전압회로 및 기기의 단락 보호용으로, 소형으로 큰 차단용량을 가지고 있으나, 재투입이 불가능하고, 과전류로 용단될 수 있다.

53 한식주택과 양식주택에 관한 설명으로 옳지 않은 것은?

① 한식주택의 실은 단일용도이고 양식주택의 실은 다용도이다.
② 양식주택의 평면은 실의 기능별 분화이다.
③ 한식주택은 개구부가 크며 양식주택은 개구부가 작다.
④ 한식주택에서 가구는 부차적 존재이다.

TIP 주거양식에 의한 분류

분류	한식주택	양식주택
평면상 차이	• 실의 조합형 • 위치별 실의 구분 • 실의 다용도 (혼용도)	• 실의 분리형 • 기능별 실의 구분 • 실의 단일용도 (독립적)
구조상 차이	• 가구식(목조) • 개구부가 크고 바닥이 높다.	• 조적식(벽돌) • 개구부가 작고 바닥이 낮다.
습관상 차이	좌식	입식
용도상 차이	방의 혼용	방의 단일용도
가구의 차이	부차적 존재	중요한 존재

54 건축도면에서 단면의 윤곽표시 등을 하는 데 사용되는 선은?

① 파선   ② 굵은 실선
③ 가는 실선   ④ 일점 쇄선

TIP 선의 종류

선의 종류		사용방법(보기)
실선	━━	단면의 윤곽 표시
	──	보이는 부분의 윤곽표시 또는 좁거나 작은 면의 단면부분 윤곽표시
	───	치수선, 치수보조선, 인출선, 격자선 등의 표시
파선 또는 점선	----	보이지 않는 부분이나 절단면보다 앞면 또는 윗면에 있는 부분의 표시
1점 쇄선	—·—	중심선, 절단선, 기준선, 경계선, 참고선 등의 표시
2점 쇄선	—··—	상상선 또는 1점 쇄선과 구별할 필요가 있을 때

55 증기난방에 관한 설명으로 옳지 않은 것은?

① 예열시간이 온수난방에 비해 짧다.
② 방열면적을 온수난방보다 작게 할 수 있다.
③ 난방 부하의 변동에 따른 방열량 조절이 용이하다.
④ 증발 잠열을 이용하기 때문에 열의 운반 능력이 크다.

TIP 증기난방

• 장점
  ① 가열시간과 증기순환이 빠르다.
  ② 방열면적이 온수난방보다 작다.

49 ④ 50 ② 51 ② 52 ② 53 ① 54 ② 55 ③

③ 증기의 잠열을 이용하는 난방열의 운반능력이 크며, 설비비가 싸다.
- 단점
① 쾌적감이 온수난방보다 낮고, 온도 조절이 어렵다.
② 소음이 발생되며, 응축수배관이 부식되기 쉽다.

56 에스컬레이터에 관한 설명으로 옳지 않은 것은?

① 수송량에 비해 점유면적이 작다.
② 대기시간이 없고 연속적인 수송설비이다.
③ 수송능력이 엘리베이터의 1/2 정도로 작다.
④ 경사는 30도 이하로 하여야 한다.

TIP 에스컬레이터
- 엘리베이터에 비해 수송량이 크며, 그에 비해 점유면적이 작다.
- 에스컬레이터의 수송능력은 엘리베이터의 약 10배 정도이다.
- 설치비가 고가(층간 높이 10m 기준 약 1억 5천만 원)이며, 층고, 보의 간격 등 구조적 고려가 필요하다.

57 다음 중 개별식 급탕방식에 속하지 않는 것은?

① 순간식
② 저탕식
③ 직접 가열식
④ 기수 혼합식

TIP 개별 급탕방식
- 순간식 : 급탕관의 일부를 가열하여 직접 온수를 얻는 방식이다.
- 저탕식 : 가열온수를 저탕조에 저장하여 사용하는 것으로, 열손실은 크지만 많은 온수를 쓰기에 적합하다.
- 기수혼합식 : 보일러 증기를 물탱크에 직접 불어 넣는 방법이다.
※ 중앙식으로 직접가열식, 간접가열식이 있다.

58 다음 중 대수선에 대한 설명으로 옳은 것은?

① 기둥을 2개 이상 수선 또는 변경하는 것
② 담장 등 외부형태를 변경하는 것
③ 내력벽 벽 면적을 20m² 이상 수선 또는 변경하는 것
④ 지붕틀을 증설 또는 해체하거나 4개 이상 수선 또는 변경하는 것

TIP 대수선
- 건축물의 기둥, 보, 내력벽, 주 계단 등의 구조나 외부 형태를 수선·변경하거나 증설하는 것으로 증축·개축 또는 재축에 해당하지 않는 것으로써 대통령령으로 정하는 것을 말한다.
- 대통령령으로 정하는 것이란 다음의 어느 하나에 해당하는 것으로써 증축, 개축 또는 재축에 해당하지 아니하는 것을 말한다.
① 내력벽을 증설 또는 해체하거나 그 벽 면적을 30m² 이상 수선 또는 변경하는 것

② 기둥을 증설 또는 해체하거나 3개 이상 수선 또는 변경하는 것
③ 보를 증설 또는 해체하거나 3개 이상 수선 또는 변경하는 것
④ 지붕틀을 증설 또는 해체하거나 3개 이상 수선 또는 변경하는 것
⑤ 방화벽 또는 방화구획을 위한 바닥 또는 벽을 증설 또는 해체하거나 수선 또는 변경하는 것
⑥ 주 계단·피난계단 또는 특별피난계단을 증설 또는 해체하거나 수선 또는 변경하는 것
⑦ 미관지구에서 건축물의 외부형태(담장을 포함)를 변경하는 것
⑧ 다가구주택의 가구 간 경계 벽 또는 다세대주택의 세대 간 경계 벽을 증설 또는 해체하거나 수선 또는 변경하는 것

※ 리모델링 : 건축물의 노후화를 억제하거나 기능향상 등을 위하여 대수선하거나 일부 증축하는 행위를 말한다.

59 가스계량기는 전기개폐기로부터 최소 얼마 이상 떨어져 설치하여야 하는가?

① 20cm　　② 30cm
③ 45cm　　④ 60cm

TIP 가스관과 전기설비의 이격거리

전기개폐기, 전기계량기, 안전기 등과는 60cm 이상 떨어져 설치하여야 한다.

※ 전기점멸기, 전기 콘센트 등과는 30cm 이상 떨어져 설치하여야 한다.

※ 피뢰(수뢰)설비와는 1.5m 이상 떨어져 설치하여야 한다.

60 건물의 외벽, 지붕 등에 설치하여 인접 건물에 화재가 발생하였을 때 수막을 형성함으로써 화재의 연소를 방지하는 설비는?

① 스프링클러설비
② 드렌처설비
③ 연결살수설비
④ 옥내소화전설비

TIP 드렌처 설비

- 건축물의 외벽, 창, 지붕 등에 설치하여 인접 건물에 화재가 발생하였을 때 수막을 형성하여 화재의 연소를 방지하는 방화설비이다.
- 설치간격은 2.5m 이하로 한다.
- 방수압력은 0.1Mpa, 방수량은 80ℓ/min이다.
- 소화수량(수원의 저수량)은 드렌처설비 1개당 $1.6m^3$이다.

06 PART | CBT 기출복원문제

2019년 2회

01 다음 중 막구조로 이루어진 구조물이 아닌 것은?

① 서귀포 월드컵 경기장
② 상암동 월드컵 경기장
③ 인천 월드컵 경기장
④ 수원 월드컵 경기장

TIP 트러스구조

철골 트러스 구조로 지붕을 받치고 있으며 케이블이 잡아당겨 지탱하고 있는 구조이다.

02 다음과 같은 조건에서 철근콘크리트 보의 중량은?

- 보의 단면 너비 : 40cm
- 보의 높이 : 60cm
- 보의 길이 : 900cm
- 철근콘크리트 보의 단위중량 : 2400kg/m³

① 5184 kg
② 518.4 kg
③ 2592 kg
④ 259.2 kg

TIP 철근콘크리트 보의 중량

- kg으로 계산 시
  ① 철근콘크리트 보의 부피
   0.4m×0.6m×9m = 2.16m³
  ② 철근콘크리트 보의 단위중량
   2400kg/m³
  ∴ 2.16m³×2400kg/m³ = 5184kg

- tf로 계산 시
  ① 철근콘크리트 보의 부피
   0.4m×0.6m×9m = 2.16m³
  ② 철근콘크리트 보의 단위중량
   2.4tf/m³
  ∴ 2.16m³×2.4tf/m³ = 5.184tf

- N으로 계산 시
  ① 철근콘크리트 보의 부피
   0.4m×0.6m×9m = 2.16m³
  ② 철근콘크리트 보의 단위중량
   2400kg/m³×9.8N
   = 23520N = 23.52kN/m³
  ∴ 2.16m³×23.52kN/m³
   = 50.8kN

※ 1kgf = 9.8N

03 다음 벽돌쌓기 그림은 어떤 쌓기 법을 말하는가?

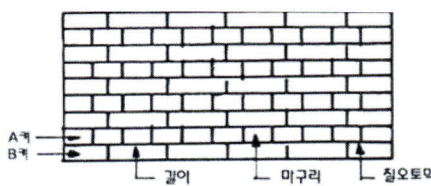

① 미국식 쌓기   ② 프랑스식 쌓기
③ 영국식 쌓기   ④ 네덜란드식 쌓기

TIP: 네덜란드식 쌓기
- 영국식 쌓기와 방법은 같으나 모서리 또는 끝 부분에 칠오토막을 사용한다.
- 모서리가 다소 견고하고 가장 많이 사용한다.

04 다음 그림에서 철근의 피복두께는?

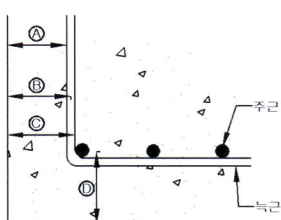

① A   ② B
③ C   ④ D

TIP: 철근의 피복
- 콘크리트 재면에서 가장 가까운 철근과의 거리를 말한다.
- 피복 두께는 부재 내부응력에 의한 균열, 외기의 습기에 의한 철근의 부식, 화재 시 가열로 인한 강도저하 등 건물의 수명에 큰 영향을 끼친다.

05 철근콘크리트 사각형 기둥에는 주근을 최소 몇 개 이상 배근해야 하는가?

① 2개   ② 4개
③ 6개   ④ 8개

TIP: 기둥의 주근
- 철근의 지름은 D13이상의 것을 사용하고, 사각기둥의 경우 4개, 원형 및 다각형기둥일 경우 6개 이상을 사용한다.
- 이음 위치는 층 높이의 2/3 이내로 하고 바닥판 위 1m 위치에 두는 것이 좋다.

06 목재의 마구리를 감추면서 창문 등의 마무리에 이용되는 맞춤은?

① 연귀맞춤   ② 장부맞춤
③ 통맞춤   ④ 주먹장맞춤

TIP: 맞춤
- 연귀맞춤
  마구리를 감추면서 튼튼하게 맞춤을 할 때 쓰이는 것으로 보통 45°로 빗 잘라 맞댄다.
- 장부맞춤
  한 곳에 장부를 내고 다른 쪽에 장부구멍을 파 끼우는 방법으로 많이 사용되며 가장 튼튼한 맞춤법이다.
- 통맞춤
  1개의 부재 단부를 다른 부재에 홈을 내어 통째로 연결하는 맞춤법이다.
- 주먹장맞춤
  모서리에 부재가 서로 얽히도록 하기 위해 90°로 결합하는 맞춤법이다. 작업이 까다롭지만 견고하여 못 등으로 보강할 필요가 없다.

07 철골부재를 접합할 때 접합부재 상호간의 마찰력에 의하여 응력을 전달시키는 접합방식은?

① 고력볼트접합
② 용접접합
③ 리벳접합
④ 듀벨접합

> 💡TIP **고력볼트접합**
> - 인장력이 매우 큰 볼트를 이용하는 방법으로 접합재에 마찰력이 생겨 접합하는 방법으로 열 가공을 하지 않아 시공 시 편하며 소음이 적다.
> - 접촉면의 상태에 따라 단면결손 등이 일어날 수 있다.

08 흙막이 부재 중 토압과 수압을 지탱하기 위해 널말뚝 벽면에 수평으로 대는 것은?

① 어미 말뚝
② 멍에
③ 장선
④ 띠장

> 💡TIP **띠장**
> 널말뚝 또는 어미기둥을 지지하고 그 힘을 버팀대에 전달하는 것으로 흙막이 벽에 수평으로 배치된다.

09 초고층 구조의 2건물에서 사용하는 구조시스템의 하나로, 관과 같이 하중에 저항하는 수직부재가 대부분 건물의 바깥쪽에 배치되어 있어 횡력에 효율적으로 저항하도록 계획된 것은?

① 튜브구조
② 절판구조
③ 현수구조
④ 공기막구조

> 💡TIP **튜브구조**
> 외부벽체를 강한 피막으로 둘러싸 횡력에 저항하는 건축구조이며 강한 피막이 수평하중을 줄여주어 초고층 건물에 사용되며, 내부기둥을 줄여 내부공간을 넓게 조성할 수 있다.

10 철근콘크리트 보에 늑근을 사용하는 주된 이유는?

① 보의 전단 저항력을 증가시키기 위하여
② 철근과 콘크리트의 부착력을 증가시키기 위하여
③ 보의 강성을 증가시키기 위하여
④ 보의 휨 저항을 증가시키기 위하여

> 💡TIP **늑근(스터럽)**
> - 보에 걸리는 휨모멘트와 전단력에 의한 균열을 방지하기 위해 사용하는 철근이다.
> - 전단력 분포에 따라 D10정도의 철근을 사용한다.
> - 늑근의 간격은 보의 춤의 1/2 이하 또는 60cm 이하로 한다.
> - 늑근의 끝 부분은 135° 이상의 구부림을 한다.

11 반원 아치의 중앙에 들어가는 돌의 이름은?

① 쌤돌   ② 고막이돌
③ 두겁돌   ④ 이맛돌

TIP 이맛돌

아치 중앙부 꼭대기에 끼는 돌이다.

※ 쌤돌
- 창문, 출입문 등의 양쪽에 대는 것으로 벽돌 구조에서도 사용한다.
- 면을 접거나 쇠시리를 하고 벽체 쌓는 방법에 따라 촉과 연결철물로 벽체에 긴결한다.

※ 고막이돌 : 토대나 하인방의 아래 또는 마루 밑의 터진 곳 따위를 막는 돌이다.

※ 두겁돌
- 담, 박공벽, 난간 등의 꼭대기에 덮어씌우는 것으로 윗면은 물흘림, 밑면은 물끊기를 한다.
- 두겁돌 밑바탕은 촉으로, 두겁돌 끼리는 촉, 꺾쇠 또는 은장으로 연결한다.

12 규격화된 기성제품을 가구식으로 짜 맞추어 물을 거의 사용하지 않고 축조하는 구조는?

① 건식구조   ② 습식구조
③ 조적구조   ④ 철근콘크리트구조

TIP 건식구조

물을 거의 사용하지 않고 구조체를 형성하는 방식으로 목구조, 철골구조 등이 있다.

13 다음 중 철근의 겹침길이와 정착길이의 결정요인과 가장 관계가 먼 것은?

① 철근의 종류   ② 콘크리트의 강도
③ 갈고리의 유무   ④ 물시멘트비

TIP 철근의 길이 결정요인

물시멘트비도 아주 영향이 없다고는 할 수 없으나, 예시 중에서는 가장 거리가 멀다.

14 목조 왕대공지붕틀의 각 부재에 대한 설명 중 옳지 않은 것은?

① 중도리는 서까래를 받아 지붕의 하중을 지붕틀에 전하는 것이므로 지붕틀에 튼튼히 고정해야 한다.
② 빗대공은 인장재이므로 경사를 아주 완만하게 할수록 좋다.
③ 중도리가 ㅅ자보의 절점에 올 때에는 단순한 압축재이지만 그 절점간에 올 때에는 휨을 받는 압축재가 된다.
④ 지붕 가새는 지붕틀의 전도방지를 목적으로 V자형이나 X자형으로 배치한다.

TIP 왕대공지붕틀

- 지붕틀 부재를 삼각형으로 짜서 지붕의 하중을 받게 한 것이다.
- 외력에 튼튼한 구조체로 보통 간 사이 10m 정도에 사용되며 20m까지도 가능하다.
- 압축재는 ㅅ자보와 빗대공이며 나머지는 인장재이다. 동시에 ㅅ자보와 평보는 휨모멘트를 받는다.

07 ①　08 ④　09 ①　10 ①　11 ④　12 ①　13 ④　14 ②

15 철근콘크리트 기둥에 철근 배근 시 띠철근의 수직간격으로 가장 알맞은 것은? (단, 기둥 단면 400×400mm, 주근지름 13mm, 띠철근지름 10mm임)

① 200mm   ② 250mm
③ 400mm
④ 480mm

TIP: 띠철근
- 균열방지와 주근의 좌굴방지를 위해 사용하는 철근이다.
- 지름 6mm이상의 철근을 사용한다.
- 띠철근 간격은 30cm이하, 주근지름의 16배 이하, 띠철근 지름의 48배 이하 중 가장 작은 값으로 배근한다.

※ 띠철근 간격 300mm이하,
   주근지름 13mm×16배 = 208mm 이하
   띠철근 지름의 10mm×48배 = 480mm 이하 중 가장 작은 값으로 한다.

16 창의 하부에 건너댄 돌로 빗물을 처리하고 장식적으로 사용되는 것으로, 윗면·밑면에 물끊기·물돌림 등을 두어 빗물의 침입을 막고, 물 흐름이 잘 되게 하는 것은?

① 인방돌   ② 창대돌
③ 쌤돌   ④ 돌림띠

TIP: 창대돌
- 창 밑에 대어 빗물 등을 흘러내리게 한 장식재이다.
- 창 너비가 클 경우 2개 이상의 창대돌을 대어 사용하기도 하지만, 외관상, 방수 상 1개를 통으로 사용한다.
- 창대돌의 윗면, 옆면, 밑면에는 물 흐름이 잘 되도록 물끊기, 물돌림 등을 두어 빗물이 내부로 침입하는 것을 막고 물 흐름을 잘되게 한다.

17 구조물의 주요 부분을 케이블로 매달아 인장력으로 저항하는 구조를 무엇이라 하는가?

① 라멘 구조   ② 플랫슬래브 구조
③ 벽식 구조   ④ 현수 구조

TIP: 현수구조
- 상부에서 기둥으로 전달되는 하중을 케이블 형태의 부재가 지지하는 구조로써, 주 케이블에 보조 케이블이 상판을 잡아 지지한다.
- 스팬이 큰(400m 이상) 다리나 경기장 등에 사용한다.

18 다음 벽돌 중 크기가 가장 큰 벽돌의 명칭은?

① 반절   ② 이오토막
③ 반반절 ④ 칠오토막

TIP💡 이오토막

온장벽돌을 4등분하여 3/4을 잘라내고 1/4 부분을 사용하는 벽돌을 말한다.

19 다음 중 인장력과 관계가 없는 것은?

① 버트레스(buttress)
② 타이바(tie bar)
③ 현수구조의 케이블
④ 인장링

TIP💡 인장력을 받는 부재

- 타이바(tie bar) : 압축응력을 받는 축방향 철근의 위치확보와 좌굴(Buckling) 방지를 위해 사용하는 철근.
- 케이블 : 인장력이 강한 케이블을 걸고 지붕을 매다는 구조로, 기둥을 제외한 모든 부재가 인장력만 받는다.
- 인장링(tension ring) : 돔 하부에 부재들이 바깥으로 벌어지는 것을 막기 위해 설치하는 링.
- ※ 버트레스(buttress) : 토압을 지탱하고 있는 벽을 적당한 간격으로 격벽을 붙여 보강한 철근 콘크리트 옹벽.

20 다음 중 주택에 일반적으로 사용되는 지붕이 아닌 것은?

① 모임지붕
② 박공지붕
③ 평지붕
④ 톱날지붕

TIP💡 톱날지붕

톱날 모양으로 연속된 지붕으로 공장 등의 건물에 일정한 채광을 얻기 위해 사용한다.

21 다음 중 압축강도가 가장 큰 석재는?

① 화강암   ② 응회암
③ 사암   ④ 대리석

TIP💡 화강암

- 단단하고 내구성이 크고 흡수성이 작다.
- 석재 중 압축강도가 가장 크고 외관이 아름다워 구조재 및 내·외장재로 사용한다.
- 경도가 커 세밀한 조각을 하기는 좋지 않다.
- 내화도가 낮아 고열을 받는 곳에는 부적당하다.

15 ① 16 ② 17 ④ 18 ④ 19 ① 20 ④ 21 ①

22 합판(Plywood)의 특성으로 옳지 않은 것은?

① 판재에 비해 균질하다.

② 방향에 따라 강도의 차가 크다.

③ 너비가 큰 판을 얻을 수 있다.

④ 함수율 변화에 의한 신축변형이 적다.

> **TIP** 합판의 특성
> - 단판이 직교되어 접착되었으므로 함수율 변화에 의한 팽창 및 수축 방지할 수 있다.
> - 아름다운 무늬 판을 얻을 수 있다.
> - 잘 갈라지지 않고, 방향에 따른 강도차가 적다.
> - 목재의 흠(옹이 등)을 제거하므로 좋은 재료를 얻을 수 있다.
> - 내장용으로 천장, 칸막이 벽, 거푸집, 플러시 문의 겉판 등으로 사용한다.

23 시멘트 혼화제인 AE제에 대한 설명으로 옳지 않은 것은?

① 콘크리트 내부에 독립된 미세기포를 발생시켜 콘크리트 워커빌리티를 개선한다.

② AE제를 사용한 콘크리트의 강도는 물시멘트비가 일정한 경우 공기량 증가에 따라 압축강도가 저하된다.

③ AE제를 사용하면 콘크리트 내부의 물이 이동되어 활발해져 블리딩이 증가한다.

④ 경화 중에 건조수축을 감소시킨다.

> **TIP** AE제
> - 콘크리트 속에 독립된 미세기포(지름 0.025~0.25mm)를 발생시켜 골고루 분산시키는 역할을 한다.
> - 콘크리트의 시공연도를 개선시켜, 재료분리가 일어나지 않으며, 블리딩이 감소된다.
> - 경화 때의 수축을 감소시키며, 균열을 방지한다.
> - 공기량 증가 시 강도가 감소되며, 수축량이 증가된다.
> - 콘크리트 전체 체적의 약 2~5%가 적당하다.

24 시멘트의 품질이 일정할 경우 분말도가 클수록 일어나는 현상으로 옳은 것은?

① 초기강도가 낮아진다.

② 시공 후 투수성이 적어진다.

③ 수화작용이 느려진다.

④ 시공연도가 떨어진다.

> **TIP** 분말도가 클 때 나타나는 성질
> - 수화작용이 빠르고 조기강도가 높다.
> - 블리딩(Bleeding)이 적어지고 시공 후 투수성이 적다.
> - 시공연도(Workability)가 좋다.
> - 응결 시 균열이 생기기 쉽다.
> - 풍화되기 쉽다.

25 다음 중 지붕 재료에 요구되는 성질과 가장 관계가 먼 것은?

① 외관이 좋은 것이어야 한다.
② 흡수율이 좋아야 한다.
③ 열전도율이 작은 것이어야 한다.
④ 재료가 가볍고, 내화성이 큰 것이어야 한다.

> **TIP** 지붕재료
> - 내수 및 내화성 등이 커야한다.
> - 열전도율이 작아야 한다.
> - 외관이 좋아야 한다.

26 점토에 톱밥이나 분탄 등의 가루를 혼합하여 소성한 것으로 절단, 못 치기 등의 가공성이 우수한 것은?

① 이형 벽돌
② 다공질 벽돌
③ 내화 벽돌
④ 포도 벽돌

> **TIP** 다공질 벽돌
> - 점토에 분탄, 톱밥 등을 혼합하여 소성한 벽돌로써 톱질과 못 치기가 가능하며, 보온 및 흡음성이 있다.
> - 비중이 1.5정도로 보통벽돌인 2.0보다 작아 가볍다.

27 지하실이나 옥상의 채광용으로 사용하며 입사광선의 방향을 바꾸거나 확산 또는 집중시킬 목적으로 만든 일종의 유리제품은?

① 폼 글라스
② 망입 유리
③ 복층 유리
④ 프리즘 타일

> **TIP** 프리즘 타일(프리즘 유리, 데크유리)
> 입사되는 광선의 방향을 바꾸거나 빛의 확산 및 집중시킬 목적으로 만든 유리로 지하실, 옥상 채광용 등으로 사용된다.

28 길이 5m인 생나무가 전건상태에서 길이가 4.5m로 되었다면 수축률은 얼마인가?

① 6%
② 10%
③ 12%
④ 14%

> **TIP** 목재의 수축률
> $$수축률 = \frac{5-4.5}{5} \times 100\%$$
> ∴ 10%

29 시멘트를 구성하는 주요 화학성분으로 가장 거리가 먼 것은?

① 실리카
② 산화알루미늄
③ 일산화탄소
④ 석회

> **TIP** 시멘트의 주요 화학성분
> 실리카(SiO_2), 알루미나(Al_2O_3), 석회(CaO)의 3가지 주요 성분 이외에도 산화철(Fe_2O_3), 마그네시아(MgO), 아황산(SO_3), 탄산가스(CO_2) 등을 포함하고 있다.

22 ② 23 ③ 24 ② 25 ② 26 ② 27 ④ 28 ② 29 ③

30 콘크리트의 경화촉진제로 사용되는 염화칼슘에 대한 설명 중 옳지 않은 것은?

① 한중콘크리트의 초기 동해방지를 위해 사용된다.
② 시공연도가 빨리 감소되므로 시공을 빨리해야 한다.
③ 염화칼슘을 많이 사용할수록 콘크리트의 압축강도는 증가한다.
④ 강재의 발청을 촉진시키므로 RC부재에는 사용하지 않는 것이 좋다.

TIP 염화칼슘
- 경화촉진제로 염화칼슘($CaCl_2$)이 대표적으로 저온에서도 강도가 높아진다.
- 사용량이 많으면, 철근을 부식시킬 염려가 있어 철근콘크리트 등에 사용이 금지되어 있다.

31 20kg의 골재가 있다. 5mm 표준망 체에 중량비로 몇 kg이상 통과하여야 모래라고 할 수 있는가?

① 10kg ② 12kg
③ 15kg ④ 17kg

TIP 골재
- 잔골재
  5mm체에 85~90%이상 통과하는 골재를 말한다.
- 굵은 골재
  5mm체에 85~90%이상 남는 골재를 말한다.
- 20kg×0.85~0.9 = 17kg~18kg

32 다음 중 콘크리트의 장점에 해당하지 않는 것은?

① 인장강도가 크다.
② 내화적이다.
③ 내구적이다.
④ 방청력이 크다.

TIP 콘크리트
- 일체식 구조로써 모양을 자유로이 할 수 있다.
- 압축강도가 크지만 인장강도는 압축강도의 1/10~1/12 정도로 작다.
- 내화성, 내구성, 내진성이다.
- 강알칼리성으로 철강재의 방청에 유리하며, 접착이 잘 된다.

33 다음 중 실험실이나 레미콘 생산 배합과 같이 정밀한 배합을 요구할 때 사용되는 콘크리트 배합 방법은?

① 절대용적배합
② 현장용적배합
③ 표준계량용적배합
④ 중량배합

TIP 중량 배합

콘크리트 $1m^3$ 에 소요되는 재료의 양을 중량(kg)으로 표시한 배합을 말한다.

※ 절대용적배합 : 콘크리트 $1m^3$ 에 소요되는 재료의 양을 절대 용적으로 표시한 배합을 말한다.

※ 현장용적배합 : 콘크리트 $1m^3$ 에 소요되는 재료의 양을 시멘트는 포대수로, 골재는 현장 계량에 의한 용적으로 표시한 배합을 말한다.

※ 표준계량용적배합 : 콘크리트 1m³ 에 소요되는 재료의 양을 표준 계량용적으로 표시한 배합으로, 시멘트는 1,500kg/1m³ 으로 한다.

34 다음 중 여닫이 창호에 사용되는 철물이 아닌 것은?

① 레일
② 도어 클로저
③ 경첩
④ 함자물쇠

TIP 레일

행거도어에 사용되는 철물이다.

35 비철금속 중 구리에 대한 설명으로 틀린 것은?

① 알칼리성에 대해 강하므로 콘크리트 등에 접하는 곳에 사용이 용이하다.
② 건조한 공기 중에서는 산화하지 않으나, 습기가 있거나 탄산가스가 있으면 녹이 발생한다.
③ 연성이 뛰어나고 가공성이 풍부하다.
④ 건축용으로는 박판으로 제작하여 지붕 재료로 이용된다.

TIP 구리

- 연성과 전성이 크고, 열전도율과 전기전도율이 높다.
- 건조한 공기에서 산화하지 않으나 습기를 받으면, 이산화탄소에 의해 부식하지만 내부는 부식하지 않는다.
- 암모니아, 알칼리성 용액에는 침식된다.
- 아세트산과 진한 황산 등에 용해된다.
- 지붕이기, 홈통, 철사, 못 등에 사용한다.

36 콘크리트에 쓰이는 골재는 어느 상태의 것을 사용하는 것이 가장 타당한가?

① 절대건조 상태
② 건조 상태
③ 표면건조 내부포수상태
④ 습윤상태

TIP 표면건조 내부포수상태(Saturated surface dry condition)

습윤상태의 골재에서 표면수를 제거한 것을 말한다.

※ 절대건조상태(Over dry condition) : 건조기(Oven)에서 105℃±5℃의 온도로 24시간 이상 정중량이 될 때까지 건조시킨 상태를 말한다.

※ 건조상태(Air dry condition) : 공기 중의 습도와 평형상태를 이루며 내부는 약간의 수분을 포함한 상태를 말한다.

※ 습윤상태(Damp or wet condition) : 골재의 내부에 물이 포화상태이며, 표면도 물이 부착되어 있는 상태를 말한다.

30 ③ 31 ④ 32 ① 33 ④ 34 ① 35 ① 36 ③

37 콘크리트가 시일이 경과함에 따라 공기 중의 탄산가스의 작용을 받아 수산화칼슘이 서서히 탄산 칼슘으로 되면서 알칼리성을 잃어가는 현상을 무엇이라 하는가?

① 블리딩 ② 동결융해작용
③ 중성화 ④ 알칼리골재 반응

TIP 중성화

시멘트의 주성분인 수산화칼슘이 강알칼리성을 가지고 있다가 대기 중의 탄산가스, 산성비 등 여러 원인에 의해 서서히 중성으로 바뀌는 현상을 말한다.

※ 블리딩 : 굳지 않은 콘크리트에서 물이 상부로 치고 올라오는 현상을 말한다.

※ 동결융해작용 : 골재가 얼었다 녹는 것을 말한다.

※ 알칼리골재 반응 : 골재 중의 실리카질 광물이 시멘트 중의 알칼리 성분과 화학적으로 반응하는 것으로, 이와 같은 반응이 발생하면 콘크리트가 팽창하여 균열이 발생한다.

38 다음 중 열전도율이 가장 낮은 것은?

① 콘크리트 ② 목재
③ 알루미늄 ④ 유리

TIP 재료별 열전도율(단위 : W/m·k)

- 목재 : 0.12 ~ 0.19
- 콘크리트(기포콘크리트 ~ 철근콘크리트) : 0.13 ~ 2.5
- 유리 : 0.76
- 알루미늄 : 200

39 결로현상 방지에 가장 좋은 유리는?

① 망입유리 ② 무늬유리
③ 복층유리 ④ 착색유리

TIP 복층유리(Pair Glass)

- 2장 또는 3장의 판유리를 일정간격으로 띄운 후, 둘레에 틀을 끼워 기밀하게 하고 그 사이에 건조공기 또는 아르곤가스를 주입하여 만든 유리.
- 단열, 결로 방지, 방음에 효과가 있고, 일반주택 또는 고층 빌딩의 외부 창 등에 사용한다.

40 초기강도가 높고 양생기간 및 공기를 단축할 수 있어, 긴급공사에 사용되는 것은?

① 중용열시멘트
② 조강포틀랜드 시멘트
③ 백색시멘트
④ 고로시멘트

TIP 조강 포틀랜드 시멘트

재령7일만에 보통 포틀랜드 시멘트의 28일 강도를 나타내며 조기강도는 큰 편이나, 장기강도는 보통 포틀랜드 시멘트와 차이가 없다. 또한, 수밀성과 수화열이 크고, 동기공사, 긴급공사, 지하 수중공사에 사용한다.

※ 보통 포틀랜드 시멘트 : 4주(28일)정도 양생해야 소요 압축강도를 얻을 수 있으며, 생산량이 많아 보편적으로 가장 많이 사용한다.

※ 중용열 포틀랜드 시멘트 : 수화열이 적으며, 조기강도가 낮고 장기강도를 크게 한 시멘트로, 건조 수축이 적으며 내침성, 내구성 및 화학적 저항성이 크다. 또한, 댐 공사, 방사능 차폐용으로 사용한다.

※ 백색 포틀랜드 시멘트 : 백색의 석회석과 산화철을 포함하지 않은 점토를 이용하며 도장 및 장식용, 인조석 제조에 사용한다.

41 다음 중 가는 실선으로 표현해야 하는 것은?

① 단면선 ② 중심선
③ 상상선 ④ 치수선

> **TIP** 가는 실선
> • 용도
> 치수선, 치수 보조선, 인출선, 각도 설명 등을 나타내는 지시선 및 해칭 선으로 사용한다.

42 공기조화방식 중 팬코일 유닛방식에 관한 설명으로 옳지 않은 것은?

① 전공기방식에 속한다.
② 각 실에 수배관으로 인한 누수의 우려가 있다.
③ 덕트 방식에 비해 유닛의 위치 변경이 용이하다.
④ 유닛을 창문 밑에 설치하면 콜드 드래프트를 줄일 수 있다.

> **TIP** 팬 코일 유닛방식
> • 전동기 직결의 소형 송풍기(fan), 냉온수 코일 및 필터 등을 갖춘 실내형 소형 공조기를 각 실에 설치하여 중앙 기계실로부터 냉수 또는 온수를 공급받아 송풍하는 방식이다.
> • 객실, 입원실, 사무실 등에 사용하며, 극장이나 방송국 스튜디오에는 부적당하다.
> • 장점
> ① 장래 증가에 대한 유연한 대처가 가능하다.
> ② 덕트가 필요 없으며, 개별 제어가 쉽다.
> ③ 동력비가 작다.
> ④ 콜드 드래프트를 줄일 수 있다.
> ※ 콜드 드래프트(Cold draft) : 생산되는 열보다 소모되는 열이 많을 경우 추위를 느끼게 되는 현상을 말한다.
> - 원인 : 인체 주위 온도가 낮을 때, 기류 속도가 클 때, 습도가 낮을 때, 벽면 온도가 낮을 때, 겨울철 창문의 틈에서 바람이 (틈새바람) 많을 때
> • 단점
> ① 분산 설치가 되므로 유지관리가 어렵다.
> ② 외기 공급을 위한 별도의 장치가 필요하다.
> ③ 실내공기 오염 및 누수의 우려가 있다.
> ④ 방음, 방진에 유의해야 한다.

37 ③ 38 ② 39 ③ 40 ② 41 ④ 42 ①

43 주택에서 식당의 배치유형 중 주방의 일부에 간단한 식탁을 설치하거나 식당과 주방을 하나로 구성한 형태는?

① 리빙 키친　② 리빙 다이닝
③ 다이닝 키친　④ 다이닝 테라스

> TIP 다이닝 키친(DK)
> - 부엌의 일부에 식사실을 두는 형식으로, 소규모 주택에 적합한 형식이다.
> - 식사와 취침은 분리하지만, 단란은 취침하는 곳과 겹칠 수 있다.

44 다음의 주택단지의 단위 중 규모가 가장 작은 것은?

① 인보구　② 근린분구
③ 근린주구　④ 근린지구

> TIP 인보구(20~40호, 200~800명)
> - 이웃과 가까운 친분이 유지되는 공간적 범위로써 반경100~150m정도를 기준으로 한다.
> - 유아놀이터(어린이 놀이터)가 중심이다.
> - 아파트의 경우 3~4층, 1~2동이 여기에 해당된다.
>
> ※ 근린분구
>   (400~500호, 3,000~5,000명)
>   - 일상 소비 생활에 필요한 공동시설이 운영가능한 단위이다.
>   - 소비시설(술집 등), 후생시설(공중목욕탕, 약국 등), 치안시설(파출소 등), 보육시설(유치원 등)이 있다.
>
> ※ 근린주구(1,600~2,000호, 10,000~20,000명)
>   - 초등학교가 중심이며, 학교에서 주택까지 500~800m범위, 3~4개의 근린분구 집합체가 근린주구를 이룬다.
>   - 동사무소, 소방서, 어린이 공원, 우체국 등이 있다.

45 건축에서의 모듈적용에 관한 설명으로 옳지 않은 것은?

① 공사기간이 단축된다.
② 대량생산이 용이하다.
③ 현장작업이 단순하다.
④ 설계 작업이 복잡하다.

> TIP 모듈
> - 설계 작업이 단순해지고 간단해진다.
> - 대량생산이 가능하고 생산비용이 낮아진다.
> - 현장작업이 단순해지고 공기가 단축된다.

46 계단실형 아파트에 관한 설명으로 옳지 않은 것은?

① 거주의 프라이버시가 높다.
② 채광, 통풍 등의 거주 조건이 양호하다.
③ 통행부 면적을 크게 차지하는 단점이 있다.
④ 계단실에서 직접 각 세대로 접근할 수 있는 유형이다.

> TIP 계단실형(홀형)
> - 계단 또는 엘리베이터에서 각 세대로 직접 출입하는 형식이다.

- 가장 독립성(프라이버시)이 좋고 출입이 편하다.
- 동선이 짧고, 채광과 통풍이 양호하다.
- 좁은 대지에 절약형 주거가 가능하다.
- 통행부의 면적이 작아 건물의 이용도가 높다.
- 각 계단실마다 엘리베이터를 설치하게 되어 설비비가 많이 든다.
- 엘리베이터의 1대당 이용률이 복도형에 비해 적다.

47 실제 길이를 6m 축척 1/30인 도면에 나타낼 경우, 도면상의 길이는?

① 20cm ② 2cm
③ 2m   ④ 2mm

> **TIP** 척도계산
> 6m = 6,000mm이므로,
> 6000/30 = 200mm
> ∴ 200mm = 20cm

48 다음의 온수난방에 대한 설명 중 옳지 않는 것은?

① 한랭 시 난방을 정지하였을 경우 동결의 우려가 있다.
② 현열을 이용한 난방이므로 증기난방에 비해 쾌감도가 높다.
③ 난방을 정지하여도 난방효과가 잠시 지속된다.
④ 열용량이 작기 때문에 온수 순환 시간이 짧다.

> **TIP** 온수난방(방열기, 대류, 물)
> - 온수의 현열을 이용하여 쾌적감이 증기난방보다 높다.
> - 보일러 취급이 용이하고 안전하다.
> - 난방부하에 따른 온도조절이 용이하다.
> - 예열시간이 길고 온수 순환이 오래 걸리며, 설비비가 비싸다.

49 전압의 종류에서 저압에 해당하는 기준은?

① 직류 100V 이하, 교류 220V 이하
② 직류 350V 이하, 교류 420V 이하
③ 직류 750V 이하, 교류 600V 이하
④ 직류 900V 이하, 교류 1000V 이하

> **TIP** 전압(V)의 종류
> - 저압
>   교류 600V 이하, 직류 750V 이하
> - 고압
>   교류 600V 초과 7000V 이하, 직류 750V 초과 7000V 이하
> - 특고압
>   교류, 직류 모두 7000V 초과

50 건축물의 층수 산정 시, 층의 구분이 명확하지 아니한 건축물의 경우, 그 건축물의 높이 얼마마다 하나의 층으로 보는가?

① 2m   ② 3m
③ 4m   ④ 5m

TIP 건축물 층수 산정

- 지하층을 제외한 지상 건축물의 층수를 말하며, 층은 구조바닥인 슬랩(slab)을 정의한다.
- 층의 구분이 명확하지 않은 건축물은 높이 4m마다를 하나의 층으로 보고 층수를 산정한다.

51 수·변전실의 위치 선정 시 고려사항으로 옳지 않은 것은?

① 외부로부터의 수전이 편리한 위치로 한다.
② 용량의 증설에 대비한 면적을 확보할 수 있는 장소로 한다.
③ 사용부하의 중심에서 멀고, 수전 및 배전 거리가 긴 곳으로 한다.
④ 화재, 폭발의 우려가 있는 위험물 제조소나 저장소 부근은 피한다.

TIP 수·변전실의 위치선정

- 부하의 중심에 두고 배전이 편리한 곳에 장소를 정한다.
- 환경(습기, 먼지 등)에 적합한 곳이어야 한다.
- 변전실의 천장높이는 고압일 경우 3m 이상, 특고압일 경우 4.5m 이상으로 한다.
- 외부로부터 수전이 편리한 위치로 한다.
- 용량의 증설에 대비한 면적을 확보할 수 있는 장소로 한다.
- 화재, 폭발의 우려가 있는 위험물 제조소나 저장소 부근은 피한다.

52 건축제도에서 물체가 있는 것으로 가상되는 부분을 표시하거나 일점쇄선과 구별할 때 사용하는 선의 종류는?

① 파선   ② 1점 쇄선
③ 2점 쇄선   ④ 가는 실선

TIP 이점쇄선

- 용도별 호칭 : 가상선
- 용도 : 물체가 있는 것으로 가상되는 부분을 표시하거나 일점쇄선과 구별할 때 사용한다.

53 건축제도에서 투상법의 작도 원칙은?

① 제 1각법
② 제 2각법
③ 제 3각법
④ 제 4각법

TIP 제 3각법(눈 – 투상면 – 물체)

물체를 투상면의 뒤쪽에 놓고 투상하면 정면도를 기준으로 보면 상하, 좌우 본 쪽에서 그대로 그 모습을 그리면 된다.

54 건축계획상 근접거리 연결이 잘못된 것은?

① 부엌 - 식사실 ② 식당 - 화장실
③ 침실 - 화장실 ④ 거실 - 부엌

> **TIP** 조닝(Zoning)
> 기능이 유사하거나 비슷한 것은 가까이 두고, 상호간 유사성이 먼 것은 격리시킨다.

55 인터폰설비 중 접속방식에 따른 분류가 아닌 것은?

① 프레스토크식 ② 모자식
③ 복합식   ④ 상호식

> **TIP** 접속방식에 의한 분류
> - 모자식 : 모기와 자기의 통화만 가능한 것으로, 통화량이 많은 곳에는 부적당하다.
> - 상호식 : 모기와 모기의 상호간 호출 및 통화가 가능하다.
> - 복합식 : 상호식과 모자식을 혼용한 방식이다.
> ※ 프레스 토크 : 작동원리에 의한 분류로 통신을 받고 있을 경우 버튼을 누르지 않고, 상대방에게 말을 할 경우 버튼을 눌러 통화하는 방식을 말한다.

56 다음 환기방식 중 자연환기에 속하는 것은?

① 중력환기
② 제1종 환기
③ 제2종 환기
④ 제3종 환기

> **TIP** 환기의 종류
> - 자연환기
>   ① 풍력환기 : 바람 등에 의해 환기하는 방식으로 개구부 위치에 따라 차이가 크다.
>   ② 중력환기 : 실·내외의 온도차에 의해 환기하는 방식이다.
> - 기계환기
>   ① 중앙식 : 한 장소에서 조작을 하여 외기 혹은 실내공기를 각 실에 보내어 환기하는 방식이다.
>   ② 1종 환기 : 기계급기
>   → 기계배기(병용식)
>   ③ 2종 환기 : 기계급기
>   → 자연배기(압입식)
>   ④ 3종 환기 : 자연급기
>   → 기계배기(흡출식)

50 ③ 51 ③ 52 ③ 53 ③ 54 ② 55 ① 56 ①

57 다음 설명에 알맞은 주택 부엌가구의 배치 유형은?

> • 양쪽 벽면에 작업대가 마주보도록 배치한 것이다.
> • 부엌의 폭이 길이에 비해 넓은 부엌의 형태에 적당한 형식이다

① L자형　　② 일자형
③ 병렬형　　④ 아일랜드형

TIP 병렬형
- 두 벽면을 따라 작업이 전개되는 전통적인 형태로 양쪽 벽면에 작업대를 마주보도록 배치한 형태이다.
- 직선형보다는 작업동선이 줄지만, 작업 시 몸을 앞뒤로 계속 바꿔야 한다.

58 다음과 같이 정의되는 엘리베이터 관련 용어는?

> 엘리베이터가 출발 기준층에서 승객을 싣고 출발하여 각 층에 서비스한 후 출발 기준층으로 되돌아와 다음 서비스를 위해 대기하는 데까지 총 시간

① 승차시간　　② 일주시간
③ 주행시간　　④ 서비스시간

TIP 일주시간 RTT (Round Trip Time)
엘리베이터가 출발 층에 돌아온 시점에서 출발 층의 승객을 탑승하고 상층에 서비스를 한 후 다시 출발 층으로 되돌아올 때까지의 시간을 말한다.

※ 주행시간 : 주행시간은 가속 및 감속시간과 전속 주행시간의 합을 말한다.

59 주거공간을 주행동에 따라 개인공간, 사회공간, 노동공간 등으로 구분할 때, 다음 중 사회공간에 속하지 않는 것은?

① 거실　　② 식당
③ 서재　　④ 응접실

TIP 사회공간
가족 구성원 모두 이용하며 생활하는 공간으로 거실, 식당, 응접실 등이 이에 속한다.

※ 서재는 개인공간(가족 구성원 각자의 사적인 생활을 위한 공간)에 속한다.

60 고딕성당에서 존엄성, 엄숙함 등의 느낌을 주기 위해 사용된 선은?

① 사선　　② 곡선
③ 수직선　　④ 수평선

TIP 수직선
상승, 긴장감, 위엄을 나타낸다.

※ 사선 : 불안정, 운동감, 활동성의 느낌을 나타낸다.
※ 곡선 : 여성적, 부드러움을 나타낸다.
※ 수평선 : 안정, 편안함, 고요함, 차분함을 나타낸다.

57 ③　58 ②　59 ③　60 ③

06 PART | CBT 기출복원문제

2019년 4회

01 경첩(hinge) 등을 축으로 개폐되는 창호를 말하며, 열고 닫을 때 실내의 유효면적을 감소시키는 특징이 있는 창호는?

① 미서기창　② 여닫이창
③ 미닫이창　④ 회전창

TIP 여닫이창
- 당기거나 밀어서 여는 형식으로 한 쪽에 경첩을 달아 그 축을 이용해 여닫는 방식이다.
- 미닫이보다 방음 및 기밀성이 좋지만, 열고 닫을 때 면적을 차지한다.

02 실 내부의 벽 하부에서 1~1.5m 정도의 높이로 설치하여 밑 부분을 보호하고 장식을 겸한 용도로 사용하는 것은?

① 걸레받이
② 고막이널
③ 징두리판벽
④ 코펜하겐 리브

TIP 징두리판벽
판벽을 하지 않고 도료를 칠하기도 하며, 이 널은 넓은 띠장에 대고 밑은 걸레받이(base)에, 위는 두겁대에 홈을 파 넣는다.

※ 걸레받이 : 걸레질을 할 때 벽의 하부가 오염되지 않게 흑색으로 마감하는 부분.

※ 고막이 널 : 토대와 지면 사이의 터진 곳을 막아 댄 널.

※ 코펜하겐 리브 : 장식용 음향 조절목재.

03 돔의 하부에서 부재들이 벌어지는 것을 방지하기 위해 설치하는 것은?

① 압축링
② 인장링
③ 스페이스프레임
④ 트러스

TIP 인장링(tension ring)
하부에 부재들이 바깥으로 벌어지는 것을 막기 위해 설치하는 링이다.

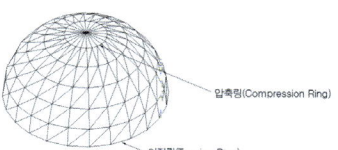

01 ② 02 ③ 03 ②

04 콘크리트와 철근 사이에 부착력에 영향을 주는 것이 아닌 것은?

① 철근의 항복점
② 콘크리트의 압축강도
③ 철근 표면적
④ 철근의 표면상태와 단면모양

> **TIP** 철근의 항복점
>
> 철근의 강도를 알아보는 것으로 철근을 당겼을 때 원래상태로 돌아오는 지점(탄성한계)을 지나 더 잡아당길 경우 변형이 시작되고, 원래상태로 돌아오지 못하는 변형시작점을 의미한다.

05 바닥슬래브 전체가 기초판 역할을 하는 것은?

① 매트기초   ② 복합기초
③ 독립기초   ④ 줄기초

> **TIP** 온통기초(머트기초)
>
> 건물 하부 전체에 걸쳐 설치한 기초로써 연약지반에 사용한다.
>
> ※ 복합기초 : 2개 이상의 기둥을 하나의 기초판이 받치는 구조로써, 기둥과의 간격이 작거나 기초판이 근접하는 경우 또는 건축물이 인접대지와 문제가 생길 경우에 사용하는 기초이다.
>
> ※ 독립기초 : 각 기둥마다 하나의 기초판을 설치하여 상부 하중을 지반에 전달하는 기초이다.
>
> ※ 연속기초(줄기초) : 연속된 내력벽을 따라 설치된 기초이다.

06 철골공사 시 바닥슬래브를 타설하기 전에 철골보위에 설치하여 바닥판 등으로 사용하는 절곡된 얇은 판의 부재는?

① 윙플레이트
② 데크플레이트
③ 베이스플레이트
④ 메탈라스

> **TIP** 데크 플레이트
>
> 바닥판에 사용되는 요철 모양으로 된 부재이며, 슬래브의 거푸집 대용 등으로 사용한다.

07 절충식 지붕틀에서 동자기둥이 받는 부재는?

① 중도리와 마룻대
② 서까래와 베개보
③ 대공과 지붕보
④ 깔도리와 처마도리

> **TIP** 절충식 지붕틀
>
> - 동자기둥 상부는 마룻대 및 중도리에 맞춤하고 산지 또는 못을 박는다.
> - 동자기둥 하부는 지붕보 윗면에 대공이 놓이는 자리를 평평하게 하고 맞춤하며 꺾쇠 등으로 고정한다.
> - 중도리는 동자기둥에, 마룻대는 대공 위에 수평으로 걸쳐대고 서까래를 받는다.

08 특수 지지 프레임을 두 지점에 세우고 프레임 상부 새들(saddle)을 통해 케이블(cable)을 걸치고 여기서 내린 로프로 도리를 매다는 구조는 무엇인가?

① 현수 구조 ② 절판 구조
③ 셸 구조 ④ 트러스 구조

TIP 현수구조
- 상부에서 기둥으로 전달되는 하중을 케이블 형태의 부재가 지지하는 구조로써, 주 케이블에 보조 케이블이 상판을 잡아 지지한다.
- 스팬이 큰(400m 이상) 다리나 경기장 등에 사용한다.
- 샌프란시스코의 금문교가 대표적이다.

※ 새들(saddle) : 현수교 등에서 케이블을 지지하고 그 방향을 바꾸는 것을 말한다.

09 계단 난간의 웃머리에 가로대는 가로재로 손스침 이라고도 하는 것은?

① 챌판 ② 난간동자
③ 계단참 ④ 난간두겁대

TIP 난간두겁대
난간동자의 위에 대는 가로재로 손스침이라하기도 한다.

10 조적조에서 창문의 틀 옆에 세워대는 돌 또는 벽돌 벽의 중간 중간에 설치한 돌을 무엇이라 하는가?

① 인방돌 ② 창대돌
③ 문지방돌 ④ 쌤돌

TIP 쌤돌
- 창문, 출입문 등의 양쪽에 대는 것으로 벽돌 구조에서도 사용한다.
- 면을 접거나 쇠시리를 하고 벽체 쌓는 방법에 따라 촉과 연결철물로 벽체에 긴결한다.

※ 인방돌 : 창문이나 출입문 등의 문꼴 위에 걸쳐 대어 상부에서 오는 하중을 받는 수평재로, 석재는 휨 및 인장에 약하여 문꼴의 너비가 클 경우 철근콘크리트 보 또는 벽돌아치 등을 혼용한다.

※ 창대돌 : 창 밑에 대어 빗물 등을 흘러내리게 한 장식재로, 창 너비가 클 경우 2개 이상의 창대돌을 대어 사용하기도 하지만, 외관상, 방수상 1개를 통으로 사용한다. 또한, 창대돌의 윗면, 옆면, 밑면에는 물 흘림이 잘 되도록 물끊기, 물돌림 등을 두어 빗물이 내부로 침입하는 것을 막고 물 흘림을 잘되게 한다.

※ 문지방돌 : 출입문 밑에 문지방으로 댄 돌을 말한다.

04 ① 05 ① 06 ② 07 ① 08 ① 09 ④ 10 ④

11 옥외의 공기나 흙에 직접 접하지 않는 철근콘크리트 보에서 철근의 최소 피복두께는? (단, 콘크리트 설계기준강도는 40N/mm² 미만임)

① 30mm   ② 40mm
③ 50mm   ④ 60mm

> **TIP** 최소피복두께

표면조건	부재	철근	피복두께
수중에 타설하는 콘크리트	모든 부재	-	100mm
흙에 접하여 콘크리트를 친 후 영구히 흙에 묻혀 있는 콘크리트	모든 부재	-	80mm
흙에 접한 부위 / 흙에 접하거나 옥외의 공기에 직접 노출되는 콘크리트	모든 부재	D29 이상	60mm
		D25 이하	50mm
		D16 이하	40mm
흙에 접하지 않는 부위 / 옥외의 공기나 지반에 직접 접하지 않는 콘크리트	슬래브, 벽체, 장선	D35 초과	40mm
		D35 이하	20mm
	보, 기둥		40mm
	쉘, 절판부재		20mm

12 일반적으로 한식목조 주택에 사용되는 벽의 형식은?

① 심벽식   ② 평벽식
③ 옹벽식   ④ 판벽식

> **TIP** 심벽
>
> 뼈대와 뼈대 사이에 벽을 만듦으로써 뼈대를 노출시킨 벽체로써 뼈대가 노출돼 목재 고유의 무늬를 나타낼 수 있으나, 가새가 작아 구조적이지 못하다.
>
> ※ 평벽 : 벽체가 뼈대를 감싸 뼈대를 감춘 벽체로써 가새가 커 구조적이며, 방한 효과가 있다.

13 말뚝기초에서 말뚝머리 지름이 300mm인 기성콘크리트 말뚝을 타설할 때 말뚝 중심 간의 최소 간격은?

① 300mm   ② 450mm
③ 750mm   ④ 900mm

> **TIP** 기성 콘크리트 말뚝타설 시 중심 간격 말뚝 머리 지름의 2.5배 이상, 750mm 이상으로 한다.

14 입체트러스의 구조에 대한 설명으로 옳은 것은?

① 모든 방향에 대한 응력을 전달하기 위하여 절점은 항상 자유로운 핀(pin) 접합으로만 이루어져야 한다.
② 풍하중과 적설하중은 구조계산 시 고려하지 않는다.
③ 기하학적인 곡면으로는 구조적 결함이 많이 발생하기 때문에 주로 평면 형태로 제작된다.
④ 구성부재를 규칙적인 3각형으로 배열하면 구조적으로 안정이 된다.

> **TIP** 입체트러스 구조
> - 선재(線材)를 입체적으로 결합하여 만드는 트러스
> - 각 절점은 모든 방향으로 이동이 구속되어있어 평면 트러스보다 큰 하중을 받을 수 있다.
> - 부재의 좌굴이 잘 생기지 않는다.

15 트러스를 종횡으로 배치하여 입체적으로 구성한 구조로써, 형강이나 강관을 사용하여 넓은 공간을 구성하는데 이용되는 것은?

① 셸 구조　　② 돔 구조
③ 현수 구조　　④ 스페이스프레임

> **TIP** 스페이스프레임
>
>
>
> - 재료를 입체적으로 조립한 뼈대로 경량이면서 강성이 크다.
> - 입체적으로 부재가 배치되어 응력을 균등하게 분담하도록 설계되어 있다.
> - 종횡으로 거의 균등하게 배치되어 부재 상호간 변형을 구속하면서 압축부재의 좌굴을 방지한다.

16 수직재가 수직하중을 받는 과정의 임계상태에서 기하학적으로 갑자기 변화하는 현상을 의미하는 것은?

① 전단파단　　② 응력
③ 좌굴　　④ 인장항복

> **TIP** 좌굴(버클링(buckling))
>
> 기둥 등에 세로방향으로 압력이 가해질 때 중심축이 축 외부로 벗어나며 휘어지는 현상.
>
> ※ 임계상태(臨界狀態, Critical state) : 작은 하중(운동)이 반복적으로 일어나 연쇄반응을 일으켜 거대한 하중(운동)으로 바뀌는 상태를 말한다.

17 철골구조에서 축방향력, 전단력 및 모멘트에 대해 모두 저항할 수 있는 접합은?

① 전단접합 ② 모멘트접합
③ 핀접합 ④ 롤러접합

> **TIP 모멘트접합**
> H형강의 웨브와 플랜지를 볼트 및 용접으로 강하게 연결하여 보의 회전을 구속한 접합이다.
>
> ※ 전단접합 : H형강의 웨브만 볼트 등으로 체결하고 플랜지는 연결하지 않아 보의 회전을 허용한 접합이다.
>
> ※ 핀접합 : 부재 상호간 핀을 통하는 힘은 전달하나, 휨 모멘트는 생기지 않고 또 부재 상호간 각도는 구속 없이 변화할 수 있게 한 접합이다.
>
> ※ 롤러접합 : 구조 부재의 지지단이 어느 방향으로 자유롭게 이동하는 롤러로 되어 있는 접합이다.

18 슬래브의 단변에 대한 장변의 길이의 비(장변/단변)가 2 이하일 때 적용할 수 있는 슬래브는 무엇인가?

① 1방향 슬래브
② 2방향 슬래브
③ 3방향 슬래브
④ 4방향 슬래브

> **TIP 2방향 슬래브**
> - 장변과 단변의 비가 2이하일 때를 2방향 슬래브라 한다.
> - 2방향 슬래브($\lambda = \ell_y/\ell_x \leq 2$) : 슬래브의 양방향에 골고루 하중전달이 되는 슬래브.
> - 비교적 큰 보나 벽체로 지지된 슬래브에서 서로 직교하는 2방향으로 주근을 배치한 슬래브이다.
> - 단변방향의 철근을 장변방향철근보다 바닥 단부 쪽으로 배치하는데, 단변방향에서 더 큰 하중을 받기 때문이다.
>
> ※ 1방향 슬래브
> - 장변과 단변의 비가 2를 초과할 때를 1방향 슬래브라 한다.
> - 1방향 슬래브($\lambda = \ell_y/\ell_x > 2$) : 슬래브의 단변 쪽으로 하중전달이 많이 되는 슬래브.
> - 슬래브에 작용하는 모든 하중이 단변 방향으로만 전달되는 것으로 간주한다.
> - 단변방향으로 주근을, 장변방향으로 배력근을 배치한다.
> - 슬래브의 두께는 최소 100mm 이상으로 해야 한다.

19 목조 왕대공지붕틀의 구성부재와 관련 없는 것은?

① 빗대공 ② 우미량
③ ㅅ자보 ④ 달대공

> **TIP 우미량**
> 주심포 지붕에서만 나타나는 특징으로, 단차가 있는 도리를 상호 연결하는 수평부재를 말한다.

20 면이 30cm각 정방형에 가까운 네모뿔형의 돌로써 석축에 사용되는 돌은?

① 마름돌　　② 각석
③ 견치돌　　④ 다듬돌

TIP 견치돌

면이 30cm각 정방형에 가까운 네모뿔형의 돌로써 개의 이빨과 비슷하다하여 견치돌이라 한다.

※ 마름돌 : 소요치수에 따라 긴 직육면체가 되도록 만든 석재를 말한다.

※ 각석 : 직사각 또는 정사각형의 단면으로 된 석재를 말한다.

※ 다듬돌 : 반듯한 모양으로 밑에 받치는 석재를 말한다.

21 다음 합성수지 중 열가소성 수지는?

① 페놀수지
② 에폭시수지
③ 초산비닐수지
④ 폴리에스테르수지

TIP 초산비닐수지

강도 및 내후성이 떨어지며 염화비닐(PVC)과 중합시켜 도료를 만든다.

22 길이가 폭의 3배 이상으로 가늘고 길게 된 타일로써 징두리 벽 등의 장식용에 사용되는 것은?

① 스크래치 타일　② 보더 타일
③ 모자이크 타일　④ 논슬립 타일

TIP 보더타일(Boarder Tile)

220mm×60mm×8mm, 190mm×60mm×11mm와 같이 길이가 너비의 3배 이상인 가늘고 길게 된 타일로 걸레받이·징두리 벽 등에 사용되는 특수 장식용 타일이다.

※ 스크래치 타일(Scratch Tile) : 표면에 홈이나 긁힌 자국을 낸 타일로 벽돌 길이와 같게 한 외장용 타일이다.

※ 모자이크 타일(Mosaic Tile) : 4cm각 이하의 소형타일을 말하며, 30cm 하드롱지에 줄눈을 일정하게 하여 제작한다. 또한, 11mm각 이하의 작은 타일을 아트모자이크(Art Mosaic)라 하며, 장식 및 회화 등에 사용한다.

23 점토벽돌 중 매우 높은 온도로 구워 낸 것으로 모양이 좋지 않고 빛깔은 짙으나 흡수율이 매우 적고 압축강도가 매우 큰 벽돌을 무엇이라 하는가?

① 이형벽돌　　② 과소품벽돌
③ 다공질벽돌　　④ 포도벽돌

TIP 과소품 벽돌(과소벽돌)

• 소성온도를 높게 하여 구운 벽돌로, 압축강도는 크고 흡수율이 낮다.
• 검붉은 색을 띠고 있고 형상이 일그러져 있어 특수 장식용, 기초 조적재로 사용한다.

※ 이형벽돌 : 보통 벽돌과는 다른 치수로 만들어져 나온 벽돌이며 아치 및 원형 창 주위를 조적할 때 사용한다.

※ 다공질 벽돌 : 점토에 분탄, 톱밥 등을 혼합하여 소성한 벽돌로써 톱질과 못치기가 가능하며, 보온 및 흡음성이 있으며, 비중이 1.5정도로 보통벽돌인 2.0보다 작아 가볍다.

※ 포도벽돌 : 보통벽돌보다 고온으로 소성되어 흡수율이 낮은 벽돌로 도로나 복도 등의 바닥면 등에 사용한다.

24 보통 재료에서는 축방향에 하중을 가할 경우 그 방향과 수직인 횡방향에도 변형이 생기는데, 횡방향 변형도와 축방향 변형도의 비를 무엇이라 하는가?

① 탄성계수비   ② 경도비
③ 푸아송비   ④ 강성비

💡 **프와송 비(Poisson's Ratio)**
- 재료에 외력이 가해졌을 경우, 그 힘의 방향으로 변형이 생기며 또한 직각방향으로도 변형이 생기는 현상.
- 프와송 비의 역수를 프와송 수라 한다.

25 주로 페놀, 요소, 멜라민 수지 등 열경화성 수지에 응용되는 가장 일반적인 성형법으로 옳은 것은?

① 압축성형법
② 이송성형법
③ 주조성형법
④ 적층성형법

💡 **압축성형법**
가열한 금형에 재료를 넣고 가압·가열 후 재료가 완전히 굳어진 후 성형품을 금형에서 빼내는 방법이다.

※ 이송성형법 : 외부에서 재료에 열을 가하여 유동성 있게 만들고 그 후 금형에 주입하여 압력을 가하여 성형하는 방법이다.

※ 주조성형법 : 녹인 재료를 금형에 부어 넣어 성형하는 방법이다.

※ 적층성형법 : 원지(천 또는 종이)에 액체상태의 수지를 스며들게 한 후 건조시키고 필요한 두께가 되도록 여러 겹 포개어 압착시켜 판상으로 성형하는 방법으로 페놀수지 적층판, 멜라민 화장판 등에 사용한다.

26 목구조에 사용되는 금속의 긴결철물 중 2개의 부재접합에 끼워 전단력에 견디도록 사용되는 것은?

① 감잡이쇠   ② ㄱ자쇠
③ 안장쇠   ④ 듀벨

💡 **보강철물**
- 감잡이쇠 : ㄷ자 형으로 띠쇠를 구부린 철판으로 평보와 왕대공을 연결할 때 사용한다.
- ㄱ자쇠 : ㄱ자 형으로 띠쇠를 구부린 철판으로 모서리의 가로, 세로를 연결할 때 사용한다.
- 안장쇠 : 안장 모양으로 구부려 만든 것으로 큰 보에 작은 보를 걸쳐 연결할 때 사용한다.

※ 볼트는 인장력 보강에 사용한다.

27 다음 중 점토제품이 아닌 것은?

① 타일　　② 테라코타
③ 내화벽돌　④ 테라죠

TIP: 테라죠(Terrazzo)
백색 시멘트＋종석(대리석 또는 화강암)＋안료＋물을 혼합한 미장재료로 바름이 굳은 후 연마기 등으로 갈고 왁스로 광내기를 한다.

28 모래붙임루핑을 사각형, 육각형으로 잘라 만든 것으로 주택 등의 경사지붕에 사용하는 아스팔트 제품은?

① 아스팔트 루핑
② 아스팔트 싱글
③ 아스팔트 펠트
④ 아스팔트 프라이머

TIP: 아스팔트 싱글(모래붙임 루핑)
아스팔트 루핑에 모래를 뿌려 붙인 것을 말하며, 사각형 또는 육각형으로 잘라 기와 또는 슬레이트 대용으로 사용한다.

※ 아스팔트 루핑 : 마, 종이 등을 물에 녹여 펠트로 만들어 건조 후 스트레이트 아스팔트를 침투시키고 양면에 블로운 아스팔트를 주체로 한 컴파운드를 피복한 다음 운모 등을 부착시킨 제품으로 방수, 방습, 내산성이 우수하며, 유연하며 평지붕 방수, 슬레이트 등의 지붕 깔기 등에 사용한다.

※ 아스팔트 펠트 : 마, 종이 등을 원지(felt)로 만들고 스트레이트 아스팔트를 침투시킨 제품으로, 아스팔트 방수층, 몰탈 방수재료 등으로 사용한다.

※ 아스팔트 프라이머 : 블로운 아스팔트를 휘발성 용제로 희석한 흑갈색의 액체로, 콘크리트 및 몰탈 바탕에 아스팔트 방수층 또는 아스팔트타일붙임 시공에 사용되는 초벌용 도료 접착제로, 아스팔트 프라이머를 콘크리트 또는 몰탈 면에 침투시키면 용제는 증발하고 아스팔트가 도막을 형성하여 그 위에 아스팔트를 바르면 잘 붙고 밀착성이 좋아진다.

29 건축물의 내·외벽이나 바닥, 천장 등에 흙손이나 스프레이건 등을 이용하여 일정한 두께로 발라 마무리 하는 데 사용되는 재료는?

① 접착제
② 미장재료
③ 도장재료
④ 금속재료

TIP: 미장재료
벽, 천장, 바닥 등의 미관을 고려함과 동시에 보온, 방습, 내화, 내마모, 내식성을 높여 구조물의 내구성을 길게 하기 위해 표면을 흙손 또는 뿜칠에 의해 일정 두께로 발라 마감하는 재료를 말한다.

24 ③　25 ①　26 ④　27 ④　28 ②　29 ②

30 각종 색유리의 작은 조각을 도안에 맞추어 절단해서 조합하여 모양을 낸 것으로 성당의 창, 상업 건축의 장식용으로 사용되는 것은?

① 접합유리　② 스테인드글라스
③ 복층유리　④ 유리블록

💡TIP 스테인드글라스

　색 유리를 이용하여 여러 그림 또는 문양을 넣은 유리로 색 유리의 작은 조각을 이용하고 그 접합부를 I형 납테 또는 에폭시에 끼워 맞춘 것으로 성당의 창, 장식용 등에 사용한다.

※ (접)합유리 : 2장 또는 그 이상의 유리 사이에 투명한 플라스틱 필름을 넣고 높은 열로 압착하여 만든 유리로 타격에 의해 파괴되더라도 파편이 접착제에 붙어 떨어지지 않게 한 것으로, 자동차, 기차 등의 창유리에 사용한다.

※ 복층유리(Pair Glass) : 2장 또는 3장의 판유리를 일정간격으로 띄운 후, 둘레에 틀을 끼워 기밀하게 하고 그 사이에 건조공기 또는 아르곤 주입하여 만든 유리로 단열, 결로 방지, 방음에 효과가 있고, 일반주택 또는 고층 빌딩의 외부 창 등에 사용한다.

※ 유리블록 : 상자형 유리 2개를 맞추어 고열로 일체시키고, 건조공기를 넣어 만든 유리로 4각 측면은 몰탈과의 접착이 잘 되도록 합성수지계 도료를 발라 돌가루 등을 붙여 놓은 것으로 장식 및 채광창 등에 사용한다.

31 다음 중 석유계 아스팔트가 아닌 천연 아스팔트계에 해당하는 것은?

① 레이크 아스팔트
② 스트레이트 아스팔트
③ 블론 아스팔트
④ 용제추출 아스팔트

💡TIP 천연 아스팔트

　레이크 아스팔트, 로크 아스팔트, 아스팔트 타이트

※ 석유 아스팔트 : 스트레이트 아스팔트, 블로운 아스팔트, 아스팔트 컴파운드 등

32 화산암에 대한 설명 중 옳지 않은 것은?

① 다공질로 부석이라고도 한다.
② 비중이 0.7 ~ 0.8로 석재 중 가벼운 편이다.
③ 화강암에 비하여 압축강도가 크다.
④ 내화도가 높아 내화재로 사용된다.

💡TIP 화산암

- 화산폭발로 분출된 마그마가 급속히 굳은 화성암의 종류로 현무암, 안산암, 부석 등이 있다.
- 대부분 다공질 및 경량의 특징을 가지고 있으며, 화산암 파우더는 광택재 및 연마제 등으로 사용된다.

33 다음 중 목재의 흠에 해당되지 않는 용어는?

① 옹이
② 껍질박이
③ 연륜
④ 혹

TIP 목재의 흠
- 목재가 성장 도중 기후변화 및 곤충, 그 밖에 균 등에 의하여 흠이 생기며, 벌목이나 제재를 할 때도 흠이 생길 수 있는데, 외관 손상 뿐 아니라 강도 및 내구성 등을 저하시키는 원인이 되기도 한다.
- 흠에 해당되는 것은 옹이, 갈라짐, 껍질박이, 혹 등이 해당된다.
- ※ 연륜(年輪) : 봄, 여름철에 자라는 춘재와 가을, 겨울에 자라는 추재를 합하여 연륜, 즉, 나이테라 한다. 나이테에 의해 목재는 자르는 면에 따라 무늬가 다르게 나타난다.

34 실을 뽑아 직기에 제직을 거친 벽지는?

① 직물벽지
② 비닐벽지
③ 종이벽지
④ 발포벽지

TIP 직물벽지

따뜻하고 부드러운 느낌과 고급스러운 분위기를 나타낼 수 있으나 오염되기 쉽고 비싸다.

- ※ 비닐벽지 : 종이벽지 위에 PVC 코팅막을 입힌 것으로 오염에 강하고 수명이 길지만, 비싸다.
- ※ 종이벽지 : 가격이 저렴하고 재 도배가 가능하지만, 오염되기 쉽고 물청소가 어렵다.
- ※ 발포벽지 : 염화비닐을 도포하여 발포시킨 벽지로 보온 등에 효과가 있으나 먼지가 잘 묻는다.

35 다음 미장재료 중 수경성 재료는?

① 회사벽
② 돌로마이트 플라스터
③ 회반죽
④ 시멘트 몰탈

TIP 수경성
- 물과 작용하여 경화된 후 점차 강도가 커지는 성질의 재료를 말한다.
- 석고, 시멘트 몰탈 등이 있다.
- ※ 기경성 : 공기 성분 중에서 탄산가스(이산화탄소)에 의해 경화되는 성질의 재료로, 점토, 석회, 돌로마이트 플라스터 등이 있다.

36 운모계와 사문암계 광석으로써 800~1000℃로 가열하면 부피가 5~6배로 팽창되며, 비중이 0.2~0.4인 다공질 경석으로 단열, 흡음, 보온효과가 있는 것은?

① 부석
② 탄각
③ 질석
④ 펄라이트

TIP 질석(Vermiculite)

질석몰탈, 질석플라스터로 만들어 바름벽, 뿜칠재료 등으로 사용하며 다공질로 방음 재료로도 사용되지만, 산에 쉽게 분해된다.

- ※ 부석 : 비중이 0.75정도로 석재 중 가장 가볍고, 경량콘크리트의 골재로 사용되며, 열전도율이 작아 단열재, 화학공장의 특수 장치로 쓰인다.

30 ② 31 ① 32 ③ 33 ③ 34 ① 35 ④ 36 ③

※ 탄각(Cinder) : 석탄을 태우고 남은 재를 말하며, 경량콘크리트 골재로 사용한다.

※ 펄라이트(Perlite) : 진주석, 흑요석 등을 분쇄하여 가루로 한 것을 팽창 가열하면 백색 또는 회백색의 다공질 재료이다.

37 다음 중 지하실이나 옥상의 채광용으로 가장 적당한 유리는?

① 폼 글라스　② 프리즘 타일
③ 글라스 블록　④ 글라스 울

> **TIP** 프리즘유리(데크 유리)
> 입사되는 광선의 방향을 바꾸거나, 빛의 확산 및 집중시킬 목적으로 만든 유리로 지하실, 옥상의 채광용 등으로 사용한다.
>
> ※ 폼 글라스 : 가루로 만든 유리에 발포제를 넣어 기포를 발생시킨 유리로 투과가 안 되며, 충격에 약하며, 단열재, 보온재, 방음재로 사용한다.
>
> ※ 유리블록 : 상자형 유리 2개를 맞추어 고열로 일체시키고, 건조공기를 넣어 만든 유리로, 4각 측면은 몰탈과의 접착이 잘 되도록 합성수지계 도료를 발라 돌가루 등을 붙인다. 또한, 장식 및 채광창 등에 사용한다.
>
> ※ 유리섬유 : 유리를 녹인 뒤 작은 구멍에 통과시켜 섬유 모양으로 만든 유리로 탄성이 작고, 전기절연성, 내화성, 내수성 등이 우수하며, 단열재, 방음재, 보온재, 먼지흡수용 등에 사용한다.

38 10cm×10cm인 목재를 400kN의 힘으로 잡아 당겼을 때 끊어졌다면, 이 목재의 최대 강도는 얼마인가?

① 4MPa
② 40MPa
③ 400MPa
④ 4000MPa

> **TIP** $pa = N/m^2$
> $400,000N / 0.1m × 0.1m$
> $= 40,000,000 pa$
>
> ∴ $40,000,000 pa = 40,000 KPa$
> $= 40 MPa$

39 일반적으로 벌목을 실시하기에 계절적으로 가장 좋은 시기는?

① 봄　　　　② 여름
③ 가을　　　④ 겨울

> **TIP** 벌목
> 겨울은 수액이 가장 적어 건조가 빠르고 목질도 견고하다.

40 콘크리트 타설 후 비중이 무거운 시멘트와 골재 등이 침하되면서 물이 분리·상승하여 미세한 부유물질과 콘크리트 표면으로 떠오르는 현상은?

① 레이턴스(laitance)
② 초기 균열
③ 블리딩(bleeding)
④ 크리프

> **TIP** ※ 블리딩(Bleeding)
> 굳지 않은 콘크리트에서 물이 상부로 치고 올라오는 현상을 말한다.
>
> ※ 레이턴스(Laitance) : 블리딩에 의해 미세물질이 콘크리트 또는 몰탈 면의 표면에 올라와 경화 후 표면에 형성되는 흰빛의 얇은 막을 말한다.
>
> ※ 초기균열 : 콘크리트 타설 직후 발생하는 균열로 급격한 건조, 블리딩, 수화열, 시공 중에 균열이 나타난다.
>
> ※ 크리프(Creep) : 일정 하중을 오랜 시간동안 그대로 작용시키면 하중의 증감 없이도 변형이 계속적으로 일어나는 장기추가처짐 현상을 말한다.

41 건축도면의 글자 및 치수에 관한 설명으로 옳지 않은 것은?

① 숫자는 아라비아 숫자를 원칙으로 한다.
② 치수는 특별히 명시하지 않는 한, 마무리 치수로 표시한다.
③ 글자체는 수직 또는 15° 경사의 고딕체로 쓰는 것을 원칙으로 한다.
④ 치수는 치수선에 평행하게 도면의 오른쪽에서 왼쪽으로 읽을 수 있도록 기입한다.

> **TIP** ※ 치수
> 치수기입은 왼쪽에서 오른쪽으로, 아래에서 위로 기입한다.

42 다음의 단면용 재료표시 기호가 의미하는 것은?

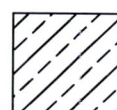

① 석재
② 인조석
③ 벽돌
④ 목재 치장재

43 다음 설명에 알맞은 색의 대비와 관련된 현상은?

> 어떤 두 색이 맞붙어 있을 경우, 그 경계의 언저리가 경계로부터 멀리 떨어져 있는 부분보다 색의 3속성별로 색상대비, 명도대비, 채도 대비의 현상이 더욱 강하게 일어나는 현상

① 동시대비 ② 연변대비
③ 한난대비 ④ 유사대비

TIP 대비

- 동시대비
  두 색을 동시에 보았을 때 서로의 영향으로 달리 보이는 현상을 말한다.
- 계속대비
  하나의 색을 보고 다른 색을 보았을 때, 먼저 본 색의 영향으로 나중 색이 달리 보이는 현상을 말한다.
- 한난대비
  차가운 색과 따뜻한 색을 함께 놓았을 때 배경색이 한색일 경우 더 차갑게, 배경색이 난색일 경우 더 따뜻하게 보이는 현상을 말한다.
- 보색대비
  보색끼리 놓았을 때 색상이 더 뚜렷해지면서 선명하게 보이는 현상을 말한다.
- 면적대비
  동일한 색이 면적이 크면 밝게, 면적이 작으면 어둡게 보이는 현상을 말한다.

44 다음 설명에 알맞은 거실의 가구배치 형식은?

> - 서로 시선이 마주쳐 다소 딱딱하고 어색한 분위기를 만들 우려가 있다.
> - 일반적으로 가구 자체가 차지하는 면적이 커지므로 실내가 협소해 보일 수 있다.

① 대면형 ② 코너형
③ 직선형 ④ 자유형

TIP 대면형

중앙의 탁자를 중심으로 좌석이 마주 보이도록 배치하는 형식으로 서로 시선이 마주쳐 다소 딱딱하고 어색한 분위기를 만들 우려가 있으며, 동선이 길어지고 가구가 차지하는 면적이 커진다.

※ 코너형 : 1인용, 2인용, 3인용 소파 중 2가지 이상을 조합하여 두 벽면에 서로 직각이 되도록 배치하는 형식으로, 시선이 마주치지 않아 안정감이 있고, 공간 활용도 용이하며 동선도 자연스럽다.

※ 직선형 : 좌석을 일렬로 배치하는 형식으로 서로 대화를 나누기에는 적합하지 않으나 폭이 좁은 공간에서 배치가 용이하다.

※ 자유형 : 어떤 유형에도 속하지 않게 자유스럽게 배치하는 형식으로 개성적 연출이 가능하다.

45 건축법령상 공동주택에 속하지 않는 것은?

① 기숙사 ② 연립주택
③ 다가구주택 ④ 다세대주택

TIP 주택

- 단독주택
  ① 단독주택
  ② 다중주택 : 연면적 330m²이하이고 층수가 3층 이하인 것으로 독립된 취사시설이 없고 장기간 거주 가능한 구조로 되어 있을 것
  ③ 다가구주택 : 주택으로 쓰이는 바닥면적 660m²이하이고(지하 주차장 면적 제외) 주택용 층이 3개 층 이하이고(지하층 제외) 19세대 이하가 거주할 수 있을 것
  ④ 공관 : 정부의 고위관리가 공적으로 쓰는 저택.

  ※ 다중주택의 3층 이하와 다가구주택의 주택용 층이 3개 층은 다르다. 다중주택의 층은 용도불문 단순 층수를 말하는 것이고, 다가구주택은 주택용 층만을 따져서 3개의 층 이하인 것을 조건으로 한다.

- 공동주택
  ① 아파트 : 주택용 층 5개 층 이상인 건축물
  ② 연립주택 : 주택으로 쓰이는 바닥면적의 합이 660m²를 초과하며, 4층 이하인 건축물
  ③ 다세대주택 : 주택으로 쓰이는 바닥면적의 합이 660m² 이하이며, 4층 이하인 건축물
  ④ 기숙사 : 한개 동의 공동취사시설을 이용하는 세대 수가 전체의 50%이상인 건축물

46 이형철근의 직경이 13mm이고 배근간격이 150mm일 때 도면 표시법으로 옳은 것은?

① ∅ 13@150 ② 150 ∅ 13
③ D13@150 ④ @150D13

47 건축허가신청에 필요한 설계도서에 속하지 않는 것은?

① 배치도 ② 평면도
③ 투시도 ④ 건축계획서

TIP 건축허가신청에 필요한 설계도서 〈개정 2015. 10. 5〉

- 건축계획서
  ① 개요(위치·대지면적 등)
  ② 지역·지구 및 도시계획사항
  ③ 건축물의 규모(건축면적·연면적·높이·층수 등)
  ④ 건축물의 용도별 면적
  ⑤ 주차장규모
  ⑥ 에너지절약계획서(해당건축물에 한한다)
  ⑦ 노인 및 장애인 등을 위한 편의시설 설치계획서 (관계법령에 의하여 설치의무가 있는 경우에 한한다)

- 배치도
  ① 축척 및 방위
  ② 대지에 접한 도로의 길이 및 너비
  ③ 대지의 종·횡단면도
  ④ 건축선 및 대지경계선으로부터 건축물까지의 거리
  ⑤ 주차동선 및 옥외주차계획
  ⑥ 공개공지 및 조경계획

43 ② 44 ① 45 ③ 46 ③ 47 ③

- 평면도
  ① 1층 및 기준층 평면도
  ② 기둥·벽·창문 등의 위치
  ③ 방화구획 및 방화문의 위치
  ④ 복도 및 계단의 위치
  ⑤ 승강기의 위치
- 입면도
  ① 2면 이상의 입면계획
  ② 외부마감재료
  ③ 간판 및 건물번호판의 설치계획(크기·위치)
- 단면도
  ① 종·횡단면도
  ② 건축물의 높이, 각층의 높이 및 반자 높이
- 구조도(구조안전 확인 또는 내진설계 대상 건축물)
  ① 구조내력상 주요한 부분의 평면 및 단면
  ② 주요부분의 상세도면
  ③ 구조안전확인서
- 구조계산서(구조안전 확인 또는 내진설계대상 건축물)
  ① 구조내력상 주요한 부분의 응력 및 단면산정 과정
  ② 내진설계의 내용(지진에 대한 안전 여부확인대상 건축물)
- 실내마감도
  벽 및 반자의 마감의 종류
- 소방설비도
  「소방시설설치유지 및 안전관리에 관한 법률」에 따라 소방관서의 장의 동의를 얻어야 하는 건축물의 해당소방 관련 설비

※ 시방서, 건축설비도, 토지굴착 및 옹벽도가 개정을 통해 삭제되었다.

48 사회학자 숑바르 드 로브(Chombard de lawve)의 주거면적 기준 중 한계기준으로 옳은 것은?

① 8m²/인

② 10m²/인

③ 14m²/인

④ 16.5m²/인

TIP 숑바르 드 로브(Chombard de lawve) 기준 주거면적

- 병리기준
  8m²/인 이하일 경우 거주자의 신체 및 정신건강에 나쁜 영향을 끼친다.
- 한계기준
  14m²/인 이하일 경우 개인 및 가족적인 거주의 융통성을 보장할 수 없다.
- 표준기준
  16m²/인

대한민국 1인당 주거면적의 변화
※ 자료출처(국토교통부, 『2018주거실태』)

	2006년	2008년	2010년	2012년
1인당 주거면적	26.2m²	27.8m²	28.5m²	31.7m²

	2014년	2016년	2017년	2018년
1인당 주거면적	33.5m²	33.2m²	31.2m²	31.7m²

49 교류 엘리베이터에 대한 설명 중 옳지 않는 것은?

① 기동토크가 적다.
② 부하에 의한 속도 변동이 있다.
③ 직류 엘리베이터에 비해 착상오차가 크다.
④ 속도를 선택할 수 있고, 속도 제어가 가능하다.

TIP 교류 엘리베이터
- 장점
  설비비가 적다.
- 단점
  ① 속도조정이 안되며 속도에 대한 제어가 불가능하다.
  ② 부하에 의해 속도변동이 있으며, 저속이다.
  ③ 착상오차가 크다.
  ④ 기동 토크가 작다.
  ⑤ 승차감은 직류에 비해 좋지 않다.

50 건축형태의 구성원리 중 인간의 주의력에 의해 감지되는 시각적 무게의 평행상태를 의미하는 것은?

① 통일 ② 균형
③ 강조 ④ 리듬

TIP 균형
  인간의 주의력에 의해 감지되는 시각적 무게의 평행상태를 의미한다.
  ※ 통일 : 각 요소들을 통일하여 하나의 형태로 보여 지는 것을 말하며, 너무 지나치면 단조롭게 된다.
  ※ 리듬 : 규칙적인 요소들의 시각적 질서를 부여하는 통제된 운동감각을 나타나는 힘을 말하며, 반복, 점층, 억양, 변이 등이 있다.

51 부엌과 식당을 겸용하는 다이닝 키친(dining kitchen)의 가장 큰 장점은?

① 침식분리가 가능하다.
② 주부의 동선이 단축된다.
③ 휴식, 접대 장소로 유리하다.
④ 이상적인 식사 분위기 조성에 유리하다.

TIP 다이닝 키친
- 부엌 일부에 식사실을 두는 형식으로 소규모 주택에 적합하다.
- 식사와 취침은 분리하지만 단란은 취침하는 곳과 겹칠 수 있다.
- 공간 활용도가 높다.

52 건축물을 묘사함에 있어서 선의 간격에 변화를 주어 면과 입체를 표현하는 묘사 방법은?

① 단선에 의한 묘사 방법
② 여러 선에 의한 묘사 방법
③ 단선과 명암에 의한 묘사 방법
④ 명암 처리에 의한 묘사방법

> TIP ✦ 여러 선에 의한 묘사기법
>
> 선의 간격에 변화를 주어 면과 입체를 표현하는 묘사방법을 말한다.
>
> ※ 단선에 의한 묘사 기법 : 선의 종류와 굵기에 따라 단면선, 윤곽선, 모서리선, 표면의 조직선, 재료의 변화선 등으로 묘사가 가능하다.
>
> ※ 단선과 명암에 의한 묘사 기법 : 선으로 공간을 한정시키고 명암으로 음영을 넣는 방법으로 평면의 경우에는 같은 명도의 농도로 하여 그리고, 곡면의 경우에는 농도에 변화를 주어 묘사한다.
>
> ※ 명암 처리에 의한 묘사기법 : 명암의 농도로 면이나 입체를 표현하려는 것으로, 면이 다른 경우에는 면의 명암 차이가 명확히 나타나도록 하고, 명암의 표현에서 방향을 나타낼 때에는 면의 수직과 수평 방향이 일치되도록 한다.
>
> ※ 점에 의한 묘사기법 : 여러 점으로 입체의 면이나 형태를 나타내고자 할 때에는 각 면의 명암 차이를 표현하고, 점을 많이 찍거나 적게 찍어서 형태의 변화를 준다.

53 실감온도(유효온도, ET)를 구성하는 3요소와 관련 없는 것은?

① 온도
② 습도
③ 기류
④ 열복사

> TIP ✦ 유효온도(체감온도, ET)
>
> 온도, 습도, 기류
>
> ※ 열 환경의 4요소(온열 요소)
> 기온, 습도, 기류, 주위 벽의 복사열

54 A3 제도용지에 테두리선을 그릴 때 여백은 최소한 얼마를 두는가? (단, 철하지 않을 경우)

① 5mm
② 10mm
③ 15mm
④ 20mm

> TIP ✦ 제도용지의 크기
>
> | | | A_0 | A_1 | A_2 | A_3 | A_4 |
> |---|---|---|---|---|---|---|
> | a×b | | 1189×841 | 841×594 | 594×420 | 420×297 | 297×210 |
> | c(최소) | | 10 | 10 | 10 | 5 | 5 |
> | d (최소) | 철하지 않을 때 | 10 | 10 | 10 | 5 | 5 |
> | | 철할 때 | 25 | 25 | 25 | 25 | 25 |

55 소방대 전용 소화전인 송수구를 통하여 실내로 물을 공급하여 소화활동을 하는 것으로, 지하층의 일반화재 진압 등에 사용되는 소방시설은?

① 드렌처설비
② 연결살수설비
③ 스프링클러설비
④ 옥외소화전설비

TIP ☀ 연결살수설비

소방대 전용 소호전인 송수구를 통하여 실내로 물을 공급하여 소화활동을 하는 것으로, 지하층의 일반화재 진압 등에 사용되는 소방시설이다.

※ 드렌처 설비 : 건축물의 외벽, 창, 지붕 등에 설치하여 인접 건물에 화재가 발생하였을 때 수막을 형성하여 화재의 연소를 방지하는 방화설비이다.

※ 스프링클러 설비 : 실내 천장에 설치하여 화재 시 자동적으로 물을 분사하여 소화하는 자동 소화설비이다.

※ 옥외소화전 설비 : 건물과 옥외설비의 화재진압을 위해 옥외에 설치한 고정식 소화설비이다.

56 복사난방에 대한 설명으로 옳지 않은 것은?

① 실내의 온도 분포가 균등하고 쾌감도가 높다.
② 방열기가 필요하지 않으며 바닥면의 이용도가 높다.
③ 열용량이 크기 때문에 발열량 조절에 시간이 걸린다.
④ 천장고가 높은 공장이나 외기침입이 있는 곳에서는 난방감을 얻을 수 없다.

TIP ☀ 복사난방(바닥배관, 복사, 온수)

바닥, 천장, 벽체에 열원을 매설하여 온수를 공급하여 그 복사열로 난방하는 방식이다.

• 장점
① 실내의 온도분포가 균일하고 쾌감도가 높다.
② 방열기가 없어 바닥의 이용도가 높다.
③ 대류가 적어 먼지가 상승하지 않는다.

• 단점
① 방열량 조절과 시공이 어렵고, 설비비가 많이 든다.
② 예열시간이 길고 매입되어 있어 고장발견이 어렵다.

57 메이조넷형 공동주택에 관한 설명으로 옳지 않은 것은?

① 공용 통로 면적을 절약할 수 있다.
② 상하층의 평면이 똑같아 평면 구성이 자유롭다.
③ 엘리베이터의 정지 층수가 적어지므로 운영면에서 효율적이다.
④ 1개의 단위 주거가 2개 층 이상에 걸쳐 있는 공동주택을 일컫는다.

> **TIP** 복층형(듀플렉스형, 메이조넷형)
>
> 한 주호가 2개 층에 걸쳐 구성되는 형식이다.
>
> • 장점
>   ① 엘리베이터 정치층수가 적어 경제적이고 효율적이다.
>   ② 주택 내부의 공간에 변화가 있다.
>   ③ 통로면적이 감소되고 전용면적이 증대된다.
>   ④ 프라이버시가 좋고, 통풍 및 채광이 좋다.
> • 단점
>   피난 상 불리하고, 소규모 주택에서는 비경제적이다.

58 수송설비인 컨베이어 벨트 중 수평용으로 사용되며 기물을 굴려 운반하는 것은?

① 버킷 컨베이어
② 체인 컨베이어
③ 롤러 컨베이어
④ 에이프린 컨베이어

> **TIP** 롤러 컨베이어
>
> 여러 개의 롤러를 수평으로 기물을 굴려 운반하는 장치이다.
>
> ※ 버킷 컨베이어 : 하부의 재료를 상부로 운반하여 배출하는 장치로 토사, 쇄석 등을 수직 또는 경사로 운반한다.
> ※ 체인 컨베이어 : 감아 걸어놓은 체인에 버킷 등을 부착하여 운반하는 장치로 석탄, 음료수, 식기류 등을 운반한다.
> ※ 에이프런 컨베이어 : 두 줄로 된 감아 놓은 체인사이를 강판으로 고정하여 사용하는 장치이다.

59 다음 중 건축화 조명의 종류에 속하지 않는 것은?

① 코브 조명
② 코니스 조명
③ 밸런스 조명
④ 펜던트 조명

> **TIP** 건축화조명
>
> • 건축물 내부의 천장, 벽, 기둥 등에 조명기구를 달아 조명하는 방식으로, 눈부심이 적고 분위기는 좋으나, 비용이 많이 들며 조명효율은 낮다.
> • 다운라이트, 코브, 코니스, 밸런스, 광천장 조명 등이 이에 속한다.
> ※ 펜던트 조명 : 천장 또는 보 등에 줄을 매달아 사용하는 조명을 말한다.

60 부엌의 평면형 중 동선과 배치가 간단하지만, 설비기구가 많은 경우에는 작업동선이 길어지므로 소규모 주택에 적합한 형식은?

① 병렬형
② ㄱ자형
③ ㄷ자형
④ 일렬형

TIP 일렬형(직선형)

동선과 배치가 간단한 평면형이지만 설비기구가 많을 경우 작업동선이 길어 소규모 주택에 적합하다.

※ 병렬형 : 두 벽면을 따라 작업이 전개되는 전통적인 형태로 양쪽 벽면에 작업대를 마주보도록 배치한 형태로 직선형보다는 작업동선이 줄지만, 작업 시 몸을 앞뒤로 계속 바꿔야 한다.

※ L자형(ㄱ자형) : 인접된 양면 벽에 L자형으로 배치하여 동선의 흐름이 자연스러운 형태로 작업동선이 효율적이며 여유 공간이 많이 남기 때문에, 식사실과 병용할 경우 적합하다.

※ U자형(ㄷ자형) : 인접한 3면의 벽에 배치하여 가장 편리하고 능률적이나, 평면계획상 외부로 통하는 출입구의 설치 곤란하며, 식탁과의 연결이 어렵다.

06 PART | CBT 기출복원문제

2019년 5회

01 벽돌벽체에서 벽돌을 1단씩 내쌓기를 할 때 얼마 정도 내쌓는가?(단, B는 벽돌 1장을 의미한다.)

① 1/2B
② 1/4B
③ 1/5B
④ 1/8B

TIP 벽돌쌓기 원칙
- 내 쌓기의 경우 한 단은 1/8B, 두 단은 1/4B씩 쌓고, 내미는 한도는 2.0B로 한다.
- 1일 쌓기 높이는 1.2~1.5m 이내로 한다.
- 가급적 막힌 줄눈으로 시공하며, 벽체를 일체화를 위해 테두리 보를 설치한다.
- 몰탈의 수분을 벽돌이 머금지 않도록 쌓기 전 충분한 물 축임을 한다.

02 철골조에서 주각부분에 사용되는 부재가 아닌 것은?

① 베이스 플레이트
② 사이드 앵글
③ 윙 플레이트
④ 플랜지 플레이트

TIP 철골 주각 구성
베이스 플레이트, 리브 플레이트, 윙 플레이트, 사이드 앵글, 클립 앵글

※ 플랜지 플레이트 : 플레이트 보(플레이트 거더) 등의 플랜지에 사용하는 강판.

03 다음 중 셸 구조의 대표적인 구조물은?

① 세종문화회관
② 시드니 오페라 하우스
③ 인천대교
④ 상암동 월드컵 경기장

TIP 셸 구조
- 곡률을 가진 얇은 판으로 주변을 충분히 지지시켜 공간을 덮는 구조이다.
- 가볍고 강성이 우수한 구조 시스템으로써 시드니 오페라 하우스가 대표적이다.
- 재료는 철근콘크리트를 많이 쓰지만 강재를 사용하기도 한다.

04 돌 구조에서 창문 등의 개구부 위에 걸쳐 대어 상부에서 오는 하중을 받는 수평부재는?

① 문지방돌 ② 인방돌
③ 창대돌 ④ 쌤돌

TIP 돌 구조
- 문지방돌
  출입문 밑에 문지방으로 댄 돌을 말한다.
- 창대돌
  창 밑에 대어 빗물 등을 흘러내리게 한 장식재로, 창 너비가 클 경우 2개 이상의 돌을 대어 사용하기도 하지만, 외관 및 방수상 1개를 통으로 사용한다.
- 쌤돌
  창문, 출입문 등의 양쪽에 대는 것으로 벽돌 구조에서도 사용한다.

05 한켜는 길이쌓기로 하고 다음은 마구리쌓기로 하며 모서리에 칠오토막을 써서 마무리는 벽돌쌓기법은?

① 영국식 쌓기 ② 화란식 쌓기
③ 프랑스식 쌓기 ④ 미국식 쌓기

TIP 네덜란드식 쌓기(화란식 쌓기)
- 영국식 쌓기와 방법은 같으나 모서리 또는 끝 부분에 칠오토막을 사용한다.
- 모서리가 다소 견고하고 가장 많이 사용한다.

※ 영국식 쌓기
- 한 켜는 마구리쌓기, 다음 켜는 길이쌓기로 번갈아 쌓아 올린 방식으로 모서리는 이오토막 또는 반절을 사용한다.

- 통줄눈이 생기지 않으며, 가장 튼튼한 방법으로 내력벽에 이용된다.

※ 프랑스식 쌓기
- 한 켜에 길이쌓기와 마구리쌓기가 번갈아 나오게 하는 쌓기법이다.
- 통줄눈이 많이 생겨 튼튼하지 않아 의장적 벽체에 사용한다.

※ 미국식 쌓기
- 표면에 치장벽돌로 5켜 정도를 길이쌓기로 하고 뒷면을 영국식 쌓기로 한다.
- 치장쌓기나 공간쌓기로 사용한다.

06 건설공사표준품셈에 따른 기본벽돌의 크기로 옳은 것은?

① 210×100×60mm
② 210×100×57mm
③ 190×90×57mm
④ 190×90×60mm

07 바닥 면적이 40m²일 때 보강콘크리트 블록조의 내력벽 길이의 총합계는 최소 얼마 이상이어야 하는가?

① 4m ② 6m
③ 8m ④ 10m

TIP 벽량(cm/m²) = $\dfrac{\text{내력벽의 길이(cm)}}{\text{바닥면적(m²)}}$

보강블록조의 최소 벽량은 15cm/m² 이상이므로,

$15\text{cm/m}^2 = \dfrac{x}{40\text{m}^2}$

∴ $x = 600\text{cm}$

01 ④ 02 ④ 03 ② 04 ② 05 ② 06 ③ 07 ②

08 다음 중 목재의 이음과 맞춤을 할 때 주의사항으로 옳지 않은 것은?

① 공작이 간단하고 튼튼한 접합을 선택할 것

② 맞춤 면은 수축, 팽창을 위해 틈을 주어 가공할 것

③ 이음과 맞춤의 위치는 응력이 작은 곳으로 할 것

④ 이음·맞춤의 단면은 응력의 방향에 직각으로 할 것

TIP ☞ 목재의 이음과 맞춤
- 공작이 간단하고 튼튼한 접합을 선택한다.
- 맞춤 면은 틈을 주어 가공하지 않는다.
- 이음과 맞춤의 위치는 큰 응력이 있는 곳은 피하여 응력이 작은 곳에 둔다.
- 이음·맞춤의 단면은 응력의 방향에 직각으로 한다.
- 각 부재는 약한 단면이 없게 한다.

09 아치벽돌을 사다리꼴 모양으로 특별히 주문 제작하여 쓴 것을 무엇이라 하는가?

① 본아치
② 막만든아치
③ 거친아치
④ 층두리아치

TIP ☞ 아치
- 상부에서 오는 직압력을 곡선을 따라 좌우로 나뉘어 직압력만을 받는 구조로써 하부에 인장력이 생기지 않는 구조이다.
- 조적조 개구부는 아무리 좁아도 아치를 트는 것을 원칙으로 한다.
- 너비 1m 정도는 평아치로 1.8m 이상은 인방을 설치하고, 조적식은 작은 개구부라도 평아치(옆세워 쌓기)나 둥근 아치쌓기로 하는 것을 원칙으로 한다.
- 본아치 : 아치 벽돌을 사다리꼴 모양으로 제작한 것을 이용하여 만든 아치이다.

※ 막만든아치 : 벽돌을 쐐기 모양으로 다듬어 만든 아치이다.

※ 거친 아치 : 보통 벽돌을 이용하여 사용하고 줄눈을 쐐기모양으로 만든 아치이다.

※ 층두리 아치 : 아치 너비가 넓을 때 여러 겹으로 겹쳐 쌓은 아치이다.

10 곡면판이 지니는 역학적 특성을 응용한 구조로써 외력은 주로 판의 면 내력으로 전달되기 때문에 경량이고 내력이 큰 구조물을 구성할 수 있는 것은?

① 철골구조   ② 셸구조
③ 현수구조   ④ 커튼월 구조

TIP ☞ 셸 구조
- 곡률을 가진 얇은 판으로 주변을 충분히 지지시켜 공간을 덮는 구조이다.
- 가볍고 강성이 우수한 구조 시스템으로써 시드니 오페라 하우스가 대표적이다.
- 재료는 철근콘크리트를 많이 쓰지만 강재를 사용하기도 한다.

11 철근콘크리트 보의 늑근에 대한 설명 중 옳지 않은 것은?

① 전단력에 저항하는 철근이다
② 중앙부로 갈수록 조밀하게 배치한다.
③ 굽힘철근의 유무에 관계없이 전단력의 분포에 따라 배치한다.
④ 계산상 필요 없을 때도 사용한다.

TIP 늑근(스터럽)
- 전단력을 보강하여 보의 주근 위에 둘러 감은 철근이다.
- 전단력은 보의 단부에서 최대가 되고, 중앙부로 갈수록 작아지므로 단부에는 촘촘하게 배치하고 중앙부로 갈수록 넓게 배치하며, 135° 이상의 구부림을 한다.

12 다음 중 철근의 겹침길이와 정착길이의 결정요인과 가장 관계가 먼 것은?

① 철근의 종류
② 콘크리트의 강도
③ 갈고리의 유무
④ 슬럼프 값

TIP 철근의 정착길이 결정요인
철근의 종류, 갈고리 유무, 콘크리트 강도

13 다음 중 벽식구조로 적합하지 않은 공법은?

① PC(Precast Concrete)
② RC(Reinforced Concrete)
③ Masonry
④ Membrane

TIP Membrane(막구조)
철 구조 및 콘크리트 구조에 비해 자중에 대한 하중의 비율이 높으며 다양한 형태의 공간을 만들 수 있으며 경제성이 높다.

※ PC구조 : 공장의 고정 시설을 이용하여 기둥, 보, 바닥판 등의 부재를 철제 거푸집으로 미리 만들어 양생시킨 기성콘크리트제품으로 과거에 빠른 공정으로 많이 사용하였다.

※ RC구조 : 콘크리트 속에 철근을 넣어서 강화시킨 것으로 철근을 넣어서 인장, 진동, 충격에 대한 저항을 증대시킨 콘크리트를 말한다.

※ Masonry : 돌쌓기, 돌공사

14 다음 중 중 입체구조에 해당되지 않는 것은?

① 절판구조   ② 아치구조
③ 셸구조   ④ 돔구조

TIP 입체구조
- 절판구조
부재를 접어 주름지게 하여 하중을 지지할 수 있게 한 구조로 강성을 얻을 수 있고 슬래브를 얇게 할 수 있으며 상부의 하중이 클 경우 절판구조 하부에 보강 구조물이 필요하다.

- 셸 구조
  곡률을 가진 얇은 판으로 주변을 충분히 지지시켜 공간을 덮는 구조로 가볍고 강성이 우수한 구조 시스템으로써 시드니 오페라 하우스가 대표적이며 재료는 철근 콘크리트를 많이 쓰지만 강재를 사용하기도 한다.
- 돔 구조
  수직 축 주위에 임의의 곡선을 회전시킨 구조로 돔은 외력이 가해졌을 경우 하부가 퍼져 나가는 것을 막기 위해 인장 링(Tension ring)으로 보강한다.
- 막 구조
  텐트와 같은 얇은 막을 쳐 지붕을 구성하는 방법으로써 두 방향의 인장력(引張力)이 작용하는 현수(懸垂)밧줄구조라고도 할 수 있으며 큰 공간을 공기압으로 부풀려진 막으로 덮는 경제적인 구조를 만들 수 있다.

15 H형강, 판보 또는 래티스보 등에서 보의 단면 상하에 날개처럼 내민 부분을 지칭하는 용어는?

① 웨브 ② 플랜지
③ 스티프너 ④ 거셋 플레이트

TIP 보의 구성
- 플랜지
  보의 단면 위, 아래 부분을 말하며, 인장 및 휨 응력에 저항한다. 또한, 힘을 더 받기 위해 커버 플레이트로 보강한다.
- 커버 플레이트
  커버 플레이트는 4장 이하로 하며, 용접일 때는 1매로 한다.
- 웨브 플레이트
  전단력의 크기가 따라 두께를 결정하고 얇을 경우 좌굴의 위험이 있어 6mm 상으로 한다.
- 스티프너
  웨브 플레이트의 좌굴 및 전단보강을 위해 수직으로 설치한다.
※ 거셋 플레이트 : 트러스의 절점에 모이는 부재를 연결하기 위해 사용하는 철판을 말한다.

16 다음 중 용접 결함에 속하지 않는 것은?

① 블로우 홀(Blowhole)
② 언더 컷(Under Cut)
③ 오버 랩(Overlap)
④ 앤드 탭(End Tab)

TIP 용접결함
- 언더 컷(Under Cut)
  용접금속이 홈에 차지 않고 가장자리에 홈이 생기는 현상.
- 오버 랩(Overlap)
  용접금속이 모재에 완전히 붙지 않아 겹치는 현상.
- 슬랙 감싸들기(Slag Inclusion)
  용접 시 슬래그가 용접금속 내에 섞이는 현상.
- 블로우 홀(Blowhole)
  용접 내부에 발생하는 기포.
- 피트(Pit)
  용접부 표면에 생기는 작은 홈으로 블로우 홀이 올라와 생기는 현상.
- 피시 아이(Fish Eye)
  용접금속에 생기는 은색의 반점.

- 크레이터(Creater)
  용접 시작과 끝 부분에 움푹 파이는 현상.

※ 앤드 탭(End Tab) : 용접을 끝낸 다음 떼어낼 목적으로 붙이는 버팀 판.

17 창호 종류 중 방풍을 목적으로 풍소란을 설치하는 것은?

① 플러시문　　② 미서기문
③ 회전문　　　④ 양판문

TIP 풍소란
문이 닫혔을 때 문지방의 위아래나 양옆에 접하는 부분의 틈새를 막는 바람막이를 말하며 미서기 문이나 여닫이 문에 주로 사용한다.

18 지붕물매의 결정 요소가 아닌 것은?

① 건축물 용도　　② 처마돌출 길이
③ 간 사이 크기　　④ 지붕이기 재료

TIP 지붕물매 결정요소
- 지붕 간 사이
- 건물의 용도
- 지붕이음 재료
- 그 지방의 강수량

19 현장치기 콘크리트에서 최소 피복두께를 가장 크게 해야 하는 경우는?

① 수중에서 타설하는 콘크리트
② 흙에 접하여 콘크리트를 친 후 영구히 흙에 묻혀있는 콘크리트
③ 흙에 접하거나 옥외의 공기에 직접 노출되는 콘크리트
④ 옥외의 공기나 흙에 직접 접하지 않는 콘크리트

TIP 최소피복두께

표면조건		부재	철근	피복두께
	수중에 타설하는 콘크리트	모든 부재	-	100 mm
흙에 접한 부위	흙에 접하여 콘크리트를 친 후 영구히 흙에 묻혀 있는 콘크리트	모든 부재	-	80 mm
	흙에 접하거나 옥외의 공기에 직접 노출되는 콘크리트	모든 부재	D29 이상	60 mm
			D25 이하	50 mm
			D16 이하	40 mm
흙에 접하지 않는 부위	옥외의 공기나 지반에 직접 접하지 않는 콘크리트	슬래브, 벽체, 장선	D35 초과	40 mm
			D35 이하	20 mm
		보, 기둥		40 mm
		쉘, 절단부재		20 mm

15 ②　16 ④　17 ②　18 ②　19 ①

20 목구조의 이음 위치에 산지(dowel)등을 박아 매우 튼튼한 이음이며, 힘을 받는 가로재의 내이음으로 많이 사용되는 이음은?

① 엇걸이 이음
② 주먹장 이음
③ 메뚜기장 이음
④ 반턱 이음

TIP ❀ 엇걸이이음

산지(비녀)등을 박아 튼튼한 이음으로써 가로재의 내이음 법으로 사용한다.

※ 주먹장이음 : 한 쪽 목재를 주먹 모양으로 다듬고, 이어질 목재를 파서 이어 주는 방법으로 공작이 쉽고 튼튼하며 간단한 이음법으로 널리 사용된다.

※ 메뚜기장 이음 : 주먹장이음보다 튼튼하지만 많이 사용하지 않는다.

※ 반턱이음 : 두 부재를 반턱으로 이어주어 사용한다.

21 다음 중 단열재에 대한 설명으로 옳지 않은 것은?

① 단열재는 역학적인 강도가 작기 때문에 건축물의 구조체 역할에는 사용하지 않는다.
② 단열재는 흡습 및 흡수율이 좋아야 한다.
③ 단열재의 열전도율은 낮을수록 좋다.
④ 단열재는 공사 현장까지의 운반이 용이하고 현장에서의 가공과 설치도 비교적 용이한 것이 좋다.

TIP ❀ 단열재

- 단열성능이 좋아야 하며, 열전도율이 낮아야 한다.
- 비교적 화학적으로 안정한 재료여야 한다.
- 역학적인 강도가 매우 작아 구조체 역할을 하는 재료로 사용하지 않는다.
- 단열효과를 내는 공기층에 물이 채워져 있으면 공기의 열전도율이 물의 열전도율로 바뀌므로 단열효과가 저하된다.
- 불연재가 좋으며, 불연재가 아닌 단열재의 경우, 난연 처리를 하여 자기소화성을 갖도록 처리하여야 한다.
- 공사 현장까지의 운반이 용이하고 현장에서의 가공과 설치도 비교적 용이한 것이어야 한다.

22 수화열이 작고 단기강도가 보통 포틀랜드 시멘트보다 작으나 내침식성과 내수성이 크고 수축률도 매우 작아서 댐 공사나 방사능 차폐용 콘크리트로 사용되는 것은?

① 백색 포틀랜드 시멘트
② 조강 포틀랜드 시멘트
③ 중용열 포틀랜드 시멘트
④ 내황산염 포틀랜드 시멘트

TIP ❀ 시멘트

- 백색 포틀랜드 시멘트
  백색의 석회석과 산화철을 포함하지 않은 점토를 이용하며 도장 및 장식용, 인조석 제조에 사용한다.
- 조강 포틀랜드 시멘트
  재령7일만에 보통 포틀랜드 시멘트의 28일 강도를 나타내며 조기강도는 큰 편이나, 장기강도는 보통 포틀랜드 시멘트와 차이가 없다.
수밀성과 수화열이 크고, 동기공사, 긴급공사, 지하 수중공사에 사용한다.

- 중용열 포틀랜드 시멘트
수화열이 적으며, 조기강도가 낮고 장기강도를 크게 한 시멘트로, 건조 수축이 적으며 내침성, 내구성 및 화학적 저항성이 크다.
댐 공사, 방사능 차폐용으로 사용한다.

※ 내황산염 포틀랜드 시멘트 : 보통 포틀랜드 시멘트는 수화반응 및 응결과정 중 불용성 칼슘 알루메이트(calcium sulfoaluminate)가 생성 되는데, 이때 경화된 시멘트 중 칼슘 알루메이트 수화물은 콘크리트 외부에서 침투하는 황산마그네슘과 황산염에 의한 침식을 받아 실리카 겔 등을 생성하며, 결합력이 떨어지게 되며 체적증가가 생겨 콘크리트를 서서히 붕괴시키는데, 이에 대한 대책으로 제조된 시멘트이다.

23 회반죽이 공기 중에서 굳어질 때 필요한 성분은?

① 탄산가스　② 산소
③ 질소　　　④ 수증기

TIP 회반죽
- 소석회에 여물, 풀, 모래 등을 혼합한 것으로 수축률이 커 여물을 넣어 균열을 방지하고 건조에 시간이 많이 걸린다.
- 목조바탕, 콘크리트 블록 및 벽돌바탕 등에 사용한다.
- 회반죽은 이산화탄소(탄산가스)와 반응하여 경화한다.

24 급경성으로 내알칼리성 등의 내화학성이나 접착력이 크고 내수성이 우수하여 금속, 석재, 도자기, 유리, 콘크리트, 플라스틱재 등의 접착에 사용되는 합성수지 접착제는?

① 페놀수지 접착제
② 에폭시수지 접착제
③ 멜라민수지 접착제
④ 요소수지 접착제

TIP 에폭시 수지

내수성, 내약품성 등이 우수하고, 접착력이 접착제 중 가장 우수하다.

25 다음 석재 중 변성암에 속하는 것은?

① 안산암　　② 석회암
③ 응회암　　④ 사문암

TIP 사문암
- 흑백색 및 흑녹색의 무늬가 있다.
- 경질이기는 하나 풍화되어 실내장식용으로 사용되며, 대리석대용으로 사용된다.

※ 안산암(화성암)
- 화강암 다음으로 많은 석재이며, 조직은 치밀한 것부터 조잡한 것까지 다양하다.
- 강도, 비중, 내화성이 크고 가공이 용이하여 구조용이나, 조각품에 이용된다.

※ 석회암(수성암)
- 주성분은 탄산석회($CaCO_3$)이고, 시멘트의 원료로 사용된다.

20 ①　21 ②　22 ③　23 ①　24 ②　25 ④

- 석질은 치밀하지만, 내산·내후·내화성 부족하다.

※ 응회암(수성암)
- 가공이 용이하고 내화성이 크지만, 흡수성이 높고 강도가 약하다.
- 석회제조나 장식재로 사용한다.

26 화재의 연소방지 및 내화성의 향상을 목적으로 하는 재료는?

① 아스팔트 ② 석면시멘트판
③ 회반죽   ④ 철강재

TIP ※ 석면시멘트판
- 석면과 시멘트를 물과 섞어 굳게 한 제품이다.
- 가볍고 단열 및 내화성이 좋으며, 지붕, 외벽, 천장 등에 사용된다.

※ 석면에 노출되는 경우, 발생할 수 있는 폐질환으로 흉막비후, 석면폐증, 석면폐암이 있다. 그리고 폐질환뿐만 아니라 극히 드문 암인 악성중피종은 90%이상이 석면에 의해 발생하는 것으로 알려져 있다. 그 외 국제암연구소는 석면이 난소암이나 후두암도 일으킬 수 있다고 경고했다. 현재 우리나라에서 인정하는 석면질환은 흉막비후, 석면폐증, 석면폐암, 악성중피종이다. 현재 석면슬레이트는 세계보건기구(WHO)산하 국제암연구소에서 1987년 1급 발암물질로 지정했으며 우리나라에서는 2009년부터 사용이 전면 금지되었다.

출처 : 한국노동안전보건연구소

27 다음 구조 재료에 요구되는 성질과 가장 관계가 먼 것은?

① 재질이 균일하여야 한다.
② 강도가 큰 것이어야 한다.
③ 탄력성이 있고 자중이 커야 한다.
④ 가공이 용이한 것이어야 한다.

TIP ※ 구조재료
- 재질이 균일하고 강도가 커야 한다.
- 가볍고 가공이 용이해야 한다.

28 다음 미장재료 중 응결 경화 방식이 기경성이 아닌 것은?

① 석고 플라스터
② 회반죽
③ 회사벽
④ 돌로마이트 플라스터

TIP ※ 미장재료
- 수경성
  석고, 시멘트 몰탈.
- 기경성
  돌로마이트 플라스터, 점토, 석회.

29 원유를 증류하고 피치가 되기 전에 유출량을 제한하여 잔류분을 반고체형으로 고형화시켜 만든 것으로 지하실 방수공사에 사용되는 것은?

① 스트레이트 아스팔트
② 블로운 아스팔트
③ 아스팔트 컴파운드
④ 아스팔트 프라이머

TIP 아스팔트

- 스트레이트 아스팔트
  ① 아스팔트를 되도록 변화하지 않게 만든 아스팔트를 말하며 점성, 신성, 침투성이 크지만, 연화점이 낮고 온도에 의한 강도, 신성, 유연성의 변화가 크다.
  ② 아스팔트 펠트, 아스달트 루핑의 제조에 사용되며, 지하실 방수정도에 사용한다.

- 블로운 아스팔트
  ① 석유의 찌꺼기를 가열하여 공기를 불어 넣어 만든 아스팔트로 점성, 침투성은 작지만, 탄력성이 있고 온도에 의한 변화가 적어 열에 대한 안정성이 좋다.
  ② 아스팔트 컴파운드, 아스팔트 프라이머의 원료가 되며, 옥상 및 지붕 방수에 사용한다.

- 아스팔트 컴파운드
  블로운 아스팔트의 성질(내열, 내후성 등)을 개선하기 위해 동·식물 섬유를 혼합한 아스팔트이다.

- 아스팔트 프라이머
  ① 블로운 아스팔트를 휘발성 용제로 희석한 흑갈색의 액체로, 콘크리트 및 몰탈 바탕에 아스팔트방수층 또는 아스팔트타일붙임 시공에 사용되는 초벌용 도료 접착제이다.
  ② 아스팔트 프라이머를 콘크리트 또는 몰탈 면에 침투시키면 용제는 증발하고 아스팔트가 도막을 형성하여 그 위에 아스팔트를 바르면 잘 붙고 밀착성이 좋아진다.

30 보기의 ㉠과 ㉡에 알맞은 것은?

> 대부분의 물체에는 완전(㉠)체, 완전(㉡)체는 없으며, 대개 외력의 어느 한도 내에서는 (㉠)변형을 하지만 외력이 한도에 도달하면 (㉡)변형을 한다.

① ㉠ 소성, ㉡ 탄성
② ㉠ 인성, ㉡ 취성
③ ㉠ 취성, ㉡ 인성
④ ㉠ 탄성, ㉡ 소성

31 복층 유리에 대한 설명 중 옳지 않은 것은?

① 방음효과가 있다.
② 단열효과가 크다.
③ 결로 방지용으로 우수하다.
④ 유리사이에 합성수지 접착제를 채워 제작한 것이다.

TIP 복층유리(Pair Glass)

- 2장 또는 3장의 판유리를 일정간격으로 띄운 후, 둘레에 틀을 끼워 기밀하게 하고 그 사이에 건조공기 또는 아르곤 가스를 주입하여 만든 유리.

- 단열, 결로 방지, 방음에 효과가 있고, 일반주택 또는 고층 빌딩의 외부 창 등에 사용한다.

32 다음 중 유기재료에 속하지 않는 건축 재료는?

① 철재   ② 목재
③ 아스팔트   ④ 플라스틱

TIP 화학적 조성에 의한 분류
- 무기재료
  철, 석재, 시멘트, 벽돌, 유리, 콘크리트 등
- 유기재료
  목재, 아스팔트, 플라스틱, 도료, 접착제 등

33 아스팔트의 품질을 판별하는 항목과 거리가 먼 것은?

① 신도   ② 침입도
③ 감온   ④ 마모도

TIP 아스팔트 품질시험
- 침입도
  ① 침입도란 견고성을 평가하는 것으로 규정된 크기의 침을 규정된 시간동안 아스팔트에 수직으로 눌러 관입된 길이로 관입저항을 평가한다.
  ② 측정 방법은 0℃에서 200g의 추를 60초 동안 누르는 방법, 25℃에서 100g의 추를 5초 동안 누르는 방법, 46℃에서 500g의 추를 5초 동안 누르는 방법이 있다.
  ③ 표준시험은 25℃에서 100g의 추를 5초 동안 누르는 방법으로 한다.
  ④ 0.1mm의 관입길이를 침입도 1로 본다.
- 연화점
  ① 일정한 융점이 없고 가열하면 서서히 액상으로 변하는데 아스팔트가 일정 점도를 나타낼 때의 온도를 말한다.
  ② 보통 75℃ ~ 100℃ 이상에서 나타난다.
- 감온성
  ① 감온성이란 온도에 따라 나타나는 변화정도를 말한다.
  ② 스트레이트 아스팔트가 블로운 아스팔트보다 감온성이 크게 나타난다.
- 신도
  ① 연성을 나타내는 것으로 잡아당겨 끊어질 때까지의 길이를 나타낸다.
  ② 내마모성, 점착성 등과 관계가 있다.
- 인화점
  ① 아스팔트의 휘발성 성분으로 인해 인화될 위험이 있다.
  ② 보통 250℃ 정도에서 인화된다.

34 다음 중 소성온도가 1250 ~ 1430℃이며, 흡수성이 가장 낮아 내장벽 타일 등에 적합한 것은?

① 자기질   ② 석기질
③ 도기질   ④ 클링커

TIP 점토의 분류
- 토기(보통점토) : 소성온도 – 790℃ ~ 1,000℃(SK 0.15 ~ SK 0.5), 흡수율 – 20%
- 도기(도토) : 소성온도 – 1,100℃ ~ 1,230℃(SK 1 ~ SK 7), 흡수율 – 10%

- 석기(양질점토) : 소성온도 - 1,160℃ ~ 1,350℃(SK 4 ~ SK 12), 흡수율 - 3 ~ 10%
- 자기(양질점토, 장석분) : 소성온도 - 1,230℃ ~ 1,460℃(SK 7 ~ SK 16), 흡수율 - 0 ~ 1%

※ 클링커 : 석기질

35. 비철금속 중 구리에 대한 설명으로 틀린 것은?

① 알칼리성에 대해 강하므로 콘크리트 등에 접하는 곳에 사용이 용이하다.
② 건조한 공기 중에서는 산화하지 않으나, 습기가 있거나 탄산가스가 있으면 녹이 발생한다.
③ 연성이 뛰어나고 가공성이 풍부하다.
④ 건축용으로는 박판으로 제작하여 지붕 재료로 이용된다.

TIP 구리
- 연성과 전성이 크고, 열전도율과 전기 전도율이 높다.
- 건조한 공기에서 산화하지 않으나 습기를 받으면, 이산화탄소에 의해 부식하지만 내부는 부식하지 않는다.
- 암모니아, 알칼리성 용액에는 침식된다.
- 아세트산과 진한 황산 등에 용해된다.
- 지붕이기, 홈통, 철사, 못 등에 사용한다.

36. 수장용 금속제품에 대한 설명으로 옳은 것은?

① 줄눈대 - 계단의 디딤판 끝에 대어 오르내릴 때 미끄럼을 방지한다.
② 논슬립 - 단면형상이 L형, I형 등이 있으며, 벽, 기둥 등의 모서리 부분에 사용된다.
③ 코너비드 - 벽, 기둥 등의 모서리 부분에 미장 바름을 보호하기 위해 사용된다.
④ 듀벨 - 천장, 벽 등에 보드를 붙이고, 그 이음새를 감추는데 사용된다.

TIP 코너비드

벽과 기둥 등의 모서리를 보호하기 위해 사용하며 재질은 아연도금, 황동, 스테인리스 제품 등이 사용된다.

※ 줄눈대 : 인조석이나 치장줄눈에 사용하는 철물로 균열방지 등을 위하여 일정 간격으로 배치하여 눌러주는 금속제품.

※ 논슬립 : 계단의 미끄럼 방지를 위해 디딤판 끈에 다는 금속제품.

※ 듀벨 : 목재의 접합을 위해 사용하는 철물로 동그랗게 말아 사용하거나 끝부분을 뾰족하게 하여 사용하며, 목재의 전단력에 작용한다.

37 미서기창호에 사용되는 철물과 관계가 없는 것은?

① 레일
② 경첩
③ 오목 손잡이
④ 꽂이쇠

TIP 경첩
여닫이 창호 또는 가구 등에 사용되는 철물로 개폐의 용도로 사용하는 철물이다.

38 다음 중 골재의 입도를 구하기 위한 시험은?

① 파쇄시험
② 체가름시험
③ 단위용적중량시험
④ 슬럼프시험

TIP 체가름시험
골재의 입도(크고 작은 골재가 고르게 섞여 있는 정도)를 측정하기 위한 시험법이다.

※ 파쇄시험 : 상부에서 누르는 무게에 대하여 분쇄된 골재가 버티는 힘을 측정하는 방법으로 강철로 제작한 기둥 모양의 통에 무거운 물체로 무게를 가하여 골재의 적정 파쇄 정도를 조사한다.

※ 단위용적중량시험 : 굳지 않는 콘크리트의 단위용적질량 및 공기량 시험방법으로 지정된 용기에 굳지 않는 콘크리트를 넣고 다짐봉 또는 진동기로 다진 후 용기 중의 시료 질량을 재는 방법이다.

※ 슬럼프시험 : 굳지 않은 콘크리트의 워커빌리티 측정법으로 슬럼프 통에 콘크리트를 담은 후 슬럼프 통을 들어올려 콘크리트가 가라앉은 값의 높이를 측정하는 방법이다.

39 강화유리에 대한 설명으로 옳지 않은 것은?

① 유리를 가열한 후 급랭시켜 만든다.
② 보통유리보다 강도가 크다.
③ 파괴되면 작은 알갱이로 분산된다.
④ 현장에서 절단, 가공이 쉽다.

TIP 강화유리
- 판유리를 열처리(500~600℃)한 후에 냉각공기를 불어 균등히 급랭시켜 강도를 높인 유리로 강도는 보통 유리도의 3~5배, 충격강도는 5~6배 정도이다.
- 잘 깨지지 않고, 부서지더라도 잘게 부수어져 파편에 의한 부상이 적다.
- 열처리 후 절단 및 가공할 수 없어, 사전에 소요치수로 절단 및 가공을 해야 한다.
- 건물 창, 에스컬레이터 옆판, 자동차 또는 선박 등에 사용한다.

40 다공질 벽돌에 대한 설명으로 옳지 않은 것은?

① 원료인 점토에 탄가루와 톱밥, 겨 등의 유기질 가루를 혼합하여 성형, 소성한 것이다.
② 비중이 1.2 ~ 1.5 정도인 경량 벽돌이다.
③ 톱질과 못 박기가 가능하다.
④ 구조재로 사용할 수 있다.

TIP 다공질 벽돌
- 점토에 분탄, 톱밥 등을 혼합하여 소성한 벽돌로써 톱질과 못 치기가 가능하며, 보온 및 흡음성이 있다.
- 비중이 1.5정도로 보통벽돌인 2.0보다 작아 가볍다.

41 연립주택의 형식 중 경사지를 이용하거나 상부 층으로 갈수록 약간씩 뒤로 후퇴하는 형식은?

① Town house
② Terrace house
③ Courtyard house
④ Row house

TIP 테라스 하우스(Terrace House)
- 경사지에 짓는 주택으로 적당한 절토 또는 자연 지형을 따라 건물을 만든다.
- 각 호마다 전용의 뜰(정원)을 갖게 되며, 노인이 있는 세대에 적합하다.
- 경사도에 따라 밀도가 좌우되며, 후면에 창이 없기 때문에 깊이는 6 ~ 7.5m 이하이다.

- 경사지인 경우 도로를 중심으로 상향식과 하향식으로 구분한다.
- 지형에 따라 자연형(경사지)테라스 하우스, 인공형(평지)테라스 하우스로 나뉘며, 인공형 테라스 하우스는 시각적 테라스형, 구조적 테라스형으로 구분한다.

※ 타운 하우스(Tcwn House) : 토지의 효율적인 이용 및 건설비, 유지관리비의 절약을 고려한 주택으로 단독주택의 장점을 최대한 활용하며 주차가 용이하며 공동 주차공간은 불필요하다. 또한, 배치를 다양하게 변화시킬 수 있으며, 프라이버시 확보는 조경을 통해 해결 가능하다.

※ 중정형 하우스(Courtyard, Patio House) : 보통 한 세대가 한 층을 점유하는 주거형식으로 중정을 향해 L자형으로 둘러싸고 있다.

※ 로우 하우스(Row House) : 타운하우스와 같이 토지의 이용 및 건설비 및 유지관리비 절감을 고려한 형식으로 단독주택보다 높은 밀도를 가진다.

42 디자인 요소 중 수평선이 주는 조형효과와 가장 거리가 먼 것은?

① 평화
② 안정
③ 존엄
④ 고요

TIP 선의 종류
- 수평선
  안정, 편안함, 고요함, 차분함을 나타낸다.
- 수직선
  상승, 긴장감, 위엄, 종교적 느낌을 나타낸다.

- 사선
  불안정, 운동감, 활동성의 느낌을 나타낸다.
- 곡선
  여성적, 부드러움을 나타낸다.

43 작업대 길이가 2m 정도인 소형 주방가구가 배치된 간이 부엌의 형태로 맞는 것은?

① 키친네트
② 다이닝 키친
③ 다이닝 앨코브
④ 리빙 키친

44 계단실형 아파트에 관한 설명으로 옳지 않은 것은?

① 거주의 프라이버시가 높다.
② 채광, 통풍 등의 거주 조건이 양호하다.
③ 통행부 면적을 크게 차지하는 단점이 있다.
④ 계단실에서 직접 각 세대로 접근할 수 있는 유형이다.

TIP 계단실형(홀형)
- 계단 또는 엘리베이터에서 각 세대로 직접 출입하는 형식이다.
- 가장 독립성이 좋고(프라이버시가 좋다.)출입이 편하다.
- 동선이 짧고, 채광과 통풍이 양호하다.
- 좁은 대지에 절약형 주거가 가능하다.
- 통행부의 면적이 작아 건물의 이용도가 높다.
- 각 계단실마다 엘리베이터를 설치하게 되어 설비비가 많이 든다.
- 엘리베이터의 1대당 이용률이 복도형에 비해 적다.

45 다음과 같은 특징을 갖는 급수방식은?

- 대규모의 급수 수요에 쉽게 대응할 수 있다.
- 급수압력이 일정하다.
- 단수 시에도 일정량의 급수를 계속할 수 있다.

① 수도직결방식
② 리버스 리턴 방식
③ 옥상탱크 방식
④ 압력탱크 방식

TIP 옥상탱크(고가수조)방식
- 지하 저수조에 물을 받아 양수펌프를 이용하여 옥상 물탱크로 양수한 후, 수위와 수압을 이용하여 급수하는 방식이다.
- 수압이 일정하여 배관 부품 파손의 우려가 적다.
- 저수 시간이 길수록 오염 가능성이 크다.
- 설비비와 경상비(經常費)가 높다.
- 건물 높은 곳에 설치하므로 구조 및 외관상 문제가 있다.

※ 리버스 리턴방식 : 역 환수 배관방식 (온수난방에서 사용)

46 투시도에 쓰이는 용어 중 사람이 서 있는 곳을 무엇이라 하는가?

① 정점(S.P)   ② 화면(P.P)
③ 소점(V.P)   ④ 기선(G.P)

> **TIP** 투시도 용어
> - 정점(Station Point, S.P) : 시점이 기면 위에 투상 되는 점.(= 사람이 서 있는 곳)
> - 화면(Picture Plane, P.P) : 물체를 투시하여 도면을 그리는 입화면.(= 물체와 시점사이에 기면과 수직한 평면)
> - 소점(Vanishing Point, V.P) : 물체가 기면에 평행으로 무한히 멀리 있을 때 수평선 위에 한 점에 모이게 되는 점.
> - 기선(Ground Line, G.L) : 기면과 화면과의 만나는 선.
> - 기면(Ground Plane, G.P) : 화면과 수직으로 놓인 기준이 되는 평화면 또는 사람이 서 있는 면.
> - 수평면(Horizontal Plane, H.P) : 눈높이와 수평한 면.
> - 수평선(Horizontal Line, H.L) : 입화면과 수평면이 만나는 선.
> - 시점(Eye Point, E.P) : 보는 사람의 눈 위치.
> - 시축선(Axis of Vision, A.V) : 시점에서 입화면에 수직하게 통하는 투사선.

47 다음과 같은 창호의 평면 표시 기호의 명칭으로 옳은 것은?

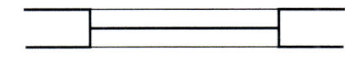

① 회전창   ② 붙박이창
③ 미서기창   ④ 외여닫이창

48 소방시설을 구분하는 경우 소화설비에 해당되지 않는 것은?

① 옥내소화전설비
② 제연설비
③ 소화약제에 의한 간이소화용구
④ 소화기

> **TIP** 소방시설의 종류
>
> | 구분 | | 종류 |
> |---|---|---|
> | 소방시설 | 소화설비 | ① 소화기 및 간이 소화용구, 자동식 소화기
② 물분무소화설비 분말소화설비
③ 스프링클러설비 및 간이스프링클러설비
④ 옥내소화전설비
⑤ 옥외소화전설비 |
> | | 경보설비 | ① 비상경보설비
② 비상방송설비
③ 누전경보기
④ 자동화재 탐지설비
⑤ 자동화재 속보설비 |
> | | 피난설비 | ① 피난기구
② 인명구조기구
③ 통로유도등, 유도표지, 비상조명등 |
> | | 소화용수설비 | ① 소화수조·저수조 기타 소화용수 설비
② 상수도 소화용수 설비 |
> | | 소화활동설비 | ① 제연설비
② 연결송수관설비
③ 연결살수설비
④ 비상콘센트설비
⑤ 무선통신 보조설비
⑥ 연소방지설비 |

43 ① 44 ③ 45 ③ 46 ① 47 ② 48 ②

49 인터폰설비 중 접속방식에 따른 분류가 아닌 것은?

① 프레스토크식　② 모자식
③ 복합식　　　　④ 상호식

> **TIP** 접속방식에 의한 분류
> - 모자식
>   모기와 자기의 통화만 가능한 것으로, 통화량이 많은 곳에는 부적당하다.
> - 상호식
>   모기와 모기의 상호간 호출 및 통화가 가능하다.
> - 복합식
>   상호식과 모자식을 혼용한 방식이다.
> ※ 프레스 토크 : 작동원리에 의한 분류로써 통신을 받고 있을 경우 버튼을 누르지 않고, 상대방에게 말을 할 경우 버튼을 눌러 통화하는 방식을 말한다.

50 다음 설명에 알맞은 주택 부엌가구의 배치 유형은?

> - 소규모 주택에 적합하다.
> - 배치가 간단한 평면형이지만 설비기구가 많을 경우 작업동선이 길어진다.

① 일자형　　　② 병렬형
③ 아일랜드형　④ ㄷ자형

> **TIP** 부엌의 유형
> - 일자형
>   동선과 배치가 간단한 평면형이지만 설비기구가 많을 경우 작업동선이 길어진다. 소규모 주택에 적합하다.
> ※ 병렬형 : 두 벽면을 따라 작업이 전개되는 전통적인 형태로 양쪽 벽면에 작업대를 마주보도록 배치한 형태로 직선형보다는 작업동선이 줄지만, 작업 시 몸을 앞뒤로 계속 바꿔야 한다.
> ※ 아일랜드형 : 조리대와 가열대 외에 섬처럼 작업대가 하나 더 있는 주방을 말한다.
> ※ ㄷ자형(ㄷ자형) : 인접한 3면의 벽에 배치하여 가장 편리하고 능률적이지만 평면계획상 외부로 통하는 출입구의 설치가 곤란하며, 식탁과의 연결이 어렵다.

51 공기조화방식 중 팬코일 유닛방식에 관한 설명으로 옳지 않은 것은?

① 전공기방식에 속한다.
② 각 실에 수배관으로 인한 누수의 우려가 있다.
③ 덕트 방식에 비해 유닛의 위치 변경이 용이하다.
④ 유닛을 창문 밑에 설치하면 콜드 드래프트를 줄일 수 있다.

> **TIP** 팬 코일 유닛방식
> - 전동기 직결의 소형 송풍기(fan), 냉·온수 코일 및 필터 등을 갖춘 실내형 소형 공조기를 각 실에 설치하여 중앙 기계실로부터 냉수 또는 온수를 공급받아 송풍하는 방식이다.
> - 객실, 입원실, 사무실 등에 사용하며, 극장이나 방송국 스튜디오에는 부적당하다.

- 장점
  ① 장래 증가에 대한 유연한 대처가 가능하다.
  ② 덕트가 필요 없으며, 개별 제어가 쉽다.
  ③ 동력비가 작다.
  ④ 콜드 드래프트를 줄일 수 있다.
     ※ 콜드 드래프트(Cold draft) : 생산되는 열보다 소모되는 열이 많을 경우 추위를 느끼게 되는 현상을 말한다.
     – 원인 : 인체 주위 온도가 낮을 때, 기류 속도가 클 때, 습도가 낮을 때, 벽면 온도가 낮을 때, 겨울철 창문의 틈에서 바람이 (틈새바람) 많을 때
- 단점
  ① 분산 설치가 되므로 유지관리가 어렵다.
  ② 외기 공급을 위한 별도의 장치가 필요하다.
  ③ 실내공기 오염 및 누수의 우려가 있다.
  ④ 방음, 방진에 유의해야 한다.

52 직접조명방식에 관한 설명으로 옳지 않은 것은?

① 조명률이 크다.
② 직사 눈부심이 없다.
③ 공장조명에 적합하다.
④ 실내면 반사율의 영향이 적다.

TIP 직접방식

조명 효율이 좋고 조도가 높으나, 그림자가 생기고 쾌적감이 없다.

※ 간접조명 : 그림자를 만들지 않아 좋으나, 단독사용 시 상품을 강조하는데 효과적이지 못하다.

※ 전반조명 : 실 전체를 확산성이 좋은 조명기구를 사용하여 균일조도를 목적으로 한다.(공장, 사무실, 교실)

※ 반직접조명 : 방사된 빛의 60 ~ 90%는 아래, 나머지는 위로 오게 하는 방식으로 작업면 조도를 증가시킨다.(상점, 주택, 사무실, 교실)

※ 반간접조명 : 방사된 빛의 60 ~ 90%는 위, 나머지는 아래로 오게 하는 방식으로 부드럽고 아늑한 느낌이다.(세밀한 일을 오래 하는 장소)

53 한국산업표준의 분류에서 건축부문의 분류기호는?

① B ② D
③ F ④ H

TIP 한국산업표준

재료는 품질 및 모양 등이 다양하기 때문에 어떤 기준에 의한 규격을 정하여 품질과 모양, 치수 및 시험방법 등을 규정하였고, 그것이 한국공업규격(KS)이다. KS의 분류는 다음과 같다.

분류기호	부문	분류기호	부문
KS A	기본	KS B	기계
KS C	전기전자	KS D	금속
KS E	광산	KS F	건설
KS G	일용품	KS H	식품
KS I	환경	KS J	생물
KS K	섬유	KS L	요업
KS M	화학	KS P	의료
KS Q	품질경영	KS R	수송기계
KS S	서비스	KS T	물류
KS V	조선	KS W	항공우주
KS X	정보	KS Z	기타

54 창호의 재질·용도별 기호의 연결이 옳지 않은 것은?

① WW : 목재 창
② PD : 합성수지 문
③ AW : 알루미늄합금 창
④ SS : 스테인리스 스틸 셔터

TIP 창호재질용도별 기호
SS : Steel Shutter(철재 셔터)

55 실감온도(유효온도, ET)를 구성하는 3요소와 관련 없는 것은?

① 온도   ② 습도
③ 기류   ④ 엔탈피

TIP 유효온도(체감온도, ET)
온도, 습도, 기류
※ 열 환경의 4요소(온열 요소) : 기온, 습도, 기류, 주위 벽의 복사열
※ 엔탈피(kJ/kg) : 건조공기 1kg당 습공기 속에 현열 및 잠열의 형태로 포함되는 열량을 말하여 건공기 엔탈피와 수증기 엔탈피의 합을 의미한다. 또한, 엔탈피는 현열과 잠열에 영향을 준다.

56 에스컬레이터에 관한 설명으로 옳지 않은 것은?

① 수송량에 비해 점유면적이 작다.
② 엘리베이터에 비해 수송능력이 작다.
③ 대기시간이 없고 연속적인 수송설비이다.
④ 연속 운전되므로 전원설비에 부담이 적다.

TIP 에스컬레이터
① 장점
• 수송량에 비해 점유면적이 작다.
• 대기시간이 없고 연속적인 수송설비이다.
• 엘리베이터에 비해 수송량이 크다.
② 단점
• 자체 점유면적은 크고, 설비비가 고가이다.
• 보의 간격 등 구조적 고려가 필요하다.

57 스터럽(늑근)이나 띠철근을 철근 배근도에서 표시할 때 일반적으로 사용하는 선은?

① 가는 실선   ② 파선
③ 굵은 실선   ④ 이점쇄선

TIP 선의 종류
• 굵은 실선
물체의 보이는 부분을 나타내는 선으로 단면선과 외형 선으로 구별하여 사용한다.

- 가는 실선
  치수선, 치수 보조선, 인출선, 각도 설명 등을 나타내는 지시선 및 해칭 선으로 사용한다.
- 일점쇄선
  물체의 중심, 대칭축을 표시하는데 사용하고 물체의 절단한 위치를 표시하거나 경계선으로도 사용한다.
- 이점쇄선
  일점쇄선과 구별할 때 사용한다.
- 파선(점선)
  물체의 보이지 않는 부분의 모양을 표시하는데 사용한다. 파선과 구별할 필요가 있을 때에는 점선을 쓴다.

58 실내 환기의 척도로 주로 이용되는 것은?

① 산소 ② 질소
③ 이산화탄소 ④ 아황산가스

TIP 실내 공기 오염(환기척도)
- 재실자의 호흡으로 인한 산소(O_2)의 감소 및 이산화탄소의 증가(CO_2)를 꼽을 수 있다.
- 국내 실내공기 질 기준으로 이산화탄소는 1000ppm 이하로 관리하도록 하고 있다.
- 먼지 및 각종 세균으로 인한 공기오염

※ ppm(농도의 단위) : 미량 물질 농도를 표시할 때 사용하는 것으로, 1g의 시료 중 100만 분의 1g, 물 1t 중의 1g, 공기 $1m^3$ 중의 1cc를 말한다.

59 다음의 단면재료 표시기호 중 구조용으로 쓰이는 목재의 표시방법은?

①  ②
③ 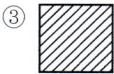 ④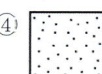

60 다음 중 건축 도면에 사람을 그려 넣는 목적과 가장 거리가 먼 것은?

① 스케일 감을 나타내기 위해
② 공간의 깊이와 높이를 나타내기 위해
③ 공간 내 질감을 나타내기 위해
④ 공간의 용도를 나타내기 위해

06 PART | CBT 기출복원문제

2020년 1회

01 케이블을 이용한 구조로만 연결된 것은?

① 현수구조 – 사장구조
② 현수구조 – 셸구조
③ 절판구조 – 사장구조
④ 막구조 – 돔구조

> **TIP** 케이블 구조
> - 인장력이 강한 케이블을 걸고 지붕을 매다는 구조이다.
> - 기둥을 제외한 모든 부재가 인장력만을 받는다.
> ① 현수구조
>   - 상부에서 기둥으로 전달되는 하중을 케이블 형태의 부재가 지지하는 구조로써, 주 케이블에 보조 케이블이 상판을 잡아 지지한다.
>   - 스팬이 큰(400m 이상) 다리나 경기장 등에 사용한다.
>   - 샌프란시스코의 금문교가 대표적이다.
> ② 사장구조
>   - 기둥에서 주 케이블이 바로 상판을 지지하는 구조이다.
>   - 스팬이 작은(150~400m 이내)에서 사용한다.
>   - 서해대교가 대표적이다.

02 콘크리트구조의 특성으로 옳지 않은 것은?

① 부재의 크기와 형상을 자유자재로 제작할 수 있다.
② 내화성이 우수하다.
③ 작업방법, 기후 등에 영향을 받지 않으므로 균질한 시공이 가능하다.
④ 철골조에 비해 내식성이 뛰어나다.

> **TIP** 철근콘크리트구조
> ① 장점
>   - 내화성, 내구성, 내진성, 내풍성이 우수하다.
>   - 폭 넓게 구조물에 이용할 수 있다.
>   - 모양을 자유롭게 선택할 수 있고, 유지 관리비가 거의 들지 않는다.
> ② 단점
>   - 자중이 크다.(= 무게가 크다.)
>   - 경화할 때 수축으로 인한 균열이 생기기 쉽고, 시간이 오래 걸린다.
>   - 시공이 복잡하고 공기가 길다.
>   - 이전 및 철거가 어렵다.

03 철골부재를 접합할 때 접합부재 상호간의 마찰력에 의하여 응력을 전달시키는 접합방식은?

① 고력볼트접합 ② 용접접합
③ 리벳접합 ④ 듀벨접합

TIP 고력볼트접합
- 인장력이 매우 큰 볼트를 이용하는 방법으로 접합재에 마찰력이 생겨 접합하는 방법으로 열가공을 하지 않아 시공시 편하며 소음이 적다.
- 접촉면의 상태에 따라 단면결손 등이 일어날 수 있다.

04 보강블록조에서 내력벽의 두께는 최소 얼마 이상이어야 하는가?

① 50mm ② 100mm
③ 150mm ④ 200mm

TIP 보강블록조 내력벽

① 길이
- 내력벽으로 간주되는 벽 길이는 55cm 이상, 10m 이하로 하며, 10m가 넘을 때는 부축벽, 붙임벽 또는 붙임기둥 등을 쌓는다.(부축벽, 붙임벽 등의 길이는 벽 높이의 1/3 이상으로 한다.)
- 개구부 높이의 30% 이상으로 한다.
- 내력벽의 한 방향의 길이의 합계는 그 층 바닥면적 1m²에 대하여 0.15m 이상 되게 한다.

② 두께
- 벽두께는 15cm 이상, 주요지점 거리의 1/50 이상으로 한다.
- 비내력벽의 두께는 9cm 이상으로 한다.

③ 높이 및 바닥면적
- 각 층의 높이는 4m 이하로 한다.
- 내력벽으로 둘러싸인 바닥면적은 80m² 이하가 되도록 한다.

05 다음 그림 중 꺾인지붕(curb roof)의 평면모양은?

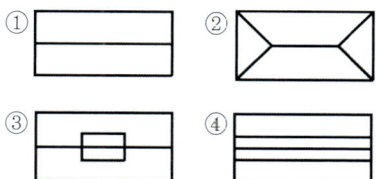

TIP 꺾인지붕
- 박공지붕의 같은 경사면에서 지붕의 물매가 다르게 된 지붕이다.
- ※ 박공지붕 : 용마루와 내림마루로만 구성된 지붕
- ※ 모임지붕 : 네 면이 모두 지붕면으로 전, 후면에서는 사다리꼴 지붕면, 양측 면에서는 삼각형 지붕면을 하고 있는 지붕
- ※ 솟을지붕 : 부분적으로 한 층을 높여 지붕을 꾸민 지붕

06 벽돌벽체에서 벽돌을 1단씩 내쌓기를 할 때 얼마 정도 내쌓는가? (단, B는 벽돌 1장을 의미한다.)

① 1/2B ② 1/4B
③ 1/5B ④ 1/8B

01 ① 02 ③ 03 ① 04 ③ 05 ④ 06 ④

> 💡 **벽돌쌓기 원칙**
> - 내 쌓기의 경우 한 단은 1/8B, 두 단은 1/4B씩 쌓고, 내미는 한도는 2.0B로 한다.
> - 1일 쌓기 높이는 1.2 ~ 1.5m 이내로 한다.
> - 가급적 막힌 줄눈으로 시공하며, 벽체를 일체화를 위해 테두리 보를 설치한다.
> - 물탈의 수분을 벽돌이 머금지 않도록 쌓기 전 충분한 물 축임을 한다.

07 건축구조의 구성방식에 의한 분류에 속하지 않는 것은?

① 가구식 구조　② 일체식 구조
③ 습식 구조　　④ 조적식 구조

> 💡 **구성방식에 의한 분류**
> - 가구식 구조 : 기둥 및 보를 접합 등에 의해 구성하는 방법으로 목구조, 철골구조 등이 이에 속한다. 내화적이지 못하다.
> - 조적식 구조 : 각각의 재료를 접착제(몰탈 등)를 사용하여 쌓아 올려 구성하는 방법으로 벽돌구조, 블록구조, 돌 구조 등이 이에 속한다. 횡력에 약하다.
> - 일체식 구조 : 각 구조체를 일체형으로 연속되게 구성하는 방법으로 가장 높은 강도를 발현할 수 있는 방법으로 철근콘크리트구조, 철골철근콘크리트 구조 등이 이에 속한다. 공기가 길다. 무겁다. 해체가 힘들다. 공사비가 비싸다.

08 돔의 하부에서 부재들이 벌어지는 것을 방지하기 위해 설치하는 것은?

① 압축링　　　　② 인장링
③ 스페이스 프레임　④ 트러스

> 💡 **인장링(tension ring)**
> - 하부에 부재들이 바깥으로 벌어지는 것을 막기 위해 설치하는 링이다.

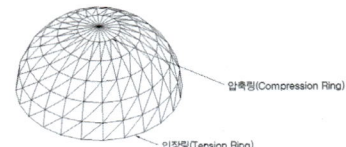

09 이형철근의 직경이 13mm이고 배근간격이 100mm일 때 도면 표시법으로 옳은 것은?

① Ø13@100　② @100Ø13
③ D13@100　④ @100D13

10 건축물의 밑바닥 전부를 두꺼운 기초 판으로 구성한 기초이며, 하중에 비하여 지내력이 작을 때 설치하는 기초는?

① 온통기초　② 독립기초
③ 복합기초　④ 연속기초

> 💡 **온통기초**
> - 건물 하부 전체에 걸쳐 설치한 기초로써 연약지반에 사용하는 기초
>
> ※ 독립기초 : 각 기둥마다 하나의 기초판을 설치하여 상부 하중을 지반에 전달하는 기초

※ 복합기초 : 2개 이상의 기둥을 하나의 기초판이 받치는 구조로써, 기둥과의 간격이 작거나 기초판이 근접하는 경우 또는 건축물이 인접대지와 문제가 생길 경우 사용하는 기초

※ 연속기초 : 연속된 내력벽을 따라 설치된 기초

11 다음 중 목조계단의 구성요소가 아닌 것은?

① 디딤판　② 챌판
③ 난간　　④ 달대

TIP 계단의 구성
- 디딤판, 챌판, 옆판, 멍에, 난간, 난간동자 등으로 구성된다.

12 수직재가 수직하중을 받는 과정의 임계상태에서 기하학적으로 갑자기 변화하는 현상을 의미하는 것은?

① 전단파단　② 응력
③ 좌굴　　　④ 인장항복

TIP 좌굴(버클링(buckling))
- 기둥 등에 세로방향으로 압력이 가해질 때 중심축이 축 외부로 벗어나며 휘어지는 현상

※ 임계상태(臨界狀態, Critical state) : 작은 하중(운동)이 반복적으로 일어나 연쇄반응을 일으켜 거대한 하중(운동)으로 바뀌는 상태

13 철골공사 시 바닥슬래브를 타설하기 전에 철골보 위에 설치하여 바닥판 등으로 사용하는 절곡된 얇은 판의 부재는?

① 윙 플레이트　② 데크 플레이트
③ 베이스플레이트　④ 메탈라스

TIP 데크 플레이트
- 바닥판에 사용되는 요철 모양으로 된 부재이며, 슬래브의 거푸집 대용 등으로 사용한다.

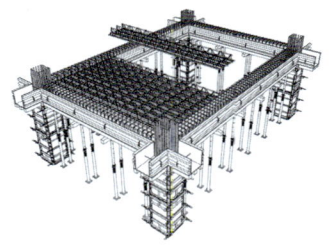

그림 출처 : 한국안전기술연합
http://www.ilovesafety.co.kr

14 실 내부의 벽 하부에서 1~1.5m 정도의 높이로 설치하여 밑 부분을 보호하고 장식을 겸한 용도로 사용하는 것은?

① 걸레받이　② 고막이널
③ 징두리판벽　④ 코펜하겐 리브

TIP 징두리판벽
- 판벽을 하지 않고 도료를 칠하기도 하며, 이 널은 넓은 띠장에 대고 밑은 걸레받이(base)에, 위는 두겁대에 홈을 파 넣는다.

※ 걸레받이 : 걸레질을 할 때 벽의 하부가 오염되지 않게 흑색으로 마감하는 부분

※ 고막이 널 : 토대와 지면 사이의 터진 곳을 막아 댄 널

※ 코펜하겐 리브 : 장식용 음향 조절 목재

15 그림과 같은 왕대공 지붕틀의 ◎표의 부재가 일반적으로 받는 힘의 종류는?

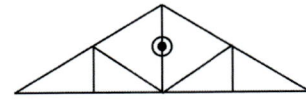

① 인장력 ② 전단력
③ 압축력 ④ 비틀림 모멘트

TIP 왕대공지붕틀
- 인장력 : 평보, 왕대공, 달대공
- 압축력 : 빗대공
- 압축력과 휨모멘트 : ㅅ자보

16 구조적으로 가장 안정된 상태의 아치를 가장 잘 설명한 것은?

① 아치의 하단 단변의 크기를 작게 하여 공간의 활용도를 높였다.
② 상부 하중을 견딜 수 있도록 포물선의 형태로 설치하였다.
③ 응력 집중 현상을 방지할 수 있도록 절점을 많이 설치하였다.
④ 수직방향의 응력만 유지될 수 있도록 하단에 이동단을 설치하였다.

TIP 아치
- 상부에서 오는 직압력을 곡선을 따라 좌우로 나뉘어 직압력만을 받는 구조로써 하부에 인장력이 생기지 않는 구조이다.

17 반자구조의 구성부재로 잘못된 것은?

① 반자돌림대 ② 달대
③ 변재   ④ 달대받이

TIP 반자구조
- 반자돌림대 : 반자의 둘레에 대는 가늘고 긴 재료이다.
- 달대 : 천장의 수평을 유지하기 위해 천장을 보꾹에 달아매는 재료이다.
- 달대받이 : 달대를 받치기 위한 재료이다.
※ 변재 : 수피(나무껍질)와 심재 사이에 있는 것으로, 수액의 통로 및 양분의 저장소로 함수율이 크고 강도는 작으며 색은 연한 색을 띤다. 내구성 및 내후성이 나쁘다.

18 잡석지정을 할 필요가 없는 비교적 양호한 지반에서 사용되는 지정방식은?

① 자갈 지정
② 제자리 콘크리트말뚝 지정
③ 나무말뚝 지정
④ 기성제 철근콘크리트말뚝 지정

TIP 자갈지정
- 잡석대신 사용하고 지반이 경질일 때 사용한다.

- 4.5cm 정도의 자갈, 깬자갈, 모래 반섞인 것을 5~10cm 정도 깐다.

19 횡력을 받는 벽을 지지하기 위해서 설치하는 구조물은?

① 버트레스 ② 커튼월
③ 타이바 ④ 컬럼밴드

TIP 버트레스(Buttress)
- 건축물의 벽 또는 면에 직각으로 대어 그 벽 또는 면 반대편에서 일어나는 압력을 지지하는 구조물이다.

※ 커튼월(Curtain wall) : 장막벽이라고도 하며 건물의 하중은 기둥, 보, 슬래브 등이 지지하고 커튼 월 자체의 하중만 부담하는 비내력벽

※ 타이바(Tie bar) : 압축응력을 받는 축방향 철근의 위치확보와 좌굴(Buckling)방지를 위해 사용하는 철근으로, 콘크리트 포장 판을 동일한 높이로 유지 및 균열발생을 방지하고 벌어짐을 방지하기 위하여 세로줄눈을 가로로 잘라 콘크리트 판에 매입한 봉강

※ 컬럼밴드(Column Band) : 사각기둥 작업 시 거푸집이 벌어지는 것을 막기 위해 조여 주는 긴결재

20 철근콘크리트 보의 형태에 따른 철근배근으로 옳지 않은 것은?

① 단순보의 하부에는 인장력이 작용하므로 하부에 주근을 배치한다.
② 연속보에서는 지지점 부분의 하부에서 인장력을 받기 때문에 이곳에 주근을 배치하여야 한다.
③ 내민보는 상부에 인장력이 작용하므로 상부에 주근을 배치한다.
④ 단순보에서 부재의 축에 직각인 스터럽의 간격은 단부로 갈수록 촘촘하게 한다.

TIP 연속보(양단고정보)
- 연속보에서는 지지점 부분의 상부에서 인장력을 받기 때문에 이곳에 주근을 배치한다.

21 점토의 물리적 성질에 대한 설명으로 옳지 않은 것은?

① 점토의 비중은 일반적으로 2.5~2.6 정도이다.
② 입자의 크기가 클수록 가소성이 좋다.
③ 양질의 점토는 습윤 상태에서 현저한 가소성을 나타낸다.
④ 점토의 압축강도는 인장강도의 약 5배 정도이다.

TIP 점토의 물리적 성질
- 입자의 크기가 작을수록 양질의 점토로 볼 수 있으며, 가소성이 좋다.

22 다음 중 지붕 재료에 요구되는 성질과 가장 관계가 먼 것은?

① 외관이 좋은 것이어야 한다.
② 흡수율이 좋아야 한다.
③ 열전도율이 작은 것이어야 한다.
④ 재료가 가볍고, 내화성이 큰 것이어야 한다.

TIP 지붕재료
- 내수 및 내화성 등이 커야한다.
- 열전도율이 작아야 한다.
- 외관이 좋아야 한다.

23 재료의 성질 중 압축 파괴 없이 판의 형태로 퍼지는 현상을 무엇이라 하는가?

① 취성   ② 인성
③ 전성   ④ 강성

TIP 전성
- 타격에 의해 판상으로 펴지는 성질을 말한다.
- ※ 취성 : 작은 변형으로도 파괴되는 재료의 성질이다.
- ※ 인성 : 외력에 의해 변형을 나타내면서도 외력에 견디는 성질이다.
- ※ 강성 : 외력에 대한 변형저항을 말하는 것으로 경도라고도 불리는 성질이다.

24 벽돌의 품질등급에서 1종 점토벽돌의 압축강도는 최소 얼마 이상인가?

① $10.78N/mm^2$ ② $15.59N/mm^2$
③ $20.59N/mm^2$ ④ $24.50N/mm^2$

TIP 점토벽돌 KS품질기준

품질	종류	
	1종	2종
압축강도 (N/mm^2)	24.50 이상	14.7 이상
흡수율(%)	10 이하	15 이하

25 다음 중 물과 화학반응을 일으켜 경화하는 수경성 재료는?

① 시멘트 몰탈
② 돌로마이트 플라스터
③ 회반죽
④ 회사벽

TIP 수경성
- 물과 작용하여 경화된 후 점차 강도가 커지는 성질의 재료를 말한다.
- 석고, 시멘트 몰탈 등이 있다.
- ※ 기경성 : 공기 성분 중에서 탄산가스(이산화탄소)에 의해 경화되는 성질의 재료로, 점토, 석회, 돌로마이트 플라스터 등이 있다.

26 석재의 성인에 의한 분류 중 수성암에 속하지 않는 것은?

① 사암   ② 이판암
③ 석회암   ④ 안산암

💡 **수성암**

① 사암
- 성분에 따라 내구성과 강도가 모두 다르다.
- 내화성이 크고 단단한 것은 구조용으로 사용되나, 외관이 좋지 못하다.
- 연질 사암은 실내 장식재로 사용한다.

② 석회암
- 주성분은 탄산석회($CaCO_3$)이고, 시멘트의 원료로 사용된다.
- 석질은 치밀하지만, 내산·내후·내화성이 부족하다.

③ 응회암
- 가공이 용이하고 내화성이 크지만, 흡수성이 높고 강도가 약하다.
- 석회제조나 장식재로 사용한다.

④ 점판암
- 석질이 치밀하고 방수성이 있다.
- 얇은 판으로 떼어내어 지붕이나 벽 재료로도 사용한다.

※ 안산암 : 화강암 다음으로 많은 화성암이며 조직은 치밀한 것부터 조잡한 것까지 다양하고 강도, 비중, 내화성이 크고 가공이 용이하여 구조용이나 조각품에 이용된다.

27 비철금속 중 동에 대한 설명으로 틀린 것은?

① 알칼리성에 대해 강하므로 콘크리트 등에 접하는 곳에 사용이 용이하다.
② 건조한 공기 중에서는 산화하지 않으나, 습기가 있거나 탄산가스가 있으면 녹이 발생한다.
③ 연성이 뛰어나고 가공성이 풍부하다.
④ 건축용으로는 박판으로 제작하여 지붕 재료로 이용된다.

💡 **구리**
- 연성과 전성이 크고, 열전도율과 전기전도율이 높다.
- 건조한 공기에서 산화하지 않으나 습기를 받으면, 이산화탄소에 의해 부식하지만 내부는 부식하지 않는다.
- 암모니아, 알칼리성 용액에는 침식된다.
- 아세트산과 진한 황산 등에 용해된다.
- 지붕이기, 홈통, 철사, 못 등에 사용한다.

28 다음 중 콘크리트의 시공연도 시험법으로 주로 쓰이는 것은?

① 슬럼프시험   ② 낙하시험
③ 체가름시험   ④ 구의 관입시험

💡 **슬럼프시험**
- 시공연도 측정법 중 가장 간단하여 많이 사용되는 방법으로 이를 이용하여 워커빌리티를 판단하며 그 외에 낙하시험, 구 관입시험 등이 있다.

※ 체가름시험 : 크고 작은 골재가 고르게 섞인 정도를 입도라 하는데 이를 측정하기 위한 시험방법이다.

29 다음 목재강도 중 강한 순서대로 옳게 나열된 것은?

① 휨강도 > 인장강도 > 압축강도 > 전단강도
② 인장강도 > 휨강도 > 압축강도 > 전단강도
③ 인장강도 > 휨강도 > 전단강도 > 압축강도
④ 전단강도 > 압축강도 > 휨강도 > 인장강도

TIP💡 강도
- 인장강도 > 휨강도 > 압축강도 > 전단강도
- 섬유방향의 평행한 인장강도 > 섬유방향의 직각인 인장강도

30 복층 유리에 대한 설명 중 옳지 않은 것은?

① 방음효과가 있다.
② 단열효과가 크다.
③ 결로 방지용으로 우수하다.
④ 유리사이에 합성수지 접착제를 채워 제작한 것이다.

TIP💡 복층유리(Pair Glass)
- 2장 또는 3장의 판유리를 일정 간격으로 띄운 후, 둘레에 틀을 끼워 기밀하게 하고 그 사이에 건조 공기 또는 아르곤 가스를 주입하여 만든 유리이다.
- 단열, 결로 방지, 방음에 효과가 있고, 일반주택 또는 고층 빌딩의 외부 창 등에 사용한다.

31 금속의 방식법에 대한 설명 중 옳지 않은 것은?

① 아스팔트, 방청 도료를 칠한다.
② 알루미늄은 산화 피막 처리를 하지 않아도 된다.
③ 다른 종류의 금속을 서로 잇대어 쓰지 않는다.
④ 큰 변형을 준 것은 가능한 한 풀림하여 사용한다.

TIP💡 금속의 부식방지법
① 일반적 방지법
- 다른 종류의 금속끼리 접촉하여 사용하지 않는다.
- 균질한 재료를 사용하도록 하며, 변형이 있을 시 열처리로 제거한다.
- 표면은 청결하게 하며 건조 상태를 유지하도록 한다.

② 구체적 방지법
- 내식성이 큰 금속으로 도장하며, 방청도료를 칠하여 사용한다.
- 화학적인 방식처리를 하고, 몰탈 또는 콘크리트로 피복한다.

32 목재가 기건 상태일 때 함수율은 대략 얼마 정도인가?

① 7%   ② 15%
③ 21%   ④ 25%

TIP💡 함수율
- 생목일 때의 함수율은 약 70~90%이고, 강도의 변화는 거의 없다.

- 건조를 시켜 약 30% 이하가 됐을 때를 섬유포화점이라 하며, 서서히 강도가 증가한다.
- 함수율이 약 15% 이하가 되면 이것을 기건재라고 하며, 생목강도보다 약 1.5배 강도가 증가한다.
- 함수율을 0%로 한 것을 전건재라 하며, 생목강도보다 약 3배 강도가 증가한다.
- 목재의 강도는 비중과 비례하며, 함수율과 반비례 관계에 있다.

33 내화도가 낮아 고열을 받는 곳에는 적당하지 않지만, 견고하고 대형재의 생산이 가능하며 바탕색과 반점이 미려하여 구조재, 내·외장재로 많이 사용되는 것은?

① 화강암 ② 응회암
③ 석회암 ④ 안산암

TIP ☀ 화강암
- 단단하고 내구성이 크고 흡수성이 작다.
- 석재 중 압축강도가 가장 크고 외관이 아름다워 구조재 및 내·외장재로 사용한다.
- 경도가 커 세밀한 조각을 하기는 좋지 않다.
- 내화도가 낮아 고열을 받는 곳에는 부적당하다.

※ 나머지 석재에 대한 것은 26번 해설 참고

34 건축재료의 사용목적에 따른 분류에 해당하지 않는 것은?

① 구조재료 ② 마감재료
③ 방화, 내화재료 ④ 천연재료

TIP ☀ 사용목적에 의한 분류
- 구조재료 : 목재, 석재, 시멘트, 콘크리트, 금속 등
- 마감재료 : 유리, 점토, 석고, 플라스틱, 도료, 타일, 접착제 등
- 차단재료 : 방수, 단열 등에 사용되는 재료(암면, [1)]실링재, 방수제 등)
- 방화 및 내화재료 : 석고보드, 방화셔터, 방화 [2)]실란트 등 안전을 위한 불연재료, 준불연재료, 난연재료 등

[1)] 실링재(Sealing material) : 수밀, 기밀을 목적으로 부재 간 틈을 막아주는 재료를 통칭한다.
[2)] 실란트(Sealant) : 부재 간 접합부 또는 이음부를 매우는 재료를 통칭한다.

※ 실링재는 탄성재료를 실란트로, 원료가 유성재료를 코킹으로 구분한다.

35 시멘트 혼화제인 AE제에 대한 설명으로 옳지 않은 것은?

① 콘크리트 내부에 독립된 미세기포를 발생시켜 콘크리트 워커빌리티를 개선한다.
② AE제를 사용한 콘크리트의 강도는 물시멘트비가 일정한 경우 공기량 증가에 따라 압축강도가 저하된다.
③ AE제를 사용하면 콘크리트 내부의 물

이 이동되어 활발해져 블리딩이 증가한다.

④ 경화 중에 건조수축을 감소시킨다.

> **TIP** AE제
> - 콘크리트 속에 독립된 미세기포(지름 0.025 ~ 0.25mm)를 발생시켜 골고루 분산시키는 역할을 한다.
> - 콘크리트의 시공연도를 개선시켜, 재료분리가 일어나지 않으며, 블리딩이 감소된다.
> - 경화 때의 수축을 감소시키며, 균열을 방지한다.
> - 공기량 증가 시 강도가 감소되며, 수축량이 증가된다.
> - 콘크리트 전체 체적의 약 2~5%가 적당하다.

36 공동(空胴)의 대형 점토제품으로써 주로 장식용으로 난간벽, 돌림대, 창대 등에 사용되는 것은?

① 이형벽돌 ② 포도벽돌
③ 테라코타 ④ 테라죠

> **TIP** 테라코타
> - 자토를 반죽하여 조각의 형틀로 찍어내어 소성한 속이 비어있는 대형 점토제품이다.
> - 석재 조각물 대신에 사용하는 장식용 점토제품이다.
> - 일반석재보다 가볍고, 압축강도는 화강암의 약 1/2 정도이다.
> - 내화성과 풍화에 강해 외장에 적당하다.

- 버팀벽, 주두, 돌림띠 등에 사용한다.
※ 이형벽돌 : 보통 벽돌과는 다른 치수로 만들어져 나온 벽돌로 아치 및 원형 창 주위를 조적할때 사용
※ 포도벽돌 : 보통벽돌보다 고온 소성되어 흡수율이 낮은 벽돌로 도로나 복도 등의 바닥 면 등에 사용
※ 테라죠 : 백색시멘트, 대리석종석, 안료, 물 등을 혼합하여 만든 인조석

37 콘크리트에 쓰이는 골재는 어느 상태의 것을 사용하는 것이 가장 타당한가?

① 절대건조 상태
② 건조 상태
③ 표면건조 내부포화상태
④ 습윤상태

> **TIP** 표면건조 내부포수상태
> (Saturated surface dry condition)
> - 습윤상태의 골재에서 표면수를 제거한 것을 말한다.
> ※ 절대건조상태 : 건조기(Oven)에서 105℃±5℃의 온도로 24시간 이상 정중량이 될 때까지 건조시킨 상태
> ※ 건조상태 : 공기 중의 습도와 평형상태를 이루며 내부는 약간의 수분을 포함한 상태
> ※ 습윤상태 : 골재의 내부에 물이 포화상태이며, 표면도 물이 부착되어 있는 상태

38 길이 5m인 생나무가 전건상태에서 길이가 4.5m로 되었다면 수축률은 얼마인가?

① 6% ② 10%
③ 12% ④ 14%

> **TIP** 목재의 수축률
>
> • 수축률 = $\dfrac{5-4.5}{5} \times 100\%$ ∴ 10%

39 벽 및 천장재로 사용되는 것으로 강당, 집회장 등의 음향조절용으로 쓰이거나 일반건물의 벽수장 재료로 사용하여 음향효과를 거둘 수 있는 목재 가공품은?

① 파키트리 패널 ② 플로어링 합판
③ 코펜하겐 리브 ④ 파키트리 블록

> **TIP** 코펜하겐 리브(Copenhagen Rib Board)
> • 두께 5cm, 너비 10cm 정도의 긴 판의 표면을 리브(rib)로 가공하여 만든다.
> • 강당, 집회장, 극장 등에 내벽 또는 천장에 붙여 사용한다.
> • 음향조절 및 장식효과가 있다.
> • 흡음효과는 없으며, 바닥에 사용하지 않는다.

40 다음 점토제품 중 흡수율이 가장 낮은 것은?

① 토기 ② 석기
③ 도기 ④ 자기

> **TIP** 점토의 분류

종류	소성온도	흡수율(%)	제품
토기 (보통(저급)점토)	790℃~1,000℃ (SK 0.15~SK 0.5)	20 이상	기와, 벽돌, 토관
도기 (도토)	1,100℃~1,230℃ (SK 1~SK 7)	10	타일, 테라코타, 위생도기
석기 (양질점토)	1,160℃~1,350℃ (SK 4~SK 12)	3~10	벽돌, 타일, 테라코타
자기 (양질점토, 장석분)	1,230℃~1,460℃ (SK 7~SK 16)	0~1	타일, 위생도기

41 한국산업표준(KS)의 건축제도통칙에 규정된 척도가 아닌 것은?

① 5/1 ② 1/1
③ 1/400 ④ 1/6000

> **TIP** 척도
> • 대상물의 실제치수에 대한 도면에 표시한 대상물의 비를 말한다.
> • 도면에는 척도를 기입하여야 한다. 한 도면에 서로 다른 척도를 사용하였을 때는 각 도면마다 또는 표제란의 일부에 척도를 기입하여야 한다. 그림의 형태가 치수에 비례하지 않을 때는 "NS(No Scale)"로 표시한다.
> • 사진 및 복사에 의해 축소 또는 확대되는 도면에는 그 척도에 따라 자의 눈금 일부를 기입한다.
> • 척도의 종류는 실척(실제치수(full size – 척도의 비가 1:1인 척도)), 배척(Enlargement scale – 척도의 비가 1:1보다 큰 척도로 비가 크면 척도가 크다고 함), 축척(Reduction scale – 척도의 비가 1:1보다 작은 척도로 비가

작으면 척도가 작다고 함)이 있다.
- 목적에 따라 다음의 것에서 선택 사용한다.

현척(실척)	1/1
축척	1/2, 1/3, 1/4, 1/5, 1/10, 1/20, 1/25, 1/30, 1/40, 1/50, 1/100, 1/200, 1/250, 1/300, 1/500, 1/600, 1/1000, 1/1200, 1/2000, 1/2500, 1/3000, 1/5000, 1/6000
배척	2/1, 5/1

42 주택에서 식당의 배치유형 중 주방의 일부에 간단한 식탁을 설치하거나 식당과 주방을 하나로 구성한 형태는?

① 리빙 키친
② 리빙 다이닝
③ 다이닝 키친
④ 다이닝 테라스

TIP 다이닝 키친(DK)
- 부엌의 일부에 식사실을 두는 형식으로, 소규모 주택에 적합한 형식이다.
- 식사와 취침은 분리하지만, 단란은 취침하는 곳과 겹칠 수 있다.

43 건축제도에서 물체가 있는 것으로 가상되는 부분을 표시하거나 일점쇄선과 구별할 때 사용하는 선의 종류는?

① 파선
② 1점 쇄선
③ 2점 쇄선
④ 가는 실선

TIP 이점쇄선
- 용도별 호칭 : 가상선
- 용도 : 물체가 있는 것으로 가상되는 부분을 표시하거나 일점쇄선과 구별할 때 사용한다.

44 다음 설명에 알맞은 색의 대비와 관련된 현상은?

> 1개의 색을 보고 다른 색을 보았을 때 앞에서 본 색의 영향으로 뒤의 색이 달라 보이는 현상

① 계속대비
② 연변대비
③ 한난대비
④ 동시대비

TIP 계속(계시)대비
- 하나의 색을 보고 다른 색을 보았을 때, 먼저 본 색의 영향으로 나중 색이 달리 보이는 현상을 말한다.
- ※ 동시대비 : 두 색을 동시에 보았을 때 서로의 영향으로 달리 보이는 현상
- ※ 한난대비 : 차가운 색과 따뜻한 색을 함께 놓았을 때 배경색이 한색일 경우 더 차갑게, 배경색이 난색일 경우 더 따뜻하게 보이는 현상
- ※ 보색대비 : 보색끼리 놓았을 때 색상이 더 뚜렷해지면서 선명하게 보이는 현상

45 액화석유가스(LPG)에 관한 설명으로 옳지 않은 것은?

① 공기보다 가볍다.
② 용기(bomb)에 넣을 수 있다.
③ 가스 절단 등 공업용으로도 사용된다.
④ 프로판 가스(propane gas)라고도 한다.

TIP LPG(액화석유가스, Liquefied Petroleum Gas)

- 석유정제 과정에서 채취한 가스를 압축 냉각 하여 액화시킨 가스이다.
- 주성분은 프로판, 부탄, 프로필렌, 에탄 등이다.

① 장점
- 발열량이 크다.
- 용기에 넣을 수 있고, 가스 절단 등 공업용으로도 사용된다.

② 단점
- 공기보다 무겁다.(폭발의 위험성이 커서 주의를 요한다.)
- LNG에 비해 공해가 심하다.

46 엘리베이터와 계단이 가까우며 프라이버시가 좋은 아파트는?

① 편복도형 ② 중복도형
③ 집중형   ④ 계단실형

TIP 계단실형(홀형)
- 계단 또는 엘리베이터에서 각 세대로 직접 출입하는 형식이다.
- 가장 독립성(프라이버시)이 좋고 출입이 편하다.
- 동선이 짧고, 채광과 통풍이 양호하다.
- 좁은 대지에 절약형 주거가 가능하다.
- 통행부의 면적이 작아 건물의 이용도가 높다.
- 각 계단실마다 엘리베이터를 설치하게 되어 설비비가 많이 든다.
- 엘리베이터의 1대당 이용률이 복도형에 비해 적다.

※ 편복도형
- 동·서를 축으로 한쪽 복도를 통해 각 주호로 출입하는 형식이다.
- 복도가 개방형이라 통풍, 채광이 양호하다.
- 각 세대의 방위를 동일하게 함으로써 거주성이 균일한 배치유형이 가능하다.
- 엘리베이터가 직접 각 층에 연결되며, 복도를 통해 각 세대로 접근하기 때문에 엘리베이터 이용률이 높다.
- 프라이버시는 집중형 보다는 낫고, 계단실보다는 나쁘다.

※ 중복도형
- 부지의 이용률이 높다.
- 프라이버시가 나쁘고 시끄럽다.
- 통행부(복도)의 면적이 넓다.
- 각 실의 조건이 불균등하다.
- 독신자 아파트에 주로 사용한다.

※ 집중형
- 부지의 이용률이 가장 높아 많은 주호를 집중시킬 수 있다.
- 각 세대에 시각적 개방감을 줄 수 있다.
- 다른 주거 동에 미치는 일조의 영향이 적다.(동 간격이 넓다.)
- 설비가 집중되므로 설비비가 감소된다.
- 프라이버시가 극히 나쁘며, 채광, 통풍이 극히 불리하다.
- 일조시간을 동일하게 확보할 수 없다.

- 각 세대별 조망이 달라 각 실의 조건이 불균등하다.
- 기후조건에 따라 기계적 환경조절 (기계적 환기)이 필요하다.

47 증기난방에 관한 설명으로 옳은 것은?

① 온수난방에 비해 예열시간이 길다.
② 온수난방에 비해 한랭지에서 동결의 우려가 크다.
③ 증발 잠열을 이용하기 때문에 열의 운반 능력이 작다.
④ 난방 부하의 변동에 따른 방열량 조절이 어렵다.

TIP 증기난방

① 장점
- 가열시간과 증기순환이 빠르다.
- 방열면적이 온수난방보다 작다.
- 증기의 잠열을 이용하는 난방열의 운반능력이 크며, 설비비가 싸다.

② 단점
- 쾌적감이 온수난방보다 낮고, 온도 조절이 어렵다.
- 소음이 발생되며, 응축수배관이 부식되기 쉽다.

48 제도용지에 관한 설명으로 옳지 않은 것은?

① A0용지의 넓이는 약 $1m^2$이다.
② A2용지의 크기는 A0용지의 1/4이다.
③ 제도용지의 가로와 세로의 길이 비는 $\sqrt{2}$: 1이다.
④ 큰 도면을 접을 때에는 A3의 크기로 접는 것을 원칙으로 한다.

TIP 제도 용지의 크기

- 종이의 재단치수는 KS A 5201 A열을 따른다.
- 제도 용지의 가로와 세로의 비는 $\sqrt{2}$: 1이고, 번호가 커짐에 따라 용지는 작아진다.
- A0의 넓이는 약 $1m^2$이고, B0의 넓이는 약 $1.5m^2$ 정도이다.
- 도면을 접을 때에는 A4의 크기로 접는 것을 원칙으로 한다.

49 건물 벽 직각 방향에서 건물의 모습을 그린 도면은?

① 평면도   ② 배치도
③ 입면도   ④ 단면도

TIP 입면도

- 건축물의 외관을 나타낸 직립 투상도로 동서남북 네 면으로 나타낸다.
- ※ 평면도 : 건축물을 각 층마다 창틀 위에서 수평으로 자른 수평 투상도로, 실의 배치 및 크기와 치수를 나타낸 도면
- ※ 배치도 : 대지 안에서 건물이나 부대시설의 배치를 나타낸 도면으로 위치, 간격, 축척, 방위, 경계선 등을 나타낸 도면
- ※ 단면도 : 건축물을 수직으로 잘라 그 단면을 상상하여 나타낸 것으로 기초, 지반, 바닥, 처마, 층 등의 높이와 지붕의 물매, 처마의 내민 길이 등을 표시한 도면

50 드렌처 설비에 관한 설명으로 옳은 것은?

① 화재의 발생을 신속하게 알리기 위한 설비이다.

② 소화전에 호스와 노즐을 접속하여 건물 각 층 내부의 소정 위치에 설치한다.

③ 인접건물에 화재가 발생하였을 때 수막을 형성함으로써 화재의 연소를 방재하는 설비이다.

④ 소방대 전용 소화전인 송수구를 통하여 실내로 물을 공급하여 소화 활동을 하는 설비이다.

TIP 드렌처 설비
- 건축물의 외벽, 창, 지붕 등에 설치하여 인접 건물에 화재가 발생하였을 때 수막을 형성하여 화재의 연소를 방지하는 방화설비이다.
- 설치간격은 2.5m 이하로 한다.
- 방수압력은 0.1MPa, 방수량은 80ℓ/min이다.

※ 경보설비 : 화재의 발생을 신속하게 알리기 위한 설비이다. (비상경보설비, 비상방송설비, 누전경보기 자동화재 탐지설비, 자동화재 속보설비)

※ 옥내소화전 : 소화전에 호스와 노즐을 접속하여 건물 각 층 내부의 소정 위치에 설치한 설비이다.

※ 연결살수설비 : 소방대 전용 소화전인 송수구를 통하여 소방차로 실내에 물을 공급하여 소화 활동을 하는 것으로, 지하 층의 화재진압 등에 사용하는 설비이다.

51 조명과 관련된 단위의 연결이 옳지 않은 것은?

① 광속 : N   ② 광도 : cd

③ 휘도 : nt   ④ 조도 : lx

TIP 조명단위

광속 : lm, 조도 : lux, 광도 : cd, 휘도 : nt

52 기온·습도·기류의 3요소의 조합에 의한 실내 온열감각을 기온의 척도로 나타낸 것은?

① 유효온도   ② 작용온도

③ 등가온도   ④ 불쾌지수

TIP 쾌적지표

1) 실험 지표
- 유효온도(체감온도, ET) : 온도, 습도, 기류

2) 이론 지표
- 불쾌지수 : 기상상태로 인하여 인간이 느끼는 불쾌감의 정도를 나타낸다.

※ 열 환경

① 열 환경의 4요소(온열 요소)
- 기온, 습도, 기류, 주위 벽의 복사열
- 기온은 열적쾌감에 큰 영향을 끼치는 요소이며, 습도는 상대습도를 말한다. 또한, 기류의 속도는 0.25~0.5m/s 정도이며, 복사열은 기온 다음으로 열 환경에 큰 영향을 미친다.

47 ④　48 ④　49 ③　50 ③　51 ①　52 ①

53 다음 급수방식 중 가장 위생적인 급수방식은?

① 고가탱크방식 ② 수도직결방식
③ 압력탱크방식 ④ 펌프직송식

TIP 수도직결방식

- 도로에 매설되어 있는 수도 본관에서 급수 인입관을 통해 직접 건물 내로 급수하는 방식으로 주택과 같은 소규모 건물에 많이 이용된다.

① 장점
  - 급수오염 가능성이 가장 적고 설비비가 저렴하며 기계실이 필요 없다.

② 단점
  - 수도 본관의 수압이 낮은 지역과 수돗물 사용의 변동이 심한 지역에는 부적당하다.

※ 고가(옥상)수조방식(옥상 물탱크방식)

- 지하저수조에 물에 받아 양수펌프를 이용하여 옥상 물탱크로 양수한 후, 수위와 수압을 이용하여 급수하는 방식으로 대규모 급수설비에 적합하다.

① 장점
  - 일정한 수압으로의 급수가 가능하다.
  - 저수량을 확보할 수 있어 단수가 되더라도 일정 시간동안 지속적인 급수가 가능하다.
  - 수압이 일정하여 배관 부품의 파손의 우려가 적다.

② 단점
  - 저수조에 저장된 물의 저수 시간이 길어질수록 오염가능성이 크다.
  - 설비비와 경상비(經常費)가 높다.

※ 압력수조방식(압력탱크방식)

- 고가수조를 설치할 수 없는 경우 사용하는 방법으로, 저수조에 입수된 물을 압력탱크로 보내 탱크 내의 공기압을 이용해 급수하는 방식으로 공항, 체육관 등의 건물에 적합하다.

① 장점
  - 국부적으로 고압을 필요로 하는 경우에 적합하다.
  - 옥상탱크와 같은 고가 시설이 없어 건물의 외관이 깔끔하며, 그로 인해 건물 구조를 보강하거나 강화하지 않아도 된다.
  - 단수 시 일정량의 급수가 가능하다.

② 단점
  - 최저·최고압의 압력차가 커서 압력 변동이 심하다.
  - 제작비가 고가이며, 취급이 어렵고 고장이 많다.
  - 저수량이 적어 정전, 펌프의 고장 등으로 인해 급수가 중단된다.

※ 펌프 직송식(탱크 없는 부스터 방식)

- 저수조에 물을 받은 후 펌프 여러 대를 이용하여 건물에 급수하는 방식으로 급수가 분포되는 큰 건물(공장, 단지) 등에 적합하다.

① 장점
  - 옥상 탱크가 없어 건물의 외관 및 구조상 좋다.
  - 수질의 오염 확률이 적고 수압이 일정하다.
  - 최상층의 수압을 일정하게 할 수 있다.

② 단점
- 정전 시 급수가 중단되며 설비 및 유지비 등이 많이 소요된다.

54 건축법령에 따른 고층 건축물의 정의로 옳은 것은?

① 층수가 30층 이상이거나 높이가 100m 이상인 건축물
② 층수가 30층 이상이거나 높이가 120m 이상인 건축물
③ 층수가 50층 이상이거나 높이가 150m 이상인 건축물
④ 층수가 50층 이상이거나 높이가 200m 이상인 건축물

TIP: 건축법령에 따른 고층건축물 및 초고층 건축물
- 고층건축물 : 층수가 30층 이상이거나 높이가 120미터 이상인 건축물
- 준초고층건축물 : 층수가 30~49층 사이이며 높이가 120~200미터 미만인 건축물
- 초고층건축물 : 층수가 50층 이상이거나 높이가 200미터 이상인 건축물

55 다음의 단면재료 표시기호 중 구조용으로 쓰이는 목재의 표시방법은?

①    ②
③    ④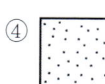

56 주택의 식당 및 부엌에 관한 설명으로 옳지 않은 것은?

① 식당의 색채는 채도가 높은 한색계통이 바람직하다.
② 식당은 부엌과 거실의 중간 위치에 배치하는 것이 좋다.
③ 부엌의 작업대는 준비대 → 개수대 → 조리대 → 가열대 → 배선대의 순서로 배치한다.
④ 키친네트는 작업대 길이가 2m 정도인 소형 주방가구가 배치된 간이 부엌의 형태이다.

TIP: 식당 및 부엌
- 식당의 색채 계획은 부드럽고 즐거운 식사 분위기를 만들고 식욕을 돋우는 난색 계통으로 계획되어야 한다. 즉 주황색, 분홍색, 녹색, 베이지 계통의 엷은 색상이 무난하다.
- 식당은 부엌과 거실의 중간 위치에 배치하는 것이 좋다.
- 밝은 장소에 위치하고 옥외작업장(Service yard) 및 정원과 유기적으로 결합되게 한다.

※ 부엌의 작업순서
- 준비 – 냉장고 – 개수대 – 조리대 – 가열대 – 배선대

57 건축법상 건축에 해당되지 않는 것은?

① 수선   ② 재축
③ 이전   ④ 개축

TIP 건축법상 건축

- 건축물을 신축, 증축, 개축, 재축 또는 이전하는 것을 말한다.

① 신축
- 기존 건축물이 철거되거나 멸실된 대지를 포함하여 건축물이 없는 대지에 새로 건축물을 축조하는 것을 말한다.
- 다만 부속건축물만 있는 대지에 새로 주된 건축물을 축조하는 것을 포함하되, 개축 또는 재축하는 것은 제외한다.

② 증축
- 기존 건축물이 있는 대지에서 건축물의 건축면적, 연면적, 층수 또는 높이를 늘리는 것을 말한다.
- 바닥면적의 합계가 85m² 를 초과하는 부분에 대한 증축에 해당하는 변경 사유에는 허가를 받고 신고를 해야 하며 85m² 이하의 변경은 신고만으로도 가능하다.
- 또한 건축물의 동수나 층수를 변경하지 아니하면서 변경되는 부분의 바닥 면적의 합계가 50m² 이하인 경우, 동수나 층수를 변경하지 아니하면서 변경되는 부분이 연면적 합계의 10분의 1 이하인 경우, 대수선에 해당하는 경우, 건축물의 층수를 변경하지 아니하면서 변경되는 부분의 높이가 1미터 이하이거나 전체 높이의 10분의 1 이하인 경우, 허가를 받거나 신고를 하고 건축 중인 부분의 위치가 1미터 이내에서 변경되는 경우에는 신고만으로도 증축이 가능하다.

③ 개축
- 기존 건축물의 전부 또는 일부(내력벽·기둥·보·지붕틀 중 셋 이상이 포함되는 경우를 말함)를 철거하고 그 대지에 종전과 같은 규모의 건축물을 다시 축조하는 것을 말한다.

④ 재축
- 건축물이 천재지변이나 그 밖의 재해로 멸실된 경우 그 대지에 종전과 같은 규모의 범위에서 다시 축조하는 것을 말한다.

⑤ 이전
- 주요 구조부를 해체하지 아니하고 동일한 대지 내에서 건축물의 위치를 옮기는 행위를 말한다.

※ 대수선 : 건축물의 기둥, 보, 내력벽, 주 계단 등의 구조나 외부 형태를 수선·변경하거나 증설하는 것으로 증축·개축 또는 재축에 해당하지 않는 것으로서 대통령령으로 정하는 것을 말한다.

- 대통령령으로 정하는 것이란 다음의 어느 하나에 해당하는 것으로써 증축, 개축 또는 재축에 해당하지 아니하는 것을 말한다.

1) 내력벽을 증설 또는 해체하거나 그 벽면적을 30m² 이상 수선 또는 변경하는 것
2) 기둥을 증설 또는 해체하거나 3개 이상 수선 또는 변경하는 것
3) 보를 증설 또는 해체하거나 3개 이상 수선 또는 변경하는 것
4) 지붕틀을 증설 또는 해체하거나 3개 이상 수선 또는 변경하는 것
5) 방화벽 또는 방화구획을 위한 바닥 또

는 벽을 증설 또는 해체하거나 수선 또는 변경하는 것

6) 주 계단·피난계단 또는 특별피난계단을 증설 또는 해체하거나 수선 또는 변경하는 것

7) 미관지구에서 건축물의 외부형태(담장을 포함)를 변경하는 것

8) 다가구주택의 가구 간 경계벽 또는 다세대주택의 세대 간 경계벽을 증설 또는 해체하거나 수선 또는 변경하는 것

58 아파트의 단면형식 중 하나의 단위 주거가 2개 층에 걸쳐 있는 것은?

① 플랫형 ② 집중형
③ 듀플렉스형 ④ 트리플렉스형

TIP 복층형(듀플렉스형, 메이조넷형)
- 한 주호가 2개 층에 걸쳐 구성되는 형식이다.
- 엘리베이터 정치층수가 적어 경제적이고 효율적이다.
- 주택 내부의 공간에 변화가 있다.
- 통로면적이 감소되고 전용면적이 증대된다.
- 프라이버시가 좋고, 통풍 및 채광이 좋다.
- 피난 상 불리하고, 소규모 주택에서는 비경제적이다.

※ 단층형(플랫형)
- 주거 단위가 동일 층에 한하여 1층씩 구성되는 형식으로. 평면구성의 제약이 적고 작은 면적에도 설계가 가능

※ 스킵 플로어형
- 단층과 복층으로 서로 반 층씩 엇갈리게 하는 형식

※ 트리플렉스형
- 하나의 주거단위가 3개 층으로 구성된 형식

※ 집중형 : 아파트 평면형식상 분류 중 하나로 46번 해설 참고

59 주택의 침실에 관한 설명으로 옳지 않은 것은?

① 어린이 침실은 주간에는 공부를 할 수 있고, 유희실을 겸하는 것이 좋다.
② 부부침실은 주택 내의 공동 공간으로써 가족생활의 중심이 되도록 한다.
③ 침실의 크기는 사용인원 수, 침구의 종류, 가구의 종류, 통로 등의 사항에 따라 결정된다.
④ 침실의 위치는 소음의 원인이 되는 도로 쪽은 피하고, 공원 등의 공지에 면하도록 하는 것이 좋다.

TIP 침실(Bed Room)
- 주거공간 중 가장 사적인(= 폐쇄성)개인 생활공간으로 독립성과 기밀성이 유지돼야 한다.

60 다음 설명에 알맞은 공기조화방식은?

- 전공기 방식의 특성이 있다.
- 냉풍과 온풍을 혼합하는 혼합상자가 필요 없다.

① 단일덕트방식
② 2중덕트방식
③ 멀티존 유닛방식
④ 팬코일 유닛방식

TIP 공기조화설비

① 전공기 방식 : 중앙 공기 조화기에서 만들어진 냉·온풍을 송풍하여 공기를 조화하는 방식을 말한다.
- 단일덕트 : 1대의 공조기에 1대의 덕트만을 연결하여 냉풍, 온풍을 송풍하는 방식이다.
- 2중덕트 : 냉풍과 온풍 덕트를 각각 설치하여 혼합 상자에서 알맞은 비율로 혼합하여 송풍하는 방식으로 에너지 다소비형이다.
- 멀티존 유닛방식 : 2중 덕트의 변형으로, 1대의 공조기에서 냉풍과 온풍을 만들어 혼합한 후 각각의 덕트에 송풍하는 방식이다.

② 전수방식 : 중앙기계실에서 냉수 또는 온수를 만들어 각 실의 유닛으로 보내어 냉난방하는 방식을 말한다.
- 팬코일 유닛방식 : 전동기 직결의 소형 송풍기(fan), 냉·온수 코일 및 필터 등을 갖춘 실내형 소형 공조기를 각 실에 설치하여 중앙 기계실로부터 냉수 또는 온수를 공급받아 송풍하는 방식이다.

③ 공기-수방식 : 공기를 열원으로 하여 물을 가열하고 이 온수를 순환시키는 히트 펌프 방식을 말한다.
- 각층 유닛방식 : 1차 공기 조화기로 처리된 외기를 각 층마다 설치된 2차 공조기로 덕트에 의해 공급되는 방식이다.
- 유인유닛 방식 : 온도, 습도를 조절한 외기를 1차 공조기를 통해 고압으로 실내 유닛으로 공급하고, 그 압력으로 공기를 유인작용으로 실내공기를 순환시키고 유닛 속의 코일에서 냉각 또는 가열하여 사용하는 방식이다.

60 ①

06 PART | CBT 기출복원문제

2020년 2회

01 바닥 면적이 40m²일 때 보강콘크리트블록조의 내력벽 길이의 총합계는 최소 얼마 이상이어야 하는가?

① 4m   ② 6m
③ 8m   ④ 10m

> **TIP** 보강 블록조 내력벽의 길이
> - 내력벽의 한 방향의 길이의 합계는 그 층 바닥면적 1m²에 대하여 0.15m 이상 되게 해야 하므로, 0.15m × 40m² = 6m

02 연약한 지반에서 부동침하를 방지하는 대책으로 적당하지 않은 것은?

① 건물을 중량을 크게 한다.
② 건물의 강성을 높인다.
③ 평면상으로 보아 건물의 길이를 짧게 한다.
④ 인접 건물과의 거리를 멀게 한다.

> **TIP** 부동침하 방지대책
> ① 기초 구조물에 대한 대책
> - 기초를 굳은 지반에 지지시킨다.
> - 지하실을 설치하거나 지중보를 설치한다.
> - 마찰말뚝을 사용한다.
>
> ② 상부구조물에 대한 대책
> - 건물을 경량화한다.
> - 건물의 중량을 고르게 분포시킨다.
> - 건물의 강성을 높이고 평면의 길이를 짧게 한다.
> - 이웃 건물과의 거리를 띄운다.

03 다음 중 구조물의 고층화, 대형화의 추세에 따라 우수한 용접성과 내진성을 가진 극후판(極厚板)의 고강도 강재는?

① TMCP강   ② SS강
③ FR강   ④ SN강

> **TIP** TMCP(Thermo Mechanical Control Process)강
> - 압연 시 제어냉각을 통해 성질을 향상시킨 강재이며, 용접성이 좋고 고강도이다.

04 벽돌쌓기 방법 중 프랑스식 쌓기에 대한 설명으로 옳은 것은?

① 한 켜 안에 길이쌓기와 마구리쌓기를 병행하여 쌓는 방법이다.
② 처음 한 켜는 마구리쌓기, 다음 한 켜는 길이쌓기를 교대로 쌓는 방법이다.

01 ②   02 ①   03 ①   04 ①

③ 5 ~ 6켜는 길이쌓기로 하고, 다음 켜는 마구리쌓기를 하는 방식이다.

④ 모서리 또는 끝부분에 칠오토막을 사용하여 쌓는 방법이다.

TIP 프랑스식 쌓기
- 한 켜에 길이쌓기와 마구리쌓기가 번갈아 나오게 하는 쌓기 법을 말한다.
- 통줄눈이 많이 생겨 튼튼하지 않아 장식을 위한 벽체에 사용한다.

05 조적조 벽체 내쌓기의 내미는 최대한도는?

① 1.0B　　② 1.5B
③ 2.0B　　④ 2.5B

TIP 벽돌쌓기 원칙
- 내 쌓기의 경우 한 단은 1/8B, 두 단은 1/4B씩 쌓고, 내미는 한도는 2.0B로 한다.
- 1일 쌓기 높이는 1.2 ~ 1.5m 이내로 한다.
- 가급적 막힌 줄눈으로 시공하며, 벽체를 일체화를 위해 테두리 보를 설치한다.
- 몰탈의 수분을 벽돌이 머금지 않도록 쌓기 전 충분한 물 축임을 한다.

06 기본형벽돌(190 × 90 × 57)을 사용한 벽돌벽 1.5B의 두께는 (단, 공간쌓기 아님)

① 230mm　　② 280mm
③ 290mm　　④ 340mm

TIP 벽돌의 벽체두께
- 90mm(0.5B) + 10mm + 190mm(1.0B) = 290mm

07 흙막이 부재 중 토압과 수압을 지탱하기 위해 널말뚝 벽면에 수평으로 대는 것은?

① 어미 말뚝　　② 멍에
③ 장선　　　　④ 띠장

TIP 띠장
- 널말뚝 또는 어미기둥을 지지하고 그 힘을 버팀대에 전달하는 것으로 흙막이 벽에 수평으로 배치된다.

08 특수 지지 프레임을 두 지점에 세우고 프레임 상부 새들(saddle)을 통해 케이블(cable)을 걸치고 여기서 내린 로프로 도리를 매다는 구조는 무엇인가?

① 현수구조　　② 절판구조
③ 셸구조　　　④ 트러스구조

TIP 현수구조
- 상부에서 기둥으로 전달되는 하중을 케이블 형태의 부재가 지지하는 구조로써, 주 케이블에 보조 케이블이 상판을 잡아 지지한다.
- 스팬이 큰(400m 이상) 다리나 경기장 등에 사용한다.
- 샌프란시스코의 금문교가 대표적이다.

※ 새들(saddle) : 현수교 등에서 케이블을 지지하고 그 방향을 바꾸는 것을 말한다.

09 다음 중 막구조로 이루어진 구조물이 아닌 것은?

① 서귀포 월드컵 경기장
② 상암동 월드컵 경기장
③ 인천 월드컵 경기장
④ 수원 월드컵 경기장

TIP 트러스구조
- 철골 트러스 구조로 지붕을 받치고 있으며 케이블이 잡아당겨 지탱하고 있는 구조이다.

10 조적조에서 벽량의 산출 식으로 옳은 것은?

① 벽량 = $\dfrac{그 층의 바닥면적(m^2)}{내력벽의 전체길이(cm)}$

② 벽량 = $\dfrac{내력벽의 전체길이(cm)}{그 층의 바닥면적(m^2)}$

③ 벽량 = $\dfrac{그 층의 바닥면적(m^2)}{내력벽의 전체길이(m)}$

④ 벽량 = $\dfrac{내력벽의 전체길이(m)}{그 층의 바닥면적(m^2)}$

TIP 벽량
- 내력벽 길이의 총 합계를 그 층의 건축 바닥 면적으로 나눈 값을 말하며, 보강블록조의 최소 벽량은 15cm/m² 이상으로 한다.
- 벽량(cm/m²) = $\dfrac{내력벽의 길이(cm)}{바닥면적(m^2)}$

11 채광만을 목적으로 하고 환기를 할 수 없는 밀폐된 창은?

① 회전창
② 오르내리창
③ 미닫이창
④ 붙박이창

TIP 붙박이창
- 고정창이라고도 하며 유리를 통해 채광만을 목적으로 하는 창으로 환기 등은 할 수 없다.

12 철골부재를 접합할 때 접합부재 상호간의 마찰력에 의하여 응력을 전달시키는 접합방식은?

① 고력볼트접합
② 용접접합
③ 리벳접합
④ 듀벨접합

TIP 고력볼트접합
- 인장력이 매우 큰 볼트를 이용하는 방법으로 접합재에 마찰력이 생겨 접합하는 방법으로 열가공을 하지 않아 시공 시 편하며 소음이 적다.
- 접촉면의 상태에 따라 단면결손 등이 일어날 수 있다.

13 다음 벽돌쌓기 그림은 어떤 쌓기 법을 말하는가?

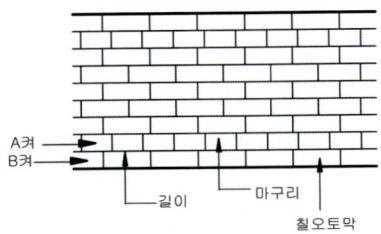

① 미국식 쌓기   ② 프랑스식 쌓기
③ 영국식 쌓기   ④ 네델란드식 쌓기

TIP 네델란드식(화란식) 쌓기
- 영국식 쌓기와 방법은 같으나 모서리 또는 끝 부분에 칠오토막을 사용한다.
- 모서리가 다소 견고하고 가장 많이 사용한다.

14 철근콘크리트 보에 늑근을 사용하는 주된 이유는?

① 보의 전단 저항력을 증가시키기 위하여
② 철근과 콘크리트의 부착력을 증가시키기 위하여
③ 보의 강성을 증가시키기 위하여
④ 보의 휨 저항을 증가시키기 위하여

TIP 늑근(스터럽)
- 보에 걸리는 휨모멘트와 전단력에 의한 균열을 방지하기 위해 사용하는 철근이다.
- 전단력 분포에 따라 D10 정도의 철근을 사용한다.
- 늑근의 간격은 보의 춤의 1/2 이하 또는 60cm 이하로 한다.
- 늑근의 끝 부분은 135° 이상의 구부림을 한다.

15 목재의 마구리를 감추면서 창문 등의 마무리에 이용되는 맞춤은?

① 연귀맞춤   ② 장부맞춤
③ 통맞춤   ④ 주먹장맞춤

TIP 연귀맞춤
- 마구리를 감추면서 튼튼하게 맞춤을 할 때 쓰이는 것으로 보통 45°로 빗 잘라 맞댄다.
- ※ 장부맞춤 : 한 곳에 장부를 내고 다른 쪽에 장부구멍을 파 끼우는 방법으로 많이 사용되며 가장 튼튼한 맞춤법이다.
- ※ 통맞춤 : 1개의 부재 단부를 다른 부재에 홈을 내어 통째로 연결하는 맞춤법이다.
- ※ 주먹장맞춤 : 모서리에 부재가 서로 얽히도록 하기 위해 90°로 결합하는 맞춤법이다. 작업이 까다롭지만 견고하여 못 등으로 보강할 필요가 없다.

16 금속제품 중 목재의 이음 철물로 사용되지 않는 것은?

① 안장쇠   ② 꺾쇠
③ 인서트   ④ 띠쇠

TIP 인서트
- 볼트 등을 부착하기 위해 미리 콘크리트 타설에 앞서 매입(넣은)된 철물을 말한다.

17 벽돌 벽면에 균열이 생기는 이유 중 계획, 설계상의 원인이 아닌 것은?

① 기초의 부동침하

② 온도변화에 따른 재료의 신축성

③ 개구부 크기의 불합리·불균형 배치

④ 건물의 평면·입면의 불균형

> **TIP** 벽돌 벽의 균열원인
> ① 계획, 설계상 결함으로 인한 균열
>   - 기초의 부동침하
>   - 개구부 크기의 불합리 및 불균형 배치
>   - 횡력 및 충격을 잘 받는 구조
>   - 벽돌벽체 강도 부족
>   - 건물의 평면, 입면의 불균형 및 벽의 불합리한 배치
> ② 시공상 결함으로 인한 균열
>   - 벽돌 및 몰탈의 강도 부족
>   - 몰탈 바름의 신축 및 들뜨기
>   - 온도에 의한 신축성
>   - 장막벽의 상부
>   - 이질재와의 접합부
>   - 벽돌벽의 시공 결함

18 다음과 같은 조건에서 철근콘크리트 보의 중량은?

- 보의 단면 너비 : 40cm
- 보의 높이 : 60cm
- 보의 길이 : 900cm
- 철근콘크리트 보의 단위중량 : 2400kg/m³

① 5184kg   ② 518.4kg

③ 2592kg   ④ 259.2kg

> **TIP** 철근콘크리트 보의 중량
> ① kg으로 계산 시
>   - 철근콘크리트 보의 부피 : 0.4m × 0.6m × 9m = 2.16m³
>   - 철근콘크리트 보의 단위중량 : 2400kg/m³
>   - ∴ 2.16m³ × 2400kg/m³ = 5184kg
> ② tf로 계산 시
>   - 철근콘크리트 보의 부피 : 0.4m × 0.6m × 9m = 2.16m³
>   - 철근콘크리트 보의 단위중량 : 2.4 tf/m³
>   - ∴ 2.16m³ × 2.4 tf/m³ = 5.184tf
> ③ N으로 계산 시
>   - 철근콘크리트 보의 부피 : 0.4m × 0.6m × 9m = 2.16m³
>   - 철근콘크리트 보의 단위중량 : 2400kg/m³ × 9.8N = 23520N = 23.52kN/m³
>   - ∴ 2.16m³ × 23.52 kN/m³ = 50.8kN
>   ※ 1kgf = 9.8N

19 조립식구조의 특성 중 옳지 않은 것은?

① 공장생산이 가능하다.
② 대량생산이 가능하다.
③ 기계화 시공으로 단기완성이 가능하다.
④ 각 부품과의 일체화하기 쉽다.

TIP 조립식 구조
① 장점
- 공장, 사무실, 아파트 등 획일적인 건물에 유리하다.
- 동절기 공사도 가능하며 공사기간이 단축된다.
- 양질의 제품을 대량으로 생산할 수 있다.
- 거푸집을 설치할 필요가 없다.

② 단점
- 접합부의 결합으로 부품간의 일체화가 곤란하다.
- 횡력에 약하고 큰 부재는 공장에서 운반해 오기가 어렵다.
- 소규모 공사에 경제적으로 불리하다.

20 다음 중 현수구조로 된 구조물로 맞는 것은?

① 남해대교   ② 서해대교
③ 신행주대교   ④ 올림픽대교

TIP 현수구조
- 상부에서 기둥으로 전달되는 하중을 케이블 형태의 부재가 지지하는 구조로써, 주 케이블에 보조 케이블이 상판을 잡아 지지한다.
- 스팬이 큰(400m 이상) 다리나 경기장 등에 사용한다.
- 샌프란시스코의 금문교가 대표적이다.
- ※ 사장구조 : 기둥에서 주 케이블이 바로 상판을 지지하는 구조이다.
- 스팬이 작은(150 ~ 400m 이내)에서 사용한다.
- 서해대교, 신행주대교, 올림픽대교 등이 이에 속한다.

21 목재의 보존성을 높이고 충해 및 변색 방지를 위한 방부처리법이 아닌 것은?

① 도포법   ② 저장법
③ 침지법   ④ 주입법

TIP 방부법
① 도포법 : 방부처리 전 목재를 건조시킨 다음 균열이나 이음부에 솔 등으로 도포하는 법이다.
② 침지법 : 방부제 용액 속에 몇 시간 ~ 며칠 동안 담가두는 방법이다.
③ 주입법
- 상압 주입법 : 방부제 용액 속에 목재를 적시는 방법이다.
- 가압 주입법 : 압력용기 속에 목재를 넣고 고압 하에 방부제를 투입하는 법이다.
④ 표면탄화법 : 목재표면을 3 ~ 10mm 태워 탄화시키는 방법이다.
⑤ 생리적 주입법 : 벌목 전 뿌리에 약액을 주입 시키는 방법이다.
※ 표면탄화법과 생리적 주입법은 값이 싸고 간편하지만 효과의 지속성이 없다.

22 다음 중 콘크리트의 시공연도 시험법으로 주로 쓰이는 것은?

① 슬럼프시험 ② 낙하시험
③ 체가름시험 ④ 구의 관입시험

TIP 슬럼프시험
- 시공연도 측정법 중 가장 간단하여 많이 사용되는 방법으로 이를 이용하여 워커빌리티를 판단하며 그 외에 낙하시험, 구 관입시험 등이 있다.
- ※ 체가름시험 : 크고 작은 골재가 고르게 섞인 정도를 입도라 하는데 이를 측정하기 위한 시험방법이다.

23 미장재료 중 돌로마이트 플라스터에 대한 설명으로 틀린 것은?

① 수축 균열이 발생하기 쉽다.
② 소석회에 비해 작업성이 좋다.
③ 점도가 없어 해초풀로 반죽한다.
④ 공기 중의 탄산가스와 반응하여 경화한다.

TIP 돌로마이트 플라스터
- 소석회 보다 점성이 커서 풀이 필요 없어 냄새, 변색, 곰팡이가 생기지 않는다.
- 강알칼리성으로 건조 후 바로 유성페인트를 칠할 수 없다.
- 필요에 따라 시멘트, 모래, 여물 등을 혼합하여 사용한다.
- 수축률이 커 균열이 발생하기 쉬워 여물 등을 혼합한다.

24 보통 재료에서는 축 방향에 하중을 가할 경우 그 방향과 수직인 횡 방향에도 변형이 생기는데, 횡 방향 변형도와 축 방향 변형도의 비를 무엇이라 하는가?

① 탄성계수 비 ② 경도 비
③ 푸아송 비   ④ 강성 비

TIP 프와송 비(Poisson's Ratio)
- 재료에 외력이 가해졌을 경우, 그 힘의 방향으로 변형이 생기며 또한 직각방향으로도 변형이성기는 현상
- 프와송 비의 역수를 프와송 수라 한다.

25 다음 소지의 질에 의한 타일의 구분에서 흡수율이 가장 큰 것은?

① 자기질   ② 석기질
③ 도기질   ④ 클링커타일

TIP 타일
① 흡수율
- 토기질 타일 : 20%
- 도기질 타일 : 10 ~ 15%
- 석기질 타일 : 3 ~ 5%
- 자기질 타일 : 3% 이하

② 제조
- 건식법 : 간단한 형태를 제조할 때 사용하며, 프레스성형으로 만든다. 치수 및 정밀도가 높다. 내장타일, 바닥타일, 모자이크 타일로 사용된다.
- 습식법 : 복잡한 형태도 제조할 수 있으며, 압출성형으로 만든다. 정밀도가 프레스성형에 비해 낮다. 외장

타일, 바닥 타일로 사용된다.

③ 명칭 및 소지(素地;흙)
- 내장타일 : 자기질, 석기질, 도기질
- 외장타일 : 자기질, 석기질
- 바닥타일 : 자기질, 석기질
- 모자이크타일 : 자기질
- 클링커타일 : 석기질

26 방청도료에 사용되는 안료로 부적합한 것은?

① 크롬산아연 ② 연단
③ 산화철 ④ 티탄백

TIP 안료
- 도료에 색채를 주어 표면 은폐 및 불투명한 도막을 만들어 줌과 동시에 철재의 방청용으로 사용된다.
- ※ 티탄백은 착색안료에 속한다.

27 AE제를 콘크리트에 사용하는 가장 중요한 목적은?

① 콘크리트의 강도를 증진하기 위해서
② 동결융해작용에 대하여 내구성을 가지기 위해서
③ 블리딩을 감소시키기 위해서
④ 염류에 대한 화학적 저항성을 크게 하기 위해서

TIP AE제
- 콘크리트 속에 독립된 미세기포(지름 0.025 ~ 0.25mm)를 발생시켜 골고루 분산시키는 역할을 한다.

① 장점
- 콘크리트의 시공연도를 개선시켜, 재료 분리가 일어나지 않으며, 블리딩이 감소된다.
- 수밀성과 내구성이 커지고, 동결 작용에 대한 저항성이 커진다.
- 경화 때의 수축을 감소시키며, 균열을 방지한다.

② 단점
- 공기량 증가 시 강도가 감소되며, 수축량이 증가된다.

※ 콘크리트 전체 체적의 약 2 ~ 5%가 적당하다.

28 포틀랜드시멘트 클링커에 철 용광로로부터 나온 슬래그를 급랭한 급랭슬래그를 혼합하여 이에 응결시간 조정용 석고를 혼합하여 분쇄한 것으로 수화열이 적어 매스콘크리트용으로 사용할 수 있는 시멘트는?

① 백색포틀랜드시멘트
② 조강포틀랜드시멘트
③ 고로시멘트
④ 알루미나시멘트

TIP 고로(슬래그) 시멘트
- 슬래그(slag)를 혼합한 뒤 석고를 넣어 분쇄한 시멘트로써, 조기강도는 낮고 장기강도는 보통 포틀랜드 시멘트보다 크다.
- 비중이 작으며(2.85), 바닷물에 대한 저항성이 크다.

- 화학적 저항성이 크고, 내열성 및 수밀성이 우수하다.
- 침식을 받는 해수, 폐수, 하수공사에 사용한다.

29 20세기 3대 건축재료에 해당하지 않는 것은?

① 강철 ② 판유리
③ 시멘트 ④ 합성수지

30 중용열 포틀랜드 시멘트에 대한 설명으로 옳은 것은?

① 초기강도 증진을 위한 시멘트이다.
② 급속 공사, 동기 공사 등에 유리하다.
③ 발열량이 적고 경화가 느린 것이 특징이다.
④ 수화속도가 빨라 한중 콘크리트 시공에 적합하다.

> TIP 중용열 포틀랜드 시멘트
> - 수화열이 적으며, 조기 강도가 낮고 장기강도를 크게 한 시멘트로, 건조 수축이 적으며 내침성, 내구성 및 화학적 저항성이 크다.
> - 댐 공사, 방사능 차폐용으로 사용한다.

31 석재의 성인에 의한 분류 중 수성암에 속하지 않는 것은?

① 사암 ② 이판암
③ 석회암 ④ 안산암

> TIP 수성암
> ① 사암
>   - 성분에 따라 내구성과 강도가 모두 다르다.
>   - 내화성이 크고 단단한 것은 구조용으로 사용되나, 외관이 좋지 못하다.
>   - 연질 사암은 실내 장식재로 사용한다.
> ② 석회암
>   - 주성분은 탄산석회($CaCO_3$)이고, 시멘트의 원료로 사용된다.
>   - 석질은 치밀하지만, 내산·내후·내화성이 부족하다.
> ③ 응회암
>   - 가공이 용이하고 내화성이 크지만, 흡수성이 높고 강도가 약하다.
>   - 석회제조나 장식재로 사용한다.
> ④ 점판암
>   - 석질이 치밀하고 방수성이 있다.
>   - 얇은 판으로 떼어내어 지붕이나 벽재료로도 사용한다.
> ※ 안산암 : 화강암 다음으로 많은 화성암이며 조직은 치밀한 것부터 조잡한 것까지 다양하고 강도, 비중, 내화성이 크고 가공이 용이하여 구조용이나 조각품에 이용된다.

26 ④ 27 ② 28 ③ 29 ④ 30 ③ 31 ④

32 다음 미장재료 중 기경성이 아닌 재료는?

① 점토
② 돌로마이트 플라스터
③ 회반죽
④ 시멘트 몰탈

> **TIP** ✿ 수경성
> • 물과 작용하여 경화된 후 점차 강도가 커지는 성질의 재료를 말한다.
> • 석고, 시멘트 몰탈 등이 있다.
> ※ 기경성 : 공기 성분 중에서 탄산가스(이산화탄소)에 의해 경화되는 성질의 재료로, 점토, 석회, 돌로마이트 플라스터 등이 있다.

33 석재를 형상에 의해 분류할 때 두께가 15cm 미만으로, 대략 너비가 두께의 3배 이상이 되는 것을 무엇이라 하는가?

① 판석
② 각석
③ 견치석
④ 사괴석

> **TIP** ✿ 석재의 형상에 의한 분류
> • 판석 : 두께가 15cm 미만으로 폭이 두께의 3배 이상으로 두께에 비해 넓이가 큰 돌을 말하며 구들장 등에 사용한다.
> ※ 각석 : 직사각 또는 정사각모양의 일정한 길이를 가진 석재로 기초, 계단, 돌담, 동바리 등에 사용한다.
> ※ 견치석 : 한쪽 면이 네모진 사각형, 뒷면이 뾰족한 모양의 석재로 석축 등에 사용한다.
> ※ 사괴석 : 육면체의 모양으로 이루어진 석재로 벽이나 돌담 등에 사용한다.
> ※ 잡석 : 부정형 모양의 석재로 일반건축공사에서 버림 콘크리트 타설 전에 바닥을 다짐하는 용도 등으로 사용한다.

34 다음에서 설명하는 목재의 제품은?

> 강당, 극장, 집회장 등에 음향 조절용으로 쓰이며, 단면형은 설계자의 의도에 따라 선택할 수 있고 두께가 3cm이고 넓이가 10cm 정도의 긴 판에 가공한 것

① 합판
② 집성재
③ 플로어링 보드
④ 코펜하겐 리브

> **TIP** ✿ 코펜하겐 리브(Copenhagen Rib Board)
> • 두께 5cm, 너비 10cm 정도의 긴 판의 표면을 리브(rib)로 가공하여 만든다.
> • 강당, 집회장, 극장 등에 내벽 또는 천장에 붙여 사용한다.
> • 음향조절 및 장식효과가 있다.
> • 흡음효과는 없으며, 바닥에 사용하지 않는다.

35 블론 아스팔트를 휘발성 용제로 희석한 흑갈색의 액체로써, 콘크리트, 몰탈 바탕에 아스팔트 방수층 또는 아스팔트 타일 붙이기 시공을 할 때 사용되는 것은?

① 아스팔트 코팅
② 아스팔트 펠트
③ 아스팔트 루핑
④ 아스팔트 프라이머

> **아스팔트 프라이머**
> - 블로운 아스팔트를 휘발성 용제로 희석한 흑갈색의 액체로 콘크리트, 몰탈 바탕에 아스팔트 방수층 또는 아스팔트 타일 붙임시공에 사용되는 초벌용 도료 접착제이다.
> - 아스팔트 프라이머를 콘크리트 또는 몰탈 면에 침투시키면 용제는 증발하고 아스팔트가 도막을 형성하여 그 위에 아스팔트를 바르면 잘 붙고 밀착성이 좋아진다.

36 건축재료의 사용목적에 따른 분류에 해당하지 않는 것은?

① 구조재료
② 마감재료
③ 방화, 내화재료
④ 천연재료

> **사용목적에 의한 분류**
> - 구조재료 : 목재, 석재, 시멘트, 콘크리트, 금속 등
> - 마감재료 : 유리, 점토, 석고, 플라스틱, 도료, 타일, 접착제 등
> - 차단재료 : 방수, 단열 등에 사용되는 재료(암면, 1)실링재, 방수제 등)
> - 방화 및 내화재료 : 석고보드, 방화셔터, 방화 2)실란트 등 안전을 위한 불연재료, 준불연재료, 난연재료 등
>
> 1)실링재(Sealing material) : 수밀, 기밀을 목적으로 부재 간 틈을 막아주는 재료를 통칭한다.
>
> 2)실란트(Sealant) : 부재 간 접합부 또는 이음부를 매우는 재료를 통칭한다.
>
> ※ 실링재는 탄성재료를 실란트로, 원료가 유성재료를 코킹으로 구분한다.

37 복층 유리에 대한 설명 중 옳지 않은 것은?

① 방음효과가 있다.
② 단열효과가 크다.
③ 결로 방지용으로 우수하다.
④ 유리사이에 합성수지 접착제를 채워 제작한 것이다.

> **복층유리(Pair Glass)**
> - 2장 또는 3장의 판유리를 일정 간격으로 띄운 후, 둘레에 틀을 끼워 기밀하게 하고 그 사이에 건조 공기 또는 아르곤 가스를 주입하여 만든 유리이다.
> - 단열, 결로 방지, 방음에 효과가 있고, 일반주택 또는 고층 빌딩의 외부 창 등에 사용한다.

38 다음 중 열가소성 수지가 아닌 것은?

① 염화비닐수지
② 아크릴수지
③ 멜라민수지
④ 폴리에틸렌수지

> **멜라민 수지**
> - 내수성, 내열성은 요소수지보다 우수하고 무색투명하다.
> - 착색의 염려가 없고 내수합판 등의 접착에 사용한다.

39 강재의 인장강도가 최대가 되는 온도는 대략 어느 정도인가?

① 0℃
② 150℃
③ 250℃
④ 500℃

> 💡 **강재의 온도에 의한 영향**
> - 상온 ~ 100℃ : 강도의 변화는 거의 없다.
> - 100℃ ~ 250℃ : 강도가 증가한다.
> - 250℃ : 강도가 최대가 된다.

40 어느 목재의 절대건조비중이 0.54일 때 목재의 공극률은 얼마인가?

① 약 65% ② 약 54%
③ 약 46% ④ 약 35%

> 💡 **목재의 공극률**
> - $v = (1 - \dfrac{r}{1.54}) \times 100\%$ 이므로,
>
> $(1 - \dfrac{0.54}{1.54}) \times 100\% ≒ 64.93\%$
>
>   ∴ 약 65%

41 연면적 200m²를 초과하는 초등학교의 학생용 계단의 단 높이는 최대 얼마 이하이어야 하는가?

① 15cm ② 16cm
③ 18cm ④ 20cm

> 💡 **계단(단위 : cm)**
> ① 초등학교 : 계단 및 계단참의 너비 - 150 이상, 단 높이 - 16 이하, 단 너비 - 26 이상
> ② 중·고등학교 : 계단 및 계단참의 너비 - 150 이상, 단 높이 - 18 이하, 단 너비 - 26 이상
> ③ 문화 및 집회시설(공연장·집회장·관람장에 한함), 판매 및 영업시설(도매시장·소매시장·상점에 한함), 기타 이와 유사한 용도에 쓰이는 건축물 : 계단 및 계단참의 너비 - 150 이상

42 다음 중 입면도 표시 사항이 아닌 것은?

① 건물전체높이, 처마높이
② 지붕물매
③ 천장높이
④ 외부재료의 표시

> 💡 **입면도에 표시해야 할 사항**
> - 주요부의 높이 : 건물 전체높이, 처마높이
> - 지붕 경사 및 모양 : 지붕물매, 지붕이기 재료
> - 벽, 기타 마감재료 종류
> ※ 천장 높이(반자높이)는 단면도에 표기해야 하는 사항이다.

43 다음 중 실내조명설계순서에서 가장 먼저 이루어져야 할 사항은?

① 조명 방식의 설정
② 소요 조도의 결정
③ 전등 종류의 결정
④ 조명 기구의 배치

> 💡 **실내조명설계순서**
> - 소요조도의 결정 - 전등 종류의 결정 - 조명방식과 조명기구 선정 - 광원 수와 배치 - 광속의 계산 - 소요전등의 크기 결정

44 전동기 직결의 소형송풍기, 냉·온수 코일 및 필터 등을 갖춘 실내형 소형 공조기를 각 실에 설치하여 중앙 기계실로부터 냉수 또는 온수를 공급 받아 공기조화를 하는 방식은?

① 2중덕트 방식
② 단일덕트 방식
③ 멀티존유닛 방식
④ 팬코일유닛 방식

TIP 팬 코일 유닛방식

- 전동기 직결의 소형 송풍기(fan), 냉·온수 코일 및 필터 등을 갖춘 실내형 소형 공조기를 각 실에 설치하여 중앙 기계실로부터 냉수 또는 온수를 공급받아 송풍하는 방식이다.
- 객실, 입원실, 사무실 등에 사용하며, 극장이나 방송국 스튜디오에는 부적당하다.

① 장점
  - 각 실의 개별제어가 가능하다.
  - 장래 증가에 대한 유연한 대처가 가능하다.
  - 동력비가 작다.
  - [1]콜드 드래프트를 줄일 수 있다.

※ [1]콜드 드래프트(Cold draft) : 생산되는 열보다 소모되는 열이 많을 경우 추위를 느끼게 되는 현상을 말한다.
  - 원인 : 인체 주위 온도가 낮을 때, 기류 속도가 클 때, 습도가 낮을 때, 벽면 온도가 낮을 때, 겨울철 창문의 틈에서 바람이(틈새바람) 많을 때

② 단점
  - 분산 설치가 되므로 유지관리가 어렵다.
  - 외기 공급을 위한 별도의 장치가 필요하다.
  - 실내공기 오염 및 누수의 우려가 있다.
  - 방음, 방진에 유의해야 한다.

45 먼셀의 표색계에서 5R 4/14에 대한 설명으로 옳지 않은 것은?

① 먼셀 표색계는 색상, 명도, 채도로 색을 정의한다.
② 빨강의 순색을 5R 4/14로 표기한다.
③ 14는 채도를 나타낸다.
④ 5R은 명도를 나타낸다.

TIP 먼셀 표색계

- 색을 H V/C의 형태로 나타낸다. 여기서 H는 색상, V는 명도, C는 채도를 나타낸다.
- 색상을 R(빨강)·YR(주황)·Y(노랑)·GY(연두)·G(녹색)·BG(청록)·B(파랑)·PB(남색)·P(보라)·RP(자주)의 10종류로 나누어 원주 상에 등 간격으로 배치하고, 다시 한 기호의 범위를 10으로 분할하여 1에서 10까지의 번호를 매긴다. 예를 들면 5R는 빨강의 중앙에 위치하는 대표적인 빨간 색상을 의미한다.
- 명도는 순백(純白)을 V = 10으로, 순흑(純黑)을 V = 0으로 하고, 그 사이를 밝기에 따라 1부터 9까지 분할한다.
- 채도는 색감의 정도를 무채색 C = 0에서 시작하여 C = 1, 2, 3…으로 구분한다. 예를 들어 순수한 빨강은 H가 5R, V가 4, C가 14로 5R 4/14로 표시된다.

46 건축법령상 공동주택에 속하지 않는 것은?

① 기숙사 ② 연립주택
③ 다가구주택 ④ 다세대주택

TIP 주택

① 단독주택
- 단독주택
- 다중주택 : 연면적 330m² 이하이고 층수가 3층 이하인 것으로 독립된 취사시설이 없고 장기간 거주 가능한 구조로 되어 있을 것
- 다가구주택 : 주택으로 쓰이는 바닥면적 660m² 이하이고(지하 주차장 면적 제외) 주택용 층이 3개 층 이하이고(지하층 제외) 19세대 이하가 거주할 수 있을 것
- 공관 : 정부의 고위관리가 공적으로 쓰는 저택
※ 다중주택의 3층 이하와 다가구주택의 주택용 층이 3개 층은 다르다. 다중주택의 층은 용도 불문 단순 층수를 말하는 것이고, 다가구주택은 주택용 층만을 따져서 3개의 층 이하인 것을 조건으로 한다.

② 공동주택
- 아파트 : 주택용 층 5개 층 이상인 건축물
- 연립주택 : 주택으로 쓰이는 바닥면적의 합이 660m²를 초과하며, 4층 이하인 건축물
- 다세대주택 : 주택으로 쓰이는 바닥면적의 합이 660m² 이하이며, 4층 이하인 건축물
- 기숙사 : 한 개 동의 공동취사시설을 이용하는 세대 수가 전체의 50% 이상인 건축물

47 계단실형 아파트에 관한 설명으로 옳지 않은 것은?

① 거주의 프라이버시가 높다.
② 채광, 통풍 등의 거주 조건이 양호하다.
③ 통행부 면적을 크게 차지하는 단점이 있다.
④ 계단실에서 직접 각 세대로 접근할 수 있는 유형이다.

TIP 계단실형(홀형)

① 장점
- 계단 또는 엘리베이터에서 각 세대로 직접 출입하는 형식이다.
- 가장 독립성이 좋고(프라이버시가 좋다.) 출입이 편하다.
- 동선이 짧고, 채광과 통풍이 양호하다.
- 좁은 대지에 절약형 주거가 가능하다.
- 통행부의 면적이 작아 건물의 이용도가 높다.

② 단점
- 각 계단실마다 엘리베이터를 설치하게 되어 설비비가 많이 든다.
- 엘리베이터의 1대당 이용률이 복도형에 비해 적다.

48 소방시설을 구분하는 경우 소화설비에 해당되지 않는 것은?

① 옥내소화전설비

② 제연설비

③ 소화약제에 의한 간이소화용구

④ 소화기

> TIP ☼ 소방시설의 종류

구분		종류
소방시설	소화설비	① 소화기 및 간이 소화용구, 자동식 소화기 ② 물분무소화설비 · 분말소화설비 ③ 스프링클러설비 및 간이스프링클러설비 ④ 옥내소화전설비 ⑤ 옥외소화전설비
	경보설비	① 비상경보설비 ② 비상방송설비 ③ 누전경보기 ④ 자동화재 탐지설비 ⑤ 자동화재 속보설비
	피난설비	① 피난기구 ② 인명구조기구 ③ 통로유도등, 유도표지, 비상조명등
	소화용수설비	① 소화수조·저수지 기타 소화용수 설비 ② 상수도 소화용수 설비
	소화활동설비	① 제연설비 ② 연결송수관설비 ③ 연결살수설비 ④ 비상콘센트설비 ⑤ 무선통신 보조설비 ⑥ 연소방지설비

49 다음 중 건축화 조명 방식에 해당되지 않는 것은?

① 광천장 조명   ② 브래킷 조명

③ 코브 조명   ④ 루버 조명

> TIP ☼ 건축화조명
> • 건축물 내부의 천장, 벽, 기둥 등에 조명기구를 달아 조명하는 방식으로, 눈부심이 적고 분위기는 좋으나, 비용이 많이 들며 조명효율은 낮다.
> • 다운라이트, 코브, 코니스, 밸런스, 광천장 조명 등이 이에 속한다.
> ※ 브래킷 조명 : 조명 기구를 벽에 붙여서 빛을 비추는 조명방식이다.

50 배수설비에 사용되는 포집기 중 레스토랑의 주방 등에서 배출되는 배수 중의 유지분을 포집하는 것은?

① 오일 포집기   ② 헤어 포집기

③ 그리스 포집기 ④ 플라스터 포집기

> TIP ☼ 포집기(저집기, Intercepter)
> • 트랩의 기능과 불순물(기름이나 찌꺼기 등)의 분리기능을 가지고 있는 설비기구이다.
> ※ 헤어 포집기 : 이발소, 미용실 등에 사용하며 머리카락 등이 배수로를 막는 것을 방지한다.
> ※ 플라스터 포집기 : 치과 기공실, 정형외과 깁스실 등에 사용하는 장치이다.
> ※ 샌드 포집기 : 흙이나 모래 등이 다량으로 배수되는 곳에 사용하는 장치이다.
> ※ 가솔린 포집기 : 주유소, 세차장 등에 사용하는 것으로, 가솔린을 위로 뜨게 하여 휘발시키는장치이다.
> ※ 런드리(Laundry) 포집기 : 세탁소 등에 사용하는 것으로, 단추, 실오라기 등이 배수관으로 들어가는 것을 걸러내는 장치이다.

46 ③ 47 ③ 48 ② 49 ② 50 ③

51 다음 중 일교차에 대한 설명으로 옳은 것은?

① 하루 중의 최고 기온과 최저 기온의 차이
② 월평균 기온의 연중 최저와 최고의 차이
③ 기온의 역전 현상
④ 일평균 기온의 연중 최저와 최고의 차이

TIP💡 일교차
- 하루 중 최고기온과 최저기온의 차이를 말한다.
- 일사량과 지면의 복사량 변화에 따라 나타난다. 특히 저위도 사막 지역 일교차가 크다.
- 맑은 날과 내륙, 고위도 지역의 일교차가 크다.

52 다음 중 건축도면 작도에서 가장 굵은 선으로 표현하는 것은?

① 인출선 ② 해칭선
③ 단면선 ④ 치수선

TIP💡 선의 종류
- 굵은 선 : 단면선, 외형선, 파단선
- 가는 선 : 치수선, 치수 보조선, 지시선, 해칭선, 인출선, 수준면선

53 주거공간을 주 행동에 따라 개인 공간, 사회 공간, 노동 공간 등으로 구분할 때, 다음 중 개인 공간에 속하지 않는 것은?

① 침실 ② 서재
③ 어린이 방 ④ 응접실

TIP💡 주거 공간
- 개인 공간 : 가족 구성원 각자의 사적인 생활을 위한 공간이다.(침실, 어린이 방, 서재 등)
- 공동 공간 : 가족 구성원 모두 이용하며 생활하는 공간이다.(거실, 식당, 응접실 등)
- 가사 공간 : 가사노동을 위한 공간이다.(부엌, 세탁실 등)
- 위생 공간 : 개개인의 위생과 청결을 위한 생활공간이다.(화장실, 욕실 등)
- ※ 인체동작 공간 : 생활 행위에 따른 동작을 가능하게 하며, 주거 공간을 구성하는 가장 기본적인 공간을 말한다.

54 다음 설명에 알맞은 형태의 지각심리는?

- 공동운명의 법칙이라고도 한다.
- 유사한 배열로 구성된 형들이 방향성을 지니고 연속되어 보이는 하나의 그룹으로 지각되는 법칙을 말한다.

① 근접성 ② 유사성
③ 연속성 ④ 폐쇄성

TIP💡 게슈탈트 법칙
- 근접의 원리 : 근접한 물체를 그룹으로 인식하는 원리
- 유사성의 원리 : 같은 형태나 색을 가지고 있는 물체를 그룹으로 인식하는 원리
- 폐쇄의 원리 : 구멍을 도형으로 인지하거나 미완성 요소를 완성된 요소로 보는 원리
- 연속성의 원리 : 방향성을 가지고 연속

된 것을 그룹으로 인식하는 원리
- 공동운명의 법칙 : 같은 방향으로의 움직임들을 하나의 그룹으로 인식하는 원리
- 대칭의 법칙 : 대칭 이미지를 하나의 그룹으로 인식하는 원리
- 좋은 형태의 법칙 : 대상을 최대한 단순하게 인식하는 원리로 간결성의 법칙이라고도 한다.

55 주택에서 식당의 배치유형 중 주방의 일부에 간단한 식탁을 설치하거나 식당과 주방을 하나로 구성한 형태는?

① 리빙 키친 ② 리빙 다이닝
③ 다이닝 키친 ④ 다이닝 테라스

TIP 다이닝 키친(DK)
- 부엌의 일부에 식사실을 두는 형식으로, 소규모 주택에 적합한 형식이다.

56 평면도상에 방위표시가 없을 경우 도면의 위쪽 방위로 옳은 것은?

① 서쪽 ② 동쪽
③ 남쪽 ④ 북쪽

TIP 평면도
- 건축물을 건물의 바닥면으로부터 1.2m 정도 높이에서 수평으로 절단하였을 때 수평 투상도를 말하는 것으로, 설계를 진행하는데 있어서 기본이 된다.
- 도면의 위쪽을 북쪽으로 하고 도면의 제목 및 위치 등을 균형 있게 계획한다.

57 다음의 엘리베이터에 대한 설명 중 틀린 것은?

① 운송 대상은 주로 사람과 물품이다.
② 운행, 정지의 반복 빈도가 낮은 변동부하를 가지고 있다.
③ 승객 자신이 직접 조작하는 경우가 많다.
④ 구조적인 강도와 지어의 안전성을 충분히 고려하여야 한다.

TIP 엘리베이터
- 고층건물 등의 승강로 내에 설치된 레일을 따라 동력을 이용하여 사람이나 짐을 아래위로 실어 나르는 장치를 말한다.
- 운행과 정지의 반복빈도가 높다.

58 다음 중 공간의 레이아웃(layout)과 가장 밀접한 관계가 있는 것은 어느 것인가?

① 재료계획 ② 동선계획
③ 설비계획 ④ 색채계획

59 다음 설명에 알맞은 공기조화방식은?

- 전공기 방식의 특성이 있다.
- 냉풍과 온풍을 혼합하는 혼합상자가 필요 없다.

① 단일덕트방식
② 2중덕트방식
③ 멀티존 유닛방식
④ 팬코일 유닛방식

51 ① 52 ③ 53 ④ 54 ③ 55 ③ 56 ④ 57 ② 58 ② 59 ①

> 💡 **TIP** 공기조화설비

① **전공기 방식** : 중앙 공기 조화기에서 만들어진 냉·온풍을 송풍하여 공기를 조화하는 방식을 말한다.
- 단일덕트 : 1대의 공조기에 1대의 덕트만을 연결하여 냉풍, 온풍을 송풍하는 방식이다.
- 2중덕트 : 냉풍과 온풍 덕트를 각각 설치하여 혼합 상자에서 알맞은 비율로 혼합하여 송풍하는 방식으로 에너지 다소비형이다.
- 멀티존 유닛방식 : 2중 덕트의 변형으로, 1대의 공조기에서 냉풍과 온풍을 만들어 혼합한 후 각각의 덕트에 송풍하는 방식이다.

② **전수방식** : 중앙기계실에서 냉수 또는 온수를 만들어 각 실의 유닛으로 보내어 냉난방하는 방식을 말한다.
- 팬코일 유닛방식 : 전동기 직결의 소형 송풍기(fan), 냉·온수 코일 및 필터 등을 갖춘 실내형 소형 공조기를 각 실에 설치하여 중앙 기계실로부터 냉수 또는 온수를 공급받아 송풍하는 방식이다.

③ **공기-수방식** : 공기를 열원으로 하여 물을 가열하고 이 온수를 순환시키는 히트 펌프 방식을 말한다.
- 각층 유닛방식 : 1차 공기 조화기로 처리된 외기를 각 층 마다 설치된 2차 공조기로 덕트에 의해 공급되는 방식이다.
- 유인유닛 방식 : 온도, 습도를 조절한 외기를 1차 공조기를 통해 고압으로 실내 유닛으로 공급하고, 그 압력으로 공기를 유인작용으로 실내공기를 순환시키고 유닛 속의 코일에서 냉각 또는 가열하여 사용하는 방식이다.

60 건축법상 층수 산정의 원칙으로 옳지 않은 것은?

① 지하층은 건축물의 층수에 산입하지 않는다.
② 건축물의 부분에 따라 그 층수가 다른 경우에는 그 중 가장 많은 층수를 그 건축물의 층수로 본다.
③ 층의 구분이 명확하지 아니한 건축물은 그 건축물의 높이 4m 마다 하나의 층으로 보고 그 층수를 산정한다.
④ 옥탑은 그 수평투영면적의 합계가 해당 건축물 건축 면적의 3분의 1 이하인 경우 건축물의 층수에 산입하지 않는다.

> 💡 **TIP** 층수 산정
- 건축물의 높이 산정은 지표면으로부터 건축물 상단까지를 말한다.
- 1층이 필로티 구조인 경우(가로구역별 건축물 높이 제한 구역 내 일조권 적용을 받지 않는 경우 제외)는 필로티 높이를 제외한 2층부터 높이를 산정한다.
- 대지의 높낮이의 차이가 있을 경우는 건축물 대지 높이와 전면도로의 지표면 간의 높이 차를 1/2로 가중 평균한 지점을 수평면으로 보고 건축물 높이를 산정한다.
- 전용주거지역 및 일반주거지역 외의 주상복합과 같은 공동주택은 공동주택이 시작되는 층수를 건축물의 지표면으로 보고 건축물의 높이를 산정한다.
- 옥탑에 설치된 시설물(승강기탑, 계단탑, 망루, 장식탑, 옥탑 등)은 해당 건축물 건축면적의 1/8을 초과하면 건축물 높이에 산정한다.

60 ④

PART 06 | CBT 기출복원문제

2020년 4회

01 횡력을 받는 벽을 지지하기 위해서 설치하는 구조물은?

① 버트레스 ② 커튼월
③ 타이바 ④ 컬럼밴드

TIP 버트레스(Buttress)
- 건축물의 벽 또는 면에 직각으로 대어 그 벽 또는 면 반대편에서 일어나는 압력을 지지하는 구조물이다.
- ※ 커튼월(Curtain wall) : 장막벽이라고도 하며 건물의 하중은 기둥, 보, 슬래브 등이 지지하고 커튼 월 자체의 하중만 부담하는 비내력벽
- ※ 타이바(Tie bar) : 압축응력을 받는 축방향 철근의 위치확보와 좌굴(Buckling)방지를 위해 사용하는 철근으로, 콘크리트 포장 판을 동일한 높이로 유지 및 균열발생을 방지하고 벌어짐을 방지하기 위하여 세로줄눈을 가로로 잘라 콘크리트 판에 매입한 봉강
- ※ 컬럼밴드(Column Band) : 사각기둥 작업 시 거푸집이 벌어지는 것을 막기 위해 조여 주는 긴결재

02 다음 각 구조에 대한 설명으로 잘못된 것은?

① PC의 접합 응력을 향상시키기 위해 기둥에 CFT를 적용한다.
② 초고층 골조의 강성을 증대시키기 위해 아웃리거(Out Rigger)를 설치한다.
③ 프리스트레스구조(Pre-stressed)에서 강성을 증대시키기 위해 강선에 미리 인장을 작용한다.
④ 철골구조 접합부의 피로강도를 증진을 위해 고력볼트를 접합한다.

TIP 합성골조
- CFT(Concrete Filled steel Tube column : 콘크리트 충전강관) 강관 내부에 콘크리트를 채운 형태로 지진, 풍향, 등에 안전한 건축물의 뼈대 역할을 하며, 초고층 빌딩에 활용된다.
- ※ 아웃리거(Out Rigger)
  초고층 건물의 횡력(풍하중, 지진하중)에 저항하기 위해 중앙부 코어와 외부기둥을 매우 높은 강성을 갖는 캔틸레버 형태의 트러스나 벽체로 연결한 것을 말한다.
- ※ 시공성 : Belt Truss
- ※ 횡력저항성 : Belt Wall

01 ① 02 ①

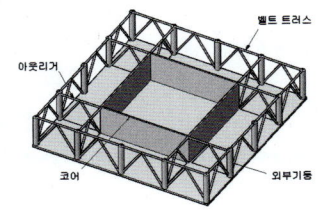

(a) Out Rigger + Belt Truss

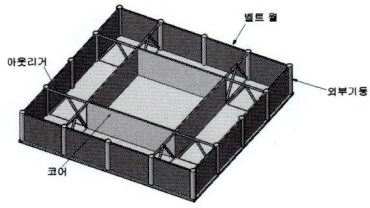

(b) Out Rigger + Belt Wall

03 바닥 면적이 40m²일 때 보강콘크리트블록조의 내력벽 길이의 총합계는 최소 얼마 이상이어야 하는가?

① 4m ② 6m
③ 8m ④ 10m

> TIP 보강 블록조 내력벽의 길이
> - 내력벽의 한 방향의 길이의 합계는 그 층 바닥면적 1m²에 대하여 0.15m 이상 되게 해야 하므로, 0.15m × 40m² = 6m

04 창의 하부에 건너댄 돌로 빗물을 처리하고 장식적으로 사용되는 것으로, 윗면·밑면에 물끊기·물돌림 등을 두어 빗물의 침입을 막고, 물 흐름이 잘 되게 하는 것은?

① 인방돌 ② 창대돌
③ 쌤돌   ④ 돌림띠

> TIP 창대돌
> - 창 밑에 대어 빗물 등을 흘러내리게 한 장식재이다.
> - 창 너비가 클 경우 2개 이상의 창대돌을 대어 사용하기도 하지만, 외관상, 방수 상 1개를 통으로 사용한다.
> - 창대돌의 윗면, 옆면, 밑면에는 물 흐름이 잘 되도록 물끊기, 물돌림 등을 두어 빗물이 내부로 침입하는 것을 막고 물 흐름을 잘되게 한다.

05 돌쌓기의 1켜 높이는 모두 동일한 것을 쓰고 수평줄눈이 일직선으로 통하게 쌓는 돌쌓기 방식은?

① 바른층 쌓기 ② 허튼층 쌓기
③ 층지어 쌓기 ④ 허튼 쌓기

> TIP 바른층 쌓기
> - 돌 한 켜마다 가로줄눈이 수평이 되도록 쌓은 돌쌓기이다.
> ※ 허튼층 쌓기
> - 가로줄눈이 수평으로 일직선으로 통하지 않게 쌓은 돌쌓기이다.
> ※ 층지어 쌓기
> - 허튼층으로 쌓되 3켜 정도이고 수평줄눈을 일직선으로 쌓은 돌쌓기이다.
> ※ 허튼 쌓기
> - 불규칙한 돌을 쌓은 돌쌓기이다.

06 기본형벽돌(190 × 90 × 57)을 사용한 벽돌벽 1.5B의 두께는? (단, 공간쌓기 아님)

① 230mm　　② 280mm
③ 290mm　　④ 340mm

TIP 벽돌의 벽체두께
- 90mm(0.5B) + 10mm + 190mm (1.0B) = 290mm

07 다음 중 셸 구조의 대표적인 구조물은?

① 세종문화회관
② 시드니 오페라 하우스
③ 인천대교
④ 상암동 월드컵 경기장

TIP 셸 구조
- 곡률을 가진 얇은 판으로 주변을 충분히 지지시켜 공간을 덮는 구조이다.
- 가볍고 강성이 우수한 구조 시스템으로써 시드니 오페라 하우스가 대표적이다.
- 재료는 철근콘크리트를 많이 쓰지만 강재를 사용하기도 한다.

08 건설공사표준품셈에 따른 기본벽돌의 크기로 옳은 것은?

① 210 × 100 × 60mm
② 210 × 100 × 57mm
③ 190 × 90 × 57mm
④ 190 × 90 × 60mm

09 다음 중 철골조에서 기둥과 기초의 접합부에 사용되는 것이 아닌 것은?

① 기초판(base plate)
② 사이드 앵글(side angle)
③ 클립 앵글(clip angle)
④ 거셋 플레이트(gusset plate)

TIP 거셋 플레이트
- 트러스의 절점에 모이는 부재를 연결하기 위해 사용하는 철판을 말한다.

10 돌 구조에서 창문 등의 개구부 위에 걸쳐 대어 상부에서 오는 하중을 받는 수평부재는?

① 문지방돌　　② 인방돌
③ 창대돌　　　④ 쌤돌

TIP 돌 구조
- 문지방돌 : 출입문 밑에 문지방으로 댄 돌을 말한다.
- 창대돌 : 창 밑에 대어 빗물 등을 흘러내리게 한 장식재로, 창 너비가 클 경우 2개 이상의 돌을 대어 사용하기도 하지만, 외관 및 방수상 1개를 통으로 사용한다.
- 쌤돌 : 창문, 출입문 등의 양쪽에 대는 것으로 벽돌 구조에서도 사용한다.

03 ②　04 ②　05 ①　06 ③　07 ②　08 ③　09 ④　10 ②

11 계단 난간의 웃머리에 가로대는 가로재의 손스침이라고도 하는 것은?

① 챌판 ② 난간동자
③ 계단참 ④ 난간두겁대

> **TIP** 난간두겁대
> - 난간동자의 윗머리에 대는 가로재를 말한다.
> ※ 챌판 : 계단의 디딤판과 디딤판 사이에 수직으로 댄 판을 말한다.
> ※ 난간동자 : 계단의 옆 난간에 세워 댄 낮고 짧은 기둥을 말한다.
> ※ 계단참 : 계단의 중간에 조금 넓게 만들어 놓은 곳을 말한다.

12 보강 블록조에 대한 설명으로 옳지 않은 것은?

① 세로철근의 양단은 각각 그 철근지름의 40배 이상을 기초판 부분이나 테두리보 또는 바닥판에 정착시켜야 한다.
② 내력벽으로 둘러싸인 부분의 바닥면적은 80m²를 넘지 않아야 한다.
③ 내력벽의 두께는 100mm 이상으로 한다.
④ 내력벽은 그 끝 부분과 벽의 모서리 부분에 12mm 이상의 철근을 세로로 배치한다.

> **TIP** 보강블록조
> - 내력벽의 두께는 150mm 이상으로 한다.
> - 세로근 : 기초보 하단에서 위층까지 잇대어 쓰지 않고 40d 이상 정착한다.
> - 가로근 : 단부는 180° 갈고리를 내어 세로근에 연결한다.
> - 보강근 : 굵은 철근을 조금 쓰는 것보다 가는 철근을 많이 넣는 것이 좋다.

13 철근콘크리트 구조의 특성 중 옳지 않은 것은?

① 콘크리트는 철근이 녹스는 것을 방지한다.
② 콘크리트와 철근이 강력히 부착되면 압축력에도 유효하게 된다.
③ 인장력은 콘크리트가 부담하고, 압축응력은 철근이 부담한다.
④ 철근과 콘크리트는 선팽창 계수가 거의 같다.

> **TIP** 철근콘크리트구조
> - 인장력은 철근이 부담하고 압축력은 콘크리트가 부담한다.

14 현장치기 콘크리트 중 수중에서 타설하는 콘크리트의 최소 피복두께는?

① 60mm ② 80mm
③ 100mm ④ 120mm

> **TIP** 최소피복두께
>
> | 표면조건 | 부재 | 철근 | 피복두께 |
> |---|---|---|---|
> | 수중에 타설하는 콘크리트 | 모든 부재 | - | 100mm |

흙에 접하는 부위	흙에 접하여 콘크리트를 친 후 영구히 흙에 묻혀 있는 콘크리트	모든 부재	-	80 mm
	흙에 접하거나 옥외의 공기에 직접 노출되는 콘크리트	모든 부재	D29 이상	60 mm
			D25 이하	50 mm
			D16 이하	40 mm
흙에 접하지 않는 부위	옥외의 공기나 지반에 직접 접하지 않는 콘크리트	슬래브, 벽체, 장선	D35 초과	40 mm
			D35 이하	20 mm
		보, 기둥		40 mm
		쉘, 절판부재		20 mm

15. 철근콘크리트 보의 늑근에 대한 설명 중 옳지 않은 것은?

① 전단력에 저항하는 철근이다
② 중앙부로 갈수록 조밀하게 배치한다.
③ 굽힘철근의 유무에 관계없이 전단력의 분포에 따라 배치한다.
④ 계산상 필요 없을 때도 사용한다.

TIP 늑근(스터럽)
- 전단력을 보강하여 보의 주근 위에 둘러 감은 철근이다.
- 전단력은 보의 단부에서 최대가 되고, 중앙부로 갈수록 작아지므로 단부에는 촘촘하게 배치하고 중앙부로 갈수록 넓게 배치하며, 135° 이상의 구부림을 한다.

16. 벽돌벽체에서 벽돌을 1단씩 내쌓기를 할 때 얼마 정도 내쌓는가? (단, B는 벽돌 1장을 의미한다.)

① 1/2B ② 1/4B
③ 1/5B ④ 1/8B

TIP 벽돌쌓기 원칙
- 내 쌓기의 경우 한 단은 1/8B, 두 단은 1/4B씩 쌓고, 내미는 한도는 2.0B로 한다.
- 1일 쌓기 높이는 1.2 ~ 1.5m 이내로 한다.
- 가급적 막힌 줄눈으로 시공하며, 벽체를 일체화를 위해 테두리 보를 설치한다.
- 몰탈의 수분을 벽돌이 머금지 않도록 쌓기 전 충분한 물 축임을 한다.

17. 아래 그림과 같은 지붕 평면도를 가진 지붕의 명칭은?

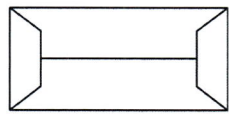

① 박공지붕 ② 합각지붕
③ 모임지붕 ④ 방형지붕

TIP 합각지붕(팔작지붕)
- 우진각 지붕 위에 맞배지붕을 올린 가장 화려한 지붕이다.
※ 맞배지붕(박공지붕)
- 용마루와 내림마루로만 구성된 지붕으로 주심포 건물에 많이 사용되었다.
※ 우진각 지붕(모임지붕)

- 네 면이 모두 지붕면으로 전, 후면에서는 사다리꼴 지붕면, 양측 면에서는 삼각형 지붕면의 모양을 나타낸다.

 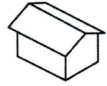

합각지붕   박공지붕

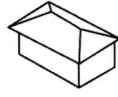 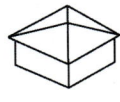

모임지붕   방형지붕

18 고력볼트접합에 대한 설명으로 틀린 것은?

① 고력볼트접합의 종류는 마찰접합이 유일하다.
② 접합부의 강성이 높다.
③ 피로강도가 높다.
④ 정확한 계기공구로 죄어 일정하고 정확한 강도를 얻을 수 있다.

TIP 고력볼트접합
- 인장력이 매우 큰 볼트를 이용하는 방법으로 접합재에 마찰력이 생겨 접합하는 방법으로 열 가공을 하지 않아 시공 시 편하며 소음이 작다.
- 접촉면의 상태에 따라 단면 결손 등이 일어날 수 있다.
- 고력볼트 접합은 마찰접합과 인장접합이 있다.

19 목구조의 기둥에 관한 설명으로 옳지 않은 것은?

① 중층건물의 상·하층 기둥이 길게 한 재로 된 것을 토대라 한다.
② 활주는 추녀뿌리를 받친 기둥이고, 단면은 원형 또는 팔각형이 많다.
③ 심벽조는 기둥이 노출된 형식이다.
④ 기둥 몸이 밑둥에서부터 위로 올라가면서 점차 가늘게 된 것을 흘림기둥이라 한다.

TIP 기둥
- 상부(지붕 또는 바닥)에서 오는 수직하중을 토대에 전달하는 세로재(수직재)이다.
① 통재기둥 : 2개 층을 하나의 기둥으로 사용하는 것으로 길이는 5~7m 정도로 하고 모서리나 중간에 사용하며, 가로재와 맞춤을 할 경우 많이 따내지 말고 적당한 철물을 이용하여 보강하는 것이 좋다.
② 활주 : 추녀가 처지는 것을 막기 위해 추녀 밑에 세운 얇은 기둥을 말한다.
③ 심벽 : 뼈대(기둥)와 뼈대(기둥)사이에 벽을 만듦으로써 뼈대(기둥)를 노출시킨 벽체로써 뼈대(기둥)가 노출됨으로 목재 고유의 무늬를 나타낼 수 있으나, 가새가 작아 구조적이지 못하다.
④ 흘림기둥 : 기둥 위아래의 지름을 다르게 한 것을 말하며, 모양에 따라 배흘림 기둥과 민흘림 기둥으로 나뉜다. 배흘림기둥은 기둥하부에서 1/3지점이 가장 굵고 위아래로 갈수록 얇아지는 곡선적인 흘림을 갖는 기둥을 말하며, 민흘림기둥은 기둥상부가 기둥하부보다 얇은 사선흘림을 갖는 기둥을 말한다.

20 철골조의 판보에서 웨브판의 좌굴을 방지하기 위해 설치하는 보강재는?

① 스터드 ② 덮개판
③ 끼움판 ④ 스티프너

TIP 스티프너
- 웨브 플레이트의 좌굴 및 전단보강을 위해 수직으로 설치한다.
- 역할에 따라 지지점 스티프너, 중간 스티프너, 하중점 스티프너 등이 있다.
- ※ 플랜지 : 보의 단면 위, 아래 부분을 말하며, 인장 및 휨 응력에 저항한다. 또한, 힘을 더 받기 위해 커버 플레이트로 보강한다.
- ※ 커버 플레이트 : 커버 플레이트는 4장 이하로 하며, 용접일 때는 1매로 한다. 휨 내력의 부족을 보완하기 위해 사용한다.
- ※ 웨브 플레이트 : 전단력의 크기가 따라 두께를 결정하고 얇을 경우 좌굴의 위험이 있어 6mm 이상으로 한다.
- ※ 스터드(Stud) : 경량철골의 한 종류로 방음 및 단열을 요하는 장소에 사용하는 칸막이 뼈대로 천장과 바닥은 스틸 러너(Steel Runner)를 가로로 부착하고, 스틸 스터드(Steel Stud)를 일반 Stud인 경우 450mm 간격으로, CH-stud일 경우 600mm 간격으로 세로로 세운 뒤 내부를 단열재로 보강하고 석고보드를 양면에 1겹 내지 2겹으로 부착하여 마무리하는 경량철골 벽체의 재료이다.

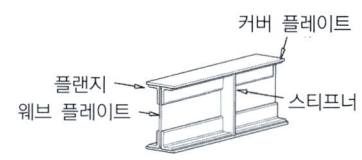

21 열경화성수지 중 건축용으로는 글라스섬유로 강화된 평판 또는 판상제품으로 주로 사용되는 것은?

① 아크릴수지
② 폴리에스테르수지
③ 염화비닐수지
④ 폴리에틸렌수지

TIP 폴리에스테르수지
- 알키드수지, 불포화폴리에스테르수지를 모두 포함하여 불리는 것으로, 내후성, 내약품성이 우수하고 기계적 강도가 크다.
- ※ FRP(섬유강화플라스틱) : 유리섬유를 보강재로 혼입하여 강도를 높인 수지로 덕트, 파이프 루버, 칸막이 등으로 사용한다.
- ※ 알키드 수지 : 내후성, 가요성, 내유성은 우수하며 내수성, 내 알칼리성에는 약하며, 도료 및 성형품의 원료로 사용한다.

22 물의 밀도가 $1g/cm^3$이고 어느 물체의 밀도가 $1kg/m^3$라 하면 이 물체의 비중은 얼마인가?

① 1   ② 1000
③ 0.001 ④ 0.1

TIP 비중

- 어느 물체의 밀도 / 물의 밀도

① $1m^3 = 1,000,000cm^3$,
   $1kg = 1,000g$
   $1kg/m^3 = 1,000g/1,000,000cm^3$
   $\qquad = 0.001g/cm^3$

   $\therefore \dfrac{0.001g/cm^3}{1g/cm^3} = 0.001$

② $1cm^3 = 0.000001m^3$,
   $1g = 0.001kg$
   $1g/cm^3 = 0.001kg/0.000001m^3$
   $\qquad = 1,000kg/m^3$

   $\therefore \dfrac{1kg/m^3}{1000kg/m^3} = 0.001$

23 테라코타에 대한 설명으로 옳지 않은 것은?

① 장식용 점토 소성제품이다.
② 건축물의 난간, 주두, 돌림띠 등에 사용된다.
③ 일반 석재보다 무겁고 1개의 크기는 $1m^3$ 이상이 적당하다.
④ 복잡한 모양의 것은 형틀에 점토를 부어 넣어 만든다.

TIP 테라코타(Terra cotta)

- 자토를 반죽하여 조각의 형틀로 찍어내어 소성한 속이 비어있는 대형 점토제품이다.
- 석재 조각물 대신에 사용하는 장식용 점토제품이다.
- 일반석재보다 가볍고, 압축강도는 화강암의 약 1/2 정도이다.
- 내화성과 풍화에 강해 외장에 적당하다.
- 버팀벽, 주두, 돌림띠 등에 사용한다.
- 대리석보다 풍화에 강하므로 외장에 적당하다.
- 형태가 단순한 것은 압축성형, 압출성형 하여 만든다.

24 다음 석재 중 변성암에 속하는 것은?

① 안산암   ② 석회암
③ 응회암   ④ 사문암

TIP 사문암

- 흑백색 및 흑녹색의 무늬가 있다.
- 경질이기는 하나 풍화되어 실내장식용으로 사용되며, 대리석대용으로 사용된다.

※ 안산암(화성암)

- 화강암 다음으로 많은 석재이며, 조직은 치밀한 것부터 조잡한 것까지 다양하다.
- 강도, 비중, 내화성이 크고 가공이 용이하여 구조용이나, 조각품에 이용된다.

※ 석회암(수성암)

- 주성분은 탄산석회($CaCO_3$)이고, 시멘트의 원료로 사용된다.
- 석질은 치밀하지만, 내산·내후·내화성 부족하다.

※ 응회암(수성암)

- 가공이 용이하고 내화성이 크지만, 흡수성이 높고 강도가 약하다.
- 석회제조나 장식재로 사용한다.

25 다음 중 파티클 보드의 설명으로 옳지 않은 것은?

① 합판에 비해 휨강도는 떨어지나 면내 강성은 우수하다.

② 음 및 열의 차단성이 나쁘다.

③ 두께는 비교적 자유롭게 선택할 수 있다.

④ 강도의 방향성이 거의 없다.

> TIP 파티클 보드(Particle Board, Chip Board)
> - 목재의 부스러기를 건조시킨 후 접착제로 열압하여 만든다.
> - 온도에 의한 변형이 적고, 음 및 열의 차단성이 우수하다.
> - 방충, 방부성이 크다.
> - 합판에 비해 휨강도는 낮으나, 면내 강성 우수하다.
> - 못과 나사의 지보력은 목재와 거의 같으며, 강도가 커 칸막이 벽, 가구 등에 사용한다.

26 급경성으로 내알칼리성 등의 내화학성이나 접착력이 크고 내수성이 우수하여 금속, 석재, 도자기, 유리, 콘크리트, 플라스틱재 등의 접착에 사용되는 합성수지 접착제는?

① 페놀수지 접착제

② 에폭시수지 접착제

③ 멜라민수지 접착제

④ 요소수지 접착제

> TIP 에폭시 수지
> - 내수성, 내약품성 등이 우수하고, 접착력이 접착제 중 가장 우수하다.

27 비철금속 중 동에 대한 설명으로 틀린 것은?

① 알칼리성에 대해 강하므로 콘크리트 등에 접하는 곳에 사용이 용이하다.

② 건조한 공기 중에서는 산화하지 않으나, 습기가 있거나 탄산가스가 있으면 녹이 발생한다.

③ 연성이 뛰어나고 가공성이 풍부하다.

④ 건축용으로는 박판으로 제작하여 지붕 재료로 이용된다.

> TIP 구리
> - 연성과 전성이 크고, 열전도율과 전기전도율이 높다.
> - 건조한 공기에서 산화하지 않으나 습기를 받으면, 이산화탄소에 의해 부식하지만 내부는 부식하지 않는다.
> - 암모니아, 알칼리성 용액에는 침식된다.
> - 아세트산과 진한 황산 등에 용해된다.
> - 지붕이기, 홈통, 철사, 못 등에 사용한다.

29 다음 점토제품 중 흡수율이 가장 낮은 것은?

① 토기   ② 석기

③ 도기   ④ 자기

TIP 점토의 분류

종류	소성온도	흡수율(%)	제품
토기(보통(저급)점토)	790℃~1,000℃ (SK 0.15~SK 0.5)	20 이상	기와, 벽돌, 토관
도기(도토)	1,100℃~1,230℃ (SK 1~SK 7)	10	타일, 테라코타, 위생도기
석기(양질점토)	1,160℃~1,350℃ (SK 4~SK 12)	3~10	벽돌, 타일, 테라코타
자기(양질점토, 장석분)	1,230℃~1,460℃ (SK 7~SK 16)	0~1	타일, 위생도기

29 거푸집 속에 적당한 입도배열을 가진 굵은 골재를 채워 넣은 후, 몰탈을 펌프로 압입하여 굵은 골재의 공극을 충전시켜 만드는 콘크리트는?

① 소일 콘크리트
② 레디믹스트 콘크리트
③ 쇄석 콘크리트
④ 프리팩트 콘크리트

TIP 프리팩트 콘크리트
• 프리팩트 콘크리트가 프리플레이스트 콘크리트로 변경됨(2009년 콘크리트 표준시방서)

30 여닫이문에 사용하는 철물 중 관계가 없는 것은?

① 도어체크
② 도어스톱
③ 플로어힌지
④ 도어행거

31 대리석의 일종으로 다공질이며 황갈색의 무늬가 있으며 특수 실내장식재로 이용되는 것은?

① 테라코타
② 트래버틴
③ 점판암
④ 석회암

TIP 트래버틴
• 갈면 광택이 나고, 요철 무늬가 생겨 특수실내장식재로 사용하며 다공질이며, 석질이 균일하지 못하다.

※ 점판암
• 석질이 치밀하고 방수성이 있어 얇은 판으로 떼어내어 지붕이나 벽 재료로도 사용한다.

※ 석회암
• 주성분은 탄산석회($CaCO_3$)이고 시멘트의 원료로 사용되며 석질은 치밀하지만, 내후·내화성이 부족하다.

32 목재의 활엽수에만 있는 것으로 줄기방향으로 배치되어 주로 양분과 수분의 통로가 되며 나무의 종류를 구별하는데 표준이 되는 세포의 종류는?

① 섬유
② 도관
③ 수선
④ 수지관

TIP 도관
• 물관이라고도 하며 뿌리에서 흡수한 물과 무기양분의 이동통로를 말한다.

33 재료가 외력을 받았을 때 파괴되지 않고 가늘고 길게 늘어나는 성질을 무엇이라 하는가?

① 전성
② 취성
③ 탄성
④ 연성

TIP ● 연성
- 외력을 받았을 때, 파괴되지 않고 가늘고 길게 늘어나는 성질을 말한다.
※ 전성 : 타격에 의해 판상으로 펴지는 성질을 말한다.
※ 취성 : 작은 변형만으로도 쉽게 파괴되는 성질을 말한다.
※ 탄성 : 외력을 받아 변형이 생긴 후, 외력을 제거하면 원래대로 되돌아가는 성질을 말한다.

34 합성수지 중 내열성이 가장 좋은 것은?

① 실리콘수지
② 페놀수지
③ 염화비닐수지
④ 멜라민수지

TIP ● 실리콘수지
- 내열성·내한성이 매우 우수(-60℃~250℃)하며 탄성, 전기절연성, 내약품성, 내후성이 우수하여 방수피막, 접착제 등으로 사용한다.
※ 페놀수지 : 전기절연성, 내수성, 내후성, 접착성 등은 양호하나 내 알칼리성은 약하고, 배전판, 내수합판접착제 등으로 사용한다.
※ 염화비닐수지 : 강도, 전기절연성, 내약품성이 좋지만 고온과 저온에 약하며 시트, 파이프, 단열재 등을 만들 수 있다.
※ 멜라민수지 : 내열성, 내약품성 및 경도가 크고 무색투명한 수지로 조리대, 실험대, 전기부품 등에 사용한다.

35 다음 중 내화도가 가장 큰 석재는?

① 화강암
② 대리석
③ 석회암
④ 응회암

TIP ● 석재의 내화성
- 안산암, 응회암, 사암 : 1000℃
※ 화강암 : 600℃
※ 석회암, 대리석 : 600~800℃

36 목재의 역학적 성질에 대한 설명 중 틀린 것은?

① 섬유포화점 이하에서는 강도가 일정하나 섬유포화점 이상에서는 함수율이 증가함에 따라 강도는 증가한다.
② 목재는 조직 가운데 공간이 있기 때문에 열의 전도가 더디다.
③ 목재의 강도는 비중 및 함수율 이외에도 섬유방향에 따라서도 차이가 있다.
④ 목재의 압축강도는 옹이가 있으면 감소한다.

TIP ● 목재의 성질
- 섬유포화점 : 함수율 30% 이하를 말하며 강도가 서서히 증가한다.
- 섬유방향의 평행한 인장강도 〉 섬유방향의 직각인 인장강도
- 가지가 줄기로 말려들어간 옹이 등이 있으면 강도는 감소한다.

37 20kg의 골재가 있다. 5mm 표준망 체에 중량비로 몇 kg 이상 통과하여야 모래라고 할 수 있는가?

① 10kg ② 12kg
③ 15kg ④ 17kg

> 💡 **골재**
> - 잔골재 : 5mm체에 85~90% 이상 통과하는 골재를 말한다.
> - 굵은 골재 : 5mm체에 85~90% 이상 남는 골재를 말한다.
> - 20kg × 0.85~0.9 = 17kg~18kg

38 대리석, 사문암, 화강암 등의 쇄석을 종석으로 하여 백색 포틀랜드시멘트에 안료를 섞어 천연석재와 유사하게 성형시킨 인조석은?

① 점판암 ② 석회석
③ 테라죠 ④ 화강암

> 💡 **테라죠(Terrazzo)**
> - 백색 시멘트 + 종석(대리석 또는 화강암) + 안료 + 물을 혼합한 미장재료로 바름이 굳은 후 연마기 등으로 갈고 왁스로 광내기를 한다.

39 미장 공사에서 기둥이나 벽의 모서리 부분을 보호하기 위하여 쓰는 철물은?

① 메탈 라스(metal lath)
② 인서트(insert)
③ 코너비드(corner bead)
④ 조이너(joiner)

> 💡 **코너비드**
> - 벽 또는 기둥 모서리 보호를 위해 사용되며 아연도금, 황동, 스테인리스 제품 등이 사용된다.
> - ※ 메탈라스 : 0.4~0.8mm의 얇은 강판에 자르는 자국을 내어 옆으로 잡아당긴 것으로, 천장, 벽 등의 몰탈 바름 벽 바탕에 사용한다.
> - ※ 인서트 : 콘크리트 슬랩 밑에 묻어 반자틀 등을 달아매고자 할 때 사용되는 철물을 말한다.
> - ※ 조이너 : 재료 사이를 접합할 때 사용하는 접합부재로 알루미늄, 합성수지 등이 많이 사용된다.

40 다음 중 골재의 체가름 시험에 사용되지 않는 체의 크기는?

① 0.15mm ② 1.2mm
③ 5mm ④ 35mm

> 💡 **골재의 조립률(Fineness modulus of aggregate)**
> - 80mm, 40mm, 20mm, 10mm, 5mm, 2.5mm, 1.2mm, 0.6mm, 0.3mm, 0.15mm의 10개의 체를 1조로 하여 체가름 시험을 했을 때, 각 체에 남는 누계량의 전체 중량 백분율의 합계를 100으로 나눈 값을 말한다.
> - 일반적으로 잔골재는 조립률이 2.6~3.1, 굵은 골재는 6~8 정도가 되면 좋은 입도라 할 수 있다.

41 주택의 침실에 관한 설명으로 옳지 않은 것은?

① 어린이 침실은 주간에는 공부를 할 수 있고, 유희실을 겸하는 것이 좋다.

② 부부침실은 주택 내의 공동 공간으로써 가족생활의 중심이 되도록 한다.

③ 침실의 크기는 사용인원 수, 침구의 종류, 가구의 종류, 통로 등의 사항에 따라 결정된다.

④ 침실의 위치는 소음의 원인이 되는 도로 쪽은 피하고, 공원 등의 공지에 면하도록 하는 것이 좋다.

TIP 침실(Bed Room)

- 주거공간 중 가장 사적인(= 폐쇄성)개인 생활공간으로 독립성과 기밀성이 유지돼야 한다.

42 색의 3속성 중 채도가 높은 색을 청색(靑色)이라 하는데 동일 색상의 청색 중에서도 가장 채도가 높은 색을 무엇이라 하는가?

① 명청색   ② 순색
③ 탁색   ④ 암청색

TIP 순색

- 채도가 가장 높은 색을 순색이라 한다.
  ※ 명색
  - 명도가 높은 색(밝은 색)을 말하며, 맑고 밝은 색이 주를 이룬다.
  ※ 탁색
  - 순색에 회색을 혼합한 탁한 색을 말하며, 안정감과 차분한 이미지를 가지고 있다.
  ※ 암색
  - 명도가 낮은 색(어두운 색)을 말하며, 무겁고 가라앉는 느낌이 있다.

43 다음 설명이 나타내는 법칙은?

> 회로의 저항이 흐르는 전류의 크기는 인가된 전압의 크기와 비례하며 저항과는 반비례한다.

① 키르히호프의 제1법칙
② 키르히호프의 제2법칙
③ 옴의 법칙
④ 플레밍의 왼손 법칙

TIP 옴의 법칙

- 도선에 흐르는 전류의 세기(전류) (I)는 전압 (V)에 비례하고 저항 (R)에 반비례한다.
- $I(A) = \dfrac{V(v)}{R(\Omega)}$

44 공기조화방식 중 2중덕트방식에 대한 설명으로 옳지 않은 것은?

① 전공기방식이다.

② 덕트가 2개의 계통이므로 설비비가 많이 든다.

③ 부하특성이 다른 다수의 실이나 존에도 적용할 수 있다.

④ 냉풍과 온풍을 혼합하는 혼합상자가 필요 없으므로 소음과 진동도 적다.

> **TIP** 2중덕트
> - 혼합유닛으로(덕트가 2개이므로)설비비가 많이 든다.
> - 각 실별로 또는 존별로 온습도의 개별 제어가 가능하다.
> - 냉풍과 온풍 덕트를 각각 설치하여 혼합상자에서 알맞은 비율로 혼합하여 송풍하는 방식으로 에너지 다소비형이다.

45 에스컬레이터에 관한 설명으로 옳지 않은 것은?

① 수송량에 비해 점유면적이 작다.
② 대기시간이 없고 연속적인 수송설비이다.
③ 수송능력이 엘리베이터의 1/2 정도로 작다.
④ 경사는 30도 이하로 하여야 한다.

> **TIP** 에스컬레이터
> - 엘리베이터에 비해 수송량이 크며, 그에 비해 점유면적이 작다.
> - 에스컬레이터의 수송능력은 엘리베이터의 약 10배 정도이다.
> - 설치비가 고가(층간 높이 10m 기준 약 1억 5천만 원)이며, 층고, 보의 간격 등 구조적 고려가 필요하다.

46 다음의 단면재료 표시기호 중 구조용으로 쓰이는 목재의 표시방법은?

①  ②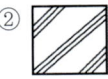
③ 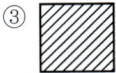 ④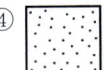

47 한국산업표준의 분류에서 건축부문의 분류기호는?

① B ② D
③ F ④ H

> **TIP** 한국산업표준
> - 재료는 품질 및 모양 등이 다양하기 때문에 어떤 기준에 의한 규격을 정하여 품질과 모양, 치수 및 시험방법 등을 규정하였고, 그것이 한국공업규격(KS)이다. KS의 분류는 다음과 같다.
>
> | 분류기호 | 부문 | 분류기호 | 부문 |
> |---|---|---|---|
> | KS A | 기본 | KS B | 기계 |
> | KS C | 전기전자 | KS D | 금속 |
> | KS E | 광산 | KS F | 건설 |
> | KS G | 일용품 | KS H | 식품 |
> | KS I | 환경 | KS J | 생물 |
> | KS K | 섬유 | KS L | 요업 |
> | KS M | 화학 | KS P | 의료 |
> | KS Q | 품질경영 | KS R | 수송기계 |
> | KS S | 서비스 | KS T | 물류 |
> | KS V | 조선 | KS W | 항공우주 |
> | KS X | 정보 | KS Z | 기타 |

48 다음 설명에 알맞은 주택 부엌가구의 배치 유형은?

- 양쪽 벽면에 작업대가 마주보도록 배치한 것이다.
- 부엌의 폭이 길이에 비해 넓은 부엌의 형태에 적당한 형식이다.

① L자형　　　② 일자형
③ 병렬형　　　④ 아일랜드형

TIP 병렬형
- 두 벽면을 따라 작업이 전개되는 전통적인 형태로 양쪽 벽면에 작업대를 마주보도록 배치한 형태이다.
- 직선형보다는 작업동선이 줄지만, 작업 시 몸을 앞뒤로 계속 바꿔야 한다.

49 옥상의 빗물처리를 용이하게 하기 위하여 설치하는 철제품은?

① 루프드레인　　② 조이너
③ 논슬립　　　　④ 메탈라스

TIP 루프드레인(roof drain)
- 지붕의 물 빠지는 홈통구멍에 대어 홈통이 막히지 않도록 쓰레기 등을 걸러내는 철물을 말한다.

※ 조이너
- 보드 붙임의 조인트 부분에 부착하는 가는 막대 모양의 줄눈재, 알루미늄이나 플라스틱의 것이 많고, 형상도 여러 종류가 있다.

※ 논슬립
- 계단 등에 미끄러짐을 방지하기 위해 대는 것으로 황동철물 외에 알루미늄, 스테인리스 등 종류가 다양하다.

※ 메탈라스
- 얇은 강판에 자르는 자국을 내어 옆으로 잡아당겨 그물모양으로 만든 것으로 미장바탕용으로 사용한다.

50 실감온도(유효온도, ET)를 구성하는 3요소와 관련 없는 것은?

① 온도　　　② 습도
③ 기류　　　④ 열복사

TIP 유효온도(체감온도, ET)
- 온도, 습도, 기류

※ 열 환경의 4요소(온열 요소) : 기온, 습도, 기류, 주위 벽의 복사열

51 창호의 재질·용도별 기호의 연결이 옳지 않은 것은?

① WW : 목재 창
② PD : 합성수지 문
③ AW : 알루미늄합금 창
④ SS : 스테인리스 스틸 셔터

TIP 창호재질용도별 기호
- SS : Steel Shutter(철재 셔터)

45 ③　46 ①　47 ③　48 ③　49 ①　50 ④　51 ④

52 다음 설명에 알맞은 색의 대비와 관련된 현상은?

> 어떤 두 색이 맞붙어 있을 경우, 그 경계의 언저리가 경계로부터 멀리 떨어져 있는 부분보다 색의 3속성별로 색상대비, 명도대비, 채도대비의 현상이 더욱 강하게 일어나는 현상

① 동시대비 ② 연변대비
③ 한난대비 ④ 유사대비

TIP 대비
- 동시대비 : 두 색을 동시에 보았을 때 서로의 영향으로 달리 보이는 현상을 말한다.
- 계속대비 : 하나의 색을 보고 다른 색을 보았을 때, 먼저 본 색의 영향으로 나중 색이 달리보이는 현상을 말한다.
- 한난대비 : 차가운 색과 따뜻한 색을 함께 놓았을 때 배경색이 한색일 경우 더 차갑게, 배경색이 난색일 경우 더 따뜻하게 보이는 현상을 말한다.
- 보색대비 : 보색끼리 놓았을 때 색상이 더 뚜렷해지면서 선명하게 보이는 현상을 말한다.
- 면적대비 : 동일한 색이 면적이 크면 밝게, 면적이 작으면 어둡게 보이는 현상을 말한다.

53 건축계획상 근접거리 연결이 잘못된 것은?

① 부엌 - 식사실
② 식당 - 화장실
③ 침실 - 화장실
④ 거실 - 부엌

TIP 조닝(Zoning)
- 기능이 유사하거나 비슷한 것은 가까이 두고, 상호간 유사성이 먼 것은 격리시킨다.

54 급수방식 중 고가수조방식에 대한 설명으로 옳지 않은 것은?

① 비교적 일정한 수압을 유지할 수 있다.
② 대규모 급수설비로 적합하다.
③ 수질오염 측면에서 가장 유리한 급수방식이다.
④ 단수 시에도 급수가 가능하다.

TIP 옥상탱크(고가수조)방식
- 지하 저수조에 물을 받아 양수펌프를 이용하여 옥상 물탱크로 양수한 후, 수위와 수압을 이용하여 급수하는 방식이다.
- 수압이 일정하여 배관 부품 파손의 우려가 적다.
- 저수 시간이 길수록 오염 가능성이 크다.
- 설비비와 경상비(經常費)가 높다.
- 건물 높은 곳에 설치하므로 구조 및 외관상 문제가 있다.

55 도면에서 상상선을 나타낼 때 또는 일점쇄선과 구별할 필요가 있을 때 사용되는 선은?

① 점선   ② 파선
③ 파단선   ④ 이점쇄선

TIP: 선의 종류

선의 종류		사용방법(보기)
실선	▬▬▬	단면의 윤곽 표시
	▬▬▬	보이는 부분의 윤곽표시 또는 좁거나 작은 면의 단면 부분 윤곽표시
	▬▬▬	치수선, 치수보조선, 인출선, 격자선 등의 표시
파선 또는 점선	- - - -	보이지 않는 부분이나 절단면보다 양면 또는 윗면에 있는 부분의 표시
1점 쇄선	—·—·—	중심선, 절단선, 기준선, 경계선, 참고선 등의 표시
2점 쇄선	—··—··—	상상선 또는 1점 쇄선과 구별할 필요가 있을 때

56. 실제 길이를 6m 축척 1/30인 도면에 나타낼 경우, 도면상의 길이는?

① 20cm ② 2cm
③ 2m   ④ 2mm

TIP: 척도계산
- 6m = 6,000mm이므로,
  6000/30 = 200mm
- ∴ 200mm = 20cm

57. 한식주택과 양식주택에 관한 설명으로 옳지 않은 것은?

① 한식주택의 실은 단일용도이고 양식주택의 실은 다용도이다.
② 양식주택의 평면은 실의 기능별 분화이다.
③ 한식주택은 개구부가 크며 양식주택은 개구부가 작다.
④ 한식주택에서 가구는 부차적 존재이다.

TIP: 주거양식에 의한 분류

분류	한식주택	양식주택
평면상 차이	• 실의 조합형 • 위치별 실의 구분 • 실의 다용도(혼용도)	• 실의 분리형 • 기능별 실의 구분 • 실의 단일용도(독립적)
구조상 차이	• 가구식(목조) • 개구부가 크고 바닥이 높다.	• 조적식(벽돌) • 개구부가 작고 바닥이 낮다.
습관상 차이	• 좌식	• 입식
용도상 차이	• 방의 혼용	• 방의 단일용도
가구의 차이	• 부차적 존재	• 중요한 존재

58. 다음 중 잔향이론에 대한 설명으로 옳지 않은 것은?

① 실의 용도에 따라 적절한 잔향시간을 결정할 수 있도록 설계가 이루어져야 한다.
② 잔향시간이 길면 음이 명료하지 않다.
③ 잔향시간은 실용면적에 비례하고 흡음력에 반비례한다.
④ 잔향시간은 음원에서 소리가 끝난 후, 실내에 음의 에너지가 그 천만분의 일이 될 때까지의 의미한다.

TIP: 잔향
- 음을 중지했음에도 음이 없어지지 않고 남아 있는 현상을 말한다.
- 실내 음을 중지시킨 후 실내음의 에너지가 백만분의 일이 감소하는 걸리는 시간을 말한다.
- 실 용적에 비례하고, 흡음률에 반비례한다.

52 ② 53 ② 54 ③ 55 ④ 56 ① 57 ① 58 ④

- 잔향시간의 요소 : 실용적, 실내 표면적, 실의 흡음률

59 가옥(House)트랩, 메인(Main)트랩이라고도 하며, 옥내 배수 수평주관 말단에 설치하여 하수의 가스 역류방지용으로 사용하는 트랩은?

① S트랩　　　② P트랩
③ U트랩　　　④ 드럼트랩

TIP U트랩

- 가옥(House)트랩, 메인(Main)트랩이라고도 하며, 옥내 배수 수평주관 말단에 설치(옥외 배수관에 배출되기 직전)하여 하수의 가스 역류방지용으로 사용하는 트랩으로 유속이 저하되는 결점이 있다.
- ※ S트랩 : 세면기, 대변기, 소변기에 사용하며, 바닥 밑 배수관에 접속하여 사용하는 트랩으로 사이펀 작용으로 인해 봉수가 쉽게 파괴될 수 있다.
- ※ P트랩 : 세면기, 대변기, 소변기 등 위생기구에 많이 사용되며, 벽체 배수관에 접속하여 사용하는 트랩이다.
- ※ 드럼트랩 : 주방 싱크대에 설치하여 사용하는 트랩으로 다량의 물을 고이게 하여 봉수파괴의 우려가 없고, 청소가 가능하다.

60 복층형 공동주택에 대한 설명으로 옳지 않은 것은?

① 공용통로면적을 절약할 수 있다.
② 상하층의 평면이 똑같아 평면 구성이 자유롭다.
③ 엘리베이터의 정지 층수가 적어지므로 운영 면에서 효율적이다.
④ 1개의 단위 주거가 2개 층 이상에 걸쳐 있는 공동주택을 말한다.

TIP 복층형(듀플렉스형, 메이조넷형)

- 한 주호가 2개 층에 걸쳐 구성되는 형식이다.
- 엘리베이터 정치층수가 적어 경제적이고 효율적이다.
- 주택 내부의 공간에 변화가 있다.
- 통로면적이 감소되고 전용면적이 증대된다.
- 프라이버시가 좋고, 통풍 및 채광이 좋다.
- 피난 상 불리하고, 소규모 주택에서는 비경제적이다.

59 ③　60 ②

PART 06 | CBT 기출복원문제

2020년 5회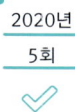

01 목조계단에서 계단디딤판의 처짐, 보행 시의 진동 등을 막기 위하여 중간에 댄 보강재는?

① 계단멍에　② 계단두겁
③ 엄지기둥　④ 달대

TIP 계단
- 목조계단은 거의 곧은 계단이 많고 구조도 간단하다.
① 틀계단
- 주택에서 많이 사용하며, 디딤판은 2.5~3.5cm, 너비는 15~25cm 정도로 하고, 옆판은 3.5~4.5cm 정도로 한다.
② 계단의 구성
- 디딤판, 챌판, 옆판, 멍에, 난간, 난간동자 등으로 구성된다.

02 목재의 마구리를 감추면서 창문 등의 마무리에 이용되는 맞춤은?

① 연귀맞춤　② 장부맞춤
③ 통맞춤　　④ 주먹장맞춤

TIP 연귀맞춤
- 마구리를 감추면서 튼튼하게 맞춤을 할 때 쓰이는 것으로 보통 45°로 빗 잘라 맞댄다.

※ 장부맞춤 : 한 곳에 장부를 내고 다른 쪽에 장부구멍을 파 끼우는 방법으로 많이 사용되며 가장 튼튼한 맞춤법이다.

※ 통맞춤 : 1개의 부재 단부를 다른 부재에 홈을 내어 통째로 연결하는 맞춤법이다.

※ 주먹장맞춤 : 모서리에 부재가 서로 얽히도록 하기 위해 90°로 결합하는 맞춤법이다. 주업이 까다롭지만 견고하여 못 등으로 보강할 필요가 없다.

03 다음 건물 중 그 건물의 지붕에 적용된 대표적인 구조 형식이 옳게 연결된 것은?

① 시드니 오페라 하우스 - 돔구조
② 도쿄돔 - 현수구조
③ 판테온신전 - 볼트 구조
④ 상암동월드컵경기장 - 막구조

TIP 막구조
- 텐트와 같은 얇은 막을 쳐서 지붕을 구성하는 방법으로써 두 방향의 인장력(引張力)이 작용하는 현수(懸垂)밧줄구조라고도 할 수 있다.
- 큰 공간을 공기압으로 부풀려진 막으로 덮는 경제적인 구조를 만들 수 있다.
- 상암 월드컵 경기장의 지붕이 여기에 속한다.

01 ①　02 ①　03 ④

- 막 구조는 바람에 흔들리지 않도록 주의하여야 한다.

04 돌 구조에서 창문 등의 개구부 위에 걸쳐 대어 상부에서 오는 하중을 받는 수평부재는?

① 문지방돌　　② 인방돌
③ 창대돌　　　④ 쌤돌

> **TIP** 인방돌
> - 창문이나 출입문 등의 문꼴 위에 걸쳐 대어 상부에서 오는 하중을 받는 수평재로, 석재는 휨 및 인장에 약하여 문꼴의 너비가 클 경우 철근콘크리트 보 또는 벽돌아치 등을 혼용한다.
> - ※ 문지방돌 : 출입문 밑에 문지방으로 댄 돌을 말한다.
> - ※ 창대돌 : 창 밑에 대어 빗물 등을 흘러내리게 한 장식재로, 창 너비가 클 경우 2개 이상의 돌을 대어 사용하기도 하지만, 외관 및 방수상 1개를 통으로 사용한다.
> - ※ 쌤돌 : 창문, 출입문 등의 양쪽에 대는 것으로 벽돌 구조에서도 사용한다.

05 말뚝기초에서 말뚝머리 지름이 300mm인 기성콘크리트 말뚝을 타설할 때 말뚝 중심 간의 최소 간격은?

① 300mm　　② 450mm
③ 750mm　　④ 900mm

> **TIP** 기성 콘크리트 말뚝타설 시 중심 간격
> - 말뚝 머리 지름의 2.5배 이상, 750mm 이상으로 한다.

06 수직재가 수직하중을 받는 과정의 임계상태에서 기하학적으로 갑자기 변화하는 현상을 의미하는 것은?

① 전단파단　　② 응력
③ 좌굴　　　　④ 인장항복

> **TIP** 좌굴(버클링(buckling))
> - 기둥 등에 세로방향으로 압력이 가해질 때 중심축이 축 외부로 벗어나며 휘어지는 현상
> - ※ 임계상태(臨界狀態, Critical state) : 작은 하중(운동)이 반복적으로 일어나 연쇄반응을 일으켜 거대한 하중(운동)으로 바뀌는 상태

07 현장치기 콘크리트에서 최소 피복두께를 가장 크게 해야 하는 경우는?

① 수중에서 타설하는 콘크리트
② 흙에 접하여 콘크리트를 친 후 영구히 흙에 묻혀있는 콘크리트
③ 흙에 접하거나 옥외의 공기에 직접 노출되는 콘크리트
④ 옥외의 공기나 흙에 직접 접하지 않는 콘크리트

> **TIP** 최소피복두께
>
> | 표면조건 | | 부재 | 철근 | 피복두께 |
> |---|---|---|---|---|
> | 수중에 타설하는 콘크리트 | | 모든 부재 | - | 100mm |
> | 흙에 접한 부위 | 흙에 접하여 콘크리트를 친 후 영구히 흙에 묻혀있는 콘크리트 | 모든 부재 | - | 80mm |

흙에 접한 부위	흙에 접하거나 옥외의 공기에 직접 노출되는 콘크리트	모든 부재	D29 이상	60 mm
			D25 이하	50 mm
			D16 이하	40 mm
흙에 접하지 않는 부위	옥외의 공기나 지반에 직접 접하지 않는 콘크리트	슬래브, 벽체, 장선	D35 초과	40 mm
			D35 이하	20 mm
		보, 기둥		40 mm
		쉘, 절판부재		20 mm

08 온장벽돌의 3/4 크기를 의미하는 벽돌로 가장 큰 벽돌의 명칭은?

① 반절　　　　② 이오토막
③ 반반절　　　④ 칠오토막

TIP 칠오토막

- 온장벽돌을 4등분하여 1/4을 잘라내고 3/4 부분을 사용하는 벽돌을 말한다.
- ※ 반절 : 벽돌을 긴 방향으로 절반을 잘라낸 벽돌을 말한다.
- ※ 이오토막 : 온장벽돌을 4등분하여 3/4을 잘라내고 1/4 부분을 사용하는 벽돌을 말한다.
- ※ 반반절 : 반절된 벽돌을 다시 반 토막으로 잘라낸 벽돌을 말한다.

09 보와 기둥 대신 슬래브와 벽이 일체가 되도록 구성한 구조는?

① 라멘구조　　　② 플랫슬래브 구조
③ 벽식구조　　　④ 셸구조

TIP 벽식구조

- 기둥, 보 등의 골조를 넣지 않고 벽이나 슬래브로 구성한 건물구조를 말한다.
- 층간 소음이 전달되며, 기둥과 보가 없어 벽을 허물지 않아야 한다.

※ 라멘구조

- 기둥과 보가 그 접합부에서 서로 강접으로 연결되어 있어 일체로 거동하는 구조이다.
- 수직 하중 및 수평 하중에 큰 저항력을 가진다.
- 철근콘크리트구조의 기둥과 보의 결합, 철골구조 및 절점이 강접된 목구조도 라멘구조에 속한다.
- 모든 부재가 강접되어 있어 특정 부재에 힘이 집중되지 않는다.

※ 플랫슬래브 구조(무량판 구조)

- 바닥에 보가 없이 직접 기둥에 하중을 전달하는 방식을 말한다.
- 구조가 간단하고 공사비가 저렴하다. 또한, 층고를 높게 할 수 있어 실내 이용률이 높지만, 바닥판이 두꺼워 고정하중이 커진다.
- 바닥판 두께는 15cm 이상으로 하며, 배근방식으로 2 방향식, 3 방향식, 4 방향식, 원형식이 있으며, 2 방향식과 4 방향식이 많이 사용된다.

※ 셸구조

- 곡률을 가진 얇은 판으로 주변을 충분히 지지시켜 공간을 덮는 구조이다.
- 가볍고 강성이 우수한 구조 시스템으로써 시드니 오페라 하우스가 대표적이다.
- 재료는 철근콘크리트를 많이 쓰지만 강재를 사용하기도 한다.

10 연속보의 한 끝이나 지점에 고정된 보의 한 끝이 내밀어 달려 있는 보로써, 상부에 인장력이 발생하므로 상부에 인장주근을 배치하는 구조는?

① 단순보 ② T형보
③ 캔틸레버보 ④ 연속보

TIP 캔틸레버보(내민보)
- 연속보의 한 끝이나 지점에 고정된 보의 한 끝이 내밀어 달려 있는 보로써, 상부에 인장력이 발생하므로 상부에 인장주근을 배치한다.
- ※ 단순보 : 중앙에 하중을 받으면 휨모멘트와 전단력이 생기며, 하부는 인장력이 생겨 균열이 발생한다.
- ※ T형보 : 슬랩과 일체로 되어 있는 보로써 보의 중앙 부분은 압축력을 저항한다.
- ※ 연속보 : 1개 상판이 3개 이상의 지점(支點)으로 지지된 구조물로 된 것으로, 지점의 간격이나 보의 높이를 적당히 선택하면 외관도 좋고 가설이 편리하여 교량 등에 많이 사용된다.

11 철근콘크리트 사각형 기둥에는 주근을 최소 몇 개 이상 배근해야 하는가?

① 2개 ② 4개
③ 6개 ④ 8개

TIP 기둥의 주근
- 철근의 지름은 D13 이상의 것을 사용하고, 사각기둥의 경우 4개, 원형 및 다각형기둥일 경우 6개 이상을 사용한다.
- 이음 위치는 층 높이의 2/3 이내로 하고 바닥판 위 1m 위치에 두는 것이 좋다.

12 다음 그림은 케이블을 이용한 구조시스템 중 하나이다. 서해대교에서 볼 수 있는, 그림과 같은 다리의 구조형식을 무엇이라 하는가?

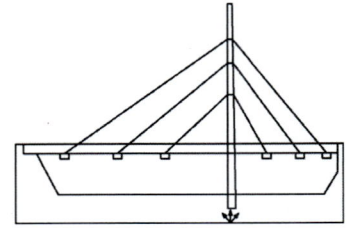

① 현수교 ② 사장교
③ 아치교 ④ 게르버교

TIP 사장교
- 교각 없이 양쪽에 높이 세운 버팀기둥 위에서 비스듬히 늘어뜨린 케이블로 다리 위의 도리를 지탱하는 구조의 다리를 말한다.
- ※ 현수교 : 케이블을 이용하여 도로 상판을 지탱하고 있는 교량을 말한다.
- ※ 아치교 : 양쪽 끝은 처지고 가운데가 활처럼 휘어져 높이 솟게 만든 다리
- ※ 게르버교(Gerber bridge) : 연속교의 메인 거더의 도중에 힌지를 설치하여 정정(靜定) 구조로 만든 다리로써, 연속교에 비해 지지점 침하의 영향이 적다.

13 다음 중 왕대공 지붕틀에서 평보와 ㅅ자보의 맞춤으로 알맞은 것은?

① 걸침턱맞춤　② 안장맞춤
③ 사개맞춤　　④ 턱솔맞춤

TIP 안장맞춤
- ㅅ자보를 두 갈래로 내어 평보에 끼워 옆으로 이동하지 않게 한 맞춤하는 방식이다.
- ※ 걸침턱맞춤 : 가로재의 턱을 떼어 내고 직교하는 재가 그 턱에 내리 끼이게 된 나무의 맞춤을 하는 방식이다.
- ※ 사개맞춤 : 나이테가 보이는 기둥의 마구리에 십자로 장부구멍을 파고 가로 세로 부재를 장부 구멍에서 맞춤하는 방식이다.
- ※ 턱솔맞춤 : 부재의 한쪽 면에 홈을 파고 여기에 맞는 돌기(턱솔)을 다른 재에 내어 물려 맞춤하는 방식이다.

14 블록조의 테두리보에 대한 설명으로 옳지 않은 것은?

① 벽체를 일체화하기 위해 설치한다.
② 테두리보의 너비는 보통 그 밑의 내력벽의 두께보다는 작아야 한다.
③ 세로철근의 끝을 정착할 필요가 있을 때 정착 가능하다.
④ 상부의 하중을 내력벽에 고르게 분산시키는 역할을 한다.

TIP 테두리보
- 각 층 내력벽 상부에 설치하여 벽체를 일체화하고 하중을 벽체로 균일하게 분산시켜 벽체의 수직균열을 방지한다.
- 춤은 내력벽 두께의 1.5배 이상이며 단층일 경우 25cm 이상, 2~3층의 경우 30cm 이상으로 한다.
- 너비는 내력벽 두께보다 크게 하거나 대린벽 거리의 1/20 이상으로 한다.

15 다음 중 채광만을 목적으로 하는 창으로 맞는 것은?

① 붙박이창　② 미닫이창
③ 여닫이창　④ 셔터창

TIP 붙박이창(고정창)
- 개폐가 되지 않고 유리를 통해 채광만을 목적으로 만든 창이다.
- ※ 미닫이창 : 상하의 틀에 홈을 따고 창호를 끼우거나 옆 벽 또는 벽 속으로 밀어 넣는 창으로 홈의 깊이는 윗 홈은 15mm, 밑 홈은 3mm 정도로 한다.
- ※ 여닫이창 : 경첩, 힌지 등을 달아 그 축으로 회전하는 창으로 쌍여닫이, 외여닫이가 있고, 90°, 180° 열기로 구분한다.

16 입체트러스의 구조에 대한 설명으로 옳은 것은?

① 모든 방향에 대한 응력을 전달하기 위하여 절점은 항상 자유로운 핀(pin) 접합으로만 이루어져야 한다.
② 풍하중과 적설하중은 구조계산 시 고려하지 않는다.
③ 기하학적인 곡면으로는 구조적 결함이

많이 발생하기 때문에 주로 평면 형태로 제작된다.

④ 구성부재를 규칙적인 3각형으로 배열하면 구조적으로 안정이 된다.

TIP 입체트러스 구조
- 선재(線材)를 입체적으로 결합하여 만드는 트러스를 말한다.
- 각 절점은 모든 방향으로 이동이 구속되어있어 평면 트러스보다 큰 하중을 받을 수 있다.
- 부재의 좌굴이 잘 생기지 않는다.

17 플레이트 보에 사용되는 부재의 명칭이 아닌 것은?

① 커버 플레이트
② 웨브 플레이트
③ 스티프너
④ 베이스 플레이트

TIP 보의 구성
- 커버 플레이트 : 4장 이하로 하며, 용접일 때는 1매로 한다. 휨 내력 부족을 보완하기 위해 사용한다.
- 웨브 플레이트 : 전단력의 크기가 따라 두께를 결정하고 얇을 경우 좌굴의 위험이 있어 6mm 이상으로 한다.
- 스티프너 : 웨브 플레이트의 좌굴 및 전단보강을 위해 수직으로 설치하고 역할에 따라 지지점 스티프너, 중간 스티프너, 하중점 스티프너 등이 있다.
- 플랜지 : 보의 단면 위, 아래 부분을 말하며, 인장 및 휨 응력에 저항한다. 또한, 힘을 더 받기 위해 커버 플레이트로 보강한다.

※ 베이스 플레이트 : 기둥 아랫부분에 대어 붙이는 두꺼운 강판으로 기초와 연결되는 부재이다.

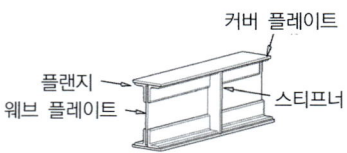

18 다음의 거푸집에 대한 설명으로 틀린 것은?

① 강재 거푸집은 콘크리트 오염의 가능성이 없지만, 목재 거푸집은 오염의 가능성이 높다.
② 거푸집은 콘크리트의 형태를 유지시켜 주며 외기로부터 굳지 않은 콘크리트를 보호하는 역할을 한다.
③ 지반이 무르고 좋지 않을 때, 기초 거푸집을 사용한다.
④ 보 거푸집은 바닥거푸집과 함께 설치하는 경우가 많다.

TIP 거푸집
- 강재 거푸집 : 녹이 슬기 쉽고 표면에 녹점이 남을 수 있으며, 보온성이 부족하여 덥거나 추울 때 사용하기 곤란하다.
- 기초거푸집 : 지반이 무르고 좋지 않을 때 기초 거푸집을 사용한다.
- 벽 거푸집 : 한쪽 벽 옆판을 버팀대로 지지하여 세우고 철근을 배근 후 다른 쪽 옆판을 세워 조립한다.

19 잡석지정을 할 필요가 없는 비교적 양호한 지반에서 사용되는 지정방식은?

① 자갈 지정
② 제자리 콘크리트말뚝 지정
③ 나무말뚝 지정
④ 기성제 철근콘크리트말뚝 지정

> **TIP** 자갈지정
> - 잡석대신 사용하고 지반이 경질일 때 사용한다.
> - 4.5cm 정도의 자갈, 깬자갈, 모래 반섞인 것을 5~10cm 정도 깐다.

20 목조 벽체에서 기둥 맨 위 처마부분에 수평으로 거는 가로재로써 기둥머리를 고정하는 것은?

① 처마도리
② 샛기둥
③ 깔도리
④ 꿸대

> **TIP** 깔도리
> - 기둥 위에 처마부분에 수평으로 대는 가로재로 지붕틀의 하중을 받아 기둥으로 전달하는 것으로 크기는 기둥과 같거나 좀 약간 크게 하고, 이음은 기둥 또는 지붕보를 피해 엇걸이산지이음으로 한다.
> - ※ 처마도리 : 깔도리 위에 지붕틀을 걸고 평보 위에 걸쳐대는 가로재로써 절충식 지붕틀에서는 처마도리가 깔도리를 대신하기도 하며, 크기는 기둥 또는 깔도리와 같거나 조금 작게 한다.
> - ※ 샛기둥 : 기둥과 기둥 사이에 대는 기둥이며, 가새의 휨을 방지하며 상부 하중을 받지 않고 크기는 본 기둥의 1/2~1/3 정도로 하고 간격은 40~60cm 정도로 한다.
> - ※ 꿸대 : 벽 바탕에 뼈대를 설치하고 벽을 보강하기 위해 기둥을 연결하는 가로재를 말한다.

21 블로운 아스팔트를 휘발성 용제로 희석한 흑갈색의 액체로써, 콘크리트, 몰탈 바탕에 아스팔트 방수층 또는 아스팔트 타일 붙이기 시공을 할 때 사용되는 것은?

① 아스팔트 코팅
② 아스팔트 펠트
③ 아스팔트 루핑
④ 아스팔트 프라이머

> **TIP** 아스팔트 프라이머
> - 블로운 아스팔트를 휘발성 용제로 희석한 흑갈색의 액체로 콘크리트, 몰탈 바탕에 아스팔트 방수층 또는 아스팔트 타일 붙임시공에 사용되는 초벌용 도료 접착제이다.
> - 아스팔트 프라이머를 콘크리트 또는 몰탈 면에 침투시키면 용제는 증발하고 아스팔트가도막을 형성하여 그 위에 아스팔트를 바르면 잘 붙고 밀착성이 좋아진다.

22 다음 점토제품 중 소성온도가 가장 높은 것은?

① 토기
② 석기
③ 도기
④ 자기

> **TIP** 점토의 분류

종류	소성온도	흡수율(%)	제품
토기 (보통(저급)점토)	790℃ ~ 1,000℃ (SK 0.15 ~ SK 0.5)	20 이상	기와, 벽돌, 토관
도기 (도토)	1,100℃ ~ 1,230℃ (SK 1 ~ SK 7)	10	타일, 테라코타, 위생도기
석기 (양질점토)	1,160℃ ~ 1,350℃ (SK 4 ~ SK 12)	3 ~ 10	벽돌, 타일, 테라코타
자기 (양질점토, 장석분)	1,230℃ ~ 1,460℃ (SK 7 ~ SK 16)	0 ~ 1	타일, 위생도기

23 목재를 벌목하기에 가장 적당한 계절로 짝지어진 것은?

① 봄-여름 ② 여름-가을
③ 가을-겨울 ④ 겨울-봄

> **TIP** 벌목
> - 목재를 벌목하는 시기는 수액이 적어 건조가 쉽고 빠른 가을이나 겨울이 적당하다.

24 포틀랜드시멘트 클링커에 철 용광로로부터 나온 슬래그를 급랭한 급랭슬래그를 혼합하여 이에 응결시간 조정용 석고를 혼합하여 분쇄한 것으로 수화열이 적어 매스콘크리트용으로 사용할 수 있는 시멘트는?

① 백색포틀랜드시멘트
② 조강포틀랜드시멘트
③ 고로시멘트
④ 알루미나시멘트

> **TIP** 고로(슬래그) 시멘트
> - 슬래그(slag)를 혼합한 뒤 석고를 넣어 분쇄한 시멘트로써, 조기강도는 낮고 장기강도는 보통 포틀랜드 시멘트보다 크다.
> - 비중이 작으며(2.85), 바닷물에 대한 저항성이 크다.
> - 화학적 저항성이 크고, 내열성 및 수밀성이 우수하다.
> - 침식을 받는 해수, 폐수, 하수공사에 사용한다.

25 수화열이 작고 단기강도가 보통 포틀랜드 시멘트보다 작으나 내침식성과 내수성이 크고 수축률도 매우 작아서 댐 공사나 방사능 차폐용 콘크리트로 사용되는 것은?

① 백색 포틀랜드 시멘트
② 조강 포틀랜드 시멘트
③ 중용열 포틀랜드 시멘트
④ 내황산염 포틀랜드 시멘트

> **TIP** 중용열 포틀랜드 시멘트
> - 수화열이 적으며, 조기강도가 낮고 장기강도를 크게 한 시멘트로, 건조 수축이 적으며 내침식, 내구성 및 화학적 저항성이 커서 댐 공사, 방사능 차폐용으로 사용한다.
> - ※ 백색 포틀랜드 시멘트 : 백색의 석회석과 산화철을 포함하지 않은 점토를 이용하며 도장 및 장식용, 인조석 제조에 사용한다.

※ 조강 포틀랜드 시멘트 : 재령7일만에 보통 포틀랜드 시멘트의 28일 강도를 나타내며 조기강도는 큰 편이나, 장기강도는 보통포틀랜드시멘트와 차이가 없으며 수밀성과 수화열이 크고, 동기공사, 긴급공사, 지하 수중공사에 사용한다.

※ 내황산염 포틀랜드 시멘트 : 보통 포틀랜드 시멘트는 수화반응 및 응결과정 중 불용성 칼슘 알루메이트(calcium sulfoaluminate)가 생성 되는데, 이때 경화된 시멘트 중 칼슘 알루메이트 수화물은 콘크리트 외부에서 침투하는 황산마그네슘과 황산염에 의한 침식을 받아 실리카 겔 등을 생성하며, 결합력이 떨어지게 되며 체적증가가 생겨 콘크리트를 서서히 붕괴시키는데, 이에 대한 대책으로 제조된 시멘트이다.

26 다음에서 설명하는 역학적 성질은?

> 유체가 유동하고 있을 때 유체의 내부에 흐름을 저지하려고 하는 내부 마찰 저항이 발생하는 성질

① 점성   ② 탄성
③ 소성   ④ 외력

TIP 점성

- 유체 내부의 흐름이 있을 때 이 흐름에 대한 저항성을 가리키는 용어로, 끈적한 성질이다.
- ※ 탄성 : 재료가 외력을 받아 변형이 생긴 후, 이 외력을 제거하면 원래 모양과 크기로 돌아가는 성질을 말한다.
- ※ 소성 : 외력을 제거하여도 재료가 원상태로 돌아가지 않고, 변형된 상태 남아 있는 성질을 말한다.
- ※ 외력 : 재료의 외부에서 작용하는 힘을 말한다.

27 최대강도를 안전율로 나눈 값을 무엇이라고 하는가?

① 파괴강도   ② 허용강도
③ 전단강도   ④ 휨강도

TIP 허용강도

- 허용강도 = 최대강도 / 안전율

28 회반죽이 공기 중에서 굳어질 때 필요한 성분은?

① 탄산가스   ② 산소
③ 질소   ④ 수증기

TIP 회반죽

- 소석회에 여물, 풀, 모래 등을 혼합한 것으로 수축률이 커 여물을 넣어 균열을 방지하고 건조에 시간이 많이 걸린다.
- 목조바탕, 콘크리트 블록 및 벽돌바탕 등에 사용한다.
- 회반죽은 이산화탄소(탄산가스)와 반응하여 경화한다.

29 목재의 비중에 있어서 공극률을 산출하는 공식으로 맞는 것은? (단, γ : 절대건조비중)

① $V = (1 + \dfrac{\gamma}{1.54}) \times 100$

② $V = (1 - \dfrac{\gamma}{1.54}) \times 100$

③ $V = (1 + \dfrac{1.54}{\gamma}) \times 100$

④ $V = (1 - \dfrac{1.54}{\gamma}) \times 100$

TIP 목재의 공극률
- $V = (1 - \dfrac{\gamma}{1.54}) \times 100$
  r : 절건비중

30 주로 페놀, 요소, 멜라민 수지 등 열경화성 수지에 응용되는 가장 일반적인 성형법으로 옳은 것은?

① 압축성형법   ② 이송성형법
③ 주조성형법   ④ 적층성형법

TIP 압축성형법
- 가열한 금형에 재료를 넣고 가압·가열 후 재료가 완전히 굳어진 후 성형품을 금형에서 빼내는 방법이다.
  ※ 이송성형법 : 외부에서 재료에 열을 가하여 유동성 있게 만들고 그 후 금형에 주입하여 압력을 가하여 성형하는 방법이다.
  ※ 주조성형법 : 녹인 재료를 금형에 부어 넣어 성형하는 방법이다.
  ※ 적층성형법 : 원지(천 또는 종이)에 액체상태의 수지를 스며들게 한 후 건조시키고 필요한 두께가 되도록 여러 겹 포개어압착시켜 판상으로 성형하는 방법으로 페놀수지 적층판, 멜라민 화장판 등에 사용한다.

31 다음 수종 중 침엽수가 아닌 것은?

① 소나무   ② 삼송나무
③ 잣나무   ④ 단풍나무

TIP 목재의 분류
- 침엽수 : 소나무, 잣나무, 전나무, 낙엽송 등
- 활엽수 : 밤나무, 느티나무, 단풍나무, 오동나무, 참나무, 박달나무 등

32 AE제를 콘크리트에 사용하는 가장 중요한 목적은?

① 콘크리트의 강도를 증진하기 위해서
② 동결융해작용에 대하여 내구성을 가지기 위해서
③ 블리딩을 감소시키기 위해서
④ 염류에 대한 화학적 저항성을 크게 하기 위해서

TIP AE제
- 콘크리트 속에 독립된 미세기포(지름 0.025~0.25mm)를 발생시켜 골고루 분산시키는 역할을 한다.
  ① 장점
    - 콘크리트의 시공연도를 개선시켜, 재료분리가 일어나지 않으며, 블리

딩이 감소된다.
- 수밀성과 내구성이 커지고, 동결 작용에 대한 저항성이 커진다.
- 경화 때의 수축을 감소시키며, 균열을 방지한다.

② 단점
- 공기량 증가 시 강도가 감소되며, 수축량이 증가된다.

※ 콘크리트 전체 체적의 약 2~5%가 적당하다.

33 건축물의 내·외벽이나 바닥, 천장 등에 흙손이나 스프레이건 등을 이용하여 일정한 두께로 발라 마무리 하는 데 사용되는 재료는?

① 접착제 ② 미장재료
③ 도장재료 ④ 금속재료

TIP 미장재료
- 벽, 천장, 바닥 등의 미관을 고려함과 동시에 보온, 방습, 내화, 내마모, 내식성을 높여 구조물의 내구성을 길게 하기 위해 표면을 흙손 또는 뿜칠에 의해 일정 두께로 발라 마감하는 재료를 말한다.

① 장점
- 다양한 형태로 성형할 수 있고 가소성이 크다.
- 이음매 없이 바탕을 처리할 수 있다.
- 다른 재료와 혼합하여 내화, 방수, 단열 등의 효과를 얻을 수 있다.
- 여러 형태로 디자인하여 마무리 할 수 있다.

② 단점
- 경화시간이 길다.
- 바탕마감 표면의 강도가 일정하지 못하다.
- 배합 시 시간 경과에 따른 강도 저하의 판단이 어렵다.

34 다음에서 설명하는 골재의 함수상태는?

골재의 내부가 물로 가득 채워져 있고, 표면도 여분의 물을 포함하고 있는 상태이다.

① 절대건조상태
② 기건상태
③ 표면건조포화상태
④ 습윤상태

TIP 골재의 습윤상태
- 골재의 내부와 골재의 표면까지 물이 채워져 있는 상태이다.

※ 절대건조상태 : 건조기(oven)에서 100~110℃의 온도로 일정한 중량이 될때 까지 완전히 건조시킨 상태를 말한다.

※ 기건상태 : 표면은 건조하고 공기 중 습도와 평형을 이루며 내부는 포화상태의 수량보다 적은 양의 물을 포함하고 있는 상태로 물을 가하면 약간 흡수할 수 있는 상태를 말한다.

※ 표면건조포화상태 : 표면은 건조된 상태이고 내부는 물이 포화돼 있는 상태로 반죽 시 물의 양이 골재에 의해 변하지 않는 이상적인 상태를 말한다.

29 ② 30 ① 31 ④ 32 ④ 33 ② 34 ④

35 얇은 금속판에 여러 가지 모양으로 도려낸 철물로써 환기구멍, 라디에이터 커버 등에 이용되는 것은?

① 코너비드   ② 듀벨
③ 논 슬립   ④ 펀칭 메탈

TIP 펀칭메탈
- 1.2m/m 이하의 강판에 여러 모양으로 구멍을 내어 만들고 환기 구멍, 라디에이터 커버 등에 사용한다.
- ※ 코너비드 : 벽과 기둥 등의 모서리를 보호하기 위해 사용하는 철물로 재질은 아연도금, 황동, 스테인리스 제품 등이 사용된다.
- ※ 듀벨 : 동그랗게 말아 사용하거나 끝부분을 뾰족하게 하여 목재의 접합에 사용하는 것으로 목재의 전단력에 작용한다.
- ※ 논슬립 : 발이 미끄러지는 것을 방지하고 계단코가 닳는 것을 막기 위하여 계단코에 대는 철물로 황동 이외에 합성수지, 접착식 등 다양한 재료가 있다.

36 다음 그림에서 슬럼프 값을 의미하는 기호는?

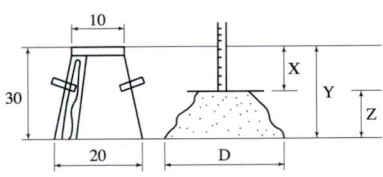

① X   ② Y
③ Z   ④ D

TIP 슬럼프(Slump)
- 철판 위에 슬럼프 통을 놓고 콘크리트를 부어 넣는다.
- 슬럼프 통에 1/3씩 나누어 부어 넣고, 각 25회씩 균등히 다진다.
- 슬럼프 통을 들어 올려 콘크리트가 가라앉은 값의 높이를 측정한다.
- ※ 슬럼프 시험 외에 flow시험, 구(ball) 관입시험 등이 있다.

37 다음 중 석유계 아스팔트가 아닌 천연 아스팔트에 해당하는 것은?

① 레이크 아스팔트
② 스트레이트 아스팔트
③ 블론 아스팔트
④ 아스팔트 컴파운드

TIP 레이크 아스팔트
- 천연적으로 생성된 아스팔트가 지표에 호수 모양으로 퇴적 되어진 것이며, 역청분을 50% 이상 함유하고 있으며, 성질은 스트레이트 아스팔트와 비슷하다.
- 도로 및 바닥포장, 방수 등에 사용한다.
- ※ 스트레이트 아스팔트 : 아스팔트를 되도록 변화하지 않게 만든 아스팔트를 말하며 점성, 신성, 침투성이 크지만, 연화점이 낮고 온도에 의한 강도, 신성, 유연성의 변화가 크다. 아스팔트 펠트, 아스팔트 루핑의 제조에 사용되며, 지하 방수정도에 사용한다.
- ※ 블론 아스팔트 : 석유의 찌꺼기를 가열하여 공기를 불어 넣어 만든 아스팔트로 점성, 침투성은 작지만, 탄력성이

있고 온도에 의한 변화가 적어 열에 대한 안정성이 좋다. 아스팔트 컴파운드, 아스팔트 프라이머의 원료가 되며, 옥상 및 지붕 방수에 사용한다.

※ 아스팔트 컴파운드 : 블로운 아스팔트의 성질(내열, 내후성 등)을 개선하기 위해 동·식물 섬유를 혼합한 것으로 방수재, 아스팔트 방수공사에 사용한다.

38 점토벽돌 중 매우 높은 온도로 구워 낸 것으로 모양이 좋지 않고 빛깔은 짙으나 흡수율이 매우 적고 압축강도가 매우 큰 벽돌을 무엇이라 하는가?

① 이형벽돌　　② 과소품벽돌
③ 다공질벽돌　④ 포도벽돌

TIP 과소품벽돌(과소벽돌)

- 소성온도를 높게 하여 구운 벽돌로, 압축강도는 크고 흡수율이 낮다.
- 검붉은 색을 띠고 있고 형상이 일그러져 있어 특수 장식용, 기초 조적재로 사용한다.

※ 이형벽돌 : 보통 벽돌과는 다른 치수로 만들어져 나온 벽돌이며 아치 및 원형 창 주위를 조적할 때 사용한다.

※ 다공질 벽돌 : 점토에 분탄, 톱밥 등을 혼합하여 소성한 벽돌로써 톱질과 못치기가 가능하며, 보온 및 흡음성이 있으며, 비중이 1.5정도로 보통벽돌인 2.0보다 작다.

※ 포도벽돌 : 보통벽돌보다 고온으로 소성되어 흡수율이 낮은 벽돌로 도로나 복도 등의 바닥면 등에 사용한다.

39 길이가 폭의 3배 이상으로 가늘고 길게 된 타일로써 징두리 벽 등의 장식용에 사용되는 것은?

① 스크래치 타일　② 보더 타일
③ 모자이크 타일　④ 논슬립 타일

TIP 보더타일

- 220mm×60mm×8mm, 190mm×60mm×11mm와 같이 길이가 너비의 3배 이상인 가늘고 길게 된 타일로 걸레받이·징두리 벽 등에 사용되는 특수 장식용 타일이다.

※ 스크래치 타일 : 표면에 홈이나 긁힌 자국을 낸 타일로 벽돌길이와 같게 한 외장용 타일이다.

※ 모자이크 타일 : 4cm각 이하의 소형 타일을 말하며, 30cm 하드롱지에 줄눈을 일정하게 하여 제작한다. 또한, 11mm각 이하의 작은 타일을 아트모자이크(Art Mosaic)라 하며, 장식 및 회화 등에 사용한다.

40 화산암에 대한 설명 중 옳지 않은 것은?

① 다공질로 부석이라고도 한다.
② 비중이 0.7~0.8로 석재 중 가벼운 편이다.
③ 화강암에 비하여 압축강도가 크다.
④ 내화도가 높아 내화재로 사용된다.

TIP 화산암

- 화산폭발로 분출된 마그마가 급속히 굳은 화성암의 종류로 현무암, 안산암, 부석 등이 있다.

- 대부분 다공질 및 경량의 특징을 가지고 있으며, 화산암 파우더는 광택재 및 연마제 등으로 사용된다.

41 다음 중 지붕의 경사 표시법으로 가장 알맞은 것은?

① 2/7 ② 2/100
③ 2/1000 ④ 2.5/10

TIP 물매
- 지붕의 기울기를 말하며, 수평거리 10cm에 대한 수직 높이를 표시한 것을 말한다. 예를 들어 높이가 4cm라면 4/10 또는 4cm 물매라고 표시한다.
- 높이 10cm인 물매, 즉, 45°의 경사를 가진 물매를 되물매라 하고, 45° 이상의 물매를 된물매라 한다.

42 스터럽(늑근)이나 띠철근을 철근 배근도에서 표시할 때 일반적으로 사용하는 선은?

① 가는 실선 ② 파선
③ 굵은 실선 ④ 이점쇄선

TIP 선의 종류
- 굵은 실선 : 물체의 보이는 부분을 나타내는 선으로 단면선과 외형 선으로 구별하여 사용한다.
- 가는 실선 : 치수선, 치수 보조선, 인출선, 각도 설명 등을 나타내는 지시선 및 해칭 선으로 사용한다.
- 일점쇄선 : 물체의 중심, 대칭축을 표시하는데 사용하고 물체의 절단한 위치를 표시하거나 경계선으로도 사용한다.
- 이점쇄선 : 일점쇄선과 구별할 때 사용한다.
- 파선(점선) : 물체의 보이지 않는 부분의 모양을 표시하는데 사용한다. 파선과 구별할 필요가 있을 때에는 점선을 쓴다.

43 에스컬레이터에 관한 설명으로 옳지 않은 것은?

① 수송량에 비해 점유면적이 작다.
② 대기시간이 없고 연속적인 수송설비이다.
③ 수송능력이 엘리베이터의 1/2 정도로 작다.
④ 경사는 30도 이하로 하여야 한다.

TIP 에스컬레이터
- 엘리베이터에 비해 수송량이 크며, 그에 비해 점유면적이 작다.
- 에스컬레이터의 수송능력은 엘리베이터의 약 10배 정도이다.
- 설치비가 고가(층간 높이 10m 기준 약 1억 5천만 원)이며, 층고, 보의 간격 등 구조적 고려가 필요하다.

44 다음의 평면표시기호가 의미하는 것은?

① 미닫이 창 ② 셔터 달린 창
③ 이중 창 ④ 망사 창

45 건축물의 대지면적에 대한 연면적의 비율을 무엇이라고 하는가?

① 체적률 ② 건폐율
③ 입체율 ④ 용적률

TIP 용적률
- 대지면적에 대한 연면적의 비율로 용적률이 높을수록 건축할 수 있는 연면적이 많아져 건축밀도가 높아지므로 적정 주거환경을 보장하기 위해 용적률의 상한선을 지정한다.
- 용적률 $= \dfrac{연면적}{대지면적} \times 100\%$

46 건축법상 건축에 해당되지 않는 것은?

① 수선 ② 재축
③ 이전 ④ 개축

TIP 건축의 행위(건축법상 건축)
- 신축 : 기존 건축물 철거되거나 멸실된 대지를 포함하여 건축물이 없는 대지에 새로 건축물을 축조하는 것
- 증축 : 기존건축물이 있는 대지에서 건축물의 건축면적, 연면적, 층수 또는 높이를 늘리는 것
- 개축 : 기존 건축물의 전부 또는 일부(내력벽·기둥·보·지붕틀 중 셋 이상이 포함되는 경우를 말함)를 철거하고 그 대지에 종전과 같은 규모의 건축물을 다시 축조하는 것
- 재축 : 건축물이 천재지변이나 그 밖의 재해로 멸실된 경우 그 대지에 종전과 같은 규모의 범위에서 다시 축조하는 것
- 이전 : 주요 구조부를 해체하지 아니하고 동일한 대지 내에서 건축물의 위치를 옮기는 행위

47 디자인 요소 중 수직선이 주는 조형효과와 가장 관계가 깊은 것은?

① 평화 ② 안정
③ 위엄 ④ 고요

TIP 수직선
- 상승, 긴장감, 위엄을 나타낸다.
- ※ 사선 : 불안정, 운동감, 활동성의 느낌을 나타낸다.
- ※ 곡선 : 여성적, 부드러움을 나타낸다.
- ※ 수평선 : 안정, 편안함, 고요함, 차분함을 나타낸다.

48 도면의 표시사항과 기호의 연결 중 옳지 않은 것은?

① 면적 - A ② 높이 - H
③ 반지름 - R ④ 길이 - V

49 다음의 주택단지의 단위 중 규모가 가장 작은 것은?

① 인보구 ② 근린분구
③ 근린주구 ④ 근린지구

TIP 인보구(20~40호, 200~800명)
- 이웃과 가까운 친분이 유지되는 공간적 범위로써 반경100~150m정도를 기준으로 한다.
- 유아놀이터(어린이 놀이터)가 중심이다.

41 ④ 42 ① 43 ③ 44 ② 45 ④ 46 ① 47 ③ 48 ④ 49 ①

- 아파트의 경우 3~4층, 1~2동이 여기에 해당된다.

※ 근린분구(400~500호, 3,000~5,000명)
- 일상 소비 생활에 필요한 공동시설이 운영가능한 단위이다.
- 소비시설(술집 등), 후생시설(공중목욕탕, 약국 등), 치안시설(파출소 등), 보육시설(유치원 등)이 있다.

※ 근린주구(1,600~2,000호, 10,000~20,000명)
- 초등학교가 중심이며, 학교에서 주택까지 500~800m범위, 3~4개의 근린분구 집합체가 근린주구를 이룬다.
- 동사무소, 소방서, 어린이 공원, 우체국 등이 있다.

50 주택계획에서 다이닝 키친(Dining Kitchen)에 관한 설명으로 옳지 않은 것은?

① 공간 활용도가 높다.
② 주부의 동선이 단축된다.
③ 소규모 주택에 적합하지 않다.
④ 주방 일부에 식사실을 두는 것이다.

TIP 다이닝 키친
- 부엌 일부에 식사실을 두는 형식으로 소규모 주택에 적합하다.
- 식사와 취침은 분리하지만 단란은 취침하는 곳과 겹칠 수 있다.
- 공간 활용도가 높다.

51 액화석유가스(LPG)에 관한 설명으로 옳지 않은 것은?

① 공기보다 가볍다.
② 용기(bomb)에 넣을 수 있다.
③ 가스 절단 등 공업용으로도 사용된다.
④ 프로판 가스(propane gas)라고도 한다.

TIP LPG(액화석유가스, Liquefied Petroleum Gas)
- 석유정제 과정에서 채취한 가스를 압축 냉각 하여 액화시킨 가스이다.
- 주성분은 프로판, 부탄, 프로필렌, 에탄 등이다.

① 장점
- 발열량이 크다.
- 용기에 넣을 수 있고, 가스 절단 등 공업용으로도 사용된다.

② 단점
- 공기보다 무겁다.(폭발의 위험성이 커서 주의를 요한다.)
- LNG에 비해 공해가 심하다.

52 다음의 결로현상에 관한 설명 중 ( )안에 알맞은 것은?

> 습도가 높은 공기를 냉각하면 공기 중의 수분이 그 이상은 수증기로 존재할 수 없는 한계를 ( )라 하며, 이 공기가 ( ) 이하의 차가운 벽면 등에 닿으면 그 벽면에 물방울이 생긴다. 이를 결로현상이라 한다.

① 절대습도 ② 상대습도
③ 습구온도 ④ 노점온도

TIP ☼ 노점온도

- 공기를 냉각할 때 공기 중의 수증기가 포화하여 이슬이 맺힐 때의 온도이며, 노점온도는 습도(수증기의 양)에 비례한다.

※ 절대습도 : 공기 1kg 중에 포함된 수증기의 양을 나타내며, 공기를 가열하거나 냉각해도 수증기의 양은 변화가 없다.

※ 상대습도 : 공기 중의 포함된 실제 수증기량과 공기가 최대로 포함할 수 있는 수증기량(포화수증기량)의 비를 말하며, 퍼센트(%)로 나타낸다. 또한, 기온이 높으면 상대습도는 낮고, 기온이 낮으면 상대습도는 높다.

※ 습구온도 : 온도계의 감온부를 헝겊 등으로 감싸놓고 물을 적신 후 증발될 때 내려가는 온도.

53 실내 환기의 척도로 주로 이용되는 것은?

① 산소 ② 질소
③ 이산화탄소 ④ 아황산가스

TIP ☼ 실내 공기 오염(환기척도)

- 재실자의 호흡으로 인한 산소(O_2)의 감소 및 이산화탄소의 증가(CO_2)를 꼽을 수 있다.
- 국내 실내공기 질 기준으로 이산화탄소는 1000ppm 이하로 관리하도록 하고 있다.
- 먼지 및 각종 세균으로 인한 공기오염

※ ppm(농도의 단위) : 미량 물질 농도를 표시할 때 사용하는 것으로, 1g의 시료 중 100만 분의 1g, 물 1t 중의 1g, 공기 $1m^3$ 중의 1cc를 말한다.

54 다음 중 주택 출입구에서 현관의 바닥면과 실내바닥면의 높이차로 가장 알맞은 것은?

① 5cm ② 15cm
③ 30cm ④ 45cm

TIP ☼ 현관

- 실내와 실외를 연결하는 중간적 성격의 통로를 말한다.

① 현관의 위치결정 요소

- 방위와는 무관하나 주택 규모가 클 경우 남측 또는 중앙에 위치하기도 한다.
- 현관에서 간단한 접객의 용무를 겸하는 외에는 불필요한 공간을 두지 않는다.(크게 두지 않는다.)

② 현관의 크기

- 폭 : 120cm, 깊이 : 90cm
- 연면적의 7% 정도로 한다.
- 현관의 바닥 차이는 10~20cm 정도로 한다.(평균 15cm)

50 ③ 51 ① 52 ④ 53 ③ 54 ②

55 연립주택의 형식 중 경사지를 이용하거나 상부 층으로 갈수록 약간씩 뒤로 후퇴하는 형식은?

① Town house
② Terrace house
③ Courtyard house
④ Row house

> 💡 테라스 하우스
> - 경사지에 짓는 주택으로 적당한 절토 또는 자연 지형을 따라 건물을 만든다.
> - 각 호마다 전용의 뜰(정원)을 갖게 되며, 노인이 있는 세대에 적합하다.
> - 경사도에 따라 밀도가 좌우되며, 후면에 창이 없기 때문에 깊이는 6~7.5m 이하이다.
> - 경사지인 경우 도로를 중심으로 상향식과 하향식으로 구분한다.
> - 지형에 따라 자연형(경사지)테라스 하우스, 인공형(평지)테라스 하우스로 나뉘며, 인공형 테라스 하우스는 시각적 테라스형, 구조적 테라스형으로 구분한다.
>
> ※ 타운 하우스 : 토지의 효율적인 이용 및 건설비, 유지관리비의 절약을 고려한 주택으로 단독 주택의 장점을 최대한 활용하며 주차가 용이하며 공동 주차공간은 불필요하다. 또한, 배치를 다양하게 변화시킬 수 있으며, 프라이버시 확보는 조경을 통해 해결 가능하다.
>
> ※ 중정형 하우스 : 보통 한 세대가 한 층을 점유하는 주거형식으로 중정을 향해 L자형으로 둘러싸고 있다.
>
> ※ 로우 하우스 : 타운하우스와 같이 토지의 이용 및 건설비 및 유지관리비 절감을 고려한 형식으로 단독주택보다 높은 밀도를 가진다.

56 배수관 속의 악취, 유독 가스 및 벌레 등이 실내로 침투하는 것을 방지하기 위하여 배수 계통의 일부에 봉수가 고이게 하는 기구는?

① 사이펀 ② 플랜지
③ 트랩   ④ 통기관

> 💡 트랩의 종류
>
>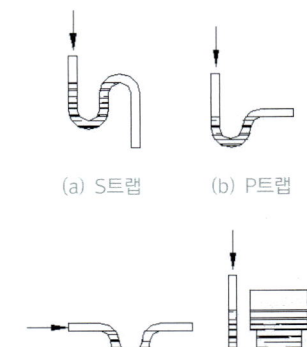
>
> (a) S트랩 (b) P트랩
> (c) U트랩 (d) 드럼트랩
>
>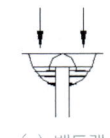
>
> (e) 벨트랩
>
> ① S트랩
> - 세면기, 대변기, 소변기에 사용하며, 바닥 밑 배수관에 접속하는데, 사이펀 작용으로 인해 봉수가 쉽게 파괴될 수 있다.
>
> ② P트랩

- 세면기, 대변기, 소변기 등 위생기구에 많이 사용되며, 벽체 배수관에 접속하여 사용한다.

③ U트랩
- 가옥(House)트랩, 메인(Main)트랩이라고도 하며, 옥내 배수 수평주관 말단에 설치 (옥외 배수관에 배출되기 직전)하여 하수의 가스 역류방지용으로 사용하는 것으로 유속이 저하되는 결점이 있다.

④ 드럼트랩
- 싱크대에 사용하는 것으로 다량의 물을 고이게 해 봉수파괴의 우려가 없고, 청소가 가능하다.

⑤ 벨트랩
- 욕실, 샤워실 등의 바닥에 배수용으로 사용한다.

※ 스위블 이음쇠(swivel joint) : 2개 이상의 엘보를 이용하여 신축을 흡수하는 것으로 난방이나 급탕배관 주변에 설치한다. 신축 및 팽창으로 인해 누수의 우려가 있다.

57 정방형의 건물이 다음과 같이 표현되는 투시도는?

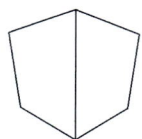

① 등각 투상도　② 1소점 투시도
③ 2소점 투시도　④ 3소점 투시도

TIP 3소점 투시도
- 면이 모두 기면과 화면에 기울어진 때의 투시도이다.
- 소점이 3개이며 잘 사용되지 않는다.

※ 1소점 투시도 : 그림은 항상 인접한 두면이 각각 호면과 기면에 평행한 때의 투시도로 소점은 1개로서 정적인 건물의 표현에 효과적이다.

※ 2소점 투시도 : 인접한 두 면 중에 밑면은 기면에 평행하고 다른 면은 화면에 경사지게 한 투시도로 소점은 2개이며, 가장 많이 사용된다.

※ 등각 투상도 : 정면, 평면, 측면을 하나의 투상면 위에서 동시에 볼 수 있도록 그린 것으로 즉육면체의 등각 투상도에서 직각으로 만나는 3개의 모서리는 각각 120°를 이루고 2개의 옆면 모서리는 수평선과 30°를 이룬다.

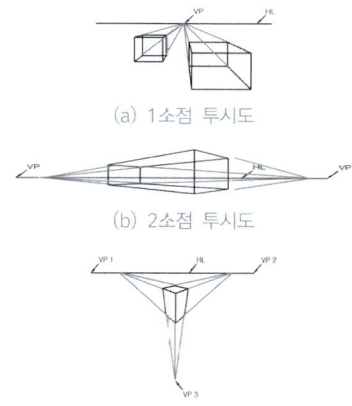

(a) 1소점 투시도

(b) 2소점 투시도

(c) 3소점 투시도

58 소화설비 중 스프링클러(Sprinkler)에 대한 설명으로 옳지 않은 것은?

① 화재의 열에 의해 스프링클러 헤드가 자동적으로 개구되어 방수하는 방식이다.
② 고층건물이나 지하층의 소화에 적합하다.
③ 소화기능은 있으나 경보 기능은 없다.
④ 화재 시 초기 소화율이 높다.

TIP 스프링클러
- 스프링클러 헤드를 실내 천장에 설치하여 67~75℃정도에서 가용합금편이 녹으면 자동으로 물을 분사하는 자동소화설비이다.
- 화재감지와 동시에 화재경보가 작동하여 신속한 대피 및 초기화재진압을 할 수 있다.
- 야간에도 화재를 감지하여 소화를 할 수 있으며 감지부 구조가 온도에 의해 끊어지기 때문에 오동작 및 오보가 적다.
- 초기 시공비가 많이 들며 물에 의한 2차 피해가 발생할 수 있다.

59 생활 행위에 따른 동작을 가능하게 하며, 주거 공간을 구성하는 기본적인 것은?

① 인체동작 공간   ② 개인 공간
③ 공동 공간   ④ 주거집합 공간

TIP 인체동작 공간
- 일상생활의 움직임에 있어 인체의 동작 치수에 기능적으로 필요한 것의 치수를 더한 공간을 말한다.
- ※ 개인 공간 : 가족 구성원 각자의 사적인 생활을 위한 공간이다.(침실, 어린이 방 등)
- ※ 공동 공간 : 가족 구성원 모두 이용하며 생활하는 공간이다.(거실, 식당 등)

60 건물의 남·북간의 인동간격을 결정할 때 하루 동안에 필요한 최소한도의 4시간 일조를 얻기 위해서는 어느 때 일영곡선을 사용하는가?

① 춘분   ② 추분
③ 하지   ④ 동지

TIP 인동간격
- 건물과 건물사이의 필요한 일조 및 채광을 확보하기 위해 두는 간격으로 재해 특히 화재에 대한 안전성 및 프라이버시 확보 등을 위함이다.
- 일조확보를 위해서는 동지를 기준으로 최소 4시간 이상의 일조를 얻을 수 있어야 한다.
- 일조의 확보를 위해 동서 방향으로 긴 직사각형 건물의 배치가 유리하다.
- ※ 일영곡선 : 태양광선에 의하여 공간의 점이 물체 위에 드리우는 그늘의 궤적을 말한다.

58 ③   59 ①   60 ④

PART 06 | CBT 기출복원문제

2021년 1회

01 지붕의 물매 중 되물매의 경사로 옳은 것은?

① 15° ② 30°
③ 45° ④ 60°

> **TIP 물매**
> - 지붕의 기울기를 말하며, 수평거리 10cm에 대한 수직 높이를 표시한 것을 말한다. 예를 들어 높이가 4cm라면 4/10 또는 4cm물매라고 표시한다.
> - 높이 10cm인 물매, 즉, 45°의 경사를 가진 물매를 되물매라 하고, 45° 이상의 물매를 된물매라고 한다.

02 목조벽체에 사용되는 가새에 대한 설명 중 옳지 않은 것은?

① 목조벽체를 수평력에 견디게 하고 안정한 구조로 하기 위한 것이다.
② 가새는 일반적으로 네모구조를 세모구조로 만든다.
③ 주요건물에서는 한 방향 가새로만 하지 않고 X자형으로 하여 인장과 압축을 겸비하도록 한다.
④ 가새는 60°에 가까울수록 유리하다.

> **TIP 가새**
> - 목구조는 수평력(횡력)에 약하므로, 이를 보완하기 위해 대각으로 대는 부재이다.
> - 가새를 댈 때는 45°에 가까울수록 좋고, 기둥과 좌우대칭이 되도록 한다.
> - 단면은 큰 것이 좋지만, 잘못하면 휨 모멘트에 의해 좌굴의 우려가 있다.
> ① 인장가새 : 인장력을 부담하는 가새는 기둥의 1/5 정도로 사용하거나 철근을 사용할 수도 있다.
> ② 압축가새 : 압축력을 부담하는 가새는 기둥과 같은 크기로 하거나 1/2~1/3 정도의 크기로 한다.

03 나무구조의 마루에 대한 설명 중 옳지 않은 것은?

① 1층 마루에는 동바리마루, 납작마루가 있다.
② 2층 마루 중 보마루는 보를 걸어 장선을 받게 하고 그 우에 마루널을 깐 것이다.
③ 동바리는 동바리돌 위에 수평재로 설치한다.
④ 동바리마루는 동바리돌, 동바리, 멍에, 장선 등으로 구성된다.

01 ③ 02 ④ 03 ③

> 💡 **TIP** 마루
> - 방과 방 사이 또는 방 앞부분을 지면으로부터 높이 떨어지게 하여 널빤지를 길고 평평하게 깐 공간을 말한다.
>
> ① 1층 마루
> - 동바리 마루 : 지반에 동바리 돌을 놓고 그 위에 동바리를 세운 후 동바리 위에 멍에, 그 위로 장선을 놓고 마룻널을 깐다.
> - 납작마루 : 창고, 공장 등 마루를 낮게 하기 위해 사용하는 것으로 땅바닥이나 호박돌 위에 동바리 없이 멍에와 장선을 놓고 마룻널을 깐다.
>
> ② 2층 마루
> - 장선마루 : 홑마루 라고도 하며 간 사이가 좁은 2.4m 미만일 때 사용한다. 보를 사용하지 않고 층도리에 장선을 약 45cm 간격으로 직접 대고 마룻널을 깐다.
> - 보마루 : 간 사이가 2.4m 이상인 마루에 사용하며, 약 2m 정도의 보를 대고 그 위에 장선을 대고 마룻널을 깐다.
> - 짠마루 : 칸 사이가 6m 이상일 때 사용하며, 큰 보는 약 3m 정도의 간격을 주고, 작은 보는 2m 간격으로 배치한 뒤 장선을 그 위에 대고 마룻널을 깐다.

04 트러스를 곡면으로 구성하여 돔을 형성하는 것은?

① 와렌 트러스　　② 실린더 셸
③ 회전 셸　　　　④ 래티스 돔

> 💡 **TIP** 래티스 돔
> - 긴 span에 보를 걸치기 위해 작은 형강을 트러스 형식으로 조립하여 큰 보의 역할과 힘을 받도록 한 돔을 말한다.

05 바닥 면적이 $40m^2$ 일 때 보강콘크리트 블록조의 내력벽 길이의 총합계는 최소 얼마 이상이어야 하는가?

① 4m　　　　② 6m
③ 8m　　　　④ 10m

> 💡 **TIP** 벽량$(cm/m^2) = \dfrac{\text{내력벽의 길이}(cm)}{\text{바닥면적}(m^2)}$
>
> 보강블록조의 최소 벽량은 $15cm/m^2$ 이상이므로, $15cm/m^2 = \dfrac{x}{40m^2}$
>
> ∴ $x = 600cm$

06 단면이 0.3m×0.6m이고 길이가 10m인 철근콘크리트 보의 중량은?

① 4.14t　　　② 2.85t
③ 4.32t　　　④ 3.59t

> 💡 **TIP** 철근콘크리트 보의 중량
>
> ① kg으로 계산 시
> - 철근콘크리트 보의 부피 : $0.3m \times 0.6m \times 10m = 1.8m^3$
> - 철근콘크리트 보의 단위중량 : $2400kg/m^3$
>
> ∴ $1.8m^3 \times 2400kg/m^3 = 4320kg$
>
> ② tf로 계산 시
> - 철근콘크리트 보의 부피 :

$0.3m \times 0.6m \times 10m = 1.8m^3$

- 철근콘크리트 보의 단위중량 : $2.4tf/m^3$

∴ $1.8m^3 \times 2.4\ tf/m^3 = 4.32tf$

③ N으로 계산 시

- 철근콘크리트 보의 부피 : $0.3m \times 0.6m \times 10m = 1.8m^3$
- 철근콘크리트 보의 단위중량 : $2400kg/m^3 \times 9.8N = 23520N = 23.52kN/m^3$

∴ $1.8m^3 \times 23.52\ kN/m^3 = 42.336kN$

※ $1kgf = 9.8N$

07 2방향 슬래브가 되기 위한 조건으로 옳은 것은?

① (장변/단변) ≤ 2
② (장변/단변) ≤ 3
③ (장변/단변) 〉 2
④ (장변/단변) 〉 3

TIP 2방향 슬래브

- 장변과 단변의 비가 2 이하일 때를 2방향 슬래브라 하며, 비교적 큰 보나 벽체로 지지된 슬래브에서 서로 직교하는 2방향으로 주근을 배치한 슬래브이다.
- 단변방향의 철근을 장변방향의 철근보다 바닥 단부 쪽으로 배치하는데, 단변방향에서 더 큰 하중을 받기 때문이다.

※ 1방향 슬래브

- 장변과 단변의 비가 2를 초과할 때를 1방향 슬래브라 하며, 슬래브에 작용하는 모든 하중이 단변방향으로만 전달되는 것으로 간주한다.
- 단변방향으로 주근을 배치하고, 장변방향으로 배력근을 배치한다.

08 외관이 중요시 되지 않는 아치는 보통벽돌을 쓰고 줄눈을 쐐기모양으로 하는데 이러한 아치를 무엇이라 하는가?

① 본아치   ② 거친아치
③ 막만든아치 ④ 층두리아치

TIP 아치

- 상부에서 오는 직압력을 곡선을 따라 좌우로 나뉘어 주압력만을 받는 구조로써 하부에 인장력이 생기지 않는 구조이다.
- 조적조 개구부는 아무리 좁아도 아치를 트는 것을 원칙으로 한다.
- 너비 1m 정도는 평아치로 1.8m 이상은 인방을 설치하고, 조적식은 작은 개구부라도 평아치(옆세워 쌓기)나 둥근 아치쌓기로 하는 것을 원칙으로 한다.
- 거친 아치 : 보통 벽돌을 이용하여 사용하고 줄눈을 쐐기모양으로 만든 아치이다.

※ 본아치 : 아치 벽돌을 사다리꼴 모양으로 제작한 것을 이용하여 만든 아치이다.

※ 막만든아치 : 벽돌을 쐐기 모양으로 다듬어 만든 아치이다.

※ 층두리 아치 : 아치 너비가 넓을 때 여러 겹으로 겹쳐 쌓은 아치이다.

09 벽돌 벽 등에 장식으로 사각형, 십자형 구멍을 내어 쌓는 것으로 담장에 많이 사용되는 쌓기법은?

① 엇모쌓기 ② 무늬쌓기
③ 공간벽쌓기 ④ 영롱쌓기

> **TIP** 영롱쌓기
> - 벽돌 벽에 구멍을 내어 쌓는 것으로 장식의 효과가 있다.
> - ※ 엇모쌓기 : 벽에 변화를 주기 위해 45° 각도로 쌓아 그림자 효과를 낸다.
> - ※ 무늬쌓기 : 벽돌 면에 무늬를 넣어 줄눈에 장식효과를 낼 수 있다.
> - ※ 공간벽쌓기 : 벽돌과 벽돌사이에 공간을 두어 방한, 방습 등의 효과를 위해 쌓는 것으로 공기층을 두거나 단열재를 넣는 방법이다.

10 다음 중 기둥과 보가 없고 평면적인 구조체만으로 구성된 구조시스템으로 빌라나 아파트 등에 적용되는 구조는?

① 막구조 ② 셸구조
③ 벽식구조 ④ 현수구조

> **TIP** 벽식구조
> - 기둥과 보 없이 바닥과 내력벽만으로 위층을 지지하는 구조를 말한다.
> - ※ 막구조 : 텐트와 같은 얇은 막을 쳐서 지붕을 구성하는 방법으로 두 방향의 인장력(引張力)이 작용하는 현수(懸垂)밧줄구조라고도 할 수 있다.
> - ※ 셸구조 : 곡률을 가진 얇은 판으로 주변을 충분히 지지시켜 공간을 덮는 구조이다.
> - ※ 현수구조 : 상부에서 기둥으로 전달되는 하중을 케이블 형태의 부재가 지지하는 구조로써, 주 케이블에 보조 케이블이 상판을 잡아 지지한다.

11 절충식 지붕틀에서 동자기둥이 받는 부재는?

① 중도리와 마룻대
② 서까래와 베개보
③ 대공과 지붕보
④ 깔도리와 처마도리

> **TIP** 절충식 지붕틀
> - 동자기둥 상부는 마룻대 및 중도리에 맞춤하고 산지 또는 못을 박는다.
> - 동자기둥 하부는 지붕보 윗면에 대공이 놓이는 자리를 평평하게 하고 맞춤하며 꺾쇠 등으로 고정한다.
> - 중도리는 동자기둥에, 마룻대는 대공 위에 수평으로 걸쳐대고 서까래를 받는다.

12 벽돌 마름질과 관련하여 다음 중 전체적인 크기가 가장 큰 토막은?

① 이오토막 ② 반토막
③ 반반절 ④ 칠오토막

> **TIP** 이오토막
> - 온장벽돌을 4등분하여 3/4을 잘라내고 1/4 부분을 사용하는 벽돌을 말한다.
> - ※ 반토막 : 벽돌을 짧은 방향으로 절반을

잘라낸 벽돌을 말한다.

※ 칠오토막 : 온장벽돌을 4등분하여 1/4을 잘라내고 3/4 부분을 사용하는 벽돌을 말한다.

※ 반반절 : 반절된 벽돌을 다시 반 토막으로 잘라낸 벽돌을 말한다.

13 철골조의 보에 대한 설명으로 옳지 않은 것은?

① 형강보에는 L형강이 많이 사용된다.
② 트러스보에는 모든 하중이 압축력과 인장력으로 작용한다.
③ 플레이트보는 형강보다 큰 단면 성능을 가지도록 만들 수 있다.
④ 래티스보는 힘을 많이 받는 곳에는 잘 쓰이지 않는다.

TIP 형강보

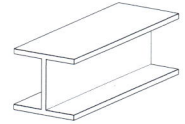

형강보

- 단일 형강인 H형강, I형강, ㄷ형강을 이용하며 플렌지 플레이트를 여러 장 사용하여 휨 내력을 보강한다.

※ 트러스보 : 플레이트보의 웨브재로 수직재와 경사재를 거싯플레이트로 조립한 보로써 부재는 압축 또는 인장재로 계산한다.

※ 플레이트보(판보) : 큰 하중에 사용할 수 있도록 L형강과 I형강을 리벳과 용접으로 조립한 보이다.

※ 래티스보 : 상, 하 플랜지 사이에 웨브재 평강을 45°, 60° 등의 일정한 각도로 조립한 보로써 규모가 작거나 철골철근콘크리트로 피복할 때 사용하는 보이다.

14 옆에서 산지치기로 하고, 중간은 빗 물리게 한 이음으로 토대, 처마도리, 중도리 등에 주로 쓰이는 것은?

① 엇걸이 산지이음   ② 빗이음
③ 엇빗이음   ④ 겹친이음

TIP 엇걸이 산지이음

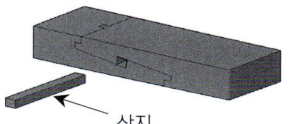

엇걸이 산지이음

- 수직부재나 수평부재 간의 결속을 위해 짜 맞추는 공법으로, 맞장부와 다르게 산지에 의해 수평력에도 저항력을 가지고 있다. 창덕궁 낙선재 등의 수평구조재가 있고, 강릉 객사문 등의 수직 구조재가 있다.

15 철골조에서 주각부분에 사용되는 부재가 아닌 것은?

① 베이스 플레이트
② 사이드 앵글
③ 윙 플레이트
④ 플랜지 플레이트

TIP 철골 주각 구성
- 베이스 플레이트, 리브 플레이트, 윙 플레이트, 사이드 앵글, 클립 앵글
- ※ 플랜지 플레이트 : 플레이트 보(플레이트 거더) 등의 플랜지에 사용하는 강판

16 절충식구조에서 지붕보와 처마도리의 연결을 위한 보강 철물로 사용되는 것은?

① 주걱볼트   ② 띠쇠
③ 감잡이쇠   ④ 갈고리 볼트

TIP 주걱볼트
- 평평한 철물에 볼트를 용접한 볼트로 처마도리와 지붕보를 연결할 때 사용한다.
- ※ 띠쇠 : I자 형으로 된 철판에 가시못 또는 볼트 구멍을 뚫어 놓은 것으로 왕대공과 ㅅ자보를 연결할 때 사용한다.
- ※ 감잡이쇠 : ㄷ자 형으로 띠쇠를 구부린 철판으로 평보와 왕대공을 연결할 때 사용한다.
- ※ 갈고리볼트 : 머리 대신 한 쪽을 갈고리 모양으로 한 것으로 콘크리트를 치기 전 설치하는 볼트이다.

17 토대, 보, 도리 등의 가로재가 서로 수평으로 맞추어지는 곳을 안정한 세모구조로 하기 위해 설치하는 것은?

① 귀잡이보   ② 펠대
③ 가새   ④ 버팀대

TIP 귀잡이보
- 토대, 보, 도리 등이 서로 수평으로 만나는 귀 부분을 안정한 삼각형태로대는 부분으로 가새를 댈 수 없을 때 사용한다.
- ※ 펠대 : 세로재가 변형되지 않도록 연결해 주는 가로재를 말한다.
- ※ 버팀대 : 목재의 변형을 막기 위해 X자 모양으로 대주는 부재를 말한다.
- ※ 가새 : 문제 2번의 해설 참조

18 기둥과 기둥 사이의 간격을 나타내는 용어는?

① 아치   ② 스팬
③ 트러스   ④ 버트레스

TIP 스팬
- 구조물의 수평구간거리 또는 건물 기둥과 기둥 사이의 거리를 말한다.

19 다음 벽돌쌓기 그림은 어떤 쌓기 법을 말하는가?

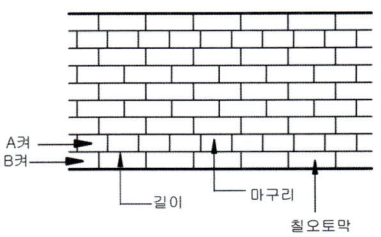

① 미국식 쌓기   ② 프랑스식 쌓기
③ 영국식 쌓기   ④ 네덜란드식 쌓기

💡TIP 네덜란드식(화란식) 쌓기
- 영국식 쌓기와 방법은 같으나 모서리 또는 끝 부분에 칠오토막을 사용한다.
- 모서리가 다소 견고하고 가장 많이 사용한다.

20 흙막이 벽공사 시 흙막이 벽 뒷부분의 흙이 미끄러져 안으로 밀려들어오는 현상을 무엇이라 하는가?

① 히빙 ② 보일링
③ 액상화 ④ 파이핑

💡TIP 히빙(Heaving)현상
- 연약점토지반에서 굴착작업 시 흙막이 벽 내·외의 흙의 중량(흙+적재하중) 차이로 인해 저면 흙이 지지력을 상실하고 붕괴되어 흙막이 바깥에 있는 흙이 흙막이 벽 선단을 돌며 밀려들어와 굴착 저면이 부풀어 오르는 현상이다.
- 히빙 방지대책
  ⇒ 강성이 큰 흙막이 벽을 사용하고 밑둥깊이(근입깊이)를 충분히 잡을 것
  ⇒ 바닥파기를 할 때 널말뚝 전면에 중량이 실리는 Island method를 채용할 것
  ⇒ 바닥파기를 전면굴착하지 말고 부분굴착에 의해 지하구조체를 시공할 것
  ⇒ 지반개량에 의한 하부지반의 강도를 증가시킬 것
  ⇒ 피압수에 의한 히빙 방지

※ 보일링 : 모래질 지반에 흙막이 벽을 설치하고 기초 파기를 할 때 흙막이 벽 뒷면 수위가 높아 지하수가 모래와 같이 벽을 돌아 지하수가 모래와 같이 솟아오르는 현상이다.
- 보일링 방지대책
  ⇒ 흙막이 벽을 깊게 하여 지하수 흐름을 차단한다.
  ⇒ 지하수위를 저하한다.

※ 액상화 : 포화된 모래가 진동 또는 지진 등을 받으면 입자들이 재배열되어 약간 수축하며 큰 과잉 간극수압을 유발하게 되고, 그 결과로 유효응력과 전단강도가 크게 감소되어 모래가 유체처럼 거동하게 되는 현상이다.

※ 파이핑 : 흙막이 벽의 뚫린 구멍 또는 이음재를 통하여 물이 공사장 내부 바닥으로 스며드는 현상이다.

21 10cm×10cm인 목재를 400kN의 힘으로 잡아당겼을 때 끊어졌다면, 이 목재의 최대 강도는 얼마인가?

① 4Mpa ② 40Mpa
③ 400Mpa ④ 4000Mpa

💡TIP $pa = N/m^2$
- $400,000N / 0.1m \times 0.1m = 40,000,000 Pa$
- ∴ $40,000,000 Pa = 40,000 Kpa = 40 MPa$

22 콘크리트 타설 후 비중이 무거운 시멘트와 골재 등이 침하되면서 물이 분리·상승하여 미세한 부유물질과 콘크리트 표면으로 떠오르는 현상은?

① 레이턴스(laitance)   ② 초기 균열
③ 블리딩(bleeding)   ④ 크리프

> **TIP 블리딩(Bleeding)**
> - 굳지 않은 콘크리트에서 물이 상부로 치고 올라오는 현상을 말한다.
>
> ※ 레이턴스(Laitance) : 블리딩에 의해 미세물질이 콘크리트 또는 몰탈 면의 표면에 올라와 경화 후 표면에 형성되는 흰빛의 얇은 막을 말한다.
>
> ※ 초기균열 : 콘크리트 타설 직후 발생하는 균열로 급격한 건조, 블리딩, 수화열, 시공 중에 균열이 나타난다.
>
> ※ 크리프(Creep) : 일정 하중을 오랜 시간동안 그대로 작용시키면 하중의 증감 없이도 변형이 계속적으로 일어나는 장기추가처짐 현상을 말한다.

23 콘크리트용 골재에 대한 설명으로 옳지 않은 것은?

① 잔 것과 굵은 것이 골고루 혼합된 것이 좋다.
② 강도는 경화된 시멘트 페이스트의 최대 강도 이상이어야 한다.
③ 표면은 매끄럽고 모양은 구형에 가까운 것이 가장 좋다.
④ 유해량이 허용한도 이내여야 한다.

> **TIP 골재의 품질**
> - 유해량의 먼지, 흙, 유기 불순물, 염류 등이 포함되지 않아야 한다.
> - 시멘트 풀이 경화했을 때의 강도 이상이어야 한다.
> - 모양은 구(둥글거나)이나 입방체에 가깝고, 표면은 거칠어야 한다.
> - 크고 작은 골재가 고르게 섞여 있어야 한다.(입도가 좋아야 한다.)
> - 물리적·화학적으로 안정되어야 한다.

24 바닥재를 플로어링 판으로 마감을 할 경우의 수종으로 부적합한 것은?

① 참나무   ② 너도밤나무
③ 단풍나무   ④ 마디카

> **TIP 마디카(Jelutong)**
> - 심재와 변재의 구분은 없으며, 비중이 0.4 ~ 0.5 정도로 작은 편이다.
> - 가공이 용이하여 판재를 얻기 쉽다.
> - 내구성이 낮고 충격에 약하다.
> - 조각 및 합판 등의 제조에 사용한다.

25 소석회에 모래, 해초풀, 여물 등을 혼합하여 바르는 미장재료로서 목조바탕, 콘크리트 블록 및 벽돌 바탕에 사용되는 것은?

① 돌로마이트 플라스터
② 회반죽
③ 석고 플라스터
④ 시멘트 몰탈

TIP 회반죽
- 소석회에 여물, 풀, 모래 등을 혼합한 것으로 수축률이 커 여물을 넣어 균열을 방지한다.
- 건조에 시간이 많이 걸린다.

※ 돌로마이트 플라스터 : 점성이 커 여물이 필요 없고 냄새, 변색, 곰팡이가 생기지 않는다.
또한, 강알칼리성으로 건조 후 바로 유성페인트를 바를 수 없다.

※ 석고 플라스터 : 점성이 크고 응결이 빠르며 경화 후 수축이 적어 균열이 적게 발생한다.
또한, 중성화가 빨라 유성페인트를 바를 수 있다.

※ 시멘트 몰탈 : 시멘트, 모래, 물을 혼합한 것으로 어떤 미장재료보다 성질이 우수하여 가장 많이 사용한다.

26 참나무의 절대건조비중이 0.95일 때 목재의 공극률은 얼마인가?

① 10% ② 23.4%
③ 38.3% ④ 52.4%

TIP 목재의 공극률
- $v = (1 - \frac{r}{1.54}) \times 100\%$ 이므로,

$(1 - \frac{0.95}{1.54}) \times 100\% ≒ 38.31\%$

∴ 약 38.3%

27 코너비드(coner bead)에 대한 설명으로 옳은 것은?

① 계단 모서리 끝 부분의 보강 및 미끄럼 방지를 위해 설치한다.
② 강철, 금속재의 콘크리트용 거푸집으로 특히 치장콘크리트에 많이 사용된다.
③ 기둥과 기둥에 가로대어 창문틀의 상하 벽을 받고 하중을 기둥에 전달하며 창문틀을 끼워 대는 뼈대가 되는 것이다.
④ 벽, 기둥 등의 모서리를 보호하기 위하여 미장 바름질을 할 때 붙이는 보호용 철물이다.

TIP 코너비드
- 벽과 기둥 등의 므서리를 보호하기 위해 사용하며 재질은 아연도금, 황동, 스테인리스 제품 등이 사용된다.

※ 논슬립 : 계단 디딤판 끝부분의 보강 및 미끄럼 방지를 위해 사용하는 철물을 말한다.

※ 강제거푸집 : 강재를 이용하여 만든 거푸집으로 공장에서 생산되어 형상 및 치수가 정확하고 강성이 크며 전용도(轉用度)가 높고 콘크리트를 부어 굳히기 위한 목적으로 만든 임시 구조물로 강철, 금속재의 콘크리트용 거푸집으로 특히 치장콘크리트에 많이 적용된다.

※ 인방 : 기둥과 기둥 사이, 또는 문이나 창의 아래나 위로 가로지르는 목재로 문짝의 아래위 틀과 나란하게 놓는다.

28 길이 5m인 생나무가 전건상태에서 길이가 4.5m로 되었다면 수축률은 얼마인가?

① 6% ② 10%
③ 12% ④ 14%

TIP 목재의 수축률

- 수축률 = $\dfrac{5-4.5}{5} \times 100\%$ $\therefore 10\%$

29 초기강도가 높고 양생기간 및 공기를 단축할 수 있어, 긴급공사에 사용되는 것은?

① 중용열시멘트
② 조강포틀랜드 시멘트
③ 백색시멘트
④ 고로시멘트

TIP 조강 포틀랜드 시멘트

- 재령7일만에 보통 포틀랜드 시멘트의 28일 강도를 나타내며 조기강도는 큰 편이나, 장기강도는 보통 포틀랜드 시멘트와 차이가 없다. 또한, 수밀성과 수화열이 크고, 동기공사, 긴급공사, 지하수중공사에 사용한다.
- ※ 보통 포틀랜드 시멘트 : 4주(28일)정도 양생해야 소요 압축강도를 얻을 수 있으며, 생산량이 많아 보편적으로 가장 많이 사용한다.
- ※ 중용열 포틀랜드 시멘트 : 수화열이 적으며, 조기강도가 낮고 장기강도를 크게 한 시멘트로, 건조 수축이 적으며 내침성, 내구성 및 화학적 저항성이 크다. 또한, 댐 공사, 방사능 차폐용으로 사용한다.
- ※ 백색 포틀랜드 시멘트 : 백색의 석회석과 산화철을 포함하지 않은 점토를 이용하며 도장 및 장식용, 인조석 제조에 사용한다.

30 점토에 대한 다음 설명 중 옳지 않은 것은?

① 제품의 색깔과 관계있는 것은 규산성분이다.
② 점토의 주성분은 실리카, 알루미나이다.
③ 각종 암석이 풍화, 분해되어 만들어진 가는 입자로 이루어져 있다.
④ 점토를 구성하고 있는 점토광물은 잔류점토와 침적점토로 구분된다.

TIP 점토

- 점토의 주성분은 실리카(SiO_2 : 50~70%), 알루미나(Al_2O_3 : 15~36%) 등이다.
- 점토의 색깔과 관계있는 것은 카올린(kaolin)이다.
- 점토를 소성하여 분쇄한 분말을 샤모트(Schamotte)라 하며, 점성조절재로 사용한다.
- 점토를 구성하고 있는 점토광물은 잔류점토와 침적점토로 구분된다.

31. 목재의 역학적 성질에 대한 설명 중 틀린 것은?

① 섬유포화점 이하에서는 강도가 일정하나 섬유포화점 이상에서는 함수율이 증가함에 따라 강도는 증가한다.
② 목재는 조직 가운데 공간이 있기 때문에 열의 전도가 더디다.
③ 목재의 강도는 비중 및 함수율 이외에도 섬유방향에 따라서도 차이가 있다.
④ 목재의 압축강도는 옹이가 있으면 감소한다.

TIP 목재의 성질
- 섬유포화점 : 함수율 30% 이하를 말하며 강도가 서서히 증가한다.
- 섬유방향의 평행한 인장강도 〉 섬유방향의 직각인 인장강도
- 옹이 등 목재의 흠은 외관 손상 뿐 아니라 강도 및 내구성 등을 저하시키는 원인이 되기도한다.

32. 각종 색유리의 작은 조각을 도안에 맞추어 절단해서 조합하여 모양을 낸 것으로 성당의 창, 상업건축의 장식용으로 사용되는 것은?

① 접합유리   ② 스테인드글라스
③ 복층유리   ④ 유리블록

TIP 스테인드글라스
- 색 유리를 이용하여 여러 그림 또는 문양을 넣은 유리로 색 유리의 작은 조각을 이용하고 그 접합부를 I형 납테 또는 에폭시에 끼워 맞춘 것으로 성당의 창, 장식용 등에 사용한다.

※ (접)합유리
- 2장 또는 그 이상의 유리 사이에 투명한 플라스틱 필름을 넣고 높은 열로 압착하여 단든 유리로 타격에 의해 파괴되더라도 파편이 접착제에 붙어 떨어지지 않게 한 것으로, 자동차, 기차 등의 창유리에 사용한다.

※ 복층유리(Pair Glass)
- 2장 또는 3장의 판유리를 일정간격으로 띄운 후, 둘레에 틀을 끼워 기밀하게 하고 그 사이에 건조공기 또는 아르곤 주입하여 만든 유리로 단열, 결로 방지, 방음에 효과가 있고, 일반 주택 또는 고층 빌딩의 외부 창 등에 사용한다.

※ 유리블록
- 상자형 유리 2개를 맞추어 고열로 일체시키고, 건조공기를 넣어 만든 유리로 4각 측면은 몰탈과의 접착이 잘 되도록 합성수지계 도료를 발라 돌가루 등을 붙여 놓은 것으로 장식 및 채광창 등에 사용한다.

33. 실을 뽑아 직기에 제직을 거친 벽지는?

① 직물벽지   ② 비닐벽지
③ 종이벽지   ④ 발포벽지

TIP 직물벽지
- 따뜻하고 부드러운 느낌과 고급스러운 분위기를 나타낼 수 있으나 오염되기 쉽고 비싸다.
※ 비닐벽지 : 종이벽지 위에 PVC 코팅막을 입힌 것으로 오염에 강하고 수명이 길지만, 비싸다.
※ 종이벽지 : 가격이 저렴하고 재 도배가

가능하지만, 오염되기 쉽고 물청소가 어렵다.

※ 발포벽지 : 염화비닐을 도포하여 발포시킨 벽지로 보온 등에 효과가 있으나 먼지가 잘 묻는다.

34 다음 미장재료 중 수경성 재료는?

① 회사벽
② 돌로마이트 플라스터
③ 회반죽
④ 시멘트 몰탈

TIP 수경성
- 물과 작용하여 경화된 후 점차 강도가 커지는 성질의 재료를 말한다.
- 석고, 시멘트 몰탈 등이 있다.

※ 기경성 : 공기 성분 중에서 탄산가스(이산화탄소)에 의해 경화되는 성질의 재료로, 점토, 석회, 돌로마이트 플라스터 등이 있다.

35 미서기창호에 사용되는 철물과 관계가 없는 것은?

① 레일
② 경첩
③ 오목 손잡이
④ 꽂이쇠

TIP 경첩
- 여닫이 창호 또는 가구 등에 사용되는 철물로 개폐의 용도로 사용하는 철물이다.

36 복층 유리에 대한 설명 중 옳지 않은 것은?

① 방음효과가 있다.
② 단열효과가 크다.
③ 결로 방지용으로 우수하다.
④ 유리사이에 합성수지 접착제를 채워 제작한 것이다.

TIP 복층유리(Pair Glass)
- 2장 또는 3장의 판유리를 일정간격으로 띄운 후, 둘레에 틀을 끼워 기밀하게 하고 그 사이에 건조공기 또는 아르곤 가스를 주입하여 만든 유리이다.
- 단열, 결로 방지, 방음에 효과가 있고, 일반주택 또는 고층 빌딩의 외부 창 등에 사용한다.

37 다음 중 열가소성 수지에 속하지 않는 것은?

① 염화비닐 수지
② 멜라민 수지
③ 폴리에틸렌 수지
④ 아크릴 수지

TIP 열경화성수지
- 열을 가하여도 변형되지 않는 수지를 말한다.
- 멜라민 수지, 실리콘 수지, 에폭시 수지, 폴리에스테르수지, 요소 수지, 페놀 수지 등이 있다.

※ 열가소성수지 : 열을 가하면 변형되어 가소성이 생기고, 냉각하면 다시 굳는

수지를 말하며 아크릴수지, 염화비닐수지, 폴리에틸렌수지, 폴리스티렌수지, 폴리프로필렌수지 등이 있다.

38 고강도 선인 피아노선에 인장력을 가한 후 콘크리트를 부어 넣고 경화된 후 인장력을 제거시킨 콘크리트는?

① 레디믹스트 콘크리트
② 프리캐스트 콘크리트
③ 프리스트레스트 콘크리트
④ 원심력 이용 콘크리트

TIP 프리스트레스트 콘크리트
- 철근 대신 PC강재를 사용하여 프리스트레스를 주는 콘크리트이다.
- PC강재에 인장력을 주는 방법에 따라 프리 텐션법과 포스트 텐션법이 있다.

39 벽돌의 품질등급에서 1종 점토벽돌의 압축강도는 최소 얼마 이상인가?

① 10.78N/mm² ② 15.59N/mm²
③ 20.59N/mm² ④ 24.50N/mm²

TIP 점토벽돌 KS품질기준(KS L 4201)

품질	종류		참고
	1종	2종	
압축강도 (MPa)	24.50 이상	14.70 이상	1종: 내·외장용
흡수율(%)	10 이하	15 이하	2종: 내장용

40 다음 중 단열재에 대한 설명으로 옳지 않은 것은?

① 단열재는 역학적인 강도가 작기 때문에 건축물의 구조체 역할에는 사용하지 않는다.
② 단열재는 흡습 및 흡수율이 좋아야 한다.
③ 단열재의 열전도율은 낮을수록 좋다.
④ 단열재는 공사 현장까지의 운반이 용이하고 현장에서의 가공과 설치도 비교적 용이한 것이 좋다.

TIP 단열재
- 단열성능이 좋아야 하며, 열전도율이 낮아야 한다.
- 비교적 화학적으로 안정한 재료여야 한다.
- 역학적인 강도가 매우 작아 구조체 역할을 하는 재료로 사용하지 않는다.
- 단열효과를 내는 공기층에 물이 채워져 있으면 공기의 열전도율이 물의 열전도율로 바뀌므로 단열효과가 저하된다.
- 불연재가 좋으며, 불연재가 아닌 단열재의 경우, 난연 처리를 하여 자기소화성을 갖도록 처리하여야 한다.
- 공사 현장까지의 운반이 용이하고 현장에서의 가공과 설치도 비교적 용이한 것이어야 한다.

34 ④ 35 ② 36 ④ 37 ② 38 ③ 39 ④ 40 ②

41 건축제도에서 보이지 않는 부분을 표시하는데 사용하는 선의 종류는?

① 파선 ② 1점 쇄선
③ 2점 쇄선 ④ 가는 실선

TIP 선의 종류

선의 종류		사용방법(보기)
실선	▬▬▬	단면의 윤곽 표시
	───	보이는 부분의 윤곽표시 또는 좁거나 작은 면의 단면 부분 윤곽표시
	───	치수선, 치수보조선, 인출선, 격자선 등의 표시
파선 또는 점선	----	보이지 않는 부분이나 절단면보다 앞면 또는 윗면에 있는 부분의 표시
1점 쇄선	—·—·—	중심선, 절단선, 기준선, 경계선, 참고선 등의 표시
2점 쇄선	—··—··—	상상선 또는 1점 쇄선과 구별할 필요가 있을 때

42 아파트의 평면 형식 중 집중형에 관한 설명으로 옳지 않은 것은?

① 대지 이용률이 높다.
② 채광 및 통풍이 불리하다.
③ 독립성 측면에서 가장 우수하다.
④ 중앙에 엘리베이터나 계단실을 두고 많은 주호를 집중 배치하는 형식이다.

TIP 아파트의 평면형식상 분류 (집중형)

① 장점
- 부지의 이용률이 가장 높아 많은 주호를 집중시킬 수 있다.
- 각 세대에 시각적 개방감을 줄 수 있다.
- 다른 주거 동에 미치는 일조의 영향이 적다.(동 간격이 넓다.)
- 설비가 집중되므로 설비비가 감소된다.

② 단점
- 프라이버시가 극히 나쁘며, 채광, 통풍이 극히 불리하다.
- 일조시간을 동일하게 확보할 수 없다.
- 각 세대별 조망이 달라 각 실의 조건이 불균등하다.
- 기후조건에 따라 기계적 환경조절 (기계적 환기)이 필요하다.

43 투시도법에서 사용되는 용어의 표시가 옳은 것은?

① 시점 : E.P ② 소점 : S.P
③ 기면 : G.L ④ 수평면 : H.L

TIP 투시도 용어

- 기면(Ground Plane, G.P) : 화면과 수직으로 놓인 기준이 되는 평화면 또는 사람이 서 있는 면
- 기선(Ground Line, G.L) : 기면과 화면과의 만나는 선
- 화면(Picture Plane, P.P) : 물체를 투시하여 도면을 그리는 입화면 (= 물체와 시점사이에 기면과 수직한 평면)
- 수평면(Horizontal Plane, H.P) : 눈높이와 수평한 면
- 수평선(Horizontal Line, H.L) : 입화면과 수평면이 만나는 선
- 시점(Eye Point, E.P) : 보는 사람의 눈 위치

- 정점(Station Point, S.P) : 시점이 기면 위에 투상되는 점 (= 사람이 서 있는 곳)
- 소점(Vanishing Point, V.P) : 물체가 기면에 평행으로 무한히 멀리 있을 때 수평선 위에 한 점에 모이게 되는 점
- 시축선(Axis of Vision, A.V) : 시점에서 입화면에 수직하게 통하는 투사선

44 다음과 같이 정의되는 전기 관련 용어는?

> 대지에 이상전류를 방류 또는 계통구성을 위해 의도적이거나 우연하게 전기회로를 대지 또는 대지를 대신하는 전도체에 연결하는 전기적인 접속

① 절연   ② 접지
③ 피뢰   ④ 피복

TIP 전기설비 용어
- 접지 : 전류가 유출됐을 경우 다른 곳으로 흐를 수 있게 만들어 주는 것을 말한다.
- ※ 절연 : 전기기구 또는 전선에 전기가 통할 경우 이를 통하지 않게 하는 것을 말한다.
- ※ 피뢰 : 벼락에 의해 건물 등의 피해를 피하기 위해 설치하는 설비를 말하며, 큰 뇌전류를 대지로 안전하게 방전시킨다.
- ※ 피복 : 전기기구 또는 전선을 감싼 것을 말한다.

45 건축도면에서 치수 단위의 원칙은?

① mm   ② cm
③ m   ④ km

TIP 치수기입 요령
- 단위는 mm를 원칙으로 하고 이 때 단위기호는 쓰지 않으며, mm가 아닌 경우에는 그 단위를 기입한다.
- 특별한 경우를 제외하고는 마무리치수를 기입한다.
- 치수기입은 왼쪽에서 오른쪽으로, 아래에서 위로 기입한다.
- 협소한 간격이 연속될 때는 인출선을 사용하여 치수를 기입한다.

46 도면에 척도를 기입해야 하는데 그림의 형태가 치수에 비례하지 않을 때 표시방법은?

① SN   ② NS
③ CS   ④ SC

TIP 척도
- 그림이 치수에 비례하지 않았을 경우는 "비례가 아님" 또는 "No scale", "NS"라고 표시한다.

47 다음 재료표시기호 중 FSD는 무엇을 의미하는가?

① 강철 방화문
② 스테인리스스틸 스틸창
③ 스테인리스스틸 방화문
④ 알루미늄 창

41 ① 42 ③ 43 ① 44 ② 45 ① 46 ② 47 ①

💡 **방화문**
- 건물 내 화재발생 시 확산을 방지하고 피해를 줄이기 위해 층별, 면적별, 용도별로 구획화한 방화구역에 설치하는 문을 말한다.
- FSD는 fire steel door의 약자이다.

48. 배수 트랩의 봉수파괴 원인에 속하지 않는 것은?

① 자기사이펀 ② 환기
③ 증발 ④ 모세관 현상

💡 **봉수 파괴의 원인**
- 사이펀 작용
  ① 자기사이펀 : 배수 시 기구에 다량의 물이 일시에 흐를 때 발생한다.
  ② 유인(흡인)사이펀 : 수직관에 접근하여 기구를 설치했을 때 수직관 상부에서 다량의 물이 낙하할 때 발생한다.
- 분출 작용
  수직관 가까이 기구를 설치했을 때 수직관 상부에서 다량의 물이 낙하하면 하단의 기구의 공기압축으로 발생한다.
- 모세관 작용
  머리카락, 실 등이 걸렸을 때 발생한다.
- 증발
  오랜 기간 동안 위생기구를 사용하지 않았을 때 발생한다.
- 운동량에 의한 관성 작용
  배관에 급격한 압력변화가 발생한 경우 봉수가 상하로 움직이며 사이펀작용이 발생하거나 또는 봉수가 배출되는 현상을 말한다.

49. 동적이고 불안정한 느낌을 주지만 건축에 강한 표정을 줄 수 있는 조형 요소는?

① 곡선 ② 수평선
③ 수직선 ④ 사선

💡 **사선**
- 불안정, 운동감, 활동성의 느낌을 나타낸다.
- ※ 곡선 : 여성적, 부드러움을 나타낸다.
- ※ 수평선 : 안정, 편안함, 고요함, 차분함을 나타낸다.
- ※ 수직선 : 상승, 긴장감, 위엄을 나타낸다.

50. 가스계량기는 전기점멸기로부터 최소 얼마 이상 떨어져 설치하여야 하는가?

① 20cm ② 30cm
③ 45cm ④ 60cm

💡 **가스관과 전기설비의 이격거리**
- 전기점멸기, 전기 콘센트 등과는 30cm 이상 떨어져 설치하여야 한다.
- ※ 전기개폐기, 전기계량기, 가스안정기 등과는 60cm 이상 떨어져 설치하여야 한다.
- ※ 피뢰(수뢰)설비와는 1.5m 이상 떨어져 설치하여야 한다.

51 수송설비의 종류 중 계단식으로 된 컨베이어로서 30° 이하의 기울기를 가지는 발판을 부착시켜 레일로 지지한 것은?

① 엘리베이터   ② 에스컬레이터
③ 이동보도   ④ 버킷 컨베이어

TIP: 에스컬레이터
- 컨베이어의 일종으로 동력에 의해 회전하는 계단을 구동시켜 사람을 연속적으로 승강시키는 장치를 말한다.
- ※ 엘리베이터 : 수직 동력을 이용하여 사람 또는 화물을 위, 아래로 이동시키는 장치를 말한다.
- ※ 이동보도 : 12° 이하의 기울기를 가지며, 승객을 수평으로 이동시키는 장치이며, 속도는 경사 8° 이하는 50m/min 이하이고 8° 초과는 40m/min 이하이다.
- ※ 버킷 컨베이어 : 하부의 재료를 상부로 운반하여 배출하는 장치로 토사, 쇄석 등을 수직 또는 경사로 운반한다.

52 다음 중 건축도면의 표시기호 중 반지름을 나타내는 것은?

① A   ② L
③ R   ④ H

TIP: 표시기호
- A : 면적, L : 길이, H : 높이

53 복사난방 방식에 대한 설명 중 옳지 않은 것은?

① 실내의 온도 분포가 균등하고 쾌감도가 높다.
② 방이 개방 상태인 경우에도 난방 효과가 있다.
③ 방열기 설치면적이 크므로, 바닥면의 이용도가 낮다.
④ 시공, 수리와 방의 모양을 바꿀 때 불편하며, 매설배관이 고장 났을 때 발견하기 어렵다.

TIP: 복사난방
- 바닥, 천장, 벽체에 열원을 매설하여 온수를 공급하여 그 복사열로 난방하는 것을 말한다.
① 장점
- 실내의 온도분포가 균일하고 쾌감도가 높다.
- 방열기가 없어 바닥의 이용도가 높다.
- 대류가 적어 먼지가 상승하지 않는다.
② 단점
- 방열량 조절과 시공이 어렵고, 설비비가 많이 든다.
- 예열시간이 길고 매입되어 있어 고장발견이 어렵다.

48 ② 49 ④ 50 ② 51 ② 52 ③ 53 ③

54 다음 중 아래 그림에서 세면기의 높이를 나타내는 A의 치수로 가장 알맞은 것은?

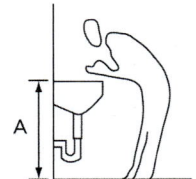

① 600mm ② 750mm
③ 900mm ④ 1000mm

> **TIP** 세면기 높이
> - 세면기 높이는 일반적으로 750~850mm 내외이다. 예전에는 750mm가 일반적이었고 근래에는 평균 신장이 커짐에 따라 850mm 이상으로 하는 경우도 있다.

55 트랩의 봉수를 보호하고 배수관내의 흐름을 원활하게 하기 위하여 설치하는 것은?

① 스위블 조인트 ② 팽창관
③ 넘침관 ④ 통기관

> **TIP** 통기관
> - 배수로에 생긴 배수관 내의 기압변동을 없애고 배수를 원활하도록 설치하는 관을 말한다.
> - 트랩의 봉수를 보호하며 배수관 내부와 외기를 연결하여 악취를 배출시켜 배수관 내의 청결을 유지한다.
> - 배수의 흐름을 원활하게 한다.
> ※ 스위블 조인트 : 2개 이상의 엘보를 이용하여 관을 회전 또는 밴딩으로 만든 것으로 신축을 흡수한다.
> ※ 팽창관 : 온수 배관의 관 속 물의 온도가 상승하여 팽창하는 것을 방지할 목적으로 설치한다.
> ※ 넘침관 : 물탱크에서 물이 넘쳐흐를 때 물을 배수하는 관을 말한다.

56 동선의 3요소에 속하지 않는 것은?

① 길이 ② 하중
③ 빈도 ④ 공간

> **TIP** 동선의 3요소
> - 속도(길이), 빈도, 하중
> - 서로 다른 (성격이 다른) 동선은 교차시키지 않는다.

57 기초 평면도의 표현 내용에 해당하지 않는 것은?

① 반자 높이
② 바닥 재료
③ 동바리 마루 구조
④ 각 실의 바닥 구조

> **TIP** 기초평면도
> - 기초 위에서 자른 평면도를 그린 것으로 건축 시공에서는 가장 중요한 도면의 하나이다.
> - 척도는 평면도와 같게 하며 기초의 모양과 크기 및 바닥과 관련된 것 등을 표현한다.

58 강재 표시방법 2L-125×125×6에서 6이 나타내는 것은?

① 수량　　② 길이
③ 높이　　④ 두께

TIP 강재 종류와 표시방법

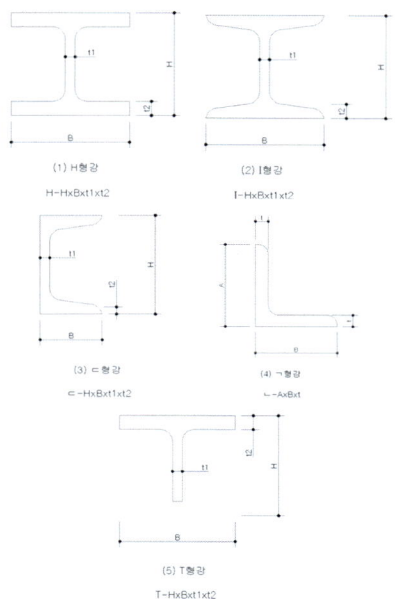

59 계단실형 아파트에 관한 설명으로 틀린 것은?

① 계단실에서 직접 주거단위로 연결된다.
② 엘리베이터의 1대당 이용률이 높다.
③ 각 단위 평면의 독립성이 보장된다.
④ 통행부 면적을 작게할 수 있다.

TIP 계단실형(홀형)

- 계단 또는 엘리베이터에서 각 세대로 직접 출입하는 형식이다.
- 가장 독립성(프라이버시)이 좋고 출입이 편하다.
- 동선이 짧고, 채광과 통풍이 양호하다.
- 좁은 대지에 절약형 주거가 가능하다.
- 통행부의 면적이 작아 건물의 이용도가 높다.
- 각 계단실마다 엘리베이터를 설치하게 되어 설비비가 많이 든다.
- 엘리베이터의 1대당 이용률이 복도형에 비해 적다.

60 주택의 부엌에서 작업 삼각형의 구성에 포함되지 않는 것은?

① 배선대　　② 냉장고
③ 개수대　　④ 가열대

TIP 부엌의 작업삼각형

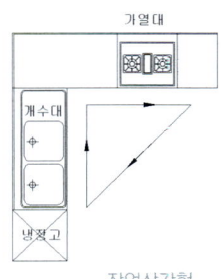

작업삼각형

- 냉장고, 개수대, 가열대를 잇는 작업 삼각형이 좋으며, 길이는 360~660cm 정도로 한다. (평균 500cm)
- 작업대의 높이는 75~85cm가 적당하다.

54 ② 　55 ④ 　56 ④ 　57 ① 　58 ④ 　59 ② 　60 ①

06 CBT 기출복원문제

2021년 2회

01 철근콘크리트 기둥에서 띠철근의 수직간격으로 옳지 않은 것은?

① 기둥 단면의 최소 치수 이하
② 주근지름의 16배 이하
③ 띠철근 지름의 48배 이하
④ 기둥 높이의 0.1배 이하

TIP 띠철근
- 기둥의 좌굴을 방지하고 수평력에 대한 전단보강의 역할을 하며 축방향 철근의 구속 역할을 한다.
- 주로 D10(~D32), D13의 철근을 사용한다.
- 간격은 주근 지름의 16배 이하, 띠철근 지름의 48배 이하, 기둥단면의 최소 치수 이하 중 가장 작은 값으로 배근하며, 주로 200~300mm의 간격으로 배근한다.
- 주근의 개수가 6개 이상이고 간격이 150 이상이면 보조띠철근이 필요하다.

02 다음 중 지붕의 경사 표시법으로 가장 알맞은 것은?

① 2/7
② 2/100
③ 2/1000
④ 4/10

TIP 물매
- 지붕의 기울기를 말하며, 수평거리 10cm에 대한 수직 높이를 표시한 것을 말한다. 예를 들어 높이가 4cm라면 4/10 또는 4cm물매라고 표시한다.
- 높이 10cm인 물매, 즉, 45°의 경사를 가진 물매를 되물매라 하고, 45° 이상의 물매를 된 물매라 한다.

03 지붕물매의 결정 요소가 아닌 것은?

① 건축물 용도
② 처마돌출 길이
③ 간 사이 크기
④ 지붕이기 재료

TIP 지붕물매 결정요소
- 지붕 간 사이
- 건물의 용도
- 지붕이음 재료
- 그 지방의 강수량

04 다음 중 철계단에 대한 설명으로 옳지 않은 것은?

① 피난계단에 적당하다.
② 철계단의 접합은 보통 볼트 조임, 용접 등으로 한다.
③ 구조가 복잡하여 형태가 자유롭지 못하다.
④ 공장, 창고 등에 널리 사용된다.

> TIP 철계단
> - 강재가 단면에 비해 강하고, 도장으로 내구성을 가질 수 있다.
> - 인화의 위험이 낮아 공장, 창고, 서고 등에 사용되며, 피난계단이 대표적이다.
> - 리벳, 볼트, 용접 등으로 접합을 하며 되도록 용접 접합은 피한다.
> - 세련된 디자인과 다양한 색으로 계단을 완성할 수 있으며, 주변 인테리어와 맞추기 쉽다.
> - 차가운 분위기가 될 수도 있으며 소리가 울리거나 진동이 쉽게 전달된다.

05 다음과 같은 플랫 트러스에서 각각의 부재에 작용하는 응력이 옳지 않은 것은?

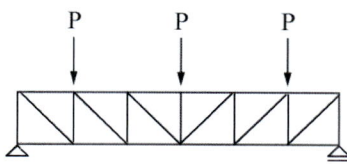

① 상현재 - 압축응력
② 경사재 - 인장응력
③ 하현재 - 인장응력
④ 수직재 - 인장응력

> TIP 플랫 트러스
>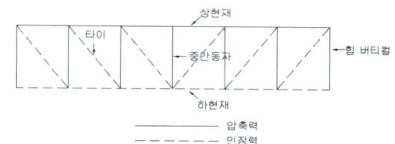

06 형강규격이 346×174×6×9일 때 플랜지 두께는?

① 346 ② 174
③ 6   ④ 9

> TIP 형강의 규격
>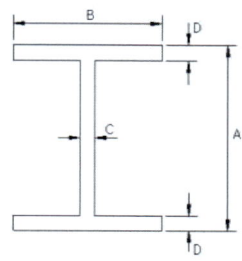
>
> - I형강의 규격은 A×B×C×D로 규정한다.
> - A : 웨브 높이, B : 플랜지 폭,
>   C : 웨브 두께, D : 플랜지 두께

01 ④ 02 ④ 03 ② 04 ③ 05 ④ 06 ④

07 벽돌벽 등에 장식적으로 사각형, 십자형 구멍을 내어 쌓는 것으로 담장에 많이 사용되는 쌓기법은?

① 엇모 쌓기 ② 무늬 쌓기
③ 공간벽 쌓기 ④ 영롱 쌓기

TIP 영롱쌓기
- 벽돌면에 구멍을 내 쌓는 방법으로 장식의 효과가 있다.
- ※ 엇모쌓기 : 벽돌을 45° 각도로 하여 면에서 튀어나오도록 하는 쌓기법이다.
- ※ 무늬쌓기 : 벽돌에 무늬를 넣어 줄눈에 효과를 주는 쌓기법이다.
- ※ 공간벽쌓기 : 벽 사이에 단열재를 넣어 방음, 방습, 방한 등의 효과를 얻는 쌓기법이다.

08 큰 보 위에 작은 보를 걸고 그 위에 장선을 대고 마룻널을 깐 2층 마루는?

① 홑마루 ② 보마루
③ 짠마루 ④ 동바리마루

TIP 마루
- 방과 방 사이 또는 방 앞부분을 지면으로부터 높이 떨어지게 하여 널빤지를 길고 평평하게 깐 공간을 말한다.
- ① 1층 마루
  - 동바리 마루 : 지반에 동바리 돌을 놓고 그 위에 동바리를 세운 후 동바리 위에 멍에, 그 위로 장선을 놓고 마룻널을 깐다.
  - 납작마루 : 창고, 공장 등 마루를 낮게 하기 위해 사용하는 것으로 땅바닥이나 호박돌 위에 동바리 없이 멍에와 장선을 놓고 마룻널을 깐다.
- ② 2층 마루
  - 장선마루 : 홑마루 라고도 하며 간사이가 좁은 2.4m 미만일 때 사용한다. 보를 사용하지 않고 층도리에 장선을 약 45cm 간격으로 직접 대고 마룻널을 깐다.
  - 보마루 : 간 사이가 2.4m 이상인 마루에 사용하며, 약 2m 정도의 보를 대고 그 위에 장선을 대고 마룻널을 깐다.
  - 짠마루 : 칸 사이가 6m 이상일 때 사용하며, 큰 보는 약 3m 정도의 간격을 주고, 작은 보는 2m 간격으로 배치한 뒤 장선을 그 위에 대고 마룻널을 깐다.

09 보강블록조에서 내력벽의 두께는 최소 얼마 이상이어야 하는가?

① 50mm ② 100mm
③ 150mm ④ 200mm

TIP 보강블록조 내력벽
① 길이
- 내력벽으로 간주되는 벽 길이는 55cm 이상, 10m 이하로 하며, 10m가 넘을 때는 부축벽, 붙임벽 또는 붙임기둥 등을 쌓는다.(부축벽, 붙임벽 등의 길이는 벽 높이의 1/3 이상으로 한다.)
- 개구부 높이의 30% 이상으로 한다.
- 내력벽의 한 방향의 길이의 합계는 그 층 바닥면적 $1m^2$에 대하여 0.15m 이상 되게 한다.

② 두께
- 벽두께는 15cm 이상, 주요지점 거리의 1/50 이상으로 한다.
- 비내력벽의 두께는 9cm 이상으로 한다.

③ 높이 및 바닥면적
- 각 층의 높이는 4m 이하로 한다.
- 내력벽으로 둘러싸인 바닥면적은 80m^2 이하가 되도록 한다.

10 다음 중 목구조의 횡력 보강에 대한 부재가 아닌 것은?

① 가새 ② 버팀대
③ 귀잡이 ④ 동바리

TIP 횡력
- 가새 : 목구조는 횡력에 약하므로, 이를 보완하기 위해 대각으로 대는 부재이다.
- 버팀대 : 목재의 변현을 막기 위해 X자 모양으로 대주는 부재를 말한다.
- 귀잡이 : 토대, 보, 도리 등이 서로 수평으로 만나는 귀 부분을 안정한 삼각 형태로 대는 부분으로 가새를 댈 수 없을 때 사용한다.
- ※ 동바리 : 타설된 콘크리트가 강도를 얻기까지 지지하기 위하여 설치하는 부재이다.

11 목재의 마구리를 감추면서 창문 등의 마무리에 이용되는 맞춤은?

① 연귀맞춤 ② 장부맞춤
③ 통맞춤 ④ 주먹장맞춤

TIP 연귀맞춤
- 마구리를 감추면서 튼튼하게 맞춤을 할 때 쓰이는 것으로 보통 45°로 빗 잘라 맞댄다.
- ※ 장부맞춤 : 한 곳에 장부를 내고 다른 쪽에 장부구멍을 파 끼우는 방법으로 많이 사용되며 가장 튼튼한 맞춤법이다.
- ※ 통맞춤 : 1개의 부재 단부를 다른 부재에 홈을 내어 통째로 연결하는 맞춤법이다.
- ※ 주먹장맞춤 : 모서리에 부재가 서로 얽히도록 하기 위해 90°로 결합하는 맞춤법이다. 작업이 까다롭지만 견고하여 못 등으로 보강할 필요가 없다.

12 건축구조의 구성방식에 의한 분류에 속하지 않는 것은?

① 가구식 구조 ② 일체식 구조
③ 습식 구조 ④ 조적식 구조

TIP 구성방식에 의한 분류
- 가구식 구조 : 기둥 및 보를 접합 등에 의해 구성하는 방법으로 목구조, 철골구조 등이 이에 속한다. 내화적이지 못하다.
- 조적식 구조 : 각각의 재료를 접착제(몰탈 등)를 사용하여 쌓아올려 구성하는 방법으로 벽돌 구조, 블록구조, 돌 구조 등이 이에 속한다. 횡력에 약하다.
- 일체식 구조 : 각 구조체를 일체형으로 연속되게 구성하는 방법으로 가장 높은 강도를 발현할 수 있는 방법으로 철근콘크리트구조, 철골철근콘크리트 구조 등이 이에 속한다. 공기가 길다. 무겁다.

해체가 힘들다. 공사비가 비싸다.

※ 습식 구조 : 시공과정에 의한 분류로 물을 이용하여 구조체를 형성하는 방식으로 조적구조, 철근콘크리트구조 등이 이에 속한다.

13 플레이트 보에 사용되는 부재의 명칭이 아닌 것은?

① 커버 플레이트 ② 웨브 플레이트
③ 스티프너   ④ 베이스 플레이트

TIP 보의 구성

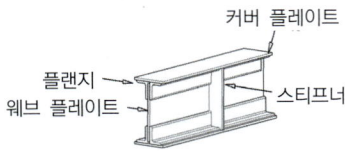

- 커버 플레이트 : 4장 이하로 하며, 용접일 때는 1매로 한다. 휨 내력 부족을 보완하기 위해 사용한다.
- 웨브 플레이트 : 전단력의 크기가 따라 두께를 결정하고 얇을 경우 좌굴의 위험이 있어 6mm 이상으로 한다.
- 스티프너 : 웨브 플레이트의 좌굴 및 전단보강을 위해 수직으로 설치하고 역할에 따라 지지점 스티프너, 중간 스티프너, 하중점 스티프너 등이 있다.
- 플랜지 : 보의 단면 위, 아래 부분을 말하며, 인장 및 휨 응력에 저항한다. 또한, 힘을 더 받기 위해 커버 플레이트로 보강한다.
- ※ 베이스 플레이트 : 기둥 아랫부분에 대어 붙이는 두꺼운 강판으로 기초와 연결되는 부재이다.

14 다음 중 용접 결함에 속하지 않는 것은?

① 언더 컷(Under Cut)
② 히빙(Heaving)
③ 오버 랩(Overlap)
④ 블로우 홀(Blowhole)

TIP 용접결함

- 언더 컷(Under Cut) : 용접금속이 홈에 차지 않고 가장자리에 홈이 생기는 현상
- 오버 랩(Overlap) : 용접금속이 모재에 완전히 붙지 않아 겹치는 현상
- 슬랙 감싸들기(Slag Inclusion) : 용접 시 슬래그가 용접금속 내에 섞이는 현상
- 블로우 홀(Blowhole) : 용접 내부에 발생하는 기포
- 피트(Pit) : 용접부 표면에 생기는 작은 홈으로 블로우 홀이 올라와 생기는 현상
- 피시 아이(Fish Eye) : 용접금속에 생기는 은색의 반점
- 크레이터(Crater) : 용접 시작과 끝 부분에 움푹 파이는 현상
- ※ 히빙(Heaving) : 연약점토지반에서 굴착작업 시 흙막이 벽 내·외의 흙의 중량(흙 +적재하중) 차이로 인해 저면 흙이 지지력을 상실하고 붕괴되어 흙막이 바깥에 있는 흙이 흙막이 벽 선단을 돌며 밀려들어와 굴착 저면이 부풀어 오르는 현상

15 반원 아치의 중앙에 들어가는 돌의 이름은?

① 이맛돌　② 두겁돌
③ 쌤돌　④ 고막이돌

TIP 이맛돌
- 아치 중앙부 꼭대기에 끼는 돌이다.
- ※ 두겁돌 : 담, 박공벽, 난간 등의 꼭대기에 덮어씌우는 것으로 윗면은 물흘림, 밑면은 물끊기를 하고 두겁돌 밑바탕은 촉으로, 두겁돌 끼리는 촉, 꺾쇠 또는 은장으로 연결한다.
- ※ 쌤돌 : 창문, 출입문 등의 양쪽에 대는 것으로 벽돌구조에서도 사용하며 면을 접거나 쇠시리를 하고 벽체 쌓는 방법에 따라 촉과 연결철물로 벽체에 긴결한다.
- ※ 고막이돌 : 토대나 하인방의 아래 또는 마루 밑의 터진 곳 따위를 막는 돌이다.

16 벽돌벽 줄눈에서 상부의 하중을 전 벽면에 균등하게 분포시키도록 하는 줄눈은?

① 빗줄눈　② 막힌줄눈
③ 통줄눈　④ 오목줄눈

TIP 막힌줄눈
- 줄눈의 상하가 막혀 있는 줄눈으로 상부의 하중을 벽 전체에 고르게 분산시키는 안전한 조적법으로 가장 많이 사용한다.

17 다음 중 막구조에 대한 설명으로 옳지 않은 것은?

① 넓은 공간을 덮을 수 있다.
② 힘의 흐름이 명확하여 구조해석이 쉽다.
③ 막재에는 항시 인장응력이 작용하도록 설계하여야 한다.
④ 응력이 집중되는 부위는 파손되지 않도록 조치해야 한다.

TIP 막구조
- 넓은 공간과 높은 투광성이 있다.
- 조형적이고 장식적인 건축물 및 단순한 용도에 모두 사용할 수 있다.
- 콘크리트구조와 달리 양생기간이 없으며 자중이 작아 경량구조의 지붕재로 사용할 수 있다.
- 분진이나 소음이 적고 공사비가 저렴하며 공기를 단축할 수 있으며 겨울에도 시공할 수 있다.

18 다음 중 절판구조의 장점으로 옳지 않은 것은?

① 강성을 얻기 쉽다.
② 슬래브의 두께를 얇게 할 수 있다.
③ 철근배근이 용이하다.
④ 음향성능이 우수하다.

TIP 절판구조
- 부재를 접어 주름지게 하여 하중을 지지할 수 있게 한 구조이다.
- 강성을 얻을 수 있고 슬래브를 얇게 할

- 수 있다.
- 상부의 하중이 클 경우 절판구조 하부에 보강 구조물이 필요하다.

19 강구조의 기둥 종류 중 앵글·채널 등으로 대판을 플랜지에 직각으로 접합한 것을 무엇이라 하는가?

① H형강기둥 ② 래티스기둥
③ 격자기둥 ④ 강관기둥

💡TIP 강구조 기둥

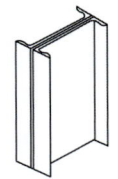 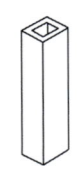

복합형강기둥　　형강기둥　　형강기둥
(ㄷ형강)　　　(강관)　　　(각형강관)

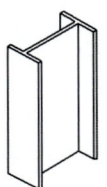 

형강기둥　　　형강기둥
(H형강)　　　(I형강)

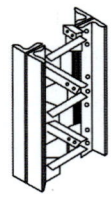 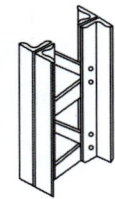

트러스기둥　　　래티스기둥

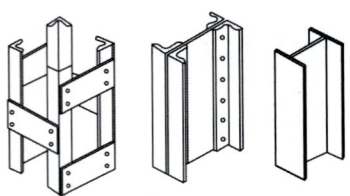

띠판기둥　　　플레이트기둥

- 격자기둥 : 형강과 조립재를 이용한 철골 조립 기둥의 일종으로 철골기둥의 웨브 부분에 격자 형태의 부재를 사용한 조립 기둥이다.
※ H형강기둥 : 접합부의 가공이 쉬워 널리 사용되며, 길이 10m가 표준규격으로 2층 또는 3층을 하나의 단위로 제작하며 힘의 작용 방향에 따라 단면성능이 달라지며 보통은 웨브가 스팬의 장변방향에 나란하도록 배치한다.
※ 래티스기둥 : 무게에 비해 강도가 크기 때문에 주로 공장 건물과 같은 방향성이 있는 긴 스팬의 구조에 사용하며 가공절차가 복잡하여 최근에는 H형강 또는 강관 등으로 대체되고 있다.
※ 강관기둥 : 접합부 가공이 어려우나 힘의 작용방향에 따른 단면성능이 일정하다.
※ 이 외에 원형강관기둥도 있으며, 각형강관과 성질은 동일하다.

20 목구조에서 본기둥 사이에 벽체를 이루는 것으로써 가새의 옆 휨을 막는데 유효한 것은?

① 장선 ② 멍에
③ 토대 ④ 샛기둥

TIP: 샛기둥
- 기둥과 기둥 사이에 대는 기둥이며, 가새의 힘을 방지하며 상부 하중을 받지 않고 크기는 본 기둥의 1/2 ~ 1/3 정도로 하고 간격은 40 ~ 60cm 정도로 한다.

21 래커를 도장할 때 사용되는 희석제로 가장 적합한 것은?

① 유성페인트 ② 크레오소트유
③ PCP ④ 시너

TIP: 희석제
- 도료의 점도와 증발을 조절하는 것으로 그 자체에 용해성은 없으나 다른 용제와 함께 사용하면 수지를 용해시킬 수 있다.
- 시너(thinner) : 유성 도료의 차지고 끈끈한 성질을 낮추기 위하여 사용되는 혼합 용제이다.
- ※ 유성페인트 : 목재 유성방부제로 피막을 형성하여 방습, 방부효과가 있으며, 착색이 자유로워 미화에 효과가 있다.
- ※ 크레오소트 : 목재 유성방부제로 콜타르를 분류하여 나온 흑갈색 기름으로, 값은 싸나, 페인트칠이 불가능하며, 냄새가 좋지 않아 미관을 고려하지 않는 외부에 사용한다.
- ※ PCP : 목재 유용성 방부제로 무색이고 방부력이 우수하며, 페인트칠이 가능하고 석유 등의 용제를 사용할 수 있으며 가격이 비싸지만 냄새가 없어 실내용으로 사용한다.

22 유리에 함유되어 있는 성분 가운데 자외선을 차단하는 주성분이 되는 것은?

① 황산나트륨($NaSO_4$)
② 탄산나트륨(Na_2CO_3)
③ 산화제2철(Fe_2O_3)
④ 산화제1철(FeO)

TIP: 유리의 성분
- 산화제일철 : 자외선 투과
- 산화제이철 : 자외선 차단

23 벽돌의 품질등급에서 1종 점토벽돌의 흡수율로 옳은 것은?

① 10% 이하 ② 13% 이하
③ 15% 이하 ④ 17% 이하

TIP: 점토벽돌 KS품질기준(KS L 4201)

품질	종류		참고
	1종	2종	
압축강도 (MPa)	24.50 이상	14.70 이상	1종 : 내·외장용
흡수율(%)	10 이하	15 이하	2종 : 내장용

24 얇은 금속판에 여러 가지 모양으로 도려낸 철물로써 환기 구멍, 라디에이터 커버 등에 이용되는 것은?

① 코너비드 ② 듀벨
③ 논 슬립 ④ 펀칭 메탈

💡 **펀칭메탈**
- 1.2m/m 이하의 강판에 여러 모양으로 구멍을 내어 만들고 환기 구멍, 라디에이터 커버 등에 사용한다.
- ※ 코너비드 : 벽과 기둥 등의 모서리를 보호하기 위해 사용하는 철물로 재질은 아연도금, 황동, 스테인리스 제품 등이 사용된다.
- ※ 듀벨 : 동그랗게 말아 사용하거나 끝 부분을 뾰족하게 하여 목재의 접합에 사용하는 것으로 목재의 전단력에 작용한다.
- ※ 논슬립 : 발이 미끄러지는 것을 방지하고 계단코가 닳는 것을 막기 위하여 계단코에 대는 철물로 황동 이외에 합성수지, 접착식 등 다양한 재료가 있다.

25 방청도료에 사용되는 안료로 부적합한 것은?

① 크롬산아연 ② 연단
③ 산화철   ④ 티탄백

💡 **안료**
- 도료에 색채를 주어 표면 은폐 및 불투명한 도막을 만들어 줌과 동시에 철재의 방청용으로 사용된다.
- ※ 티탄백 : 흰색 안료로 인쇄, 잉크, 도료, 그림물감을 만들거나 화장품, 고무, 플라스틱을 착색하는 데에 쓰이는 착색안료이다.

26 비철금속 중 구리에 대한 설명으로 틀린 것은?

① 알칼리성에 대해 강하므로 콘크리트 등에 접하는 곳에 사용이 용이하다.
② 건조한 공기 중에서는 산화하지 않으나, 습기가 있거나 탄산가스가 있으면 녹이 발생한다.
③ 연성이 뛰어나고 가공성이 풍부하다.
④ 건축용으로는 박판으로 제작하여 지붕재료로 이용된다.

💡 **구리**
- 연성과 전성이 커서 가공이 용이하고, 열전도율과 전기전도율이 높다.
- 건조한 공기에서 산화하지 않으나 습기를 받으면, 이산화탄소에 의해 부식하지만 내부는 부식하지 않는다.
- 암모니아, 알칼리성 용액에는 침식된다.
- 아세트산과 진한 황산 등에 용해된다.
- 지붕이기, 홈통, 철사, 못 등에 사용한다.

27 파티클보드의 특징 중 옳지 않은 것은?

① 방향에 따른 강도의 차이가 크다.
② 방충, 방부성이 크다.
③ 목재의 부스러기를 건조시킨 후 접착제로 열압하여 만든다.
④ 못, 나사못의 지보력은 목재와 거의 같다.

💡 **파티클 보드(Particle Board, Chip Board)**
- 방향에 따른 강도의 차이가 없고 큰 면적의 판을 만들 수 있다.

- 두께는 비교적 자유로 선택할 수 있다.
- 표면이 평활하고 경도가 크다.
- 방충, 방부성이 크다.
- 균질한 판을 대량으로 제조할 수 있다.
- 가공성이 비교적 양호하다.
- 못, 나사못의 지보력은 목재와 거의 같다.

28 점토의 물리적 성질에 대한 설명으로 옳지 않은 것은?

① 점토의 비중은 일반적으로 2.5 ~ 2.6 정도이다.
② 입자의 크기가 클수록 가소성이 좋다.
③ 양질의 점토는 습윤 상태에서 현저한 가소성을 나타낸다.
④ 점토의 압축강도는 인장강도의 약 5배 정도이다.

TIP ☼ 점토의 물리적 성질
- 입자의 크기가 작을수록 양질의 점토로 볼 수 있으며, 가소성이 좋다.

29 콘크리트에 쓰이는 골재는 어느 상태의 것을 사용하는 것이 가장 타당한가?

① 절대건조 상태
② 건조 상태
③ 표면건조 내부포화상태
④ 습윤상태

TIP ☼ 표면건조 내부포수상태
(Saturated surface dry condition)
- 습윤상태의 골재에서 표면수를 제거한 것을 말한다.
※ 절대건조상태 : 건조기(Oven)에서 105℃±5℃의 온도로 24시간 이상 정중량이 될 때까지 건조시킨 상태
※ 건조상태 : 공기 중의 습도와 평형상태를 이루며 내부는 약간의 수분을 포함한 상태
※ 습윤상태 : 골재의 내부에 물이 포화상태이며, 표면도 물이 부착되어 있는 상태

30 다음 중 석유계 아스팔트가 아닌 천연 아스팔트에 해당하는 것은?

① 레이크 아스팔트
② 스트레이트 아스팔트
③ 블론 아스팔트
④ 아스팔트 컴파운드

TIP ☼ 레이크 아스팔트
- 천연적으로 생성된 아스팔트가 지표에 호수 모양으로 퇴적 되어진 것이며, 역청분을 50% 이상 함유하고 있으며, 성질은 스트레이트 아스팔트와 비슷하다.
- 도로 및 바닥포장, 방수 등에 사용한다.
※ 스트레이트 아스팔트 : 아스팔트를 되도록 변화하지 않게 만든 아스팔트를 말하며 점성, 신성, 침투성이 크지만, 연화점이 낮고 온도에 의한 강도, 신성, 유연성의 변화가 크다. 아스팔트 펠트, 아스팔트 루핑의 제조에 사용되며, 지하 방수정도에 사용한다.
※ 블론 아스팔트 : 석유의 찌꺼기를 가열하여 공기를 불어 넣어 만든 아스팔트로 점성, 침투성은 작지만, 탄력성이

있고 온도에 의한 변화가 적어 열에 대한 안정성이 좋다. 아스팔트 컴파운드, 아스팔트 프라이머의 원료가 되며, 옥상 및 지붕 방수에 사용한다.

※ 아스팔트 컴파운드 : 블로운 아스팔트의 성질(내열, 내후성 등)을 개선하기 위해 동·식물 섬유를 혼합한 것으로 방수재, 아스팔트 방수공사에 사용한다.

31 화산암에 대한 설명 중 옳지 않은 것은?

① 다공질로 부석이라고도 한다.
② 비중이 0.7 ~ 0.8로 석재 중 가벼운 편이다.
③ 화강암에 비하여 압축강도가 크다.
④ 내화도가 높아 내화재로 사용된다.

TIP 화산암
- 화산폭발로 분출된 마그마가 급속히 굳은 화성암의 종류로 현무암, 안산암, 부석 등이 있다.
- 대부분 다공질 및 경량의 특징을 가지고 있으며, 화산암 파우더는 광택재 및 연마제 등으로 사용된다.

32 지하실이나 옥상의 채광용으로 사용하며 입사광선의 방향을 바꾸거나 확산 또는 집중시킬 목적으로 만든 일종의 유리제품은?

① 폼 글라스 ② 망입 유리
③ 복층 유리 ④ 프리즘 타일

TIP 프리즘 타일(프리즘 유리, 데크유리)
- 입사되는 광선의 방향을 바꾸거나 빛의 확산 및 집중시킬 목적으로 만든 유리로 지하실, 옥상채광용 등으로 사용된다.

33 대리석, 사문암, 화강암 등의 쇄석을 종석으로 하여 백색 포틀랜드시멘트에 안료를 섞어 천연 석재와 유사하게 성형시킨 인조석은?

① 점판암 ② 석회석
③ 테라죠 ④ 화강암

TIP 테라죠(Terrazzo)
- 백색 시멘트+종석(대리석 또는 화강암)+안료+물을 혼합한 미장재료로 바름이 굳은 후 연마기 등으로 갈고 왁스로 광내기를 한다.

34 목재를 벌목하기에 가장 적당한 계절로 짝지어진 것은?

① 봄 - 여름 ② 여름 - 가을
③ 가을 - 겨울 ④ 겨울 - 봄

TIP 벌목
- 목재를 벌목하는 시기는 수액이 적어 건조가 쉽고 빠른 가을이나 겨울이 적당하다.

35 다음 중 열전도율이 가장 낮은 것은?

① 콘크리트 ② 목재
③ 알루미늄 ④ 유리

TIP 재료별 열전도율 (단위 : W/m·k)
- 목재 : 0.12 ~ 0.19

- 콘크리트(기포콘크리트 ~ 철근콘크리트) : 0.13 ~ 2.5
- 유리 : 0.76
- 알루미늄 : 200

36 최대강도를 안전율로 나눈 값을 무엇이라고 하는가?

① 파괴강도 ② 허용강도
③ 전단강도 ④ 휨강도

TIP 허용강도
- 허용강도 = 최대강도/안전율

37 금속 또는 목재에 적용되는 것으로서, 지름 10mm 강구를 시편 표면에 500~3,000kg의 힘으로 압입하여 표면에 생긴 원형 흔적의 표면적을 구한 후 하중을 그 표면적으로 나눈 값을 무엇이라 하는가?

① 브리넬 경도 ② 모스 경도
③ 프와송 비   ④ 프와송 수

TIP 브리넬 경도
- 10mm의 강구(steel ball)을 이용하여 측정대상의 시험 면에 하중을 가한 뒤 움푹 들어간 표면적과 하중을 계산한다. 주로 철강 재료의 경도를 측정할 때 사용한다.
- $\frac{P}{A}$ (P: 하중, A : 표면적)
- ※ 모스 경도 : 무른 활석에서 단단한 다이아몬드에 이르기까지 10단계의 광물을 정하고, 각 재료끼리 표면을 긁

어 그 표면에 자국이 생기는 것으로 굳기를 측정한다.
- ※ 푸와송 비(Poisson's Ratio) : 재료에 외력이 가해졌을 경우, 그 힘의 방향으로 변형이 생기며 또한 직각방향으로도 변형이 생기는 현상을 말한다.
- ※ 푸와송 수 : 프와송 비의 역수를 프와송 수라 한다.

38 물체에 외력이 작용되면 순간적으로 변형이 생기지만 외력을 제거하면 원래의 상태로 되돌아가는 성질은?

① 소성 ② 점성
③ 탄성 ④ 연성

TIP 탄성
- 재료의 외력을 가한 후 그 외력을 제거하면 원래 상태로 돌아가는 성질을 말한다.
- ※ 소성 : 외력을 제거하여도 재료가 원상태로 돌아가지 않고 변형된 상태로 남아 있는 성질을 말한다.
- ※ 점성 : 유체의 흐름을 방해하는 저항성을 말하며, 끈근한 성질을 말한다.
- ※ 연성 : 외력을 받았을 때 파괴되지 않고 가늘고 길게 늘어나는 성질을 말한다.

39 앞으로 요구되는 건축재료의 발전방향에 대한 설명으로 옳지 않은 것은?

① 고품질   ② 합리화
③ 현장시공화 ④ 프리패브화

31 ③ 32 ④ 33 ③ 34 ③ 35 ② 36 ② 37 ① 38 ③ 39 ③

40 공동(空胴)의 대형 점토제품으로써 주로 장식용으로 난간벽, 돌림대, 창대 등에 사용되는 것은?

① 이형벽돌 ② 포도벽돌
③ 테라코타 ④ 테라죠

TIP 테라코타
- 자토를 반죽하여 조각의 형틀로 찍어내 소성한 속이 비어있는 대형 점토제품으로 석재 조각물 대신에 사용하는 장식용 점토제품이다.
- 일반석재보다 가볍고, 압축강도는 화강암의 약 1/2 정도이다.
- 내화성과 풍화에 강해 외장에 적당하다.
- ※ 이형벽돌 : 보통 벽돌과는 다른 치수로 만들어져 나온 벽돌로 아치 및 원형 창 주위를 조적할 때 사용한다.
- ※ 포도벽돌 : 보통벽돌보다 고온 소성되어 흡수율이 낮은 벽돌로 도로나 복도 등의 바닥 면 등에 사용한다.
- ※ 테라죠 : 백색시멘트, 대리석종석, 안료, 물 등을 혼합하여 만든 인조석을 말한다.

41 연면적 200m²를 초과하는 초등학교의 학생용 계단의 단 높이는 최대 얼마 이하이어야 하는가?

① 15cm ② 16cm
③ 18cm ④ 20cm

TIP 계단(단위 : cm)
- 초등학교 : 계단 및 계단참의 너비 – 150 이상, 단 높이 – 16 이하, 단 너비 – 26 이상
- 중·고등학교 : 계단 및 계단참의 너비 – 150 이상, 단 높이 – 18 이하, 단 너비 – 26 이상
- 문화 및 집회시설(공연장·집회장·관람장에 한함), 판매 및 영업시설(도매시장·소매시장·상점에 한함), 기타 이와 유사한 용도에 쓰이는 건축물 : 계단 및 계단참의 너비 – 150 이상

42 질감(Texture)에 대한 설명 중 옳지 않은 것은?

① 시각적 질감과 촉각적 질감이 있다.
② 거친 질감은 먼 거리 느낌, 매끈한 질감은 근거리 느낌을 준다.
③ 질감으로 원근감을 표현할 수 있다.
④ 효과적인 질감 표현을 위해서는 색채와 조명을 동시에 고려하여야 한다.

TIP 질감
- 촉각 또는 시각으로 지각할 수 있는 물체 표면상 특징을 말한다.
- 거리가 가깝거나 사물이 가까이 있으면 거칠고 다양하며 멀리 보이는 물체의 표면은 매끄럽게 보인다.
- 질감의 선택에서 스케일, 빛의 반사와 흡수, 촉감 등의 요소를 고려해야 한다.
- 재료의 질감대비를 통해 실내공간의 변화와 다양성을 꾀할 수 있다.
- 목재와 같은 자연 재료의 질감은 따뜻함과 친근감을 부여한다.
- 매끄러운 재료는 일반적으로 광택이 있어 높은 반사율을 나타내며 가볍고 환

한 느낌과 더불어 공간을 확장되어 보이게 한다.
- 거친 질감은 빛을 흡수하여 시각적으로 무겁고 안정된 느낌을 준다.

43 벽체의 열관류율을 계산할 때 필요한 사항이 아닌 것은?

① 상대습도
② 공기층의 열저항
③ 벽체 구성재료의 두께
④ 벽체 구성재료의 열전도율

TIP 열관류
- 벽체 등으로 격리된 공간에서 다른 공간으로 전열되는 현상이다.
- 열관류율은 열전도율을 두께로 나누면 된다. 즉, 열관류율 = $\frac{열전도율}{두께}$ 이며 두께의 단위는 미터(m)로 한다.
- 즉 열관류율은 U = $W/m^2 \cdot k$ 이다.
- 단, 복합재료를 이용할 경우 열저항(R)을 계산해야 하며,
열저항 = $\frac{두께}{열전도율}$ 로, 열관류율의 역수이다.

※ 열전도율 : 단위 길이 당 1℃의 온도차가 있을 때 단위 시간에 단위면적을 통과하는 열량을 말한다.(W/m·k)

44 건축에서의 모듈적용에 관한 설명으로 옳지 않은 것은?

① 공사기간이 단축된다.
② 대량생산이 용이하다.
③ 현장작업이 단순하다.
④ 설계작업이 복잡하다.

TIP 모듈
- 설계 및 현장작업이 단순해지고 공기가 단축된다.
- 대량생산이 가능하고 생산비용이 낮아진다.

45 부엌과 식당을 겸용하는 다이닝 키친(dining kitchen)의 가장 큰 장점은?

① 침식분리가 가능하다.
② 주부의 동선이 단축된다.
③ 휴식, 접대 장소로 유리하다.
④ 이상적인 식사 분위기 조성에 유리하다.

TIP 다이닝 키친
- 부엌 일부에 식사실을 두는 형식으로 소규모 주택에 적합하고 공간 활용도가 높다.
- 식사와 취침은 분리하지만 단란은 취침하는 곳과 겹칠 수 있다.

46 그림과 같은 평면기호 명칭은?

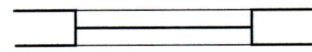

① 오르내리창 ② 붙박이문
③ 붙박이창   ④ 격자문

47 한국산업표준의 분류에서 옳지 않은 것은?

① 기계 - B   ② 기본 - A
③ 건축 - F   ④ 환경 - H

TIP 한국산업표준

• 재료는 품질 및 모양 등이 다양하기 때문에 어떤 기준에 의한 규격을 정하여 품질과 모양, 치수 및 시험방법 등을 규정하였고, 그것이 한국산업규격(KS)이다. KS의 분류는 다음과 같다.

분류기호	부문	분류기호	부문
KS A	기본	KS B	기계
KS C	전기전자	KS D	금속
KS E	광산	KS F	건설
KS G	일용품	KS H	식품
KS I	환경	KS J	생물
KS K	섬유	KS L	요업
KS M	화학	KS P	의료
KS Q	품질경영	KS R	수송기계
KS S	서비스	KS T	물류
KS V	조선	KS W	항공우주
KS X	정보	KS Z	기타

48 형태를 구성하는 요소에 대한 설명 중 옳은 것은?

① 공간에 하나의 점을 둘 경우 관찰자의 시선을 집중시킨다.
② 고딕건물의 고결하고 종교적인 표정은 수평선이 주는 감정 표현이다.
③ 공간에 크기가 같은 두 개의 점이 있을 때 주의력은 하나의 점에만 작용한다.
④ 곡선은 약동감, 생동감, 넘치는 에너지와 운동감, 속도감을 주며, 사선은 우아함, 여성적인 느낌을 준다.

TIP 점(조형요소)

• 크기 및 면적, 길이를 갖지 않고 위치만을 가지고 있다.
• 어떠한 물체든 축소하거나 멀리서 보면 점으로 보인다.
• 점과 점 사이에는 힘이 작용하며 점이 2개인 경우 서로 당기는 느낌이 생긴다.
• 점의 크기가 같으면 시선의 주의는 균등하고 어느 한편이 클 경우 주의력은 큰 점에서 작은 점으로 흐른다.

49 실내 환기의 척도로 주로 이용되는 것은?

① 산소   ② 질소
③ 이산화탄소 ④ 아황산가스

TIP 실내 공기 오염(환기척도)

• 재실자의 호흡으로 인한 산소(O_2)의 감소 및 이산화탄소의 증가(CO_2)를 꼽을 수 있다.
• 국내 실내공기 질 기준으로 이산화탄소는 1000ppm 이하로 관리하도록 하고

- 먼지 및 각종 세균으로 인한 공기오염

※ ppm(농도의 단위) : 미량 물질 농도를 표시할 때 사용하는 것으로, 1g의 시료 중 100만 분의 1g, 물 1t 중의 1g, 공기 1m³ 중의 1cc를 말한다.

50 자동화재 탐지설비의 감지기 중 열감지기에 속하지 않는 것은?

① 광전식 ② 차동식
③ 정온식 ④ 보상식

TIP 화재탐지경보설비

차동식 / 정온식

광전식

① 열감지기
- 차동식 : 사무실, 학교 등 부착 높이 8m 미만인 장소에 설치한다.
- 정온식 : 주방 등 열을 취급하는 곳에 설치한다.
- 보상식 : 차동식과 정온식의 두 성능을 갖고 있다.

② 연기감지기
- 광전식 : 계단, 복도 및 층고가 높은 곳 등에 사용한다.

51 투상도의 종류 중 X, Y, Z의 기본 축이 120°씩 화면으로 나누어 표시되는 것은?

① 등각 투상도 ② 유각 투시도
③ 이등각 투상도 ④ 부등각 투상도

TIP 등각 투상도
- 정면, 평면, 측면을 하나의 투상면 위에서 동시에 볼 수 있도록 그린다.
- 직육면체의 등각 투상도에서 직각으로 만나는 3개의 모서리는 각각 120°를 이룬다.
- 2개의 옆면 모서리는 수평선과 30°를 이룬다.

52 피뢰설비를 설치해야 하는 건축물의 높이 기준은?

① 20m 이상 ② 25m 이상
③ 30m 이상 ④ 35m 이상

TIP 피뢰(수뢰)설비
- 벼락에 의해 건물 등의 피해를 피하기 위해 설치하는 설비로 큰 뇌전류를 대지로 안전하게 방전시킨다.
- 건축물의 높이가 20m 이상일 경우 피뢰설비를 한다.
- 돌침은 지름 12mm 이상, 돌침부는 건축물 맨 윗부분으로부터 25cm 이상 돌출시킨다.
- 일반건물은 60° 이내로 하고, 위험물 관련 건축물은 45° 이내로 한다.

53 다음 급수방식 중 가장 위생적인 급수방식은?

① 고가탱크방식　② 수도직결방식
③ 압력탱크방식　④ 펌프직송식

> **TIP** 수도직결방식
> - 도로에 매설되어 있는 수도 본관에서 급수 인입관을 통해 직접 건물 내로 급수하는 방식으로 주택과 같은 소규모 건물에 많이 이용된다.
>   ① 장점
>   - 급수오염 가능성이 가장 적고 설비비가 저렴하며 기계실이 필요 없다.
>   ② 단점
>   - 수도 본관의 수압이 낮은 지역과 수돗물 사용의 변동이 심한 지역에는 부적당하다.
>
> ※ 고가(옥상)수조방식(옥상 물탱크방식)
> - 지하저수조에 물에 받아 양수펌프를 이용하여 옥상 물탱크로 양수한 후, 수위와 수압을 이용하여 급수하는 방식으로 대규모 급수설비에 적합하다.
>   ① 장점
>   - 일정한 수압으로의 급수가 가능하다.
>   - 저수량을 확보할 수 있어 단수가 되더라도 일정 시간동안 지속적인 급수가 가능하다.
>   - 수압이 일정하여 배관 부품의 파손의 우려가 적다.
>   ② 단점
>   - 저수조에 저장된 물의 저수 시간이 길어질수록 오염가능성이 크다.
>   - 설비비와 경상비(經常費)가 높다.
>
> ※ 압력수조방식(압력탱크방식)
> - 고가수조를 설치할 수 없는 경우 사용하는 방법으로, 저수조에 입수된 물을 압력탱크로 보내 탱크 내의 공기압을 이용해 급수하는 방식으로 공항, 체육관 등의 건물에 적합하다.
>   ① 장점
>   - 국부적으로 고압을 필요로 하는 경우에 적합하다.
>   - 옥상탱크와 같은 고가 시설이 없어 건물의 외관이 깔끔하며, 그로 인해 건물 구조를 보강하거나 강화하지 않아도 된다.
>   - 단수 시 일정량의 급수가 가능하다.
>   ② 단점
>   - 최저·최고압의 압력차가 커서 압력 변동이 심하다.
>   - 제작비가 고가이며, 취급이 어렵고 고장이 많다.
>   - 저수량이 적어 정전, 펌프의 고장 등으로 인해 급수가 중단된다.
>
> ※ 펌프 직송식(탱크 없는 부스터 방식)
> - 저수조에 물을 받은 후 펌프 여러 대를 이용하여 건물에 급수하는 방식으로 급수가 분포되는 큰 건물(공장, 단지) 등에 적합하다.
>   ① 장점
>   - 옥상 탱크가 없어 건물의 외관 및 구조상 좋다.
>   - 수질의 오염 확률이 적고 수압이 일정하다.
>   - 최상층의 수압을 일정하게 할 수 있다.

② 단점
- 정전 시 급수가 중단되며 설비 및 유지비 등이 많이 소요된다.

54 전력 퓨즈에 관한 설명으로 옳지 않은 것은?

① 재투입이 불가능하다.
② 릴레이나 변성기가 필요하다.
③ 과전류에서 용단될 수도 있다.
④ 소형으로 큰 차단용량을 가졌다.

TIP 파워퓨즈(전력퓨즈)
- 고전압회로 및 기기의 단락 보호용으로, 소형으로 큰 차단용량을 가지고 있으나, 재투입이 불가능하고, 과전류로 용단될 수 있다.

55 다음 중 KS규정에 대한 설명으로 옳지 않은 것은?

① 제품의 향상·치수·품질 등을 규정한 것이다.
② 시험·분석·검사 및 측정방법, 작업표준 등을 규정한 것이다.
③ 용어·기술·단위·수열 등을 규정한 것이다.
④ KS에 없는 재료는 건축공사 표준시방서에 있어도 사용해서는 안 된다.

TIP KS규정
- 한국산업표준(KS : Korean Industrial Standards)은 산업표준화법에 의거하여 산업표준심의 회의 심의를 거쳐 국가기술표준원장이 고시함으로써 확정되는 국가표준으로서 약칭하여 KS로 표시한다.
- 한국산업표준은 기본부문(A)부터 정보부문(X)까지 21개 부문으로 구성되며 크게 다음 세 가지 국면으로 분류할 수 있다.
  1. 제품표준 : 제품의 향상·치수·품질 등을 규정한 것
  2. 방법표준 : 시험·분석·검사 및 측정방법, 작업표준 등을 규정한 것
  3. 전달표준 : 용어·기술·단위·수열 등을 규정한 것

※ 건축공사 표준시방서
- 시방서에 참조된 표준은 국내법에 기준한 한국산업표준 등을 적용하는 것을 원칙으로 한다.
- 재료의 검사 또는 시험은 한국산업표준을 표준으로 하고 표준으로 제정되지 않은 경우에는 이 시방의 해당 각 항 또는 담당원의 지시에 따른다.

56 생활 행위에 따른 동작을 가능하게 하며, 주거 공간을 구성하는 기본적인 것은?

① 인체동작 공간
② 개인 공간
③ 공동 공간
④ 주거집합 공간

TIP 인체동작 공간
- 일상생활의 움직임에 있어 인체의 동작 치수에 기능적으로 필요한 것의 치수를 더한 공간을 말한다.

※ 개인 공간 : 가족 구성원 각자의 사적인 생활을 위한 공간이다.(침실, 어린이방 등)

※ 공동 공간 : 가족 구성원 모두 이용하며 생활하는 공간이다.(거실, 식당 등)

57 다음 그림에서 A방향의 투상면이 정면도일 때 C방향의 투상면은 어떤 도면인가?

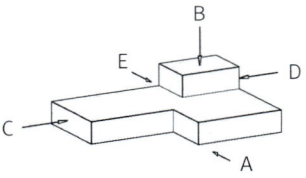

① 저면도 ② 배면도
③ 좌측면도 ④ 우측면도

58 건축법상 층수 산정의 원칙으로 옳지 않은 것은?

① 지하층은 건축물의 층수에 산입하지 않는다.
② 건축물의 부분에 따라 그 층수가 다른 경우에는 그 중 가장 많은 층수를 그 건축물의 층수로 본다.
③ 층의 구분이 명확하지 아니한 건축물은 그 건축물의 높이 4m 마다 하나의 층으로 보고 그 층수를 산정한다.
④ 옥탑은 그 수평투영면적의 합계가 해당 건축물 건축 면적의 3분의 1 이하인 경우 건축물의 층수에 산입하지 않는다.

TIP 층수 산정
• 건축물의 높이 산정은 지표면으로부터 건축물 상단까지를 말한다.

• 1층이 필로티 구조인 경우(가로구역별 건축물 높이 제한 구역 내 일조권 적용을 받지 않는 경우 제외)는 필로티 높이를 제외한 2층부터 높이를 산정한다.
• 대지의 높낮이의 차이가 있을 경우는 건축물 대지 높이와 전면도로의 지표면 간의 높이 차를 1/2로 가중 평균한 지점을 수평면으로 보고 건축물 높이를 산정한다.
• 전용주거지역 및 일반주거지역 외의 주상복합과 같은 공동주택은 공동주택이 시작되는 층수를 건축물의 지표면으로 보고 건축물의 높이를 산정한다.
• 옥탑에 설치된 시설물(승강기탑, 계단탑, 망루, 장식탑, 옥탑 등)은 해당 건축물 건축 면적의 1/8을 초과하면 건축물 높이에 산정한다.

59 이형철근의 직경이 13mm이고 배근간격이 150mm일 때 도면 표시법으로 옳은 것은?

① $\phi 13@150$ ② $150\phi 13$
③ $D13@150$ ④ $@150D13$

60 건축계획상 근접거리 연결이 잘못된 것은?

① 부엌 - 식사실 ② 식당 - 화장실
③ 침실 - 화장실 ④ 거실 - 부엌

TIP 조닝(Zoning)
• 기능이 유사하거나 비슷한 것은 가까이 두고, 상호간 유사성이 먼 것은 격리시킨다.

57 ③ 58 ④ 59 ③ 60 ②

06 PART | CBT 기출복원문제

2021년 3회

01 다음 그림과 같은 문의 명칭은?

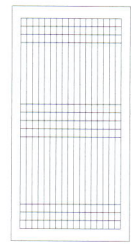

① 완자문　② 아자문
③ 세살문　④ 비늘살문

TIP 세살문

- 가느다란 살을 가로 세로로 짜서 만든 문을 말한다.
- ※ 완자문 : 卍자 모양으로 살을 만들어 이를 여러 방향으로 이어 만든 문을 말한다.
- ※ 아자문 : 亞자 모양으로 살을 만들어 만든 문을 말한다.
- ※ 비늘살문 : 문의 살을 일정간격으로 넣어 통풍을 위해 만든 문을 말한다.

02 다음과 같은 지붕의 길이가 10m, 너비 6m, 물매가 4인 지붕의 높이는 얼마인가?

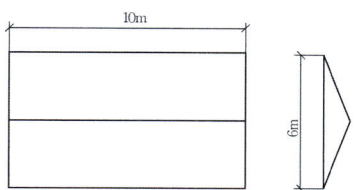

① 1m　② 1.2m
③ 1.5m　④ 2.4m

TIP 지붕높이

- 지붕의 너비가 6m이므로 지붕너비의 절반인 3m를 물매와 비례식으로 계산한다.
- 3m(6m의 절반) : x(지붕높이)
  = 10(물매너비) : 4(물매높이)
  10x = 12m
- ∴ x = 1.2m

03 다음 중 철골조에서 기둥과 기초의 접합부에 사용되는 것이 아닌 것은?

① 베이스 플레이트
② 윙플레이트
③ 리벳
④ 스티프너

01 ③　02 ②

> 💡 **TIP** 스티프너

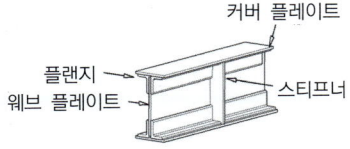

- 웨브 플레이트의 좌굴 및 전단보강을 위해 수직으로 설치한다.
- 역할에 따라 지지점 스티프너, 중간 스티프너, 하중점 스티프너 등이 있다.

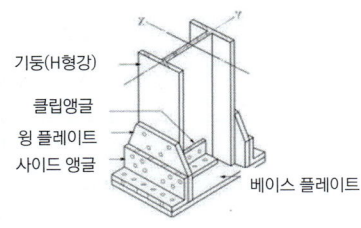

※ 베이스플레이트 : 기둥 아랫부분에 대어 붙이는 두꺼운 강판으로 기초와 연결되는 부재이다.

※ 윙플레이트 : 철골의 주각부에 사이드 앵글과 함께 사용하거나 용접하여 사용하는 것으로 기둥에서 오는 응력을 베이스플레이트에 전달하는 강판을 말한다.

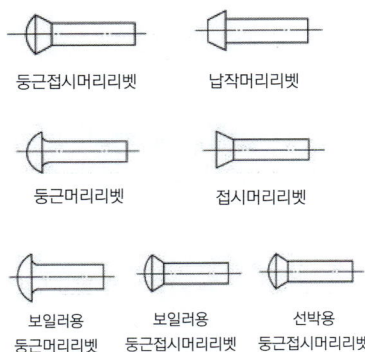

※ 리벳 : 두 장 이상의 강판을 접합하기 위해 사용하는 핀 또는 볼트를 말한다.

04 고력볼트접합에 대한 설명으로 틀린 것은?

① 고력볼트접합의 종류는 마찰접합이 유일하다
② 접합부의 강성이 높다.
③ 피로강도가 높다.
④ 정확한 계기공구로 죄어 일정하고 정확한 강도를 얻을 수 있다.

> 💡 **TIP** 고력볼트접합
> - 인장력이 매우 큰 볼트를 이용하는 방법으로 접합재에 마찰력이 생겨 접합하는 방법으로 열 가공을 하지 않아 시공 시 편하며 소음이 작다.
> - 접촉면의 상태에 따라 단면 결손 등이 일어날 수 있다.
> - 고력볼트 접합은 마찰접합과 지압접합, 인장접합이 있으며 일반적으로 마찰접합을 말한다.

05 철근콘크리트 구조의 내력벽에서 수직 및 수평철근을 벽면에 평행하게 양면으로 배치하여야 하는 벽체의 최소 두께는?

① 100mm   ② 150mm
③ 200mm   ④ 250mm

> 💡 **TIP** 철근콘크리트 벽체
> - 두께 250mm 이상의 벽체의 경우 수직 및 수평 철근을 벽면에 평행하게 양면으로 배치하여야 한다. 단, 지하실 벽체

에는 이규정을 적용하지 않을 수 있다.

- 벽체의 외측 면 철근은 각 방향에 대하여 전체 소요철근 양의 1/2 이상, 2/3 이하로 하며, 외측면으로부터 50mm 이상, 벽두께의 1/3이내에 배치하여야 한다.
- 벽체의 내측 면 철근은 각 방향에 대한 소요철근 양의 잔여분을 내측 면으로부터 20mm 이상, 벽두께의 1.3이내에 배치하여야 한다.

06 콘크리트 슬래브와 철골보를 전단 연결재(shear connector)로 연결하여 외력에 대한 구조체의 거동을 일체화시킨 구조의 명칭은?

① 허니컴 보   ② 래티스 보
③ 플레이트 거더   ④ 합성 보

TIP 합성보
- 한 가지 또는 여러 종류의 재료를 합쳐 전일체로 하중을 받도록 만든 보를 말한다.
※ 허니컴 보 : H형강의 웨브를 반 육각형 형태로 절단 가공하여 웨브 가운데 벌집 모양이 생기도록 맞춘 후 두 강재를 용접하여 높인 보를 말한다.
※ 래티스 보 : 트러스 모양으로 만든 것으로 트러스 보와 비슷하나, 웨브에 형강을 사용하지 않고 평강을 플랜지와 직접 연결하여 사용하며 힘을 받지 않는 간단한 곳에 사용한다.
※ 플레이트 거더 : 강철판이나 L형강을 I형으로 조합한 보를 말한다.

07 특수 지지 프레임을 두 지점에 세우고 프레임 상부 새들(saddle)을 통해 케이블(cable)을 걸치고 여기서 내린 로프로 도리를 매다는 구조는 무엇인가?

① 현수구조   ② 절판구조
③ 셸구조   ④ 트러스구조

TIP 현수구조
- 상부에서 기둥으로 전달되는 하중을 케이블 형태의 부재가 지지하는 구조로써, 주 케이블에 보조 케이블이 상판을 잡아 지지한다.
- 스팬이 큰(400m 이상) 다리나 경기장 등에 사용하며 샌프란시스코의 금문교가 대표적이다.
※ 새들(saddle) : 현수교 등에서 케이블을 지지하고 그 방향을 바꾸는 것을 말한다.

08 다음 그림에서 철근의 피복두께는?

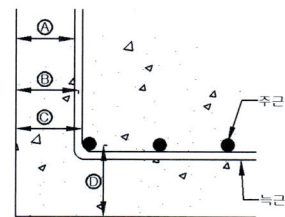

① A   ② B
③ C   ④ D

TIP 철근의 피복
- 콘크리트 재면에서 가장 가까운 철근과의 거리를 말한다.
- 피복 두께는 부재 내부응력에 의한 균

03 ④ 04 ① 05 ④ 06 ④ 07 ① 08 ①

열, 외기의 습기에 의한 철근의 부식, 화재 시 가열로 인한 강도저하 등 건물의 수명에 큰 영향을 끼친다.

09 다음 중 내민보(cantilever beam)에 대한 설명으로 옳은 것은?

① 연속보의 한 끝이나 지점에 고정된 보의 한 끝이 지지점에서 내민 형태로 달려 있는 보를 말한다.
② 보의 양단이 벽돌, 블록, 석조벽 등에 단순히 얹혀있는 상태로 된 보를 말한다.
③ 단순보와 동일하게 보의 하부에 인장주근을 배치하고 상부에 압축철근을 배치한다.
④ 전단력에 대한 보강의 역할을 하는 늑근은 사용하지 않는다.

TIP 내민보 (cantilever beam)
- 보가 기둥 또는 벽 등에 한쪽에만 접합되어있는 상태로 연속보의 한 끝이나 지점에 고정된 보의 한 끝이 지지점에서 내밀어 달려있는 보를 말한다.
- ※ 단순보 : 기둥 또는 벽에 단순히 올려 있는 상태로 양단이 벽돌, 블록, 석조 벽 등에 단순히 얹혀 있는 보를 말한다.
- ※ 양단 고정보 : 기둥 또는 벽 안쪽 단부가 모두 강하게 접합 되어 있는 상태의 보를 말한다.
- ※ 연속보 : 단순 보 중간에 1개 이상의 받침점을 이용한 보를 말한다.

10 목조 왕대공지붕틀의 각 부재에 대한 설명 중 옳지 않은 것은?

① 중도리는 서까래를 받아 지붕의 하중을 지붕틀에 전하는 것이므로 지붕틀에 튼튼히 고정해야 한다.
② 빗대공은 인장재이므로 경사를 아주 완만하게 할수록 좋다.
③ 중도리가 ㅅ자보의 절점에 올 때에는 단순한 압축재이지만 그 절점간에 올 때에는 휨을 받는 압축재가 된다.
④ 지붕 가새는 지붕틀의 전도방지를 목적으로 V자형이나 X자형으로 배치한다.

TIP 왕대공지붕틀
- 지붕틀 부재를 삼각형으로 짜서 지붕의 하중을 받게 한 것이다.
- 외력에 튼튼한 구조체로 보통 간 사이 10m 정도에 사용되며 20m까지도 가능하다.
- 압축재는 ㅅ자보와 빗대공이며 나머지는 인장재이다. 동시에 ㅅ자보와 평보는 휨모멘트를 받는다.

11 구조적으로 가장 안정된 상태의 아치를 가장 잘 설명한 것은?

① 아치의 하단 단변의 크기를 작게 하여 공간의 활용도를 높였다.
② 상부 하중을 견딜 수 있도록 포물선의 형태로 설치하였다.
③ 응력 집중 현상을 방지할 수 있도록 절점을 많이 설치하였다.

④ 수직방향의 응력만 유지될 수 있도록 하단에 이동단을 설치하였다.

TIP 아치
- 상부에서 오는 직압력을 곡선을 따라 좌우로 나뉘어 직압력만을 받는 구조로써 하부에 인장력이 생기지 않는 구조이다.

12 다음 그림은 케이블을 이용한 구조시스템 중 하나이다. 서해대교에서 볼 수 있는, 그림과 같은 다리의 구조형식을 무엇이라 하는가?

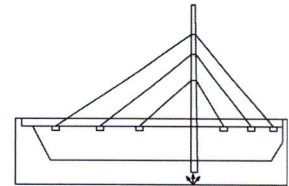

① 현수교   ② 사장교
③ 아치교   ④ 게르버교

TIP 사장교(cable-stayed bridge)
- 기둥에서 주 케이블이 바로 상판을 지지하는 구조로 스팬이 작은 (150~400m 이내)범위에서 사용한다.
- ※ 현수교(Suspension bridge) : 상부에서 기둥으로 전달되는 하중을 케이블 형태의 부재가지지하는 구조로 주 케이블에 보조 케이블이 상판을 잡아 지지하며 스팬이 큰 (400m 이상)다리나 경기장 등에 사용한다.
- ※ 아치교 (Arch bridge) : 양쪽 끝은 처지고 가운데가 활처럼 휘어져 높이 솟게 만든 다리로 스팬이 작은 (100m

곳에 사용하며 적은 재료로 가설법을 선택할 수 있어 공사비가 절약된다.
- ※ 게르버교 (Gerber bridge) : 연속교의 메인 거더 도중에 힌지를 설치하여 정정(靜定) 구조로 만든 다리로 연속교에 비해 지지점 침하의 영향이 적다.

13 철골구조에서 사용되는 접합방법에 속하지 않는 것은?

① 용접접합   ② 듀벨접합
③ 고력볼트접합 ④ 핀접합

TIP 철골조의 접합 (강접합)
- 철골접합은 구조설계에 따라 핀접합, 롤리접합, 강접합으로 구분되면 강접합은 아래와 같다.
① 용접접합
- 강재 접합부와 재료 사이에 금속을 넣어 고온으로 녹여 접합하는 방법으로 결손 등이 일어나지 않으며, 덧판 등을 사용하지 않아 경량화할 수 있고 소음이 작다.
- 용접에 의한 열로 인해 변형 및 응력이 생길 수 있다.
② 고력볼트접합
- 인장력이 매우 큰 볼트를 이용하는 방법으로 접합재에 마찰력이 생겨 접합하는 방법으로 열가공을 하지 않아 시공 시 편하며 소음이 작다.
- 접촉면의 상태에 따라 단면 결손 등이 일어날 수 있다.
③ 리벳접합
- 두 장 이상의 강판을 접합하는 방법

의 한 종류로 강판에 리벳의 지름보다 1~1.5mm 크게 구멍을 뚫고 800℃ 정도로 가열한 리벳을 넣고 뉴매틱 해머(Pneumatic hammer) 등으로 두들겨 양쪽에 같은 모양의 머리를 만들어 죄는 방식이다.

- 리벳으로 접합하는 총 두께는 리벳 지름의 5배 이하로 한다.

④ 볼트접합

- 리벳접합과 같은 방식으로 강재에 구멍을 뚫어 볼트로 접합하는 방법으로 구멍 지름은 볼트 지름보다 0.5mm 이상 크지 않게 한다.
- 충격과 반복하중에 의해 풀릴 수 있어 대규모 구조물에는 사용하지 않는다.

※ 듀벨 : 목재 접합에 사용하며, 전단력 보강을 위해 사용된다.

14 창의 하부에 건너댄 돌로 빗물을 처리하고 장식적으로 사용되는 것으로, 윗면·밑면에 물끊기·물돌림 등을 두어 빗물의 침입을 막고, 물 흐름이 잘 되게 하는 것은?

① 인방돌 ② 창대돌
③ 쌤돌   ④ 돌림띠

TIP 창대돌

- 창 밑에 대어 빗물 등을 흘러내리게 한 장식재이다.
- 창 너비가 클 경우 2개 이상의 창대돌을 대어 사용하기도 하지만, 외관상, 방수상 1개를 통으로 사용한다.
- 창대돌의 윗면, 옆면, 밑면에는 물 흐름이 잘 되도록 물끊기, 물돌림 등을 두어 빗물이 내부로 침입하는 것을 막고 물 흐름을 잘되게 한다.

15 벽돌구조에서 개구부 위와 그 바로 위의 개구부와의 최소 수직거리는?

① 10cm   ② 20cm
③ 40cm   ④ 60cm

TIP 개구부

- 대린벽으로 구획된 벽에 개구부의 너비 합계는 그 벽 길이의 1/2 이하로 한다.
- 개구부와 그 바로 윗층 개구부와의 수직거리는 60cm 이상으로 한다.
- 개구부 상호간 거리 또는 개구부와 대린벽 중심과의 수평거리는 벽두께의 2배 이상으로 한다. (단, 개구부 상부가 아치인 경우는 제외한다.)
- 너비가 1.8m를 넘는 개구부의 상부는 철근콘크리트 인방을 설치한다.
- 인방은 양 벽체에 20cm 이상 물리도록 한다.

16 다음 중 철골구조의 장점으로 옳지 않은 것은?

① 강도가 커서 부재를 경량화할 수 있다.
② 공사비가 싸고 내화적이다.
③ 부재가 세장하여 좌굴하기 쉽다.
④ 연성구조이므로 취성파괴를 방지할 수 있다.

> **TIP** ○ 철골구조
>
> ① 장점
> - 강도가 커서 건물 자중을 가볍게 할 수 있다.
> - 큰 스팬의 구조물이나 고층 구조물에 적합하다.
> - 이동, 해체, 수리, 보강 등 사용하기가 편리하다.
>
> ② 단점
> - 녹슬기 쉬워 피복에 신경을 써야 한다.
> - 부재가 가늘고 길어 좌굴되기 쉽고 열에 약하다.
> - 공사비가 비싸다.

17 처음 한 켜는 마구리쌓기, 다음 한 켜는 길이쌓기를 교대로 쌓는 것으로, 통줄눈이 생기지 않으며 내력벽을 만들 때 많이 이용되는 벽돌 쌓기법은?

① 미국식 쌓기 ② 프랑스식 쌓기
③ 영국식 쌓기 ④ 영롱 쌓기

> **TIP** ○ 영국식 쌓기
> - 현 켜는 마구리쌓기, 다음 켜는 길이쌓기로 번갈아 쌓아 올린 방식으로 모서리는 이오토막 또는 반절을 사용한다.
> - 통줄눈이 생기지 않으며, 가장 튼튼한 방법으로 내력벽에 이용된다.
> - ※ 프랑스식 쌓기 : 한 켜에 길이쌓기와 마구리쌓기가 번갈아 나오게 하는 쌓기법으로 통줄눈이 많이 생겨 튼튼하지 않아 장식벽체에 사용한다.
> - ※ 미국식 쌓기 : 표면에 치장벽돌로 5켜 정도를 길이쌓기로 한 뒤 뒷면을 영국식 쌓기로 하는 방법으로 치장쌓기나 공간쌓기로 사용한다.
> - ※ 영롱 쌓기 : 벽돌면에 구멍을 내 쌓는 방법으로 장식의 효과가 있다.

18 지반 부동침하의 원인이 아닌 것은?

① 이질지층 ② 이질지정
③ 연약층   ④ 연속기초

> **TIP** ○ 부동침하 원인
> - 연약지반일 경우
> - 이질지반에 있을 경우
> - 지하수위가 변동되었을 경우
> - 건물이 이질층에 걸쳐있을 경우
> - 건물이 낭떠러지에 근접되어 있는 경우
> - 지하매설물이나 구멍(터널) 등이 있는 경우

19 자중도 지지하기 어려운 평면체를 아코디언과 같이 주름을 잡아 지지하중을 증가시킨 구조 형태는?

① 절판 구조 ② 셸 구조
③ 돔 구조   ④ 입체 트러스

> **TIP** ○ 절판구조
> - 부재를 접어 주름지게 하여 하중을 지지할 수 있게 한 구조이다.
> - 강성을 얻을 수 있고 슬래브를 얇게 할 수 있다.
> - 상부의 하중이 클 경우 절판구조 하부에 보강 구조물이 필요하다.

14 ② 15 ④ 16 ② 17 ③ 18 ④ 19 ①

※ 셸구조 : 곡률을 가진 얇은 판으로 주변을 충분히 지지시켜 공간을 덮는 구조로 가벼우면서 강성이 우수한 구조 시스템으로써 시드니 오페라 하우스가 대표적이다. 또한 재료 철근콘크리트를 많이 쓰지만 강재를 사용하기도 한다.

※ 돔구조 : 수직 축 주위에 임의의 곡선을 회전시킨 구조로 외력이 가해졌을 경우 하부가 퍼져나가는 것을 막기 위해 인장 링(Tension ring)으로 보강한다.

※ 입체 트러스 : 선재(線材)를 입체적으로 결합하여 만드는 트러스로써 각 절점은 모든 방향으로 이동이 구속 되어 있어 평면 트러스보다 큰 하중을 받을 수 있으며 최소 형태는 삼각 또는 사각형이고 이를 조합한 것도 있다.

20 한식 건축에서 추녀뿌리를 받치는 기둥의 명칭은?

① 평기둥 ② 누주
③ 통재기둥 ④ 활주

TIP 활주
- 추녀뿌리를 받치고 있는 가느다란 기둥을 말하며 활주에는 단면이 원형인 것과 팔각형인 것이 많다.

※ 평기둥 : 각 층별로 구성된 기둥이며, 1층에서는 토대와 층도리, 최상층에서는 층도리와 깔도리, 처마도리 등으로 분리되며 띠쇠로 보강한다.

※ 누주 : 한식 건축에서 다락기둥을 말한다.

※ 통재기둥 : 2개 층을 하나의 기둥으로 사용하는 것으로 길이는 5~7m 정도로 하고 모서리나 중간에 사용하며, 가로재와 맞춤을 할 경우 많이 따내지 말고 적당한 철물을 이용하여 보강하는 것이 좋다.

21 생석회와 규사를 혼합하여 고온, 고압하에 양생하면 수열반응을 일으키는데 여기에 기포제를 넣어 경량화한 기포콘크리트는?

① A.L.C제품 ② 흄관
③ 드리졸 ④ 플렉시블 보드

TIP A.L.C(Autoclaved Lightweight Concrete)
- 비중이 작아 건물을 경량화할 수 있고, 그 밖에 내화, 단열, 차음성 등이 우수한 반면 강도가 낮고 흡수성이 크며 균열이 발생하기 쉽다.

※ 흄관(hume pipe) : 거푸집이 되는 강재의 관에 철근을 조립해 놓고 형틀을 회전시켜 만든 콘크리트 관

※ 드리졸(durisol) : 목편시멘트판을 시멘트와 혼합하여 만든 판상 또는 블록상의 구조재료

※ 플렉시블 보드(Flexible board) : 석면슬레이트 가운데 가장 많은 고급석면을 배합하여 고압프레스로 누른 판으로 강도가 크고 가소성이 좋다.

22 콘크리트의 경화촉진제로 사용되는 염화칼슘에 대한 설명 중 옳지 않은 것은?

① 한중콘크리트의 초기 동해방지를 위해 사용된다.
② 시공연도가 빨리 감소되므로 시공을 빨리 실시하는 것이 좋다.
③ 염화칼슘을 많이 사용할수록 콘크리트의 압축강도는 증가한다.
④ 강재의 발청을 촉진시키므로 RC부재에는 사용하지 않는다.

> TIP 염화칼슘
> - 염화칼슘($CaCl_2$)이 대표적으로 저온에서도 강도가 높아진다.
> - 사용량이 많으면, 철근을 부식시킬 염려가 있어 철근콘크리트 등에 사용이 금지되어 있다.

23 물의 밀도가 $1g/cm^3$이고 어느 물체의 밀도가 $1kg/m^3$라 하면 이 물체의 비중은 얼마인가?

① 1　　② 1000
③ 0.001　　④ 0.1

> TIP 비중
> - 어느 물체의 밀도 / 물의 밀도
> ① $1m^3 = 1,000,000cm^3$
> $1kg = 1,000g$
> $1kg/m^3 = 1,000g/1,000,000cm^3$
> $= 0.001g/cm^3$
> ∴ $\dfrac{0.001g/cm^3}{1g/cm^3} = 0.001$
>
> ② $1cm^3 = 0.000001m^3$
> $1g = 0.001kg$
> $1g/cm^3 = 0.001kg / 0.000001m^3$
> $= 1,000kg/m^3$
> ∴ $\dfrac{1kg/m^3}{1,000kg/m^3} = 0.001$

24 콘크리트면, 몰탈 면의 바름에 가장 적합한 도료는?

① 옻칠　　② 래커
③ 유성페인트　　④ 수성페인트

> TIP 수성페인트
> - 알칼리에 강하여 콘크리트면, 몰탈 면에 사용하며, 유성페인트는 알칼리에 취약성을 나타낸다.
> ※ 옻 : 옻나무에서 채취한 수액에서 얻어지는 도료로 목재의 도장에 사용한다.
> ※ 래커 : 도막이 견고하고 건조가 빨라 (10~20분)스프레이를 이용하며 광택이 있으며 내후성, 내수성 등은 우수하나, 도막이 얇고 부착력이 약하다.
> ※ 유성페인트 : 콕재, 석고판 등의 도장에 널리 사용되며 알칼리에 약하여 콘크리트 면, 몰탈 면에 바로 바를 수 없다.

25 다음 중 석재 중 화성암에 속하는 것은?

① 응회암　　② 안산암
③ 점판암　　④ 사암

> TIP 안산암
> - 화강암 다음으로 많은 석재이며, 조직

은 치밀한 것부터 조잡한 것까지 다양하다.
- 강도, 비중, 내화성이 크고 가공이 용이하여 구조용이나, 조각품에 이용된다.
※ 응회암 : 가공이 용이하고 내화성이 크지만, 흡수성이 높고 강도가 약하며 석회제조나 장식재로 사용한다.
※ 점판암 : 석질이 치밀하고 방수성이 있어 얇은 판으로 떼어내 지붕이나 벽 재료로도 사용한다.
※ 사암 : 성분에 따라 내구성과 강도가 모두 다르며 내화성이 크고 단단한 것은 구조용으로 사용되나, 외관이 좋지 못하다. 또한 연질 사암은 실내 장식재로 사용한다.

26 지붕재료에 요구되는 성질과 거리가 먼 것은?

① 열전도율이 작아야 한다.
② 외관이 좋아야 한다.
③ 가볍고 방수, 방습, 내화, 내수성이 커야 한다.
④ 가공성이 용이해야 한다.

> TIP 지붕재료
> - 건물 상부에 위치하는 재료로 열전도율이 작은 재료를 이용하여 냉난방에 효과적이어야 하며 방수, 방습성이 커야 한다.
> ※ 벽 및 천장재료 : 가공성이 용이해야 한다.

27 다공질 벽돌에 대한 설명으로 옳지 않은 것은?

① 원료인 점토에 탄가루와 톱밥, 겨 등의 유기질 가루를 혼합하여 성형, 소성한 것이다.
② 비중이 1.2~1.5 정도인 경량 벽돌이다.
③ 단열 및 방음성이 좋으나 강도는 약하다.
④ 톱질과 못 박기가 어렵다.

> TIP 다공질 벽돌
> - 톱질과 못 박음이 가능하다.(= 절단 및 가공이 쉽다.)

28 건축재료 발전방향의 전후 연결이 옳게 짝지어지지 않은 것은?

① 공장시공화 - 현장시공화
② 저품질 - 고품질
③ 비표준화 - 표준화
④ 에너지 소비화 - 에너지 절약화

29 다음 중 마루판에 가장 적합한 것은?

① 플로어링 블록
② 탄화 코르크판
③ 코펜하겐 리브
④ 연질 섬유판

> TIP 플로어링 블록(Flooring Block)
> - 정사각형으로 4개 면을 제혀쪽매로 만든 것으로 목조 바닥용과 콘크리트 바닥용으로 나뉜다.

※ 탄화 코르크판 : 코르크 나무껍질을 분말로 가열, 성형 후 접착하여 만든 것으로 탄성이 있고 공간(有孔)이 있어 단열, 흡음성이 있다.

※ 코펜하겐 리브 : 두께 5cm, 너비 10cm 정도의 긴 판의 표면을 리브(rib)로 가공하여 강당, 집회장, 극장 등에 내벽 또는 천장에 붙여 사용한다.

※ 연질 섬유판 : 식물 섬유를 주원료로 비중이 0.4 미만이고, 흡음, 단열성이 우수하며 천장재 등에 사용한다.

30 다음 중 목재의 강도에 대한 크기순서가 옳게 나열된 것은?

① 섬유방향의 압축강도 > 섬유방향의 인장강도 > 섬유의 직각방향의 압축강도 > 섬유의 직각방향의 인장강도

② 섬유방향의 인장강도 > 섬유방향의 압축강도 > 섬유의 직각방향의 인장강도 > 섬유의 직각방향의 압축강도

③ 섬유방향의 압축강도 > 섬유방향의 인장강도 > 섬유의 직각방향의 인장강도 > 섬유의 직각방향의 압축강도

④ 섬유방향의 인장강도 > 섬유방향의 압축강도 > 섬유의 직각방향의 압축강도 > 섬유의 직각방향의 인장강도

TIP 목재의 강도
- 목재의 강도는 인장강도 > 휨강도 > 압축강도 > 전단강도의 순서이다.
- 목재는 섬유방향(섬유방향에 평행인)에 대한 강도가 섬유방향에 직각인 방향의 강도보다 크다.

31 다음 중 콘크리트 설계기준 강도로 옳은 것은?

① 3일 압축강도 ② 7일 압축강도
③ 28일 압축강도 ④ 90일 압축강도

TIP 콘크리트 설계기준강도
- 콘크리트의 압축강도 발현은 시멘트의 수화반응속도와 관계가 있으며, 재령 7~14일까지의 사이에 가장 급격한 강도 증가가 나타나고, 수분이 공급되면 일반적으로 재령 6개월부터 1년까지 강도증가가 인지된다.
- 콘크리트의 초기 강도에는 시멘트의 종류와 분말 및 콘크리트의 양생조건과 배합이 큰 영향을 준다.

32 20kg의 골재가 있다. 5mm 표준망 체에 중량비로 몇 kg 이상 통과하여야 모래라고 할 수 있는가?

① 10kg ② 12kg
③ 15kg ④ 17kg

TIP 골재
- 잔골재 : 5mm체에 85~90% 이상 통과하는 골재를 말한다.
- 굵은 골재 : 5mm체에 85~90% 이상 남는 골재를 말한다.
- 20kg × 0.855~0.9 = 17kg~18kg

33 건축재료의 사용목적에 의한 분류에 속하지 않는 것은?

① 구조재료 ② 인공재료
③ 마감재료 ④ 차단재료

> **TIP** 생산방식에 의한 분류
> - 천연재료 : 목재, 석재, 골재, 점토 등
> - 인공재료 : 콘크리트 및 제품, 금속, 요업, 석유화학제품 등

34 목재의 기건재 함수율은 얼마 정도인가?

① 10% ② 15%
③ 20% ④ 25%

> **TIP** 목재의 함수율
> - 생목 : 함수율은 약 70~90%이고, 강도의 변화는 거의 없다.
> - 섬유포화점 : 건조를 시켜 약 30% 이하가 됐을 때를 말하며, 서서히 강도가 증가하는 특징이 있다.
> - 기건재 : 함수율이 약 15% 이하가 됐을 때를 말하며, 생목강도보다 약 1.5배 강도가 증가한다.
> - 전건재 : 함수율이 0%인 것을 말하며, 생목강도보다 약 3배 강도가 증가한다.
> ※ 목재의 강도는 비중과 비례하며, 함수율과 반비례 관계에 있다.
> ※ 구조용재 : 함수율 15% 이하, 가구 및 수장재 : 함수율 10% 이하로 한다.

35 다음 미장재료 중 수경성 재료는?

① 돌로마이트 플라스터
② 회반죽
③ 진흙
④ 석고 플라스터

> **TIP** 미장재료의 구분
> - 수경성 : 시멘트 몰탈, 석고 플라스터
> - 기경성 : 진흙, 돌로마이트 플라스터, 석회

36 점토의 물리적 성질에 대한 설명으로 옳지 않은 것은?

① 점토의 비중은 일반적으로 2.5~2.6 정도이다.
② 입자의 크기가 클수록 가소성이 좋다.
③ 양질의 점토는 습윤 상태에서 현저한 가소성을 나타낸다.
④ 점토의 압축강도는 인장강도의 약 5배 정도이다.

> **TIP** 점토의 성질
> - 점토의 비중은 일반적으로 2.5~2.6 정도이다.
> - 점토의 입자가 고울수록 양질의 점토로 볼 수 있으며, 순수한 점토일수록 용융점이 높고 강도가 크다.(=입자의 크기가 작을수록 가소성이 좋다.)
> - 함수율이 40~45%일 때 가소성이 가장 크다.(= 양질의 점토는 습윤 상태에서 가소성이 크다.)
> - 점토의 강도 중 압축강도는 인장강도의 약 5배 정도이다.

37 알루미늄의 주요 특성에 대한 설명 중 틀린 것은?

① 알칼리에 강하다.
② 열전도율이 높다.
③ 강도, 탄성계수가 작다.
④ 용융점이 낮다.

> 💡 **알루미늄**
> - 연성과 전성이 크고, 열전도율과 전기전도율이 높다.
> - 가벼운 정도에 비해 강도가 크며, 공기 중에서 표면에 산화막이 생성하여 내식성이 크다.
> - 산, 알칼리에 약하므로, 콘크리트에 접할 때에는 방식처리를 해야 한다.
> - 창호 및 커튼레일 등에 사용한다.
> - 강도 및 탄성계수가 작다.(탄성계수가 작을수록 변형하기 쉽다.)

38 대리석, 사문암, 화강암 등의 쇄석을 종석으로 하여 백색 포틀랜드시멘트에 안료를 섞어 천연 석재와 유사하게 성형시킨 인조석은?

① 점판암 ② 석회석
③ 테라죠 ④ 화강암

> 💡 **테라죠(Terrazzo)**
> - 백색 시멘트+종석(대리석 또는 화강암)+안료+물을 혼합한 미장재료로 바름이 굳은 후 연마기 등으로 갈고 왁스로 광내기를 한다.

39 세라믹 계열의 재료가 아닌 것은?

① 강 섬유보강 콘크리트
② 유리섬유보강 콘크리트
③ 고 내구성 고분자계 도료
④ 탄소섬유보강 콘크리트

> 💡 **세라믹**
> - 고온으로 구워 낸 무기질 고체재료를 말한다.
> - 무기계(무기질)를 이용한 복합재료(섬유)로는 강 섬유, 유리섬유, 탄소섬유가 있다.
> - 강 섬유보강콘크리트는 강선, 박판 등을 절단하여 얻어진 강 섬유를 콘크리트에 혼합하여 뿜어 붙이는 콘크리트로 열억제 및 분산에 효과가 있다.
> - 유리섬유보강콘크리트는 유리섬유를 콘크리트에 혼합하여 사용하는 것으로 유리섬유가 골재를 붙잡아 인장강도 및 충격강도에 강하다.
> - 탄소섬유보강콘크리트는 탄소섬유를 혼입한 것으로 타 혼입재료에 비해 화학적으로 안전하고 높은 강성을 가진다. 슬래브, 기둥 등의 보수 및 보강과 내진보강 등에 사용한다.
> - ※ 유기계(유기질)를 이용한 복합재료(섬유) : 폴리프로필렌섬유, 아라미드섬유, 비닐섬유, 나일론섬유가 있다.

40 보기의 ㉠과 ㉡에 알맞은 것은?

> 대부분의 물체에는 완전(㉠)체, 완전(㉡)체는 없으며, 대개 외력의 어느 한도 내에서는 (㉠)변형을 하지만 외력이 한도에 도달하면 (㉡)변형을 한다.

① ㉠ - 소성, ㉡ - 탄성
② ㉠ - 인성, ㉡ - 취성
③ ㉠ - 취성, ㉡ - 인성
④ ㉠ - 탄성, ㉡ - 소성

41 주택의 동선계획에 관한 설명으로 옳지 않은 것은?

① 교통량이 많은 공간은 상호간 인접 배치하는 것이 좋다.
② 가사노동의 동선은 가능한 남측에 위치시키는 것이 좋다.
③ 개인, 사회, 가사노동권의 3개 동선은 상호간 분리하는 것이 좋다.
④ 화장실, 현관, 계단 등과 같이 사용빈도가 높은 공간의 동선을 길게 처리하는 것이 좋다.

TIP 동선의 원칙
- 단순하고 명쾌하게 해야 하며, 빈도가 높은 동선은 짧게 한다.
- 서로 다른 종류의 동선이나 차량, 사람의 동선 등은 가능한 한 분리시키고 필요 이상의 교차는 피한다.
- 개인권, 사회권, 가사노동권은 서로 독립성을 유지해야 한다.
- 동선에는 공간(space)이 필요하다.
- 속도가 빠른 동선은 통로의 너비를 넓게 하고 장애가 없게 한다.
- 하중이 큰 가사노동은 남쪽에 오도록 하고, 짧게 한다.
- 주택 내부동선은 외부조건과 배실 설계에 따른 출입형태에 의해 1차적으로 결정된다.

42 침실의 소음차단 방법과 거리가 먼 것은?

① 외부에 나무를 심어 가린다.
② 2중창을 설치하고 커튼을 단다.
③ 침대 위로 통풍이 되도록 한다.
④ 현관에서 멀리 떨어져 공지에 면하게 한다.

TIP 침실계획
- 주거공간 중 가장 사적인(= 폐쇄성) 개인생활공간으로 독립성과 기밀성이 유지돼야 한다.
- 머리 쪽에 창을 두지 않는 것이 좋으며, 만일 창을 둘 경우에는 창을 높게 한다.

43 다음 중 A2 제도용지의 크기로 맞는 것은? (단위, mm)

① 420×594
② 594×841
③ 841×1189
④ 297×420

TIP ✦ 제도용지의 크기

		A_0	A_1	A_2	A_3	A_4
a×b		1189 ×841	841× 594	594× 420	420× 297	297× 210
c(최소)		10	10	10	5	5
d (최소)	철하지 않을 때	10	10	10	5	5
	철할 때	25	25	25	25	25

44 급수펌프, 양수펌프, 순환펌프 등으로 건축설비에 주로 사용되는 펌프는?

① 왕복식 펌프 ② 회전식 펌프
③ 피스톤 펌프 ④ 원심식 펌프

TIP ✦ 터보형 펌프

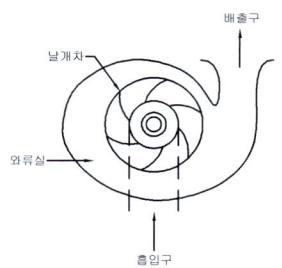

- 흡출관이 있는 용기 내에 있는 날개를 회전시켜 물의 흐름을 조절하는 펌프.
- 물을 사용하는 대부분의 펌프가 여기에 속하며, 대표적으로 원심식 펌프가 있다.

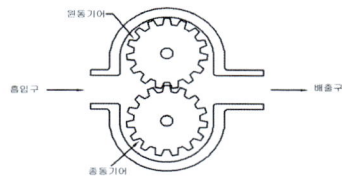

※ 용적형 펌프 : 용적을 변화시켜 흡출되도록 한 펌프로 유압장치용으로 주로 사용된다. 왕복펌프에 피스톤 펌프가 속하며, 회전펌프 등이 있다.

45 다음의 단면용 재료표시 기호가 의미하는 것은?

① 석재   ② 인조석
③ 벽돌   ④ 목재 치장재

46 다음 중 자연환기에 대한 내용으로 옳지 않은 것은?

① 자연환기는 풍력환기와 중력환기로 구분된다.
② 개구부를 풍향에 직각으로 계획하면 환기량이 많아진다.
③ 강제 환기라고도 하며 송풍기를 이용하여 강제적으로 환기하는 방식이다.
④ 실내외의 온도차를 이용하거나 바람 등 자연원리를 이용한다.

TIP ✦ 환기의 종류

① 자연환기
- 풍력환기 : 바람 등에 의해 환기하는 방식으로 개구부 위치에 따라 차이가 크다.
- 중력환기 : 실·내외의 온도차에 의해 환기하는 방식이다.

② 기계환기

40 ④ 41 ④ 42 ③ 43 ① 44 ④ 45 ① 46 ③

- 중앙식 : 한 장소에서 조작을 하여 외기 혹은 실내공기를 각 실에 보내어 환기하는 방식이다.
- 1종 환기 : 기계급기 → 기계배기(병용식), 용도 : 수술실, 보일러실 등
- 2종 환기 : 기계급기 → 자연배기(압입식), 용도 : 반도체공장, 무균실 등
- 3종 환기 : 자연급기 → 기계배기(흡출식), 용도 : 주방, 욕실 등

47 다음 중 배수트랩의 설치목적으로 맞는 것은?

① 신선한 공기를 유통시켜 관내 청결을 유지하는 것이다.
② 봉수 보호와 배수의 흐름을 원활하게 하는 것이다.
③ 배수계통에 봉수를 고이게 하여 배수관 내의 악취, 유독가스, 벌레 등이 침투하는 것을 방지하는 것이다.
④ 배수관 내의 기압을 일정하게 유지하는 것이다.

TIP 트랩
- 하수본관 및 배수관 내에서 발생한 가스 등이 위생기구를 통하여 건물 내로 침입하는 것을 방지하기 위하여 위생기구 본체 또는 배수관로에 설치하는 기구를 말하며, 봉수의 깊이는 50~100mm 정도이다.

48 스터럽(늑근)이나 띠철근을 철근 배근도에서 표시할 때 일반적으로 사용하는 선은?

① 가는 실선   ② 파선
③ 굵은 실선   ④ 이점쇄선

TIP 선의 종류
- 굵은 실선 : 물체의 보이는 부분을 나타내는 선으로 단면선과 외형선으로 구별하여 사용한다.
- 가는 실선 : 치수선, 치수 보조선, 인출선, 각도 설명 등을 나타내는 지시선 및 해칭선으로 사용한다.
- 일점쇄선 : 물체의 중심, 대칭축을 표시하는데 사용하고 물체의 절단 위치를 표시하거나 경계선으로도 사용한다.
- 이점쇄선 : 일점쇄선과 구별할 때 사용한다.
- 파선(점선) : 물체의 보이지 않는 부분의 모양을 표시하는데 사용한다. 파선과 구별할 필요가 있을 때에는 점선을 쓴다.

49 다음의 주택단지의 단위 중 규모가 가장 작은 것은?

① 인보구   ② 근린분구
③ 근린주구   ④ 근린지구

TIP 인보구(20~40호, 200~800명)
- 이웃과 가까운 친분이 유지되는 공간적 범위로써 반경 100~150m 정도를 기준으로 한다.
- 유아놀이터(어린이 놀이터)가 중심이다.

- 아파트의 경우 3~4층, 1~2동이 여기에 해당된다.

※ 근린분구(400~500호, 3,000~5,000명)

- 일상 소비 생활에 필요한 공동시설이 운영가능한 단위이다.
- 소비시설(술집 등), 후생시설(공중목욕탕, 약국 등), 치안시설(파출소 등), 보육시설(유치원 등)이 있다.

※ 근린주구(1,600~2,000호, 10,000~20,000명)

- 초등학교가 중심이며, 학교에서 주택까지 500~800m범위, 3~4개의 근린분구 집합체가 근린주구를 이룬다.
- 동사무소, 소방서, 어린이 공원, 우체국 등이 있다.

50 건축제도에서 가는 실선의 용도에 해당하는 것은?

① 단면선　② 중심선
③ 상상선　④ 치수선

TIP 선의 종류

선의 종류		사용방법(보기)
실선	────	단면의 윤곽 표시
	────	보이는 부분의 윤곽표시 또는 좁거나 작은 면의 단면부분 윤곽표시
	────	치수선, 치수보조선, 인출선, 격자선 등의 표시
파선 또는 점선	----	보이지 않는 부분이나 절단면보다 앞면 또는 윗면에 있는 부분의 표시
1점 쇄선	—·—·—	중심선, 절단선, 기준선, 경계선, 참고선 등의 표시
2점 쇄선	—··—··—	상상선 또는 1점 쇄선과 구별할 필요가 있을 때

51 다음 중 동선의 길이를 가장 짧게 할 수 있는 부엌가구의 배치형태는?

① 일자형　② ㄱ자형
③ 병렬형　④ ㄷ자형

TIP ㄷ자형

- 인접한 3면의 벽에 배치하여 가장 편리하고 능률적이다.
- 평면계획상 외부로 통하는 출입구의 설치 곤란하며, 식탁과의 연결이 어렵다.

※ 직선형(일자형)

- 동선과 배치가 간단한 평면형이지만 설비기구가 많을 경우 작업동선이 길어진다.
- 소규모 주택에 적합하다.

※ L자형(ㄱ자형)

- 인접된 양면 벽에 L자형으로 배치하여 동선의 흐름이 자연스러운 형태이다.
- 작업동선이 효율적이며 여유 공간이 많이 남기 때문에, 식사실과 병용할 경우 적합하다.

※ 병렬형

- 두 벽면을 따라 작업이 전개되는 전통적인 형태로 양쪽 벽면에 작업대를 마주보도록 배치한 형태이다.
- 직선형보다는 작업동선이 줄지만, 작업 시 몸을 앞뒤로 계속 바꿔야 한다.

47 ③　48 ①　49 ①　50 ④　51 ④

52 다음과 같이 정의되는 용어로 맞는 것은?

> 건축물의 내부와 외부를 연결하는 완충 공간으로 전망이나 휴식 등의 목적으로 건축물 외벽에 접하여 부가적으로 설치되는 공간

① 베란다 ② 발코니
③ 테라스 ④ 필로티

TIP 발코니

- 건축물 외벽에 접하며 지붕이 있는 공간으로 국토교통부장관이 정하는 기준에 적합한 발코니는 필요에 따라 거실·침실·창고 등의 용도로 사용할 수 있다.
- 1.5m 이내의 발코니는 확장하여 사용할 수 있으며 전용면적에 산입되지 않기 때문에 발코니 면적이 클수록 실내공간을 넓게 사용할 수 있다. 1.5m를 초과하면 바닥면적에 산입된다.
- ※ 베란다 : 위층면적보다 아래층면적이 넓은 경우 아래층의 남는 여유 공간을 말한다.
- ※ 테라스 : 지면과 만나는 부분에 외부로 출입할 수 있도록 만든 공간으로 지붕을 설치하지 않는다.
- ※ 필로티 : 건축물 1층을 개방형으로 만들어 휴식 및 주차장 등으로 이용하는 공간을 말한다.

53 형태 조화의 근본이 되는 황금비에 해당하는 비율은?

① 1 : 1.414   ② 1 : 1.618
③ 1 : 1.732   ④ 1 : 1.915

TIP 황금비(Golden ratio)

- 그리스 수학자 피타고라스가 발견하고, 그 후 기원 전 300년경에 수학자 유클리드가 구체화 시킨 비율로 짧은 선분 : 긴 선분 = 긴 선분 : 긴 선분 + 짧은 선분을 만족하는 선분의 분할비를 말한다.

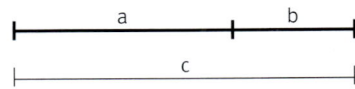

- $\dfrac{a}{b} = \dfrac{c}{a} = 1.618033...$

※ 이집트 피라미드, 그리스 파르테논 신전, 비너스 상 등이 황금비로 축조되거나, 만들어졌고, 앵무조개의 나선 모양이 황금비를 따른다고 알려져 있으나, 비율이 비슷할 뿐 전혀 다르다.

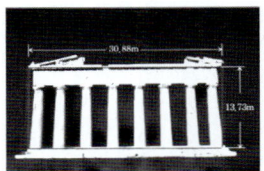

(a) 30.88 ÷ 13.73 ≒ 2.249

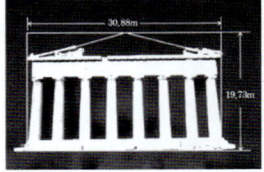

(b) 30.88 ÷ 19.73 ≒ 1.565

[그림 출처] : EBS다큐프라임
[황금비율의 비밀]

54 다음 중 계획 설계도에 속하지 않는 것은?

① 구상도 ② 조직도
③ 배치도 ④ 동선도

🔖 설계도면의 종류

계획 설계도	구상도, 조직도, 동선도, 면적 도표 등	
기본 설계도	기본 설계도, 계획도, 스케치도	
실시 설계도	일반도	배치도, 평면도, 입면도, 단면도, 전개도, 창호도, 현치도, 투시도 등
	구조도	기초 평면도, 바닥틀 평면도, 지붕틀 평면도, 골조도, 기초·기둥·벽·보·바닥판 일람표, 배근도, 각부 상세도 등
	설비도	전기, 위생, 냉·난방, 환기, 승강기, 소화 설비도 등
시공도	시공 상세도, 시공 계획도, 시방서 등	

55 가옥(House)트랩, 메인(Main)트랩이라고도 하며, 옥내 배수 수평주관 말단에 설치하여 하수의 가스 역류방지용으로 사용하는 트랩은?

① S트랩 ② P트랩
③ U트랩 ④ 드럼트랩

🔖 U트랩

- 가옥(House)트랩, 메인(Main)트랩이라고도 하며, 옥내 배수 수평주관 말단에 설치 (옥외 배수관에 배출되기 직전)하여 하수의 가스 역류방지용으로 사용하는 트랩으로 유속이 저하되는 결점이 있다.
- ※ S트랩 : 세면기, 대변기, 소변기에 사용하며, 바닥 밑 배수관에 접속하여 사용하는 트랩으로 사이펀 작용으로 인해 봉수가 쉽게 파괴될 수 있다.
- ※ P트랩 : 세면기, 대변기, 소변기 등 위생기구에 많이 사용되며, 벽체 배수관에 접속하여 사용하는 트랩이다.
- ※ 드럼트랩 : 주방 싱크대에 설치하여 사용하는 트랩으로 다량의 물을 고이게 하여 봉수파괴의 우려가 없고, 청소가 가능하다.

56 건축물과 관련된 각종 배경의 표현 방법으로 가장 알맞은 것은?

① 배경을 다양하게 표현한다.
② 표현은 항상 섬세하게 하도록 한다.
③ 건물을 이해할 수 있도록 배경을 다소 크게 그린다.
④ 건물보다 앞쪽의 배경은 사실적으로 뒤쪽의 배경은 단순하게 표현한다.

57 건축제도의 치수기입에 관한 설명으로 옳은 것은?

① 치수는 특별히 명시하지 않는 한, 마무리치수로 표시한다.
② 치수기입은 치수선을 중단하고 선의 중앙에 기입하는 것이 원칙이다.
③ 치수의 단위는 밀리미터(mm)를 원칙으로 하며, 반드시 단위 기호를 명시하여야 한다.
④ 치수기입은 치수선에 평행하게 도면의 오른쪽에서 왼쪽으로 읽을 수 있도록 기입한다.

TIP 치수기입

- 길이는 모두 mm단위로 기입하되 단위 기호 mm는 기입하지 않는다.
- mm이외의 단위는 명확히 치수 옆에 기입한다.
- 숫자는 아라비아 숫자로 사용하며 알아보기 쉽고 정확하게 쓴다.
- 치수기입에는 소수점 부호(.)를 사용하고 자릿수 부호는 (,)나 간격을 두어 사용한다.
- 치수기입은 왼쪽에서 오른쪽으로 하고 아래에서 위로 읽을 수 있도록 기입한다.
- 협소한 간격이 연속 될 때에는 인출선을 사용하여 치수를 쓴다.

58 배수설비에 사용되는 포집기 중 레스토랑의 주방 등에서 배출되는 배수 중의 유지분을 포집하는 것은?

① 오일 포집기   ② 헤어 포집기
③ 그리스 포집기 ④ 플라스터 포집기

TIP 포집기(저집기, Intercepter)

- 트랩의 기능과 불순물(기름이나 찌꺼기 등)의 분리기능을 가지고 있는 설비기구이다.
- ※ 헤어 포집기 : 이발소, 미용실 등에 사용하며 머리카락 등이 배수로를 막는 것을 방지한다.
- ※ 플라스터 포집기 : 치과 기공실, 정형외과 깁스실 등에 사용하는 장치이다.
- ※ 샌드 포집기 : 흙이나 모래 등이 다량으로 배수되는 곳에 사용하는 장치이다.
- ※ 가솔린 포집기 : 주유소, 세차장 등에 사용하는 것으로, 가솔린을 위로 뜨게 하여 휘발시키는 장치이다.
- ※ 런드리(Laundry) 포집기 : 세탁소 등에 사용하는 것으로, 단추, 실오라기 등이 배수관으로 들어가는 것을 걸러내는 장치이다.

59 다음의 결로현상에 관한 설명 중 (   )안에 알맞은 것은?

습도가 높은 공기를 냉각하면 공기 중의 수분이 그 이상은 수증기로 존재할 수 없는 한계를 (   )라 하며, 이 공기가 (   ) 이하의 차가운 벽면 등에 닿으면 그 벽면에 물방울이 생긴다. 이를 결로현상이라 한다.

① 절대습도   ② 상대습도
③ 습구온도   ④ 노점온도

TIP 노점온도

- 공기를 냉각할 때 공기 중의 수증기가 포화하여 이슬이 맺힐 때의 온도이며, 노점온도는 습도(수증기의 양)에 비례한다.
- ※ 절대습도 : 공기 1kg 중에 포함된 수증기의 양을 나타내며, 공기를 가열하거나 냉각해도 수증기의 양은 변화가 없다.
- ※ 상대습도 : 공기 중의 포함된 실제 수증기량과 공기가 최대로 포함할 수 있는 수증기량(포화수증기량)의 비를 말하며, 퍼센트(%)로 나타낸다. 또한, 기온이 높으면 상대습도는 낮고, 기온이 낮으면 상대습도는 높다.

※ 습구온도 : 온도계의 감온부를 헝겊 등으로 감싸놓고 물을 적신 후 증발될 때 내려가는 온도

60 공기조화방식의 열 반송매체의 의한 분류 중 전수방식에 속하는 것은?

① 단일덕트 방식
② 이중덕트 방식
③ 팬코일 유닛 방식
④ 멀티존 유닛 방식

TIP ※ 전수방식(All water system)

- 중앙기계실에서 냉수 또는 온수를 만들어 각 실의 유닛으로 보내어 냉난방하는 방식으로, 팬 코일 유닛 방식 등이 있다.

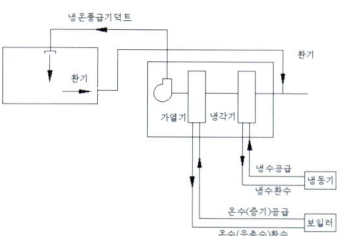

(a) 전공기방식

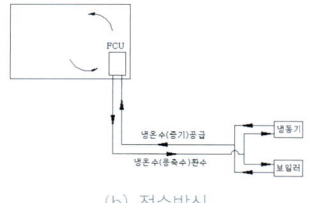

(b) 전수방식

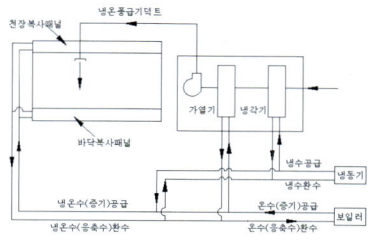

(c) 공기-수방식

- 주택, 여관 등 비교적 이용하는 인원이 적은 공간에 사용한다.

※ 전 공기 방식(All air system) : 중앙 공기 조화기에서 만들어진 냉·온풍을 송풍하여 공기를 조화하는 방식으로, 단일 덕트, 2중 덕트, 멀티 존 유닛 방식 등이 있으며 소규모 건물, 대규모 극장, 중규모 이상의 내부 조닝에 사용한다.

※ 공기-수 방식(Air-Water system) : 공기를 열원으로 하여 물을 가열하고 이 온수를 순환시키는 히트 펌프 방식으로, 각층유닛방식, 유인유닛 방식 등이 있으며 사무소, 병원, 호텔 등에 사용한다.

※ 냉매 방식(Packaged air conditioning) : 냉동기 및 히트펌프 등의 열원을 이용하는 방식으로, 패키지 유닛 등이 있으며 소규모 건물, 점포, 주택 등에 사용한다.

06 PART | CBT 기출복원문제

2021년 4회

01 화재에 의해 콘크리트가 열을 받아 급격한 파열현상을 나타내는 것을 무엇이라 하는가?

① 크리프 ② 폭열
③ 버클링 ④ 컬럼 쇼트닝

> **TIP** 폭열현상(Spalling failure)
> - 콘크리트가 고열을 받을 때 콘크리트 내부 수증기의 압력이 높아져 급격히 강도가 저하되면서 붕괴 또는 파괴되는 현상을 말한다.
> - ※ 크리프(creep) : 일정 하중이 작용한 뒤 하중의 증가 없이도 시간이 경과함에 따라 변형이 증대되는 장기추가 처짐 현상을 말한다.
> - ※ 좌굴(버클링(buckling)) : 기둥 등에 세로방향으로 압력이 가해질 때 중심축이 축 외부로 벗어나며 휘어지는 현상을 말한다.
> - ※ 컬럼 쇼트닝(Column Shortening) : 고층건물의 기둥 및 벽과 같은 수직부재가 하중에 의해 축소변위를 일으키는 현상을 말한다.

02 흙막이 부재 중 토압과 수압을 지탱하기 위해 널말뚝 벽면에 수평으로 대는 것은?

① 어미말뚝 ② 멍에
③ 규준틀 ④ 띠장

> **TIP** 띠장
> - 흙막이 벽에 작용하는 토압을 균일하게 받아 버팀대에 전달하는 역할을 하는 재료를 말한다.
>
>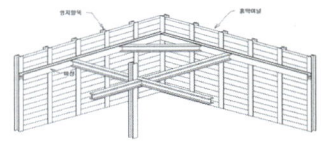
>
> - ※ 어미말뚝(엄지말뚝) : 흙막이 벽을 시공할 때 사이사이에 수평으로 나무 널을 끼워 넣을 수 있도록 H형강을 일정 간격으로 설치하여 벽체를 형성할 수 있도록 사용하는 말뚝을 말한다.
> - ※ 멍에 : 목재 마루에서 동바리 돌 또는 동바리 위에 얹어 장선을 받치는 나무를 말한다.
> - ※ 규준틀 : 토건공사에서 높이, 너비, 수평 등의 표준을 표시하기 위한 틀을 말한다.

03 한식 공사에서 종도리를 얹는 것을 의미하는 것은?

① 열초　　② 치목
③ 상량　　④ 입주

TIP ☀ 상량
- 기둥에 보를 얹고 그 위에 종도리를 올리는 것을 말한다.
- ※ 열초(列礎) : 기둥이 놓일 장소에 주춧돌을 놓아두는 것을 말한다.
- ※ 치목(治木) : 목재를 다듬거나 손질하는 것을 말한다.
- ※ 입주(立柱) : 기둥을 세우는 작업을 말한다.

04 벽돌벽 줄눈에서 상부의 하중을 전 벽면에 균등하게 분포시키도록 하는 줄눈은?

① 빗줄눈　　② 막힌줄눈
③ 통줄눈　　④ 오목줄눈

TIP ☀ 막힌줄눈
- 줄눈의 상·하가 막혀 있는 줄눈으로 상부의 하중을 벽 전체에 고르게 분산시키는 안전한 조적법으로 가장 많이 사용한다.
- ※ 빗줄눈 : 끝부분이 경사진 형태의 줄눈으로 벽면에 음영차이가 나타나고 질감이 강조되지만, 빗물의 흐름을 방해한다.
- ※ 통줄눈 : 세로줄눈이 모두 통하여 이어진 줄눈으로 하중의 집중현상이 발생되어 균열이 발생하는 단점이 있어 큰 강도가 필요하지 않는 곳에 사용된다.
- ※ 오목줄눈 : 약간의 음영이 표현되며 면이 깨끗하며 평줄눈과 민줄눈의 중간효과가 있다.

05 휨모멘트나 전단력을 견디게 하기 위해 사용되는 것으로 보 단부의 단면을 중앙부의 단면보다 크게 한 부분은?

① 헌치　　② 슬래브
③ 래티스　　④ 지중보

TIP ☀ 헌치(Haunch)
- 콘크리트 구조물에 부재의 두께나 높이가 급격하게 변화되는 부분에 응력의 집중에 의하여 구조물이 국부적인 손상을 입는 것을 방지하기 위하여 단면을 서서히 증감시킨 것을 말한다.
- 수평부재와 수직부재가 접하는 부위에 연결부를 보강할 목적으로 단면을 크게 하고 철근으로 보강한 부위로 슬래브와 보, 기둥과 보, Box Girder, 라멘구조 등에 설치한다.
- 헌치의 설치목적
  ① 연속적인 응력 전달
  ② 응력 집중 방지
  ③ 균열 발생 방지
  ④ 구조물 보강
- 바닥판에는 지지보 위에 헌치를 두는 것을 원칙으로 한다.
- 헌치의 기울기는 1 : 3보다 완만하게 하며, 기울기가 1 : 3보다 급할 경우에는 기울기 1 : 3까지 두께를 바닥판의 유효두께로 간주한다.
- 헌치 안쪽에는 철근을 배치하는 것을 원칙으로 하며, 철근은 13mm 이상으로 한다.

01 ②　02 ④　03 ③　04 ②　05 ①

06 반자구조의 구성부재로 잘못된 것은?

① 반자돌림대　② 달대
③ 변재　　　　④ 달대받이

TIP 변재
- 수피와 심재 사이에 있는 것으로, 수액의 통로 및 양분의 저장소이다.
- 함수율이 크고 강도는 작으며 색은 연한 색을 띈다. 내구성 및 내후성이 나쁘다.
- ※ 반자돌림대 : 반자의 둘레에 대는 가늘고 긴 목구조이며 흔히 몰딩(Moulding)이라고 한다.
- ※ 달대 : 천장의 수평을 유지하기 위해 보꾹에 달아매는 목구조를 말한다.
- ※ 달대받이 : 달대를 받치기 위해 댄 수평의 목구조를 말한다.

07 횡력을 받는 벽을 지지하기 위해서 설치하는 구조물은?

① 버트레스　② 커튼월
③ 타이 바　　④ 컬럼 밴드

TIP 버트레스(Buttress)
- 건축물의 벽 또는 면에 직각으로 대어 그 벽 또는 면 반대편에서 일어나는 압력을 지지하는 구조물이다.
- ※ 커튼월(Curtain wall) : 건물의 하중은 기둥, 보, 슬래브 등이 지지하고 커튼 월 자체의 하중만 부담하는 비내력벽을 말하며, 장막벽이라고도 한다.
- ※ 타이 바(Tie bar) : 압축응력을 받는 축방향 철근의 위치확보와 좌굴(Buckling)방지를 위해 사용하는 철근으로 콘크리트 포장 판을 동일높이로 유지 및 균열발생을 방지하고 벌어짐을 방지하기 위하여 세로줄눈을 가로로 잘라 콘크리트 판에 매입한 봉강을 말한다.
- ※ 컬럼 밴드(Column Band) : 사각기둥 작업 시 거푸집이 벌어지는 것을 막기 위해 조여 주는 긴결재이다.

08 트러스에서 상현재와 하현재 내에서 연결부 역할을 하는 부재는?

① Lower Chord Member
② Web Member
③ Upper Chord Member
④ Supporting Point

TIP 트러스를 구성하는 부재
- 복재(Web Member) : 상하부의 현재를 연결하는 부재(D, V)
- 하현재(Lower Chord Member) : 아랫부분의 현재(L)
- 상현재(Upper Chord Member) : 윗부분의 현재(U)
- 현재(Chord Member) : 트러스의 바깥 경계부에 있는 부재(U, L)
- 사재(Diagonal Member) : 경사진 복재(D)
- 연직재(Vertical Member) : 연직인 복재(V)
- ※ 지지점(Supporting Point) : 지지를 위한 구속 부분을 지지점이라고 하며, 지지 조건의 차이에 따라 이동 지점, 회전 지점, 고정지점 및 자유 지지점 등이 있다.

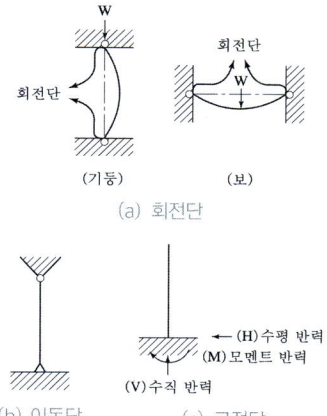

(a) 회전단

(b) 이동단
(c) 고정단
(H) 수평 반력
(M) 모멘트 반력
(V) 수직 반력

09 조적식 구조인 내력벽의 콘크리트 기초판에서 기초 벽의 두께는 최소 얼마 이상으로 하여야 하는가?

① 150mm ② 200mm
③ 250mm ④ 300mm

TIP 조적식 기초
- 벽돌조(조적조) 기초는 줄기초(연속기초)로 한다.
- 기초판은 철근콘크리트구조 또는 무근콘크리트구조로 한다.
- 기초각도는 60° 이상으로 한다.
- 기초 벽두께는 25cm 이상으로 한다.
- 벽돌 밑의 너비는 벽체 두께의 2배 이상으로 한다.
- 기초판의 너비는 벽돌 면보다 10~15cm 정도 내민다.

10 계단 난간의 웃머리에 가로대는 가로재로 손스침이라고도 하는 것은?

① 챌판   ② 난간동자
③ 계단참   ④ 난간두겁대

TIP 난간두겁대
- 난간동자의 윗부분에 대는 가로재를 말한다.
- ※ 난간동자 : 계단 옆 난간에 세워 댄 낮고 짧은 기둥으로 다양한 재료를 이용한다.
- ※ 챌판 : 계단의 디딤판과 디딤판 사이에 수직으로 댄 판을 말한다.
- ※ 계단참 : 계단 중간에 조금 넓게 만들어 놓은 단차가 없이 평평한 곳을 말한다.

11 철근콘크리트보의 늑근에 대한 설명 중 옳지 않은 것은?

① 전단력에 저항하는 철근이다.
② 중앙부로 갈수록 조밀하게 배치한다.
③ 굽힘철근의 유무에 관계없이 전단력의 분포에 따라 배치한다.
④ 계산상 필요 없을 때도 사용한다.

TIP 늑근(스터럽)
- 전단력을 보강하여 보의 주근 위에 둘러 감은 철근이다.
- 전단력은 보의 단부에서 최대가 되고, 중앙부로 갈수록 작아지므로 단부에는 촘촘하게 배치하고 중앙부로 갈수록 넓게 배치한다.

06 ③ 07 ① 08 ② 09 ③ 10 ④ 11 ②

12 그림과 같은 철근콘크리트 연속보에 대한 배근에서 가장 적절한 배근법은?

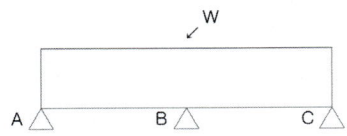

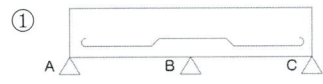

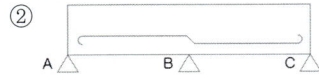

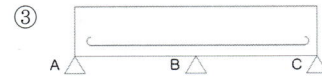

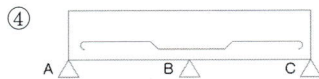

13 조립식 구조물(P.C)에 대하여 옳게 설명한 것은?

① 슬래브의 주재는 크고 무거워서 P.C로 생산이 불가능하다.
② 접합의 강성을 높이기 위하여 접합부는 공장에서 일체식으로 생산한다.
③ P.C는 현장 콘크리트 타설에 비해 결과물의 품질이 우수한 편이다.
④ P.C는 장비를 사용하므로 공사기간이 많이 소요된다.

TIP 조립식 구조물
• 공사기간이 짧고 공정이 비교적 쉬우며 콘크리트 구조물에 비해 품질이 우수하다.
• 접합부의 일체화가 어렵고 강성이 취약하다.(방수, 기밀, 단열 등)
• 동일한 형태로 인한 건물의 획일화가 발생한다.

14 다음 중 2층 마루에 해당되지 않는 것은?

① 납작마루   ② 보마루
③ 짠마루   ④ 장선마루

TIP 2층 마루
• 보마루 : 간 사이가 2.4m 이상인 마루에 사용하며, 약 2m 정도의 보를 대고 그 위에 장선을 대고 마룻널을 깐다.
• 짠마루 : 칸 사이가 6m 이상일 때 사용하며, 큰 보는 약 3m 정도의 간격을 주고, 작은 보는 2m 간격으로 배치한 뒤 장선을 그 위에 대고 마룻널을 깐다.
• 장선마루 : 홑마루 라고도 하며 간 사이가 좁은 2.4m 미만일 때 사용한다. 보를 사용하지 않고 층도리에 장선을 약 45cm 간격으로 직접 대고 마룻널을 깐다.
※ 납작마루 : 창고, 공장 등에 마루를 낮게 하기 위해 사용하는 것으로 땅바닥이나 호박돌 위에 동바리 없이 멍에와 장선을 놓고 마룻널을 깐다.:

15 다음 중 철골부재의 용접과 거리가 먼 용어는?

① 윙 플레이트   ② 앤드 탭
③ 뒷댐재   ④ 스캘럽

> 💡 **철골용접부의 부재 변형 방지법**
> - 스캘럽(Scallop) : 용접으로 발생하는 열응력의 방지 목적으로 모서리 부분을 반원 모양으로 따낸 것을 말한다.
> - 뒷댐재 : 루트의 양호한 용입을 위해 뒷부분에 대는 판재를 말한다.
> - 캠버(Camber) : 수평 부재의 처짐을 방지하기 위해 위로 솟아오르게 한 것을 말한다.
> - 앤드 탭(End Tab) : 용접을 끝낸 다음 떼어낼 목적으로 붙이는 버팀 판을 말한다.
> ※ 윙 플레이트 : 철골의 주각부에 사이드 앵글과 함께 사용하거나 용접하여 사용하는 것으로 기둥에서 오는 응력을 베이스플레이트에 전달하는 강판을 말한다.

16 조적식 구조에서 내력벽으로 둘러 쌓인 부분의 최대 바닥면적은 얼마인가?

① 60m² ② 80m²
③ 100m² ④ 120m²

> 💡 **보강 블록조 내력벽**
> - 내력벽으로 둘러싸인 바닥면적은 80m² 이하가 되도록 하며 각 층의 높이는 4m 이하로 한다.

17 다음 중 현수구조로 된 구조물로 맞는 것은?

① 남해대교 ② 서해대교
③ 신행주대교 ④ 올림픽대교

> 💡 **현수구조**
> - 상부에서 기둥으로 전달되는 하중을 케이블 형태의 부재가 지지하는 구조로, 주 케이블에 보조 케이블이 상판을 잡아 지지한다.
> - 스팬이 큰(400m 이상) 다리나 경기장 등에 사용한다.
> - 샌프란시스코의 금문교가 대표적이다.
> ※ 사장구조 : 기둥에서 주 케이블이 바로 상판을 지지하는 구조이다.
>   - 스팬이 작은(150~400m 이내)에서 사용한다.
>   - 서해대교, 신행주대교, 올림픽대교 등이 이에 속한다.

18 절충식 지붕틀의 특징으로 틀린 것은?

① 지붕보에 휨이 발생하므로 구조적으로는 불리하다.
② 지붕의 하중은 수직부재를 통하여 지붕보에 전달된다.
③ 한식구조와 절충식구조는 구조상으로 비슷하다.
④ 작업이 복잡하며 대규모 건물에 적당하다.

> 💡 **절충식 지붕틀**
> - 지붕보 위에 동자기둥 또는 대공을 세워 중도리, 마룻대를 걸치고 서까래를 받게 한 지붕틀이다.
> - 작업이 간단하고, 간 사이가 작은 건물 등에 쓰이지만 지붕보에 변형이 생겨 좋지 않다.

19 I형강의 웨브를 톱니모양으로 절단한 후 구멍이 생기도록 맞추고 용접하여 구멍을 각 층의 배관에 이용하도록 한 보는?

① 트러스 보 ② 판 보
③ 래티스 보 ④ 허니컴 보

TIP 허니컴 보(honeycomb beam)

- H형강의 웨브(web)부를 절단 가공하여 보의 높이를 크게 한 것으로, 같은 무게의 것에서는 단면 계수가 크고, 휨이나 비틀림에 강하지만, 웨브의 좌굴이나 휨 좌굴에 약해진다.
- 철골철근콘크리트의 보로 이용하면 이 결점을 방지할 수 있고, 부착이 좋아진다.

20 블록공사에서 블록의 하루 쌓기 높이의 표준은?

① 1.5m 이내 ② 1.8m 이내
③ 2.1m 이내 ④ 2.4m 이내

TIP 블록 쌓기 원칙

- 블록을 쌓기 전 몰탈 접합부에만 적당한 물 축임을 한다.
- 살 두께가 두꺼운 면이 위로 가게 쌓는다.
- 막힌줄눈으로 하고 보강블록조로 할 때는 통줄눈으로 쌓는다.
- 쌓는 높이는 1.2~1.5m (6~7켜) 이내로 한다.

21 내열성 및 내한성이 우수한 수지로 -60~260℃ 정도의 범위에서는 안정하고 탄성을 가지며 내후성 및 내화학성 등이 아주 우수하기 때문에 접착제, 도료로 주로 사용되는 것은?

① 페놀수지 ② 멜라민수지
③ 실리콘수지 ④ 염화비닐수지

TIP 실리콘 수지

- 내열성·내한성이 매우 우수(-60℃~250℃)하며 탄성, 전기절연성, 내약품성, 내후성이 우수하다.
- 방수피막, 접착제 등으로 사용한다.

※ 페놀수지 : 전기절연성, 내수성, 내후성, 접착성 양호하나 내알칼리성은 약하고, 배전판, 내수 합판접착제 등으로 사용한다.

※ 멜라민수지 : 내열성, 내약품성 및 경도가 크고 무색투명한 수지로 조리대, 실험대, 전기부품 등에 사용한다.

※ 염화비닐수지 : 강도, 전기절연성, 내약품성이 좋지만 고온과 저온에 약하고 시트, 파이프, 단열재 등을 만들 수 있다.

22 콘크리트 구조물에 하중의 증가 없이도 시간과 더불어 변형이 증대되는 현상은?

① 영계수 ② 소성
③ 탄성 ④ 크리프

TIP 크리프(Creep)

- 1번 문제 해설 참고

※ 영계수 : 응력과 변형의 관계를 나타내

는 계수로 탄성계수라고도 한다.

※ 소성 : 외력을 제거하여도 재료가 원 상태로 돌아가지 않고, 변형된 상태로 남아 있는 성질을 말한다.

※ 탄성 : 외력을 받아 변형이 생긴 후, 이 외력을 제거하면 원래 모양과 크기로 되돌아가는 성질을 말한다.

23 다음 중 마루판에 가장 적합한 것은?

① 플로어링 블록 ② 탄화코르크판
③ 코펜하겐 리브 ④ 연질 섬유판

TIP 플로어링 블록(Flooring Block)
- 정사각형으로 4개의 면을 제혀쪽매로 만든 것으로 목조 바닥용과 콘크리트 바닥용으로 나뉜다.
※ 탄화코르크판 : 콜크 나무껍질을 분말로 가열, 성형 후 접착하여 만든 것으로 탄성이 있고 공간(有孔)이 있어 단열, 흡음성이 있어 음악 감상실, 방송실 등의 천장 또는 내벽에 흡음판으로 사용한다.
※ 코펜하겐 리브 : 두께 5cm, 너비 10cm 정도의 긴 판의 표면을 리브(rib)로 가공하여 만든 것으로 강당, 집회장, 극장 등에 내벽 또는 천장에 붙여 사용한다.
※ 연질섬유판 : 식물의 섬유질(펄프 등)을 원료로 접착제를 사용하여 만든 것으로 식물 섬유를 주원료로 비중이 0.4 미만이고, 흡음, 단열성이 우수하며 천장재 등에 사용한다.

24 재료의 내구성에 영향을 주는 요인에 대한 설명 중 틀린 것은?

① 내후성 : 건습, 온도변화, 동해 등에 의한 기후변화 요인에 대한 풍화작용에 저항하는 성질
② 내식성 : 목재의 부식, 철강의 녹 등의 작용에 대해 저항하는 성질
③ 내화학약품성 : 균류, 충류 등의 작용에 대해 저항하는 성질
④ 내마모성 : 기계적 반복 작용 등에 대한 마모작용에 저항하는 성질

TIP 내화학약품성
- 화학 약품에 의해 변질되거나 변형됨에 있어 내성을 가지고 견디는 성질을 말한다.
※ 내충성 : 균류, 충류 등의 작용에 대해 저항하는 성질

25 오르내리창을 잠그는데 쓰이는 철물은?

① 크레센트(crescent)
② 레버터리 힌지(lavatory hinge)
③ 도어체크(door check)
④ 도어스톱(door stop)

TIP 크레센트
- 오르내리창 또는 새시의 미서기창을 걸거나 잠그는데 사용한다.
※ 레버터리 힌지 : 스프링 힌지로 전화실 출입문, 공중화장실 등에 이용한다.
※ 도어체크 : 여닫이문을 자동으로 닫히게 하는 철물이다.

※ 도어스톱 : 문을 열었을 경우 닫히지 않게 하거나더 열리지 않게 하기 위한 철물이다.

26 다음 미장재료 중 균열 발생이 가장 적은 것은?

① 돌로마이트 플라스터
② 석고 플라스터
③ 회반죽
④ 시멘트 몰탈

TIP 석고 플라스터
- 점성이 크고, 응결이 빠르며 (5~20분) 중성화가 빨라서 유성페인트를 바를 수 있다.
- ※ 돌로마이트 플라스터 : 소석회 보다 점성이 커 풀이 필요 없어 냄새, 변색, 곰팡이가 생기지 않으며 강알칼리성으로 건조 후 바로 유성페인트를 칠할 수 없다. 또, 필요에 따라 시멘트, 모래 등을 혼합해 사용하고 수축률이 커 균열이 발생하기 쉬워 여물 등을 혼합한다.
- ※ 회반죽 : 소석회에 여물, 풀, 모래 등을 혼합한 것으로 수축률이 커 여물을 넣어 균열을 방지하고 건조에 시간이 많이 걸린다.
- ※ 시멘트 몰탈 : 어떤 미장재료 보다 성질이 우수하여 가장 많이 사용하며 시멘트+모래+물을 혼합하여 사용한다.

27 옥상의 빗물처리를 용이하게 하기 위하여 설치하는 철제품은?

① 루프드레인
② 조이너
③ 논슬립
④ 메탈라스

TIP 루프드레인(roof drain)
- 지붕의 물 빠지는 홈통구멍에 대어 홈통이 막히지 않도록 쓰레기 등을 걸러내는 철물이다.
- ※ 조이너 : 보드 붙임의 조인트 부분에 부착하는 가는 막대 모양의 줄눈재로 알루미늄이나 플라스틱의 것이 많고 형상도 여러 종류가 있다.
- ※ 논슬립 : 계단 등에 미끄러짐 방지를 위해 대는 것으로 황동 외에 알루미늄, 스테인리스 등 종류가 다양하다.
- ※ 메탈라스 : 얇은 강판에 자르는 자국을 내어 옆으로 잡아당겨 그물모양으로 만든 것으로 미장 바탕용으로 사용한다.

28 합성수지 에멀션 도료의 특징 중 옳지 않은 것은?

① 접착성이 좋다.
② 내알칼리성이 우수하다.
③ 내화성이 부족하다.
④ 착색이 자유롭다.

TIP 합성수지 에멀션페인트
- 물에 유성 페인트, 수지성 페인트 등을 현탁시킨 유화액상 페인트로서 바른 후 물은 발산되어 고화(固化)되고 표면은 거의 광택이 없는 도막을 만든다.

- 내수성, 내후성이며 알칼리에 강하고 난연성이다.
- 콘크리트 및 몰탈 바탕에 사용하며 그 외에 회반죽, 석고보드 등의 바탕에도 사용한다.
- 철재와 경금속의 도장에는 부적합하다.

29 몰탈이나 콘크리트에 유리섬유를 혼합하였을 때 나타나는 특징으로 옳은 것은?

① 내알칼리성이 우수하다.
② 동결융해에 대한 저항성이 향상된다.
③ 내산성이 우수하다.
④ 인장강도가 증가한다.

> **TIP** 유리섬유보강콘크리트(GFRC)
> - 몰탈이나 콘크리트에 유리섬유를 혼합한 것으로 콘크리트의 인장강도를 보강한 것이다.
> - 콘크리트의 인장, 휨 및 충격강도와 내화도가 증가하고 내진성능 또한 높아지며 유리섬유의 배합비율에 따라 특징이 다르게 나타난다.
> - 섬유보강공법 중 가장 경제적이며 경량으로 자중의 증가가 거의 없다.

30 고강도선인 피아노선에 인장력을 가해둔 다음 콘크리트를 부어 넣고 경화된 후 인장력을 제거시킨 콘크리트는?

① 레디믹스트 콘크리트
② 프리캐스트 콘크리트
③ 프리스트레스트 콘크리트
④ 레진 콘크리트

> **TIP** 프리스트레스트 콘크리트
> - 철근 대신 PC강재를 사용하여 프리스트레스를 준 콘크리트로 PC강재에 인장력을 주는 방법에 따라 프리 텐션법과 포스트 텐션법이 있다.
> - ※ 레디믹스트 콘크리트 : 현장에서 배합하지 않고 제조공장에서 혼합한 콘크리트를 말한다.
> - ※ 프리캐스트 콘크리트 : 공장에서 기둥, 보, 바닥판 등의 부재를 철제거푸집으로 미리 만들어 양생시킨 기성콘크리트제품으로 정밀도 및 강도가 좋다.
> - ※ 레진 콘크리트 : 충분히 건조된 골재에 열경화성수지를 혼합하여 만든 콘크리트로 일반콘크리트에 비해 압축 강도, 인장 강도, 내구성, 내약품성이 높다.

31 얇은 강판에 마름모꼴의 구멍을 연속적으로 뚫어 만든 것으로 천장, 내벽 등의 회반죽 바탕에 균열 방지의 목적으로 쓰이는 금속 제품은?

① 코너비드
② 메탈라스
③ 펀칭메탈
④ 와이어 메시

> **TIP** 메탈라스
> - 0.4 ~ 0.8mm의 강판에 일정간격으로 자르는 자국을 내어 옆으로 잡아 당겨 그물 모양으로 만든 것으로 천장, 벽 등의 몰탈 바름벽 바탕에 사용한다.
> - ※ 코너비드 : 벽, 기둥 등의 모서리 보호를 위해 사용하며 재질은 아연도금, 황동, 스테인리스 제품 등이 사용된다.
> - ※ 펀칭메탈 : 1.2mm 이하 강판에 구멍

을 내어 환기구, 라디에이터커버 등에 사용한다.

※ 와이어 메시 : 3.2mm ~ 4.2mm의 연강철선을 격자형으로 짜서 전기 용접한 것으로 콘크리트 및 조적조의 가로줄눈에 묻어 하중분산 및 전단보강에 사용한다.

32 바닥재를 플로어링 판으로 마감을 할 경우의 수종으로 부적합한 것은?

① 참나무 ② 너도밤나무
③ 단풍나무 ④ 마디카

TIP 마디카(Jelutong)
- 심재와 변재의 구분은 없으며, 비중이 0.4 ~ 0.5 정도로 작은 편이다.
- 가공이 용이하여 판재를 얻기 쉽고 조각 및 합판 등의 제조에 사용한다.
- 내구성이 낮고 충격에 약하다.

33 목재의 활엽수에만 있는 것으로 줄기방향으로 배치되어 주로 양분과 수분의 통로가 되며 나무의 종류를 구별하는데 표준이 되는 세포의 종류는?

① 섬유 ② 도관
③ 수선 ④ 수지관

TIP 도관
- 물관이라고도 하며 뿌리에서 흡수한 물과 무기양분의 이동통로를 말한다.
- ※ 섬유 : 침엽수에서는 헛물관이라고 하고 수목의 견고성을 주는 역할을 하며 섬유의 길이와 목재의 강도와는 무관하다.
- ※ 수선 : 수목줄기의 중심에서 겉껍질방향에 복사상으로 들어있는 도관세포와 비슷한 세포로줄기에 직각으로 되어있다.
- ※ 수지관 : 수지의 이동이나 저장을 하는 곳으로 나무줄기 방향으로 나타나는 것과 직각 방향으로 나타나는 것으로 침엽수재에 많고 활엽수재에는 극히 드물며 수지선이 많은 목재는 가공이나 용도 면에서 지장이 많다.

34 비철금속 중 동에 대한 설명으로 옳은 것은?

① 건조한 공기 중에서 산화한다.
② 알칼리성에 강하기 때문에 콘크리트 등에 접할 때 부식방지처리를 할 필요가 없다.
③ 전성 및 연성이 크고 가공성이 풍부하다.
④ 암모니아 가스 등에 매우 강한 성질을 가지고 있다.

TIP 구리
- 연성과 전성이 크고, 열전도율과 전기전도율이 높고 지붕이기, 홈통, 철사, 못 등에 사용한다.
- 건조한 공기에서 산화하지 않으나 습기를 받으면, 이산화탄소에 의해 부식하지만 내부는 부식하지 않는다.
- 암모니아, 알칼리성 용액에는 침식된다.
- 아세트산과 진한 황산 등에 용해된다.

35 콘크리트의 배합에서 물시멘트비와 가장 관계가 있는 것은?

① 내구성 ② 내화성
③ 강도   ④ 내수성

TIP 물시멘트비($\frac{W}{C}$)

- 물과 시멘트의 무게(질량)에 대한 비율로 콘크리트 강도에 가장 큰 영향을 끼친다.
- 물시멘트비가 클 경우 강도 저하와 재료 분리 및 블리딩(Bleeding)현상이 증가한다.

36 다음 석재 중 내화성이 가장 낮은 석재로 맞는 것은?

① 화강암 ② 대리석
③ 석회암 ④ 응회암

TIP 석재의 내화성

- 화강암 : 600℃ 정도로 석재 중에서 내화성이 가장 낮으나 압축강도는 석재 중 가장 강하다.
- ※ 안산암, 응회암, 사암 : 1000℃
- ※ 석회암, 대리석 : 600~800℃

37 다음 중 골재의 체가름 시험에 사용되지 않는 체의 크기는?

① 0.15mm ② 1.2mm
③ 5mm   ④ 35mm

TIP 골재의 조립률(Fineness modulus of aggregate)

- 80mm, 40mm, 20mm, 10mm, 5mm, 2.5mm, 1.2mm, 0.6mm, 0.3mm, 0.15mm의 10개의 체를 1조로 하여 체가름 시험을 했을 때, 각 체에 남는 누계량의 전체 중량 백분율의 합계를 100으로 나눈 값을 말한다.
- 일반적으로 잔골재는 조립률이 2.6~3.1, 굵은 골재는 6~8 정도가 되면 좋은 입도라 할 수 있다.

38 콘크리트 슬럼프시험에 관한 설명 중 옳지 않은 것은?

① 콘크리트의 컨시스턴시를 측정하는 방법이다.
② 콘크리트를 슬럼프 콘에 3회에 나누어 규정된 방법으로 다져서 채운다.
③ 묽은 콘크리트일수록 슬럼프 값은 작다.
④ 콘크리트가 일정한 모양으로 변형하지 않았을 때에는 슬럼프시험을 적용할 수 없다.

TIP 슬럼프 시험(Slump test)

- 반죽질기(Consistency)로 워커빌리티(Workability)를 나타내므로, 반죽질기를 따지는 슬럼프값으로 워커빌리티를 판단한다.
- 슬럼프 시험 외에 flow시험, 구(ball) 관입시험 등이 있다.

39 다음 중 유기재료에 속하지 않는 건축 재료는?

① 철재 ② 목재
③ 아스팔트 ④ 플라스틱

> **TIP** 화학적 조성에 의한 분류
> - 무기재료 : 철, 석재, 시멘트, 벽돌, 유리, 콘크리트 등
> - 유기재료 : 목재, 아스팔트, 플라스틱, 도료, 접착제 등

40 미장재료에 대한 설명 중 옳은 것은?

① 회반죽에 석고를 약간 혼합하면 경화속도, 강도가 감소하며 수축균열이 증대된다.
② 미장재료는 단일재료로 사용되는 경우보다 주로 복합재료로 사용된다.
③ 결합재에는 여물, 풀 등이 있으며 이것은 직접 고체화에 관계한다.
④ 시멘트 몰탈은 기경성 미장재료로 내구성 및 강도가 크다.

> **TIP** 미장재료
> - **회반죽** : 소석회에 여물, 풀, 모래 등을 혼합한 것으로 건조할 때 수축률이 커 여물을 넣어 균열을 방지하고 건조에 시간이 많이 걸리는 기경성 재료이다.
> - **결합재** : 고결재의 수축균열, 점성 및 보수성(保水性)의 부족을 보완 또는 응결시간 조절을 목적으로 사용하는 재료를 말하며, 여물, 풀 등이 사용된다.
> - 수경성 : 시멘트 몰탈, 석고
> - 기경성 : 점토(진흙), 돌로마이트 플라스터, 석회

41 벽체의 단열에 관한 설명으로 옳지 않은 것은?

① 벽체의 열관류율이 클수록 단열성이 낮다.
② 단열은 벽체를 통한 열손실방지와 보온역할을 한다.
③ 벽체의 열관류 저항 값이 작을수록 단열효과는 크다.
④ 조적벽과 같은 중공구조의 내부에 위치한 단열재는 난방 시 실내표면온도를 신속히 올릴 수 있다.

> **TIP** 단열
> - 열관류율 및 열전도율이 작을 때, 열관류 저항 값이 클 때 단열효과는 우수하다.
> - 열관류율 = 열전도율 / 두께로 계산하며 식은 $U = W/m^2 \cdot k$이다.
> - 열저항 = 두께 / 열전도율로 계산하며 열관류율의 역수이다.

42 할로겐램프에 관한 설명으로 옳지 않은 것은?

① 휘도가 높다.
② 청백색으로 연색성이 나쁘다.
③ 흑화가 거의 일어나지 않는다.
④ 광속이나 색온도의 저하가 적다.

> **TIP** 할로겐 램프
> - 휘도가 높고 광색과 광채가 아름답다.
> - 백열전구에 비해 조금 높은 색온도를 나타내어 흰빛을 띠며 연색성이 좋다.

- 진공 상태의 유리구 안에 할로겐 물질을 주입하여 필라멘트 소재인 텅스텐 증발 원자와의 반응으로 인해 흑화현상이 거의 일어나지 않는다.

43. 다음 중 재난 사고 시 피난대피로의 설비가 아닌 것은?

① 통로유도등 ② 자동개폐장치
③ 인공소생기 ④ 제연장치

TIP 피난구조설비
- 화재 등이 발생할 경우 피난하기 위해 사용하는 기구 또는 설비를 말한다.
- 피난기구 : 피난사다리, 구조대, 완강기, 간이완강기, 공기안전매트, 미끄럼대, 피난교, 피난용트랩, 다수인 피난장비, 승강식피난기, 하향식 피난구용 내림식사다리
- 인명구조기구 : 방열복, 공기호흡기, 인공소생기, 방화복(안전헬멧, 보호장갑, 안전화 포함)
- 유도등 : 피난유도선, 피난구유도등, 통로유도등, 객석유도등, 유도표지
- 비상조명등 및 휴대용비상조명 등
※ 제연설비 : 화재 시 연기를 제거하는 설비로 소화활동설비에 해당한다.

44. 다음 중 공간의 레이아웃(layout)과 가장 밀접한 관계가 있는 것은 어느 것인가?

① 재료계획 ② 동선계획
③ 설비계획 ④ 색채계획

45. 소화설비 중 스프링클러(Sprinkler)에 대한 설명으로 옳지 않은 것은?

① 화재의 열에 의해 스프링클러 헤드가 자동적으로 개구되어 방수하는 방식이다.
② 고층건물이나 지하층의 소화에 적합하다.
③ 소화기능은 있으나 경보 기능은 없다.
④ 화재 시 초기 소화율이 높다.

TIP 스프링클러
- 스프링클러 헤드를 실내 천장에 설치하여 67~75℃ 정도에서 가용합금편이 녹으면 자동으로 물을 분사하는 자동소화설비이다.
- 화재감지와 동시에 화재경보가 작동하여 신속한 대피 및 초기화재진압을 할 수 있다.
- 야간에도 화재를 감지하여 소화를 할 수 있으며 감지부 구조가 온도에 의해 끊어지기 때문에 오동작 및 오보가 적다.
- 초기 시공비가 많이 들며 물에 의한 2차 피해가 발생할 수 있다.

46. 밝은 상태에서 어두운 상태까지 폭넓은 명암을 나타낼 수 있으며, 다양한 질감 표현도 가능하고 지울 수 있는 장점 대신 번질 우려가 있는 단점을 가지고 있는 묘사도구는?

① 물감 ② 잉크
③ 색연필 ④ 연필

TIP 연필
- 밝은 상태에서 어두운 상태까지 폭넓은 명암을 나타낼 수 있으며, 다양한 질감 표현도 가능하다.
- 지울 수 있는 장점이 있는 반면에 번지거나 더러워지는 단점이 있다.

※ 물감 : 재료에 따라서 차이가 있고, 수채화는 신선한 느낌을 주고, 부드럽고 밝은 특징을 갖고 있으며 포스터물감은 사실적이며, 재료의 질감표현과 수정이 용이해 많이 사용하는 방법으로 붓을 이용해 그린다.

※ 잉크 : 여러 색상을 갖고 있어 색의 구분이 일정하고, 농도를 정확하게 할 수 있어 도면이 선명하고 깨끗하게 보이며 여러 펜촉을 사용할 수 있어, 다양한 묘사 방법의 표현도 가능하다.

※ 색연필 : 간단하게 도면을 채색하여 실물의 느낌을 표현하는데 주로 사용하며, 색 펜과 같이 사용하여 실내건축물의 간단한 마감 재료를 그리는데 사용한다.

※ 유성 마카펜 : 트레이싱지에 색을 표현하기가 가장 적합하다.

47 다음의 온수난방에 대한 설명 중 옳지 않는 것은?

① 한랭 시 난방을 정지하였을 경우 동결의 우려가 있다.
② 현열을 이용한 난방이므로 증기난방에 비해 쾌감도가 높다.
③ 난방을 정지하여도 난방효과가 잠시 지속된다.
④ 열용량이 작기때문에 온수 순환 시간이 짧다.

TIP 온수난방(방열기, 대류, 물)
- 온수의 현열을 이용하여 쾌적감이 증기난방보다 높다.
- 보일러 취급이 용이하고 안전하다.
- 난방부하에 따른 온도조절이 용이하다.
- 예열시간이 길고 온수 순환이 오래 걸리며, 설비비가 비싸다.

48 다음 중 독신자 아파트에 적합한 유형으로 옳은 것은?

① 계단실형　　② 편복도형
③ 중복도형　　④ 집중형

TIP 중복도형
- 복도를 중심으로 양측에 주호를 배치하는 형식으로 독신자 아파트 등에 적합하다.
※ 계단실형 : 계단실 또는 엘리베이터 홀에서 직접 주호로 들어가는 형식을 말한다.
※ 편복도형 : 연속되는 긴 복도를 이용하여 주호로 출입하는 형식을 말한다.
※ 집중형 : 엘리베이터와 계단 등을 중앙에 배치하고 그 주위에 주호를 집중한 형식을 말한다.

49 연립주택의 형식 중 경사지를 이용하거나 상부 층으로 갈수록 약간씩 뒤로 후퇴하는 형식은?

① Town house
② Terrace house
③ Courtyard house
④ Row house

> 💡 **TIP** 테라스 하우스
> - 경사지에 짓는 주택으로 적당한 절토 또는 자연 지형을 따라 건물을 만든다.
> - 각 호마다 전용의 뜰(정원)을 갖게 되며, 노인이 있는 세대에 적합하다.
> - 경사도에 따라 밀도가 좌우되며, 후면에 창이 없기 때문에 깊이는 6~7.5m 이하이다.
> - 경사지인 경우 도로를 중심으로 상향식과 하향식으로 구분한다.
> - 지형에 따라 자연형(경사지)테라스 하우스, 인공형(평지)테라스 하우스로 나뉘며, 인공형 테라스 하우스는 시각적 테라스형, 구조적 테라스형으로 구분한다.
>
> ※ 타운 하우스 : 토지의 효율적인 이용 및 건설비, 유지관리비의 절약을 고려한 주택으로 단독 주택의 장점을 최대한 활용하며 주차가 용이하며 공동 주차공간은 불필요하다. 또한, 배치를 다양하게 변화시킬 수 있으며, 프라이버시 확보는 조경을 통해 해결 가능하다.
>
> ※ 중정형 하우스 : 한 세대가 한 층을 점유하는 형식으로 중정을 향해 L자형으로 둘러싸고 있다.
>
> ※ 로우 하우스 : 타운하우스와 같이 토지의 이용 및 건설비 및 유지관리비 절감을 고려한 형식으로 단독주택보다 높은 밀도를 가진다.

50 조명과 관련된 단위의 연결이 옳지 않은 것은?

① 광속 : N
② 광도 : cd
③ 휘도 : nt
④ 조도 : lx

> 💡 **TIP** 조명단위
> 광속 : lm, 조도 : lux, 광도 : cd, 휘도 : nt

51 액화석유가스(LPG)에 관한 설명으로 옳지 않은 것은?

① 공기보다 가볍다.
② 용기(bomb)에 넣을 수 있다.
③ 가스 절단 등 공업용으로도 사용된다.
④ 프로판 가스(propane gas)라고도 한다.

> 💡 **TIP** LPG(액화석유가스, Liquefied Petroleum Gas)
> - 석유정제 과정에서 채취한 가스를 압축 냉각 하여 액화시킨 가스로 주성분은 프로판, 부탄, 프로필렌, 에탄 등이다.
> - 발열량이 크고 용기에 넣을 수 있으며, 가스 절단 등 공업용으로도 사용된다.
> - 공기보다 무겁고 (폭발의 위험성이 커서 주의를 요한다.) LNG에 비해 공해가 심하다.

47 ④ 48 ③ 49 ② 50 ① 51 ①

52 건축제도의 글자에 관한 설명으로 옳지 않은 것은?

① 글자의 크기는 높이로 표시한다.
② 문장은 왼쪽에서부터 가로쓰기를 원칙으로 한다.
③ 글자체는 수직 또는 15° 경사의 명조체로 쓰는 것을 원칙으로 한다.
④ 4자리 이상의 수는 3자리마다 휴지부를 찍거나 간격을 둠을 원칙으로 한다.

TIP 글자
- 그림의 크기나 척도의 정도에 따라 글자의 크기를 결정한다.
- 글자의 크기는 글자의 높이로 표시하는데 보통 20, 16, 12.5, 10, 8, 6.3, 5, 4, 3.2, 2.5, 2(mm) 총 11종류를 표준으로 한다.
- 왼쪽에서 오른쪽으로 쓰기를 원칙으로 하는데 가로쓰기가 곤란할 때는 세로쓰기도 무방하다.
- 글체는 고딕체로 하며, 수직 또는 오른쪽으로 15° 경사지게 쓰는 것을 원칙으로 한다.

53 드렌처 설비에 관한 설명으로 옳은 것은?

① 화재의 발생을 신속하게 알리기 위한 설비이다.
② 소화전에 호스와 노즐을 접속하여 건물 각 층 내부의 소정 위치에 설치한다.
③ 인접건물에 화재가 발생하였을 때 수막을 형성하여 화재의 연소를 방재하는 설비이다.
④ 소방대 전용 소화전인 송수구를 통하여 실내로 물을 공급하여 소화 활동을 하는 설비이다.

TIP 드렌처 설비
- 건축물의 외벽, 창, 지붕 등에 설치하여 인접 건물에 화재가 발생하였을 때 수막을 형성하여 화재의 연소를 방지하는 방화설비이다.
- 설치간격은 2.5m 이하로 하고 방수압력은 0.1MPa, 방수량은 80ℓ/min이다.
- ※ 경보설비 : 화재의 발생을 신속하게 알리기 위한 설비이다.
  (비상경보설비, 비상방송설비, 누전경보기 자동화재 탐지설비, 자동화재속보설비)
- ※ 옥내소화전 : 소화전에 호스와 노즐을 접속하여 건물 각 층 내부의 소정 위치에 설치한 설비이다.
- ※ 연결살수설비 : 소방대 전용소화전인 송수구를 통하여 소방차로 실내에 물을 공급하여 소화 활동을 하는 것으로, 지하층의 화재진압 등에 사용하는 설비이다.

54 먼셀의 표색계에서 5R 4/14에 대한 설명으로 옳지 않은 것은?

① 먼셀 표색계는 색상, 명도, 채도로 색을 정의한다.
② 빨강의 순색을 5R 4/14로 표기한다.
③ 14는 채도를 나타낸다.
④ 5R은 명도를 나타낸다.

TIP 먼셀 표색계

- 색을 H V/C의 형태로 나타낸다. 여기서 H는 색상, V는 명도, C는 채도를 나타낸다.
- 색상을 R(빨강)·YR(주황)·Y(노랑)·GY(연두)·G(녹색)·BG(청록)·B(파랑)·PB(남색)·P(보라)·RP(자주)의 10종류로 나누어 원주 상에 등간격으로 배치하고, 다시 한 기호의 범위를 10으로 분할하여 1에서 10까지의 번호를 매긴다. 예를 들면 5R은 빨강의 중앙에 위치하는 대표적인 빨간 색상을 의미한다.
- 명도는 순백(純白)을 V = 10으로, 순흑(純黑)을 V = 0으로 하고, 그 사이를 밝기에 따라 1부터 9까지 분할한다.
- 채도는 색감의 정도를 무채색 C=0에서 시작하여 C = 1, 2, 3, …으로 구분한다. 예를 들어 순수한 빨강은 H가 5R, V가 4, C가 14로 5R 4/14로 표시된다.

55 작업대 길이가 2m 정도인 소형 주방가구가 배치된 간이 부엌의 형태로 맞는 것은?

① 키친네트 ② 다이닝 키친
③ 다이닝 앨코브 ④ 리빙 키친

56 건축물의 대지면적에 대한 연면적의 비율을 무엇이라고 하는가?

① 체적률 ② 건폐율
③ 입체율 ④ 용적률

TIP 용적률

- 대지면적에 대한 연면적의 비율로 용적률이 높을수록 건축할 수 있는 연면적이 많아져 건축 밀도가 높아지므로 적정 주거환경을 보장하기 위해 용적률의 상한선을 지정한다.
- 용적률 = $\dfrac{연면적}{대지면적} \times 100\%$

※ 체적률 : 넓이와 높이를 가진 물체가 차지하는 크기의 비율을 말한다.

※ 건폐율 : 대지면적에 대한 건축면적의 비율로 건물의 밀도를 나타낼 때 사용한다.

57 건축법령상 단독주택에 속하지 않는 것은?

① 다중주택 ② 다가구주택
③ 공관 ④ 다세대주택

TIP 단독주택

- 단독주택
- 다중주택 : 연면적 330m² 이하, 층수 3층 이하로 독립 취사시설이 없고 장기간 거주 가능 구조
- 다가구주택 : 주택으로 쓰이는 바닥면적 660m² 이하이고(지하 주차장 면적 제외) 주택용 층이 3개 층 이하이고(지하층 제외) 19세대 이하가 거주할 수 있을 것
- 공관 : 정부의 고위관리가 공적으로 쓰는 저택

※ 다중주택의 3층 이하와 다가구주택의 주택용 층이 3개 층은 다르다. 다중주택의 층은 용도 불문 단순 층수를 말

52 ③ 53 ③ 54 ④ 55 ① 56 ④ 57 ④

하는 것이고, 다가구주택은 주택용 층만을 따져서 3개의 층 이하인 것을 조건으로 한다.

② 공동주택
- 아파트 : 주택용 층 5개 층 이상인 건축물
- 연립주택 : 주택으로 쓰이는 바닥면적의 합이 660m²를 초과하며, 4층 이하인 건축물
- 다세대주택 : 주택으로 쓰이는 바닥면적의 합이 660m² 이하이며, 4층 이하인 건축물
- 기숙사 : 한 개 동의 공동 취사시설을 이용하는 세대 수가 전체의 50% 이상인 건축물

58 다음 중 선의 종류가 실선이 아닌 것은?

① 치수선　　② 치수보조선
③ 단면선　　④ 경계선

TIP ● 일점쇄선
- 중심선, 절단선, 경계선, 기준선, 피치선
- 중심축, 대칭축을 표시하는데 사용하고 절단한 위치를 표시하거나 경계선으로도 사용한다.
- ※ 치수선, 치수보조선 : 가는 실선을 사용한다.
- ※ 단면선 : 굵은 실선을 사용한다.

59 다음과 같은 특징을 갖는 급수방식은?

- 대규모의 급수 수요에 쉽게 대응할 수 있다.
- 급수압력이 일정하다.
- 단수 시에도 일정량의 급수를 계속할 수 있다.

① 수도직결방식　② 리버스 리턴방식
③ 옥상탱크 방식　④ 압력탱크 방식

TIP ● 옥상탱크(고가수조)방식
- 지하 저수조에 물을 받아 양수펌프를 이용하여 옥상 물탱크로 양수한 후, 수위와 수압을 이용하여 급수하는 방식이다.
- 수압이 일정하여 배관 부품 파손의 우려가 적다.
- 저수 시간이 길수록 오염 가능성이 크고 설비비와 경상비(經常費)가 높다.
- 건물의 높은 곳에 설치하므로 구조 및 외관상 문제가 있다.
- ※ 리버스 리턴방식 : 역 환수 배관방식 (온수난방에서 사용)

60 면적이 작은 색을 보고 벽지를 선택한 후에 나타나는 현상으로 옳은 것은?

① 밝기는 어두워지고 채도는 높아진다.
② 밝기는 어두워지고 채도도 낮아진다.
③ 밝기는 밝아지고 채도도 높아진다.
④ 밝기는 밝아지고 채도는 낮아진다.

58 ④　59 ③　60 ③

> **TIP 면적대비**
>
> - 동일색상이라도 면적이 크면 명도와 채도가 높아져 밝고 선명하게 보이고, 색상의 면적이 작으면 명도와 채도가 낮아져 어둡게 보이는 현상을 말한다.
> - 작은 벽지의 샘플을 보고 벽지를 고른 뒤 도배를 하게 되면 벽지가 더 밝고 선명하게 보인다.
>
> ※ 동시대비 : 두 색을 동시에 보았을 때 서로의 영향으로 달리 보이는 현상을 말한다.
>
> ※ 계속대비 : 하나의 색을 보고 다른 색을 보았을 때, 먼저 본 색의 영향으로 나중 색이 달리보이는 현상을 말한다.
>
> ※ 한난대비 : 차가운 색과 따뜻한 색을 함께 놓았을 때 배경색이 한색일 경우 더 차갑게, 배경색이 난색일 경우 더 따뜻하게 보이는 현상을 말한다.
>
> ※ 보색대비 : 보색끼리 놓았을 때 색상이 더 뚜렷해지면서 선명하게 보이는 현상을 말한다.
>
> ※ 연변대비 : 어떤 두 색이 맞붙어 있을 경우, 그 경계의 언저리가 경계로부터 멀리 떨어져 있는 부분보다 색의 3속성별로 색상대비, 명도대비, 채도 대비의 현상이 더욱 강하게 일어나는 현상을 말한다.

06 PART | CBT 기출복원문제

2022년 1회

01 단면이 0.3m × 0.6m이고 길이가 10m인 철근콘크리트 보의 중량은? (철근콘크리트 중량 : 24kN)

① 13.3kN   ② 35.9kN
③ 41.3kN   ④ 43.2kN

TIP 철근콘크리트 보의 중량
- 철근콘크리트 보의 부피 : 0.3m × 0.6m × 10m = 1.8㎥
- 24kN × 1.8㎥ = 43.2kN

※ 1kgf ≒ 9.8N이므로 실제 철근콘크리트중량은 2400kgf × 9.8N = 23520N ∴ 23.52kN이다.

02 2방향 슬래브가 되기 위한 조건으로 옳은 것은?

① (장변/단변) ≤ 2
② (장변/단변) ≤ 3
③ (장변/단변) > 2
④ (장변/단변) > 3

TIP 2방향 슬래브
- 장변과 단변의 비가 2이하일 때를 2방향 슬래브라 하며, 비교적 큰 보나 벽체로 지지된 슬래브에서 서로 직교하는 2방향으로 주근을 배치한 슬래브이다.
- 단변방향의 철근을 장변방향의 철근보다 바닥 단부 쪽으로 배치하는데, 단변방향에서 더 큰 하중을 받기 때문이다.

※ 1방향 슬래브 : 장변과 단변의 비가 2를 초과할 때를 1방향 슬래브라 하며, 슬래브에 작용하는 모든 하중이 단변방향으로만 전달되는 것으로 간주한다. 철근배치는 단변 방향으로 주근을 배치하고, 장변방향으로 배력근을 배치한다.

03 다음이 설명하는 내용으로 맞는 것은?

> 수직재가 수직하중을 받는 과정의 임계상태에서 기하학적으로 갑자기 변화하는 현상

① 전단파단   ② 응력
③ 좌굴   ④ 인장항복

TIP 좌굴(버클링(buckling))
- 기둥 등에 세로방향으로 압력이 가해질 때 중심축이 축 외부로 벗어나며 휘어지는 현상

※ 임계상태(臨界狀態, Critical state) : 작은 하중(운동)이 반복적으로 일어나 연쇄반응을 일으켜 거대한 하중(운동)으로 바뀌는 상태

04 지붕의 물매 중 되물매의 경사로 옳은 것은?

① 15° ② 30°
③ 45° ④ 60°

> 💡 **물매**
> - 지붕의 기울기를 말하며, 수평거리 10cm에 대한 수직 높이를 표시한 것을 말한다. 예를 들어 높이가 4cm라면 4/10 또는 4cm 물매라고 표시한다.
> - 높이 10cm인 물매, 즉, 45°의 경사를 가진 물매를 되물매, 45° 이상의 물매를 된물매라고 한다.

05 목조벽체에 사용되는 가새에 대한 설명 중 옳지 않은 것은?

① 목조벽체를 수평력에 견디게 하고 안정한 구조로 하기 위한 것이다.
② 가새는 일반적으로 네모구조를 세모구조로 만든다.
③ 주요건물에서는 한 방향 가새로만 하지 않고 X자형으로 하여 인장과 압축을 겸비하도록 한다.
④ 가새는 60°에 가까울수록 유리하다.

> 💡 **가새**
> - 목구조는 수평력(횡력)에 약하므로, 이를 보완하기 위해 대각으로 대는 부재이다.
> - 가새를 댈 때는 45°에 가까울수록 좋고, 기둥과 좌우대칭이 되도록 한다.
> - 단면은 큰 것이 좋지만, 잘못하면 휨 모멘트에 의해 좌굴의 우려가 있다.

> ※ **인장가새**: 인장력을 부담하는 가새는 기둥의 1/5정도로 사용하거나 철근을 사용할 수도 있다.
>
> ※ **압축가새**: 압축력을 부담하는 가새는 기둥과 같은 크기로 하거나 1/2 ~ 1/3 정도의 크기로 한다.

06 철골조의 보에 대한 설명으로 옳지 않은 것은?

① 형강보에는 L형강이 많이 사용된다.
② 트러스보에는 모든 하중이 압축력과 인장력으로 작용한다.
③ 플레이트보는 형강보다 큰 단면 성능을 가지도록 만들 수 있다.
④ 래티스보는 힘을 많이 받는 곳에는 잘 쓰이지 않는다.

> 💡 **형강보**

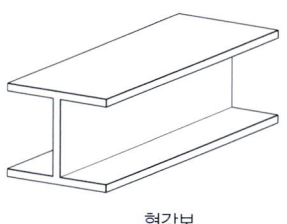

형강보

> - 단일 형강인 H형강, I형강, ㄷ형강을 이용하며 플랜지 플레이트를 여러 장 사용하여 휨 내력을 보강한다.
>
> ※ **트러스보**: 플레이트보의 웨브재로 수직재와 경사재를 거싯플레이트로 조립한 보로써 부재는 압축 또는 인장재로 계산한다.
>
> ※ **플레이트보(판보)**: 큰 하중에 사용할 수 있도록 L형강과 I형강을 리벳과 용

01 ④ 02 ① 03 ③ 04 ③ 05 ④ 06 ①

접으로 조립한 보이다.

※ 래티스보 : 상, 하 플랜지 사이에 웨브재 평강을 45°, 60° 등의 일정한 각도로 조립한 보로써 규모가 작거나 철골철근콘크리트로 피복할 때 사용하는 보이다.

07 다음 그림 중 꺾인지붕(curb roof)의 평면모양은?

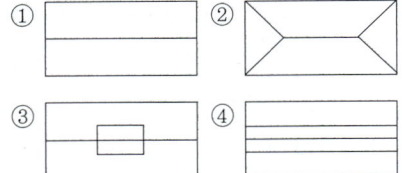

> **TIP** 꺾인지붕
> - 박공지붕의 같은 경사면에서 지붕의 물매가 다르게 된 지붕이다.
> ※ 박공지붕 : 용마루와 내림마루로만 구성된 지붕
> ※ 모임지붕 : 네 면이 모두 지붕면으로 전, 후면에서는 사다리꼴 지붕면, 양측 면에서는 삼각형 지붕면을 하고 있는 지붕
> ※ 솟을지붕 : 부분적으로 한 층을 높여 지붕을 꾸민 지붕

08 철골구조에서 사용되는 접합방법에 속하지 않는 것은?

① 용접접합　② 듀벨접합
③ 고력볼트접합　④ 핀접합

> **TIP** 철골조의 접합

① 리벳접합
- 두 장 이상의 강판을 접합하는 방법의 한 종류로 강판에 리벳의 지름보다 1~1.5mm 크게 구멍을 뚫고 800℃정도로 가열한 리벳을 넣고 뉴매틱 해머(Pneumatic hammer) 등으로 두들겨 양쪽에 같은 모양의 머리를 만들어 죄는 방식이다.
- 리벳으로 접합하는 총 두께는 리벳 지름의 5배 이하로 한다.

② 볼트접합
- 리벳접합과 같은 방식으로 강재에 구멍을 뚫어 볼트로 접합하는 방법으로 구멍 지름은 볼트 지름보다 0.5mm이상 크지 않게 한다.
- 충격과 반복하중에 의해 풀릴 수 있어 대규모 구조물에는 사용하지 않는다.

③ 고력볼트접합
- 인장력이 매우 큰 볼트를 이용하는 방법으로 접합재에 마찰력이 생겨 접합하는 방법으로 열 가공을 하지 않아 시공 시 편하며 소음이 작다.
- 접촉면의 상태에 따라 단면 결손 등이 일어날 수 있다.

④ 용접접합
- 강재 접합부와 재료 사이에 금속을 넣어 고온으로 녹여 접합하는 방법으로 결손 등이 일어나지 않으며, 덧판 등을 사용하지 않아 경량화 할 수 있고 소음이 작다.
- 용접에 의한 열로 인해 변형 및 응력이 생길 수 있다.
  1) 맞댄용접 : 용접을 하려는 재료의 동일면을 녹여 일체로 만드는 용

접법이다.

2) 모살용접 : 강판의 겹침 또는 T형 모양 등의 용접을 할 때 사용하는 방법으로 가장 많이 쓰이는 용접법이다.

※ 듀벨 : 목재 접합에 사용하며, 전단력 보강을 위해 사용된다.

09 케이블을 이용한 구조로만 연결된 것은?

① 현수구조 - 사장구조
② 현수구조 - 셀구조
③ 절판구조 - 사장구조
④ 막구조 - 돔구조

TIP 케이블 구조

- 인장력이 강한 케이블을 걸고 지붕을 매다는 구조이다.
- 기둥을 제외한 모든 부재가 인장력만을 받는다.

① 현수구조
  - 상부에서 기둥으로 전달되는 하중을 케이블 형태의 부재가 지지하는 구조로써, 주 케이블에 보조 케이블이 상판을 잡아 지지한다.
  - 스팬이 큰(400m 이상) 다리나 경기장 등에 사용한다.
  - 샌프란시스코의 금문교가 대표적이다.

② 사장구조
  - 기둥에서 주 케이블이 바로 상판을 지지하는 구조이다.
  - 스팬이 작은(150~400m 이내)에서 사용한다.
  - 서해대교가 대표적이다.

10 외관이 중요시 되지 않는 아치는 보통벽돌을 쓰고 줄눈을 쐐기모양으로 하는데 이러한 아치를 무엇이라 하는가?

① 본아치   ② 거친아치
③ 막만든아치   ④ 층두리아치

TIP 아치

- 상부에서 오는 직압력을 곡선을 따라 좌우로 나뉘어 직압력만을 받는 구조로써 하부에 인장력이 생기지 않는 구조이다.
- 조적조 개구부는 아무리 좁아도 아치를 트는 것을 원칙으로 한다.
- 너비 1m 정도는 평아치로 1.8m 이상은 인방을 설치하고, 조적식은 작은 개구부라도 평아치(옆세워 쌓기)나 둥근 아치쌓기로 하는 것을 원칙으로 한다.
- 거친 아치 : 보통 벽돌을 이용하여 사용하고 줄눈을 쐐기모양으로 만든 아치이다.

※ 본아치 : 아치 벽돌을 사다리꼴 모양으로 제작한 것을 이용하여 만든 아치이다.

※ 막만든아치 : 벽돌을 쐐기 모양으로 다듬어 만든 아치이다.

※ 층두리 아치 : 아치 너비가 넓을 때 여러 겹으로 겹쳐 쌓은 아치이다.

07 ④ 08 ② 09 ① 10 ②

11 휨모멘트나 전단력을 견디게 하기 위해 사용되는 것으로 보 단부의 단면을 중앙부의 단면보다 크게 한 부분은?

① 헌치　　② 슬래브
③ 래티스　　④ 지중보

> **TIP 헌치(Haunch)**
> - 콘크리트 구조물에 부재의 두께나 높이가 급격하게 변화되는 부분에 응력의 집중에 의하여 구조물이 국부적인 손상을 입는 것을 방지하기 위하여 단면을 서서히 증감시킨 것을 말한다.
> - 수평부재와 수직부재가 접하는 부위에 연결부를 보강할 목적으로 단면을 크게 하고 철근으로 보강한 부위로 슬래브와 보, 기둥과 보, Box Girder, 라멘구조 등에 설치한다.
> - 헌치의 설치목적
>   ① 연속적인 응력 전달
>   ② 응력 집중 방지
>   ③ 균열 발생 방지
>   ④ 구조물 보강
> - 바닥판에는 지지보 위에 헌치를 두는 것을 원칙으로 한다.
> - 헌치의 기울기는 1 : 3보다 완만하게 하며, 기울기가 1 : 3보다 급할 경우에는 기울기 1 : 3까지 두께를 바닥판의 유효두께로 간주한다.
> - 헌치 안쪽에는 철근을 배치하는 것을 원칙으로 하며, 철근은 13mm 이상으로 한다.

12 벽돌구조에서 개구부 위와 그 바로 위의 개구부와의 최소 수직거리는?

① 10cm　　② 20cm
③ 40cm　　④ 60cm

> **TIP 개구부**
> - 대린벽으로 구획된 벽에 개구부의 너비 합계는 그 벽 길이의 1/2이하로 한다.
> - 개구부와 그 바로 윗층 개구부와의 수직거리는 60cm이상으로 한다.
> - 개구부 상호간 거리 또는 개구부와 대린벽 중심과의 수평거리는 벽두께의 2배 이상으로 한다. (단, 개구부 상부가 아치인 경우는 제외한다.)
> - 너비가 1.8m를 넘는 개구부의 상부는 철근콘크리트 인방을 설치한다.
> - 인방은 양 벽체에 20cm이상 물리도록 한다.

13 계단 난간의 웃머리에 가로대는 가로재로 손스침이라고도 하는 것은?

① 챌판　　② 난간동자
③ 계단참　　④ 난간두겁대

> **TIP 난간두겁대**
> - 난간동자의 윗부분에 대는 가로재를 말한다.
> ※ 난간동자 : 계단 옆 난간에 세워 댄 낮고 짧은 기둥으로 다양한 재료를 이용한다.
> ※ 챌판 : 계단의 디딤판과 디딤판 사이에 수직으로 댄 판을 말한다.
> ※ 계단참 : 계단 중간에 조금 넓게 만들

어 놓은 단차가 없이 평평한 곳을 말한다.

- 접촉면의 상태에 따라 단면결손 등이 일어날 수 있다.

14 철골공사 시 바닥슬래브를 타설하기 전에 철보 위에 설치하여 바닥판 등으로 사용하는 절곡된 얇은 판의 부재는?

① 윙 플레이트 ② 데크 플레이트
③ 베이스플레이트 ④ 메탈라스

TIP 데크 플레이트

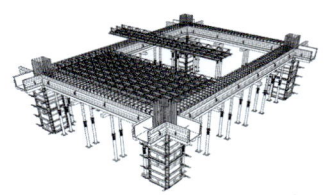

그림출처 : 한국안전기술연합
http://www.ilovesafety.co.kr

- 바닥판에 사용되는 요철 모양으로 된 부재이며, 슬래브의 거푸집 대용 등으로 사용한다.

15 철골부재를 접합할 때 접합부재 상호간의 마찰력에 의하여 응력을 전달시키는 접합방식은?

① 고력볼트접합 ② 용접접합
③ 리벳접합 ④ 듀벨접합

TIP 고력볼트접합

- 인장력이 매우 큰 볼트를 이용하는 방법으로 접합재에 마찰력이 생겨 접합하는 방법으로 열가공을 하지 않아 시공 시 편하며 소음이 적다.

16 다음 그림은 일반 반자의 뼈대를 나타낸 것이다. 각 기호의 명칭이 옳지 않은 것은?

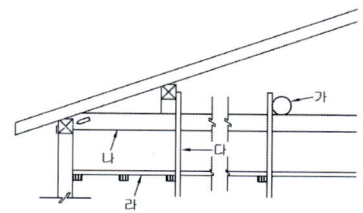

① 가 - 달대받이 ② 나 - 지붕보
③ 다 - 달대 ④ 라 - 처마도리

17 그림에서 화살표가 지시하는 부재의 명칭으로 옳은 것은?

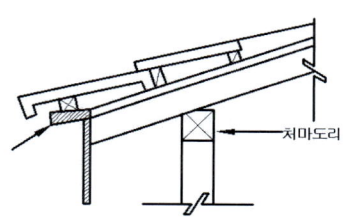

① 평고대 ② 처마돌림
③ 당골막이널 ④ 박공널

TIP 평고대

- 처마 서까래 또는 부연(처마 서까래 끝에 덧 얹힌 짧은 서까래)끝에 가로로 걸쳐 댄 부재를 말한다.

18 그림과 같은 왕대공 지붕틀의 ◎표의 부재가 일반적으로 받는 힘의 종류는?

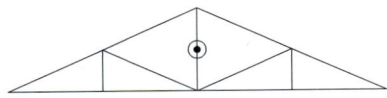

① 인장력 ② 전단력
③ 압축력 ④ 비틀림 모멘트

> **TIP** 왕대공지붕틀
>
>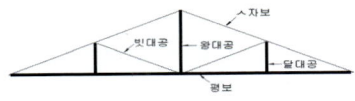
>
> 왕대공 지붕틀
>
> ──── : 인장재
> ──── : 압축재
>
> • 인장력 : 평보, 왕대공, 달대공
> • 압축력 : 빗대공
> • 압축력과 휨모멘트 : ㅅ자보

19 돌 구조에서 창문 등의 개구부 위에 걸쳐 대어 상부에서 오는 하중을 받는 수평부재는?

① 문지방돌 ② 인방돌
③ 창대돌   ④ 쌤돌

> **TIP** 인방돌
>
> • 인방돌 : 창문 등의 개구부 위에 가로로 걸쳐 상부의 하중을 받는 수평부재를 말한다.
>
> ※ 문지방돌 : 출입문 밑에 문지방으로 댄 돌을 말한다.

※ 창대돌 : 창 밑에 대어 빗물 등을 흘러 내리게 한 장식재로, 창 너비가 클 경우 2개 이상의 돌을 대어 사용하기도 하지만, 외관 및 방수상 1개를 통으로 사용한다.

※ 쌤돌 : 창문, 출입문 등의 양쪽에 대는 것으로 벽돌 구조에서도 사용한다.

20 그림과 같은 양식 지붕틀의 명칭은?

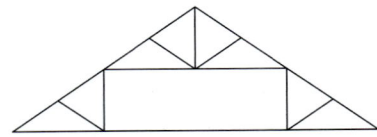

① 왕대공 지붕틀
② 쌍대공 지붕틀
③ 평 하우스 트러스
④ 핑크 트러스

> **TIP** 쌍대공 지붕틀
>
> • 서로 마주 보는 수직부재를 쌍으로 세우고 빗대공과 달대공으로 짜서 만든 목조 지붕틀이다.

21 목재의 원소 조성 중 가장 많이 포함하고 있는 원소는?

① 탄소 ② 산소
③ 수소 ④ 질소

> **TIP** 목재의 원소조성
>
> • 목재는 탄소 약 50%, 산소 약 44%, 수소 약 5%, 질소 약 1%로 조성돼 있으며 그 외에 회분, 석회, 칼슘, 마그네슘, 망간, 알루미늄, 철 등이 미얄 함유

되어 있다.
- 목재의 주요성분은 섬유소(cellulose)로 목질 건조중량의 약 60%를 차지하며 나머지는 대부분이 리그닌이라는 단백질이 약 20~30%로 구성되어 있다.

22 실을 뽑아 직기에 제직을 거친 벽지는?

① 종이벽지 ② 비닐벽지
③ 직물벽지 ④ 발포벽지

TIP 직물벽지
- 따뜻하고 부드러운 느낌과 고급스러운 분위기를 나타낼 수 있으나 오염되기 쉽고 비싸다.
- ※ 종이벽지 : 가격이 저렴하고 재 도배가 가능하지만, 오염되기 쉽고 물청소가 어렵다.
- ※ 비닐벽지 : 종이벽지 위에 PVC 코팅막을 입힌 것으로 오염에 강하고 수명이 길지만, 비싸다.
- ※ 발포벽지 : 염화비닐을 도포하여 발포시킨 벽지로 보온 등에 효과가 있으나 먼지가 잘 묻는다.

23 멜라민(Melamine)수지 풀은 어떤 재료의 접착제로 적당한가?

① 유리 ② 금속
③ 고무 ④ 목재

TIP 멜라민 수지 접착제
- 내수성, 내열성은 요소수지보다 우수하고 무색투명하다.
- 착색의 염려가 없고 내수합판 등의 접착에 사용한다.

24 점토제품 제조법의 일반적인 순서로 가장 알맞은 것은?

① 원료배합 - 성형 - 반죽 - 건조 - 소성
② 원료배합 - 반죽 - 성형 - 건조 - 소성
③ 원료배합 - 소성 - 반죽 - 성형 - 건조
④ 원료배합 - 반죽 - 건조 - 성형 - 소성

TIP 점토의 제조법
- 원토처리 – 원료배합 – 반죽 – 성형 – 건조 – 소성 – 시유 – 소성

25 골재에서 잔골재와 굵은 골재가 고르게 섞여있는 정도를 나타내는 용어는?

① 흡수율 ② 실적률
③ 입도 ④ 단위용적 중량

TIP 입도
- 입도란 크고 작은 골재가 골고루 섞여 있는 정도를 말한다.
- 입도가 좋지 못하면 재료분리가 일어나며, 단위수량 및 시멘트양이 많이 소요된다.

18 ① 19 ② 20 ② 21 ① 22 ③ 23 ④ 24 ② 25 ③

26 건축물의 내·외벽이나 바닥, 천장 등에 흙손이나 스프레이건 등을 이용하여 일정한 두께로 발라 마무리하는 데 사용되는 재료는?

① 접착제　　② 미장재료
③ 도장재료　　④ 금속재료

> **TIP** 미장재료
> - 벽, 천장, 바닥 등의 미관을 고려함과 동시에 보온, 방습, 내화, 내마모, 내식성을 높여구조물의 내구성을 길게 하기 위해 표면을 흙손 또는 뿜칠에 의해 일정 두께로 발라 마감하는 재료를 말한다.
> ① 장점
>   - 다양한 형태로 성형할 수 있고 가소성이 크다.
>   - 이음매 없이 바탕을 처리할 수 있다.
>   - 다른 재료와 혼합하여 내화, 방수, 단열 등의 효과를 얻을 수 있다.
>   - 여러 형태로 디자인하여 마무리 할 수 있다.
> ② 단점
>   - 경화시간이 길다.
>   - 바탕마감 표면의 강도가 일정하지 못하다.
>   - 배합 시 시간경과에 따른 강도 저하의 판단이 어렵다.

27 다음에서 설명하는 역학적 성질은?

> 물체에 외력이 작용하면 순간적으로 변형이 생겼다가 외력을 제거하면 원래의 상태로 되돌아가는 성질

① 탄성　　② 소성
③ 점성　　④ 외력

> **TIP** 건축재료의 성질
> - 소성 : 외력을 제거하여도 재료가 원 상태로 돌아가지 않고, 변형된 상태 남아 있는 성질을 말한다.
> - 점성 : 유체가 유동하고 있을 때 유체의 내부에 흐름을 저지하려고 하는 내부마찰저항이 발생하는 성질을 말한다.
> - 외력 : 구조물이나 부재의 외부로부터 작용하는 힘을 말하며, 고정하중, 적재하중, 풍하중, 지진력, 충격하중 등이 있다.

28 최대강도를 안전율로 나눈 값을 무엇이라고 하는가?

① 파괴강도　　② 허용강도
③ 전단강도　　④ 휨강도

> **TIP** 허용강도
> - 허용강도 = 최대강도 / 안전율

29 다음 중 바닥마감재인 비닐 타일에 대한 설명으로 옳지 않은 것은?

① 석면, 안료 등을 혼합·가열하고 시트형으로 만들어 절단한 판이다.
② 착색이 자유롭다.
③ 내마멸성, 내화학성이 우수하다.
④ 아스팔트 타일보다 가열변형의 정도가 크다.

> **TIP** 비닐타일 (데코타일)
> - 염화비닐에 가소제 등을 혼합한 바닥재료를 말한다.
> - 값이 비교적 저렴하며 착색이 자유롭고 내마멸성, 내약품성이 있어 바닥 재료로 많이 쓰인다.
> - 난방으로 열이 직접 닿는 곳에서는 사이가 벌어지거나 들뜰 수 있으나 아스팔트 타일보다는 가열변형의 정도가 작다.

30 유리의 일반적인 성질을 설명한 것으로 옳은 것은?

① 보통 유리의 비중은 3.15 내외이다.
② 보통 유리는 모스경도로 약 8정도이다.
③ 납, 아연, 알루미나 등의 금속산화물을 포함하면 비중이 작아진다.
④ 창유리의 강도는 휨강도를 의미한다.

> **TIP** 유리
> - 유리의 비중은 성분에 따라 2.2 ~ 6.3 정도이고 일반보통판유리는 2.5내외이다.
> - 경도는 모스경도로 일반적으로 6정도이다.
> - 납, 아연, 알루미나 등의 금속산화물을 포함하면 비중이 커진다.

31 방수공사에 사용하는 시트 방수에 대한 설명으로 옳은 것은?

① 재료취급이 어렵다.
② 공정이 복잡하다.
③ 공기가 짧다.
④ 외기의 영향을 크게 받는다.

> **TIP** 시트 방수
> - 합성고무 또는 합성수지계를 재료로 시트 형태로 만들어 바탕 면에 접착하는 방식이다.
> - 두께를 균일하게 할 수 있고 공정이 단순하다.
> - 외기의 영향이 적으며 시공이 용이하고 공기가 짧으며 재료취급이 간단하다.
> - 복잡한 부위에 대한 시공이 곤란하며 시트 사이로 누수의 우려가 있다.
>
> ※ 도막방수 : 바탕 면에 여러 번 칠을 하여 방수 막을 만들어 사용하는 방식으로 누수발견이 용이하고 복잡한 부위의 시공이 용이하며 공정이 단순하지만 외기에 민감하며 바탕의 평활도 및 건조를 확인해야 한다.
>
> ※ 시멘트몰탈 방수 : 시멘트몰탈과 방수재를 혼합하여 사용하는 방식으로 바탕 면에 요철이 있어도 시공이 가능하며 공정이 단순하고 공사비가 저렴하다. 그러나 방수층에 균일이 생길 수 있고 균열에 의해 방수효과가 떨어질

수 있다.

※ 아스팔트방수 : 원유를 증류하고 남은 것으로 여러 층을 겹쳐 방수하는 방식으로 여러 층을 적층하므로 신뢰성이 높고 다양한 품질의 방수를 선택할 수 있으나 공기가 길며 냄새가 심하고 연기가 발생하며 공정이 복잡하며 화재 및 화상의 위험이 있다.

32 목재의 보존성을 높이고 충해 및 변색 방지를 위한 방부처리법이 아닌 것은?

① 도포법 ② 저장법
③ 침지법 ④ 주입법

> **TIP** 방부법
> - 도포법 : 방부처리 전 목재를 건조시킨 다음 균열이나 이음부에 솔 등으로 도포하는 법이다.
> - 침지법 : 방부제 용액 속에 몇 시간 ~ 며칠 동안 담가두는 방법이다.
> - 주입법 : 상압 주입법은 방부제 용액 속에 목재를 적시는 방법이며 가압 주입법은 압력용기 속에 목재를 넣고 고압하에 방부제를 투입하는 법이다.
> - 표면탄화법 : 목재표면을 3~10mm 태워 탄화시키는 방법이다.
> - 생리적 주입법 : 벌목 전 뿌리에 약액을 주입 시키는 방법이다.
>
> ※ 표면탄화법 및 생리적 주입법 : 값이 싸고 간편하지만 효과의 지속성이 없다.

33 다음 중 시멘트의 저장 방법으로 옳지 않은 것은?

① 시멘트는 지면으로부터 30cm 위 마루 위에 저장한다.
② 시멘트는 13포대 이상 쌓지 않는다.
③ 약간이라도 굳은 시멘트는 사용하지 않는다.
④ 창고에서 약간의 수화작용이 일어나도록 저장해야 한다.

> **TIP** 시멘트 저장 시 주의사항
> - 방습구조로 된 창고 사용한다.
> - 지반에서 약 30cm정도 높게 하여 시멘트를 쌓는다.
> - 포대의 쌓기 높이는 13포대 이하로 하며, 장기간 보관 시 7포대 이상 쌓지 않는다.
> - 3개월 이상 저장한 시멘트는 사용 전에 재시험 실시하여 품질을 확인해야 한다.
> - 조금이라도 굳은 시멘트는 사용하지 않는 것을 원칙으로 한다.
> - 출입구 채광창 이외의 환기창은 두지 않는다.
> - 반드시 선입선출을 원칙으로 하여, 저장기간이 가장 오래된 시멘트부터 사용한다.

34 10cm × 10cm인 목재를 400kN의 힘으로 잡아 당겼을 때 끊어졌다면, 이 목재의 최대 강도는 얼마인가?

① $4\,Mpa$ ② $40\,Mpa$
③ $400\,Mpa$ ④ $4000\,Mpa$

TIP: pa = N/m^2
- 400,000 N/0.1m × 0.1m
  = 40,000,000 Pa
- ∴ 40,000,000 Pa = 40,000 Kpa
  = 40 Mpa

35 니트로셀룰로오스를 휘발성용제 등을 섞어 녹인 것으로 내후성, 내수성, 내유성이 우수하고 목재면의 투명도장 등에 사용하는 것은?

① 클리어래커 ② 수성페인트
③ 유성페인트 ④ 유성바니쉬

TIP: 클리어래커 (Clear Lacquer)
- 안료를 포함하지 않은 도료로 니트로셀룰로오스를 휘발성용제인 아세톤, 부탄올 등을 섞어 녹인 것으로 건조가 빠르다.
- 목재면의 투명도장에 사용하며 도막은 얇지만 견고하다.
- 클리어래커에 안료를 포함한 도료를 에나멜래커(Enamel Lacquer)라 한다.

※ 유성바니쉬 (Oil Varnish) : 무색 또는 갈색 투명 도료로 목재 도장에 쓰이며 내후성이 작다.

36 다음 중 방수용 아스팔트의 품질시험에 해당되지 않는 것은?

① 신도   ② 침입도
③ 감온비   ④ 강도

TIP: 아스팔트 품질시험

① 신도
- 연성을 나타내는 것으로 잡아당겨 끊어질 때까지의 길이를 나타낸다.
- 내마모성, 점착성 등과 관계가 있다.

② 침입도
- 침입도란 견고성을 평가하는 것으로 규정된 크기의 침을 규정된 시간동안 아스팔트에 수직으로 눌러 관입된 길이로 관입저항을 평가한다.
- 측정 방법은 0℃에서 200g의 추를 60초 동안 누르는 방법, 25℃에서 100g의 추를 5초 동안 누르는 방법, 46℃에서 500g의 추를 5초 동안 누르는 방법이 있다.
- 표준시험은 25℃에서 100g의 추를 5초 동안 누르는 방법으로 한다.
- 0.1mm의 관입길이를 침입도 1로 본다.

③ 감온성(감온비)
- 감온성이란 온도에 따라 나타나는 변화정도를 말한다.
- 스트레이트 아스팔트가 블로운 아스팔트보다 감온성이 크게 나타난다.

④ 연화점
- 일정한 융점이 없고 가열하면 서서히 액상으로 변하는데 아스팔트가 일정 점도를 나타낼 때의 온도를 말한다.
- 보통 75℃ ~ 100℃ 이상에서 나타난다.

⑤ 인화점
- 아스팔트의 휘발성 성분으로 인해 인화될 위험이 있다.
- 보통 250℃정도에서 인화된다.

32 ②　33 ④　34 ②　35 ①　36 ④

37 다음 중 열경화성수지에 속하는 것은?

① 염화비닐수지 ② 초산비닐수지
③ 아크릴수지   ④ 요소수지

TIP 요소수지
- 무색으로 착색이 자유롭고 약산 및 약알칼리에 견디고 유류에는 거의 침해받지 않는다.
- 완구, 장식품 등의 잡화에 수요가 많고 액체접착제로 내수합판에 사용한다.

※ 열경화성수지 : 열을 가하여도 변형되지 않는 수지를 말하며 멜라민 수지, 실리콘 수지, 에폭시 수지, 폴리에스테르수지, 요소 수지, 페놀 수지 등이 있다.

※ 열가소성수지 : 열을 가하면 변형되어 가소성이 생기고, 냉각하면 다시 굳는 수지를 말하며 아크릴수지, 염화비닐수지, 폴리에틸렌수지, 폴리스티렌수지, 폴리프로필렌수지 등이 있다.

38 다음 중 점토제품의 소성온도 측정에 쓰이는 것은?

① 샤모트 추   ② 머플 추
③ 호프만 추   ④ 제게르 추

TIP 소성온도
- 소성온도의 측정으로 제게르 콘(Seger Cone)이 대표적이며, 점토의 소성온도를 SK로 표기한다.
- SK 0.22(600℃) ~ SK 42(2000℃)까지 총 59종으로 구분하였다.

39 석고보드에 대한 설명으로 옳지 않은 것은?

① 부식이 진행되지 않고 충해를 받지 않는다.
② 팽창 및 수축의 변형이 크다.
③ 흡수로 인해 강도가 현저하게 저하된다.
④ 단열성이 높다.

TIP 석고 보드
- 석고를 구운 후에 톱밥 등을 섞어 물로 반죽하여 두꺼운 종이에 끼워 판상으로 만든 내장재를 말한다.
- 단열, 차음, 경제성 및 치수안정성, 방화성능, 시공성의 기능을 가지고 있다.
- 습도 및 온도에 변형이 일어나지 않는다.
- 경량이며 내화, 보온, 방습성이 좋고 방부, 방화성이 크다.
- 열전도율이 작고 난연성이다.
- 가공이 쉬우며, 유성페인트로 마감할 수 있다.

40 유성페인트에 관한 설명 중 옳지 않은 것은?

① 내후성이 우수하다.
② 붓 마름 작업성이 뛰어나다.
③ 몰탈, 콘크리트, 석회 벽 등에 정벌바름하면 피막이 부서져 떨어진다.
④ 유성에나멜페인트와 비교하여 건조시간, 광택, 경도 등이 뛰어나다.

> 💡 **유성페인트**
> - 안료, ¹⁾보일드 유, 용제, 건조제(납, 망간, 코발트 등의 산화물) 등을 혼합한 도장재료이다.
> - 값이 싸고 비교적 두꺼운 도막을 만들 수 있으며 광택과 내구력이 증대된다.
> - 건조가 느리며 알칼리에 약하여 콘크리트 면이나 몰탈 면에 바를 수 없다.
>
> ¹⁾ 보일드 유(boiled oil) : 기름에 건조제를 넣어 공기를 흡입하며 100℃로 가열한 것으로 피막의 강도를 증대시킬 목적으로 사용한다.
>
> ※ 유성에나멜 페인트 : 니스의 일종으로 유성페인트보다 건조시간, 광택, 경도 등이 뛰어나다.

41. 투시도법에서 사람이 서 있는 지점을 나타내는 용어 표시가 옳은 것은?

① G.L ② E.P
③ S.P ④ P.P

> 💡 **투시도 용어**
> - 정점(Station Point, S.P) : 시점이 기면 위에 투상 되는 점 (= 사람이 서 있는 곳)
> - 기면(Ground Plane, G.P) : 화면과 수직으로 놓인 기준이 되는 평화면 또는 사람이 서 있는 면
> - 시점(Eye Point, E.P) : 보는 사람의 눈 위치
> - 화면(Picture Plane, P.P) : 물체를 투시하여 도면을 그리는 입화면 (= 물체와 시점사이에 기면과 수직한 평면)
> - 기선(Ground Line, G.L) : 기면과 화면과의 만나는 선
> - 수평면(Horizontal Plane, H.P) : 눈높이와 수평한 면
> - 수평선(Horizontal Line, H.L) : 입화면과 수평면이 만나는 선
> - 소점(Vanishing Point, V.P) : 물체가 기면에 평행으로 무한히 멀리 있을 때 수평선 위에 한 점에 모이게 되는 점
> - 시축선(Axis of Vision, A.V) : 시점에서 입화면에 수직하게 통하는 투사선

42. 인화성, 가연성 액체 등이 타고난 후 재가 남지 않는 화재의 종류로 알맞은 것은?

① A형 화재 ② B형 화재
③ C형 화재 ④ D형 화재

> 💡 **B형 화재(유류화재)**
> - 액체와 같은 유류에 발생하는 화재로 재가 남지 않는다.
>
> ※ A형 화재(일반화재) : 나무, 종이 등 일반가연성 물체에 발생하는 화재로 재가 남는다.
>
> ※ C형 화재(전기화재) : 전기기기나 배선관련 및 누전, 합선 등의 화재를 말한다.
>
> ※ D형 화재(금속화재) : 리튬, 나트륨, 마그네슘과 같은 반응성이 높은 금속의 화재를 말한다.
>
> ※ E형 화재(가스화재) : 도시가스 배관 및 저장소에서 가스가 누출되어 발생하는 화재를 말한다.
>
> ※ K형 화재(주방화재) : 주방에서 동·식물유를 취급하는 조리 기구에서 발생하는 화재를 말한다.

37 ④ 38 ④ 39 ② 40 ④ 41 ③ 42 ②

43 다음 도면에서 A가 가리키는 선의 종류로 옳은 것은?

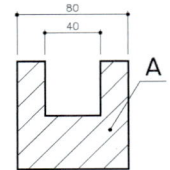

① 중심선   ② 해칭선
③ 절단선   ④ 가상선

> **TIP** 해치
> • 재료의 단면부에 표시하여 그 재료의 재질 등을 알 수 있게 하는 선을 말한다.

44 중앙식 급탕방법 중 간접가열식에 관한 설명으로 옳지 않은 것은?

① 열효율이 직접가열식에 비해 높다.
② 고압용 보일러를 반드시 사용할 필요는 없다.
③ 일반적으로 규모가 큰 건물의 급탕에 사용된다.
④ 가열보일러는 난방용 보일러와 겸용할 수 있다.

> **TIP** 간접가열식

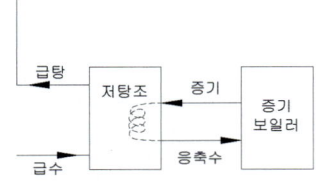

간접가열식

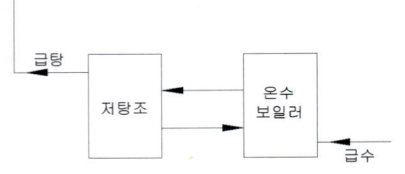

직접가열식

• 저탕조의 물을 가열코일을 통해 관 내부의 물을 가열하는 방식을 말한다.
• 급탕용 보일러는 난방용 보일러와 겸용할 수 있다.
• 대규모 건물에 적당하며 열효율 측면에서는 직접가열식에 비해 불리하다.

※ 직접가열식 : 급수관에서 유입된 물을 직접 보일러에서 가열한 후 급탕하는 방식으로 간접 가열식에 비해 열효율은 좋으나 보일러에 스케일이 끼기 쉽고 급탕보일러와 난방보일러를 따로 설치해야 한다.

45 홀형 아파트에 관한 설명으로 옳지 않은 것은?

① 거주의 프라이버시가 높다.
② 채광, 통풍 등의 거주 조건이 양호하다.
③ 부지의 이용률이 매우 높다.
④ 계단실에서 직접 각 세대로 접근할 수 있는 유형이다.

> **TIP** 홀형(계단실형)
> • 계단 또는 엘리베이터에서 각 세대로 직접 출입하는 형식이다.
> • 가장 독립성이 좋고(프라이버시가 좋다.) 출입이 편하다.

- 동선이 짧고, 채광과 통풍이 양호하다.
- 통행부의 면적이 작아 건물의 이용도가 높다.
- 계단실마다 엘리베이터를 설치하여 설비비가 많이 들며 엘리베이터 1대당 이용률이 복도형에 비해 적다.

※ 집중형 아파트 : 부지의 이용률이 매우 높다.

46 부엌의 평면계획 시 작업과정에 따른 작업대의 배열이 가장 알맞은 것은?

① 배선대 - 개수대 - 가열대 - 조리대
② 조리대 - 가열대 - 배선대 - 개수대
③ 가열대 - 배선대 - 개수대 - 조리대
④ 개수대 - 조리대 - 가열대 - 배선대

TIP 부엌의 작업순서
- 준비 - 냉장고 - 개수대(싱크대) - 조리대 - 가열대(레인지) - 배선대

47 아파트 단위주거의 입면형식에 따른 분류에 속하는 것은?

① 집중형   ② 판상형
③ 복층형   ④ 계단실형

TIP 아파트의 입면(단면)형식상 분류
- 단층형(플랫형), 복층형(듀플렉스형, 메이조넷형), 스킵 플로어형, 트리플렉스형
※ 평면형식상 : 계단실형(홀형), 편복도형, 중복도형, 집중형
※ 주동형식상 : 판상형, 탑상형, 복합형

48 세정 밸브식 대변기에 관한 설명으로 옳지 않은 것은?

① 대변기의 연속사용이 가능하다.
② 일반 가정용으로는 거의 사용되지 않는다.
③ 세정음은 유수음도 포함되기 때문에 소음이 크다.
④ 레버의 조작에 의해 낙차에 의한 수압으로 대변기를 세척하는 방식이다.

TIP 세정(Flush)밸브식
- 수압이 0.07Mpa 이상이어야 하며, 비교적 연속사용이 가능하다.
- 급수관의 관경은 25mm로 가장 커 주택보다는 사용빈도가 많거나 일시적으로 많은 사람들이 연속하여 사용하는 경우에 적용된다.
- 학교, 사무소, 백화점 등에 적합하다.

49 연립주택의 형식 중 경사지를 이용하거나 상부 층으로 갈수록 약간씩 뒤로 후퇴하는 형식은?

① 타운 하우스   ② 테라스 하우스
③ 중정형 하우스   ④ 로우 하우스

TIP 테라스 하우스 (Terrace house)
- 경사지에 짓는 주택으로 적당한 절토 또는 자연 지형을 따라 건물을 만든다.
- 각 호마다 전용의 뜰(정원)을 갖게 되며, 노인이 있는 세대에 적합하다.
- 경사도에 따라 밀도가 좌우되며, 후면

에 창이 없기 때문에 깊이는 6~7.5m 이하이다.

- 경사지인 경우 도로를 중심으로 상향식과 하향식으로 구분한다.
- 지형에 따라 자연형(경사지)테라스 하우스, 인공형(평지)테라스 하우스로 나뉘며, 인공형 테라스 하우스는 시각적 테라스형, 구조적 테라스형으로 구분한다.

※ 타운 하우스(Town house) : 토지의 효율적인 이용 및 건설비, 유지관리비의 절약을 고려한 주택으로 단독주택의 장점을 최대한 활용하며 주차가 용이하며 공동 주차공간은 불필요하다. 또한, 배치를 다양하게 변화시킬 수 있으며, 프라이버시 확보는 조경을 통해 해결 가능하다.

※ 중정형 하우스(Courtyard house) : 한 세대가 한 층을 점유하는 형식으로 중정을 향해 L자형으로 둘러싸고 있다.

※ 로우 하우스(Row house) : 타운하우스와 같이 토지의 이용 및 건설비 및 유지관리비 절감을 고려한 형식으로 단독주택보다 높은 밀도를 가진다.

50 배수관 속의 악취, 유독 가스 및 벌레 등이 실내로 침투하는 것을 방지하기 위하여 배수 계통의 일부에 봉수가 고이게 하는 기구는?

① 사이펀 ② 플랜지
③ 트랩   ④ 통기관

TIP 트랩의 종류

① S트랩
- 세면기, 대변기, 소변기에 사용하며, 바닥 밑 배수관에 접속하는데, 사이펀 작용으로 인해 봉수가 쉽게 파괴될 수 있다.

② P트랩
- 세면기, 대변기, 소변기 등 위생기구에 많이 사용되며, 벽체 배수관에 접속하여 사용한다.

③ U트랩
- 가옥(House)트랩, 메인(Main)트랩이라고도 하며, 옥내 배수 수평주관 말단에 설치(옥외 배수관에 배출되기 직전)하여 하수의 가스 역류방지용으로 사용하는 것으로 유속이 저하되는 결점이 있다.

④ 드럼트랩
- 싱크대에 사용하는 것으로 다량의 물을 고이게 해 봉수파괴의 우려가 없고, 청소가 가능하다.

⑤ 벨트랩
- 욕실, 샤워실 등의 바닥에 배수용으로 사용한다.

※ 사이펀 : 액체를 더 낮은 곳으로 내려보내기 위해 구부려놓은 관을 말한다. 트랩에서는 봉수 파괴원인으로 사이펀 작용이 있다.

※ 플랜지 : 보의 단면 위, 아래 부분을 말하며, 인장 및 휨 응력에 저항한다.

※ 통기관 : 트랩의 봉수를 보호하며 배수관 내부와 외기를 연결하여 악취를 배출시켜 배수관내의 청결을 유지한다.

51. 다음 설명이 나타내는 법칙은?

> 회로의 저항이 흐르는 전류의 크기는 인가된 전압의 크기와 비례하며 저항과는 반비례한다.

① 키로히호프의 제1법칙
② 키로히호프의 제2법칙
③ 옴의 법칙
④ 플레밍의 왼손 법칙

TIP 옴의 법칙

- 도선에 흐르는 전류의 세기(전류) (I)는 전압 (V)에 비례하고 저항 (R)에 반비례한다.
- 전류$I(A) = \dfrac{전압(V)}{저항R(\Omega)}$,

  저항$R(\Omega) = \dfrac{전압(V)}{전류I(A)}$

  전압$(V) = $ 전류$I(A) \times $ 저항$R(\Omega)$

※ 키로히호프의 제1법칙(전류법칙): 어느 지점의 교차점(접속점)에 유입된 전류의 합과 유출된 전류의 합은 같다.

※ 키로히호프의 제2법칙(전압법칙): 어느 지점의 폐회로에 공급한 전압과 소비한 전압은 같다.

※ 플레밍의 왼손 법칙: 자기장의 방향(검지)과 전류가 흐르는 방향(중지)을 알면 도선이 받는 힘의 방향(엄지)을 알 수 있다.

52. 건축물과 관련된 각종 배경의 표현 방법으로 가장 알맞은 것은?

① 배경을 다양하게 표현한다.
② 표현은 항상 섬세하게 하도록 한다.
③ 건물을 이해할 수 있도록 배경을 다소 크게 그린다.
④ 건물보다 앞쪽의 배경은 사실적으로 뒤쪽의 배경은 단순하게 표현한다.

53. 다음 설명이 나타내는 표색계는?

> 이 표색계의 원리는 물체 표면의 색지각을 색상, 명도, 채도와 같은 색의 3속성에 따라 3차원 공간의 한 점에 대응시켜 세 방향으로 배열하되, 배열하는 방법은 지각적으로 고른 감도가 되도록 측도를 정한 것이다.

① 먼셀 표색계
② 오스트발트 표색계
③ 2차원 표색계
④ 3차원 표색계

TIP 먼셀표색계

- 물체표면의 색 지각을 색상, 명도, 채도와 같은 색의 3속성에 따라 3차원 공간의 한 점에 대응시켜 세 방향으로 배열하고 배열하는 방법은 지각적으로 같은 감도가 되도록 한 것이다.

※ 오스트발트 표색계: 순색, 빛을 반사하는 백색, 빛을 흡수하는 검은색의 혼합비율에 의해 만들어진 것이다.

54 실내 환기의 척도로 주로 이용되는 것은?

① 산소   ② 질소
③ 이산화탄소   ④ 아황산가스

TIP 실내공기 오염(환기) 척도
- 재실자의 호흡으로 인한 산소(O_2)의 감소 및 이산화탄소의 증가(CO_2)를 꼽을 수 있다.
- 국내 실내공기 질 기준으로 이산화탄소는 1000ppm 이하로 관리하도록 하고 있다.
- 먼지 및 각종 세균으로 인한 공기오염

55 사회학자 숑바르 드 로브(Chombard de lawve)의 주거면적 기준 중 병리기준으로 옳은 것은?

① 8㎡/인   ② 10㎡/인
③ 14㎡/인   ④ 16.5㎡/인

TIP 숑바르 드 로브(Chombard de lawve) 기준 주거면적
- 병리기준 : 8㎡/인 이하일 경우 거주자의 신체 및 정신건강에 나쁜 영향을 끼친다.
- 한계기준 : 14㎡/인 이하일 경우 개인 및 가족적인 거주의 융통성을 보장할 수 없다.
- 표준기준 : 16㎡/인

대한민국 1인당 주거면적의 변화

1인당 주거면적	2006년	2008년	2010년	2012년
	26.2㎡	27.8㎡	28.5㎡	31.7㎡

1인당 주거면적	2014년	2016년	2017년	2018년
	33.5㎡	33.2㎡	31.2㎡	31.7㎡

1인당 주거면적	2019년	2020년
	32.9㎡	33.9㎡

※ 자료출처(국토교통부, 『2020 주거실태』)

56 다음 설명에 알맞은 주택 부엌가구의 배치 유형은?

- 양쪽 벽면에 작업대가 마주보도록 배치한 것이다.
- 부엌의 폭이 길이에 비해 넓은 부엌의 형태에 적당한 형식이다.

① L자형   ② 일자형
③ 병렬형   ④ 아일랜드형

TIP 병렬형
- 두 벽면을 따라 작업이 전개되는 전통적인 형태로 양쪽 벽면에 작업대를 마주보도록 배치한 형태이다.
- 직선형보다는 작업동선이 줄지만, 작업 시 몸을 앞뒤로 계속 바꿔야 한다.

※ L자형(ㄱ자형)
- 인접된 양면 벽에 L자형으로 배치하여 동선의 흐름이 자연스러운 형태이다.
- 작업동선이 효율적이며 여유 공간이 많이 남기 때문에, 식사실과 병용할 경우 적합하다.

※ 일자형(직선형)
- 동선과 배치가 간단한 평면형이지만 설비기구가 많을 경우 작업동선이

- 길어진다.
- 소규모 주택에 적합하다.

※ 아일랜드형
- 주방과 다이닝룸 사이에 식탁을 배치하여 개방감을 높인 형태이다.
- 동선이 짧고 공기흐름이 원활하지만 이것이 곧 집 전체에 냄새가 퍼질 수 있는 원인이 될 수 있다.

※ ㄷ자형(u자형)
- 인접한 3면의 벽에 배치하여 가장 편리하고 능률적이다.
- 평면계획상 외부로 통하는 출입구의 설치 곤란하며, 식탁과의 연결이 어렵다.

57. 실감온도(유효온도, ET)를 구성하는 3요소와 관련 없는 것은?

① 온도 ② 습도
③ 기류 ④ 열복사

TIP 유효온도(체감온도, ET)
- 온도, 습도, 기류

※ 열 환경의 4요소(온열 요소) : 기온, 습도, 기류, 주위 벽의 복사열

58. 압력탱크식 급수방식에 관한 설명 중 옳지 않은 것은?

① 탱크의 설치 위치에 제한을 받지 않는다.
② 소규모 급수에 적합하며 급수압이 항상 일정하다.
③ 국부적으로 고압을 필요로 하는 경우에 적합하다.
④ 취급이 곤란하며 다른 방식에 비해 고장이 많다.

TIP 압력탱크
- 고가시설 등이 불필요하므로 건물의 외관이 깨끗하고 탱크 설치 위치에 제한을 받지 않는다.
- 단수 시 일정수량(저장수량)사용이 가능하다.
- 급수압이 일정하지 않으며 정전 시 단수가 돼 급수가 불가능하다.
- 시설비 및 유지관리비가 많이 든다.
- 저수량이 적어 대규모 급수에 대응하기 어렵다.

59. 건축물에서 공통되는 요소에 의해 전체를 일관되게 보이도록 하는 요소를 무엇이라 하는가?

① 대비 ② 통일
③ 리듬 ④ 강조

TIP 통일
- 각 요소들을 통일하여 하나의 형태로 보여 지는 것을 말한다.
- 너무 지나치면 단조롭게 된다.

※ 대비 : 어떤 요소의 특질을 강조하기 위해 그와 상반되는 형태, 색채, 톤(tone)등을 배치시켜 서로의 차이가 뚜렷하게 보여 지는 것을 말한다.

※ 리듬 : 규칙적인 요소들의 시각적 질서를 부여하는 통제된 운동감을 나타내는 힘을 말하며, 반복, 점층, 억양, 변이 등이 있다.

54 ③ 55 ① 56 ③ 57 ④ 58 ② 59 ②

※ 강조 : 시각적으로 중요한 것과 그렇지 않은 것이 구별되는 것을 말하며 하나의 요소 또는 하나의 영역으로 표현된다.

60 건축물의 묘사에 있어서 트레이싱지에 컬러(color)를 표현하기에 가장 적합한 도구는?

① 연필
② 수채물감
③ 포스터컬러
④ 유성마카 펜

TIP 유성마카 펜
- 트레이싱지에 색을 표현하기가 가장 적합하다.

※ 연필 : 밝은 상태에서 어두운 상태까지 폭 넓은 명암을 나타낼 수 있으며, 다양한 질감 표현도 가능하고 지울 수 있는 장점이 있는 반면에 번지거나 더러워지는 단점이 있다.

※ 수채물감 : 신선한 느낌을 주고, 부드럽고 밝은 특징을 갖고 있다.

※ 포스터컬러 : 사실적이며 재료의 질감 표현과 수정이 용이하여 많이 사용하는 방법으로 붓을 이용해 그린다.

※ 잉크 : 여러 색상을 갖고 있어 색의 구분이 일정하고, 농도를 정확하게 할 수 있어 도면이 선명하고 깨끗하게 보이며 여러 펜촉을 사용할 수 있어, 다양한 묘사 방법의 표현도 가능하다.

※ 색연필 : 간단하게 도면을 채색하여 실물의 느낌을 표현하는데 주로 사용하며, 색 펜과 같이 사용하여 실내건축물의 간단한 마감 재료를 그리는데 사용한다.

60 ④

PART 06 | CBT 기출복원문제

2022년 2회

01 조립식구조의 특성 중 옳지 않은 것은?

① 공장생산이 가능하다.
② 대량생산이 가능하다.
③ 기계화 시공으로 단기완성이 가능하다.
④ 각 부품과 일체화하기 쉽다.

TIP 조립식 구조
① 장점
- 공장, 사무실, 아파트 등 획일적인 건물에 유리하다.
- 동절기 공사도 가능하며 공사기간이 단축된다.
- 양질의 제품을 대량으로 생산할 수 있다.
- 거푸집을 설치할 필요가 없다.

② 단점
- 접합부의 결합으로 부품간의 일체화가 곤란하다.
- 횡력에 약하고 큰 부재는 공장에서 운반해 오기가 어렵다.
- 소규모 공사에 경제적으로 불리하다.

02 다음 중 막구조로 이루어진 구조물이 아닌 것은?

① 서귀포 월드컵 경기장
② 상암동 월드컵 경기장
③ 인천 월드컵 경기장
④ 수원 월드컵 경기장

TIP 수원 경기장
- 캔틸레버 철골 트러스구조

03 철재 거푸집에서 사용되는 철물로 지주를 제거하지 않고 슬래브 거푸집만 제거할 수 있도록 한 철물은?

① 와이어클리퍼 (Wire clipper)
② 캠버(Camber)
③ 드롭헤드 (Drop head)
④ 베이스 플레이트 (Base plaete)

TIP 드롭헤드 (Drop head)
- 슬래브 거푸집을 일정하게 만든 것을 말하며 거푸집을 제거할 때 동바리(지주)를 제거하지 않고 해체할 수 있는 것을 말한다.
- 정밀한 시공이 가능하며 시공 또한 빠르고 공사관리가 용이하다.
- ※ 와이어 클리퍼 : 거푸집의 철선을 절단하는 절단 가공기구를 말한다.
- ※ 캠버 : 받침기둥 밑에 고여 미끄럼을 방지하는 거푸집 재료를 말한다.

01 ④ 02 ④ 03 ③

※ 베이스 플레이트 : 강 구조물의 기둥을 주각에서 기초에 정착하기 위해 주각 끝에 붙여 앵커볼트로 고정하기 위해 쓰는 강판을 말한다.

04 목조 벽체에서 기둥 맨 위 처마부분에 수평으로 거는 가로재로써 기둥머리를 고정하는 것은?

① 처마도리   ② 샛기둥
③ 깔도리   ④ 꿸대

TIP 깔도리

- 기둥 위에 처마부분에 수평으로 대는 가로재로 지붕틀의 하중을 받아 기둥으로 전달하는 것으로 크기는 기둥과 같거나 좀은 약간 크게 하고, 이음은 기둥 또는 지붕보를 피해 엇걸이산지이음으로 한다.

※ 처마도리 : 깔도리 위에 지붕틀을 걸고 평보 위에 걸쳐대는 가로재로 절충식 지붕틀에서는 처마도리가 깔도리를 대신하기도 하며, 크기는 기둥 또는 깔도리와 같거나 조금 작게 한다.

※ 샛기둥 : 기둥과 기둥 사이에 대는 기둥이며, 가새의 휨을 방지하며 상부 하중을 받지 않고 크기는 본 기둥의 1/2 ~ 1/3 정도로 하고 간격은 40~60cm 정도로 한다.

※ 꿸대 : 벽 바탕에 뼈대를 설치하고 벽을 보강하기 위해 기둥을 연결하는 가로재를 말한다.

05 목구조에 사용되는 금속의 긴결철물 중 2개의 부재접합에 끼워 전단력에 견디도록 사용되는 것은?

① 감잡이쇠   ② ㄱ자쇠
③ 안장쇠   ④ 듀벨

TIP 듀벨

- 동그랗게 말아 사용하거나 끝 부분을 뾰족하게 하여 목재의 접합에 사용한다.
- 가락지형, O자 형, +자 형 등이 있다.
- 듀벨은 목재의 전단력에 작용한다.

※ 감잡이쇠 : ㄷ자 형으로 띠쇠를 구부린 철판으로 평보와 왕대공을 연결할 때 사용한다.

※ ㄱ자쇠 : ㄱ자 형으로 띠쇠를 구부린 철판으로 모서리의 가로, 세로를 연결할 때 사용한다.

※ 안장쇠 : 안장 모양으로 구부려 만든 것으로 큰 보에 작은 보를 걸쳐 연결할 때 사용한다.

06 석재의 표면을 가공하는 방법 중 도드락다듬면을 양날망치로 세밀한 평행선을 그리며 때려 매끈하게 다듬는 것은?

① 메다듬   ② 잔다듬
③ 정다듬   ④ 물갈기

TIP 잔다듬

- 날망치로 일정 방향으로 찍어내어 매끈히 다듬는 과정

※ 정다듬 : 정을 사용하여 쪼아 다듬는 과정

※ 도드락다듬 : 도드락망치를 사용하여 정

다듬 된 면을 더욱 세밀히 다지는 과정

※ 물갈기 : 숫돌이나 그라인더 등으로 표면을 갈아내어 광내기를 하는 과정

※ 혹두기 : 쇠메를 이용하여 거친 면을 대강 다듬는 과정

※ 석재가공순서 : 혹두기(=혹떼기=혹따기)-(메다듬)-정다듬-도드락다듬-잔다듬-물갈기

07 목조 왕대공지붕틀의 각 부재에 대한 설명 중 옳지 않은 것은?

① 중도리는 서까래를 받아 지붕의 하중을 지붕틀에 전하는 것이므로 지붕틀에 튼튼히 고정해야 한다.
② 빗대공은 인장재이므로 경사를 아주 완만하게 할수록 좋다.
③ 중도리가 ㅅ자보의 절점에 올 때에는 단순한 압축재이지만 그 절점 간에 올 때에는 휨을 받는 압축재가 된다.
④ 지붕 가새는 지붕틀의 전도방지를 목적으로 V자형이나 X자형으로 배치한다.

TIP 빗대공

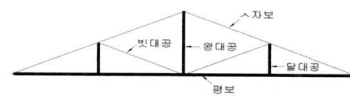

왕대공 지붕틀

──── : 인장재
──── : 압축재

• 왕대공과 달대공 사이에 설치된 대각선 방향의 부재로 압축력을 받는다.

08 철골구조에서 판보(plate girder)구성재와 가장 거리가 먼 것은?

① 플랜지(flange)
② 웨브 플레이트(web plate)
③ 스티프너(stiffener)
④ 래티스(lattice)

TIP 판보(plate girder, 플레이트 보)

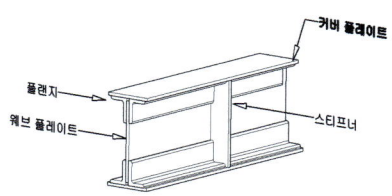

플레이트 보

• 큰 하중에 사용할 수 있도록 L형강과 I형강을 리벳과 용접으로 조립한 보를 말한다.
• 판보의 구성부재 : 플랜지, 커버 플레이트, 웨브 플레이트, 스티프너

※ 래티스 : 격자모양의 부재로 웨브부분을 래티스로 제작한 것을 말한다.

09 목구조의 토대에 대한 설명으로 틀린 것은?

① 기둥에서 내려오는 상부의 하중을 기초에 전달하는 역할을 한다.
② 토대에는 바깥토대, 칸막이토대, 귀잡이토대가 있다.
③ 연속기초 위에 수평으로 놓고 앵커볼트로 고정시킨다.

④ 이음으로 사개연귀이음과 주먹장이음이 주로 사용된다.

> 💡TIP 토대

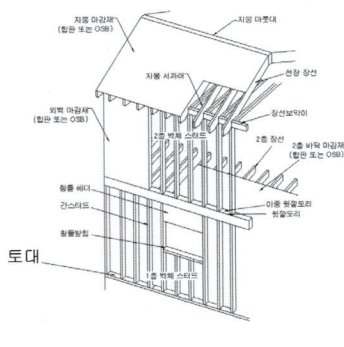

토대

- 토대는 벽을 치는 뼈대의 역할을 하며 건물 하부가 벌어지지 않도록 하는 것이다.
- 토대의 크기는 기둥과 같게 하거나 조금 크게 한다.
- 토대와 토대의 이음은 턱걸이주먹장이음 또는 엇걸이산지이음 등으로 한다.

10 다음 중 스페이스프레임에 대한 설명으로 옳지 않은 것은?

① 지진에 유리하며, 중간 기둥 없이 대공간 연출이 가능하다.
② 곡면이 가능하고 응력분산을 할 수 있다.
③ 현장타설 철근콘크리트구조로 건축할 수 있다.
④ 경량이면서 강성이 크다.

> 💡TIP 스페이스프레임

스페이스프레임

- 재료를 입체적으로 조립한 뼈대로 경량이면서 강성이 크다.
- 입체적으로 부재가 배치되어 응력을 균등하게 분담하도록 설계되어 있다.
- 종횡으로 거의 균등하게 배치되어 부재 상호간 변형을 구속하면서 압축부재의 좌굴을 방지한다.

11 콘크리트와 철근 사이에 부착력에 영향을 주는 것이 아닌 것은?

① 철근의 항복점
② 콘크리트의 압축강도
③ 철근 표면적
④ 철근의 표면 상태와 단면모양

> 💡TIP 철근과 콘크리트의 부착력
> - 콘크리트의 압축강도를 크게 해야 한다.
> - 콘크리트와의 부착력을 높이기 위해 마디와 리브가 있는 이형철근을 사용하고 굵은 철근보다 가는 철근 여러 개를 사용하는 것이 좋다.
> - 피복두께를 크게 한다.
> ※ 철근의 항복점 : 철근의 강도는 항복점이 시작되는 시점을 의미하고 mm^2당 N의 수치로 표시 한다.
> ※ 항복점 : 힘을 받은 물체가 탄성을 유

지하지 못하고 변형이 시작되는 지점을 말한다.

12 철골구조에서 사용되는 접합방법에 속하지 않는 것은?

① 용접접합　② 듀벨접합
③ 고력볼트접합　④ 핀접합

TIP 철골접합

① 용접접합
- 강재 접합부와 재료 사이에 금속을 넣어 고온으로 녹여 접합하는 방법으로 결손 등이 일어나지 않으며, 덧판 등을 사용하지 않아 경량화할 수 있고 소음이 작다.
- 용접에 의한 열로 인해 변형 및 응력이 생길 수 있다.

② 고력볼트접합
- 인장력이 매우 큰 볼트를 이용하는 방법으로 접합재에 마찰력이 생겨 접합하는 방법으로 열 가공을 하지 않아 시공 시 편하며 소음이 작다.
- 접촉면의 상태에 따라 단면결손 등이 일어날 수 있다.

③ 핀접합
- 철공의 웨브 부분에만 접합하는 방법으로 큰 보와 작은 보, 내력벽에 보를 설치하는 경우에 사용한다.

④ 리벳접합
- 두 장 이상의 강판을 접합하는 방법의 한 종류로 강판에 리벳의 지름보다 1~1.5mm 크게 구멍을 뚫고 800℃정도로 가열한 리벳을 넣고 뉴매틱 해머(Pneumatic hammer) 등으로 두들겨 양쪽에 같은 모양의 머리를 만들어 죄는 방식이다.
- 리벳으로 접합하는 총 두께는 리벳 지름의 5배 이하로 한다.

⑤ 볼트접합
- 리벳접합과 같은 방식으로 강재에 구멍을 뚫어 볼트로 접합하는 방법으로 구멍 지름은 볼트 지름보다 0.5mm이상 크지 않게 한다.
- 충격과 반복하중에 의해 풀릴 수 있어 대규모 구조물에는 사용하지 않는다.

13 창호철물과 창호의 연결로 옳지 않은 것은?

① 도어체크(Door check) - 미닫이문
② 플로어 힌지(Floor hinge) - 자재여닫이문
③ 크레센트(Crescent) - 오르내리창
④ 레일(Rail) - 미서기창

TIP 도어체크(Door check)

- 문을 자동으로 닫히게 하는 철물로 여닫이문에 사용한다.
- ※ 플로어 힌지(Floor hinge) : 여닫이문을 저절로 닫히게 한 장치로 오일 또는 유압장치를 이용하여 경첩을 달 수 없는 무거운 자재여닫이문 등에 사용한다.
- ※ 크리센트(Crescent) : 오르내리창 또는 새시의 미서기 창을 걸거나 잠그는 데 사용한다.
- ※ 레일(Rail) : 창호의 테두리 또는 틀에 끼워 창호가 쉽게 열리고 닫힐 수 있도록 사용한다.

14 구조물 하부에 인장링을 설치하여 인장력에 저항하도록 하는 구조물은?

① 절판구조   ② 셀구조
③ 돔구조   ④ 튜브구조

TIP 돔구조

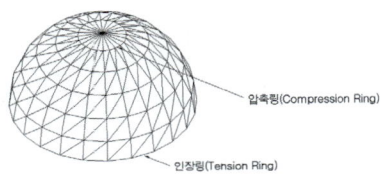

돔구조

- 수직 축 주위에 임의의 곡선을 회전시킨 구조를 말한다.
- 상부에 부재들이 모이는 곳에서 안으로 쏠리는 것을 막기 위해 압축링(compression ring)을 설치하고 하부에 부재들이 벌어지는 것을 막기 위해 인장링(tension rind)을 설치한다.

※ 절판구조 : 부재를 접어 주름지게 하여 하중을 지지할 수 있게 한 구조로 강성을 얻을 수 있고 슬래브를 얇게 할 수 있다.

※ 셀구조 : 곡률을 가진 얇은 판으로 주변을 충분히 지지시켜 공간을 덮는 구조로 가볍다.

※ 튜브구조 : 초고층건물에 사용하는 시스템으로 관(tube)과 같이 하중에 저항하는 수직부재가 대부분 건물의 바깥쪽에 배치되어 횡력에 효율적으로 저항하도록 계획된 구조이다.

15 1방향 슬래브에 대하여 배근방법을 옳게 설명한 것은?

① 단변방향으로만 배근한다.
② 장변방향으로만 배근한다.
③ 단변방향은 온도철근을 배근하고, 장변방향은 주근을 배근한다.
④ 단변방향은 주근을 배근하고, 장변방향은 온도철근을 배근한다.

TIP 1방향 슬래브

- 장변과 단변의 비가 2를 초과할 때를 1방향 슬래브라 하며, 슬래브에 작용하는 모든 하중이 단변방향으로만 전달되는 것으로 간주한다.
- 단변방향으로 주근을 배치하고, 장변방향으로 배력근을 배치한다.

※ 2방향 슬래브 : 장변과 단변의 비가 2이하일 때를 2방향 슬래브라 하며, 비교적 큰 보나 벽체로 지지된 슬래브에서 서로 직교하는 2방향으로 주근을 배치한 것으로 단변방향의 철근을 장변방향의 철근보다 바닥 단부 쪽으로 배치하는데, 단변 방향에서 더 큰 하중을 받기 때문이다.

16 벽돌조에서 대린벽으로 구획된 벽의 길이가 7m일 때 개구부의 폭의 합계는 총 얼마까지 가능한가?

① 1.75m   ② 2.3m
③ 3.5m   ④ 4.7m

TIP 개구부

- 1) 대린벽으로 구획된 벽 개구부 너비합

- 계는 그 벽 길이의 1/20이하로 한다. 즉, 7÷2=3.5m이다.
- 개구부와 그 바로 위층 개구부와의 수직거리는 60cm이상으로 한다.
- 개구부 상호간 거리 또는 개구부와 대린벽 중심과의 수평거리는 벽두께의 2배 이상으로 한다. (단, 개구부 상부가 아치인 경우는 제외한다.)
- 너비가 1.8m를 넘는 개구부의 상부는 철근콘크리트 인방을 설치하고 인방은 양 벽체에 20cm이상 물리도록 한다.

1) 대린벽 : 서로 직각으로 교차되는 내력벽을 말한다.

17 목구조의 가새에 대한 설명으로 옳은 것은?

① 가새의 경사는 60°에 가깝게 하는 것이 좋다.
② 주요 건물인 경우에도 한 방향 가새로만 만들어야 한다.
③ 목조벽체를 수평력에 견디게 하고 안정한 구조로 하기 위해 사용한다.
④ 가새에는 인장응력만이 발생한다.

TIP 가새
- 목구조는 수평력(횡력)에 약하므로, 이를 보완하기 위해 대각으로 대는 부재이다.
- 가새를 댈 때는 45°에 가까울수록 좋고, 기둥과 좌우대칭이 되도록 한다.
- 단면은 큰 것이 좋지만, 잘못하면 휨 모멘트에 의해 좌굴의 우려가 있다.
- 가새는 인장응력과 압축응력을 부담하는 인장가새와 압축가새가 있다.

※ 인장가새 : 인장력을 부담하는 가새는 기둥의 1/5정도로 사용하거나 철근을 사용할 수도 있다.
※ 압축가새 : 압축력을 부담하는 가새는 기둥과 같은 크기로 하거나 1/2 ~ 1/3 정도의 크기로 한다.

18 아치벽돌을 특별히 주문 제작하여 만든 아치는?

① 민무늬아치   ② 본아치
③ 막만든아치   ④ 거친아치

TIP 본아치
- 아치 벽돌을 사다리꼴 모양으로 제작한 것을 이용하여 만든 아치이다.
- ※ 막만든 아치 : 벽돌을 쐐기 모양으로 다듬어 만든 아치이다.
- ※ 거친 아치 : 보통 벽돌을 이용하여 사용하고 줄눈을 쐐기모양으로 만든 아치이다.
- ※ 층두리 아치 : 아치 너비가 넓을 때 여러 겹으로 겹쳐 쌓은 아치이다.

19 건축물의 밑바닥 전부를 두꺼운 기초 판으로 구성한 기초이며, 하중에 비하여 지내력이 작을 때 설치하는 기초는?

① 온통기초   ② 독립기초
③ 복합기초   ④ 연속기초

TIP 온통기초
- 건물 하부 전체에 걸쳐 설치한 것으로 연약지반에 사용하는 기초이다.
- ※ 독립기초 : 각 기둥마다 하나의 기초판

14 ③   15 ④   16 ③   17 ③   18 ②   19 ①

을 설치하여 상부 하중을 지반에 전달하는 기초이다.

※ 복합기초 : 2개 이상의 기둥을 하나의 기초판이 받치는 것으로 기둥과의 간격이 작거나 기초판이 근접 또는 건축물이 인접대지와 문제가 생길 경우 사용하는 기초이다.

※ 연속기초 : 연속된 내력벽을 따라 설치된 기초이다.

20 지반 부동침하의 원인이 아닌 것은?

① 이질지층 ② 이질지정
③ 연약층   ④ 연속기초

TIP 부동침하 원인
- 연약지반일 경우, 이질지반에 있을 경우, 지하수위가 변동되었을 경우
- 건물이 이질 층에 걸쳐있을 경우, 건물이 낭떠러지에 근접되어 있는 경우
- 지하 매설물이나 구멍(터널) 등이 있는 경우

21 거푸집 속에 적당한 입도배열을 가진 굵은 골재를 채워 넣은 후, 몰탈을 펌프로 압입하여 굵은 골재의 공극을 충전시켜 만드는 콘크리트는?

① 소일 콘크리트
② 레디믹스트 콘크리트
③ 쇄석 콘크리트
④ 프리팩트 콘크리트

TIP 프리팩트 콘크리트
- 프리팩트 콘크리트가 프리플레이스트 콘크리트로 변경됨.(2009년 콘크리트 표준시방서)

※ 소일 콘크리트 : 현장의 흙과 시멘트를 혼합하여 만든 콘크리트로 도로, 광장 등의 간단한 포장에 사용한다.

※ 레디믹스트 콘크리트 : 콘크리트 제조설비를 가진 공장에서 굳지 않은 콘크리트를 트럭으로 공사현장까지 운반과정 중에 조합하는 콘크리트를 말한다.

※ 쇄석 콘크리트 : 암석, 호박돌 따위를 파쇄한 쇄석을 골재로 사용한 콘크리트를 말한다.

22 접착제 중 가장 우수한 것으로 특히 금속접착에 적당하며 항공기재의 접착에도 쓰이는 것은?

① 에폭시수지 ② 페놀수지
③ 멜라민수지 ④ 요소수지

TIP 에폭시수지
- 접착제 중 가장 우수하며 유리, 목재, 천 등 다양한 접착에 사용하며 특히 금속접착에 적당하다.(항공기, 차량, 기계 등)

※ 페놀수지 : 전기절연성, 내수성, 내후성이 양호하고 배전판, 내수합판 접착제 등으로 사용한다.

※ 멜라민수지 : 내열성, 내약품성 및 경도가 크고 무색투명한 수지로 조리대, 실험대, 전기부품 등에 사용한다.

※ 요소수지 : 무색이며 착색이 용이하며 내수합판 접착제, 식기류, 도료 등에 사용한다.

23 미장재료 중 돌로마이트 플라스터에 대한 설명으로 틀린 것은?

① 수축 균열이 발생하기 쉽다.
② 소석회에 비해 작업성이 좋다.
③ 점도가 없어 해초풀로 반죽한다.
④ 공기 중의 탄산가스와 반응하여 경화한다.

TIP 돌로마이트 플라스터
- 소석회 보다 점성이 커서 풀이 필요 없어 냄새, 변색, 곰팡이가 생기지 않는다.
- 강알칼리성으로 건조 후 바로 유성페인트를 칠할 수 없으며 필요에 따라 시멘트, 모래, 여물 등을 혼합하여 사용하며 수축률이 커 균열이 발생하기 쉬워 여물 등을 혼합한다.

24 미분탄을 연소할 때 석탄재가 고온에 녹은 후 냉각되어 구상이 된 미립 분을 혼화재로 사용한 시멘트로, 콘크리트의 워커빌리티를 좋게 하여 수밀성을 크게 할 수 있는 시멘트는?

① 플라이 애쉬 시멘트
② 고로 시멘트
③ 백색 포틀랜드 시멘트
④ AE 포틀랜드 시멘트

TIP 플라이 애쉬(Fly ash) 시멘트
- 콘크리트 시공연도가 좋아지고 사용수량을 감소시키며, 조기강도는 작으나 장기강도는 크다.
- 수화열에 의한 발열량이 감소하여 균열 발생이 적고 콘크리트의 수밀성을 증가시킨다.

※ 고로(슬래그) 시멘트 : 슬랙(slag)을 혼합한 뒤 석고를 넣어 분쇄한 시멘트로 조기강도는 낮고 장기강도는 보통 포틀랜드 시멘트보다 크다. 또한, 비중이 작고 (2.85), 바닷물에 대한 저항성 및 화학적 저항성이 크고 내열성, 수밀성이 우수하여 침식을 받는 해수, 폐수, 하수공사에 사용한다.

※ 백색 포틀랜드 시멘트 : 백색의 석회석과 산화철을 포함하지 않은 점토를 이용하며 도장 및 장식용, 인조석 제조에 사용한다.

※ AE 시멘트 : 콘크리트 안에 미세기포를 생성하게 하는 약 0.05%의 유기 약제를 첨가하여 만든 것으로 공기연행제를 선택해서 첨가할 수 있다.

25 블론 아스팔트의 성능을 개량하기 위해 동식물성 유지와 광물질 분말을 혼합한 것으로 일반지붕 방수공사에 이용되는 것은?

① 아스팔트 유제
② 아스팔트 펠트
③ 아스팔트 루핑
④ 아스팔트 컴파운드

TIP 아스팔트 컴파운드
- 블론 아스팔트의 성질(내열, 내후성 등)을 개선하기 위해 동·식물 섬유를 혼합한 것으로 블론 아스팔트보다 내열성, 점성, 내구성 등이 좋다.

※ 아스팔트 유제 : 도로포장 시 살포하는 것으로 노면과 아스콘과의 접착성을 높여주는 재료로 유화아스팔트라고도 한다.

※ 아스팔트 펠트 : 마, 종이 등을 원지(felt)로 만들고 스트레이트 아스팔트를 침투시킨 제품으로, 아스팔트 방수층, 몰탈 방수재료 등으로 사용한다.

※ 아스팔트 루핑 : 아스팔트 펠트 양면에 블론 아스팔트를 주체로 한 컴파운드를 피복한 다음 운모 등을 부착시킨 제품으로 지붕 깔기 등에 사용한다.

26 다음 중 목재의 허용인장강도가 가장 큰 것은?

① 참나무   ② 낙엽송
③ 전나무   ④ 소나무

TIP 목재의 인장강도 (단위 : Mpa)

종류	인장강도	휨강도	압축강도	전단강도
참나무	125	118	64.1	12.3
낙엽송	69.5	82.7	63.8	9
전나무	57.3	80.4	51.7	7.2
소나무	51.9	89	48	10.1

27 벽 및 천장재로 사용되는 것으로 강당, 집회장 등의 음향조절용으로 쓰이거나 일반건물의 벽수장 재료로 사용하여 음향효과를 거둘 수 있는 목재 가공품은?

① 파키트리 패널   ② 플로어링 합판
③ 코펜하겐 리브   ④ 파키트리 블록

TIP 코펜하겐 리브(Copenhagen Rib Board)

- 두께 5cm, 너비 10cm 정도의 긴 판의 표면을 리브(rib)로 가공하여 만든다.
- 강당, 집회장, 극장 등에 내벽 또는 천장에 붙여 사용한다.
- 음향조절 및 장식효과가 있고 흡음효과는 없다. 또한, 바닥에 사용하지 않는다.

※ 파키트리 패널 : 두께 15mm의 파키트리 보드를 4매씩 조합하여 만든 24cm 각판으로 아름답고 마모성도 강한 마루판재이다.

※ 플로어링 합판 : 정사각형으로 4개 면을 제혀쪽매로 만든 것으로 목조 바닥용과 콘크리트 바닥용으로 나뉜다.

※ 파키트리 블록 : 파키트리 보드를 3~5장씩 조합하여 18cm 또는 30cm 각판으로 만들어 방습 처리한 것이다.

28 다음 금속재료 중 X선 차단성이 가장 큰 것은?

① 납   ② 구리
③ 철   ④ 아연

TIP 납 (연(鉛), Pb)

- 비철금속 중 비중이 가장 크고(11.4) 연질이며, 내식성이 크다. 산에는 강하지만 알칼리에는 침식된다.
- 수관, 가스관에 사용하며 X선 차단성이 크다.

※ 구리(Cu) : 연성과 전성이 크고, 열전도율과 전기전도율이 높으며 건조한 공기에서 산화하지 않지만 습기를 받으면 이산화탄소에 의해 부식하지만 내부는 부식하지 않는다. 그리고 암모니아, 알칼리성 용액에는 침식된다.

※ 철(Fe) : 단단하고 유연한 성질을 가지며 탄소가 들어 있는 비율에 따라 선철(0.04%이하), 연철(0.04 ~ 1.7%), 강철(1.7%초과)의 3종류로 나뉜다.

※ 아연(Zn) : 강도가 비교적 크며 연성 및 내식성이 있고, 공기에서는 거의 산화하지 않으나 습기 및 이산화탄소에 의해 표면에 탄산염막이 형성되어 내부의 부식을 방지한다. 사용용도는 철판에 아연을 도금(함석)하여 사용하며, 홈통 등에 사용한다.

29 점토 벽돌에 붉은 색을 갖게 하는 성분은?

① 산화철　　② 석회
③ 산화나트륨　④ 산화마그네슘

TIP 안료
- 적색 : 연단, 산화철
- 백색 : 아연화, 티탄백
- 흑색 : 카본블랙, 흑연
- 황색 : 황연, 황토
- 청색 : 코발트, 군청
- 녹색 : 산화크롬

30 석재의 조직 중 석재의 외관 및 성질과 가장 관계가 깊은 것은?

① 조암광물　② 석리
③ 절리　　　④ 석목

TIP 석리
- 석리 : 석재 표면을 구성하는 조직을 말하며 석재의 외관 및 성질과 관계가 깊다.
- ※ 조암광물 : 한 가지 이상의 광물로 구성된 암석을 구성하는 주된 광물질을 말하는 것으로 장석, 석영, 흑운모, 각섬석, 휘석, 감람석 등이 있으며 포함된 원소의 종류에 따라 광물의 색이 달라진다.
- ※ 절리 : 암석 중에 자연적으로 금이 갈라진 상태를 말한다.
- ※ 석목 : 절리 이외에 작게 쪼개지기 쉬운 면을 말한다.
- ※ 층리 : 층 모양으로 퇴적한 암석의 배열상태를 말한다.
- ※ 화강암 : 절리와 석목이 비교적 확실히 있는 석재이다.

31 포틀랜드 시멘트류를 제조할 때 석고를 넣는 이유는?

① 응결시간을 조절하기 위해서
② 강도를 높이기 위해서
③ 분말도를 높이기 위해서
④ 비중을 높이기 위해서

TIP 석고
- 석회석과 점토를 4:1로 배합하고 응결시간 조절(시멘트의 굳는 시간을 조정)을 위해 적당량의 석고를 첨가한다.

32 다음 중 콘크리트 설계기준 강도로 옳은 것은?

① 3일 압축강도　② 7일 압축강도
③ 28일 압축강도　④ 90일 압축강도

TIP 콘크리트 설계기준강도
- 콘크리트의 압축강도 발현은 시멘트의 수화반응속도와 관계가 있으며, 재령 7~14일까지의 사이에 가장 급격한 강도 증가가 나타나고, 수분이 공급되면

일반적으로 재령 6개월부터 1년까지 강도증가가 인지된다.

- 콘크리트의 초기 강도에는 시멘트의 종류와 분말 및 콘크리트의 양생조건과 배합이 큰 영향을 준다.

33 콘크리트의 성질을 개선하기 위해 사용하는 각종 혼화제의 작용에 포함되지 않는 것은?

① 기포작용   ② 분산작용
③ 건조작용   ④ 습윤작용

TIP 혼화재료

- 콘크리트의 성질을 개선하기 위해 콘크리트 재료 이외에 첨가하는 재료를 말하며, 사용량의 많고 적음에 따라 혼화재(5%이상)와 혼화제(1%이하)로 나뉜다.
- 혼화제 : AE제, 경화촉진제, 급결제, 지연제 등이 있다.
- 혼화제는 독립된 미세기포를 발생시키는 기포작용, 시멘트입자를 분산시키는 분산작용, 계면활성제를 포함한 용액이 시멘트 입자표면을 적셔 시멘트 입자와 물을 충분히 접촉시키는 습윤(수화작용)작용이 있다.
※ 혼화재 : 포졸란, 플라이 애쉬 등이 있다.

34 재료에 외력을 가했을 때 작은 변형만 나타나도 파괴되는 성질을 의미하는 것은?

① 전성   ② 취성
③ 탄성   ④ 연성

TIP 취성

- 작은 변형에 쉽게 파괴되는 성질을 말하며 유리가 대표적인 재료이다.
※ 전성 : 타격에 의해 넓게 판 모양으로 펴지는 성질을 말한다.
※ 탄성 : 재료가 외력을 받아 변형이 생긴 후, 이 외력을 제거하면 원래 모양과 크기로 돌아가는 성질을 말한다.
※ 연성 : 외력을 받았을 때, 파괴되지 않고 가늘고 길게 늘어나는 성질을 말한다.

35 물의 밀도가 $1g/cm^3$이고 어느 물체의 밀도가 $1kg/m^3$라 하면 이 물체의 비중은 얼마인가?

① 1   ② 1000
③ 0.001   ④ 0.1

TIP 비중

- 어느 물체의 밀도 / 물의 밀도

① $1m^3 = 1,000,000cm^3$, $1kg = 1,000g$
$1kg/m^3 = 1,000g/1,000,000cm^3 = 0.001g/cm^3$

$$\therefore \frac{0.001g/cm^3}{1g/cm^3} = 0.001$$

② $1cm^3 = 0.000001m^3$, $1g = 0.001kg$
$1g/cm^3 = 0.001kg/0.000001m^3 = 1,000kg/m^3$

$$\therefore \frac{1kg/m^3}{1000kg/m^3} = 0.001$$

36 회반죽이 공기 중에서 굳어질 때 필요한 성분은?

① 탄산가스   ② 산소
③ 질소   ④ 수증기

TIP 회반죽
- 소석회에 여물, 풀, 모래 등을 혼합한 것으로 수축률이 커 여물을 넣어 균열을 방지하고 건조에 시간이 많이 걸린다.
- 목조바탕, 콘크리트 블록 및 벽돌바탕 등에 사용한다.
- 회반죽은 이산화탄소(탄산가스)와 반응하여 경화한다.

37 보통 재료에서는 축 방향에 하중을 가할 경우 그 방향과 수직인 횡 방향에도 변형이 생기는데, 횡 방향 변형도와 축 방향 변형도의 비를 무엇이라 하는가?

① 탄성계수 비   ② 경도 비
③ 푸아송 비   ④ 강성 비

TIP 프와송 비(Poisson's Ratio)
- 재료에 외력이 가해졌을 경우, 그 힘의 방향으로 변형이 생기며 또한 직각방향으로도 변형이 생기는 현상
- 프와송 비의 역수를 프와송 수라 한다.

38 유기재료에 속하는 건축 재료는?

① 철재   ② 석재
③ 아스팔트   ④ 알루미늄

TIP 화학적 조성에 의한 분류
- 유기재료 : 목재, 아스팔트, 플라스틱, 도료, 접착제 등
- 무기재료 : 철, 석재, 시멘트, 벽돌, 유리, 콘크리트 등

39 다음 중 오르내리창을 잠그는데 쓰이는 철물은?

① 크레센트(crescent)
② 레버터리 힌지(lavatory hinge)
③ 도어체크(door check)
④ 도어스톱(door stop)

TIP 크레센트
- 오르내리창 또는 새시의 미서기 창을 걸거나 잠그는데 사용한다.
- ※ 레버터리 힌지 : 스프링 힌지로 전화실 출입문, 공중화장실 등에 이용한다.
- ※ 도어체크 : 문을 자동으로 닫히게 하는 철물이다.
- ※ 도어스톱 : 문을 열었을 경우 닫히지 않게 하거나 더 열리지 않게(벽에 문이 부딪히지 않도록)하기 위한 철물이다.

40 목재의 건조방법 중 특수건조에 속하지 않는 것은?

① 증기법   ② 진공법
③ 고주파건조법 ④ 수침법

TIP 목재의 특수건조
- 증기법 : 인공건조실을 증기로 가열하여 건조하는 방법이다.
- 진공법 : 원통모양의 탱크 속에 목재를

넣고 밀폐 후 고온, 저압상태에서 수분을 제거하는 방법이다.
- 고주파건조법 : 고주파를 이용하여 목재 중심부 증기압을 높여 건조하는 방법이다.

※ 수침법 : 건조시키기 전 목재를 물속에 담가두어 수액을 빼내는 자연 건조법이다.

41 램프나 카드, 숫자에 의하여 상황이나 행위를 표현하여 다수가 알도록 하는 설비를 무엇이라 하는가?

① 인터폰설비 ② 표시설비
③ 방송설비 ④ 안테나설비

TIP 표시설비
- 표시설비는 전기를 이용한 광원(백열등, LED) 및 [1] VDT(CRT, LCD, PDP 등)로 문자, 도형, 영상으로 나타내어 안내, 표시, 중계, 연락 및 호출의 용도로 사용하는 설비를 말한다.

[1] VDT : Visual Display Terminal의 약자로 단말 표시장치를 의미한다.

※ 인터폰설비 : 구내 또는 옥내전용의 연락을 목적으로 설치하여 사용하는 설비를 말한다.

※ 방송설비 : 정해진 장소에서 방송을 목적으로 설치하여 사용하는 설비를 말한다.

※ 안테나설비 : 전파방사를 위해 안테나와 전력을 제공하는 전송선로를 포함한 설비를 말한다.

42 엘리베이터 대면배치 시 간격으로 옳은 것은?

① 2.5 ~ 3.5m ② 3.5 ~ 4.5m
③ 4.5 ~ 5.5m ④ 5.5 ~ 6.5m

TIP 엘리베이터 배치 시 고려사항
- 대면배치 시 대면거리는 동일 군 관리의 경우는 3.5 ~ 4.5m로 한다.
- 교통동선의 중심에 설치하여 보행거리가 짧도록 배치한다.
- 여러 대의 엘리베이터를 설치하는 경우, 그룹별 배치와 군 관리운전방식으로 한다.
- 일렬배치는 4대를 한도로 하고, 엘리베이터간 거리는 8m 이하가 되도록 한다.
- 엘리베이터 홀은 정원 합계의 50% 정도를 수용할 수 있어야 하며, 1인당 점유면적은 0.5 ~ 0.8㎡로 계산한다.
- 엘리베이터 수량은 이용자가 집중하는 경우를 기준하여 수송능력, 대기시간 등을 기준 값 이내로 한다.

43 거실의 가구배치 형식 중 소파를 서로 직각이 되도록 연결해서 배치하는 형식으로, 시선이 마주치지 않아 안정감이 있는 것은?

① 코너형 ② 대면형
③ U자형 ④ 복합형

TIP 코너형
- 1인용, 2인용, 3인용 소파 중 2가지 이상을 조합하여 두 벽면에 서로 직각이 되도록 배치하는 형식으로 공간 활용도

용이하며 동선이 자연스럽다.

※ 대면형 : 서로 시선이 마주쳐 다소 딱딱하고 어색한 분위기를 만들 우려가 있고 일반적으로 가구 자체가 차지하는 면적이 커지므로 실내가 협소해 보일 수 있다.

※ U자형 : 중앙탁자를 중심으로 정원, 벽난로, TV 등 한 방향으로 향하도록 배치한 형식으로 서로 시선이 마주치지 않아 안정감이 있고 자연스런 대화 분위기를 만들 수 있다.

※ 복합형 : 어떤 유형에도 속하지 않게 자유스럽게 배치하는 형식으로 개성적 연출이 가능하다.

※ 직선형 : 좌석을 일렬로 배치하는 형식으로 서로 대화를 나누기에는 적합하지 않으나 폭이 좁은 공간에서 배치가 용이하다.

44 다음 중 건축도면에 사람을 그려 넣는 목적과 가장 거리가 먼 것은?

① 스케일 감을 나타내기 위해
② 공간의 용도를 나타내기 위해
③ 공간 내 질감을 나타내기 위해
④ 공간의 깊이와 높이를 나타내기 위해

TIP 배경표현방법

- 건물보다 앞쪽의 배경은 사실적으로, 뒤쪽의 배경은 단순하게 표현한다.
- 주변 환경, 스케일표현 등을 위해 적당히 그린다.
- 공간과 구조, 그리고 그들의 관계를 표현하는 요소들에게 지장을 주어서는 안 된다.
- 건축도면에 사람을 그려 넣는 목적은 스케일 감을 나타내기 위해서이다.
- 건축도면에서 수목의 배치와 표현을 통해 건물주변대지의 성격을 나타낼 수 있다.
- 음영은 건축물의 입체적 표현을 강조하기 위해 그려 넣는 것으로 투시도나 계획도면에 사용된다.
- 윤곽선을 강하게 묘사하면 공간상의 입체를 돋보이게 하는 효과가 있다.

45 다음 중 부엌에 설치하는 작업대의 높이로 가장 적절한 것은?

① 450㎜ ② 650㎜
③ 850㎜ ④ 1000㎜

TIP 부엌 작업순서

- 작업대의 높이 : 75 ~ 85cm가 적당하다.
- ※ 작업삼각형 : 냉장고, 개수대, 가열대를 잇는 작업삼각형이 좋으며, 길이는 360 ~ 660cm 정도로 한다. (평균 500cm)

46 압력탱크식 급수방법에 관한 설명으로 옳은 것은?

① 급수 공급 압력이 일정하다.
② 정전 시에도 급수가 가능하다.
③ 단수 시에 일정량의 급수가 가능하다.
④ 위생성 측면에서 가장 바람직한 방법이다.

TIP 압력탱크식(압력수조방식)
- 밀폐된 탱크 내부에 펌프로 물을 압입하면 탱크 내에 있던 공기가 압축되어 물에 압력이 가해지고 이 공기압을 이용하여 상향 급수하는 방식을 말한다.
- 설치환경의 제약으로 고가탱크 방식의 적용이 어려운 경우에 사용한다.
- 동일한 높이에 설치된 다른 장비에 적절한 수압을 얻을 수 없는 경우에 사용한다.
- 고가탱크 방식으로는 설치장소의 제약으로 제일 높은 층에서 필요로 하는 압력을 얻을 수 없는 경우에 사용한다.
- 고가시설이 없기 때문에 건물의 외관이 깨끗하며 탱크설치 위치에 제한을 받지 않는다.
- 국부적으로 고압을 필요로 하는 경우에 적합하며 물탱크에 저장된 저수량만큼 급수가 가능하다.
- 압력 변동이 심하고(급수 압이 일정하지 않고)제작비가 비싸며 정전이나 펌프 고장 시 급수가 중단된다.

47 표면 결로의 방지방법에 관한 설명으로 옳지 않은 것은?

① 실내에서 발생하는 수증기를 억제한다.
② 환기에 의해 실내 절대습도를 저하한다.
③ 직접가열이나 기류촉진에 의해 표면온도를 상승시킨다.
④ 낮은 온도로 난방시간을 길게 하는 것보다 높은 온도로 난방시간을 짧게 하는 것이 결로 방지에 효과적이다.

TIP 결로 방지법
- 환기계획을 세우고 환기에 의해 실내 절대습도를 저하시키며 난방에 의한 수증기 발생을 제한하고 가능한 실내에 저온부분을 만들지 말아야 한다.
- 이중(복층)유리로 하여 유리창의 단열성능을 높이고 난방기기를 이용하여 유리창 표면온도를 높인다.
- 부엌, 욕실에서 발생하는 수증기를 외부로 빼낸다.
- 벽체의 표면온도를 공기의 노점온도보다 높게 한다.

48 건축설계 시 가장 먼저 생각해야 할 사항은?

① 건물 외관
② 구조 계획
③ 시공 계획
④ 대지 및 주위환경분석

TIP 대지분석 및 주위환경분석
- 교통시설, 공공시설 유무, 주변의 발전 예측 등의 입지조건과 대지면적 및 형상, 방위, 지반과 토질, 전기, 상하수도, 가스, 법규상황, 공해 등의 주위환경의 분석 및 조건들이 있다.

49 건축제도에서 투상법의 작도 원칙은?

① 제1각법
② 제2각법
③ 제3각법
④ 제4각법

TIP 제3각법(눈 - 투상면 - 물체)

- 물체를 투상면의 뒤쪽에 놓고 투상하면 정면도를 기준으로 보면 상하, 좌우 본 쪽에서 그대로 그 모습을 그리면 된다.

50 태양광선 가운데 적외선에 의한 열적 효과를 무엇이라 하는가?

① 일사
② 채광
③ 살균
④ 일영

TIP 일사(Solar radiation)
- 태양광선 중에 포함되어 있는 적외선의 열적효과를 의미하며 열적효과가 강하여 열선이라고도 한다.
- ※ 채광 : 가시광선에 의한 광적 효과를 말한다.
- ※ 살균 : 자외선에 의한 보건 및 위생적 효과를 말한다.
- ※ 일영 : 태양에 의해 빛이 비춰진 곳에 생긴 그림자를 말한다.
- ※ 일반적으로 자외선의 효과와 가시광선의 효과를 포함하여 일조(Sunshine)라고 한다.

51 할로겐램프에 관한 설명으로 옳지 않은 것은?

① 휘도가 높다.
② 청백색으로 연색성이 나쁘다.
③ 흑화가 거의 일어나지 않는다.
④ 광속이나 색온도의 저하가 적다.

TIP 할로겐램프
- 휘도가 높고 광색과 광채가 아름답다.
- 백열전구에 비해 조금 높은 색온도를 나타내어 흰빛을 띠며 연색성이 좋다.
- 진공 상태의 유리구 안에 할로겐 물질을 주입하여 필라멘트 소재인 텅스텐 증발 원자와의 반응으로 인해 흑화현상이 거의 일어나지 않는다.

52 실제 길이를 8m 축척 1/200인 도면에 나타낼 경우, 도면상의 길이는?

① 40cm
② 4cm
③ 4m
④ 4mm

TIP 척도계산
- $8m = 8,000mm$ 이므로, $8000/200 = 40mm$
- $\therefore 40mm = 4cm$

53 주택법상 건축물의 노후화를 억제하거나 기능향상 등을 위하여 대수선하거나 일부 증축하는 행위로 정의되는 것은?

① 재축
② 개축
③ 리모델링
④ 리노베이션

TIP 리모델링
- 건축물의 노후화를 억제하거나 기능향상 등을 위해 대수선하거나 일부 증축하는 행위를 의미한다.
- ※ 재축 : 건축물이 천재지변이나 그 밖의 재해로 멸실된 경우 그 대지에 종전과 같은 규모의 범위에서 다시 축조하는 것을 의미한다.
- ※ 개축 : 기존 건축물의 전부 또는 일부(내력벽·기둥·보·지붕틀 중 셋 이

상이 포함되는 경우를 말함)를 철거하고 그 대지에 종전과 같은 규모의 건축물을 다시 축조하는 것을 의미한다.

※ 리노베이션(Renovation) : 신축, 증축, 개축, 재축, 이전, 대수선, 용도변경 등을 이르는 말로 기능과 성능을 높여 고도화하는 대규모 개·보수공사를 말한다.

54 사무실, 백화점 등 사용빈도가 많거나 일시적으로 많은 사람들이 연속하여 사용하는 경우 등에 적용되는 세정방식은?

① 세락식 ② 로우 탱크식
③ 하이 탱크식 ④ 플러시 밸브식

TIP ☀ 플러시 밸브 (세정밸브)
- 세정장치어 의한 분류 중 하나로 한 번의 핸들 조작으로 일정량의 물이 나온 후 자동으로 잠기는 방식이다.
- 대변기의 연속사용이 가능하다.
- 소음이 크고, 단시간에 다량의 물이 필요하다.
- 급수관에 직결방식이고 급수관 직경은 최소 [1]25A(mm)이기 때문에 일반 가정용으로는 사용이 곤란하다.
    [1] 25A : 플러시 밸브의 급수관 관경이 가장 크다. 하이탱크 및 로우탱크 급수관 관경은 15A이다.

※ 세락식 : 세정방식에 의한 분류 중 하나로 물의 낙차에 의해 오물을 배출하는 방식을 말한다.

※ 로우 탱크식 : 세정장치에 의한 분류 중 하나로 소음이 작아 일반주택, 호텔 등에 적합하다. 다만, 바닥점유면적이 크고 세정에 사용되는 물의 양이 많다.

※ 하이 탱크식 : 세정장치에 의한 분류 중 하나로 물탱크의 높이를 띄워 (약 1.9m) 설치한 방식으로 바닥면적을 적게 차지하고 사용되는 물의 사용량이 적다. 다만, 소음이 크고 현재 거의 사용하지 않는다.

55 백화점에 에스컬레이터 설치 시 고려사항으로 옳지 않은 것은?

① 건축적 점유면적을 가능한 한 크게 배치한다.
② 승·하강 시 매장에서 잘 보이는 곳에 설치한다.
③ 각 층 승강장은 자연스러운 연속적 흐름이 되도록 한다.
④ 출발 기준층에서 쉽게 눈에 띄도록 하고 보행동선 흐름의 중심에 설치한다.

TIP ☀ 에스컬레이터 배치 시 위치적 고려사항
- 건축적 점유면적을 가능한 한 작게 배치한다.
- 백화점의 경우에는 승강 시 매장이 잘 보이는 곳에 설치한다.
- 각 층 승강장은 자연스러운 연속적 흐름이 되도록 한다.
- 출발 기준층에서 용이하게 눈에 띄고 보행동선 흐름의 중심에 설치한다.
- 건축적 구조를 고려하고 (지지 보, 기둥) 승객의 보행거리가 가능한 한 짧게 되도록 배열한다.

56 주택의 침실에 관한 설명으로 옳지 않은 것은?

① 어린이 침실은 주간에는 공부를 할 수 있고, 유희실을 겸하는 것이 좋다.
② 노인침실은 2층 이상으로 계획한다.
③ 침실의 크기는 사용인원 수, 침구의 종류, 가구의 종류, 통로 등의 사항에 따라 결정된다.
④ 침실의 위치는 소음의 원인이 되는 도로 쪽은 피하고, 공원 등의 공지에 면하는 것이 좋다.

TIP 노인침실
- 노인침실과 아동침실이 낮에 많이 사용하므로 부부침실보다 더 좋은 위치에 계획한다.
- 가급적 채광이 좋은 남향에 위치하도록 하고 낮은 층에 두며 가족과 가까이 지낼 수 있는 위치가 좋다.
- 노인침실이 있는 장소에 계단이 있을 경우 계단 양쪽에 난간을 부착한다.
- 노인침실은 단차가 없게 계획하고 만약 단차가 있는 바닥을 둘 경우 대비가 강한 색으로 계획한다.
- 침실과 욕실바닥은 미끄럼이 없고 청소하기 쉬운 재료로 하며 욕실은 침실과 가깝게 배치한다.
- 출입구에 휠체어를 놓을 수 있는 공간을 확보하고 비를 맞지 않게 한다.

57 주택으로 쓰이는 층수가 몇 층 이상을 아파트라 하는가?

① 4층 이상   ② 5층 이상
③ 6층 이상   ④ 7층 이상

TIP 아파트
- 주택으로 쓰는 층수가 5개 이상인 공동주택을 의미한다.
- ※ 층수를 산정할 때 1층 전부를 필로티 구조로 하여 주차장으로 사용하는 경우에는 필로티 부분을 층수에서 제외하고, 지하층을 주택의 층수에서 제외한다.
- ※ 연립주택 : 4층 이하
  연면적 660㎡초과 } 공동주택
- ※ 다세대주택 : 4층 이하
  연면적 660㎡이하
- ※ 단독주택 : 3층 이하
  연면적 330㎡이하 } 단독주택
- ※ 다가구주택 : 3층 이하
  연면적 660㎡이하

58 건축물의 대지면적에 대한 건축면적의 비율을 무엇이라고 하는가?

① 체적률   ② 건폐율
③ 입체율   ④ 용적률

TIP 건폐율
- 대지면적에 대한 건축면적의 비율을 말한다.
- 건폐율 = $\frac{건축면적}{대지면적} \times 100\%$
- 대지 내에 최소한의 공지를 확보하여

건축물과 건축물의 과밀을 방지하여 일조 및 채광, 통풍 등의 환경을 조성함과 동시에 화재 발생 시 연소의 차단 및 피난 등의 공간을 확보할 목적으로 사용된다.

※ 용적률 : 대지면적에 대한 연면적의 비율로 용적률이 높을수록 건축할 수 있는 연면적이 많아져 건축 밀도가 높아지므로 적정 주거환경을 보장하기 위해 용적률의 상한선을 지정한다.

$$용적률 = \frac{연면적}{대지면적} \times 100\%$$

※ 체적률 : 대지면적에 대한 건축물의 부피로 정의하고 넓이와 높이를 가진 물체가 차지하는 크기의 비율을 말한다.

59 건축형태의 구성 원리 중 인간의 주의력에 의해 감지되는 시각적 무게의 평형상태를 의미하는 것은?

① 균형 ② 리듬
③ 비례 ④ 강조

TIP 균형
- 인간의 주의력에 의해 감지되는 시각적 무게의 평형을 말하며 구성체의 부분과 부분 및 부분과 전체 사이에 균형을 잡으면 쾌적한 감정을 준다.

※ 리듬 : 규칙적인 요소들의 시각적 질서를 부여하는 통제된 운동감각을 나타내는 힘을 말하며, 반복, 점증, 억양 등이 있다.

※ 비례 : 선, 면, 공간 등의 상호간 관계를 말하며 전체와 부분을 연관시켜 설명하며 이를 비율이라고 한다.

※ 강조 : 특정 부분의 표현을 강하게 하여 두드러지게 하는 것을 말하며 시선을 집중시키고 흥미를 유발하는 특징이 있다.

60 도시가스배관 시 가스계량기와 전기점멸기의 이격하는 거리는 최소 얼마 이상으로 하는가?

① 30cm ② 50cm
③ 60cm ④ 90cm

TIP 가스배관 시 가스계량기와 전기설비와의 이격거리
- 전기(개폐기, 계량기)설비와 60cm이상 이격한다.
- 전기점멸기, 전기접속기(콘센트) 등의 설비와 30cm이상 이격한다.
- 배관의 지하매설 깊이는 도로 폭 4m미만은 80cm이상, 도로 폭 4m ~ 8m미만은 100cm이상, 도로 폭 8m이상은 120cm이상으로 매설한다.

59 ① 60 ①

06 CBT 기출복원문제

2022년 3회

01 문꼴을 보기 좋게 만드는 동시에 주위 벽의 마무리를 잘하기 위하여 둘러대는 누름대를 무엇이라 하는가?

① 문선 ② 풍소란
③ 가새 ④ 인방

TIP 문선
- 문틀 주위의 미관과 마무리를 좋게 하기 위해 대는 부재를 말한다.
- ※ 풍소란 : 짝 또는 4짝을 다는데, 4짝 미서기문의 마중대는 턱솔 또는 딴혀를 대어 방풍목적으로 물려지게 하는 것을 말한다.
- ※ 가새 : 수평력(횡력)에 약한 목구조를 보완하기 위해 대각으로 대는 부재이다.
- ※ 인방 : 창문이나 출입문 등의 문꼴 위에 걸쳐 대어 상부에서 오는 하중을 받는 수평재이다.

02 Suspension Cable에 의한 지붕구조는 케이블의 어떠한 저항력을 이용한 것인가?

① 휨모멘트 ② 압축력
③ 인장력 ④ 전단력

TIP 현수 케이블 구조
- 철근을 종횡으로 걸고 상하에서 당겨 강성을 갖게 하는 케이블 구조를 말한다.
- 기둥을 제외한 모든 부재가 인장력만을 받는다.

03 다음 그림에서 철근의 피복두께는?

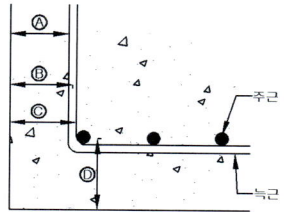

① A ② B
③ C ④ D

TIP 철근의 피복
- 콘크리트 표면에서부터 가장 가까운 철근과의 거리를 말한다.
- 피복 두께는 부재 내부응력에 의한 균열, 외기의 습기에 의한 철근의 부식, 화재 시 가열로 인한 강도저하 등 건물의 수명에 큰 영향을 끼친다.

01 ① 02 ③ 03 ①

04 철근콘크리트 보에 관한 설명 중 옳지 않은 것은?

① 내민보는 연속보의 한 끝이나 지점에 고정된 보의 한끝이 지지점에서 내밀어 달려있는 보이다.
② 단순보는 양단이 벽돌, 블록, 석조 벽 등에 단순히 얹혀 있는 상태로 된 보이다.
③ 인장력에 저항하는 재축방향의 철근을 보의 주근이라 한다.
④ 단순보에서 늑근은 단부보다 중앙부에서 더 촘촘하게 배치한다.

TIP 늑근
- 보에 걸리는 휨모멘트와 전단력에 의한 균열을 방지하기 위해 사용하는 철근으로 단부에 촘촘하게 배치해야 한다.

05 철근의 정착에 대한 설명으로 옳은 것은?

① 정착 길이는 철근의 항복강도가 클수록 길어진다.
② 정착 길이는 콘크리트 강도가 클수록 길어진다.
③ 정착 길이는 항상 20cm 이하로 한다.
④ 정착 길이는 철근의 지름과는 무관하다.

TIP 철근의 정착
- 정착길이는 철근의 지름이나 항복강도가 클수록 길어진다.
- 정착길이는 철근종류 또는 콘크리트의 강도에 따라 달라진다.

06 I 형강의 웨브를 톱니모양으로 절단한 후 구멍이 생기도록 맞추고 용접하여 구멍을 각 층의 배관에 이용하도록 한 보는?

① 트러스 보   ② 판 보
③ 래티스 보   ④ 허니컴 보

TIP 허니컴 보(honeycomb beam)

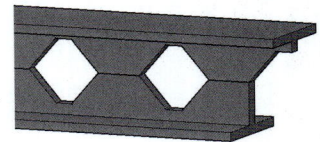

허니컴 보

- H형강의 웨브(web)부를 절단 가공하여 보의 높이를 크게 한 것으로, 같은 무게의 것에서는 단면 계수가 크고, 휨이나 비틀림에 강하지만, 웨브의 좌굴이나 휨 좌굴에 약해진다. 철골철근 콘크리트의 보로써 이용하면 이 결점을 방지할 수 있고, 부착이 좋아진다.

07 벽돌구조에서 개구부 위와 그 바로 위의 개구부와의 최소 수직거리는?

① 10cm   ② 20cm
③ 40cm   ④ 60cm

TIP 개구부
- 개구부와 그 바로 윗층 개구부와의 수직거리는 60cm이상으로 한다.
- 개구부 상호간 거리 또는 개구부와 대린벽 중심과의 수평거리는 벽두께의 2배 이상으로 한다.(단, 개구부 상부가 아치인 경우는 제외한다.)

- 너비가 1.8m를 넘는 개구부의 상부는 철근콘크리트 인방을 설치한다.
- 인방은 양 벽체에 20cm이상 물리도록 한다.
- 대린벽으로 구획된 벽에 개구부의 너비 합계는 그 벽 길이의 1/2이하로 한다.

08 한식 공사에서 종도리를 얹는 것을 말하는 것은?

① 열초
② 치목
③ 상량
④ 입주

TIP 상량
- 기둥에 보를 얹고 그 위에 종도리를 올리는 것을 말한다.
- ※ 열초(列礎) : 기둥이 놓일 장소에 주춧돌을 놓아두는 것을 말한다.
- ※ 치목(治木) : 목재를 다듬거나 손질하는 것을 말한다.
- ※ 입주(立柱) : 기둥을 세우는 작업을 말한다.

09 나무구조의 홑마루 틀에 대한 설명으로 옳은 것은?

① 1층 마루의 일종으로 마루 밑에는 동바리 돌을 놓고 그 위에 동바리를 세운다.
② 큰 보 위에 작은 보를 걸고 그 위에 장선을 대고 마룻널을 깐 것이다.
③ 보를 걸어 장선을 받게 하고 그 위에 마룻널을 깐 것이다.
④ 보를 쓰지 않고 층도리와 칸막이도리에 직접 장선을 걸쳐대고 그 위에 마룻널을 깐 것이다.

TIP 마루
① 1층 마루
- 동바리 마루 : 지반에 동바리 돌을 놓고 그 위에 동바리를 세운 후 동바리 위에 멍에, 그 위로 장선을 놓고 마룻널을 깐다.
- 납작마루 : 창고, 공장 등에 마루를 낮게 하기 위해 사용하는 것으로 땅바닥이나 호박돌 위에 동바리 없이 멍에와 장선을 놓고 마룻널을 깐다.

② 2층 마루
- 장선마루 : 홑마루 라고도 하며 보를 사용하지 않고 층도리에 장선을 약 45cm간격으로 직접 대고 마룻널을 깐다.
- 보마루 : 보를 대고 그 위에 장선을 대고 마룻널을 깐다.
- 짠마루 : 큰 보는 약 3m정도의 간격을 주고, 그 위에 작은 보는 2m 간격으로 걸고 장선을 그 위에 대고 마룻널을 깐다.

10 화재에 의해 콘크리트가 열을 받아 급격한 파열현상을 나타내는 것을 무엇이라 하는가?

① 크리프
② 폭열
③ 버클링
④ 컬럼 쇼트닝

TIP 폭열현상(Spalling failure)
- 콘크리트가 고열을 받을 때 콘크리트 내부 수증기의 압력이 높아져 급격히 강도가 저하되면서 붕괴 또는 파괴되는 현상을 말한다.
- ※ 크리프(creep) : 일정 하중이 작용한

뒤 하중의 증가 없이도 시간이 경과함에 따라 변형이 증대되는 장기추가 처짐 현상을 말한다.

※ 좌굴(버클링(buckling)) : 기둥 등에 세로방향으로 압력이 가해질 때 중심축이 축 외부로 벗어나며 휘어지는 현상을 말한다.

※ 컬럼 쇼트닝(Column shortening) : 콘크리트 내부에 존재하는 수분과 공극이 압축력에 의해 축소되는 현상이며, 초고층화 건물이 일반화 되면서 자중의 증가 및 누적되는 축소량으로 문제가 더욱 발생한다.

11 보가 없이 바닥판을 기둥이 직접 지지하는 슬래브는?

① 플랫 슬래브   ② 드롭 패널
③ 캐피탈   ④ 와플 슬래브

TIP 플랫 슬래브(무량판 구조)
- 바닥에 보가 없이 직접 기둥에 하중을 전달하는 것으로 구조가 간단하고 공사비가 저렴하다. 또한, 층고를 높게 할 수 있어 실내이용률이 높지만, 바닥판이 두꺼워 고정하중이 커진다.
- 바닥판 두께는 15cm이상으로 하며, 배근방식으로 2방향식, 3방향식, 4방향식, 원형식이 있으며, 2방향식과 4방향식이 많이 사용된다.

※ 드롭패널 : 플랫슬래브에서 기둥머리 부분의 바닥 강성(剛性)을 높이기 위하여 기둥머리 둘레의 슬래브 두께를 다른 곳보다 두껍게 한 부분을 말한다.

※ 캐피탈 : 기둥의 제일 윗부분에 위치하는 부재를 말한다.

※ 와플 슬래브 : 장선 슬래브의 장선을 직교시켜 구성한 우물반자 형태로 된 2방향 장선슬래브 구조이다.

12 돔의 상부에서 여러 부재가 만날 때 접합부가 조밀해지는 것을 방지하기 위해 설치하는 것은?

① 인장링   ② 압축링
③ 트러스 리브   ④ 트러스

TIP 압축링

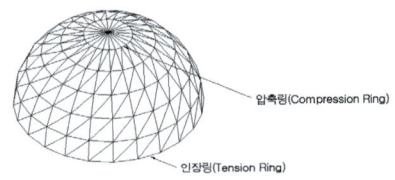

돔구조

- 돔 구조 상부에 부재들이 모이는 곳에서 안으로 쏠리는 것을 막기 위해 설치한다.
※ 인장링 : 돔 구조 하부에 부재들이 벌어지는 것을 막기 위해 설치한다.

13 철골조의 판보에서 웨브판의 좌굴을 방지하기 위해 설치하는 보강재는?

① 스터드   ② 덮개판
③ 끼움판   ④ 스티프너

TIP 스티프너

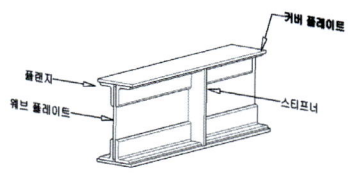

플레이트 보

- 웨브 플레이트의 좌굴 및 전단보강을 위해 수직으로 설치한다.
- 역할에 따라 지지점 스티프너, 중간 스티프너, 하중점 스티프너 등이 있다.

※ 플랜지 : 보의 단면 위, 아래 부분을 말하며, 인장 및 휨 응력에 저항한다. 또한, 힘을 더 받기 위해 커버 플레이트로 보강한다.

※ 커버 플레이트 : 커버 플레이트는 4장 이하로 하며, 용접일 때는 1매로 한다. 휨 내력의 부족을 보완하기 위해 사용한다.

※ 웨브 플레이트 : 전단력의 크기가 따라 두께를 결정하고 얇을 경우 좌굴의 위험이 있어 6mm 이상으로 한다.

※ 스터드(Stud) : 경량철골의 한 종류로 방음 및 단열을 요하는 장소에 사용하는 칸막이 뼈대로 천장과 바닥은 스틸 러너(Steel Runner)를 가로로 부착하고, 스틸 스터드(Steel Stud)를 일반 Stud인 경우 450mm 간격으로, CH-stud일 경우 600mm 간격으로 세로로 세운 뒤 내부를 단열재로 보강하고 석고보드를 양면에 1겹 내지 2겹으로 부착하여 마무리하는 경량철골 벽체의 재료이다.

14 다음 중 용접 결함에 속하지 않는 것은?

① 언더 컷(Under Cut)
② 히빙(Heaving)
③ 오버 랩(Overlap)
④ 블로우 홀(Blowhole)

TIP 용접결함

- 언더 컷(Under Cut) : 용접금속이 홈에 차지 않고 가장자리에 홈이 생기는 현상
- 오버 랩(Overlap) : 용접금속이 모재에 완전히 붙지 않아 겹치는 현상
- 블로우 홀(Blowhole) : 용접 내부에 발생하는 기포.
- 슬랙 감싸들기(Slag Inclusion) : 용접 시 슬래그가 용접금속 내에 섞이는 현상
- 피트(Pit) : 용접부 표면에 생기는 작은 홈으로 블로우 홀이 올라와 생기는 현상
- 피시 아이(Fish Eye) : 용접금속에 생기는 은색의 반점
- 크레이터(Crater) : 용접 시작과 끝 부분에 움푹 파이는 현상
- ※ 히빙(Heaving) : 연약점토지반에서 굴착작업 시 흙막이 벽 내·외의 흙의 중량(흙 +적재하중) 차이로 인해 저면 흙이 지지력을 상실하고 붕괴되어 흙막이 바깥에 있는 흙이 흙막이 벽 선단을 돌며 밀려들어와 굴착 저면이 부풀어 오르는 현상

15 절충식 지붕틀에서 동자기둥이 받는 부재는?

① 중도리와 마룻대
② 서까래와 베개보
③ 대공과 지붕보
④ 깔도리와 처마도리

TIP 절충식 지붕틀
- 동자기둥 상부는 마룻대 및 중도리에 맞춤하고 산지 또는 못을 박는다.
- 동자기둥 하부는 지붕보 윗면에 대공이 놓이는 자리를 평평하게 하고 맞춤하며 꺾쇠 등으로 고정한다.
- 중도리는 동자기둥에, 마룻대는 대공 위에 수평으로 걸쳐대고 서까래를 받는다.

16 길고 가느다란 부재가 압축하중이 증가함에 따라 부재의 길이에 직각 방향으로 변형하여 내력이 급격히 감소하는 현상을 무엇이라 하는가?

① 컬럼 쇼트닝   ② 기둥축소
③ 좌굴   ④ 비틀림

TIP 좌굴(버클링(buckling))
- 10번 문제 해설 참조

17 목조 반자틀의 구성 부재와 관계없는 것은?

① 반자틀   ② 반자틀받이
③ 달대   ④ 꿸대

TIP 목조 반자틀
- 반자돌림대, 반자틀, 반자틀받이, 달대, 달대받이로 구성돼 있다.
- ※ 꿸대 : 목조 벽을 보강하기 위해 기둥을 연결하는 가로재를 말한다.

18 트러스에서 상현재와 하현재 내에서 연결부 역할을 하는 부재는?

① Lower Chord Member
② Web Member
③ Upper Chord Member
④ Supporting Point

TIP 트러스를 구성하는 부재
- 복재(Web Member) : 상하부의 현재를 연결하는 부재(D, V)
- 하현재(Lower Chord Member) : 아랫부분의 현재(L)
- 상현재(Upper Chord Member) : 윗부분의 현재(U)
- 현재(Chord Member) : 트러스의 바깥 경계부에 있는 부재(U, L)
- 사재(Diagonal Member) : 경사진 복재(D)
- 연직재(Vertical Member) : 연직인 복재(V)
- ※ 지지점(Supporting Point) : 지지를 위한 구속 부분을 지지점이라고 하며, 지지 조건의 차이에 따라 이동 지점, 회전 지점, 고정지점 및 자유 지지점 등이 있다.

19 철근콘크리트 기둥에 철근 배근 시 띠철근의 수직간격으로 가장 알맞은 것은? (단, 기둥 단면 400 X 400mm, 주근지름 13mm, 띠철근지름 10mm임)

① 200mm ② 250mm
③ 400mm ④ 480mm

TIP 띠철근
- 띠철근 간격은 300mm이하, 주근지름의 16배 이하, 띠철근 지름의 48배 이하 중 가장 작은 값으로 배근한다.
- 띠철근 간격 300mm이하, 주근지름의 16배 × 13mm= 208mm이하, 띠철근 지름의 48배 × 10mm= 480mm 이하 중 가장 작은 값인 208mm이하로 한다.

20 횡력을 받는 벽을 지지하기 위해서 설치하는 구조물은?

① 버트레스 ② 커튼월
③ 타이바   ④ 컬럼밴드

TIP 버트레스(Buttress)
- 건축물의 벽 또는 면에 직각으로 대어 그 벽 또는 면 반대편의 압력을 지지하는 구조물이다.
- ※ 커튼월 : 장막벽이라고도 하며 건물의 하중은 기둥, 보, 슬래브 등이 지지하고 커튼월 자체의 하중만 부담하는 비내력벽
- ※ 타이바 : 압축응력을 받는 축방향 철근의 위치확보와 좌굴(Buckling)방지를 위해 사용하는 철근으로, 콘크리트 포장 판을 동일한 높이로 유지 및 균열 발생을 방지하고 벌어짐을 방지하기 위하여 세로줄눈을 가로로 잘라 콘크리트 판에 매입한 봉강
- ※ 컬럼밴드 : 사각기둥 작업 시 거푸집이 벌어지는 것을 막기 위해 조여 주는 긴결재

21 다음 중 레미콘 반입검사에 해당되지 않는 것은?

① 슬럼프시험
② 공기량시험
③ 슈미트해머시험
④ 염화물 함유량 시험

TIP 레미콘 반입검사
- 레미콘의 반입검사를 위한 항목은 슬럼프시험, 공기량시험, 염화물 함유량 측정시험이 있다.
- ※ 건설공사 품질관리 업무지침 일부개정

  국토교통부 고시 제2022-30호(개정 2022.01.18.) 제38조(시공 품질관리 시험·검사 등)

  ③ 공사감독자와 수요자는 자재가 현장에 반입되면 납품서에 다음 각 호의 사항을 확인 또는 기재하여야 한다. 이 경우 제34조에 따른 레미콘 정기점검 실시대상 건설공사의 공사감독자와 수요자는 레미콘 공장 운전실에서 출력된 자동계량기록지 등 레미콘 생산정보를 확인하여야 하며, 확인 방법에 대해서는 수요자와 생산자가 협의하여 정할 수 있다.

  1. 운반차 번호

2. 생산·도착시각 및 타설 완료 시각
3. 규격 및 용적
4. 인수자
5. 그 밖에 지정사항 등

---------- 중략 ------------

⑤ 제1항부터 제3항까지에 따른 현장반입 자재의 모든 시험은 [1]수요자가 직접 실시하거나 「건설기술진흥법」 제26조에 따른 품질검사를 대행하는 건설기술용역사업자에 의뢰하여 실시하여야 하며, 현장시험과정에는 공사감독자가 입회하여 시료채취위치를 결정하고 시험방법의 적절성을 확인하여야 한다. 이 경우 공사감독자와 수요자는 현장 시험과정의 적절성을 확인할 수 있는 증빙을 사진촬영 등 식별가능한 정보로 기록관리하여야 하며, 시험과정의 적절성 확인에 대한 시험 종목 등에 대하여는 이 지침 별표 2의 건설공사 품질시험기준에 따른다.

- [1]수요자 : 현장품질관리기술인을 칭하며 이 수요자가 직접 레미콘 검사를 실시한다.
- 수요자가 검사하기 어려운 경우에는 대행사업자에게 의뢰하여 실시해야 한다.
- ※ 슈미트해머시험 : 콘크리트 비파괴시험으로 콘크리트의 반발경도를 측정하여 압축강도를 추정하는 시험법을 말하며 슈미트해머 시험용지에 3cm 간격으로 표시되어 있는 20개소의 평균값을 확인한다. 그 외 비파괴 검사법으로는 방사선투과법, 초음파법, 철근탐사법 등이 있다.

22 다음 중 열경화성 수지에 속하는 것은?

① 초산비닐수지   ② 아크릴수지
③ 실리콘수지   ④ 메타크릴수지

TIP 실리콘 수지
- 내열성·내한성이 매우 우수(-60℃~250℃)하며 탄성, 전기절연성, 내약품성, 내후성이 우수하다.
- 방수피막, 접착제 등으로 사용한다.
- ※ 초산비닐수지 : 무색, 무취, 무해하고 감온성이 커서 0℃에서 부서지며 40℃에서 접착성이 생기며 연화된다. 접착제로써 도기, 금속, 목제품, 유리제품, 플라스틱 제품에 사용한다.
- ※ 아크릴수지 : 투과성, 내후성, 내약품성이 크고 착색이 자유로우나 경도가 낮다. 간판, 채광용, 조명기구커버, 유리대용품 등으로 사용한다.
- ※ 메타크릴수지 : 플라스틱 중에서 무색 투명성이 가장 높고, 외관도 매우 아름답다. 차량 테일 램프커버 및 조명기구, 광고표시판, 형광등커버 등에 사용한다.

23 금속 또는 목재에 적용되는 것으로서, 지름 10㎜ 강구를 시편 표면에 500~3,000kg의 힘으로 압입하여 표면에 생긴 원형 흔적의 표면적을 구한 후 하중을 그 표면적으로 나눈 값을 무엇이라 하는가?

① 브리넬 경도
② 모스 경도
③ 프와송 비
④ 프와송 수

> **TIP** 브리넬 경도
> - 10mm의 강구(steel ball)을 이용하여 측정대상의 시험 면에 하중을 가한 뒤 움푹 들어간 표면적과 하중을 계산한다. 주로 철강 재료의 경도를 측정할 때 사용한다.
> - $\frac{P}{A}$ (P : 하중, A : 표면적)
> ※ 모스 경도 : 무른 활석에서 단단한 다이아몬드에 이르기까지 10단계의 광물을 정하고, 각 재료끼리 표면을 긁어 그 표면에 자국이 생기는 것으로 굳기를 측정한다.
> ※ 푸와송 비(Poisson's Ratio) : 재료에 외력이 가해졌을 경우, 그 힘의 방향으로 변형이 생기며 또한 직각방향으로도 변형이 생기는 현상을 말한다.
> ※ 푸와송 수 : 프와송 비의 역수를 프와송 수라 한다.

24 재료의 내구성에 영향을 주는 요인에 대한 설명 중 틀린 것은?

① 내후성 : 건습, 온도변화, 동해 등에 의한 기후변화 요인에 대한 풍화작용에 저항하는 성질
② 내식성 : 목재의 부식, 철강의 녹 등의 작용에 대해 저항하는 성질
③ 내화학약품성 : 균류, 충류 등의 작용에 대해 저항하는 성질
④ 내마모성 : 기계적 반복 작용 등에 대한 마모작용에 저항하는 성질

> **TIP** 내화학약품성
> - 화학 약품에 의해 변질되거나 변형됨에 있어 내성을 가지고 견디는 성질을 말한다.
> ※ 내충성 : 균류, 충류 등의 작용에 대해 저항하는 성질

25 포틀랜드시멘트 클링커에 철 용광로로부터 나온 슬래그를 급랭한 급랭슬래그를 혼합하여 이에 응결시간 조정용 석고를 혼합하여 분쇄한 것으로 수화열이 적어 매스콘크리트용으로 사용할 수 있는 시멘트는?

① 백색포틀랜드시멘트
② 조강포틀랜드시멘트
③ 고로시멘트
④ 알루미나시멘트

> **TIP** 고로(슬래그) 시멘트
> - 슬래그(slag)를 혼합한 뒤 석고를 넣어 분쇄한 시멘트로써, 조기강도는 낮고 장기강도는 보통 포틀랜드 시멘트보다 크다.
> - 비중이 작으며(2.85), 바닷물에 대한 저항성이 크고 침식을 받는 해수, 폐수, 하수공사에 사용하며 화학적 저항성이 크고, 내열성 및 수밀성이 우수하다.

26 석재를 형상에 의해 분류할 때 두께가 15cm미만으로, 대략 너비가 두께의 3배 이상이 되는 것을 무엇이라 하는가?

① 판석　　② 각석
③ 견치석　　④ 사괴석

TIP 석재의 형상에 의한 분류
- 판석 : 두께가 15cm미만으로 폭이 두께의 3배 이상으로 두께에 비해 넓이가 큰 돌을 말하며 구들장 등에 사용한다.
- ※ 각석 : 직사각 또는 정사각모양의 일정한 길이를 가진 석재로 기초, 계단, 돌담, 동바리 등에 사용한다.
- ※ 견치석 : 한쪽 면이 네모진 사각형, 뒷면이 뾰족한 모양의 석재로 석축 등에 사용한다.
- ※ 사괴석 : 육면체의 모양으로 이루어진 석재로 벽이나 돌담 등에 사용한다.

27 다음 그림에서 슬럼프 값을 의미하는 기호는?

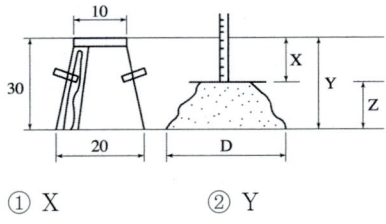

① X　　② Y
③ Z　　④ D

TIP 슬럼프(Slump)
- 철판 위에 슬럼프 통을 놓고 콘크리트를 부어 넣는다.
- 슬럼프 통에 1/3씩 나누어 부어 넣고, 각 25회씩 균등히 다진다.
- 슬럼프 통을 들어 올려 콘크리트가 가라앉은 값의 높이를 측정한다.
- ※ 슬럼프 시험 외에 flow시험, 구(ball) 관입시험 등이 있다.

28 벽체의 열관류율을 계산할 때 필요한 사항이 아닌 것은?

① 상대습도
② 공기층의 열저항
③ 벽체 구성재료의 두께
④ 벽체 구성재료의 열전도율

TIP 열관류
- 벽체 등으로 격리된 공간에서 다른 공간으로 전열되는 현상이다.
- 열관류율은 열전도율을 두께로 나누면 된다. 즉, 열관류율 = $\dfrac{열전도율}{두께}$ 이며 두께의 단위는 미터(m)로 한다.
- 즉 열관류율은 $U = W/m^2 \cdot k$ 이다.
- 단, 복합재료를 이용할 경우 열저항(R)을 계산해야 하며, 열저항 = $\dfrac{두께}{열전도율}$ 로, 열관류율의 역수이다.
- ※ 열전도율 : 단위 길이 당 1℃의 온도차가 있을 때 단위 시간에 단위면적을 통과하는 열량을 말한다.($W/m \cdot k$)

29 플라이애시 시멘트에 관한 설명으로 옳지 않은 것은?

① 워커빌리티가 좋다.
② 장기강도가 크다.
③ 해수에 대한 화학 저항성이 크다.
④ 수화열이 크다.

> TIP 플라이 애시 시멘트
> - 플라이애시를 혼합하여 만든 시멘트로 조기강도는 낮고, 장기강도는 크다.
> - 시공연도 및 수밀성이 좋고, 수화열과 건조수축이 적어 댐, 및 일반건축공사에 사용한다.

30 대리석의 일종으로 다공질이며 황갈색의 무늬가 있으며 특수한 실내장식재로 이용되는 것은?

① 테라코타   ② 트래버틴
③ 점판암   ④ 석회암

> TIP 트래버틴
> - 갈면 광택이 나고, 요철 무늬가 생겨 특수실내장식재로 사용한다.
> - 다공질이며, 석질이 균일하지 못하다.
> ※ 테라코타 : 자토를 반죽하여 조각의 형틀로 찍어내어 소성한 속이 비어있는 제품이며 석재 조각물 대신에 사용하는 장식용 점토제품이다.
> ※ 점판암 : 석질이 치밀하고 방수성이 있으며 얇은 판으로 떼어내어 지붕이나 벽 재료로도 사용한다.
> ※ 석회암 : 주성분은 탄산석회($CaCO_3$)이고, 시멘트의 원료로 사용되며 석질은 치밀하지만, 내산·내후·내화성 부족하다.

31 다음 중 열전도율이 가장 낮은 것은?

① 콘크리트   ② 목재
③ 알루미늄   ④ 유리

> TIP 재료별 열전도율 (단위 : W/m·k)
> - 목재 : 0.12 ~ 0.19
> - 콘크리트(기포콘크리트 ~ 철근콘크리트) : 0.13 ~ 2.5
> - 유리 : 0.76
> - 알루미늄 : 200

32 강재의 인장강도가 최대가 되는 온도는 대략 어느 정도인가?

① 0℃   ② 150℃
③ 250℃ ④ 500℃

> TIP 강재의 온도에 의한 영향
> - 상온 ~ 100℃ : 강도의 변화는 거의 없다.
> - 100℃ ~ 250℃ : 강도가 증가한다.
> - 250℃ : 강도가 최대가 된다.

33 지붕재료에 요구되는 성질과 거리가 먼 것은?

① 열전도율이 작아야 한다.
② 외관이 좋아야 한다.

③ 가볍고 내화성이 커야 한다.

④ 흡수율이 좋아야 한다.

> **TIP** 지붕재료
> - 건물 상부에 위치하는 재료로 열전도율이 작은 재료를 이용하여 냉난방에 효과적이어야 하며 방수, 방습성이 커야 한다.
> - ※ 벽 및 천장재료 : 가공성이 용이해야 한다.

34 미장재료 중 회반죽에 여물을 혼입하는 가장 주된 이유는?

① 변색을 방지하기 위해서
② 균열을 분산, 경감하기 위하여
③ 경도를 크게 하기 위하여
④ 굳는 속도를 빠르게 하기 위하여

> **TIP** 여물
> - 재료가 떨어져 나가거나 균열이 생기는 방지하기 위해 사용하는 재료이다.
> - 짚여물, 삼여물 등이 있다.

35 다음 중 품질시험기준에 적합하지 않은 것은?

① 타일 - 휨력 인장력
② 내화벽돌 - 내화도
③ 벽돌 - 흡수율 압축강도
④ 기와 - 휨력 흡수율

> **TIP** 건설공사 품질기준

종별	시험종목	시험방법	시험빈도	비고
도자기질 타일 (KS L 1001)	겉모양 및 치수 (모자이크 타일 제외)	KS L 1001	• 제조 회사별 • 제품 규격별	종류 및 용도에 따라 구분 적용
	뒤틀림			
	치수의 불규칙도			
	흡수율	KS L 1001		
	내균열성 (시유타일)			
	내마모성 (바닥타일)			
	꺾임 강도			
	동결 융해 (외장, 바닥타일)	KS L 1001		
	내약품성			
	첨지의 접착성, 박리성, 재질 및 개구율 (구성타일)			
내화 점토질 벽돌 (KS L 3201)	모양, 치수	KS L 3201, KS L 3111	• 제품 30,000 매당	
	내화도	KS L 3113		
	겉보기 기공률, 부피비중	KS L 3114		
	압축 강도	KS L 3115		
	잔존 선팽창 수축률	KS L 3117		
	하중 연화점	KS L 3119		
점토 벽돌 (KS F 4201)	겉모양	KS L 4201	• 제품 30,000 매당	
	치수			
	흡수율			
	압축강도			
점토 기와 (KS F 3510)	겉모양 및 치수	KS F 3510	• 제조 회사별 • 제품 규격별 • 3,000 개 마다	
	흡수율			
	휨 파괴 하중			
	내동해성			

36 모래붙임루핑을 사각형, 육각형으로 잘라 만든 것으로 주택 등의 경사지붕에 사용하는 아스팔트 제품은?

① 아스팔트 루핑
② 아스팔트 싱글
③ 아스팔트 펠트
④ 아스팔트 프라이머

TIP 아스팔트 싱글(모래붙임 루핑)
- 아스팔트 루핑에 모래를 뿌려 붙인 것을 말하며, 사각형 또는 육각형으로 잘라 기와 또는 슬레이트 대용으로 사용한다.
- ※ 아스팔트 루핑 : 마, 종이 등을 물에 녹여 펠트로 만들어 건조 후 스트레이트 아스팔트를 침투시키고 양면에 블로운 아스팔트를 주체로 한 컴파운드를 피복한 다음 운모 등을 부착시킨 제품으로 방수, 방습, 내산성이 우수하며, 유연하며 평지붕 방수, 슬레이트 등의 지붕 깔기 등에 사용한다.
- ※ 아스팔트 펠트 : 마, 종이 등을 원지(felt)로 만들고 스트레이트 아스팔트를 침투시킨 제품으로, 아스팔트 방수층, 몰탈 방수재료 등으로 사용한다.
- ※ 아스팔트 프라이머 : 블로운 아스팔트를 휘발성 용제로 희석한 흑갈색의 액체로, 콘크리트 및 몰탈 바탕에 아스팔트 방수층 또는 아스팔트타일붙임 시공에 사용되는 초벌용 도료 접착제이다.

37 수화열이 작고 단기강도가 보통 포틀랜드 시멘트보다 작으나 내침식성과 내수성이 크고 수축률도 매우 작아서 댐 공사나 방사능 차폐용 콘크리트로 사용되는 것은?

① 백색 포틀랜드 시멘트
② 조강 포틀랜드 시멘트
③ 중용열 포틀랜드 시멘트
④ 내황산염 포틀랜드 시멘트

TIP 중용열 포틀랜드 시멘트
- 수화열이 적으며, 조기강도가 낮고 장기강도를 크게 한 시멘트로, 건조 수축이 적으며 내침성, 내구성 및 화학적 저항성이 커서 댐 공사, 방사능 차폐용으로 사용한다.
- ※ 백색 포틀랜드 시멘트 : 백색의 석회석과 산화철을 포함하지 않은 점토를 이용하며 도장 및 장식용, 인조석 제조에 사용한다.
- ※ 조강 포틀랜드 시멘트 : 재령 7일만에 보통 포틀랜드 시멘트의 28일 강도를 나타내며 조기 강도는 큰 편이나, 장기강도는 보통포틀랜드시멘트와 차이가 없으며 수밀성과 수화열이 크고, 동기공사, 긴급공사, 지하 수중공사에 사용한다.
- ※ 내황산염 포틀랜드 시멘트 : 보통 포틀랜드 시멘트는 수화반응 및 응결과정 중 불용성 칼슘알루메이트(calcium sulfoaluminate)가 생성 되는데, 이때 경화된 시멘트 중 칼슘 알루메이트 수화물은 콘크리트 외부에서 침투하는 황산마그네슘과 황산염에 의한 침식을 받아 실리카 겔 등을 생성하며,

결합력이 떨어지게 되며 체적증가가 생겨 콘크리트를 서서히 붕괴시키는데, 이에 대한 대책으로 제조된 시멘트이다.

38 목재 방부제 중 방부력이 우수하고 염가이나 도포부분이 갈색이고 냄새가 강하여 실내에서 사용할 수 없는 것은?

① 콜타르
② 불화소다
③ 크레오소트
④ 염화아연

TIP 크레오소트(creosote)
- 콜타르를 분류하여 나온 흑갈색 기름으로, 값은 싸나, 페인트칠이 불가능하며, 냄새가 강하다.
- 미관을 고려하지 않는 외부에 사용한다.
- ※ 콜타르 : 석탄을 고온, 건류할 때 생기는 부산물로 색깔은 흑갈색이다. 페인트칠이 불가능하며, 보이지 않은 곳에 사용한다.
- ※ 불화소다 : 2%정도의 수용액으로 방부효과는 우수하고 인체에 무해하며, 페인트칠은 가능하나 값이 비싸고 내구성이 낮다.
- ※ 염화아연 : 4%정도의 수용액으로 방부력은 좋지만 목질을 약화시키며, 페인트칠 불가능하다.

39 수성암 중 점판암과 같이 퇴적층이 쌓여 지표면에 생긴 것으로 얇게 떼어 낼 수 있는 것을 무엇이라 하는가?

① 층리
② 절목
③ 도리
④ 조암

TIP 층리
- 층 모양으로 퇴적한 암석의 배열상태를 말한다.
- ※ 도리 : 서까래를 받치기 위하여 기둥 위에 건너지르는 목재를 말한다.
- ※ 조암 : 암석의 구조 및 원소, 광물 등으로 암석이 이루어진 것을 말한다.

40 전력 퓨즈에 관한 설명으로 옳지 않은 것은?

① 재투입이 불가능하다.
② 릴레이나 변성기가 필요하다.
③ 과전류에서 용단될 수도 있다.
④ 소형으로 큰 차단용량을 가졌다.

TIP 파워퓨즈(전력퓨즈)
- 고전압회로 및 기기의 단락 보호용으로, 소형으로 큰 차단용량을 가지고 있으나, 재투입이 불가능하고, 과전류로 용단될 수 있다.

41 주택의 거실에 관한 설명으로 옳지 않은 것은?

① 가급적 현관에서 가까운 곳에 위치시키는 것이 좋다.
② 거실의 크기는 주택 전체의 규모나 가족 수, 가족 구성 등에 의해 결정된다.
③ 전체 평면의 중앙에 배치하여 각 실로 통하는 통로로써의 역할을 하도록 한다.
④ 거실형태는 일반적으로 직사각형이 정사각형보다 가구의 배치나 실의 활용

측면에서 유리하다.

TIP 거실
- 가족의 휴식, 단란, 대화 등을 위한 가족생활의 중심이 되는 곳이다.
- 주택의 규모가 작을 경우 서재, 응접, 리빙키친으로 이용한다.
- 남향이 가장 적당하며 일조, 통풍이 좋은 곳으로 한다.
- 각 실을 연결하는 통로로 사용하여 실이 분할되지 않도록 한다.
- 동선 단축은 영향이 적으며 각 실의 중심이 아닌 주거의 중심이 돼야 한다.
- 현관, 복도, 계단 등과 근접하되 직접 접하는 것은 피한다.
- 가족 수, 주택규모, 가족구성, 생활방식 등에 따라 거실의 규모를 결정한다.

42 스터럽(늑근)이나 띠철근을 철근 배근도에서 표시할 때 일반적으로 사용하는 선은?

① 가는 실선　　② 파선
③ 굵은 실선　　④ 이점쇄선

TIP 가는 실선
- 치수선, 치수 보조선, 인출선, 각도 설명 등을 나타내는 지시선 및 해칭 선으로 사용한다.
- ※ 파선(점선) : 물체의 보이지 않는 부분의 모양을 표시하는데 사용한다. 파선과 구별할 필요가 있을 때에는 점선을 쓴다.
- ※ 굵은 실선 : 물체의 보이는 부분을 나타내는 선으로 단면선과 외형 선으로 구별하여 사용한다.
- ※ 이점쇄선 : 일점쇄선과 구별할 때 사용한다.

43 형태 조화의 근본이 되는 황금비에 해당하는 비율은?

① 1 : 1.414　　② 1 : 1.618
③ 1 : 1.732　　④ 1 : 1.915

TIP 황금비(Golden ratio)
- 그리스 수학자 피타고라스가 발견하고, 그 후 기원 전 300년경에 수학자 유클리드가 구체화 시킨 비율로 짧은 선분 : 긴 선분 = 긴 선분 : 긴 선분 + 짧은 선분을 만족하는 선분의 분할비를 말한다.

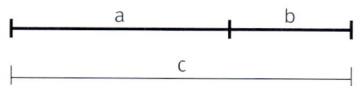

- $\dfrac{a}{b} = \dfrac{c}{a} = 1.618033...$

※ 이집트 피라미드, 그리스 파르테논 신전, 비너스 상 등이 황금비로 축조되거나, 만들어졌고, 앵무조개의 나선 모양이 황금비를 따른다고 알려져 있으나, 비율이 비슷할 뿐 전혀 다르다.

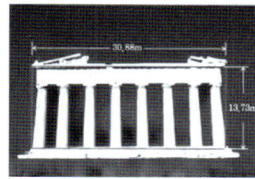

(a) 30.88÷13.73 ≒ 2.249

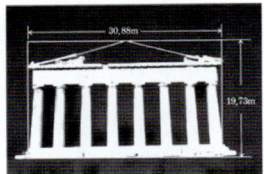

(b) 30.88 ÷ 19.73 ≒ 1.565

그림 출처 : EBS다큐프라임
[황금비율의 비밀]

44 건축법상 건축에 해당되지 않는 것은?

① 이전 ② 개축
③ 재축 ④ 리모델링

TIP 리모델링
- 건축물의 노후화를 억제하거나 기능향상 등을 위하여 대수선하거나 일부 증축하는 행위를 말한다.
- ※ 이전 : 주요 구조부를 해체하지 아니하고 동일한 대지 내에서 건축물의 위치를 옮기는 행위를 말한다.
- ※ 개축 : 기존 건축물의 전부 또는 일부(내력벽·기둥·보·지붕틀 중 셋 이상이 포함되는 경우를 말함)를 철거하고 그 대지에 종전과 같은 규모의 건축물을 다시 축조하는 것을 말한다.
- ※ 재축 : 건축물이 천재지변이나 그 밖의 재해로 멸실된 경우 그 대지에 종전과 같은 규모 범위에서 다시 축조하는 것을 말한다.
- ※ 신축 : 기존건축물이 철거되거나 멸실된 대지를 포함하여 건축물이 없는 대지에 새로 축조하는 것을 말한다.
- ※ 증축 : 기존건축물이 있는 대지에서 건축물의 건축면적, 연면적, 층수 또는 높이를 늘리는 것을 말한다.

45 다음 중 KS규정에 대한 설명으로 옳지 않은 것은?

① 제품의 향상·치수·품질 등을 규정한 것이다.
② 시험·분석·검사 및 측정방법, 작업표준 등을 규정한 것이다.
③ 용어·기술·단위·수열 등을 규정한 것이다.
④ KS에 없는 재료는 건축공사 표준시방서에 있어도 사용해서는 안 된다.

TIP KS규정
- 한국산업표준(KS : Korean Industrial Standards)은 산업표준화법에 의거하여 산업표준심의 회의 심의를 거쳐 국가기술표준원장이 고시함으로써 확정되는 국가표준으로서 약칭하여 KS로 표시한다.
- 한국산업표준은 기본부문(A)부터 정보부문(X)까지 21개 부문으로 구성되며 크게 다음 세 가지 국면으로 분류할 수 있다.
  1. 제품표준 : 제품의 향상·치수·품질 등을 규정한 것
  2. 방법표준 : 시험·분석·검사 및 측정방법, 작업표준 등을 규정한 것
  3. 전달표준 : 용어·기술·단위·수열 등을 규정한 것
- ※ 건축공사 표준시방서
- 시방서에 참조된 표준은 국내법에 기준한 한국산업표준 등을 적용하는 것을 원칙으로 한다.
- 재료의 검사 또는 시험은 한국산업표준을 표준으로 하고 표준으로 제정되지

않은 경우에는 이 시방의 해당 각항 또는 담당원의 지시에 따른다.

46 배수설비에 사용되는 포집기 중 레스토랑의 주방 등에서 배출되는 배수 중의 유지분을 포집하는 것은?

① 오일 포집기   ② 헤어 포집기
③ 그리스 포집기   ④ 플라스터 포집기

TIP 포집기(저집기, Intercepter)
- 트랩의 기능과 불순물(기름이나 찌꺼기 등)의 분리기능을 가지고 있는 설비 기구이다.
- ※ 헤어 포집기 : 이발소, 미용실 등에 사용하며 머리카락 등이 배수로를 막는 것을 방지한다.
- ※ 플라스터 포집기 : 치과 기공실, 정형외과 깁스실 등에 사용하는 장치이다.
- ※ 샌드 포집기 : 흙이나 모래 등이 다량으로 배수되는 곳에 사용하는 장치이다.
- ※ 가솔린 포집기 : 주유소, 세차장 등에 사용하는 것으로, 가솔린을 위로 뜨게 하여 휘발시키는 장치이다.
- ※ 런드리(Laundry) 포집기 : 세탁소 등에 사용하는 것으로, 단추, 실오라기 등이 배수관으로 들어가는 것을 걸러내는 장치이다.

47 다음과 같이 정의되는 엘리베이터 관련 용어는?

> 엘리베이터가 출발 기준층에서 승객을 싣고 출발하여 각 층에 서비스한 후 출발 기준층으로 되돌아와 다음 서비스를 위해 대기하는 데까지 총 시간

① 승차시간   ② 일주시간
③ 주행시간   ④ 서비스시간

TIP 일주시간 RTT (Round Trip Time)
- 엘리베이터가 출발 층에 돌아온 시점에서 출발 층의 승객을 탑승하고 상층에 서비스를 한 후 다시 출발 층으로 되돌아올 때까지의 시간을 말한다.
- ※ 주행시간 : 주행시간은 가속 및 감속시간과 전속 주행시간의 합을 말한다.

48 다음은 건축물의 층수 산정에 관한 설명이다. ( )안에 알맞은 내용은?

> 층의 구분이 명확하지 아니한 건축물은 그 건축물의 높이 ( )마다 하나의 층으로 보고 그 층수를 산정한다.

① 2m   ② 3m
③ 4m   ④ 5m

TIP 층수
- 층의 구분이 명확하지 않은 건축물은 건축물의 높이 4m마다 하나의 층으로 산정하고, 건축물의 부분에 따라 그 층수를 달리하는 경우에는 그 중 가장 많은 층수로 한다.

44 ④   45 ④   46 ③   47 ②   48 ③

- 지하층은 건축물의 층수에 산입하지 않는다.
- 승강기탑, 계단탑, 옥탑 건축물은 그 수평투영면적의 합계가 해당 건축물 건축면적의 1/8초과 시 층수에 가산된다.

49 한식주택과 양식주택에 관한 설명으로 옳지 않은 것은?

① 한식주택의 실은 단일용도이고 양식주택의 실은 다용도이다.
② 양식주택의 평면은 실의 기능별 분화이다.
③ 한식주택은 개구부가 크며 양식주택은 개구부가 작다.
④ 한식주택에서 가구는 부차적 존재이다.

TIP 주거양식에 의한 분류

분류	한식주택	양식주택

평면상 차이	• 실의 조합형
	• 위치별 실의 구분
	• 실의 다용도
	  (혼용도)
		• 실의 분리형
		• 기능별 실의 구분
		• 실의 단일용도
		  (독립적)

구조상 차이	• 가구식(목조) • 개구부가 크고 바닥이 높다.	• 조적식(벽돌) • 개구부가 작고 바닥이 낮다.
습관상 차이	• 좌식	• 입식
용도상 차이	• 방의 혼용	• 방의 단일용도
가구의 차이	• 부차적 존재	• 중요한 존재

50 건축법령에 따른 초고층건축물의 정의로 옳은 것은?

① 층수가 30층 이상이거나 높이가 90미터 이상인 건축물
② 층수가 30층 이상이거나 높이가 120미터 이상인 건축물
③ 층수가 50층 이상이거나 높이가 150미터 이상인 건축물
④ 층수가 50층 이상이거나 높이가 200미터 이상인 건축물

TIP 건축법령에 따른 고층건축물 및 초고층 건축물

- 초고층건축물 : 층수가 50층 이상이거나 높이가 200미터 이상인 건축물
- ※ 고층건축물 : 층수가 30층 이상이거나 높이가 120미터 이상인 건축물
- ※ 준초고층건축물 : 층수가 30 ~ 49층 사이이며 높이가 120 ~ 200미터인 건축물
- ※ 2010년 10월 1일 부산 우신골든스위트 건물화재사고 이후 건축법시행령 개정을 통해 초고층건축물(50층 이상)을 제외한 건축물을 준초고층 건축물로 정의

51 건축공간의 차단구획에 사용되는 요소가 아닌 것은?

① 열주
② 조명
③ 커튼
④ 수납장

TIP 실내공간의 분할

- 차단적 구획 : 이동스크린, 커튼, 유리창, 열주, 높은 수납장
- 심리, 도덕적 구획 : 낮은 칸막이, 바닥면의 변화, 천장면의 변화, 식물, 벽난로, 기둥
- 지각적 구획 : 조명, 마감재의 변화, 통로, 복도, 가구배치

52 질감(Texture)에 대한 설명 중 옳지 않은 것은?

① 시각적 질감과 촉각적 질감이 있다.
② 거친 질감은 먼 거리느낌, 매끈한 질감은 근거리 느낌을 준다.
③ 질감으로 원근감을 표현할 수 있다.
④ 효과적인 질감 표현을 위해서는 색채와 조명을 동시에 고려하여야 한다.

TIP 질감
- 촉각 또는 시각으로 지각할 수 있는 물체 표면상 특징을 말한다.
- 거리가 가깝거나 사물이 가까이 있으면 거칠고 다양하며 멀리 보이는 물체의 표면은 매끄럽게 보인다.
- 질감의 선택에서 스케일, 빛의 반사와 흡수, 촉감 등의 요소를 고려해야 한다.
- 재료의 질감대비를 통해 실내공간의 변화와 다양성을 꾀할 수 있다.
- 목재와 같은 자연 재료의 질감은 따뜻함과 친근감을 부여한다.
- 매끄러운 재료는 일반적으로 광택이 있어 높은 반사율을 나타내며 가볍고 환한 느낌과 더불어 공간을 확장되어 보이게 한다.
- 거친 질감은 빛을 흡수하여 시각적으로 무겁고 안정된 느낌을 준다.

53 건물 내 각층 벽면에 설치한 고정식 소화설비는?

① 스프링클러 ② 드렌처
③ 옥외소화전 ④ 옥내소화전

TIP 옥내소화전
- 건물 각 부분에서 옥내소화전까지 수평거리는 25m이하로 설치한다.
- 방수압력은 0.17 Mpa, 방수량은 130 ℓ/min이다.
- 노즐의 지름은 13mm, 호스지름은 40mm, 호스 길이는 15m 2개 또는 30m이다.
- ※ 스프링클러 : 실내 천장에 설치하여 화재 시 자동적으로 물을 분사하여 소화하는 설비이다.
- ※ 드렌처 : 건축물의 외벽, 창, 지붕 등에 설치하여 인접 건물에 화재가 발생하였을 때 수막을 형성하여 화재의 연소를 방지하는 설비이다.
- ※ 옥외소화전 : 건물과 옥외설비의 화재진압을 위해 옥외에 설치한 고정식 소화설비이다.

54 사투상도의 종류 중 X, Y, Z의 기본 축이 120° 씩 화면으로 나누어 표시되는 것은?

① 등각 투상도 ② 유각 투시도
③ 이등각 투상도 ④ 부등각 투상도

TIP 등각 투상도
- 정면, 평면, 측면을 하나의 투상면 위에서 동시에 볼 수 있도록 그린다.
- 직육면체의 등각 투상도에서 직각으로 만나는 3개의 모서리는 각각 120° 를 이룬다.
- 2개의 옆면 모서리는 수평선과 30° 를 이룬다.

49 ① 50 ④ 51 ② 52 ② 53 ④ 54 ①

55 흡수식 냉동기의 구성에 해당하지 않는 것은?

① 증발기　② 재생기
③ 압축기　④ 응축기

TIP 흡수식 냉동기
- 열 → (증발기)물 증발 → (흡수기)수증기 → 리튬 브로마이드용액(Lithium Bromide : LiBr)에 흡수 → 온도상승 → 증발 → 수온저하
- 구성요소 : 증발기, 흡수기, 발생기(가열기, 재생기), 응축기
- ※ 압축기는 압축식 냉동기의 구성요소이다.

56 색의 3속성 중 채도가 높은 색을 청색(靑色)이라 하는데 동일 색상의 청색 중에서도 가장 채도가 높은 색을 무엇이라 하는가?

① 명청색　② 순색
③ 탁색　　④ 암청색

TIP 순색
- 채도가 가장 높은 색을 순색이라 한다.
- ※ 명색 : 명도가 높은 색(밝은 색)을 말하며, 맑고 밝은 색이 주를 이룬다.
- ※ 탁색 : 순색에 회색을 혼합한 탁한 색을 말하며, 안정감과 차분한 이미지를 가지고 있다.
- ※ 암색 : 명도가 낮은 색(어두운 색)을 말하며, 무겁고 가라앉는 느낌이 있다.

57 건축물을 만드는 과정에서 다음 중 가장 먼저 이루어지는 사항은?

① 도면 작성
② 대지조건 파악
③ 형태 및 규모 구상
④ 공간규모와 치수 결정

TIP 진행과정
- 목표설정
- 정보수집
- 대지분석
- 사용자분석
- 면적계획
- 기능 및 동선계획
- 계획설계

58 부엌의 평면형 중 동선과 배치가 간단하지만, 설비기구가 많은 경우에는 작업동선이 길어지므로 소규모 주택에 적합한 형식은?

① 병렬형　② ㄱ자형
③ ㄷ자형　④ 일자형

TIP 직선형(일자형)
- 동선과 배치가 간단하지만 설비기구가 많을 경우 작업동선이 길어 소규모 주택에 적합하다.
- ※ 병렬형 : 두 벽면을 따라 작업이 전개되는 전통적인 형태로 양쪽 벽면에 작업대를 마주보도록 배치한 형태로 직선형보다는 작업동선이 줄지만, 작업 시 몸을 앞뒤로 계속 바꿔야 한다.

※ L자형(ㄱ자형) : 인접된 양면 벽에 L자형으로 배치하여 동선의 흐름이 자연스러운 형태로 작업동선이 효율적이며 여유 공간이 많이 남기 때문에, 식사실과 병용할 경우 적합하다.

※ U자형(ㄷ자형) : 인접한 3면의 벽에 배치하여 가장 편리하고 능률적이지만 평면계획상 외부로 통하는 출입구의 설치 곤란하며, 식탁과의 연결이 어렵다.

59 각 실내의 입면으로 벽의 형상, 치수, 마감상세 등을 나타낸 도면을 무엇이라 하는가?

① 전개도
② 조직도
③ 평면도
④ 단면도

TIP 전개도
- 입체의 도면을 평면상에 펼쳐 놓은 모양으로 실형 및 그 상호관계를 나타낸다.
- 실 내부의 의장을 명시하기 위해 작성되는 도면으로 축척은 1/20~1/50정도로 한다.
- 벽면의 마감 재료 및 치수를 기입하고 창호의 종류와 치수를 기입한다.
- 바닥면에서 천장 높이, 표준 바닥 높이 등을 기입한다.

※ 조직도 : 평면계획 초기단계에서 각 실의 크기나 형태로 들어가기 전에 공간의 용도나 내용의 관련성을 정리하여 조직화한다.

※ 평면도 : 건축물을 각 층마다 창틀 위에서 수평으로 자른 수평 투상도로 실의 배치 및 크기와 치수를 나타낸다.

※ 단면도 : 건축물을 수직으로 잘라 그 단면을 상상하여 나타낸 것으로 기초, 지반, 바닥, 처마, 층 등의 높이와 지붕의 물매, 처마의 내민 길이 등을 표시한다.

60 증기난방에 관한 설명으로 옳지 않은 것은?

① 예열시간이 온수난방에 비해 짧다.
② 방열면적을 온수난방보다 작게 할 수 있다.
③ 난방 부하의 변동에 따른 방열량 조절이 어렵다.
④ 현열을 이용한 난방이므로 쾌감도가 높다.

TIP 증기난방
① 장점
- 가열시간과 증기순환이 빠르다.
- 방열면적이 온수난방보다 작다.
- 증기의 잠열을 이용하는 난방열의 운반능력이 크며, 설비비가 싸다.

② 단점
- 쾌적감이 온수난방보다 낮고, 온도조절이 어렵다.
- 소음이 발생되며, 응축수배관이 부식되기 쉽다.

55 ③ 56 ② 57 ② 58 ④ 59 ① 60 ④

06 CBT 기출복원문제

2022년 4회

01 다음 중 강구조의 주각부분에 사용되지 않는 것은?

① 윙 플레이트
② 데크 플레이트
③ 베이스 플레이트
④ 클립앵글

> TIP 철골 주각 구성
> • 베이스 플레이트, 리브 플레이트, 윙 플레이트, 사이드 앵글, 클립 앵글

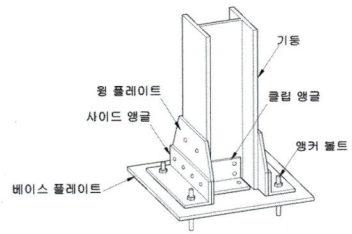

철골 주각 부 (고정식)

※ 데크 플레이트 : 바닥판에 사용되는 요철 모양으로 된 부재이며, 슬래브의 거푸집 대용 등으로 사용한다.

02 다음 중 구조물의 고층화, 대형화의 추세에 따라 우수한 용접성과 내진성을 가진 극후판(極厚板)의 고강도 강재는?

① TMCP강
② SS강
③ FR강
④ SN강

> TIP TMCP(Thermo Mechanical Control Process)강
> • 압연 시 제어냉각을 통해 만든 것으로 적은 탄소량을 가지고 있어 용접성 및 내진성을 향상 시킨 강재이다.
> ※ SS(Steel for Structure)강 : 다양한 구조물(건축, 선박, 차량 등)에 사용하는 일반구조용 압연강재이다.
> ※ FR(Fire Resistant Steel)강 : 화재로 인한 고온에서 일정강도를 유지하는 내화강재를 말하며 600℃이하에서 무내화 피복이 가능하다.
> ※ SN(Steel New Structure)강 : 지진에 의한 내진성 확보 및 뛰어난 용접성을 가지고 있는 내진철강재이다.

03 울거미를 짜고 중간에 살을 25cm 이내 간격으로 배치하여 양면에 합판을 교착하여 만든 문은?

① 접문
② 플러시문
③ 띠장문
④ 도듬문

> TIP 플러시 문
> • 문 표면이 평탄하고 변형 및 뒤틀림이 적어 다양한 장소에 사용한다.
> ※ 접문 : 크기가 작은 여러 문짝을 연결하여 도르레 등을 이용하여 접거나 펼

치면서 사용한다.

※ 띠장문 : 널 또는 울거미에 띠장으로 고정시켜 사용한다.

※ 도듬문 : 문 둘레에 울거미를 남기고 안쪽을 종이로 두껍게 발라 사용한다.

04 다음 중 벽량을 구하는 공식으로 맞는 것은?

① 벽량$(cm/m^2) = \dfrac{비내력벽의 길이(cm)}{바닥면적(m^2)}$

② 벽량$(m^2/cm) = \dfrac{바닥면적(m^2)}{내력벽의 길이(cm)}$

③ 벽량$(m^2/cm) = \dfrac{내력벽의 면적(m^2)}{바닥길이(cm)}$

④ 벽량$(cm/m^2) = \dfrac{내력벽의 길이(cm)}{바닥면적(m^2)}$

TIP 벽량

- 내력벽 길이의 총 합계를 그 층의 건축 바닥 면적으로 나눈 값을 말하며, 보강 블록조의 최소 벽량은 15cm/㎡이상으로 한다.

- 벽량$(cm/m^2) = \dfrac{내력벽의 길이(cm)}{바닥면적(m^2)}$

05 현장치기 콘크리트 중 수중에서 타설하는 콘크리트의 최소 피복두께는?

① 60mm   ② 80mm
③ 100mm   ④ 12mm

TIP 피복두께

- 수중 타설 콘크리트 : 100mm
- 흙에 접하여 콘크리트를 타설 후 영구 히 흙에 묻혀있는 콘크리트 : 80mm

06 아래 그림과 같은 지붕 평면도를 가진 지붕의 명칭은?

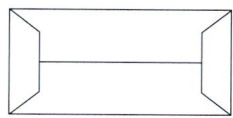

① 박공지붕   ② 합각지붕
③ 모임지붕   ④ 방형지붕

TIP 합각지붕

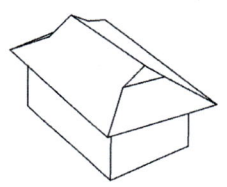

합각지붕

- 모임지붕(한옥 : 우진각 지붕) 위에 맞배지붕을 올린 가장 화려한 지붕으로 한옥에서는 팔작지붕이라고도 한다.

07 다음 중 목조계단의 구성요소가 아닌 것은?

① 디딤판   ② 챌판
③ 난간   ④ 달대

TIP 계단의 구성

- 디딤판, 챌판, 옆판, 멍에, 난간, 난간동자 등으로 구성된다.

※ 달대 : 천장의 반자틀에 달아 지지한 재료이다.

01 ② 02 ① 03 ② 04 ④ 05 ③ 06 ② 07 ④

08 보와 기둥 대신 슬래브와 벽이 일체가 되도록 구성한 구조는?

① 라멘구조
② 플랫슬래브 구조
③ 벽식구조
④ 셸구조

TIP 벽식구조
- 기둥, 보 등의 골조를 넣지 않고 벽이나 슬래브로 구성한 건물구조이다.
- 층간 소음에 매우 취약하고 기둥과 보가 없어 벽을 허물지 않아야 한다.
- ※ 라멘구조 : 기둥과 보가 그 접합부에서 서로 강접으로 연결되어 일체로 거동하는 구조로 수직 하중 및 수평 하중에 큰 저항력을 가진다.
- ※ 플랫슬래브 구조(무량판 구조) : 바닥에 보가 없이 직접 기둥에 하중을 전달하는 방식으로 구조가 간단하고 공사비가 저렴하다. 또한, 층고를 높게 할 수 있어 실내 이용률이 높지만, 바닥판이 두꺼워 고정하중이 커진다.
- ※ 셸구조 : 곡률을 가진 얇은 판으로 주변을 충분히 지지시켜 공간을 덮는 구조로 가벼우면서 강성이 우수한 구조 시스템으로 시드니 오페라 하우스가 대표적이다.

09 다음 중 중 입체구조에 해당되지 않는 것은?

① 절판구조   ② 아치구조
③ 셸구조   ④ 돔구조

TIP 입체구조
- 절판구조 : 부재를 접어 주름지게 하여 하중을 지지할 수 있게 한 구조로 강성을 얻을 수 있고 슬래브를 얇게 할 수 있으며 상부의 하중이 클 경우 절판구조 하부에 보강 구조물이 필요하다.
- 셸 구조 : 8번 문제 해설 참조
- 돔 구조 : 수직 축 주위에 임의의 곡선을 회전시킨 구조로 돔은 외력이 가해졌을 경우 하부가 퍼져 나가는 것을 막기 위해 인장 링(Tension ring)으로 보강한다.
- 막 구조 : 텐트와 같은 얇은 막을 쳐 지붕을 구성하는 방법으로써 두 방향의 인장력(引張力)이 작용하는 현수(懸垂) 밧줄구조라고도 할 수 있으며 큰 공간을 공기압으로 부풀려진 막으로 덮는 경제적인 구조를 만들 수 있다.

10 온도조절철근(배력근)의 역할과 가장 거리가 먼 것은?

① 균열방지
② 응력의 분산
③ 주철근 간격유지
④ 주근의 좌굴방지

TIP 온도조절철근(Temperature Bar)
- 온도변화에 따른 콘크리트의 수축으로 생긴 균열을 최소화하기 위한 철근을 말한다.

11
벽돌벽체에서 벽돌을 1단씩 내쌓기를 할 때 얼마 정도 내쌓는가? (단, B는 벽돌 1장을 의미한다.)

① 1/2B ② 1/4B
③ 1/5B ④ 1/8B

TIP 벽돌쌓기 원칙
- 내 쌓기의 경우 한 단은 1/8B, 두 단은 1/4B씩 쌓고, 내미는 한도는 2.0B로 한다.
- 1일 쌓기 높이는 1.2 ~ 1.5m 이내로 한다.
- 가급적 막힌줄눈으로 시공하며, 벽체를 일체화하기 위해 테두리 보를 설치한다.
- 몰탈의 수분을 벽돌이 머금지 않도록 쌓기 전 충분한 물 축임을 한다.

12
다음 중 플레이트 보와 직접 관계가 없는 것은?

① 커버플레이트   ② 웨브플레이트
③ 스티프너   ④ 거싯플레이트

TIP 판보(plate girder, 플레이트 보)

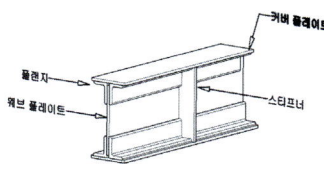

플레이트 보

- 큰 하중에 사용할 수 있도록 L형강과 I형강을 리벳과 용접으로 조립한 보를 말한다.
- 판보의 구성부재 : 플랜지, 커버 플레이트, 웨브 플레이트, 스티프너
- ※ 거싯플레이트 : 철골구조의 절점에 모이는 부재들을 접합시키는 데 쓰이는 철판을 말한다.

13
토대, 보, 도리 등의 가로재가 서로 수평으로 맞추어지는 곳을 안정한 세모구조로 하기 위해 설치하는 것은?

① 귀잡이보   ② 꿸대
③ 가새   ④ 버팀대

TIP 귀잡이보

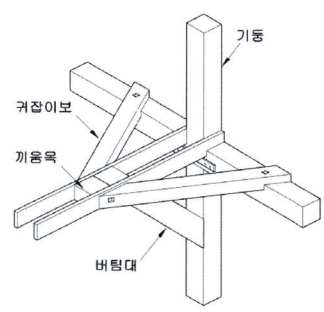

귀잡이보

- 토대, 보, 도리 등이 서로 수평으로 만나는 귀 부분을 안정한 삼각형태로 대는 부분으로 가새를 댈 수 없을 때 사용한다.
- ※ 꿸대 : 세로재가 변형되지 않도록 연결해 주는 가로재이다.
- ※ 버팀대 : 목재의 변현을 막기 위해 X자 모양으로 대주는 부재이다.
- ※ 가새 : 목구조의 수평력(횡력)을 보완하기 위해 대각으로 대는 부재이다.

14 목조계단에서 계단디딤판의 처짐, 보행 시의 진동 등을 막기 위하여 중간에 댄 보강재는?

① 계단멍에   ② 계단두겁
③ 엄지기둥   ④ 달대

TIP ☀ 계단멍에
- 목조계단의 디딤판의 밑 부분을 받쳐주는 보강자이다.
- ※ 엄지기둥 : 난간 끝부분 또는 모서리 등에 세우는 것으로 일반적인 난간보다 굵다.
- ※ 달대 : 7번 문제 해설 참조

15 목조 벽체에 관한 설명으로 옳지 않은 것은?

① 평벽은 양식구조에 많이 쓰인다.
② 심벽은 한식구조에 많이 쓰인다.
③ 심벽에서는 기둥이 노출된다.
④ 꿸대는 평벽에 주로 사용한다.

TIP ☀ 목조 벽
- 심벽 : 뼈대와 뼈대 사이에 벽을 만들어서 뼈대를 노출시킨 벽체로 뼈대가 노출돼 있고 목재 고유의 무늬를 나타낼 수 있으나, 가새가 작아 구조적이지 못하다.
- 평벽 : 벽체가 뼈대를 감싸 뼈대를 감춘 벽체로써 가새가 커 구조적이며 방한 효과가 있다.
- ※ 꿸대 : 목재의 보강을 벽 바탕의 설치 및 보강, 지붕, 바닥 등에 사용하는 수평재이다.

16 다음 중 인장력과 관계가 없는 것은?

① 버트레스
② 타이바
③ 현수구조의 케이블
④ 인장링

TIP ☀ 버트레스
- 토압을 지탱하고 있는 벽을 적당한 간격으로 격벽을 붙여 보강한 철근콘크리트옹벽이다.
- ※ 타이바 : 압축응력을 받는 축방향 철근의 위치확보와 좌굴방지를 위해 사용하는 철근이다.
- ※ 케이블 : 케이블을 걸고 지붕을 매다는 구조로, 기둥을 제외한 모든 부재가 인장력만 받는다.
- ※ 인장링 : 돔 하부 부재들이 바깥으로 벌어지는 것을 막기 위해 설치하는 링이다.

17 돌쌓기의 1켜의 높이는 모두 동일한 것을 쓰고 수평줄눈이 일직선으로 통하게 쌓는 돌쌓기 방식은?

① 바른층쌓기   ② 허튼층쌓기
③ 층지어쌓기   ④ 허튼쌓기

TIP ☀ 바른층쌓기
- 1켜의 높이는 모두 동일한 것을 쓰고 수평줄눈이 일직선으로 통하게 쌓는 돌쌓기 방식이다.
- ※ 허튼층쌓기 : 수평줄눈이 일직선으로 통하지 않게 쌓은 방식이다.
- ※ 층지어쌓기 : 허튼층으로 3켜 정도 쌓

은 다음 수평줄눈이 일직선으로 되게 쌓는 방식이다.

※ 허튼쌓기 : 불규칙하게 돌을 쌓는 방식이다.

18 홈통의 구성 요소 중 처마홈통 낙수구 또는 깔대기 홈통을 받아 선홈통에 연결하는 것은?

① 장식통
② 지붕골홈통
③ 상자홈통
④ 안홈통

TIP 장식통(장식홈통)
- 처마홈통 낙수구 또는 깔대기 홈통을 받아 선홈통에 연결하는 것으로 장식을 겸하며 원형 또는 각형으로 되어 있다.
- ※ 지붕골홈통 : 지붕사이에 교차되어 만나는 부분 등에 설치하는 홈통이다.
- ※ 상자홈통 : 처마 끝에 상자모양으로 틀을 만들어 그 안에 설치하는 홈통이다.
- ※ 안홈통 : 처마 위 난간벽 내부에 댄 것(감추어진)으로 벽체 내로 물을 처리하는 홈통이다.

19 거푸집에 대한 일반적인 설명으로 옳지 않은 것은?

① 강제 거푸집은 콘크리트 오염의 가능성이 없지만, 목재 거푸집은 오염의 가능성이 높다.
② 거푸집은 콘크리트 형태를 유지시켜주며 외기로부터 굳지 않는 콘크리트를 보호하는 역할을 한다.
③ 지반이 무르고 좋지 않을 때, 기초 거푸집을 사용한다.
④ 보 거푸집은 바닥 거푸집과 함께 설치하는 경우가 많다.

TIP 강제 거푸집
- 강재를 이용하여 만든 거푸집으로 공장 생산되어 형상·치수가 정확하고 강성(剛性)이 크며 전용도(轉用度)가 높다.
- 클립, 핀 등으로 조립하기 때문에 작업이 간단하다.
- 강제 거푸집의 경우, 녹에 의해 오염될 가능성이 있다.

20 다음 중 흙막이벽 공사 시 토질에 생기는 현상과 거리가 먼 것은?

① 보일링
② 파이핑
③ 언더피닝
④ 히빙

TIP 흙막이벽 공사
- 보일링 : 모래질 지반에 흙막이 벽을 설치하고 기초 파기를 할 때 흙막이 벽 뒷면 수위가 높아 지하수가 모래와 같이 벽을 돌아 지하수가 모래와 같이 솟아오르는 현상이다.
- 파이핑 : 흙막이 벽의 뚫린 구멍 또는 이음재를 통하여 물이 공사장 내부 바닥으로 스며드는 현상이다.
- 히빙 : 연약점토지반에서 굴착작업 시 흙막이벽 내·외의 흙의 중량(흙+적재하중)차이로 인해 저면 흙이 지지력을 상실하고 붕괴되어 흙막이 바깥에 있는 흙이 흙막이벽 선단을 돌며 밀려 들어와 굴착 저면이 부풀어 오르는 현상이다.
- ※ 언더피닝 : 기존 구조물 가까이 신규구

조물을 설치할 때 기존 구조물의 지반 및 기초를 보강하기 위한 공법이다.

21 내화벽돌이란 소성온도가 얼마 이상인 것을 말하는가?

① SK11 이상 ② SK21 이상
③ SK26 이상 ④ SK36 이상

> **TIP** 내화벽돌
> - 내화성이 높은 내화점토를 이용하여 만든 것으로 높은 온도를 요하는 장소에 사용되는 벽돌이며, 크기는 230mm×114mm×65mm이다.
> - 저급내화벽돌 : 1580℃ ~ 1650℃ (SK26 ~ SK29) – 굴뚝, 난로, 페치카
> - 보통내화벽돌 : 1670℃ ~ 1730℃ (SK30 ~ SK33) – 가마
> - 고급내화벽돌 : 1750℃ ~ 2000℃ (SK34 ~ SK42) – 고열 가마

22 굳지 않은 콘크리트의 컨시스턴시를 측정하는 방법이 아닌 것은?

① 플로 시험
② 리몰딩 시험
③ 슬럼프 시험
④ 르샤틀리에 비중병 시험

> **TIP** 반죽질기(Consistency) 측정
> - 슬럼프 시험 : 철판 위에 슬럼프 통을 놓고 콘크리트를 1/3씩 나누어 부어 넣고, 약 25회씩 균등히 다진 뒤 통을 들어 올려 콘크리트가 가라앉은 값의 높이를 측정한다.
> - 흐름 시험 : 콘크리트에 상하운동을 주어 콘크리트가 흘러 퍼지는 정도에 따라 측정한다.
> - 구 관입시험 : 콘크리트에 반구형 강재의 볼을 올려놓았을 때 관입 양을 측정한다.
> - 리몰딩 시험 : 플로 테이블 위에 원통형 용기에 콘크리트를 슬럼프 시킨 후 빼내고 그 위에 누름판을 올려놓고 테이블에 상하 진동을 주어 그 진동횟수를 측정한다.
> - 낙하시험 : 다짐계수 측정법이라고도 하며, 통(호퍼)에 콘크리트를 다져 넣은 후, 신속히 통의 밑면을 열어 낙하시키고 그 아래 실린더 몰드에 콘크리트를 낙하시킨 후 몰드 윗면을 고르게 하고 무게측정을 하여 다른 실린더 몰드와의 값과 무게를 측정한 것을 계수로 나타낸다.
> - 비비시험 : 진동기 위에 용기를 올려놓고 그 용기 속에서 슬럼프시험을 한 후, 플라스틱 둥근판을 콘크리트 위에 놓고 진동을 주어 원판에 콘크리트가 접할 때까지의 시간을 측정한다.

(a) 흐름시험   (b) 구 관입시험

(c) 리몰딩 시험 (d) 낙하시험

(e) 비비시험

반죽질기 시험

※ 르샤틀리에 비중병 시험 : 시멘트의 비중을 측정하기 위한 시험법으로 비중병에 광유를 넣은 후, 수조에 넣어 눈금을 읽고 시멘트 약 64g을 비중병에 넣고 병을 비스듬히 기울여 시멘트 내부의 공기를 뺀 후 눈금을 읽은 뒤 병을 수조에 다시 넣은 후, 광유의 눈금을 읽는다.

23 다음 중 M.D.F(Medium Density Fiberboard)에 대한 설명으로 옳지 않은 것은?

① 톱밥, 나무 조각 등을 사용한 인공목재이다.
② 고정철물을 사용한 곳은 재시공이 어렵다.
③ 천연목재보다 강도가 작다.
④ 천연목재보다 습기에 약하다.

TIP ☼ MDF(Medium Density Fiberboard)
- 원목을 갈아 아교를 섞어 뭉쳐 편평하게 압축시켜 만든 목재로 섬유분배가 균일하고 조직이 치밀하여 복잡한 기계 가공작업을 할 수 있다.
- 면이 매끄럽고 밀도와 평활도가 균등하여 필름이나 베니어 등을 오버레이하거나 페인팅에도 적합하며, 견고하고 변형이 잘 발생하지 않으며 안정성 및 가공성과 강도가 높다.
- 몰딩이나 표면가공을 하는 테이블 상판, 문짝, 서랍 전면 및 측면 등에 사용한다.
- 습기에 약하고 접착제로 인한 유해한 물질(포름알데히드)이 방출될 수 있다.

24 미장 공사에서 기둥이나 벽의 모서리 부분을 보호하기 위하여 쓰는 철물은?

① 메탈 라스
② 인서트
③ 코너 비드
④ 조이너

TIP ☼ 코너비드
- 벽 또는 기둥 모서리 보호를 위해 사용되며 아연도금, 황동, 스테인리스 제품 등이 사용된다.
※ 메탈라스 : 0.4 ~ 0.8mm의 얇은 강판에 자르는 자국을 내어 옆으로 잡아당긴 것으로 천장, 벽 등의 몰탈 바름 벽 바탕에 사용한다.
※ 인서트 : 콘크리트 슬랩 밑에 묻어 반자틀 등을 달아매고자 할 때 사용되는 철물을 말한다.
※ 조이너 : 재료 사이를 접합할 때 사용하는 것으로 알루미늄, 합성수지 등이 많이 사용된다.

25 건물의 외부 벽체 마감용으로 적당하지 않은 것은?

① 화강암
② 안산암
③ 점판암
④ 대리석

TIP ☼ 대리석

- 석회석이 변해 결정화한 것으로 주성분은 탄산석회($CaCO_3$)이다.
- 아름다운 색채와 무늬가 다양하여 장식재 중 최고급 재료이다.
- 석질이 치밀하고 견고하나, 열과 산에 약해 풍화되기 쉽고 내화도가 약하여 내부 장식재로만 사용한다.

※ 화강암 : 석재 중 압축강도가 가장 크고 외관이 아름다워 구조재 및 내·외장재로 사용한다. 다만 경도가 커서 세밀한 조각을 하기는 좋지 않고 내화도가 낮다.

※ 안산암 : 화강암 다음으로 많은 석재이며, 조직은 치밀한 것부터 조잡한 것까지 다양하다.
강도, 비중, 내화성이 크고 가공이 용이하여 구조용이나, 조각품에 이용된다.

※ 점판암 : 석질이 치밀하고 방수성이 있어 얇은 판으로 떼어내 지붕이나 벽 재료로도 사용한다.

26 건축물의 내구성에 영향을 주는 인자에 해당하지 않는 것은?

① 바람　　② 지진
③ 화재　　④ 광택

TIP 내구성에 영향을 주는 인자
- 건습, 동해의 반복, 마모침식, 풍화, 충해 등

※ 내구성 : 재료가 장기간에 걸쳐 외부로부터 물리적, 화학적, 생물학적 작용에 저항하는 성능

27 목재 바탕의 무늬를 살리기 위한 도장재료는?

① 유성 페인트　　② 수성 페인트
③ 에나멜 페인트　　④ 클리어 래커

TIP 클리어 래커
- 안료를 포함하지 않은 투명 래커로 오일 바니쉬에 비해 도막은 얇으나 견고하고 광택이 있다.
- 내수, 내열성이 있으나 내후성이 좋지 않아 내부에 사용한다.

※ 유성 페인트 : 안료, 보일드 오일, 희석제를 혼합한 도료로 값이 싸고 도막이 두꺼우나, 건조가 늦고 알칼리에 약하여 콘크리트 및 몰탈 면에 바로 바를 수 없다.

※ 수성 페인트 : 안료, 아교(또는 카세인), 물을 혼합한 도료로 취급이 간단하며 건조가 빠르고 작업성이 좋으며 내알칼리성으로 콘크리트 면, 몰탈 면에 사용할 수 있으나, 마감면의 마멸성이 크고 광택이 없어 내부용으로 사용한다.

※ 에나멜 페인트 : 수성페인트, 합성수지, 유화제를 혼합한 도료로 수성과 유성의 특징을 겸한 유화액상페인트로 도장 후 물은 퍼져 흩어져 굳어지고 광택이 없는 표면이 되며 실내·외의 콘크리트 면에 도장이 가능하다.

28 내열성 및 내한성이 우수한 수지로 -60℃ ~ 260℃정도의 범위에서는 안정하고 탄성을 가지며 내후성 및 내화학성 등이 아주 우수하기 때문에 접착제, 도료로 주로 사용되는 것은?

① 페놀수지
② 멜라민수지
③ 실리콘수지
④ 염화비닐수지

> **TIP** ☀ 실리콘 수지
> - 내열성·내한성이 매우 우수(-60℃ ~250℃)하며 탄성, 전기절연성, 내약품성, 내후성이 우수하고 방수피막 및 접착제 등으로 사용한다.
> ※ 페놀수지 : 전기절연성, 내수성, 내후성, 접착성 양호하나 내알칼리성은 약하고, 배전판, 내수 합판접착제 등으로 사용한다.
> ※ 멜라민수지 : 내열성, 내약품성 및 경도가 크고 무색투명한 수지로 조리대, 실험대, 전기부품 등에 사용한다.
> ※ 염화비닐수지 : 강도, 전기절연성, 내약품성이 좋지만 고온과 저온에 약하고 시트, 파이프, 단열재 등을 만들 수 있다.

29 건축재료 발전방향의 전후 연결이 옳게 짝지어지지 않은 것은?

① 공장시공화 - 현장시공화
② 저품질 - 고품질
③ 비표준화 - 표준화
④ 에너지 소비화 - 에너지 절약화

30 복층 유리에 대한 설명 중 옳지 않은 것은?

① 방음효과가 있다.
② 단열효과가 크다.
③ 결로 방지용으로 우수하다.
④ 유리사이에 합성수지 접착제를 채워 제작한 것이다.

> **TIP** ☀ 복층유리(Pair Glass)
> - 2장 또는 3장의 판유리를 일정간격으로 띄운 후, 둘레에 틀을 끼워 기밀하게 하고 그 사이에 건조공기 또는 아르곤 가스를 주입하여 만든 유리이다.
> - 단열, 결로 방지, 방음에 효과가 있고, 일반주택 또는 고층 빌딩의 외부 창 등에 사용한다.
> ※ (접)합유리 : 2장 또는 그 이상의 유리 사이에 투명한 플라스틱 필름을 넣고 높은 열로 압착하여 만든 것으로 타격에 의해 파괴되더라도 파편이 접착제에 붙어 떨어지지 않게 한 유리로 자동차 및 기차 등의 창유리에 사용한다.

31 시멘트 혼화제인 AE제에 대한 설명으로 옳지 않은 것은?

① 콘크리트 내부에 독립된 미세기포를 발생시켜 콘크리트 워커빌리티를 개선한다.
② AE제를 사용한 콘크리트의 강도는 물 시멘트비가 일정한 경우 공기량 증가에 따라 압축강도가 저하된다.
③ AE제를 사용하면 콘크리트 내부의 물이 이동되어 활발해져 블리딩이 증가

한다.

④ 경화 중에 건조수축을 감소시킨다.

TIP: AE제
- 콘크리트 속에 독립된 미세기포(지름 0.025~0.25mm)를 발생시켜 골고루 분산시키는 역할을 한다.
- 콘크리트의 시공연도를 개선시켜, 재료분리가 일어나지 않으며, 블리딩이 감소된다.
- 경화 때의 수축을 감소시키며, 균열을 방지한다.
- 공기량 증가 시 강도가 감소되며, 수축량이 증가된다.
- 콘크리트 전체 체적의 약 2~5%가 적당하다.

32 세라믹 계열의 재료가 아닌 것은?

① 강 섬유보강 콘크리트
② 유리섬유보강 콘크리트
③ 고 내구성 고분자계 도료
④ 탄소섬유보강 콘크리트

TIP: 세라믹
- 고온으로 구워 낸 무기질 고체재료를 말한다.
- 무기계(무기질)를 이용한 복합재료(섬유)로는 강 섬유, 유리섬유, 탄소섬유가 있다.
- 강 섬유보강콘크리트는 강선, 박판 등을 절단하여 얻어진 강 섬유를 콘크리트에 혼합하여뿜어 붙이는 콘크리트로 균열억제 및 분산에 효과가 있다.
- 유리섬유보강콘크리트는 유리섬유를 콘크리트에 혼합하여 사용하는 것으로 유리섬유가 골재를 붙잡아 인장강도 및 충격강도에 강하다.
- 탄소섬유보강콘크리트는 탄소섬유를 혼입한 것으로 타 혼입재에 비해 화학적으로 안전하고 높은 강성을 가진다. 슬래브, 기둥 등의 보수 및 보강과 내진보강 등에 사용한다.
- ※ 유기계(유기질)를 이용한 복합재료(섬유) : 폴리프로필렌섬유, 아라미드섬유, 비닐섬유, 나일론섬유가 있다.

33 시멘트가 공기 중의 습기를 받아 천천히 수화반응을 일으켜 작은 알갱이 모양으로 굳어졌다가, 이것이 계속 진행되면 주변의 시멘트와 달라붙어 결국에는 큰 덩어리로 굳어지는 현상은?

① 응결   ② 소성
③ 경화   ④ 풍화

TIP: 풍화
- 시멘트가 공기 중에 노출되면 습기 및 탄산가스를 흡수하여 수화반응을 일으켜 굳어지는 현상으로 작은 알갱이로 굳어지다가 큰 덩어리로 굳어진다.
- 풍화된 시멘트는 [1]강열감량, 비중 감소, 응결지연이 되어 강도발현이 저하되는 문제점이 나타난다.
- ※ [1] 강열감량 : 물질을 가열할 경우 그 물질에 함유된 일부가 증발 또는 기화되어 중량이 감소하는 현상을 말한다.

34 건축재료의 사용목적에 따른 분류에 해당하지 않는 것은?

① 구조재료   ② 마감재료
③ 방화, 내화재료   ④ 천연재료

> TIP 사용목적에 의한 분류
> - 구조재료 : 목재, 석재, 시멘트, 콘크리트, 금속 등
> - 마감재료 : 유리, 점토, 석고, 플라스틱, 도료, 타일, 접착제 등
> - 차단재료 : 방수, 단열 등에 사용되는 재료(암면, [1]실링재, 방수제 등)
> - 방화 및 내화재료 : 석고보드, 방화셔터, 방화 [2]실란트 등 안전을 위한 불연재료, 준불연재료, 난연재료 등
>   [1]실링재(Sealing material) : 수밀, 기밀을 목적으로 부재 간 틈을 막아주는 재료를 통칭한다.
>   [2]실란트(Sealant) : 부재 간 접합부 또는 이음부를 매우는 재료를 통칭한다.
>   ※ 실링재는 탄성재료를 실란트로 구분하고 원료가 유성재료인 것을 코킹으로 구분한다.

35 다음 중 단열재에 대한 설명으로 옳지 않은 것은?

① 단열재는 역학적인 강도가 작기 때문에 건축물의 구조체 역할에는 사용하지 않는다.
② 단열재는 흡습 및 흡수율이 좋아야 한다.
③ 단열재의 열전도율은 낮을수록 좋다.
④ 단열재는 공사 현장까지의 운반이 용이하고 현장에서의 가공과 설치도 비교적 용이한 것이 좋다.

> TIP 단열재
> - 단열성능이 좋아야 하며, 열전도율이 낮아야 한다.
> - 비교적 화학적으로 안정한 재료여야 한다.
> - 역학적인 강도가 매우 작아 구조체 역할을 하는 재료로 사용하지 않는다.
> - 단열효과를 내는 공기층에 물이 채워져 있으면 공기의 열전도율이 물의 열전도율로 바뀌므로 단열효과가 저하된다.
> - 불연재가 좋으며, 불연재가 아닌 단열재의 경우, 난연 처리를 하여 자기소화성을 갖도록 처리하여야 한다.
> - 공사 현장까지의 운반이 용이하고 현장에서의 가공과 설치도 비교적 용이한 것이어야 한다.

36 다음 중 혼합시멘트에 속하지 않는 것은?

① 보통포틀랜드시멘트
② 고로 시멘트
③ 착색 시멘트
④ 플라이애시 시멘트

> TIP 혼합시멘트
> - 고로(슬래그)시멘트 : 슬래그(slag)을 혼합한 뒤 석고를 넣어 분쇄한 시멘트로 조기강도는 낮고 장기강도는 보통포틀랜드시멘트보다 크다. 또한, 비중이 작으며(2.85), 바닷물에 대한 저항성이 크고 화학적 저항성이 크며 내열성 및 수밀성이 우수하여 침식을 받는 해

수, 폐수, 하수공사에 사용한다.
- 착색시멘트 : 포틀랜드시멘트에 여러 가지 색깔을 착색할 목적으로 만든 시멘트로 착색 클링커를 소성하여 분쇄하거나 백색포틀랜드시멘트를 착색하는 방법으로 만든다. 테라죠, 타일, 블록 등의 제품 또는 건축물의 내·외벽 등에 사용된다.
- 플라이애시 시멘트 : 플라이애시를 혼합하여 만든 시멘트로 조기강도는 낮고, 장기강도는 크다. 또한, 시공연도 및 수밀성이 좋고, 수화열과 건조수축이 적어 댐, 및 일반건축공사에 사용한다.
- 포졸란 시멘트(실리카 시멘트) : 화산재, 규조토 등을 혼합하여 만든 시멘트로 시공연도가 좋고, 조기강도는 낮으나 장기강도는 크다. 그리고 단면이 큰 콘크리트에 사용한다.

낮고 강도가 커서 도로나 복도 등의 바닥 면 등에 사용한다.
- ※ 테라코타 : 자토를 반죽하여 조각의 형틀로 찍어내어 소성한 속이 비어있는 대형 점토제품으로 석재 조각물 대신에 사용하는 장식용 점토제품이다.
- ※ 모자이크 타일 : 4cm각 이하의 소형 타일로 색깔도 다양하며 30cm 하드론지에 줄눈을 일정하게 하여 제작한다. 또한, 1mm각 이하의 작은 타일을 아트모자이크(Art Mosaic)라 하며, 장식 및 회화 등에 사용한다.
- ※ 토관 : 저급점토를 이용하며 소성온도 SK0.15 ~ SK0.5 (790℃ ~ 1,000℃) 사이에서 만든다.

37 다음의 점토제품에 대한 설명 중 옳지 않은 것은?

① 테라코타는 공동(空胴)의 대형 점토제품으로 주로 장식용으로 사용된다.
② 모자이크 타일은 일반적으로 자기질이다.
③ 토관은 토기질의 저급점토를 원료로 하여 건조 소성시킨제품으로 주로 환기통, 연통 등에 사용된다.
④ 포도벽돌은 벽돌에 오지물을 칠해, 소성한 벽돌로서, 건물의 내·외장 또는 장식물의 치장에 쓰인다.

TIP 포도벽돌
- 보통벽돌보다 고온 소성되어 흡수율이

38 재료관련 용어에 대한 설명 중 옳지 않은 것은?

① 열팽창계수란 온도의 변화에 따라 물체가 팽창, 수축하는 비율을 말한다.
② 비열이란 단위 질량의 물질을 온도 1℃ 올리는데 필요한 열량을 말한다.
③ 열용량은 물체에 열을 저장할 수 있는 용량을 말한다.
④ 차음률은 음을 얼마나 흡수하느냐 하는 성질을 말하며, 재료의 비중이 클수록 작다.

TIP 재료의 물리적 성질
- 열팽창계수 : 온도변화에 따라 재료가 길이 또는 체적으로 팽창·수축하는 비율이다.
- 비열 : 1g의 물체를 1℃높이는데 필요한 열량을 말한다. (J/g·K)

- 열용량 : 재료에 열이 저장되는 용량을 말하며 비열×비중으로 구한다. (J/K)
- ※ 차음률 : 음을 차단하여 반대편으로 음이 전달되지 않도록 차단하는 것으로 투과음이 적은 재료를 말하며 물체가 단단하고 비중이 클수록 차단률은 커진다.

39 목재 방부제 중 방부력이 우수하고 염가이나 도포부분이 갈색이고 냄새가 강하여 실내에서 사용할 수 없는 것은?

① 콜타르 ② 불화소다
③ 크레오소트 ④ 염화아연

TIP 크레오소트

- 크레오소트 : 콜타르를 분류할 때 나오는 흑갈색의 기름으로 값이 싸고 방부력은 우수하지만 냄새가 강하고 페인트칠이 불가능하여 미관을 고려하지 않는 외부(토대, 기둥 등)에 사용한다.
- ※ 콜타르 : 석탄을 고온, 건류 시 발생하는 부산물로 가열도포하면 방부성은 좋지만 흑갈색이고 페인트칠이 불가능하며 보이지 않는 곳에 사용한다.
- ※ 불화소다(플루오르화나트륨) : 2%정도의 수용액으로 방부효과가 우수하고 인체에 무해하며, 페인트칠은 가능하지만 값이 비싸고 내구성이 낮다.
- ※ 염화아연 : 4%정도의 수용액으로 방부력은 좋지만 목질부를 약화시키며, 전기전도율이 증가하며 페인트칠이 불가능하다.

40 황동의 합금 구성으로 옳은 것은?

① Cu + Zn ② Cu + Ni
③ Cu + Sn ④ Cu + Mn

TIP 황동

- 구리+아연의 합금으로 내식성이 크고, 가공이 용이하며, 장식철물 및 볼트, 너트와 논슬립 등에 사용한다.
- ※ 청동 : 구리+주석의 합금으로 황동보다 내식성이 크고, 주조하기 용이하며, 특유한 색깔이 있어 장식부품 및 공예재료에 사용한다.
- ※ 포금 : 약10% 정도의 주석과, 약간의 아연과 납을 포함한 합금으로 강도와 경도가 크고, 톱니바퀴 및 밸브 제작에 사용한다.

41 주택 평면계획에서 옳지 않은 것은?

① 유사한 요소의 것은 공용하도록 한다.
② 시간적 요소가 같은 것끼리 서로 접근시킨다.
③ 각 실의 교감이 큰 것끼리 멀리 배치한다.
④ 상호 간 요소가 서로 다른 것끼리는 서로 격리시킨다.

TIP 조닝(Zoning)

- 기능이 유사하거나 비슷한 것은 가까이 두고, 상호간 유사성이 먼 것은 격리시킨다.

42 한국산업표준(KS)의 건축제도통칙에 규정된 척도가 아닌 것은?

① 1/1
② 1/4
③ 1/250
④ 1/80

TIP 척도
- 대상물의 실제치수에 대한 도면에 표시한 대상물의 비를 말한다.

현척(실척)	1/1
축척	1/2, 1/3, 1/4, 1/5, 1/10, 1/20, 1/25, 1/30, 1/40, 1/50, 1/100, 1/200, 1/250, 1/300, 1/500, 1/600, 1/1000, 1/1200, 1/2000, 1/2500, 1/3000, 1/5000, 1/6000
배척	2/1, 5/1

43 공동주택의 건물 단면형 중 트리플렉스에 대한 설명으로 옳지 않은 것은?

① 주택 내의 공간의 변화가 있다.
② 거주성, 특히 프라이버시가 높다.
③ 피난이 용이하다.
④ 엘리베이터 정지층수를 적게 할 수 있다.

TIP 트리플렉스형
- 하나의 주거단위가 3층으로 구성된 형식을 말하며 대규모 주택에 사용한다.
- 프라이버시 확보가 좋고 엘리베이터 층수를 적게 할 수 있다.
- 통로가 없는 층은 채광, 통풍이 좋으며 주택 내 공간의 변화가 있다
- 건물구조가 복잡하며 외기에 복도가 면하지 않는 층은 피난계단계획이 어렵다.

44 건축제도의 글자에 관한 설명으로 옳지 않은 것은?

① 글자의 크기는 높이로 표시한다.
② 문장은 왼쪽에서부터 가로쓰기를 원칙으로 한다.
③ 글자체는 수직 또는 15° 경사의 고딕체로 쓰는 것을 원칙으로 한다.
④ 용도에 따른 글자의 굵기는 축척과 도면의 크기에 관계없이 동일하게 한다.

TIP 글자
- 그림의 크기나 척도의 정도에 따라 글자의 크기를 결정한다.
- 글자의 크기는 글자의 높이로 표시하는데 보통 20, 16, 12.5, 10, 8, 6.3, 5, 4, 3.2, 2.5, 2(mm) 총 11종류를 표준으로 한다.
- 왼쪽에서 오른쪽으로 쓰기를 원칙으로 하는데 가로쓰기가 곤란할 때는 세로쓰기도 무방하다.
- 글체는 고딕체로 하며, 수직 또는 오른쪽으로 15° 경사지게 쓰는 것을 원칙으로 한다.

45 엘리베이터 카(Car)가 정상 층이나 최하층에서 정상운행 위치를 벗어나 그 이상으로 운행하는 것을 방지하는 안전장치를 무엇이라 하는가?

① 전자브레이크 (Magnetic Brake)
② 조속기(Governor)
③ 강제 정지장치 (Wedge)
④ 리미트 스위치(Limit Switch)

> 💡 TIP (최종)리미트 스위치

- 카(car)가 정상 층이나 최하층에서 정상 운행 위치를 벗어나 그 이상으로 운행하는 것을 방지하는 장치이다.
- ※ 전자브레이크 : 전동기가 회전을 정지하였을 때 스프링 힘으로 브레이크드럼을 눌러 정지하는 장치이다.
- ※ 조속기 : 제 1동작으로 과속 스위치가 작동하고 제동기가 카를 정지시킨다. 제동기의 고장 및 메인로프 절단 시에는 제 2동작으로 정격속도의 1.2 ~ 1.4배를 넘지 않는 상태에서 비상정지장치가 작동한다.
- ※ 비상정지장치 : 조속기에 의하여 비상정지장치가 동작하는 것으로 로프가 끊어졌을 때 또는 비정상적으로 빠를 때 동작한다.
- ※ 완충기 : 승강로 바닥부에 설치하여 충돌 시 충격을 완화시키는 장치로 스프링식과 유입식이 있으며, 유입식은 정격속도 60m/min 초과 시 사용한다.
- ※ 종점스위치 : 최하층과 최고층에 이르렀을 때 승강 카를 멈추게 하는 장치이다.
- ※ 제한스위치 : 종점 스위치가 고장 났을 때 동시에 전자 브레이크를 작동시켜 급정지시킨다.
- ※ 도어스위치 : 문이 완전히 닫히지 않았을 때 운전되지 않게 하는 장치이다.

46 건축법령상 공동주택에 속하지 않는 것은?

① 기숙사   ② 연립주택
③ 다가구주택   ④ 다세대주택

> 💡 TIP 주택

① 단독주택
- 단독주택
- 다중주택 : 연면적 330㎡이하, 층수 3층 이하로 독립취사시설이 없고 장기간 거주 가능 구조
- 다가구주택 : 주택으로 쓰이는 바닥면적 660㎡이하이고(지하 주차장 면적 제외) 주택용 층이 3개 층 이하이고(지하층 제외) 19세대 이하가 거주할 수 있을 것
- 공관 : 정부의 고위관리가 공적으로 쓰는 저택

② 공동주택
- 아파트 : 주택용 층 5개 층 이상인 건축물
- 연립주택 : 주택으로 쓰이는 바닥면적의 합이 660㎡를 초과하며, 4층 이하인 건축물
- 다세대주택 : 주택으로 쓰이는 바닥면적의 합이 660㎡ 이하이며, 4층 이하인 건축물
- 기숙사 : 한개 동의 공동취사시설을 이용하는 세대 수가 전체의 50%이상인 건축물

47 가옥(House)트랩, 메인(Main)트랩이라고도 하며, 옥내 배수 수평주관 말단에 설치하여 하수의 가스역류방지용으로 사용하는 트랩은?

① S트랩   ② P트랩
③ U트랩   ④ 드럼트랩

> 💡 **TIP** U트랩
> - 가옥(House)트랩, 메인(Main)트랩이라고도 하며, 옥내 배수 수평주관 말단에 설치(옥외 배수관에 배출되기 직전)하여 하수의 가스 역류방지용으로 사용하는 트랩으로 유속이 저하되는 결점이 있다.
> - ※ S트랩 : 세면기, 대변기, 소변기에 사용하며, 바닥 밑 배수관에 접속하여 사용하는 트랩으로 사이펀 작용으로 인해 봉수가 쉽게 파괴될 수 있다.
> - ※ P트랩 : 세면기, 대변기, 소변기 등 위생기구에 많이 사용되며, 벽체 배수관에 접속하여 사용하는 트랩이다.
> - ※ 드럼트랩 : 주방 싱크대에 설치하여 사용하는 트랩으로 다량의 물을 고이게 하여 봉수파괴의 우려가 없고, 청소가 가능하다.

48 다음 중 계획 설계도에 속하지 않는 것은?

① 구상도 ② 조직도
③ 배치도 ④ 동선도

> 💡 **TIP** 계획설계도
> - 구상도 : 설계의 최초 그림으로 모눈종이나 스케치북에 프리핸드로 그리게 되는 과정의 가장 기초적인 도면이다.
> - 조직도 : 평면계획 초기단계에서 각 실의 크기나 형태로 들어가기 전에 공간의 용도나 내용의 관련성을 정리한 것이다.
> - 동선도 : 사람이나 차량 또는 물건의 이동 및 흐름을 도식화하여 효율적이고 합리적이기 위해 기능도, 조직도를 바탕으로 관찰하고 동선이론의 원칙에 따르도록 한다.
> - ※ 배치도 : 실시설계도에 포함되는 것으로 대지 안에서 건물이나 부대시설의 배치를 나타낸 도면으로 위치, 간격, 척도, 방위, 경계선 등을 나타낸다.

49 디자인 요소 중 수직선이 주는 조형효과와 가장 관계가 없는 것은?

① 상승 ② 긴장
③ 편안 ④ 위엄

> 💡 **TIP** 수직선
> - 상승, 긴장감, 위엄을 나타낸다.
> - ※ 사선 : 불안정, 운동감, 활동성의 느낌을 나타낸다.
> - ※ 곡선 : 여성적, 부드러움을 나타낸다.
> - ※ 수평선 : 안정, 편안함, 고요함, 차분함을 나타낸다.

50 과전류가 통과하면 가열되어 끊어지는 용융 회로개방형의 가용성 부분이 있는 과전류보호 장치는?

① 퓨즈 ② 차단기
③ 배전반 ④ 단로 스위치

> 💡 **TIP** 퓨즈
> - 회로 상에 규정된 전류보다 더 큰 전류가 발생하는 경우 규정된 시간 내에 전류를 차단하여 회로를 보호하는 장치를 말한다.
> - ※ 차단기 : 전기회로에 과전류 즉, 정격

전류 이상의 전류가 흐를 때 이로 인한 사고를 예방하기 위해 전류의 흐름을 끊는 기계를 말한다.

※ 배전반 : 발전소·변전소 등의 운전이나 제어, 전동기의 운전 등을 위해 스위치·계기·릴레이 등을 일정하게 넣어 관리하는 장치를 말한다.

※ 단로 스위치 : 전기신호의 켜짐과 꺼짐의 역할을 하는 것으로 스위치를 누르면 전기신호가 통하고 스위치를 떼면 전기신호가 꺼지는 것을 말한다.

51 급기와 배기 측에 송풍기를 설치하여 정확한 환기량과 급기량 변화에 의해 실내압을 정압(+) 또는 부압(-)으로 유지할 수 있는 환기 방법은?

① 중력환기　② 제1종 환기
③ 제2종 환기　④ 제3종 환기

TIP 환기방식

① 자연환기
- 풍력환기 : 바람 등에 의해 환기하는 방식으로 개구부 위치에 따라 차이가 크다.
- 중력환기 : 실·내외의 온도차에 의해 환기하는 방식이다.

② 기계환기
- 1종 환기 : 기계급기 → 기계배기(병용식)
- 2종 환기 : 기계급기 → 자연배기(압입식)
- 3종 환기 : 자연급기 → 기계배기(흡출식)

※ 정압 : 바람이 불어와 부딪히는 부분의 압력

※ 부압 : 바람이 밀려 나가는 부분의 압력

52 주택의 침실계획에 대한 설명 중 옳지 않은 것은?

① 침실의 독립성 확보에 있어서 출입문과 창문의 위치는 매우 중요하다.
② 문이 두 개인 경우 분산되는 것이 가구배치와 독립성 확보를 위해 효과적이다.
③ 입구에서 옷장 등 수납공간까지 동선을 짧게 하는 것이 좋다.
④ 문이 옷을 갈아입는 공간과 똑바로 일치되지 않는 것이 프라이버시 확보에 유리하다.

TIP 침실
- 주거공간 중 가장 사적인(=폐쇄성) 개인생활공간으로 독립성과 기밀성이 유지돼야 한다.
- 현관에서 떨어진 조용한 공지에 면하게 하는 것이 좋다.
- 머리 쪽에 창을 두지 않는 것이 좋으며, 만일 창을 둘 경우에는 창을 높게 한다.

53 직접조명방식에 관한 설명으로 옳지 않은 것은?

① 조명률이 크다.
② 직사 눈부심이 없다.
③ 공장조명에 적합하다.

48 ③　49 ③　50 ①　51 ②　52 ②　53 ②

④ 실내면 반사율의 영향이 적다.

> **TIP** 직접방식
> - 조명방식 가운데 가장 간단하다.
> - 조명 효율 및 조도가 높고 천장과 벽에 의한 반사율의 영향이 적다.
> - 균일한 조도를 얻기 어려우며 밝은 부분과 그렇지 않은 부분의 Contrast(대비)가 심하다.
> - 눈부심이 있고 그림자가 생기며 쾌적감이 없다.
> - ※ 간접조명 : 그림자를 만들지 않아 좋으나, 단독사용 시 상품을 강조하는데 효과적이지 못하다.
> - ※ 전반조명 : 실 전체를 확산성이 좋은 조명기구를 사용하여 균일조도를 목적으로 한다.(공장, 사무실, 교실)
> - ※ 반직접조명 : 방사된 빛의 60~90%는 아래, 나머지는 위로 오게 하는 방식으로 작업면 조도를 증가시킨다.(상점, 주택, 사무실, 교실)
> - ※ 반간접조명 : 방사된 빛의 60 ~ 90%는 위, 나머지는 아래로 오게 하는 방식으로 부드럽고 아늑한 느낌이다.(세밀한 일을 오래 하는 장소)

54 다음 중 입면도 표시사항이 아닌 것은?

① 건물전체높이, 처마높이
② 지붕물매
③ 천장높이
④ 외부재료의 표시

> **TIP** 입면도에 표시해야 할 사항
> - 주요부의 높이 (건물 전체높이, 처마높이)
> - 지붕 경사 및 모양 (지붕물매, 지붕이기 재료)
> - 창호의 모양 및 크기, 벽 및 기타 마감재료 종류
> - ※ 천장 높이(반자높이) : 단면도에 표기하는 사항이다.

55 다음 중 실내조명설계순서에서 가장 먼저 이루어져야 할 사항은?

① 조명 방식의 설정
② 소요 조도의 결정
③ 전등 종류의 결정
④ 조명 기구의 배치

> **TIP** 실내조명설계순서
> - 소요조도의 결정 – 전등 종류의 결정 – 조명방식과 조명기구 선정 – 광원 수와 배치 – 광속의 계산 – 소요전등의 크기결정

56 동선의 3요소에 속하지 않는 것은?

① 길이
② 하중
③ 빈도
④ 공간

> **TIP** 동선의 3요소
> - 속도(길이), 빈도, 하중
> - 서로 다른 (성격이 다른) 동선은 교차시키지 않는다.

57 정방형의 건물이 다음과 같이 표현되는 투시도는?

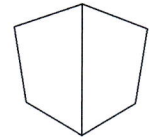

① 등각 투상도 ② 1소점 투시도
③ 2소점 투시도 ④ 3소점 투시도

💡 3소점 투시도

- 면이 모두 기면과 화면에 기울어진 때의 투시도이다.
- 소점이 3개이며 잘 사용되지 않는다.

※ 등각투상도 : 정면, 평면, 측면을 하나의 투상면 위에 동시에 볼 수 있도록 그리고 직육면체의 등각 투상도에서 직각으로 만나는 3개의 모서리는 각각 120°를 이룬다. 또한, 2개의 옆면 모서리는 수평선과 30°를 이룬다.

※ 1소점 투시도 : 그림은 항상 인접한 두면이 각각 화면과 기면에 평행한 때의 투시도로 소점은 1개로서 정적인 건물의 표현에 효과적이다.

※ 2소점 투시도 : 인접한 두 개의 면 가운데 밑면은 기면에 평행하고 다른 면은 화면에 경사진 투시도로 소점은 2개이며, 가장 많이 사용된다.

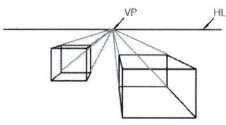

(a) 1소점 투시도

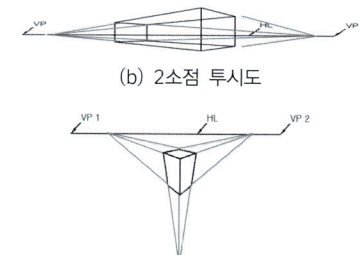

(b) 2소점 투시도

(c) 3소점 투시도

58 주택법상 건축물의 노후화를 억제하거나 기능향상 등을 위하여 대수선하거나 일부 증축하는 행위로 정의되는 것은?

① 재축 ② 개축
③ 리모델링 ④ 리노베이션

💡 리모델링

- 건축물의 노후화를 억제하거나 기능향상 등을 위하여 대수선하거나 일부 증축하는 행위를 말한다.

※ 재축 : 건축물이 천재지변이나 그 밖의 재해로 멸실된 경우 그 대지에 종전과 같은 규모의 범위에서 다시 축조하는 것을 말한다.

※ 개축 : 기존 건축물의 전부 또는 일부(내력벽·기둥·보·지붕틀 중 셋 이상이 포함되는 경우를 말함)를 철거하고 그 대지에 종전과 같은 규모의 건축물을 다시 축조하는 것을 말한다.

※ 리노베이션(Renovation) : 신축, 증축, 개축, 재축, 이전, 대수선, 용도변경 등을 이르는 말로 기능과 성능을 높여 고도화하는 대규모 개·보수공사를 말한다.

59 다음의 주택단지의 단위 중 규모가 가장 작은 것은?

① 인보구 ② 근린분구
③ 근린주구 ④ 근린지구

TIP 인보구(20~40호, 200~800명)
- 이웃과 가까운 친분이 유지되는 공간적 범위로써 반경 100~150m정도를 기준으로 한다.
- 유아놀이터(어린이 놀이터)가 중심이다.
- 아파트의 경우 3~4층, 1~2동이 여기에 해당된다.

※ 근린분구(400~500호, 3,000~5,000명)
- 일상 소비 생활에 필요한 공동시설이 운영가능한 단위이다.
- 소비시설(술집 등), 후생시설(공중목욕탕, 약국 등), 치안시설(파출소 등), 보육시설(유치원 등)이 있다.

※ 근린주구(1,600~2,000호, 10,000~20,000명)
- 초등학교가 중심이며, 학교에서 주택까지 500~800m범위, 3~4개의 근린분구 집합체가 근린주구를 이룬다.
- 동사무소, 소방서, 어린이 공원, 우체국 등이 있다.

60 액화석유가스(LPG)에 관한 설명으로 옳지 않은 것은?

① 공기보다 가볍다.
② 용기(bomb)에 넣을 수 있다.
③ 가스 절단 등 공업용으로도 사용된다.
④ 프로판 가스(propane gas)라고도 한다.

TIP LPG(액화석유가스, Liquefied Petroleuml Gas)
- 석유정제 과정에서 채취한 가스를 압축 냉각 하여 액화시킨 가스로 주성분은 프로판, 부탄, 프로필렌, 에탄 등이다.
- 발열량이 크고 용기에 넣을 수 있으며, 가스 절단 등 공업용으로도 사용된다.
- 공기보다 무겁고 (폭발의 위험성이 커서 주의를 요한다.) LNG에 비해 공해가 심하다.

59 ① 60 ①

06 CBT 기출복원문제
PART

2023년 1회

01 철골구조에서 축방향력, 전단력 및 모멘트에 대해 모두 저항할 수 있는 접합은?

① Diagrid
② moment connection
③ shear connection
④ pin connection

TIP 철골접합

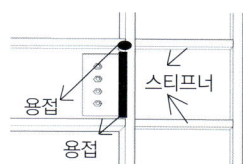

[모멘트 접합]

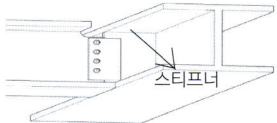

[핀 접합]

① 모멘트접합(Rigid Connection)
- H형강 보의 웨브(Web) 뿐만 아니라 플랜지(Flange)도 볼트 및 용접으로 강하게 접합시켜 보의 회전을 구속시킨 접합형식이다.

② 핀(전단)접합(Shear Connection, Simple Connection, Hinge Connection)
- H형강 보의 웨브(Web)만 볼트 등으로 체결시키고, 보의 플랜지(Flange)는 접합시키지 않아 보의 회전을 허용한 접합형식이다.

※ Diagrid(다이아그리드) : 대각선(Diagonal)과 격자(Grid)의 합성어로 대각 가새를 반복적으로 사용한 형태의 구조를 말한다. 다이아그리드의 뼈대는 기둥과 가새의 역할을 동시에 수행해 건물이 받는 하중을 효과적으로 저항해 낸다. 태풍과 지진과 같은 횡적 저항을 높여주며 바람이 부딪칠 때 마름모꼴의 구조가 인장력(당기는 힘)과 압축력(누르는 힘)으로 번갈아가며 저항해서 태풍과 지진 등에 견뎌내는 능력이 높아진다.

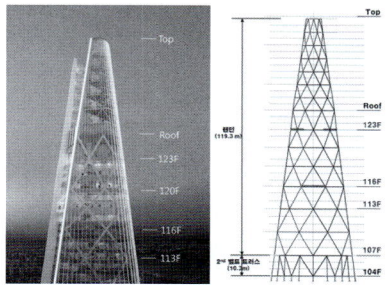

[롯데월드타워 첨탑부에 설치된 Diagrid 조감도 및 설계도]

설명 및 그림출처 : 롯데건설

01 ②

02 다음 그림과 같은 문의 명칭은?

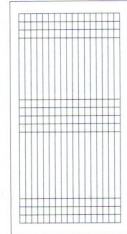

① 완자문 ② 아자문
③ 세살문 ④ 비늘살문

TIP ☼ 세살문
- 가느다란 살을 가로 세로로 짜서 만든 문을 말한다.
- ※ 완자문 : 卍자 모양으로 살을 만들어 이를 여러 방향으로 이어 만든 문을 말한다.
- ※ 아자문 : 亞자 모양으로 살을 만들어 만든 문을 말한다.
- ※ 비늘살문 : 문의 살을 일정간격으로 넣어 통풍을 위해 만든 문을 말한다.

03 고력볼트접합에 대한 설명으로 틀린 것은?

① 고력볼트접합의 종류는 마찰접합이 유일하다.
② 접합부의 강성이 높다.
③ 피로강도가 높다.
④ 정확한 계기공구로 죄어 일정하고 정확한 강도를 얻을 수 있다.

TIP ☼ 고력볼트접합
- 인장력이 매우 큰 볼트를 이용하는 방법으로 접합재에 마찰력이 생겨 접합하는 방법으로 열 가공을 하지 않아 시공 시 편하며 소음이 작다.
- 접촉면의 상태에 따라 단면 결손 등이 일어날 수 있다.
- 고력볼트 접합은 마찰접합과 지압접합, 인장접합이 있으며 일반적으로 마찰접합을 말한다.

04 철근콘크리트 단순보의 철근에 관한 설명 중 옳지 않은 것은?

① 인장력에 저항하는 재축방향의 철근을 보의 주근이라 한다.
② 압축 측에도 철근을 배근한 보를 복근보라 한다.
③ 전단력을 보강하여 보의 주근 주위에 둘러서 감은 철근을 늑근이라 한다.
④ 늑근은 단부보다 중앙부에 촘촘하게 배치하는 것이 원칙이다.

TIP ☼ 늑근(스터럽)
- 전단력을 보강하여 보의 주근 위에 둘러 감은 철근이다.
- 전단력은 보의 단부에서 최대가 되고, 중앙부로 갈수록 작아지므로 단부에는 촘촘하게 배치하고 중앙부로 갈수록 넓게 배치한다.

05 철골철근콘크리트구조에 관한 설명으로 옳지 않은 것은?

① 철근콘크리트구조보다 내진성이 우수하다.
② 철골구조에 비해 거주성이 좋으며, 내화적이다.
③ 철근콘크리트구조보다 건물의 중량을 크게 감소시킬 수 있다.
④ 철골부분은 H형강이 많이 쓰인다.

> **TIP** 철골철근콘크리트구조 (Steel Reinforced Concrete, SRC)
> - 철골 골조 주위에 철근을 배근하고 그 위에 거푸집을 짜서 콘크리트를 타설한 구조이다.
> - 내진성이 뛰어나고, 철골조에 비해 내화적이다.
> - 공기가 길고 시공이 복잡하며 비용이 증가한다.

06 조적구조에서 테두리보의 역할과 거리가 먼 것은?

① 벽체를 일체화하여 벽체의 강성을 증대시킨다.
② 벽체 폭을 크게 줄일 수 있다.
③ 기초의 부동침하나 지진발생 시 지반반력의 국부집중에 따른 벽의 직접피해를 완화시킨다.
④ 수직 균열을 방지하고, 수축 균열 발생을 최소화한다.

> **TIP** 테두리보
> - 상부 층과 하부 층을 이어주는 부재로 2층 바닥의 하중을 벽체로 균일하게 분산시키고 수평전단응력을 부담한다.

07 기둥과 기둥사이를 연결하는 보를 무엇이라 하는가?

① 큰 보
② 작은 보
③ 연속보
④ 고정보

> **TIP** 큰 보
> - 작은 보에서 전달되는 하중을 받기 위해 기둥과 기둥을 이어주는 수평 부재로 기둥사이에 이은 보를 말한다.
> ※ 작은 보 : 기둥에 지지하지 않고 큰 보 사이에 설치된 보를 말한다.
> ※ 연속보 : 일반적인 건물에 사용하는 것으로 연속된 2개 이상의 기둥을 연결하며 연속된 부재를 3개 이상의 지점으로 받치기도 한다.
> ※ 고정보 : 기둥과 기둥사이의 보 양단을 고정시킨 것으로 처짐이 적고 하중을 많이 받는다.

08 스틸 하우스에 대한 설명으로 옳지 않은 것은?

① 내부 변경이 용이하고 공간 활용이 효율적이다.
② 공사기간이 짧고 자재의 낭비가 적다.
③ 벽체가 얇기 때문에 결로현상이 발생하지 않는다.
④ 얇은 천장을 통해 방 사이의 차음이 문제가 된다.

> 💡 **스틸하우스**
> - 기존의 목조, 조적조, 콘크리트의 골조의 대체재로 경량 철강재를 이용하여 짓는 주택이다.
> - 진동(지진 등)에 강하며 건식공법으로 친환경적이며, 재활용이 충분히 가능하다.
> - 아연도금 강판을 사용하여 부식이 진행되지 않아 내구성이 높다.
> - 벽체를 구성하는 유리섬유, 석고보드는 불연 재료이며, 화재 시 유독가스를 발생하지 않는다.
> - 철재가 접지역할을 하여 번개 등의 영향을 덜 받아 안전하다.
> - 철재이므로 열전도율이 높아 외단열 시공을 하지 않을 시 하자(결로)가 발생할 수 있다.

09 지진이나 진동에 대응할 수 있는 구조를 무엇이라 하는가?

① 내력구조   ② 내수구조
③ 내화구조   ④ 내진구조

> 💡 **내진구조**
> - 지진을 견대 낼 수 있도록 설계된 건축물의 구조를 말한다.

10 바닥 면적이 40㎡ 일 때 보강콘크리트 블록조의 내력벽 길이의 총합계는 최소 얼마 이상이어야 하는가?

① 4m   ② 6m
③ 8m   ④ 10m

> 💡 벽량$(cm/㎡) = \dfrac{\text{내력벽의 길이}(cm)}{\text{바닥면적}(㎡)}$
>
> 보강블록조의 최소 벽량은 15cm/㎡ 이상이므로,
>
> $15cm/㎡ = \dfrac{x}{40㎡}$ ∴ $x = 600cm$

11 목재 마룻널 깔기에서 널 옆이 서로 물려지게 하고 마루의 진동에 의하여 못이 솟아오르는 일이 없는 이상적인 마루 깔기법은?

① 맞댄쪽매   ② 반턱쪽매
③ 제혀쪽매   ④ 딴혀쪽매

> 💡 **제혀쪽매**
> - 널 옆을 서로 물려지게 혀를 내고 한쪽 옆에서 못질하는 방법이다.
> - ※ 맞댄쪽매 : 널 옆을 서로 맞대어 깔고 널 위에서 못질하는 방법이다.
> - ※ 반턱쪽매 : 널 옆을 서로 반턱으로 깎아 대어 널 위에서 못질하는 방법이다.
> - ※ 딴혀쪽매 : 널 사이 틈에 얇은 쪽을 끼워 대는 방법이다.
>
>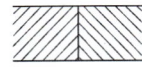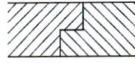
> (a) 맞댄쪽매   (b) 반턱쪽매
>
>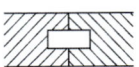
> (c) 제혀쪽매   (d) 딴혀쪽매
>
> ※ 그 이외에 양끝못댄쪽매, 빗쪽매, 틈막이대쪽매, 오늬쪽매 등이 있다.

12 철근콘크리트 기둥에서 띠철근의 수직간격으로 옳지 않은 것은?

① 기둥 단면의 최소 치수 이하
② 주근지름의 16배 이하
③ 띠철근 지름의 48배 이하
④ 기둥 높이의 0.1배 이하

TIP 띠철근
- 기둥의 좌굴을 방지하고 수평력에 대한 전단보강의 역할을 하며 축방향 철근의 구속 역할을 한다.
- 주로 D10(~D32), D13의 철근을 사용한다.
- 간격은 주근 지름의 16배 이하, 띠철근 지름의 48배 이하, 기둥단면의 최소 치수 이하 중 가장 작은 값으로 배근하며, 주로 200~300mm의 간격으로 배근한다.
- 주근의 개수가 6개 이상이고 간격이 150 이상이면 보조띠철근이 필요하다.

13 신축 이음새(Expansion joint)를 설치해야 하는 위치와 가장 거리가 먼 것은?

① 기존 건물과의 접합부
② 저층의 긴 건물과 고층건물의 접속부
③ 평면이 복잡한 부분에서의 교차부
④ 단면이 균일한 소규모 바닥판

TIP 신축줄눈
- 온도변화에 따른 팽창·수축 혹은 기초의 부동침하·진동 등에 의해 균열이 예상되는 위치에 설치하는 조인트를 말한다.

※ 신축 줄눈 설치위치
- 구조물의 수평 단면이 급변하는 곳, 보강된 곳
- 증축부위, 저층·고층건물의 접합부
- 건물 끝 날개형 건물 50~60m초과 건물
- ㄴ자, ㄷ자, T자형 건물의 교차부
- 얇은 벽(10~20cm)은 6 ~ 9m마다 하고 두꺼운 벽(20cm 이상)은 15 ~ 18m 간격으로 한다.
- 무근콘크리트 벽은 8m 내외, 무근콘크리트바닥은 3 ~ 4.5m간격이 일반적이다.
- RC조 벽체는 13m 내외로 한다.

14 트러스를 곡면으로 구성하여 돔을 형성하는 것은?

① 와렌 트러스
② 실린더 셸
③ 회전 셸
④ 래티스 돔

TIP 래티스 돔
- 긴 span에 보를 걸치기 위해 작은 형강을 트러스 형식으로 조립하여 큰 보의 역할과 힘을 받도록 한 돔을 말한다.

15 다음 중 목조계단의 구성요소가 아닌 것은?

① 디딤판
② 챌판
③ 난간
④ 달대

> 💡 **TIP** 계단의 구성
> - 디딤판, 챌판, 옆판, 멍에, 난간, 난간동자 등으로 구성된다.
> - ※ 달대 : 천장의 반자틀 위에 매달아 지지하는 재료이다.

16 휨모멘트나 전단력을 견디기 위해 사용되는 것으로 보 단부의 단면을 중앙부의 단면보다 크게 한 부분은?

① 헌치 ② 슬래브
③ 래티스 ④ 지중보

> 💡 **TIP** 헌치(Haunch)
> - 콘크리트 구조물에 부재의 두께나 높이가 급격하게 변화되는 부분에 응력의 집중에 의하여 구조물이 국부적인 손상을 입는 것을 방지하기 위하여 단면을 서서히 증감시킨 것을 말한다.
> - 수평부재와 수직부재가 접하는 부위에 연결부를 보강할 목적으로 단면을 크게 하고 철근으로 보강한 부위로 슬래브와 보, 기둥과 보, Box Girder, 라멘구조 등에 설치한다.
> - 헌치의 설치목적은 연속적인 응력 전달, 응력 집중 방지, 균열 발생 방지, 구조물 보강이다.
> - 바닥판에는 지지보 위에 헌치를 두는 것을 원칙으로 한다.
> - 헌치의 기울기는 1 : 3보다 완만하게 하며, 기울기가 1 : 3보다 급할 경우에는 기울기 1 : 3까지 두께를 바닥판의 유효두께로 간주한다.
> - 헌치 안쪽에는 철근을 배치하는 것을 원칙으로 하며, 철근은 13mm 이상으로 한다.

17 초고층 건물의 구조시스템 중 가장 적합하지 않은 것은?

① 내력벽 시스템 ② 아웃리거 시스템
③ 튜브 시스템 ④ 가새 시스템

> 💡 **TIP** 초고층 건물의 구조시스템
> ① 아웃리거 시스템(Outrigger System)
> - 내부 코어를 외부 기둥에 연결시켜 벽이나 트러스를 통해 횡력에 대한 강성을 증가시킨 시스템
>
> ② 튜브 시스템(Tubular System)
> - 건물 외부에 위치한 기둥간격을 좁게 하여 이 기둥들을 외곽보(Spandrel beam)에 접합하여 수평하중이 작용할 경우 건물 전체가 입체적으로 저항하도록 한 시스템
>
> ③ 가새 시스템(Braced Frames System)
> - 수평하중을 수직방향의 켄틸레버형 트러스에 골조부재의 축강성으로 지지시키는 시스템
>
> ④ 전단벽 시스템(Shear Walls System)
> - 상층부의 모든 힘을 코어의 전단벽을 통해 전달하는 시스템

18 다음과 같은 지붕의 길이가 10m, 너비 6m, 물매가 4인 지붕의 높이는 얼마인가?

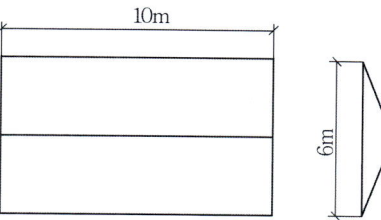

① 1m ② 1.2m
③ 1.5m ④ 2.4m

TIP 지붕높이
- 지붕의 너비가 6m이므로 지붕너비의 절반인 3m를 물매와 비례식으로 계산한다.
- 3m(6m의 절반) : x(지붕높이)
  = 10(물매너비) : 4(물매높이)
  10x = 12m
  ∴ x = 1.2m

19 다음 ( )에 알맞은 용어는?

> 아치구조는 상부에서 오는 수직하중이 아치의 축선을 따라 좌우로 나뉘어져 밑으로 ( )만을 전달하게 한 것이다.

① 인장력 ② 압축력
③ 휨모멘트 ④ 전단력

TIP 아치
- 상부에서 오는 직압력을 곡선을 따라 좌우로 나뉘어 직압력만을 받는 구조로써 하부에 인장력이 생기지 않는 구조이다.

20 난간벽, 부란, 박공벽 위에 덮은 돌로써 빗물막이와 난간동자 받이의 목적 이외에 장식도 겸하는 돌은?

① 돌림띠 ② 두겁돌
③ 창대돌 ④ 문지방돌

TIP 두겁돌
- 담, 박공벽, 난간 등의 꼭대기에 덮어씌우는 것으로 윗면은 물흘림, 밑면은 물끊기를 한다.
- 두겁돌 밑바탕은 촉으로, 두겁돌 끼리는 촉, 꺾쇠 또는 은장으로 연결한다.

※ 돌림띠 : 벽면에서 내밀어 가로로 길게 두른 장식 및 차양, 물끊기 작용을 하는 것으로 처마돌림띠, 허리 돌림띠가 있는데, 처마돌림띠의 돌출이 커 튼튼히 해야 한다.

※ 창대돌 : 창 밑에 대어 빗물 등을 흘러내리게 한 장식재로 창 너비가 클 경우 2개 이상의 창대돌을 대어 사용하기도 하지만, 외관 및 방수 상 1개를 통으로 사용한다. 또한 창대돌의 윗면, 옆면, 밑면에는 물 흘림이 잘 되도록 물끊기, 물 돌림 등을 두어 빗물이 내부로 침입하는 것을 막고 물 흘림을 잘되게 한다.

※ 문지방돌 : 출입문 밑에 대는 석재로 마멸에 강한 화강암이나 경석을 사용한다.

16 ①　17 ①　18 ②　19 ②　20 ②

21 고강도 선인 피아노선에 인장력을 가한 후 콘크리트를 부어 넣고 경화된 후 인장력을 제거시킨 콘크리트는?

① 레디믹스트 콘크리트
② 프리캐스트 콘크리트
③ 프리스트레스트 콘크리트
④ 원심력 이용 콘크리트

> **TIP** 프리스트레스트 콘크리트
> - 철근 대신 PC강재를 사용하여 프리스트레스를 주는 콘크리트이다.
> - PC강재에 인장력을 주는 방법에 따라 프리텐션법과 포스트텐션법이 있다.
> ※ 레디믹스트 콘크리트 : 현장에서 배합하지 않고 제조공장에서 혼합한 콘크리트를 말한다.
> ※ 프리캐스트 콘크리트 : 공장에서 기둥, 보, 바닥판 등의 부재를 철제거푸집으로 미리 만들어 양생시킨 기성콘크리트제품으로 정밀도 및 강도가 좋다.
> ※ 원심력 이용 콘크리트 : 철근이 들어있는 콘크리트 관을 원심력으로 조성한 제품으로 벽체 내에 나선 등의 철선을 삽입하여 제조한 것이다. 접합시공이 간단하지만 무거워 현장관리가 불리하다. 보통 우수 관으로 활용된다.

22 다음 구조 재료에 요구되는 성질과 가장 관계가 먼 것은?

① 재질이 균일하여야 한다.
② 강도가 큰 것이어야 한다.
③ 탄력성이 있고 자중이 커야 한다.
④ 가공이 용이한 것이어야 한다.

> **TIP** 구조재료
> - 재질이 균일하고 강도가 커야 한다.
> - 가볍고 가공이 용이해야 한다.

23 최대강도를 안전율로 나눈 값을 무엇이라고 하는가?

① 파괴강도   ② 허용강도
③ 전단강도   ④ 휨강도

> **TIP** 허용강도
> - 허용강도 = 최대강도 / 안전율

24 다음 중 레미콘 반입검사에 해당되지 않는 것은?

① 슬럼프시험
② 공기량시험
③ 슈미트해머시험
④ 염화물 함유량 시험

> **TIP** 레미콘 반입검사
> - 레미콘의 반입검사를 위한 항목은 슬럼프시험, 공기량시험, 염화물 함유량 측정시험이 있다.
> ※ 건설공사 품질관리 업무지침 일부개정 국토교통부 고시 제2022-30호(개정 2022.01.18.) 제38조(시공 품질관리 시험·검사 등)
> ③ 공사감독자와 수요자는 자재가 현장에 반입되면 납품서에 다음 각 호의 사항을 확인 또는 기재하여

야 한다. 이 경우 제34조에 따른 레미콘 정기점검 실시대상 건설공사의 공사감독자와 수요자는 레미콘 공장 운전실에서 출력된 자동계량기록 등 레미콘 생산정보를 확인하여야 하며, 확인 방법에 대해서는 수요자와 생산자가 협의하여 정할 수 있다.

1. 운반차 번호
2. 생산·도착시각 및 타설 완료 시각
3. 규격 및 용적
4. 인수자
5. 그 밖에 지정사항 등

-------------- 중략 --------------

⑤ 제1항부터 제3항까지에 따른 현장반입 자재의 모든 시험은 [1]수요자가 직접 실시하거나 「건설기술 진흥법」 제26조에 따른 품질검사를 대행하는 건설기술용역사업자에 의뢰하여 실시하여야 하며, 현장시험과정에는 공사감독자가 입회하여 시료채취위치를 결정하고 시험방법의 적절성을 확인하여야 한다. 이 경우 공사감독자와 수요자는 현장 시험과정의 적절성을 확인할 수 있는 증빙을 사진촬영 등 식별가능한 정보로 기록관리하여야 하며, 시험과정의 적절성 확인에 대한 시험 종목 등에 대하여는 이 지침 별표 2의 건설공사 품질시험기준에 따른다.

- [1]수요자 : 현장품질관리기술인을 칭하며 이 수요자가 직접 레미콘 검사를 실시한다.
- 수요자가 검사하기 어려운 경우에는 대행사업자에게 의뢰하여 실시해야 한다.

※ 슈미트해머시험 : 콘크리트 비파괴시험으로 콘크리트의 반발경도를 측정하여 압축강도를 추정하는 시험법을 말하며 슈미트해머 시험 용지에 3cm 간격으로 표시되어 있는 20개소의 평균값을 확인한다. 이 외 비파괴 검사법으로는 방사선투과법, 초음파법, 철근탐사법 등이 있다.

25 금속 또는 목재에 적용되는 것으로서, 지름 10㎜ 강구를 시편 표면에 500~3,000kg의 힘으로 압입하여 표면에 생긴 원형 흔적의 표면적을 구한 후 하중을 그 표면적으로 나눈 값을 무엇이라 하는가?

① 브리넬 경도
② 모스 경도
③ 푸와송 비
④ 푸아송 수

TIP ⊙ 브리넬 경도

- 10mm의 강구(steel ball)을 이용하여 측정대상의 시험 면에 하중을 가한 뒤 움푹 들어간표면적(A)과 하중(P)을 계산하는 것($\frac{P}{A}$)으로 주로 철강 재료의 경도를 측정할 때 사용한다.

※ 모스 경도 : 무른 활석에서 단단한 다이아몬드에 이르기까지 10단계의 광물을 정하고, 각 재료끼리 표면을 긁어 그 표면에 자국이 생기는 것으로 굳기를 측정한다.

※ 푸아송 비(Poisson's Ratio) : 재료에 외력이 가해졌을 경우, 그 힘의 방향으로 변형이 생기며 또한 직각방향으

로도 변형이 생기는 현상을 말한다.

※ 푸아송 수 : 푸아송 비의 역수를 푸아송 수라 한다.

26 청동에 대한 설명으로 옳지 않은 것은?

① 구리와 주석과의 합금이다.
② 황동보다 내식성이 작으며 주조하기가 어렵다.
③ 청동에 속하는 포금은 약간의 아연, 납을 포함한 구리 합금이다.
④ 표면은 특유의 아름다운 청록색으로 되어 있어 장식철물, 공예재료 등에 많이 쓰인다.

> **TIP 청동**
> - 구리와 주석의 합금으로 용도에 따라 알루미늄, 아연, 납 등을 첨가한 구리의 합금을 말한다.
> - 구리나 그 밖의 비철 금속에 비하여 주조성과 내식성이 뛰어나다.
> - 장식품 및 베어링, 밸브, 그 밖의 일반 기계부품에도 많이 쓰인다.

27 콘크리트에 염화칼슘($CaCl_2$)을 사용할 때 일어나는 현상으로 옳지 않은 것은?

① 철근의 부식을 방지한다.
② 방동효과가 있다.
③ 과도하게 사용할 경우 콘크리트의 내구성을 저하시킬 수 있다.
④ 콘크리트의 경화가 촉진된다.

> **TIP 염화칼슘**
> - 경화촉진제로 염화칼슘($CaCl_2$)이 대표적이며 저온에서도 강도가 높아진다.
> - 한중콘크리트의 초기 동해방지를 위해 사용된다.
> - 시공연도가 빨리 감소되므로 시공을 빨리 실시하는 것이 좋으며 염화칼슘을 많이 사용할수록 콘크리트의 압축강도는 떨어진다.
> - 사용량이 많으면 철근을 부식시킬 염려가 있어 철근콘크리트 등에 사용이 금지되어 있다.

28 대리석, 사문암, 화강암 등의 쇄석을 종석으로 하여 백색 포틀랜드시멘트에 안료를 섞어 천연석재와 유사하게 성형시킨 인조석은?

① 점판암
② 석회석
③ 테라죠
④ 화강암

> **TIP 테라죠(Terrazzo)**
> - 백색 시멘트 + 종석(대리석 또는 화강암) + 안료 + 물을 혼합한 미장재료로 바름이 굳은 후 연마기 등으로 갈고 왁스로 광내기를 한다.

29 크고 작은 모래, 자갈 등이 혼합되어 있는 정도를 나타내는 골재의 성질은?

① 입도
② 실적률
③ 공극률
④ 단위용적중량

> **TIP 입도**
> - 크고 작은 골재가 고르게 섞여 있는 정

도를 말한다.

- 입도가 좋지 못하면 재료분리가 일어나며 단위수량 및 시멘트양이 많이 소요된다.
- 입도를 측정하기 위한 시험법으로 체가름시험법이 있다.

※ 실적률 : 실적률이 크다는 것은 골재가 많이 포함되어 있어 빈공간이 적다는 것으로 실적률이 클수록 시멘트 페이스트가 적게 소요된다.

※ 공극률 : 골재사이의 간극(틈)을 의미하며 공극률이 작을수록 시멘트양이 적게 소요되고 콘크리트의 수밀성 및 내구성을 증대시킨다.

※ 단위용적중량 : 기건상태에서 1㎥의 골재 중량을 말하며 굵은골재는 700 ~ 800 kg/㎥, 잔골재는 700 ~ 800 kg/㎥ 정도이다.

30
어느 목재의 중량을 달았더니 50g이었다. 이것을 건조로에서 완전히 건조시킨 후 달았더니 중량이 35g이었을 때 이 목재의 함수율은?

① 약 25% ② 약 33%
③ 약 43% ④ 약 50%

TIP 목재의 함수율

- 함수율(%) $= \dfrac{생나무중량 - 완전건조목재중량}{완전건조목재중량} \times 100\%$

- 함수율(%) $= \dfrac{50g - 35g}{35g}$
  $\fallingdotseq 42.857\%$

31
미장재료에 대한 설명 중 옳은 것은?

① 회반죽에 석고를 약간 혼합하면 경화속도, 강도가 감소하며 수축균열이 증대된다.
② 미장재료는 단일재료로 사용되는 경우보다 주로 복합재료로 사용된다.
③ 결합재에는 여물, 풀 등이 있으며 이것은 직접 고체화에 관계한다.
④ 시멘트 몰탈은 기경성 미장재료로 내구성 및 강도가 크다.

TIP 미장재료

- 회반죽 : 소석회에 여물, 풀, 모래 등을 혼합한 것으로 건조할 때 수축률이 커 여물을 넣어 균열을 방지하고 건조에 시간이 많이 걸리는 기경성 재료이다.
- 결합재 : 고결재의 수축균열, 점성 및 보수성(保水性)의 부족을 보완 또는 응결시간 조절을 목적으로 사용하는 재료를 말하며, 여물, 풀 등이 사용된다.
- 수경성 : 시멘트 몰탈, 석고
- 기경성 : 점토(진흙), 돌로마이트 플라스터, 석회

32
주로 페놀, 요소, 멜라민 수지 등 열경화성 수지에 응용되는 가장 일반적인 성형법으로 옳은 것은?

① 압축성형법 ② 이송성형법
③ 주조성형법 ④ 적층성형법

TIP 압축성형법

- 가열한 금형에 재료를 넣고 가압·가열 후 재료가 완전히 굳어진 후 성형품을

금형에서 빼내는 방법이다.

※ 이송성형법 : 외부에서 재료에 열을 가하여 유동성 있게 만들고 그 후 금형에 주입하여 압력을 가하여 성형하는 방법이다.

※ 주조성형법 : 녹인 재료를 금형에 부어 넣어 성형하는 방법이다.

※ 적층성형법 : 원지(천 또는 종이)에 액체상태의 수지를 스며들게 한 후 건조시키고 필요한 두께가 되도록 여러 겹 포개어 압착시켜 판상으로 성형하는 방법으로 페놀수지 적층판, 멜라민 화장판 등에 사용한다.

33 벽체의 단열에 관한 설명으로 옳지 않은 것은?

① 벽체의 열관류율이 클수록 단열성이 낮다.
② 단열은 벽체를 통한 열손실방지와 보온역할을 한다.
③ 벽체의 열관류 저항 값이 작을수록 단열효과는 크다.
④ 조적벽과 같은 중공구조의 내부에 위치한 단열재는 난방 시 실내표면온도를 신속히 올릴 수 있다.

TIP 단열

- 단열효과는 열관류율 및 열전도율이 작을 때, 열관류 저항 값이 클 때 우수하다.
- 열관류율 = $\dfrac{열전도율}{두께}$ 로 계산하며 식은 U = W/㎡·k이다.
- 열저항 = $\dfrac{두께}{열전도율}$ 로 계산하며 열관류율의 역수이다.

34 각종 점토제품에 대한 설명 중 틀린 것은?

① 테라코타는 공동(空胴)의 대형 점토제품으로 주로 장식용으로 사용된다.
② 모자이크 타일은 일반적으로 자기질이다.
③ 토관은 토기질의 저급점토를 원료로 하여 건조 소성시킨 제품으로 주로 환기통, 연통 등에 사용된다.
④ 포도벽돌은 벽돌에 오지물을 칠해 소성한 벽돌로써, 건물의 내외장 또는 장식물의 치장에 쓰인다.

TIP 포도벽돌

- 보통벽돌보다 고온 소성되어 흡수율이 낮은 벽돌로 도로나 복도 등의 바닥 면 등에 사용한다.
- ※ 오지벽돌 : 벽돌의 길이면 또는 마구리면에 오지물(유약)을 발라 구운 벽돌로 내·외부 치장에 사용한다.

35 재료가 외력을 받아 파괴될 때까지의 에너지 흡수능력, 즉 외형의 변형을 나타내면서도 파괴되지 않는 성질로 맞는 것은?

① 전성 ② 인성
③ 경도 ④ 취성

TIP 인성

- 외력을 받아 변형을 나타내면서도 외력에 견디는 성질을 말한다.
- ※ 전성 : 타격에 의해 판 모양으로 펴지는 성질을 말한다.
- ※ 경도 : 재료의 단단한 정도를 일컫는다.

※ 취성 : 작은 변형에 쉽게 파괴되는 성질을 말한다.

36 각종 색유리의 작은 조각을 도안에 맞추어 절단해서 조합하여 모양을 낸 것으로 성당의 창, 상업 건축의 장식용으로 사용되는 것은?

① 접합유리　② 스테인드글라스
③ 복층유리　④ 유리블록

TIP ☞ 스테인드글라스

- 색 유리를 이용하여 여러 그림 또는 문양을 넣은 유리로 색 유리의 작은 조각을 이용하고 그 접합부를 I형 납테 또는 에폭시에 끼워 맞춘 것으로 성당의 창, 장식용 등에 사용한다.

※ (접)합유리 : 2장 또는 그 이상의 유리 사이에 투명한 플라스틱 필름을 넣고 높은 열로 압착하여 만든 유리로 타격에 의해 파괴되더라도 파편이 접착제에 붙어 떨어지지 않게 한 것으로, 자동차, 기차 등의 창유리에 사용한다.

※ 복층유리 : 2장 또는 3장의 판유리를 일정간격으로 띄운 후, 둘레에 틀을 끼워 기밀하게 하고 그 사이에 건조공기 또는 아르곤가스를 주입하여 만든 유리로 단열, 결로 방지, 방음에 효과가 있고, 일반주택 또는 고층빌딩의 외부 창 등에 사용한다.

※ 유리블록 : 상자형 유리 2개를 맞추어 고열로 일체시키고 건조공기를 넣어 만든 유리로 4각 측면은 몰탈과 접착이 잘 되도록 합성수지계 도료를 발라 돌가루 등을 붙여 놓은 것으로 장식 및 채광창 등에 사용한다.

37 한국산업표준의 분류에서 옳지 않은 것은?

① KS B - 기계　② KS I - 환경
③ KS F - 기본　④ KS X - 정보

TIP ☞ 한국산업표준

- 재료는 품질 및 모양 등이 다양하기 때문에 어떤 기준에 의한 규격을 정하여 품질과 모양, 치수 및 시험방법 등을 규정하였고 그것이 한국산업규격(KS)이다. KS의 분류는 다음과 같다.

대분류	중분류
기본(A)	기본일반/방사선(능)관리/가이드/인간공학/신인성관리/문화/사회시스템/기타
기계(B)	기계일반/기계요소/공구/공작기계/측정계산용기계기구·물리기계/일반기계/산업기계/농업기계/열사용기기·가스기기/계량·측정/산업자동화/기타
전기전자(C)	기계일반/기계요소/공구/공작기계/측정계산용기계기구·물리기계/일반기계/산업기계/농업기계/열사용기기·가스기기/계량·측정/산업자동화/기타
금속(D)	금속일반/원재료/강재/주강·주철/신동품/주물/신재/2차제품/가공방법/분석/기타
광산(E)	광산일반/채광/보안/광산물/운반/기타
건설(F)	건설일반/시험·검사·측량/재료·부재/시공/기타
일용품(G)	일용품일반/가구·실내장식품/문구·사무용품/가정용품/레저·스포츠용품/악기류/기타
식료(H)	식품일반/농산물가공품/축산물가공품/수산물가공품/기타
환경(I)	환경일반/환경평가/대기/수질/토양/폐기물/소음진동/악취/해양환경/기타
생물(J)	생물일반/생물공정/생물화학·생물연료/산업미생물/생물검정·정보/기타

대분류	중분류
섬유(K)	섬유일반/피복/실·편직물·직물/편·직물제조기/산업용섬유제품/기타
요업(L)	요업일반/유리/내화물/도자기/점토제품/시멘트/연마재/기계구조요업/전기전자 요업/원소재/기타
화학(M)	화학일반/산업약품/고무·가죽/유지·광유/플라스틱·사진재료/염료·폭약/안료·도료잉크/종이·펄프/시약/화장품/기타
의료(P)	의료일반/일반의료기기/의료용설비·기기/의료용재료/의료용기·위생용품/재활보조기구·관련기기/고령친화용품/전자의료기기/기타
품질경영(Q)	품질경영일반/공장관리/관능검사/시스템인증/적합성평가/통계적기법 응용/기타
수송기계(R)	수송기계일반/시험검사방법/공통부품/자전거/기관·부품/차체·안전/전기전자장치·계기/수리기기/철도/이륜자동차/기타
서비스(S)	서비스일반/산업서비스/소비자서비스/기타
물류(T)	물류일반/포장/보관·하역/운송/물류정보/기타
조선(V)	조선일반/선체/기관/전기기기/항해용기기·계기/기타
항공우주(W)	항공우주일반/표준부품/항공기체·재료/항공추진기관/항공전자장비/지상지원장비/기타
정보(X)	정보일반/정보기술(IT)응용/문자세트·부호화·자동인식/소프트웨어·컴퓨터그래픽스·네트워킹·IT상호접속/정보상호기기·데이터저장매체/전자문서·전자상거래/기타

38 다음 중 수성 페인트에 대한 설명으로 옳지 않은 것은?

① 내알칼리성이 약해 콘크리트 면에 사용하기 부적합하다.

② 건조가 빠르며 작업성이 좋다.

③ 희석재로 물을 사용하므로 공해 발생 위험이 적다.

④ 수성페인트의 일종으로 에멀션페인트가 있다.

> **TIP** 수성페인트
> - 안료 + 아교(또는 카세인) + 물을 혼합한 도료로 취급이 간단하며 건조가 빠르다.
> - 사용범위가 넓고 냄새가 거의 없으며 작업성이 좋다.
> - 알칼리에 대한 내성이 커서 콘크리트 면, 몰탈 면에 사용할 수 있다.
> - 내부용 수성페인트(내부용 에멀션페인트)와 외부용 수성페인트(외부용 에멀션페인트)가 있다.
> - 아크릴 계열 수성페인트는 광택수성페인트로 유성페인트와 같은 광택이 있다.
> ※ 에멀전 페인트 : 수성페인트 + 합성수지 + 유화제를 혼합한 도료로써 수성과 유성의 특징을 겸한 유화액상 페인트로 도장 후 물은 퍼져 흩어져 굳어진다. 무광은 실내, 유광은 실외도장이 가능하다.

39 다음 중 실험실이나 레미콘 생산 배합과 같이 정밀한 배합을 요구할 때 사용되는 콘크리트 배합 방법은?

① 절대용적배합

② 현장용적배합

③ 표준계량용적배합

④ 중량배합

> **TIP** 중량 배합
> - 콘크리트 $1m^3$에 소요되는 재료의 양

을 중량(kg)으로 표시한 배합을 말한다.

※ 절대용적배합 : 콘크리트 1m³에 소요되는 재료의 양을 절대용적으로 표시한 배합을 말한다.

※ 현장용적배합 : 콘크리트 1m³에 소요되는 재료의 양을 시멘트는 포대수로, 골재는 현장계량에 의한 용적으로 표시한 배합을 말한다.

※ 표준계량용적배합 : 콘크리트 1m³에 소요되는 재료의 양을 표준계량용적으로 표시한 배합으로 시멘트는 1,500kg/m³으로 한다.

40 포졸란(pozzolan)을 사용한 콘크리트의 특징 중 옳지 않은 것은?

① 수밀성이 높아진다.
② 수화발열량이 적어진다.
③ 경화작용이 늦어지므로 조기 강도가 낮아진다.
④ 블리딩이 증가된다.

TIP 포졸란

- 콘크리트의 시공연도가 좋아지고, 블리딩이 감소한다.
- 수화발열량이 작아 조기강도는 작지만 장기강도 및 수밀성, 화학적 저항성이 크다.

41 작업대 길이가 2m 정도인 소형 주방가구가 배치된 간이 부엌의 형태로 맞는 것은?

① 키친네트   ② 다이닝 키친
③ 다이닝 앨코브 ④ 리빙 키친

TIP 키친네트

- 작업대의 길이가 2000mm 내외 정도인 간이부엌으로 사무실 또는 독신자 아파트에 사용한다.

42 소방시설을 구분하는 경우 소화설비에 해당되지 않는 것은?

① 제연설비   ② 옥내소화전설비
③ 물분무소화 ④ 스프링클러

TIP 소방시설의 종류

구분		종류
소방시설	소화설비	① 소화기 및 간이 소화용구, 자동식 소화기 ② 물분무소화설비·분말소화설비 ③ 스프링클러설비 및 간이스프링클러설비 ④ 옥내소화전설비 ⑤ 옥외소화전설비
	경보설비	① 비상경보설비 ② 비상방송설비 ③ 누전경보기 ④ 자동화재 탐지설비 ⑤ 자동화재 속보설비
	피난설비	① 피난기구 ② 인명구조기구 ③ 통로유도등, 유도표지, 비상조명등
	소화용수설비	① 소화수조·저수지 기타 소화용수 설비 ② 상수도 소화용수 설비
	소화활동설비	① 제연설비 ② 연결송수관설비 ③ 연결살수설비 ④ 비상콘센트설비 ⑤ 무선통신 보조설비 ⑥ 연소방지설비

43 다음 중 건축물의 묘사에 있어서 트레이싱지에 컬러를 표현하기에 가장 적합한 도구는?

① 연필   ② 수채물감
③ 포스터컬러 ④ 유성마카펜

TIP 유성 마카펜
- 트레이싱지에 색을 표현하기가 가장 적합하다.
- ※ 연필 : 밝은 상태에서 어두운 상태까지 폭 넓은 명암을 나타낼 수 있으며, 다양한 질감 표현도 가능하고 지울 수 있는 장점이 있는 반면에 번지거나 더러워지는 단점이 있다.
- ※ 수채물감 : 신선한 느낌을 주고 부드럽고 밝은 특징을 갖고 있다.
- ※ 포스터물감 : 사실적이며 재료의 질감 표현과 수정이 용이해 많이 사용하는 방법이다.
- ※ 잉크 : 여러 색상을 갖고 있어 색의 구분이 일정하고, 농도를 정확하게 할 수 있어 도면이 선명하고 깨끗하게 보이며 여러 펜촉을 사용할 수 있어, 다양한 묘사 방법의 표현도 가능하다.
- ※ 색연필 : 간단하게 도면을 채색하여 실물의 느낌을 표현하는데 주로 사용하며, 색 펜과 같이 사용하여 실내건축물의 간단한 마감 재료를 그리는데 사용한다.

44 다음과 같은 특징을 갖는 급수방식은?

- 대규모의 급수 수요에 쉽게 대응할 수 있다.
- 급수압력이 일정하다.
- 단수 시에도 일정량의 급수를 계속할 수 있다.

① 수도직결방식 ② 리버스 리턴방식
③ 옥상탱크 방식 ④ 압력탱크 방식

TIP 옥상탱크(고가수조)방식
- 지하 저수조에 물을 받아 양수펌프를 이용하여 옥상 물탱크로 양수한 후, 수위와 수압을 이용하여 급수하는 방식이다.
- 수압이 일정하여 배관 부품 파손의 우려가 적다.
- 저수 시간이 길수록 오염 가능성이 크고 설비비와 경상비(經常費)가 높다.
- 건물의 높은 곳에 설치하므로 구조 및 외관상 문제가 있다.
- ※ 리버스 리턴방식 : 역 환수 배관방식 (온수난방에서 사용)

45 스킵플로어형 공동주택에 관한 설명으로 옳지 않은 것은?

① 복도 면적이 증가한다.
② 주택 내의 공간의 변화가 있다.
③ 통풍·채광의 확보가 용이하다.
④ 엘리베이터의 효율적 운행이 가능하다.

TIP 스킵 플로어형
- 단층과 복층으로 서로 반 층씩 엇갈리게 하는 형식이다.
- 프라이버시 확보가 용이하며 전용면적비가 크다.
- 복도가 없는 층은 남·북면이 개방되어 있으므로 좋은 평면계획을 할 수 있다.
- 엘리베이터 층수를 적게 할 수 있어 이용률이 효율적이다.
- 복도면적이 감소하고 유효면적이 증가한다.(=공용면적이 복도형 보다 작다.)
- 고층에 적합하다.

- 각기 다른 세대의 평면계획으로 단면 및 입면상의 다양한 변화가 가능하다.
- 엑세스(Access)동선이 복잡한 관계로 설비나 구조적인 측면에서 면밀한 검토가 요구된다.
- 동선의 길이가 길어 소규모에는 비경제적이다.
- 정지층과 정지하지 않는 층의 평면이 다르다.
- 복도가 설치되지 않는 층은 대피에 대한 고려가 요구된다.

46 한국산업표준(KS)의 건축제도통칙에 규정된 척도가 아닌 것은?

① 5/1 ② 1/1
③ 1/400 ④ 1/6000

TIP 척도

- 대상물의 실제치수에 대한 도면에 표시한 대상물의 비를 말한다.
- 도면에는 척도를 기입하여야 한다. 한 도면에 서로 다른 척도를 사용하였을 때는 각 도면마다 또는 표제란의 일부에 척도를 기입하여야 한다. 그림의 형태가 치수에 비례하지 않을 때는 "NS(No Scale)"로 표시한다.
- 사진 및 복사에 의해 축소 또는 확대되는 도면에는 그 척도에 따라 자의 눈금 일부를 기입한다.
- 척도의 종류는 실척(실제치수(full size – 척도의 비가 1:1인 척도)), 배척(Enlargement scale– 척도의 비가 1:1보다 큰 척도로 비가 크면 척도가 크다고 함), 축척(Reduction scale – 척도의 비가 1:1보다 작은 척도로 비가 작으면 척도가 작다고 함)이 있다.
- 목적에 따라 다음의 것에서 선택 사용한다.

현척(실척)	1/1
축척	1/2, 1/3, 1/4, 1/5, 1/10, 1/20, 1/25, 1/30, 1/40, 1/50, 1/100, 1/200, 1/250, 1/300, 1/500, 1/600, 1/1000, 1/1200, 1/2000, 1/2500, 1/3000, 1/5000, 1/6000
배척	2/1, 5/1

47 공기조화방식 중 팬코일 유닛방식에 관한 설명으로 옳지 않은 것은?

① 전공기방식에 속한다.
② 각 실에 수배관으로 인한 누수의 우려가 있다.
③ 덕트 방식에 비해 유닛의 위치 변경이 용이하다.
④ 유닛을 창문 밑에 설치하면 콜드 드래프트를 줄일 수 있다.

TIP 팬 코일 유닛방식

- 전동기 직결의 소형 송풍기(fan), 냉·온수 코일 및 필터 등을 갖춘 실내형 소형 공조기를 각실에 설치하여 중앙 기계실로부터 냉수 또는 온수를 공급받아 송풍하는 방식이다.
- 객실, 입원실, 사무실 등에 사용하며, 극장이나 방송국 스튜디오에는 부적당하다.
① 장점
  - 장래 증가에 대한 유연한 대처가 가능하다.

- 덕트가 필요 없으며, 개별 제어가 쉽다.
- 동력비가 작다.
- ¹⁾콜드 드래프트를 줄일 수 있다.

※ ¹⁾콜드 드래프트(Cold draft) : 생산되는 열보다 소모되는 열이 많을 경우 추위를 느끼게 되는 현상을 말한다.

- 원인 : 인체 주위 온도가 낮을 때, 기류 속도가 클 때, 습도가 낮을 때, 벽면 온도가 낮을 때, 겨울철 창문의 틈에서 바람이(틈새바람) 많을 때

② 단점
- 분산 설치가 되므로 유지관리가 어렵다.
- 외기 공급을 위한 별도의 장치가 필요하다.
- 실내공기 오염 및 누수의 우려가 있다.
- 방음, 방진에 유의해야 한다.

48 한식주택과 양식주택에 관한 설명으로 옳지 않은 것은?

① 한식주택의 실은 단일용도이고 양식주택의 실은 다용도이다.
② 양식주택의 평면은 실의 기능별 분화이다.
③ 한식주택은 개구부가 크며 양식주택은 개구부가 작다.
④ 한식주택에서 가구는 부차적 존재이다.

TIP ☀ 주거양식에 의한 분류

분류	한식주택	양식주택
평면상 차이	• 실의 조합형 • 위치별 실의 구분 • 실의 다용도 (혼용도)	• 실의 분리형 • 기능별 실의 구분 • 실의 단일용도 (독립적)
구조상 차이	• 가구식(목조) • 개구부가 크고 바닥이 높다.	• 조적식(벽돌) • 개구부가 작고 바닥이 낮다.
습관상 차이	• 좌식	• 입식
용도상 차이	• 방의 혼용	• 방의 단일용도
가구의 차이	• 부차적 존재	• 중요한 존재

49 디자인 요소 중 수평선이 주는 조형효과와 가장 거리가 먼 것은?

① 평화   ② 안정
③ 존엄   ④ 고요

TIP ☀ 선의 종류
- 수평선 : 안정, 편안함, 고요함, 차분함을 나타낸다.
- 수직선 : 상승, 긴장감, 위엄, 종교적 느낌을 나타낸다.
- 사선 : 불안정, 운동감, 활동성의 느낌을 나타낸다.
- 곡선 : 여성적, 부드러움을 나타낸다.

50 다음 중 아래 그림에서 세면기의 높이를 나타내는 A의 치수로 가장 알맞은 것은?

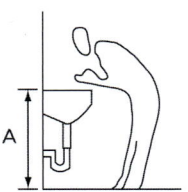

① 600mm ② 750mm
③ 900mm ④ 1000mm

TIP 세면기 높이
- 세면기 높이는 일반적으로 750 ~ 850mm 내외이다. 예전에는 750mm가 일반적이었고 근래에는 평균 신장이 커짐에 따라 850mm 이상으로 하는 경우도 있다.

51 연립주택의 형식 중 경사지를 이용하거나 상부 층으로 갈수록 약간씩 뒤로 후퇴하는 형식은?

① 타운 하우스 ② 테라스 하우스
③ 중정형 하우스 ④ 로우 하우스

TIP 테라스 하우스 (Terrace house)
- 경사지에 짓는 주택으로 적당한 절토 또는 자연 지형을 따라 건물을 만든다.
- 각 호마다 전용의 뜰(정원)을 갖게 되며, 노인이 있는 세대에 적합하다.
- 경사도에 따라 밀도가 좌우되며, 후면에 창이 없기 때문에 깊이는 6~7.5m 이하이다.
- 경사지인 경우 도로를 중심으로 상향식과 하향식으로 구분한다.
- 지형에 따라 자연형(경사지)테라스 하우스, 인공형(평지)테라스 하우스로 나뉘며, 인공형 테라스 하우스는 시각적 테라스형, 구조적 테라스형으로 구분한다.

※ 타운 하우스(Town house) : 토지의 효율적인 이용 및 건설비, 유지관리비의 절약을 고려한 주택으로 단독주택의 장점을 최대한 활용하며 주차가 용이하며 공동 주차공간은 불필요하다. 또한, 배치를 다양하게 변화시킬 수 있으며, 프라이버시 확보는 조경을 통해 해결 가능하다.

※ 중정형 하우스(Courtyard house) : 한 세대가 한 층을 점유하는 형식으로 중정을 향해 L자형으로 둘러싸고 있다.

※ 로우 하우스(Row house) : 타운하우스와 같이 토지의 이용 및 건설비 및 유지관리비 절감을 고려한 형식으로 단독주택보다 높은 밀도를 가진다.

52 수송설비인 컨베이어 벨트 중 수평용으로 사용되며 기물을 굴려 운반하는 것은?

① 버킷 컨베이어
② 체인 컨베이어
③ 롤러 컨베이어
④ 에이프린 컨베이어

TIP 롤러 컨베이어
- 여러 개의 롤러를 수평으로 기물을 굴려 운반하는 장치이다.
- ※ 버킷 컨베이어 : 하부의 재료를 상부로 운반하여 배출하는 장치로 토사, 쇄석 등을 수직 또는 경사로 운반한다.
- ※ 체인 컨베이어 : 감아 걸어놓은 체인에 버킷 등을 부착하여 운반하는 장치로 석탄, 음료수, 식기류 등을 운반한다.
- ※ 에이프런 컨베이어 : 두 줄로 된 감아 놓은 체인사이를 강판으로 고정하여 사용하는 장치이다.

48 ① 49 ③ 50 ② 51 ② 52 ③

53 배수트랩의 종류에 속하지 않는 것은?

① S트랩 ② 벨트랩
③ 버킷트랩 ④ 드럼트랩

> **TIP** 버킷트랩
> - 증기 보일러에서 발생한 응축수를 배출하는 트랩이다.
>
> ※ S트랩 : 세면기, 대변기, 소변기에 사용하며, 바닥 밑 배수관에 접속하여 사용하는 것으로 사이펀 작용으로 인해 봉수가 쉽게 파괴될 수 있다.
>
> ※ 벨트랩 : 욕실, 샤워실 등의 바닥에 배수용으로 사용하는 트랩이다.
>
> ※ 드럼트랩 : 주방 싱크대에 설치하여 사용하는 것으로 다량의 물을 고이게 하여 봉수파괴의 우려가 없고 청소가 가능한 트랩이다.

54 도면에 척도를 기입해야 하는데 그림의 형태가 치수에 비례하지 않을 때 표시방법은?

① SN ② NS
③ CS ④ SC

> **TIP** 척도
> - 그림이 치수에 비례하지 않았을 경우는 "비례가 아님" 또는 "No scale", "NS" 라고 표시한다.

55 사무소 건축에서 엘리베이터 계획 시 고려사항으로 옳지 않은 것은?

① 수량 계산 시 대상 건축물의 교통수요량에 적합해야 한다.
② 승객의 층별 대기시간은 평균 운전간격 이상이 되게 한다.
③ 군 관리 운전의 경우 동일 군내의 서비스 층은 같게 한다.
④ 초고층, 대규모 빌딩인 경우는 서비스 그룹을 분할(조닝)하는 것을 검토한다.

> **TIP** 엘리베이터 배치 시 고려사항
> - 수량 계산 시 대상 건축물의 교통수요량에 적합해야 한다.
> - 승객의 층별 대기시간은 허용 값(평균 운전간격)이하가 되게 한다.
> - 군 관리운동의 경우 일 군내의 서비스 층을 같게 한다.
> - 초고층, 대규모 빌딩인 경우는 서비스 그룹을 분할(조닝)하는 것을 검토한다.
> - 교통수요량이 많은 경우 건물 출입 층이 2개 층 이상 되는 경우이다.
>   (⇒건축물의 출입 층이 2개 층이 되는 경우는 각각의 교통수요량 이상이 되도록 한다.)
> - 각 서비스 존은 10 ~ 15개 층으로 구분한다.
> - 각 서비스 존별 엘리베이터 수량은 가능한 한 8대 이하로 한다.
> - 서비스를 균일하게 할 수 있도록 건축물 중심부에 설치하는 것이 좋다.
> - 실내공간의 확장을 용이하게 할 수 있도록 건축물의 한 쪽 끝에 설치하는 것은 좋지 않다.

56 건축물의 대지면적에 대한 연면적의 비율을 무엇이라고 하는가?

① 체적률 ② 건폐율
③ 입체율 ④ 용적률

TIP 용적률
- 대지면적에 대한 연면적의 비율로 용적률이 높을수록 건축할 수 있는 연면적이 많아져 건축 밀도가 높아지므로 적정 주거환경을 보장하기 위해 용적률의 상한선을 지정한다.
- 용적률 $= \dfrac{연면적}{대지면적} \times 100\%$

※ 체적률 : 넓이와 높이를 가진 물체가 차지하는 크기의 비율을 말한다.

※ 건폐율 : 대지면적에 대한 건축면적의 비율로 건물의 밀도를 나타낼 때 사용한다.

57 다음 설명이 나타내는 건축법상의 용어는?

> 기존 건축물의 전부 또는 일부를 철거하고 그 대지에 종전과 같은 규모의 범위에서 건축물을 다시 축조하는 것을 말한다.

① 신축 ② 재축
③ 개축 ④ 증축

TIP 개축
- 기존 건축물의 전부 또는 일부(내력벽·기둥·보·지붕틀 중 셋 이상이 포함되는 경우를 말함)를 철거하고 그 대지에 종전과 같은 규모의 건축물을 다시 축조하는 것을 말한다.

※ 신축 : 기존 건축물이 철거되거나 멸실된 대지를 포함하여 건축물이 없는 대지에 새로 건축물을 축조하는 것을 말한다. 다만 부속건축물만 있는 대지에 새로 주된 건축물을 축조하는 것을 포함하되, 개축 또는 재축하는 것은 제외한다.

※ 재축 : 건축물이 천재지변이나 그 밖의 재해로 멸실된 경우 그 대지에 종전과 같은 규모의 범위에서 다시 축조하는 것을 말한다.

※ 증축 : 기존 건축물이 있는 대지에서 건축물의 건축면적, 연면적, 층수 또는 높이를 늘리는 것을 말한다.

58 다음과 같이 정의되는 용어로 맞는 것은?

> 건축물의 내부와 외부를 연결하는 완충공간으로 전망이나 휴식 등의 목적으로 건축물 외벽에 접하여 부가적으로 설치되는 공간

① 베란다 ② 발코니
③ 테라스 ④ 필로티

TIP 발코니
- 건축물 외벽에 접하며 지붕이 있는 공간으로 국토교통부장관이 정하는 기준에 적합한 발코니는 필요에 따라 거실·침실·창고 등의 용도로 사용할 수 있다.
- 1.5m이내의 발코니는 확장하여 사용할 수 있으며 전용면적에 산입되지 않기 때문에 발코니 면적이 클수록 실내공간을 넓게 사용할 수 있다. 1.5m를

53 ③ 54 ② 55 ② 56 ④ 57 ③ 58 ②

초과하면 바닥면적에 산입된다.

※ 베란다 : 위층면적보다 아래층면적이 넓은 경우 아래층의 남는 여유 공간을 말한다.

※ 테라스 : 지면과 만나는 부분에 외부로 출입할 수 있도록 만든 공간으로 지붕을 설치하지 않는다.

※ 필로티 : 건축물 1층을 개방형으로 만들어 휴식 및 주차장 등으로 이용하는 공간을 말한다.

59 어떤 하나의 색상에서 무채색의 포함량이 가장 적은 색은?

① 명색
② 순색
③ 탁색
④ 암색

TIP 순색

- 동일 색상의 청색 중에서도 가장 채도가 높은 색을 말하며 무채색의 포함량이 가장 적다.

※ 명색 : 명도가 높은 색(밝은 색)을 말하며, 맑고 밝은 색이 주를 이룬다.

※ 탁색 : 순색에 회색을 혼합한 탁한 색을 말하며, 안정감과 차분한 이미지를 가지고 있다.

※ 암색 : 명도가 낮은 색(어두운 색)을 말하며, 무겁고 가라앉는 느낌이 있다.

60 균형의 원리에 관한 설명으로 옳지 않은 것은?

① 크기가 큰 것이 작은 것보다 시각적 중량감이 크다.
② 기하학적 형태가 불규칙적인 형태보다 시각적 중량감이 크다.
③ 색의 중량감은 색의 속성 중 특히 명도, 채도에 따라 크게 작용한다.
④ 복잡하고 거친 질감이 단순하고 부드러운 것보다 시각적 중량감이 크다.

TIP 균형

- 실내공간에 편안감과 침착함 및 안정감을 주며, 눈이 지각하는 것처럼 중량감을 느끼도록 하는 원리이다.
- 크기가 큰 것이 작은 것보다 무겁게 느껴진다.
- 불규칙적인 형태가 기하학적인 형태보다 무겁게 느껴진다.
- 복잡하고 거친 것은 부드럽고 단순한보다 무겁게 느껴진다.
- 수직 수평선은 사선보다 무겁게 느껴진다.

59 ② 60 ②

06 PART | CBT 기출복원문제

2023년 2회

01 돌쌓기의 1켜의 높이는 모두 동일한 것을 쓰고 수평줄눈이 일직선으로 통하게 쌓는 돌쌓기 방식은?

① 바른층쌓기 ② 허튼층쌓기
③ 층지어쌓기 ④ 허튼쌓기

TIP 바른층쌓기
- 1켜의 높이는 모두 동일한 것을 쓰고 수평줄눈이 일직선으로 통하게 쌓는 돌쌓기 방식이다.
- ※ 허튼층쌓기 : 수평줄눈이 일직선으로 통하지 않게 쌓은 방식이다.
- ※ 층지어쌓기 : 허튼층으로 3켜 정도 쌓은 다음 수평줄눈이 일직선으로 되게 쌓는 방식이다.
- ※ 허튼쌓기 : 불규칙하게 돌을 쌓는 방식이다.

02 그림과 같은 양식 지붕틀의 명칭은?

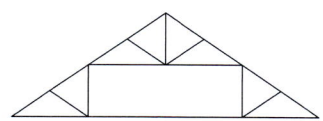

① 왕대공 지붕틀 ② 쌍대공 지붕틀
③ 하우 트러스   ④ 핑크 트러스

TIP 쌍대공 지붕틀
- 서로 마주 보는 수직부재를 쌍으로 세우고 빗대공과 달대공으로 짜서 만든 목조 지붕틀이다.
- ※ 왕대공 지붕틀 : 왕대공, 평보, ㅅ자보, 빗대공, 달대공의 부재로 삼각형 구조로 만든 지붕틀이다.
- ※ 하우 트러스 : 트러스의 사재(斜材)응력이 압축응력을 받도록 부재를 구성한 트러스이다.
- ※ 핑크 트러스 : 부재가 휘지 않게 접합점을 핀으로 연결한 것으로 철골 트러스로서 가장 널리 사용된다.

03 다음 중 철골구조의 장점으로 옳지 않은 것은?

① 강도가 커서 부재를 경량화 할 수 있다.
② 공사비가 싸고 내화적이다.
③ 부재가 세장하여 좌굴하기 쉽다.
④ 연성구조이므로 취성파괴를 방지할 수 있다.

TIP 철골구조
① 장점
- 강도가 커서 건물 자중을 가볍게 할

01 ① 02 ② 03 ②

수 있다.
- 큰 스팬의 구조물이나 고층 구조물에 적합하다.
- 이동, 해체, 수리, 보강 등 사용하기가 편리하다.

② 단점
- 녹슬기 쉬워 피복에 신경을 써야 한다.
- 부재가 가늘고 길어 좌굴되기 쉽고 열에 약하다.
- 공사비가 비싸다.

04 철근 콘크리트 공사에서 거푸집을 받치는 가설재를 무엇이라 하는가?

① 턴버클   ② 동바리
③ 세페레이터   ④ 스페이서

TIP 동바리
- 비계의 기둥이나 지보공 지주의 밑에 설치하여 비계기둥 또는 지주의 간격을 유지하고, 기둥 밑의 움직임을 방지하는 목적의 수평 연결재이다.
- ※ 세퍼레이터(separater, 격리재) : 거푸집 사이의 간격 유지 및 철근이나 PC강재 등을 소요거리만큼 확보하기 위하여 사용하는 버팀대이다.
- ※ 스페이서(Spacer, 간격재) : 거푸집 내의 철근 배근간격을 유지하고 철근과의 일정 거리를 확보하기 위하여 쓰이는 금속 또는 플라스틱 부품이다.
- ※ 턴버클 : 양쪽에 반대 방향으로 돌아가는 나사를 회전시켜 나사에 이어진 줄이 당겨져 조이는 기구이다.

05 2방향 슬래브가 되기 위한 조건으로 옳은 것은?

① (장변/단변) ≤ 2
② (장변/단변) ≤ 3
③ (장변/단변) 〉 2
④ (장변/단변) 〉 3

TIP 2방향 슬래브
- 장변과 단변의 비가 2이하일 때를 2방향 슬래브라 하며, 비교적 큰 보나 벽체로 지지된 슬래브에서 서로 직교하는 2방향으로 주근을 배치한 슬래브이다.
- 단변방향의 철근을 장변방향의 철근보다 바닥 단부 쪽으로 배치하는데, 단변방향에서 더 큰 하중을 받기 때문이다.
- ※ 1방향 슬래브 : 장변과 단변의 비가 2를 초과할 때를 1방향 슬래브라 하며, 슬래브에 작용하는 모든 하중이 단변방향으로만 전달되는 것으로 간주한다. 또한 단변방향으로 주근을 배치하고, 장변방향으로 배력근을 배치한다.

06 모임지붕 일부에 박공지붕을 같이 한 것으로, 화려하고 격식이 높으며 대규모 건물에 적합한 한식지붕구조는?

① 외쪽지붕   ② 솟을지붕
③ 합각지붕   ④ 방형지붕

TIP 합각지붕
- 위의 절반은 박공지붕, 아래 절반은 우진각 지붕의 형태를 가진 지붕이다.
- ※ 외쪽지붕 : 지붕이 한 방향으로만 기울

어진 지붕이다.

※ 솟을 지붕 : 지붕이 2개로 이루어져 경사진 지붕이다.

※ 방형지붕 : 지붕의 4개의 면을 한 곳에서 만나도록 한 지붕이다.

07 외관이 중요시 되지 않는 아치는 보통벽돌을 쓰고 줄눈을 쐐기모양으로 하는데 이러한 아치를 무엇이라 하는가?

① 본아치
② 거친아치
③ 막만든아치
④ 층두리아치

TIP 거친아치

- 보통 벽돌을 이용하여 사용하고 줄눈을 쐐기모양으로 만든 아치이다.

※ 본아치 : 아치 벽돌을 사다리꼴 모양으로 제작한 것을 이용하여 만든 아치이다.

※ 막만든아치 : 벽돌을 쐐기 모양으로 다듬어 만든 아치이다.

※ 층두리 아치 : 아치 너비가 넓을 때 여러 겹으로 겹쳐 쌓은 아치이다.

08 울거미를 짜고 중간에 살을 25cm 이내 간격으로 배치하여 양면에 합판을 교착하여 만든 문은?

① 접문
② 플러시문
③ 띠장문
④ 도듬문

TIP 플러시 문

- 문 표면이 평탄하고 변형 및 뒤틀림이 적어 다양한 장소에 사용한다.

※ 접문 : 크기가 작은 여러 문짝을 연결하여 도르래 등을 이용하여 접거나 펼치면서 사용한다.

※ 띠장문 : 널 또는 울거미에 띠장으로 고정시켜 사용한다.

※ 도듬문 : 문 둘레에 울거미를 남기고 안쪽을 종이로 두껍게 발라 사용한다.

09 다음 중 내민보(cantilever beam)에 대한 설명으로 옳은 것은?

① 연속보의 한 끝이나 지점에 고정된 보의 한 끝이 지지점에서 내민 형태로 달려 있는 보를 말한다.

② 보의 양단이 벽돌, 블록, 석조벽 등에 단순히 얹혀있는 상태로 된 보를 말한다.

③ 단순보와 동일하게 보의 하부에 인장 주근을 배치하고 상부에 압축철근을 배치한다.

④ 전단력에 대한 보강의 역할을 하는 늑근은 사용하지 않는다.

TIP 내민보 (cantilever beam)

- 보가 기둥 또는 벽 등에 한쪽에만 접합되어있는 상태로 연속보의 한 끝이나 지점에 고정된 보의 한 끝이 지지점에서 내밀어 달려있는 보를 말한다.

※ 단순보 : 기둥 또는 벽에 단순히 올려 있는 상태로 양단이 벽돌, 블록, 석조벽 등에 단순히 얹혀 있는 보를 말한다.

※ 양단 고정보 : 기둥 또는 벽 안쪽 단부가 모두 강하게 접합 되어 있는 상태의 보를 말한다.

※ 연속보 : 단순 보 중간에 1개 이상의 받침점을 이용한 보를 말한다.

04 ② 05 ① 06 ③ 07 ② 08 ② 09 ①

10 다음 중 벽식구조로 적합하지 않은 공법은?

① PC(Precast Concrete)
② RC(Reinforced Concrete)
③ Masonry
④ Membrane

TIP 벽식구조
- 벽이나 바닥판을 평면적인 구조체만으로 구성한 구조물로 보나 기둥 없이 슬래브와 벽으로 연결된 구조이다.
- 층간소음이 전달되며 기둥과 보가 없어 벽을 허물지 않아야 한다.
- ※ Membrane (막구조) : 텐트와 같은 얇은 막을 쳐서 지붕을 구성하는 방법으로 두 방향의 인장력이 작용하는 구조이다.

11 지붕물매의 결정 요소가 아닌 것은?

① 건축물 용도   ② 처마돌출 길이
③ 간 사이 크기   ④ 지붕이기 재료

TIP 지붕물매 결정요소
- 지붕 간 사이
- 건물의 용도
- 지붕이음 재료
- 그 지방의 강수량

12 옥외의 공기나 흙에 직접 접하지 않는 철근콘크리트 보에서 철근의 최소 피복두께는? (단, 콘크리트 설계기준강도는 40N/㎟ 미만임)

① 30mm   ② 40mm
③ 50mm   ④ 60mm

TIP 최소피복두께

표면조건		부재	철근	피복두께
수중에 타설하는 콘크리트		모든 부재	-	100 mm
흙에 접한 부위	흙에 접하여 콘크리트를 친 후 영구히 흙에 묻혀 있는 콘크리트	모든 부재	-	80 mm
	흙에 접하거나 옥외의 공기에 직접 노출되는 콘크리트	모든 부재	D29 이상	60 mm
			D25 이하	50 mm
			D16 이하	40 mm
흙에 접하지 않는 부위	옥외의 공기나 지반에 직접 접하지 않는 콘크리트	슬래브, 벽체, 장선	D35 초과	40 mm
			D35 이하	20 mm
		보, 기둥		40 mm
		쉘, 절판부재		20 mm

13 절충식구조에서 지붕보와 처마도리의 연결을 위한 보강 철물로 사용되는 것은?

① 주걱볼트   ② 띠쇠
③ 감잡이쇠   ④ 갈고리 볼트

TIP 주걱볼트
- 평평한 철물에 볼트를 용접한 볼트로 처마도리와 지붕보를 연결할 때 사용한다.
- ※ 띠쇠 : I자 형으로 된 철판에 가시못 또는 볼트 구멍을 뚫어 놓은 것으로 왕대공과 ㅅ자보를 연결할 때 사용한다.
- ※ 감잡이쇠 : ㄷ자 형으로 띠쇠를 구부린 철판으로 평보와 왕대공을 연결할 때 사용한다.
- ※ 갈고리볼트 : 머리 대신 한 쪽을 갈고리 모양으로 한 것으로 콘크리트를 치기 전 설치하는 볼트이다.

14 다음 중 상부에서 오는 하중을 받지 않는 비내력벽은?

① 조적식블록조 ② 보강블록조
③ 거푸집블록조 ④ 장막벽블록조

TIP 장막벽
- 자체 하중만 지지하고 칸막이 역할만 한다.
- 칸막이벽 두께는 9cm이상으로 하도록 하며, 위층이 조적식 칸막이벽, 또는 주요 구조물일 경우 19cm 이상으로 한다.

15 구조형식이 셸구조인 건축물은?

① 잠실 종합운동장
② 파리 에펠탑
③ 서울 월드컵 경기장
④ 시드니 오페라 하우스

TIP 셸 구조
- 곡률을 가진 얇은 판으로 주변을 충분히 지지시켜 공간을 덮는 구조이다.
- 가볍고 강성이 우수한 구조 시스템으로 시드니 오페라 하우스가 대표적이다.

16 그림과 같은 왕대공 지붕틀의 ◎표의 부재가 일반적으로 받는 힘의 종류는?

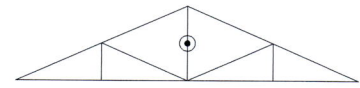

① 인장력   ② 전단력
③ 압축력   ④ 비틀림 모멘트

TIP 왕대공지붕틀

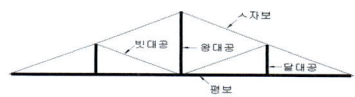

―――― : 인장재
―――― : 압축재

- 인장력 : 평보, 왕대공, 달대공
- 압축력 : 빗대공
- 압축력과 휨모멘트 : ㅅ자보

17 기본형벽돌(190 × 90 × 57)을 사용한 벽돌벽 1.5B의 두께는? (단, 공간 80mm)

① 280mm   ② 290mm
③ 350mm   ④ 360mm

> 💡 **벽돌의 벽체두께**
> - 90mm(0.5B) + 80mm + 190mm (1.0B) = 360mm

18 미서기문의 마중대 부분에 턱솔 또는 딴 혀를 대어 방풍적으로 물려지게 하는데 이것을 무엇이라 하는가?

① 지도리   ② 풍소란
③ 접문   ④ 문선

> 💡 **풍소란**
> - 문이 닫혔을 때 문지방의 위아래나 양 옆에 접하는 부분의 틈새를 막는 바람막이를 말한다.
>   ※ 지도리 : 돌쩌귀, 문장부 따위를 통틀어 이르는 말이다.
>   ※ 문선 : 문꼴을 보기 좋게 하면서 주위 벽의 마무리를 잘하기 위하여 둘러대는 누름대이다.

19 처음 한 켜는 마구리쌓기, 다음 한 켜는 길이쌓기를 교대로 쌓는 것으로, 통줄눈이 생기지 않으며 내력벽을 만들 때 많이 이용되는 벽돌 쌓기법은?

① 미국식 쌓기   ② 프랑스식 쌓기
③ 영국식 쌓기   ④ 영롱 쌓기

> 💡 **영국식 쌓기**
> - 현 켜는 마구리쌓기, 다음 켜는 길이쌓기로 번갈아 쌓아 올린 방식으로 모서리는 이오토막 또는 반절을 사용한다.
> - 통줄눈이 생기지 않으며, 가장 튼튼한

방법으로 내력벽에 이용된다.
※ 프랑스식 쌓기 : 한 켜에 길이쌓기와 마구리쌓기가 번갈아 나오게 하는 쌓기법으로 통줄눈이 많이 생겨 튼튼하지 않아 장식벽체에 사용한다.
※ 미국식 쌓기 : 표면에 치장벽돌로 5켜 정도를 길이쌓기로 한 뒤 뒷면을 영국식 쌓기로 하는 방법으로 치장쌓기나 공간쌓기로 사용한다.
※ 영롱 쌓기 : 벽돌면에 구멍을 내 쌓는 방법으로 장식의 효과가 있다.

20 형강규격이 346 x 174 x 6 x 9일 때 플랜지 두께는?

① 346   ② 174
③ 6   ④ 9

> 💡 **형강의 규격**
>
>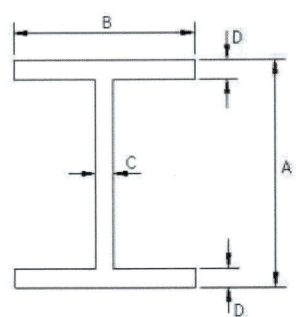
>
> - I형강의 규격은 A×B×C×D로 규정한다.
> - A : 웨브 높이, B : 플랜지 폭
>   C : 웨브 두께, D : 플랜지 두께

21 옥상의 빗물처리를 용이하게 하기 위하여 설치하는 철제품은?

① 루프드레인   ② 조이너
③ 논슬립   ④ 메탈라스

💡TIP 루프드레인(roof drain)
- 지붕의 물 빠지는 홈통구멍에 대어 홈통이 막히지 않도록 쓰레기 등을 걸러 내는 철물이다.
- ※ 조이너 : 보드 붙임의 조인트 부분에 부착하는 가는 막대 모양의 줄눈재로 알루미늄이나 플라스틱이 많고 형상도 여러 종류가 있다.
- ※ 논슬립 : 계단 등에 미끄러짐 방지를 위해 대는 것으로 황동 외에 알루미늄, 스테인리스 등 종류가 다양하다.
- ※ 메탈라스 : 얇은 강판에 자르는 자국을 내어 옆으로 잡아당겨 그물모양으로 만든 것으로 미장 바탕용으로 사용한다.

22 다음 중 골재의 체가름 시험에 사용되지 않는 체의 크기는?

① 0.15mm   ② 1.2mm
③ 5mm   ④ 35mm

💡TIP 골재의 조립률(Fineness modulus of aggregate)
- 80mm, 40mm, 20mm, 10mm, 5mm, 2.5mm, 1.2mm, 0.6mm, 0.3mm, 0.15mm의 10개의 체를 1조로 하여 체가름 시험을 했을 때, 각 체에 남는 누계량의 전체 중량 백분율의 합계를 100으로 나눈 값을 말한다.
- 일반적으로 잔골재는 조립률이 2.6 ~ 3.1, 굵은 골재는 6 ~ 8정도가 되면 좋은 입도라 할 수 있다.

23 20kg의 골재가 있다. 5mm 표준망 체에 중량비로 몇 kg 이상 통과하여야 모래라고 할 수 있는가?

① 10kg   ② 12kg
③ 15kg   ④ 17kg

💡TIP 골재
- 잔골재 : 5mm체에 85 ~ 90%이상 통과하는 골재를 말한다.
- 굵은 골재 : 5mm체에 85 ~ 90%이상 남는 골재를 말한다.
- 20kg × 0.85 ~ 0.9 = 17kg ~ 18kg

24 포졸란(pozzolan)을 사용한 콘크리트의 특징 중 옳지 않은 것은?

① 수밀성이 높아진다.
② 수화 발열량이 적어진다.
③ 경화작용이 늦어지므로 조기 강도가 낮아진다.
④ 블리딩이 증가된다.

💡TIP 포졸란
- 화산재, 규조토 등을 혼합하여 만든 것으로 시공연도가 좋아지고 블리딩이 감소한다.
- 조기강도는 작으나 장기강도 및 수밀성, 화학적 저항성이 크다.

25 대리석에 대한 설명 중 옳지 않은 것은?

① 외부 장식재로 적당하다.
② 내화성이 낮고 풍화되기 쉽다.
③ 석회석이 변질되어 결정화한 것이다.
④ 물갈기 하면 고운 무늬가 생긴다.

> **TIP** 대리석
> - 석회석이 변해 결정화한 것으로 주성분은 탄산석회($CaCO_3$)이다.
> - 아름다운 색채와 무늬가 다양하여 장식재 중 최고급 재료이다.
> - 석질이 치밀하고 견고하나, 열과 산에 약해 풍화되기 쉽고 내화도가 약하여 내부 장식재로만 사용한다.

26 콘크리트가 시일이 경과함에 따라 공기 중의 탄산가스의 작용을 받아 수산화칼슘이 서서히 탄산칼슘으로 되면서 알칼리성을 잃어가는 현상을 무엇이라 하는가?

① 블리딩　　② 동결융해작용
③ 중성화　　④ 알칼리골재 반응

> **TIP** 중성화
> - 시멘트의 주성분인 수산화칼슘이 강알칼리성을 가지고 있다가 대기 중의 탄산가스, 산성비 등 여러 원인에 의해 서서히 중성으로 바뀌는 현상을 말한다.
> - ※ 블리딩 : 굳지 않은 콘크리트에서 물이 상부로 치고 올라오는 현상을 말한다.
> - ※ 동결융해작용 : 골재가 얼었다 녹는 것을 말한다.
> - ※ 알칼리골재 반응 : 골재 중의 실리카질 광물이 시멘트 중의 알칼리 성분과 화학적으로 반응하는 것으로 이와 같은 반응이 발생하면 콘크리트가 팽창하여 균열이 발생한다.

27 다음 수종 중 침엽수가 아닌 것은?

① 소나무　　② 삼송나무
③ 잣나무　　④ 단풍나무

> **TIP** 목재의 분류
> - 침엽수 : 소나무, 잣나무, 전나무, 낙엽송 등
> - 활엽수 : 밤나무, 느티나무, 단풍나무, 오동나무, 참나무, 박달나무 등

28 점토에 대한 다음 설명 중 옳지 않은 것은?

① 제품의 색깔과 관계있는 것은 규산성분이다.
② 점토의 주성분은 실리카, 알루미나이다.
③ 각종 암석이 풍화, 분해되어 만들어진 가는 입자로 이루어져 있다.
④ 점토를 구성하고 있는 점토광물은 잔류점토와 침적점토로 구분된다.

> **TIP** 점토
> - 점토의 주성분은 실리카(SiO_2 : 50~70%), 알루미나(Al_2O_3 : 15~36%) 등이다.
> - 점토의 색깔과 관계있는 것은 카올린(kaolin)이다.

- 점토를 소성하여 분쇄한 분말을 샤모트(Schamotte)라 하며, 점성조절재로 사용한다.
- 점토를 구성하고 있는 점토광물은 잔류점토와 침적점토로 구분된다.

29 콘크리트 슬럼프시험에 관한 설명 중 옳지 않은 것은?

① 콘크리트의 컨시스턴시를 측정하는 방법이다.
② 콘크리트를 슬럼프 콘에 3회에 나누어 규정된 방법으로 다져서 채운다.
③ 묽은 콘크리트일수록 슬럼프 값은 작다.
④ 콘크리트가 일정한 모양으로 변형하지 않았을 때에는 슬럼프시험을 적용할 수 없다.

TIP 슬럼프 시험(Slump test)
- 반죽질기(Consistency)로 워커빌리티(Workability)를 나타내므로, 반죽질기를 따지는 슬럼프값으로 워커빌리티를 판단한다.
- 슬럼프 시험 외에 flow시험, 구(ball) 관입시험 등이 있다.

30 목재의 강도에 관한 설명으로 틀린 것은?

① 섬유포화점 이하의 상태에서는 건조하면 함수율이 낮아지고 강도가 커진다.
② 옹이는 강도를 감소시킨다.
③ 일반적으로 비중이 클수록 강도가 크다.
④ 섬유포화점 이상의 상태에서는 함수율이 높을수록 강도가 작아진다.

TIP 섬유포화점
- 건조를 시켜 약 30%이하가 됐을 때를 섬유포화점이라 하며, 서서히 강도가 증가한다.
- 섬유포화점 이상일 때의 함수율 증감은 강도의 변화와는 관계가 없다.

31 회반죽이 공기 중에서 굳어질 때 필요한 성분은?

① 탄산가스   ② 산소
③ 질소   ④ 수증기

TIP 회반죽
- 소석회에 여물, 풀, 모래 등을 혼합한 것으로 수축률이 커 여물을 넣어 균열을 방지하고 건조에 시간이 많이 걸린다.
- 목조바탕, 콘크리트 블록 및 벽돌바탕 등에 사용한다.
- 회반죽은 이산화탄소(탄산가스)와 반응하여 경화한다.

32 다음 점토제품 중 소성온도가 낮은 것에서 높은 순서로 옳게 배열된 것은?

① 토기-도기-석기-자기
② 토기-석기-도기-자기
③ 도기-토기-자기-석기
④ 도기-석기-자기-토기

TIP ☀ 점토의 분류

종류	소성온도	흡수율(%)	제품
토기(보통(저급)점토)	790℃~1,000℃ (SK 0.15~SK 0.5)	20 이상	기와, 벽돌, 토관
도기(도토)	1,100℃~1,230℃ (SK 1~SK 7)	10	타일, 테라코타, 위생도기
석기(양질점토)	1,160℃~1,350℃ (SK 4~SK 12)	3~10	벽돌, 타일, 테라코타
자기(양질점토, 장석분)	1,230℃~1,460℃ (SK 7~SK 16)	0~1	타일, 위생도기

33 건축재료 중 구조재로 사용할 수 없는 것끼리 짝지어진 것은?

① H형강·벽돌 ② 목재·벽돌
③ 목재·콘크리트 ④ 유리·모르타르

34 다음 중 단열재에 대한 설명으로 옳지 않은 것은?

① 단열재는 역학적인 강도가 작기 때문에 건축물의 구조체 역할에는 사용하지 않는다.
② 단열재는 흡습 및 흡수율이 좋아야 한다.
③ 단열재의 열전도율은 낮을수록 좋다.
④ 단열재는 공사 현장까지의 운반이 용이하고 현장에서의 가공과 설치도 비교적 용이한 것이 좋다.

TIP ☀ 단열재
- 단열성능이 좋아야 하며, 열전도율이 낮아야 한다.
- 비교적 화학적으로 안정한 재료여야 한다.
- 역학적인 강도가 매우 작아 구조체 역할을 하는 재료로 사용하지 않는다.
- 단열효과를 내는 공기층에 물이 채워져 있으면 공기의 열전도율이 물의 열전도율로 바뀌므로 단열효과가 저하된다.
- 불연재가 좋으며, 불연재가 아닌 단열재의 경우, 난연 처리를 하여 자기소화성을 갖도록 처리하여야 한다.
- 공사 현장까지의 운반이 용이하고 현장에서의 가공과 설치도 비교적 용이한 것이어야 한다.

35 보통 재료에서는 축 방향에 하중을 가할 경우 그 방향과 수직인 횡 방향에도 변형이 생기는데, 횡 방향 변형도와 축 방향 변형도의 비를 무엇이라 하는가?

① 탄성계수 비 ② 경도 비
③ 푸아송 비 ④ 강성 비

TIP ☀ 푸아송 비(Poisson's Ratio)
- 재료에 외력이 가해졌을 경우, 그 힘의 방향으로 변형이 생기며 또한 직각방향으로도 변형이 생기는 현상
- 푸아송 비의 역수를 푸아송 수라 한다.

36 다음 중 열전도율이 가장 낮은 것은?

① 콘크리트 ② 타일
③ 유리 ④ 대리석

TIP ☀ 재료별 열전도율 (단위 : W/m·k)

- 유리 : 0.76

※ 콘크리트(기포콘크리트 ~ 철근콘크리트) : 0.13 ~ 2.5

※ 목재 : 1.3

※ 대리석 : 1

37 다음 중 같은 조건일 때 내구성이 가장 큰 석재에 해당되는 것은?

① 사암　　② 석회암
③ 대리석　④ 석영암

TIP 석재의 내구성

- 석재의 내구성은 조직 및 조암광물의 종류와 풍토, 기후, 노출상태에 따라 달라진다.
- [1]석영암 : 75 ~ 200

※ 조립사암 : 5 ~ 15, 세립사암 : 20 ~ 50, 경질사암 : 100 ~ 200

※ 석회암 : 20 ~ 40

※ 대리석 : 60 ~ 100

※ [1]석영암 : 운모가 주요성분이고 나머지 약 40%정도가 다른 광물로 된 불순물을 함유하고 있다. 순수한 석영암은 광택이 있어 장식재로 사용된다.

38 다음 중 굳지 않은 콘크리트가 구비해야 할 조건이 아닌 것은?

① 워커빌리티가 좋을 것
② 시공 및 그 전후에 있어 재료분리가 클 것
③ 거푸집에 부어넣은 후 균열 등 유해한 현상이 발생하지 않을 것
④ 각 시공단계에 있어서 작업을 용이하게 할 수 있을 것

TIP 굳지 않은 콘크리트가 구비해야 할 조건

- 운반, 이어 붓기, 다짐 및 표면마감의 각 시공단계에 있어서 작업을 용이하게 할 수 있어야 한다.
- 시공 및 그 전후에 있어 재료분리가 적어야 한다.
- 거푸집에 타설 후 균열 등이 발생하지 않아야 한다.

39 보통 포틀랜드시멘트의 응결시간에 대한 설명 중 옳은 것은?

① 초결 30분 이상, 종결 10시간 이하
② 초결 30분 이상, 종결 20시간 이하
③ 초결 60분 이상, 종결 20시간 이하
④ 초결 60분 이상, 종결 10시간 이하

TIP 응결

- 물과 섞으면 시멘트 풀이 되고, 시간이 지남에 따라 유동성과 점성이 점차 없어져 고체상태를 유지하려고만 하는 상태를 말한다.
- 응결의 초결과 종결을 1시간 이후 10시간 이내로 보고 있다.
- 응결순서 : 알루민산삼석회 〉 규산삼석회 〉 알루민산철사석회 〉 규산이석회

33 ④　34 ②　35 ③　36 ③　37 ④　38 ②　39 ④

40 다음에서 설명하는 역학적 성질은?

> 물체에 외력이 작용하면 순간적으로 변형이 생겼다가 외력을 제거하면 원래의 상태로 되돌아가는 성질

① 탄성
② 소성
③ 점성
④ 외력

TIP 탄성
- 재료가 외력을 받아 변형이 생긴 후, 이 외력을 제거하면 원래 모양과 크기로 되돌아가는 성질을 말한다.
- ※ 소성 : 외력을 제거하면 원래 모양으로 돌아가지 않고 변형된 상태로 남아있는 성질을 말한다.
- ※ 점성 : 유체가 유동하고 있을 때 유체의 내부에 흐름을 저지하려고 하는 내부 마찰저항이 발생하는 성질을 말한다.
- ※ 외력 : 구조물이나 부재의 외부로부터 작용하는 힘을 말하며, 고정하중, 적재하중, 풍하중, 지진력, 충격하중 등이 있다.

41 주택의 다이닝 키친(dining kitchen)에 관한 설명으로 옳지 않은 것은?

① 가사노동의 동선 단축효과가 있다.
② 공간을 효율적으로 활용할 수 있다.
③ 부엌에 식사공간을 부속시킨 형식이다.
④ 이상적인 식사 공간분위기 조성이 용이하다.

TIP 다이닝 키친(DK)
- 부엌의 일부에 식사실을 두는 형식으로, 소규모 주택에 적합한 형식이다.
- 식사와 취침은 분리하지만, 단란은 취침하는 곳과 겹칠 수 있다

42 온수난방과 비교한 증기난방의 특징에 속하지 않는 것은?

① 설비비와 유지비가 싸다.
② 열의 운반능력이 크다.
③ 예열시간이 짧다.
④ 난방의 쾌감도가 높다.

TIP 온수난방과 비교한 증기난방의 특징
- 온수난방에 비해 가열시간과 증기순환이 빠르고 방열면적이 온수난방보다 작다.
- 증기의 잠열을 이용하여 난방열의 운반능력이 크며, 설비비가 싸다.
- 쾌적감이 낮고 온도조절이 어려우며 소음발생 및 응축수배관이 부식되기 쉽다.

43 세정 밸브식 대변기에 관한 설명으로 옳지 않은 것은?

① 대변기의 연속사용이 가능하다.
② 일반 가정용으로는 거의 사용되지 않는다.
③ 세정음은 유수음도 포함되기 때문에 소음이 크다.
④ 레버의 조작에 의해 낙차에 의한 수압

으로 대변기를 세척하는 방식이다.

TIP: 세정(Flush)밸브식
- 수압이 0.07Mpa 이상이어야 하며, 비교적 연속사용이 가능하다.
- 급수관의 관경은 25mm로 가장 커 주택보다는 학교, 사무소 등에 적합하다.

44 건축형태의 구성 원리 중 일반적으로 규칙적인 요소들의 반복으로 디자인에 시각적인 질서를 부여하는 통제된 운동 감각을 의미하는 것은?

① 리듬 ② 균형
③ 강조 ④ 조화

TIP: 리듬
- 규칙적인 요소들의 시각적 질서를 부여하는 통제된 운동감각을 나타나는 힘을 말하며 반복, 점증(gradation), 억양 등이 있다.
- ※ 균형 : 인간의 주의력에 의해 감지되는 시각적 무게의 평형을 말하며 구성체의 부분과 부분 및 부분과 전체 사이에 균형을 잡으면 쾌적한 감정을 준다.
- ※ 강조 : 시선을 집중시키고 오래 머물게 하여 의도를 전달하는 데 도움을 준다.
- ※ 조화 : 부분과 부분 사이에 질서를 부여하는 것을 말하며 비슷한 요소로 이루어지는 유사성과 상이한 요소를 배치하여 특징을 강조하는 대비가 있다.

45 홀형 아파트에 관한 설명으로 옳지 않은 것은?

① 거주의 프라이버시가 높다.
② 채광, 통풍 등의 거주 조건이 양호하다.
③ 부지의 이용률이 매우 높다.
④ 계단실에서 직접 각 세대로 접근할 수 있는 유형이다.

TIP: 홀형(계단실형)
- 계단 또는 엘리베이터에서 각 세대로 직접 출입하는 형식이다.
- 가장 독립성이 좋고(프라이버시가 좋다.) 출입이 편하다.
- 동선이 짧고, 채광과 통풍이 양호하다.
- 통행부의 면적이 작아 건물의 이용도가 높다.
- 계단실마다 엘리베이터를 설치하여 설비비가 많이 들며 엘리베이터 1대당 이용률이 복도형에 비해 적다.
- ※ 집중형 아파트 : 부지의 이용률이 매우 높다.

46 건축법령상 공동주택에 속하지 않는 것은?

① 기숙사 ② 연립주택
③ 다가구주택 ④ 다세대주택

TIP: 주택
① 단독주택
- 단독주택
- 다중주택 : 연면적 330㎡이하, 층수

40 ① 41 ④ 42 ④ 43 ④ 44 ① 45 ③ 46 ③

- 3층 이하로 독립취사시설이 없고 장기간 거주 가능 구조
- 다가구주택 : 주택으로 쓰이는 바닥면적 660㎡이하이고(지하 주차장 면적 제외) 주택용 층이 3개 층 이하이고(지하층 제외) 19세대 이하가 거주할 수 있을 것
- 공관 : 정부의 고위관리가 공적으로 쓰는 저택

② 공동주택
- 아파트 : 주택용 층 5개 층 이상인 건축물
- 연립주택 : 주택으로 쓰이는 바닥면적의 합이 660㎡를 초과하며, 4층 이하인 건축물
- 다세대주택 : 주택으로 쓰이는 바닥면적의 합이 660㎡ 이하이며, 4층 이하인 건축물
- 기숙사 : 한개 동의 공동취사시설을 이용하는 세대 수가 전체의 50%이상인 건축물

47 단독주택의 평면계획에 대한 설명 중 옳지 않은 것은?

① 침실은 다른 실의 통로가 되지 않도록 한다.
② 각 실의 상호 관계가 깊은 것은 격리시키는 것이 좋다.
③ 내부 공간과 외부 공간을 합리적으로 연결시킨다.
④ 평면 모양은 복잡하지 않도록 하고, 대지는 충분한 여유가 있어야 한다.

TIP 평면계획
- 침실은 주거공간 중 가장 사적인(=폐쇄성) 개인생활공간으로 독립성과 기밀성이 유지돼야 하며 따라서 다른 실의 통로가 되지 않아야 한다.
- 상호간 요소가 같거나 관계가 깊은 것은 접근시키고 다른 것은 격리시킨다.

48 급기와 배기 측에 송풍기를 설치하여 정확한 환기량과 급기량 변화에 의해 실내압을 정압(+) 또는 부압(-)으로 유지할 수 있는 환기 방법은?

① 중력환기   ② 제1종 환기
③ 제2종 환기   ④ 제3종 환기

TIP 환기방식

① 자연환기
- 풍력환기 : 바람 등에 의해 환기하는 방식으로 개구부 위치에 따라 차이가 크다.
- 중력환기 : 실·내외의 온도차에 의해 환기하는 방식이다.

② 기계환기
- 1종 환기 : 기계급기 → 기계배기(병용식)
- 2종 환기 : 기계급기 → 자연배기(압입식)
- 3종 환기 : 자연급기 → 기계배기(흡출식)

※ 정압 : 바람이 불어와 부딪히는 부분의 압력
※ 부압 : 바람이 밀려 나가는 부분의 압력

49 색의 3요소에 속하지 않는 것은?

① 광도
② 명도
③ 채도
④ 색상

> 💡 **색의 3요소**
>
> - 색상을 R(빨강)·YR(주황)·Y(노랑)·GY(연두)·G(녹색)·BG(청록)·B(파랑)·PB(남색)·P(보라)·RP(자주)의 10종류로 나누어 원주 상에 등 간격으로 배치하고, 다시 한 기호의 범위를 10으로 분할하여 1에서 10까지의 번호를 매긴다. 예를 들면 5R은 빨강의 중앙에 위치하는 대표적인 빨간 색상을 의미한다.
> - 명도는 순백(純白)을 V=10으로, 순흑(純黑)을 V=0으로 하고, 그 사이를 밝기에 따라 1부터 9까지 분할한다.
> - 채도는 색감의 정도를 무채색 C=0에서 시작하여 C=1,2,3,…으로 구분한다. 예를 들어 순수한 빨강은 H가 5R, V가 4, C가 14로 5R 4/14로 표시된다.
>
> ※ 광도 : 빛을 내는 물체의 빛의 세기로 단위는 칸델라(cd)이다.

50 실제 길이를 16m 축척 1/200인 도면에 나타낼 경우, 도면상의 길이는?

① 80cm
② 8cm
③ 8m
④ 8mm

> 💡 **척도계산**
>
> - 16m = 16,000mm이므로, 16000/200 = 80mm
> - ∴ 80mm = 8cm

51 다음 중 일교차에 대한 설명으로 옳은 것은?

① 하루 중의 최고 기온과 최저 기온의 차이
② 월평균 기온의 연중 최저와 최고의 차이
③ 기온의 역전 현상
④ 일평균 기온의 연중 최저와 최고의 차이

> 💡 **일교차**
>
> - 하루 중 최고기온과 최저기온의 차이를 말한다.
> - 일사량과 지면의 복사량 변화에 따라 나타나며 특히 저위도 사막 지역의 일교차가 크다.
> - 맑은 날과 고위도 지역의 일교차가 크다.

52 다음은 건축물의 층수 산정에 관한 설명이다. ( )안에 알맞은 내용은?

> 층의 구분이 명확하지 아니한 건축물은 그 건축물의 높이 ( )마다 하나의 층으로 보고 그 층수를 산정한다.

① 2m
② 3m
③ 4m
④ 5m

> 💡 **층수**
>
> - 층의 구분이 명확하지 않은 건축물은 건축물의 높이 4m마다 하나의 층으로 산정하고, 건축물의 부분에 따라 그 층

- 수를 달리하는 경우에는 그 중 가장 많은 층수로 한다.
- 지하층은 건축물의 층수에 산입하지 않는다.
- 승강기탑, 계단탑, 옥탑 건축물은 그 수평투영면적의 합계가 해당 건축물 건축면적의 1/8초과 시 층수에 가산된다.

53 동선의 3요소에 속하지 않는 것은?

① 길이 ② 하중
③ 빈도 ④ 공간

TIP 동선의 3요소
- 속도(길이), 빈도, 하중
- 서로 다른 (성격이 다른) 동선은 교차시키지 않는다.

54 다음 설명에 알맞은 형태의 지각심리는?

- 공동운명의 법칙이라고도 한다.
- 유사한 배열로 구성된 형들이 방향성을 지니고 연속되어 보이는 하나의 그룹으로 지각되는 법칙을 말한다.

① 근접성 ② 유사성
③ 연속성 ④ 폐쇄성

TIP 게슈탈트 법칙
- 근접의 원리 : 근접한 물체를 그룹으로 인식하는 원리
- 유사성의 원리 : 같은 형태나 색을 가지고 있는 물체를 그룹으로 인식하는 원리
- 폐쇄의 원리 : 구멍을 도형으로 인지하거나 미완성 요소를 완성된 요소로 보는 원리
- 연속성의 원리 : 방향성을 가지고 연속된 것을 그룹으로 인식하는 원리
- 공동운명의 법칙 : 같은 방향으로의 움직임들을 하나의 그룹으로 인식하는 원리
- 대칭의 법칙 : 대칭 이미지를 하나의 그룹으로 인식하는 원리
- 좋은 형태의 법칙 : 대상을 최대한 단순하게 인식하는 원리로 간결성의 법칙이라고도 한다.

55 다음 중 주택의 식당 크기를 결정하는 요인과 가장 거리가 먼 것은?

① 가족의 수
② 부엌의 크기
③ 식당가구의 크기
④ 통행 여유치수

TIP 식당의 크기결정
- 식탁의 크기 및 의자 배치상태, 가족 수, 주변 통로와의 여유 공간 등에 의해 식당의 규모를 결정한다.

56 배수설비에 사용되는 포집기 중 레스토랑의 주방 등에서 배출되는 배수 중의 유지분을 포집하는 것은?

① 오일 포집기   ② 헤어 포집기
③ 그리스 포집기 ④ 플라스터 포집기

> **TIP** 포집기(저집기, Intercepter)
> - 트랩의 기능과 불순물(기름이나 찌꺼기 등)의 분리기능을 가지고 있는 설비기구이다.
> - ※ 헤어 포집기 : 이발소, 미용실 등에 사용하며 머리카락 등이 배수로를 막는 것을 방지한다.
> - ※ 플라스터 포집기 : 치과 기공실, 정형외과 깁스실 등에 사용하는 장치이다.
> - ※ 샌드 포집기 : 흙이나 모래 등이 다량으로 배수되는 곳에 사용하는 장치이다.
> - ※ 가솔린 포집기 : 주유소, 세차장 등에 사용하는 것으로, 가솔린을 위로 뜨게 하여 휘발시키는 장치이다.
> - ※ 런드리(Laundry) 포집기 : 세탁소 등에 사용하는 것으로, 단추, 실오라기 등이 배수관으로 들어가는 것을 걸러 내는 장치이다.

57 건축도면의 표시기호와 표시사항의 연결이 옳은 것은?

① A – 용적
② W – 너비
③ R- 지름
④ L – 높이

58 액화석유가스(LPG)에 관한 설명으로 옳지 않은 것은?

① 공기보다 가볍다.
② 용기(bomb)에 넣을 수 있다.
③ 가스 절단 등 공업용으로도 사용된다.
④ 프로판 가스(propane gas)라고도 한다.

> **TIP** LPG(액화석유가스, Liquefied Petroleum Gas)
> - 석유정제 과정에서 채취한 가스를 압축 냉각 하여 액화시킨 가스로 주성분은 프로판, 부탄, 프로필렌, 에탄 등이다.
> - 발열량이 크고 용기에 넣을 수 있으며, 가스 절단 등 공업용으로도 사용된다.
> - 공기보다 무겁고 (폭발의 위험성이 커서 주의를 요한다.) LNG에 비해 공해가 심하다.

59 다음 중 기초의 제도 시 가장 먼저 해야 할 것은?

① 치수선을 긋고 치수를 기입한다.
② 제도지에 테두리선을 긋고 표제란을 만든다.
③ 제도지에 기초의 배치를 적당히 잡아 가로와 세로 나누기를 한다.
④ 중심선에서 기초와 벽의 두께, 푸팅 및 잡석지정의 너비를 양분하여 연하게 그린다.

60 정방형의 건물이 다음과 같이 표현되는 투시도는?

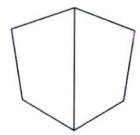

① 등각 투상도
② 1소점 투시도
③ 2소점 투시도
④ 3소점 투시도

TIP) 3소점 투시도

- 면이 모두 기면과 화면에 기울어진 때의 투시도이다.
- 소점이 3개이며 잘 사용되지 않는다.

※ 등각투상도 : 정면, 평면, 측면을 하나의 투상면 위에 동시에 볼 수 있도록 그리고 직육면체의 등각 투상도에서 직각으로 만나는 3개의 모서리는 각각 120°를 이룬다. 또한, 2개의 옆면 모서리는 수평선과 30°를 이룬다.

※ 1소점 투시도 : 그림은 항상 인접한 두면이 각각 화면과 기면에 평행한 때의 투시도로 소점은 1개로서 정적인 건물의 표현에 효과적이다.

※ 2소점 투시도 : 인접한 두 개의 면 가운데 밑면은 기면에 평행하고 다른 면은 화면에 경사진 투시도로 소점은 2개이며, 가장 많이 사용된다.

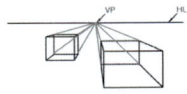

(a) 1소점 투시도

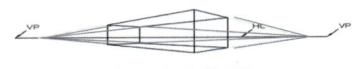

(b) 2소점 투시도

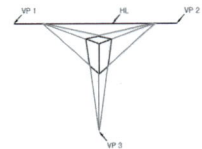

(c) 3소점 투시도

06 PART | CBT 기출복원문제

2023년 3회

01 커튼월의 부재 중 구조용도로 사용되는 것과 관련이 가장 적은 것은?

① 패스너(fastener)
② 노턴 테이프
③ 수직 알루미늄 바(mullion bar)
④ 간봉

TIP◎ 간봉
- 복층유리 시공에 사용하는 것으로 유리와 유리 사이의 테두리를 특정 물질로 밀폐하고 유리 사이의 빈 공간을 만들어 열전도를 낮추기 위한 재료이다.
- ※ 패스너(fastener) : 커튼월 본체를 구조체에 긴결하는 부품으로 커튼월에 가해지는 외력에 대응하는 충분한 강도 및 시공성, 내화성, 내구성 등의 기능이 요구된다.
- ※ 노턴 테이프(spacer tape) : 실리콘이 완전 경화될 때 까지 형태를 유지하여 유리를 고정시켜 주는 역할을 하는 것으로 부착성이 보장되는 것이 아님을 인지하고 반드시 구조계산을 통하여 적합한 폭을 유지해야 한다.
- ※ 수직 알루미늄 바(mullion bar) : 층과 층 사이에 수직으로 설치되어 커튼월에 가해지는 풍하중 등을 슬래브에 전달하는 커튼월의 주요 구조부재이다.

02 특수 지지 프레임을 두 지점에 세우고 프레임 상부 새들(saddle)을 통해 케이블(cable)을 걸치고 여기서 내린 로프로 도리를 매다는 구조는 무엇인가?

① 현수구조
② 절판구조
③ 셸구조
④ 트러스구조

TIP◎ 현수구조
- 상부에서 기둥으로 전달되는 하중을 케이블 형태의 부재가 지지하는 구조로써, 주 케이블에 보조 케이블이 상판을 잡아 지지한다.
- 스팬이 큰(400m 이상) 다리나 경기장 등에 사용하며 샌프란시스코의 금문교가 대표적이다.
- ※ 새들(saddle) : 현수교 등에서 케이블을 지지하고 그 방향을 바꾸는 것을 말한다.

03 다음 그림 중 꺾인지붕(curb roof)의 평면모양은?

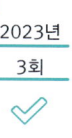

01 ④ 02 ① 03 ④

TIP 꺾인지붕
- 박공지붕의 같은 경사면에서 지붕의 물매가 다르게 된 지붕이다.
※ 박공지붕 : 용마루와 내림마루로만 구성된 지붕이다.
※ 모임지붕 : 네 면이 모두 지붕면으로 전, 후면에서는 사다리꼴 지붕면, 양측 면에서는 삼각형 지붕면을 하고 있는 지붕이다.
※ 솟을지붕 : 부분적으로 한 층을 높여 지붕을 꾸민 지붕이다.

04 일반적으로 한식목조 주택에 사용되는 벽의 형식은?

① 심벽식　　② 평벽식
③ 옹벽식　　④ 판벽식

TIP 심벽
- 뼈대와 뼈대 사이에 벽을 만듦으로써 뼈대를 노출시킨 벽체로써 뼈대가 노출돼 목재 고유의 무늬를 나타낼 수 있으나, 가새가 작아 구조적이지 못하다.
※ 평벽 : 벽체가 뼈대를 감싸 뼈대를 감춘 벽체로써 가새가 커 구조적이며, 방한 효과가 있다.
※ 옹벽 : 땅을 깎거나 흙을 쌓아 발생기는 비탈면이 흙의 압력으로 무너져 내리지 않도록 만든 벽을 말한다.
※ 판벽 : 널빤지 등으로 만든 벽을 말한다.

05 벽돌벽체에서 벽돌을 1단씩 내쌓기를 할 때 얼마 정도 내쌓는가? (단, B는 벽돌 1장을 의미한다.)

① 1/2B　　② 1/4B
③ 1/5B　　④ 1/8B

TIP 벽돌쌓기 원칙
- 내 쌓기의 경우 한 단은 1/8B, 두 단은 1/4B씩 쌓고, 내미는 한도는 2.0B로 한다.
- 1일 쌓기 높이는 1.2 ~ 1.5m 이내로 한다.
- 가급적 막힌줄눈으로 시공하며, 벽체를 일체화하기 위해 테두리 보를 설치한다.
- 몰탈의 수분을 벽돌이 머금지 않도록 쌓기 전 충분한 물 축임을 한다.

06 다음 중 계단의 모양에 따른 분류에 속하지 않는 것은?

① 곧은계단　　② 돌음계단
③ 꺾인계단　　④ 피난계단

TIP 계단의 분류
- 통로의 형태적 분류 : 직선(곧은)계단, 아치계단, 돌음계단(나선형계단, 원형계단), 꺾인계단.
- 직통계단의 분류 : 일반계단, 피난계단, 특별피난계단

07 보강콘크리트 블록조 단층에서 내력벽의 벽량은 최소 얼마 이상으로 하는가?

① 10cm/㎡ ② 15cm/㎡
③ 20cm/㎡ ④ 25cm/㎡

TIP 벽량
- 내력벽 길이의 총 합계를 그 층의 건축 바닥 면적으로 나눈 값을 말하며, 보강 블록조의 최소 벽량은 15cm/㎡ 이상으로 한다.
- $벽량(cm/㎡) = \dfrac{내력벽의 \ 길이(cm)}{바닥면적(㎡)}$

08 다음 건축구조의 분류 중 일체식 구조에 해당하는 것은?

① 조적구조
② 철골철근콘크리트구조
③ 조립식구조
④ 목구조

TIP 일체식 구조
- 각 구조체를 일체형으로 연속되게 구성하는 방법으로 가장 높은 강도를 발현할 수 있다.
- 철근콘크리트구조, 철골철근콘크리트구조가 여기에 해당한다.
- 공기가 길고 무거우며, 해체가 힘들고 공사비가 비싸다.

09 조적조에서 창문의 틀 옆에 세워대는 돌 또는 벽돌 벽의 중간 중간에 설치한 돌을 무엇이라 하는가?

① 인방돌 ② 창대돌
③ 문지방돌 ④ 쌤돌

TIP 쌤돌
- 창문, 출입문 등의 양쪽에 대는 것으로 벽돌 구조에서도 사용한다.
- 면을 접거나 쇠시리를 하고 벽체 쌓는 방법에 따라 촉과 연결철물로 벽체에 긴결한다.

※ 인방돌 : 창문이나 출입문 등의 문꼴 위에 걸쳐 대어 상부에서 오는 하중을 받는 수평재로, 석재는 휨 및 인장에 약하여 문꼴의 너비가 클 경우 철근콘크리트 보 또는 벽돌아치 등을 혼용한다.

※ 창대돌 : 창 밑에 대어 빗물 등을 흘러내리게 한 장식재로, 창 너비가 클 경우 2개 이상의 창대돌을 대어 사용하기도 하지만, 외관상 방수 상 1개를 통으로 사용한다. 또한, 창대돌의 윗면, 옆면, 밑면에는 물 흘림이 잘 되도록 물끊기, 물돌림 등을 두어 빗물이 내부로 침입하는 것을 막고 물 흘림을 잘되게 한다.

※ 문지방돌 : 출입문 밑에 문지방으로 댄 돌을 말한다.

04 ① 05 ④ 06 ④ 07 ② 08 ② 09 ④

10 콘크리트와 철근 사이에 부착력에 영향을 주는 것이 아닌 것은?

① 철근의 항복점
② 콘크리트의 압축강도
③ 철근 표면적
④ 철근의 표면 상태와 단면모양

TIP 철근과 콘크리트의 부착력
- 콘크리트의 압축강도를 크게 해야 한다.
- 콘크리트와의 부착력을 높이기 위해 마디와 리브가 있는 이형철근을 사용하고 굵은 철근보다 가는 철근 여러 개를 사용하는 것이 좋다.
- 피복두께를 크게 한다.
※ 철근의 항복점 : 철근의 강도는 항복점이 시작되는 시점을 의미하고 mm² 당 N의 수치로 표시한다.
※ 항복점 : 힘을 받은 물체가 탄성을 유지하지 못하고 변형이 시작되는 지점을 말한다.

11 Suspension Cable에 의한 지붕구조는 케이블의 어떠한 저항력을 이용한 것인가?

① 휨모멘트   ② 압축력
③ 인장력   ④ 전단력

TIP 현수 케이블 구조
- 철근을 종횡으로 걸고 상하에서 당겨 강성을 갖게 하는 케이블 구조를 말한다.
- 기둥을 제외한 모든 부재가 인장력만을 받는다.

12 경첩(hinge) 등을 축으로 개폐되는 창호를 말하며, 열고 닫을 때 실내의 유효면적을 감소시키는 특징이 있는 창호는?

① 미서기창   ② 여닫이창
③ 미닫이창   ④ 회전창

TIP 여닫이창
- 당기거나 미는 형식으로 한 쪽에 경첩을 달아 그 축을 이용해 여닫는 방식이다.
- 미닫이보다 방음 및 기밀성이 좋지만, 열고 닫을 때 면적을 차지한다.

13 돔의 하부에서 부재들이 벌어지는 것을 방지하기 위해 설치하는 것은?

① 압축링   ② 인장링
③ 스페이스 프레임   ④ 트러스

TIP 인장링(tension ring)
- 하부에 부재들이 바깥으로 벌어지는 것을 막기 위해 설치하는 링이다.

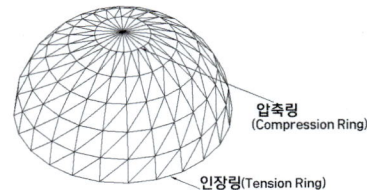

※ 압축링(compression ring) : 돔 상부에 부재들이 모이는 곳에서 안으로 쏠리는 것을 막기 위해 설치하는 부재이다.

14 지붕의 물매 중 되물매의 경사로 옳은 것은?

① 15°   ② 30°
③ 45°   ④ 60°

> 💡 **되물매**
> - 높이 10cm인 물매, 즉, 45°의 경사를 가진 물매를 말한다.
> ※ 된물매 : 45° 이상의 물매를 말한다.
> ※ 물매 : 지붕의 기울기를 말하며, 수평거리 10cm에 대한 수직 높이를 표시한 것을 말한다. 예를 들어 높이가 4cm라면 4/10 또는 4cm물매라고 표시한다.

15 철골공사 시 바닥슬래브를 타설하기 전에 철골보 위에 설치하여 바닥판 등으로 사용하는 절곡된 얇은 판의 부재는?

① 윙 플레이트   ② 데크 플레이트
③ 베이스플레이트 ④ 메탈라스

> 💡 **데크 플레이트**
> - 바닥판에 사용되는 요철 모양으로 된 부재이며, 슬래브의 거푸집 대용 등으로 사용한다.

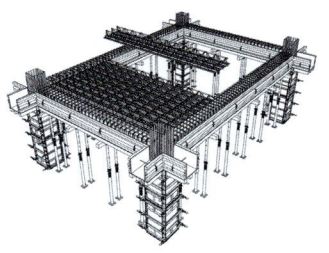

그림 출처 : 한국안전기술연합
http://www.ilovesafety.co.kr

16 건축물의 밑바닥 전부를 두꺼운 기초 판으로 구성한 기초이며, 하중에 비하여 지내력이 작을 때 설치하는 기초는?

① 온통기초   ② 독립기초
③ 복합기초   ④ 연속기초

> 💡 **온통기초**
> - 건물 하부 전체에 걸쳐 설치한 것으로 연약지반에 사용하는 기초이다.
> ※ 독립기초 : 각 기둥마다 하나의 기초판을 설치하여 상부 하중을 지반에 전달하는 기초이다.
> ※ 복합기초 : 2개 이상의 기둥을 하나의 기초판이 받치는 것으로 기둥과의 간격이 작거나 기초판이 근접 또는 건축물이 인접대지와 문제가 생길 경우 사용하는 기초이다.
> ※ 연속기초 : 연속된 내력벽을 따라 설치된 기초이다.

17 다음 그림은 케이블을 이용한 구조시스템 중 하나이다. 서해대교에서 볼 수 있는, 그림과 같은 다리의 구조형식을 무엇이라 하는가?

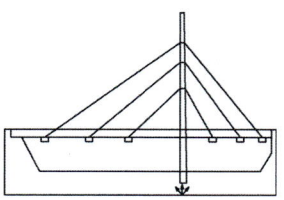

① 현수교   ② 사장교
③ 아치교   ④ 게르버교

💡TIP 사장교(cable-stayed bridge)
- 기둥에서 주 케이블이 바로 상판을 지지하는 구조로 스팬이 작은 (150~400m 이내)범위에서 사용한다.

※ 현수교(Suspension bridge) : 상부에서 기둥으로 전달되는 하중을 케이블 형태의 부재가지지하는 구조로 주 케이블에 보조 케이블이 상판을 잡아 지지하며 스팬이 큰 (400m이상)다리나 경기장 등에 사용한다.

※ 아치교 (Arch bridge) : 양쪽 끝은 처지고 가운데가 활처럼 휘어져 높이 솟게 만든 다리로 스팬이 작은 (100m)곳에 사용하며 적은 재료로 가설법을 선택할 수 있어 공사비가 절약된다.

※ 게르버교 (Gerber bridge) : 연속교의 메인 거더 도중에 힌지를 설치하여 정정(靜定) 구조로 만든 다리로 연속교에 비해 지지점 침하의 영향이 적다.

18. 문꼴을 보기 좋게 만드는 동시에 주위 벽의 마무리를 잘하기 위하여 둘러대는 누름대를 무엇이라 하는가?

① 문선   ② 풍소란
③ 가새   ④ 인방

💡TIP 문선
- 문틀 주위의 미관과 마무리를 좋게 하기 위해 대는 부재를 말한다.

※ 풍소란 : 짝 또는 4짝을 다는데, 4짝 미서기문의 마중대는 턱솔 또는 딴혀를 대어 방풍목적으로 물려지게 하는 것을 말한다.

※ 가새 : 수평력(횡력)에 약한 목구조를 보완하기 위해 대각으로 대는 부재이다.

※ 인방 : 창문이나 출입문 등의 문꼴 위에 걸쳐 대어 상부에서 오는 하중을 받는 수평재이다.

19. 다음 중 흙막이벽 공사 시 토질에 생기는 현상과 거리가 먼 것은?

① 보일링   ② 파이핑
③ 언더피닝   ④ 히빙

💡TIP 흙막이벽 공사
- 보일링 : 모래질 지반에 흙막이 벽을 설치하고 기초 파기를 할 때 흙막이 벽 뒷면 수위가 높아 지하수가 모래와 같이 벽을 돌아 지하수가 모래와 같이 솟아오르는 현상이다.

- 파이핑 : 흙막이 벽의 뚫린 구멍 또는 이음재를 통하여 물이 공사장 내부 바닥으로 스며드는 현상이다.

- 히빙 : 연약점토지반에서 굴착작업 시 흙막이벽 내·외의 흙의 중량(흙+적재하중)차이로 인해 저면 흙이 지지력을 상실하고 붕괴되어 흙막이 바깥에 있는 흙이 흙막이벽 선단을 돌며 밀려들어와 굴착 저면이 부풀어 오르는 현상이다.

※ 언더피닝 : 기존 구조물 가까이 신규구조물을 설치할 때 기존 구조물의 지반 및 기초를 보강하기 위한 공법이다.

20 절충식 지붕틀에서 동자기둥이 받는 부재는?

① 중도리와 마룻대
② 서까래와 베개보
③ 대공과 지붕보
④ 깔도리와 처마도리

TIP 절충식 지붕틀
- 동자기둥 상부는 마룻대 및 중도리에 맞춤하고 산지 또는 못을 박는다.
- 동자기둥 하부는 지붕보 윗면에 대공이 놓이는 자리를 평평하게 하고 맞춤하며 꺾쇠 등으로 고정한다.
- 중도리는 동자기둥에, 마룻대는 대공 위에 수평으로 걸쳐대고 서까래를 받는다.

21 생석회와 규사를 혼합하여 고온, 고압 하에 양생하면 수열반응을 일으키는데 여기에 기포제를 넣어 경량화한 기포콘크리트는?

① A.L.C제품
② 흄관
③ 드리졸
④ 플렉시블 보드

TIP A.L.C(Autoclaved Lightweight Concrete)
- 비중이 작아 건물을 경량화 할 수 있고, 그 밖에 내화, 단열, 차음성 등이 우수한 반면 강도가 낮고 흡수성이 크며 균열이 발생하기 쉽다.
- ※ 흄관(hume pipe) : 거푸집이 되는 강재의 관에 철근을 조립해 놓고 형틀을 회전시켜 만든 콘크리트 관.
- ※ 드리졸(durisol) : 목편시멘트 판을 시멘트와 혼합하여 만든 판상 또는 블록상의 구조재료
- ※ 플렉시블 보드(Flexible board) : 석면슬레이트 가운데 가장 많은 고급석면을 배합하여 고압프레스로 누른 판으로 강도가 크고 가소성이 좋다.

22 참나무의 절대건조비중이 0.95일 때 목재의 공극률은 얼마인가?

① 10%
② 23.4%
③ 38.3%
④ 52.4%

TIP 목재의 공극률
- $v = (1 - \dfrac{r}{1.54}) \times 100\%$ 이므로,
  $(1 - \dfrac{0.95}{1.54}) \times 100\% ≒ 38.311\%$
  ∴ 약 38.3%

23 다음 중 실리콘(silicon)과 가장 관계 깊은 것은?

① 방수도료
② 신전제
③ 희석제
④ 미장재

TIP 규소(silicon)
- 규소와 산소가 결합한 이산화규소(실리카, SiO_2)이며 유리 제조 등에 사용한다.
- 규소의 영어명이 실리콘(silicon)이며 이것의 고분자 화합물이 실리콘(silicone)이다.
- 화학적으로 안정적이며 생체독성이 거의 없고 열에도 강하고 열전도도 낮다.
- 물과 기름에도 섞이지 않으며 기름 같

은 실리콘 오일, 뻑뻑한 실리콘 그리스, [1)]실런트 등으로 쓰는 반고체 실리콘, 말랑말랑한 실리콘 고무, 딱딱한 실리콘 수지 등 다양한 형상을 가지고 있다.

- 방수나 창문 틈을 메우거나 방수재료, 접착제, 의료용품, 주방기구, 열과 전기 절연재 등 다양한 용도에 사용된다.

※ 신전제 : 희석제 또는 휘발성용제라고도 하며 부피를 늘리거나 농도를 묽게 하기 위해 물질 또는 용액에 첨가하는 물질을 말한다.

※ [1)]실런트(sealant) : 재료와 재료의 접합부와 빈틈에 사용되어 기밀, 수밀의 기능 외에 부재 상호간의 신축, 진동, 변형을 흡수 및 완화하기 위한 고무상의 물질 또는 연질 혹은 고점도의 액상 고무 조성물을 말한다.

24 시멘트의 품질이 일정할 경우 분말도가 클수록 일어나는 현상으로 옳은 것은?

① 초기강도가 낮아진다.
② 시공 후 투수성이 적어진다.
③ 수화작용이 느려진다.
④ 시공연도가 떨어진다.

TIP 분말도가 클 때 나타나는 성질
- 수화작용이 빠르고 조기강도가 높다.
- 블리딩(Bleeding)이 적어지고 시공 후 투수성이 적다.
- 시공연도(Workability)가 좋다.
- 응결 시 균열이 생기기 쉽다.
- 풍화되기 쉽다.

25 물의 밀도가 $1g/cm^3$이고 어느 물체의 밀도가 $1kg/m^3$라 하면 이 물체의 비중은 얼마인가?

① 1
② 1000
③ 0.001
④ 0.1

TIP 비중
- 어느 물체의 밀도 / 물의 밀도

① $1m^3 = 1,000,000cm^3$,
  $1kg = 1,000g$
  $1kg/m^3 = 1,000g/1,000,000cm^3$
  $= 0.001g/cm^3$
  ∴ $\dfrac{0.001g/cm^3}{1g/cm^3} = 0.001$

② $1cm^3 = 0.000001m^3$, $1g = 0.001kg$
  $1g/cm^3 = 0.001kg/0.000001m^3$
  $= 1,000kg/m^3$
  ∴ $\dfrac{1kg/m^3}{1000kg/m^3} = 0.001$

26 목재의 방부제 중 수용성 방부제에 속하는 것은?

① 크레오소트 오일
② 불화소다 2% 용액
③ 콜타르
④ P.C.P

TIP 목재 방부제
- 유성 방부제 : 콜탈(coal tar), 크레오소트(creosote), 아스팔트, 페인트
- 유용성 방부제 : P.C.P(penta-chloro phenol)
- 수용성 방부제 : 황산구리, 염화아연, 플루오르화나트륨(불화소다)

27 다음 중 건물의 외부 벽체 마감용으로 적당하지 않은 석재는?

① 화강암　　② 안산암
③ 점판암　　④ 대리석

> **TIP** 대리석
> - 석회석이 변해 결정화한 것으로 주성분은 탄산석회($CaCO_3$)이며 아름다운 색채와 무늬가 다양하여 장식재 중 최고급 재료이다.
> - 석질이 치밀하고 견고하나, 열과 산에 약해 풍화되기 쉽고 내장재로만 사용한다.
> ※ 화강암 : 단단하고 내구성이 크고 흡수성이 작으며 석재 중 압축강도가 가장 크고 외관이 아름다워 구조재 및 내·외장재로 사용하지만 경도가 커 세밀한 조각을 하기 쉽지 않고 내화도가 낮아 고열을 받는 곳에는 부적당하다.
> ※ 안산암 : 화강암 다음으로 많은 석재이며, 조직은 치밀한 것부터 조잡한 것까지 다양하고 또한 강도, 비중, 내화성이 크고 가공이 용이하여 구조용이나, 조각품에 이용된다.
> ※ 점판암 : 석질이 치밀하고 방수성이 있으며 얇은 판으로 떼어내어 지붕이나 벽 재료로도 사용한다.

28 다음 점토제품 중 소성온도가 가장 높은 것은?

① 토기　　② 석기
③ 도기　　④ 자기

> **TIP** 점토의 분류
>
> | 종류 | 소성온도 | 흡수율(%) | 제품 |
> |---|---|---|---|
> | 토기
(보통(저급)
점토) | 790℃~1,000℃
(SK 0.15~SK 0.5) | 20 이상 | 기와, 벽돌, 토관 |
> | 도기
(도토) | 1,100℃~1,230℃
(SK 1~SK 7) | 10 | 타일, 테라코타, 위생도기 |
> | 석기
(양질점토) | 1,160℃~1,350℃
(SK 4~SK 12) | 3~10 | 벽돌, 타일, 테라코타 |
> | 자기
(양질점토,
장석분) | 1,230℃~1,460℃
(SK 7~SK 16) | 0~1 | 타일, 위생도기 |

29 목재를 벌목하기에 가장 적당한 계절로 짝지어진 것은?

① 봄-여름　　② 여름-가을
③ 가을-겨울　　④ 겨울-봄

> **TIP** 벌목
> - 목재를 벌목하는 시기는 수액이 적어 건조가 쉽고 빠른 가을이나 겨울이 적당하다.

30 지하실이나 옥상의 채광용으로 사용하며 입사광선의 방향을 바꾸거나 확산 또는 집중시킬 목적으로 만든 일종의 유리제품은?

① 폼 글라스　　② 망입유리
③ 복층 유리　　④ 프리즘 타일

> **TIP** 프리즘 타일(프리즘 유리, 데크유리)
> - 입사되는 광선의 방향을 바꾸거나 빛의 확산 및 집중시킬 목적으로 만든 유리로

지하실, 옥상채광용 등으로 사용된다.

※ 폼 글라스(foam glass) : 가루로 만든 유리에 발포제를 넣어 기포를 발생시킨 유리로 투과가 안되며, 충격에 약하며 단열재, 보온재, 방음재 등으로 사용한다.

※ 망(입)유리(그물유리, 철망유리) : 용융된 유리 사이에 금속 망을 삽입한 후 압착시킨 유리로써 금속 망의 재료는 철, 황동, 구리, 알루미늄 등을 사용한다. 파손될 경우 유리내부의 금속 망에 의해 파편의 비산방지와 도난 및 화재방지에 사용한다.

※ 복층유리(pair glass) : 2장 또는 3장의 판유리를 일정간격으로 띄운 후, 둘레에 틀을 끼워 기밀하게 하고 그 사이에 건조공기 또는 아르곤 주입하여 만든 유리로 단열, 결로 방지, 방음에 효과가 있고, 일반주택 또는 고층빌딩 외부창 등에 사용한다.

31 지붕재료에 요구되는 성질과 거리가 먼 것은?

① 열전도율이 작아야 한다.
② 외관이 좋아야 한다.
③ 가볍고 내화성이 커야 한다.
④ 흡수율이 좋아야 한다.

TIP 지붕재료
- 건물 상부에 위치하는 재료로 열전도율이 작은 재료를 이용하여 냉난방에 효과적이어야 하며 방수, 방습성 및 내화성 등이 커야한다.

32 방수공사에 사용하는 시트 방수에 대한 설명으로 옳은 것은?

① 재료취급이 어렵다.
② 공정이 복잡하다.
③ 공기가 짧다.
④ 외기의 영향을 크게 받는다.

TIP 시트 방수
- 합성고무 또는 합성수지계를 재료로 시트 형태로 만들어 바탕 면에 접착하는 방식이다.
- 두께를 균일하게 할 수 있고 공정이 단순하다.
- 외기의 영향이 적으며 시공이 용이하고 공기가 짧으며 재료취급이 간단하다.
- 복잡한 부위에 대한 시공이 곤란하며 시트 사이로 누수의 우려가 있다.

※ 도막방수 : 바탕 면에 여러 번 칠을 하여 방수 막을 만들어 사용하는 방식으로 누수발견이 용이하고 복잡한 부위의 시공이 용이하며 공정이 단순하지만 외기에 민감하며 바탕의 평활도 및 건조를 확인해야 한다.

※ 시멘트몰탈 방수 : 시멘트몰탈과 방수재를 혼합하여 사용하는 방식으로 바탕 면에 요철이 있어도 시공이 가능하며 공정이 단순하고 공사비가 저렴하다. 그러나 방수층에 균일이 생길 수 있고 균열에 의해 방수효과가 떨어질 수 있다.

※ 아스팔트방수 : 원유를 증류하고 남은 것으로 여러 층을 겹쳐 방수하는 방식으로 여러 층을 적층하므로 신뢰성이 높고 다양한 품질의 방수를 선택할 수 있으나 공기가 길며 냄새가 심하고 연

33. 넓은 기계 대패로 나이테를 따라 두루마리를 펴듯이 연속적으로 벗기는 방법으로 얼마든지 넓은 베니어를 얻을 수 있으며 원목의 낭비도 적어 합판 제조의 80 ~ 90%에 해당하는 것은?

① 소드 베니어
② 로터리 베니어
③ 반 로터리 베니어
④ 슬라이스드 베니어

> **TIP** 로터리 베니어 법(Rotary Veneer)
> - 원목을 회전시키면서 연속적으로 얇게 벗기는 방법으로 원목의 낭비를 막을 수 있어 가장 많이 사용한다.
> ※ 소드 베니어 법(Sawed Veneer) : 원목을 각재로 만든 뒤 톱으로 잘라내는 방법으로 무늿결을 얻어낼 때 사용한다.
> ※ 슬라이스드 베니어 법(Sliced Veneer) : 원목을 적당한 각재로 만든 뒤 얇게 자르는 방법으로 곧은결이나 널결을 나타낼 때 사용한다.

34. 비철금속 중 동에 대한 설명으로 옳은 것은?

① 건조한 공기 중에서 산화한다.
② 알칼리성에 강하기 때문에 콘크리트 등에 접할 때 부식방지처리를 할 필요가 없다.
③ 전성 및 연성이 크고 가공성이 풍부하다.
④ 암모니아 가스 등에 매우 강한 성질을 가지고 있다.

> **TIP** 구리(동)
> - 연성과 전성이 크고, 열전도율과 전기전도율이 높고 지붕이기, 홈통, 철사, 못 등에 사용한다.
> - 건조한 공기에서 산화하지 않으나 습기를 받으면, 이산화탄소에 의해 부식하지만 내부는 부식하지 않는다.
> - 암모니아, 알칼리성 용액에는 침식된다.
> - 아세트산과 진한 황산 등에 용해된다.

35. 10cm × 10cm인 목재를 400kN의 힘으로 잡아 당겼을 때 끊어졌다면, 이 목재의 최대 강도는 얼마인가?

① 4Mpa
② 40Mpa
③ 400Mpa
④ 4000Mpa

> **TIP** $pa = N/m^2$
> - $400,000N/0.1m \times 0.1m = 40,000,000Pa$
> - $\therefore 40,000,000Pa = 40,000Kpa = 40Mpa$

36. 다음 건축재료 중 천연 재료에 속하는 것은?

① 목재
② 철근
③ 유리
④ 고분자재료

---

31 ④ 32 ③ 33 ② 34 ③ 35 ② 36 ①

> **TIP** 생산방식에 의한 분류
> - 천연재료 : 목재, 석재, 골재, 점토 등
> - 인공재료 : 콘크리트 및 제품, 금속, 요업, 석유화학제품 등

37. 건축물의 내·외벽이나 바닥, 천장 등에 흙손이나 스프레이건 등을 이용하여 일정한 두께로 발라 마무리 하는 데 사용되는 재료는?

① 접착제
② 미장재료
③ 도장재료
④ 금속재료

> **TIP** 미장재료
> - 벽, 천장, 바닥 등의 미관을 고려함과 동시에 보온, 방습, 내화, 내마모, 내식성을 높여 구조물의 내구성을 길게 하기 위해 표면을 흙손 또는 뿜칠에 의해 일정 두께로 발라 마감하는 재료를 말한다.
> ① 장점
>   - 다양한 형태로 성형할 수 있고 가소성이 크다.
>   - 이음매 없이 바탕을 처리할 수 있다.
>   - 다른 재료와 혼합하여 내화, 방수, 단열 등의 효과를 얻을 수 있다.
>   - 여러 형태로 디자인하여 마무리 할 수 있다.
> ② 단점
>   - 경화시간이 길다.
>   - 바탕마감 표면의 강도가 일정하지 못하다.
>   - 배합 시 시간 경과에 따른 강도 저하의 판단이 어렵다.

38. 다음 중 방수용 아스팔트의 품질시험에 해당되지 않는 것은?

① 신도
② 침입도
③ 감온비
④ 마모도

> **TIP** 아스팔트 품질시험
> ① 신도
>   - 연성을 나타내는 것으로 잡아당겨 끊어질 때까지의 길이를 나타낸다.
>   - 내마모성, 점착성 등과 관계가 있다.
> ② 침입도
>   - 침입도란 견고성을 평가하는 것으로 규정된 크기의 침을 규정된 시간동안 아스팔트에 수직으로 눌러 관입된 길이로 관입저항을 평가한다.
>   - 측정 방법은 0℃에서 200g의 추를 60초 동안 누르는 방법, 25℃에서 100g의 추를 5초 동안 누르는 방법, 46℃에서 500g의 추를 5초 동안 누르는 방법이 있다.
>   - 표준시험은 25℃에서 100g의 추를 5초 동안 누르는 방법으로 한다.
>   - 0.1mm의 관입길이를 침입도 1로 본다.
> ③ 감온성(감온비)
>   - 감온성이란 온도에 따라 나타나는 변화정도를 말한다.
>   - 스트레이트 아스팔트가 블로운 아스팔트보다 감온성이 크게 나타난다.
> ④ 연화점
>   - 일정한 융점이 없고 가열하면 서서히 액상으로 변하는데 아스팔트가 일정 점도를 나타낼 때의 온도를 말한다.

- 보통 75℃ ~ 100℃ 이상에서 나타난다.

⑤ 인화점
- 아스팔트의 휘발성 성분으로 인해 인화될 위험이 있다.
- 보통 250℃ 정도에서 인화된다.

39 각종 색유리의 작은 조각을 도안에 맞추어 절단해서 조합하여 모양을 낸 것으로 성당의 창, 상업 건축의 장식용으로 사용되는 것은?

① 접합유리　② 스테인드글라스
③ 복층유리　④ 유리블록

TIP ⊙ 스테인드글라스
- 색 유리를 이용하여 여러 그림 또는 문양을 넣은 유리로 색 유리의 작은 조각을 이용하고 그 접합부를 I형 납테 또는 에폭시에 끼워 맞춘 것으로 성당의 창, 장식용 등에 사용한다.
- ※ (접)합유리 : 2장 또는 그 이상의 유리 사이에 투명한 플라스틱 필름을 넣고 높은 열로 압착하여 만든 유리로 타격에 의해 파괴되더라도 파편이 접착제에 붙어 떨어지지 않게 한 것으로, 자동차, 기차 등의 창유리에 사용한다.
- ※ 복층유리 : 2장 또는 3장의 판유리를 일정간격으로 띄운 후, 둘레에 틀을 끼워 기밀하게 하고 그 사이에 건조공기 또는 아르곤가스를 주입하여 만든 유리로 단열, 결로 방지, 방음에 효과가 있고, 일반주택 또는 고층빌딩의 외부 창 등에 사용한다.
- ※ 유리블록 : 상자형 유리 2개를 맞추어 고열로 일체시키고 건조공기를 넣어 만든 유리로 4각 측면은 몰탈과 접착이 잘 되도록 합성수지계 도료를 발라 돌가루 등을 붙여 놓은 것으로 장식 및 채광창 등에 사용한다.

40 다음 중 오르내리창을 잠그는데 쓰이는 철물은?

① 크레센트(crescent)
② 레버터리 힌지(lavatory hinge)
③ 도어체크(door check)
④ 도어스톱(door stop)

TIP ⊙ 크레센트
- 오르내리창 또는 새시의 미서기 창을 걸거나 잠그는데 사용한다.
- ※ 레버터리 힌지 : 스프링 힌지로 전화실 출입문, 공중화장실 등에 이용한다.
- ※ 도어체크 : 문을 자동으로 닫히게 하는 철물이다.
- ※ 도어스톱 : 문을 열었을 경우 닫히지 않게 하거나 더 열리지 않게(벽에 문이 부딪히지 않도록) 하기 위한 철물이다.

41 질감(Texture)에 대한 설명 중 옳지 않은 것은?

① 시각적 질감과 촉각적 질감이 있다.
② 매끄러운 질감은 빛을 흡수하여 무거워 보인다.
③ 질감으로 원근감을 표현할 수 있다.
④ 효과적인 질감 표현을 위해서는 색채와 조명을 동시에 고려하여야 한다.

TIP 질감

- 촉각 또는 시각으로 지각할 수 있는 물체 표면상 특징을 말한다.
- 거리가 가깝거나 사물이 가까이 있으면 거칠고 다양하며 멀리 보이는 물체의 표면은 매끄럽게 보인다. (거친 질감은 먼 거리느낌, 매끈한 질감은 근거리 느낌을 준다.)
- 질감의 선택에서 스케일, 빛의 반사와 흡수, 촉감 등의 요소를 고려해야 한다.
- 재료의 질감대비를 통해 실내공간의 변화와 다양성을 꾀할 수 있다.
- 목재와 같은 자연 재료의 질감은 따뜻함과 친근감을 부여한다.
- 매끄러운 재료는 일반적으로 광택이 있어 높은 반사율을 나타내며 가볍고 환한 느낌과 더불어 공간을 확장되어 보이게 한다.
- 거친 질감은 빛을 흡수하여 시각적으로 무겁고 안정된 느낌을 준다.

42 건축물의 묘사에 있어서 묘사 도구로 사용하는 연필에 관한 설명으로 옳지 않은 것은?

① 다양한 질감 표현이 가능하다.
② 밝고 어두움의 명암 표현이 불가능하다.
③ 지울 수 있으나 번지거나 더러워질 수 있다.
④ 심의 종류에 따라서 무른 것과 딱딱한 것으로 나누어진다.

TIP 연필

- 연필심은 무르고 단단한 정도에 따라 9H부터 6B까지 15종에 F, HB를 포함하면 17단계로 구분된다.
- 밝은 상태에서 어두운 상태까지 폭 넓은 명암을 나타낼 수 있으며, 다양한 질감 표현도 가능하다.
- 지울 수 있는 장점이 있는 반면에 번지거나 더러워지는 단점이 있으므로 연필 종류에 따른 특성을 잘 알고 사용해야 한다.

43 창호의 재질·용도별 기호의 연결이 옳지 않은 것은?

① WW : 목재 창
② PD : 합성수지 문
③ AW : 알루미늄합금 창
④ SS : 스테인리스 스틸 셔터

TIP 창호재질용도별 기호 (KS F1502)

용도별 기호 재질별기호	창	문	방화문	셔터
	W	D	FD	S
알루미늄합금	A	AW	AD		AS
합성수지	P	PW	PD	
강철	S	SW	SD	FSD	SS
스테인리스 스틸	SS	SSW	SSD	FSSD	SSS
목재	W	WW	WD	

용도별 기호 재질별기호	방화 셔터	그릴	공틀
	FS	G	F
알루미늄합금	A		AG	AF
합성수지	P			PF
강철	S	FSS	SG	SF
스테인리스 스틸	SS		SSG	SSF
목재	W		WG	WF

※ ¹⁾공틀 : 문이나 창이 없이 frame만 있는 것을 의미한다.

44 다음과 같이 정의되는 엘리베이터 관련 용어는?

> 엘리베이터가 출발 기준층에서 승객을 싣고 출발하여 각 층에 서비스한 후 출발 기준층으로 되돌아 다음 서비스를 위해 대기하는 데까지 총 시간

① 승차시간 ② 일주시간
③ 주행시간 ④ 서비스시간

TIP 일주시간 RTT (Round Trip Time)
- 엘리베이터가 출발 층에 돌아온 시점에서 출발 층의 승객을 탑승하고 상층에 서비스를 한 후 다시 출발 층으로 되돌아올 때까지의 시간을 말한다.

※ 주행시간 : 주행시간은 가속 및 감속시간과 전속 주행시간의 합을 말한다.

45 다음 중 단독주택의 현관 위치 결정에 가장 주된 영향을 끼치는 것은?

① 현관의 크기 ② 대지의 방위
③ 대지의 크기 ④ 도로의 위치

TIP 현관의 위치결정 요소
- 도로의 위치, 경사도, 대지 형태에 영향을 받는다.
- 방위와는 거의 무관하나 주택 규모가 클 경우 남측 또는 중앙에 위치하기도 한다.

46 통기방식 중 트랩마다 통기되기 때문에 가장 안정도가 높은 방식은?

① 루프 통기방식 ② 결합 통기방식
③ 각개 통기방식 ④ 신정 통기방식

TIP 각개통기 관
- 위생기구 1개마다 통기 관을 설치하는 것으로 가장 이상적인 방식으로 관경은 32A(mm) 이상으로 하며, 배수관 구경의 1/2 이상으로 한다.

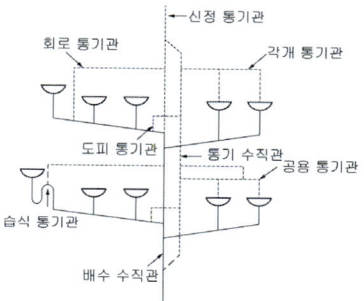

※ 루프(회로, 환상)통기 관 : 2개 이상 8개 이내의 트랩을 보호하기 위해 사용하며 관경은 40A(mm) 이상으로 하며, 길이는 7.5m 이내로 한다.

※ 결합통기 관 : 5개 층마다 배수 수직관과 통기수직관을 연결하여 사용하는 통기관으로 관경은 최소 50A(mm) 이상으로 한다.

※ 신정통기 관 : 배수 수직관을 그대로 연장하여 대기 중에 노출하는 통기관이다.

※ 도피통기 관 : 수직관 가까이 설치하는 루프 통기관의 보조적 역할을 하는 것으로써, 8개 이상의 트랩을 보호하며 관경은 최소 32A(mm) 이상으로 한다.

※ 습식(습윤)통기관 : 최상류 기구 바로 아래 설치하여 배수와 통기를 겸하는 통기관이다.

42 ② 43 ④ 44 ② 45 ④ 46 ③

47 배치도에서 대지경계선을 표시할 때 사용하는 선은?

① 실선　　② 파선
③ 일점쇄선　④ 이점쇄선

TIP 일점쇄선
- 물체의 중심선, 절단선, 기준선, 경계선, 참고선 등을 표시할 때 사용한다.
  ※ 굵은 실선 : 물체의 보이는 부분을 나타내는 선으로 단면선과 외형 선으로 구별하여 사용한다.
  ※ 가는 실선 : 치수선, 치수 보조선, 인출선, 격자선 등을 나타낼 때 사용한다.
  ※ 파선(점선) : 물체의 보이지 않는 부분의 모양을 표시하는데 사용하거나 절단면보다 양면 또는 윗면에 있는 부분을 표시할 때 사용한다.
  ※ 이점쇄선 : 상상선 또는 일점쇄선과 구별할 필요가 있을 때 사용한다.

48 먼셀의 표색계에서 5R 4/14에 대한 설명으로 옳지 않은 것은?

① 먼셀 표색계는 색상, 명도, 채도로 색을 정의한다.
② 빨강의 순색을 5R 4/14로 표기한다.
③ 14는 채도를 나타낸다.
④ 5R은 명도를 나타낸다.

TIP 먼셀 표색계
- 색을 H V/C의 형태로 나타낸다. 여기서 H는 색상, V는 명도, C는 채도를 나타낸다.
- 색상을 R(빨강), YR(주황), Y(노랑), GY(연두), G(녹색), BG(청록), B(파랑), PB(남색), P(보라), RP(자주)의 10종류로 나누어 원주 상에 등 간격으로 배치하고, 다시 한 기호의 범위를 10으로 분할하여 1에서 10까지의 번호를 매긴다. 예를 들면 5R은 빨강의 중앙에 위치하는 대표적인 빨간 색상을 의미한다.
- 명도는 순백(純白)을 V=10으로, 순흑(純黑)을 V=0으로 하고, 그 사이를 밝기에 따라 1부터 9까지 분할한다.
- 채도는 색감의 정도를 무채색 C=0에서 시작하여 C=1,2,3,…으로 구분한다. 예를 들어 순수한 빨강은 H가 5R, V가 4, C가 14로 5R 4/14로 표시된다.

49 건축제도의 글자에 관한 설명으로 옳지 않은 것은?

① 글자의 크기는 높이로 표시한다.
② 문장은 왼쪽에서부터 가로쓰기를 원칙으로 한다.
③ 글자체는 수직 또는 15° 경사의 명조체로 쓰는 것을 원칙으로 한다.
④ 4자리 이상의 수는 3자리마다 휴지부를 찍거나 간격을 둠을 원칙으로 한다.

TIP 글자
- 그림의 크기나 척도의 정도에 따라 글자의 크기를 결정한다.
- 글자의 크기는 글자의 높이로 표시하는데 보통 20, 16, 12.5, 10, 8, 6.3, 5, 4, 3.2, 2.5, 2(mm) 총 11종류를 표준으로 한다.

- 왼쪽에서 오른쪽으로 쓰기를 원칙으로 하는데 가로쓰기가 곤란할 때는 세로쓰기도 무방하다.
- 글체는 고딕체로 하며, 수직 또는 오른쪽으로 15° 경사지게 쓰는 것을 원칙으로 한다.

50 다음 설명에 알맞은 공간의 조직 형식은?

> 동일한 형이나 공간의 연속으로 이루어진 구조적 형식으로써 격자형이라고도 불리며 형과 공간뿐만 아니라 경우에 따라서는 크기, 위치, 방위도 동일하다.

① 직선식 ② 방사식
③ 그물망식 ④ 중앙집중식

TIP 공간의 조직형식
- 격자형 : 일정간격으로 수평과 수직이 직각이 되게 맞추어 바둑판 모양으로 짠 형식을 말한다.
- ※ 직선식 : 곡선 등이 없이 직선으로만 이루어진 형식을 말한다.
- ※ 방사식 : 중앙의 한 지점에서 사방으로 거미줄처럼 뻗어 나간 형식을 말한다.
- ※ 중앙집중식 : 어느 하나의 지점으로 모이는 형식을 말한다.

51 주택단지의 구성에서 근린분구를 이루는 주택호수의 규모는?

① 20~40호 ② 400~500호
③ 1600~2000호 ④ 2500~10000호

TIP 근린분구
- 400 ~ 500호, 3,000~5,000명
- 일상 소비 생활에 필요한 공동시설이 운영가능한 단위이다.
- 소비시설(술집 등), 후생시설(공중목욕탕, 약국 등), 치안시설(파출소 등), 보육시설(유치원 등)이 있다.
- ※ 인보구(20 ~ 40호, 200~800명) : 이웃과 가까운 친분이 유지되는 공간적 범위로 반경100 ~ 150m정도를 기준으로 한다. 유아놀이터(어린이 놀이터)가 중심시설이며 아파트의 경우 3 ~ 4층, 1 ~ 2동이 여기에 해당된다.
- ※ 근린주구(1,600 ~ 2,000호, 10,000~20,000명) : 초등학교가 중심시설이며, 학교에서 주택까지 500 ~ 800m범위, 3 ~ 4개의 근린분구 집합체가 근린주구를 이룬다. 동사무소, 소방서, 어린이 공원, 우체국 등이 있다.

52 다음 중 건축법상 용어의 정의가 옳지 않은 것은?

① 건축이란 건축물을 신축, 증축, 개축, 재축하거나 건축물을 이전하는 것을 말한다.
② 대수선이란 건축물의 기둥, 보, 주 계단, 장막벽의 구조 또는 외부형태를 수선하는 것을 말한다.
③ 리모델링이란 건축물의 노후화를 억제하거나 기능 향상 등을 위해 대수선하거나 일부 증축하는 행위를 말한다.
④ 거실이란 건축물 안에서 거주, 집무,

작업, 집회, 오락, 그 밖에 이와 유사한 목적을 위하여 사용되는 방을 말한다.

> **TIP** 대수선
> - 건축물의 기둥, 보, 내력벽, 주 계단 등의 구조나 외부 형태를 수선·변경하거나 증설하는 것으로 증축·개축 또는 재축에 해당하지 않는 것으로서 대통령령으로 정하는 것을 말한다.
> - ※ 건축법에서의 건축 (건축의 행위) : 건축물을 신축, 증축, 개축, 재축하거나 건축물을 이전하는 것을 말한다.
> - ※ 리모델링 : 건축물의 노후화를 억제하거나 기능향상 등을 위하여 대수선하거나 일부 증축하는 행위를 말한다.
> - ※ 거실 : 가족의 휴식, 단란, 대화 등을 위한 가족생활의 중심이 되는 곳이다.

53 다음 중 실내조명설계순서에서 가장 먼저 이루어져야 할 사항은?

① 조명 방식의 설정
② 소요 조도의 결정
③ 전등 종류의 결정
④ 조명 기구의 배치

> **TIP** 실내조명설계순서
> - 소요조도의 결정 – 전등 종류의 결정 – 조명방식과 조명기구 선정 – 광원 수와 배치 – 광속의 계산 – 소요전등의 크기결정

54 인화성, 가연성 액체 등이 타고난 후 재가 남지 않는 화재의 종류로 알맞은 것은?

① A형 화재
② B형 화재
③ C형 화재
④ D형 화재

> **TIP** B형 화재(유류화재)
> - 액체와 같은 유류에 발생하는 화재로 재가 남지 않는다.
> - ※ A형 화재(일반화재) : 나무, 종이 등 일반가연성 물체에 발생하는 화재로 재가 남는다.
> - ※ C형 화재(전기화재) : 전기기기나 배선관련 및 누전, 합선 등의 화재를 말한다.
> - ※ D형 화재(금속화재) : 리튬, 나트륨, 마그네슘과 같은 반응성이 높은 금속의 화재를 말한다.
> - ※ E형 화재(가스화재) : 도시가스 배관 및 저장소에서 가스가 누출되어 발생하는 화재를 말한다.
> - ※ K형 화재(주방화재) : 주방에서 동·식물유를 취급하는 조리 기구에서 발생하는 화재를 말한다.

55 주거공간을 주 행동에 의해 개인 공간, 사회 공간, 노동 공간, 보건위생 공간 등으로 구분할 경우, 다음 중 사회 공간에 속하지 않는 것은?

① 거실
② 서재
③ 식당
④ 응접실

> **TIP** 사회 공간 (공동 공간)
> - 가족 구성원 모두 이용하며 생활하는 공

간으로 거실, 식당 등이 이에 해당한다.

※ 개인 공간 : 가족구성원의 사적인 생활을 위한 공간으로 침실, 어린이 방 등이 이에 해당한다.

※ 가사 공간 : 가사노동을 위한 공간으로 부엌, 세탁실 등이 이에 해당한다.

※ 위생 공간 : 개개인의 위생과 청결을 위한 생활공간으로 화장실, 욕실 등이 이에 해당한다.

56 건물 내부의 입면을 정면에서 바라보고 그리는 내부 입면도는?

① 전개도 ② 배근도
③ 설비도 ④ 구조도

TIP 전개도
- 건축물의 각 실내의 입면을 전개하여 그린 도면으로 각 실내의 입면을 그린 다음 벽면의 형상, 치수, 마감 등을 나타낸다.

※ 배근도 : 철근콘크리트구조 또는 철골철근콘크리트구조의 보, 기둥, 철근콘크리트 구조의 슬래브, 벽, 연결보 등에 있어서의 철근의 배치를 나타낸 도면을 말한다.

※ 설비도 : 전기, 위생, 냉·난방, 환기, 승강기 등의 설계도면을 말한다.

※ 구조도 : 건축물의 주요 골조의 크기 등을 나타낸 도면을 말한다.

57 다음 중 단면도에 표시되는 사항은?

① 반자높이 ② 주차동선
③ 건축면적 ④ 대지경계선

TIP 단면도에 표기해야 할 사항
- 건물의 높이, 층 높이, 처마 높이, 반자 높이
- 창턱 높이, 창 높이
- 지반에서 1층 바닥까지의 높이
- 계단의 디딤판, 챌판의 치수
- 지붕의 물매
- 난간높이

58 건물 각층 벽면에 호스, 노즐, 소화전 밸브를 내장한 소화전함을 설치하고 화재 시에는 호스를 끌어낸 후 화재 발생지점에 물을 뿌려 소화시키는 설비는?

① 드렌처설비 ② 옥내소화전설비
③ 옥외소화전설비 ④ 스프링클러설비

TIP 옥내소화전
- 건물 내 각 층 벽면에 설치한 고정식 소화설비로 건물 각 부분에서 옥내소화전까지 수평거리는 25m이하로 설치한다.

※ 드렌처설비 : 건축물의 외벽, 창, 지붕 등에 설치하여 인접건물에 화재발생 시 수막을 형성하여 화재의 연소를 방지하는 방화설비이다.

※ 옥외소화전설비 : 건물과 옥외설비의 화재진압을 위해 옥외에 설치한 고정식 소화설비이다.

※ 스프링클러설비 : 실내 천장에 설치하여 화재발생 시 자동적으로 물을 분사하여 소화하는 자동소화설비이다.

53 ② 54 ② 55 ② 56 ① 57 ① 58 ②

59 가스계량기는 전기개폐기로부터 최소 얼마 이상 떨어져 설치하여야 하는가?

① 20cm ② 30cm
③ 45cm ④ 60cm

> TIP 가스배관 시 가스계량기와 전기설비와의 이격거리
> - 전기(개폐기, 계량기)설비와 60cm이상 이격한다.
> - 전기점멸기, 전기접속기(콘센트) 등의 설비와 30cm이상 이격한다.
> - 배관의 지하매설 깊이는 도로 폭 4m미만은 80cm이상, 도로 폭 4m ~ 8m미만은 100cm이상, 도로 폭 8m이상은 120cm이상으로 매설한다.

60 다음 그림에서 A방향의 투상면이 정면도일 때 C방향의 투상면은 어떤 도면인가?

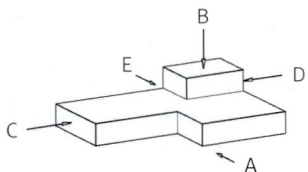

① 저면도 ② 배면도
③ 좌측면도 ④ 우측면도

59 ④ 60 ③

06 PART | CBT 기출복원문제

2023년 4회

01 다음 중 구조물의 고층화, 대형화의 추세에 따라 우수한 용접성과 내진성을 가진 극후판(極厚板)의 고강도 강재는?

① TMCP강 ② SS강
③ FR강   ④ SN강

> **TIP** TMCP(Thermo Mechanical Control Process)강
> - 압연 시 제어냉각을 통해 만든 것으로 적은 탄소량을 가지고 있어 용접성 및 내진성을 향상시킨 강재이다.
> ※ SS(Steel for Structure)강 : 다양한 구조물(건축, 선박, 차량 등)에 사용하는 일반구조용 압연강재이다.
> ※ FR(Fire Resistant Steel)강 : 화재로 인한 고온에서 일정강도를 유지하는 내화강재를 말하며 600℃이하에서 무내화피복이 가능하다.
> ※ SN(Steel New Structure)강 : 지진에 의한 내진성 확보 및 뛰어난 용접성을 가지고 있는 내진철강재이다.

02 단면이 0.3m × 0.6m이고 길이가 10m인 철근콘크리트 보의 중량은? (철근콘크리트 중량 : 24kN)

① 13.3kN   ② 35.9kN
③ 41.3kN   ④ 43.2kN

> **TIP** 철근콘크리트 보의 중량
> - 철근콘크리트 보의 부피 : 0.3m × 0.6m × 10m = 1.8㎥
> - 1.8㎥ × 24kN = 43.2kN
> ※ 정확한 중량 값을 얻기 위해서는 1kgf에 대한 N이 얼마인지를 알아야 하는데 1kgf이 약 9.8N이다. 그러므로 철근콘크리트의 중량 2400kgf에 9.8N을 곱하면 2400kgf × 9.8N = 23,520N 즉, 23.52kN가 된다. 여기에 철근콘크리트의 부피 1.8㎥를 곱하면 1.8㎥ × 23.52kN = 42.336kN이 나온다.

03 다음 중 철골부재의 용접과 거리가 먼 용어는?

① 윙 플레이트 ② 앤드 탭
③ 뒷댐재   ④ 스캘럽

> **TIP** 철골용접부의 부재 변형 방지
> - 앤드 탭(End Tab) : 용접을 끝낸 다음 떼어낼 목적으로 붙이는 버팀 판이다.
> - 뒷댐재 : 루트의 양호한 용입을 위해 뒷부분에 대는 판재이다.
> - 스캘럽(Scallop) : 열응력방지목적으로 모서리 부분을 반원모양으로 따낸 것이다.

01 ① 02 ④ 03 ①

- 캠버(Camber) : 수평 부재의 처짐을 방지하기 위해 위로 솟아오르게 한 것이다.
- ※ 윙 플레이트 : 철골의 주각부에 사이드 앵글과 함께 사용하거나 용접하여 사용하는 것으로 기둥에서 오는 응력을 베이스플레이트에 전달하는 강판을 말한다.

04 절충식 지붕틀의 특징으로 틀린 것은?

① 지붕보에 휨이 발생하므로 구조적으로는 불리하다.
② 지붕의 하중은 수직부재를 통하여 지붕보에 전달된다.
③ 한식구조와 절충식구조는 구조상으로 비슷하다.
④ 작업이 복잡하며 대규모 건물에 적당하다.

> **TIP** 절충식 지붕틀
> - 지붕보 위에 동자기둥 또는 대공을 세워 중도리, 마룻대를 걸치고 서까래를 받게 한 지붕이다.
> - 작업이 간단하고, 간 사이가 작은 건물 등에 쓰이지만 지붕보에 변형이 생겨 좋지 않다.

05 철근콘크리트 보에서 전단력에 대한 강도를 크게 하기 위하여 배근하는 것은?

① 띠철근　　② 스터럽(늑근)
③ 가새근　　④ 배력근

> **TIP** 스터럽

- 전단력을 보강하여 보의 주근 위에 둘러 감은 철근이다.
- 전단력은 보의 단부에서 최대가 되고, 중앙부로 갈수록 작아지므로 단부에는 촘촘하게 배치하고 중앙부로 갈수록 넓게 배치한다.
- ※ 띠철근 : 균열방지와 주근의 좌굴방지를 위해 사용하는 철근으로 지름 6mm이상 철근을 사용하며 띠철근 간격은 30cm이하, 주근지름의 16배 이하, 띠철근 지름의 48배 이하 중 가장 작은 값으로 배근한다.
- ※ 가새근 : 기둥 내부에 대각선으로 댄 철근으로 내부 간격 유지 및 좌굴방지 역할을 한다.
- ※ 배력근 : 주근과 직각으로 배치하는 철근으로 슬래브에서 장변방향 철근에 해당한다. 주근의 위치를 확보하고 직각방향으로 응력을 전달하는 역할을 한다.

06 벽식구조에서 횡력에 대한 보강방법으로 적합하지 않은 것은?

① 벽 상부의 슬래브 두께를 증가시킨다.
② 벽 상부에 테두리보를 설치한다.
③ 벽량을 증가시킨다.
④ 부축벽(Buttress)을 설치한다.

> **TIP** 벽식구조
> - 벽이나 바닥판을 평면적인 구조체만으로 구성한 구조물로 보나 기둥 없이 슬래브와 벽으로 연결된 구조이다.
> - 층간소음이 전달되며 기둥과 보가 없어 벽을 허물지 않아야 한다.

07 다음 중 기둥과 기둥 사이의 간격을 나타내는 용어는?

① 아치
② 스팬
③ 트러스
④ 버트레스

TIP 스팬
- 구조물의 수평구간거리 또는 다리, 건물 등의 기둥과 기둥 사이를 의미하거나 사이의 거리를 말한다.
- ※ 아치 : 상부에서 오는 직압력을 곡선을 따라 좌우로 나누어 직압력만을 받는 구조로 하부에 인장력이 생기지 않는 구조이다.
- ※ 트러스 : 삼각형 뼈대를 하나의 기본형으로 조립하여 축방향력만 생기도록 한 구조이다.
- ※ 버트레스 : 건축물의 벽 또는 면에 직각으로 대어 그 벽 또는 면 반대편의 압력을 지지하는 구조물이다.

08 울거미를 짜고 중간에 살을 25cm 이내 간격으로 배치하여 양면에 합판을 교착하여 만든 문은?

① 접문
② 플러시문
③ 띠장문
④ 도듬문

TIP 플러시문
- 바탕 양면에 합판을 접착한 문으로 표면이 평평하고 뒤틀림, 변형이 적다.
- ※ 접문 : 여러 좁은 문짝을 경첩 따위로 연결하여 접고 펴서 여닫는 문이다.
- ※ 띠장문 : 세로방향의 널에 가로방향으로 띠장을 대거나 문울거미 중간에 띠장 또는 가새를 대고 못 치기로 널을 올거미에 붙인 문이다.
- ※ 도듬문 : 울거미 중간에 가는 살을 가로, 세로 약 20cm 간격으로 짜고 종이를 바른 문이다.

09 목구조에 사용되는 금속의 긴결철물 중 2개의 부재접합에 끼워 전단력에 견디도록 사용되는 것은?

① 감잡이쇠
② ㄱ자쇠
③ 안장쇠
④ 듀벨

TIP 듀벨
- 동그랗게 말아 사용하거나 끝 부분을 뾰족하게 하여 목재의 접합에 사용한다.
- 가락지형, O자 형, +자 형 등이 있다.
- 듀벨은 목재의 전단력에 작용한다.
- ※ 감잡이쇠 : ㄷ자 형으로 띠쇠를 구부린 철판으로 평보와 왕대공을 연결할 때 사용한다.
- ※ ㄱ자쇠 : ㄱ자 형으로 띠쇠를 구부린 철판으로 모서리의 가로, 세로를 연결할 때 사용한다.
- ※ 안장쇠 : 안장 모양으로 구부려 만든 것으로 큰 보에 작은 보를 걸쳐 연결할 때 사용한다.

04 ④ 05 ② 06 ① 07 ② 08 ② 09 ④

10 각종 구조에 대한 설명 중 옳지 않은 것은?

① 경량철골구조 - 내화, 내구성이 좋지 않다.
② 목구조 - 내화, 내구적이지 못하다.
③ 철근콘크리트 구조 - 내구, 내진, 내화성이 뛰어나다.
④ 벽돌구조 - 내진적이며 고층건물에 적합하다.

TIP 벽돌구조
- 내화, 내구, 방한, 방서에 유리하고 외관이 아름다우며 재료를 구하기 쉽다.
- 횡력에 약하여 대규모 건물에 부적합하고 벽 두께가 두꺼워 실내면적이 줄어든다.
※ 경량철골구조 : 강도가 커 자중을 줄일 수 있으며 큰 구조물이나 고층에 적합하다. 또한 이동, 해체, 수리 등이 편리하지만 열에 약하고 내구성이 낮고 좌굴현상이 나타난다.
※ 목구조 : 비강도가 크고 가공이 용이하며, 열전도율이 작으나 함수율에 따른 변형이 크고 내화및 내구성이 좋지 않고, 균일한 재료를 얻기 어렵다.
※ 철근콘크리트구조 : 내화, 내구, 내진성 등이 우수하고 일체식 구조로써 모양을 자유롭게 선택할 수 있지만 자중이 크고, 수축으로 인한 균열이 생기기 쉽고 시공이 복잡하고 공기가 길다.

11 목조 계단에서 양끝에 세우는 굵은 난간 동자의 명칭은?

① 계단멍에 ② 두겁대
③ 엄지기둥 ④ 디딤판

TIP 엄지기둥
- 난간 끝 또는 모서리 등에 세우는 굵고 긴 장식 기둥이다.
※ 계단멍에 : 목조계단의 디딤판의 밑부분을 받쳐주는 보강재이다.
※ 난간두겁대 : 난간동자의 윗부분에 대는 가로재를 말한다.
※ 디딤판 : 계단에서 발로 디디게 되어 있는 수평 판이다.

12 조적조 벽체 내쌓기의 내미는 최대한도는?

① 1.0B ② 1.5B
③ 2.0B ④ 2.5B

TIP 벽돌쌓기 원칙
- 내 쌓기의 경우 한 단은 1/8B, 두 단은 1/4B씩 쌓고, 내미는 한도는 2.0B로 한다.
- 1일 쌓기 높이는 1.2 ~ 1.5m 이내로 한다.
- 가급적 막힌 줄눈으로 시공하며, 벽체를 일체화를 위해 테두리 보를 설치한다.
- 몰탈의 수분을 벽돌이 머금지 않도록 쌓기 전 충분한 물 축임을 한다.

13 철근콘크리트구조의 형식 중 층고 문제를 해결하기 위해 주상복합이나 지하주차장 등에 사용하는 것은?

① 벨트트러스 구조
② 다이아그리드 구조
③ 막 구조
④ 플랫슬래브 구조

TIP 플랫 슬래브(무량판 구조)
- 바닥에 보가 없이 직접 기둥에 하중을 전달하는 방식을 말한다.
- 구조가 간단하고 공사비가 저렴하다. 또한, 층고를 높게 할 수 있어 실내 이용률이 높지만 바닥판이 두꺼워 고정하중이 커진다.
- 바닥판 두께는 15cm이상으로 하며, 배근방식으로 2방향식, 3방향식, 4방향식, 원형식이 있으며 2방향식과 4방향식이 많이 사용된다.

※ 벨트트러스 구조 : 초고층 건축물의 변위를 제어하기 위해서 건물의 일부 층(1~4개 층)을 강성이 큰 벽체나 트러스 형태의 구조물로 띠처럼 둘러 설치하는 구조이다.

※ 다이아그리드 구조 : 대각선(Diagonal)과 격자(Grid)의 합성어로 대각 가새를 반복적으로 사용한 형태의 구조를 말한다. 다이아그리드의 뼈대는 기둥과 가새의 역할을 동시에 수행해 건물이 받는 하중을 효과적으로 저항해낸다. 태풍과 지진과 같은 횡적 저항을 높여주며 바람이 부딪칠 때 마름모꼴의 구조가 인장력(당기는 힘)과 압축력(누르는 힘)으로 번갈아가며 저항해서 태풍과 지진 등에 견뎌내는 능력이 높아진다.

※ 막 구조 : 텐트와 같은 얇은 막을 쳐 지붕을 구성하는 방법으로 공기압으로 부풀려진 막으로 덮는 경제적인 구조를 만들 수 있다.

※ 2023년 4월 29일 인천 검단 신도시 아파트 신축현장에서 지하주차장이 붕괴되는 사고가 발생하였다. 붕괴된 사고지점은 약 1년 전인 2022년 7월에 이미 타설과 시공이 끝나고 양생까지 마무리됐으며 내부마감공사까지 마친 상태에서 붕괴된 것이다. 이곳은 무량판구조를 적용하여 시공하였으며 무량판구조는 지탱하는 보가 없어 수평하중에 약한 구조이기는 하나, 무량판구조 자체는 다른 아파트에서도 많이 적용되는 방법이다. 2023년 7월 5일 국토교통부는 5월 9일 ~ 7월 1일 실시한 건설사고조사위원회의 사고조사 결과와 5월 2일 ~ 11일 실시한 사고현장 특별점검결과를 공개했고 전단보강철근의 미설치(누락)가 이번 붕괴의 가장 큰 원인임을 밝혔다.

14 돌 구조에서 창문 등의 개구부 위에 걸쳐대어 상부에서 오는 하중을 받는 수평부재는?

① 문지방돌
② 인방돌
③ 창대돌
④ 쌤돌

TIP 인방돌
- 인방돌 : 창문 등의 개구부 위에 가로로 걸쳐 상부의 하중을 받는 수평부재를 말한다.

※ 문지방돌 : 출입문 밑에 문지방으로 댄 돌을 말한다.

※ 창대돌 : 창 밑에 대어 빗물 등을 흘러 내리게 한 장식재로, 창 너비가 클 경우 2개 이상의 돌을 대어 사용하기도 하지만, 외관 및 방수상 1개를 통으로 사용한다.

※ 쌤돌 : 창문, 출입문 등의 양쪽에 대는 것으로 벽돌 구조에서도 사용한다.

15 철근콘크리트 구조의 특성 중 옳지 않은 것은?

① 콘크리트는 철근이 녹스는 것을 방지한다.
② 콘크리트와 철근이 강력히 부착되면 압축력에도 유효하게 된다.
③ 인장응력은 콘크리트가 부담하고, 압축응력은 철근이 부담한다.
④ 철근과 콘크리트는 선팽창 계수가 거의 같다.

TIP 철근콘크리트
- 압축력을 콘크리트가 부담하고 인장력이 약한 단점을 철근이 보강하는 구조이다.
- 콘크리트는 철근에 대한 부착강도가 높으며 [1]선팽창계수가 거의 같다.
- 알칼리성인 콘크리트가 철근의 부식방지 역할을 한다.
※ [1]선팽창계수 : 온도상승에 따라 길이가 팽창하는 변화를 나타낸 것이다.

16 다음 중 스페이스프레임에 대한 설명으로 옳지 않은 것은?

① 지진에 유리하며, 중간 기둥 없이 대공간 연출이 가능하다.
② 곡면이 가능하고 응력분산을 할 수 있다.
③ 현장타설 철근콘크리트구조로 건축할 수 있다.
④ 경량이면서 강성이 크다.

TIP 스페이스프레임

스페이스프레임
- 재료를 입체적으로 조립한 뼈대로 경량이면서 강성이 크다.
- 입체적으로 부재가 배치되어 응력을 균등하게 분담하도록 설계되어 있다.
- 종횡으로 거의 균등하게 배치되어 부재 상호간 변형을 구속하면서 압축부재의 좌굴을 방지한다.

17 목조 반자틀의 구성 부재와 관계없는 것은?

① 반자틀   ② 반자틀받이
③ 달대   ④ 꿸대

TIP 목조 반자틀
- 반자돌림대, 반자틀, 반자틀받이, 달대, 달대받이로 구성돼 있다.

※ 꿸대 : 목조 벽을 보강하기 위해 기둥을 연결하는 가로재를 말한다.

18 다음이 설명하는 내용으로 맞는 것은?

> 수직재가 수직하중을 받는 과정의 임계상태에서 기하학적으로 갑자기 변화하는 현상

① 전단파단 ② 응력
③ 좌굴   ④ 인장항복

TIP 좌굴(버클링(buckling))
- 기둥 등에 세로방향으로 압력이 가해질 때 중심축이 축 외부로 벗어나며 휘어지는 현상

※ 임계상태(臨界狀態, Critical state) : 작은 하중(운동)이 반복적으로 일어나 연쇄반응을 일으켜 거대한 하중(운동)으로 바뀌는 상태

19 조적식 구조에서 칸막이벽의 두께는 최소 얼마 이상으로 하는가?

① 9cm   ② 12cm
③ 15cm ④ 20cm

TIP 칸막이벽
- 칸막이벽 두께는 9cm이상으로 하도록 하며, 위층이 조적식 칸막이벽, 또는 주요 구조물일 경우 19cm 이상으로 한다.

20 다음 벽식구조에 대한 설명 중 ( )안에 알맞은 것은?

> 똑같은 판이라도 수직으로 세워져서 힘이 면을 따라 전달되는 것을 (ⓐ)(이)라하고, 판을 수평으로 설치하여 면에 직각으로 힘을 받는 것을 (ⓑ)(이)라 한다.

① ⓐ 슬래브, ⓑ 벽
② ⓐ 보, ⓑ 기둥
③ ⓐ 벽, ⓑ 슬래브
④ ⓐ 기둥, ⓑ 보

TIP 벽식구조
- 벽 : 건물이나 방 주위를 수직으로 둘러막은 것을 말한다.
- 슬래브 : 일정한 두께로 된 수평부분을 말한다.

21 골재의 저장방법에 대한 설명으로 틀린 것은?

① 잔골재와 굵은 골재는 분류하여 저장한다.
② 빙설의 혼입 및 동결이 되지 않도록 하고 햇볕이 드는 곳에 보관한다.
③ 높이 쌓지 않아야 하며 넓게 쌓아 보관한다.
④ 적당한 배수시설을 설치하고 지붕을 만들어 보관한다.

TIP 골재의 저장
- 잔골재 및 굵은 골재에 있어 종류와 입

- 도가 다른 골재는 각각 구분하여 따로 저장한다.
- 원석의 종류나 제조방법이 다른 부순 모래는 분리하여 저장한다.
- 경사진 곳은 피하고 햇볕을 바로 쬐지 않도록 한다.
- 저장 및 취급에 있어서는 대소의 알이 분리하지 않고 먼지, ¹⁾잡물 등이 혼합되지 않도록 하며 굵은 골재의 경우에는 골재가 부서지지 않도록 설비를 정비하고 취급에 주의한다.
- 골재의 저장설비에는 적당한 배수시설을 설치하고, 그 용량을 적절히 하여 표면수가 균일한 골재를 사용할 수 있도록 한다.
- 여름철에는 적당한 ²⁾상옥시설을 하거나 살수를 하는 등 온도상승 방지를 위한 적절한 시설을 하여 저장한다.
- 겨울에는 동결된 골재나 빙설이 혼입되어 있는 골재를 그대로 사용하지 않도록 적절한 방지 대책을 수립하고 골재를 저장한다.

※ ¹⁾잡물 : 순수하지 않고 불필요하거나 해가 되는 물질이나 물체

※ ²⁾상옥 : 작업 또는 대기하는데 쓰려고 부두나 역 가까이에 지은 건물

22 다음 미장재료 중 수경성 재료는?

① 회사벽
② 돌로마이트 플라스터
③ 회반죽
④ 시멘트 몰탈

TIP ☆ 수경성

- 물과 작용하여 경화된 후 점차 강도가 커지는 성질의 재료로 석고, 시멘트 몰탈 등이 있다.
- ※ 기경성 : 공기 성분 중에서 탄산가스(이산화탄소)에 의해 경화되는 성질의 재료로, 점토, 석회, 돌로마이트 플라스터 등이 있다.

23 다음 중 수성 페인트에 대한 설명으로 옳지 않은 것은?

① 내알칼리성이 약해 콘크리트 면에 사용하기 부적합하다.
② 건조가 빠르며 작업성이 좋다.
③ 희석재로 물을 사용하므로 공해 발생 위험이 적다.
④ 수성페인트의 일종으로 에멀션 페인트가 있다.

TIP ☆ 수성페인트

- 안료 + 아교(또는 카세인) + 물을 혼합한 도료로 취급이 간단하며 건조가 빠르다.
- 사용범위가 넓고 냄새가 거의 없으며 작업성이 좋다.
- 알칼리에 대한 내성이 커서 콘크리트 면, 몰탈 면에 사용할 수 있다.
- 내부용 수성페인트(내부용 에멀션페인트)와 외부용 수성페인트(외부용 에멀션페인트)가 있다.
- 아크릴 계열 수성페인트는 광택수성페인트로 유성페인트와 같은 광택이 있다.
- ※ 에멀젼 페인트 : 수성페인트 + 합성수지 + 유화제를 혼합한 도료로써 수성과 유성의 특징을 겸한 유화액상 페인

트로 도장 후 물은 퍼져 흩어져 굳어진다. 무광은 실내, 유광은 실외도장이 가능하다.

24 콘크리트 제품 중 원심력 가공제품이 아닌 것은?

① 철근 콘크리트 관
② 철근 콘크리트 말뚝
③ 철근 콘크리트 기둥
④ 철근 콘크리트 보

TIP 원심력 가공제품
- 철근콘크리트 관(흄관, hume pipe), 철근콘크리트말뚝, 철근콘크리트기둥이 있다.

25 유리에 함유되어 있는 성분 가운데 자외선을 차단하는 주성분이 되는 것은?

① 황산나트륨($NaSO_4$)
② 탄산나트륨(Na_2CO_3)
③ 산화제2철(Fe_2O_3)
④ 산화제1철(FeO)

TIP 유리의 자외선 투과 및 차단 성분
- 산화제일철 : 자외선 투과
- 산화제이철 : 자외선 차단

26 벽돌의 품질등급에서 1종 점토벽돌의 압축강도는 최소 얼마 이상인가?

① 10.78 N/㎟   ② 15.59 N/㎟
③ 20.59 N/㎟   ④ 24.50 N/㎟

TIP 점토벽돌 KS품질기준

품질	종류	
	1종	2종
압축강도 (N/mm²)	24.50 이상	14.7 이상
흡수율(%)	10 이하	15 이하

27 다음 중 열경화성수지에 속하는 것은?

① 염화비닐수지   ② 초산비닐수지
③ 아크릴수지   ④ 요소수지

TIP 요소수지
- 무색으로 착색이 자유롭고 약산 및 약알칼리에 견디고 유류에는 거의 침해받지 않는다.
- 완구, 장식품 등의 잡화에 수요가 많고 액체접착제로 내수합판에 사용한다.

※ 열경화성수지 : 열을 가하여도 변형되지 않는 수지이며 멜라민 수지, 실리콘 수지, 에폭시수지, 폴리에스테르수지, 요소 수지, 페놀 수지 등이 있다.

※ 열가소성수지 : 열을 가하면 변형되어 가소성이 생기고, 냉각하면 다시 굳는 수지이며 아크릴수지, 염화비닐수지, 폴리에틸렌수지, 폴리스티렌수지 등이 있다.

28 대리석의 일종으로 다공질이며 황갈색의 무늬가 있으며 특수한 실내장식재로 이용되는 것은?

① 테라코타　② 트래버틴
③ 점판암　　④ 석회암

> 💡TIP 트래버틴(Travertine)
> - 갈면 광택이 나고 요철무늬가 있어 특수실내장식재로 사용하며 석질이 균일하지 못하다.
> - ※ 테라코타 : 자토를 반죽하여 조각의 형틀로 찍어내어 소성한 속이 비어있는 제품이며 석재 조각물 대신에 사용하는 장식용 점토제품이다.
> - ※ 점판암 : 석질이 치밀하고 방수성이 있어 얇은 판으로 떼어내어 지붕이나 벽 재로로 사용한다.
> - ※ 석회암 : 주성분은 탄산석회($CaCO_3$)이고, 시멘트의 원료로 사용되며 석질은 치밀하지만, 내산·내후·내화성 부족하다.

29 금속의 부식작용에 대한 설명으로 옳지 않은 것은?

① 동판과 철판을 같이 사용하면 부식방지에 효과적이다.
② 산성인 흙속에서는 대부분의 금속재가 부식된다.
③ 습기 및 수중에 탄산가스가 존재하면 부식작용은 한층 촉진된다.
④ 철판의 자른 부분 및 구멍을 뚫은 주위는 다른 부분보다 빨리 부식된다.

> 💡TIP 금속의 부식
> ① 전기적 부식
>   - 서로 다른 금속이 수분(빗물 또는 습기)에 접촉할 경우 전기분해가 일어난다.
>   - 이온화 경향이 큰 쪽이 음극이 되어 부식작용이 일어난다.
> ② 대기에 의한 부식
>   - 공기 중에 산화물, 염 그 밖의 화합물로 부식이 발생한다.
>   - 부식된 피막이 표면에 밀착하게 되면 더 이상 부식이 진행되지 않는다.
>   - 바닷가의 대기 중에는 염분이 특히 많아 부식이 더욱 촉진된다.
> ③ 물에 의한 부식
>   - [1]경수가 [2]연수에 비하여 부식성이 크며 오수에서 발생하는 이산화탄소 등이 더욱 부식을 촉진하는 역할을 한다.
> ④ 흙 속에서의 부식
>   - 산성이 강한 토양은 금속의 부식을 촉진하며, 습한 흙 속에 누전전류나 접지선에서 나온 전류가 통과하도 부식된다.
> - ※ [1]경수(센물(hard water)) : 칼슘이나 마그네슘 등의 함량이 높은 물로 비누가 잘 녹지 않아 세탁용수로 부적당하며 보일러에 스케일이 생겨 효율이 저하된다.
> - ※ [2]연수(단물(soft water)) : 칼슘이나 마그네슘 등의 함량이 미량으로 포함된 물로 세탁 및 보일러 용수로 적합하다.

30 길이 5m인 생나무가 전건상태에서 길이가 4.5m로 되었다면 수축률은 얼마인가?

① 6% ② 10%
③ 12% ④ 14%

> **TIP** 목재의 수축률
> - 수축률 = $\frac{5-4.5}{5} \times 100\%$ ∴ 10%

31 콘크리트 구조물에 하중의 증가 없이도 시간과 더불어 변형이 증대되는 현상은?

① 영계수 ② 소성
③ 탄성 ④ 크리프

> **TIP** 크리프(Creep)
> - 일정 하중이 작용한 뒤 하중의 증가 없이도 시간이 경과함에 따라 변형이 증대되는 장기추가 처짐 현상을 말한다.
> - ※ 영계수 : 응력과 변형의 관계를 나타내는 계수로 탄성계수라고도 한다.
> - ※ 소성 : 외력을 제거하여도 재료가 원상태로 돌아가지 않고, 변형된 상태로 남아 있는 성질을 말한다.
> - ※ 탄성 : 외력을 받아 변형이 생긴 후, 이 외력을 제거하면 원래 모양과 크기로 되돌아가는 성질을 말한다.

32 AE제를 사용한 콘크리트에 관한 설명 중 옳지 않은 것은?

① 물-시멘트가 일정한 경우 공기량을 증가시키면 압축강도가 증가한다.
② 시공연도가 좋아지므로 재료분리가 적어진다.
③ 동결융해작용에 의한 마모에 대하여 저항성을 증대시킨다.
④ 철근에 대한 부착강도가 감소한다.

> **TIP** AE제
> - 콘크리트 속에 독립된 미세기포(지름 0.025~0.25mm)를 발생시켜 골고루 분산시키는 역할을 한다.
> - 콘크리트의 시공연도를 개선시켜, 재료분리가 일어나지 않으며, 블리딩이 감소된다.
> - 경화 때의 수축을 감소시키며, 균열을 방지한다.
> - 공기량 증가 시 강도가 감소되며, 수축량이 증가된다.
> - 콘크리트 전체 체적의 약 2~5%가 적당하다.

33 파티클 보드의 특성에 관한 설명으로 옳지 않은 것은?

① 칸막이 · 가구 등에 이용된다.
② 열의 차단성이 우수하다.
③ 가공성이 비교적 양호하다.
④ 강도에 방향성이 있어 뒤틀림이 거의 일어나지 않는다.

> **TIP** 파티클 보드(Particle Board, Chip Board)
> - 방향에 따른 강도의 차이가 없고 큰 면적의 판을 만들 수 있다.
> - 두께는 비교적 자유로 선택할 수 있고 표면이 평활하고 경도가 크다.

28 ② 29 ① 30 ② 31 ④ 32 ① 33 ④

- 방충, 방부성이 크다.
- 가공성이 비교적 양호하며 균질한 판을 대량으로 제조할 수 있다.
- 못, 나사못의 지보력은 목재와 거의 같다.

34 밤에 빛을 비추면 잘 볼 수 있도록 도로 표지판 등에 사용되는 도료는?

① 방화도료　　② 에나멜래커
③ 방청도료　　④ 형광도료

> **TIP** 형광도료
> - 어두운 곳에서 빛을 내게 하는 도료로 시계 글자판, 기타 야광표지에 쓰인다.
> - 형광도료는 빛이 있는 동안만 발광하고 제거하면 발광하지 않는다.
> ※ 방화도료 : 불에 타기 쉬운 재료에 발라서 불이 붙지 않게 하는 도료로 열을 받으면 유리와 같은 상태가 되는 것과 거품을 일으켜 단열층을 이루는 것이 있다
> ※ 에나멜래커 : 클리어 래커에 안료를 포함한 불투명 도료로 속건성이고, 도막이 단단하며 내유성, 내수성이 우수하다.
> ※ 방청도료 : 금속의 보호와 표면에 녹이 슬지 않게 할 목적으로 사용되는 도료로 녹막이 도료 또는 녹막이 페인트라고도 한다.

35 재료에 외력을 가했을 때 작은 변형만 나타나도 파괴되는 성질을 의미하는 것은?

① 전성　　② 취성
③ 탄성　　④ 연성

> **TIP** 취성
> - 작은 변형에 쉽게 파괴되는 성질을 말하며 유리가 대표적인 재료이다.
> ※ 전성 : 타격에 의해 넓게 판 모양으로 펴지는 성질을 말한다.
> ※ 탄성 : 재료가 외력을 받아 변형이 생긴 후, 이 외력을 제거하면 원래 모양과 크기로 돌아가는 성질을 말한다.
> ※ 연성 : 외력을 받았을 때, 파괴되지 않고 가늘고 길게 늘어나는 성질을 말한다.

36 거푸집 속에 적당한 입도배열을 가진 굵은 골재를 채워 넣은 후, 몰탈을 펌프로 압입하여 굵은 골재의 공극을 충전시켜 만드는 콘크리트는?

① 소일 콘크리트
② 레디믹스트 콘크리트
③ 쇄석 콘크리트
④ 프리팩트 콘크리트

> **TIP** 프리팩트 콘크리트
> - 프리팩트 콘크리트가 프리플레이스트 콘크리트로 변경됨.(2009년 콘크리트 표준시방서)
> ※ 소일 콘크리트 : 현장의 흙과 시멘트를 혼합한 것으로 도로, 광장 등 간단한 포장에 사용한다.
> ※ 레디믹스트 콘크리트 : 콘크리트 제조설비를 가진 공장에서 굳지 않은 콘크리트를 트럭으로 공사현장까지 운반과정 중에 조합하는 콘크리트를 말한다.

※ 쇄석 콘크리트 : 암석, 호박돌 등을 파쇄한 쇄석을 골재로 사용한 콘크리트를 말한다.

37. 석재를 형상에 의해 분류할 때 두께가 15cm미만으로, 대략 너비가 두께의 3배 이상이 되는 것을 무엇이라 하는가?

① 판석   ② 각석
③ 견치석   ④ 사괴석

TIP 석재의 형상에 의한 분류
- 판석 : 두께에 비해 넓이가 큰 돌을 말하며 구들장 등에 사용한다.
- ※ 각석 : 직사각 또는 정사각모양의 일정한 길이를 가진 석재로 기초, 계단, 돌담, 동바리 등에 사용한다.
- ※ 견치석 : 한쪽 면이 네모진 사각형, 뒷면이 뾰족한 모양의 석재로 석축 등에 사용한다.
- ※ 사괴석 : 육면체의 모양으로 이루어진 석재로 벽이나 돌담 등에 사용한다.

38. 다음 중 시멘트에 대한 설명으로 옳지 않은 것은?

① 시멘트의 분말도는 단위 중량에 대한 표면적, 즉 비표면적에 의하여 표시할 수 있다.
② 분말도가 큰 시멘트일수록 수화반응이 지연되어 응결 및 강도의 증진이 작다.
③ 시멘트의 풍화란 시멘트가 습기를 흡수하여 경미한 수화반응을 일으켜 생성된 수산화칼슘과 공기 중의 탄산가스가 작용하여 탄산칼슘을 생성하는 작용을 말한다.
④ 시멘트의 안정성 측정은 오토클레이브 팽창도 시험방법으로 행한다.

TIP 시멘트
- 입자의 굵고 가늠을 나타내는 정도를 분말도라 하며 단위 중량에 대한 표면적(cm^2 /g), 즉 비표면적에 의해 표시할 수 있는데 분말도가 클수록 수화작용이 빠르고 조기강도가 높다.
- 풍화는 시멘트 입자가 공기 중의 습기와 만나 불완전한 수화를 일으키는 현상으로 3개월 이상 보관한 시멘트는 사용 전 재시험을 해야 한다.
- 안정성은 경화 중 부피가 팽창하는 정도를 가리키며 오토클레이브 팽창도 시험이 있다.

39. 강재의 인장강도가 최대가 되는 온도는 대략 어느 정도인가?

① 0℃   ② 150℃
③ 250℃   ④ 500℃

TIP 강재의 온도에 의한 영향
- 상온 ~ 100℃ : 강도의 변화는 거의 없다.
- 100℃ ~ 250℃ : 강도가 증가한다.
- 250℃ : 강도가 최대가 된다.

34 ④   35 ②   36 ④   37 ①   38 ②   39 ③

40 한국산업규격이 정하는 바에 의하여 시험결과 난연 1급에 해당하는 건축재료를 무엇이라 하는가?

① 불연재료 ② 준불연재료
③ 내수재료 ④ 난연재료

TIP 불연성 재료
- 불연재료(난연 1급) : 불에 타지 않는 성질을 가진 재료로 콘크리트, 석재, 벽돌, 철강, 유리, 알루미늄, 글라스 울, 시멘트 판 등이 이에 속한다.
- ※ 준불연재료(난연 2급) : 불연재료에 준하는 성질을 가진 재료로 석고보드, 1)목모시멘트 판 등이 이에 속한다.
- ※ 난연재료(난연 3급) : 불에 잘 타지 않는 성능을 가진 재료로 난연합판, 난연플라스틱판 등이 이에 속한다.
- ※ 1)목모시멘트 판 : 목재를 두께 0.5mm, 너비 1~5mm, 길이 25~40mm로 얇게 깎은 것에 시멘트를 섞은 것(45 ~ 40 : 55 ~ 60)으로 몰탈 바름 바탕, 흡음, 보온, 내벽 및 천장 등의 내장재, 지붕의 단열재로 사용한다.

41 주택의 침실에 관한 설명으로 옳지 않은 것은?

① 어린이 침실은 주간에는 공부를 할 수 있고, 유희실을 겸하는 것이 좋다.
② 부부침실은 주택 내의 공동 공간으로 가족생활의 중심이 되도록 한다.
③ 침실의 크기는 사용인원 수, 침구의 종류, 가구의 종류, 통로 등의 사항에 따라 결정된다.
④ 침실의 위치는 소음의 원인이 되는 도로 쪽은 피하고, 공원 등의 공지에 면하도록 하는 것이 좋다.

TIP 침실(Bed Room)
- 주거공간 중 가장 사적인(=폐쇄성)개인 생활공간으로 독립성과 기밀성이 유지돼야 한다.

42 배수트랩의 봉수파괴 원인과 가장 거리가 먼 것은?

① 흡출작용 ② 수격작용
③ 모세관 현상 ④ 자기 사이펀 작용

TIP 봉수파괴의 원인
① 사이펀 작용
  1) 자기사이펀
  - 배수 시 기구에 다량의 물이 일시에 흐를 때 발생한다.
  2) 유인(흡인)사이펀(흡입 또는 흡출 작용)
  - 수직관에 접근하여 기구를 설치했을 때 수직관 상부에서 다량의 물이 낙하할 때 발생한다.
② 분출 작용
  - 수직관 가까이 기구를 설치했을 때 수직관 상부에서 다량의 물이 낙하하면 하단의 기구의 공기압축으로 발생한다.
③ 모세관 작용
  - 머리카락, 실 등이 걸렸을 때 발생한다.

④ 증발
- 오랜 기간 동안 위생기구를 사용하지 않았을 때 발생한다.

⑤ 운동량에 의한 관성 작용
- 배관에 급격한 압력변화가 발생한 경우 봉수가 상하로 움직이며 사이펀작용이 발생하거나 또는 봉수가 배출되는 현상을 말한다.

※ 수격작용(Water hammer) : 액체가 흐르는 관 내부는 수압이 걸리게 되는데, 밸브를 갑자기 열거나 닫을 경우 배관 내의 압력변화 및 상승으로 인해 관 속에 진동 및 소음 등이 발생하며, 심할 경우 고장을 일으키는 작용을 말한다.

43 투시도법에서 사용되는 용어의 표시가 옳은 것은?

① 시점 : E.P ② 소점 : S.P
③ 기면 : G.L ④ 수평면 : H.L

TIP 투시도 용어
- 기면(Ground Plane, G.P) : 화면과 수직으로 놓인 기준이 되는 면 또는 사람이 서 있는 면
- 기선(Ground Line, G.L) : 기면과 화면과의 만나는 선
- 화면(Picture Plane, P.P) : 물체를 투시하여 도면을 그리는 입화면
- 수평면(Horizontal Plane, H.P) : 눈높이와 수평한 면
- 수평선(Horizontal Line, H.L) : 입화면과 수평면이 만나는 선
- 시점(Eye Point, E.P) : 보는 사람의 눈 위치
- 정점(Station Point, S.P) : 시점이 기면 위에 투상 되는 점 (= 사람이 서 있는 곳)
- 소점(Vanishing Point, V.P) : 물체가 기면에 평행으로 무한히 멀리 있을 때 수평선 위에 한 점에 모이게 되는 점
- 시축선(Axis of Vision, A.V) : 시점에서 입화면에 수직하게 통하는 투사선

44 다음의 창호기호 표시가 의미하는 것은?

① 철재 창 ② 알루미늄 문
③ 목재 창 ④ 플라스틱 문

45 아파트의 단면형식 중 하나의 단위 주거가 2개 층에 걸쳐 있는 것은?

① 플랫형   ② 집중형
③ 메이조넷형 ④ 트리플렉스형

TIP 메이조넷형(복층형, 듀플렉스형)
- 한 주호가 2개 층에 걸쳐 구성되는 형식으로 엘리베이터 정치층수가 적어 경제적이고 효율적이다.
- 주택 내부의 공간에 변화가 있고 통로 면적이 감소되며 전용면적이 증대된다.
- 프라이버시가 좋고, 통풍 및 채광이 좋다.
- 피난 상 불리하고, 소규모 주택에서는 비경제적이다.

※ 단층형(플랫형)
- 주거 단위가 동일 층에 한하여 1층씩 구성되는 형식으로. 평면구성의 제약이 적고 작은 면적에도 설계가 가능하다.

※ 트리플렉스형
- 하나의 주거단위가 3개 층으로 구성된 형식이다.

※ 집중형 : 아파트의 평면형 분류로 부지의 이용률이 가장 높아 많은 주호를 집중시킬 수 있고 각 세대에 시각적 개방감을 줄 수 있으나 프라이버시가 극히 나쁘며, 채광, 통풍이 극히 불리하다.

되는 전통적인 형태로 양쪽 벽면에 작업대를 마주보도록 배치한 형태로 직선형보다는 동선이 줄지만 작업 시 몸을 앞뒤로 계속 바꿔야 한다.

※ L자형(ㄱ자형) : 인접된 양면 벽에 L자형으로 배치하여 동선의 흐름이 자연스러운 형태로 동선이 효율적이며 여유 공간이 많기 때문에 식사실과 병용할 경우 적합하다.

※ U자형(ㄷ자형) : 인접한 3면의 벽에 배치하여 가장 편리하고 능률적이지만 평면계획상 외부로 통하는 출입구의 설치 곤란하며 식탁과의 연결이 어렵다.

46 이형철근의 직경이 13mm이고 배근간격이 150mm일 때 도면 표시법으로 옳은 것은?

① ø13@150 ② 150ø13
③ D13@150 ④ @150D13

47 부엌의 평면형 중 동선과 배치가 간단하지만, 설비기구가 많은 경우에는 작업동선이 길어지므로 소규모 주택에 적합한 형식은?

① 병렬형 ② ㄱ자형
③ ㄷ자형 ④ 일자형

TIP 직선형(일자형)
- 동선과 배치가 간단하지만 설비기구가 많을 경우 작업동선이 길어 소규모 주택에 적합하다.

※ 병렬형 : 두 벽면을 따라 작업이 전개

48 건축법령에 따른 고층 건축물의 정의로 옳은 것은?

① 층수가 30층 이상이거나 높이가 100m 이상인 건축물
② 층수가 30층 이상이거나 높이가 120m 이상인 건축물
③ 층수가 50층 이상이거나 높이가 150m 이상인 건축물
④ 층수가 50층 이상이거나 높이가 200m 이상인 건축물

TIP 건축법령에 따른 고층건축물 및 초고층건축물
- 고층건축물 : 층수가 30층 이상이거나 높이가 120미터 이상인 건축물

※ 초고층건축물 : 층수가 50층 이상이거나 높이가 200미터 이상인 건축물

※ 준초고층건축물 : 층수가 30 ~ 49층 사이이며 높이가 120 ~ 200미터 미

만인 건축물

※ 2010년 10월 1일 부산 우신골든스위트 건물화재사고 이후 건축법시행령 개정을 통해 초고층건축물(50층 이상)을 제외한 건축물을 준초고층 건축물로 정의

49 자동화재 탐지설비의 감지기 중 열감지기에 속하지 않는 것은?

① 광전식   ② 차동식
③ 정온식   ④ 보상식

TIP 화재탐지경보설비

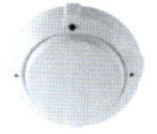
차동식

정온식

광전식

① 열감지기
- 차동식 : 사무실, 학교 등 부착 높이 8m미만인 장소에 설치한다.
- 정온식 : 주방 등 열을 취급하는 곳에 설치한다.
- 보상식 : 차동식과 정온식의 두 성능을 갖고 있다.

② 연기감지기
- 광전식 : 계단, 복도 및 층고가 높은 곳 등에 사용한다.

50 건축법상 건축에 해당되지 않는 것은?

① 이전   ② 개축
③ 재축   ④ 대수선

TIP 대수선
- 건축물의 기둥, 보, 내력벽, 주 계단 등의 구조나 외부 형태를 수선·변경하거나 증설하는 것으로 증축·개축 또는 재축에 해당하지 않는 것으로서 대통령령으로 정하는 것을 말한다.
- ※ 이전 : 주요 구조부를 해체하지 아니하고 동일한 대지 내에서 건축물의 위치를 옮기는 행위를 말한다.
- ※ 개축 : 기존 건축물의 전부 또는 일부(내력벽·기둥·보·지붕틀 중 셋 이상이 포함되는 경우를 말함)를 철거하고 그 대지에 종전과 같은 규모의 건축물을 다시 축조하는 것을 말한다.
- ※ 재축 : 건축물이 천재지변이나 그 밖의 재해로 멸실된 경우 그 대지에 종전과 같은 규모 범위에서 다시 축조하는 것을 말한다.

51 공기조화방식 중 2중덕트방식에 대한 설명으로 옳지 않은 것은?

① 전공기방식이다.
② 덕트가 2개의 계통이므로 설비비가 많이 든다.
③ 부하특성이 다른 다수의 실이나 존에도 적용할 수 있다.
④ 냉풍과 온풍을 혼합하는 혼합상자가 필요 없으므로 소음과 진동도 적다.

46 ③   47 ④   48 ②   49 ①   50 ④   51 ④

TIP 2중덕트
- 혼합유닛으로(덕트가 2개이므로)설비비가 많이 든다.
- 각 실별로 또는 존별로 온습도의 개별제어가 가능하다.
- 냉풍과 온풍 덕트를 각각 설치하여 혼합상자에서 알맞은 비율로 혼합하여 송풍하는 방식으로 에너지 다소비형이다.

52 주택의 부엌과 식당 계획 시 가장 중요하게 고려해야 할 사항은?

① 조명배치　② 작업동선
③ 색채조화　④ 수납공간

TIP 작업동선
- 주택설계에서 가장 비중을 두어야 하는 것은 가사노동의 절감(동선 단축)이 가장 중요하다.

53 형태 조화의 근본이 되는 황금비에 해당하는 비율은?

① 1 : 1.414　② 1 : 1.618
③ 1 : 1.732　④ 1 : 1.915

TIP 황금비(Golden ratio)
- 그리스 수학자 피타고라스가 발견하고, 그 후 기원 전 300년경에 수학자 유클리드가 구체화 시킨 비율로 짧은 선분 : 긴 선분 = 긴 선분 : 긴 선분 + 짧은 선분을 만족하는 선분의 분할비를 말한다.

$$\frac{a}{b} = \frac{c}{a} = 1.618033...$$

※ 이집트 피라미드, 그리스 파르테논 신전, 비너스 상 등이 황금비로 축조되거나, 만들어졌고, 앵무조개의 나선모양이 황금비를 따른다고 알려져 있으나, 비율이 비슷할 뿐 전혀 다르다.

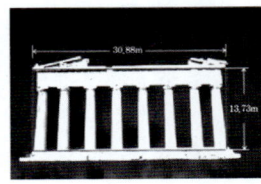

(a) 30.88÷13.73 ≒ 2.249

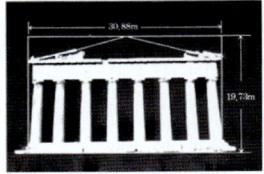

(b) 30.88 ÷ 19.73 ≒ 1.565

[그림 출처] : EBS다큐프라임 [황금비율의 비밀]

54 건축제도용지 중 A2 용지의 크기는?

① 420mm×297mm
② 594mm×420mm
③ 841mm×594mm
④ 1189mm×841mm

TIP 제도용지 크기

A0	A1	A2	A3	A4
1189×841	841×594	594×420	420×297	297×210

55 사회학자 숑바르 드 로브(Chombard de lawwe)의 주거면적 기준 중 한계기준으로 옳은 것은?

① 8㎡/인   ② 10㎡/인
③ 14㎡/인 ④ 16.5㎡/인

> TIP 숑바르 드 로브(Chombard de lawwe) 기준 주거면적
> - 병리기준 : 8㎡/인 이하일 경우 거주자의 신체 및 정신건강에 나쁜 영향을 끼친다.
> - 한계기준 : 14㎡/인 이하일 경우 개인 및 가족적인 거주의 융통성을 보장할 수 없다.
> - 표준기준 : 16㎡/인
>
> 대한민국 1인당 주거면적의 변화
>
> | | 2006년 | 2008년 | 2010년 | 2012년 |
> |---|---|---|---|---|
> | 1인당 주거면적 | 26.2㎡ | 27.8㎡ | 28.5㎡ | 31.7㎡ |
>
> | | 2014년 | 2016년 | 2017년 | 2018년 |
> |---|---|---|---|---|
> | 1인당 주거면적 | 33.5㎡ | 33.2㎡ | 31.2㎡ | 31.7㎡ |
>
> | | 2019년 | 2020년 |
> |---|---|---|
> | 1인당 주거면적 | 32.9㎡ | 33.9㎡ |
>
> ※ 자료출처(국토교통부, 『2020 주거실태』)

56 다음 중 입면도 표시사항이 아닌 것은?

① 건물전체높이, 처마높이
② 지붕물매
③ 천장높이
④ 외부재료의 표시

> TIP 입면도에 표시해야 할 사항
> - 주요부의 높이 (건물 전체높이, 처마높이)
> - 지붕 경사 및 모양 (지붕물매, 지붕이기 재료)
> - 창호의 모양 및 크기, 벽 및 기타 마감 재료 종류
>
> ※ 천장 높이(반자높이) : 단면도에 표기하는 사항이다.

57 도면에서 그림과 같은 목재의 재료표시 명칭으로 옳은 것은?

① 구조재   ② 보조재
③ 치장재   ④ 인조재

58 복사난방 방식에 대한 설명 중 옳지 않은 것은?

① 실내의 온도 분포가 균등하고 쾌감도가 높다.
② 방이 개방 상태인 경우에도 난방 효과가 있다.
③ 방열기 설치면적이 크므로, 바닥면의 이용도가 낮다.
④ 시공, 수리와 방의 모양을 바꿀 때 불편하며, 매설배관이 고장 났을 때 발견하기 어렵다.

52 ② 53 ② 54 ② 55 ③ 56 ③ 57 ③ 58 ③

> 💡TIP 복사난방
> - 바닥, 천장, 벽체에 열원을 매설하여 온수를 공급하여 그 복사열로 난방하는 것을 말한다.
> ① 장점
>   - 실내의 온도 분포가 균일하고 쾌감도가 높다.
>   - 방열기가 없어 바닥의 이용도가 높다.
>   - 대류가 적어 먼지가 상승하지 않는다.
> ② 단점
>   - 방열량 조절과 시공이 어렵고, 설비비가 많이 든다.
>   - 예열시간이 길고 매입되어 있어 고장발견이 어렵다.

59 수도직결방식의 설명으로 옳은 것은?

① 전력 차단 시 급수가 불가능하고 급수압력이 일정하다.
② 3층 이상의 고층으로의 급수가 용이하다.
③ 저수조가 있어 단수 시에도 급수가 가능하다.
④ 위생성 및 유지관리측면에서 바람직한 방식이다.

> 💡TIP 수도직결방식
> - 도로에 머설되어 있는 수도 본관에서 급수 인입관을 통해 직접 건물 내로 급수하는 방식이다.
> - 주택과 같은 소규모 건물에 많이 이용된다.
> ① 장점
>   - 정전과 관계없이 급수가 가능하고 급수오염 가능성이 가장 적다.
>   - 설비비가 저렴하고 기계실이 필요없다.
> ② 단점
>   - 수도 본관의 수압이 낮은 지역과 수돗물 사용의 변동이 심한 지역에는 부적당하다.

60 다음 중 지붕의 경사 표시법으로 가장 알맞은 것은?

① 2/7   ② 2/100
③ 2/1000   ④ 4/10

> 💡TIP 물매
> - 지붕의 기울기를 말하며, 수평거리 10cm에 대한 수직 높이를 표시한 것을 말한다. 예를 들어 높이가 4cm라면 4/10 또는 4cm물매라고 표시한다.
> - 높이 10cm인 물매, 즉, 45°의 경사를 가진 물매를 되물매라 하고, 45°이상의 물매를 된물매라 한다.

59 ④ 60 ④

06 PART | CBT 기출복원문제
2024년 1회

01 창의 하부에 건너댄 돌로 빗물을 처리하고 장식적으로 사용되는 것으로, 윗면·밑면에 물끊기·물 돌림 등을 두어 빗물의 침입을 막고 물 흐름이 잘 되게 하는 것은?

① 인방돌
② 창대돌
③ 쌤돌
④ 돌림띠

TIP 창대돌
- 창 밑에 대어 빗물 등을 흘러내리게 한 장식재이다.
- 창 너비가 클 경우 2개 이상의 창대돌을 대어 사용하기도 하지만, 외관상, 방수 상 1개를 통으로 사용한다.
- 창대돌의 윗면, 옆면, 밑면에 물 흐름이 잘 되도록 물끊기, 물 돌림 등을 두어 빗물이 내부로 침입하는 것을 막고 물 흐름을 잘되게 한다.
- ※ 인방돌 : 창문이나 출입문 등의 문꼴 위에 걸쳐 대어 상부에서 오는 하중을 받는 수평재로, 석재는 휨 및 인장에 약하여 문꼴의 너비가 클 경우 철근콘크리트 보 또는 벽돌아치 등을 혼용한다.
- ※ 쌤돌 : 창문, 출입문 등의 양쪽에 대는 것으로 면을 접거나 [1]쇠시리를 하고 벽체 쌓는 방법에 따라 촉과 연결철물로 벽체에 긴결한다.
- ※ 돌림띠 : 벽면에서 내밀어 가로로 길게 두른 장식 및 차양이며 물끊기 작용을 하는 것으로 처마돌림띠, 허리돌림띠가 있는데, 처마돌림띠의 돌출이 커 튼튼히 해야 한다.
- ※ [1]쇠시리 : 몰딩과 같이 요철로 된 곡선의 윤곽을 가진 장식 형태의 재료이다.

02 조적조에 대한 설명 중 옳지 않은 것은?

① 내력벽의 길이는 10m 이하로 한다.
② 벽돌벽을 이중으로 하고 중간을 띄어 쌓는 법을 공간 쌓기라 한다.
③ 문꼴의 너비가 2m 정도일 때에는 목재 또는 석재 인방보를 설치한다.
④ 영롱쌓기는 벽돌벽 등에 장식적으로 구멍을 내어 쌓는 것이다.

TIP 인방보
- 조적벽체의 개구부 상부에 설치하는 것으로 상부의 하중을 분산하는 역할을 하는 것이다.
- 문꼴 너비가 1m 이내에는 목재 또는 석재 인방보를 설치한다.
- 개구부 폭이 1.8m를 넘는 경우에는 철근콘크리트 인방을 설치하고 양 벽체에 20cm 이상 물리도록 한다.
- ※ 내력벽 : 내력벽의 길이는 10m 이하로 하며, 10m가 넘을 때는 부축벽,

01 ② 02 ③

붙임벽 또는 붙임기둥 등을 쌓는다.

※ 공간쌓기 : 단열, 방음, 방습 등을 위해 벽과 벽 사이에 공간을 두어 이중으로 쌓는 것이다.

※ 영롱쌓기 : 벽돌 면에 구멍을 내 쌓는 방법으로 장식의 효과가 있다.

03 보강콘크리트 블록조 단층에서 내력벽의 벽량은 최소 얼마 이상으로 하는가?

① 10cm/㎡   ② 15cm/㎡
③ 20cm/㎡   ④ 25cm/㎡

TIP 벽량

- 내력벽 길이의 총 합계를 그 층의 건축 바닥 면적으로 나눈 값을 말하며, 보강 블록조의 최소 벽량은 15cm/㎡ 이상으로 한다.
- 벽량$(cm/m^2) = \dfrac{\text{내력벽의 길이}(cm)}{\text{바닥면적}(m^2)}$

04 다음 중 인장력과 관계가 없는 것은?

① 버트레스   ② 타이바
③ 현수구조의 케이블 ④ 인장링

TIP 버트레스

- 토압을 지탱하고 있는 벽을 적당한 간격으로 격벽을 붙여 보강한 철근콘크리트옹벽이다.

※ 타이바 : 압축응력을 받는 축방향 철근의 위치확보와 좌굴방지를 위해 사용하는 철근이다.

※ 케이블 : 케이블을 걸고 지붕을 매다는 구조로, 기둥을 제외한 모든 부재가 인장력만 받는다.

※ 인장링 : 돔 하부 부재들이 바깥으로 벌어지는 것을 막기 위해 설치하는 링이다.

05 철골공사 시 바닥슬래브를 타설하기 전에 철골보 위에 설치하여 바닥판 등으로 사용하는 절곡된 얇은 판의 부재는?

① 윙 플레이트   ② 데크 플레이트
③ 베이스플레이트   ④ 메탈라스

TIP 데크 플레이트

- 바닥판에 사용되는 요철 모양으로 된 부재이며, 슬래브의 거푸집 대용 등으로 사용한다.

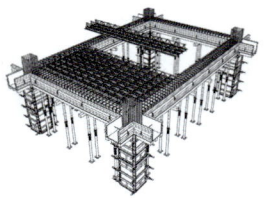

그림 출처 : 한국안전기술연합

06 초고층 건물의 구조시스템 중 가장 적합하지 않은 것은?

① 내력벽 시스템   ② 아웃리거 시스템
③ 튜브 시스템   ④ 가새 시스템

TIP 초고층 건물의 구조시스템

① 아웃리거 시스템(Outrigger System)
- 내부 코어를 외부 기둥에 연결시켜 벽이나 트러스를 통해 횡력에 대한 강성을 증가시킨 시스템

② 튜브 시스템(Tubular System)
- 건물 외부에 위치한 기둥간격을 좁게 하여 이 기둥들을 외곽보(Spandrel beam)에 접합하여 수평하중이 작용할 경우 건물 전체가 입체적으로 저항하도록 한 시스템

③ 가새 시스템(Braced Frames System)
- 수평하중을 수직방향의 켄틸레버형 트러스에 골조부재의 축강성으로 지지시키는 시스템

④ 전단벽 시스템(Shear Walls System)
- 상층부의 모든 힘을 코어의 전단벽을 통해 전달하는 시스템

07 다음 중 막구조에 대한 설명으로 옳지 않은 것은?

① 넓은 공간을 덮을 수 있다.
② 힘의 흐름이 명확하여 구조해석이 쉽다.
③ 막재에는 항시 인장응력이 작용하도록 설계하여야 한다.
④ 응력이 집중되는 부위는 파손되지 않도록 조치해야 한다.

TIP 막구조
- 넓은 공간과 높은 투광성이 있다.
- 조형적이고 장식적인 건축물 및 단순한 용도에 모두 사용할 수 있다.
- 콘크리트구조와 달리 양생기간이 없으며 자중이 작아 경량구조의 지붕재로 사용할 수 있다.
- 분진이나 소음이 적고 공사비가 저렴하며 공기를 단축할 수 있으며 겨울에도 시공할 수 있다.

08 철근과 콘크리트와의 부착력에 대한 설명으로 옳지 않은 것은?

① 철근의 정착 길이를 크게 증가함에 따라 부착력은 비례 증가되지는 않는다.
② 압축강도가 큰 콘크리트일수록 부착력은 커진다.
③ 콘크리트의 부착력은 철근의 주장(周長)에 반비례 한다.
④ 철근의 표면 상태와 단면 모양에 따라 부착력이 좌우된다.

TIP 철근과 콘크리트의 부착력
- 철근의 피복두께가 두껍고 콘크리트의 강도가 크면 부착력이 커진다.
- 철근의 항복강도가 크면 부착력이 커진다.
- 리브 및 철근의 표면 상태에 따라 부착력이 달라진다.

09 아치벽돌을 특별히 주문 제작하여 만든 아치는?

① 민무늬아치　② 본아치
③ 막만든아치　④ 거친아치

TIP 본아치
- 아치 벽돌을 사다리꼴 모양으로 제작한 것을 이용하여 만든 아치이다.
- ※ 막만든아치 : 벽돌을 쐐기 모양으로 다듬어 만든 아치이다.
- ※ 거친 아치 : 보통 벽돌을 이용하여 사용하고 줄눈을 쐐기모양으로 만든 아치이다.

10 철근콘크리트 1방향 슬래브의 두께는 최소 얼마 이상으로 하여야 하는가?

① 80㎜ ② 90㎜
③ 100㎜ ④ 120㎜

> **TIP** 1방향 슬래브
> - 장변과 단변의 비가 2를 초과할 때($\lambda = \ell y / \ell x > 2$)를 1방향 슬래브라 하며 모든 하중이 슬래브의 단변 쪽으로 하중전달이 많이 되는 슬래브이다.
> - 단변방향으로 주근을, 장변방향으로 배력근을 배치하고 슬랩의 두께는 최소 100mm 이상으로 해야 한다.
> - ※ 2방향 슬래브 : 장변과 단변의 비가 2 이하일 때($\lambda = \ell y / \ell x \leq 2$)를 2방향 슬래브라 하며 슬래브의 양방향에 골고루 하중전달이 되는 슬래브이다.

11 목조벽체에 사용되는 가새에 대한 설명 중 옳지 않은 것은?

① 목조벽체를 수평력에 견디게 하고 안정한 구조로 하기 위한 것이다.
② 가새는 일반적으로 네모구조를 세모구조로 만든다.
③ 주요건물에서는 한 방향 가새로만 하지 않고 X자형으로 하여 인장과 압축을 겸비하도록 한다.
④ 가새는 60°에 가까울수록 유리하다.

> **TIP** 가새
> - 목구조는 수평력(횡력)에 약하므로, 이를 보완하기 위해 대각으로 대는 부재이다.
> - 가새를 댈 때는 45°에 가까울수록 좋고, 기둥과 좌우대칭이 되도록 한다.
> - 단면은 큰 것이 좋지만, 잘못하면 휨 모멘트에 의해 좌굴의 우려가 있다.
> - ※ 인장가새 : 인장력을 부담하는 가새는 기둥의 1/5정도로 사용하거나 철근을 사용할 수도 있다.
> - ※ 압축가새 : 압축력을 부담하는 가새는 기둥과 같은 크기로 하거나 1/2 ~ 1/3 크기로 한다.

12 다음 중 동바리 마루의 구성부분이 아닌 것은?

① 인방 ② 멍에
③ 장선 ④ 동바리돌

13 도어체크(door check)를 사용하는 문은?

① 접문 ② 회전문
③ 여닫이문 ④ 미서기문

> **TIP** 도어 클로져(도어 체크)
> - 문을 자동으로 닫히게 하는 철물로 여닫이문에 사용한다.

14 다음 중 흙막이벽 공사 시 토질에 생기는 현상과 거리가 먼 것은?

① 보일링 ② 파이핑
③ 언더피닝 ④ 융기현상

> **TIP** 흙막이벽 공사

- 보일링 : 모래질 지반에 흙막이 벽을 설치하고 기초 파기를 할 때 흙막이 벽 뒷면 수위가 높아 지하수가 모래와 같이 벽을 돌아 지하수가 모래와 같이 솟아오르는 현상이다.
- 파이핑 : 흙막이 벽의 뚫린 구멍 또는 이음재를 통하여 물이 공사장 내부 바닥으로 스며드는 현상이다.
- 융기현상(히빙) : 연약점토지반에서 굴착작업 시 흙막이벽 내·외의 흙의 중량(흙+적재하중) 차이로 인해 저면 흙이 지지력을 상실하고 붕괴되어 흙막이 바깥에 있는 흙이 흙막이벽 선단을 돌며 밀려들어와 굴착 저면이 부풀어 오르는 현상이다.
- ※ 언더피닝 : 기존 구조물 가까이 신규구조물을 설치할 때 기존 구조물의 지반 및 기초를 보강하기 위한 공법이다.

15 목조계단의 폭이 1.2m 이상일 때 디딤판의 처짐, 보행진동 등을 막기 위하여 뒷면에 보강하는 부재는?

① 계단멍에   ② 엄지기둥
③ 난간두겁   ④ 계단참

TIP 계단멍에
- 목조계단의 디딤판의 밑 부분을 받쳐주는 보강재이다.
- ※ 엄지기둥 : 난간 끝부분 또는 모서리 등에 세우는 것으로 일반적인 난간보다 굵다.
- ※ 난간두겁 : 난간동자 위에 가로로 대는 긴 재료이다.
- ※ 계단참 : 계단 도중에 편평하고 비교적 넓게 된 부분으로 방향을 바꾸거나 휴

식 등의 목적으로 설치한다.

16 다음 중 주택에 일반적으로 사용되는 지붕이 아닌 것은?

① 모임지붕   ② 박공지붕
③ 평지붕   ④ 톱날지붕

TIP 톱날지붕
- 공장 등에 많이 사용하는 지붕으로 균일한 조도를 얻기 위해 사용한다.
- ※ 모임지붕 : 네 면이 모두 지붕면으로 전, 후면에서는 사다리꼴 지붕면, 양측 면에서는 삼각형 지붕면을 하고 있는 지붕이다.
- ※ 박공지붕 : 용마루와 내림마루로만 구성된 지붕이다.
- ※ 평지붕 : 지붕 물매가 거의 수평에 가깝도록 한 지붕으로 가장 단순한 지붕형태이다.

17 역학구조상 비내력벽에 포함되지 않는 벽은?

① 장막벽   ② 칸막이벽
③ 전단벽   ④ 커튼월

TIP 전단벽(Shear Wall)
- 지진력 등의 수평력에 저항하는 벽체이며 매우 견고한 구조로 계단실 또는 엘리베이터실 등의 견고한 구조가 되며, 횡력에 저항하는 아주 유용한 구조이다.
- ※ 장막벽(커튼월) : 자체 하중만 지지하고 장식역할만 하며 칸막이 벽이라고도 한다.

18 건물의 외벽에서 지붕 머리를 연결하고 지붕보를 받아 지붕의 하중을 기둥에 전달하는 가로재는?

① 토대   ② 처마도리
③ 서까래   ④ 층도리

TIP 처마도리
- 깔도리 위에 지붕틀을 걸고 평보 위에 걸쳐대는 가로재로 절충식 지붕틀에서는 처마도리가 깔도리를 대신하기도 하며 크기는 기둥 또는 깔도리와 같거나 조금 작게 한다.
- ※ 토대 : 목조건축에서 기초 위에 가로대어 기둥을 고정하는 부재로 최하부에 위치한다.
- ※ 서까래 : 지붕판을 만들고 추녀를 구성하는 가늘고 긴 각재로 처마도리와 중도리 및 마룻대에 지붕물매의 방향으로 걸쳐대고 지붕널을 덮는다.
- ※ 층도리 : 위층 마루바닥이 있는 부분에 수평으로 대는 가로방향의 부재를 말한다.

19 다음 중 목조에서 본기둥 간격이 2m일 때 샛기둥의 간격으로 가장 적당한 것은?

① 30cm   ② 50cm
③ 80cm   ④ 100cm

TIP 샛기둥
- 기둥과 기둥 사이에 대는 기둥으로 가새의 휨을 방지하고 상부하중을 받지 않는다.
- 크기는 본 기둥의 1/2 ~ 1/3 정도로 하고 간격은 40~60cm정도로 한다.

20 일반적으로 한식목조 주택에 사용되는 벽의 형식은?

① 심벽식   ② 평벽식
③ 옹벽식   ④ 판벽식

TIP 심벽
- 뼈대 사이에 벽을 만들어 뼈대가 노출된 벽체로 목재 고유의 무늬를 나타낼 수 있으나 가새가 작아 구조적이지 못하다.
- ※ 평벽 : 벽체가 뼈대를 감싸 뼈대를 감춘 벽체로 가새가 커 구조적이며 방한 효과가 있다.
- ※ 옹벽 : 땅을 깎거나 흙을 쌓은 비탈면의 압력으로 무너져 내리지 않도록 만든 벽을 말한다.
- ※ 판벽 : 널빤지 등으로 만든 벽을 말한다.

21 어느 목재의 중량을 달았더니 50g이었다. 이것을 건조로에서 완전히 건조시킨 후 달았더니 중량이 35g이었을 때 이 목재의 함수율은?

① 약 25%   ② 약 33%
③ 약 43%   ④ 약 50%

TIP 목재의 함수율
- 함수율
$$= \frac{\text{생나무중량} - \text{완전건조목재중량}}{\text{완전건조목재중량}} \times 100\%$$
$$= \frac{50g - 35g}{35g} \times 100\% ≒ 42.857\%$$

22 복층 유리에 대한 설명 중 옳지 않은 것은?

① 방음효과가 있다.
② 단열효과가 크다.
③ 결로 방지용으로 우수하다.
④ 유리사이에 합성수지 접착제를 채워 제작한 것이다.

> **TIP** 복층유리(Pair Glass)
> - 2장 또는 3장의 판유리를 일정간격으로 띄운 후, 둘레에 틀을 끼워 기밀하게 하고 그 사이에 건조공기 또는 아르곤 가스를 주입하여 만든 유리이다.
> - 단열, 결로 방지, 방음에 효과가 있고, 일반주택 또는 고층 빌딩의 외부 창 등에 사용한다.
> - ※ (접)합유리 : 2장 또는 그 이상의 유리 사이에 투명한 플라스틱 필름을 넣고 높은 열로 압착하여 만든 것으로 타격에 의해 파괴되더라도 파편이 접착제에 붙어 떨어지지 않게 한 유리로 자동차 및 기차 등의 창유리에 사용한다.

23 멜라민(Melamine)수지 풀은 어떤 재료의 접착제로 적당한가?

① 유리   ② 금속
③ 고무   ④ 목재

> **TIP** 멜라민 수지 접착제
> - 내수성, 내열성은 요소수지보다 우수하고 무색투명하다.
> - 착색의 염려가 없고 내수합판 등의 접착에 사용한다.

24 미분탄을 연소할 때 석탄재가 고온에 녹은 후 냉각되어 구상이 된 미립 분을 혼화재로 사용한 시멘트로, 콘크리트의 워커빌리티를 좋게 하여 수밀성을 크게 할 수 있는 시멘트는?

① 플라이 애쉬 시멘트
② 고로 시멘트
③ 백색 포틀랜드 시멘트
④ AE 포틀랜드 시멘트

> **TIP** 플라이 애쉬(Fly ash) 시멘트
> - 콘크리트 시공연도가 좋아지고 사용수량을 감소시키며, 조기강도는 작으나 장기강도는 크다.
> - 수화열에 의한 발열량이 감소하여 균열 발생이 적고 콘크리트의 수밀성을 증가시킨다.
> - ※ 고로(슬래그) 시멘트 : 슬랙(slag)을 혼합한 뒤 석고를 넣어 분쇄한 시멘트로 조기강도는 낮고 장기강도는 보통 포틀랜드 시멘트보다 크다. 또한, 비중이 작고 (2.85), 바닷물에 대한 저항성 및 화학적 저항성이 크고 내열성, 수밀성이 우수하여 침식을 받는 해수, 폐수, 하수공사에 사용한다.
> - ※ 백색 포틀랜드 시멘트 : 백색의 석회석과 산화철을 포함하지 않은 점토를 이용하며 도장 및 장식용, 인조석 제조에 사용한다.
> - ※ AE 시멘트 : 콘크리트 안에 미세기포를 생성하게 하는 약 0.05%의 유기약제를 첨가하여 만든 것으로 공기연행제를 선택해서 첨가할 수 있다.

18 ② 19 ② 20 ① 21 ③ 22 ④ 23 ④ 24 ①

25 최대강도를 안전율로 나눈 값을 무엇이라고 하는가?

① 파괴강도　② 허용강도
③ 전단강도　④ 휨강도

> **TIP** 허용강도
> - 허용강도 = $\dfrac{최대강도}{안전율}$

26 보통 재료에서는 축 방향에 하중을 가할 경우 그 방향과 수직인 횡 방향에도 변형이 생기는데, 횡 방향 변형도와 축 방향 변형도의 비를 무엇이라 하는가?

① 탄성계수 비　② 경도 비
③ 푸아송 비　④ 강성 비

> **TIP** 푸아송 비(Poisson's Ratio)
> - 재료에 외력이 가해졌을 경우 그 힘의 방향으로 변형이 생기고 또한 직각방향으로도 변형이 생기는 현상이다.
> - 푸아송 비의 역수를 푸아송 수라 한다.
> ※ 탄성계수비 $(n) = \dfrac{E_s}{E_c}$
> (E_s : 철근 탄성계수,
> E_c : 콘크리트 탄성계수)

27 소석회에 모래, 해초풀, 여물 등을 혼합하여 바르는 미장재료로서 목조바탕, 콘크리트 블록 및 벽돌 바탕에 사용되는 것은?

① 돌로마이트 플라스터
② 회반죽
③ 석고 플라스터
④ 시멘트 몰탈

> **TIP** 회반죽
> - 소석회에 여물, 풀, 모래 등을 혼합한 것으로 수축률이 커 여물을 넣어 균열을 방지한다.
> - 건조에 시간이 많이 걸린다.
> ※ 돌로마이트 플라스터 : 점성이 커 여물이 필요 없고 냄새, 변색, 곰팡이가 생기지 않는다. 또한, 강알칼리성으로 건조 후 바로 유성페인트를 바를 수 없다.
> ※ 석고 플라스터 : 점성이 크고 응결이 빠르며 경화 후 수축이 적어 균열이 적게 발생하며 중성화가 빨라 유성페인트를 바를 수 있다.
> ※ 시멘트 몰탈 : 시멘트, 모래, 물을 혼합한 것으로 어떤 미장재료보다 성질이 우수하여 가장 많이 사용한다.

28 건축재료 발전방향의 전후 연결이 옳게 짝지어지지 않은 것은?

① 공장시공화 - 현장시공화
② 저품질 - 고품질
③ 비표준화 - 표준화
④ 에너지 소비화 - 에너지 절약화

29 금속재료 중 황동에 대한 설명으로 옳은 것은?

① 주석과 니켈을 주체로 한 합금이다.
② 구리와 아연을 주체로 한 합금이다.
③ 구리와 주석을 주체로 한 합금이다.
④ 구리와 알루미늄을 주체로 한 합금이다.

TIP 황동
- 구리+아연의 합금으로 내식성이 크고, 가공이 용이하며 장식철물 및 볼트, 너트와 논슬립 등에 사용한다.
- ※ 청동 : 구리+주석의 합금으로 황동보다 내식성이 크고 주조하기 용이하며 특유한 색깔이 있어 장식부품 및 공예재료에 사용한다.

30 점토제품 중 700℃ ~ 1000℃ 정도로 소성한 것으로 불투명한 회색 또는 갈색이며 흡수율이 높은 것은?

① 토기 ② 석기
③ 도기 ④ 자기

TIP 점토의 분류

종류	소성온도	흡수율(%)	제품
토기 (보통(저급)점토)	790℃ ~ 1,000℃ (SK 0.15 ~ SK 0.5)	20 이상	기와, 벽돌, 토관
도기 (도토)	1,100℃ ~ 1,230℃ (SK 1 ~ SK 7)	10	타일, 테라코타, 위생도기
석기 (양질점토)	1,160℃ ~ 1,350℃ (SK 4 ~ SK 12)	3 ~ 10	벽돌, 타일, 테라코타
자기 (양질점토, 장석분)	1,230℃ ~ 1,460℃ (SK 7 ~ SK 16)	0 ~ 1	타일, 위생도기

31 블론 아스팔트를 휘발성 용제로 희석한 흑갈색의 액체로써, 콘크리트, 몰탈 바탕에 아스팔트 방수층 또는 아스팔트 타일 붙이기 시공을 할 때 사용되는 것은?

① 아스팔트 코팅
② 아스팔트 펠트
③ 아스팔트 루핑
④ 아스팔트 프라이머

TIP 아스팔트 프라이머
- 블로운 아스팔트를 휘발성 용제로 희석한 흑갈색의 액체로 콘크리트, 몰탈 바탕에 아스팔트 방수층 또는 아스팔트 타일 붙임시공에 사용되는 초벌용 도료 접착제이다.
- 아스팔트 프라이머를 콘크리트 또는 몰탈 면에 침투시키면 용제는 증발하고 아스팔트가도막을 형성하여 그 위에 아스팔트를 바르면 잘 붙고 밀착성이 좋아진다.
- ※ 아스팔트 펠트 : 목면, 폐지 등을 혼합하여 만든 원지(felt)에 스트레이트 아스팔트를 침투시킨 두루마리 제품으로 아스팔트 방수층, 몰탈 방수재료 등으로 사용한다.
- ※ 아스팔트 루핑 : 아스팔트 펠트 양면에 블론 아스팔트를 주체로 한 컴파운드를 피복한 다음 운모 등을 부착시킨 제품으로 지붕 깔기 등에 사용한다.

32 섬유제품에 대한 설명으로 옳지 않은 것은?

① 경질섬유판은 비중이 0.80~1.2 정도인 섬유판으로 가구, 콘크리트 형틀 등으로 사용한다.
② 연질섬유판은 비중이 0.4 이하인 섬유판으로 흡음, 단열성이 우수하며 천장재 등에 사용한다.
③ 유리섬유는 용융된 유리를 압축공기를

사용하여 가는 구멍을 통과시킨 후 냉각시킨 것으로 먼지 흡수용 또는 화학 공장의 산 여과용으로 사용한다.

④ 암면은 안산암 등을 1000°C에서 용해시키고 공기를 불어넣어 섬유질로 만든 뒤 접합제를 첨가하여 압축해 여러 가지 형태로 만들어 낸다.

> **TIP** 암면
> - 암석을 1600°C 이상으로 용융한 뒤 원심분리장치를 이용하여 섬유형태로 만든 것이다.
> - 흡음재, 단열재, 불연재로 사용한다.

33 주로 페놀, 요소, 멜라민 수지 등 열경화성 수지에 응용되는 가장 일반적인 성형법으로 옳은 것은?

① 압축성형법　② 이송성형법
③ 주조성형법　④ 적층성형법

> **TIP** 압축성형법
> - 가열한 금형에 재료를 넣고 가압·가열 후 재료가 완전히 굳어진 후 성형품을 금형에서 빼내는 방법이다.
> - ※ 이송성형법 : 외부에서 재료에 열을 가하여 유동성 있게 만들고 그 후 금형에 주입하여 압력을 가하여 성형하는 방법이다.
> - ※ 주조성형법 : 녹인 재료를 금형에 부어 넣어 성형하는 방법이다.
> - ※ 적층성형법 : 원지(천 또는 종이)에 액체상태의 수지를 스며들게 한 후 건조시키고 필요한 두께가 되도록 여러 겹 포개어 압착시켜 판상으로 성형하는 방법으로 페놀수지 적층판, 멜라민 화장판 등에 사용한다.

34 목재의 건조방법 중 특수건조에 속하지 않는 것은?

① 증기법　② 진공법
③ 고주파건조법　④ 수침법

> **TIP** 목재의 특수건조
> - 증기법 : 인공건조실을 증기로 가열하여 건조하는 방법이다.
> - 진공법 : 원통의 탱크 속에 목재를 넣고 밀폐 후 고온, 저압상태에서 수분을 제거하는 방법이다.
> - 고주파건조법 : 고주파를 이용하여 목재 중심부 증기압을 높여 건조하는 방법이다.
> - ※ 수침법 : 건조시키기 전 목재를 물속에 담가두어 수액을 빼내는 자연 건조법이다.

35 다음 중 오르내리창을 잠그는데 쓰이는 철물은?

① 크레센트(crescent)
② 레버터리 힌지(lavatory hinge)
③ 도어체크(door check)
④ 도어스톱(door stop)

> **TIP** 크레센트
> - 오르내리창 또는 새시의 미서기 창을 걸거나 잠그는데 사용한다.

※ 레버터리 힌지 : 스프링 힌지로 전화실 출입문, 공중화장실 등에 이용한다.

※ 도어체크 : 문을 자동으로 닫히게 하는 철물이다.

※ 도어스톱 : 문을 열었을 경우 닫히지 않게 하거나 더 열리지 않게(벽에 문이 부딪히지 않도록)하기 위한 철물이다.

36 대리석, 사문암, 화강암 등의 쇄석을 종석으로 하여 백색 포틀랜드시멘트에 안료를 섞어 천연 석재와 유사하게 성형시킨 인조석은?

① 점판암
② 석회석
③ 테라죠
④ 화강암

TIP 테라죠(Terrazzo)
- 백색 시멘트＋종석(대리석 또는 화강암)＋안료＋물을 혼합한 미장재료로 바름이 굳은 후 연마기 등으로 갈고 왁스로 광내기를 한다.

37 콘크리트 타설 후 비중이 무거운 시멘트와 골재 등이 침하되면서 물이 분리·상승하여 미세한 부유물질과 콘크리트 표면으로 떠오르는 현상은?

① 레이턴스(laitance)
② 초기 균열
③ 블리딩(bleeding)
④ 크리프

TIP 블리딩(Bleeding)
- 굳지 않은 콘크리트에서 물이 상부로 치고 올라오는 현상을 말한다.

※ 레이턴스(Laitance) : 블리딩에 의해 미세물질이 콘크리트 또는 몰탈 면의 표면에 올라와 경화 후 표면에 형성되는 흰빛의 얇은 막을 말한다.

※ 초기균열 : 콘크리트 타설 직후 발생하는 균열로 급격한 건조, 블리딩, 수화열, 시공 중에 균열이 나타난다.

※ 크리프(Creep) : 일정 하중을 오랜 시간 동안 그대로 작용시키면 하중의 증감 없이도 변형이 계속적으로 일어나는 장기 추가 처짐 현상을 말한다.

38 다음 중 레미콘 반입검사에 해당되지 않는 것은?

① 슬럼프시험
② 공기량시험
③ 슈미트해머시험
④ 염화물 함유량 시험

TIP 레미콘 반입검사
- 레미콘의 반입검사를 위한 항목은 슬럼프시험, 공기량시험, 염화물 함유량 측정시험이 있다

※ 건설공사 품질관리 업무지침
일부개정 국토교통부 고시 제2022-30호(개정 2022.01.18.) 제38조(시공 품질관리 시험·검사 등)

③ 공사감독자와 수요자는 자재가 현장에 반입되면 납품서에 다음 각 호의 사항을 확인 또는 기재하여야 한다. 이 경우 제34조에 따른 레미콘 정기점검 실시대상 건설공사의 공사 감독자와 수요자는 레미콘 공장 운전실에서 출력된 자동계량기록지 등 레미콘 생산정보를 확인하여야 하며, 확인 방법에 대해서는 수요자와 생산자가 협의

하여 정할 수 있다.
1. 운반차 번호
2. 생산·도착시각 및 타설 완료시각
3. 규격 및 용적
4. 인수자
5. 그 밖에 지정사항 등

----------중략----------

⑤ 제1항부터 제3항까지에 따른 현장반입 자재의 모든 시험은 [1]수요자가 직접 실시하거나 「건설기술진흥법」 제26조에 따른 품질검사를 대행하는 건설기술용역사업자에 의뢰하여 실시하여야 하며, 현장시험과정에는 공사감독자가 입회하여 시료채취위치를 결정하고 시험방법의 적절성을 확인하여야 한다. 이 경우 공사감독자와 수요자는 현장 시험과정의 적절성을 확인할 수 있는 증빙을 사진 촬영 등 식별가능한 정보로 기록관리 하여야 하며, 시험과정의 적절성 확인에 대한 시험종목 등에 대하여는 이 지침 별표 2의 건설공사 품질시험기준에 따른다.

• 수요자가 검사하기 어려운 경우에는 대행사업자에게 의뢰하여 실시해야 한다.

※ [1]수요자 : 현장품질관리기술인을 칭하며 이 수요자가 직접 레미콘 검사를 실시한다.

※ 슈미트해머시험 : 콘크리트 비파괴시험으로 콘크리트의 반발경도를 측정하여 압축강도를 추정하는 시험법을 말하며 슈미트해머 시험용지에 3cm 간격으로 표시되어 있는 20개소의 평균값을 확인한다. 이 외 비파괴 검사법으로는 방사선투과법, 초음파법, 철근탐사법 등이 있다.

39 굳지 않은 콘크리트의 컨시스턴시를 측정하는 방법이 아닌 것은?

① 플로 시험
② 리몰딩 시험
③ 슬럼프 시험
④ 르샤틀리에 비중병 시험

TIP 반죽질기(Consistency) 측정

• 슬럼프 시험 : 철판 위에 슬럼프 통을 놓고 콘크리트를 1/3씩 나누어 부어 넣고, 약 25회씩 균등히 다진 뒤 통을 들어 올려 콘크리트가 가라앉은 값의 높이를 측정한다.

• 흐름 시험 : 콘크리트에 상하운동을 주어 콘크리트가 흘러 퍼지는 정도에 따라 측정한다.

• 구 관입시험 : 콘크리트에 반구형 강재의 볼을 올려놓았을 때 관입 양을 측정한다.

• 리몰딩 시험 : 플로 테이블 위에 원통형 용기에 콘크리트를 슬럼프 시킨 후 빼내고 그 위에 누름판을 올려놓고 테이블에 상하 진동을 주어 그 진동횟수를 측정한다.

• 낙하시험 : 다짐계수 측정법이라고도 하며, 통(호퍼)에 콘크리트를 다져 넣은 후, 신속히 통의 밑면을 열어 낙하시키고 그 아래 실린더 몰드에 콘크리트를 낙하시킨 후 몰드 윗면을 고르게 하고 무게측정을 하여 다른 실린더 몰드와의 값과 무게를 측정한 것을 계수로 나타낸다.

- 비비시험 : 진동기 위에 용기를 올려놓고 그 용기 속에서 슬럼프시험을 한 후, 플라스틱 둥근판을 콘크리트 위에 놓고 진동을 주어 원판에 콘크리트가 접할 때까지의 시간을 측정한다.

(a) 흐름시험   (b) 구 관입시험

(c) 리몰딩 시험   (d) 낙하시험

(e) 비비시험

[반죽질기 시험]

※ 르샤틀리에 비중병 시험 : 시멘트의 비중을 측정하기 위한 시험법으로 비중병에 광유를 넣은 후, 수조에 넣어 눈금을 읽고 시멘트 약 64g을 비중병에 넣고 병을 비스듬히 기울여 시멘트 내부의 공기를 뺀 후 눈금을 읽은 뒤 병을 수조에 다시 넣은 후, 광유의 눈금을 읽는다.

40 목재 제품 중 파티클 보드(Particle board)에 관한 설명으로 옳지 않은 것은?

① 합판에 비해 휨강도는 떨어지나 면내 강성은 우수하다.

② 강도에 방향성이 거의 없다.

③ 두께는 비교적 자유롭게 선택할 수 있다.

④ 음 및 열의 차단성이 나쁘다.

TIP 파티클 보드(Particle Board, Chip Board)
- 목재의 부스러기를 건조시킨 후 접착제로 열압하여 만든다.
- 합판에 비해 휨강도는 낮으나 면내 강성 우수하다.
- 방충, 방부성이 크고 온도에 의한 변형이 적으며 음 및 열의 차단성이 우수하다.
- 두께는 자유로이 할 수 있고 균질 판을 대량 제조할 수 있다.
- 못과 나사의 지보력은 목재와 거의 같으며 강도가 커 칸막이 벽, 가구 등에 사용한다.

41 건축제도에서 투상법의 작도 원칙은?

① 제1각법   ② 제2각법
③ 제3각법   ④ 제4각법

TIP 제3각법(눈 - 투상면 - 물체)
- 물체를 투상면의 뒤쪽에 놓고 투상하면 정면도를 기준으로 보면 상하, 좌우 본쪽에서 그대로 그 모습을 그리면 된다.

39 ④ 40 ④ 41 ③

42 형태를 구성하는 요소에 대한 설명 중 옳은 것은?

① 공간에 하나의 점을 둘 경우 관찰자의 시선을 집중시킨다.
② 고딕건물의 고결하고 종교적인 표정은 수평선이 주는 감정 표현이다.
③ 공간에 크기가 같은 두 개의 점이 있을 때 주의력은 하나의 점에만 작용한다.
④ 곡선은 약동감, 생동감, 넘치는 에너지와 운동감, 속도감을 주며, 사선은 우아함, 여성적인 느낌을 준다.

TIP 점(조형요소)
- 크기 및 면적, 길이를 갖지 않고 위치만을 가지고 있다.
- 어떠한 물체든 축소하거나 멀리서 보면 점으로 보인다.
- 점과 점 사이에는 힘이 작용하며 점이 2개인 경우 서로 당기는 느낌이 생긴다.
- 점의 크기가 같으면 시선의 주위는 균등하고 어느 한편이 클 경우 주의력은 큰 점에서 작은 점으로 흐른다.

43 색의 3속성 중 채도가 높은 색을 청색(靑色)이라 하는데 동일 색상의 청색 중에서도 가장 채도가 높은 색을 무엇이라 하는가?

① 명청색 ② 순색
③ 탁색   ④ 암청색

TIP 순색
- 채도가 가장 높은 색을 순색이라 한다.

※ 명색 : 명도가 높은 색(밝은 색)을 말하며, 맑고 밝은 색이 주를 이룬다.
※ 탁색 : 순색에 회색을 혼합한 탁한 색을 말하며, 안정감과 차분한 이미지를 가지고 있다.
※ 암색 : 명도가 낮은 색(어두운 색)을 말하며, 무겁고 가라앉는 느낌이 있다.

44 부엌과 식당을 겸용하는 다이닝 키친 (dining kitchen)의 가장 큰 장점은?

① 침식분리가 가능하다.
② 주부의 동선이 단축된다.
③ 휴식, 접대 장소로 유리하다.
④ 이상적인 식사 분위기 조성에 유리하다.

TIP 다이닝 키친
- 부엌 일부에 식사실을 두는 형식으로 소규모 주택에 적합하고 공간 활용도가 높다.
- 식사와 취침은 분리하지만 단란은 취침하는 곳과 겹칠 수 있다.

45 실내 환기의 척도로 주로 이용되는 것은?

① 산소   ② 질소
③ 이산화탄소 ④ 아황산가스

TIP 실내공기 오염(환기) 척도
- 재실자의 호흡으로 인한 산소(O_2)의 감소 및 이산화탄소의 증가(CO_2)를 꼽을 수 있다.
- 국내 실내공기 질 기준으로 이산화탄소는 1000ppm 이하로 관리하도록 하

고 있다.
- 먼지 및 각종 세균으로 인한 공기오염

46 건축공간의 차단구획에 사용되는 요소가 아닌 것은?

① 열주 ② 조명
③ 커튼 ④ 수납장

TIP 실내공간의 분할
- 차단적 구획 : 이동스크린, 커튼, 유리창, 열주, 높은 수납장
- 심리, 도덕적 구획 : 낮은 칸막이, 바닥면의 변화, 천장면의 변화, 식물, 벽난로, 기둥
- 지각적 구획 : 조명, 마감재의 변화, 통로, 복도, 가구배치

47 다음과 같이 정의되는 용어로 맞는 것은?

> 건축물의 내부와 외부를 연결하는 완충공간으로 전망이나 휴식 등의 목적으로 건축물 외벽에 접하여 부가적으로 설치되는 공간

① 베란다 ② 발코니
③ 테라스 ④ 필로티

TIP 발코니
- 건축물 외벽에 접하며 지붕이 있는 공간으로 국토교통부장관이 정하는 기준에 적합한 발코니는 필요에 따라 거실·침실·창고 등의 용도로 사용할 수 있다.
- 1.5m 이내의 발코니는 확장하여 사용할 수 있으며 전용면적에 산입되지 않기 때문에 발코니 면적이 클수록 실내공간을 넓게 사용할 수 있다. 1.5m를 초과하면 바닥면적에 산입된다.
- ※ 베란다 : 위층면적보다 아래층면적이 넓은 경우 아래층의 남는 여유 공간을 말한다.
- ※ 테라스 : 지면과 만나는 부분에 외부로 출입할 수 있도록 만든 공간으로 지붕을 설치하지 않는다.
- ※ 필로티 : 건축물 1층을 개방형으로 만들어 휴식 및 주차장 등으로 이용하는 공간을 말한다.

48 벽체의 단열에 관한 설명으로 옳지 않은 것은?

① 벽체의 열관류율이 클수록 단열성이 낮다.
② 단열은 벽체를 통한 열손실방지와 보온역할을 한다.
③ 벽체의 열관류 저항 값이 작을수록 단열효과는 크다.
④ 조적벽과 같은 중공구조의 내부에 위치한 단열재는 난방 시 실내표면온도를 신속히 올릴 수 있다.

TIP 단열
- 단열효과는 열관류율 및 열전도율이 작을 때, 열관류 저항 값이 클 때 우수하다.
- 열관류율 = $\dfrac{열전도율}{두께}$ 로 계산하며 식은 U = W/㎡·k이다.
- 열저항 = $\dfrac{두께}{열전도율}$ 로 계산하며 열관류율의 역수이다.

49 건축법상 층수 산정의 원칙으로 옳지 않은 것은?

① 지하층은 건축물의 층수에 산입하지 않는다.
② 건축물의 부분에 따라 그 층수가 다른 경우에는 그 중 가장 많은 층수를 그 건축물의 층수로 본다.
③ 층의 구분이 명확하지 아니한 건축물은 그 건축물의 높이 4m마다 하나의 층으로 보고 그 층수를 산정한다.
④ 옥탑은 그 수평투영면적의 합계가 해당 건축물 건축 면적의 3분의 1 이하인 경우 건축물의 층수에 산입하지 않는다.

> **TIP** 층수 산정
> - 건축물의 높이산정은 지표면으로부터 건축물 상단까지를 말한다.
> - 1층이 필로티 구조인 경우(가로구역별 건축물 높이제한 구역 내 일조권 적용을 받지 않는 경우 제외)는 필로티 높이를 제외한 2층부터 높이를 산정한다.
> - 대지의 높낮이의 차이가 있을 경우는 건축물 대지 높이와 전면도로의 지표면 간의 높이 차를 1/2로 가중 평균한 지점을 수평면으로 보고 건축물 높이를 산정한다.
> - 전용주거지역 및 일반주거지역 외의 주상복합과 같은 공동주택은 공동주택이 시작되는 층수를 건축물의 지표면으로 보고 건축물의 높이를 산정한다.
> - 옥탑에 설치된 시설물(승강기탑, 계단탑, 망루, 장식탑, 옥탑 등)은 해당 건축물 건축면적의 1/8을 초과하면 건축물 높이에 산정한다.

50 다음 중 KS규정에 대한 설명으로 옳지 않은 것은?

① 제품의 향상·치수·품질 등을 규정한 것이다.
② 시험·분석·검사 및 측정방법, 작업표준 등을 규정한 것이다.
③ 용어·기술·단위·수열 등을 규정한 것이다.
④ KS에 없는 재료는 건축공사 표준시방서에 있어도 사용해서는 안 된다.

> **TIP** KS규정
> - 한국산업표준(KS : Korean Industrial Standards)은 산업표준화법에 의거하여 산업표준심의회의 심의를 거쳐 국가기술표준원장이 고시함으로써 확정되는 국가표준으로서 약칭하여 KS로 표시한다.
> - 한국산업표준은 기본부문(A)부터 정보부문(X)까지 21개 부문으로 구성되며 크게 다음 세 가지 국면으로 분류할 수 있다.
>   1. 제품표준 : 제품의 향상·치수·품질 등을 규정한 것
>   2. 방법표준 : 시험·분석·검사 및 측정방법, 작업표준 등을 규정한 것
>   3. 전달표준 : 용어·기술·단위·수열 등을 규정한 것
> ※ 건축공사 표준시방서
>   - 시방서에 참조된 표준은 국내법에 기준한 한국산업표준 등을 적용하는 것을 원칙으로 한다.
>   - 재료의 검사 또는 시험은 한국산업표준을 표준으로 하고 표준으로 제정되지 않은 경우에는 이 시방의 해당 각 항 또는 담당원의 지시에 따른다.

51 소방시설은 소화설비, 경보설비, 피난구조설비, 소화용수설비, 소화활동설비로 구분할 수 있다. 다음 중 경보설비에 속하지 않는 것은?

① 누전경보기
② 비상방송설비
③ 무선통신보조설비
④ 자동화재탐지설비

TIP 소방시설의 종류

구분	종류
소방시설 / 소화설비	① 소화기구(소화기 및 간이 소화용구, 자동식확산소화기) ② 자동소화장치 ③ 옥내소화전설비 ④ 스프링클러설비 ⑤ 물분무 등 소화설비 ⑥ 옥외소화전설비
경보설비	① 비상경보설비 ② 비상방송설비 ③ 누전경보기 ④ 자동화재 탐지설비 ⑤ 자동화재 속보설비 ⑥ 단독경보형감지기 ⑦ 시각경보기 ⑧ 통합감시시설 ⑨ 가스누설경보기
피난구조설비	① 피난기구 ② 인명구조기구 ③ 유도등 ④ 비상조명등 및 휴대용 비상조명등
소화용수설비	① 소화수조·저수지 그 밖의 소화용수설비 ② 상수도 소화용수 설비
소화활동설비	① 제연설비 ② 연결송수관설비 ③ 연결살수설비 ④ 비상콘센트설비 ⑤ 무선통신 보조설비 ⑥ 연소방지설비

52 급수방식 중 고가수조방식에 대한 설명으로 옳지 않은 것은?

① 저수시간이 길어지면 수질이 나빠지기 쉽다.
② 대규모의 급수수요에 쉽게 대응할 수 있다.
③ 단수 시에도 일정량의 급수를 계속할 수 있다.
④ 급수공급압력의 변화가 심하고 취급이 까다롭다.

TIP 옥상탱크(고가수조)방식

- 지하 저수조에 물을 받아 양수펌프를 이용하여 옥상 물탱크로 양수한 후 수위와 수압을 이용하여 급수하는 방식이다.
- 수압이 일정하여 배관 부품 파손의 우려가 적다.
- 저수 시간이 길수록 오염 가능성이 크고 설비비와 경상비(經常費)가 높다.
- 건물의 높은 곳에 설치하므로 구조 및 외관상 문제가 있다.

53 흡수식 냉동기의 구성에 해당하지 않는 것은?

① 증발기   ② 재생기
③ 압축기   ④ 응축기

TIP 흡수식 냉동기

- 열 → (증발기)물 증발 → (흡수기)수증기 → 리튬 브로마이드용액(Lithium Bromide : LiBr)에 흡수 → 온도상승 → 증발 → 수온저하
- 구성요소 : 증발기, 흡수기, 발생기(가

열기, 재생기), 응축기

※ 압축기는 압축식 냉동기의 구성요소이다.

54 철근콘크리트 줄기초 부분의 제도에 관한 설명 중 옳지 않은 것은?

① 지반에서 기초의 길이를 고려하여 지반선을 그린다.
② 축척은 1/100로만하며 단면선과 입면선을 구분하여 그린다.
③ 중심선을 기준으로 좌우에 기초 벽의 두께, 콘크리트 기초 판의 너비 등을 양분하여 그린다.
④ 재료단면표시를 하고 치수선과 치수보조선, 인출선을 가는 선으로 긋고 부재의 명칭과 치수를 기입한다.

55 전력 퓨즈에 관한 설명으로 옳지 않은 것은?

① 재투입이 불가능하다.
② 릴레이나 변성기가 필요하다.
③ 과전류에서 용단될 수도 있다.
④ 소형으로 큰 차단용량을 가졌다.

> **TIP** 파워퓨즈(전력퓨즈)
> - 고전압회로 및 기기의 단락 보호용으로, 소형으로 큰 차단용량을 가지고 있으나, 재투입이 불가능하고, 과전류로 용단될 수 있다.

56 제도용지의 규격에 있어서 A0 용지의 크기는 A2 용지의 몇 배인가?

① 2배 ② 2.5배
③ 3배 ④ 4배

> **TIP** 제도용지 크기
>
> | A0 | A1 | A2 | A3 | A4 |
> |---|---|---|---|---|
> | 1189× 841 | 841× 594 | 594× 420 | 420× 297 | 297× 210 |

57 복층형 공동주택에 대한 설명으로 옳지 않은 것은?

① 공용 통로 면적을 절약할 수 있다.
② 상하층의 평면이 똑같아 평면 구성이 자유롭다.
③ 엘리베이터의 정지 층수가 적어지므로 운영 면에서 효율적이다.
④ 1개의 단위 주거가 2개 층 이상에 걸쳐 있는 공동주택을 일컫는다.

> **TIP** 복층형(듀플렉스형, 메이조넷형)
> - 통로면적이 감소되고 전용면적이 증대된다.
> - 주택 내부 공간에 변화가 있다.
> - 엘리베이터 정치층수가 적어 경제적이고 효율적이다.
> - 한 주호가 2개 층에 걸쳐 구성되는 형식이다.
> - 프라이버시가 좋고 통풍 및 채광이 좋다.
> - 피난 상 불리하고 소규모 주택에서는 비경제적이다.

58 실감온도(유효온도, ET)를 구성하는 3요소와 관련 없는 것은?

① 온도
② 습도
③ 기류
④ 열복사

TIP 유효온도(체감온도, ET)
- 온도, 습도, 기류
※ 열 환경의 4요소(온열 요소) : 기온, 습도, 기류, 주위 벽의 복사열

59 다음 중 계획 설계도에 속하지 않는 것은?

① 구상도
② 조직도
③ 배치도
④ 동선도

TIP 계획설계도
- 구상도 : 설계의 최초 그림으로 모눈종이나 스케치북에 프리핸드로 그리게 되는 과정의 가장 기초적인 도면이다.
- 조직도 : 평면계획 초기 단계에서 각 실의 크기나 형태로 들어가기 전에 공간의 용도나 내용의 관련성을 정리한 것이다.
- 동선도 : 사람이나 차량 또는 물건의 이동 및 흐름을 도식화하여 효율적이고 합리적이기 위해 기능도, 조직도를 바탕으로 관찰하고 동선이론의 원칙에 따르도록 한다.
※ 배치도 : 실시설계도에 포함되는 것으로 대지 안에서 건물이나 부대시설의 배치를 나타낸 도면으로 위치, 간격, 척도, 방위, 경계선 등을 나타낸다.

60 건축제도에서 선의 용도에 관한 설명으로 틀린 것은?

① 점선은 보이지 않는 부분의 모양을 표시하는데 사용한다.
② 1점 쇄선은 중심선, 절단선, 기준선, 경계선 등에 사용한다.
③ 실선은 단면의 윤곽표시에 사용된다.
④ 파선은 치수보조선, 인출선, 격자선에 사용된다.

TIP 용도에 따른 선의 분류

선의 종류		사용방법(보기)
실선	───	단면의 윤곽 표시
	───	보이는 부분의 윤곽표시 또는 좁거나 작은 면의 단면부분 윤곽표시
	───	치수선, 치수보조선, 인출선, 격자선 등의 표시
파선 또는 점선	----	보이지 않는 부분이나 절단면보다 앞면 또는 윗면에 있는 부분의 표시
1점 쇄선	—·—	중심선, 절단선, 기준선, 경계선, 참고선 등의 표시
2점 쇄선	—··—	상상선 또는 1점 쇄선과 구별할 필요가 있을 때

06 PART | CBT 기출복원문제

2024년 2회

01 구조물의 횡력 보강을 위하여 통상적으로 사용되는 부재는?

① 기둥 ② 슬래브
③ 보   ④ 가새

TIP 가새

- 횡력에 보완하기 위해 대각으로 대는 부재. 가새를 댈 때는 45°에 가까울수록 좋고, 기둥과 좌우대칭이 되도록 한다.
- ※ 인장가새 : 인장력을 부담하는 가새는 기둥의 1/5정도로 사용하거나 철근을 사용할 수도 있다.
- ※ 압축가새 : 압축력을 부담하는 가새는 기둥과 같은 크기로 하거나 1/2 ~ 1/3 정도의 크기로 한다.

02 벽돌쌓기 시공에서 벽돌 벽을 하루에 쌓을 수 있는 최대 높이는 몇 m 이하인가?

① 1m   ② 1.2m
③ 1.5m ④ 2m

TIP 벽돌쌓기 원칙

- 1일 쌓기 높이는 1.2 ~ 1.5m 이내로 한다.
- 내 쌓기의 경우 한 단은 1/8B, 두 단은 1/4B씩 쌓고, 내미는 한도는 2.0B로 한다.

- 가급적 막힌 줄눈으로 시공하며, 벽체의 일체화를 위해 테두리 보를 설치한다.
- 몰탈의 수분을 벽돌이 머금지 않도록 쌓기 전 충분한 물 축임을 한다.

03 다음 중 스페이스프레임에 대한 설명으로 옳지 않은 것은?

① 지진에 유리하며, 중간 기둥 없이 대공간 연출이 가능하다.
② 곡면이 가능하고 응력분산을 할 수 있다.
③ 현장타설 철근콘크리트구조로 건축할 수 있다.
④ 경량이면서 강성이 크다.

TIP 스페이스프레임

- 재료를 입체적으로 조립한 뼈대로 경량이면서 강성이 크다.
- 입체적으로 부재가 배치되어 응력을 균등하게 분담하도록 설계되어 있다.
- 종횡으로 거의 균등하게 배치되어 부재 상호간 변형을 구속하면서 압축부재의 좌굴을 방지한다.

04 ㄱ자형, ㄷ자형, T자형, ㅁ자형 등으로 살 두께가 얇고 속이 없는 블록으로 쌓은 조적조는?

① 거푸집블록조 ② 보강블록조
③ 조적식블록조 ④ 블록장막벽

TIP 거푸집블록조

- 살 두께가 얇고 속이 비어 있는 ㄱ자형, ㄷ자형, T자형, ㅁ자형으로 블록에 철근을 배근하여 콘크리트를 채워 벽체를 만드는 방식이다.
- ※ 보강블록조 : 뼈대를 철근콘크리트구조나 철골구조로 하고 칸막이벽으로 써는 블록을 쌓는 방식이다.
- ※ 조적식블록조 : 블록을 단순히 몰탈로 접착하여 쌓아올린 벽체로 상부에서 오는 하중을 기초에 전달하는 내력벽이며 소규모 건물, 2층 정도의 건축물에 적당하며 큰 건물에는 부적당하다.
- ※ 블록장막벽 : 콘크리트조 또는 철골조 등의 강구조체 내에 장막벽으로써 블록을 쌓은 것으로 상부에서 오는 하중을 받지 않는 비내력벽이다.

05 철근콘크리트 구조에 관한 설명으로 옳지 않은 것은?

① 역학적으로 인장력에 주로 저항하는 부분은 콘크리트이다.
② 콘크리트가 철근을 피복하므로 철근구조에 비해 내화성이 우수하다.
③ 콘크리트와 철근의 선팽창계수가 거의 같아 입체화에 유리하다.
④ 콘크리트는 알칼리성이므로 철근의 부식을 막는 기능을 한다.

TIP 철근 콘크리트

- 철근과 콘크리트로 일체화하여 만든 구조이다.
- 콘크리트는 압축력에는 강하지만 인장력에 약하여 이를 철근이 보강하는 구조이다.
- 콘크리트는 철근에 대한 부착강도가 높고 선팽창계수가 거의 같으며, 알칼리성인 콘크리트가 철근의 부식 방지의 역할을 한다.

06 다음 중 내민보(cantilever beam)에 대한 설명으로 옳은 것은?

① 연속보의 한 끝이나 지점에 고정된 보의 한 끝이 지지점에서 내민 형태로 달려 있는 보를 말한다.
② 보의 양단이 벽돌, 블록, 석조벽 등에 단순히 얹혀있는 상태로 된 보를 말한다.
③ 단순보와 동일하게 보의 하부에 인장주근을 배치하고 상부에 압축철근을 배치한다.
④ 전단력에 대한 보강의 역할을 하는 늑근은 사용하지 않는다.

TIP 내민보 (cantilever beam)

- 보가 기둥 또는 벽 등에 한쪽에만 접합되어있는 상태로 연속보의 한 끝이나 지점에 고정된 보의 한 끝이 지지점에서 내밀어 달려있는 보를 말한다.
- ※ 단순보 : 기둥 또는 벽에 단순히 올려 있는 상태로 양단이 벽돌, 블록, 석조벽 등에 단순히 얹혀 있는 보를 말한다.

01 ④ 02 ③ 03 ③ 04 ① 05 ① 06 ①

※ 양단 고정보 : 기둥 또는 벽 안쪽 단부가 모두 강하게 접합 되어 있는 상태의 보를 말한다.

※ 연속보 : 단순 보 중간에 1개 이상의 받침점을 이용한 보를 말한다.

07 거푸집에 대한 일반적인 설명으로 옳지 않은 것은?

① 강재 거푸집은 콘크리트 오염의 가능성이 없지만, 목재 거푸집은 오염의 가능성이 높다.

② 거푸집은 콘크리트 형태를 유지시켜주며 외기로부터 굳지 않는 콘크리트를 보호하는 역할을 한다.

③ 지반이 무르고 좋지 않을 때, 기초 거푸집을 사용한다.

④ 보 거푸집은 바닥 거푸집과 함께 설치하는 경우가 많다.

TIP 강재 거푸집
- 강재를 이용하여 만든 거푸집으로 공장 생산되어 형상·치수가 정확하고 강성(剛性)이 크며 전용도(轉用度)가 높다.
- 클립, 핀 등으로 조립하기 때문에 작업이 간단하지만 녹에 의해 오염될 가능성이 있다.

08 그림과 같은 양식 지붕틀의 명칭은?

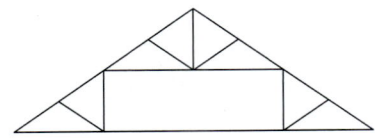

① 왕대공 지붕틀 ② 쌍대공 지붕틀
③ 하우 트러스 ④ 핑크 트러스

TIP 쌍대공 지붕틀
- 서로 마주 보는 수직부재를 쌍으로 세우고 빗대공과 달대공으로 짜서 만든 목조 지붕틀이다.
- ※ 왕대공 지붕틀 : 왕대공, 평보, ㅅ자보, 빗대공, 달대공의 부재로 삼각형 구조로 만든 지붕틀이다.
- ※ 하우 트러스 : 트러스의 사재(斜材)응력이 압축응력을 받도록 부재를 구성한 트러스이다.
- ※ 핑크 트러스 : 부재가 휘지 않게 접합점을 핀으로 연결한 것으로 철골 트러스로서 가장 널리 사용된다.

09 케이블을 이용한 구조로만 연결된 것은?

① 현수구조 - 사장구조
② 현수구조 - 셀구조
③ 절판구조 - 사장구조
④ 막구조 - 돔구조

TIP 케이블 구조
- 인장력이 강한 케이블을 걸고 지붕을 매다는 구조이다.
- 기둥을 제외한 모든 부재가 인장력만을 받는다.
- ※ 현수구조 : 상부에서 기둥으로 전달되는 하중을 케이블 형태의 부재가 지지하는 구조로써, 주 케이블에 보조 케이블이 상판을 잡아 지지하고 있으며 스팬이 큰 (400m 이상) 다리나 경기장 등에 사용한다. (샌프란시스코의

※ 사장구조 : 기둥에서 주 케이블이 바로 상판을 지지하는 구조로 스팬이 작은 (150~400m 이내)에서 사용한다. (서해대교)

10 돌쌓기의 1켜의 높이는 모두 동일한 것을 쓰고 수평줄눈이 일직선으로 통하게 쌓는 돌쌓기 방식은?

① 바른층쌓기 ② 허튼층쌓기
③ 층지어쌓기 ④ 허튼쌓기

TIP 바른층쌓기
- 1켜의 높이는 모두 동일한 것을 쓰고 수평줄눈이 일직선으로 통하게 쌓는 돌쌓기 방식이다.
※ 허튼층쌓기 : 수평줄눈이 일직선으로 통하지 않게 쌓은 방식이다.
※ 층지어쌓기 : 허튼층으로 3켜 정도 쌓은 다음 수평줄눈이 일직선으로 되게 쌓는 방식이다.
※ 허튼쌓기 : 불규칙하게 돌을 쌓는 방식이다.

11 계단에서 난간 위의 손스침이 되는 빗재의 명칭으로 옳은 것은?

① 챌판 ② 난간동자
③ 계단참 ④ 난간두겁

TIP 난간두겁
- 난간동자 위에 가로로 대는 긴 재료이다.
※ 챌판 : 계단의 디딤판과 디딤판 사이에 수직으로 댄 판을 말한다.
※ 난간동자 : 계단 옆 난간에 세워 댄 낮고 짧은 기둥으로 다양한 재료를 이용한다.
※ 계단참 : 계단 중간에 조금 넓게 만들어 놓은 단차가 없이 평평한 곳을 말한다.

12 목재 마룻널 깔기에서 널 옆이 서로 물려지게 하고 마루의 진동에 의하여 못이 솟아오르는 일이 없는 이상적인 마루 깔기법은?

① 맞댄쪽매 ② 반턱쪽매
③ 제혀쪽매 ④ 딴혀쪽매

TIP 제혀쪽매
- 널 옆을 서로 물려지게 혀를 내고 한쪽 옆에서 못질하는 방법이다.
※ 맞댄쪽매 : 널 옆을 서로 맞대어 깔고 널 위에서 못질하는 방법이다.
※ 반턱쪽매 : 널 옆을 서로 반턱으로 깎아 대어 널 위에서 못질하는 방법이다.
※ 딴혀쪽매 : 널 사이 틈에 얇은 쪽을 끼워 대는 방법이다.

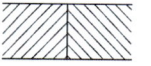 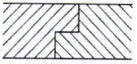

(a) 맞댄쪽매   (b) 반턱쪽매

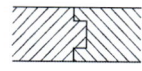 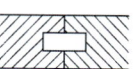

(c) 제혀쪽매   (d) 딴혀쪽매

※ 그 이외에 양끝못댄쪽매, 빗쪽매, 틈막이대쪽매, 오늬쪽매 등이 있다.

13 건축물 구성 부분 중 구조재에 속하지 않는 것은?

① 기둥　　② 기초
③ 슬래브　④ 천장

14 조립식구조의 특성 중 옳지 않은 것은?

① 공장생산이 가능하다.
② 대량생산이 가능하다.
③ 기계화 시공으로 단기완성이 가능하다.
④ 각 부품과 일체화하기 쉽다.

> **TIP** 조립식 구조
> - 공장, 사무실, 아파트 등 획일적인 건물에 유리하다.
> - 동절기 공사도 가능하며 공사기간이 단축된다.
> - 양질의 제품을 대량으로 생산할 수 있다.
> - 거푸집을 설치할 필요가 없다.
> - 접합부의 결합으로 부품간의 일체화가 곤란하다.
> - 횡력에 약하고 큰 부재는 공장에서 운반해 오기가 어렵다.
> - 소규모 공사에 경제적으로 불리하다.

15 다음 중 여닫이 창호에 사용되는 철물이 아닌 것은?

① 레일　　　② 도어 클로저
③ 경첩　　　④ 함자물쇠

> **TIP** 레일
> - 행거도어에 사용되는 철물이다.

16 연약한 지반에서 부동침하를 방지하는 대책으로 적당하지 않은 것은?

① 건물을 중량을 크게 한다.
② 건물의 강성을 높인다.
③ 평면상으로 보아 건물의 길이를 짧게 한다.
④ 인접 건물과의 거리를 멀게 한다.

> **TIP** 부동침하 방지대책
> ① 기초 구조물에 대한 대책
> - 기초를 굳은 지반에 지지시킨다.
> - 지하실을 설치하거나 지중보를 설치한다.
> - 마찰말뚝을 사용한다.
> ② 상부구조물에 대한 대책
> - 건물을 경량화 한다.
> - 건물의 중량을 고르게 분포시킨다.
> - 건물의 강성을 높이고 평면의 길이를 짧게 한다.
> - 이웃 건물과의 거리를 띄운다.

17 철골구조에서 축방향력, 전단력 및 모멘트에 대해 모두 저항할 수 있는 접합은?

① 전단접합　② 모멘트접합
③ 핀접합　　④ 롤러접합

> **TIP** 모멘트접합
> - H형강의 웨브와 플랜지를 볼트 및 용접으로 강하게 연결하여 보의 회전을 구

속한 접합이다.

※ 전단접합 : H형강의 웨브만 볼트 등으로 체결하고 플랜지는 연결하지 않아 보의 회전을 허용한 접합이다.

※ 핀접합 : 부재 상호간 핀을 통하는 힘은 전달하나, 힘 모멘트는 생기지 않고 또 부재 상호간 각도는 구속 없이 변화할 수 있게 한 접합이다.

※ 롤러접합 : 구조 부재의 지지단이 어느 방향으로 자유롭게 이동하는 롤러로 되어 있는 접합이다.

18 철근콘크리트 기둥에서 띠철근의 수직간격으로 옳지 않은 것은?

① 기둥 단면의 최소 치수 이하
② 주근지름의 16배 이하
③ 띠철근 지름의 48배 이하
④ 기둥 높이의 0.1배 이하

TIP 띠철근

- 기둥의 좌굴을 방지하고 수평력에 대한 전단보강의 역할을 하며 축방향 철근의 구속 역할을 한다.
- 주로 D10(~D32), D13의 철근을 사용한다.
- 간격은 주근 지름의 16배 이하, 띠철근 지름의 48배 이하, 기둥단면의 최소 치수 이하 중 가장 작은 값으로 배근하며, 주로 200~300mm의 간격으로 배근한다.
- 주근의 개수가 6개 이상이고 간격이 150 이상이면 보조띠철근이 필요하다.

19 벽돌벽체에서 벽돌을 1단씩 내쌓기를 할 때 얼마 정도 내쌓는가? (단, B는 벽돌 1장을 의미한다.)

① 1/2B
② 1/4B
③ 1/5B
④ 1/8B

TIP 벽돌쌓기 원칙

- 내 쌓기의 경우 한 단은 1/8B, 두 단은 1/4B씩 쌓고, 내미는 한도는 2.0B로 한다.
- 1일 쌓기 높이는 1.2 ~ 1.5m 이내로 한다.
- 가급적 막힌줄눈으로 시공하며, 벽체를 일체화하기 위해 테두리 보를 설치한다.
- 몰탈의 수분을 벽돌이 머금지 않도록 쌓기 전 충분한 물 축임을 한다.

20 목구조에 사용되는 금속의 긴결철물 중 2개의 부재접합에 끼워 전단력에 견디도록 사용되는 것은?

① 감잡이쇠
② ㄱ자쇠
③ 안장쇠
④ 듀벨

TIP 듀벨

- 동그랗게 말아 사용하거나 끝 부분을 뾰족하게 하여 목재의 접합에 사용한다.
- 가락지형, O자 형, +자 형 등이 있다.
- 듀벨은 목재의 전단력에 작용한다.

※ 감잡이쇠 : ㄷ자 형으로 띠쇠를 구부린 철판으로 평보와 왕대공을 연결할 때 사용한다.

※ ㄱ자쇠 : ㄱ자 형으로 띠쇠를 구부린

철판으로 모서리의 가로, 세로를 연결할 때 사용한다.

21 다음 ( )안에 들어가는 체의 크기는?

> 콘크리트용 잔골재는 ( )mm 체를 전부 통과하고 5mm 체를 85% 이상 통과하며 0.08mm 체에 남는 골재를 말한다.

① 17mm   ② 12mm
③ 10mm   ④ 9mm

TIP 잔골재
- 10mm체를 전부 통과하고, 5mm 체를 85% 이상 통과하며 0.08mm 체에 남는 골재를 말한다.
- ※ 굵은 골재 : 5mm체에 거의 다 남는 골재 또는 5mm체에 남는 골재를 말한다.

22 다음 중 실리콘(silicon)과 가장 관계 깊은 것은?

① 방수도료   ② 신전제
③ 희석제   ④ 미장재

TIP 규소(silicon)
- 규소와 산소가 결합한 이산화규소(실리카, SiO_2)이며 유리 제조 등에 사용한다.
- 규소의 영어명이 실리콘(silicon)이며 이것의 고분자 화합물이 실리콘(silicone)이다.
- 화학적으로 안정적이며 생체독성이 거의 없고 열에도 강하고 열전도도 낮다.
- 물과 기름에도 섞이지 않으며 기름 같은 실리콘 오일, 뻑뻑한 실리콘 그리스, [1]실런트 등으로 쓰는 반고체 실리콘, 말랑말랑한 실리콘 고무, 딱딱한 실리콘 수지 등 다양한 형상을 가지고 있다.
- 창문 틈을 메우거나 방수재료, 접착제, 의료용품, 주방기구, 열과 전기절연재 등 다양한 용도에 사용된다.
- ※ 신전제 : 희석제 또는 휘발성용제라고도 하며 부피를 늘리거나 농도를 묽게 하기 위해 물질 또는 용액에 첨가하는 물질을 말한다.
- ※ [1]실런트(sealant) : 재료와 재료의 접합부와 빈틈에 사용되어 기밀, 수밀의 기능 외에 부재 상호간의 신축, 진동, 변형을 흡수 및 완화하기 위한 고무상의 물질 또는 연질 혹은 고점도의 액상 고무 조성물을 말한다.

23 목재의 건조방법 중 특수건조에 속하지 않는 것은?

① 증기법   ② 진공법
③ 고주파건조법 ④ 잔적건조

TIP 목재의 특수건조
- 증기법 : 인공건조실을 증기로 가열하여 건조하는 방법이다.
- 진공법 : 원통의 탱크 속에 목재를 넣고 밀폐 후 고온, 저압상태에서 수분을 제거하는 방법이다.
- 고주파건조법 : 고주파를 이용하여 목재 중심부 증기압을 높여 건조하는 방법이다.
- ※ 잔적건조 : 목재를 실외에 [1]잔적하고

덮개를 덮어 직사광선이나 비를 피하면서 잔적 내의 공기순환을 양호하게 만들어 건조시켜 주는 방법이다.

※ 1)잔적 : 목재표면에 수분증발 및 공기의 원활한 흐름을 위해 목재 사이에 2)사잇대(sticker)를 넣고 목재를 쌓는 것을 말한다.

※ 2)사잇대 : 목재를 건조시킬 공기순환을 위해 목재와 목재 사이에 넣는 폭이 좁은 각재.

24 다음 중 석재에 대한 설명으로 옳지 않은 것은?

① 외관이 아름답고 매장량이 풍부하여 재료획득이 용이하다.
② 긴 부재를 얻을 수 있다.
③ 비중이 크고 가공이 어렵다.
④ 치밀한 것은 갈면 아름다운 광택이 난다.

TIP 석재의 특징
- 외관이 장중, 미려하며 갈면 광택이 난다.
- 내구성, 내화성, 내수성이 크다.
- 불연성이며 압축강도가 크다.
- 비중이 커서 가공하기 어렵고 인장강도는 압축강도의 1/10~1/20 정도로 약하다.
- 길고 큰 부재를 만들기 어려워 큰 구조물에 부적합하다.

25 생석회와 규사를 혼합하여 고온, 고압 하에 양생하면 수열반응을 일으키는데 여기에 기포제를 넣어 경량화한 기포콘크리트는?

① A.L.C제품   ② 흄관
③ 드리졸   ④ 플렉시블 보드

TIP A.L.C(Autoclaved Lightweight Concrete)
- 비중이 작아 건물을 경량화 할 수 있고, 그 밖에 내화, 단열, 차음성 등이 우수한 반면 강도가 낮고 흡수성이 크며 균열이 발생하기 쉽다.

※ 흄관(hume pipe) : 거푸집이 되는 강재의 관에 철근을 조립해 놓고 형틀을 회전시켜 만든 콘크리트 관을 말한다.

※ 드리졸(durisol) : 목편시멘트 판을 시멘트와 혼합하여 만든 판상 또는 블록상의 구조재료이다.

※ 플렉시블 보드(Flexible board) : 석면슬레이트 가운데 가장 많은 고급석면을 배합하여 고압프레스로 누른 판으로 강도가 크고 가소성이 좋다.

26 유기재료에 속하지 않는 건축 재료는?

① 석재   ② 아스팔트
③ 합성수지   ④ 목재

TIP 무기재료
- 철, 석재, 시멘트, 벽돌, 유리, 콘크리트 등
※ 유기재료 : 목재, 아스팔트, 플라스틱, 도료, 접착제 등

27 다음 중 열전도율이 가장 낮은 것은?

① 콘크리트 ② 타일
③ 유리   ④ 대리석

> TIP ☞ 재료별 열전도율 (단위 : W/m·k)
> - 유리 : 0.76
> - ※ 콘크리트(기포콘크리트 ~ 철근콘크리트) : 0.13 ~ 2.5
> - ※ 목재 : 1.3
> - ※ 대리석 : 1

28 수장용 금속제품에 대한 설명으로 옳은 것은?

① 줄눈대 - 계단의 디딤판 끝에 대어 오르내릴 때 미끄럼을 방지한다.
② 논슬립 - 단면형상이 L형, I형 등이 있으며, 벽, 기둥 등의 모서리 부분에 사용된다.
③ 코너비드 - 벽, 기둥 등의 모서리 부분에 미장 바름을 보호하기 위해 사용된다.
④ 듀벨 - 천장, 벽 등에 보드를 붙이고, 그 이음새를 감추는데 사용된다.

> TIP ☞ 코너비드
> - 벽과 기둥 등의 모서리를 보호하기 위해 사용하며 재질은 아연도금, 황동, 스테인리스 제품 등이 사용된다.
> - ※ 줄눈대 : 인조석이나 치장줄눈에 사용하는 철물로 균열방지 등을 위하여 일정 간격으로 배치하여 눌러주는 금속 제품
> - ※ 논슬립 : 계단의 미끄럼 방지를 위해 디딤판 끈에 대는 금속제품
> - ※ 듀벨 : 목재의 접합을 위해 사용하는 철물로 동그랗게 말아 사용하거나 끝부분을 뾰족하게 하여 사용하며, 목재의 전단력에 작용한다.

29 길이가 폭의 3배 이상으로 가늘고 길게 된 타일로써 징두리 벽 등의 장식용에 사용되는 것은?

① 스크래치 타일 ② 보더 타일
③ 모자이크 타일 ④ 논슬립 타일

> TIP ☞ 보더타일
> - 220mm × 60mm × 8mm, 190mm × 60mm × 11mm와 같이 길이가 너비의 3배 이상인 가늘고 길게 된 타일로 걸레받이·징두리 벽 등에 사용되는 특수 장식용 타일이다.
> - ※ 스크래치 타일 : 표면에 흠이나 긁힌 자국을 낸 타일로 벽돌길이와 같게 한 외장용 타일이다.
> - ※ 모자이크 타일 : 4cm각 이하의 소형 타일을 말하며, 30cm 하드롱지에 줄눈을 일정하게 하여 제작한다. 또한, 11mm각 이하의 작은 타일을 아트 모자이크(Art Mosaic)라 하며, 장식 및 회화 등에 사용한다.

30 다음 중 콘크리트 설계기준 강도를 의미하는 것은?

① 콘크리트 타설 후 28일 인장강도
② 콘크리트 타설 후 28일 압축강도
③ 콘크리트 타설 후 7일 인장강도

④ 콘크리트 타설 후 7일 압축강도

TIP 콘크리트 설계기준 강도
- ¹⁾타설 후 28일(4주) 압축강도를 설계기준 강도로 한다.
- ※ ¹⁾타설 : 기초, 바닥 등의 거푸집에 콘크리트를 부어 넣는 것

31. 미장재료 중 돌로마이트 플라스터에 대한 설명으로 틀린 것은?

① 수축 균열이 발생하기 쉽다.
② 소석회에 비해 작업성이 좋다.
③ 점도가 없어 해초풀로 반죽한다.
④ 공기 중의 탄산가스와 반응하여 경화한다.

TIP 돌로마이트 플라스터
- 소석회 보다 점성이 커서 풀이 필요 없어 냄새, 변색, 곰팡이가 생기지 않는다.
- 강알칼리성으로 건조 후 바로 유성페인트를 칠할 수 없으며 필요에 따라 시멘트, 모래, 여물 등을 혼합하여 사용하며 수축률이 커 균열이 발생하기 쉬워 여물 등을 혼합한다.

32. 도장의 목적과 관계하여 도장재료에 요구되는 성능과 가장 거리가 먼 것은?

① 방음
② 방습
③ 방청
④ 방식

TIP 도장재료
- 방습, 부식 방지, 표면의 미화 등의 목적을 가지고 벽, 천장 등에 바르는 재료이다.
- ※ 방음도료 : 구조물의 벽, 천장, 바닥 등에 사용하는 방음페인트가 있다.

33. 건축재료의 사용목적에 따른 분류에 해당하지 않는 것은?

① 구조재료
② 마감재료
③ 방화, 내화재료
④ 천연재료

TIP 사용목적에 의한 분류
- 구조재료 : 목재, 석재, 시멘트, 콘크리트, 금속 등
- 마감재료 : 유리, 점토, 석고, 플라스틱, 도료, 타일, 접착제 등
- 차단재료 : 방수, 단열 등에 사용되는 재료(암면, ¹⁾실링재, 방수제 등)
- 방화 및 내화재료 : 석고보드, 방화셔터, 방화 ²⁾실란트 등 안전을 위한 불연재료, 준불연재료, 난연재료 등
- ※ ¹⁾실링재(Sealing material) : 수밀, 기밀을 목적으로 부재 간 틈을 막아주는 재료를 통칭한다.
- ※ ²⁾실란트(Sealant) : 부재 간 접합부 또는 이음부를 매우는 재료를 통 칭한다.
- ※ 실링재는 탄성재료를 실란트로 구분하고 원료가 유성재료인 것을 코킹으로 구분한다.

34 목재의 활엽수에만 있는 것으로 줄기방향으로 배치되어 주로 양분과 수분의 통로가 되며 나무의 종류를 구별하는데 표준이 되는 세포의 종류는?

① 섬유　　② 도관
③ 수선　　④ 수지관

TIP 도관
- 물관이라고도 하며 뿌리에서 흡수한 물과 무기양분의 이동통로를 말한다.
- ※ 섬유 : 침엽수에서는 헛물관이라고 하고 수목의 견고성을 주는 역할을 하며 섬유의 길이와 목재의 강도와는 무관하다.
- ※ 수선 : 수목줄기의 중심에서 겉껍질방향에 복사상으로 들어있는 도관세포와 비슷한 세포로줄기에 직각으로 되어있다.
- ※ 수지관 : 수지의 이동이나 저장을 하는 곳으로 나무줄기 방향으로 나타나는 것과 직각 방향으로 나타나는 것으로 침엽수재에 많고 활엽수재에는 극히 드물며 수지선이 많은 목재는 가공이나 용도 면에서 지장이 많다.

35 유리의 일반적인 성질을 설명한 것으로 옳은 것은?

① 보통 유리의 비중은 3.15 내외이다.
② 보통 유리는 모스경도로 약 8 정도이다.
③ 납, 아연, 알루미나 등의 금속산화물을 포함하면 비중이 작아진다.
④ 창유리의 강도는 휨강도를 의미한다.

TIP 유리
- 유리의 비중은 성분에 따라 2.2 ~ 6.3 정도이고 일반보통판유리는 2.5 내외이다.
- 경도는 모스경도로 일반적으로 6 정도이다.
- 납, 아연, 알루미나 등의 금속산화물을 포함하면 비중이 커진다.

36 다음 중 석유계 아스팔트가 아닌 천연 아스팔트에 해당하는 것은?

① 레이크 아스팔트
② 스트레이트 아스팔트
③ 블론 아스팔트
④ 아스팔트 컴파운드

TIP 레이크 아스팔트
- 천연적으로 생성된 아스팔트가 지표에 호수 모양으로 퇴적 되어진 것이며, 역청분을 50% 이상 함유하고 있으며, 성질은 스트레이트 아스팔트와 비슷하다.
- 도로 및 바닥포장, 방수 등에 사용한다.
- ※ 스트레이트 아스팔트 : 아스팔트를 되도록 변화하지 않게 만든 아스팔트를 말하며 점성, 신성, 침투성이 크지단, 연화점이 낮고 온도에 의한 강도, 신성, 유연성의 변화가 크다. 아스팔트 펠트, 아스팔트 루핑의 제조에 사용되며, 지하 방수정도에 사용한다.
- ※ 블론 아스팔트 : 석유의 찌꺼기를 가열하여 공기를 불어 넣어 만든 아스팔트로 점성, 침투성은 작지만, 탄력성이 있고 온도에 의한 변화가 적어 열에 대한 안정성이 좋다.

아스팔트 컴파운드, 아스팔트 프라이머의 원료가 되며, 옥상 및 지붕 방수에 사용한다.

※ 아스팔트 컴파운드 : 블로운 아스팔트의 성질(내열, 내후성 등)을 개선하기 위해 동·식물섬유를 혼합한 것으로 방수재, 아스팔트 방수공사에 사용한다.

37 시멘트가 공기 중의 습기를 받아 천천히 수화반응을 일으켜 작은 알갱이 모양으로 굳어졌다가, 이것이 계속 진행되면 주변의 시멘트와 달라붙어 결국에는 큰 덩어리로 굳어지는 현상은?

① 응결 ② 소성
③ 경화 ④ 풍화

TIP ☀ 풍화 (風化)

- 시멘트가 공기 중에 노출되면 습기 및 탄산가스를 흡수하여 수화반응을 일으켜 굳어지는 현상으로 작은 알갱이로 굳어지다가 큰 덩어리로 굳어진다.
- 풍화된 시멘트는 1)강열감량, 비중 감소, 응결지연이 되어 강도발현이 저하되는 문제점이 나타난다.
- ※ 1)강열감량 : 물질을 가열할 경우 그 물질에 함유된 일부가 증발 또는 기화되어 중량이 감소하는 현상을 말한다.

38 다음 중 열경화성수지에 속하는 것은?

① 염화비닐수지 ② 초산비닐수지
③ 아크릴수지 ④ 요소수지

TIP ☀ 요소수지

- 무색으로 착색이 자유롭고 약산 및 약알칼리에 견디고 유류에는 거의 침해받지 않는다.
- 완구, 장식품 등의 잡화에 수요가 많고 액체접착제로 내수합판에 사용한다.
- ※ 열경화성수지 : 열을 가하여도 변형되지 않는 수지이며 멜라민 수지, 실리콘 수지, 에폭시 수지, 폴리에스테르 수지, 요소 수지, 페놀 수지 등이 있다.
- ※ 열가소성수지 : 열을 가하면 변형되어 가소성이 생기고, 냉각하면 다시 굳는 수지이며 아크릴 수지, 염화비닐수지, 폴리에틸렌수지, 폴리스티렌수지 등이 있다.

39 유리제품과 용도와의 연결 중 옳지 않은 것은?

① 유리블록(glass block) - 결로 방지용
② 프리즘타일(prism tile) - 채광용
③ 폼 글라스(foam glass) - 보온재
④ 유리섬유(glass fiber) - 흡음재

TIP ☀ 유리블록

- 상자형 유리 2개를 맞추어 고열로 일체시키고, 건조공기를 넣어 만든 유리로 4각 측면은 몰탈과 접착이 잘 되도록 합성수지계 도료를 발라 돌가루 등을 붙여 놓는다.
- 장식 및 채광창 등에 사용한다.
- ※ 프리즘 유리(프리즘 타일) : 입사되는 광선의 방향을 바꾸거나, 빛의 확산 및 집중시킬 목적으로 만든 유리로 지하실, 옥상의 채광용 등으로 사용한다.

※ 폼 글라스 : 가루로 만든 유리에 발포제를 넣어 기포를 발생시킨 유리로 투과가 안 되며, 충격에 약하고 단열재, 보온재, 방음재로 사용한다.

※ 유리섬유 : 유리를 녹인 뒤 작은 구멍에 통과시켜 섬유 모양으로 만든 유리로 탄성이 작고, 전기절연성, 내화성, 내수성 등이 우수하여 단열재, 방음재, 보온재, 먼지흡수용, 산 여과용 등에 사용한다.

40 얇은 금속판에 여러 가지 모양으로 도려낸 철물로 환기구멍, 라디에이터 커버 등에 이용되는 것은?

① 메탈라스 ② 와이어라스
③ 조이너   ④ 펀칭메탈

TIP 펀칭메탈
- 1.2m/m 이하의 강판에 여러 모양으로 구멍을 내어 만들고 환기구멍, 라디에이터 커버 등에 사용한다.
- ※ 메탈라스 : 0.4~0.8m/m의 얇은 강판에 일정간격으로 자르는 자국을 내어 옆으로 잡아 당겨 그물모양으로 만든 것으로 천장, 벽 등의 몰탈 바름벽 바탕에 사용한다.
- ※ 와이어라스 : 0.9 ~ 1.2mm의 철선을 마름모 형태 등으로 만든 것으로 몰탈 바름의 바탕 등에 사용한다.
- ※ 조이너 : 천장 벽 등에 판을 붙인 뒤 그 이음새를 감추거나 누르는데 사용한다.

41 다음 중 지붕의 경사 표시법으로 가장 알맞은 것은?

① 2/7   ② 2/100
③ 2/1000 ④ 4/10

TIP 물매
- 지붕의 기울기를 말하며, 수평거리 10cm에 대한 수직 높이를 표시한 것을 말한다. 예를 들어 높이가 4cm라면 4/10 또는 4cm물매라고 표시한다.
- 높이 10cm인 물매, 즉, 45°의 경사를 가진 물매를 되물매라 하고, 45° 이상의 물매를 된물매라 한다.

42 다음 중 결로현상의 원인과 가장 관계가 먼 것은?

① 빈번한 환기
② 수증기량의 증가
③ 상대습도의 증가
④ 습기제거 시설의 미비

TIP 결로 발생원인
- 실·내외의 온도차(온도차가 클수록 많이 발생)
- 실내 습기의 과다 발생(가정 내부에서의 조리, 세탁 등)
- 생활 습관에 의한 환기부족
- 구조재의 열적 특성(단열이 어려운 기둥, 보 등)
- 시공불량
- 시공직후의 미 건조 상태에 따른 결로

43 엘리베이터 카(Car)가 최하층을 지나쳐 승강로 바닥으로 하강할 때 충격을 완화해주는 장치를 무엇이라 하는가?

① 전자브레이크 (Magnetic Brake)
② 조속기 (Governor)
③ 강제정지장치 (Wedge)
④ 완충기 (Buffer)

TIP 완충기
- 승강로 바닥부에 설치하여 충돌 시 충격을 완화시키는 장치로 스프링식과 유입식 등이 있다.
- 스프링식 완충기의 적용중량은 최대압축하중의 1/4 ~ 1/2.5배 범위에서 정해져야 하고 유입식 완충기는 정격속도의 115%에 상응하는 중력정지거리와 동등해야 한다.
- ※ 전자브레이크 : 전동기가 회전을 정지하였을 때 스프링 힘으로 브레이크드럼을 눌러 정지하는 장치이다.
- ※ 조속기 : 제 1동작으로 과속 스위치가 작동하고 제동기가 카를 정지시킨다. 제동기의 고장 및 메인로프 절단 시에는 제 2동작으로 정격속도의 1.2 ~ 1.4배를 넘지 않는 상태에서 비상정지장치가 작동한다.
- ※ 비상정지장치 : 로프가 끊어졌을 때 또는 비정상적으로 빠를 때 동작한다.

44 다음 중 건축물의 평면계획 시 고려하여야 할 사항으로 가장 중요한 것은?

① 주위 환경과의 조화
② 경제적인 구조체 설계
③ 각 실의 기능만족 및 실의 배치
④ 명암, 색채, 질감의 요소를 고려한 마감 재료의 조화

TIP 평면계획 시 고려사항
- 사용목적에 따른 실의 구성과 합리적 배치를 고려한다.
- 가족 구성원의 특성에 따른 활동 및 생활 형태에 따라 실을 결정한다.

45 가스계량기는 전기점멸기로부터 최소 얼마 이상 떨어져 설치하여야 하는가?

① 20cm   ② 30cm
③ 45cm   ④ 60cm

TIP 가스계량기와 전기설비와의 이격거리
- 전기(개폐기, 계량기)설비와 60cm 이상 이격한다.
- 전기점멸기, 전기접속기(콘센트) 등의 설비와 30cm 이상 이격한다.
- 배관의 지하매설 깊이는 도로 폭 4m 미만은 80cm 이상, 도로 폭 4m ~ 8m 미만은 100cm 이상, 도로 폭 8m 이상은 120cm 이상으로 매설한다.

46 건축형태의 구성 원리 중 인간의 주의력에 의해 감지되는 시각적 무게의 평형상태를 의미하는 것은?

① 균형   ② 리듬
③ 비례   ④ 강조

TIP 균형
- 인간의 주의력에 의해 감지되는 시각적

무게의 평형을 말하며 구성체의 부분과 부분 및 부분과 전체 사이에 균형을 잡으면 쾌적한 감정을 준다.

※ 리듬 : 규칙적인 요소들의 시각적 질서를 부여하는 통제된 운동감각을 나타나는 힘을 말하며, 반복, 점증, 억양 등이 있다.

※ 비례 : 선, 면, 공간 등의 상호간 관계를 말하며 전체와 부분을 연관시켜 설명하며 이를 비율이라고 한다.

※ 강조 : 특정 부분의 표현을 강하게 하여 두드러지게 하는 것을 말하며 시선을 집중시키고 흥미를 유발하는 특징이 있다.

47 건축제도에서 가는 실선의 용도에 해당하는 것은?

① 단면선 ② 중심선
③ 상상선 ④ 치수선

TIP 선의 종류

선의 종류		사용방법(보기)
실선	▬▬▬	단면의 윤곽 표시
	▬▬▬	보이는 부분의 윤곽표시 또는 좁거나 작은 면의 단면 부분 윤곽표시
	───	치수선, 치수보조선, 인출선, 격자선 등의 표시
파선 또는 점선	----	보이지 않는 부분이나 절단면보다 앞면 또는 윗면에 있는 부분의 표시
1점 쇄선	─·─	중심선, 절단선, 기준선, 경계선, 참고선 등의 표시
2점 쇄선	─··─	상상선 또는 1점 쇄선과 구별할 필요가 있을 때

48 공동주택의 건물 단면형 중 트리플렉스에 대한 설명으로 옳지 않은 것은?

① 주택 내의 공간의 변화가 있다.
② 거주성, 특히 프라이버시가 높다.
③ 피난이 용이하다.
④ 엘리베이터 정지층수를 적게 할 수 있다.

TIP 트리플렉스형
- 하나의 주거단위가 3층으로 구성된 형식을 말하며 대규모 주택에 사용한다.
- 프라이버시 확보가 좋고 엘리베이터 층수를 적게 할 수 있다.
- 통로가 없는 층은 채광, 통풍이 좋으며 주택 내 공간의 변화가 있다
- 건물구조가 복잡하며 외기에 복도가 면하지 않는 층은 피난계단 계획이 어렵다.

49 배수트랩의 봉수파괴 원인과 가장 거리가 먼 것은?

① 흡출작용   ② 수격작용
③ 모세관 현상 ④ 자기 사이펀 작용

TIP 봉수파괴의 원인
① 사이펀 작용
  1) 자기사이펀
    - 배수 시 기구에 다량의 물이 일시에 흐를 때 발생한다.
  2) 유인(흡인)사이펀(흡입 또는 흡출 작용)
    - 수직관에 접근하여 기구를 설치했을 때 수직관 상부에서 다량의

물이 낙하할 때 발생한다.

② 분출 작용
- 수직관 가까이 기구를 설치했을 때 수직관 상부에서 다량의 물이 낙하하면 하단의 기구의 공기압축으로 발생한다.

③ 모세관 작용
- 머리카락, 실 등이 걸렸을 때 발생한다.

④ 증발
- 오랜 기간 동안 위생기구를 사용하지 않았을 때 발생한다.

⑤ 운동량에 의한 관성 작용
- 배관에 급격한 압력변화가 발생한 경우 봉수가 상하로 움직이며 사이펀작용이 발생하거나 또는 봉수가 배출되는 현상을 말한다.

※ 수격작용(Water hammer) : 액체가 흐르는 관 내부는 수압이 걸리게 되는데, 밸브를 갑자기 열거나 닫을 경우 배관 내의 압력변화 및 상승으로 인해 관 속에 진동 및 소음 등이 발생하며, 심할 경우 고장을 일으키는 작용을 말한다.

50 건축설계도면의 배치도에 나타내야 할 사항과 가장 거리가 먼 것은?

① 인접도로의 너비 및 길이
② 실의 배치와 넓이, 개구부의 위치와 크기
③ 대지 내 건물과 인접 경계선과의 거리
④ 정화조의 위치

TIP 배치도
- 방위, 표준지반의 기준 위치, 부지의 고저, 부지면적 계산표, 인접도로의 너비 및 길이 등
- 부지 내 건물, 인지경계선과의 거리, 증축예정 부분, 지붕의 윤곽, 대문 담장, 대지 내 통로 등
- 옥외 상·하 배수 계통도, 옥외 인입전선 계통도, 우편함, 국기게양대, 식수계획 등

51 건축도면의 크기 및 방향에 관한 설명으로 옳지 않은 것은?

① A3 제도용지의 크기는 A4 제도용지의 2배이다.
② 접은 도면의 크기는 A4의 크기를 원칙으로 한다.
③ 평면도는 남쪽을 위로 하여 작도함을 원칙으로 한다.
④ A3 크기의 도면은 그 길이 방향을 좌우 방향으로 놓은 위치를 정 위치로 한다.

TIP 도면크기 및 방향
- A3제도용지는 420mm×297mm이고, A4제도용지의 크기는 297mm×210mm이므로 2배이다.
- 도면을 접을 때에는 A4의 크기로 접는 것을 원칙으로 한다.
- 평면도의 위쪽을 북쪽으로 하고 도면의 제목 및 위치 등을 균형 있게 계획한다.

52 직접조명방식에 관한 설명으로 옳지 않은 것은?

① 조명률이 크다.
② 직사 눈부심이 없다.
③ 공장조명에 적합하다.
④ 실내면 반사율의 영향이 적다.

> **TIP** 직접방식
> - 조명방식 가운데 가장 간단하다.
> - 조명 효율 및 조도가 높고 천장과 벽에 의한 반사율의 영향이 적다.
> - 균일한 조도를 얻기 어려우며 밝은 부분과 그렇지 않은 부분의 Contrast(대비)가 심하다.
> - 눈부심이 있고 그림자가 생기며 쾌적감이 없다.
> ※ 간접조명 : 그림자를 만들지 않아 좋으나, 단독사용 시 상품을 강조하는데 효과적이지 못하다.
> ※ 전반조명 : 실 전체를 확산성이 좋은 조명기구를 사용하여 균일조도를 목적으로 한다. (공장, 사무실, 교실)
> ※ 반직접조명 : 방사된 빛의 60~90%는 아래, 나머지는 위로 오게 하는 방식으로 작업면 조도를 증가시킨다. (상점, 주택, 사무실, 교실)
> ※ 반간접조명 : 방사된 빛의 60~90%는 위, 나머지는 아래로 오게 하는 방식으로 부드럽고 아늑한 느낌이다. (세밀한 일을 오래 하는 장소)

53 소화설비 중 스프링클러(Sprinkler)에 대한 설명으로 옳지 않은 것은?

① 화재의 열에 의해 스프링클러 헤드가 자동적으로 개구되어 방수하는 방식이다.
② 사람이 잠든 시각에도 소화 및 조기진화가 가능하다.
③ 소화기능은 있으나 경보 기능은 없다.
④ 감지부 구조가 전자식이라 오보 및 오작동이 일어난다.

> **TIP** 스프링클러
> - 스프링클러 헤드를 실내 천장에 설치하여 67~75℃정도에서 가용합금편이 녹으면 자동으로 물을 분사하는 자동소화설비이다.
> - 화재감지와 동시에 화재경보가 작동하여 신속한 대피 및 초기화재진압을 할 수 있다.
> - 야간에도 화재를 감지하여 소화를 할 수 있으며 감지부 구조가 온도에 의해 끊어지기 때문에 동작 및 오보가 적다.
> - 고층건물이나 지하층의 소화에 적합하다.
> - 초기 시공비가 많이 들며 물에 의한 2차 피해가 발생할 수 있다.

54 주택의 침실에 관한 설명으로 옳지 않은 것은?

① 어린이 침실은 주간에는 공부를 할 수 있고, 유희실을 겸하는 것이 좋다.
② 노인침실은 2층 이상으로 계획한다.

③ 침실의 크기는 사용인원 수, 침구의 종류, 가구의 종류, 통로 등의 사항에 따라 결정된다.

④ 침실의 위치는 소음의 원인이 되는 도로 쪽은 피하고, 공원 등의 공지에 면하는 것이 좋다.

TIP 노인침실
- 노인침실과 아동침실이 낮에 많이 사용하므로 부부침실보다 더 좋은 위치에 계획한다.
- 가급적 채광이 좋은 남향에 위치하도록 하고 낮은 층에 두며 가족과 가까이 지낼 수 있는 위치가 좋다.
- 노인침실이 있는 장소에 계단이 있을 경우 계단 양쪽에 난간을 부착한다.
- 단차가 없게 계획하고 만약 단차가 있는 바닥을 둘 경우 대비가 강한 색으로 계획한다.
- 바닥은 미끄럼이 없고 청소하기 쉬운 재료로 하며 욕실은 침실과 가깝게 배치한다.
- 출입구에 휠체어를 놓을 수 있는 공간을 확보하고 비를 맞지 않게 한다.

55 생활 행위에 따른 동작을 가능하게 하며, 주거 공간을 구성하는 기본적인 것은?

① 인체동작 공간 ② 개인 공간
③ 공동 공간 ④ 주거집합 공간

TIP 인체동작 공간
- 일상생활의 움직임에 있어 인체의 동작 치수에 기능적으로 필요한 것의 치수를 더한 공간을 말한다.

※ 개인 공간 : 가족 구성원 각자의 사적인 생활을 위한 공간이다.(침실, 어린이 방 등)

※ 공동 공간 : 가족 구성원 모두 이용하며 생활하는 공간이다.(거실, 식당 등)

56 건축제도의 글자에 관한 설명으로 옳지 않은 것은?

① 글자의 크기는 높이로 표시한다.
② 문장은 왼쪽에서부터 가로쓰기를 원칙으로 한다.
③ 글자체는 수직 또는 15° 경사의 명조체로 쓰는 것을 원칙으로 한다.
④ 4자리 이상의 수는 3자리마다 휴지부를 찍거나 간격을 둠을 원칙으로 한다.

TIP 글자
- 그림의 크기나 척도의 정도에 따라 글자의 크기를 결정한다.
- 글자의 크기는 글자의 높이로 표시하는데 보통 20, 16, 12.5, 10, 8, 6.3, 5, 4, 3.2, 2.5, 2(mm) 총 11종류를 표준으로 한다.
- 왼쪽에서 오른쪽으로 쓰기를 원칙으로 하는데 가로쓰기가 곤란할 때는 세로쓰기도 무방하다.
- 글체는 고딕체로 하며, 수직 또는 오른쪽으로 15° 경사지게 쓰는 것을 원칙으로 한다.

57 다음 설명에 알맞은 색의 대비와 관련된 현상은?

> 1개의 색을 보고 다른 색을 보았을 때 앞에서 본 색의 영향으로 뒤의 색이 달라 보이는 현상

① 계시대비　② 연변대비
③ 한난대비　④ 동시대비

TIP 계시(계속)대비

- 하나의 색을 보고 다른 색을 보았을 때, 먼저 본 색의 영향으로 나중 색이 달리 보이는 현상을 말한다.
- ※ 연변대비 : 어떤 두 색이 맞붙어 있을 경우, 그 경계의 언저리가 경계로부터 멀리 떨어져 있는 부분보다 색의 3속성별로 색상대비, 명도대비, 채도 대비의 현상이 더욱 강하게 일어나는 현상
- ※ 한난대비 : 차가운 색과 따뜻한 색을 함께 놓았을 때 배경색이 한색일 경우 더 차갑게, 배경색이 난색일 경우 더 따뜻하게 보이는 현상
- ※ 동시대비 : 두 색을 동시에 보았을 때 서로의 영향으로 달리 보이는 현상
- ※ 보색대비 : 보색끼리 놓았을 때 색상이 더 뚜렷해지면서 선명하게 보이는 현상

58 다음과 같은 창호의 평면 표시 기호의 명칭으로 옳은 것은?

① 회전창　② 셔터창
③ 미서기창　④ 외여닫이창

59 다음 설명에 알맞은 주택 부엌가구의 배치 유형은?

> - 양쪽 벽면에 작업대가 마주보도록 배치한 것이다.
> - 부엌의 폭이 길이에 비해 넓은 부엌의 형태에 적당한 형식이다.

① L자형　② 일자형
③ 병렬형　④ 아일랜드형

TIP 병렬형

- 두 벽면을 따라 작업이 전개되는 전통적인 형태로 양쪽 벽면에 작업대를 마주보도록 배치한 형태이다.
- 직선형보다는 작업동선이 줄지만, 작업 시 몸을 앞뒤로 계속 바꿔야 한다.
- ※ L자형(ㄱ자형)
  - 인접된 양면 벽에 L자형으로 배치하여 동선의 흐름이 자연스러운 형태이다.
  - 작업동선이 효율적이며 여유 공간이 많이 남기 때문에, 식사실과 병용할 경우 적합하다.
- ※ 일자형(직선형)
  - 동선과 배치가 간단한 평면형이지만 설비기구가 많을 경우 작업동선이 길어진다.
  - 소규모 주택에 적합하다.
- ※ 아일랜드형
  - 주방과 다이닝룸 사이에 식탁을 배치하여 개방감을 높인 형태이다.
  - 동선이 짧고 공기흐름이 원활하지만 이것이 곧 집 전체에 냄새가 퍼

질 수 있는 원인이 될 수 있다.

※ ㄷ자형(u자형)
- 인접한 3면의 벽에 배치하여 가장 편리하고 능률적이다.
- 평면계획상 외부로 통하는 출입구의 설치 곤란하며, 식탁과의 연결이 어렵다.

60 주택단지의 구성에서 근린분구를 이루는 주택호수의 규모는?

① 20~40호
② 400~500호
③ 1600~2000호
④ 2500~10000호

TIP 근린분구
- 400 ~ 500호, 3,000 ~ 5,000명
- 일상 소비 생활에 필요한 공동시설이 운영가능한 단위로 소비시설(술집 등), 후생시설(공중목욕탕, 약국 등), 치안시설(파출소 등), 보육시설(유치원 등)이 있다.

※ 인보구(20 ~ 40호, 200 ~ 800명) : 이웃과 가까운 친분이 유지되는 공간적 범위로 반경 100 ~ 150m 정도를 기준으로 유아놀이터(어린이 놀이터)가 중심시설이고 아파트의 경우 3 ~ 4층, 1 ~ 2동이 여기에 해당된다.

※ 근린주구(1,600 ~ 2,000호, 10,000 ~ 20,000명) : 초등학교가 중심시설이며, 학교에서 주택까지 500 ~ 800m범위, 3 ~ 4개의 근린분구 집합체가 근린주구를 이룬다.
동사무소, 소방서, 어린이 공원, 우체국, 병원, 도서관 등이 있다.

06 PART | CBT 기출복원문제

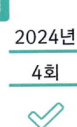
2024년 4회

01 초고층시스템 중 외곽 기둥을 많이 설치하고 내부에 기둥을 적게 설치하는 것을 무엇이라 하는가?

① 메가 칼럼　② 브레이스
③ 튜브구조　④ 경량철골구조

> **TIP** 튜브구조
> - 외곽부에 촘촘하게(밀실하게) 기둥을 배치하고 내부에는 적은 수의 기둥으로 구성되는 구조 시스템을 말한다.
> - 수평하중에 저항하며 고층건물에서 널리 사용된다.
> ※ 메가 칼럼(Mega column) : 건물외곽에 있는 매우 큰 기둥으로 가로, 세로 1m 이상의 기둥을 말하며, 건물에 작용하는 큰 하중을 지지하기 위하여 콘크리트와 강재가 혼합된 합성구조로 이루어져 있다.
> ※ 브레이스(Brace, 가새) : 철골구조의 변형을 막기 위해 대각선 방향으로 넣는 경사재를 말하며 목구조에서는 브레이스(가새)를 벽면에 넣어 수평력에 견디도록 한다.
> ※ 경량철골구조 : 두께 약 1.5~6mm 두께를 사용하며 비중이 작고 건설비용을 낮출 수 있으나 일반철골조에 비해 기둥 간격이 좁고 고층으로의 한계가 있다.

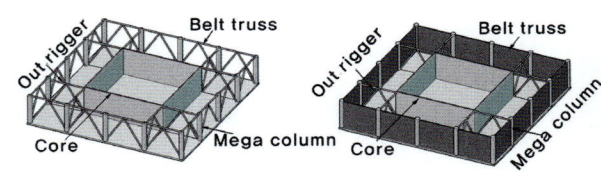
[메가 칼럼]

02 다음 중 구조부재를 보호하는 방법으로 옳은 것은?

① 철근콘크리트 기둥의 파손을 방지하기 위하여 내부에 알루미늄을 삽입하였다.
② 서해대교 케이블의 보호를 위하여 염소를 발랐다.
③ 목조 지붕틀의 방식을 위하여 광명단을 칠했다.
④ 화재로부터 철골부재를 보호하기 위하여 내화뿜칠을 하였다.

> **TIP** 내화뿜칠
> - 화재 등으로 인한 피해를 줄이기 위해 노즐 등을 이용하여 뿜어 칠하는 것을 말한다.

03 상대적으로 얇고 길이가 짧은 부재를 상하 그리고 경사로 연결하여 장 스팬의 길이를 확보할 수 있는 구조는?

① 현수구조 ② SRC구조
③ 셸구조   ④ 트러스구조

TIP💡 트러스구조
- 강재 혹은 목재를 삼각형이 연속된 그물 모양으로 연결하여 하중을 지탱하는 구조이다.
- ※ 현수구조 : 상부에서 기둥으로 전달되는 하중을 케이블 형태의 부재가 지지하는 구조로, 주케이블에 보조 케이블이 상판을 잡아 지지한다.
- ※ SRC(Steel Reinforced concrete)구조 : 철골 주위를 철근과 콘크리트로 보강한 구조로 10층 이상의 대규모 건축물에 이용한다.
- ※ 셸구조 : 곡률을 가진 얇은 판으로 주변을 충분히 지지시켜 공간을 덮는 구조이다.

04 보의 전단력만을 기둥으로 전달하는 이음 방법은?

① Diagrid
② Moment Connection
③ Composite Connection
④ Shear Connection

TIP💡 핀(전단)접합(Shear Connection, Simple Connection, Hinge Connection)
- H형강 보의 웨브(Web)만 볼트 등으로 체결시키고, 보의 플랜지(Flange)는 접합시키지 않아 보의 회전을 허용한 접합형식이다.
- ※ Diagrid(다이아그리드) : 대각선(Diagonal)과 격자(Grid)의 합성어로 대각 가새를 반복적으로 사용한 형태의 구조를 말한다. 다이아그리드의 뼈대는 기둥과 가새의 역할을 동시에 수행해 건물이 받는 하중을 효과적으로 저항해 낸다. 태풍과 지진과 같은 횡적 저항을 높여주며 바람이 부딪칠 때 마름모꼴의 구조가 인장력(당기는 힘)과 압축력(누르는 힘)으로 번갈아가며 저항해서 태풍과 지진 등에 견뎌내는 능력이 높아진다.
- ※ Moment Connection : H형강 보의 웨브(Web) 뿐만 아니라 플랜지(Flange)도 볼트 및 용접으로 강하게 접합시켜 보의 회전을 구속시킨 접합형식이다.

05 벽돌벽체에서 벽돌을 1단씩 내쌓기를 할 때 얼마 정도 내쌓는가? (단, B는 벽돌 1장을 의미한다.)

① 1/2B ② 1/4B
③ 1/5B ④ 1/8B

TIP💡 벽돌쌓기 원칙
- 내 쌓기의 경우 한 단은 1/8B, 두 단은 1/4B씩 쌓고, 내미는 한도는 2.0B로 한다.
- 1일 쌓기 높이는 1.2 ~ 1.5m 이내로 한다.
- 가급적 막힌줄눈으로 시공하며, 벽체를 일체화하기 위해 테두리 보를 설치한다.

01 ③ 02 ④ 03 ③ 04 ④ 05 ④

• 몰탈의 수분을 벽돌이 머금지 않도록 쌓기 전 충분한 물 축임을 한다

작은 하중(운동)이 반복적으로 일어나 연쇄반응을 일으켜 거대한 하중(운동)으로 바뀌는 상태

06 모임지붕 일부에 박공지붕을 같이 한 것으로, 화려하고 격식이 높으며 대규모 건물에 적합한 한식 지붕구조는?

① 외쪽지붕   ② 솟을지붕
③ 합각지붕   ④ 방형지붕

TIP 합각지붕
- 위의 절반은 박공지붕, 아래 절반은 우진각 지붕의 형태를 가진 지붕이다.
- ※ 외쪽지붕 : 지붕이 한 방향으로만 기울어진 지붕이다.
- ※ 솟을지붕 : 지붕이 2개로 이루어져 경사진 지붕이다.
- ※ 방형지붕 : 지붕의 4개의 면을 한 곳에서 만나도록 한 지붕이다.

07 다음이 설명하는 내용으로 맞는 것은?

수직재가 수직하중을 받는 과정의 임계상태에서 기하학적으로 갑자기 변화하는 현상

① 전단파단   ② 응력
③ 좌굴   ④ 인장항복

TIP 좌굴(버클링(buckling))
- 기둥 등에 세로방향으로 압력이 가해질 때 중심축이 축 외부로 벗어나며 휘어지는 현상
- ※ 임계상태(臨界狀態, Critical state) :

08 목재거푸집과 비교한 강재거푸집의 특성 중 옳지 않은 것은?

① 변형이 적다.
② 정밀하다.
③ 콘크리트 표현이 매끈하다.
④ 콘크리트 오염도가 적다.

TIP 강재 거푸집
- 강재를 이용하여 만든 거푸집으로 공장 생산되어 형상·치수가 정확하고 강성(剛性)이 크며 전용도(轉用度)가 높다.
- 클립, 핀 등으로 조립하기 때문에 작업이 간단하다.
- 강재의 특성 상 녹에 의해 오염될 가능성이 있다.

09 다음 중 계단난간의 구성요소가 아닌 것은?

① 난간동자   ② 엄지기둥
③ 손스침   ④ 챌판

TIP 난간의 구성요소
- 난간동자, 엄지기둥, 손스침 등이 해당된다.
- ※ 챌판 : 계단의 디딤판과 디딤판 사이에 수직으로 댄 판을 말한다.

10 지붕의 물매 중 되물매의 경사로 옳은 것은?

① 15° ② 30°
③ 45° ④ 60°

TIP 되물매
- 높이 10cm인 물매, 즉, 45°의 경사를 가진 물매를 말한다.
- ※ 된물매 : 45° 이상의 물매를 말한다.
- ※ 물매 : 지붕의 기울기를 말하며, 수평거리 10cm에 대한 수직 높이를 표시

11 온도조절철근(배력근)의 역할과 가장 거리가 먼 것은?

① 균열방지
② 응력의 분산
③ 주철근 간격유지
④ 주근의 좌굴방지

TIP 온도조절철근(Temperature Bar)
- 온도변화에 따른 콘크리트의 수축으로 생긴 균열을 최소화하기 위한 철근을 말한다.

12 보와 기둥 대신 슬래브와 벽이 일체가 되도록 구성한 구조는?

① 라멘구조 ② 플랫슬래브 구조
③ 벽식구조 ④ 셸구조

TIP 벽식구조
- 기둥, 보 등의 골조를 넣지 않고 벽이나 슬래브로 구성한 건물구조이다.
- 층간 소음에 매우 취약하고 기둥과 보가 없어 벽을 허물지 않아야 한다.
- ※ 라멘구조 : 기둥과 보가 그 접합부에서 서로 강접으로 연결되어 일체로 거동하는 구조로 수직 하중 및 수평 하중에 큰 저항력을 가진다.
- ※ 플랫슬래브 구조(무량판 구조) : 바닥에 보가 없이 직접 기둥에 하중을 전달하는 방식으로 구조가 간단하고 공사비가 저렴하다. 또한, 층고를 높게 할 수 있어 실내 이용률이 높지만, 바닥판이 두꺼워 고정하중이 커진다.
- ※ 셸구조 : 곡률을 가진 얇은 판으로 주변을 충분히 지지시켜 공간을 덮는 구조로 가벼우면서 강성이 우수한 구조 시스템으로 시드니 오페라 하우스가 대표적이다.

13 난간벽, 부란, 박공벽 위에 덮은 돌로써 빗물막이와 난간동자 받이의 목적 이외에 장식도 겸하는 돌은?

① 돌림띠 ② 두겁돌
③ 창대돌 ④ 문지방돌

TIP 두겁돌
- 담, 박공벽, 난간 등의 꼭대기에 덮어씌우는 것으로 윗면은 물흘림, 밑면은 물끊기를 한다.
- 두겁돌 밑바탕은 촉으로, 두겁돌 끼리는 촉, 꺾쇠 또는 은장으로 연결한다.
- ※ 돌림띠 : 벽면에서 내밀어 가로로 길게 두른 장식 및 차양, 물끊기 작용을 하는 것으로 처마 돌림띠, 허리 돌림띠가 있는데, 처마돌림띠의 돌출이 커

튼튼히 해야 한다.

※ 창대돌 : 창 밑에 대어 빗물 등을 흘러내리게 한 장식재로 창 너비가 클 경우 2개 이상의 창대돌을 대어 사용하기도 하지만, 외관 및 방수 상 1개를 통으로 사용한다. 또한 창대돌의 윗면, 옆면, 밑면에는 물 흘림이 잘 되도록 물끊기, 물 돌림 등을 두어 빗물이 내부로 침입하는 것을 막고 물 흘림을 잘되게 한다.

※ 문지방돌 : 출입문 밑에 대는 석재로 마멸에 강한 화강암이나 경석을 사용한다.

14 창호 종류 중 방풍을 목적으로 풍소란을 설치하는 것은?

① 미서기문 ② 양판문
③ 플러시문 ④ 회전문

> **TIP** 풍소란
> - 문이 닫혔을 때 문지방의 위아래나 양옆에 접하는 부분의 틈새를 막는 바람막이를 말한다.
> - 미서기문은 홈을 두 줄로 파내고 문짝이 서로 겹치는 형태 만든 것으로 방풍이 잘 되지 않아 풍소란을 설치한다.
>
> ※ 양판문 : 울거미 속에(두께 3 ~ 6cm) 중막이대, 간선대를 대어 맞추고 양판을 끼워 댄 문을 말하며 징두리 양판문은 중막이대의 윗부분을 양판 대신 유리를 끼워 넣은 것이다.
>
> ※ 플러시문 : 울거미를 짜고 중간살을 30cm마다 대어서 양면에 합판을 댄 것이다.
>
> ※ 회전문 : 회전축을 중심으로 두 개 ~ 네 개의 문을 방사상으로 설치하고 회전하면서 실내와 실외의 차단을 유지한 채 출입을 할 수 있는 문을 말한다.

15 다음 중 철골부재의 용접과 거리가 먼 용어는?

① 필러플레이트 ② 앤드 탭
③ 뒷댐재 ④ 스캘럽

> **TIP** 철골용접부의 부재 변형 방지
> - 앤드 탭(End Tab) : 용접을 끝낸 다음 떼어낼 목적으로 붙이는 버팀 판이다.
> - 뒷댐재 : 루트의 양호한 용입을 위해 뒷부분에 대는 판재이다.
> - 스캘럽(Scallop) : 열응력방지목적으로 모서리 부분을 반원모양으로 따낸 것이다.
> - 캠버(Camber) : 수평 부재의 처짐을 방지하기 위해 위로 솟아오르게 한 것이다.
>
> ※ 필러플레이트(filler plate) : 두께가 다른 철골을 볼트접합 할 경우 전체 두께를 조정하기 위해 덧대는 철판을 말하는데 두께는 1.2mm, 2.3mm, 3.2mm, 4.5mm, 6mm, 9mm, 12mm, 16mm, 19mm, 22mm, 25mm, 28mm, 32mm, 36mm, 40mm, 45mm 등 다양하다. 예를 들어 좌우의 플랜지 두께의 차이가 2mm일 경우 2mm와 가장 가까운 2.3mm의 두께로 접합한다.

16 목구조의 토대에 대한 설명으로 틀린 것은?

① 기둥에서 내려오는 상부의 하중을 기초에 전달하는 역할을 한다.
② 토대에는 바깥토대, 칸막이토대, 귀잡이토대가 있다.
③ 연속기초 위에 수평으로 놓고 앵커볼트로 고정시킨다.
④ 이음으로 사개연귀이음과 주먹장이음이 주로 사용된다.

TIP 토대

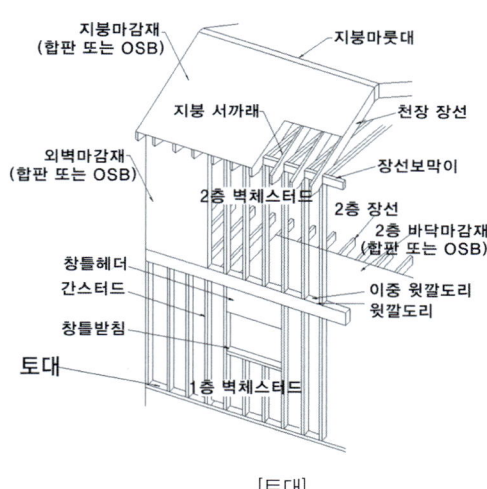

[토대]

- 토대는 벽을 치는 뼈대의 역할을 하며 건물 하부가 벌어지지 않도록 하는 것이다.
- 토대의 크기는 기둥과 같게 하거나 조금 크게 한다.
- 토대와 토대의 이음은 턱걸이주먹장이음 또는 엇걸이산지이음 등으로 한다.

17 휨모멘트나 전단력을 견디기 위해 사용되는 것으로 보 단부의 단면을 중앙부의 단면보다 크게 한 부분은?

① 헌치   ② 슬래브
③ 래티스   ④ 지중보

TIP 헌치(Haunch)
- 콘크리트 구조물에 부재의 두께나 높이가 급격하게 변화되는 부분에 응력의 집중에 의하여 구조물이 국부적인 손상을 입는 것을 방지하기 위하여 단면을 서서히 증감시킨 것을 말한다.
- 수평부재와 수직부재가 접하는 부위에 연결부를 보강할 목적으로 단면을 크게 하고 철근으로 보강한 부위로 슬래브와 보, 기둥과 보, Box Girder, 라멘구조 등에 설치한다.
- 헌치의 설치목적은 연속적인 응력 전달, 응력 집중 방지, 균열 발생 방지, 구조물 보강이다.
- 바닥판에는 지지보 위에 헌치를 두는 것을 원칙으로 한다.
- 헌치의 기울기는 1 : 3보다 완만하게 하며, 기울기가 1 : 3보다 급할 경우에는 기울기 1 : 3까지 두께를 바닥판의 유효두께로 간주한다.
- 헌치 안쪽에는 철근을 배치하는 것을 원칙으로 하며, 철근은 13mm 이상으로 한다.

18 목구조에서 깔도리와 처마도리를 고정시켜주는 철물은?

① 주걱볼트   ② 안장쇠
③ 띠쇠   ④ 꺾쇠

> 💡 **주걱볼트**
> - 평평한 철물에 볼트를 용접한 볼트로 처마도리와 깔도리를 연결할 때 사용한다.
> ※ 안장쇠 : 안장 모양으로 구부려 만든 것으로 큰 보에 작은 보를 걸쳐 연결할 때 사용한다.
> ※ 띠쇠 : I자 형으로 된 철판에 가시못 또는 볼트 구멍을 뚫어 놓은 것으로 왕대공과 ㅅ자보를 연결할 때 사용한다.
> ※ 띠쇠 : 봉강을 잘라 ㄱ자 모양으로 꺾어 사용하는 것으로 보통꺾쇠와 서로 직각 방향으로 된 엇꺾쇠, 한쪽에 주걱이 달린 주걱꺾쇠가 있다.

19 철골조의 판보에서 웨브판의 좌굴을 방지하기 위해 설치하는 보강재는?

① 스터드 ② 덮개판
③ 끼움판 ④ 스티프너

> 💡 **스티프너**

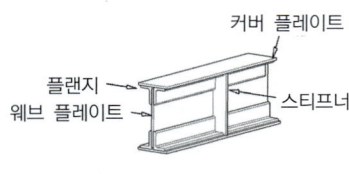

[플레이트 보]

> - 웨브 플레이트의 좌굴 및 전단보강을 위해 수직으로 설치한다.
> - 역할에 따라 지지점 스티프너, 중간 스티프너, 하중점 스티프너 등이 있다.
> ※ 플랜지 : 보의 단면 위, 아래 부분을 말하며, 인장 및 휨 응력에 저항한다. 또한, 힘을 더 받기 위해 커버 플레이트로 보강한다.
> ※ 커버 플레이트 : 커버 플레이트는 4장 이하로 하며, 용접일 때는 1매로 한다. 휨 내력의 부족을 보완하기 위해 사용한다.
> ※ 웨브 플레이트 : 전단력의 크기가 따라 두께를 결정하고 얇을 경우 좌굴의 위험이 있어 6mm 이상으로 한다.
> ※ 스터드(Stud) : 경량철골의 한 종류로 방음 및 단열을 요하는 장소에 사용하는 칸막이 뼈대로 천장과 바닥은 스틸 러너(Steel Runner)를 가로로 부착하고, 스틸 스터드(Steel Stud)를 일반 Stud인 경우 450mm 간격으로, CH-stud일 경우 600mm 간격으로 세로로 세운 뒤 내부를 단열재로 보강하고 석고보드를 양면에 1겹 내지 2겹으로 부착하여 마무리하는 경량철골 벽체의 재료이다.

20 석재의 이음 시 연결철물 등을 이용하지 않고 석재만으로 된 이음은?

① 꺾쇠이음 ② 은장이음
③ 촉이음 ④ 제혀이음

> 💡 **제혀이음**
> - 한쪽 맞댄 면에 홈을 파고 다른 쪽의 제혀부분을 만들어 끼운 이음을 말한다.
> ※ 은장이음 : 두 부재사이에 나비형의 촉을 끼워 넣는 것으로 수장재 및 계단 난간 이음 등에 사용한다.
> ※ 촉이음 : 두 부재에 구멍을 뚫어 그 구멍에 촉을 끼워 연결하는 것을 말한다.

21 시멘트 제조할 때 최고온도까지 소성이 이루어진 후에 공기를 이용하여 급랭시켜 소성물을 배출하게 되면 화산암과 같은 검은 입자가 나오는데 이 검은 입자를 무엇이라 하는가?

① 포졸란 ② 시멘트 클링커
③ 플라이 애쉬 ④ 광재

TIP 시멘트 클링커(Cement clinker)
- 시멘트 원료가 회전 가마 속에서 소성(燒成)하여 가마 아래쪽의 출구로 나오는 자갈 크기의 덩어리를 말한다.
- 이를 미분말로 분쇄하여 적당량의 석고를 가하면 포틀랜드 시멘트가 된다.
- ※ 포졸란(Pozzolan) : 화산회, 화산암의 풍화물로 가용성 규산을 많이 포함하며 수경성은 없으나 물의 존재로 쉽게 석회와 화합하여 경화하는 성질의 것을 총칭한다.
- ※ 플라이 애쉬 (Fly ash) : 화력발전소 등의 연소보일러에서 발생되는 부산물로 연소폐가스 중에 포함되어 있는 재료를 집진기로 회수한 미세한 입자를 말한다.
- ※ 광재(Slag) : 광석을 제련하고 남은 찌꺼기를 말한다.

22 화재발생 시 가장 안전한 건축 재료로 맞는 것은?

① 난연재료 ② 준불연재료
③ 불연재료 ④ 내수재료

TIP 불연재료
- 불연재료(난연 1급) : 불에 타지 않는 성질을 가진 재료로 콘크리트, 석재, 벽돌, 철강, 유리, 알루미늄, 글라스 울, 시멘트 판 등이 이에 속한다.
- ※ 준불연재료(난연 2급) : 불연재료에 준하는 성질을 가진 재료로 석고보드, [1]목모시멘트 판 등이 이에 속한다.
- ※ 난연재료(난연 3급) : 불에 잘 타지 않는 성능을 가진 재료로 난연합판, 난연플라스틱판 등이 이에 속한다.
- ※ [1]목모시멘트 판 : 목재를 두께 0.5mm, 너비 1~5mm, 길이 25~40mm로 얇게 깎은 것에 시멘트를 섞은 것(45 ~ 40 : 55 ~ 60)으로 몰탈 바름 바탕, 흡음, 보온, 내벽 및 천장 등의 내장재, 지붕의 단열재로 사용한다.

23 돌로마이트에 화강석 부스러기, 모래, 안료 등을 섞어 정벌바름하고 충분히 굳지 않을 때 표면에 거친 솔, 얼레빗 등을 사용하여 거친 면으로 마무리하는 방법은?

① 질석몰탈바름
② 펄라이트몰탈바름
③ 바라이트몰탈바름
④ 리신바름

TIP 리신바름(Lithin coat)
- 돌로마이트에 화강석 부스러기, 모래, 안료 등을 섞어 정벌바름하고 충분히 굳지 않을 때 표면에 거친 솔, 얼레빗 등을 사용하여 거친 면으로 마무리하는 특수미장 바름이다.
- ※ 질석몰탈 바름 : 시멘트와 질석을 혼합한 것으로 경량구조용에 사용한다.

※ ¹⁾펄라이트(Perlite)몰탈 바름 : 펄라이트를 골재로 하여 시멘트, 석회 광물성섬유질, 접착제 등을 적정비율로 섞은 것으로 내화 및 단열용 등에 사용한다.

※ 바라이트(Barite)몰탈 바름 : 시멘트와 바라이트분말, 모래 등을 혼합한 것으로 방사선 차단용으로 사용한다.

※ ¹⁾펄라이트 : 화산작용으로 생긴 진주암을 850~1200℃로 가열, 팽창해 만든 것이다.

24 다음 중 크리프 발생 원인이 아닌 것은?

① 단면이 작을 때
② 하중이 작을 때
③ 작용응력이 클 때
④ 단위수량이 많을 때

TIP 크리프(Creep)
- 콘크리트 구조물에 하중의 증감이 없이 시간이 경과함에 따라 변형이 증대되는 장기추가처짐 현상을 말한다.
- 부재의 단면치수가 작을수록, 단위수량이 많을수록, 하중이 클수록, 습도가 낮고 온도가 높을 수록, 재령이 빠를수록 커진다.

25 재료의 안전성과 관련된 설명으로 옳지 않은 것은?

① 망입판(網入板)유리는 깨지는 경우 파편이 튀지 않아 안전하다.
② 모든 석재는 화력에 대한 내력이 크기 때문에 붕괴의 위험이 적다.
③ 방화도료는 가연성물질에 도장하여 인화, 연소를 방지 또는 지연시킨다.
④ 석고는 초기방화와 연소지연 역할이 우수하며 무기질 섬유로 보강하여 내화성능을 높이기도 한다.

TIP 재료의 안전성
① 망(입)유리(그물유리, 철망유리)
- 용융된 유리 사이에 금속 망을 삽입한 후 압착시킨 유리로써 금속 망의 재료는 철, 황동, 구리, 알루미늄 등을 사용한다.
- 파편의 비산방지와 도난 및 화재방지에 사용한다.

② 석재의 내화성
- 조암광물의 열팽창계수가 서로 달라 파괴되는데, 약 500℃를 기준으로 그 이상의 온도가 되면 석재는 파괴된다.

③ 방화도료
- 난연성 방화도료 : 철 또는 콘크리트와 같은 불연성물체에 도장하는 도료이다.
- 발포성 방화도료 : 목재와 같은 가연성물질에 도장하는 도료이다.

④ 석고
- 방부·방화성이 크며, 열전도율이 낮고 난연성이다.

26. 내산, 내알칼리, 내수성이 뛰어나고 특히 금속접착에 적당하며 항공기재의 접착에 이용되는 것은?

① 에폭시수지 ② 실리콘수지
③ 푸란수지   ④ 멜라민수지

TIP 에폭시수지
- 내약품성, 내용제성이 좋고 산과 알칼리에 강하고 접착력 매우 우수하다.
- 금속접착에 적당하여 항공기, 차량, 기계 등에 사용한다.
- ※ 실리콘수지 : 내열성·내한성이 매우 우수(-60℃~250℃)하며 탄성, 전기 절연성, 내약품성, 내후성이 우수하다.
- ※ 푸란수지 : 흑색으로 내약품성, 접착성이 양호하여 금속도료, 금속접착에 사용한다.
- ※ 멜라민수지 : 내열성, 내약품성 및 경도가 크고 무색투명한 수지로 조리대, 실험대, 전기부품 등에 사용한다.

27. 20세기 3대 건축재료에 해당하지 않는 것은?

① 강철   ② 판유리
③ 시멘트   ④ 합성수지

28. 다음 중 골재의 체가름 시험에 사용되지 않는 체의 크기는?

① 0.15mm ② 1.2mm
③ 5mm   ④ 35mm

TIP 골재의 조립률(Fineness modulus of aggregate)
- 80mm, 40mm, 20mm, 10mm, 5mm, 2.5mm, 1.2mm, 0.6mm, 0.3mm, 0.15mm의 10개의 체를 1조로 하여 체가름 시험을 했을 때, 각 체에 남는 누계량의 전체 중량 백분율의 합계를 100으로 나눈 값을 말한다.
- 일반적으로 잔골재는 조립률이 2.6 ~ 3.1, 굵은 골재는 6 ~ 8정도가 되면 좋은 입도라 할 수 있다.

29. 다음 미장재료 중 수경성 재료는?

① 돌로마이트 플라스터 ② 회반죽
③ 경석고   ④ 점토

TIP 수경성
- 물과 작용하여 경화된 후 점차 강도가 커지는 성질의 재료로 석고, 시멘트 몰탈 등이 있다.
- ※ 기경성 : 공기 성분 중에서 탄산가스(이산화탄소)에 의해 경화되는 성질의 재료로, 점토, 석회, 돌로마이트 플라스터 등이 있다.
- ※ 경석고(무수석고) : 응결, 경화가 좋지 않아 규사, 점토 등을 혼합하여 500~1000℃로 다시 소성하여 경화성을 증대시킨 석고로 벽 또는 바닥에 바름 재료로 사용한다.

24 ① 25 ② 26 ① 27 ④ 28 ④ 29 ③

30 다음 중 점토의 물리적 성질에 대한 설명으로 옳은 것은?

① 점토의 비중은 일반적으로 3.5 ~ 3.6 정도이다.
② 양질의 점토일수록 가소성은 나빠진다.
③ 미립점토의 인장강도는 3 ~ 10MPa 정도이다.
④ 점토의 압축강도는 인장강도의 약 5배이다.

TIP 점토
- 점토의 비중은 일반적으로 2.5 ~ 2.6 정도이다.
- 점토의 입자가 고울수록 양질의 점토로 볼 수 있으며, 순수한 점토일수록 용융점이 높고 강도가 크다.(=입자의 크기가 작을수록 가소성이 좋다.)
- 함수율이 40 ~ 45%일 때 가소성이 가장 크다. (=양질의 점토는 습윤 상태에서 가소성이 크다.)
- 미립점토의 인장강도는 0.3 ~ 1MPa 정도이다.
- 점토의 강도 중 압축강도는 인장강도의 약 5배 정도이다.

31 강재의 인장강도가 최대가 되는 온도는 대략 어느 정도인가?

① 0℃ ② 150℃
③ 250℃ ④ 500℃

TIP 강재의 온도에 의한 영향
- 상온 ~ 100℃ : 강도의 변화는 거의 없다.
- 100℃ ~ 250℃ : 강도가 증가한다.
- 250℃ : 강도가 최대가 된다.

32 유리 원료에 납을 섞어 유리에 산화납 성분을 포함시킨 유리의 특징은?

① X선 차단성이 크다.
② 태양광선 중 열선을 흡수한다.
③ 자외선을 차단시키는 효과가 크다.
④ 자외선을 흡수하는 성질이 크다.

TIP 납
- 비중이 크고 연질이며, 내식성이 크다. 산에는 강하나, 알칼리에는 침식된다.
- 수관, 가스관 및 X선 차단용 등에 사용한다.
- 유리 원료에 산화납(PbO)을 포함시켜 만든 유리(산화납 포함 한도 6%)를 X선 차단유리라고 하며 X선실, 방사선실의 창유리 등에 사용한다.

33 아스팔트를 용제에 녹인 액상으로서 아스팔트 방수의 바탕 처리재로 사용되는 것은?

① 아스팔트 펠트
② 아스팔트 루핑
③ 아스팔트 프라이머
④ 아스팔트 싱글

TIP 아스팔트 프라이머
- 블로운 아스팔트를 휘발성 용제로 희석한 흑갈색의 액체로 콘크리트, 몰탈 바

탕에 아스팔트 방수층 또는 아스팔트 타일 붙임시공에 사용되는 초벌용 도료 접착제이다.

- 아스팔트 프라이머를 콘크리트 또는 몰탈 면에 침투시키면 용제는 증발하고 아스팔트가 도막을 형성하여 그 위에 아스팔트를 바르면 잘 붙고 밀착성이 좋아진다.

※ 아스팔트 펠트 : 마, 종이 등을 원지(felt)로 만들고 스트레이트 아스팔트를 침투시킨 제품으로 아스팔트 방수층, 몰탈 방수재료 등으로 사용한다.

※ 아스팔트 루핑 : 마, 종이 등을 물에 녹여 펠트로 만들어 건조 후 스트레이트 아스팔트를 침투 시키고 양면에 아스팔트 컴파운드를 피복한 다음 운모 등을 부착시킨 제품으로 방수, 방습, 내산성이 우수하며, 유연하며 평지붕 방수, 슬레이트 등의 지붕깔기 등에 사용한다.

※ 아스팔트 싱글 : 아스팔트 루핑에 모래를 뿌려 붙인 것으로 사각형 또는 육각형으로 잘라 기와나 슬레이트 대용으로 사용한다.

34 목재의 보존성을 높이고 충해 및 변색 방지를 위한 방부처리법이 아닌 것은?

① 도포법 ② 저장법
③ 침지법 ④ 주입법

TIP 방부법

- 도포법 : 방부처리 전 목재를 건조시킨 다음 균열이나 이음부에 솔 등으로 도포하는 법이다.
- 침지법 : 방부제 용액 속에 몇 시간 ~ 며칠 동안 담가두는 방법이다.
- 주입법 : 상압 주입법은 방부제 용액 속에 목재를 적시는 방법이며 가압 주입법은 압력용기속에 목재를 넣고 고압하에 방부제를 투입하는 법이다.
- 표면탄화법 : 목재표면을 3 ~ 10mm 태워 탄화시키는 방법이다.
- 생리적 주입법 : 벌목 전 뿌리에 약액을 주입 시키는 방법이다.

※ 표면탄화법 및 생리적 주입법 : 값이 싸고 간편하지만 효과의 지속성이 없다.

35 석재의 성인에 의한 분류 중 수성암에 속하지 않는 것은?

① 사암 ② 이판암
③ 석회암 ④ 안산암

TIP 안산암

- 화강암 다음으로 많은 화성암이며 조직은 치밀한 것부터 조잡한 것까지 다양하고 강도, 비중, 내화성이 크고 가공이 용이하여 구조용이나 조각품에 이용된다.

※ 사암 : 성분에 따라 내구성과 강도가 모두 다르며 내화성이 크고 단단한 것은 구조용으로 사용되나, 외관이 좋지 못하고, 연질 사암은 실내 장식재로 사용한다.

※ 석회암 : 주성분은 탄산석회($CaCO_3$)이고, 시멘트의 원료로 사용된다.

※ 응회암 : 가공이 쉽고 내화성이 크지만, 흡수성이 높고 강도가 약해 석회 제조나 장식재로 사용한다.

※ 점판암 : 석질이 치밀하고 방수성이 있어 얇은 판으로 떼어 지붕이나 벽 재료로도 사용한다.

36 건축 재료의 생산방법에 따른 분류 중 1차적인 천연재료가 아닌 것은?

① 흙 ② 모래
③ 석재 ④ 콘크리트

💡TIP 콘크리트
- 시멘트+모래+자갈+물이 혼합된 것으로 인공재료에 속한다.

37 래커를 도장할 때 사용되는 희석제로 가장 적합한 것은?

① 유성페인트 ② 크레오소트유
③ PCP ④ 시너

💡TIP 시너(thinner)
- 유성도료의 차지고 끈끈한 성질을 낮추기 위하여 사용되는 혼합 용제이다.
- ※ 유성페인트 : 안료+보일드 유+희석제를 혼합한 도료로 값이 싸고, 도막이 두껍지만 건조가 늦고 내약품성, 내후성에 약하다. 또한, 목재, 석고판 등의 도장에 널리 사용되며 알칼리에 약하여 콘크리트 면, 몰탈 면에 바로 바를 수 없다.
- ※ 크레오소트 : 콜타르를 분류하여 나온 흑갈색 기름의 목재방부제로 값은 싸나, 페인트칠이 불가능하고 냄새가 고약하여 미관을 고려하지 않는 외부에 사용한다.
- ※ PCP : 무색이며, 방부력이 우수한 목재방부제로 페인트칠이 가능하고 석유 등의 용제를 사용할 수 있다. 또한, 가격이 비싸지만 냄새가 없어 실내용으로 사용한다.

※ 희석제 : 도료의 점도와 증발을 조절하는 것으로 그 자체에 용해성은 없으나 다른 용제와 함께 사용하면 수지를 용해시킬 수 있다.

38 재료관련 용어에 대한 설명 중 옳지 않은 것은?

① 열팽창계수란 온도의 변화에 따라 물체가 팽창, 수축하는 비율을 말한다.
② 비열이란 단위 질량의 물질을 온도 1℃ 올리는데 필요한 열량을 말한다.
③ 열용량은 물체에 열을 저장할 수 있는 용량을 말한다.
④ 차음률은 음을 얼마나 흡수하느냐 하는 성질을 말하며, 재료의 비중이 클수록 작다.

💡TIP 재료의 물리적 성질
- 열팽창계수 : 온도변화에 따라 재료가 길이 또는 체적으로 팽창·수축하는 비율이다.
- 비열 : 1g의 물체를 1℃높이는데 필요한 열량을 말한다. (J/g·K)
- 열용량 : 재료에 열이 저장되는 용량을 말하며 비열×비중으로 구한다. (J/K)
- ※ 차음률 : 음을 차단하여 반대편으로 음이 전달되지 않도록 차단하는 것으로 투과음이 적은 재료를 말하며 물체가 단단하고 비중이 클수록 차단률은 커진다.

39 물의 밀도가 1g/㎤이고 어느 물체의 밀도가 1kg/㎥라 하면 이 물체의 비중은 얼마인가?

① 1   ② 1000
③ 0.001   ④ 0.1

TIP 비중

- 어느 물체의 밀도 / 물의 밀도

① $1㎥ = 1,000,000㎤$, $1kg = 1,000g$
$1kg/㎥ = 1,000g/1,000,000㎤$
$= 0.001g/㎤$
$\therefore \dfrac{0.001g/㎤}{1g/㎤} = 0.001$

② $1㎤ = 0.000001㎥$, $1g = 0.001kg$
$1g/㎤ = 0.001kg/0.000001㎥ = 1,000kg/㎥$
$\therefore \dfrac{1kg/㎥}{1000kg/㎥} = 0.001$

40 다음 그림에서 슬럼프 값을 의미하는 기호는?

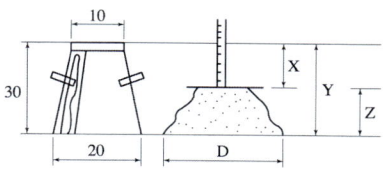

① X   ② Y
③ Z   ④ D

TIP 슬럼프(Slump)

- 철판 위에 슬럼프 통을 놓고 1/3씩 콘크리트를 나눠 부어 넣은 뒤 각 25회씩 균등히 다진다.
- 슬럼프 통을 들어 올려 콘크리트가 가라앉은 값의 높이를 측정한다.
※ 슬럼프 시험 외에 flow시험, 구(ball) 관입시험 등이 있다.

41 스터럽(늑근)이나 띠철근을 철근 배근도에서 표시할 때 일반적으로 사용하는 선은?

① 가는 실선   ② 파선
③ 굵은 실선   ④ 이점쇄선

TIP 가는 실선

- 치수선, 치수 보조선, 인출선, 각도 설명 등을 나타내는 지시선 및 해칭 선으로 사용한다.
※ 파선(점선) : 물체의 보이지 않는 부분의 모양을 표시하는데 사용한다. 파선과 구별할 필요가 있을 때에는 점선을 쓴다.
※ 굵은 실선 : 물체의 보이는 부분을 나타내는 선으로 단면선과 외형 선으로 구별하여 사용한다.
※ 이점쇄선 : 일점쇄선과 구별할 때 사용하거나 대지경계선 등에 사용한다.

42 건물의 남·북간의 인동간격을 결정할 때 하루 동안에 필요한 최소한도의 4시간 일조를 얻기 위해서는 어느 때 일영곡선을 사용하는가?

① 춘분   ② 추분
③ 하지   ④ 동지

> 💡TIP **인동간격**
> - 건물과 건물사이의 필요한 일조 및 채광을 확보하기 위해 두는 간격으로 재해 특히 화재에 대한 안전성 및 프라이버시 확보 등을 위함이다.
> - 일조확보를 위해서는 동지를 기준으로 최소 4시간 이상의 일조를 얻을 수 있어야 한다.
> - 일조의 확보를 위해 동서 방향으로 긴 직사각형 건물의 배치가 유리하다.
> - ※ 일영곡선 : 태양광선에 의하여 공간의 점이 물체 위에 드리우는 그늘의 궤적을 말한다.

43. 급수설비에서 수격작용을 방지하기 위해 설치하는 것은?

① 플러시 밸브   ② 공기실
③ 신축곡관   ④ 배수트랩

> 💡TIP **공기실(Air chamber)**
> - 공기로 채워진 기구에 피스톤이나 기어의 운동으로 인해 발생한 진동을 흡수, 완화시키는 기능을 하는 것이다.
> - ※ 수격작용(Water hammer) : 액체가 흐르는 관 내부는 수압이 걸리게 되는데 밸브를 갑자기 열거나 닫을 경우 배관 내의 압력변화 및 상승으로 인해 관 속에 진동 및 소음 등이 발생하며 심할 경우 고장을 일으키는 원인을 말한다.
> - ※ 플러시밸브(Flush Valve) : 핸들을 누르면 급수압력으로 물이 나온 뒤 멈추는 밸브로 수압이 0.07Mpa 이상이며 연속사용이 가능하지만 소음이 크고 단시간에 다량의 물이 필요하여 주택보다는 학교, 사무소 등에 적합하다.
> - ※ 신축곡관 : 배관의 중간을 루프(Loop)모양으로 구부려 변위를 흡수할 수 있도록 한 신축이음으로 설치공간이 커지지만 누설이 없고 고압에 사용이 가능하여 아파트 외벽의 가스수직주관에 이용한다.
> - ※ 배수트랩 : 배수계통에 봉수를 고이게 하여 배수관 내의 악취, 유독가스, 벌레 등이 침투하는 것을 방지하기 위한 기구를 말하며 봉수의 깊이는 50~100mm 정도이다.

44. 다음 중 단면도에 대한 설명으로 옳은 것은?

① 건축물의 주요부분을 수직 절단한 것을 상상하여 그린 도면이다.
② 건물 내부의 입면을 정면에서 바라보고 그리는 내부 입면도이다.
③ 건축물을 창 높이에서 수평으로 절단하였을 때의 수평 투상도이다.
④ 건축물을 정 투상도 법에 의하여 수직 투상하여 외관을 나타낸 도면이다.

> 💡TIP **단면도**
> - 건축물을 수직으로 잘라 그 단면을 상상하여 나타낸 것으로 기초, 지반, 바닥, 처마, 층 등의 높이와 지붕의 물매, 처마의 내민 길이 등을 표시한다.
> - ※ 전개도 : 건축물의 각 실내입면을 전개하여 그린 도면으로 각 실내의 입면을 그린 후 벽면의 형상, 치수, 마감 등을 나타낸 도면이다.

※ 평면도 : 건축물을 각 층마다 창틀 위에서 수평으로 자른 수평 투상도로 실의 배치 및 크기와 치수를 나타낸 도면이다.

※ 정(평행)투상법 : 투상선이 투상면에 대하여 수직으로 되어 있는 것, 즉 시점이 물체로부터 무한대의 거리에 있는 것으로 생각한 투상을 말한다.

45 건축에서의 모듈적용에 관한 설명으로 옳지 않은 것은?

① 공사기간이 단축된다.
② 대량생산이 용이하다.
③ 현장작업이 단순하다.
④ 설계작업이 복잡하다.

TIP 뮬(Module)
- 건축물의 설계, 생산 등에 사용하는 기준치수를 말한다.
- 설계 및 현장작업이 단순해지고 공기가 단축된다.
- 대량생산이 가능하고 생산비용이 낮아진다.
- 현장작업이 단순해지고 공기가 단축된다.

46 엘리베이터 최하단부에 설치한 것으로 카(Car)가 어떤 원인으로 최하층을 통과하여 피트에 도달했을 때 카(Car)에 충격을 완화시켜 주는 장치는?

① 완충기 ② 비상정지장치
③ 조속기 ④ 리미트 스위치

TIP 완충기
- 비상정지장치 고장 또는 브레이크가 듣지 않아 엘리베이터 카(Car)가 밑으로 떨어질 경우 승강로 하단부에 부딪히는 충격을 완화하기 위한 장치로 전기를 이용하지 않는 안전장치이다.
- 스프링식 완충기와 유입식 완충기가 있으며, 유입식은 정격속도 60m/min 초과 시 사용한다.

※ 비상정지장치 : 조속기에 의하여 비상정지장치가 동작하는 것으로 로프가 끊어졌을 때 또는 비정상적으로 빠를 때 작동한다.

※ 조속기 : 제 1동작으로 과속 스위치가 작동하고 제동기가 카를 정지시킨다. 제동기의 고장 및 메인로프 절단 시에는 제 2동작으로 정격속도의 1.2 ~ 1.4배를 넘지 않는 상태에서 비상정지장치가 작동한다.

※ 리미트 스위치 : 최상층 또는 최하층에서 정상 운행위치를 벗어나 그 이상으로 운행하는 것을 방지하는 것으로 [1] 종점 스위치(=스토핑스위치)가 고장 났거나 작동하지 않을 때 작동하는 장치이다.

※ [1] 종점스위치 : 최하층과 최고층에 이르렀을 때 승강 카를 멈추게 하는 장치이다.

※ 전자브레이크 : 전동기가 회전을 정지하였을 때 스프링 힘으로 브레이크드럼을 눌러 정지하는 장치이다.

※ 제한스위치 : 종점 스위치가 고장 났을 때 동시에 전자 브레이크를 작동시켜 급정지 시킨다.

※ 도어스위치 : 문이 완전히 닫히지 않았을 때 운전되지 않게 하는 장치이다.

47 제도용지 A2의 크기는 A0용지의 얼마 정도의 크기인가?

① 1/2　　② 1/4
③ 1/8　　④ 1/16

TIP 용지 크기
- A0의 절반이 A1이며, A1의 절반이 A2 이므로 A2용지의 크기는 A0용지 크기의 1/4이다.

48 침실의 소음차단 방법과 거리가 먼 것은?

① 외부에 나무를 심어 가린다.
② 2중창을 설치하고 커튼을 단다.
③ 침대 위로 통풍이 되도록 한다.
④ 현관에서 멀리 떨어져 공지에 면하게 한다.

TIP 침실계획
- 주거공간 중 가장 사적인(=폐쇄성)개인생활공간으로 독립성과 기밀성이 유지돼야 한다.
- 머리 쪽에 창을 두지 않는 것이 좋으며, 만일 창을 둘 경우에는 창을 높게 한다.

49 다음의 단면용 재료표시기호 중 인조석에 해당되는 것은?

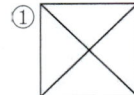 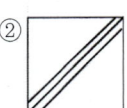
 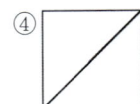

50 급수펌프, 양수펌프, 순환펌프 등으로 건축설비에 주로 사용되는 펌프는?

① 왕복식 펌프　② 회전식 펌프
③ 피스톤 펌프　④ 원심식 펌프

TIP 터보형 펌프

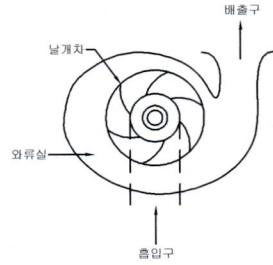

- 흡출관이 있는 용기 내에 있는 날개를 회전시켜 물의 흐름을 조절하는 펌프.
- 물을 사용하는 대부분의 펌프가 여기에 속하며, 대표적으로 원심식 펌프가 있다.

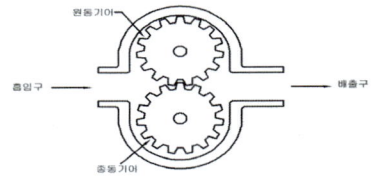

※ 용적형 펌프 : 용적을 변화시켜 흡출되도록 한 펌프로 유압장치용으로 주로 사용된다.
왕복펌프에 피스톤 펌프가 속하며, 회전펌프 등이 있다.

51 주택의 식당 및 부엌에 관한 설명으로 옳지 않은 것은?

① 식당의 색채는 채도가 높은 한색계통이 바람직하다.
② 식당은 부엌과 거실의 중간 위치에 배치하는 것이 좋다.
③ 부엌의 작업대는 준비대→개수대→조리대→가열대→배선대의 순서로 매치한다.
④ 키친네트는 작업대 길이가 2m 정도인 소형 주방가구가 배치된 간이 부엌의 형태이다.

TIP 식당 및 부엌

- 식당의 색채 계획은 부드럽고 즐거운 식사 분위기를 만들고 식욕을 돋우는 난색 계통으로 계획되어야 한다. 즉 주황색, 분홍색, 녹색, 베이지색 계통의 엷은 색상이 무난하다.
- 식당은 부엌과 거실의 중간 위치에 배치하는 것이 좋다.
- 밝은 장소에 위치하고 옥외작업장(Service yard) 및 정원과 유기적으로 결합되게 한다.

※ 부엌의 작업순서

- 준비 – 냉장고 – 개수대 – 조리대 – 가열대 – 배선대

52 건축제도에서 투상법의 작도 원칙은?

① 제1각법 ② 제2각법
③ 제3각법 ④ 제4각법

TIP 제3각법(눈 – 투상면 – 물체)

- 물체를 투상면의 뒤쪽에 놓고 투상하면 정면도를 기준으로 보면 상하, 좌우 본 쪽에서 그대로 그 모습을 그리면 된다.

53 다음과 같이 정의되는 엘리베이터 관련 용어는?

> 엘리베이터가 출발 기준층에서 승객을 싣고 출발하여 각 층에 서비스한 후 출발 기준층으로 되돌아와 다음 서비스를 위해 대기하는 데까지 총 시간

① 승차시간 ② 일주시간
③ 주행시간 ④ 서비스시간

TIP 일주시간 RTT (Round Trip Time)

- 엘리베이터가 출발 층에 돌아온 시점에서 출발 층의 승객을 탑승하고 상층에 서비스를 한 후 다시 출발 층으로 되돌아올 때까지의 시간을 말한다.

※ 주행시간 : 주행시간은 가속 및 감속시간과 전속 주행시간의 합을 말한다.

54 다음 중 자연환기에 대한 내용으로 옳지 않은 것은?

① 자연환기는 풍력환기와 중력환기로 구분된다.
② 개구부를 풍향에 직각으로 계획하면 환기량이 많아진다.
③ 강제 환기라고도 하며 송풍기를 이용하여 강제적으로 환기하는 방식이다.
④ 실내외의 온도차를 이용하거나 바람 등 자연원리를 이용한다.

💡 **자연환기**
- 풍력환기 : 바람 등에 의해 환기하는 방식으로 개구부 위치에 따라 차이가 크다.
- 중력환기 : 실·내외의 온도차에 의해 환기하는 방식이다.

※ 기계환기
- 중앙식 : 한 장소에서 조작을 하여 외기 혹은 실내공기를 각 실에 보내어 환기하는 방식이다.
- 1종 환기 : 기계급기 → 기계배기(병용식), 용도 : 수술실, 보일러실 등
- 2종 환기 : 기계급기 → 자연배기(압입식), 용도 : 반도체공장, 무균실 등
- 3종 환기 : 자연급기 → 기계배기(흡출식), 용도 : 주방, 욕실 등

55 다음 급수방식 중 가장 위생적인 급수방식은?

① 고가탱크방식   ② 수도직결방식
③ 압력탱크방식   ④ 펌프직송식

💡 **수도직결방식**
- 도로에 매설되어 있는 수도 본관에서 급수 인입관을 통해 직접 건물 내로 급수하는 방식으로 주택과 같은 소규모 건물에 많이 이용된다.
- 급수오염 가능성이 가장 적고 설비비가 저렴하며 기계실이 필요 없다.
- 수도 본관의 수압이 낮은 지역과 수돗물 사용의 변동이 심한 지역에는 부적당하다.

※ 고가(옥상)수조방식(옥상 물탱크방식)
- 지하저수조에 물에 받아 양수펌프를 이용하여 옥상 물탱크로 양수한 후, 수위와 수압을 이용하여 급수하는 방식으로 대규모 급수설비에 적합하다.

※ 압력수조방식(압력탱크방식)
- 고가수조를 설치할 수 없는 경우 사용하는 방법으로, 저수조에 입수된 물을 압력탱크로 보내 탱크 내의 공기압을 이용해 급수하는 방식으로 공항, 체육관 등의 건물에 적합하다.

※ 펌프 직송식(탱크 없는 부스터 방식)
- 저수조에 물을 받은 후 펌프 여러 대를 이용하여 건물에 급수하는 방식으로 급수가 분포되는 큰 건물(공장, 단지)등에 적합하다.

56 다음 중 건축화 조명의 종류에 속하지 않는 것은?

① 코브 조명   ② 코니스 조명
③ 밸런스 조명   ④ 펜던트 조명

💡 **건축화 조명**
- 건축물 내부의 천장, 벽, 기둥 등에 조명기구를 달아 조명하는 방식이다.
- 다운라이트, 코브, 코니스, 밸런스, 광천장 조명 등이 이에 속한다.

※ 펜던트 조명 : 천장 또는 보 등에 줄을 매달아 사용하는 조명을 말한다.

57 다음 설명이 나타내는 건축법상의 용어는?

> 기존 건축물이 있는 대지에서 건축물의 건축면적, 연면적, 층수 또는 높이를 늘리는 것을 말한다.

① 신축   ② 재축
③ 개축   ④ 증축

TIP 증축
- 기존 건축물이 있는 대지에 건축면적, 연면적, 층수 또는 높이를 늘리는 것을 말한다.
- ※ 신축 : 기존 건축물이 철거되거나 멸실된 대지를 포함하여 새로 건축물을 축조하는 것이다.
- ※ 재축 : 천재지변이나 재해로 멸실된 경우 종전과 같은 규모범위에서 다시 축조하는 것이다.
- ※ 개축 : 기존 건축물의 전부 또는 일부(내력벽·기둥·보·지붕틀 중 셋 이상이 포함되는 경우를 말함)를 철거하고 그 대지에 종전과 같은 규모의 건축물을 다시 축조하는 것이다.

58 색의 지각적 효과에 관한 설명으로 옳지 않은 것은?

① 명시도에 가장 영향을 끼치는 것은 채도차이다.
② 일반적으로 고명도, 고채도의 색이 주목성이 높다.
③ 고명도, 고채도, 난색계의 색은 진출, 팽창되어 보인다.
④ 명도가 높은 색은 외부로 확산되려는 현상을 나타낸다.

TIP 명시도
- 두 색을 같은 크기와 거리로 놓고 대비시켰을 때 잘 보이거나 잘 보이지 않는 정도를 말한다.
- 명시도에 영향을 끼치는 것은 명도차이다.
- ※ 명도와 채도가 높고 난색계열의 경우 팽창, 전진, 동적인 느낌을 준다.

59 사회학자 숑바르 드 로브(Chombard de lawve)의 주거면적 기준 중 병리기준으로 옳은 것은?

① 8㎡/인   ② 10㎡/인
③ 14㎡/인   ④ 16.5㎡/인

TIP 숑바르 드 로브(Chombard de lawve) 기준 주거면적
- 병리기준 : 8㎡/인 이하일 경우 거주자의 신체 및 정신건강에 나쁜 영향을 끼친다.
- 한계기준 : 14㎡/인 이하일 경우 개인 및 가족적인 거주의 융통성을 보장할 수 없다.
- 표준기준 : 16㎡/인

대한민국 1인당 주거면적의 변화

	2006년	2008년	2010년	2012년
1인당 주거면적	26.2m²	27.8m²	28.5m²	31.7m²

55 ②　56 ④　57 ④　58 ①　59 ①

	2014년	2016년	2017년	2018년
1인당 주거면적	33.5m²	33.2m²	31.2m²	31.7m²

	2019년	2020년 2021년	2022년
1인당 주거면적	32.9m²	33.9m²	34.8m²

※ 자료출처(국토교통부, 『2022 주거실태』)

60 한국산업표준의 분류에서 옳은 것은?

① KS B - 기계　② KS I - 섬유
③ KS F - 기본　④ KS X - 조선

TIP ☆ 한국산업표준

- 재료는 품질 및 모양 등이 다양하기 때문에 어떤 기준에 의한 규격을 정하여 품질과 모양, 치수 및 시험방법 등을 규정하였고 그것이 한국산업규격(KS)이다. KS의 분류는 다음과 같다.

대분류	중분류
기본(A)	기본일반/방사선(능)관리/가이드/인간공학/신인성관리/문화/사회시스템/기타
기계(B)	기계일반/기계요소/공구/공작기계/측정계산용기계기구·물리기계/일반기계/산업기계/농업기계/열사용기기·가스기기/계량·측정/산업자동화/기타
전기전자(C)	기계일반/기계요소/공구/공작기계/측정계산용기계기구·물리기계/일반기계/산업기계/농업기계/열사용기기·가스기기/계량·측정/산업자동화/기타
금속(D)	금속일반/원재료/강재/주강·주철/신동품/주물/신재/2차제품/가공방법/분석/기타
광산(E)	광산일반/채광/보안/광산물/운반/기타
건설(F)	건설일반/시험·검사·측량/재료·부재/시공/기타

대분류	중분류
일용품(G)	일용품일반/가구·실내장식품/문구·사무용품/가정용품/레저·스포츠용품/악기류/기타
식료(H)	식품일반/농산물가공품/축산물가공품/수산물가공품/기타
환경(I)	환경일반/환경평가/대기/수질/토양/폐기물/소음진동/악취/해양환경/기타
생물(J)	생물일반/생물공정/생물화학·생물연료/산업미생물/생물검정·정보/기타
섬유(K)	섬유일반/피복/실·편직물·직물/편·직물제조기/산업용섬유제품/기타
요업(L)	요업일반/유리/내화물/도자기/점토제품/시멘트/연마재/기계구조요업/전기전자 요업/원소재/기타
화학(M)	화학일반/산업약품/고무·가죽/유지·광유/플라스틱·사진재료/염료·폭약/안료·도료잉크/종이·펄프/시약/화장품/기타
의료(P)	의료일반/일반의료기기/의료용설비·기기/의료용재료/의료용기·위생용품/재활보조기구·관련기기·고령친화용품/전자의료기기/기타
품질경영(Q)	품질경영일반/공장관리/관능검사/시스템인증/적합성평가/통계적기법 응용/기타
수송기계(R)	수송기계일반/시험검사방법/공통부품/자전거/기관·부품/차체·안전/전기전자장치/계기/수리기기/철도/이륜자동차/기타
서비스(S)	서비스일반/산업서비스/소비자서비스/기타
물류(T)	물류일반/포장/보관·하역/운송/물류정보/기타
조선(V)	조선일반/선체/기관/전기기기/항해용기기·계기/기타
항공우주(W)	항공우주일반/표준부품/항공기체·재료/항공추진기관/항공전자장비/지상지원장비/기타
정보(X)	정보일반/정보기술(IT)응용/문자세트·부호화·자동인식/소프트웨어·컴퓨터그래픽스/네트워킹·IT상호접속/정보상호기기·데이터저장매체/전자문서·전자상거래/기타

60 ①

전산응용건축제도기능사 필기

초 판 인쇄 | 2013년 3월 10일
초 판 발행 | 2013년 3월 15일
개정10판 발행 | 2024년 1월 10일
개정11판 발행 | 2025년 1월 20일

지은이 | 정한철·김경태
발행인 | 조규백
발행처 | 도서출판 구민사
　　　　　(07293) 서울특별시 영등포구 문래북로 116, 604호(문래동3가)
전화 (02) 701-7421
팩스 (02) 3273-9642
홈페이지 www.kuhminsa.co.kr

신고번호 | 제2012-000055호 (1980년 2월 4일)
I S B N | 979-11-6875-459-1 13500

값 30,000원

※ 낙장 및 파본은 구입하신 서점에서 바꿔드립니다.
※ 본서를 허락없이 부분 또는 전부를 무단복제, 게재행위는 저작권법에 저촉됩니다.